“十三五”国家重点出版物出版规划项目

国防科技图书出版基金

现代电子战技术丛书

无源定位原理与方法

Passive Location Theories and Methods

郭福成　李金洲　张敏　著

国防工業出版社

·北京·

图书在版编目(CIP)数据

无源定位原理与方法 / 郭福成，李金洲，张敏著.
— 北京：国防工业出版社，2021.1(2023.3 重印)
(现代电子战技术丛书)
ISBN 978-7-118-12086-8

Ⅰ. ①无… Ⅱ. ①郭… ②李… ③张… Ⅲ. ①无源定位-研究 Ⅳ. ①TN971

中国版本图书馆 CIP 数据核字(2020)第 262697 号

※

国防工业出版社出版发行
(北京市海淀区紫竹院南路 23 号 邮政编码 100048)
北京虎彩文化传播有限公司印刷
新华书店经售

*

开本 710×1000 1/16 **印张** 29¼ **字数** 501 千字
2023 年 3 月第 1 版第 2 次印刷 **印数** 2001—3000 册 **定价** 128.00 元

国防书店：(010)88540777　　书店传真：(010)88540776
发行业务：(010)88540717　　发行传真：(010)88540762

致　读　者

本书由中央军委装备发展部**国防科技图书出版基金**资助出版。

为了促进国防科技和武器装备发展，加强社会主义物质文明和精神文明建设，培养优秀科技人才，确保国防科技优秀图书的出版，原国防科工委于1988年初决定每年拨出专款，设立国防科技图书出版基金，成立评审委员会，扶持、审定出版国防科技优秀图书。这是一项具有深远意义的创举。

国防科技图书出版基金资助的对象是：

1. 在国防科学技术领域中，学术水平高，内容有创见，在学科上居领先地位的基础科学理论图书；在工程技术理论方面有突破的应用科学专著。

2. 学术思想新颖，内容具体、实用，对国防科技和武器装备发展具有较大推动作用的专著；密切结合国防现代化和武器装备现代化需要的高新技术内容的专著。

3. 有重要发展前景和有重大开拓使用价值，密切结合国防现代化和武器装备现代化需要的新工艺、新材料内容的专著。

4. 填补目前我国科技领域空白并具有军事应用前景的薄弱学科和边缘学科的科技图书。

国防科技图书出版基金评审委员会在中央军委装备发展部的领导下开展工作，负责掌握出版基金的使用方向，评审受理的图书选题，决定资助的图书选题和资助金额，以及决定中断或取消资助等。经评审给予资助的图书，由中央军委装备发展部国防工业出版社出版发行。

国防科技和武器装备发展已经取得了举世瞩目的成就，国防科技图书承担着记载和弘扬这些成就，积累和传播科技知识的使命。开展好评审工作，使有限的基金发挥出巨大的效能，需要不断摸索、认真总结和及时改进，更需要国防科技和武器装备建设战线广大科技工作者、专家、教授，以及社会各界朋友的热情支持。

让我们携起手来，为祖国昌盛、科技腾飞、出版繁荣而共同奋斗！

国防科技图书出版基金

评审委员会

国防科技图书出版基金
第七届评审委员会组成人员

“现代电子战技术丛书”编委会

丛书序

新时代的电子战与电子战的新时代

广义上讲，电子战领域也是电子信息领域中的一员或者叫一个分支。然而，这种“广义”而言的貌似其实也没有太多意义。如果说电子战想用一首歌来唱响它的旋律的话，那一定是《我们不一样》。

的确，作为需要靠不断博弈、对抗来“吃饭”的领域，电子战有着太多的特殊之处——其中最为明显、最为突出的一点就是，从博弈的基本逻辑上来讲，电子战的发展节奏永远无法超越作战对象的发展节奏。就如同谍战片里面的跟踪镜头一样，再强大的跟踪人员也只能做到近距离跟踪而不被发现，却永远无法做到跑到跟踪目标的前方去跟踪。

换言之，无论是电子战装备还是其技术的预先布局必须基于具体的作战对象的发展现状或者发展趋势、发展规划。即便如此，考虑到对作战对象现状的把握无法做到完备，而作战对象的发展趋势、发展规划又大多存在诸多变数，因此，基于这些考虑的电子战预先布局通常也存在很大的风险。

总之，尽管世界各国对电子战重要性的认识不断提升——甚至电磁频谱都已经被视作一个独立的作战域，电子战（甚至是更为广义的电磁频谱战）作为一种独立作战样式的前景也非常乐观——但电子战的发展模式似乎并未由于所受重视程度的提升而有任何改变。更为严重的问题是，电子战发展模式的这种“惰性”又直接导致了电子战理论与技术方面发展模式的“滞后性”——新理论、新技术为电子战领域带来实质性影响的时间总是滞后于其他电子信息领域，主动性、自发性、仅适用于本领域的电子战理论与技术创新较之其他电子信息领域也进展缓慢。

凡此种种，不一而足。总的来说，电子战领域有一个确定的过去，有一个相对确定的现在，但没法拥有一个确定的未来。通常我们将电子战领域与其作战对象之间的博弈称作“猫鼠游戏”或者“魔道相长”，乍看这两种说法好像对于博弈双方一视同仁，但殊不知无论“猫鼠”也好，还是“魔道”也好，从逻辑上来讲都是有先后的。作战对象的发展直接能够决定或“引领”电子战的发展方向，而反之则非常困难。也就是说，博弈的起点总是作战对象，博弈的主动权也掌握在作战对象手中，而电子战所能做的就是在作战对象所制定规则的“引领下”一次次轮回，无法跳出。

然而，凡事皆有例外。而具体到电子战领域，足以导致“例外”的原因可归纳为如下两方面。

其一，“新时代的电子战”。

电子信息领域新理论新技术层出不穷、飞速发展的当前，总有一些新理论、新技术能够为电子战跳出“轮回”提供可能性。这其中，颇具潜力的理论与技术很多，但大数据分析与人工智能无疑会位列其中。

大数据分析为电子战领域带来的革命性影响可归纳为**“有望实现电子战领域从精度驱动到数据驱动的变革”**。在采用大数据分析之前，电子战理论与技术都可视作是围绕“测量精度”展开的，从信号的发现、测向、定位、识别一直到干扰引导与干扰等诸多环节，无一例外都是在不断提升“测量精度”的过程中实现综合能力提升的。然而，大数据分析为我们提供了另外一种思路——只要能够获得足够多的数据样本（样本的精度高低并不重要），就可以通过各种分析方法来得到远高于“基于精度的”理论与技术的性能（通常是跨数量级的性能提升）。因此，可以看出，大数据分析不仅仅是提升电子战性能的又一种技术，而是有望改变整个电子战领域性能提升思路的顶层理论。从这一点来看，该技术很有可能为电子战领域跳出上面所述之“轮回”提供一种途径。

人工智能为电子战领域带来的革命性影响可归纳为**“有望实现电子战领域从功能固化到自我提升的变革”**。人工智能用于电子战领域则催生出认知电子战这一新理念，而认知电子战理念的重要性在于，它不仅仅让电子战具备思考、推理、记忆、想象、学习等能力，而且还有望让认知电子战与其他认知化电子信息系统一起，催生出一种新的战法，即，“智能战”。因此，可以看出，人工智能有望改变整个电子战领域的作战模式。从这一点来看，该技术也有可能为电子战领域跳出上面所述之“轮回”提供一种备选途径。

总之，电子信息领域理论与技术发展的新时代也为电子战领域带来无限的可能性。

其二，“电子战的新时代”。

自 1905 年诞生以来，电子战领域发展到现在已经有 100 多年历史，这一历史远超雷达、敌我识别、导航等领域的发展历史。在这么长的发展历史中，尽管电子战领域一直未能跳出“猫鼠游戏”的怪圈，但也形成了很多本领域专有的、与具体作战对象关系不那么密切的理论与技术积淀，而这些理论与技术的发展相对成体系、有脉络。近年来，这些理论与技术已经突破或即将突破一些“瓶颈”，有望将电子战领域带入一个新的时代。

这些理论与技术大致可分为两类：一类是符合电子战发展脉络且与电子战发展历史一脉相承的理论与技术，例如，网络化电子战理论与技术（网络中心电子战理论与技术）、软件化电子战理论与技术、无人化电子战理论与技术等；另一类是基础性电子战技术，例如，信号盲源分离理论与技术、电子战能力评估理论与技术、电磁环境仿真与模拟技术、测向与定位技术等。

总之，电子战领域 100 多年的理论与技术积淀终于在当前厚积薄发，有望将电子战带入一个新的时代。

本套丛书即是在上述背景下组织撰写的，尽管无法一次性完备地覆盖电子战所有理论与技术，但组织撰写这套丛书本身至少可以表明这样一个事实——有一群志同道合之士，已经发愿让电子战领域有一个确定且美好的未来。

一愿生，则万缘相随。

愿心到处，必有所获。

中国工程院院士 杨小牛

2018 年 6 月

PREFACE

序

无源定位技术在军事领域应用的优越性早已为人所知,但在一段时期发展相对缓慢,仅在有限的领域和场合得到了应用。进入21世纪,无源定位技术无论在理论、方法还是应用上都取得了明显的进步。这一方面是由于在信息化条件下侦察监视、雷达探测等领域迫切需要这种电磁隐蔽的目标定位方式;另一方面得益于侦察、探测手段从单一设备向系统化、网络化的方向发展,数字化接收处理、时空频基准和信息交互能力得到极大提升,从而为无源定位技术的发展和应用提供了条件。这使得更多的有关辐射源位置和运动的电磁信息可以被精确地获取和利用,网络化的无源定位系统可被构建,推动了国内外无源定位体制和定位算法的研究,因而使其在军事和民用的诸多领域的应用得到了极大的重视。无源定位在第五代战机和航天领域成为重要的侦察探测手段,就是最好的例子。

无源定位一般指观测器自身不辐射电磁能量,仅通过接收设备接收辐射源信号,利用对信号的测量得出辐射源几何位置和运动状态的过程。主要研究内容包括定位体制、定位算法和定位性能评估(主要是定位误差)等。其中,由于从测量值解算几何位置通常会遇到非线性问题,因而使得定位解算成为研究的重点和难点。这方面研究以往主要集中在针对几种传统定位体制的非线性方程组解算方法上,包括最陡下降法、伪线性法,以及后来的两步法等多种优化算法。正如前面所说,21世纪以来在定位体制上,在运动多观测器和单观测器条件下基于时空频及其变化信息的多种定位跟踪新方法得到发展和应用。结合不同定位体制,一批非线性优化方法应用于定位解算,如基于凸优化的方法、基于粒子滤波的方法等。在电子侦察等应用中，由于针对目标是非合作辐射源，信号的具体形式和参数是不确知的，在这种情况下如何从信号中提取定位参数，获得高精度测量值就十分关键。在现今数字接收技术得到应用的条件下，业内针对定位需求开展的参数测量与估计方法研究明显增多，并获得了一批新的研究成果。经历这个快速发展的阶段后，极有必要将无源定位技术在新的基础上加以总结，并推介给需要的研究者。

本书作者所在的科研团队，长期从事无源定位理论方法研究和科研应用实践，积累了相对丰富的相关教学和研究资料，曾出版过多部无源定位领域的专著，近年特别在多平台时差/频差定位、运动单平台多普勒变化率/相位差变化率定位体制和算法、定位系统误差校正、针对特定信号的时频参数提取、定位非线性优化算法和解模糊算法等方面取得了多项创新的成果，并且通过对国内外新算法进行仿真对比研究和改进，更加全面地认识了各种算法的特点和性能。此外，课题组参与了多项相关科研和工程应用研究，具备较丰富的实际应用经验。这些都为本书的编写提供了良好的基础条件。

本书以一定篇幅系统地介绍了无源定位的一般原理、数学模型和系统构成等普遍性问题，构建了较为完整的无源定位技术知识体系，且在内容安排上主要按照定位体制逐一介绍了各类体制下的定位原理、定位算法和定位性能，这使读者可以通过本书较全面地认识和了解这项技术。本书侧重于多平台时差定位、频差定位、时差/频差联合定位以及单运动平台多普勒变化率/相位差变化率定位等模型相对复杂的定位体制。针对每种定位体制，详细介绍了多种定位算法，特别是本团队的研究成果，包括算法的理论推导、理论性能分析，并且以较大篇幅介绍了多种定位算法在特定场景下的仿真结果，可使读者对不同算法在该体制下的性能有一个明晰的对比和认识。本书还以相当的篇幅介绍了从信号中提取定位参数的方法，特别是针对雷达或数字通信等不同辐射源对象的信号，对时差、频差的高精度估计、干涉仪模糊相位差处理、相应的信号分选方法以及定位去模糊方法等，这些内容对于电子侦察应用是十分有意义的。

本书是国内系统论述无源定位技术的一部专著，汇集了当前该领域的最新研究成果，反映了当前无源定位的研究水平，具有较强的实际应用价值。相信本书的出版将促进无源定位技术的深化研究和应用推广，并使广大专门从事无源定位研究的人员和希望深入了解无源定位技术的读者有所收获。

周一宇

2019 年 12 月于长沙

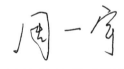

PREFACE

前 言

利用被动传感器接收和处理陆、海、空、天的各种雷达、通信、导航、敌我识别等非合作辐射源的电磁信号，进而确定辐射源位置、速度和航向的无源定位技术，具有探测距离远、电磁隐蔽性好、不受气候影响、成本相对低等优势，在战场态势感知、预警探测、电子侦察和人员搜救等军用和民用应用领域具有重要的研究价值。然而，对于这些非合作辐射源，由于其发射信号的时刻、波形和参数未知，如何在复杂的电磁环境中快速、高精度地确定非合作辐射源的位置是研究人员数十年来一直追求的目标。

作为国内历史最悠久的无源定位研究单位之一，国防科技大学无源定位课题组自从20世纪70年代末期即由孙仲康教授带头紧密瞄准雷达“四抗”（抗电子干扰、抗反辐射攻击、抗隐身目标攻击、抗低空超低空突防）问题，培育出无源定位研究方向。近30年来，先后出版了《定位导航与制导》《单多基地有源无源定位技术》《单站无源定位跟踪技术》《空间电子侦察定位原理》*Space Electronic Reconnaissance* 等一批无源定位专著，培养了大量无源定位方向的博士与硕士人才，并且对国内多种无源定位新体制的应用和推广起到了重要作用。

近年来，随着国家综合实力的提升和对国防军工技术的重视，国内无源定位技术和应用得到了快速发展，相关的无源定位专著也有了一些，但主要侧重于基本原理或者具体工程实现，缺乏具体算法实现细节和应用例子，以及各种条件下的性能仿真分析对比，同时各种单项技术散布于各种中、英文期刊文章中。此外，为了适应国内无源定位领域的迫切需求，国防科技大学课题组近年来在无源定位领域提出了异步到达时间定位、时变基线定位、模糊相位差定位、时频差定位、短基线定位等多种定位新体制，同时近年来国外也提出了直接定位法、随机捷变 N 平台分选的几何定位（GRAND）等多种定位新体制，我们觉得有必要总结一下课题组近年来在无源定位技术领域的创新成果，同时结合原有的传统理论，使得更多从事该领域的同志能够在此基础上有所启发。

在本书撰写过程中，郭福成负责撰写第 1 ~4 章及第 10 章大部分，李金洲负责撰写第 5 ~7 章及第 9 章，张敏负责撰写 3.5 节、第 8 章及 10.6 节。本书的主要内容是在近年来作者及所在课题组的公开发表论文，内部技术研究报告，相关的博士、硕士论文基础上修改和增删完成的，特别是参考了本课题组的刘洋、贾兴江、李腾、钟丹星、王强、杨争斌、李强、邓新蒲、冯道旺、曲傅勇、龚享依、张翼飞等博士学位论文及冯奇、钟丹星、王强、徐义、郭连华、蒲文其、吴癸周、张丽宏、李蔚、来飞、刘晓光、彭峰、张添惠、马永圣等硕士学位论文。在本书的撰写过程中，得到了国防科技大学电子科学学院领导和同事们的关心和大力支持。另外，周一宇教授、姜文利教授、徐晖教授、黄知涛教授、安玮教授、王壮教授、杨乐教授、柳征研究员、邓新蒲副教授、冯道旺副研究员、刘章孟副教授、王丰华副研究员、王翔副研究员、许丹博士、朱守中博士、晏行伟博士等同志也为作者提供了不少帮助，在此一并表示感谢。

作者在此特别感谢导师孙仲康教授、皇甫堪教授等多年来在无源定位与跟踪、信号处理技术方面给予的理论指导和帮助，以及感谢周一宇教授、姜文利教授为课题组发展提供的各种支持。

目前，无源定位技术仍在不断高速发展过程中，作者及所在的课题组也只是其中的参与者之一，因此可能有一些更好的定位技术没有在本书中得到论述。另外，鉴于该技术领域的高度敏感性，我们删除了一些可能与工程项目相关的背景，主要以介绍原理和理论方法为主，因此本书不一定能很全面地阐述无源定位领域的所有问题，书中的观点和方法仅供大家参考，起抛砖引玉之作用。由于作者水平有限，书中难免存在一些缺点和错误，殷切希望广大读者批评指正。

郭福成

2020 年 6 月 14 日于长沙

CONTENTS

目 录

Contents

第 1 章 无源定位技术概述

1.1 无源定位概念

在现代信息化战争中,陆地、海洋、空中、太空和临近空间中的各类雷达、通信、导航、识别等电子信息系统的广泛使用,形成了具有严重威胁的复杂、多变电磁环境。在这种对抗、博弈的环境中信息如何有效、快速地获取成为制约信息化战争成败的最关键因素之一。其中,确定各类辐射源的位置信息,是获得敌方军用电子系统部署、掌握其军队调动情况以及评估其战略意图、战场态势的重要途径和手段,具有重要的战略战术价值。

无源定位技术(Passive Localization Technology,PLT),也称为辐射源定位技术(Emitter Localization Technology,ELT)或被动定位技术,自身不发射电磁信号,仅通过一个或多个观测站(接收机)截获接收辐射源信号并测量其信号参数,来确定该辐射源位置[1-2]。由于其无须自身发射电磁波,具有作用距离远、隐蔽性好等特点,是各国侦察、探测技术研究的热点之一。可以用于无源定位的辐射源信号包括无线电、可见光、红外、声音等信号。

无源定位技术主要利用观测站测量得到的信号参数,在几何上确定若干线或面相交得到辐射源位置。因此无源定位技术按观测站数目分,可分为多站无源定位技术和单站无源定位技术[3]。多站无源定位技术具有累积时间短、定位精度高的特点,但系统构成复杂,成本造价较高,需要多站协同观测辐射源,因此对站间的时间同步和数据传输能力要求较高。而单站无源定位技术仅需单个观测平台即可实现定位,系统构成简单,配置机动灵活,在电子侦察定位中具有重要应用价值。

按照无源定位使用的参数方法划分,可分为测向交叉定位技术、时差无源定位技术、频差无源定位技术、能量差无源定位技术及上述各种组合无源定位技术等。上述不同参数的定位技术有时也称为定位体制。

目前,常用的几种辐射源定位技术如多站测向交叉定位法、多站时差定位法、运动单站仅测向定位法的几何原理,如图 1.1 所示。

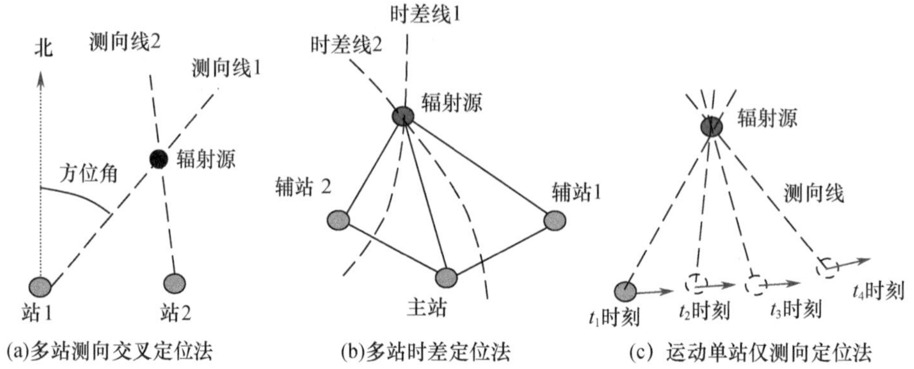

图 1.1　较常用的 3 种辐射源定位方法的几何原理

如图 1.1 所示,通过多个不同位置的观测站测量辐射源到达角度或单个运动观测站不同时刻的角度在几何上进行交叉定位,即为多站测向交叉定位或者运动单站仅测向定位法。通过 3 个以上观测站测量辐射源信号到达的时间确定的双曲线相交定位,即为多站时差定位法。通过运动的单个观测站测量不同时刻的信号到达方向并进行交叉定位,即为运动单站仅测向定位法[4]。

在军用领域,无源定位技术可应用于各种平台的情报侦察监视、预警探测、武器制导瞄准、信号分选识别等。在民用领域,无源定位技术可用于对紧急求助手机的定位和救援搜索、传感器网络和电磁频谱监视等。按照目标和辐射源的平台可分为机载无源定位、陆基无源定位、舰载无源定位、星载无源定位等多种[5-7]。较为著名的辐射源定位系统如捷克的“塔玛拉”(Tamara)、“薇拉”(Vera)等,利用多站接收信号的时间差实现对距离 450 ~ 600km 内的辐射源定位,定位精度可达百米至十几千米量级[8]。

无源定位技术与雷达等有源定位手段相比,其优点是电磁隐蔽性强、探测距离远(对雷达辐射源),缺点是定位精度相对较差、辐射源关机即无法定位,并且定位精度与观测站和辐射源的几何位置关系密切相关。此外,无源定位技术定位的是辐射源(或信号)而不是平台本身,仅能利用辐射源信号特征推断其搭载平台(目标)的存在。与雷达等有源探测定位手段相比,无源探测定位手段的技术特点如下:[6]

(1) 作用距离远、预警时间长。雷达接收的是目标照射信号的二次反射波,信号能量反比于距离的四次方;无源探测系统接收的是雷达的直接照射波,信号能量反比于距离的二次方。因此,无源探测系统的作用距离都远大于雷达的作用距离,一般为 1.5 倍以上,从而使无源探测系统可以提供比雷达更长的预警时间。

(2) 电磁隐蔽性好。有源雷达向外界发射的信号辐射容易被敌方的侦察设备发现,不仅可能造成信息的泄漏,甚至可能招来致命的攻击。辐射信号越强越容易被发现,也就越危险。从原理上说,无源探测系统自身不发射电磁信号,只接收外界的辐射信号,因此具有良好的隐蔽性和安全性,也具有较好的抗干扰性。

(3) 获取的信息多而准。无源探测系统所获取的信息直接来源于雷达的发射信号,受其他环境的“污染”少,所接收信号的信噪比相对较高,因此信息的准确性较高。

1.2 无源探测系统可能获得的观测量

当仅有单个观测站时,对目标辐射源实施无源探测和定位时,单个观测站可以获取得到目标辐射源来波信号中与辐射源相对位置可能有关的特征参数,如信号到达方向(Direction of Arrival, DOA)、信号到达时间(Time of Arrival, TOA)、信号到达频率(Frequency of Arrival, FOA)、信号到达功率(Power of Arrival,POA)等,其中,信号到达功率又称为接收信号强度(Received Signal Strength, RSS)。下面分别予以介绍、讨论、分析。

1.2.1 信号到达方向

辐射源信号的到达方向(DOA)通常可定义为辐射源来波信号与参考基准方向之间的夹角。几乎所有的辐射源 DOA 的测量手段,都是以测量设备(如干涉仪)所处位置为原点,以测量设备所在的笛卡儿坐标系或球面坐标系为参考基准来表示辐射源来波方向在空间中的指向。目前,常用的表示指向的方式包括笛卡儿坐标系投影法和方向角法。如图 1.2(a)所示,图中 $\boldsymbol{i}$、$\boldsymbol{j}$、$\boldsymbol{k}$ 分别为在 x、y、z 轴上的单位矢量。

如图 1.2 所示,在笛卡儿坐标系中目标辐射源 T 的位置可以用径向矢量 $\boldsymbol{r}$ 在 x、y、z 轴上的投影 x_{T}、y_{T}、z_{T} 来表示,即

$$\boldsymbol{r} = \boldsymbol{i}x_{\mathrm{T}} + \boldsymbol{j}y_{\mathrm{T}} + \boldsymbol{k}z_{\mathrm{T}} \tag{1.1}$$

由于测量设备大都不能直接获得 x_{T}、y_{T}、z_{T},而是通过在水平面($X-Y$)上的方位角 β,及垂直面(r_k-z)上的俯仰角 ε 表述的,这里 r_k 为 $\boldsymbol{r}$ 在水平面上($X-Y$)的投影,方位角及俯仰角与 x_{T}、y_{T}、z_{T} 之间的关系为

$$\begin{cases} \tan\beta = \dfrac{x_{\mathrm{T}}}{y_{\mathrm{T}}} \Leftrightarrow \beta = \arctan\dfrac{x_{\mathrm{T}}}{y_{\mathrm{T}}} \\ \tan\varepsilon = \dfrac{z_{\mathrm{T}}}{r_k} = \dfrac{z_{\mathrm{T}}}{\sqrt{x_{\mathrm{T}}^2 + y_{\mathrm{T}}^2}} \Leftrightarrow \varepsilon = \arctan\dfrac{z_{\mathrm{T}}}{\sqrt{x_{\mathrm{T}}^2 + y_{\mathrm{T}}^2}} \end{cases} \tag{1.2}$$

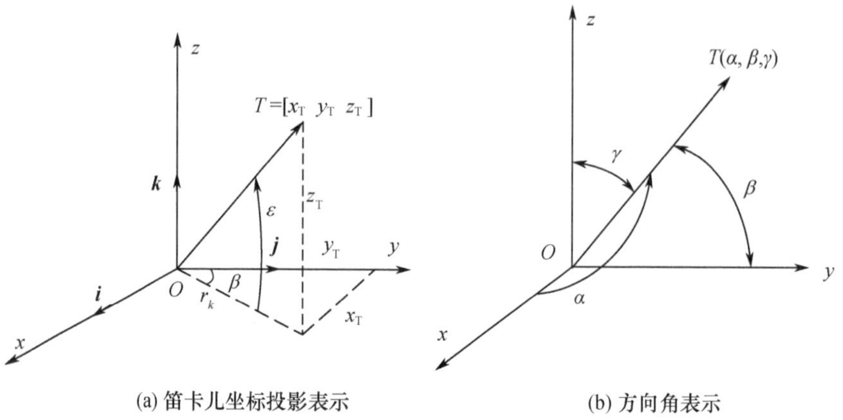

(a) 笛卡儿坐标投影表示 (b) 方向角表示

图 1.2 信号到达方向的描述

由式(1.2)可以看出,由 β 角构成的定位平面与 ε 角构成的定位锥面相交,可以获得径向矢量 $\boldsymbol{r}$ 的方向射线。

如图 1.2(b)所示,径向矢量也可以用方向角 α、β、γ 表示,即

$$\begin{aligned}\boldsymbol{r} &= \boldsymbol{i}|\boldsymbol{r}|\cos\alpha + \boldsymbol{j}|\boldsymbol{r}|\cos\beta + \boldsymbol{k}|\boldsymbol{r}|\cos\gamma \\ &= |\boldsymbol{r}|(\boldsymbol{i}\cos\alpha + \boldsymbol{j}\cos\beta + \boldsymbol{k}\cos\gamma) \\ &= r\boldsymbol{l}(r)\end{aligned} \tag{1.3}$$

式中:径向矢量 $\boldsymbol{r}$ 可以用它的幅值 $r = |\boldsymbol{r}|$ 乘以它的单位径向矢量 $\boldsymbol{l}(\boldsymbol{r})$ 表示,前者表示目标径向距离值,后者表示目标径向射线方向,一般也称为视线(Line of Sight, LOS)矢量;$\cos\alpha$、$\cos\beta$、$\cos\gamma$ 分别为单位径向矢量在 x、y、z 轴上的投影分量,方向角 α、β、γ 的余弦 $\cos\alpha$、$\cos\beta$、$\cos\gamma$ 称为方向余弦,单位径向矢量的幅值与方向余弦的关系为

$$|\boldsymbol{l}(r)| = \cos^2\alpha + \cos^2\beta + \cos^2\gamma = l^2 + m^2 + n^2 = 1 \tag{1.4}$$

方向余弦 $\cos\alpha$、$\cos\beta$、$\cos\gamma$ 一般用符号 l、m、n 表示,注意上述三个参数只有两个是独立的,即如果其中任意两个参数确定,根据式(1.4)可以确定第三个参数。

综上所述,目标辐射的 DOA,一般根据无源探测设备测得的方向参数来表达,因此可以有多种表达方式,如(β,ε)、(α,β,γ)、(l,m,n)等。若无源探测设备与目标 T 之间有相对运动时,这些方向参数都可以用时间函数来表达。

1.2.2 信号到达时间

对于脉冲体制辐射源,当目标辐射源发射一个脉冲信号后,该脉冲信号经过传播路径到达无源探测设备(或称为观测器)的时刻,称为辐射源信号的信号到达时

间(TOA)可以得到一个来波信号,如图1.3所示。

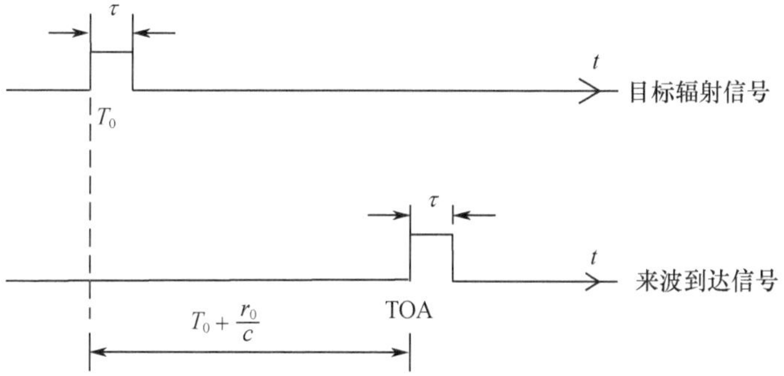

图1.3　无源接收的信号时序图

这里设目标信号的发射时间为 T_0,辐射源与观测器之间的距离为 r_0,则观测器接收到这个来波信号的时刻是TOA,即

$$\mathrm{TOA}=T_0+\frac{r_0}{c}=T_0+\tau_{d_0} \tag{1.5}$$

式中:c 为电磁波在自由空间中的传播速度;τ_{d_0}为发射信号到达距离为 r_0的观测器处的时间延迟。

TOA中含有目标与观测器之间的距离信息,但由于辐射源是非合作的,因此无源观测器无法事先获得目标信号发射时间 T_0,也就无法从测得的TOA值中减去 T_0而获得距离 r_0的数值。

目标辐射一串具有固定重复周期 T_r的脉冲信号,图1.4给出了目标与观测器(T-O)之间距离固定不变,及目标与观测器之间有相对运动而使距离不断变化的情况下,目标发射信号及观测器接收信号之间的时间关系。

观测器接收到信号序列的时刻 TOA_i(用下标 i 表示信号序列的到达次序)为

$$\mathrm{TOA}_i=T_0+iT_r+\frac{r_i}{c}=T_0+iT_r+\tau_{di}\qquad(i=0,1,2,\cdots) \tag{1.6}$$

式中:T_0为第一个脉冲的发射时间;T_r为重复周期;r_i为第 i 个脉冲信号发射时T-O之间的距离间隔;τ_{d_i}为传播时延。

当目标与观测器相对静止时,则 $r_i=r_0=\mathrm{const}$,$\tau_{d_i}=\tau_{d_0}=\mathrm{const}$;当目标与观测器相对运动时,$r_i\neq\mathrm{const}$,$\tau_{d_i}\neq\mathrm{const}$。

从一串接收到的来波信号序列,可以测量出一串来波信号的TOA序列,若发射信号的重复周期是固定的,则对这个TOA序列进行一次差分,就可以区分出T-O之间有否相对运动,即

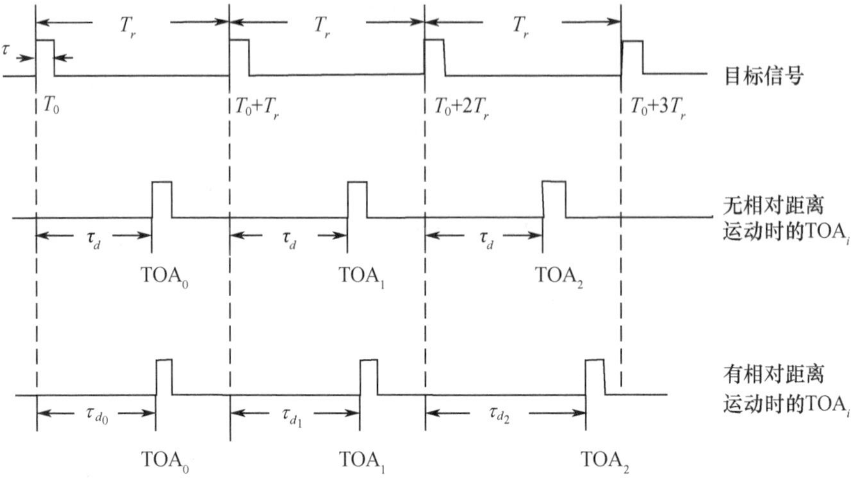

图 1.4　重复脉冲时有/无相对距离运动的信号时序图

$$\mathrm{TOA}_{i+1}-\mathrm{TOA}_i=T_r\rightarrow\text{无相对距离运动} \tag{1.7}$$

$$\mathrm{TOA}_{i+1}-\mathrm{TOA}_i=T_r+\frac{r_{i+1}-r_i}{c}=T_r+\frac{\Delta r_{i+1,i}}{c}=T_r+\tau_{d_{i+1,i}}\rightarrow\text{有相对距离运动} \tag{1.8}$$

在已知或估计出来波信号重复周期 T_r的情况下，可得判定 T-O 之间的运动状态参量 η，即

$$\eta_{i+1,i}=(\mathrm{TOA}_{i+1}-\mathrm{TOA}_i)-T_r=\begin{cases}0 & (\text{无相对运动})\\ \dfrac{\Delta r_{i+1,i}}{c}=\Delta\tau_{d_{i+1,i}}\neq 0 & (\text{有相对运动})\end{cases} \tag{1.9}$$

式中：$\Delta r_{i+1,i}$为目标径向距离的一次差分，即距离变化量；$\Delta\tau_{d_{i+1,i}}$为信号传播延迟的一次差分。可以看出从 TOA_i的序列中进行某种操作运算得出的参量（如 η），能够判断目标的运动状态，以及目标距离的变化量。

TOA 序列中含有目标距离及目标距离径向变化率的信息，这有利于对目标辐射源的定位与跟踪。

每个来波信号包络 TOA_i 的测量是在相同条件下进行的，可以每个脉冲信号包络的前沿、中心或后沿为基准，一般以来波信号前沿的到达时刻作为 TOA。

1.2.3　信号到达频率

当观测量与辐射源之间存在相对运动时，观测站接收信号中会出现多普勒效应。多普勒效应不仅体现在信号载频上，还同时体现在脉冲信号的重复周期中。

对于雷达脉冲信号，如图1.5所示，假设雷达发射的载频值为f_τ，重复周期固定为T_r，图1.5(a)所示是目标雷达发射的脉冲调制的射频信号序列，图1.5(b)所示是T-O之间无相对径向运动时接收的来波信号序列，它是目标辐射信号序列总体时延τ_d后的重复间隔T_r、载频与目标发射载频f_T值相同的脉冲调制射频信号序列。

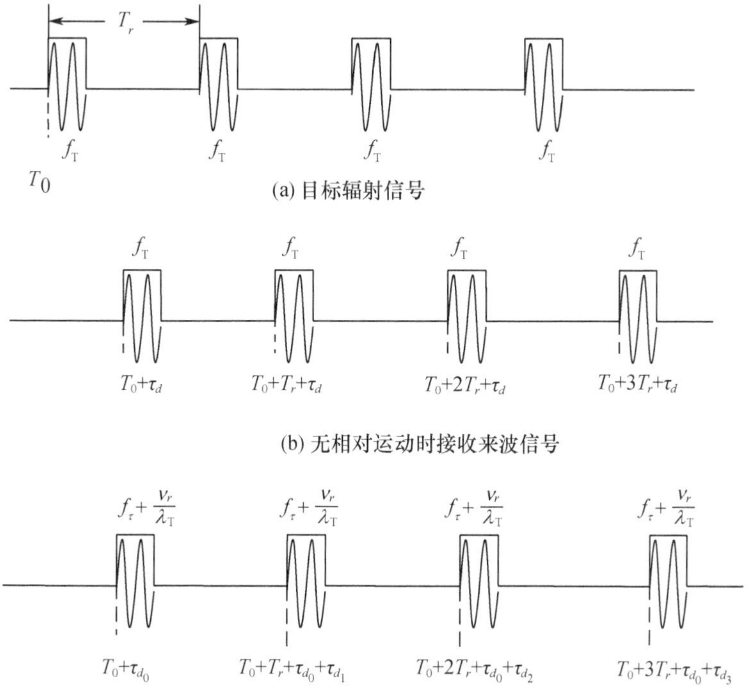

(a) 目标辐射信号

(b) 无相对运动时接收来波信号

(c) 有相对运动时接收来波信号

图1.5　脉冲序列载频在有/无相对径向运动时的波形示意图

当T-O之间的相对径向运动速度为v_r时，观测器接收到的来波脉冲射频信号序列其载频为f_r的多普勒频率$\frac{v_r}{\lambda_T}$，由于$\lambda_T f_T=c$，可得

$$f_\tau+\frac{v_r}{\lambda_T}=f_T\left(1+\frac{v_r}{c}\right) \tag{1.10}$$

序列中的每个脉冲的TOA_i值为

$$\text{TOA}_i=T_0+iT_r+\tau_{d_0}+\Delta\tau_{d_i}\quad(i=0,1,2,\cdots) \tag{1.11}$$

式中：$\tau_{d_0}=\frac{r_0}{c}$，r_0为目标辐射的起始信号发射瞬间T-O之间的距离即起始距离，

$\Delta\tau_{d_i} \approx i\dfrac{v_r T_r}{c}$。重复间隔不等的脉冲序列，当径向距离以等速度 v_r运动而增长时，其重复间隔将出现线性增长如式(1.11)。$v_r T_r$ 是一个重复周期 T_r内径向距离的增长量，而 $\Delta\tau_{d_i}$是第 i 个信号脉冲对应的传播时延的增长量，如图 1.5(c)所示。

由以上讨论可以看出，这种射频信号序列中既在 TOA_i 中含有距离及距离变化率的信息，又在序列中每一个脉冲宽度内的射频中，含有反映距离变化率的多普勒分量。在已知或估计出发射载频 f_T(或波长 λ_T)的条件下，可以由此获得径向相对运动速度即径向距离变化率的信息。

1.2.4 信号接收强度

信号接收强度(RSS)将随着观测器与辐射源之间的距离变化而改变，这是因为根据信号传播方程，无源探测系统接收到的信号功率与距离平方 r^2成反比，即

$$P_r = \frac{P_t G_{tr} G_r \lambda^2}{(4\pi r)^2 L} \tag{1.12}$$

式中：P_t为信号发射功率；G_{tr}为发射天线在侦察接收机方向上的增益；G_r为侦察接收天线的增益；λ 为信号波长；L 为天馈系统损耗。

假设信号发射功率 P_t为0.1W 或者0.5W，发射天线在侦察接收机方向上的增益 $G_{tr}=0$dB，侦察接收天线的增益 $G_r=0$dB，信号载频为 2.4GHz，天馈系统损耗 $L=13$dB，则可计算得到接收信号功率与距离关系，如图 1.6 所示。

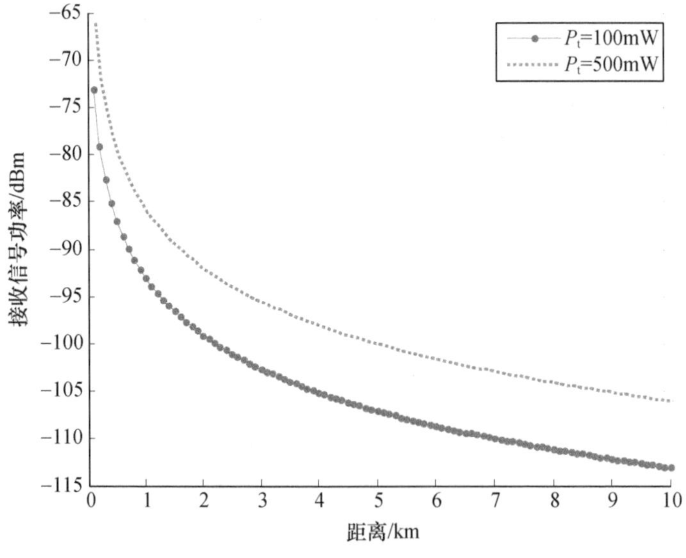

图 1.6 接收信号功率与距离的关系

由图 1.6 可以看出，若距离 r_0 处值为 -73dBm，则距离增长 1 倍的 $r/r_0=2$ 处的 RSS 值则下降 6dB，依此类推。

RSS 与距离 r 平方成反比的关系中，可以有两种应用：

（1）信号发射功率已知的情况。此时，根据信号接收功率和传播方程，可以推断得到功率的距离衰减量，从而估计出距离。这种应用广泛应用于传感器网络和室内 Wi-Fi 定位的情况。

（2）信号发射功率未知的情况。在辐射源与目标之间有相对运动的场合下，从 RSS 的变化量中获取径向距离的变化量。显然 RSS 变化量与 r 之间是非线性关系。

若要在 RSS 中提取出距离 r 的信息，则要准确地掌握信号辐射源的发射功率、天线方向图等技术参数。而且来波信号幅度易受到天线扫描、信号多路径的影响而起伏，因此检测微小的信号幅度变化比较困难，这是利用 RSS 估计距离 r 难以获得较准确数值的主要原因，但可用于近距离的粗略定位。

1.3　典型无源定位系统组成与工作流程

为了能够较为方便地说明无源定位系统组成与工作流程，下面以机载单站无源定位系统为例进行说明。其他应用场合的无源定位系统虽然与其存在一定差异，但是仍然通过该例对无源定位系统一般的构成和系统流程进行一个简要说明。此外，由于无源定位系统一般是整个电子战系统或机载航电系统的一个子系统或分系统，因此无源定位系统在更多的时候被划分为电子对抗分系统的一个单元模块。

1.3.1　系统总体构成方案

为了实现机载单站无源定位，系统至少包括能够截获目标辐射源信号的天线阵和天馈系统、接收系统、信号处理器和数据处理模块等。在本例中系统通过单机测向交叉无源定位的方法获取目标位置信息，为了实现高精度定位，测向采用多基线干涉仪比相方式。

考虑到一般机载运动平台的布局机构，一种较合理的方案是在机身或机翼安装一组接收天线构成多基线干涉仪天线阵，信号接收和信号处理系统安装在飞机机舱内。飞机执行侦察和无源定位任务时，系统便开始截获接收目标辐射源信号，进行数据采集、处理和定位计算。由干涉仪的原理可知，提高天线基线的长度，有利于提高定位精度；根据干涉仪和单站无源定位的可观测性要求可知，目标必须不在运动方向上和干涉仪基线方向上（若目标在运动方向上，不管多远的目标，所有时刻角度一直不变，因此无源定位系统将有无穷多解）。为了扩大可定位区域，减小不可观测方向，一种实现方案如图 1.7 所示。

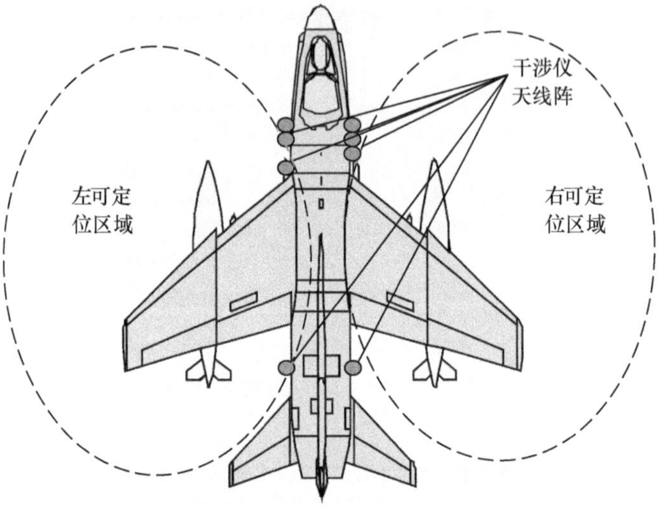

图 1.7　单平台定位系统的安装位置

为了能够实现大范围无模糊测向，如图 1.7 所示，左、右机翼各有一组干涉仪天线组，其波束分别覆盖左边 0°～90°和右边 0°～90°范围，分别可以对载机左侧部分和右侧部分空域进行测向。由于机头运动方向和干涉仪基线方向重合，在这个方向上不能定位，在两侧的定位效果最好。

系统的功能框图如图 1.8 所示。由于无源定位系统通常需要宽频带（例如，典型的工作覆盖频率为 0.2～18GHz）工作，考虑天线跨倍频程宽带工作的难度，以及高频段和低频段两个频段的不同需求，天线部分通常由两个或者更多个不同频段的天线阵组成。图 1.8 中系统是由两个不同频段天线阵构成的，其中一个天线阵接收低频段信号，另外一个天线阵接收高频段的信号。考虑解模糊和测向精度的折中，一般每个频段的天线阵由四个或者以上天线构成。

射频信号经过天馈系统后，通过宽带低噪声放大器（LNA）放大并进行滤波，下变频到中频，在中频进行频段选择，即选择接收哪一个频段的信号，通过模数转换器转换成数字信号，送到数字接收机（或称为数字信号处理器）中。

在数字信号处理器中，首先将数字信号送到两个支路，其中一个支路对每一路进行多相滤波器的数字下变频，多相滤波器根据信号载频变频到一个低的频率并进行抽取。或者也可以根据信号的载波类型进行数字载波提取，将提取的载波进行快速傅里叶变换（FFT）运算。根据各路信号 FFT 的结果进行数字鉴相，得到通

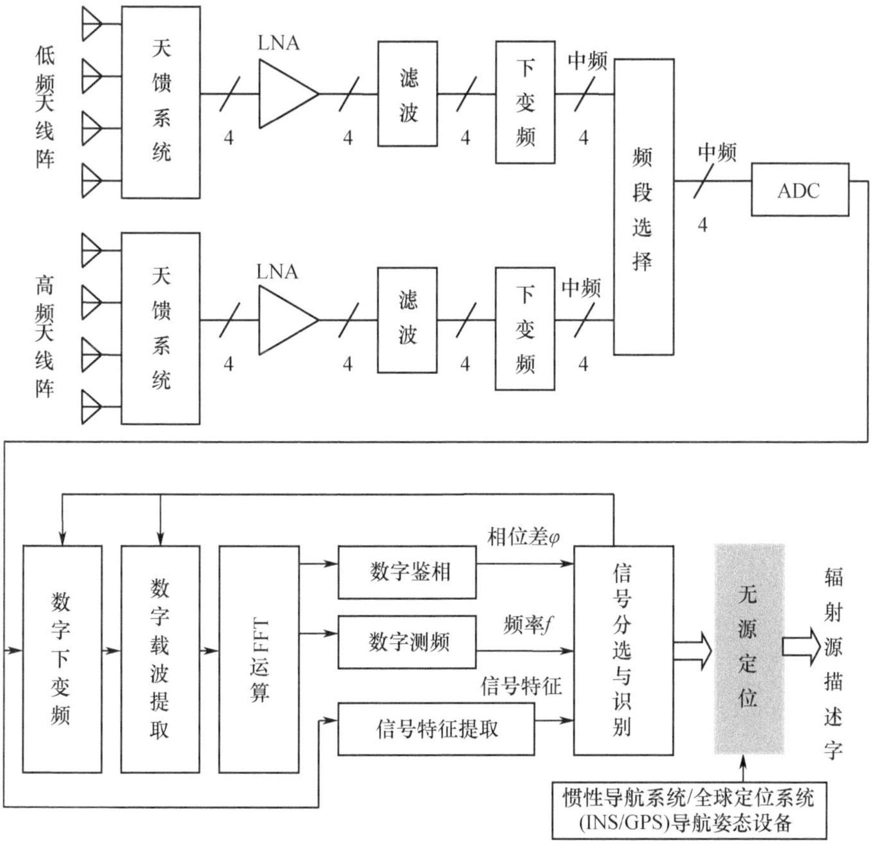

图1.8　单平台定位系统的功能框图

道的相位差数据。另外一个支路抽取出一路数字信号，对信号的调制方式、脉宽、带宽、幅度等信号特征参数进行检测或测量。将这些参数组合起来，可以得到包括到达时间、载频、脉宽、幅度、相位差等参数的脉冲描述字（PDW）等信息，将PDW送到定位处理器中，定位处理器根据多个信号的多个脉冲描述字参数。根据数据库中已有先验辐射源信息进行辐射源数据的筛选与分选，选择需要定位的单个辐射源信号数据序列，送到定位处理器中，进行无源定位的计算。

在定位处理器，根据TOA、频率f、相位差、脉宽等PDW数据，同时读取INS/GPS导航设备的姿态和本机位置、速度等数据，采用非线性最小二乘、扩展卡尔曼滤波等处理方法，积累多个时刻的数据，进行无源定位处理，并将定位结果和信号参数结果形成辐射源描述字（EDW）输出到显示界面上，供系统操作人员进行决策。

1.3.2 单机无源定位数据处理

如上所述,采用几何结构稳定与机体固连的干涉仪天线阵列及多通道接收和信号处理,该系统可截获信号并测量输出参数计算得到干涉仪相位差,利用所测的信号载频数据解算出方向数据,并与载机位置、姿态数据一起在无源定位模块中,根据相应的无源定位解算方法计算得到辐射源位置。通常将辐射源的位置结合辐射源的其他参数如载频、重频、脉宽等形成 EDW 并按照一定的协议输出。因此,为了将目标位置确定出来,需要获得以下参数:

(1) 干涉仪测向结果,可以通过多基线干涉仪相位差解模糊计算得到。

(2) 载机的姿态数据,包括载机平台的航向、俯仰、横滚等姿态角或者欧拉角,可以通过姿态传感器测量得到。

(3) 载机的实时位置、速度可通过机载全球定位系统(GPS)或惯性测量单元(IMU)或两者组合等获得。

(4) 辐射源信号的载波载频,可通过数字测频或者瞬时测频(IFM)接收机获得。

基于上述参数,单机无源定位数据处理的原理框图如图 1.9 所示。

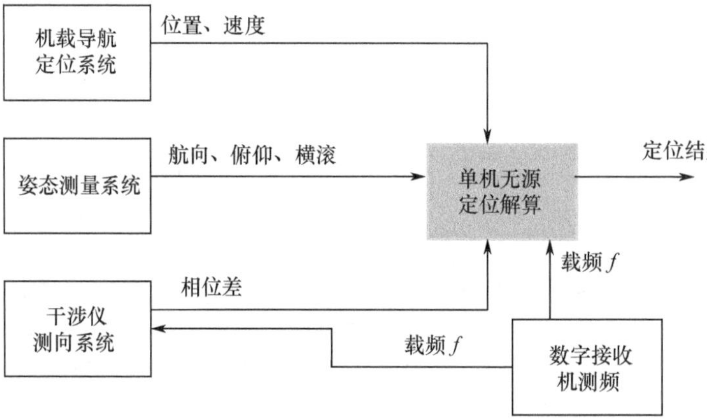

图 1.9 单机无源定位数据处理原理框图

如图 1.9 所示,机载导航设备输出的位置、速度,姿态测量系统输出的航向、俯仰、横滚以及干涉仪测向系统输出的角度,作为定位计算的输入参数。其中航向、俯仰和横滚三轴姿态角可以通过载机上的姿态传感器(如 INS(惯性导航系统)/GPS 测姿设备)获得,包括载机航向(Yaw)、横滚(Roll)、俯仰(Pitch)数据,通过机载导航系统(如 GPS 或“北斗”设备等)获得观测器载机的实时位置、速度。干涉仪测向系统测量得到相位差后,结合数字接收机获得的信号载频计算信号波长,进行解模糊计算后得到辐射源信号的角度。单机无源定位解算模块利用上述输入数据，通过时间、空间配准等预处理，采用参数估计算法从上述信息中提取出辐射源位置。

为了提高单站无源定位的精度，需要对多个时刻测量得到数据进行序贯滤波处理。较为典型的滤波方法有扩展卡尔曼类滤波方法，该方法是一种递推算法，每得到一个测量数据，进行一次更新计算，得到当前时刻的定位结果输出和未来结果的预测，具有丢失数据的短暂记忆功能和数据平滑功能。

1.4 国外无源定位系统发展情况

第一次世界大战期间，英国利用多个测向机截获潜艇发报台的信号并测向，在地图上交汇来确定潜艇的位置。这是在电子侦察领域已知的最早测向交叉定位方法的应用。

几十年来，无源定位技术一直都受到美国、俄罗斯、欧洲发达国家的重视。其中多平台定位系统的研制起步较早，技术水平已相当成熟并广泛应用和部署，其代表性系统主要有捷克的“塔玛拉”“薇拉”“伯拉普”（Borap）系统，乌克兰的“铠甲”（Kolchuga）系统，以色列 IAI ELTA 公司的 EL/L－8388、EL/L－8300G 系统，美国国防高级研究计划局（DARPA）的先进战术目标瞄准技术（ATTT 或 AT3）、战术目标网络技术（TTNT）、网络中心协同目标瞄准（NCCT）系统等。据报道称，美军 F－22 战斗机的机载电子设备的主要工作方式之一就是通过机间飞行数据链（IFDL）实现多机编队内组网无源定位。

随着“网络中心战”思想的提出与不断发展，基于战术数据链的分布式组网协同定位技术逐渐成为无源定位领域的重要研究方向。该技术通过战术数据链实现多平台联网，共享探测数据，可对目标实施快速高精度协同定位。美军一直致力于多平台组网定位技术的研究。特别是经过最近几次高技术局部战争之后，美军更加注重开发基于网络的多平台定位技术，力求提高对移动目标的作战能力。见诸于书面报道的有关系统包括精确定位与打击系统（Precise Location and Strike System，PLSS）、F－22 战斗机编队无源组网定位系统、AT3 系统及（NCCT）系统等，下面分别进行介绍。

1.4.1 机载单站无源定位系统

机载单站无源定位系统主要以雷达告警和战术支援侦察、情报侦察等应用为目的。美国等先进西方国家发展了多种设备。在无源定位领域较为典型的几种系统和装备如下。

1.4.1.1 无源测距定位系统

无源测距定位系统是由洛克希德·马丁联合系统公司与阿纳伦微波公司联合研制的一种以数字射频存储器(DRFM)为核心的技术。其关键技术是利用普通机载雷达告警设备天线,根据先进数字接收机截获信号的幅度和相位数据,精密测量威胁信号参数,提高参数分辨率,按照不同天线接收到的信号频率细微差异和到达时间差异,计算多普勒频率差值和到达时间差,利用2个差值拟合,在INS/GPS辅助下,精确计算辐射源位置,进行精密定位和特殊辐射源识别,并具备在软件强化的条件下检测和处理低截获概率调制信号的能力。在F-16战斗机上采用吊舱式试验系统进行飞行试验表明,利用射频多普勒频移和脉冲重复周期变化差值,能够在17~48s的时间内,以1% R 的精度测定地面雷达的距离[9]。1996年,PRSS已做成一块试验性板子的形式,放在侦察吊舱内,或邻接在现有的雷达告警接收机上,使原有雷达告警接收机具有快速定位功能,并且比传统的测向接收机定位功能提高一个数量级,是一种理想的机载单站快速高精度定位设备。该设备可以与现有的机载侦察天线合用孔径,安装也很容易。

1.4.1.2 精确定位与识别(PLAID)系统

1999年,美国Litton公司推出的PLAID采用数字化机载雷达告警接收机,利用单阵元测多普勒频率,双阵元测相位变化率及时延测向,结合独特的软件算法进行测距和识别。它采用了与无源测距定位(PRSS)系统相同的关键技术。软件算法能够极大地提高被检测威胁的地理位置、方位精度,用于斜距测量并确定特定的辐射源识别信息。通过不断采样积累,接收机可以接收处理频率精度达几赫、时间精度上达到纳秒量级的信号。其测距相对误差可以在10s内收敛到10% R[10-12]。这种精确的参数测量能力,加上利用脉冲相位角和脉冲上有意相位编码或者无意的幅度调制信号,进行抽取分析,可以描述脉冲内部调制模式,实现指纹分析,达到基本没有模糊的辐射源识别。PLAID用于对现有的机载雷达告警设备(如F-16战斗机上的AN/ALR-69雷达告警接收机设备)进行改进,提高其距离和方位上的目标定位能力[13-14]。

根据Litton公司的宣传,给出了PLAID定位原理推测,如图1.10所示[10]。

1.4.1.3 测向和定位系统(DFLS)

DFLS是由美国休斯雷达系统公司研制的一种能快速测出辐射源信号到达方位角和距离的系统。该系统采用测向精度优于0.5°的相位干涉仪测出信号到达方位角;而测距则采用相位变化率技术计算出信号的相位变化率,分辨出辐射源的最大、最小距离,从而使定位系统能在5s内单值地给出辐射源的方位距离和确切位置。该系统封装在机翼尖的天线内,干涉仪安装在机腹吊舱内,还有硬件设备和

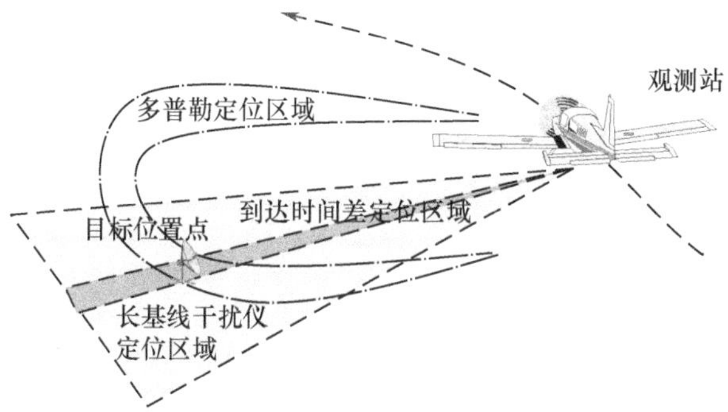

图 1.10　PLAID 定位原理推测

计算机也在其中。射频开关用来对天线接收到的信号进行取样,用亿铁石榴石(YIG)振荡器将射频信号下变频到基带,进行相位鉴别。系统还对加速度计、偏航率信息以及 GPS 自定位信息进行处理。据称从截获信号开始,8s 后的定位精度为 10% R,20s 后的定位精度优于 2% R[9]。

1.4.1.4　LT-500 无源瞄准系统

LT-500 无源瞄准系统是一种快速高精度定位系统,能在数秒内确定敌辐射源位置。该系统的技术特点是采用长/短基线干涉仪测向和无源测距相结合的方法。其中短基线干涉仪具有 3~5 个天线单元和接收机。通过测出第 1 个天线和第 2 个天线信号间的相位差,计算出辐射源至不同天线的距离差。为了解模糊,采用长/短基线相结合的办法,将一个天线尽可能远离短基线安装,形成长基线。如果长基线天线将短基线孔径扩大到 8~10 倍,测向精度则提高 80~100 倍。这种 LT-500 能和 F-15、F-16 和 F/A-18 战斗机上的内装式吊舱或电子战系统兼容,并能利用机上现有的天线来实现无源定位[10]。

1.4.1.5　战术雷达电子战系统

战术雷达电子战系统是由美国诺斯罗普·格鲁曼公司研制的一种无人机载无源定位系统,安装在以色列航空工业公司的无人机上。在机腹下安装了一个 76cm×76cm 的正交极化干涉仪,系统配备惯性导航系统/全球定位系统(INS/GPS)自定位设备。在对敌防空压制(SEAD)的作战飞行高度上,能在 3s 内,对地面雷达定位,圆周误差为 50m。其地面遥控站可在离载机 35km 的地方实施实时控制。整个系统已在科索沃战场成功使用[11]。

1.4.1.6　联合研究开发项目(CRADA)

CRADA 计划利用成熟的商用硬件,根据雷达信号的时域特性进行快速高精度定位,定位精度比采用相位干涉仪测向体制的结果高得多。试飞中,载机上的无源定位设备仅是一个轻便的商用宽带对数检波视频放大器(DLVA)和一个全向天线,另外,由一个商用 GPS 接收机提供时间/位置数据,还有一台未经改装的CP-100 脉冲处理器。因为没有使用 P 码或差分 GPS,所以采用滤波算法来估算和校正时间/位置噪声。经去交叉和参数处理后的目标信号参数和脉冲特征数据,作为定位算法的输入,产生椭圆形定位概率数据。这种设备很轻便,安装容易,适合于无人机载定位系统[12]。

1.4.2 陆基多站无源定位系统

地面无源探测定位系统的典型代表是捷克的“塔玛拉”和“薇拉”系统。“薇拉”系统是“塔玛拉”系统的后继型,能够对空中、地面和海上目标进行监视。捷克在 20 世纪 60 年代初就开始发展地面防空用无源雷达。1990 年,捷克研制生产了第三代产品“TAMARA”三站到达时间差定位系统。该系统利用空中、地面和海上的雷达、干扰机、敌我识别(IFF)应答(询问)机、塔康导航/测距仪问答机等辐射的信号,可对空中、地面和海上目标进行定位、识别和跟踪,并可实时提供目标的点迹、航迹。其各站的站间距为 10 ~ 35km,在左、右两个边站将接收及测量出的脉冲参数等实时地送到中心处理站,经脉冲分选、配对、相关等处理,可得到目标的位置参数和电参数,与数据库对比后可判定目标的类型等。系统的探测距离大于 400km,可自动跟踪 72 个空中目标,并给出目标航迹。其改进型“薇拉”-E 采取 4 站配置,探测频率范围最大可达 0.1 ~ 40GHz,这意味着可探测包括从超短波到毫米波的各种雷达,并可自动跟踪 200 个目标,“薇拉”系统工作原理如图 1.11所示,“薇拉”系统实物如图 1.12 所示。

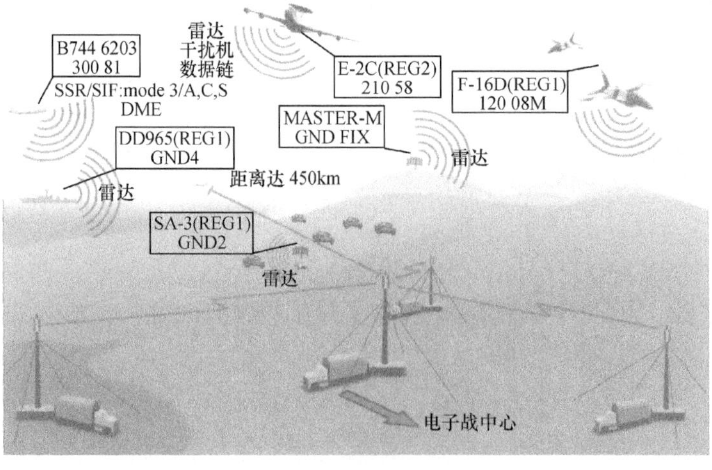

图 1.11 “薇拉”系统工作原理

其他此类无源探测定位系统还有俄罗斯的85V6 – A“织女座”三坐标探测系统、乌克兰的“铠甲”空情监视系统(图1.13)和美国的AN/TSQ – 109移动无源定位系统等。这些系统大多已投入使用,并在对空侦察监视中都发挥了不可低估的作用。

图1.12　“薇拉”系统实物图

图1.13　乌克兰“铠甲”空情监视系统

两类陆基无源探测系统性能参数如表1.1所列[8]。

表1.1　两类陆基无源探测系统性能参数

指标	“薇拉” – E	“铠甲”
频率覆盖	1 ~ 18GHz(0.1 ~ 1GHz、18 ~ 40GHz可选)	0.1 ~ 18GHz
探测距离	450km	200 ~ 600km
定位精度	200m(二维配置); 150m(三维配置)	—
纵深覆盖	—	—
方位覆盖	140°(方位,瞬时,二维配置),360°(三维配置)	同时覆盖窄带1 ~ 5°和宽带45°扇区
仰角覆盖	—	—
目标跟踪能力	200个目标	30个目标
灵敏度	– 100dBm	– 145dBm

1.4.3　机载多站无源定位系统

1.4.3.1　精确定位与打击系统

精确定位与打击系统（PLSS）起初是为越南战争而研制的，当时使用U – 2C

战略侦察机作为侦察和通信中继飞机。1983 年末，装备有无线电技术侦察子系统的 TR－1 飞机开始第一批次的飞行试验。1985 年，PLSS 的研制工作完成并开始装备部队。北约军事专家认为，PLSS 的列装可实现“发射即摧毁”的理念。它是美军开发的类似指挥、控制、通信和情报系统（C^3I）的信息收集和处理系统。该系统首先使用多架侦察机，它们在远处探测到地面探空雷达等目标；然后把信息逐级发送给地面站，由地面站统一融合处理，并把目标的准确位置提供给强击机，以便后者对这些目标实施攻击。

PLSS 的用途：①对作战区域内的目标进行全天候、不间断的无线电和无线电技术侦察；②对敌军的无线电电子系统（脉冲辐射或连续辐射）进行精确定位，以使常规武器进行打击；③确定优先打击目标，在复杂战场环境中实施电子斗争，向各类武器系统发送信息（指令制导）或将战术空降兵的飞机引导至所发现的目标；④对于非辐射目标的攻击则要借助于其摄影侦察子系统或别的技术侦察设备。

PLSS 的主要组成部分包括：①10 架 TR－1 侦察和中继飞机；②地面数据处理和控制中心；③由 12 个机动站组成的地面导航网，其中 100 套设备对 F－4G、F－16 战斗机进行导航，500 套对射程 200km 以内的空地、地地导弹和射程 70km 以内的航空制导炸弹进行制导；④空地、地地制导武器。

PLSS 的主要战术技术性能如下：

（1）脉冲辐射的频率范围 700 ~ 18000MHz，连续辐射的频率范围 20 ~ 18000 MHz。

（2）作用范围 500km × 500km。

（3）对脉冲辐射的定位误差是 15m，而连续辐射的定位误差是 30m。

（4）定位所需的时间不超过 30s。

PLSS 系统发挥功效，必须使其子系统相互协同联合工作：①地面数据处理和控制中心借助地面导航网对 TR－1 侦察中继飞机进行定位；②3 架 TR－1 飞机上的无线电技术侦察和中继设备，接收敌军无线电电子系统的信号，并把数据转发给地面数据处理和指挥中心；③接收、处理上列数据，确定无线电电子系统的型号和位置；④根据空中雷达摄影确定非辐射目标的坐标；⑤确定制导武器的位置，输出制导指令，通过 TR－1 飞机转发给制导武器。敌军无线电电子系统所发射的信号首先由 TR－1 飞机上的无线电技术侦察设备接收并转发；然后由地面数据处理和控制中心进行处理。地面数据处理和控制中心把所接收的信号参数与储存在数据库中的无线电电子系统的信号参数相比较，确定无线电电子系统的型号，同时对其进行定位。对于发射脉冲信号的无线电电子系统，是通过到达时间差分测距法来进行定位的；而对于发射连续辐射的无线电电子系统，则是通过地形匹配法进行定位的。目前,已将差分测距法与地形匹配法结合起来,对连续辐射源进行定位,其潜在误差为 30 ~ 50m,小于差分测距法定位脉冲辐射源误差的 1/2,如图 1.14所示。

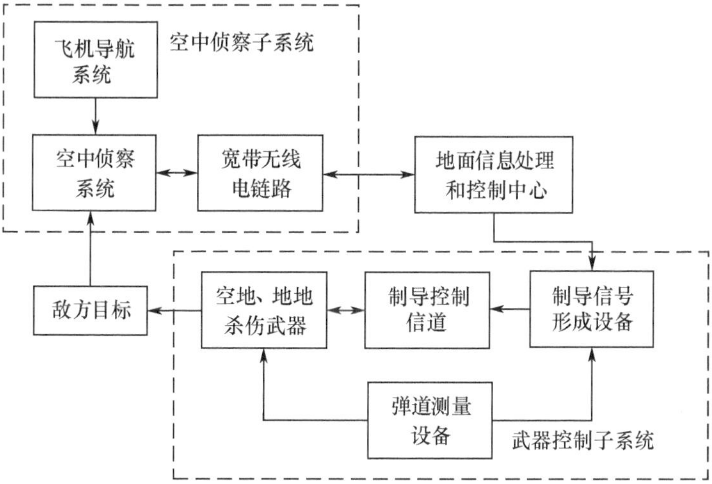

图 1.14　PLSS 构造方案

PLSS 可以以主动和被动两种方式工作。主动工作时,PLSS 使用其侧视雷达,可以观察到敌方纵深 55km 内的目标;被动工作时,3 架 TR – 1 飞机以三角构形飞行,利用机载的无源探测器侦收敌方辐射源信息,并传递到地面站,由地面站进行处理并计算出目标位置,然后地面系统把敌方雷达位置数据经 TR – 1 飞机传给 F – 16战斗机或其他攻击系统。

PLSS 优点很多,例如:在攻击作战行动开始时,可以通过密集的空中打击突破敌军的防空系统;在受到敌军打击时,用防空系统对敌军进行压制。但 PLSS 也存在不少的缺点。例如,由于 PLSS 非常容易受到敌炮火的打击,因此在夺取制空权的斗争中,只可以在最关键的时刻短时间使用。

除了在使用时间上存在缺点外,PLSS 还有一系列缺点:

(1) 制导武器使用无线电指令制导,无线电波的多用户性,使之易被敌军截获。

(2) 对连续辐射源和经过复杂调制的宽频信号源的定位精度不高。

(3) 侦察、定位、指令处理、参数输出的周期相对较长。

(4) 需要火力掩护(空中需要 6 ~ 8 架空中执勤机掩护)。

(5) 系统在结构上比较复杂,要由多架载机和地面站共同组成并在其中交换数据,而且地面站要对侦察机连续精确跟踪以获取高精度的侦察机实时位置数据。

由于当时 GPS 还不够成熟,定位精度不够精确,因此,在该计划完成试验后,并没有装备部队。

1.4.3.2 先进战术目标瞄准技术

AT3 计划的目标是开发和验证一种能快速和精确定位敌防空雷达的新技术。该技术的开发工作由美国国防预研计划局和空军研究实验室共同投资启动实施。目的是将各打击平台联网,同时定位多台雷达发射机。

具体来说,AT3 计划的一个目标是为采用 GPS 制导的精确制导打击武器,例如,美国的联合直接攻击弹药(JDAM)或联合防区外武器(JSOW)提供足够精度、足够快速的目标捕获数据而开发一种多平台联合实施的精确快速的雷达定位技术。

AT3 的概念是空军研究实验室于 1992 年与 1993 年投资的早期研究工作的产物。这项早期研究工作是利用 GPS 导航星得到准确的时间和飞机位置数据,来提供更有效的对敌防空压制(SEAD)方法,该研究证实了几架相对于敌雷达处在不同位置的空中平台几乎可同时对雷达进行定位的可能性。这种基本技术类似于反"罗兰"-C 的工作原理,即由空中几架装备了 AT3 设备的飞机平台在同一个时刻测量出由同一地面雷达辐射来的同一个脉冲的到达时间,通过计算到达时间差来确定敌雷达的精确位置,计算工作可由一架协同平台(如美国的 E-8"联合星"飞机)担当。计算中还需要利用 GPS 导航接收机获得的精确时间和各参与定位测量的平台本身的精确位置数据。

AT3 是一种不依赖专用系统的分布式网络瞄准技术,适用于战术战斗机、侦察机、无人机等多种空中平台,通过目前的战术数据链共享对敌方目标的探测数据。在雷达告警接收机从防区外 80km 距离首次发现敌方雷达的 10s 内,多部雷达告警接收机以自组织方式定位机动防空系统,精度在 50m 以内,同时为最适合进行攻击的飞机提供相关信息,以迅速实施打击。美军计划用一种轻型 AT3 包升级雷达告警接收机,使其自主使用网络通信系统,数秒内实现机器与机器间的互通信。AT3 系统利用多部雷达告警接收机测量信号的到达时间差和频率差,确定敌防空系统位置。敌方雷达一开始工作,多架飞机上的雷达告警接收机即可发现并识别敌方雷达,在 1s 内互通信并明确分工:1 台雷达告警接收机负责定位敌防空系统,其他告警接收机则收集、中继相关测量参数,在处理多个数据后生成精确打击弹药所需的目标坐标。2000 年以来,美军在 3 架涡轮螺旋桨飞机上安装 3 部雷达告警接收机进行了飞行试验;2002 财年,在 3 架 T-39 商用飞机上安装具有 AT3 功能的设备和软件进行评估和演示;2003 财年,完成了对真实目标的飞行试验,并开始在新型雷达告警接收机上使用 AT3。

1.4.3.3 F-22 战斗机被动定位组网方式

F-22 战斗机的综合射频接收系统包括分布于机身与机翼的 30 多部天线,可提供全方位、全频段射频信号监视和收集功能，其中 ALR－94 的精确测角定位系统采用了美国利顿公司先进系统分部研制的长短基线干涉仪，测角精度达 0.1°，作用距离达 460km。

此外，F－22 战斗机编队无源组网是 F－22 战斗机机载电子探测设备最主要工作方式之一。为达到隐身目的，F－22 战斗机没有沿用传统的战情感知手段，而是采用了多传感器融合的方法。机上配备了两条数据链路：一条用标准的甚高频/特高频（VHF/UHF）无线电频率；另一条为近距离联系 2 架或更多 F－22 战斗机的机间飞行数据链（IFDL），这也是一条小功率低截获链路。传感器孔径连接到机身前部的通用综合处理器（CIP）库中。预计在执行任务中，无源系统由于作用距离远，将负责飞机编队的远程预警。编队内各飞机通过 IFDL 联系，使用多站无源定位体制，对辐射源进行准确定位，并据此对有源雷达进行引导。

1.4.3.4 网络中心瞄准系统

NCCT 系统是根据美国国防部通过近代几次局部战争之后总结出来的经验提出来的一项事关军事转型战略的重要计划，是美国 L－3 通信公司为美国国防部、空军和海军协同开发的一种开放式网络中心战设施和软件系统[15]。美军认为：现代作战第一必须把目标图像信息和指挥员的作战命令迅速传递到各作战单位；第二必须能快速准确地攻击机动目标。这就需要使战场上尽可能多的传感器、作战平台和武器联网工作，实现系统的互联、互通、互操作性能，达到战场资源和信息的互通和共享，重点是情报、监视、侦察信息的互通和共享。

美军发展网络中心战的早期目标是快速融合足够的信息以击败或至少避免敌人先进的综合防空系统（IADS）的致命性攻击。但现在的任务已经逐渐地扩展到要以足够的可信度迅速识别“时间敏感”的目标（指高速机动目标或信号活动稍纵即逝的目标，即需要快速捕获的目标），并给出它们的位置信息，以便用精确制导武器进行打击。美军认为：用网络对付网络，把许多情报收集传感器的数据组合起来，精确地补偿所有物理和时间因素，并且利用数据融合技术提炼出战场态势单一的综合图像。

NCCT 系统将综合美军有人、无人以及天基实时情报、侦察和搜索系统，使其更加精确快速地对目标进行定位，对作战人员提供精确的情报支持。NCCT 系统的设计目的是能够在几秒内收集并融合情报数据，识别跟踪并定位敌方辐射源。NCCT 系统采用了自动相关处理技术，使多个平台之间快速完成协同目标定位和识别。它在飞行中利用国际互联协议（IP）为基础的“平台－平台”的协同能力，可从其他各平台通过数据链传来的多个信息流中，选出相关信息，通过综合和融合处理形成单一的、合成的目标跟踪图。如果合成图仍不足以完成目标识别，那么系统将自动地分派另一个平台寻求其他目标信息源，同时继续保持对目标的跟踪。由于 NCCT 系统是一个开放的网络中心结构，因此其软件设计可以将机载和地面设施集成在一起，通过设施之间的相互交换实现对地面目标的探测、定位、跟踪和瞄准，从而可以更有效地执行瞄准任务。

NCCT 系统计划中开发了一些系统框架和软件算法，横向地把空军的情报、监视和侦察飞机联合起来。横向联合意味着所有的情报收集平台不仅能够交换数据，而且能够协作生成新的信息。每个平台搭载的 NCCT 设备有 3 个主要部分：第一，网络通信设备——一种快速、宽带无线电台；第二，网络控制器是大脑和中央神经系统，包括中央计算机、通用协议、语言和算法；第三，平台接口模块，它保证每架飞机传感器的信息被转换成可在网络中应用的格式。

在实战应用中，网络中的一个传感器探测到相关的活动后，就能引导其他的传感器对准目标。该过程中应用的传感器可以是相同类型的，也可以是不同类型的，这样可以充分利用传感器各自的长处。系统可以相互引导，组合传感器的数据，所以军方用户可以加快形成信号情报的速度，并且具有对地监视雷达和光电成像的高精度。

网络协作在目标定位的时间方面可得到很大的改善，例如，一个平台单独工作能够在 5min 之内定位一部敌方发射机，精度小于 500m。而运用 2 架飞机时，误差可在几十秒的时间内下降到 120m；若采用 3 架飞机，误差可在几秒的时间内降低到小于 100m。预计最终的精度将足以满足精确制导武器的要求，误差距离小于 6m。通过快速相互引导，信号情报与对地监视雷达飞机（如 E－8“联合星”飞机）的结合可以进一步把定位精度优化到数十米[15]。

NCCT 系统应用了一种独特的软件算法，它能把单独发生的两三次模棱两可的、时间上飞逝即过的联系信息相关起来，对它们进行交互参照，提供可靠的目标位置。这种新算法把虚警减少到几乎等于零。

NCCT 系统具有的另外两个特点是精确互定位和特殊辐射源识别。精确互定位可以保证每架执行情报收集任务的飞机知道它与其他空中平台的相对位置，包括相对于威胁导弹的位置。预计其精度小于 30m。这项技术给出了精确的相对位置、精确的正北位置，大大降低了校准各个平台传感器所需的时间和工作量。各情报收集设备的同步工作是其关键之一。当系统与地图数据库结合起来时，就能准确地指示地面目标的位置。特殊辐射源识别是给特殊辐射源标上“指纹”烙印，于是可以进行精确的目标识别和长时间的跟踪。

目前，美军已经实现了把 RC－135“铆钉”飞机（信号情报）、含空中预警和控制系统（AWACS）的 E－3 飞机（电子支援措施）、含联合监视与目标攻击雷达（JSTAR）的 E－8 飞机（对地监视雷达）和陆军“护栏”飞机（通信情报）的数据综合后生成相关数据，形成新的信息。

NCCT 组合各种传感器的信息后能够及早实现跟踪，并且扩大现有传感器的作用距离。将 U－2、“全球鹰”、EP－3E、MC2A、陆军的通用空中传感器飞机等平台增加进来，以便对敌人的网络进行实时的电子监视。

为验证 NCCT 系统的性能，美国和英国在 2005 年冬季举行了横跨大西洋的“三叉戟勇士”的军事演习，参加演习的美国海军和空军以及英国空军的作战装备都被联结成了一个跨大西洋的网络。此次演习中与之协同的装备平台都具有信号和/或通信情报侦察能力，或地面移动目标监视能力。参与的平台有美国空军的“联合星”、“全球鹰”和 U－2 飞机的通用地面站，RC－135 “铆钉接头”、EC－130 “罗盘呼叫”、EC－130J“突击队员独奏”等信号情报侦察飞机，美国陆军的 RC－12 “护栏”系统飞机、海军的 E－2C“鹰眼”和“硫磺岛”号两栖攻击舰、英国的“猎迷”和 E－3D 预警机。演习结果表明，这种新型网络瞄准技术目前已经基本达到了可以在数秒内精确确定活动目标位置的水平。系统不仅可以精确定位敌方雷达及通信源，而且一旦精确定位完成，即可进行电子攻击或用导弹或炸弹精确地将目标摧毁。

1.4.3.5　GRAND 系统

为了大大减少准确定位敌地面威胁雷达辐射源所需的时间，英国航空航天(BAE)系统公司开发了一种电子战(EW)定位－预测算法，称为“随机捷变 N 平台分选的几何定位”(Geolocation of Random Agile N-platform De-interleaving，GRAND)系统[16]。GRAND 设计的关键优点在于接收飞机为了定位并不需要检测同一个雷达脉冲。BAE 开发的算法在数学上结合每一个飞机的数据并且处理这些信息，使得它们就像接收于同一个虚拟飞机一样，因此没有同时观测的要求。GRAND 系统设计的关键优点在于接收飞机为了定位并不需要检测同一个雷达脉冲，并且实现了快速、高精度定位和分选。BAE 开发的 GRAND 算法接近实时确定辐射源位置到几十米的定位精度，在数学上结合每一个飞机的数据并且处理这些信息，使得它们就像接收于同一个虚拟飞机一样，因此没有同时观测的要求。在完成定位的同时，该算法还可以实现交错脉冲序列的分选和辐射源识别[16]，如图 1.15所示。

图 1.15 中各个飞机接收到辐射源信号后，确定脉冲的序号(或者时钟计数周期数)后，由测量得到其脉冲 TOA，可以实现对辐射源的定位。在此过程中，并不需要各站收到同一个脉冲信号的 TOA。

根据 BAE 公司公布的专利[16]，GRAND 系统工作流程如图 1.16 所示，各个平台根据 GPS 导航卫星实现精确的位置和时间同步，然后构造网格，对每个网格点进行 TOA 的统计验证，然后再对网格点进行模糊消除。

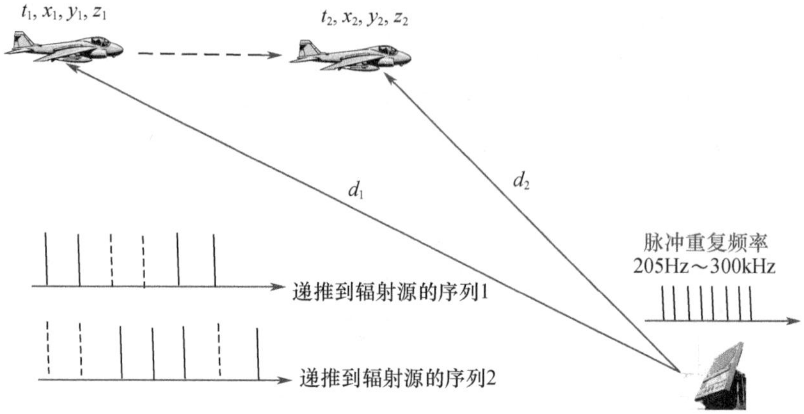

图 1.15　GRAND 方法示意图

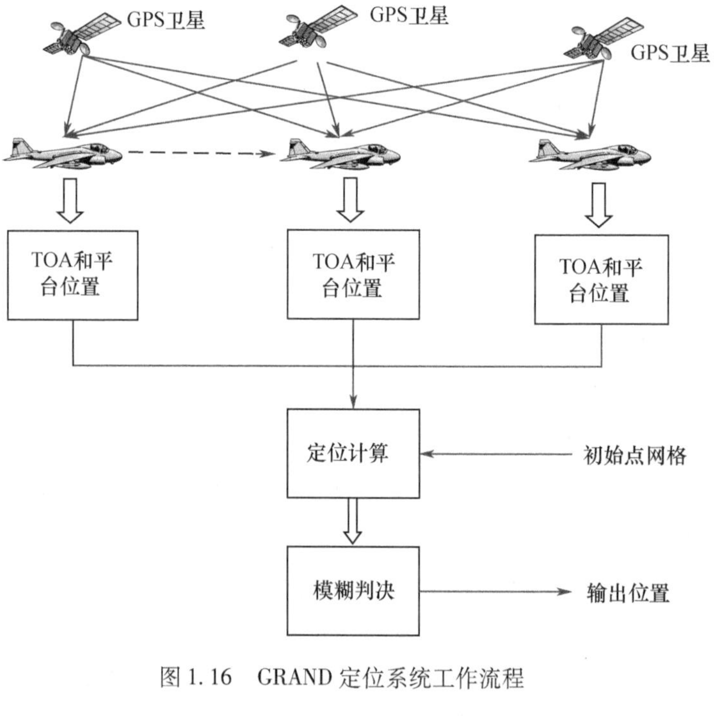

图 1.16　GRAND 定位系统工作流程

1.4.4　星载多站无源定位系统

1.4.4.1　“白云”系列

美国海军海洋监视卫星(NOSS)，也称“白云”系列、“一流奇才”(Classic Wizard)或“命运三女神”(Parcae),是美军最主要的海洋监视卫星系列,可为装备有“战斧”巡航导弹的美国战舰提供超视距侦察和目标指引[17-18]。自20世纪70年代开始共发展了三代:第一代基本型“白云”自1976—1980年共发射了3组,第一代改进型“白云”自1983—1985年共发射了5组,现都已停止工作;第二代“白云”(也称“高级白云”)于90年代后发射,成功入轨3组;第三代“白云”于2001年开始发射,每两年发射一组,每组两颗卫星。

第一代和第二代“白云”系列卫星采用三星星座体制,通过测量舰载无线电辐射源辐射信号的到达时间,来确定海洋目标(舰船)的位置,并对它们进行跟踪。由海军研究实验室研制和制造的头两组原型卫星属于试验型卫星,其中第一组于1971年12月14日用“雷神-阿金纳”火箭发射,分别命名为SSU-A1、SSU-A2、SSU-A3(SSU,指“子卫星组”),利用第一组试验型卫星,验证了从轨道上对舰载发射源进行多点定位的原理,试验了星载重力梯度稳定系统,选定了工作轨道的最佳参数。后来的工作型卫星改由“马丁-玛丽埃塔”公司接手研制和生产,星载侦察设备由E系统公司提供。

第一代基本型:1976—1980年,美国五角大楼在轨道上部署了由3组第一代基本型“白云”卫星组成的海洋监视网。其中第一组工作型卫星发射于1976年4月30日,接着又分别在1977年12月8日和1980年3月3日发射了两组卫星。1980年12月9日有一次发射失败。这3组卫星用“宇宙神”-E/F(运载能力约1360kg)火箭从范登堡空军基地发射,运行在高约1090×1130km、倾角63.5°的轨道上,每组内的3颗子卫星彼此间距50~240km。

第一代改进型:1983年2月9日,用“宇宙神”-H火箭(运载能力约2000kg)从范登堡发射了第4组工作型卫星,随后又分别于1983年6月10日、1984年2月5日、1986年2月9日和1987年5月15日发射了4组卫星。这5组卫星属于第一代改进型,运行在高约1060~1180km、倾角63.4°的轨道上,星上装有经过改进的稳定系统和数传系统,其性能比基本型有所提高[17]。

第二代:自1990年起,美国海军开始使用第二代“白云”卫星,也称“高级白云”卫星,并逐渐以这代卫星取代了第一代卫星,第一组第二代卫星即第9组“白云”卫星是在1990年6月8日用“大力神”-4火箭从卡纳威拉尔角发射的,后来又分别在1991年11月8日(从范登堡基地)、1995年12月5日(从范登堡基地)和1996年5月12日(从卡纳威拉尔角)发射了第10~12组“白云”卫星。此后直至1999年底,未再发射。1993年8月2日有一次发射失败。这4组第二代卫星运行在高约1050~1165km、倾角为63.4°的轨道上,它们采用了一种新的设计,装有现代化的侦察和数传设备。特别是它摒弃了工作在1427~1434MHz频段的发射机,因为这种发射机会对射电天文观测造成干扰。子卫星组内各卫星的布局不变,但测向三角形尺寸仅为原先的1/2左右。据俄罗斯国防部主办的刊物《外国军事评论》1993年7月号发表的一篇文章称，第二代主卫星重达7t(第一代主卫星重约600kg)，而且每组内各子卫星的间距缩小为30~110km。

“白云”卫星利用星载低推力发动机来保持正确的卫星间距，其定位精度为2~3km，电子侦察设备的灵敏度为-97~-45dBm，平均轨道寿命为7年左右，每组卫星能接收地球表面半径约3500km范围内的信号。

第三代“白云”卫星一组只有2颗卫星，据天文爱好者观测，其中1颗卫星较小，采用的技术体制尚未明了[19]。

海军的“白云”电子情报系统在满员时由4个星座组成，分布在4个轨道面，其轨道面间隔60°~120°。负责数据接收和处理的地面站分别设在美国马里兰州的布洛索姆角，缅因州的温特港，英国苏格兰的埃德塞尔，以及关岛、迪戈加西亚岛、阿达克岛和其他地方。系统管理由海军航天司令部负责，侦察信号的处理则由海军设在马里兰州休特兰的主情报中心及其设在西班牙、英国、日本和夏威夷的地区情报中心负责。一组卫星能够接收半径为3500km区域内的信号，在一定条件下还可在108min后监视同一个目标。由4组卫星组成的系统能够对地球上40°~60°纬度的任何地区每天监视30次以上。

在1990—1991年海湾战争期间，共有4组“白云”海洋监视卫星在轨运行，每组卫星每天至少飞经海湾地区1次，最多可达3次，对北纬19°~35°、东经40°~62°地域进行侦收、定位，为美军提供海上及部分陆上信号情报保障。

1.4.4.2 “天基广域监视系统”系列卫星

美国“天基广域监视系统”(SB-WASS)由“海军天基广域监视系统”(SB-WASS-Navy)与“空军陆军天基广域监视系统”(SBWASS-Air Army)合并而成，兼顾空军的战略防空和海军海洋监视的需求，于1994年启动。

SBWASS-Navy计划由3颗卫星组成星座，每颗卫星上装载高灵敏度红外相机，主要侦察对象是对方的水面舰和潜艇。此外，它也能对飞机进行侦察。该计划于20世纪80年代末启动，由3颗“三弹头”(TRIPLET)卫星组成星座，“三弹头”卫星是红外成像侦察卫星，其特点是红外CCD灵敏度很高，达0.1K，具有足够能力探测水面舰船和水下潜艇，并且能够进行全天候侦察，1993年该计划结束。

SBWASS-Air Army计划的目的是战略空中防御，主要侦察对象是对方的飞机。此外，它还对水面舰船进行侦察。据报道，该计划也就是“雪貂”-D计划，20世纪80年代后期正式启动，发射3颗卫星后，1992年该计划结束。

“天基广域监视系统”是美国现役最新的海洋监视卫星系统，用来接替之前的NOSS计划。自2001年9月—2007年6月，SB-WASS已发射4组共8颗卫星。

1.4.5 国外发展趋势

从上述系统装备的特点可以看出，无源定位系统装备技术的发展正呈现以下特点。

（1）新一代系统普遍采用先进的数字技术。对辐射源进行快速全概率识别、跟踪和实现几百米到千米量级的高精度定位。其核心技术是数字式接收机技术（具有纳秒量级测时精度和赫兹量级测频精度）以及数据融合技术。全概率识别数字式接收机对雷达脉冲信号连续采样，积累后关联成一个连续信号，可以测量小到1ns的重复周期（PRI），并采用时钟提取算法对特殊雷达信号脉冲内有意无意调制特性进行测量，实现98%的全概率识别。由于数字式接收机的高精度和强大处理能力，使多种无源测距技术用于目标定位成为现实。

（2）多平台组网协同探测定位技术得到了高度重视。在网络中心战的空战环境中，很难界定单站定位和多平台定位的区别。利用网络技术和数据融合技术，将多平台上的传感器组网后，每个平台就是网络中的一个节点，每架飞机都具有“野鼬鼠”系统的功能。在网络的支持下，除了能单站定位外，还能在远离目标的地方寻找目标，并对GPS制导的弹药进行瞄准性引导。为了使定位精度达到真正的目标瞄准要求，这些系统一般都采用舰－机、陆－机、机－机等多平台协同工作。

（3）探测定位速度快、精度高。计算机和通信技术的发展，为机载无源探测定位系统信号和数据处理技术带来了跨越式进步，实现了对目标快速高精度探测定位，很多系统已从对固定目标的定位发展到了具有对运动目标的快速高精度定位能力。

（4）多功能小型化设计。为适应恶劣气候环境下作战及反恐作战需求，减少人员伤亡，机载无源探测定位技术趋于多功能、小型化，这类装备的显著特点是功能强、集成化程度高、体积小、重量轻、功耗低，能大量装备于无人机作战平台。

参考文献

[1] 熊群力，等．综合电子战[M]．2版．北京：国防工业出版社，2008.
[2] 胡来招．无源定位[M]．北京：国防工业出版社，2004.
[3] 孙仲康，周一宇，何黎星．单多基地有源无源定位技术[M]．北京：国防工业出版社，1996.
[4] 孙仲康，郭福成，冯道旺，等．单站无源定位跟踪技术[M]．北京：国防工业出版社，2008.
[5] POISEL A R．电子战目标定位方法[M]．王沙飞，等译．北京：电子工业出版社，2008.
[6] 周一宇，安纬，郭福成，等．电子对抗原理[M]．北京：电子工业出版社，2009.
[7] 郭福成，樊昀．空间电子侦察定位原理[M]．北京：国防工业出版社，2012.

[8] 郁春来,张元发,等．无源定位技术体制及装备的现状与发展趋势[J]．2012,4(26):79-84.

[9] GERSHANOFF H. Experimental passive range and AOA system shows promise[J]. Journal of Electronic Defence, 1992,12: 31-33.

[10] COL L, WILSON J. Precision location and identification: A revolution in threat warning and situational awareness[J]. Journal of Electronic Defence, 1999,11: 43-48.

[11] LAWLER B. Passive ranging power sub-system[R]. New York: Lockheed Martin Federal Systems, 1996.

[12] ADAMY D. Precise targeting: sensors get smarter[J]. Journal of Electronic Defence, 2000,9: 51-56.

[13] ADAMY D. Radar warning receiver: The digital revolution[J]. Journal of Electronic Defence, 2000,6(23): 45-50.

[14] SHRMAN K B, RIVERS B P. USAF upgrading RWRs[J]. Journal of Electronic Defence, 2001,10(10):30.

[15] FULGUM D A. It takes a network to beat a network[J]. Aviation Week and Space Technology, 2002(20): 28-28.

[16] ZEMANY P. Method and apparatus for determining locations of a moving radar[P]. US Patent No. 8587467 B1, 2013-11-19.

[17] 诸葛炎．"命运三女神"情系"白云":美国海洋监视卫星[J]．中国国家天文,2010,1(1):70-75.

[18] 吴培中．美国海军海洋监视卫星系统[J]．国际太空,2000(10):9-11.

[19] 张保庆．国外侦察与监视卫星系统发展分析[J]．军事文摘,2016(13):51-54.

第 2 章

无源定位基础

2.1 定位的基本几何原理

从几何角度看，确定空间的一个点，可以由 3 个或 3 个以上的曲面或平面在三维空间内相交而得出。电子侦察接收机从目标辐射源获得的定位参数或测量值，如方位角 β 或 φ，俯仰角 ε，方向余弦 l、m、n，斜距 r，距离和 ρ 或 s，距离差 Δr，高度 h 等，在几何上都对应一个平面或曲面。利用无源探测系统获得的同一个目标的定位参数所对应的平面或曲面，定义为定位面。通过一定的组合，使面面相交得线，线线或面线相交得点，从而确定出目标位置点。这里面面相交得出的是定位线，线线、线面相交得出的是定位点[1-3]。

2.1.1 空间的定位面

假设目标辐射源的位置 $\boldsymbol{x}=[x \quad y \quad z]^{\mathrm{T}}$，电子侦察接收机的位置为 $\boldsymbol{x}_i=[x_i \quad y_i \quad z_i]^{\mathrm{T}}$，电子侦察接收机测量获得的观测量，如方位角、俯仰角、方向余弦角、距离和、距离差等，它们所对应的空间定位平面或曲面及其代数表达式，可列举如表 2.1所列。

表 2.1　定位面列表

观测量	定位面形式	代数表达式
方位角 β 或 φ	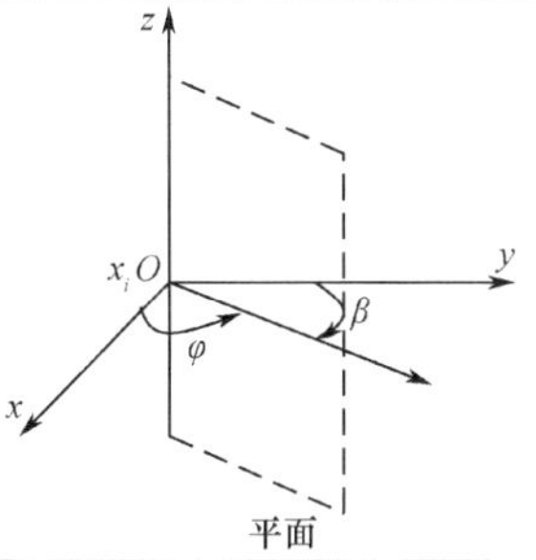	$\tan\beta=\dfrac{x-x_i}{y-y_i}$ $\tan\varphi=\dfrac{y-y_i}{x-x_i}$ 或 $\cos\beta(x-x_i)-\sin\beta(y-y_i)=0$ $\sin\varphi(x-x_i)-\cos\varphi(y-y_i)=0$

（续）

观测量	定位面形式	代数表达式
俯仰角 ε	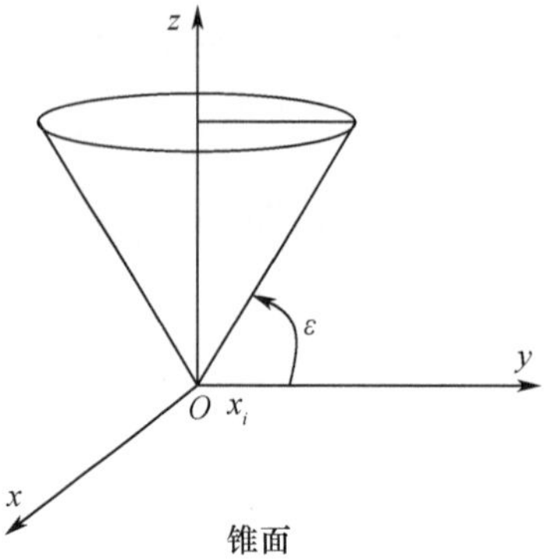 锥面	$\tan\varepsilon=\dfrac{z-z_i}{\sqrt{(x-x_i)^2+(y-y_i)^2}}$ $=\dfrac{z-z_i}{d}$ 式中：d 为目标水平距离或 $(x-x_i)^2+(y-y_i)^2$ $-\cot^2\varepsilon(z-z_i)^2=0$
方向余弦 l、m、n	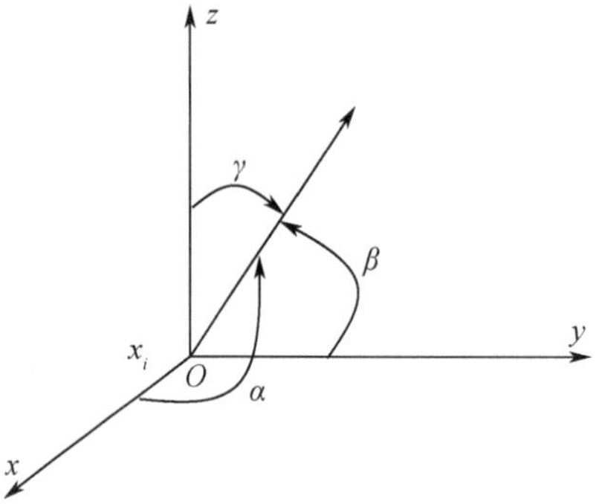 3 个方向余弦分别对应以 x、y、z 轴为圆锥轴，以 α、β、γ 为半顶角的三个圆锥面，任意两面相交得到方向线 γ 也即定位线	$l=\cos\alpha=\dfrac{x-x_i}{r}$ $m=\cos\beta=\dfrac{y-y_i}{r}$ $n=\cos\gamma=\dfrac{z-z_i}{r}=\sqrt{1-l^2-m^2}$ 式中 $r=\sqrt{(x-x_i)^2+(y-y_i)^2+(z-z_i)^2}$
斜距 r	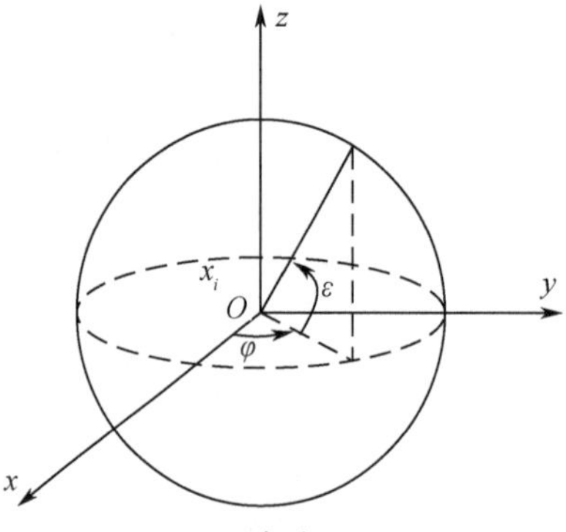 球面	$r=[(x-x_i)^2+(y-y_i)^2+(z-z_i)^2]^{1/2}$ 或 $r=l(x-x_i)+m(y-y_i)+n(z-z_i)$ 式中： $l=\cos\varphi\cos\varepsilon=\sin\beta\cos\varepsilon$ $m=\sin\varphi\cos\varepsilon=\cos\beta\cos\varepsilon$ $n=\sin\varepsilon$

（续）

观测量	定位面形式	代数表达式
距离和 ρ 或 s	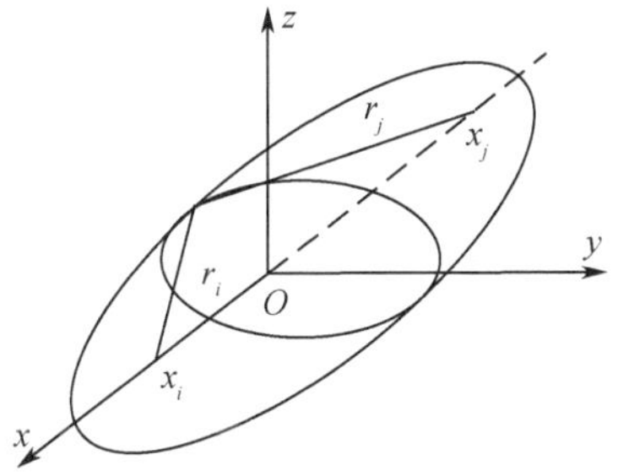 回转椭球面	$\rho = r_i + r_j$ $= [(x-x_i)^2+(y-y_i)^2+(z-z_i)^2]^{1/2}+[(x-x_j)^2+(y-y_j)^2+(z-z_j)^2]^{1/2}$ 式中： $\boldsymbol{x}_i = [x_i \quad y_i \quad z_i]^{\mathrm{T}}$ $\boldsymbol{x}_j = [x_j \quad y_j \quad z_j]^{\mathrm{T}}$为第 i 和第 j 个站址，$\boldsymbol{x} = [x \quad y \quad z]^{\mathrm{T}}$为目标的空间位置，$r_i$、$r_j$分别为 i 站和 j 站与目标之间斜距
距离差 Δr	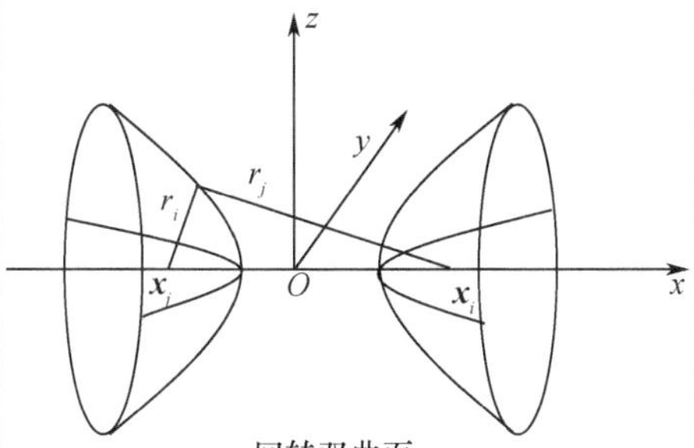 回转双曲面	$\Delta r = r_i - r_j$ $= [(x-x_i)^2+(y-y_i)^2+(z-z_i)^2]^{1/2}-[(x-x_j)^2+(y-y_j)^2+(z-z_j)^2]^{1/2}$
高度 h	离地球表面等高 h 的椭球面，或者在小区域内可以看成为一个与 xy 平面平行的平面	WGS－84 椭球面或者 $h = z - z_i$

2.1.2　空间的定位线

若一个电子侦察接收机同时可测得两个观测量，如同时测得方位、俯仰角（φ、ε），或方位、斜距（φ、r）；又如果空间分置的两个电子侦察接收机能分别测得同一目标的方位角（φ_1，φ_2），这时对应两个观测量的定位面，将交出一条空间曲线，目标将位于这条线上，故称为定位线，如表 2.2 所列。

表 2.2　定位线示例

观测量	定位线形式	说明
方位角 β、φ 及俯仰 ε	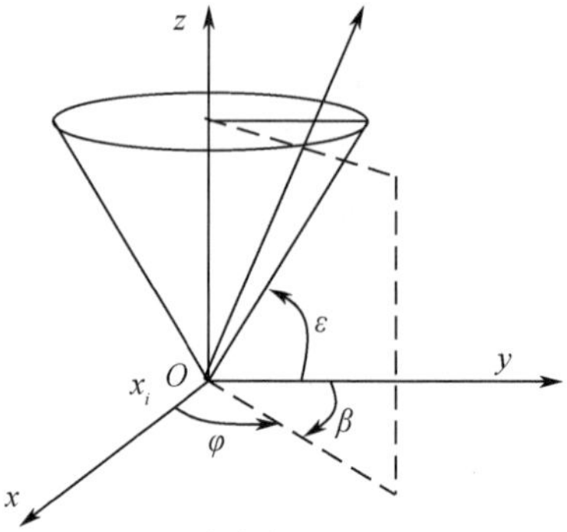 方向矢量	方位平面与俯仰锥面相交得到一定位线，指示目标的方向，或称方向矢量，此矢量的方向余弦为 $l=\cos\varphi\cos\varepsilon=\sin\beta\cos\varepsilon$ $m=\sin\varphi\cos\varepsilon=\cos\beta\cos\varepsilon$ $n=\sin\varepsilon$
方位角 φ、斜距 r	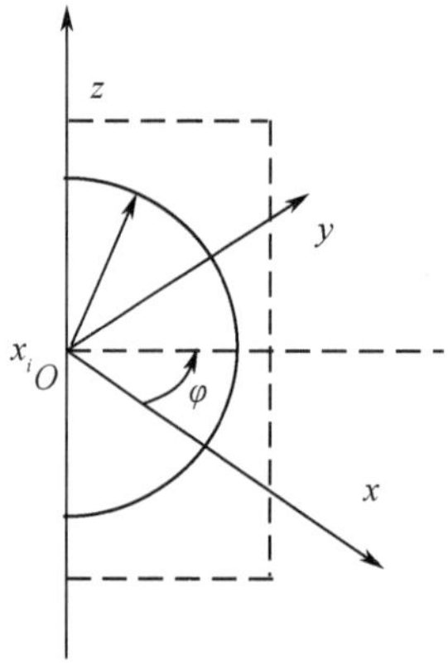 方向斜距定位线	方位平面与斜距球面相交，得到一起点终点在 z 轴 $\pm r$ 处，在方位平面上的一根空间半圆弧线，若 $\boldsymbol{x}_i$ 位于地面，则定位线为$\frac{1}{4}$圆弧
方位角 φ_i、方位角 φ_j	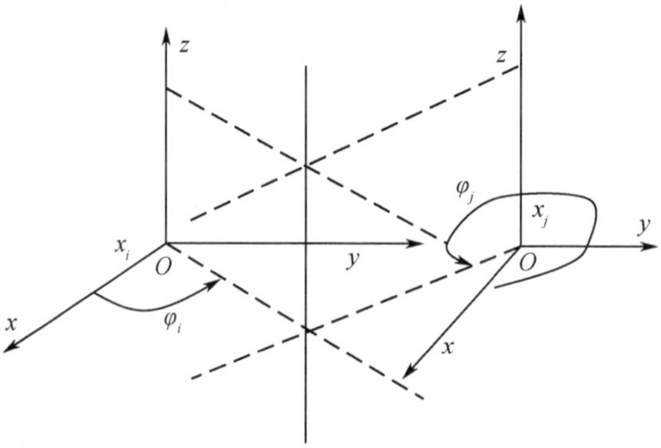 定位直线	$\boldsymbol{x}_i$ 站的方位平面 φ_i 与 x_j 站的方位平面 φ_j 相交得到一个与 z 轴平行的直线，其方程为 $\begin{cases}x=x_{\mathrm{T}}\\y=y_{\mathrm{T}}\end{cases}$ 任意的 z_{T} 值

（续）

观测量	定位线形式	说明
斜距 r_i、距离和 $\rho = r_i + r_j$	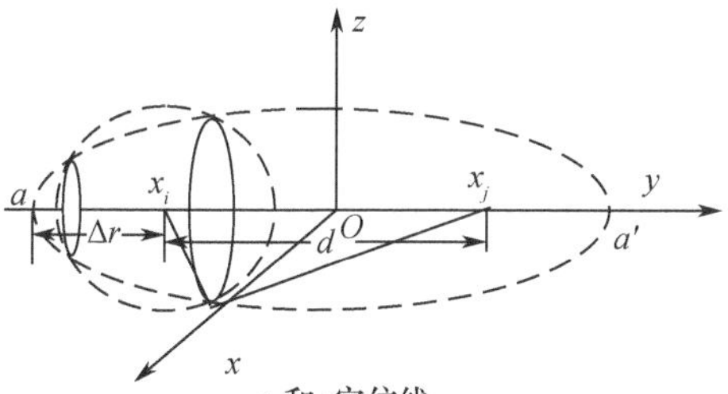 r_i和ρ定位线	当 $r_i = \Delta r$ 或 $r_i = d + \Delta r$，$r_j = \Delta r + d$ 或 $r_j = \Delta r$，而 $\rho = r_i + r_j = d + 2\Delta r$ 时，斜距球面与距离和椭球分别相交于一点 a 或 a'；当 $\Delta r < r_i < d + 2\Delta r$，而 $\rho = r_i + r_j = d + 2\Delta r$ 值不变时，球面与椭球面将相交得一圆

根据以上的几何图形分析，可以看出要作三维空间定位，至少应该有 3 个或 3 个以上的定位面，才有可能对目标实现三维空间定位。

上面讨论的空间定位的几何基础，对于认识定位的原理、定位的可实现性、理解由测量误差引起的定位误差随目标空间位置不同而改变的规律十分有用。

2.2　定位误差的度量指标

在实际条件下各种定位参数的测量都是有误差的，而且受到各种各样因素的影响，实际的定位系统计算得到的位置总是存在误差的。误差的大小与分布与具体的定位场景、可观测性、定位方法、参数测量误差等密切相关，是电子侦察定位系统的重要技术指标之一，因此研究定位误差的度量具有重要的意义。

2.2.1　误差的一般定义

假设目标的真实位置为 $\boldsymbol{x} = [x \quad y \quad z]^{\mathrm{T}}$，通过测量得到 i 个观测量 $z_1, z_2, \cdots, z_i$，进行定位估计得到结果为 $\hat{\boldsymbol{x}}$，它一般是观测的函数，即 $\hat{\boldsymbol{x}} = \boldsymbol{f}(z_1, z_2, \cdots, z_i)$，则定位误差可表示为

$$\tilde{\boldsymbol{x}} = \hat{\boldsymbol{x}} - \boldsymbol{x} \tag{2.1}$$

由于测量误差一般都具有随机性，定位误差也是随机的，每一次定位估计都不一样。

1）定位误差的偏差[4]

估计的偏差（Bias）表示为

$$\boldsymbol{x}_{\text{bias}} = E[\hat{\boldsymbol{x}}] - \boldsymbol{x} \tag{2.2}$$

实际上,如果进行了多次同样条件重复的定位估计,估计的偏差可以近似为

$$\boldsymbol{x}_{\text{bias}} = \lim_{N\to\infty} \frac{1}{N}\sum_{n=1}^{N}(\hat{\boldsymbol{x}}_n - \boldsymbol{x}) \tag{2.3}$$

式中:$\hat{\boldsymbol{x}}_n$为第 n 次估计结果。当 N 趋近于无穷多次后可以得到精确的偏差。实际上,一般定位结果希望能够无偏,即 $E[\hat{\boldsymbol{x}}] = \boldsymbol{x}$。

如果估计结果存在偏差,有可能是测量参数存在系统偏差,或者估计算法存在估计偏差。但有时候有些定位算法不能达到无偏,也可以退而求其次,即希望算法是渐进无偏,即满足当测量次数无穷多的时候,估计是无偏的:

$$E[\lim_{i\to\infty}\hat{\boldsymbol{x}}(z_1, z_2, \cdots, z_i)] = \boldsymbol{x} \tag{2.4}$$

2) 定位误差的方差和均方根误差[4]

另外一个重要的技术指标是方差和均方根误差。由于位置一般而言是一个矢量,因此位置误差不再是一个标量,而是一个矢量,此时应该采用协方差矩阵进行描述更为适宜。协方差矩阵的定义为

$$\boldsymbol{P} = E[(\hat{\boldsymbol{x}} - \boldsymbol{x})(\hat{\boldsymbol{x}} - \boldsymbol{x})^{\mathrm{T}}] \tag{2.5}$$

但是,有时仍然比较关心位置的距离误差,通常称为距离方差,它可以表示为

$$\sigma^2 = E[(\hat{\boldsymbol{x}} - \boldsymbol{x})^{\mathrm{T}}(\hat{\boldsymbol{x}} - \boldsymbol{x})] = \mathrm{tr}(\boldsymbol{P}) \tag{2.6}$$

式中:"tr(·)"为求矩阵迹的运算,它等于矩阵对角线元素相加。对应的均方根误差(RMSE)可以表示为

$$\sigma = \sqrt{\mathrm{tr}(\boldsymbol{P})} \tag{2.7}$$

均方根误差去除偏差后又称为标准差。

如果进行了多次重复的定位估计试验,可以得到定位误差的经验协方差估计为

$$\hat{\boldsymbol{P}}_N = \frac{1}{N}\sum_{n=1}^{N}(\hat{\boldsymbol{x}}_n - \boldsymbol{x})(\hat{\boldsymbol{x}}_n - \boldsymbol{x})^{\mathrm{T}} \tag{2.8}$$

此时距离的均方根误差为

$$\hat{\sigma}_N = \sqrt{\frac{1}{N}\sum_{n=1}^{N}(\hat{\boldsymbol{x}}_n - \boldsymbol{x})^{\mathrm{T}}(\hat{\boldsymbol{x}}_n - \boldsymbol{x})} \tag{2.9}$$

如果 N 足够大,显然可以得到 $\boldsymbol{P} = \lim_{N\to\infty}\hat{\boldsymbol{P}}_N$, $\sigma = \lim_{N\to\infty}\hat{\sigma}_N$。注意, $\hat{\sigma}_N \neq \frac{1}{N}\sum_{n=1}^{N}\sqrt{(\hat{\boldsymbol{x}}_n - \boldsymbol{x})^{\mathrm{T}}(\hat{\boldsymbol{x}}_n - \boldsymbol{x})}$。

3）相对距离误差[2]

一般而言，定位系统的定位误差随着与传感器的距离增加而增加，例如，有源雷达传感器，测距精度较高，远距离时定位误差主要由测角误差引起，因此定位误差可近似为 $\sigma \approx r\sigma_{\theta}$。基本与定位误差成正比，即相对距离误差参数与距离无关，因此相对距离误差是衡量有源雷达精度的重要指标。无源定位系统也可以从有源雷达系统指标中借鉴相对距离误差的概念，定义为

$$\text{相对距离误差}(\%R) = \frac{\sigma}{r} \times 100\%$$

对于单个观测站的情况，计算 r 的基准点就是观测站本身；对于多个测向站的情况，计算距离 r 的基准点可以采用多个观测站的几何中心。

由于无源定位的定位误差可能不一定与目标距离严格成正比，因此相对定位误差指标通常是目标距离、方位的非线性函数。

2.2.2　定位误差的几何稀释

由于目标辐射源的位置不同，即使相同的参数测量误差，在不同位置所决定的不确定区域形状、大小各不相同，因此定位误差还是目标位置的函数。为了更好地描述这种关系，工程上定义了一个名词称为“定位误差的几何稀释（Geometrical Dilution of Precision，GDOP）”[2-3]，中文常翻译为定位误差的几何因子，它反映了定位误差随着观测器—目标辐射源几何相对位置关系变化而带来的影响程度不同。此外，为了描述不同维度分量的大小，还有另外两种：水平位置精度系数（Horizontal DOP，HDOP）和垂直方向精度系数（Vertical DOP，VDOP）等。

例如，对于测时差定位，假设测时差误差的均方根为 σ_t，有[5]

$$\text{GDOP}(x,y,z) = \frac{\sqrt{\sigma_x^2 + \sigma_y^2 + \sigma_z^2}}{c\sigma_t} \tag{2.10}$$

$$\text{HDOP}(x,y) = \frac{\sqrt{\sigma_x^2 + \sigma_y^2}}{c\sigma_t} \tag{2.11}$$

$$\text{VDOP}(x,y,z) = \frac{\sigma_z}{c\sigma_t} \tag{2.12}$$

式（2.10）～式（2.12）中各量为无量纲的数值。为了适应更多情况及表示得简单起见，有些文献中定位误差的几何分布也称为 GDOP（HDOP、VDOP），可用下式表示[5]：

$$\text{HDOP}(x,y) = \sqrt{\sigma_x^2 + \sigma_y^2} \tag{2.13}$$

$$\text{GDOP}(x,y,z)=\sqrt{\sigma_x^2+\sigma_y^2+\sigma_z^2} \tag{2.14}$$

GDOP 中描述的定位误差,既可以是式(2.13)和式(2.14)的均方根误差,还可以是 2.2.4 节中的圆概率误差。

为了更加直观地表示目标定位误差的分布,通常将一个区域的定位误差分布 GDOP 描绘成平面等高线图的形式,并在等高线上表示定位误差数值,称为 GDOP 误差分布图。

2.2.3 定位误差的图形化表示

由于引起定位误差的因素是多种多样的,根据中心极限定理,定位误差是多个影响的因素共同作用的效果,定位误差一般都近似服从正态分布,它们的统计性质可用分布函数的一、二阶矩来表达。因此,可以用联合高斯分布来近似描述定位误差的分布。

若三维空间位置误差服从正态分布,则它可以用下式表达它的空间概率密度分布[6],即

$$p(\boldsymbol{x})=\frac{1}{(\sqrt{2\pi})^3|\boldsymbol{P}|^{\frac{1}{2}}}\exp\left\{-\frac{1}{2}(\boldsymbol{x}-\bar{\boldsymbol{x}})^{\mathrm{T}}\boldsymbol{P}^{-1}(\boldsymbol{x}-\bar{\boldsymbol{x}})\right\} \tag{2.15}$$

式中:误差矢量 $\boldsymbol{x}=[x \quad y \quad z]^{\mathrm{T}}$;$\bar{\boldsymbol{x}}=E[\boldsymbol{x}]$ 为误差均值矢量;误差矢量的协方差矩阵 $\boldsymbol{P}$ 是一个对称的实正定矩阵,即

$$\boldsymbol{P}=E[(\boldsymbol{x}-\bar{\boldsymbol{x}})(\boldsymbol{x}-\bar{\boldsymbol{x}})^{\mathrm{T}}]=\begin{bmatrix}\sigma_x^2 & \rho_{xy}\sigma_x\sigma_y & \rho_{xy}\sigma_x\sigma_z \\ \rho_{xy}\sigma_x\sigma_y & \sigma_y^2 & \rho_{yz}\sigma_y\sigma_z \\ \rho_{xy}\sigma_x\sigma_z & \rho_{yz}\sigma_y\sigma_z & \sigma_z^2\end{bmatrix} \tag{2.16}$$

对于二维定位的情况,假设定位误差服从二维正态分布,其概率密度函数为

$$p(\boldsymbol{x})=\frac{1}{2\pi|\boldsymbol{P}|^{\frac{1}{2}}}\exp\left\{-\frac{1}{2}(\hat{\boldsymbol{x}}-\boldsymbol{x})^{\mathrm{T}}\boldsymbol{P}^{-1}(\hat{\boldsymbol{x}}-\boldsymbol{x})\right\} \tag{2.17}$$

如果每一次都要用这么复杂的概率密度函数来描述定位误差,那就太烦琐了。为了进一步简化定位误差的描述,可以用一个概率 p 相联系的置信椭圆,又称为概率误差椭圆(Elliptical Error Probable, EEP)描述定位误差。该椭圆的大小和形状说明了定位的误差情况。其长轴 a 和短轴 b 越大,则椭圆越大,定位质量越差(定位误差越大)。

由于协方差矩阵 $\boldsymbol{P}$ 为实对称的正定阵,根据矩阵分析可知,对协方差矩阵 $\boldsymbol{P}$ 进行特征值分解,得到

$$P = U\Sigma U^{\mathrm{T}} \tag{2.18}$$

式中：U 为酉矩阵，满足特性 $UU^{\mathrm{T}} = I$，$\Sigma = \mathrm{diag}\{\lambda_1, \lambda_2, \lambda_3\}$ 为其特征值对角阵。可以将上述特征值分解的过程看作一个坐标旋转的过程，其中酉矩阵 U 为一个坐标旋转矩阵，得到的特征值为椭球的 3 个轴。

对于二维情况，显然可以计算得到位置协方差矩阵的特征值为[6-8]

$$\lambda_{1,2} = \frac{\sigma_x^2 + \sigma_y^2 \pm \sqrt{(\sigma_x^2 - \sigma_y^2)^2 + 4\sigma_{xy}^2}}{2} \tag{2.19}$$

则 1σ 误差椭圆（称放大因子 $k=1$ 时对应的误差椭圆为 1σ 误差椭圆）的长半轴为 $\max(\sqrt{\lambda_1}, \sqrt{\lambda_2})$，短半轴为 $\min(\sqrt{\lambda_1}, \sqrt{\lambda_2})$，椭圆半长轴相对于 x 轴的倾角为

$$\theta = \frac{1}{2}\arctan\frac{2\rho\sigma_x\sigma_y}{\sigma_x^2 - \sigma_y^2} \tag{2.20}$$

此时，位置不确定性的大小也可用误差椭圆的面积 $\pi\lambda_1\lambda_2$ 衡量。一种定位误差椭圆的分布如图 2.1 所示。

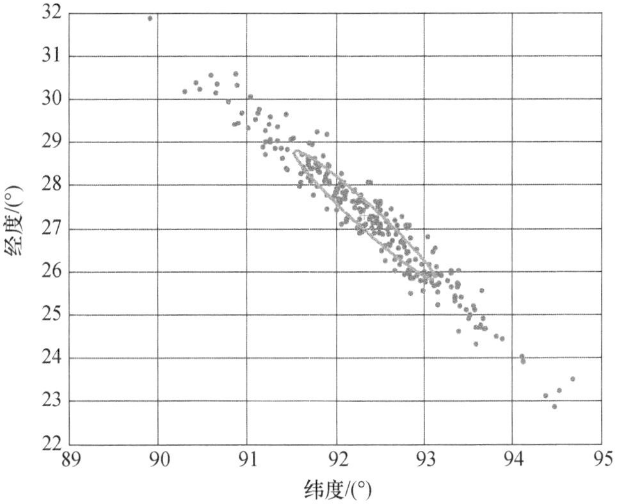

图 2.1　EEP 定位误差分布图

在图 2.1 中，定位误差点按照某一个方差矩阵在大地平面上散布，对误差矩阵进行特征值分解，可以得到 1σ 误差椭圆如图中的椭圆所示。

文献[7]还给出一种置信水平下的椭圆半长轴和半短轴表示：

$$a^2 = 2\frac{\sigma_x^2\sigma_y^2 - \rho_{xy}^2\rho_x^2\rho_y^2}{\sigma_x^2 + \sigma_y^2 - \sqrt{\sigma_x^2 - \sigma_y^2 + 4\rho_{xy}^2\rho_x^2\rho_y^2}}C^2 \tag{2.21}$$

$$b^2 = 2\frac{\sigma_x^2\sigma_y^2 - \rho_{xy}^2\rho_x^2\rho_y^2}{\sigma_x^2 + \sigma_y^2 + \sqrt{\sigma_x^2 - \sigma_y^2 + 4\rho_{xy}^2\rho_x^2\rho_y^2}}C^2 \tag{2.22}$$

式中，$C = -2\ln(1 - P_e)$，P_e 表示目标位于该误差椭圆的置信水平（如 0.5 表示 50%，0.9 表示 90%）。

2.2.4 圆概率误差

在实际使用过程中，描述这样一个斜椭圆要长轴、短轴和方向等多个参数，使用起来不方便，所以在无源定位的误差分析中，最经常使用的还是用定位误差圆来描述定位误差，如图 2.2 所示[2,9]。

圆概率误差（Circular Error Probable，CEP）是指以定位估计点的均值为圆心，且定位估计点落入其中的概率为 0.5 的圆的半径。CEP 的定义为[2,9]

$$\int_0^{\mathrm{CEP}} p(r)\,\mathrm{d}r = 0.5 \tag{2.23}$$

其概念是从炮兵射击演化而来的，也就是说，如果重复定位 100 次，那么理论上有 50 次会落入 CEP 圆内，有 50 次会落在 CEP 圆外。换个角度来说，如果某一次定位于某一点，则真实目标肯定有 50% 的概率在以该点为中心、CEP 为半径的圆内。

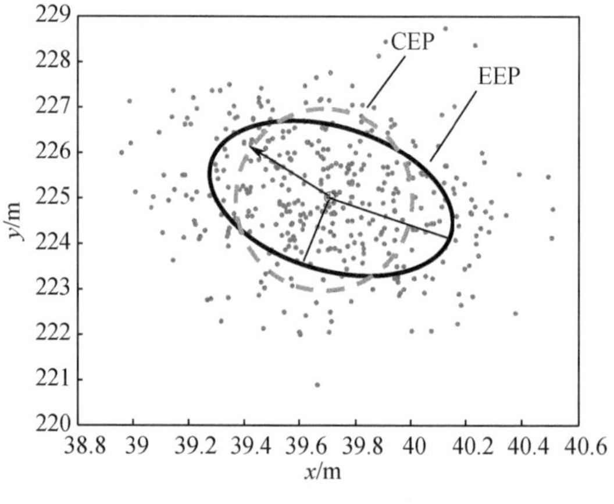

图 2.2　CEP 与 EEP 的关系

对于三维空间而言，描述误差就不是圆了，而是一个误差球，称为球概率误差（Sphere Error Probable，SEP）。

Johnson 等根据数值积分的方法计算出了在不同的三维椭球轴比条件下 SEP 和 CEP 与 σ_y/σ_x，σ_z/σ_x 的关系，如图 2.3 所示[10-11]。在计算过程中运用了假设 $\sigma_x \geqslant \sigma_y \geqslant \sigma_z$。

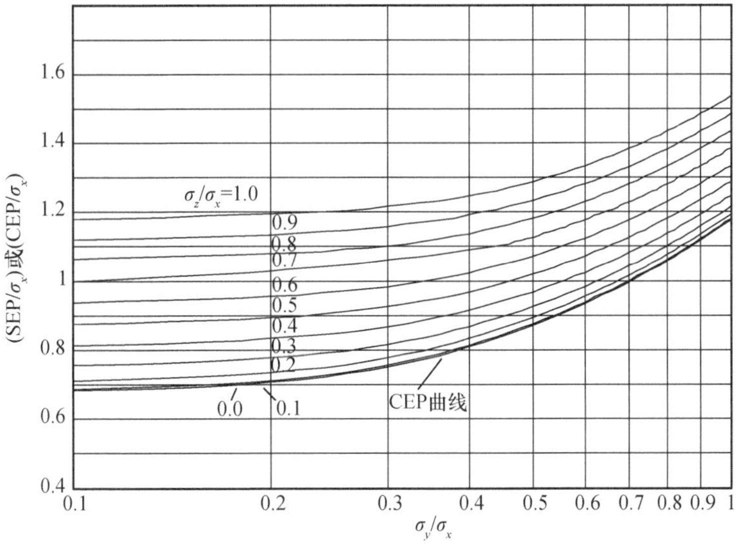

图 2.3　SEP 和 CEP 与 σ_y/σ_x、σ_z/σ_x 的关系

从图 2.3 所示，由于误差实际的分布形状是椭圆，因此 CEP 实际上是一种近似的说法。从图中可知，对于高斯分布，在误差不大于 10% 的情况下，CEP 可近似表示为[1, 4, 26]

$$\text{CEP} \approx 0.75\sqrt{\sigma_x^2 + \sigma_y^2} \tag{2.24}$$

这样仅用定位误差圆的半径 $R = \text{CEP}$ 就能说明定位误差的大小了，但不能知道误差分布的情况。

2.3　定位的可观测性定理

所谓可观测问题，定义为已知有限步输入和输出，能否唯一确定一个已知系统的初始状态。在定位中也就是确定系统有无唯一解的问题，具体到定位中体现出来的往往是根据观测量能否得出目标位置的唯一解问题。在无源定位中，在什么情况下能获得辐射源位置的唯一解也就成为研究者必须弄清楚的关键问题之一。

为了考察系统的可观测性，可以假设各个观测量都是无噪声的，因为从本质上讲噪声并不影响定位的可观测性。

如果观测方程是非线性的，根据 Lee 和 Dum 等所提出的可观测性定理[12]如下。

定理1：对于非线性系统：

状态定义：

$$\dot{\boldsymbol{x}}(t)=f(\boldsymbol{x}(t),t);\boldsymbol{x}(t_0)=\boldsymbol{x}_0 \tag{2.25}$$

输出定义：

$$\boldsymbol{y}(t)=h(\boldsymbol{x}(t),t) \tag{2.26}$$

如果对于凸集 $\boldsymbol{S}\in\boldsymbol{R}^n$ 上的所有 x_0，都有

$$\boldsymbol{M}(x_0)=\int_{t_0}^{t_1}\boldsymbol{\Phi}^{\mathrm{T}}(\tau,t_0)\boldsymbol{H}^{\mathrm{T}}(\tau)\boldsymbol{H}(\tau)\boldsymbol{\Phi}(\tau,t_0)\mathrm{d}\tau \tag{2.27}$$

式中：$\boldsymbol{M}(x_0)$ 如果是正定的，则系统在 $\boldsymbol{S}$ 上是完全可观测的；$\boldsymbol{H}(t)=\dfrac{\partial\boldsymbol{h}(\boldsymbol{x},t)}{\partial\boldsymbol{x}}$；$\boldsymbol{\Phi}(t,t_0)$ 为 $\partial\boldsymbol{f}/\partial\boldsymbol{x}$ 的转移矩阵。

定理1是对于连续系统而言的，而如果对连续系统采样离散化后，考虑利用离散观测序列 $\boldsymbol{z}_{i+n-1}=\{z_i,z_{i+1},\cdots,z_{i+n-1}\}$ 确定系统在 i 时刻的状态 $\boldsymbol{x}_i$，则和上述非线性可观测定理等价的结论如下[2, 12]。

定理2：对于初始集合 S 中的 n 维矢量 $\boldsymbol{x}_{k0}^*$，记 $\boldsymbol{\Gamma}(i,i+n-1)=\begin{bmatrix}\boldsymbol{H}_i\\ \boldsymbol{H}_{i+1}\boldsymbol{\Phi}\\ \vdots\\ \boldsymbol{H}_{i+n-1}\boldsymbol{\Phi}^{n-1}\end{bmatrix}$，

式中：$\boldsymbol{H}_j=\left.\dfrac{\partial\boldsymbol{h}_j(\boldsymbol{x}_j)}{\partial\boldsymbol{x}}\right|_{\boldsymbol{x}=\boldsymbol{x}_j}$ 为雅克比矩阵，如果存在正整数 n 使得 $\boldsymbol{\Gamma}(i,i+n-1)$ 的秩：

$$\mathrm{rank}\boldsymbol{\Gamma}(i,i+n-1)=n \tag{2.28}$$

则系统在 $\boldsymbol{S}$ 上是完全可观测的。

2.4 坐标系的建立和相互转换

谈到定位问题时，首先必须解决的一个问题就是定位的位置是位于哪一个坐标系中？在不同的坐标系中，位置有不同的值。例如，大地坐标系中，辐射源的位置常用经度、纬度和高度表示；而在地心地固坐标系中，常用笛卡儿坐标 x、y、z 等来表示。另外，无源定位的观测量通常是在不同坐标系下测量得到的，如姿态通常是在惯性坐标系下测量的，而定位观测量通常是在本体坐标系下测量得到的。因此，必须研究如何建立定位的坐标系以及坐标系的相互转换关系。

2.4.1 常用的定位坐标系

在无源定位中，所涉及的常用坐标系可以分为地心惯性坐标系、地心地固坐标

系、地球大地坐标系、站心坐标系和本体坐标系[13,15]，下面对此一一介绍。

2.4.1.1　地心惯性坐标系{c系：x_c，y_c，z_c}

地心惯性(Earth-centered Inertial, ECI)坐标系也称为地心平赤道坐标系、地心赤道坐标系、历元地心坐标系，它是天球坐标系的一种。地心坐标系的原点在地球中心，各坐标轴与以地心为中心的天球固定连接，z_c 轴与地球自转轴重合，x_c、y_c 相互垂直并固定在历元赤道平面上，x_c 轴指向地球公转轨道的春分点，y_c 轴与 x_c、z_c 轴成右手关系。

由于地球自转轴是不断变化的，因此为了建立一个统一的、与惯性坐标系相接近的天球坐标系，统称选择某一时刻 t_0 作为标准历元，以此历元的平天极和平春分点为基础建立天球坐标系。这样构成的天球坐标系实际上是 t_0 历元的瞬时平天球坐标系，也称为协议惯性坐标系(Conventional Inertial System,CIS)。目前，在航天测量和数据处理中经常使用的是J2000.0地心坐标系，它是以2000年1月1日12时标准历元的平赤道和平春分点定义的。J2000.0协议惯性坐标系(天球坐标系)定义为源点位于地球质心，z 轴指向J2000.0平天极，x 轴指向J2000.0平春分点，y 轴与 x、z 轴构成右手坐标系。

当考虑岁差、章动、极移的影响时，需要采用多种坐标系统来准确描述某时刻物体的天球坐标。文献[13]给出了几种天球坐标系统的定义。

2.4.1.2　地心地固坐标系{e系：x_e，y_e，z_e}

地心地固(Earth-centered Fixed, ECF)坐标系的原点在地球中心，各坐标轴与地球固定连接。z_e 轴与地球自转轴重合，x_e、y_e 相互垂直并固定在赤道平面上，x_e 轴由地心向外指向格林尼治子午圈与赤道的交点，y_e 轴与 x_e、z_e 轴成右手关系。由于地球的转动，在某一时刻地固坐标系和地心历元赤道坐标系只相差一个本初子午线的赤经 θ。

图2.4给出了地心惯性坐标系和地固坐标系的示意图。由于地固坐标系是以地球的固定点位和方向为基准的，因此地球上某点的地固坐标总是不变的。

2.4.1.3　地球大地坐标系{d系：L，B，H}

有时为了使用方便，习惯用经度、纬度、高程等参数表示点位置的地理方位，即为大地坐标。地球大地坐标系是以初始子午面、赤道平面和参考椭球体的球面坐标面的坐标，也就是地球上某点的大地坐标通常采用大地经度 L、大地纬度 B 和大地高度 H 表示。

P 点的大地坐标参数定义如下：过点 P 的大地子午面与起始大地子午面的夹角称为大地经度，记为 L；该点在东半球称为东经，在西半球称为西经；该点法线与赤道面的夹角称为大地纬度，记为 B，该点在北半球称为北纬，在南半球称为南纬；

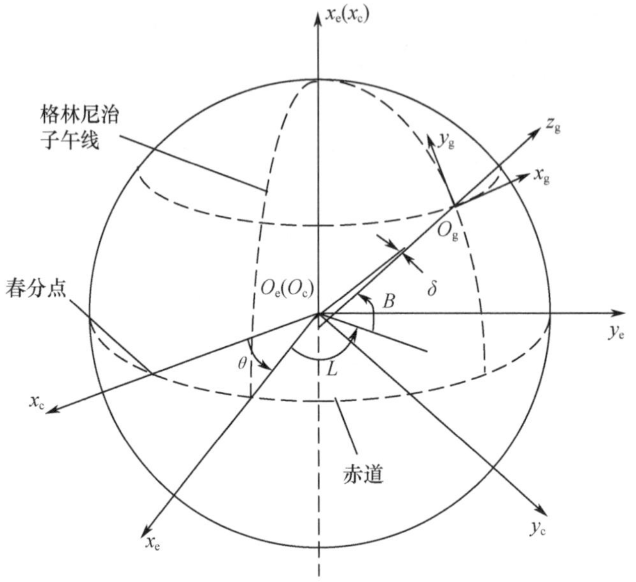

图 2.4　地心惯性坐标系和地固坐标系之间的关系

该点沿法线至参考椭球面的距离称为大地高程,记为 H,从参考椭球面起算,向外为正,向内为负。

由于地球表面不是规则的椭球,因此,定义不同的坐标原点和椭球曲率,就对应不同的参考椭球面,从而有不同的大地坐标系,如 1980 国家大地坐标系、1954 北京坐标系、美国国防部 WGS-84 坐标系等,见 2.4.3 节。

在大地坐标系中,最为常用的是以经纬高表示的大地坐标,它是包括 GPS、INS 等导航系统最通常的输出形式。

由于极移的影响,赤道面指向是缓慢变化的。文献[13]定义了考虑极移时几种不同的大地坐标系。

2.4.1.4　站心坐标系{g 系}和{n 系}[13]

站心坐标系是以测量站中心为坐标原点而建立的坐标系,其定义有很多种,如站心视线坐标系、系发射坐标系、垂线测量坐标系、法线测量坐标系等[9]。

一般定义站心坐标系为站心视线坐标系或称为东北天(East-north-up,ENU)坐标系,记为{g 系:x_g,y_g,z_g},它以站心为坐标原点,x_g 轴指向正东,y_g 轴指向正北,z_g 轴与前两者成右手关系,与地表垂直指向上方。由于地球并不是正球体,而是一个不标准的椭球体,因此 z_g 轴的指向与地心方向偏离一个 δ 角($\delta <$ 4m rad)。

还有一种站心坐标系是北东下(North-East-Down,NED)坐标系,记为{n 系:

$x_n, y_n, z_n\}$，以站心为坐标原点，x_n 轴指向正北，y_n 轴指向正东，z_n 轴与前两者成右手关系，与地表垂直指向下方。由于地球椭圆的关系，同样 z_n 轴与地心存在偏角。

因此，可以得到站心视线坐标系{g 系}和{n 系}之间的坐标转换为

$$\boldsymbol{X}_n = \boldsymbol{R}_{ng}\boldsymbol{X}_g \tag{2.29}$$

式中，$\boldsymbol{R}_{ng} = \begin{bmatrix} 0 & 1 & 0 \\ 1 & 0 & 0 \\ 0 & 0 & -1 \end{bmatrix}$（注意 $\boldsymbol{R}_{ng} = \boldsymbol{R}_{gn} = \boldsymbol{R}_{ng}^{-1}$）。

2.4.1.5 本体坐标系{b 系：x_b, y_b, z_b}

本体坐标系{b 系}坐标原点在平台的中心位置上，x_b 轴为机轴，正向为机头（或平台前方）方向，y_b 轴在机身平面，垂直于机轴，z_b 轴向下垂直于机身平面。以飞机为例，本体坐标系的定义如图 2.5 所示。

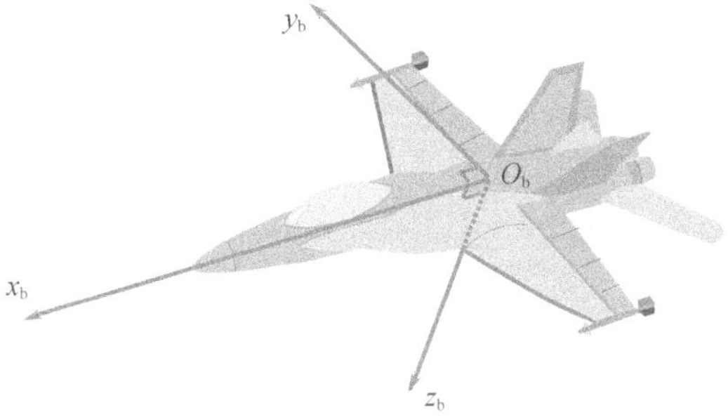

图 2.5 飞机本体坐标系

通常，机载导航设备提供的平台偏航、俯仰、滚转姿态角即是从平台 NED 坐标系到机体坐标系的欧拉角[8]。为了方便表示和计算，在平台 NED 坐标系中，对平台的姿态角的度量有明确的正负定义：偏航角以北偏东为正，俯仰角以抬头方向为正，滚转角以右翼下沉为正。设平台的偏航角为 α，俯仰角为 β，滚转角为 ε，图 2.6 给出了各姿态角的示意图。

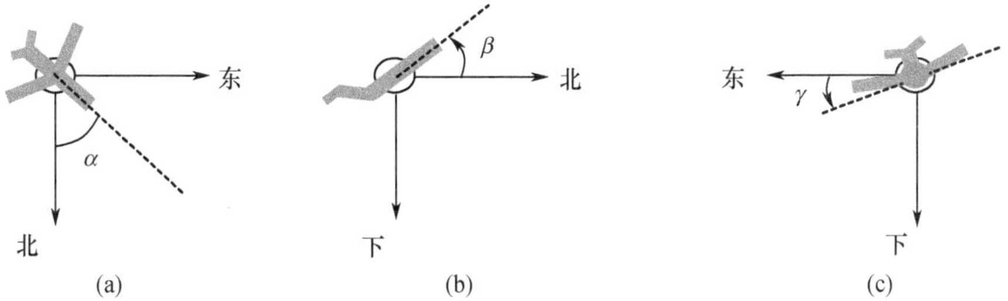

图 2.6 平台姿态角示意图

2.4.2 坐标系之间的相互转换

任何坐标系的变换可以分为坐标系旋转和坐标系平移两种类型。坐标系的平移相对简单,下面对坐标系的旋转进行介绍。

2.4.2.1 坐标变换的旋转

若原坐标系中的任意矢量用 $\boldsymbol{r}$ 表示,在旋转后的新坐标系中用 $\boldsymbol{r}'$ 表示,那么,yOz 平面、zOx 平面和 xOy 平面分别绕 x 轴、y 轴和 z 轴转动一个 θ 角(逆时针为正),有[2, 6,13]

$$\boldsymbol{r}' = \boldsymbol{R}_x(\theta)\boldsymbol{r} \tag{2.30}$$

$$\boldsymbol{r}' = \boldsymbol{R}_y(\theta)\boldsymbol{r} \tag{2.31}$$

$$\boldsymbol{r}' = \boldsymbol{R}_z(\theta)\boldsymbol{r} \tag{2.32}$$

其中

$$\boldsymbol{R}_x(\theta) = \begin{bmatrix} 1 & 0 & 0 \\ 0 & \cos\theta & \sin\theta \\ 0 & -\sin\theta & \cos\theta \end{bmatrix} \tag{2.33}$$

$$\boldsymbol{R}_y(\theta) = \begin{bmatrix} \cos\theta & 0 & -\sin\theta \\ 0 & 1 & 0 \\ \sin\theta & 0 & \cos\theta \end{bmatrix} \tag{2.34}$$

$$\boldsymbol{R}_z(\theta) = \begin{bmatrix} \cos\theta & \sin\theta & 0 \\ -\sin\theta & \cos\theta & 0 \\ 0 & 0 & 1 \end{bmatrix} \tag{2.35}$$

单位旋转矩阵 $\boldsymbol{R}(\theta)$ 具有如下性质:

$$\boldsymbol{R}^{-1}(\theta) = \boldsymbol{R}^{\mathrm{T}}(\theta) = \boldsymbol{R}(-\theta)$$

任意一个坐标旋转都可以按照一定次序分解成 x、y、z 轴的依次旋转,这时的最终旋转矩阵可分解为多个单位旋转矩阵的乘积。注意:由矩阵相乘次序不可交换的原理,旋转的顺序也不能交换,不同的旋转顺序将会得到不同的坐标旋转效果。

2.4.2.2 常用的坐标系之间的转换关系

1)从地心惯性坐标系{c 系}转换到地固坐标系{e 系}

如图 2.4 所示,地心惯性{c 系}绕 z_c 轴正转赤经 θ 后就转换到地固坐标系{e 系}中,θ 为某时刻地球本初子午线的赤经,由于地球的自转,θ 是不断变化的,以一个恒星日为一周期。假设某辐射源在地心历元赤道坐标和地心地固坐标的位置

分别为 $\boldsymbol{X}_{c}=\{x_{c},y_{c},z_{c}\}$ 和 $\boldsymbol{X}_{e}=\{x_{e},y_{e},z_{e}\}$，则有

$$\boldsymbol{X}_{e}=\boldsymbol{R}_{z}(\theta)\boldsymbol{X}_{c} \tag{2.36}$$

式(2.36)仅考虑地球自转的影响，实际上还要考虑地球周期性的章动、极移等影响。考虑 J2000.0 历元平赤道地心系中的地心地固系的坐标变化公式需修正为

$$\boldsymbol{X}_{e}=\boldsymbol{E}_{P}\cdot\boldsymbol{E}_{R}\cdot\boldsymbol{N}_{R}\cdot\boldsymbol{P}_{R}\cdot\boldsymbol{X}_{c} \tag{2.37}$$

式(2.37)中各个矩阵的含义如表 2.3 所列。

表 2.3　坐标变换转移矩阵含义及表达式

矩阵	$\boldsymbol{E}_{P}$	$\boldsymbol{E}_{R}$	$\boldsymbol{N}_{R}$	$\boldsymbol{P}_{R}$
含义	极移	地球自转	章动	岁差
表达式	$\boldsymbol{R}_{y}(-x_{p})\boldsymbol{R}_{x}(-y_{p})$	$\boldsymbol{R}_{z}(S_{G})$	$\boldsymbol{R}_{x}(-\Delta\varepsilon)\boldsymbol{R}_{y}(\Delta\theta)\boldsymbol{R}_{z}(-\Delta\mu)$	$\boldsymbol{R}_{z}(-z_{A})\boldsymbol{R}_{y}(\theta_{A})\boldsymbol{R}_{z}(-\xi_{A})$

表 2.3 中 $\boldsymbol{R}_{x}(\theta)$、$\boldsymbol{R}_{y}(\theta)$、$\boldsymbol{R}_{z}(\theta)$ 为坐标旋转矩阵。由于极移量一般不超过 0.8″，它的量级小于 3.9×10^{-6}（约 24m），而且在实际测量过程中无法得到实时的极移量，因此在工程中可以近似忽略其影响。这样，整理变换矩阵如下：

$$\begin{aligned}\boldsymbol{X}_{e}&=\boldsymbol{R}_{z}(\bar{S}_{G})(\boldsymbol{R}_{z}(\Delta\mu)\boldsymbol{R}_{x}(-\Delta\varepsilon)\boldsymbol{R}_{y}(\Delta\theta)\boldsymbol{R}_{z}(-\Delta\mu)\boldsymbol{R}_{z}(-z_{A})\boldsymbol{R}_{y}(\theta_{A})\boldsymbol{R}_{z}(-\xi_{A}))\boldsymbol{X}_{c}\\&=\boldsymbol{R}_{z}(\bar{S}_{G})\boldsymbol{A}\boldsymbol{X}_{c}\end{aligned}$$

其中

$$\varepsilon=23°26'21''.448-46''.8150t,\ \xi_{A}=2306''.2181t+0''.30188t^{2}$$

$$z_{A}=2306''.2181t+1''.09468t^{2},\ \theta_{A}=2004''.3109t-0''.42665t^{2}$$

$$\Delta\mu=\Delta\psi\cos\varepsilon,\ \Delta\theta=\Delta\psi\sin\varepsilon$$

$$\Delta\psi=\sum_{j=1}^{106}(A_{0j}+A_{1j}t)\sin\left(\sum_{i=1}^{5}k_{ji}\alpha_{i}(t)\right),\ \Delta\varepsilon=\sum_{j=1}^{106}(B_{0j}+B_{1j}t)\cos\left(\sum_{i=1}^{5}k_{ji}\alpha_{i}(t)\right)$$

$$\bar{S}_{G}(t_{1})=280°.460618375+360°.985647366\times\left(\frac{t_{1}}{86400}+T\right)$$

上式中出现的 t 为自标准历元 J2000.0 起算的儒略世纪数，t_{1} 为自星上时间起点起算的积秒，T 为自 2000 年 1 月 1 日 12 时（协调世界时（UTC））起算到星上时间起点的约简儒略日，其余各量的物理意义如表 2.4 所列。

表 2.4　转移矩阵中有关岁差章动的小角度的含义

角度	ε	ξ_{A}	θ_{A}	z_{A}	$\Delta\mu$	$\Delta\theta$	$\Delta\varepsilon$	$\Delta\psi$
含义	黄赤交角	赤经岁差 1	赤纬岁差	赤经岁差 2	赤经章动	赤纬章动	交角章动	黄经章动

2）从地心地固坐标系{e 系}转换到站心坐标系{g 系}

坐标转换需要经过 3 个步骤。

（1）将 e 系$\{x_e, y_e, z_e\}$的坐标原点从 O_e 移至 O_g 处。

（2）绕 z_e 正转一个大地经度 L 并再转 $\pi/2$，使得沿纬线的切向可得向东的指向，得中间坐标系 $e'\{x'_e, y'_e, z'_e\}$。

（3）再将 e' 绕 x'_e 正转$(\pi/2 - B)$，使 z'_e 垂直地表指向上，这时 y'_e 指向正北，就变为站心视线坐标系 $g\{x_g, y_g, z_g\}$。

假设站心的地固坐标为$\{x_o, y_o, z_o\}$，某矢量的地固坐标和站心视线坐标分别为 $\boldsymbol{X}_e = \{x_e, y_e, z_e\}$ 和 $\boldsymbol{X}_g = \{x_g, y_g, z_g\}$，则有

$$\begin{bmatrix} x_g \\ y_g \\ z_g \end{bmatrix} = \boldsymbol{R}_x\left(\frac{\pi}{2} - B\right)\boldsymbol{R}_z\left(\frac{\pi}{2} + L\right)\begin{bmatrix} x_e - x_o \\ y_e - y_o \\ z_e - z_o \end{bmatrix} \tag{2.38}$$

将式(2.33)和式(2.35)代入式(2.38)，可得

$$\begin{bmatrix} x_g \\ y_g \\ z_g \end{bmatrix} = \begin{bmatrix} -\sin L & \cos L & 0 \\ -\sin B\cos L & -\sin B\sin L & \cos B \\ \cos B\cos L & \cos B\sin L & \sin B \end{bmatrix}\begin{bmatrix} x_e - x_o \\ y_e - y_o \\ z_e - z_o \end{bmatrix} \tag{2.39}$$

记为

$$\boldsymbol{X}_g = \boldsymbol{C}_e^g(\boldsymbol{X}_e - \boldsymbol{u}) \tag{2.40}$$

3）从站心视线坐标系{g 系}转换到地固坐标系{e 系}

若将坐标从 g 系转换到 e 系中，从式(2.40)可知

$$\boldsymbol{X}_e = (\boldsymbol{C}_e^g)^{-1}\boldsymbol{X}_g + \boldsymbol{u} = (\boldsymbol{C}_e^g)^{\mathrm{T}}\boldsymbol{X}_g + \boldsymbol{u} \tag{2.41}$$

4）站心视线坐标系{n 系}到平台机体坐标系{b 系}

显然，从平台站心视线坐标系{n 系}到平台机体系，可利用偏航姿态角 α、俯仰姿态角 β 和横滚姿态角 γ 得到坐标旋转的过程为

$$\boldsymbol{x}_{t,b} = \boldsymbol{R}_x^{\mathrm{T}}(\varepsilon)\boldsymbol{R}_y^{\mathrm{T}}(\beta)\boldsymbol{R}_z^{\mathrm{T}}(\alpha)\cdot\boldsymbol{x}_{t,o} \tag{2.42}$$

2.4.3 WGS－84 坐标系及其转换

由于地球实际上是一个不规则的椭球，为便于使用，首先需要建立地球椭球面的数学模型。零高程地球面看作是某一规则的旋转椭球面。事实上，由于地球在地质构造上的不均匀，建立在重力位基础上的零高程地球面仍是一个不规则的椭球面，因此不可能存在完全无误差的标准椭球模型。为了更为精确地描述地球面，

需要采用和地球表面尽量密合的地球椭球。当前,对地球椭球的描述,有建立在参心大地坐标系上的参考椭球,其代表是我国的1980年国家大地坐标系定义的参考椭球和1954北京坐标系定义的参考椭球,这些参考椭球面对我国境内地区的描述是较为准确的;还有建立在地心大地坐标系上的地球椭球,其代表是美国国防部提出的WGS-72坐标系和WGS-84坐标系定义的地球椭球。目前,以GPS为代表的应用中用的都是WGS-84坐标系[5,13],因此,本书中所用地球椭球都采用WGS-84坐标系的地球椭球。

2.4.3.1 WGS-84地球椭球定义

WGS-84坐标系是一个协议地球参考系,其定义如下:坐标原点是地球的质心,z轴指向国际时间局BIH1984.0定义的协议地球极方向,x轴指向$\mathrm{BIH}_{1984.0}$的零度子午面和协议地球极赤道的交点,y轴和z、x轴构成右手坐标系[13]。

WGS-84椭球的几何中心和地球质心重合,椭球的旋转轴和z轴一致。其采用的基本几何参数如下:

长半轴$a=6378137\mathrm{m}\pm2\mathrm{m}$

第一偏心率平方$e^2=0.00669437999013$

由于WGS-84地球椭球总是和WGS-84坐标系相联系,而WGS-84坐标也是一种地心地固坐标系,因此,我们采用WGS-84地球椭球模型时,不加说明,使用的都是WGS-84坐标系。

2.4.3.2 WGS-84坐标系内的经纬高大地坐标和直角坐标的转换

WGS-84坐标系同样是一种大地坐标系,其常用坐标描述有经纬高大地坐标和直角坐标两种。通常都习惯用经纬高大地坐标表示某点在WGS-84系中的位置,但是在计算中却以直角坐标更为方便,因此,两者之间的坐标变换关系在定位中经常使用[13]。

1) WGS-84大地坐标系到地固笛卡儿坐标系的转换关系

从经纬高大地坐标变换到笛卡儿坐标有以下关系:

$$\begin{cases}x=(N+H)\cos B\cos L\\y=(N+H)\cos B\sin L\\z=[N(1-e^2)+H]\sin B\end{cases}\tag{2.43}$$

式中,N为当地卯酉圈曲率半径,其定义为

$$N=\frac{a}{\sqrt{1-e^2\sin^2 B}}\tag{2.44}$$

2) 地固笛卡儿坐标系到WGS-84大地坐标系的转换关系

由于椭球面模型不具有各向同性,从笛卡儿坐标转换到经纬高大地坐标的过

程比较复杂,通常需要迭代计算。

由式(2.43)的第一和第二式,可得

$$\begin{cases}\tan L = \dfrac{y}{x}\\ \sin L = \dfrac{y}{(N+H)\cos B} = \dfrac{y}{\sqrt{x^2+y^2}}\\ \cos L = \dfrac{x}{(N+H)\cos B} = \dfrac{x}{\sqrt{x^2+y^2}}\end{cases} \tag{2.45}$$

由式(2.43)的第一和第三式,可得

$$\tan B = \frac{(N+H)\cos L \cdot z}{[N(1-e^2)+H]\cdot x} \tag{2.46}$$

结合式(2.45)的第三式,式(2.46),可得

$$B = \arctan\left[\frac{z}{\sqrt{x^2+y^2}}\left(1-\frac{e^2 N}{(N+H)}\right)^{-1}\right] \tag{2.47}$$

又由式(2.45)的第三式,可得

$$H = \frac{\sqrt{x^2+y^2}}{\cos B} - N \tag{2.48}$$

式(2.47)和式(2.48)需要通过迭代求值。迭代程序开始时,设

$$\begin{cases}N_0 = a\\ H_0 = \sqrt{x^2+y^2+z^2} - \sqrt{ab}\\ B_0 = \arctan\left[\dfrac{z}{\sqrt{x^2+y^2}}\left(1-\dfrac{e^2 N_0}{(N_0+H_0)}\right)^{-1}\right]\end{cases} \tag{2.49}$$

式中:b 为椭圆子午面的短轴。

然后,每次迭代按下式进行:

$$\begin{cases}N_i = \dfrac{a}{\sqrt{1-e^2\sin^2 B_{i-1}}}\\ H_i = \dfrac{\sqrt{x^2+y^2}}{\cos B_{i-1}} - N_i\\ B_i = \arctan\left[\dfrac{z}{\sqrt{x^2+y^2}}\left(1-\dfrac{e^2 N_i}{(N_i+H_i)}\right)^{-1}\right]\end{cases} \tag{2.50}$$

直至

$$|H_i - H_{i-1}| < \varepsilon_1$$
$$|B_i - B_{i-1}| < \varepsilon_2$$

式中：ε_1和ε_2按所要求的精度决定。

2.5　无源定位的一般数学模型

建立合理的定位数学模型是无源定位研究的一项关键技术，建立的模型是否恰当，将关系到定位应用的成效。无源定位中辐射源的位置、速度等待估计运动参数在直角坐标系中一般定义为状态二维 x、y，三维 x、y、z 及其对时间的导数，如一阶导数为速度，二阶导数为加速度，三阶导数为加加速度……但无源定位的观测量通常对笛卡儿坐标系下的辐射源运动状态和测量都是非线性的，如卫星、导弹等目标的测向定位跟踪，因此需要对定位数学模型和坐标系的关系进行分析。

2.5.1　目标状态模型

目标的运动形态有静止、匀速及机动等多种，根据不同形态选择不同的状态矢量来建立其跟踪模型。以下分别建立静止目标、匀速目标和机动目标的跟踪模型，其中，观测平台的位置、速度和加速度分别以矢量 $\boldsymbol{x}_o$、$\dot{\boldsymbol{x}}_o$ 和 $\ddot{\boldsymbol{x}}_o$ 来分开表示。

2.5.1.1　静止目标的跟踪模型

对于静止辐射源目标，其状态由相对于观测器的位置坐标 $\boldsymbol{x} = [x \quad y \quad z]^{\mathrm{T}}$ 便可完全地描述，可以写出其状态模型：

$$\boldsymbol{x}(k+1) = \boldsymbol{x}(k) + \boldsymbol{c}(k) \tag{2.51}$$

式中：控制项 $\boldsymbol{c}(k) = \boldsymbol{x}_o(k) - \boldsymbol{x}_o(k+1)$ 为平台在两次观测之间的位移（机动）。

实际上控制项是由平台的位置测量值来代替的，即观测方程为

$$\boldsymbol{x}(k+1) = \boldsymbol{x}(k) + \hat{\boldsymbol{c}}(k) + \boldsymbol{w}(k) \tag{2.52}$$

式中：状态误差 $\boldsymbol{w}(k) = \boldsymbol{c}(k) - \hat{\boldsymbol{c}}(k)$ 来自平台位置的测量误差。

在定位滤波过程中，若观测平台的速度、加速度分量测量值足够精确，则可以忽略观测方程中平台定位误差的影响，否则必须考虑对之一并进行滤波处理。一方面，可以在以上模型基础上利用非线性滤波技术处理；另一方面，可以在状态矢量中扩充速度和加速度分量，将平台误差引入状态方程中进行线性滤波，但这样将增加滤波器的维数及运算的开销。

2.5.1.2　匀速目标的跟踪模型

处在匀速巡航状态的目标，其运动可以用匀速直线运动模型来描述，则系统状

态矢量选择为 $\boldsymbol{x}=[x \quad y \quad z \quad \dot{x} \quad \dot{y} \quad \dot{z}]^{\mathrm{T}}$。根据目标的运动方程可建立如下状态模型[16,17]：

$$\boldsymbol{x}(k+1)=\boldsymbol{\Phi}_{k,k+1}\boldsymbol{x}(k)+\boldsymbol{c}(k)+\boldsymbol{w}(k) \tag{2.53}$$

式中：状态转移矩阵 $\boldsymbol{\Phi}_{k,k+1}=\begin{bmatrix}\boldsymbol{I}_3 & T_{k,k+1}\boldsymbol{I}_3\\ 0 & \boldsymbol{I}_3\end{bmatrix}$，$\boldsymbol{I}_3$ 为维数为 3×3 的单位矩阵；$T_{k,k+1}$ 为第 k、$(k+1)$ 次观测之间的时间间隔。

由于实际上目标不可能是理想的匀速直线运动，因此可在模型中引入一定的系统误差 $\boldsymbol{w}(k)$，其协方差阵为[19]

$$\boldsymbol{Q}_{k,k+1}=\mathrm{cov}[\boldsymbol{w}(k)]=\begin{bmatrix}\frac{1}{4}T_{k,k+1}^4\boldsymbol{R} & \frac{1}{2}T_{k,k+1}^3\boldsymbol{R}\\ \frac{1}{2}T_{k,k+1}^3\boldsymbol{R} & T_{k,k+1}^2\boldsymbol{R}\end{bmatrix} \tag{2.54}$$

式中：$\boldsymbol{R}$ 为各坐标上加速度噪声的协方差阵（3×3 矩阵）。

控制项 $\boldsymbol{c}(k)$ 为观测器位置及速度的函数，即

$$\boldsymbol{c}(k)=\begin{bmatrix}\boldsymbol{x}_{\mathrm{o}}(k)+T_{k,k+1}\dot{\boldsymbol{x}}_{\mathrm{o}}(k)-\boldsymbol{x}_{\mathrm{o}}(k+1)\\ \dot{\boldsymbol{x}}_{\mathrm{o}}(k)-\dot{\boldsymbol{x}}_{\mathrm{o}}(k+1)\end{bmatrix} \tag{2.55}$$

当观测平台为匀速直线运动时，$\boldsymbol{c}(k)=0$。实际上，控制项只能根据平台自身位置、速度或加速度测量来估计，因此实际模型可表示为

$$\boldsymbol{x}(k+1)=\boldsymbol{\Phi}_{k,k+1}\boldsymbol{x}(k)+\hat{\boldsymbol{c}}(k)+\boldsymbol{w}'(k) \tag{2.56}$$

式中：系统误差 $\boldsymbol{w}'(k)$ 为式(2.53)的误差 $\boldsymbol{w}(k)$ 加上控制项的估计误差 $\tilde{\boldsymbol{c}}(k)$。

2.5.1.3 机动目标的跟踪模型

由于辐射源有可能做加速、减速、转弯等机动运动，因此必须对机动运动进行建模。

由于目标最大的加速度是有限的，而且一般的运动轨迹是直线飞行，只有当飞行遇到不利地形，被雷达锁定后或者接近战斗目标时，往往机动绕开障碍物或使对方难于瞄准，这些机动对于观测器来说是随机的，因此可以用统计的方法描述这种机动。较为常用的模型是由 R. A. Singer 提出的一阶相关模型，因此称为 Singer 模型[18]。

受大气湍流等因素的影响，飞机的运动有时会出现比较大且持续时间较久的加速度，此时应以机动目标的运动模型来描述。机动的发生及其形式往往难以预料，故一般都将机动视为状态的相关性随机扰动来处理。在该模型下，目标的状态矢量中包含了目标相对于观测器的加速度分量，即

$$\boldsymbol{x}=[x\quad y\quad z\quad \dot{x}\quad \dot{y}\quad \dot{z}\quad \ddot{x}\quad \ddot{y}\quad \ddot{z}]^{\mathrm{T}}$$

此时,状态方程可以列出为

$$\boldsymbol{x}(k+1)=\boldsymbol{\Phi}_{k,k+1}\boldsymbol{x}(k)+\boldsymbol{c}(k)+\boldsymbol{w}(k) \tag{2.57}$$

其中,状态转移矩阵为

$$\boldsymbol{\Phi}_{k,k+1}=\begin{bmatrix}\boldsymbol{I}_3 & T_{k,k+1}\boldsymbol{I}_3 & \gamma_1\boldsymbol{I}_3\\ 0 & \boldsymbol{I}_3 & \gamma_2\boldsymbol{I}_3\\ 0 & 0 & \gamma_3\boldsymbol{I}_3\end{bmatrix}$$

且有 $\gamma_1=\dfrac{(-1+\alpha T_{k,k+1}+\mathrm{e}^{-\alpha T_{k,k+1}})}{\alpha^2}$,$\gamma_2=\dfrac{(1-\mathrm{e}^{-\alpha T_{k,k+1}})}{\alpha}$,$\gamma_3=\mathrm{e}^{-\alpha T_{k,k+1}}$。

式中:$\alpha=1/T_c$ 为机动时间常数,反映机动的快速程度;T_c 为时常数。

根据不同机动类型取不同数值。典型值为

$$\alpha=\begin{cases}1/60(1/\mathrm{s}),\text{缓慢机动}\\ 1/20(1/\mathrm{s}),\text{回避机动}\\ 1(1/\mathrm{s}),\text{大气端流机动}\end{cases} \tag{2.58}$$

控制项为

$$\boldsymbol{c}(k)=\begin{bmatrix}\boldsymbol{x}_o(k)+T_{k,k+1}\dot{\boldsymbol{x}}_o(k)+\gamma_1\ddot{\boldsymbol{x}}_o(k)-\boldsymbol{x}_o(k+1)\\ \dot{\boldsymbol{x}}_o(k)+\gamma_2\ddot{\boldsymbol{x}}_o(k)-\dot{\boldsymbol{x}}_o(k+1)\\ \gamma_3\dot{\boldsymbol{x}}_o(k)-\dot{\boldsymbol{x}}_o(k+1)\end{bmatrix}$$

系统误差 $\boldsymbol{w}(k)$ 的协方差阵为

$$\boldsymbol{Q}=\mathrm{cov}(\boldsymbol{w})=2\sigma_m^2\begin{bmatrix}q_{11}\boldsymbol{I}_3 & q_{12}\boldsymbol{I}_3 & q_{13}\boldsymbol{I}_3\\ q_{21}\boldsymbol{I}_3 & q_{22}\boldsymbol{I}_3 & q_{23}\boldsymbol{I}_3\\ q_{31}\boldsymbol{I}_3 & q_{32}\boldsymbol{I}_3 & q_{33}\boldsymbol{I}_3\end{bmatrix} \tag{2.59}$$

式中,σ_m 反映机动的大小,根据机动的概率分布来计算。

这种分布通常不是成正态分布,而是按战术情况加以设定,如常用的 Singer 模型中 $\sigma_m^2=a_{\max}^2(1+4P_{\max}-P_0)/2$,$a_{\max}$ 取加速度可能的最大值,$P_{\max}$ 对应出现最大加速度的概率,P_0 为加速度为零的概率,其他系数则为[6, 18]

$$q_{11}=(3+6\alpha T-6\alpha^2T^2+2\alpha^3T^3-12\alpha T\mathrm{e}^{-\alpha T}-3\mathrm{e}^{-2\alpha T})/6\alpha^4$$

$$q_{22}=(2\alpha T-3+4\mathrm{e}^{-\alpha T}-\mathrm{e}^{-2\alpha T})/2\alpha^2$$

$$q_{33}=(1-\mathrm{e}^{-2\alpha T})/2$$

$$q_{12}=q_{21}=(1-2\alpha T+\alpha^2T^2-2\mathrm{e}^{-\alpha T}+2\alpha T\mathrm{e}^{-\alpha T}+\mathrm{e}^{-2\alpha T})/2\alpha^3$$

$$q_{13}=q_{31}=(1-2\alpha T\mathrm{e}^{-\alpha T}-\mathrm{e}^{-2\alpha T})/2\alpha^2;q_{23}=q_{32}=(1-2\mathrm{e}^{-\alpha T}+\mathrm{e}^{-2\alpha T})/2\alpha$$

上述 $\boldsymbol{Q}$ 是在目标一维机动的状况下得到的，同样也可以将其扩充为三维 x、y、z 坐标系的情况，这时我们可以假设目标 3 个方向的机动上互不相关，此时 $\boldsymbol{Q}$ 矩阵是一个 9 ×9 矩阵。

2.5.2 无源定位跟踪的观测量模型

无源定位传感器提供的测量一般都在以传感器为中心的参考坐标系下，例如，单个观测站输出为极坐标系，可以得到距离、方位角、俯仰角、径向速度等观测量：

$$\begin{cases} r_m = r + v_r \\ \beta_m = \beta + v_\beta \\ \varepsilon_m = \varepsilon + v_\beta \\ \dot{r}_m = \dot{r} + v_{\dot{r}} \end{cases}$$

式中，为了简便起见，取消了时间下标“k”，下标“m”表示测量值，如图 2.7 所示。

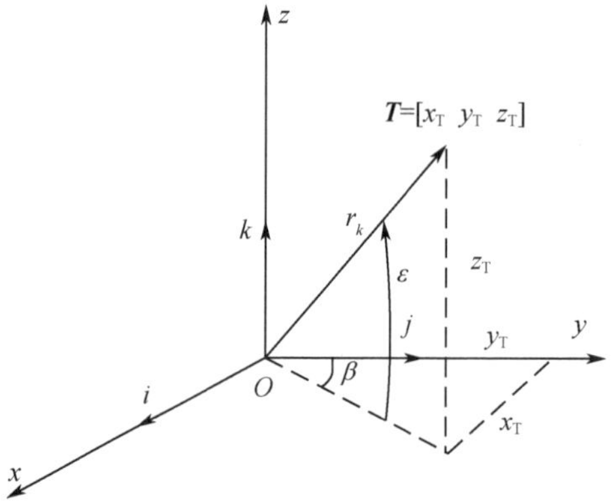

图 2.7　传感器中心坐标系

图中，(r,β,ε) 为传感器中心球坐标下无误差（error-free）的目标位置真值，而 v_β、v_ε、v_r、$v_{\dot{r}}$ 为随机测量误差。通常假设观测噪声为零均值、高斯分布的随机变量。令

$$\boldsymbol{v}_k = [\,v_r \quad v_\beta \quad v_\varepsilon \quad v_{\dot{r}}\,]^{\mathrm{T}}$$

则

$$\boldsymbol{v}_k \sim N(0,\boldsymbol{R}_k),\boldsymbol{R}_k = \mathrm{cov}(\boldsymbol{v}_k) = \mathrm{diag}(\sigma_r^2,\sigma_\beta^2,\sigma_\varepsilon^2,\sigma_{\dot{r}}^2)$$

上述测量模型中目标在以传感器为中心的极坐标系中，在极坐标系中辐射源的匀速直线运动为非线性，所以在该坐标系中辐射源运动状态方程将变得很难描述。

其他被动传感器条件下的观测量，如距离差为

$$\Delta r = \sqrt{(x-x_1)^2+(y-y_1)^2} - \sqrt{(x-x_2)^2+(y-y_2)^2} \tag{2.60}$$

距离和为

$$\Sigma r=\sqrt{(x-x_1)^2+(y-y_1)^2}+\sqrt{(x-x_2)^2+(y-y_2)^2}-d \tag{2.61}$$

信号频率为

$$f_r=f_{\mathrm{T}}\left(1-\frac{V_r}{c}\right) \tag{2.62}$$

频率变化率为

$$\dot{f}_{\mathrm{d}}=-\frac{(\dot{x}^2+\dot{y}^2)(x^2+y^2)-(x\dot{x}+y\dot{y})^2}{\lambda(x^2+y^2)^{\frac{3}{2}}} \tag{2.63}$$

其他还有频率差、PRI 变化率等，可以参见后面的章节。

2.6 非线性跟踪滤波方法

由于单站无源定位往往不能通过单次观测获得辐射源的距离信息，需要利用多次观测来确定目标的位置。对于多站无源定位系统，即使可以实现单次观测定位，很多情况下单次定位误差也一般比较大，并且难以获得速度或加速度等运动状态。为此，需要在多次观测基础上利用好的定位跟踪算法来进一步提高无源定位的精度和更多辐射源运动状态。

2.6.1 扩展卡尔曼滤波及其改进算法

由于定位与跟踪系统方程是一种典型的非线性方程，而扩展卡尔曼滤波（EKF）[19]是一种常见的非线性系统滤波算法，它将非线性系统在不同的点进行线性化处理，再采用卡尔曼滤波进行线性估计。为了提高 EKF 算法的性能，针对不同的应用背景，在此基础上出现了许多衍生算法。下面分别介绍在无源定位与跟踪中应有较多的 5 种滤波算法。

2.6.1.1 EKF 算法

在无源定位与跟踪系统中，当观测方程为非线性方程时，可利用 EKF 算法对它进行线性化处理，例如，一般非线性系统的观测方程可以写为

$$\boldsymbol{z}(n)=\boldsymbol{f}(\boldsymbol{x}(n))+\boldsymbol{v}(n) \tag{2.64}$$

式(2.64)在状态矢量 $\boldsymbol{x}(n)$ 的预计值处进行泰勒级数展开，一般取一阶项作为近似，也就是通常所说的 EKF 算法[19]。观测方程线性化处理为

$$\boldsymbol{z}(n)\approx\boldsymbol{f}(\hat{\boldsymbol{x}}(n/n-1))+\boldsymbol{H}(n)(\boldsymbol{x}(n)-\hat{\boldsymbol{x}}(n/n-1))+\boldsymbol{v}(n)$$

式中：$\boldsymbol{H}(n)$ 为 f 的一阶微分矩阵，其定义为

$$\begin{aligned}\boldsymbol{H}(n) &= \left.\frac{\partial \boldsymbol{f}(\boldsymbol{x})}{\partial \boldsymbol{x}}\right|_{\boldsymbol{x}=\hat{\boldsymbol{x}}(n/n-1)} \\ &= \left.\left[\frac{\partial f_1(\boldsymbol{x})}{\partial \boldsymbol{x}} \quad \frac{\partial f_2(\boldsymbol{x})}{\partial \boldsymbol{x}} \quad \cdots \quad \frac{\partial f_N(\boldsymbol{x})}{\partial \boldsymbol{x}}\right]^{\mathrm{T}}\right|_{\boldsymbol{x}=\hat{\boldsymbol{x}}(n/n-1)}\end{aligned}$$

EKF 的定位与跟踪滤波算法如下。

（1）预测值和预测误差协方差为

$$\begin{cases}\hat{\boldsymbol{x}}(n/n-1) = \boldsymbol{A}\hat{\boldsymbol{x}}(n-1/n-1) \\ \boldsymbol{P}(n/n-1) = \boldsymbol{A}\boldsymbol{P}(n-1/n-1)\boldsymbol{A}^{\mathrm{T}}\end{cases}$$

（2）卡尔曼增益矩阵为

$$\boldsymbol{K}(n) = \boldsymbol{P}(n/n-1)\boldsymbol{H}^{\mathrm{T}}(n)[\boldsymbol{H}(n)\boldsymbol{P}(n/n-1)\boldsymbol{H}^{\mathrm{T}}(n) + \boldsymbol{R}(n)]^{-1}$$

（3）滤波估计值和估计协方差矩阵为

$$\begin{cases}\hat{\boldsymbol{x}}(n/n) = \hat{\boldsymbol{x}}(n/n-1) + \boldsymbol{K}(n)[\boldsymbol{z}(n) - \boldsymbol{f}(\hat{\boldsymbol{x}}(n/n-1))] \\ \boldsymbol{P}(n/n) = [\boldsymbol{I} - \boldsymbol{K}(n)\boldsymbol{H}(n)]\boldsymbol{P}(n/n-1)[\boldsymbol{I} - \boldsymbol{K}(n)\boldsymbol{H}(n)]^{\mathrm{T}} + \boldsymbol{K}(n)\boldsymbol{R}(n)\boldsymbol{K}^{\mathrm{T}}(n)\end{cases}$$

只要通过开始两次观测或者先验信息确定初始估计值 $\hat{\boldsymbol{x}}(0)$、$\boldsymbol{P}(0)$，通过上述方程即可递推估计出状态矢量 $\hat{\boldsymbol{x}}(n)$。

如果选取泰勒展开式的前二阶项作为近似，进行扩展卡尔曼滤波，则这种方法称为二阶扩展卡尔曼滤波（Second Order EKF，SOEKF），其计算量通常很大[69]。

2.6.1.2 迭代扩展卡尔曼滤波（IEKF）算法

在 EKF 算法进行定位与跟踪的初始阶段，由于预测值可能存在一定误差，而这种误差经非线性的观测函数放大以后可能会导致 EKF 滤波的结果变坏甚至发散，出现算法的不稳定现象，为此可以采用多次迭代运算的 IEKF 算法。

IEKF 算法的基本思想[19]：在 EKF 滤波过程中，假设已经获得第 n 时刻的估计值 $\hat{\boldsymbol{x}}(n/n)$ 和估计协方差 $\boldsymbol{P}(n/n)$ 以后，将它们代替预测值 $\hat{\boldsymbol{x}}(n/n-1)$ 和预测误差协方差 $\boldsymbol{P}(n/n-1)$ 再进行 EKF 处理，不妨假设进行 K 次迭代计算。第 n 时刻的 IEKF 算法的公式和基本流程如下。

（1）$k=1$，$\hat{\boldsymbol{x}}^k(n/n) = \boldsymbol{A}\hat{\boldsymbol{x}}(n-1/n-1)$，$\boldsymbol{P}^k(n/n) = \boldsymbol{A}\boldsymbol{P}_{n-1/n-1}\boldsymbol{A}$。

（2）进行扩展卡尔曼滤波，滤波的过程为

$$\begin{cases}\boldsymbol{H}^k(n) = \left.\dfrac{\partial \boldsymbol{f}(\boldsymbol{x})}{\partial \boldsymbol{x}}\right|_{\boldsymbol{x}=\hat{\boldsymbol{x}}^k(n/n)} \\ \boldsymbol{K}^k(n) = \boldsymbol{P}^k(n/n)(\boldsymbol{H}^k(n))^{\mathrm{T}}[\boldsymbol{H}^k(n)\boldsymbol{P}(n/n)(\boldsymbol{H}^k(n))^{\mathrm{T}} + \boldsymbol{R}(n)]^{-1} \\ \hat{\boldsymbol{x}}^{k+1}(n/n) = \hat{\boldsymbol{x}}^k(n/n) + \boldsymbol{K}^k(n)[\boldsymbol{z}(n) - \boldsymbol{f}(\hat{\boldsymbol{x}}^k(n/n))] \\ \boldsymbol{P}^{k+1}(n/n) = [\boldsymbol{I} - \boldsymbol{K}^k(n)\boldsymbol{H}^k(n)]\boldsymbol{P}(n/n)[\boldsymbol{I} - \boldsymbol{K}^k(n)\boldsymbol{H}^k(n)]^{\mathrm{T}} + \\ \qquad \boldsymbol{K}^k(n)\boldsymbol{R}(n)(\boldsymbol{K}^k(n))^{\mathrm{T}}\end{cases} \tag{2.65}$$

(3) $k=k+1$;重复第(2)步,直到 $k=K$。

由式(2.65)可见,当 $K=1$ 时 IEKF 就退化成为 EKF 方法。IEKF 方法的物理意义在于其利用多次迭代方法来更新状态估计以逼近非线性观测量 $\boldsymbol{Z}(n)$,使得状态估计误差进一步减小,从而达到优化滤波估计的目的。虽然 IEKF 方法提高了估计的精度,但是它是以增加滤波的计算量为代价的。通常选取 $K=2$ 或者 $K=3$。

2.6.1.3 修正增益扩展卡尔曼滤波(MGEKF)算法

EKF 实质上是将观测方程和状态方程进行在前一次状态估计值上线性化处理,并进行线性卡尔曼滤波,因此采用 EKF 得到的估计结果并不是最优的估计结果。由于线性化处理忽略了高阶项,当初始值选择不当时,EKF 算法的结果往往不收敛,即算法的稳定性不高。实践证明 EKF 算法仅适用于噪声干扰较小、系统的非线性程度不高的情况。为了提高 EKF 算法在无源定位与跟踪领域的性能,针对 EKF′的不足,Song 和 Speyer 提出了 MGEKF 算法[21-22]。由于利用 β 和 $\dot{\beta}$ 进行无源定位时观测方程是非线性的,而 MGEKF 滤波方法在众多实践中被证明是一种非线性系统滤波的比较好的算法,但使用该方法的前提是观测方程的非线性函数必须是可修正的(Modifiable),即存在函数 $\boldsymbol{g}(\boldsymbol{Z}_i,\hat{\boldsymbol{X}}_i)$ 使得下式成立:

$$\boldsymbol{G}(\boldsymbol{X}_i)-\boldsymbol{G}(\hat{\boldsymbol{X}}_i)=\boldsymbol{g}(\boldsymbol{Z}_i,\hat{\boldsymbol{X}}_i)(\boldsymbol{X}_i-\hat{\boldsymbol{X}}_i) \tag{2.66}$$

如果式(2.66)不是严格成立,而只是在 $\hat{\boldsymbol{X}}_i \to \boldsymbol{X}_i$ 时式(2.66)近似成立,则称为近似可修正。如果 $\boldsymbol{G}(\boldsymbol{X}_i)$ 可修正或近似可修正,那么就可以用观测值 $\boldsymbol{Z}_{mi}$ 对 EKF 的协方差矩阵 $\boldsymbol{P}_i$ 进行修正更新,即

$$\boldsymbol{P}_i=[\boldsymbol{I}-\boldsymbol{K}_i\boldsymbol{g}(\boldsymbol{Z}_{mi},\hat{\boldsymbol{X}}_{i/i-1})]\boldsymbol{P}_{i/i-1}[\boldsymbol{I}-\boldsymbol{K}_i\boldsymbol{g}(\boldsymbol{Z}_{mi},\hat{\boldsymbol{X}}_{i/i-1})]^{\mathrm{T}}+\boldsymbol{K}_i\boldsymbol{R}\boldsymbol{K}_i^{\mathrm{T}} \tag{2.67}$$

2.6.1.4 旋转协方差扩展卡尔曼滤波(RVEKF)算法

由于观测方程的非线性,它造成估计过程不能分辨雅可比矩阵的变化是由观测器自身运动所引起的还是由目标状态更新所引起的,这个影响由于角度观测误差而变得更加严重,导致 EKF 算法的不稳定。因此,Fagin 首先提出对协方差进行矩阵变换的思想[21],邓新蒲进一步研究后提出 RVEKF 算法[16]。在 EKF 中雅可比矩阵 $\boldsymbol{H}(n)$ 是用预测值计算的,设此时状态估计的协方差矩阵为 $\boldsymbol{P}(n/n-1)$,若采用状态滤波值 $\hat{\boldsymbol{x}}(n/n)$ 对观测方程线性化,雅可比矩阵为 $\boldsymbol{H}^R(n)=\left.\dfrac{\partial \boldsymbol{f}(\boldsymbol{x})}{\partial \boldsymbol{x}}\right|_{\boldsymbol{x}=\hat{\boldsymbol{x}}(n/n)}$,设此时状态估计的协方差矩阵为 $\boldsymbol{P}(n/n)$,则

$$\boldsymbol{H}^R(n)\boldsymbol{T}(n)=\boldsymbol{H}(n) \tag{2.68}$$

根据协方差矩阵的性质可知，在满足该条件的矩阵集 $\{\boldsymbol{T}(n)\}$ 中必有一个 $\boldsymbol{T}(n)$ 满足[15]：

$$\boldsymbol{P}(n/n)=\boldsymbol{T}(n)\boldsymbol{P}(n/n-1)\cdot\boldsymbol{T}^{\mathrm{T}}(n) \tag{2.69}$$

相当于在 EKF 方程中对原来的协方差矩阵 $\boldsymbol{P}(n/n-1)$ 增加一次旋转变换。由式(2.69)可知，对唯一确定的 $\boldsymbol{H}(n)$ 和 $\boldsymbol{H}^{R}(n)$，满足式(2.68)的 $\boldsymbol{T}(n)$ 不唯一，因而不能由式(2.68)得到满足式(2.69)的变换矩阵 $\boldsymbol{T}(n)$ 的唯一值，具体的变换矩阵 $\boldsymbol{T}(n)$ 需要根据具体的应用来确定。对于利用波达角观测进行定位的方法，文献[15]介绍了一种变换矩阵 $\boldsymbol{T}(n)$，但是对于波达角变化率和频率变化率进行定位与跟踪方法，如何去寻找这么一个变换矩阵 $\boldsymbol{T}(n)$ 是一个比较难解决的问题。

2.6.1.5 修正协方差扩展卡尔曼滤波(MVEKF)算法

2002 年，作者提出了 MVEKF 算法[17-20]，它的基本思想是：按照 EKF 算法计算出状态滤波值 $\hat{\boldsymbol{x}}(n/n)$ 之后，采用状态滤波值 $\hat{\boldsymbol{x}}(n/n)$ 重新计算雅克比矩阵：

$$\boldsymbol{H}^{M}(n)=\left.\frac{\partial \boldsymbol{f}(\boldsymbol{x})}{\partial \boldsymbol{x}}\right|_{\boldsymbol{x}=\hat{\boldsymbol{x}}(n/n)} \tag{2.70}$$

对协方差矩阵进行更新，从而得到更加准确的协方差矩阵。算法的其他部分和 EKF 相同，只是需要重复计算一次卡尔曼增益和估计协方差，计算公式为

$$\begin{cases}\boldsymbol{K}(n)=\boldsymbol{P}(n/n-1)\boldsymbol{H}^{M}(n)[\boldsymbol{H}^{M}(n)\boldsymbol{P}(n/n-1)\boldsymbol{H}^{M}(n)^{\mathrm{T}}+\boldsymbol{R}(n)]^{-1}\\ \boldsymbol{P}(n)=[\boldsymbol{I}-\boldsymbol{K}(n)\boldsymbol{H}^{M}(n)]\boldsymbol{P}(n/n-1)[\boldsymbol{I}-\boldsymbol{K}(n)\boldsymbol{H}^{M}(n)]^{\mathrm{T}}+\boldsymbol{K}(n)\boldsymbol{R}(n)\boldsymbol{K}^{\mathrm{T}}(n)\end{cases} \tag{2.71}$$

将式(2.71)计算的 $\boldsymbol{P}(n)$ 代入 EKF 方法中并计算协方差矩阵，再进行迭代滤波，这样得到的协方差矩阵中隐含了本次观测值 $\boldsymbol{Z}(n)$ 信息，从而改善了估计的性能。比较迭代次数 $K=2$ 时的 IEKF 算法和 MVEKF 算法可以看出，实际上 MVEKF 比前者只是少了一次更新状态估计。

2.6.2 无迹卡尔曼滤波器方法

无源定位跟踪本质上是非线性参数最优估计(滤波)问题。对于无源定位系统而言，由于测量数据误差和状态估计误差较大，传统 EKF 方法忽略高次项所产生的高阶截断误差，将会引入一定的跟踪性能损失。利用无迹变换(UT)通过设置采样点(sigma 点)及相应权值，逼近估计的均值、协方差矩阵或者更高阶矩阵，可以大大减小高阶截断误差，从而获取更好的跟踪性能。

对于状态变量的估计，可以通过如下无迹卡尔曼滤波器(UKF)滤波算法步骤完成[23,24]。

（1）初始化：

$$\begin{cases}\hat{\boldsymbol{x}}_0=E\{\boldsymbol{x}_0\}\\ \boldsymbol{P}_0=E\{(\boldsymbol{x}_0-\hat{\boldsymbol{x}}_0)(\boldsymbol{x}_0-\hat{\boldsymbol{x}}_0)^{\mathrm{T}}\}\\ \hat{\boldsymbol{x}}_k^a=E\{\boldsymbol{x}_0^a\}=[\hat{\boldsymbol{x}}_0^{\mathrm{T}}\quad \boldsymbol{0}\quad \boldsymbol{0}]^{\mathrm{T}}\\ \boldsymbol{P}_0^a=E\{(\boldsymbol{x}_0^a-\hat{\boldsymbol{x}}_0^a)(\boldsymbol{x}_0^a-\hat{\boldsymbol{x}}_0^a)^{\mathrm{T}}\}=\begin{bmatrix}\boldsymbol{P}_0 & \boldsymbol{0} & \boldsymbol{0}\\ \boldsymbol{0} & \boldsymbol{P}_v & \boldsymbol{0}\\ \boldsymbol{0} & \boldsymbol{0} & \boldsymbol{P}_n\end{bmatrix}\end{cases}$$

（2）对于每一个 $k\in\{1,2,\cdots,\infty\}$，有以下几种算法。

① 计算样点：

$$\mathcal{X}_{k-1}^a=[\hat{\boldsymbol{x}}_{k-1}^a\quad \hat{\boldsymbol{x}}_{k-1}^a\pm\sqrt{(L+\lambda)\boldsymbol{P}_{k-1}^a}] \tag{2.72}$$

② 时间更新：

$$\mathcal{X}_{k|k-1}^{\boldsymbol{x}}=f[\mathcal{X}_{k-1}^{\boldsymbol{x}},\mathcal{X}_{k-1}^{v}] \tag{2.73}$$

$$\hat{\boldsymbol{x}}_k^-=\sum_{i=0}^{2L}W_i^{(m)}\mathcal{X}_{i,k|k-1}^{\boldsymbol{x}} \tag{2.74}$$

$$\boldsymbol{P}_k^-=\sum_{i=0}^{2L}W_i^{(c)}[\mathcal{X}_{i,k|k-1}^{\boldsymbol{x}}-\hat{\boldsymbol{x}}_k^-][\mathcal{X}_{i,k|k-1}^{\boldsymbol{x}}-\hat{\boldsymbol{x}}_k^-]^{\mathrm{T}}+\boldsymbol{R}^v \tag{2.75}$$

$$\mathcal{Y}_{k|k-1}=\boldsymbol{h}[\mathcal{X}_{k|k-1}^{\boldsymbol{x}},\mathcal{X}_{k|k-1}^{n}] \tag{2.76}$$

$$\hat{\boldsymbol{y}}_k^-=\sum_{i=0}^{2L}W_i^{(m)}\mathcal{Y}_{i,k|k-1} \tag{2.77}$$

③ 测量更新：

$$\boldsymbol{P}_{\bar{\boldsymbol{y}}_k\bar{\boldsymbol{y}}_k}=\sum_{i=0}^{2L}W_i^{(c)}[\mathcal{Y}_{i,k|k-1}-\hat{\boldsymbol{y}}_k^-][\mathcal{Y}_{i,k|k-1}-\hat{\boldsymbol{y}}_k^-]^{\mathrm{T}}+\boldsymbol{R}^n \tag{2.78}$$

$$\boldsymbol{P}_{\boldsymbol{x}_k\boldsymbol{y}_k}=\sum_{i=0}^{2L}W_i^{(c)}[\mathcal{X}_{i,k|k-1}-\hat{\boldsymbol{x}}_k^-][\mathcal{Y}_{i,k|k-1}-\hat{\boldsymbol{y}}_k^-]^{\mathrm{T}} \tag{2.79}$$

$$\mathcal{K}_k=\boldsymbol{P}_{\boldsymbol{x}_k\boldsymbol{y}_k}\boldsymbol{P}_{\bar{\boldsymbol{y}}_k\bar{\boldsymbol{y}}_k}^{-1} \tag{2.80}$$

$$\hat{\boldsymbol{x}}_k=\hat{\boldsymbol{x}}_k^-+\mathcal{K}_k(\boldsymbol{y}_k-\hat{\boldsymbol{y}}_k^-) \tag{2.81}$$

$$\boldsymbol{P}_k=\boldsymbol{P}_k^--\mathcal{K}_k\boldsymbol{P}_{\bar{\boldsymbol{y}}_k\bar{\boldsymbol{y}}_k}\mathcal{K}_k^{\mathrm{T}} \tag{2.82}$$

式中：$\boldsymbol{R}^v$ 为系统状态噪声方差；$\boldsymbol{R}^n$ 为系统测量噪声方差；$\boldsymbol{x}^\alpha=[\boldsymbol{x}^{\mathrm{T}}\quad \boldsymbol{v}^{\mathrm{T}}\quad \boldsymbol{n}^{\mathrm{T}}]^{\mathrm{T}}$；$\mathcal{X}^\alpha=[(\mathcal{X}^x)^{\mathrm{T}}\quad (\mathcal{X}^v)^{\mathrm{T}}\quad (\mathcal{X}^n)^{\mathrm{T}}]^{\mathrm{T}}$；$\boldsymbol{P}_v$ 为状态噪声方差；$\boldsymbol{P}_n$ 为测量噪声方差。以上就是对非线性系统采用 UKF 算法进行滤波估计的处理过程。

显然，利用 UKF 应用于非线性系统滤波时与 EKF 有很大不同。EKF 需要计算雅克比矩阵，并在滤波过程中取一阶近似线性化。与 EKF 相比，UKF 更加稳定。

2.6.3 粒子滤波方法

粒子滤波方法[25,26]是一种概率密度逼近的方法,它通过序贯蒙特卡罗方法来实现递归贝叶斯滤波,可以利用有限样本从非高斯非线性观测数据中有效逼近估计的后验概率,从而得到相应的参数估计。因此该方法在无源定位中具有一定的应用价值。

令$\{x_{0:k}^i,\omega_k^i\}_{i=1}^N$表示表征后验概率密度函数$p(x_{0:k}|z_{1:k})$的随机取样量测(粒子),其中$\{X_{0:k}^i,i=1,2,\cdots,N_s\}$表示粒子取值,其相应归一化权值为$\{\omega_k^i,i=1,2,\cdots,N_s\}$,$x_{0:k}=\{x_j,j=1,2,\cdots,k\}$表示$0\sim k$时刻状态变量的集合,于是$k$时刻的后验概率密度可以用离散的加权序列近似为[25, 26]

$$p(x_k|z_{1:k})\approx\sum_{i=1}^{N_s}\omega_k^i\delta(x_k-x_k^i)\tag{2.83}$$

式中:$\delta(\cdot)$为冲激函数。

如果粒子数目$N_s\to\infty$,则下式趋近于真实的后验概率密度$p(x_k|z_{1:k})$。粒子权值的迭代计算方法为[25]

$$\omega_k^i\propto\omega_{k-1}^i\frac{p(z_k|x_k^i)p(x_k^i|x_{k-1}^i)}{q(x_k^i|x_{k-1}^i,z_k)}\tag{2.84}$$

式中:用“$\propto$”的原因是ω_k^i需要归一化,使得$\sum_{i=1}^{N_s}\omega_k^i=1$。

在SIS粒子滤波法中,普遍存在的问题是可能存在退化现象。即经过若干次迭代后,除一个粒子外,其余粒子的权值几乎可忽略不计,从而使得大量计算浪费在对求解$p(x_k|z_{1:k})$几乎不起任何作用的粒子的更新上。因此,必须要通过采取消除退化的技术才能保证计算的实时性。目前,消除退化主要依赖于两个关键技术:适当选取重要密度函数和进行重采样[26]。

选取重要密度函数最简单和易于实现的方法是使之等于先验密度,即

$$q(x_k^i|x_{k-1}^i,z_k)=p(x_k^i|x_{k-1}^i)\tag{2.85}$$

将式(2.85)代入式(2.84),可得

$$\omega_k^i\propto\omega_{k-1}^ip(z_k|x_k^i)\tag{2.86}$$

重采样的目的在于减少权值较小的粒子数目,而把注意力集中在大权值的粒子上。因此可在每一次迭代都计算一次退化度:

$$N_{\text{eff}}=1/\sum_{i=1}^{N_s}(\omega_k^i)^2\tag{2.87}$$

如果N_{eff}超过某一个阈值N_T,则进行重采样,使得权值较大的粒子分裂成多个

小的相同粒子，丢弃掉权值较小的粒子，然后令权值 $\omega_k^i = 1/Ns$，重新进行权值迭代。而样本重要性重采样（Sampling Importance Re-sampling, SIR）粒子滤波方法则是每一次都进行再采样，这样实际的权值更新为

$$\omega_k^i \propto p(z_k \mid x_k^i) \tag{2.88}$$

利用上述权值迭代，即可实现对目标状态的粒子滤波。

2.6.4 机动目标的跟踪方法

在观测过程中实际的辐射源有可能正在做加速、减速、转弯等机动，此时如果仍然采用对匀速运动目标的跟踪算法，定位误差就会不收敛，因此必须研究跟踪滤波方法对目标运动的适应性，提高滤波方法的稳定性。

在观测器的运动形式满足可观测条件的前提下，雷达有源定位常用的几种机动目标估计方法如输入估计（Input Estimation，IE）算法[28]、变维（Variable Dimension，VD）算法[19]、交互多模（Interacting Multiple Model，IMM）算法[30]等经过修改后都可以应用到对机动辐射源的无源定位跟踪中去[19]。

IMM 算法通过多个模型并行计算，并根据模型间的概率似然比函数进行模型间的交互，因此可以获得较好的效果。算法中测量的预测值 $\hat{\boldsymbol{Z}}(i/i-1)=\boldsymbol{H}\hat{\boldsymbol{X}}(i/i-1)$ 换成非线性的测量函数 $\hat{\boldsymbol{Z}}(i/i-1)=\boldsymbol{G}(\hat{\boldsymbol{X}}(i/i-1))$，同时将测量矩阵 $\boldsymbol{H}$ 换成在预测值处计算的雅克比矩阵 $\boldsymbol{H}_i^-$。

假设存在 $t=1,2,\cdots,M$ 个假设模型，模型间转换概率矩阵为 $\{\boldsymbol{\pi}_{ij}\}_{(M\times M)}$，在第 $i-1$ 时刻滤波器 t 的滤波估计值为 $\hat{\boldsymbol{X}}_t(i-1/i-1)$，滤波估计方差为 $\boldsymbol{P}_t(i-1/i-1)$，模型概率为 $\mu_t(i-1)$，具有两个假设模型的 IMM 一次迭代算法流程图如图 2.8所示[30]。

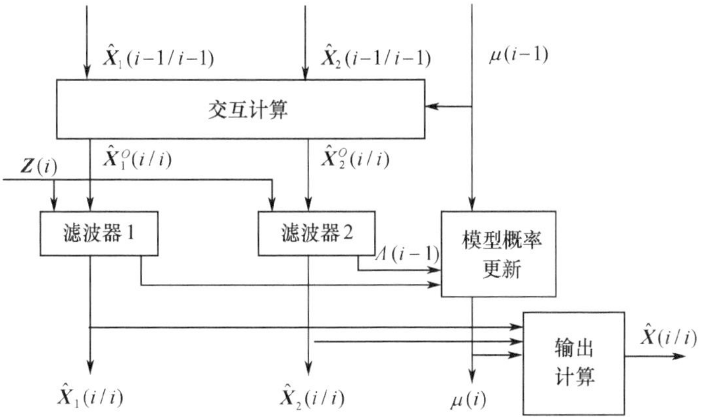

图 2.8 具有两个模型的 IMM 算法流程

根据众多实践和推导证明,IMM 算法是一种性能良好的机动目标跟踪器,但是其缺点是运算量庞大,需要多个模型同时并行计算。

参考文献

[1] 张福娥,等. 解析几何[M]. 杭州:浙江大学出版社, 2015.
[2] 孙仲康,周一宇,何黎星. 单多基地有源无源定位技术[M]. 北京:国防工业出版社, 1996.
[3] 孙仲康,郭福成,冯道旺,等. 单站无源定位跟踪技术[M]. 北京:国防工业出版社, 2008.
[4] 刘剑平,朱坤平,陆元鸿. 概率论与数理统计[M]. 上海:华东理工大学出版社, 2015.
[5] 干国强. 导航与定位——现代战争的北斗星[M]. 北京:国防工业出版社, 2000.
[6] 孙仲康,陈辉煌. 定位导航与制导[M]. 北京:国防工业出版社, 1987.
[7] POISEL A R. 电子战目标定位方法[M]. 王沙飞,等译. 北京:电子工业出版社, 2008.
[8] 张贤达. 矩阵分析与应用[M]. 北京:清华大学出版社, 2004.
[9] 郭福成,樊昀. 空间电子侦察定位原理[M]. 北京:国防工业出版社, 2012.
[10] JOHNSON R S, COTTRILL S D, PEEBLES P Z. A computation of radar SEP and CEP[J]. IEEE Trans. On Aerospace and Electronic Systems, 1969,3: 353 - 354.
[11] CLINE J F. Two new measures of position error, IEEE Trans[J]. On Aerospace and Electronic Systems, 1976, 3: 291 - 292.
[12] HERMANN R, KRENER A J. Nonlinear controllability and observability[J]. IEEE Transactions on Automatic Control, Vol. AC - 22, No. 5, 1977,10: 728 - 740.
[13] 郗晓宁,王威,高玉东. 近地航天器轨道基础[M]. 长沙:国防科技大学出版社, 2003.
[14] 刘林. 人造地球卫星轨道力学[M]. 北京:高等教育出版社, 1992.
[15] 刘林. 航天器轨道理论[M]. 北京:国防工业出版社, 2000.
[16] 邓新蒲. 运动单观测器无源定位与跟踪方法研究[D]. 长沙:国防科学技术大学研究生院, 2000.
[17] 郭福成. 基于运动学原理的单站无源定位与跟踪关键技术研究[D]. 长沙:国防科学技术大学研究院, 2002.
[18] 周宏仁,等. 机动目标跟踪[M]. 北京:国防工业出版社, 1991.
[19] BAR-SHALOM Y, Li X R, KJRUBARAJAN T. Estimation with applications to tracking and navigation[M]. New York: John Wiley & Sons Inc, 2001.
[20] 郭福成,李宗华,孙仲康. 无源定位跟踪中修正协方差扩展卡尔曼滤波算法[J]. 电子与信息学报,2004(6):917 - 922.
[21] FAGIN S L. Comments on a method for improving extended kalman filter performance for angle - only passive ranging [J]. IEEE Transactions on Aerospace and Electronic Systems, 1995, 31(3): 1148 - 1150.
[22] SONG T L, SPEYER J. A stochastic analysis of a modified gain extended kalman filter with applications to estimation with bearings only measurements[J]. IEEE Transactions on Automatic

Control. Vol. AC－30, 1985,10(10): 940－949.

[23] JULIER S J, UHLMANN J K. A New Approach for Filtering Nonlinear Sytems[C]. Proceedings of the 1995 American Control Conference, Seattle, WA, 1995: 1628－1632.

[24] JULIER S, UHLMANN J K. Unscented Filtering and Nonlinear Estimation[J]. Proceedings of the IEEE, 2004,92 (3):401－422.

[25] GORDON N, SALMOND D, SMITH A F M. Novel approach to nonlinear and non-Gaussian Bayesian state estimation[J]. IEE Proceedings F(radar and sigml Proussing),1993,140(2): 107－113.

[26] SANJEEV M, et al. A tutorial on particle filters for online nonlinear non-gaussian bayesian tracking[J]. IEEE. Trans. SP-50, 2002,2(2):174－188.

[27] BLOM H, BAR-SHALOM Y. The interacting multiple model algorithm for systems with markovian switching coefficients[J]. IEEE Transactions on Automatic Control, 1988,33(8): 780－783.

[28] BAR-SHALOM Y. Tracking a maneuvering target using input estimation versus interacting multiple model algorithm[J]. IEEE Transactions on Aerospace and Electronic Systems, Vol. AES-25, No. 2, 1989,3: 296－300.

[29] LI X R, BAR-SHALOM Y. Performance prediction of the interacting multiple model algorithm [J]. IEEE Transactions on Aerospace and Electronic Systems, 1993,29(3): 755－771.

[30] MAZOR E, AVERBUCH A, BAR-SHALOM Y et al. Interacting multiple model methods in target tracking: A survey[J]. IEEE Transactions on Aerospace and Electronic Systems, 1998,34 (1): 103－122.

[31] BUSCH M, BLACKMAN S. Evaluation of IMM filtering for an air defense system application [C]. Signal and Data Proceedings of small Targets,International Society for Optic and Photonics,1995;2561:435－447.

第 3 章 无源定位测向技术

通过截获无线电信号，获得电波的传播方向进而确定其辐射源所在方向的过程，称为无线电测向，或无线电定向，简称测向(Direction Finding，DF)。无源定位系统对辐射源测向的基本原理是利用测向天线系统对不同方向到达电磁波的不同振幅或相位响应。常用的测向技术体制有比幅测向、比相测向、时差测向、阵列测向、多普勒测向等多种体制[1-2]。

3.1 比幅测向技术

比幅测向技术根据比较不同测向天线或同一个测向天线不同时刻侦收信号的相对幅度大小确定信号的到达角[1-2]。

如果指向离被测辐射源最近的两个天线 A、B，假设辐射源辐射到侦察天线接收处的信号幅度为$A(t)$，接收机增益分别为 K_A和 K_B，则两个天线的方向图函数分别为 $F_A(\theta)$、$F_B(\theta)$，两个天线的轴向不同，如图 3.1 所示。如果两个天线波束轴向间的夹角为 θ_S，如图 3.2 所示，其交叉点角度为 $\theta_S/2$，则接收机电路检波后得到的视频包络输出为

$$L_A = K_A A(t) F_A\left(\frac{\theta_S}{2} - \theta\right) \tag{3.1}$$

$$L_B = K_B A(t) F_B\left(\frac{\theta_S}{2} + \theta\right) \tag{3.2}$$

减法器输出为

$$\begin{aligned} Z &= \log L_A - \log L_B \\ &= \log \frac{L_A}{L_B} \end{aligned}$$

$$= \log \frac{K_A}{K_B} + \frac{F_A\left(\frac{\theta_S}{2} - \theta\right)}{F_B\left(\frac{\theta_S}{2} + \theta\right)} \tag{3.3}$$

由式(3.3)知,如果 $K_A = K_B$,已知接收天线的方向图函数 $F_A(\cdot)$、$F_B(\cdot)$,则从 Z 中可解算出 θ。

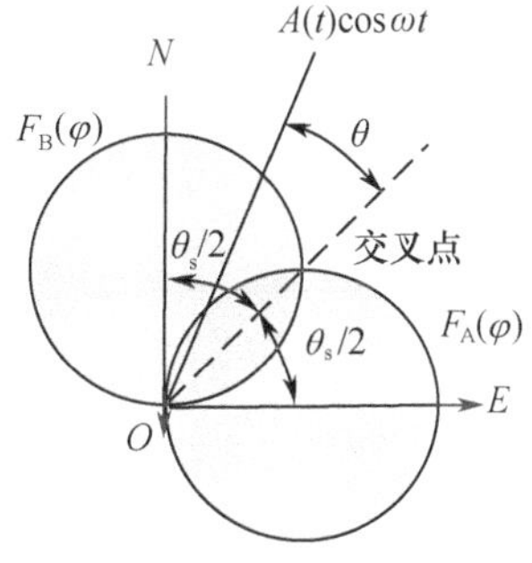

图 3.1　两天线比幅系统的波束配置

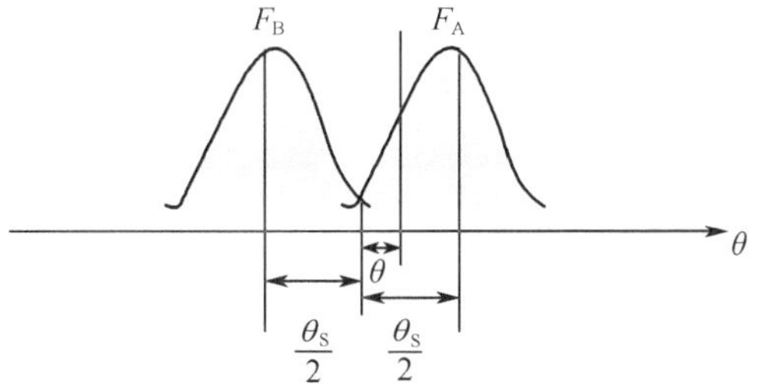

图 3.2　四天线全向系统的方向图

对于不同的天线,方向图函数 $F(\theta)$ 不同。下面以高斯函数形式的 $F(\theta)$ 为例分析。这种函数可以很好地近似电子战装备中常用的宽带螺旋天线,对应天线方向图函数为

$$F_A(\theta) = F_B(\theta) = \exp\left[-\frac{K\theta^2}{\theta_B^2}\right] \tag{3.4}$$

式中:K 为比例常数;θ_B 为天线半功率波束宽度的 1/2,即 $\theta_B = \frac{1}{2}\theta_{0.5}$。

将式(3.4)代入式(3.3),可得

$$Z = \log \frac{K_A}{K_B} + 2\theta_S\theta \cdot \frac{K\log e}{\theta_B^2} \tag{3.5}$$

则

$$\theta = \frac{\theta_B^2}{2\theta_S K\log e}\left(Z - \log \frac{K_A}{K_B}\right) \tag{3.6}$$

若通道增益平衡,即 $K_A = K_B$,式(3.6)可简化为

$$\theta = \frac{\theta_B^2}{2\theta_S K\log e} Z \tag{3.7}$$

式(3.7)是最终估算 θ 的关系式,它表明 θ 与 Z 成正比。通过测量两个接收通道的视频包络幅度的比值,即可实现测向。由于这种方法仅仅需要一个脉冲就

可以实现测向,因此又称为单脉冲比幅测向方法。

3.2 比相测向技术

3.2.1 干涉仪测向的基本原理

干涉仪测向法是通过测量位于不同波前的天线接收信号的相位差,经过处理获取信号方向。由于它是通过比较两个天线之间的相位来获得方向,因此也称为比相法。在原理上相位干涉仪能够实现对单个脉冲的测向,故又称为相位单脉冲测向。最简单的单基线相位干涉仪由两个信道组成,如图 3.3 所示[2]。

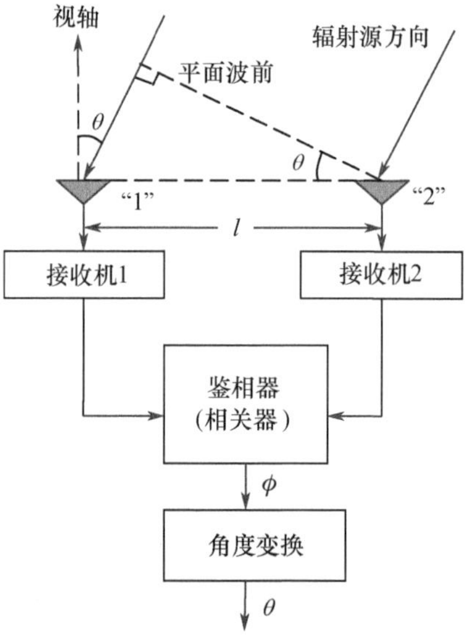

图 3.3　单基线相位干涉仪原理图

若某一个辐射源平面波,由与天线视轴夹角为 θ 方向传播而来,假设为窄带信号,则干涉仪两个天线接收到的信号为

$$s_1(t) = K_1\cos(2\pi ft + \phi_0 + \phi) \tag{3.8}$$

$$s_2(t) = K_2\cos(2\pi ft + \phi_0) \tag{3.9}$$

在式(3.8)中,由于信号到达两个天线的波程差导致两个天线之间的相位差为

$$\phi = \frac{2\pi l}{\lambda}\sin\theta \tag{3.10}$$

式中：λ 为信号波长；l 为两天线间距，又称为干涉仪基线长度。将两个信号通过鉴相器，即两路信号相乘后再进行低通滤波，得到 U_C 信号；将其中一路信号进行90°移相后，与另一路信号相乘，再进行低通滤波，得到 U_S 信号。如果两个相关器的相位响应完全一致，接收机输出信号的相位差 ϕ 相关的信号为

$$\begin{cases} U_C = K\cos\phi \\ U_S = K\sin\phi \end{cases} \tag{3.11}$$

式中：$K = K_1K_2/2$ 为系统增益。根据式(3.11)，可以得到相位差为

$$\phi = \arctan\left(\frac{U_S}{U_C}\right) \tag{3.12}$$

测量得到相位差后，如果信号的波长 λ 和基线长度 l 已知，则根据式(3.10)，可以求得辐射源信号的到达方向为

$$\theta = \arcsin\left(\frac{\phi\lambda}{2\pi l}\right) \tag{3.13}$$

式(3.12)和式(3.13)成立的条件为

$$|\phi| \leqslant \pi, \theta \leqslant \frac{\pi}{2} \tag{3.14}$$

由式(3.14)可见，相位干涉仪测向把对方位角的估计变换成对路径差所产生的相位差 ϕ 的估计，这里对相位差 ϕ 的测量可采用量化编码器，也可以采用数字信号处理的方法。另外，对相位差 ϕ 的估计还必须得到入射信号频率的估计，或波长估计 $\hat{\lambda}$。也就是说，相位干涉仪测向必须有频率 f 测量的配合。

3.2.2 干涉仪相位差测量

3.2.2.1 相位差的一般测量原理

利用干涉仪可以测量辐射源信号到达干涉仪两个天线之间的相位差。干涉仪相位差测量原理如图3.4所示[3]。

在图3.4中，天线 A_1 和 A_2 接收到信号 S_1 和 S_2 后送到对应的接收通道，利用低噪声放大器(LNA)放大后通过本振(Local Oscillator, LO)和变频器(Down Converter, DC)进行混频、滤波等处理后得到中频信号，然后通过相关器(Correlator)得到相位差估计。

典型的相关器可分为“XF”和“FX”两类相关器，其中“X”表示乘法变换，“F”表示频域变换。或者称为时域鉴相和频域鉴相两种。XF 相关器首先将两路时域信号进行卷积运算，即

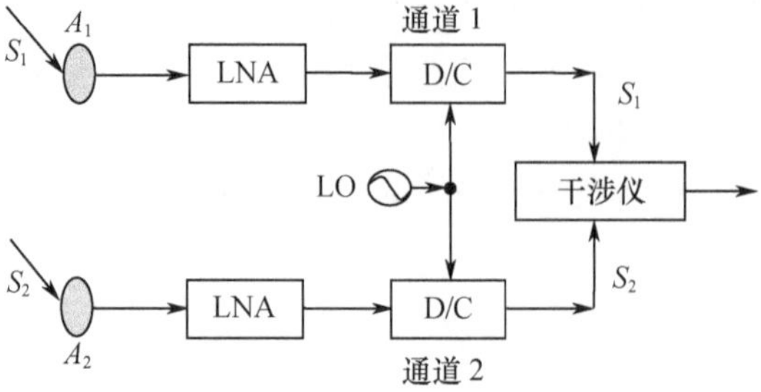

图 3.4　干涉仪相位差测量原理示意图

$$y(\tau) = \int_{-\infty}^{\infty} s_1(t) s_2^*(t-\tau) \mathrm{d}t \tag{3.15}$$

将 $y(\tau)$ 进行频域变换,可得

$$Y(\omega) = \int_{-\infty}^{\infty} y(\tau) \mathrm{e}^{-2\pi \mathrm{i} \omega \tau} \mathrm{d}\tau \tag{3.16}$$

对于窄带信号,相位差可由下式计算得到:

$$\phi = \arg(Y(\omega_{\max})) \tag{3.17}$$

式中:arg 为取复数的相角;$\omega_{\max}$为功率谱 $|Y(\omega)|$ 峰值对应的频率。

对于宽带信号,相位差的测量可通过拟合中心频段对应的相角 $\arg(Y(\omega))$ 的变化率得到。

XF 相关器数字化实现过程如图 3.5 所示。

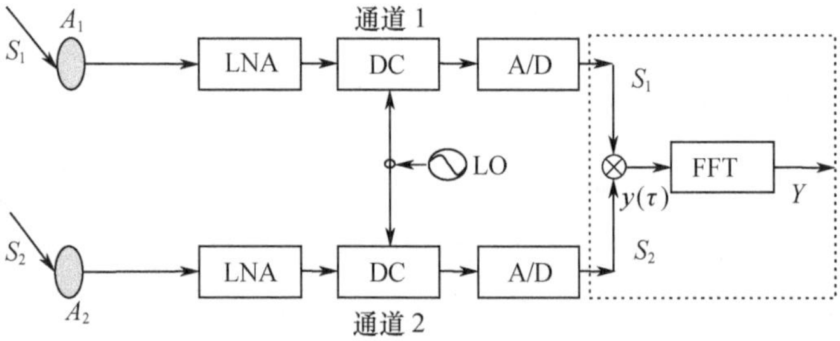

图 3.5　XF 相关器数字化实现过程

在图中,每个接收通道通过模/数转换器得到数字中频信号,然后对两路采样信号得到的卷积信号通过 FFT 进行频域变换。相位差 XF 测量方法通常需要到达干涉仪阵元的信号具有较高的信噪比,并且不能处理接收机带宽内同时到达的多个不同频率信号。

FX 相关器首先将接收通道 1 和通道 2 中的中频信号经过傅里叶变换,可得

$$X_1(\omega) = \int_{-\infty}^{\infty} s_1(t) e^{-2\pi i\omega t} dt \tag{3.18}$$

$$X_2(\omega) = \int_{-\infty}^{\infty} s_2(t) e^{-2\pi i\omega t} dt \tag{3.19}$$

然后经过共轭相乘,可得

$$Y(\omega) = X_1(\omega) X_2^*(\omega) \tag{3.20}$$

由式(3.17)即可得到相位差估计。相位差 FX 测量方法可有效抑制通道噪声,因此可在较低信噪比下获得较好相位差测量精度,并且可处理接收机带宽内同时到达的多个不同频率信号。

FX 相关器数字化实现过程如图 3.6 所示。

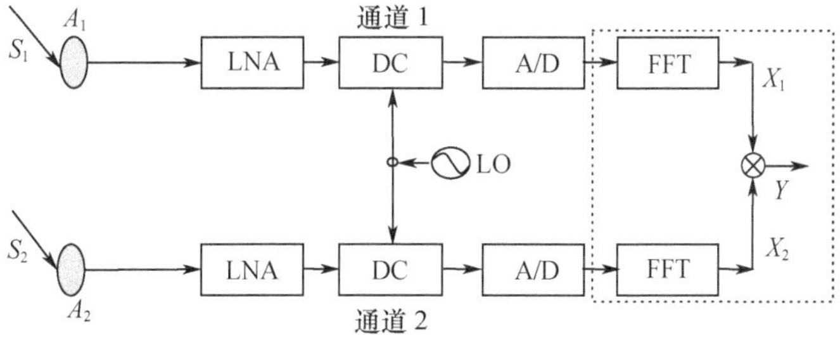

图 3.6　相位差 FX 测量方法

在图 3.6 中,每个接收通道将得到的数字中频信号通过频域变换,然后将两路信号共轭相乘得到频域变换信号。相位差的获取与 XF 中对应的式(3.17)中的方法相同。

3.2.2.2　窄带信号的相位差计算方法

数字鉴相有两种方法:一种是时域鉴相;另一种是频域鉴相。

1）时域鉴相算法相位差的提取

设相邻天线接收到的信号经过解析变换后第 1 路信号为 $x(t)$,第 2 路信号为 $x(t-\tau)$,则

$$x(t) = \exp(j2\pi f_0 t) \tag{3.21}$$

$$x(t) = \exp[j2\pi f_0 (t-\tau)] \tag{3.22}$$

第 1 路信号和第 2 路信号共轭相乘,可得

$$\varphi = y(t) = x(t) x^*(t-\tau) = \exp(j2\pi f_0 \tau) \tag{3.23}$$

对相位进行累积平均,可以得到较精确的相位差。φ 为解析信号,其离散采样表示为

$$\varphi(n) = a_n + b_n i \ (n = 1, 2, \cdots, N) \tag{3.24}$$

式中:N 为信号采样点数。为了提高相位差测量精度,一般需要对信号进行累积平均,常规方法为直接求复数相角运算 $\text{angle}(\varphi(n))$,其中 $\text{angle}(\varphi) = \arctan\left(\frac{\text{Im}(\varphi)}{\text{Re}(\varphi)}\right)$,Re(·)、Im(·)表示取实部和虚部。然后求平均值,如果采集的信号有 N 点,就必须先求 N 次 angle(·),然后取平均值,即

$$\bar{\varphi}(n) = \frac{1}{N}\sum_{n=1}^{N}\text{angle}(\varphi(n)) \tag{3.25}$$

这样的累积平均的速度较慢。为了提高速度,可以采用矢量累积平均法,只需要做 N 次矢量加法,做一次 angle(·)运算即可,这样累积平均的速度较快,即

$$\hat{\phi} = \text{angle}\left(\frac{1}{N}\sum_{n=1}^{N}\varphi(n)\right) \tag{3.26}$$

2）频域鉴相算法相位差的提取

设相邻天线接收到的信号经过解析变换后第 1 路信号为 $x(t)$,第 2 路信号为 $x(t-\tau)$,其中 $\tau = \phi/(2\pi f_0)$,它们的傅里叶变换分别为

$$x(t) \xrightarrow{\text{F}} X(f)$$
$$x(t-\tau) \xrightarrow{\text{F}} X(f)\exp(-\text{j}2\pi f\tau) \tag{3.27}$$

在频域上用第 1 信号和第 2 路信号共轭相乘,可得

$$\begin{aligned} Y(f) &= X(f)[\exp(-\text{j}2\pi f\tau)X(f)]^* \\ &= \exp(\text{j}2\pi f\tau)|X(f)|^2 \end{aligned} \tag{3.28}$$

$$\varphi = 2\pi f_0\tau = \text{angle}(Y(f)|_{f=f_0}) \tag{3.29}$$

通过 FFT 运算可以将信号的频率粗略估计出来,估计信号载频后,求出此载频在数字频谱上对应的最大值的位置,就可以得到很精确的相位差。

下面就相位干涉仪测向中的特殊问题进行讨论。

3.2.3 相位模糊问题

如前所述,相位干涉仪测向,是利用相位差 ϕ 的测量值估计辐射源方位角 θ。相位差 ϕ 以 2π 为周期,如果超过 2π,便出现模糊,这时不能分辨辐射源真正的方向。下面导出相位干涉仪的不模糊视角 θ_u。

由于干涉仪是以基线法线(视轴)为对称的,它在左右两边均能测向,因此,在视轴的一边的最大无模糊相位差为 π,在另一边的最小无模糊相位差为 $-\pi$,即 ϕ 的单值范围为$[-\pi, \pi]$。

将 $\phi_{max}=\pi$ 代入式(3.13)，可得[2]

$$\theta_{max}=\arcsin(\lambda/2l) \tag{3.30}$$

同样，当 $\phi'_{max}=-\pi$ 时，有

$$\theta_{max}=-\arcsin(\lambda/2l) \tag{3.31}$$

不模糊视角 $\theta_u=|\theta_{max}|+|\theta'_{max}|=2\theta_{max}$，即

$$\theta_u=2\arcsin(\lambda/2l) \tag{3.32}$$

可见要得到较大的不模糊视角，必须采用小天线间距 l(短基线)。对于天线基线长度 l 确定的干涉仪，其不模糊视角随入信号频率的变化而变化。另外，由式(3.32)还可得到不产生模糊的两天线之间的最大距离为

$$l_{max}=\frac{1}{2}\lambda \tag{3.33}$$

3.2.4 测向精度分析

由于 $\phi\to\theta$ 的变换是非线性的，因而 ϕ 的测量误差对 θ 的估计误差的影响，对于不同的入射角 θ 会有很大的不同。

为了找出测向误差源，对式(3.13)求全微分，可得

$$\mathrm{d}\phi=\frac{2\pi}{\lambda}l\cos\theta\mathrm{d}\theta-\frac{2\pi}{\lambda^2}l\sin\theta\mathrm{d}\lambda+\frac{2\pi}{\lambda}\sin\theta\mathrm{d}l \tag{3.34}$$

对于固定长度 l 的两天线，l 的不稳定因素可以忽略($\mathrm{d}l=0$)，式(3.34)简化为

$$\mathrm{d}\phi=\frac{2\pi}{\lambda}l\cos\theta\mathrm{d}\theta-\frac{2\pi}{\lambda^2}l\sin\theta\mathrm{d}\lambda \tag{3.35}$$

解得

$$\mathrm{d}\theta=\frac{\mathrm{d}\phi}{\frac{2\pi}{\lambda}l\cos\theta}+\frac{\tan\theta}{\lambda}\mathrm{d}\lambda \tag{3.36}$$

将式(3.36)以增量表示为

$$\Delta\theta=\frac{\Delta\phi}{\frac{2\pi}{\lambda}l\cos\theta}+\frac{\Delta\lambda}{\lambda}\tan\theta \tag{3.37}$$

从式(3.37)可得出以下结论。

(1) 测角误差来源于相位测量误差 $\Delta\phi$ 和频率测量误差 $\Delta\lambda$。

(2) 误差值与方位角大小有关。当方位角与基线法线一致时 ($\theta=0°$)，测角

误差最小；当方位角与天线基线一致时（$\theta=90°$），测角误差很大，无法进行测向。因此，天线视角不宜过大，通常 θ 限制在 $\pm45°$以内。

（3）误差还与两个天线的距离 l 有关，要获得高测角精度，必须足够大，即采用长基线。这恰好和扩大干涉仪的不模糊视角相矛盾。

为了解决高测角精度和大的不模糊视角之间的矛盾，常用的方法是采用多基线干涉仪方法。

对于单基线干涉仪而言，提高测向精度与扩大视角范围之间存在不可调和的矛盾。然而，若采用多基线干涉仪，视角范围 θ 与测角精度之间的矛盾可以较好地解决：由较短间距的干涉仪决定视角，由较长间距的干涉仪决定测角精度。

图 3.7 示出一维三基线干涉仪。"0"天线为基准天线，"1"天线与"0"天线之间距离为 l_1，"2"天线与"0"天线之间距离为 l_2，"3"天线与"0"天线之间距离为 l_3，这些天线均为方向性天线。若辐射源信号由右方到达，自右至左，每个天线与基准天线之间相位差依次增加。它的无模糊视角为

$$\theta_u=2\arcsin(\lambda/2l_1) \tag{3.38}$$

如果忽略频率不稳引起的误差，那么，它的测角误差为

$$\Delta\theta=\Delta\phi/2\pi(l_3/\lambda)\cos\theta \tag{3.39}$$

这样，多基线干涉仪解决了单基线干涉仪存在的视角范围和测角精度的矛盾。

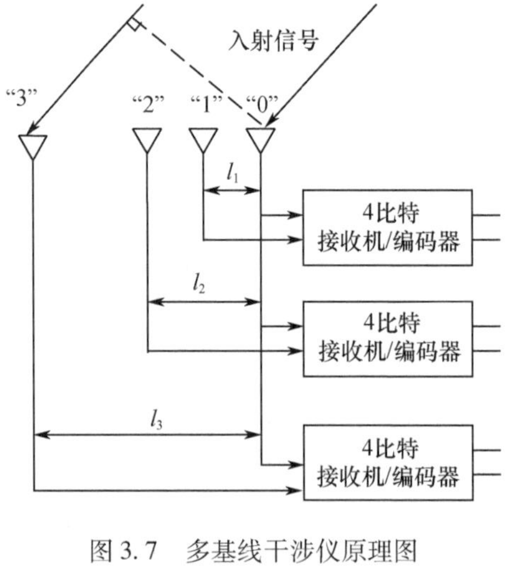

图 3.7 多基线干涉仪原理图

假设一维多基线相位干涉仪测向的基线数为 k，相邻基线的长度比为 n，最长基线编码器的角度量化位数为 m，则理论上的测向精度为[4]

$$\delta_\theta=\frac{\theta_{\max}}{n^{k-1}2^{m-1}} \tag{3.40}$$

相位干涉仪测向具有较高的测向精度,但其测向范围不能覆盖全方位,且同比相法瞬时测频一样,它也没有对多信号的同时分辨力。此外,由于相位差是与信号频率有关的,因此在测向的时候,还需要对信号进行测频,求得波长 λ,才能唯一地确定信号的到达方向。

3.2.5　二维相位干涉仪

单基线干涉仪在三维空间中,得到的角度是一个圆锥角即方向余弦角,即可以确定的定位面为一个以干涉仪基线为轴向的圆锥面(等方向余弦面),如图3.8所示。

实际三维空间中辐射源信号的入射方向可以用方位和俯仰面相交得到。这就需要得到方位、仰角这二维角度信息,显然用一维的干涉仪是不能解决问题的,那么,很自然会想到把一维干涉仪发展成二维干涉仪,使它既能在水平面内测角,又能在垂直面内测角。

如图3.9所示,一种常用的二维干涉仪是由一对基线互相垂直的干涉仪构成[2]。该二维干涉仪的二维角信息为

$$\varphi_A = \frac{2\pi l_A}{\lambda}\sin\theta\cos\alpha \tag{3.41}$$

$$\varphi_B = \frac{2\pi l_B}{\lambda}\cos\theta\cos\alpha \tag{3.42}$$

由式(3.41)和式(3.42)可得到如下结论。

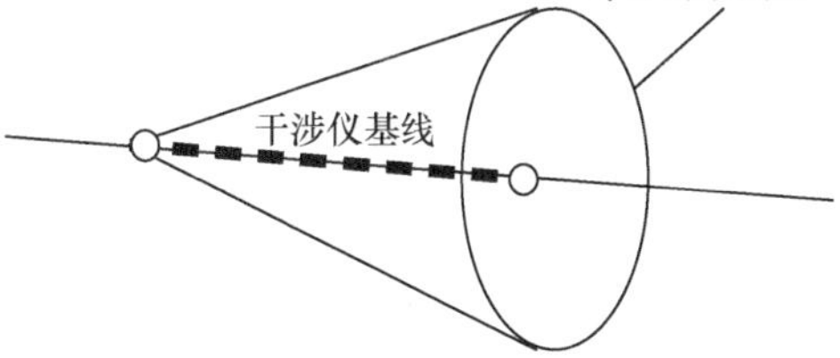

图3.8　单干涉仪基线等方位余弦面图

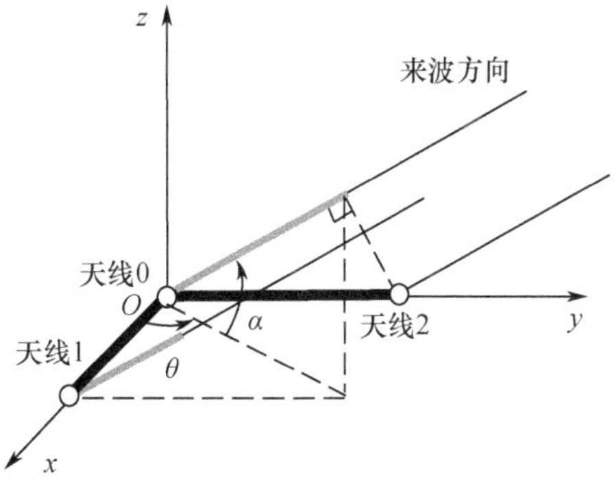

图3.9　二维干涉仪

(1) 当入射波仰角 $\alpha \neq 0°$ 时,用一维干涉仪的入射角近似辐射源方位角将引入一个误差因子 $\cos\alpha$。若仰角 α 较低,对应误差因子小,可以忽略不计。例如,当方位角为45°,仰角为10°时,近似引入的误差还不足1°。然而,当仰角较大时,相

应的误差因子也较大，不能忽略。例如，方位角和仰角都是45°时，引入的误差就达15°。在这种情况下，必须采用二维干涉仪分别测量辐射源的方位角 θ 和仰角 α 信息。

（2）估计方位角和仰角的关系式：

$$\hat{\theta}=\arctan\left(\frac{l_{\mathrm{B}}\phi_{\mathrm{A}}}{l_{\mathrm{A}}\phi_{\mathrm{B}}}\right) \tag{3.43}$$

$$\hat{\alpha}=\pm\arccos\left(\frac{\lambda}{2\pi}\sqrt{\frac{\phi_{\mathrm{A}}^2+\phi_{\mathrm{B}}^2}{l_{\mathrm{A}}^2\sin^2\theta+l_{\mathrm{B}}^2\cos^2\theta}}\right) \tag{3.44}$$

式(3.44)中："±"是因为干涉仪不能分辨上下，可以用天线波束指向来消除这种模糊。

与一维干涉仪一样，二维干涉仪也存在测向范围与测向精度的矛盾。因此，二维多基线干涉仪的每一维上也需要采用多基线的形式。

3.3 时差测向技术

3.3.1 时差测向原理

时差测向是通过测量位于不同位置天线接收信号的到达时间差（TDOA），经过处理获取信号方向。在原理上仅需单个脉冲即能完成测向，故又称为时差单脉冲测向。最简单的时差测向由两个信道组成，如图3.10所示[5]。

如图3.10所示，由于辐射源信号方向与天线法线方向存在夹角 θ，因此到达两个天线的时间有先后。天线2到达的信号时间的延迟为

$$\tau=\frac{d\sin\theta}{c}(\theta\in[-\pi,\pi)) \tag{3.45}$$

若通过两路信号的相关，估计得到时差 τ，可得

$$\theta=\arcsin\left(\frac{c\tau}{d}\right)(\theta\in[-\pi,\pi)) \tag{3.46}$$

即可得到信号方向角度。

根据时差测向公式，可知

$$\delta_{\Delta t}=\frac{d}{c}\cos\theta\delta_{\theta}+\frac{\delta_d\sin\theta}{c} \tag{3.47}$$

则

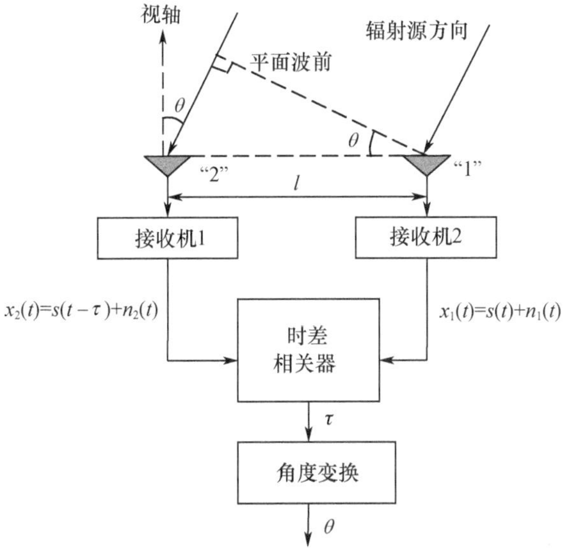

图3.10 时差法测向原理图

$$\delta_\theta \leqslant \sqrt{\left|\frac{c\delta_{\Delta t}}{d\cos\theta}\right|^2 + \left|\frac{\delta_d}{d}\tan\theta\right|^2} \tag{3.48}$$

式(3.48)表明,测向误差与基线长度成反比,与测时差误差成正比。在基线法线方向($\theta=0°$)时测向精度最高,在基线方向上测向精度最差。这个特性与干涉仪测向具有一定的类似性,主要是因为相位差和时差本质上是同一物理量(时延)的不同表现形式。

3.3.2 时差测量原理

对于一个辐射源信号 $s(t)$,由于其到达两个观测站的距离不一样,而导致两站接收信号之间存在一个时差,因此时差估计的信号模型为

$$\begin{cases} x_1(t) = s(t) + n_1(t) \\ x_2(t) = \alpha s(t+D) + n_2(t) \end{cases} \tag{3.49}$$

式中:$s(t)$和$n_1(t)$、$n_2(t)$为实的联合平稳随机过程;D为时延。假设信号$s(t)$与噪声$n_1(t)$、$n_2(t)$不相关,考虑到两站接收的信号幅度不一定一样,因此两站幅度存在一个比例因子α。

设两个运动平台接收到的两路信号$x_1(t)$、$x_2(t)$分别是通信信号的$s(t)$的时延信号。相关函数为

$$R_{x12}(\tau) = \int x_1(t+\tau) \cdot x_2(t)\,\mathrm{d}t \tag{3.50}$$

相关函数 $h(\tau)$ 的峰值所对应的时间就是所求的时间差。这种中频信号相关的时差估计方法，即广义互相关方法，就是计算其相关函数并通过搜索相关函数的峰值确定时差，如图 3.11 所示[6-9]。

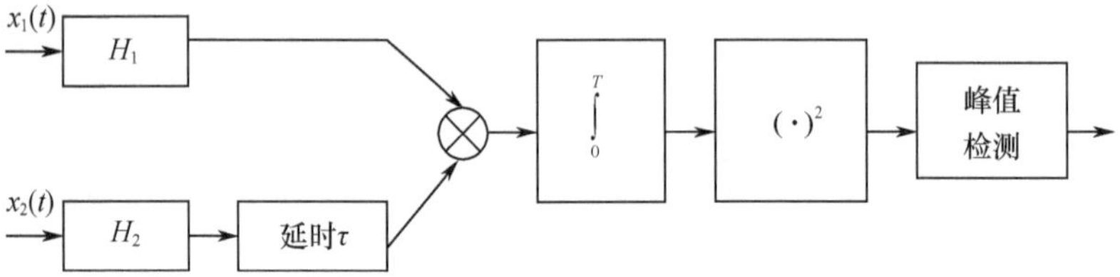

图 3.11 广义互相关方法框图

对于每一个给定的时延 τ，相关函数计算的结果既包括所要的信号与信号乘积，也包括不需要的信号与噪声乘积和噪声与噪声乘积。为了能够准确地获得所需的峰值，即足够低的虚警率，在实际应用中测量模块的输出信噪比（SNR）应大于 10dB。在此限制下，估计的误差来自于在真实峰值上所叠加的噪声抖动。相关函数测量法的测量是无偏的，且其方差可达到克拉美－罗下限（CRLB）。

3.3.3 时差的测量误差分析

对于矩形包络信号，时差的 CRLB 为[10]

$$\sigma_{\mathrm{TDOA}} = \frac{0.55}{B}\frac{1}{\sqrt{B_n T\gamma}} \tag{3.51}$$

式中：B 为信号带宽；B_n 为输入噪声带宽；T 为信号积累时间；γ 为测量模块等效输入信噪比。设 $\gamma = 15\mathrm{dB}$，接收机噪声带宽 $B_n = 56\mathrm{MHz}$，信号带宽为 $B = 5\mathrm{MHz}$，积累时间 T 为 $1\mu\mathrm{s}$，根据式（3.51）计算出单脉冲 TDOA 的测量精度为

$$\sigma_{\mathrm{TDOA}} = \frac{1}{B}\frac{1}{\sqrt{2B_n T\gamma}} = \frac{1}{5\times10^6}\frac{1}{\sqrt{2\times56\times10^6\times10^{-6}\times10^{1.5}}} = 3.4(\mathrm{ns})$$

在上述条件下进行仿真，可以得到信号波形图如图 3.12 所示。

进行 1000 次蒙特卡罗统计实验，可以统计得到在不同信噪比、不同方法条件下的单脉冲时差测量性能如图 3.13 所示。

图 3.13 中，分别对比了广义互相关、前沿门限检测[4-5]、谱相位[7]三种方法和 CRLB 的性能。从图中可知，对于上述信号，采用互相关估计算法的时差估计误差在信噪比为 20dB 时可以达到 1ns 左右，通过多个脉冲平均可以进一步提高时差测向的精度。

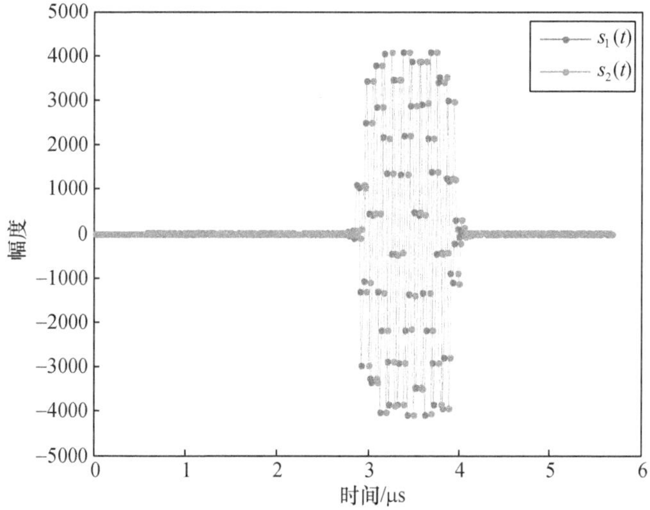

图 3.12　二路含时差的单个脉冲信号波形图

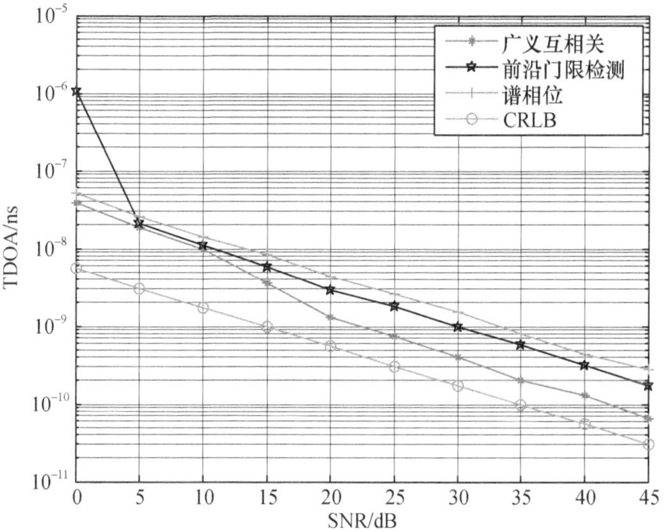

图 3.13　不同信噪比条件下的时差估计误差仿真图

假设入射角 $\theta = 45°$，基线误差 $\delta_d = 0.2\text{m}$，基线长度 $d = 100\text{m}$，可以得到不同的时差测量误差条件下的测向精度如表 3.1 所列。

表 3.1　不同的时差测量误差条件的测向精度

时差测量误差 $\delta_{\Delta t}$/ns	0.5	1	2	5	10
测向精度/(°)	0.16	0.25	0.5	1.2	2.5

由表3.1可知,即使基线长度100m,要达到高精度测向,要求的时差测量精度仍然是非常高的,需要达到ns量级以内。

3.4 阵列测向技术

阵列测向是在空间谱估计技术基础上发展起来的,是一种以多元天线阵结合现代数字信号处理(DSP)技术的新型测向技术[11]。

为讨论问题方便,以均匀线阵为例,如图3.14所示。设一共有 M 个天线阵元,相邻天线阵元的间距为 d,信号到达相邻阵元的时间差为

$$\tau = d\sin\theta / c \tag{3.52}$$

式中:θ 为信号方向;c 为电波在自由空间的传播速度。如果将第一阵元接收到的信号 $s(t)$ 作为参考,这样第 m 个阵元的输出信号为

$$x_m(t) = s[t-(m-1)\tau] + n_m(t)\ (m=1,2,\cdots,M) \tag{3.53}$$

式中:$n_m(t)$ 为接收机噪声,它与信号不相关,各阵元的噪声也不相关。从式(3.53)可知,各阵元收到的信号均为第一阵元信号理想无失真信号 $s(t)$ 的延时加上噪声。

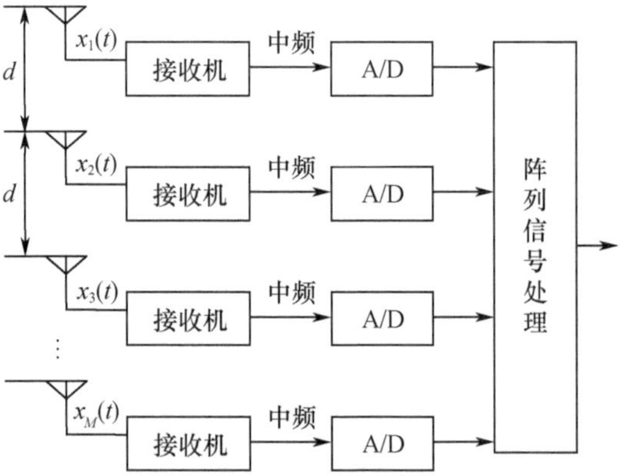

图3.14 高分辨阵列测向系统示意框图

对于单个正弦波信号,假设 $s(t)=\exp(\mathrm{j}\omega t)$,第 m 个阵元接收的信号为

$$\begin{aligned} s[t-(m-1)\tau] &= s_0\exp\{\mathrm{j}\omega[t-(m-1)\tau]\} \\ &= s_0\exp(\mathrm{j}\omega t)\exp[-\mathrm{j}2\pi d(m-1)\sin\theta/\lambda]\} \\ &= s(t)\exp[-\mathrm{j}2\pi d(m-1)\sin\theta/\lambda]\}\ (m=1,2,\cdots,M) \end{aligned} \tag{3.54}$$

令

$$f' = d\sin\theta/\lambda \tag{3.55}$$

这可以看作一个“空间频率”，它与信号到达的位置和方向相关。因此对于均匀线阵的情况，空间频率 f' 对应的相位为

$$\phi_m = -2\pi(m-1)f' \tag{3.56}$$

它是空间抽样点的线性函数，这相当于时域信号的均匀抽样。因此从式(3.56)可知，如果采用时域信号的频谱估计方法，对空间抽样点信号进行处理，则同样可以估计出空间频率，从而根据式(3.56)可以计算得到角度。这样测向问题就变成了空间谱估计问题。

上述推导过程中采用了间距为 d 的均匀线阵，如果采用非均匀线阵或者其他形状的阵列如圆阵、方阵等也可以同样得到方向的空间谱估计。

因此，空间谱估计测向就是根据各阵元的输出信号 $\{X_m(t)\}$ 估计空间频率，进而求出其他参数。在各种空间谱估计方法中，1979 年 Schmidt 等提出的多重信号分类(Multiple Signal Classification, MUSIC)算法以其高精度、超分辨率等特点，显示出强大的生命力，因此得到了广泛应用[11]。它的基本原理是对阵列输出信号向量进行相关，经过相关矩阵进行特征分解，进而获得空间谱从而实现对多个空间信号进行识别，确定信号方向。

与传统测向方法相比，空间谱估计方法具有以下的突出优点。

(1) 高精度。其中的阵列信号处理采用了数字信号处理的方法，可以充分利用各种复杂的数学工具，精度远高于传统方法。

(2) 高分辨率，突破了瑞利极限，能分辨出落入同一个波束的多个信号(又称为超分辨测向)。

(3) 能对多个同时到达信号测向。

(4) 能对一定数量的多个相干源测向，且在一定的条件下可以分辨出直达信号和反射信号。

该测向体制的主要不足，是对信号模型失真的敏感性和较大的运算量、数据量，敏感性是其实用中的难点，大数据量和运算量导致它的实时性受到影响。但是随着计算机技术的发展，这些问题也终将得到较好的解决，因此其应用前景还是非常诱人的。

3.5　时变基线干涉仪测向技术

如 3.2 节所述，采用多通道干涉仪的主要目的是解决相位差的 2π 模糊问题。利用干涉仪各个通道之间构成长短组合基线、互质基线、虚拟基线等解相位差模

糊，利用无模糊相位差可实现测向。多通道干涉仪测向原理如图 3.15 所示。

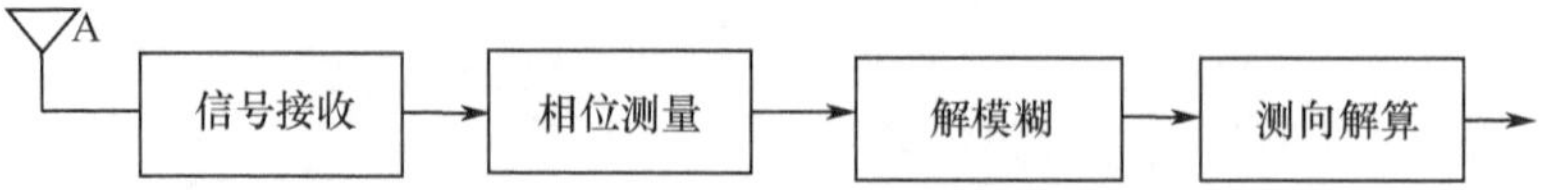

图 3.15　多通道干涉仪测向原理示意图

这种解模糊方法需要多通道干涉仪各个基线满足一定的数学关系，因此对各个基线的长度和布阵都有较高的要求，通常只适用于线阵干涉仪。另外，为了使干涉仪适应较宽的辐射源信号频段，通常每个子频段都需要一组多通道干涉仪，从而导致测向系统结构复杂，造价成本高。

因此，时变基线干涉仪使用更少的接收天线和通道可实现对较宽频段内辐射源的测向。而时变基线干涉仪很难设计一种时变方式，使得各个基线之间满足解模糊的约束关系，因此多通道干涉仪解模糊方法并不适用于时变基线干涉仪测向。

利用干涉仪的模糊相位差测向问题，本质上是一个非线性参数估计问题。本节直接利用模糊相位差构建关于信号方向的优化函数，通过非线性寻优方法直接估计信号方向。时变基线干涉仪测向基本原理如图 3.16 所示。

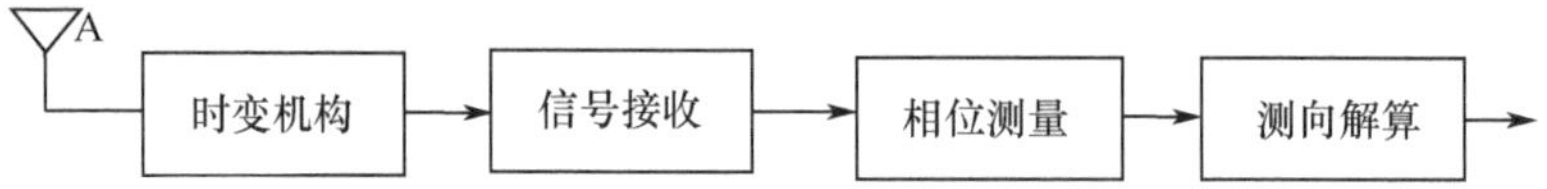

图 3.16　时变基线干涉仪测向基本原理

直接由模糊相位差估计信号方向，无须直接解相位差模糊，因此可适用于任意时变方式下的干涉仪测向。这种测向方式更具一般性，可推广到传统的多通道干涉仪测向中去。

3.5.1　时变基线干涉仪数学模型

3.5.1.1　基本概念及定义

干涉仪基线指向矢量可利用基线长度、方位安装角和俯仰安装角进行表征。在定位坐标系 $OXYZ$ 中，基线长度 d 定义为两个天线 A_1 和 A_2 之间的距离，俯仰安装角 ε 定义为基线指向矢量与 XOY 平面的夹角，方位安装角 θ 定义为基线指向矢量在 XOY 平面的投影矢量与 Y 轴正半轴的夹角，如图 3.17 所示。

两个天线 A_1 和 A_2 构成的基线在空间中对应的基线指向矢量为

$$\boldsymbol{b} = d[\sin\theta\cos\varepsilon \quad \cos\theta\cos\varepsilon \quad \sin\varepsilon]^{\mathrm{T}} \tag{3.57}$$

下面利用基线指向矢量 $\boldsymbol{b}$ 及其下标指代某一条基线。每两个天线单元构成一个干涉仪基线，因此 N 个天线可形成的基线总数为

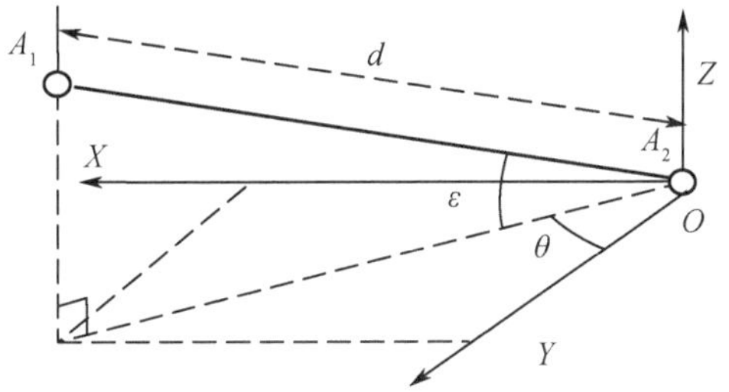

图3.17 干涉仪基线示意图

$$L = C_N^2 = \frac{N(N-1)}{2} \tag{3.58}$$

不失一般性,假设在观测时间 t_k,可形成相同的 $M(1 \leqslant M \leqslant L)$ 根独立基线,则第 m 根基线指向矢量为

$$\boldsymbol{b}_{mk} = d_{mk}[\sin\theta_{mk}\cos\varepsilon_{mk} \quad \cos\theta_{mk}\cos\varepsilon_{mk} \quad \sin\varepsilon_{mk}]^{\mathrm{T}} \quad (k=1,2,\cdots,K; m=1,2,\cdots,M) \tag{3.59}$$

式中:d_{mk} 为第 m 根基线在观测时刻 t_k 的长度;θ_{mk} 为第 m 根基线在观测时刻 t_k 的方位安装角;ε_{mk} 为第 m 根基线在观测时刻 t_k 的俯仰安装角。

定义方位角 $\alpha \in [-\pi, \pi)$ 为信号方向与 Y 轴正方向的夹角,定义俯仰角 $\beta \in [0, \pi/2)$ 为信号方向与 XOY 平面的夹角。可得辐射源到观测站的视向矢量

$$\boldsymbol{r} = [\sin\alpha\cos\beta \quad \cos\alpha\cos\beta \quad \sin\beta]^{\mathrm{T}} \tag{3.60}$$

假设辐射源信号频率为 f,则对应的信号波长为 $\lambda = c/f$,其中 c 为电磁波在空间传播的速度。辐射源信号观测时刻 t_k 到达第 m 根基线两个天线的相位差为

$$h_{mk}(\boldsymbol{\theta}) = \kappa \boldsymbol{b}_{mk}^{\mathrm{T}} \boldsymbol{r} \tag{3.61}$$

式中:$\boldsymbol{\theta} = [\alpha \quad \beta]^{\mathrm{T}}$ 为辐射源入射信号的方位角和俯仰角;波数 $\kappa = 2\pi/\lambda$。

3.5.1.2 时变基线模型

在观测时间内,通过一定的时变机构,如转轴、滑槽、切换阵列等,使天线单元 A_1 和 A_2 在空间中形成的基线指向矢量随着时间发生某种已知方式的变化,则称天线 A_1 和 A_2 构成的基线为时变基线。对应的干涉仪称为时变基线干涉仪。

在式(3.59)中,可得基线指向矢量对时间的导数为

$$\frac{\partial \boldsymbol{b}}{\partial t} = \frac{\partial \boldsymbol{b}}{\partial d}\frac{\partial d}{\partial t} + \frac{\partial \boldsymbol{b}}{\partial \theta}\frac{\partial \theta}{\partial t} + \frac{\partial \boldsymbol{b}}{\partial \varepsilon}\frac{\partial \varepsilon}{\partial t} \tag{3.62}$$

式中:$\partial \boldsymbol{b}/\partial d = [\cos\theta\cos\varepsilon \quad \sin\theta\cos\varepsilon \quad \sin\varepsilon]^{\mathrm{T}}$;$\partial d/\partial t$ 为基线长度变化率;$\partial \boldsymbol{b}/\partial \theta = d[-\sin\theta\cos\varepsilon \quad \cos\theta\cos\varepsilon \quad 0]^{\mathrm{T}}$;$\partial \theta/\partial t$ 为基线方位安装角变化率;$\partial \boldsymbol{b}/\partial \varepsilon = d$

$[-\cos\theta\sin\varepsilon \quad -\sin\theta\sin\varepsilon \quad \cos\varepsilon]^{\mathrm{T}}$；$\partial\varepsilon/\partial t$ 为基线俯仰安装角变化率。

由式(3.62)可以看到，当$\partial d/\partial t \neq 0$ 或$\partial\theta/\partial t \neq 0$ 或$\partial\varepsilon/\partial t \neq 0$ 以及其中两种或三种变化率都不为零时，基线指向矢量随着时间发生变化可形成时变基线。

可利用较少的干涉仪基线(至少一对天线)通过时变在观测时间内形成多个不同的干涉仪基线。两类典型的时变基线如图3.18所示。

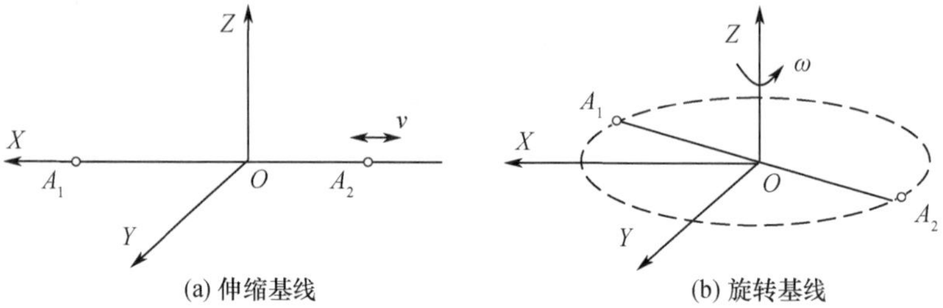

图3.18　两类典型的时变基线

在图3.18(a)中给出了一种伸缩时变基线，天线 A_1 和 A_2 在 X 轴上，天线 A_1 固定，天线 A_2 沿 X 轴负方向和正方向以速度 v 匀速往返运动的距离为

$$\dot{d} = \frac{\partial d}{\partial t} = v \tag{3.63}$$

在天线 A_2 运动过程中，由天线 A_1 和 A_2 形成多个基线长度变化的干涉仪基线，等效在天线 A_2 运动路径上安装多个接收天线与天线 A_1 构成多通道干涉仪基线。

在图3.18(b)中给出了一种旋转时变基线，天线 A_1 和 A_2 构成的基线在 XOY 平面内以转速 ω 绕 Z 轴正方向旋转 θ 角，则

$$\dot{\theta} = \frac{\partial \theta}{\partial t} = \omega \tag{3.64}$$

在旋转过程中，干涉仪基线长度保持不变，在不同转角下形成多组长基线干涉仪，等效于在不同的转角上安装多组干涉仪。

由于旋转基线的机械旋转的实现可能会受到观测器平台的限制，因此可以利用切换阵列模拟基线的物理旋转。在不同观测时刻，切换阵列选择不同的天线对形成切换时变基线。例如，五阵元切换时变基线如图3.19所示。

在图3.19中，每个天线阵元与五选二切换阵列相连，在不同的观测时刻，切换阵列按照设定的切换速率和切换方式从5个阵元中选择两个阵元构成时变基线。

3.5.1.3　时变基线等效基线长度分析

从式(3.61)中可以看到，相位差可由基线指向矢量到视向矢量的投影矢量得到，相位差正比于基线长度在视向矢量方向的投影(波程差)，比例因子为波数

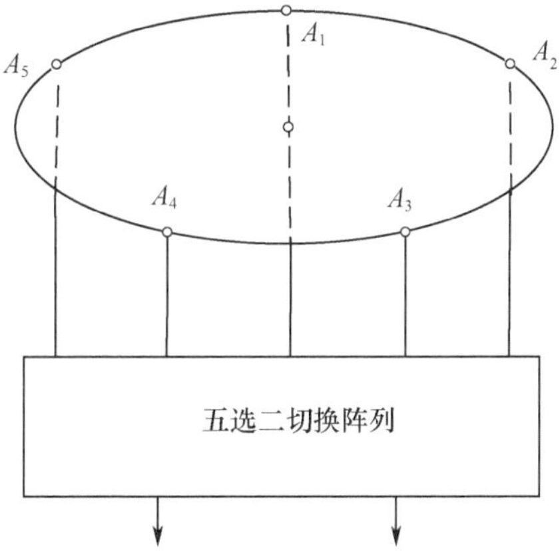

图 3.19 五阵元切换时变基线

$2\pi/\lambda$。为了更直观地反映基线时变引起的相位差变化,下面以 XOY 平面内的伸缩基线和旋转基线为例,分析每个时变基线的投影基线变化规律。

假设在 XOY 平面内,天线 A_1 和 A_2 构成的基线方位安装角为 θ_k。在观测时间 t_k,天线 A_1 和 A_2 构成的基线在信号方向的等效基线长度为

$$d_k^{\perp} = d_k\cos(\alpha - \theta_k)\cos\beta \tag{3.65}$$

图 3.20 给出了两类时变基线等效基线示意图。

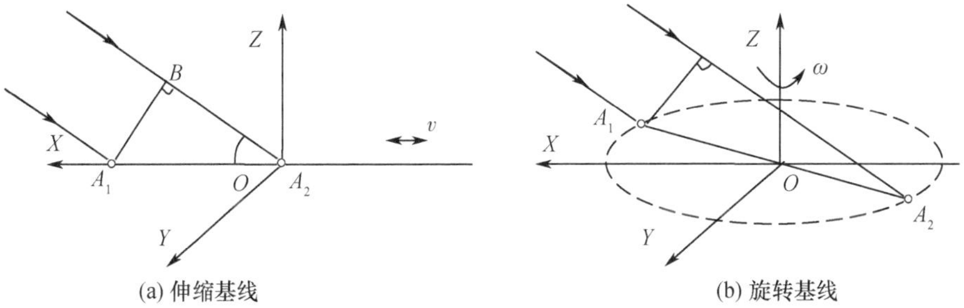

图 3.20 两类时变基线等效基线示意图

如图 3.20(a)所示,对于匀速运动阵元构成的伸缩基线,有

$$\begin{cases}\theta_k = 0\\ d_k = vt_k\end{cases} \tag{3.66}$$

对应的等效基线长度为

$$d_k^{\perp} = vt_k\cos\alpha\cos\beta = vt_k\cos\vartheta \tag{3.67}$$

式中:ϑ 为信号与 X 轴的夹角。

从式(3.67)可以看到,相位差序列关于基线长度 vt_k 的斜率 $\cos\vartheta$ 中包含了来波信号关于运动方向的方位余弦角,通过提取该斜率即可实现测向。

假设信号方位角为30°,俯仰角为45°,辐射源频率为3GHz,信号观测时间为2s。在图3.20(a)中,假设 $|A_1O|=1\text{m}, v=\pm 1\text{m/s}$,起始时刻天线 A_2 从原点开始朝 X 轴负方向匀速运动,1s后朝相反方向运动。图3.21中给出了伸缩基线的等效基线长度和对应的无模糊相位差。

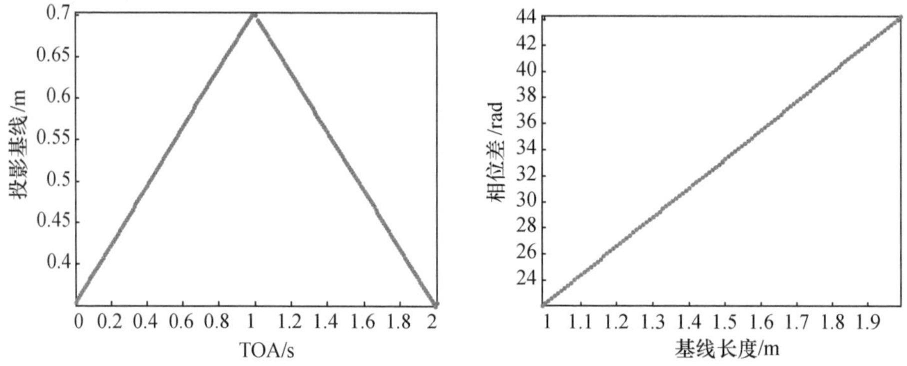

(a) 相位差随时间的变化曲线
(b) 相位差随基线长度的变化曲线

图3.21 伸缩基线等效基线长度分析

从图3.21中可以看到,伸缩基线在不同观测时刻形成多个不同基线长度的干涉仪,其投影基线长度关于时间呈分段线性变化,得到的相位差关于基线长度呈线性变化。

如图3.21(b)所示,对于以转速 ω 旋转的旋转基线,有

$$\begin{cases}\theta_k=\omega t_k\\ d_k=d\end{cases} \tag{3.68}$$

对应的投影基线长度为

$$d_k^{\perp}=d\cos\beta\cos(\omega t_k-\alpha) \tag{3.69}$$

从式(3.69)可以看到,余弦相位差序列的初相 $-\alpha$ 和幅度 $d\cos\beta$ 包含了辐射源方位角和俯仰角信息,通过提取该参数即可实现测向。

在图3.21(b)中,假设旋转基线绕中点以转速 $\omega=\pi\text{rad/s}$ 匀速旋转,基线长度为2m,起始时刻转角为零度。图3.22中给出了伸缩基线的等效基线长度和对应的无模糊相位差。在图3.22(a)中,等效基线长度的负号表示 X 轴正方向与来波方向的夹角大于90°。

从图3.22中可以看到,旋转基线在不同观测时刻形成多个不同基线长度的干涉仪,其投影基线长度关于时间和转角都呈余弦变化。

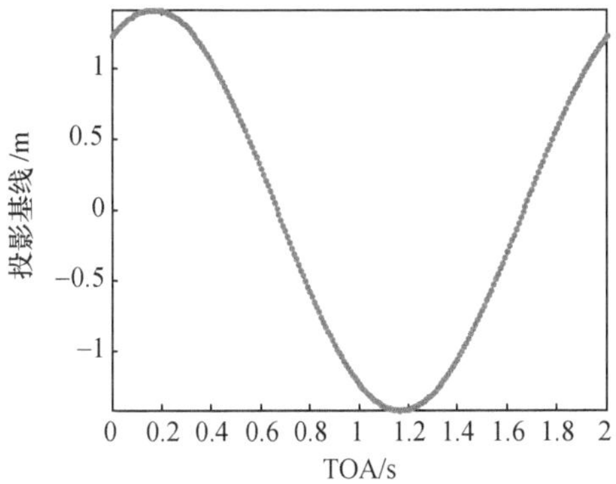

(a) 相位差随时间的变化曲线

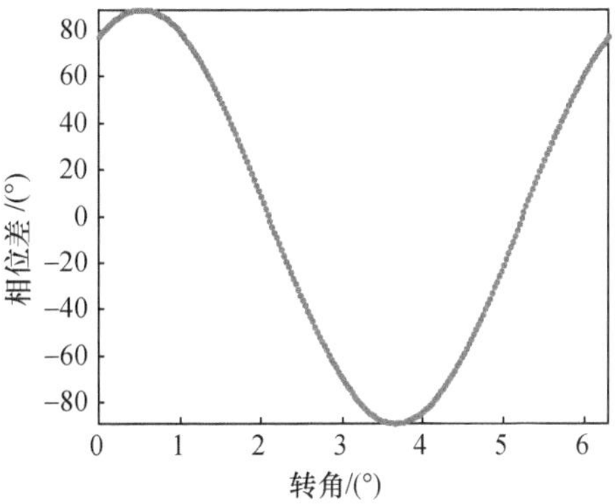

(b) 相位差随转角的变化曲线

图3.22　旋转基线等效基线长度分析

从上述仿真分析可以得出以下结论。

(1) 干涉仪基线通过不同的时变方式,可在不同观测时刻形成不同长度或指向的干涉仪基线,等效形成多通道干涉仪。

(2) 在不同时变方式下,可通过提取相位差序列的特征参数(如伸缩基线相位差序列的斜率、旋转基线余弦相位差的幅度和初相)估计来波方向。

3.5.2　模糊相位差序列分析

为了便于后面的分析,根据相位差的模糊特性,建立如下几种干涉仪相位差序列模型。

3.5.2.1　无模糊相位差序列

在观测时刻 t_k,第 m 根基线测量得到的相位差为

$$\phi_{mk} = h_{mk}(\boldsymbol{\theta}) + \delta_{mk} \tag{3.70}$$

式中:δ_{mk}为均值为零,方差为 σ_{mk}^2 的高斯白噪声。为了简化分析,假设不同观测时刻和不同基线测量的相位差噪声独立同分布,即 $\sigma_{mk}^2 = \sigma^2$。

将 K 次观测的相位差写为矩阵形式,可得

$$\boldsymbol{w} = \boldsymbol{h}(\boldsymbol{\theta}) + \boldsymbol{e} \tag{3.71}$$

式中:$\boldsymbol{w} = [\boldsymbol{w}_1^{\mathrm{T}} \quad \boldsymbol{w}_2^{\mathrm{T}} \quad \cdots \quad \boldsymbol{w}_K^{\mathrm{T}}]^{\mathrm{T}}$,$\boldsymbol{w}_k = [\phi_{1k} \quad \phi_{2k} \quad \cdots \quad \phi_{Mk}]^{\mathrm{T}}$;$\boldsymbol{h}(\boldsymbol{\theta}) = [\boldsymbol{h}_1^{\mathrm{T}}(\boldsymbol{\theta}) \quad \boldsymbol{h}_2^{\mathrm{T}}(\boldsymbol{\theta}) \quad \cdots \quad \boldsymbol{h}_K^{\mathrm{T}}(\boldsymbol{\theta})]^{\mathrm{T}}$,$\boldsymbol{h}_k(\boldsymbol{\theta}) = [h_{1k}(\boldsymbol{\theta}) \quad h_{2k}(\boldsymbol{\theta}) \quad \cdots \quad h_{Mk}(\boldsymbol{\theta})]^{\mathrm{T}}$;$\boldsymbol{e} = [\boldsymbol{e}_1^{\mathrm{T}} \quad \boldsymbol{e}_2^{\mathrm{T}} \quad \cdots \quad \boldsymbol{e}_K^{\mathrm{T}}]^{\mathrm{T}}$,$\boldsymbol{e}_k = [\delta_{1k} \quad \delta_{2k} \quad \cdots \quad \delta_{Mk}]^{\mathrm{T}}$。

观测噪声协方差为

$$\boldsymbol{K}=\boldsymbol{E}\{\boldsymbol{e}\boldsymbol{e}^{\mathrm{T}}\}=\sigma^2\boldsymbol{I}_{MK} \tag{3.72}$$

式中：$\boldsymbol{I}_{MK}$为 $MK\times MK$ 阶的单位矩阵。

无模糊相位差直接体现了观测量与来波方向的数学关系，但通常由于基线长度远大于信号半倍波长，实际测量的相位差存在 2π 模糊，无法直接得到无模糊相位差序列。无模糊相位差序列主要用于测向精度、无模糊测向条件等理论性能分析。

3.5.2.2 相对无模糊相位差序列

当基线长度 d_{mk}大于信号半倍波长时，测量的相位差可能会出现 2π 模糊，实际测量的相位差为

$$z_{mk}=(h_{mk}(\boldsymbol{\theta})+\delta_{mk})\bmod 2\pi=\phi_{mk}-2\pi N_{\mathrm{amb},mk} \tag{3.73}$$

式中：$z_{mk}\in[-\pi,\pi)$，mod 为取模运算；$N_{\mathrm{amb},mk}$为模糊数。

对于模糊相位差序列，根据相邻相位差之间的变化特性，可将其分为相对无模糊相位差序列和相对模糊相位差序列两类。

定义 1 若相邻两次相位差差分 $\phi_{mk+1,k}=\phi_{mk+1}-\phi_{mk}$之间满足

$$|\phi_{mk+1,k}|\leqslant\pi \tag{3.74}$$

则称相位差存在相对无模糊。

当相位差之间存在相对无模糊时，以第一个相位差为起点，后续测量的相位差都通过相位差解模糊得到无模糊相位差序列

$$\varphi_{mk}=z_{mk}+2\pi N'_{\mathrm{amb},mk} \tag{3.75}$$

其中，相对于第一个相位差的模糊数为

$$N'_{\mathrm{amb},mk}=\begin{cases}0 & (k=1)\\ N'_{\mathrm{amb},mk-1} & (k>1;\ |z_{mk}-z_{mk-1}|\leqslant\pi)\\ N'_{\mathrm{amb},mk-1}+1 & (k>1;\ |z_{mk}-z_{mk-1}|>\pi)\end{cases} \tag{3.76}$$

在 5.5.1 节的旋转基线仿真分析条件下，图 3.23 中给出了脉冲重频为 300Hz 下的模糊相位差和相对无模糊相位差。

从图 3.23(b)中可以看到，对应的相对无模糊相位差为

$$\varphi_{mk}=\phi_{mk}-2\pi N_{\mathrm{amb},m1} \tag{3.77}$$

式中：φ_{mk}为相对于第一个相位差的无模糊相位差；$N_{\mathrm{amb},m1}$为第 m 根基线在 t_1时刻测量的相位差未知的 2π 模糊数。

相对无模糊相位差序列中，除了未知的来波方向外，还包含了初始时刻相位差的模糊数。在一定条件下，可通过同时估计来波方向和初始模糊数实现测向。这

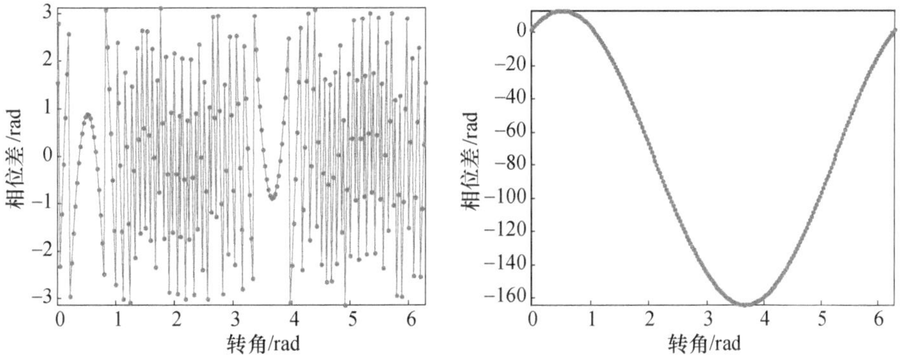

(a) 模糊相位差　　(b) 相对无模糊相位差

图 3.23　相对无模糊相位差示意图

将在后文中进一步进行分析和讨论。

3.5.2.3　相对模糊相位差序列

当相邻两次测量的相位差不满足式(3.74)条件时,无法得到相对无模糊相位差,如在辐射源脉冲重频较低、基线时变程度较高(如旋转基线转速较快)、辐射源频率较大或信噪比较低(相位差测量误差较大)等条件下。

定义 2　若相邻两次相位差之间满足:

$$\left|\phi_{mk+1,k}\right| > \pi \tag{3.78}$$

则称相位差存在相对模糊。

在 3.5.2.2 节的仿真分析条件下,改变辐射源频率为 5GHz,脉冲重频为 110Hz,并将得到的模糊相位差采用式(3.76)对应的方法进行解模糊,得到图 3.24 中的结果。

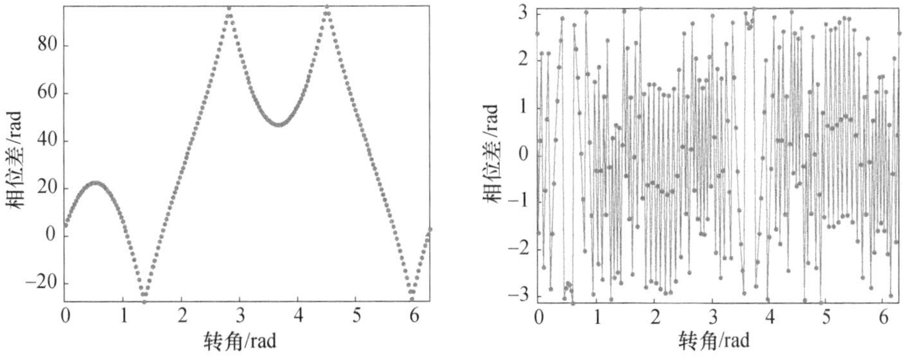

(a) 解模糊相位差　　(b) 相对模糊相位差

图 3.24　相对模糊相位差示意图

从图 3. 24 可以看到,相对模糊相位差不能通过解相位差模糊得到平滑的相位差序列,该相位差序列中存在多个不连续的跳变点。在实际情况中出现这种相对模糊的情况较多,这也是后文中主要研究的对象之一。

3. 5. 2. 4 正余弦相位差序列

由于相位差的模糊,可能会限制测向算法的应用,一种消除相位差模糊的方式是对模糊相位差取正弦或余弦运算,即

$$\sin(\phi \bmod 2\pi) = \sin(\phi) \tag{3.79}$$

$$\cos(\phi \bmod 2\pi) = \cos(\phi) \tag{3.80}$$

在 3. 5. 2. 3 节仿真条件下,得到图 3. 25 中的正、余弦相位差序列结果。

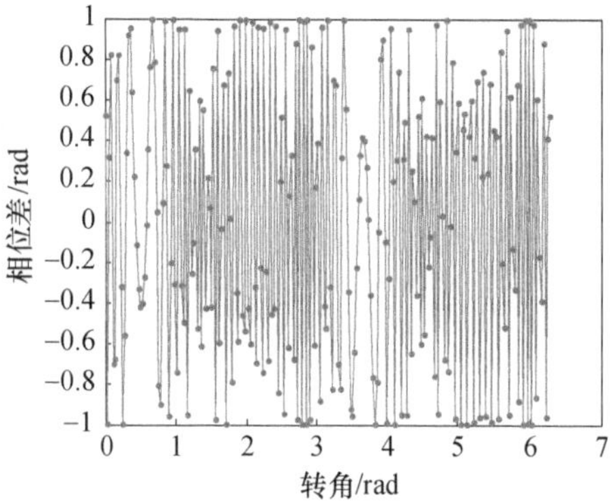

(a) 正弦相位差

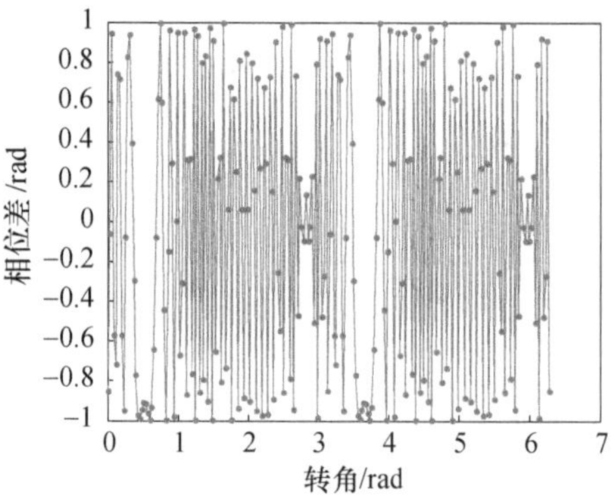

(b) 余弦相位差

图 3. 25 正、余弦相位差示意图

从图 3. 25 中可以看到,对模糊相位差取正余弦运算去掉了取模运算引起的跳变点,但同时也进一步增加了观测量的非线性,对正余弦相位差序列的处理将在后文中进一步进行研究。

3. 5. 3 时变基线干涉仪测向性能分析

影响时变基线干涉仪测向性能的主要因素可分为两类:一种是相位差的随机测量误差;另一种是相位差的 2π 模糊。而 CRLB 是在无偏估计下随机误差引起的误差估计下限。当采用时变基线干涉仪可测向时,等效于可解各个基线的相位差模糊,因此可采用无模糊相位差模型下的测向误差 CRLB 作为测向精度的指标。针对相位差 2π 模糊对测向性能的影响,本节首先分析了时变基线干涉仪测向的唯一可解性,即在无测量噪声下存在唯一的测向结果的条件,然后分析了测向无模糊概率,即同时存在随机误差和 2π 模糊条件下得到正确测向的概率。

3.5.3.1 测向误差 CRLB

CRLB 等于 Fisher 矩阵的逆,由 Fisher 矩阵定义,可得

$$\boldsymbol{F}=E\left[\left(\frac{\mathrm{d}\ln p(\boldsymbol{w}\mid\boldsymbol{\theta})}{\mathrm{d}\boldsymbol{\theta}}\right)^{\mathrm{T}}\left(\frac{\mathrm{d}\ln p(\boldsymbol{w}\mid\boldsymbol{\theta})}{\mathrm{d}\boldsymbol{\theta}}\right)\right] \tag{3.81}$$

式中:$p(\boldsymbol{w}\mid\boldsymbol{\theta})$ 为 $\boldsymbol{\theta}$ 的条件概率密度函数,可定义为

$$p(\boldsymbol{w}\mid\boldsymbol{\theta})=\frac{1}{(2\pi)^{MK/2}\det(\boldsymbol{K})^{1/2}}\exp\left(-\frac{1}{2}(\boldsymbol{w}-\boldsymbol{h}(\boldsymbol{\theta}))^{\mathrm{T}}\boldsymbol{K}^{-1}(\boldsymbol{w}-\boldsymbol{h}(\boldsymbol{\theta}))\right) \tag{3.82}$$

由相位差独立噪声假设下的噪声协方差 $\boldsymbol{K}=\sigma^2\boldsymbol{I}_{MK}$;可得

$$\boldsymbol{F}=\sigma^2\boldsymbol{J}^{\mathrm{T}}\boldsymbol{J} \tag{3.83}$$

式中,$\boldsymbol{J}$ 为相位差关于 $\boldsymbol{\theta}$ 的雅可比矩阵,可定义为

$$\boldsymbol{J}=\boldsymbol{H}\boldsymbol{P} \tag{3.84}$$

式中,$\boldsymbol{H}=[\boldsymbol{H}_1^{\mathrm{T}}\quad \boldsymbol{H}_2^{\mathrm{T}}\quad\cdots\quad \boldsymbol{H}_K^{\mathrm{T}}]^{\mathrm{T}}$,$\boldsymbol{H}_k=[\kappa\boldsymbol{b}_{1k}\quad \kappa\boldsymbol{b}_{2k}\quad\cdots\quad \kappa\boldsymbol{b}_{Mk}]^{\mathrm{T}}$,$\boldsymbol{P}=[\boldsymbol{p}_1\quad \boldsymbol{p}_2]$为视线矢量 $\boldsymbol{r}$ 关于 $\boldsymbol{\theta}$ 的雅克比矩阵,$\boldsymbol{p}_1=[\cos\alpha\cos\beta\quad -\sin\alpha\cos\beta\quad 0]^{\mathrm{T}}$,$\boldsymbol{p}_2=[-\sin\alpha\sin\beta\quad -\cos\alpha\sin\beta\quad \cos\beta]^{\mathrm{T}}$。

由 CRLB 的定义,可得[12]

$$\mathrm{CRLB}(\boldsymbol{\theta})=\sigma^2\boldsymbol{F}^{-1}=\sigma^2(\boldsymbol{P}^{\mathrm{T}}\boldsymbol{H}^{\mathrm{T}}\boldsymbol{H}\boldsymbol{P})^{-1} \tag{3.85}$$

针对不同的基线时变方式,可得到 CRLB 的一些简化的形式,读者可自行进行推导。

3.5.3.2 测向的唯一可解性

当不考虑观测量误差,即 $\boldsymbol{e}=\boldsymbol{0}$,理论上两个不同基线对应的无模糊相位差可唯一地确定来波方向 $\boldsymbol{\theta}$。但在相位差存在 2π 模糊条件下,多个不同基线下测量的相位差,是否能够唯一确定来波方向,显得尤为复杂和困难。该问题称为时变基线干涉仪测向的唯一可解性问题。

模糊相位差 z_{mk} 的模糊整数范围由基线长度与信号波长的比值(即基线波长比)确定。令 Λ_{mk} 表示 z_{mk} 的所有模糊数构成的一个整数集合,K_{mk} 表示该集合中元素的个数。在每个 Λ_{mk} 中任取一个模糊数,可得到一个无模糊的相位差序列,称该序列为一个可行观测序列。

总共有 J 个可行观测序列,即

$$J=\prod_{m=1}^{M}\prod_{k=1}^{K}K_{mk} \tag{3.86}$$

对每个可行观测序列 $\bar{\boldsymbol{w}}_j(j=1,2,\cdots,J)$有如下结论：

(1) 当存在 j 使得方程组 $\bar{\boldsymbol{w}}_j-\boldsymbol{h}(\boldsymbol{\theta})=\boldsymbol{0}$ 无解时，则称该可行观测序列为虚假观测序列。

(2) 当存在 j 使得方程组 $\bar{\boldsymbol{w}}_j-\boldsymbol{h}(\boldsymbol{\theta})=\boldsymbol{0}$ 有解时，则称该可行观测序列为真实可行观测序列。

(3) 当仅存在唯一真实可行观测序列时，可唯一确定来波方向，则称测向是唯一可解的。

上面从模糊数的角度分析了时变基线干涉仪测向问题的唯一可解性，当基线波长比较大时，可行观测序列的数量 J 随着观测数量的提高而显著增大，因此在实际中难以进行验证。下面从来波方向的角度对这一问题进行分析。

对于二维测向，辐射源来波方向估计空间为

$$\Lambda=\{(\alpha,\beta)\mid\alpha\in[-\pi,\pi),\beta\in[0,\pi/2)\}\tag{3.87}$$

对其中的任意来波方向 $\boldsymbol{\theta}\in\Lambda$，则

$$\boldsymbol{\Delta}=(\boldsymbol{w}-\boldsymbol{h}(\boldsymbol{\theta}))\bmod 2\pi\tag{3.88}$$

当仅存在唯一的一组 $\boldsymbol{\theta}$，使得

$$\boldsymbol{\Delta}=\boldsymbol{0}\tag{3.89}$$

则可唯一地确定辐射源来波方向；否则存在多个模糊的来波方向。

来波方向估计空间 Λ 并不随着观测数量的提高而变化。另外，当给定多个不同的基线判断唯一可解性时，无须对整个空间 Λ 进行搜索。可采用两根具有一定夹角(如90°)的基线确定有限组来波方向，使用这些来波方向对式(3.88)进行验证即可。

3.5.3.3 无模糊测向概率

即使测向存在唯一可解性，当相位差存在观测噪声且观测噪声较大时，也可能出现测向模糊。无模糊地确定来波方向是一个概率事件。在给定的噪声水平下，可利用无模糊测向概率描述相位差同时存在随机误差和 2π 模糊条件下的测向性能。根据概率论，无模糊测向概率为观测噪声 $\boldsymbol{e}$ 位于判决域空间 ℓ 内的概率，可以得到一种无模糊测向概率的理论计算公式：

$$P_{\mathrm{u}}=\int_{\boldsymbol{e}\in\ell}p(\boldsymbol{e})\,\mathrm{d}\boldsymbol{e}\tag{3.90}$$

式中：$p(\boldsymbol{e})$为观测噪声 $\boldsymbol{e}$ 的联合概率密度函数；ℓ 为判决域空间，可定义为

$$\ell=\bigcap_{j=1,j\neq r}^{J}\ell_j\tag{3.91}$$

式中，ℓ_j为 MK 维空间，当相位差误差矢量 $\boldsymbol{e} \in \ell_j$时，在可行观测序列 $\bar{\boldsymbol{w}}_r$与 $\bar{\boldsymbol{w}}_j$ 中，当 $\bar{w}_r$满足残差约束条件时，判决 $\bar{\boldsymbol{w}}_r$为真实观测序列。

空间 ℓ_j较难得到显示的表达式，因此判决域 ℓ 也很难计算得到，理论计算正确测向概率就变得非常困难。在实际中可采用计算机仿真对该问题进行研究。在 M_c次计算机仿真中，假设得到 M_u次无模糊测向结果，当仿真次数 M_c足够大时，可得到仿真计算的无模糊测向概率为

$$\hat{P}_u = \frac{M_u}{M_c} \times 100\% \tag{3.92}$$

上述方法得到的无模糊测向概率与具体的测向算法有关，因此只是测向无模糊概率的一个近似。

参考文献

[1] CHANDRAN S. 波达方向估计进展[M]. 周亚建，董春曦，闫书芳，译. 北京：国防工业出版社，2015.

[2] 周一宇，安纬，郭福成，等. 电子对抗原理[M]. 北京：电子工业出版社，2009.

[3] 邓新蒲. 运动单观测器无源定位与跟踪方法研究[D]. 长沙：国防科学技术大学研究生院，2000.

[4] 赵国庆. 雷达对抗原理[M]. 西安：西安电子科技大学出版社，1999.

[5] 唐永年. 雷达对抗工程[M]. 北京：北京航空航天大学出版社，2012.

[6] CARTER G C. Time-delay estimation[J]. IEEE Trans. On Acoustics, Speech and Signal processing, 1981,29(3):461－462.

[7] KNAPP C H, CARTER G C. The generalized correlation method for estimation of time delay[J]. IEEE Transactions on Acoustics, Speech, and Signal Processing, 1976, 24(4): 320－327.

[8] IANNIELLO J P. Time delay estimation via cross-correlation in the presence of large estimation errors[J]. IEEE Transactions on Acoustics, Speech, and Signal Processing, 1982, 30(6): 998－1003.

[9] SCHULTHEISS P M, MESSER H, SHOR G. Maximum likelihood time delay estimation in non-gaussian Noise[J]. IEEE Transactions on Signal Processing, 1997, 45(10): 2571－2575.

[10] STEIN S. Algorithms for ambiguity function processing[J]. IEEE Trans. On Acoustics, Speech, and Signal processing,1981,29(3):588－598.

[11] SCHMIDT R. Multiple emitter location and signal parameter estimation[J]. IEEE Trans. on Antennas and Propagation,1986,34(3):276－280.

[12] KAY S. 统计信号处理基础——估计与检测理论[M]. 罗鹏飞，张文明，等译. 北京：电子工业出版社，2006.

第 4 章 多站测向交叉定位

测向交叉定位法是在已知的两个或多个不同位置上测量辐射源信号到达方向,然后利用三角几何关系计算出辐射源位置,因此又被称为三角定位(Triangulation)法[1]。它是相对最成熟、最多被采用的无源定位技术。

4.1 定位基本原理和方法

4.1.1 双站测向交叉原理

假设在二维平面上,目标位置位于(x,y)待求,两个观测站的位置为(x_1,y_1),(x_2,y_2),所测量得到的角度为θ_1和θ_2,两条方向的射线可以交于一点,该点即为目标的位置估计,如图 4.1 所示。

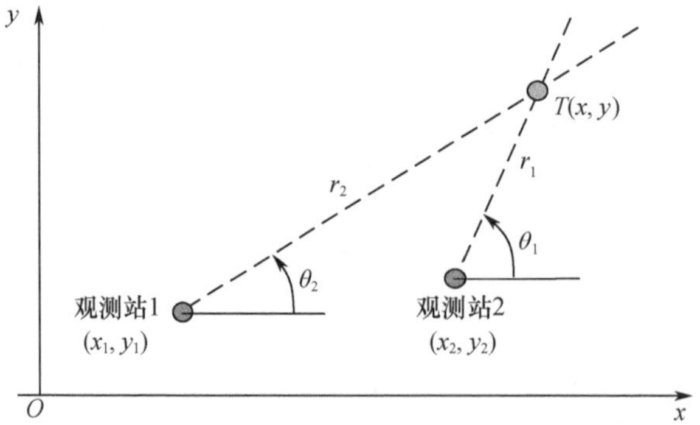

图 4.1　测向交叉定位原理图

根据角度定义,可得

$$\begin{cases}(x-x_1)\tan\theta_1 = y-y_1\\(x-x_2)\tan\theta_2 = y-y_2\end{cases}\tag{4.1}$$

写成矩阵形式为

$$AX = Z \tag{4.2}$$

式中：$A = \begin{bmatrix} -\tan\theta_1 & 1 \\ -\tan\theta_2 & 1 \end{bmatrix}$，$X = \begin{bmatrix} x \\ y \end{bmatrix}$，$Z = \begin{bmatrix} -x_1\tan\theta_1 + y_1 \\ -x_2\tan\theta_2 + y_2 \end{bmatrix}$。

可以得到目标位置的解析解：

$$X = A^{-1}Z \tag{4.3}$$

将矩阵展开，可得辐射源的位置估计：

$$\begin{cases} x = \dfrac{-\tan\theta_1 x_1 + \tan\theta_2 x_2}{\tan\theta_2 - \tan\theta_1} \\ y = \dfrac{\tan\theta_2 y - \tan\theta_1 y - \tan\theta_1\tan\theta_2(x_1 - x_2)}{\tan\theta_2 - \tan\theta_1} \end{cases} \tag{4.4}$$

从式(4.4)可知，得到定位解的必要条件是 $\theta_1 \neq \theta_2$，隐含条件是 $x_1 \neq x_2$，$y_1 \neq y_2$ 不同时满足。

4.1.2　多站测向交叉定位的几何方法

若观测站多于两个，如有 n 个站，得到 n 个角度 θ_n（$n = 1, 2, \cdots, N, N > 2$），若没有测向误差，则所有测向线必然交汇到一个点。但是，如果有测向误差的存在，则 n 个角度将有 $C_n^2 = \dfrac{n(n-1)}{2}$ 个交点。这些交点如何得到目标位置点？

例如，有3个观测站时，3个角度将得到3个点，只有3个方位线时的定位点计算方法有中线交点、角平分线的交点、Steiner点（到三角形各顶点的连线两两夹角均为120°的点）等多种方式，如图4.2所示[1]。

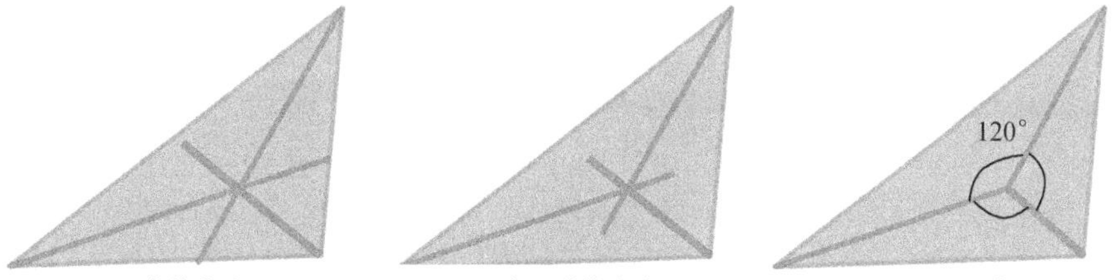

(a) 中线交点　　(b) 角平分线交点　　(c) Steiner点

图4.2　只有3个方位线时的定位点计算方法

若在计算中存在3条以上的方位线，一种非统计的方法是首先在一次计算中使用其中的3条，得到其质心点；然后根据多个质心点进行平均。这些都是几何求解法，不具有最优性，存在一定的偏差。

4.1.3 二维多站测向定位中的伪线性法

当多站测角交叉定位时,上述几何求解法不具有最优性,另一种较为合理的思路是采用统计计算的方法,例如,可将式(4.3)中的矩阵 $\boldsymbol{A}$ 和 $\boldsymbol{Z}$ 增加到 N 行,此时式(4.3)变为超定方程,可以寻求其最小二乘解。

假设目标的位置矢量为 $\boldsymbol{X}=[x \quad y]^{\mathrm{T}}$,观测站 i 的位置矢量为 $\boldsymbol{X}_i=[x_i \quad y_i]^{\mathrm{T}}$,方位角测量值为 β_i,共有 N 个观测站,则

$$\beta_i=\arctan\frac{x-x_i}{y-y_i}+n_i \quad (i=1,2,\cdots,N) \tag{4.5}$$

式中:n_i为服从高斯分布的测量噪声。很明显,如果不存在测量噪声,则由式(4.5)组成的方程组可以精确求解,令

$$\boldsymbol{A}=\begin{bmatrix}\tan\beta_1 & -1\\ \vdots & \vdots\\ \tan\beta_N & -1\end{bmatrix},\boldsymbol{D}=\begin{bmatrix}x_1\tan\beta_1-y_1\\ \vdots\\ x_N\tan\beta_N-y_N\end{bmatrix}$$

则

$$\boldsymbol{AX}=\boldsymbol{D} \tag{4.6}$$

对式(4.6)求解,即可以得到目标的唯一定位解。当考虑测量噪声时,通常式(4.6)没有唯一确定解。这种情况下,可以利用矩阵理论得到最小二乘解,即 $\min\limits_{\min\|\boldsymbol{AX}-\boldsymbol{D}\|}\|\boldsymbol{X}\|$,则

$$\boldsymbol{X}=\boldsymbol{A}^{+}\boldsymbol{D} \tag{4.7}$$

式中:$\boldsymbol{A}^{+}$为矩阵 $\boldsymbol{A}$ 的 Moore-Penrose 广义逆,$\boldsymbol{A}^{+}=(\boldsymbol{A}^{*}\boldsymbol{A})^{-1}\boldsymbol{A}^{*}$。

式(4.7)简洁地给出了定位求解公式,它具有最小二乘特性。如前所述,这种方法存在一定的偏差。这是由于矩阵 $\boldsymbol{A}$ 和 $\boldsymbol{D}$ 中含有 $\beta_i(i=1,2,\cdots,N)$,而 β_i 中的测量噪声使得矩阵 $\boldsymbol{A}$ 和 $\boldsymbol{D}$ 存在相关性,从而导致估计偏差。因此,上述估计并非最优估计,而是一种渐进有偏估计,其偏差可能会随着角度数目增加而增加。因此,若干改进方法估计目标位置,如总体最小二乘法、辅助变量法、约束最小二乘法等方法。

4.1.4 三维多站测向交叉定位中的伪线性法

假设目标位置为 $\boldsymbol{X}=[x \quad y \quad z]^{\mathrm{T}}$,$M_0\geqslant 2$ 个观测站的位置为 $\boldsymbol{X}_m=[x_{0m} \quad y_{0m} \quad z_{0m}]^{\mathrm{T}}(m=1,2,\cdots,M_0)$,各个观测站测得的方位角为 β_m,俯仰角为 ε_m,根据三角恒

等式有[2]

$$\cos\beta_m(x_0 - x_m) - \sin\beta_m(y_0 - y_m) \equiv 0 \tag{4.8}$$

$$\sin\beta_m \sin\varepsilon_m \cdot (x_0 - x_m) + \cos\beta_m \sin\varepsilon_m \cdot (y_0 - y_m) - \cos\varepsilon_m \cdot (z_0 - z_m) \equiv 0 \tag{4.9}$$

设待估计的初始状态为 $\boldsymbol{X}_{p0} = \begin{bmatrix} x_0 \\ y_0 \\ z_0 \end{bmatrix}$,则

$$\boldsymbol{H}_0 \boldsymbol{X}_{p0} = \boldsymbol{b}_0 \tag{4.10}$$

其中

$$\boldsymbol{H}_0 = \begin{bmatrix} \cos\beta_1 & -\sin\beta_1 & 0 \\ \vdots & \vdots & \vdots \\ \cos\beta_{M_0} & -\sin\beta_{M_0} & 0 \\ \sin\beta_1 \sin\varepsilon_1 & \cos\beta_1 \sin\varepsilon_1 & \cos\varepsilon_1 \\ \vdots & \vdots & \vdots \\ \sin\beta_{M_0} \sin\varepsilon_{M_0} & \cos\beta_{M_0} \sin\varepsilon_{M_0} & \cos\varepsilon_{M_0} \end{bmatrix}$$

$$\boldsymbol{b}_0 = \begin{bmatrix} \cos\beta_1 x_{O1} - \sin\beta_1 y_{O1} \\ \vdots \\ \cos\beta_{M_0} x_{OM_0} - \sin\beta_{M_0} y_{OM_0} \\ \sin\beta_1 \sin\varepsilon_1 x_{O1} - \cos\beta_1 \sin\varepsilon_1 y_{O1} + \cos\varepsilon_1 z_{O1} \\ \sin\beta_{M_0} \sin\varepsilon_{M_0} x_{OM_0} - \cos\beta_{M_0} \sin\varepsilon_{M_0} y_{OM_0} + \cos\varepsilon_{M_0} z_{OM_0} \end{bmatrix}$$

根据上述模型,可以采用最小二乘估计方法。根据最小二乘估计,可得

$$\boldsymbol{X}_{p0} = \boldsymbol{H}_0^{\dagger} \boldsymbol{b}_0 \tag{4.11}$$

其中 $\boldsymbol{H}_0^{\dagger}$ 为 $\boldsymbol{H}_0$ 矩阵的伪逆,可定义为

$$\boldsymbol{H}_0^{\dagger} = \begin{cases} \boldsymbol{H}_0^{-1} & (M_0 = 2) \\ [\boldsymbol{H}_0^{\mathrm{T}} \boldsymbol{H}_0]^{-1} \boldsymbol{H}_0^{\mathrm{T}} & (M_0 > 2) \end{cases} \tag{4.12}$$

已有文献证明,上述估计并非最优估计,而是一种渐进有偏估计,其偏差可能会随着角度数目增加而增加。因此,可以采用总体最小二乘法或者最陡下降法进行逼近迭代。

4.1.5　总体最小二乘法

在上述求解过程中,若给定一个数据矢量 $\boldsymbol{b}_0$ 和一数据矩阵 $\boldsymbol{H}_0$,通过求解超

定方程 $\boldsymbol{H}_0\boldsymbol{X}_{p0}=\boldsymbol{b}_0$ 的最小二乘方法，只有在 $\boldsymbol{b}_0$ 矢量的噪声或者误差是零均值的高斯噪声情况下，才能保证误差的平方和最小，最小二乘解才等于极大似然估计解。如果矩阵 $\boldsymbol{H}_0$ 本身也存在误差或者扰动，那么最小二乘估计将不是最优的，它将是有偏的，而且偏差的协方差将由于 $\boldsymbol{H}_0^{\mathrm{T}}\boldsymbol{H}_0$ 的噪声误差作用而增加[3]。

为了克服最小二乘的缺点，在求解矩阵方程时，就需要同时考虑矢量 $\boldsymbol{b}_0$ 和矩阵 $\boldsymbol{H}_0$ 中存在的误差扰动。总体最小二乘（Total Least Squares, TLS）方法体现的就是这一思想。有关 TLS 最早可追溯到 Pearson 在 1901 年发表的论文，但是在 1980 年才由 Golub 等系统总结分析提出。

根据 TLS 方法，首先构造增广矩阵：

$$\boldsymbol{B}_0=[-\boldsymbol{b}_0\quad \boldsymbol{H}_0] \tag{4.13}$$

对 $\boldsymbol{B}_0$ 矩阵进行奇异值分解（SVD），可得

$$\boldsymbol{B}_0=\boldsymbol{U\Sigma V} \tag{4.14}$$

式中：$\boldsymbol{U}$ 和 $\boldsymbol{V}$ 为酉矩阵；$\boldsymbol{\Sigma}$ 为 $M\times 4$ 的对角阵。

将 $\boldsymbol{\Sigma}$ 的奇异值按照顺序从大到小排列，得与最小奇异值对应的右奇异矢量为 $\boldsymbol{v}_4$，因此定位解为

$$\boldsymbol{x}_{\mathrm{TLS}}=\frac{\boldsymbol{v}_4(2:4)}{\boldsymbol{v}_4(1)} \tag{4.15}$$

4.1.6 最陡下降法

若将定位问题建模为一个最优化问题，则可以采用最优化方法进行定位解算。按照最小均方误差估计准则，即

$$\min E(\beta_i-\beta_i(X))^2 \tag{4.16}$$

假设目标有一个初始位置为 $\boldsymbol{X}_0=[x_0\quad y_0]^{\mathrm{T}}$，其与真实位置的差为 $\Delta\boldsymbol{X}=\boldsymbol{X}-\boldsymbol{X}_0$，则用式（4.16）的泰勒展开，可得

$$\begin{aligned}\beta_i&=\arctan\frac{x_0-x_i}{y_0-y_i}+\left[-\frac{\sin\beta_{0i}}{r_{0i}}\quad\frac{\cos\beta_{0i}}{r_{0i}}\right]\Delta\boldsymbol{X}+n_i\\&=\beta_{0i}+\left[-\frac{\sin\beta_{0i}}{r_{0i}}\quad\frac{\cos\beta_{0i}}{r_{0i}}\right]\Delta\boldsymbol{X}+n_i\end{aligned} \tag{4.17}$$

式中：r_{0i} 为参考点到接收机 i 的距离；β_{0i} 为参考点与接收机 i 连线的方位角。

所以，有

$$\boldsymbol{B}=\boldsymbol{B}_0+\boldsymbol{H}\Delta\boldsymbol{X}+\boldsymbol{N} \tag{4.18}$$

其中

$$\boldsymbol{B}=[\beta_1 \quad \beta_2 \quad \cdots \quad \beta_n]^{\mathrm{T}}$$

$$\boldsymbol{B}_0=[\beta_{01} \quad \beta_{02} \quad \cdots \quad \beta_{0n}]^{\mathrm{T}}$$

$$\boldsymbol{N}=[n_1 \quad n_2 \quad \cdots \quad n_n]^{\mathrm{T}}$$

$$\boldsymbol{H}=\begin{bmatrix} -\dfrac{\sin\beta_{01}}{r_{01}} & \dfrac{\cos\beta_{01}}{r_{01}} \\ \vdots & \vdots \\ -\dfrac{\sin\beta_{0N}}{r_{0N}} & \dfrac{\cos\beta_{0N}}{r_{0N}} \end{bmatrix}$$

式(4.18)可改写为

$$\boldsymbol{N}=\boldsymbol{B}-\boldsymbol{B}_0-\boldsymbol{H}\Delta\boldsymbol{X} \tag{4.19}$$

对式(4.19)加权求和得到代价函数,使该代价函数最小即可得到定位的加权最小二乘解。代价函数定义为

$$\boldsymbol{J}_{\mathrm{W}}=E[\boldsymbol{N}^{\mathrm{T}}\boldsymbol{W}\boldsymbol{N}]=E[\boldsymbol{N}^{\mathrm{T}}P_N^{-1}\boldsymbol{N}] \tag{4.20}$$

式中:$\boldsymbol{P}_N=\mathrm{diag}(\sigma_1^2 \quad \sigma_2^2 \quad \cdots \quad \sigma_N^2)$为测量噪声的协方差矩阵;$\boldsymbol{W}$为加权矩阵。

将式(4.19)代入式(4.2),可得

$$\boldsymbol{J}_W=[\boldsymbol{B}-\boldsymbol{B}_0-\boldsymbol{H}\Delta\boldsymbol{X}]^{\mathrm{T}}\boldsymbol{P}_N^{-1}[\boldsymbol{B}-\boldsymbol{B}_0-\boldsymbol{H}\Delta\boldsymbol{X}] \tag{4.21}$$

对式(4.21)求导并令其为零,即

$$\frac{\partial J_{\mathrm{W}}}{\partial\Delta\boldsymbol{X}}=-2\boldsymbol{H}^{\mathrm{T}}\boldsymbol{P}_N^{-1}[\boldsymbol{B}-\boldsymbol{B}_0-\boldsymbol{H}\Delta\boldsymbol{X}]=0 \tag{4.22}$$

可得

$$\begin{aligned}\Delta\hat{\boldsymbol{X}}&=(\boldsymbol{H}^{\mathrm{T}}\boldsymbol{P}_N^{-1}\boldsymbol{H})^{-1}\boldsymbol{H}^{\mathrm{T}}\boldsymbol{P}_N^{-1}[\boldsymbol{B}-\boldsymbol{B}_0]\\&=\Delta\boldsymbol{X}+(\boldsymbol{H}^{\mathrm{T}}\boldsymbol{P}_N^{-1}\boldsymbol{H})^{-1}\boldsymbol{H}^{\mathrm{T}}\boldsymbol{P}_N^{-1}\boldsymbol{N}\end{aligned} \tag{4.23}$$

因此

$$\begin{aligned}\hat{\boldsymbol{X}}&=\boldsymbol{X}_0+\Delta\hat{\boldsymbol{X}}=(\boldsymbol{H}^{\mathrm{T}}\boldsymbol{P}_N^{-1}\boldsymbol{H})^{-1}\boldsymbol{H}^{\mathrm{T}}\boldsymbol{P}_N^{-1}[\boldsymbol{B}-\boldsymbol{B}_0]\\&=\boldsymbol{X}+(\boldsymbol{H}^{\mathrm{T}}\boldsymbol{P}_N^{-1}\boldsymbol{H})^{-1}\boldsymbol{H}^{\mathrm{T}}\boldsymbol{P}_N^{-1}\boldsymbol{N}\end{aligned} \tag{4.24}$$

所以,有

$$E[\hat{\boldsymbol{X}}-\boldsymbol{X}]=0 \tag{4.25}$$

式(4.25)表示最小均方误差估计为无偏估计。

4.2 测向交叉定位误差分析

4.2.1 双站定位误差计算方法

由于实际测量过程中得到的角度 θ_1 和 θ_2 可能存在误差,假设分别为 $\delta\theta_1$ 和 $\delta\theta_2$,这样两个观测站的交点就分布在一个不确定的模糊区域,如图 4.3 所示。该区域的形状比较接近“风筝”,该风筝形状的区域即为定位误差分布的区域。

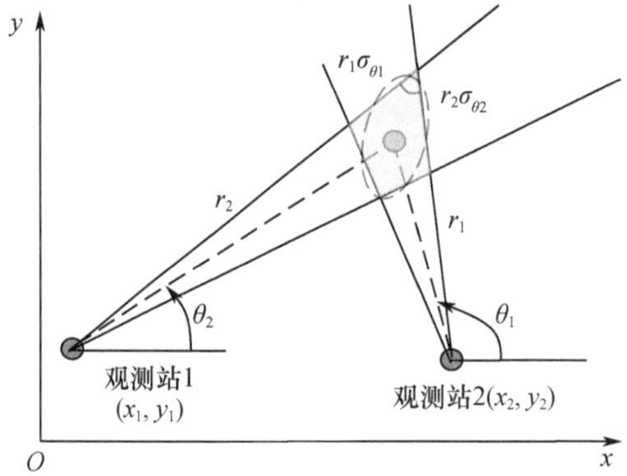

图 4.3 双站测向交叉定位原理及误差示意图

为了分析方便,不妨假设测角误差服从均值为 0 的高斯分布,两站之间的测角误差相互独立。对式(4.6)求偏导,整理后写成矩阵形式为

$$\boldsymbol{A}\delta\boldsymbol{X} = \boldsymbol{B} \tag{4.26}$$

式中:定位误差为 $\delta\boldsymbol{X} = \begin{bmatrix} \delta x \\ \delta y \end{bmatrix}$;$\boldsymbol{B} = \begin{bmatrix} (x - x_1)\sec^2\theta_1\delta\theta_1 \\ (x - x_2)\sec^2\theta_2\delta\theta_2 \end{bmatrix}$,因此可以得到定位误差为

$$\delta\boldsymbol{X} = \boldsymbol{A}^{-1}\boldsymbol{BT} \cdot \boldsymbol{B} \tag{4.27}$$

其中

$$\boldsymbol{B} \triangleq \begin{bmatrix} B_1\delta\theta_1 \\ B_2\delta\theta_2 \end{bmatrix}$$

$$\boldsymbol{T} \triangleq \begin{bmatrix} T_{11} & T_{12} \\ T_{21} & T_{22} \end{bmatrix} = \frac{1}{\sin(\theta_1 - \theta_2)}\begin{bmatrix} -\cos\theta_1\cos\theta_2 & \cos\theta_1\cos\theta_2 \\ \cos\theta_1\sin\theta_2 & \sin\theta_1\cos\theta_2 \end{bmatrix} \tag{4.28}$$

故式(4.28)可以写为

$$\delta \boldsymbol{X} = \begin{bmatrix} T_{11}B_1\delta\theta_1 + T_{12}B_2\delta\theta_2 \\ T_{21}B_1\delta\theta_1 + T_{22}B_2\delta\theta_2 \end{bmatrix} \tag{4.29}$$

可以得到定位误差的协方差矩阵为

$$\boldsymbol{P} = E[\delta\boldsymbol{X}\delta\boldsymbol{X}^{\mathrm{T}}] = \begin{bmatrix} T_{11}^2B_1^2\sigma_{\theta1}^2 + T_{12}^2B_2^2\sigma_{\theta2}^2 & T_{11}T_{21}B_1^2\sigma_{\theta1}^2 + T_{12}T_{22}B_2^2\sigma_{\theta2}^2 \\ T_{11}T_{21}B_1^2\sigma_{\theta1}^2 + T_{12}T_{22}B_2^2\sigma_{\theta2}^2 & T_{21}^2B_1^2\sigma_{\theta1}^2 + T_{22}^2B_2^2\sigma_{\theta2}^2 \end{bmatrix} \tag{4.30}$$

定位误差的几何稀释(GDOP)为

$$\begin{aligned} \mathrm{GDOP}(x,y) &= \sqrt{\mathrm{tr}(\boldsymbol{P})} \\ &= \sqrt{(T_{11}^2 + T_{21}^2)B_1^2\sigma_{\theta1}^2 + (T_{12}^2 + T_{22}^2)B_2^2\sigma_{\theta2}^2} \end{aligned} \tag{4.31}$$

将式(4.28)代入式(4.31)可得

$$\mathrm{GDOP}(x,y) = \frac{1}{|\sin(\theta_1 - \theta_2)|}\sqrt{r_1^2\sigma_{\theta1}^2 + r_2^2\sigma_{\theta2}^2} \tag{4.32}$$

式中:r_1和r_2分别为目标到两个观测站间的距离。式(4.32)表明测向交叉的定位误差等于测向线交叉区域的多边形边长$r_i\sigma_{\theta i}(i=1,2)$的平方和除于其夹角的正弦。如果假设两个站的测向精度完全相同,即$\sigma_{\theta1} = \sigma_{\theta2} = \sigma_\theta$,将其代入式(4.32)可得

$$\mathrm{GDOP}(x,y) = \frac{\sigma_\theta}{|\sin(\theta_1 - \theta_2)|}\sqrt{r_1^2 + r_2^2} \tag{4.33}$$

根据式(4.33),假设两个观测站间距 40km,可以计算得到测向交叉定位的 GDOP 误差分布等高线图如图 4.4 所示。

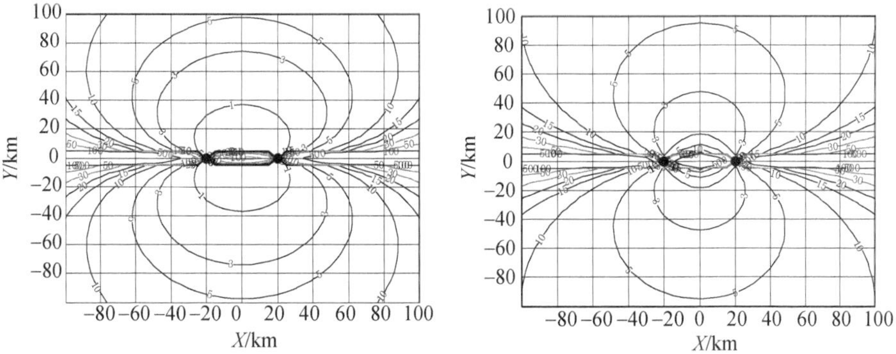

(a) 绝对定位误差GDOP分布　　(b) 相对定位误差GDOP分布

图 4.4　测向交叉定位的误差分布($\sigma_\theta = 1°$)

从图 4.4 中可以看出，绝对定位误差和相对定位的分布是不同的，绝对误差的等误差线要“扁”一些，在两个观测站连线方向定位误差无穷大，但是定位误差最小的位置并不尽相同。

4.2.2 双站测向交叉最优布站分析

对于目标最有可能出现的区域，如何正确布站才能使其定位误差达到最优呢？根据正弦定理，可得[4]

$$\begin{cases} r_1 = \dfrac{2l\sin\theta_2}{\sin(\theta_1 - \theta_2)} \\ r_2 = \dfrac{2l\sin\theta_1}{\sin(\theta_1 - \theta_2)} \end{cases} \tag{4.34}$$

将式(4.34)代入式(4.33)中，可得

$$\mathrm{GDOP}(x,y) = 2l\sigma_\theta \frac{\sqrt{\sin^2\theta_1 + \sin^2\theta_2}}{\sin^2(\theta_1 - \theta_2)} \tag{4.35}$$

如果在某个角 θ_1 和 θ_2 取最小值，必然满足以下极值条件：

$$\begin{cases} \dfrac{\partial \mathrm{GDOP}}{\partial \theta_1} = 0 \\ \dfrac{\partial \mathrm{GDOP}}{\partial \theta_2} = 0 \end{cases} \tag{4.36}$$

故可以得到

$$\begin{cases} \sin\theta_1\cos\theta_1\sin(\theta_1 - \theta_2) = 2(\sin^2\theta_1 + \sin^2\theta_2)\cos(\theta_1 - \theta_2) \\ \sin\theta_2\cos\theta_2\sin(\theta_1 - \theta_2) = -2(\sin^2\theta_1 + \sin^2\theta_2)\cos(\theta_1 - \theta_2) \end{cases} \tag{4.37}$$

可得

$$\sin 2\theta_1 = \sin(-2\theta_2) \tag{4.38}$$

不妨仅考虑 $0 \leqslant \theta_1 \leqslant \pi/2$ 的区域，可以进行三种情况的讨论。

(1) 如果 $\theta_1 = -\theta_2$，两线不相交，因此该处的极值是极大值。

(2) 如果 $\theta_1 = \theta_2 = 0$ 或 $\theta_1 = \theta_2 = \pi/2$，两条测向线平行不相交，因此也是极大值。

(3) $\theta_1 = \pi - \theta_2$，也即两条测向线交叉成为一个等腰三角形，因此交点在 y 轴上，也即最优的定位精度在 $x = 0$ 处获得。令 $\theta_1 = \pi - \theta_2 \triangleq \theta$，将此式代入式(4.35)可得最优的定位绝对误差为

$$\mathrm{GDOP}(x,y)=\frac{\sqrt{2}\,l\sigma_\theta}{|2\sin\theta\cos^2\theta|}\tag{4.39}$$

当 $\sin\theta\cos^2\theta$ 取得最大值时,GDOP 取得最小值。因此 $\sin\theta\cos^2\theta$ 对 θ 求导并令其等于零,可得

$$\theta_{\mathrm{GDOPmax}}=\arctan(1/\sqrt{2})=35.3°\tag{4.40}$$

可以得到结论:当目标处于两个观测站连线的中线上,且和两个观测站之间的夹角约为110°时,测向交叉定位的绝对误差最小。

在许多时候,通常采用相对定位精度衡量无源定位系统的定位精度,定义两站连线中心为原点,因此相对定位误差为

$$\frac{\mathrm{GDOP}(x,y)}{R}=\frac{\sigma_\theta}{\sin(\theta_1-\theta_2)}\sqrt{\frac{1}{\sin^2\theta_1}+\frac{1}{\sin^2\theta_2}}\tag{4.41}$$

如果相对定位误差取得最小值,也是 $\sin^2\theta\cos\theta$ 对 θ 求导并令其等于零,则

$$\theta_{\mathrm{GDOPmax}}=\arctan\sqrt{2}=54.7°\tag{4.42}$$

因此,相对定位误差最小的布站方式为:当目标处于两个观测站连线的中线上,且和两个观测站之间的夹角约为70°时,测向交叉定位的相对误差最小。

4.2.3 多站测向定位误差分布

类似于双站定位误差分析方法,可以得到多站测向定位误差矩阵为

$$\boldsymbol{P}=E[\delta\boldsymbol{X}\delta\boldsymbol{X}^{\mathrm{T}}]=\frac{1}{\sigma_\theta^2}\boldsymbol{H}^{\mathrm{T}}\boldsymbol{H}$$

式中:$\boldsymbol{H}=\left[\frac{\partial\boldsymbol{\theta}}{\partial x_t}\quad\frac{\partial\boldsymbol{\theta}}{\partial y_t}\right]$;$\boldsymbol{\theta}=[\theta_1\quad\cdots\quad\theta_N]^{\mathrm{T}}$。

若3个观测站成等边三角形布置,站间距均为6km,假设测向均方根误差 $\sigma_\theta=2°$,对称分布的3个观测站的测向交叉定位的误差分布GDOP图如图4.5所示。

若4个观测站成正方形布置,正方形边长6km,测向误差 $\sigma_\theta=2°$,则定位误差分布如图4.6所示。

4.2.4 测向交叉定位的应用说明

实现测向交叉定位有两种方法:一是多站测向交叉定位,即用两个或多个侦察设备在不同位置上同时对辐射源测向,得到几条位置线,其交点即为辐射源的位置,这种方法常用于地面观测站对机载运动辐射源的定位;二是运动单站测向交叉定位,即单个观测站在运动航迹的不同位置上对地面辐射源进行两次或多次测向,

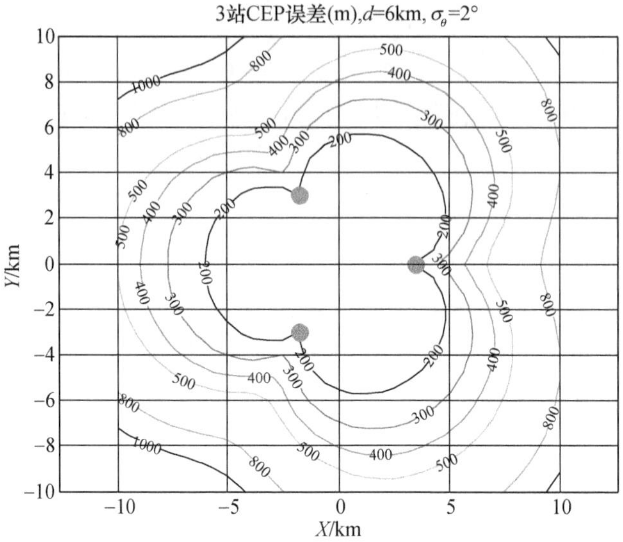

(a) 绝对定位误差分布图

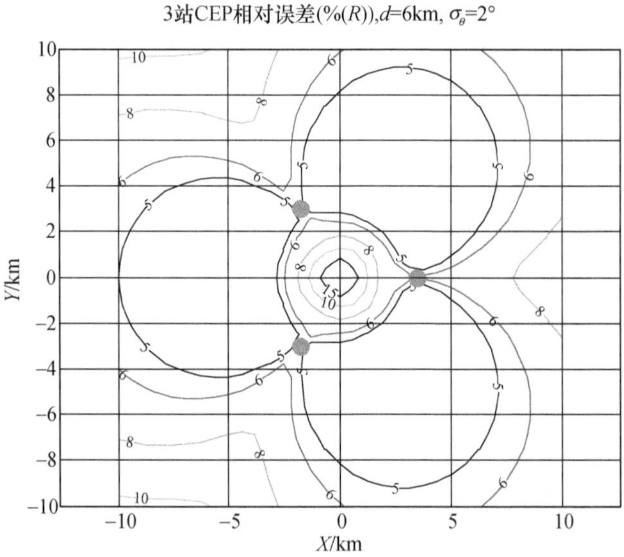

(b) 相对定位误差分布图

图 4.5　3 个观测站的测向交叉定位的误差分布(d = 6km)

得到几条位置线再交叉定位。

在利用测向进行交叉定位的过程中,应注意以下两点。

(1) 由测向交叉定位精度讨论知,CEP 与测向误差 σ_θ,观测站位置配置以及辐射源到基线的垂直距离 R 等参数有关。因此,为了减小定位误差,提高定位精

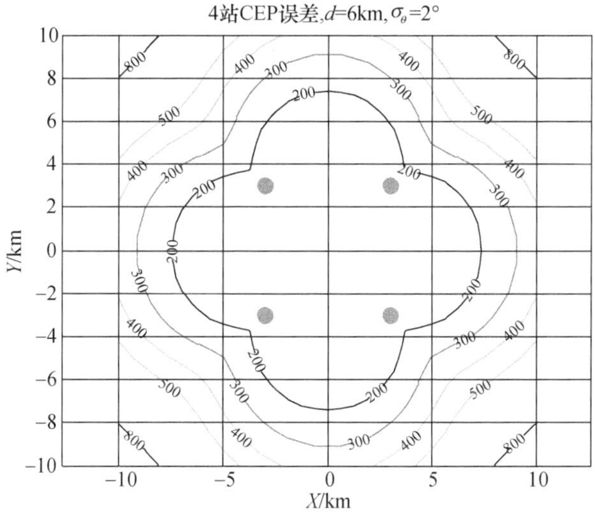

(a) 绝对定位误差分布图

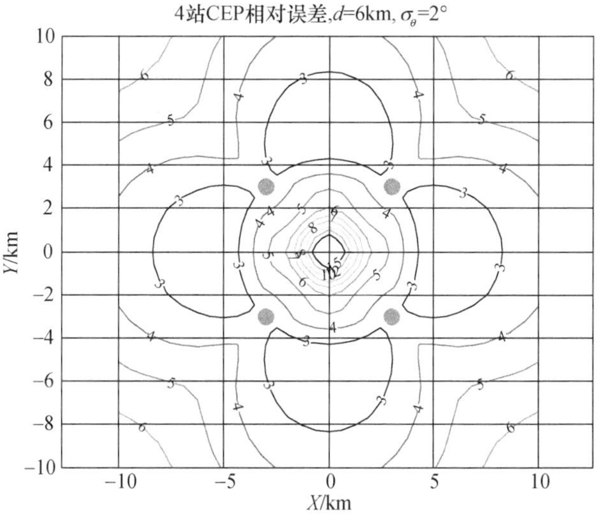

(b) 相对定位误差分布图

图 4.6　4 个观测站测向交叉定位的误差分布($d=6$km)

度,应尽量减小测向误差 σ_θ,如采用定向精度高的侦察天线和测向系统;同时合理配置两个观测站的位置,使定位站和辐射源形成最佳配置;当用地面观测站对辐射源定位时,应尽可能将观测站配置在前沿阵地,使 R 减小,同时也相应地减小了两站之间的距离。

(2) 虚假定位[4]。值得注意的是,当被观察区域中有多个辐射源在同时工作时,采用测向交叉定位法可能产生虚假定位,这时的交叉点(定位点)可能不是辐射源位置所在[2]。原因是这种方法只测量辐射源的方位并由方位线的交点来确定辐射源的位置。若误将不同辐射源的方位线相交，该站便是一虚假定位点。例如，当同时存在有辐射源 1 和辐射源 2 时，就有可能产生 A 站方位线对准辐射源 1，B 站方位线对准辐射源 2，从而出现了虚假的交点 C，产生了虚假的辐射源，如图 4.7 所示。

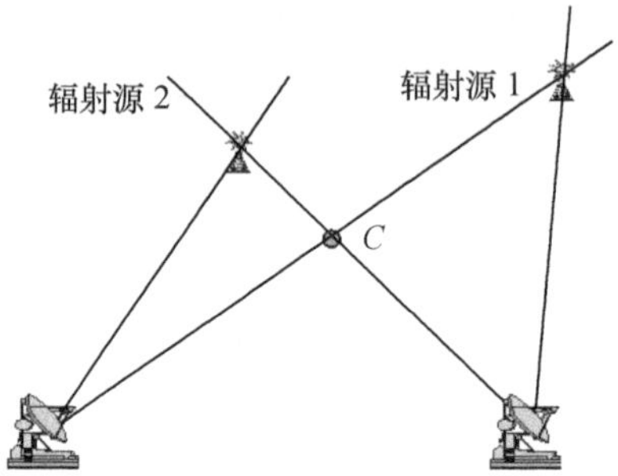

图 4.7　虚假定位点的产生

减少虚假定位的方法与途径。

(1) 在信号分选和识别的基础上，采用多站测向定位（地面观测站）+ 信号分选和识别。

(2) 多次测向并鉴别真假辐射源（机载侦察设备）。

同时还要尽量采取措施抑制侦察天线旁瓣，以便减小它对定位精度的影响。

4.3　对运动目标多站测向交叉定位

对于运动目标，如果多个观测站多次观测到辐射源信号并测量得到角度，可以对运动目标进行跟踪定位。由于运动目标一般具有一定的连续运动特性，因此可以对运动目标的运动进行数学建模，采用跟踪滤波方法进行滤波。

4.3.1　状态模型

假设目标匀速直线运动，k 时刻的目标状态为 $\boldsymbol{X}_k = [x_k \quad y_k \quad \dot{x}_k \quad \dot{y}_k]^{\mathrm{T}}$，可以得到目标状态方程[5]：

$$\boldsymbol{X}_k = \boldsymbol{\Phi}\boldsymbol{X}_{k-1} + \boldsymbol{w}_k \tag{4.43}$$

式中：$\boldsymbol{\Phi}$ 为状态转移矩阵，$\boldsymbol{\Phi}=\begin{bmatrix}1&0&T&0\\0&1&0&T\\0&0&1&0\\0&0&0&1\end{bmatrix}$；$\boldsymbol{w}_k$ 为零均值高斯系统噪声，其协方差阵为

$$\boldsymbol{Q}=E[\boldsymbol{w}_k^{\mathrm{T}}\boldsymbol{w}_k]=\begin{bmatrix}\frac{T^4}{4}&0&\frac{T^3}{2}&0\\0&\frac{T^4}{4}&0&\frac{T^3}{2}\\\frac{T^3}{2}&0&T^2&0\\0&\frac{T^3}{2}&0&T^2\end{bmatrix}\sigma_a^2$$

4.3.2 测量模型

假设 k 时刻，有 M_k 个观测站收到辐射源信号并测量出角度，这 M_k 个站的位置为 $\boldsymbol{X}_{Om}(m=1,2,\cdots,M_k)$，在 k 时刻每个观测站得到的角度为

$$\beta_{m,k}=\arctan\left(\frac{x_k-x_{Om}}{y_k-y_{Om}}\right)+v_{m,k}\quad(m=1,2,\cdots,M_k)\tag{4.44}$$

$$\varepsilon_{m,k}=\arctan\left(\frac{z_k-z_{Om}}{\sqrt{(x_k-x_{Om})^2+(y_k-y_{Om})^2}}\right)+u_{m,k}$$

式中：$v_{m,k}$为零均值高斯分布的测角误差，$E[v^2]=\sigma_\beta^2$。

将 k 时刻的 M 个角度观测值构成观测矢量，可得

$$\boldsymbol{\beta}_k=[\beta_{1,k}\quad\beta_{2,k}\quad\beta_{3,k}\quad\varepsilon_{1,k}\quad\varepsilon_{2,k}\quad\varepsilon_{3,k}]^{\mathrm{T}}\tag{4.45}$$

因此，可以得到非线性观测方程为

$$\boldsymbol{\beta}_k=\boldsymbol{f}(\boldsymbol{X}_k)+\boldsymbol{v}_k$$

4.3.3 跟踪方法

可以采用 EKF 方法等对其进行多次滤波跟踪。该方法如下。

预测方程：

$$\hat{\boldsymbol{X}}_{i/i-1}=\boldsymbol{\Phi}\hat{\boldsymbol{X}}_{i-1}\tag{4.46}$$

预测协方差：

$$\boldsymbol{P}_{i/i-1}=\boldsymbol{\Phi}\boldsymbol{P}_{i-1/i-1}\boldsymbol{\Phi}^{\mathrm{T}}+\boldsymbol{Q}\tag{4.47}$$

卡尔曼增益：

$$\boldsymbol{K}_i=\boldsymbol{P}_{i/i-1}\boldsymbol{H}_i^{-\mathrm{T}}[\boldsymbol{H}_i^{-}\boldsymbol{P}_{i/i-1}\boldsymbol{H}_i^{-\mathrm{T}}+\boldsymbol{R}_i]^{-1} \tag{4.48}$$

滤波方程：

$$\hat{\boldsymbol{X}}_i=\hat{\boldsymbol{X}}_{i/i-1}+\boldsymbol{K}_i[\boldsymbol{Z}_{mi}-\boldsymbol{f}(\hat{\boldsymbol{X}}_{i/i-1})] \tag{4.49}$$

滤波协方差：

$$\boldsymbol{P}_i=[\boldsymbol{I}-\boldsymbol{K}_i\boldsymbol{H}_i^{-}]\boldsymbol{P}_{i/i-1}[\boldsymbol{I}-\boldsymbol{K}_i\boldsymbol{H}_i^{-}]^{\mathrm{T}}+\boldsymbol{K}_i\boldsymbol{R}\boldsymbol{K}_i^{\mathrm{T}} \tag{4.50}$$

式中：$\boldsymbol{H}_i^{-}=\left.\dfrac{\partial \boldsymbol{f}(\boldsymbol{X})}{\partial \boldsymbol{X}}\right|_{X=\hat{X}_{i/i-1}}$ 为测量方程在预测点 $\hat{\boldsymbol{X}}_{i/i-1}$处计算的雅克比矩阵，该矩阵表示如下：

$$\boldsymbol{H}_1=\frac{\partial \boldsymbol{f}_1(\boldsymbol{X})}{\partial \boldsymbol{X}}=\begin{bmatrix}\dfrac{\partial\beta_{1,k}}{\partial x} & \dfrac{\partial\beta_{1,k}}{\partial y} & 0\\ \vdots & \vdots & \vdots\\ \dfrac{\partial\beta_{M_k,k}}{\partial x} & \dfrac{\partial\beta_{M_k,k}}{\partial y} & 0\end{bmatrix}=\begin{bmatrix}\dfrac{\cos\beta_{1,k}}{r_{h1,k}} & \dfrac{-\sin\beta_{1,k}}{r_{h1,k}} & 0\\ \vdots & \vdots & \vdots\\ \dfrac{\cos\beta_{M_k,k}}{r_{hM_k,k}} & \dfrac{-\sin\beta_{M_k,k}}{r_{hM_k,k}} & 0\end{bmatrix}$$

$$\boldsymbol{H}_2=\begin{bmatrix}\dfrac{\partial\varepsilon_{1,k}}{\partial x} & \dfrac{\partial\varepsilon_{1,k}}{\partial y} & \dfrac{\partial\varepsilon_{1,k}}{\partial z}\\ \vdots & \vdots & \vdots\\ \dfrac{\partial\varepsilon_{M_k,k}}{\partial x} & \dfrac{\partial\varepsilon_{M_k,k}}{\partial y} & \dfrac{\partial\varepsilon_{M_k,k}}{\partial z}\end{bmatrix}=\begin{bmatrix}-\dfrac{x_{1,k}z_{1,k}}{r_{1,k}^2 r_{h1,k}} & -\dfrac{y_{1,k}z_{1,k}}{r_{1,k}^2 r_{h1,k}} & \dfrac{r_{h1,k}}{r_{1,k}^2}\\ \vdots & \vdots & \vdots\\ -\dfrac{x_{M_k,k}z_{M_k,k}}{r_{M_k,k}^2 r_{hM_k,k}} & -\dfrac{y_{M_k,k}z_{M_k,k}}{r_{M_k,k}^2 r_{hM_k,k}} & \dfrac{r_{hM_k,k}}{r_{M_k,k}^2}\end{bmatrix}$$

$$=\begin{bmatrix}-\dfrac{\sin\beta_{1,k}\sin\varepsilon_{1,k}}{r_{1,k}} & -\dfrac{\cos\beta_{1,k}\sin\varepsilon_{1,k}}{r_{1,k}} & \dfrac{r_{h1,k}}{r_{1,k}^2}\\ \vdots & \vdots & \vdots\\ -\dfrac{\sin\beta_{M_k,k}\sin\varepsilon_{M_k,k}}{r_{M_k,k}} & -\dfrac{\cos\beta_{M_k,k}\sin\varepsilon_{M_k,k}}{r_{M_k,k}} & \dfrac{r_{h1,k}}{r_{M_k,k}^2}\end{bmatrix} \tag{4.51}$$

式中：$r_{hm,k}=(x-x_{Om})\sin\beta_{m,k}+(y-y_{Om})\cos\beta_{m,k}$；$r_{m,k}=(x-x_{Om})\sin\beta_{m,k}\cos\varepsilon_{m,k}+(y-y_{Om})\cos\beta_{m,k}\cos\varepsilon_{m,k}+(z-z_{Om})\sin\varepsilon_{m,k}$。

在 EKF 中，初始值 $\hat{\boldsymbol{X}}_0$和初始方差 $\boldsymbol{P}_0$可以采用单次瞬时定位值和对应的误差方差。初始值计算可以由伪线性法来计算。假设伪线性法得到的目标位置为 $\boldsymbol{X}_{p0}$，因此可以得到初始状态为 $\boldsymbol{X}_0=\begin{bmatrix}\boldsymbol{X}_{p0}\\ \boldsymbol{0}_3\end{bmatrix}$，其中 $\boldsymbol{0}_2=[0\quad 0\quad 0]^{\mathrm{T}}$ 为零矩阵。

4.3.4 定位数字仿真

假设观测站位置位于[0　0　0]，[−3　0　0]km，[3　0　0]km，目标起始位

置位于[30　30　3]km，起始速度[-50 0 0]，方位角和俯仰角测角精度为 1.5°，采用最小二乘(LS)、TLS 和 EKF 方法进行跟踪，可以得到定位跟踪航迹和定位误差收敛图，如图 4.8 和图 4.9 所示。

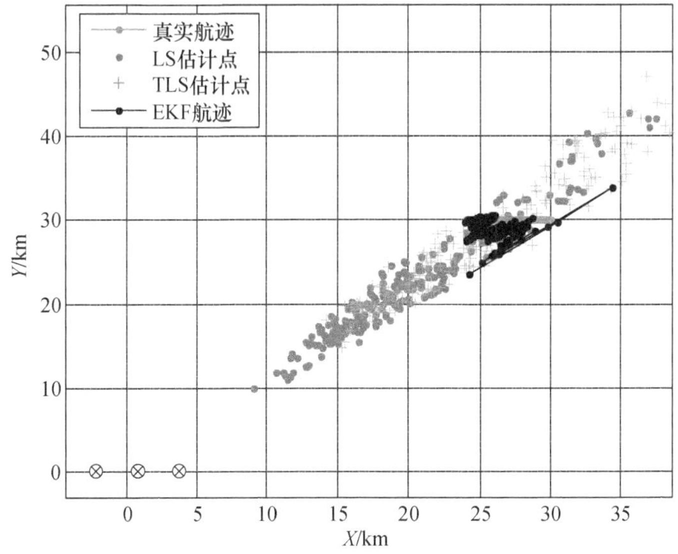

图 4.8　定位场景和航迹

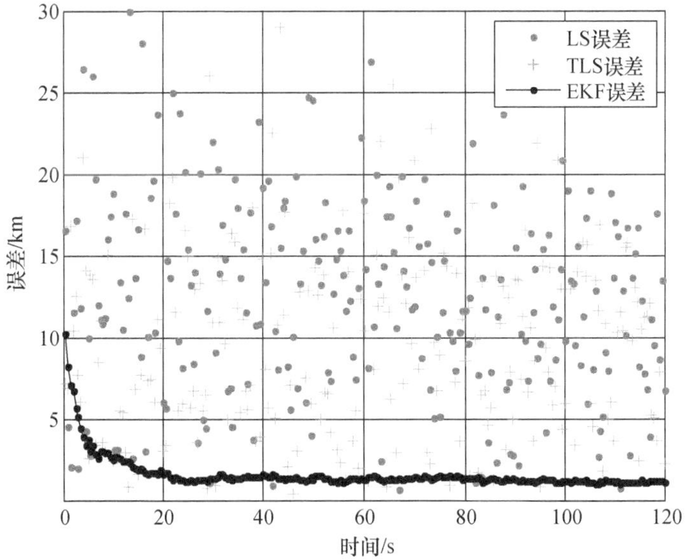

图 4.9　定位误差收敛图

从图 4.9 中可知,TLS 算法估计误差为 24.3km,LS 估计的误差为 13.7km,而 EKF 算法的估计误差为 1.12km,显示 EKF 方法具有较好的跟踪性能。

参考文献

[1] POISEL A R. 电子战目标定位方法[M]. 王沙飞,等译. 北京:电子工业出版社,2008.
[2] 孙仲康,周一宇,何黎星. 单多基地有源无源定位技术[M]. 北京:国防工业出版社, 1996.
[3] 张贤达. 矩阵分析与应用[M]. 北京:清华大学出版社, 2004.
[4] 周一宇,安纬,郭福成,等. 电子对抗原理[M]. 北京:电子工业出版社, 2009.
[5] BAR-SHALOM Y, LI X R, KJRUBARAGAN T. Estimation with applications to tracking and navigation[M]. New York: John Wiley & Sons Inc. , 2001.
[6] GOLUB G H. , LOAN C F. An analysis of the total least squares problem[J]. SIAM Journal on Numerical Analysis, Vol. 17, 1980 (6): 883 - 893.

第5章

多站时差定位方法

TDOA定位通过测量辐射源到达不同观测站的信号时间差,实现对目标辐射源定位的技术,它是一种瞬时定位体制,具体到脉冲辐射源是一种单脉冲定位体制,需要在共同接收条件下比对同一脉冲的到达时间差。因此,无须辐射源周期特性的辅助。由于TDOA方程是目标位置的非线性方程,因此基于TDOA量测的无源定位解算是一个典型的非线性最优化问题,TDOA定位由于定位精度高,受到了广泛的研究和应用。TDOA定位解算方法大致分为迭代定位方法[1-3]和解析定位方法[4-9],相比迭代定位解算方法受初值影响,存在收敛性问题及计算量大的问题,解析方法不存在初始化问题且计算量小,一直是研究的热点,然而解析方法存在明显的测量噪声阈值效应以及定位偏差大的问题。研究噪声阈值高且计算量小的稳健解算方法有着重要的理论意义。

本章针对多站TDOA定位解算方法中,解析方法测量噪声阈值低、定位偏差大,迭代方法计算量大等问题,研究了一种稳健的解析定位解算方法。在分析了TDOA定位的两步加权最小二乘方法(TSWLS)噪声阈值高、定位偏差大、稳定性差原因的基础上,提出一种新的基于定位误差修正的加权最小二乘解析定位解算方法。首先,针对传统的TDOA定位问题,提出了新的解析定位解算方法,对该解算方法的统计有效性及定位偏差作了理论分析,比较了所提解算方法和经典的TSWLS方法的异同,并通过计算机仿真验证和分析了新的解析定位方法的有效性。其次,将该定位解算思路推广到了含有观测站位置误差条件下TDOA定位问题中,对TSWLS方法在观测站位置误差条件下的理论偏差作了分析,指出了此时定位偏差是由TDOA测量噪声以及传感器位置误差共同导致的,且方法的两步都对偏差有贡献。再次对观测站位置误差条件下新解析方法的理论性能及理论偏差进行了分析;最后通过计算机仿真验证了方法的性能及偏差分析的正确性。本章最后将该解析方法的思路推广到了基于TDOA/TDOA变化率量测条件下的定位问题中,并对方法的性能作了理论分析,最后通过计算机仿真验证了方法的有效性。

5.1 时差定位的基本原理

TDOA 无源定位技术是通过测量辐射源到达不同观测站的信号时间差，实现对目标辐射源的定位技术。由于其实际上是罗兰导航（Long Range Navigation，LRN）技术的反置，因而又称为“反罗兰”技术[10]。为了简化讨论，设两个观测站（机）在 X 轴上，两站距离为 L，称为定位基线，坐标系的原点为其中点，如图 5.1 所示。

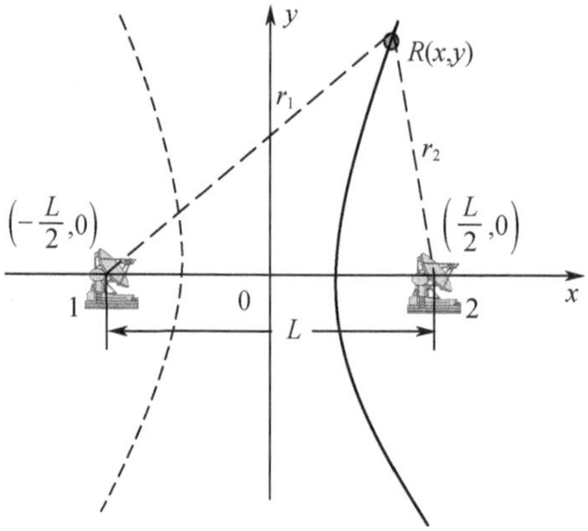

图 5.1　时差双曲线

假设某时刻发射的脉冲分别经 t_1 和 t_2 时间后被观测站 1 和观测站 2 接收，两站收到同一雷达脉冲的时间差为

$$\Delta t = t_1 - t_2 \tag{5.1}$$

式（5.1）两边同乘以电磁波传播速度 c 得对应的距离差：

$$\Delta r = c\Delta t \tag{5.2}$$

从解析几何知识可知，在平面上某一个固定的距离差可以确定一条以两个观测站为焦点的双曲线：

$$\frac{x^2}{\frac{\Delta r^2}{4}} - \frac{y^2}{\frac{L^2 - \Delta r^2}{4}} = 1 \tag{5.3}$$

因此，如果平面上有 3 个观测站，可以确定两条双曲线，这两条双曲线在平面上最多只能有两个交点，如果只有一个交点，则不存在定位模糊；如果存在两个交点，这两个交点位置必然是分布在基线的两侧。在防御系统中，时差定位系统一般部署在前沿阵地，辐射源都应位于阵地前方。因此，在对辐射源进行二维定位过程中,如果存在定位模糊,则位于基线后方的定位点是虚假定位点。为了排除这种模糊,通常采用两种方法:一种是再增加一个观测站,可以得到另外一条双曲线,3 条双曲线交于一点,从而消除模糊;另一种是在某一个观测站上增加测向系统,通过测向判断消除模糊点。

对于三维空间定位的情况,两个观测站测量得到的距离差可以确定一个回转双曲面,3 个观测站可以确定两个回转双曲面相交得到的一条曲线,该曲线与第 4 个观测站得到时差回转双曲面相交于两点,辐射源必定位于两点中的一点。消除模糊的方法也类似,既可以采用增加第 5 个观测站的办法消除模糊,也可以通过增加测向消除模糊。但实际应用时,对于远距离飞行的目标,也可以采用二维定位方法对三维目标进行定位,虽然用二维定位算法会产生误差,但通常也能满足一般要求。

通常时差定位系统由一个中心站和两个以上的辅站组成,其定位原理如图 5.2 所示。若中心站和各辅站的位置都已知,且都接收辐射源信号,并相应测得同一个雷达发射脉冲信号到达主站和各辅站的时间差。图 5.2(a)中主站 C 和一个辅站 A 测得的时间差正比于辐射源到这两个站的距离差,从而可以确定一条以这两个观测站位置 A、C 为焦点的双曲线 L_1。主站 C 和另一个辅站 B 测得的时间差也可确定一条双曲线 L_2。这两条双曲线的交点即是辐射源所在的位置。由此可见,双曲线时差定位系统至少需要由 3 个观测站组成,才能实现对同一个平面内的辐射源目标定位。

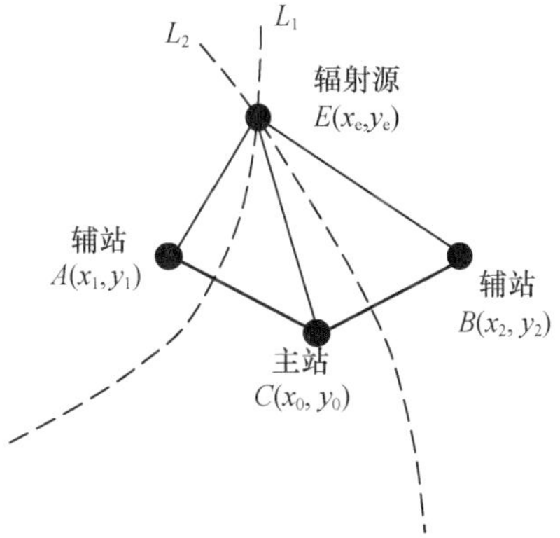

(a) 双曲线交汇原理

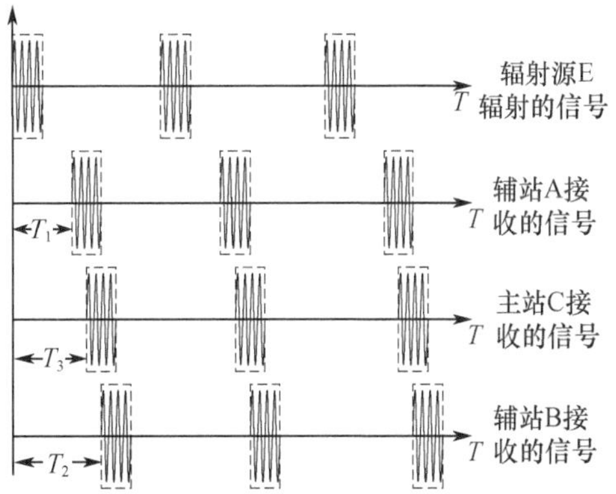

(b) 脉冲信号时差序列图

图 5.2　双曲线时差定位原理

TDOA 定位技术的主要特点是定位精度高,且与脉冲频率无关,有利于形成准确航迹。另外,侦察系统可以采用宽波束天线,同时覆盖一定的方位扇区,天线不需扫描。目前,国际上已有系统的典型定位精度为:对正前方 150km 处的目标,径向误差（均方根值）约250m，切向误差（均方根值）约25m。此定位技术的局限性是不能对等幅单频连续波信号源定位。

5.2 时差的测量与配对技术

时差的测量对于连续波信号和脉冲信号有完全不同的测量方法。对于连续波信号如通信信号而言，可以采用3.3.2节中类似互相关原理进行测量。而对于脉冲信号，由于脉冲的上升沿相对较为容易获得，通常将上升沿时刻作为信号的到达时刻。若确定了两个观测站的同一个脉冲到达时刻，直接将这两个到达时刻相减，即可得到脉冲的时差。但由于侦察范围内通常不止一个辐射源，而且每一个辐射源辐射不止一个脉冲，造成需要解决脉冲的配对问题。

5.2.1 脉冲信号的 TOA 测量

根据上升沿时刻作为脉冲信号的TOA测量框图，如图5.3所示[11]。

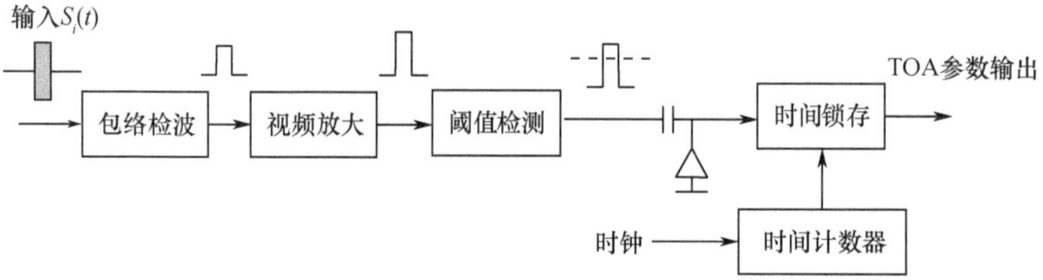

图5.3　TOA的测量原理

对脉冲信号TOA的测量原理如图5.3所示，其中输入信号$S_i(t)$经包络检波、视频放大后为$S_V(t)$，将$S_V(t)$与检测阈值V_T进行比较，当$S_V(t) \geqslant V_T$时，从时间计数器中读取当前的时间t进入锁存器，产生本次TOA的测量值。实际的时间计数器往往采用N位二进制计数器级联，经时间锁存的TOA输出值为

$$\text{TOA} = D_{\text{mod}}(T,\Delta t,t)\,(S_V(t) \geqslant V_T, S_V(t-\varepsilon) < V_T, \varepsilon \to 0) \tag{5.4}$$

式中：$D_{\text{mod}}(T,\Delta t,t)$为求模、量化函数；$\Delta t$为时间计数器的计数脉冲周期；$T = \Delta t \cdot 2^N$为时间计数器的最大无模糊计数范围；$t$为$S_V(t)$发生过阈值的时间。

$$D_{\text{mod}}(T,\Delta t,t) = \text{INT}\left(\frac{t - \text{INT}\left(\dfrac{t}{T}\right) \times T}{\Delta t}\right) \tag{5.5}$$

式中：函数INT(x)为求取实变量x的整数值。

由于时间计数器的位数有限,为了防止产生长周期时间测量的模糊,一般应保证:

$$T \geqslant T_{r\max} \tag{5.6}$$

式中:$T_{r\max}$为无源定位系统最大无模糊可测的雷达脉冲重复周期。Δt 取决于 TOA 测量的量化误差和时间分辨力,减小 Δt 可降低量化误差,提高时间分辨力,但对于相同的 T,减小 Δt 意味着提高计数器级数 N,加大 TOA 测量的字长,增加信号处理时数据存储和计算的负担。

$S_v(t)$信号脉冲前沿的陡峭程度也将影响 TOA 测量的准确性,而脉冲前沿既取决于输入信号 $S_i(t)$本身,也取决于侦察接收机的信道带宽 B_v,通常在脉冲时域参数测量电路中,按照侦察系统的最小可检测脉宽 $PW_{\min}$设置 B_v:

$$B_v \approx \frac{1}{PW_{\min}} \tag{5.7}$$

TOA 的检测和测量还将受到系统中噪声的影响,特别是在脉冲前沿较平缓、信噪比较低时,系统噪声不仅影响侦察系统的检测概率和虚警概率,还将引起阈值检测时间 t 的随机抖动 δt,如图 5.4 所示,TOA 随机抖动 δt 的均方根值为

$$\sigma_{TOA} = \frac{t_{rs}}{\sqrt{2\frac{S}{N}}} \tag{5.8}$$

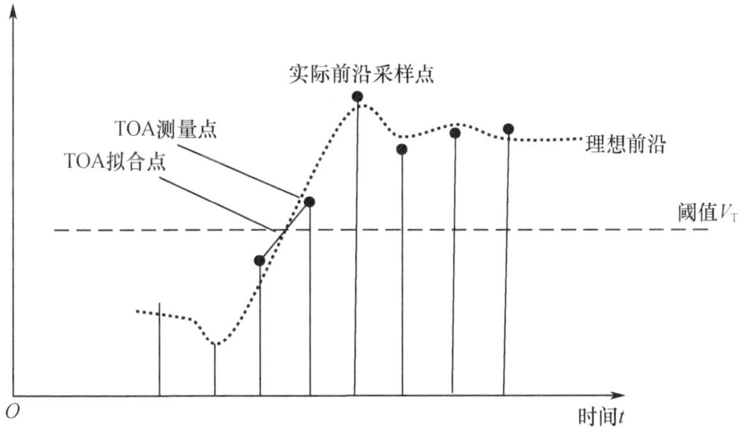

图 5.4　接收机噪声对 TOA 测量的影响

式中:t_{rs}为检测脉冲的前沿时间;$\frac{S}{N}$为 $S_v(t)$的信噪比。由于大部分侦察系统接收的是雷达天线主瓣辐射的信号,能量比较强,因此适当地提高检测阈值 V_T,保证大

信噪比工作，不仅可以降低检测的虚警概率 P_{fa}，也有利于提高 TOA 测量的准确性。

例如，对于典型 100ns、50ns、30ns、10ns 信号前沿，对应于不同信噪比条件下的 TOA 测量误差如图 5.5 所示。

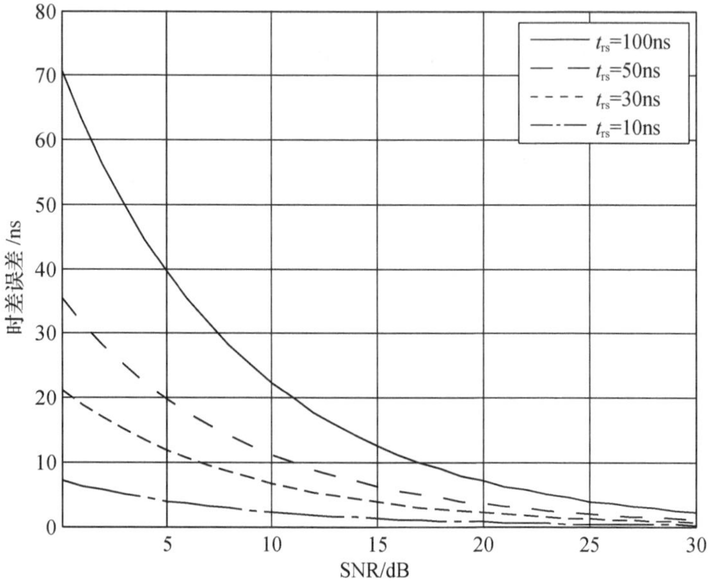

图 5.5　不同脉冲前沿条件下 TOA 测量误差曲线

从图 5.5 中可知，单脉冲 TOA 测量误差约在 SNR = 10dB、100ns 时可以达到 22ns 以内，由于时差为两个单脉冲 TOA 测量的差分，因此 TDOA 误差可以达到 22 × 1.4 = 30(ns) 以内。

为了克服脉冲起伏的影响，到达时间测量一般采用自适应阈值测量脉冲的前沿 TOA。其原理为用 −3dB 相对阈值附近两点来拟和前、后沿可使 TOA 测量结果具有更好的稳健性。首先计算出脉冲幅度的测量值 PA，找出 −3dB 相对阈值附近的两点 $A(V_A)$ 和 $B(V_B)$，以它们的连线与 −3dB 阈值的交点确定 TOA；然后计算交点与 A 点的时间偏移量，再加上 A 点的时间 T_A 即为

$$\text{TOA} = T_A + \frac{V_{-3\text{dB}} - V_A}{V_B - V_A} \times T_S \tag{5.9}$$

式中：$T_A = \text{TOA}_{粗测} + T_S \times N$，$N$ 为 A 与 $\text{TOA}_{粗测}$ 点之间的采样间隔数；$V_{-3\text{dB}} = PA/\sqrt{2}$；$T_S$ 为采样时钟周期(即采样间隔)。自适应阈值的设置需要首先测量出脉冲的幅度(PA)。

5.2.2　脉冲的时差配对问题

上述时差定位系统中，有一个特殊问题就是观测站间的脉冲配对问题。所谓时差配对问题就是多个观测站如何计算同一个脉冲的时差，否则就会得到完全错误的结果。主要有两种情况会引起时差配对的困难：一是如果站间的基线距离太长，或者辐射源的脉冲重复周期（PRI）太短，会引起时差配对的模糊现象；二是如果存在多个辐射源信号，会引起不同辐射源脉冲交错干扰，这样就必须同时考虑分选和配对问题。另外，由于需要多个站协同工作，因此观测站之间必须要进行数据或信号的通信。

设主站 A 与辅站 B 之间的距离为 L，辐射源所在位置 T，如图 5.6 所示。

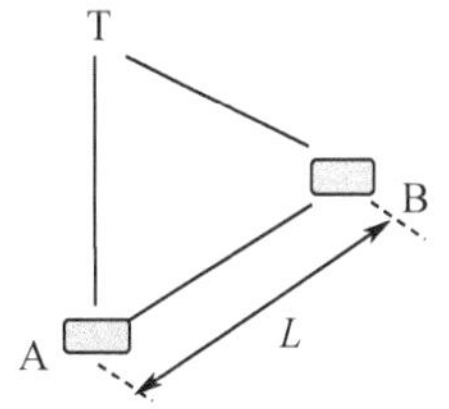

图 5.6　时差定位系统简化示意图

在进行时差配对时，需要引入时差窗原则，根据三角不等式，可得[12, 13]

$$\begin{cases} TB + BA - TA > 0 \\ TA + AB - TB > 0 \end{cases} \tag{5.10}$$

于是可得

$$-AB < TB - TA < AB \tag{5.11}$$

因此可得辐射源信号到达两站间的时差 TDOA 满足，

$$-L/c < \mathrm{TDOA} < L/c \tag{5.12}$$

式中：c 为电磁波传播速度。

式（5.12）称为观测站 A 与 B 的时差窗。

5.2.3　直方图配对法

当存在多个脉冲辐射源时，由于每个站收到脉冲序列都是交错的，通常可以使用直方图配对法得到不同辐射源的时差。利用时差窗可以降低脉冲配对时参与直方图统计的配对数据量。

假设探测环境有 3 个重频不同的辐射源，图 5.7 给出了各接收机输出的脉冲列示意图。

设主站 A 脉冲序列到达时间为 $A_1, A_2, \cdots, A_n, \cdots$；辅站 B 脉冲序列到达时间为 $B_1, B_2, \cdots, B_m, \cdots$；辅站 C 脉冲序列到达时间为 $C_1, C_2, \cdots, C_k, \cdots$。计算主辅站间的时间差得到 $\boldsymbol{B}-\boldsymbol{A}$ 和 $\boldsymbol{C}-\boldsymbol{A}$ 两个矩阵[13]：

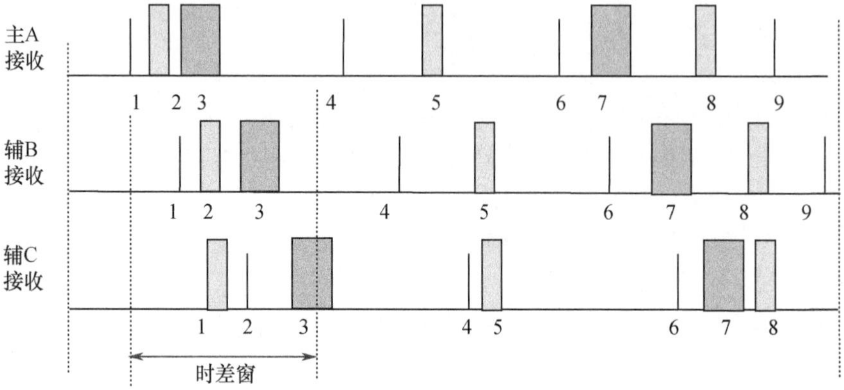

图 5.7　各接收机输出脉冲示意图

$$
\boldsymbol{B}-\boldsymbol{A}=\begin{bmatrix} B_1-A_1 & B_2-A_1 & \cdots & B_m-A_1 & \cdots \\ B_1-A_2 & B_2-A_2 & \cdots & B_m-A_2 & \cdots \\ \vdots & \vdots & \ddots & \vdots & \vdots \\ B_1-A_n & B_2-A_n & \cdots & B_m-A_n & \cdots \\ \vdots & \vdots & \cdots & \vdots & \vdots \end{bmatrix} \tag{5.13}
$$

$$
\boldsymbol{C}-\boldsymbol{A}=\begin{bmatrix} C_1-A_1 & C_2-A_1 & \cdots & C_k-A_1 & \cdots \\ C_1-A_2 & C_2-A_2 & \cdots & C_k-A_2 & \cdots \\ \vdots & \vdots & \ddots & \vdots & \vdots \\ C_i-A_n & C_2-A_n & \cdots & C_k-A_n & \cdots \\ \vdots & \vdots & \cdots & \vdots & \vdots \end{bmatrix} \tag{5.14}
$$

利用时差窗原则对上述两个矩阵进行过滤,进一步得到以下矩阵:

$$
\boldsymbol{B}-\boldsymbol{A}=
\begin{bmatrix}
B_1-A_1 & B_2-A_1 & B_3-A_1 & & & & & & \\
B_1-A_2 & B_2-A_2 & B_3-A_2 & & & & & & \\
 & B_2-A_3 & B_3-A_3 & B_4-A_3 & & & & & \\
 & & & B_4-A_4 & B_5-A_4 & & & & \\
 & & & & B_5-A_5 & B_6-A_5 & & & \\
 & & & & & B_6-A_6 & B_7-A_6 & B_8-A_6 & \\
 & & & & & & B_7-A_7 & B_8-A_7 & \\
 & & & & & & & B_8-A_8 & B_9-A_8
\end{bmatrix} \tag{5.15}
$$

$$
\boldsymbol{C}-\boldsymbol{A}=\begin{bmatrix}
C_1-A_1 & C_2-A_1 & C_3-A_1 & & & & & \\
C_1-A_2 & C_2-A_2 & C_3-A_2 & & & & & \\
 & C_2-A_3 & C_3-A_3 & & & & & \\
 & & & C_4-A_4 & C_5-A_4 & & & \\
 & & & C_4-A_5 & C_5-A_5 & & & \\
 & & & & & C_6-A_6 & C_7-A_6 & C_8-A_6 \\
 & & & & & C_6-A_7 & C_7-A_7 & C_8-A_7 \\
 & & & & & & & C_8-A_8
\end{bmatrix} \tag{5.16}
$$

对矩阵式(5.15)、式(5.16)中的元素进行统计处理。在一定的容限范围内，存在

$$
\begin{cases}
B_1-A_1=B_4-A_4=B_6-A_6=B_9-A_9=\cdots \\
B_2-A_2=B_5-A_5=B_8-A_8=\cdots \\
B_3-A_3=B_7-A_7=\cdots
\end{cases} \tag{5.17}
$$

于是得到 $\Delta\mathrm{TOA}_1=\boldsymbol{B}-\boldsymbol{A}$ 的直方图，如图 5.8 所示。$\Delta\mathrm{TOA}_2=\boldsymbol{C}-\boldsymbol{A}$ 的直方图建立同理。尽管由于观测时间较短，直方图累积不够充分，图 5.8 还是出现 3 个峰值。如果延长观测时间，则对应 3 个辐射源真实时差处的峰值将更明显。图中 $\Delta\mathrm{TOA}_{\max}$ 为时差窗宽度。

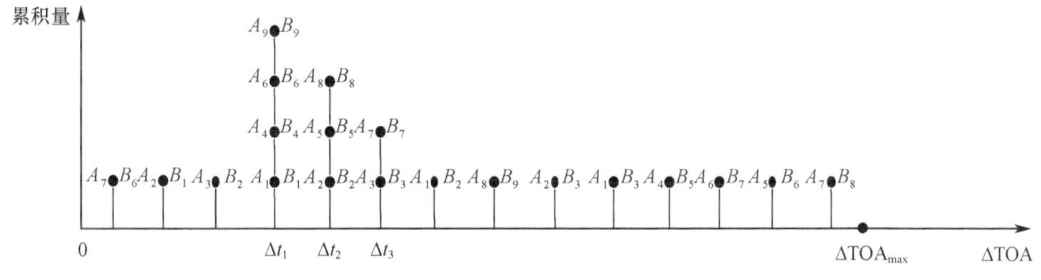

图 5.8　直方图统计示意图

对于各个时差区间直方图累积量进行阈值检测，超过阈值的直方图累积量是由于两个站接收到的同一个辐射源的脉冲序列形成的，这就是直方图统计脉冲配对的工作原理，其最大优点是原理简单，运算量小。

在密集多辐射源环境中，为了提高脉冲配对的成功率，可以在直方图统计脉冲配对中引入参数相关，即利用同一个辐射源脉冲的信号参数在多个站的测量值具有较好一致性的原理，将同一个辐射源脉冲配对起来。

5.3 多站 TDOA 定位的 Chan 方法

时差定位方法一般可分为迭代方法和解析方法。迭代方法通常受初值影响存在收敛性问题，且多次迭代会增加方法的计算量。1994 年针对 TDOA 定位，Chan 和 Ho 提出了著名的 TSWLS 方法[4]。由于 TSWLS 方法是 Chan 和 Ho 针对原始的时差定位问题提出的，也称为 Chan 方法。后来，该思路被 Ho 推广至其他定位问题中[8-9]，因此本章在 5.3 节研究原始的时差定位问题时，称为 Chan 方法，其余篇幅称为 TSWLS 方法。

Chan 方法首先通过引入参考站和目标之间的距离 r_1^o 作为中间变量，将时差定位方程转化成伪线性方程，并假设中间变量 r_1^o 和目标位置不相关，通过第一步加权最小二乘（WLS）法联合估计目标位置和 r_1^o；然后利用第二步 WLS 解相关得到目标位置的最终估计值。该方法在测量误差较小时达到了定位的 CRLB；但该方法在第二步运算时使用了第一步目标位置和 r_1^o 的平方项，不仅引入了较大的估计偏差而且带来了最终定位结果的符号模糊问题。一些学者提出利用约束总体最小二乘（CTLS）[14-16]、凸优化[17-20]以及多维标度（MDS）[21-23]等方法来求解时差定位问题。CTLS 方法尽管在高测量噪声下具有比 Chan 方法更好的鲁棒性。但是，其求解过程依赖迭代方法，复杂度较大。而凸优化方法以及 MDS 方法均需要对模型进行复杂变换，并且最终求解凸优化问题还是依赖于迭代方法，算法的复杂度高于 Chan 方法。

Chan 方法的共同提出者 Ho 在文献[24-25]详细分析了 Chan 方法的理论偏差，然而他认为 Chan 方法的主要偏差来自于第一步。与 Ho 的研究结论不同的是，我们认为 Chan 方法的第二步存在非线性操作，也是引入定位偏差的主要因素。针对 Chan 方法的不足，本节提出了一种基于定位误差修正的 TDOA 新的定位方法。与 Chan 方法相同的是，新方法首先利用加权最小二乘方法得到目标位置和中间变量的估计值。新方法的第二步利用一阶泰勒级数展开，将中间变量在第一步目标位置估计值处展开。利用线性最小均方误差（Linear Minimum Mean Square Error，LMMSE）估计求解第一步估计的误差，修正第一步的估计值得到最终的定位解。新方法的第二步避免使用了平方等非线性运算，与 Chan 方法相比，降低了估计偏差，复杂度和 Chan 方法相当。本节利用二阶扰动法推导了新的 TDOA 解析定位解算方法的估计偏差的理论值。

5.3.1 TDOA 定位模型

本节介绍经典TDOA定位问题及建模。考虑三维定位场景下，M个观测站

$\boldsymbol{s}_i=[x_i\quad y_i\quad z_i]^{\mathrm{T}}(i=1,2,3,\cdots,M)$，同时接收辐射源 $\boldsymbol{u}^o=[x_u\quad y_u\quad z_u]^{\mathrm{T}}$ 的信号，以第一个观测站 $\boldsymbol{s}_1$ 为参考站，测量信号到达其他站和参考站的时差，乘以电磁波传播速度 c，得到时差的等价观测量：到达距离差（Range Difference of Arrival，RDOA）测量值为

$$r_{i1}=r_{i1}^o+n_{i1}(i=2,3,\cdots,M) \tag{5.18}$$

式中：n_{i1} 为 RDOA 测量误差；r_{i1}^o 为 RDOA 的真值。可定义为

$$r_{i1}^o=r_i^o-r_1^o=\|\boldsymbol{u}^o-\boldsymbol{s}_i\|-\|\boldsymbol{u}^o-\boldsymbol{s}_1\| \tag{5.19}$$

式中：$\|*\|$ 为欧几里得空间中的 2 范数，这样可以得到矢量形式的 RDOA 测量方程：

$$\boldsymbol{r}=\boldsymbol{r}^o+\boldsymbol{n} \tag{5.20}$$

式中：$\boldsymbol{r}=[r_{21},r_{31},\cdots,r_{M1}]^{\mathrm{T}}$；$\boldsymbol{r}^o=[r_{21}^o,r_{31}^o,\cdots,r_{M1}^o]^{\mathrm{T}}$；$\boldsymbol{n}=[n_{21},n_{31},\cdots,n_{M1}]^{\mathrm{T}}$。测量噪声 $\boldsymbol{n}$ 服从零均值，协方差矩阵为 $\boldsymbol{Q}$ 的高斯分布，则

$$\boldsymbol{Q}=c^2\sigma^2\begin{bmatrix}1 & 0.5 & \cdots & 0.5\\ 0.5 & 1 & \cdots & 0.5\\ \vdots & \vdots & \ddots & \vdots\\ 0.5 & 0.5 & \cdots & 1\end{bmatrix}_{(M-1)\times(M-1)} \tag{5.21}$$

式中：σ 为时差测量误差均方根。

5.3.2 Chan 方法

首先简要介绍 TDOA 定位的两步加权最小二乘方法，即 Chan 方法。Chan 方法的主要步骤如下。

步骤 1　将式(5.19)改写成 $r_{i1}^o+r_1^o=r_i^o$，平方之后，将含噪声的 r_{i1} 代入，由此可以得到关于目标位置 $\boldsymbol{u}^o$ 和辅助变量 r_1 的伪线性方程：

$$\boldsymbol{\xi}_i=0.5(r_{i1}^2-\boldsymbol{s}_i^{\mathrm{T}}\boldsymbol{s}_i+\boldsymbol{s}_1^{\mathrm{T}}\boldsymbol{s}_1+2(\boldsymbol{s}_i-\boldsymbol{s}_1)^{\mathrm{T}}\boldsymbol{u}^o+2r_1r_{i1}) \tag{5.22}$$

同时，令 $\boldsymbol{\xi}_i=r_i^on_{i1}$，表示等效误差，将 $M-1$ 方程写成矢量形式，可得

$$\boldsymbol{\xi}_1=\boldsymbol{B}_1\boldsymbol{n}=\boldsymbol{h}_1-\boldsymbol{G}_1\boldsymbol{\varphi}_1 \tag{5.23}$$

式中：$\boldsymbol{B}_1=\mathrm{diag}\{r_2,r_3,\cdots,r_M\}$；$\boldsymbol{h}_1$、$\boldsymbol{G}_1$ 分别定义为

$$\boldsymbol{h}_1=0.5\begin{bmatrix}r_{21}^2+\boldsymbol{s}_1^{\mathrm{T}}\boldsymbol{s}_1-\boldsymbol{s}_2^{\mathrm{T}}\boldsymbol{s}_2\\ r_{31}^2+\boldsymbol{s}_1^{\mathrm{T}}\boldsymbol{s}_1-\boldsymbol{s}_3^{\mathrm{T}}\boldsymbol{s}_3\\ \vdots\\ r_{M1}^2+\boldsymbol{s}_1^{\mathrm{T}}\boldsymbol{s}_1-\boldsymbol{s}_M^{\mathrm{T}}\boldsymbol{s}_M\end{bmatrix},\boldsymbol{G}_1=\begin{bmatrix}(\boldsymbol{s}_2-\boldsymbol{s}_1)^{\mathrm{T}} & r_{21}\\ (\boldsymbol{s}_3-\boldsymbol{s}_1)^{\mathrm{T}} & r_{31}\\ \vdots & \vdots\\ (\boldsymbol{s}_M-\boldsymbol{s}_1)^{\mathrm{T}} & r_{M1}\end{bmatrix}$$

$\boldsymbol{\varphi}_1^o=[\boldsymbol{u}^{o\mathrm{T}},r_1^o]^{\mathrm{T}}$ 的 WLS 解为

$$\hat{\boldsymbol{\varphi}}_1=(\boldsymbol{G}_1^{\mathrm{T}}\boldsymbol{W}_1\boldsymbol{G}_1)^{-1}\boldsymbol{G}_1^{\mathrm{T}}\boldsymbol{W}_1\boldsymbol{h}_1 \tag{5.24}$$

式中：$\boldsymbol{W}_1$是加权矩阵，可定义为

$$\boldsymbol{W}_1=(\boldsymbol{B}_1\boldsymbol{Q}_t\boldsymbol{B}_1^{\mathrm{T}})^{-1} \tag{5.25}$$

步骤 2 Chan 方法的第二步同样是利用 r_1^o和 $\boldsymbol{u}^o$的关系得到最终的定位结果。$\boldsymbol{\varphi}_2^o=(\boldsymbol{u}^o-\boldsymbol{s}_1)\odot(\boldsymbol{u}^o-\boldsymbol{s}_1)$的加权最小二乘解为

$$\boldsymbol{\varphi}_2=(\boldsymbol{G}_2^{\mathrm{T}}\boldsymbol{W}_2\boldsymbol{G}_2)^{-1}\boldsymbol{G}_2^{\mathrm{T}}\boldsymbol{W}_2\boldsymbol{h}_2 \tag{5.26}$$

式中：$\boldsymbol{B}_2=2\mathrm{diag}\{[(\boldsymbol{u}-\boldsymbol{s}_1)^{\mathrm{T}},r_1]\}$，$\boldsymbol{h}_2$、$\boldsymbol{G}_2$分别定义为

$$\boldsymbol{h}_2=\begin{bmatrix}(\boldsymbol{\varphi}_1(1:3)-\boldsymbol{s}_1)\odot(\boldsymbol{\varphi}_1(1:3)-\boldsymbol{s}_1)\\ \boldsymbol{\varphi}_1^2(4)\end{bmatrix},\boldsymbol{G}_2=\begin{bmatrix}\boldsymbol{I}_{3\times3}\\ \boldsymbol{1}^{\mathrm{T}}\end{bmatrix}^{\mathrm{T}}$$

$\boldsymbol{W}_2$为加权矩阵，可定义为

$$\boldsymbol{W}_2=E[\boldsymbol{\xi}_2\boldsymbol{\xi}_2^{\mathrm{T}}]^{-1}\approx\boldsymbol{B}_2^{-\mathrm{T}}\mathrm{cov}(\boldsymbol{\varphi}_1)^{-1}\boldsymbol{B}_2^{-1} \tag{5.27}$$

最终目标的估计为

$$\boldsymbol{u}=\prod\sqrt{\boldsymbol{\varphi}_2}+\boldsymbol{s}_1 \tag{5.28}$$

$$\prod=\mathrm{diag}(\mathrm{sgn}(\varphi_1(1:3)-\boldsymbol{s}_1)) \tag{5.29}$$

Chan 方法是首次针对 TDOA 定位提出的解析方法，且在测量噪声较小情况下，达到了定位的 CRLB，因此经常用来与其他方法对比。但 Chan 第二步存在一定缺陷。文献[25-26]的研究表明，对步骤 1 输出的含有估计误差的定位结果平方，这一个非线性运算制约了 TSWLS 方法的估计性能。

5.4 基于定位误差修正的多站 TDOA 定位方法

为了避免 Chan 方法第二步使用非线性运算，相关学者提出了一种基于定位误差修正的多站 TDOA 定位方法。该方法的第一步和 Chan 方法相同，但第二步不直接估计目标位置，转而估计第一步的定位误差。下面详细介绍定位方法的步骤。

步骤 1 与 Chan 方法相同，这里引入 r_1^o 作为中间变量，将距离差方程两边平方，并忽略测量噪声的二次项，定位方程转化为求解 $\boldsymbol{\varphi}_1=[\boldsymbol{u}^{o\mathrm{T}},r_1^o]^{\mathrm{T}}$ 的线性方程：

$$r_{i1}^2+2r_{i1}r_1^o+r_1^{o2}=r_i^{o2}+2r_i^o n_{i1}+n_{i1}^2 \tag{5.30}$$

忽略二阶误差项 n_{i1}^2，将 $r_i^{o2}=(\boldsymbol{u}^o-\boldsymbol{s}_i)^{\mathrm{T}}(\boldsymbol{u}^o-\boldsymbol{s}_i)$，$r_1^{o2}=(\boldsymbol{u}^o-\boldsymbol{s}_1)^{\mathrm{T}}(\boldsymbol{u}^o-\boldsymbol{s}_1)$代入式(5.30)，可得

$$\xi_i=r_{i1}^2-\boldsymbol{s}_i^{\mathrm{T}}\boldsymbol{s}_i+\boldsymbol{s}_1^{\mathrm{T}}\boldsymbol{s}_1+2(\boldsymbol{s}_i-\boldsymbol{s}_1)^{\mathrm{T}}\boldsymbol{u}^o+2r_{i1}r_1^o \tag{5.31}$$

式中：$\xi_i = 2r_i^o n_{i1}$。将式(5.31)中的 $M-1$ 个时差方程写成矩阵形式：

$$\boldsymbol{\xi}_1 = \boldsymbol{h}_1 - \boldsymbol{G}_1\boldsymbol{\varphi}_1$$

$$\boldsymbol{\xi}_1 = \boldsymbol{B}_1\boldsymbol{\xi}, \boldsymbol{B}_1 = 2\mathrm{diag}\{r_2^o, r_3^o, \cdots, r_M^o\}, \boldsymbol{\xi} = [n_{21} \quad n_{31} \quad \cdots \quad n_{M1}]^{\mathrm{T}}$$

$$\boldsymbol{h}_1 = \begin{bmatrix} r_{21}^2 - \boldsymbol{s}_2^{\mathrm{T}}\boldsymbol{s}_2 + \boldsymbol{s}_1\boldsymbol{s}_1 \\ \vdots \\ r_{M1}^2 - \boldsymbol{s}_M^{\mathrm{T}}\boldsymbol{s}_M + \boldsymbol{s}_1\boldsymbol{s}_1 \end{bmatrix}, \boldsymbol{G}_1 = -2\begin{bmatrix} (\boldsymbol{s}_2 - \boldsymbol{s}_1)^{\mathrm{T}} & r_{21} \\ \vdots & \vdots \\ (\boldsymbol{s}_M - \boldsymbol{s}_1)^{\mathrm{T}} & r_{M1} \end{bmatrix} \tag{5.32}$$

与 Chan 方法相同，第一步假设 $\boldsymbol{u}^o$、r_1^o 是不相关的。由式(5.32)可得 $\boldsymbol{\varphi}_1 = [\boldsymbol{u}^{o\mathrm{T}}, r_1^o]^{\mathrm{T}}$ 的加权最小二乘解：

$$\hat{\boldsymbol{\varphi}}_1 = [\boldsymbol{u}^{\mathrm{T}}, \hat{r}_1]^{\mathrm{T}} = (\boldsymbol{G}_1^{\mathrm{T}}\boldsymbol{W}_1\boldsymbol{G}_1)^{-1}\boldsymbol{G}_1^{\mathrm{T}}\boldsymbol{W}_1\boldsymbol{h}_1 \tag{5.33}$$

式中：$\boldsymbol{W}_1$ 为加权矩阵，$\boldsymbol{W}_1 = E[\boldsymbol{\xi}_1\boldsymbol{\xi}_1^{\mathrm{T}}] = (\boldsymbol{B}_1\boldsymbol{Q}\boldsymbol{B}_1^{\mathrm{T}})^{-1}$，$\boldsymbol{Q}$ 为距离差 RDOA 的测量误差的协方差矩阵。由式(5.32)和式(5.33)可得第一步估计误差的协方差矩阵为

$$\mathrm{cov}(\hat{\boldsymbol{\varphi}}_1) = (\boldsymbol{G}_1^{\mathrm{T}}\boldsymbol{W}_1\boldsymbol{G}_1^{\mathrm{T}})^{-1} \tag{5.34}$$

Chan 方法的第一步引入了辅助变量 r_1，将非线性时差方程转化为伪线性方程求解。这一思路包括很多迭代方法，如 CWLS、CTLS 方法的基本思想。

步骤 2　基本思想是如何利用辅助变量 r_1 和待求解变量的关系，进一步提高消除步骤 1 中二者相关带来的定位误差。为此 Chan 方法构造如下：

$$r_1^{o2} = (\boldsymbol{u}^o - \boldsymbol{s}_1)^{\mathrm{T}}(\boldsymbol{u}^o - \boldsymbol{s}_1) \tag{5.35}$$

来估计 $\boldsymbol{\varphi}_2^o = (\boldsymbol{u}^o - \boldsymbol{s}_1) \odot (\boldsymbol{u}^o - \boldsymbol{s}_1)$，这种构造方法对步骤 1 的估计结果进行了平方，产生了第一步估计误差的二阶项。忽略估计误差的二阶项将引入较大的定位偏差。为避免引入上述平方运算，本书介绍的方法不直接估计目标位置，而是估计第一步定位结果的误差，以修正第一步定位结果实现目标的最终定位，避免对第一步含有估计误差的结果使用平方等非线性操作。

为此，将第一步获得的 $\boldsymbol{u}^o$、r_1^o 的估计值表达为真值加上估计误差：

$$\hat{\boldsymbol{u}} = \boldsymbol{u}^o + \Delta\boldsymbol{u}, \hat{r}_1 = r_1^o + \Delta r_1 \tag{5.36}$$

将 r_1^o 在 $\hat{\boldsymbol{u}}$ 处作泰勒级数展开可得

$$\hat{r}_1 = \|\boldsymbol{u}^o - \boldsymbol{s}_1\| + \Delta r_1 \approx \|\hat{\boldsymbol{u}} - \boldsymbol{s}_1\| - \boldsymbol{\rho}_{\hat{u},s_1}^{\mathrm{T}}\Delta\boldsymbol{u} + \Delta r_1 \tag{5.37}$$

式中：$\boldsymbol{\rho}_{\hat{u},s_1}^{\mathrm{T}}$ 为泰勒级数展开的一次项的系数；$\boldsymbol{\rho}_{\boldsymbol{a},\boldsymbol{b}} = (\boldsymbol{a} - \boldsymbol{b}) / \|\boldsymbol{a} - \boldsymbol{b}\|$，表示从矢量 $\boldsymbol{b}$ 到矢量 $\boldsymbol{a}$ 的单位矢量。根据 Sorenson 方法[32]，有

$$\boldsymbol{0}_{3\times 1} = \Delta\boldsymbol{u} - \Delta\boldsymbol{u} \tag{5.38}$$

则

$$\boldsymbol{\xi}_2=\boldsymbol{h}_2-\boldsymbol{G}_2\Delta\boldsymbol{u}=\boldsymbol{B}_2\Delta\boldsymbol{\varphi}_1 \tag{5.39}$$

其中，

$$\boldsymbol{h}_2=\begin{bmatrix}\boldsymbol{0}_{3\times1}\\ \hat{r}_1-\|\hat{\boldsymbol{u}}-\boldsymbol{s}_1\|\end{bmatrix},\boldsymbol{G}_2=\begin{bmatrix}\boldsymbol{I}_{3\times3}\\ -\boldsymbol{\rho}^{\mathrm{T}}_{\hat{u},s_1}\end{bmatrix},\boldsymbol{B}_2=\begin{bmatrix}-\boldsymbol{I}_{3\times3} & \boldsymbol{0}_{3\times1}\\ \boldsymbol{0}_{1\times3} & 1\end{bmatrix}$$

根据式(5.39)可得第一步估计误差的 LMMSE 估计值为

$$\Delta\hat{\boldsymbol{u}}=(\boldsymbol{G}_2^{\mathrm{T}}\boldsymbol{W}_2\boldsymbol{G}_2)^{-1}\boldsymbol{G}_2^{\mathrm{T}}\boldsymbol{W}_2\boldsymbol{h}_2 \tag{5.40}$$

式中：$\boldsymbol{W}_2$ 为加权矩阵，$\boldsymbol{W}_2=(\boldsymbol{B}_2\mathrm{cov}(\hat{\boldsymbol{\varphi}}_1)\boldsymbol{B}_2^{\mathrm{T}})^{-1}$。

第二步估计的协方差矩阵为

$$\mathrm{cov}(\hat{\boldsymbol{\varphi}}_2)=(\boldsymbol{G}_2^{\mathrm{T}}\boldsymbol{W}_2\boldsymbol{G}_2)^{-1} \tag{5.41}$$

最终可以得到目标位置的估计值为

$$\breve{\boldsymbol{u}}=\hat{\boldsymbol{\varphi}}_1(1:N)-\Delta\hat{\boldsymbol{u}} \tag{5.42}$$

因此

$$\begin{aligned}\breve{\boldsymbol{u}}-\boldsymbol{u}^o&=\hat{\boldsymbol{u}}-\Delta\hat{\boldsymbol{u}}=\Delta\boldsymbol{u}-\Delta\hat{\boldsymbol{u}}\\&=-(\boldsymbol{G}_2^{\mathrm{T}}\boldsymbol{W}_2\boldsymbol{G}_2)^{-1}\boldsymbol{G}_2^{\mathrm{T}}\boldsymbol{W}_2\boldsymbol{\xi}_2\end{aligned} \tag{5.43}$$

目标位置估计 $\breve{\boldsymbol{u}}$ 的协方差矩阵为

$$\begin{aligned}\mathrm{cov}(\breve{\boldsymbol{u}})&=E[(\breve{\boldsymbol{u}}-\boldsymbol{u}^o)(\breve{\boldsymbol{u}}-\boldsymbol{u}^o)^{\mathrm{T}}]=(\boldsymbol{G}_2^{\mathrm{T}}\boldsymbol{W}_2\boldsymbol{G}_2)^{-1}\\&=((\boldsymbol{B}_1^{-1}\boldsymbol{G}_1\boldsymbol{B}_2^{-1}\boldsymbol{G}_2)^{\mathrm{T}}\boldsymbol{Q}^{-1}(\boldsymbol{B}_1^{-1}\boldsymbol{G}_1\boldsymbol{B}_2^{-1}\boldsymbol{G}_2))^{-1}\end{aligned} \tag{5.44}$$

5.4.1 定位方法的理论性能分析

若能够证明定位的协方差矩阵 $\mathrm{cov}(\breve{\boldsymbol{u}})$ 近似等于定位的 CRLB，则可证明所提方法是统计有效的。

由式(5.40)和式(5.42)可知，如果忽略二阶误差项，方法的估计偏差为

$$\begin{aligned}E(\breve{\boldsymbol{u}}-\boldsymbol{u}^o)&=-E(\hat{\boldsymbol{u}}+\Delta\boldsymbol{u}-\Delta\hat{\boldsymbol{u}})=-E(\Delta\boldsymbol{u}-\Delta\hat{\boldsymbol{u}})\\&=-(\boldsymbol{G}_2^{\mathrm{T}}\boldsymbol{W}_2\boldsymbol{G}_2)^{-1}\boldsymbol{G}_2^{\mathrm{T}}\boldsymbol{W}_2\boldsymbol{B}_2E(\boldsymbol{\xi}_2)\\&\approx\boldsymbol{0}\end{aligned} \tag{5.45}$$

即 $\breve{\boldsymbol{u}}$ 为目标位置的近似无偏估计，当噪声较大且噪声的二阶项不能忽略时，其估计存在一定偏差，在 5.4.2 节给出估计偏差的理论分析。

时差定位的 CRLB 由文献[49]给出，即

$$\mathrm{CRLB}(\boldsymbol{u}^o)=(\boldsymbol{J}^{\mathrm{T}}\boldsymbol{Q}^{-1}\boldsymbol{J})^{-1} \tag{5.46}$$

式中：$\boldsymbol{J}$ 为雅可比矩阵，可表示为

$$\boldsymbol{J}=\begin{bmatrix}(\boldsymbol{u}^o-\boldsymbol{s}_2)^{\mathrm{T}}/r_2^o-(\boldsymbol{u}^o-\boldsymbol{s}_1)^{\mathrm{T}}/r_1^o\\ \vdots\\ (\boldsymbol{u}^o-\boldsymbol{s}_M)^{\mathrm{T}}/r_2^o-(\boldsymbol{u}-\boldsymbol{s}_1)^{\mathrm{T}}/r_1^o\end{bmatrix} \tag{5.47}$$

式(5.47)中的第 $i-1$ 行,$i=2,3,\cdots,M$ 可写为

$$\boldsymbol{J}(i,:)=\boldsymbol{\rho}_{u^o,s_i}^{\mathrm{T}}-\boldsymbol{\rho}_{u^o,s_1}^{\mathrm{T}} \tag{5.48}$$

然后计算式(5.44)中 $\boldsymbol{B}_1^{-1}\boldsymbol{G}_1\boldsymbol{B}_2^{-1}\boldsymbol{G}_2$ 的第 $i-1$ 行。由 $\boldsymbol{B}_1$、$\boldsymbol{B}_2$、$\boldsymbol{G}_1$、$\boldsymbol{G}_2$ 的定义,可得

$$\boldsymbol{B}_1^{-1}\boldsymbol{G}_1\boldsymbol{B}_2^{-1}\boldsymbol{G}_2=-\begin{bmatrix}1/r_1^o & \cdots & 0\\ \vdots & \ddots & \vdots\\ 0 & \cdots & 1/r_M^o\end{bmatrix}\begin{bmatrix}(\boldsymbol{s}_2-\boldsymbol{s}_1)^{\mathrm{T}} & r_{21}\\ \vdots & \vdots\\ (\boldsymbol{s}_M-\boldsymbol{s}_1)^{\mathrm{T}} & r_{M1}\end{bmatrix}\begin{bmatrix}\boldsymbol{I}_{3\times 3}\\ -\boldsymbol{\rho}_{\hat{u},s_1}^{\mathrm{T}}\end{bmatrix} \tag{5.49}$$

式(5.49)的第 $i-1$ 行为

$$\boldsymbol{B}_1^{-1}\boldsymbol{G}_1\boldsymbol{B}_2^{-1}\boldsymbol{G}_2(i,:)=-\frac{(\boldsymbol{s}_i-\boldsymbol{s}_1)^{\mathrm{T}}}{r_i^o}+\frac{r_{i1}}{r_i^o}\boldsymbol{\rho}_{\hat{u},s_1}^{\mathrm{T}} \tag{5.50}$$

做如下合理的近似:

$$\frac{r_{i1}}{r_i^o}=\frac{r_i^o-r_1^o+\boldsymbol{n}_{i1}}{r_i^o}=\frac{r_i^o-r_1^o}{r_i^o}+\frac{\boldsymbol{n}_{i1}}{r_i^o}\approx\frac{r_i^o-r_1^o}{r_i^o} \tag{5.51}$$

并且

$$\begin{aligned}\boldsymbol{\rho}_{\hat{u},s_1}^{\mathrm{T}}&=\frac{(\hat{\boldsymbol{u}}-\boldsymbol{s}_1)^{\mathrm{T}}}{\|\hat{\boldsymbol{u}}-\boldsymbol{s}_1\|}=\frac{(\boldsymbol{u}^o-\Delta\boldsymbol{u}-\boldsymbol{s}_1)^{\mathrm{T}}}{\|\boldsymbol{u}^o-\Delta\boldsymbol{u}-\boldsymbol{s}_1\|}\\&\approx\frac{(\boldsymbol{u}^o-\boldsymbol{s}_1)^{\mathrm{T}}}{\|\boldsymbol{u}^o-\boldsymbol{s}_1\|}-\frac{\Delta\boldsymbol{u}^{\mathrm{T}}}{\|\boldsymbol{u}^o-\boldsymbol{s}_1\|}\approx\rho_{\boldsymbol{u}^o,s_1}^{\mathrm{T}}\end{aligned} \tag{5.52}$$

将式(5.33),式(5.34)代入式(5.32),可得

$$\begin{aligned}\boldsymbol{B}_1^{-1}\boldsymbol{G}_1\boldsymbol{B}_2^{-1}\boldsymbol{G}_2(i,:)&=-\frac{(\boldsymbol{s}_i-\boldsymbol{s}_1)^{\mathrm{T}}}{r_i^o}+\left(1-\frac{r_1^o}{r_i^o}\right)\left(\frac{(\boldsymbol{u}^o-\boldsymbol{s}_1)^{\mathrm{T}}}{r_1^o}\right)\\&\approx\frac{(\boldsymbol{u}^o-\boldsymbol{s}_i)^{\mathrm{T}}}{r_i^o}-\frac{(\boldsymbol{u}^o-\boldsymbol{s}_1)^{\mathrm{T}}}{r_1^o}\\&=\boldsymbol{\rho}_{u^o,s_i}^{\mathrm{T}}-\boldsymbol{\rho}_{u^o,s_1}^{\mathrm{T}}=\boldsymbol{J}(i,:)\end{aligned} \tag{5.53}$$

由式(5.53),可知

$$\mathrm{cov}(\breve{\boldsymbol{u}})\approx\mathrm{CRLB}(\boldsymbol{u}^o) \tag{5.54}$$

即新方法在低噪声条件下可以达到定位的 CRLB,是一种统计有效的定位估计量。

5.4.2 定位方法的理论偏差分析

当噪声的二阶项不能忽略，该估计量和 Chan 方法相同，存在一定的估计偏差，本小节利用二阶扰动分析的定位偏差分析方法，推导新方法的定位偏差。新定位方法的第一步和 Chan 方法的第一步相同，故它们估计的偏差也相同。估计偏差的理论值由式(5.55)给出，即

$$\Delta\boldsymbol{\varphi}_1 = (\boldsymbol{G}_1^{\mathrm{T}}\boldsymbol{W}_1\boldsymbol{G}_1)^{-1}\boldsymbol{G}_1^{\mathrm{T}}\boldsymbol{W}_1(\boldsymbol{B}_1\boldsymbol{n} + \boldsymbol{n}\odot\boldsymbol{n}) \tag{5.55}$$

$$\begin{aligned} E[\Delta\boldsymbol{\varphi}_1] &= \boldsymbol{H}_1(\boldsymbol{q} + 2\boldsymbol{Q}\boldsymbol{B}_1\boldsymbol{H}_1(N+1,:)^{\mathrm{T}}) \\ &\quad + 2(\boldsymbol{G}_1^{o\mathrm{T}}\boldsymbol{W}_1\boldsymbol{G}_1^o)^{-1}\begin{bmatrix} \boldsymbol{0}_{N\times 1} \\ \mathrm{tr}(\boldsymbol{W}_1(\boldsymbol{G}_1^o\boldsymbol{H}_1 - \boldsymbol{I})\boldsymbol{B}_1\boldsymbol{Q}) \end{bmatrix} \end{aligned} \tag{5.56}$$

式中：$\boldsymbol{H}_1 = (\boldsymbol{G}_1^{o\mathrm{T}}\boldsymbol{W}_1\boldsymbol{G}_1^o)^{-1}\boldsymbol{G}_1^{o\mathrm{T}}\boldsymbol{W}_1$，$\boldsymbol{H}_1(N+1,:)$为 $\boldsymbol{H}_1$矩阵的最后一行；N 为定位维数，$\boldsymbol{G}_1^o$为将式(5.31)定义矩阵 $\boldsymbol{G}_1$中的带噪声的 RDOA 观测量 r_{i1}替换为它们的真值 r_{i1}^o后的结果。

由式(5.43)可知，新定位方法的定位误差为

$$\Delta\widehat{\boldsymbol{u}} = \widehat{\boldsymbol{u}} - \boldsymbol{u}^o = \hat{\boldsymbol{\varphi}}_1(1:N) - \boldsymbol{u}^o - \Delta\hat{\boldsymbol{u}} \tag{5.57}$$

新方法第一步的定位误差为 $\Delta\boldsymbol{u}$，由 $\hat{\boldsymbol{\varphi}}_1^o$的定义式 $\boldsymbol{\varphi}_1 = [\boldsymbol{u}^{o\mathrm{T}} \quad r_1^o]^{\mathrm{T}}$ 可知，$\Delta\boldsymbol{u} = [\boldsymbol{I}_N, \boldsymbol{0}_{N\times 1}]\Delta\hat{\boldsymbol{\varphi}}_1$，有

$$\Delta\hat{\boldsymbol{u}} = \Delta\boldsymbol{u} - \Delta\hat{\boldsymbol{u}} \tag{5.58}$$

将式(5.58)代入式(5.40)，可得

$$\Delta\widehat{\boldsymbol{u}} = \Delta\boldsymbol{u} - (\boldsymbol{G}_2^{\mathrm{T}}\boldsymbol{W}_2\boldsymbol{G}_2)^{-1}\boldsymbol{G}_2^{\mathrm{T}}\boldsymbol{W}_2\boldsymbol{h}_2 \tag{5.59}$$

其中

$$\begin{aligned} \boldsymbol{h}_2 = \begin{bmatrix} \boldsymbol{0}_{N\times 1} \\ \hat{r}_1 - \|\hat{\boldsymbol{u}} - \boldsymbol{s}_1\| \end{bmatrix} &= \underbrace{\begin{bmatrix} \Delta\boldsymbol{u} \\ -\boldsymbol{\rho}_{\hat{\boldsymbol{u}},\boldsymbol{s}_1}^{\mathrm{T}}\Delta\boldsymbol{u} \end{bmatrix}}_{\boldsymbol{G}_2\Delta\boldsymbol{u}} + \underbrace{\begin{bmatrix} -\Delta\boldsymbol{u} \\ \Delta r_1 \end{bmatrix}}_{\boldsymbol{\xi}_2 = \boldsymbol{B}_2\Delta\boldsymbol{\varphi}_1}\cdots \\ &\quad + \underbrace{\begin{bmatrix} \boldsymbol{0}_{3\times 1} \\ \frac{1}{2}\Delta\boldsymbol{u}^{\mathrm{T}}\|\hat{\boldsymbol{u}} - \boldsymbol{s}_1\|(\boldsymbol{I}_N - \boldsymbol{\rho}_{\hat{\boldsymbol{u}},\boldsymbol{s}_1}\boldsymbol{\rho}_{\hat{\boldsymbol{u}},\boldsymbol{s}_1}^{\mathrm{T}})\Delta\boldsymbol{u} \end{bmatrix}}_{\boldsymbol{F}_1} \end{aligned} \tag{5.60}$$

式(5.60)中，$\boldsymbol{F}_1$来自 r_1^o在 $\hat{\boldsymbol{u}}$ 处作泰勒级数展开的二次项。若忽略误差的三次以上的高阶项，有

$$\boldsymbol{F}_1 \approx \begin{bmatrix} \boldsymbol{0}_{3\times 1} \\ \dfrac{1}{2r_1^o}\Delta\boldsymbol{u}^{\mathrm{T}}(\boldsymbol{I}_N - \boldsymbol{\rho}_{\boldsymbol{u}^o,s_1}\boldsymbol{\rho}_{\boldsymbol{u}^o,s_1}^{\mathrm{T}})\Delta\boldsymbol{u} \end{bmatrix} \tag{5.61}$$

将式(5.61)代入式(5.60),可得

$$\Delta\hat{\boldsymbol{u}} = -(\boldsymbol{G}_2^{\mathrm{T}}\boldsymbol{W}_2\boldsymbol{G}_2)^{-1}\boldsymbol{G}_2^{\mathrm{T}}\boldsymbol{W}_2(\boldsymbol{B}_2\Delta\boldsymbol{\varphi}_1 + \boldsymbol{F}_1) \tag{5.62}$$

与式(5.45)对比,从式(5.62)中的矩阵的定义可以看出,由于第一步估计有误差 $\Delta\boldsymbol{\varphi}_1$,因此 $\boldsymbol{W}_2$、$\boldsymbol{G}_2$ 都是含有估计误差的。为计算 $E[\Delta\hat{\boldsymbol{u}}]$,将式(5.62)展开并整理为(见附录 A)

$$\begin{aligned}\Delta\bar{\boldsymbol{u}} = &-\boldsymbol{H}_2^o\boldsymbol{F}_2 - \boldsymbol{P}_2^{o\,-1}\Delta\boldsymbol{G}_2^{\mathrm{T}}\boldsymbol{W}_2^o\boldsymbol{P}_3\boldsymbol{F}_2 + \boldsymbol{H}_2^o\Delta\boldsymbol{G}_2\boldsymbol{H}_2^o\boldsymbol{F}_2 \\ &- \boldsymbol{P}_2^{o\,-1}\boldsymbol{G}_2^{oT}\Delta\boldsymbol{W}_2\boldsymbol{P}_3\boldsymbol{F}_2\end{aligned} \tag{5.63}$$

式中:$\boldsymbol{H}_2^o = (\boldsymbol{G}_2^{o\mathrm{T}}\boldsymbol{W}_2^o\boldsymbol{G}_2^o)^{-1}\boldsymbol{G}_2^{o\mathrm{T}}\boldsymbol{W}_2^o$;$\boldsymbol{P}_3 = \boldsymbol{I} - \boldsymbol{G}_2^o\boldsymbol{H}_2^o$;$\boldsymbol{F}_2 = \boldsymbol{B}_2\Delta\boldsymbol{\varphi}_1 + \boldsymbol{F}_1$;$\boldsymbol{P}_2^o = \boldsymbol{G}_2^{o\mathrm{T}}\boldsymbol{W}_2^o\boldsymbol{G}_2^o$。对式(5.63)逐项求期望,得到新时差定位方法总的估计偏差为

$$E[\Delta\hat{\boldsymbol{u}}] = \boldsymbol{\alpha} + \boldsymbol{\beta} + \boldsymbol{\gamma} + \boldsymbol{\delta} \tag{5.64}$$

式中:$\boldsymbol{\alpha}$、$\boldsymbol{\beta}$、$\boldsymbol{\gamma}$、$\boldsymbol{\delta}$ 的定义见附录 A。

5.4.3　仿真分析

本节采用计算机仿真实验检验本节提出的 TDOA 定位新方法的正确性和有效性。本节分两组场景进行计算机仿真,第一组定位场景采用和相关参考文献相同的二维定位场景,主要是验证本节方法的理论偏差分析和仿真结果的一致性。对比方法包括 Chan 方法和本节所提方法,原因在于 Chan 方法和本节所提方法均给出了理论偏差分析。第二组场景和采用与文献[5-6]相同的三维定位场景,目的是为了对比包括基于泰勒级数(TS)展开的迭代似然估计方法简称 TS 方法,Chan 方法,CTLS 和本节所提方法的定位性能。

算法评价的指标包括对目标位置估计的均方误差(MSE)和偏差(Bias),以及算法所能达到的理论下限的及 CRLB 的对比,算法输出的 MSE 及 Bias 可分别按照下式计算:

$$\mathrm{MSE}(\hat{\boldsymbol{u}}) = \sum_{i=1}^{L} \|\bar{\boldsymbol{u}}_i - \boldsymbol{u}^o\|^2 \Big/ L \tag{5.65}$$

$$\mathrm{Bias}(\hat{\boldsymbol{u}}) = \left\| \sum_{i=1}^{L} (\hat{\boldsymbol{u}}_i - \boldsymbol{u}^o) \right\| \Big/ L \tag{5.66}$$

式中:$\boldsymbol{u}^o$ 为目标位置的真值;$\hat{\boldsymbol{u}}_i$ 为第 i 次蒙特卡罗实验算法的输出;L 为蒙特卡罗实验的次数;$\hat{\boldsymbol{u}}_i$ 为第 i 次蒙特卡罗实验的定位输出。

仿真实验 1:验证本文方法的理论偏差分析

仿真场景中观测站的位置如表 5.1 所列。

表 5.1 TDOA 定位场景 1 观测站位置

观测站	S_1	S_2	S_3	S_4	S_5	S_6
x/m	0	600	1225	1300	650	-150
y/m	0	-100	50	1350	1550	1200

时差测量误差的协方差矩阵 $\boldsymbol{Q}$,对角线元素为 $c^2\sigma^2$,其余元素均为 $0.5c^2\sigma^2$,c 为电磁波传播速度,σ^2 为时差测量误差的方差。仿真次数 L 为 10000 次,这里考虑近场和远场两种辐射源。

近场辐射源位置坐标为 $\boldsymbol{u}^o=[1000\quad 100]^{\mathrm{T}}$m,定位的 MSE 以及 Bias 如图 5.9、图 5.10 所示。

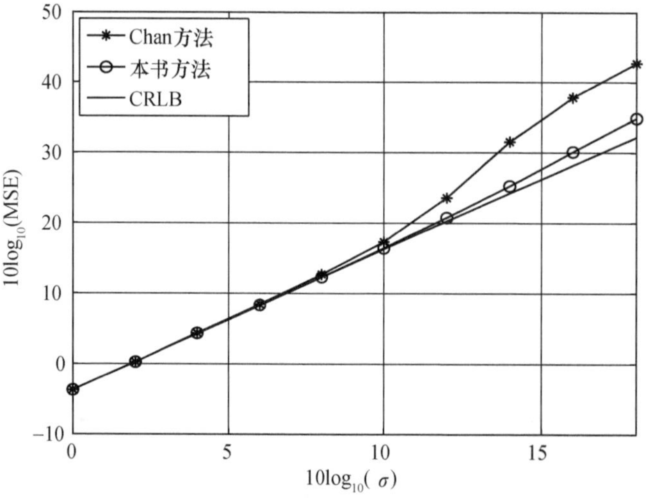

图 5.9 对近场辐射源定位的均方误差对比

图 5.9 和图 5.10 表明,在近场条件下,当时差测量误差的标准差低于 5dB 时,本节所提方法和 Chan 方法定位的 MSE 都能达到定位 CRLB。在时差测量误差的标准差大于 5dB 但小于 10dB 时,Chan 方法开始偏离 CRLB;而本节提出的新的时差定位方法仍能提供非常接近 CRLB 的定位精度。也即本节方法的噪声门限相比 Chan 方法提高了 5dB。

图 5.10 表明,新提出的多站时差定位方法的估计偏差显著小于 Chan 方法。仿真获得的估计偏差和其理论值是一致的,这证明了本节推导的理论偏差是正确的。在图 5.10 中,当测量噪声达到 14dB 时,Chan 方法和在 5.4.2 节推导的理论偏差开始偏离仿真偏差。原因在于偏差分析时,忽略了高于二阶的误差项。当噪

声较大时，高阶项的影响不可忽略。

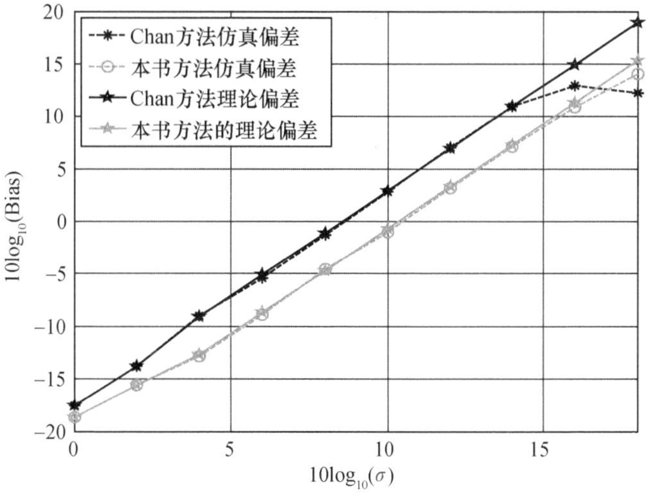

图 5.10　对近场辐射源的定位偏差对比

远场辐射源的位置坐标为 $\boldsymbol{u}^o=[3000\quad1500]^{\mathrm{T}}$m 时，不同方法的定位 MSE 及估计偏差如图 5.11 和图 5.12 所示。

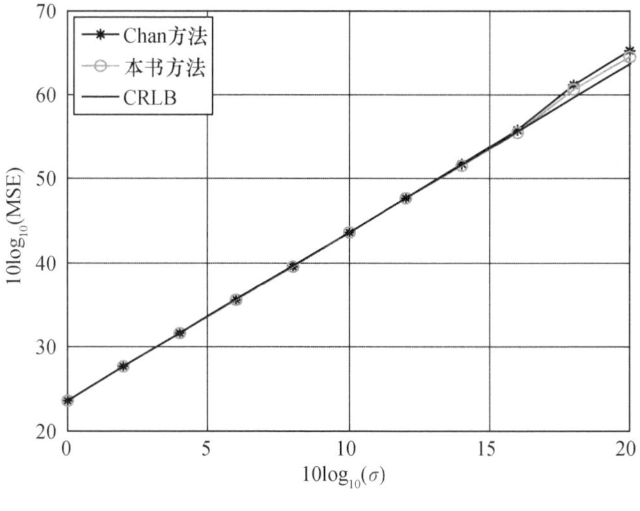

图 5.11　对远场辐射源的定位均方误差对比

从图 5.11 和图 5.12 可得到与图 5.9 和图 5.10 中相似的结论。可以看出，在远场条件下，当时差测量误差较小的时候，本节提出的新定位方法和 Chan 方法的定位 MSE 都能达到定位 CRLB，但其估计偏差显著低于 Chan 方法。

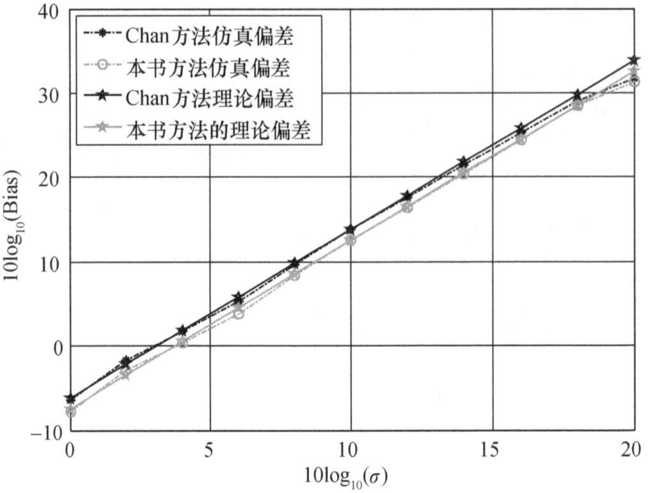

图 5.12　对远场辐射源的定位偏差对比

图 5.12 中对远场辐射源的定位中,仿真的偏差和理论偏差在测量噪声较小时,同样是一致的,进一步证明了本节推导的理论偏差是正确的。在噪声增大时,略有差别,是因为当噪声增大时,高阶项的影响不可忽略。从图中还可以看出,本节方法的理论偏差小于 Chan 方法。

仿真试验 2:验证本节所提方法的定位性能

仿真场景和文献相同,三维空间中有 6 个观测站,位置配置如表 5.2 所列。对比的方法包括基于泰勒级数展开的迭代极大似然估计 TS 方法[3]、Chan 方法和 CTLS 方法。为了公平比较,CTLS 方法和 TS 方法初值均由 Chan 方法的步骤 1 给出。且 TS 方法只迭代一次;CTLS 方法采用牛顿迭代,分别迭代 1 次和 5 次(用 iter 表示迭代次数)。

表 5.2　TDOA 定位场景 2 观测站位置

观测站	S_1	S_2	S_3	S_4	S_5	S_6
x/m	300	400	300	350	−100	−200
y/m	100	150	500	200	−100	−300
z/m	150	100	200	100	−100	−200

TDOA 测量误差 Q_t 的设置和定位场景 1 相同。蒙特卡罗试验同样为 $L=10000$ 次。定位偏差统一采用仿真偏差。这里考虑远场和近场条件两种定位仿真场景。

近场辐射源位置坐标为 $\boldsymbol{u}^o=[285\quad 325\quad 275]^{\mathrm{T}}$m,定位的 RMSE 以及估计偏差如图 5.13、图 5.14 所示。图 5.13 表明,在近场条件下,本节方法定位的 RMSE

相比 Chan 方法噪声阈值高约 5dB。定位 RMSE 略好于 TS 方法,比迭代 1 次和迭代 5 次的 CTLS 方法,定位的 MSE 略差。图 5.14 表明,近场条件下,本节方法定位偏差好于 Chan 方法和 TS 方法,略差于迭代 1 次和迭代 5 次的 CTLS 方法。

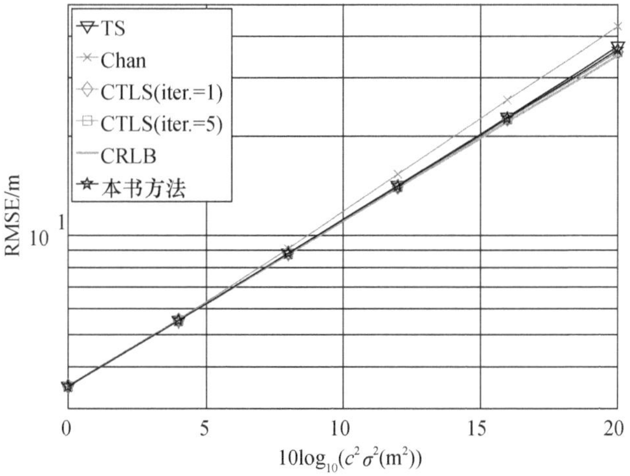

图 5.13　对近场辐射源的定位的 RMSE 对比

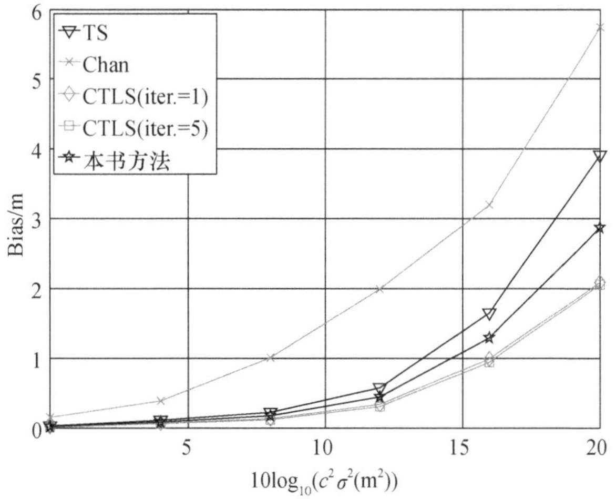

图 5.14　对近场辐射源的定位偏差对比

远场辐射源位置坐标为 $\boldsymbol{u}^o=[2000\quad 2500\quad 3000]^{\mathrm{T}}$m,定位的 RMSE 以及估计偏差如图 5.15、图 5.16 所示。

图 5.15 表明,远场条件下,本节方法定位的 RMSE 略好于 Chan 方法、TS 方法、迭代 1 次和迭代 5 次的 CTLS 方法。

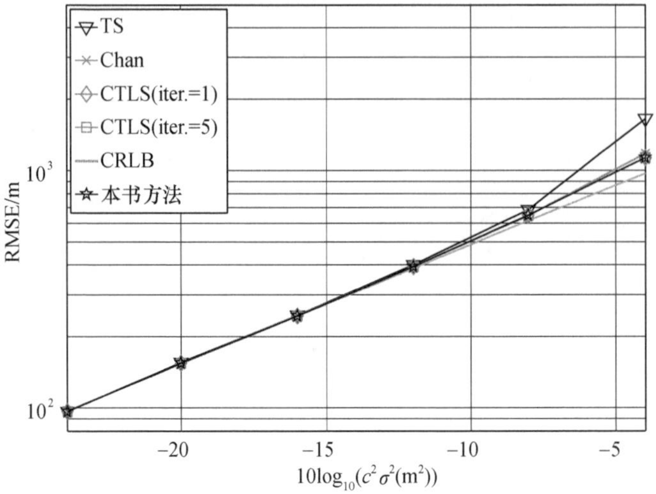

图 5.15 对远场辐射源的定位的 RMSE 对比

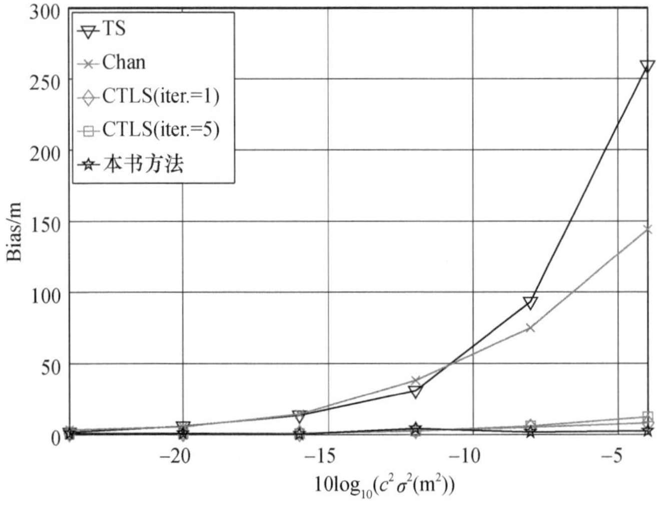

图 5.16 对远场辐射源的定位偏差对比

图 5.16 表明,远场条件下,本节方法定位偏差远好于 Chan 方法和 TS 方法,略好于迭代 1 次和迭代 5 次的 CTLS 方法。

本节方法的计算量和 Chan 方法接近,而已有研究表明 Chan 方法计算量小于 CTLS 方法迭代一次的计算量。因此,本节方法的计算量同样小于 CTLS 方法的计算量。

综合以上仿真可以看出,本节的基于定位误差修正的 TDOA 定位方法,定位

RMSE 有效地提高了 Chan 方法的噪声阈值，且定位偏差优于 Chan 方法和 TS 方法，远场时甚至优于 CTLS 方法，折中了计算量和定位性能的矛盾。

5.5　观测站位置误差条件下基于修正的 TDOA 定位方法

观测站位置误差会导致定位精度下降。2004 年，K. C. Ho 将 Chan 方法的基本思想运用到了观测站位置误差条件下 TDOA 定位问题中[27]。Chan 方法在观测站位置误差条件下仍然存在明显的噪声阈值。近几年一些学者针对含有观测器位置误差条件下的 TDOA 定位问题，研究了 CTLS 方法。CTLS 方法比 Chan 方法提高了噪声阈值，一些文献[16]认为 CTLS 方法在观测器位置误差条件下并不能达到定位的 CRLB，且增加了方法的复杂度。研究观测器位置误差条件下稳健的、低复杂度的 TDOA 定位解析方法，仍是近年来 TDOA 定位的热点研究问题。

针对 Chan 方法的不足，本节首先介绍运用扰动分析方法对观测站误差条件下 Chan 方法进行了偏差分析，得出了 Chan 方法两个步骤对定位偏差都有贡献，这是与 Ho 不同的研究结论，为改进 Chan 方法提供了思路，本节介绍将 5.2 节所提的基于定位误差修正的多站时差定位解算思路推广至存在观测站误差条件下的 TDOA 定位问题中。

5.5.1　TDOA 定位模型

与 5.3.1 节的时差定位模型不同的是，这时只能获得含有噪声的观测站位置。假设三维空间中，M 个观测站同时接收位于 $\boldsymbol{u}^o=[x^o\quad y^o\quad z^o]^{\mathrm{T}}$ 的发射信号，观测站的真实位置为 $\boldsymbol{s}_i^o=[x_i^o\quad y_i^o\quad z_i^o]^{\mathrm{T}}(i=1,2,3,\cdots,M)$，测量输出的观测站位置为 $\boldsymbol{s}_i=\boldsymbol{s}_i^o+\Delta\boldsymbol{s}_i$，$\Delta\boldsymbol{s}_i$ 为第 i 个观测站的位置误差，将观测站写成矢量形式为

$$\boldsymbol{s}=\boldsymbol{s}^o+\Delta\boldsymbol{s} \tag{5.67}$$

式中：$\boldsymbol{s}=[\boldsymbol{s}_1\quad \boldsymbol{s}_2\quad \cdots\quad \boldsymbol{s}_M]^{\mathrm{T}}$；$\boldsymbol{s}^o=[\boldsymbol{s}_1^o\quad \boldsymbol{s}_2^o\quad \cdots\quad \boldsymbol{s}_M^o]^{\mathrm{T}}$；$\Delta\boldsymbol{s}=[\Delta\boldsymbol{s}_1^{\mathrm{T}}\quad \Delta\boldsymbol{s}_2^{\mathrm{T}}\quad \cdots\quad \Delta\boldsymbol{s}_M^{\mathrm{T}}]^{\mathrm{T}}$。观测站位置误差 $\Delta\boldsymbol{s}$ 假设为零均值方差为 σ_s^2 的高斯白噪声，其协方差矩阵为 $\boldsymbol{Q}_s$。其中 $\boldsymbol{Q}_s=\sigma_s^2\boldsymbol{I}_{3M}$。

同样以第一个观测站 $\boldsymbol{s}_1$ 为参考站，测量信号到达其他站和参考站的时差，得到 $M-1$ 对时差测量，写成矢量形式为

$$\boldsymbol{r}=\boldsymbol{r}^o+\boldsymbol{n} \tag{5.68}$$

式中：$\boldsymbol{r}=[r_{21}\quad r_{31}\quad \cdots\quad r_{M1}]^{\mathrm{T}}$；$\boldsymbol{r}^o=[r_{21}^o\quad r_{31}^o\quad \cdots\quad r_{M1}^o]^{\mathrm{T}}$；$\boldsymbol{n}$ 为测量噪声，且 $\boldsymbol{n}=[n_{21}\quad n_{31}\quad \cdots\quad n_{M1}]^{\mathrm{T}}$，将 $\boldsymbol{n}$ 建模成零均值，方差为 σ_t^2 高斯白噪声，协方差矩阵为

$\boldsymbol{Q}_t$，定义如式(5.21)。假设 $\boldsymbol{n}$ 和观测站位置误差 $\Delta\boldsymbol{s}$ 是独立的。

真实的时差 $r_{i1}^o(i=2,3,\cdots,M)$ 为

$$r_{i1}^o=r_i^o-r_1^o,r_i^o=\|\boldsymbol{u}^o-\boldsymbol{s}_i^o\| \tag{5.69}$$

5.5.2 TSWLS 方法及其偏差分析

本节首先简要介绍观测站误差条件下时差定位的 TSWLS 方法，Ho 针对含有观测站误差的条件下的定位问题提出了 TSWLS 方法。

步骤 1：将式(5.69)改写成 $r_{i1}^o+r_1^o=r_i^o$，平方之后，将含噪声的 r_{i1} 及 $\boldsymbol{s}_i$ 代入后，忽略二次项，并将 r_1^o 作一阶泰勒级数展开有

$$r_1^o=\|\boldsymbol{u}^o-\boldsymbol{s}_1^o\|\approx\|\boldsymbol{u}^o-\boldsymbol{s}_1\|+\boldsymbol{\rho}_{u^o,s_1}^{\mathrm{T}}\Delta\boldsymbol{s}_1=\hat{r}_1^o+\boldsymbol{\rho}_{u^o,s_1}^{\mathrm{T}}\Delta\boldsymbol{s}_1 \tag{5.70}$$

由此，可以得到关于目标位置 $\boldsymbol{u}^o$ 和辅助变量 r_1^o 的伪线性方程：

$$\boldsymbol{\xi}_i=r_{i1}^2-\boldsymbol{s}_i^{\mathrm{T}}\boldsymbol{s}_i+\boldsymbol{s}_1^{\mathrm{T}}\boldsymbol{s}_1+2(\boldsymbol{s}_i-\boldsymbol{s}_1)^{\mathrm{T}}\boldsymbol{u}^o+2d_1^o r_{i1},i=2,\cdots,M \tag{5.71}$$

同时，$\boldsymbol{\xi}_i=2r_i^o n_{i1}+2(\boldsymbol{u}^o-\boldsymbol{s}_i)^{\mathrm{T}}\Delta\boldsymbol{s}_i-2[\boldsymbol{u}^o-\boldsymbol{s}_i+r_{i1}^o\boldsymbol{\rho}_{u^o,s_1}]\Delta\boldsymbol{s}_1$，表示等效误差，$\boldsymbol{\rho}_{u^o,s_1}$ 的定义已经在 5.3.3 节中给出，将式(5.71)写成矢量形式，即

$$\boldsymbol{\xi}_1=\boldsymbol{B}_1\boldsymbol{n}+\boldsymbol{D}_1\Delta\boldsymbol{s}_1=\boldsymbol{h}_1-\boldsymbol{G}_1\boldsymbol{\varphi}_1 \tag{5.72}$$

由式(5.72)，可以得到 $\boldsymbol{\varphi}_1^o=[\boldsymbol{u}^{o\mathrm{T}}\quad \hat{r}_1^o]^{\mathrm{T}}$ 的 WLS 解为

$$\boldsymbol{\varphi}_1=[\boldsymbol{u}^{o\mathrm{T}}\quad \hat{r}_1^o]^{\mathrm{T}}=(\boldsymbol{G}_1^{\mathrm{T}}\boldsymbol{W}_1\boldsymbol{G}_1)^{-1}\boldsymbol{G}_1^{\mathrm{T}}\boldsymbol{W}_1\boldsymbol{h}_1 \tag{5.73}$$

式中：$\hat{r}_1^o=\|\boldsymbol{u}^o-\boldsymbol{s}_1\|$；$\boldsymbol{B}_1=\mathrm{diag}\{r_2,r_3,\cdots,r_M\}$；$\boldsymbol{h}_1$、$\boldsymbol{G}_1$、$\boldsymbol{D}_1$ 分别表示为

$$\boldsymbol{h}_1=0.5\begin{bmatrix} r_{21}^2+\boldsymbol{s}_1^{\mathrm{T}}\boldsymbol{s}_1-\boldsymbol{s}_2^{\mathrm{T}}\boldsymbol{s}_2 \\ r_{31}^2+\boldsymbol{s}_1^{\mathrm{T}}\boldsymbol{s}_1-\boldsymbol{s}_3^{\mathrm{T}}\boldsymbol{s}_3 \\ \vdots \\ r_{M1}^2+\boldsymbol{s}_1^{\mathrm{T}}\boldsymbol{s}_1-\boldsymbol{s}_M^{\mathrm{T}}\boldsymbol{s}_M \end{bmatrix},\boldsymbol{G}_1=\begin{bmatrix} (\boldsymbol{s}_2-\boldsymbol{s}_1)^{\mathrm{T}} & r_{21} \\ (\boldsymbol{s}_3-\boldsymbol{s}_1)^{\mathrm{T}} & r_{31} \\ \vdots & \vdots \\ (\boldsymbol{s}_M-\boldsymbol{s}_1)^{\mathrm{T}} & r_{M1} \end{bmatrix}$$

$$\boldsymbol{D}_1=\begin{bmatrix} -r_{21}^o\boldsymbol{\rho}_{u^o,s_1}-(\boldsymbol{u}^o-\boldsymbol{s}_1)^{\mathrm{T}} & (\boldsymbol{u}^o-\boldsymbol{s}_2)^{\mathrm{T}} & \boldsymbol{0}^{\mathrm{T}} & \cdots & \boldsymbol{0}^{\mathrm{T}} \\ -r_{31}^o\boldsymbol{\rho}_{u^o,s_1}-(\boldsymbol{u}^o-\boldsymbol{s}_1)^{\mathrm{T}} & \boldsymbol{0}^{\mathrm{T}} & (\boldsymbol{u}^o-\boldsymbol{s}_3)^{\mathrm{T}} & \cdots & \boldsymbol{0}^{\mathrm{T}} \\ \vdots & \vdots & \vdots & \ddots & \vdots \\ -r_{M1}^o\boldsymbol{\rho}_{u^o,s_1}-(\boldsymbol{u}^o-\boldsymbol{s}_1)^{\mathrm{T}} & \boldsymbol{0}^{\mathrm{T}} & \boldsymbol{0}^{\mathrm{T}} & \cdots & (\boldsymbol{u}^o-\boldsymbol{s}_M)^{\mathrm{T}} \end{bmatrix}$$

$\boldsymbol{W}_1$ 为加权矩阵，且

$$\boldsymbol{W}_1=E[\boldsymbol{\xi}_1\boldsymbol{\xi}_1^{\mathrm{T}}]^{-1}=(\boldsymbol{B}_1\boldsymbol{Q}_t\boldsymbol{B}_1^{\mathrm{T}}+\boldsymbol{D}_1\boldsymbol{Q}_s\boldsymbol{D}_1^{\mathrm{T}})^{-1} \tag{5.74}$$

$\boldsymbol{\varphi}_1$ 估计的协方差矩阵可以近似为

$$\mathrm{cov}(\boldsymbol{\varphi}_1) \approx (\boldsymbol{G}_1^{\mathrm{T}}\boldsymbol{W}_1\boldsymbol{G}_1)^{-1} \tag{5.75}$$

步骤2：TSWLS 方法的第二步同样是利用 $\hat{r}_1^o$ 和 $\boldsymbol{u}^o$ 的关系得到 $\boldsymbol{\varphi}_2^o = (\boldsymbol{u}^o - \boldsymbol{s}_1) \odot (\boldsymbol{u}^o - \boldsymbol{s}_1)$ 的 WLS 解为

$$\boldsymbol{\varphi}_2 = (\boldsymbol{G}_2^{\mathrm{T}}\boldsymbol{W}_2\boldsymbol{G}_2)^{-1}\boldsymbol{G}_2^{\mathrm{T}}\boldsymbol{W}_2\boldsymbol{h}_2 \tag{5.76}$$

式中：$\boldsymbol{B}_2 = 2\mathrm{diag}\{(\boldsymbol{u}-\boldsymbol{s}_1)^{\mathrm{T}}, r_1\}$；$\boldsymbol{h}_2$、$\boldsymbol{G}_2$ 可分别表示为

$$\boldsymbol{h}_2 = \begin{bmatrix} (\boldsymbol{\varphi}_1(1:3) - \boldsymbol{s}_1) \odot (\boldsymbol{\varphi}_1(1:3) - \boldsymbol{s}_1) \\ \boldsymbol{\varphi}_1^2(4) \end{bmatrix}, \boldsymbol{G}_2 = \begin{bmatrix} \boldsymbol{I}_{3\times 3} \\ \boldsymbol{1}^{\mathrm{T}} \end{bmatrix}^{\mathrm{T}}$$

$\boldsymbol{W}_2$ 为加权矩阵，且

$$\boldsymbol{W}_2 = E[\boldsymbol{\xi}_2\boldsymbol{\xi}_2^{\mathrm{T}}]^{-1} \approx \boldsymbol{B}_2^{-\mathrm{T}}\mathrm{cov}(\boldsymbol{\varphi}_1)^{-1}\boldsymbol{B}_2^{-1} \tag{5.77}$$

$\boldsymbol{\varphi}_2$ 估计的协方差矩阵可以近似为

$$\mathrm{cov}(\boldsymbol{\varphi}_2) \approx (\boldsymbol{G}_2^{\mathrm{T}}\boldsymbol{W}_2\boldsymbol{G}_2)^{-1} \tag{5.78}$$

最终目标位置的估计为

$$\hat{\boldsymbol{u}} = \prod \sqrt{\boldsymbol{\varphi}_2} + \boldsymbol{s}_1 \tag{5.79}$$

$$\prod = \mathrm{diag}\{\mathrm{sgn}(\varphi_1(1:3) - \boldsymbol{s}_1)\} \tag{5.80}$$

由于观测站误差条件下 TSWLS 方法缺乏理论偏差的分析，本节首先分析 TSWLS 方法理论偏差分析，也运用二阶扰动法推导 TSWLS 方法的理论偏差。

步骤1 偏差分析。

利用式(5.73)，$\boldsymbol{\varphi}_1$ 减去其真值 $\boldsymbol{\varphi}_1^o = [\boldsymbol{u}^{o\mathrm{T}} \quad \hat{r}_1^o]^{\mathrm{T}}$，可得

$$\Delta\boldsymbol{\varphi}_1 = \boldsymbol{\varphi}_1 - \boldsymbol{\varphi}_1^o = (\boldsymbol{G}_1^{\mathrm{T}}\boldsymbol{W}_1\boldsymbol{G}_1)^{-1}\boldsymbol{G}_1^{\mathrm{T}}\boldsymbol{W}_1(\boldsymbol{h}_1 - \boldsymbol{G}_1\boldsymbol{\varphi}_1^o) \tag{5.81}$$

为了计算 $\boldsymbol{h}_1 - \boldsymbol{G}_1\boldsymbol{\varphi}_1^o$，将 $r_1^o = \|\boldsymbol{u}^o - \boldsymbol{s}_1\|$ 在含噪的 $\boldsymbol{s}_1$ 处作泰勒级数展开，并保留二阶项，有

$$r_1^o \approx \hat{r}_1^o + \boldsymbol{\rho}_{u^o,s_1}^{\mathrm{T}}\Delta\boldsymbol{s}_1 + \frac{1}{2}\Delta\boldsymbol{s}_1^{\mathrm{T}}\boldsymbol{B}\Delta\boldsymbol{s}_1 \tag{5.82}$$

式中：$\boldsymbol{B} = \dfrac{1}{r^o}(\boldsymbol{I}_{3\times 3} - \boldsymbol{\rho}_{u^o,s_1}\boldsymbol{\rho}_{u^o,s_1}^{\mathrm{T}})$。将 $\boldsymbol{h}_1$、$\boldsymbol{G}_1$ 和式(5.82)代入式(5.81)，有

$$\Delta\boldsymbol{\varphi}_1 = (\boldsymbol{G}_1^{\mathrm{T}}\boldsymbol{W}_1\boldsymbol{G}_1)^{-1}\boldsymbol{G}_1^{\mathrm{T}}\boldsymbol{W}_1(\boldsymbol{N}_{\mathrm{t}} + \boldsymbol{N}_{\mathrm{s}}) \tag{5.83}$$

式中：$\boldsymbol{N}_{\mathrm{t}} = \boldsymbol{B}_1\boldsymbol{n} + \boldsymbol{n}\odot\boldsymbol{n}$；$\boldsymbol{N}_{\mathrm{s}} = \boldsymbol{D}_1\boldsymbol{n} + r^o\Delta\boldsymbol{s}_1^{\mathrm{T}}\boldsymbol{B}\Delta\boldsymbol{s}_1 + \boldsymbol{N}_1$，分别表示由测量噪声引起的误差项和由位置误差引起的误差项，具体形式为

$$\boldsymbol{N}_1=\begin{bmatrix}\Delta\boldsymbol{s}_1^{\mathrm{T}}\Delta\boldsymbol{s}_1+\Delta\boldsymbol{s}_2^{\mathrm{T}}\Delta\boldsymbol{s}_2\\ \Delta\boldsymbol{s}_1^{\mathrm{T}}\Delta\boldsymbol{s}_1+\Delta\boldsymbol{s}_3^{\mathrm{T}}\Delta\boldsymbol{s}_3\\ \vdots\\ \Delta\boldsymbol{s}_1^{\mathrm{T}}\Delta\boldsymbol{s}_1+\Delta\boldsymbol{s}_M^{\mathrm{T}}\Delta\boldsymbol{s}_M\end{bmatrix} \tag{5.84}$$

从式(5.84)可以看出,$\boldsymbol{N}_t$和$\boldsymbol{N}_s$分别代表了由TDOA测量噪声和观测站误差引起的估计误差。可将$\Delta\boldsymbol{\varphi}_1$分成两部分分别计算,定义$\Delta\boldsymbol{\varphi}_{1,t}=(\boldsymbol{G}_1^{\mathrm{T}}\boldsymbol{W}_1\boldsymbol{G}_1)^{-1}\boldsymbol{G}_1^{\mathrm{T}}\boldsymbol{W}_1\boldsymbol{N}_t$和$\Delta\boldsymbol{\varphi}_{1,s}=(\boldsymbol{G}_1^{\mathrm{T}}\boldsymbol{W}_1\boldsymbol{G}_1)^{-1}\boldsymbol{G}_1^{\mathrm{T}}\boldsymbol{W}_1\boldsymbol{N}_s$,分别取期望,即

$$\begin{aligned}E[\Delta\boldsymbol{\varphi}_1]&=\boldsymbol{H}_1(q_t+2\boldsymbol{Q}_t\boldsymbol{B}_1\boldsymbol{H}_1(N+1,:)^{\mathrm{T}})\\&\quad+2(\boldsymbol{G}_1^{o\mathrm{T}}\boldsymbol{W}_1\boldsymbol{G}_1^o)^{-1}\begin{bmatrix}\boldsymbol{0}_{N\times1}\\ \mathrm{tr}(\boldsymbol{W}_1(\boldsymbol{G}_1^o\boldsymbol{H}_1-\boldsymbol{I})\boldsymbol{B}_1\boldsymbol{Q}_t)\end{bmatrix}\end{aligned} \tag{5.85}$$

式中:$\boldsymbol{H}_1=(\boldsymbol{G}_1^{o\mathrm{T}}\boldsymbol{W}_1\boldsymbol{G}_1^o)^{-1}\boldsymbol{G}_1^{o\mathrm{T}}\boldsymbol{W}_1$;$\boldsymbol{q}_t$为$\boldsymbol{Q}_t$对角线元素组成的列矢量。下面求$\Delta\boldsymbol{\varphi}_{1,s}$的期望(推导过程可见附录B),这里给出$\Delta\boldsymbol{\varphi}_{1,s}$的展开式:

$$\begin{aligned}\Delta\boldsymbol{\varphi}_{1,s}&\approx\boldsymbol{H}_1\boldsymbol{D}_1\Delta\boldsymbol{s}_1+\boldsymbol{H}_1\boldsymbol{N}_1+r^o\Delta\boldsymbol{s}_1^{\mathrm{T}}B\Delta\boldsymbol{s}_1\\&\quad+\boldsymbol{P}_1^{o-1}\Delta\boldsymbol{G}_1\boldsymbol{W}_1\boldsymbol{D}_1\Delta\boldsymbol{s}+\boldsymbol{P}_1^{o-1}\Delta\boldsymbol{P}_1^{\mathrm{T}}\boldsymbol{H}_1\boldsymbol{D}_1\Delta\boldsymbol{s}\end{aligned} \tag{5.86}$$

对式(5.86)中逐项求期望可得到$E[\Delta\boldsymbol{\varphi}_{1,s}]$,步骤1的理论偏差为

$$E[\Delta\boldsymbol{\varphi}_1]=E[\Delta\boldsymbol{\varphi}_{1,t}]+E[\Delta\boldsymbol{\varphi}_{1,s}] \tag{5.87}$$

步骤2偏差分析。

$\boldsymbol{\varphi}_2$减去其真值$\boldsymbol{\varphi}_2^o$,可得

$$\Delta\boldsymbol{\varphi}_2=\boldsymbol{\varphi}_2-\boldsymbol{\varphi}_2^o=(\boldsymbol{G}_2^{\mathrm{T}}\boldsymbol{W}_2\boldsymbol{G}_2)^{-1}\boldsymbol{G}_2^{\mathrm{T}}\boldsymbol{W}_2(\boldsymbol{B}_2\Delta\boldsymbol{\varphi}_1+\Delta\boldsymbol{\varphi}_1\odot\Delta\boldsymbol{\varphi}_1) \tag{5.88}$$

$\Delta\boldsymbol{\varphi}_2$的估计主要来自于步骤1的估计误差项$\Delta\boldsymbol{\varphi}_1$。对$\Delta\boldsymbol{\varphi}_2$求期望,有

$$E[\Delta\boldsymbol{\varphi}_2]\approx\boldsymbol{H}_2(\boldsymbol{c}_1+\boldsymbol{B}_2^oE[\Delta\boldsymbol{\varphi}_1]+P_2^{o-1}\boldsymbol{G}_2^{\mathrm{T}}E[\Delta\boldsymbol{W}_2\boldsymbol{P}_3\boldsymbol{B}_2^o\Delta\boldsymbol{\varphi}_1]) \tag{5.89}$$

式中:$\boldsymbol{c}_1$为由矩阵$\boldsymbol{P}_1^{o-1}$的对角线元素组成的列矢量,且

$$\boldsymbol{H}_2=(\boldsymbol{G}_2^{o\mathrm{T}}\boldsymbol{W}_2^o\boldsymbol{G}_2^o)^{-1}\boldsymbol{G}_2^{o\mathrm{T}}\boldsymbol{W}_2^o \tag{5.90}$$

$$\boldsymbol{P}_3=\boldsymbol{I}-\boldsymbol{G}_2\boldsymbol{H}_2,\boldsymbol{P}_2^o=\boldsymbol{G}_2^{\mathrm{T}}\boldsymbol{W}_2^o\boldsymbol{G}_2 \tag{5.91}$$

同样地,对式(5.89)逐项求期望,即可得到$\Delta\boldsymbol{\varphi}_2$的理论偏差

$$E[\Delta\boldsymbol{\varphi}_2]\approx\boldsymbol{H}_2(\boldsymbol{c}_1+\boldsymbol{B}_2^oE[\Delta\boldsymbol{\varphi}_1]+W_2^{o-1}(\boldsymbol{\alpha}+\boldsymbol{\beta}+\boldsymbol{\gamma})) \tag{5.92}$$

式中:$\boldsymbol{\alpha}$、$\boldsymbol{\beta}$、$\boldsymbol{\gamma}$的定义参见附录B。

TSWLS方法的理论估计偏差为

$$E[\Delta\boldsymbol{u}]\approx\boldsymbol{B}_3^{o-1}(-\boldsymbol{c}_3+\boldsymbol{B}_2^oE[\Delta\boldsymbol{\varphi}_2]) \tag{5.93}$$

式中：$\boldsymbol{c}_3$为由 $\boldsymbol{C}_3$的对角线元素组成列矢量，是 TSWLS 方法定位输出的近似协方差矩阵，即

$$\boldsymbol{C}_3 \approx \boldsymbol{B}_3^{o-1}(\boldsymbol{G}_2\boldsymbol{W}_2^o\boldsymbol{G}_2)^{-1}\boldsymbol{B}_3^{o-1} \tag{5.94}$$

式中：$\boldsymbol{B}_3^{o-1}$定义为 $\boldsymbol{B}_3^{o-1} = 2\mathrm{diag}\{\boldsymbol{u}^o - \boldsymbol{s}_1\}$。

至此，完成了观测站误差条件下时差定位 TSWLS 方法偏差的理论分析，从式(5.87)可以看出，定位偏差由时差测量误差及观测站误差共同导致，但具体每一步对偏差的贡献，并不是很容易看出来。在 5.4.6 节通过仿真对理论分析做进一步的验证。

5.5.3　基于定位误差修正的多站 TDOA 定位方法

由于本节主要介绍改进方法的第二步，第一步已经在 5.3.2 节中介绍过，因此简要总结方法的第一步，重点给出改进方法的第二步。

步骤 1：为了和 TSWLS 方法有所区分，将式(5.70)中的 $\hat{r}_1^o$用 d_1^o来替代，代入式(5.72)可以得到 $\boldsymbol{\varphi}_1^o = [\boldsymbol{u}^{oT} \quad d_1]^T$ 的 WLS 解为

$$\boldsymbol{\varphi}_1 = [\boldsymbol{u}^{oT} \quad d_1]^T = (\boldsymbol{G}_1^T\boldsymbol{W}_1\boldsymbol{G}_1)^{-1}\boldsymbol{G}_1^T\boldsymbol{W}_1\boldsymbol{h}_1 \tag{5.95}$$

将 $\boldsymbol{\varphi}_1$的估计误差定义为 $\Delta\boldsymbol{\varphi}_1 = \boldsymbol{\varphi}_1 - \boldsymbol{\varphi}_1^o$，且

$$\Delta\boldsymbol{\varphi}_1 = [\Delta\boldsymbol{u}^T \quad \Delta d_1]^T = (\boldsymbol{G}_1^T\boldsymbol{W}_1\boldsymbol{G}_1)^{-1}\boldsymbol{G}_1^T\boldsymbol{W}_1\boldsymbol{\xi}_1 \tag{5.96}$$

式中：$\boldsymbol{u} = \boldsymbol{u}^o + \Delta\boldsymbol{u}$；$d_1 = d_1^o + \Delta d_1$；$\Delta\boldsymbol{\varphi}_1$协方差矩阵近似为

$$E[\Delta\boldsymbol{\varphi}_1\Delta\boldsymbol{\varphi}_1^T] \approx (\boldsymbol{G}_1^T\boldsymbol{W}_1\boldsymbol{G}_1)^{-1} \tag{5.97}$$

步骤 2：为了避免 TSWLS 方法中对 $\boldsymbol{\varphi}_1$求平方、开方等非线性操作，这里在方法第二步估计第一步目标位置的估计的误差 $\Delta\boldsymbol{u}$。因此，利用一阶泰勒级数，将 d_1^o在目标位置处展开并保留一阶项，有

$$d_1^o = \|\boldsymbol{u}^o - \boldsymbol{s}_1\| \approx \|\boldsymbol{u} - \boldsymbol{s}_1\| - \boldsymbol{\rho}_{\boldsymbol{u},\boldsymbol{s}_1}^T\Delta\boldsymbol{u} \tag{5.98}$$

将式(5.98)代入 $d_1 \approx d_1^o + \Delta d_1$，可得

$$d_1^o \approx \|\boldsymbol{u} - \boldsymbol{s}_1\| - \boldsymbol{\rho}_{\boldsymbol{u},\boldsymbol{s}_1}^T\Delta\boldsymbol{u} + \Delta d_1 \tag{5.99}$$

式(5.99)是关于 $\Delta\boldsymbol{u}$ 的线性方程，令外，由于 $\Delta\boldsymbol{\varphi}_1$近似为零均值，也即 $\Delta\boldsymbol{u}$ 近似为零均值，根据 Sorenson 方法[32]，有

$$\boldsymbol{0}_{3\times 1} = \Delta\boldsymbol{u} - \Delta\boldsymbol{u} \tag{5.100}$$

结合式(5.99)和式(5.100)，构造步骤 2 的方程为

$$\boldsymbol{\xi}_2 = [-\Delta\boldsymbol{u}^T \quad \Delta d_1]^T = \boldsymbol{B}_2\Delta\boldsymbol{\varphi}_1 = \boldsymbol{h}_2 - \boldsymbol{G}_2\Delta\boldsymbol{u} \tag{5.101}$$

其中

$$\boldsymbol{h}_2=\begin{bmatrix}\boldsymbol{0}_{3\times1}\\ d_1-\|\hat{\boldsymbol{u}}-\boldsymbol{s}_1\|\end{bmatrix},\boldsymbol{G}_2=\begin{bmatrix}\boldsymbol{I}_{3\times3}\\ -\boldsymbol{\rho}_{\hat{u},s_1}^{\mathrm{T}}\end{bmatrix},\boldsymbol{B}_2=\begin{bmatrix}-\boldsymbol{I}_{3\times3} & \boldsymbol{0}_{3\times1}\\ \boldsymbol{0}_{3\times1}^{\mathrm{T}} & 1\end{bmatrix}$$

利用式(5.101),可以得到 $\Delta\boldsymbol{u}$ 的 WLS 解为

$$\boldsymbol{\varphi}_2=(\boldsymbol{G}_2^{\mathrm{T}}\boldsymbol{W}_2\boldsymbol{G}_2)^{-1}\boldsymbol{G}_2^{\mathrm{T}}\boldsymbol{W}_2\boldsymbol{h}_2 \tag{5.102}$$

式中:权值矩阵 $\boldsymbol{W}_2$定义为

$$\boldsymbol{W}_2^{-1}=E[\boldsymbol{\xi}_2\boldsymbol{\xi}_2^{\mathrm{T}}]\simeq\boldsymbol{B}_2\mathrm{cov}(\boldsymbol{\varphi}_1)^{-1}\boldsymbol{B}_2^{\mathrm{T}} \tag{5.103}$$

$\boldsymbol{\varphi}_2$的估计误差记为 $\Delta\boldsymbol{\varphi}_2$,即

$$\Delta\boldsymbol{\varphi}_2=\boldsymbol{\varphi}_2-\Delta\boldsymbol{u}=(\boldsymbol{G}_2^{\mathrm{T}}\boldsymbol{W}_2\boldsymbol{G}_2)^{-1}\boldsymbol{G}_2^{\mathrm{T}}\boldsymbol{W}_2\boldsymbol{\xi}_2 \tag{5.104}$$

忽略 $\boldsymbol{G}_2$项误差,$\boldsymbol{\varphi}_2$的协方差矩阵近似为

$$\mathrm{cov}(\boldsymbol{\varphi}_2)=E[\Delta\boldsymbol{\varphi}_2\Delta\boldsymbol{\varphi}_2^{\mathrm{T}}]\simeq(\boldsymbol{G}_2^{\mathrm{T}}\boldsymbol{W}_2\boldsymbol{G}_2)^{-1} \tag{5.105}$$

从第一步估计结果 $\boldsymbol{\varphi}_1$ 中减去 $\Delta\boldsymbol{u}$ 的估计值 $\boldsymbol{\varphi}_2$ 可得目标位置的最终估计值:

$$\bar{\boldsymbol{u}}=\boldsymbol{u}-\boldsymbol{\varphi}_2 \tag{5.106}$$

为了推导最终目标位置估计的误差,将 $\boldsymbol{u}=\boldsymbol{u}^o+\Delta\boldsymbol{u}$ 代入式(5.106),公式两边同时减去目标位置的真值 $\boldsymbol{u}^o$,可以得到 $\bar{\boldsymbol{u}}$ 的估计误差为

$$\Delta\bar{\boldsymbol{u}}=\bar{\boldsymbol{u}}-\boldsymbol{u}^o=-(\boldsymbol{\varphi}_2-\Delta\boldsymbol{u})=-\Delta\boldsymbol{\varphi}_2 \tag{5.107}$$

从式(5.107)可知,$\Delta\bar{\boldsymbol{u}}$ 的协方差矩阵等于 $\mathrm{cov}(\boldsymbol{\varphi}_2)$。

注意:观测站误差条件下的时差定位,所提方法和没有传感器误差条件下基本相似,这证明了本节所提的基于定位误差修正的定位方法具有良好的扩展性。

这里比较所提方法和 TSWLS 方法,定性说明所提方法比 TSWLS 方法性能有优势的原因。TSWLS 方法第二步估计的是 $\boldsymbol{\varphi}_2^o=(\boldsymbol{u}^o-\boldsymbol{s}_1)\odot(\boldsymbol{u}^o-\boldsymbol{s}_1)$,必须对第一步输出的结果进行平方,同时忽略了平方的二次误差项

$$\boldsymbol{\xi}_2'=\begin{bmatrix}2(\boldsymbol{u}^o-\boldsymbol{s}_1)\odot\Delta\boldsymbol{u}+\Delta\boldsymbol{u}\odot\Delta\boldsymbol{u}\\ 2d_1^o\Delta d_1+\Delta d_1^2\end{bmatrix} \tag{5.108}$$

忽略二次误差项使得最终目标估计的偏差增大。同时随着噪声增大,二阶误差项 $\Delta\boldsymbol{u}\odot\Delta\boldsymbol{u}$ 和 Δd_1^2使得 TSWLS 方法的 MSE 开始偏离 CRLB,TSWLS 方法的另外一个缺陷是,当目标位置和参考观测站的一维坐标接近时,第二步的加权矩阵中,$\boldsymbol{B}_2=2\mathrm{diag}\{(\boldsymbol{u}-\boldsymbol{s}_1)^{\mathrm{T}},r_1\}$ 中以及 $\boldsymbol{u}-\boldsymbol{s}_1$ 中会出现零元素,协方差矩阵 $\boldsymbol{E}[\boldsymbol{\xi}_2'(\boldsymbol{\xi}_2')^{\mathrm{T}}]$ 求逆时会产生奇异。

而所提方法改为估计 $\Delta\boldsymbol{u}$,不再会出现平方和开方等非线性运算,不存在 $\Delta\boldsymbol{u}$

$\odot \Delta \boldsymbol{u}$ 和 Δd_1^2,从而减小了方法的定位偏差和对噪声的适应能力。新的方法主要误差源在于泰勒级数展开时忽略了二阶以上的误差项,其误差的高阶项均正比于 $\| \boldsymbol{u}^o - \boldsymbol{s}_1 \|$,并不会因为其中一维坐标接近产生误差。例如,其二阶项为 $\frac{1}{2\| \boldsymbol{u} - \boldsymbol{s}_1 \|} \Delta \boldsymbol{u}^{\mathrm{T}} (\boldsymbol{I}_{3\times 3} - \boldsymbol{\rho}_{u,s_1} \boldsymbol{\rho}_{u,s_1}^{\mathrm{T}})$,这一项随着目标位置和参考观测站的距离的增加而减小,可以通过选择距离目标最远的观测站提高定位性能。

5.5.4　定位方法的理论性能分析

本节分析 5.5.3 节中所提的方法的理论性能,对比定位的协方差矩阵 $\mathrm{cov}(\boldsymbol{\varphi}_2)$ 和观测站位置误差条件下时差定位的 CRLB。文献[27]给出了观测站位置误差条件下,时差定位的 CRLB,即

$$\mathrm{CRLB}(\boldsymbol{u}^o)^{-1} = \boldsymbol{X}^{-1} - \boldsymbol{Y}^{-1} \boldsymbol{Z}^{-1} \boldsymbol{Y}^{\mathrm{T}} \tag{5.109}$$

式中:$\boldsymbol{X}^{-1}$ 为无观测站位置误差条件下目标位置估计的 CRLB;$\boldsymbol{Y}^{-1}\boldsymbol{Z}^{-1}\boldsymbol{Y}^{\mathrm{T}}$ 为观测站位置误差引起的定位误差下降量。$\boldsymbol{X}$、$\boldsymbol{Y}$、$\boldsymbol{Z}$ 的定义为

$$\begin{cases} \boldsymbol{X} = \left(\dfrac{\partial \boldsymbol{r}^o}{\partial \boldsymbol{u}^o} \right)^{\mathrm{T}} \boldsymbol{Q}_{\mathrm{t}}^{-1} \left(\dfrac{\partial \boldsymbol{r}^o}{\partial \boldsymbol{u}^o} \right) \\ \boldsymbol{Y} = \left(\dfrac{\partial \boldsymbol{r}^o}{\partial \boldsymbol{u}^o} \right)^{\mathrm{T}} \boldsymbol{Q}_{\mathrm{t}}^{-1} \left(\dfrac{\partial \boldsymbol{r}^o}{\partial \boldsymbol{s}^o} \right) \\ \boldsymbol{Z} = \left(\dfrac{\partial \boldsymbol{r}^o}{\partial \boldsymbol{s}^o} \right)^{\mathrm{T}} \boldsymbol{Q}_{\mathrm{t}}^{-1} \left(\dfrac{\partial \boldsymbol{r}^o}{\partial \boldsymbol{s}^o} \right) + \boldsymbol{Q}_{\mathrm{s}}^{-1} \end{cases} \tag{5.110}$$

式中:$\boldsymbol{X}$、$\boldsymbol{Y}$、$\boldsymbol{Z}$ 均在目标位置真值 $\boldsymbol{u}^o$ 及传感器位置真值 $\boldsymbol{s}_o$ 处计算。其具体的形式可参考文献[27]。

将式(5.103)中的 $\boldsymbol{W}_2$,式(5.75)中的 $\mathrm{cov}(\boldsymbol{\varphi}_1)$ 和式(5.74)中的 $\boldsymbol{W}_1$ 代入式(5.105)中,本文所提方法的目标位置估计的协方差矩阵的逆可表示为

$$\mathrm{cov}(\boldsymbol{\varphi}_2)^{-1} = \boldsymbol{G}_3^{\mathrm{T}} \boldsymbol{Q}_{\mathrm{t}}^{-1} \boldsymbol{G}_3 - \boldsymbol{G}_3^{\mathrm{T}} \boldsymbol{Q}_{\mathrm{t}}^{-1} \boldsymbol{G}_4 (\boldsymbol{Q}_{\mathrm{s}}^{-1} + \boldsymbol{G}_4^{\mathrm{T}} \boldsymbol{Q}_{\mathrm{t}}^{-1} \boldsymbol{G}_4)^{-1} \boldsymbol{G}_4 \boldsymbol{Q}_{\mathrm{t}}^{-1} \boldsymbol{G}_3 \tag{5.111}$$

式中:$\boldsymbol{G}_3 = \boldsymbol{B}_1^{-1} \boldsymbol{G}_1 \boldsymbol{B}_2^{-1} \boldsymbol{G}_2$;$\boldsymbol{G}_4 = \boldsymbol{B}_1^{-1} \boldsymbol{D}_1$。

比较式(5.111)和式(5.109)可知,两者具有一样的形式。此外,在小噪声条件下,有 $\boldsymbol{G}_4 \approx \partial \boldsymbol{r}^o / \partial \boldsymbol{s}$,这一结论在文献[27]中已经被证明,这里不再赘述。只需证明 $\boldsymbol{G}_3 \approx -\left(\dfrac{\partial \boldsymbol{r}^o}{\partial \boldsymbol{u}^o} \right)$,即可证明 $\mathrm{cov}(\boldsymbol{\varphi}_2)^{-1} \approx \mathrm{CRLB}(\boldsymbol{u}^o)^{-1}$。$\dfrac{\partial \boldsymbol{r}^o}{\partial \boldsymbol{u}^o}$ 的第 i 行为

$$\frac{\partial r_{i1}^o}{\partial \boldsymbol{u}^o} = \boldsymbol{\rho}_{u^o, s_i^o}^{\mathrm{T}} - \boldsymbol{\rho}_{u^o, s_1^o}^{\mathrm{T}} \quad (i = 2, 3, \cdots, M) \tag{5.112}$$

将 $\boldsymbol{B}_1$、$\boldsymbol{G}_1$、$\boldsymbol{B}_2$ 和 $\boldsymbol{G}_2$ 代入 $\boldsymbol{G}_3$、$\boldsymbol{G}_3$ 的第 i 列,可得

$$\boldsymbol{G}_3(i,:)=\frac{(\boldsymbol{s}_i-\boldsymbol{s}_1)^{\mathrm{T}}}{r_i^o}+\frac{r_{i1}}{r_i^o}\boldsymbol{\rho}_{\boldsymbol{u},s_1}^{\mathrm{T}} \tag{5.113}$$

当噪声较小时，做如下近似$\frac{n_{i1}}{r_i^o}\approx 0,\frac{\Delta\boldsymbol{u}}{r_1^o}\approx\boldsymbol{0},\frac{\Delta\boldsymbol{s}_i}{r_i^o}\approx\boldsymbol{0},\frac{\Delta\boldsymbol{s}_1}{r_i^o}\approx\boldsymbol{0}$，则

$$\frac{r_{i1}}{r_i^o}=\frac{r_i^o-r_1^o}{r_i^o}+\frac{n_{i1}}{r_i^o}\approx\frac{r_i^o-r_1^o}{r_i^o} \tag{5.114}$$

$$\boldsymbol{\rho}_{\boldsymbol{u},s_1}^{\mathrm{T}}=\frac{(\boldsymbol{u}-\boldsymbol{s}_1)^{\mathrm{T}}}{\|\boldsymbol{u}-\boldsymbol{s}_1\|}\approx\frac{(\boldsymbol{u}^o-\boldsymbol{s}_1)^{\mathrm{T}}}{\|\boldsymbol{u}^o-\boldsymbol{s}_1\|}+\frac{\Delta\boldsymbol{u}^{\mathrm{T}}}{\|\boldsymbol{u}^o-\boldsymbol{s}_1\|}\approx\boldsymbol{\rho}_{\boldsymbol{u}^o,s_1^o}^{\mathrm{T}} \tag{5.115}$$

将式(5.114)和式(5.115)代入式(5.113)，可得

$$\begin{aligned}\boldsymbol{G}_3(i,:)&=\frac{(\boldsymbol{u}^o-\boldsymbol{s}_1)^{\mathrm{T}}-(\boldsymbol{u}^o-\boldsymbol{s}_i)^{\mathrm{T}}}{r_i^o}+\left(1-\frac{r_1^o}{r_i^o}\right)\boldsymbol{\rho}_{\boldsymbol{u}^o,s_1^o}^{\mathrm{T}}\\&\approx\frac{(\boldsymbol{u}^o-\boldsymbol{s}_1)^{\mathrm{T}}}{r_1^o}-\frac{(\boldsymbol{u}^o-\boldsymbol{s}_i)^{\mathrm{T}}}{r_i^o}=-\left(\frac{\partial r_{i1}^o}{\partial\boldsymbol{u}^o}\right)^{\mathrm{T}}\end{aligned} \tag{5.116}$$

式(5.116)表明本节所提的方法在噪声较小时可以到达定位的 CRLB。

5.5.5 定位方法的理论偏差分析

本节利用二阶扰动法分析了新方法的理论偏差，以期和 TSWLS 方法进行比较。方法的步骤 1 和 TSWLS 方法一致，因此理论偏差也是一致的，在 5.3.2 节已经给出，这里只分析方法步骤 2 的理论偏差。

由式(5.104)，可得

$$\Delta\bar{\boldsymbol{u}}=\bar{\boldsymbol{u}}-\boldsymbol{u}^o=\Delta\boldsymbol{u}-(\boldsymbol{G}_2^{\mathrm{T}}\boldsymbol{W}_2\boldsymbol{G}_2)^{-1}\boldsymbol{G}_2^{\mathrm{T}}\boldsymbol{W}_2\boldsymbol{h}_2 \tag{5.117}$$

保留 d_1^o泰勒级数展开的二阶项，有

$$\boldsymbol{h}_2\approx\boldsymbol{G}_2\Delta\boldsymbol{u}+\boldsymbol{B}_2\Delta\boldsymbol{\varphi}_1+\boldsymbol{F}_1 \tag{5.118}$$

其中，

$$\boldsymbol{F}_1=\begin{bmatrix}\boldsymbol{0}_{3\times 1}\\ \frac{1}{2}\Delta\boldsymbol{u}^{\mathrm{T}}\|\boldsymbol{u}-\boldsymbol{s}_1\|^{-1}(\boldsymbol{I}_{3\times 3}-\boldsymbol{\rho}_{\boldsymbol{u},s_1}\boldsymbol{\rho}_{\boldsymbol{u},s_1}^{\mathrm{T}})\Delta\boldsymbol{u}\end{bmatrix} \tag{5.119}$$

将 $\boldsymbol{h}_2$代入式(5.117)可得

$$\Delta\bar{\boldsymbol{u}}=-(\boldsymbol{G}_2^{\mathrm{T}}\boldsymbol{W}_2\boldsymbol{G}_2)^{-1}\boldsymbol{G}_2^{\mathrm{T}}\boldsymbol{W}_2(\boldsymbol{B}_3\Delta\boldsymbol{\varphi}_1+\boldsymbol{F}_1) \tag{5.120}$$

由于权值矩阵 $\boldsymbol{W}_2$和 $\boldsymbol{G}_2$均含有误差，$\Delta\bar{\boldsymbol{u}}$ 可展开为(详细的推导过程见附录 C)

$$\Delta\bar{\boldsymbol{u}}=-\boldsymbol{H}_2^o\boldsymbol{F}_2-\boldsymbol{P}_2^{o-1}\Delta\boldsymbol{G}_2^{\mathrm{T}}\boldsymbol{W}_2^o\boldsymbol{P}_3\boldsymbol{F}_2+\boldsymbol{H}_2^o\Delta\boldsymbol{G}_2\boldsymbol{H}_2^o\boldsymbol{F}_2-\boldsymbol{P}_2^{o-1}\boldsymbol{G}_2^{o\mathrm{T}}\Delta\boldsymbol{W}_2\boldsymbol{P}_3\boldsymbol{F}_2 \tag{5.121}$$

其中，

$$P_2^o = G_2^{oT} W_2^o G_2^o, H_2 = P_2^{o-1} G_2^{oT} W_2^o, P_3 = I_3 - G_2^o H_2^o \tag{5.122}$$

对式(5.121)逐项求期望,可得新方法第二步的理论偏差为

$$E[\Delta \bar{u}] = \alpha + \beta + \gamma + \delta \tag{5.123}$$

详细的推导过程及 α、β、γ、δ 的定义见附录 C 中。

5.5.6 仿真分析

本节利用计算机仿真实验,验证上述偏差分析的正确性及传感器位置误差条件下基于定位误差修正的 TDOA 定位算法的定位性能。观测站的配置和表 5.2 相同。对 TSWLS 方法及本节所提方法做 10000 次的蒙特卡罗仿真。对比两种方法的 RMSE 及理论偏差和仿真偏差。考虑 3 个定位场景,两个近场辐射源 $u_1^o = [314 \quad 483 \quad 209]^T$m 和 $u_2^o = [305 \quad 483 \quad 160]^T$m,$u_2^o$的 x 坐标设置和参考观测站 s_1的 x 很接近。另外场景是一个远场辐射源,$u_3^o = [3000 \quad 2500 \quad 2500]^T$m。TDOA 的测量噪声设置与 5.3.2 节的仿真场景相同,传感器位置误差设置为

$$R_s = \sigma_s^2 \mathrm{diag}\{[1,1,1,2,2,2,10,10,10,40,40,40,20,20,20,3,3,3]^T\}\mathrm{m}$$

仿真实验 1:验证 TSWLS 方法的理论偏差分析的正确性。

首先利用一个近场定位场景来验证 5.5.5 节理论偏差分析的结果。

近场辐射源 $u_1^o = [314 \quad 483 \quad 209]^T$m 时,对 TSWLS 方法和 BiasSub 方法(BiasSub 方法是将 TSWLS 方法的定位结果减去理论偏差重新输出定位结果),做 L = 10000 次的蒙特卡罗仿真,统计两种方法仿真的 MSE 及定位偏差 BIAS,定义式见式(5.65)和式(5.66),将仿真偏差和理论偏差进行比较以验证理论偏差推导的正确性。

图 5.17 给出了 TSWLS 及其 BiasSub 方法定位 MSE 随观测站位置误差的变化曲线,并对比了定位的 CRLB。从图中可以看出,当噪声较小时,两种方法定位 MSE 均可以达到 CRLB。

图 5.18 给出了 TSWLS 及其 BiasSub 方法定位的 MSE 随观测站位置误差的变化曲线,可以得出以下结论:理论偏差和仿真偏差是高度吻合的,验证了上述偏差分析是有效的;通过 BiasSub 方法,偏差可以有效地减小;步骤 1 估计的偏差和总的偏差的比较可以发现,当使用步骤 2 之后,定位的偏差明显增大了很多,尽管步骤 2 的偏差是来源于步骤 1。但是,步骤 1 总是存在估计误差,因此只要使用 TSWLS 方法的步骤 2 得到目标位置估计,必然会带来定位偏差的增大。也即,步骤 1 和步骤 2 对定位偏差都是有贡献的。这一结论的重要意义在于,它和 Ho 在文献中得出的结论是不同的。这一结论启发我们,改进方法的第二步避免对含误差的估计结果做非线性运算,可以极大地减小定位的偏差,为提出新的解析方法奠

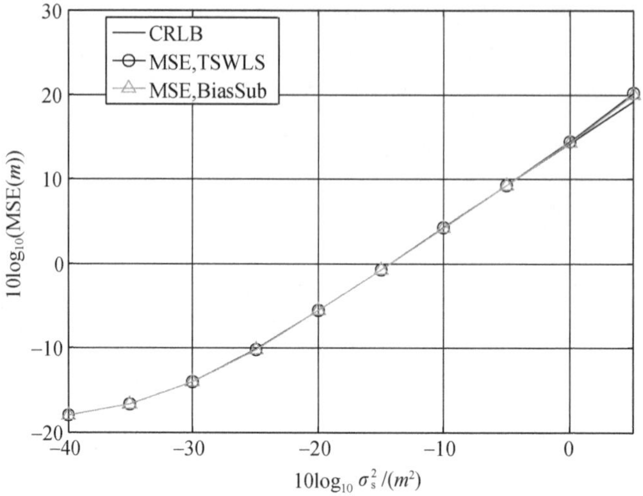

图 5.17　TSWLS 及 BiasSub 方法定位 MSE 随观测站位置误差的变化曲线

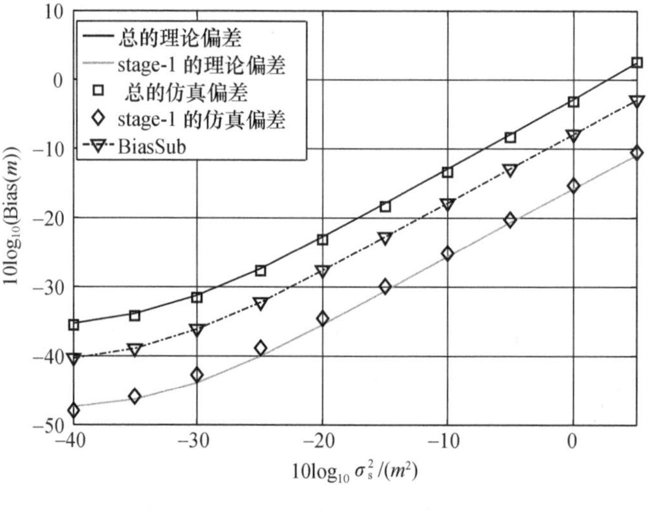

图 5.18　TSWLS 及 BiasSub 方法定位偏差随观测站位置误差的变化曲线

定了理论基础。

仿真实验 2:对比本节方法和现有方法的定位性能。

对比包括文献[2]提出的基于泰勒级数(TS)展开的迭代似然估计方法(简称 TS 方法),TSWLS 方法,文献[28]提出的约束总体最小二乘(CTLS)方法和本节所提方法的定位性能。评价的指标包括对目标位置估计的 MSE 和 Bias。这里 TS 方法迭代一次,CTLS 方法迭代了 5 次,且两种迭代方法都是用 TSWLS 方法第一步的估计结果做初始化。

图 5.19 和图 5.20 对比了 4 种方法定位的 RMSE 和定位偏差性能。在有传感器误差条件下,CTLS 迭代 5 次 RMSE 仍然无法达到 CRLB。本节所提方法、TSWLS 方法以及 TS 方法当测量噪声低于 −25dB 时,3 种方法均能达到 CRLB。本节方法的 RMSE 性能好于 TSWLS 方法,定位的偏差低于对比的 4 种方法。

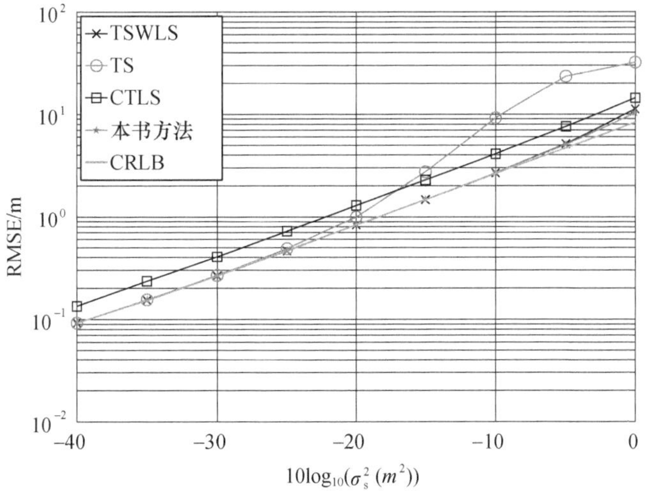

图 5.19 $\boldsymbol{u}_1^o = [314 \quad 483 \quad 209]^{\mathrm{T}}$m 时 4 种方法定位的 RMSE 比较

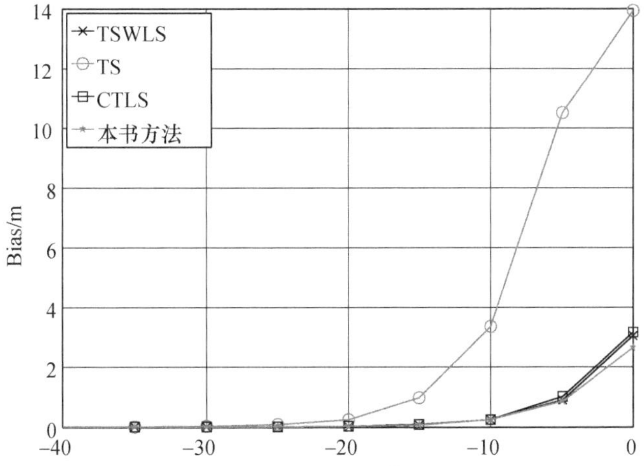

图 5.20 $\boldsymbol{u}_1^o = [314 \quad 483 \quad 209]^{\mathrm{T}}$ 时 4 种方法定位偏差比较

图 5.21 比较了当目标位于 $\boldsymbol{u}_2^o = [305 \quad 483 \quad 160]^{\mathrm{T}}$m 时的 4 种方法的 RMSE 性能。当目标 $\boldsymbol{u}_2^o$的 x 坐标和参考观测站 $\boldsymbol{s}_1$的 x 很接近时,TSWLS 方法产生较大的

估计误差，其原因在这种条件下，TSWLS 方法的第二步将产生很大的近似误差。TSWLS 方法噪声阈值出现在 -25dB 附近，适应噪声的能力急剧下降，而本节所提方法的噪声门限出现在 -10dB 附近。噪声阈值的适应能力提高了大约 10dB。本节所提方法定位的 RMSE 在 4 种方法中是最低的。

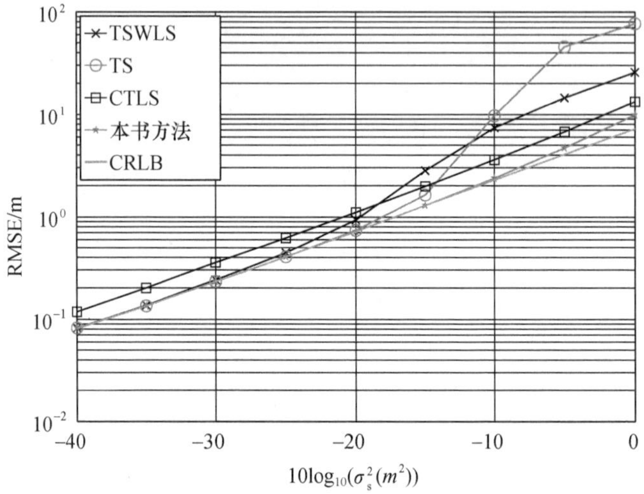

图 5.21　$\boldsymbol{u}_2^o = [305 \quad 483 \quad 160]^{\mathrm{T}}$m 时 4 种方法定位的 RMSE 比较

图 5.22 对比了 4 种方法的估计偏差。本节方法也显著低于 TSWLS 方法。当目标位于 $\boldsymbol{u}_2^o = [305 \quad 483 \quad 160]^{\mathrm{T}}$m 时，本节方法仍是 4 种方法中定位偏差最低的。

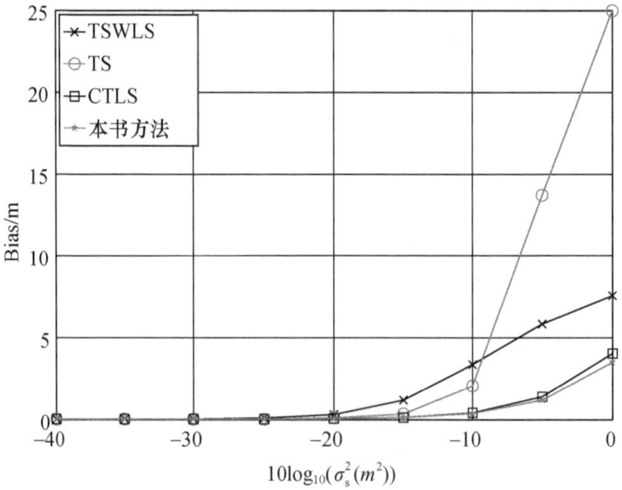

图 5.22　$\boldsymbol{u}_2^o = [305 \quad 483 \quad 160]^{\mathrm{T}}$m 4 种方法定位偏差比较

图 5.23 和图 5.24 比较了当目标位于 $\boldsymbol{u}_3^o = [3000 \quad 2500 \quad 2500]^{\mathrm{T}}$ 时,4 种方法的 RMSE 性能和定位偏差性能。TSWLS 方法噪声阈值出现在 −10dB 附近,本节所提方法的噪声阈值出现在 −5dB 附近。噪声阈值的适应能力提高了约 5dB。估计偏差也显著低于 TSWLS 方法和 CTLS 方法,但略高于 TS 方法。

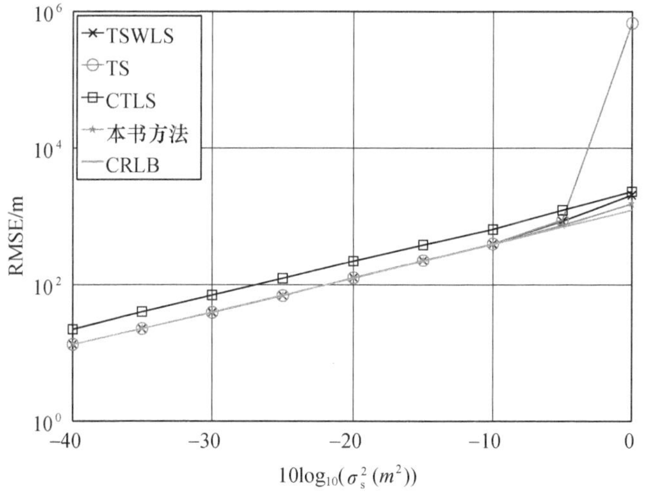

图 5.23　$\boldsymbol{u}_3^o = [3000 \quad 2500 \quad 2500]^{\mathrm{T}}$m 4 种方法定位的 RMSE 比较

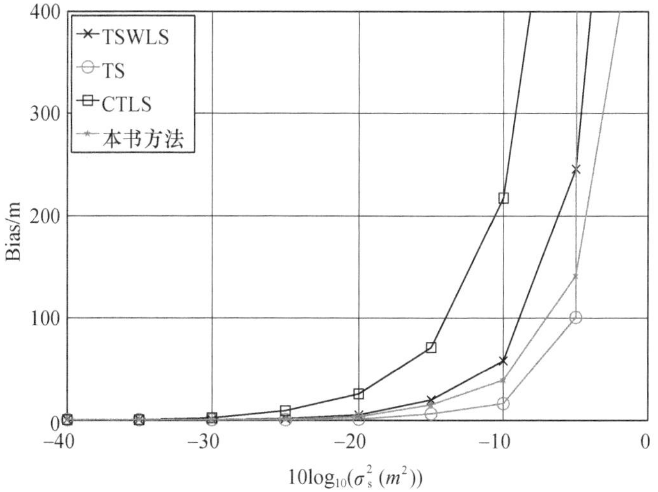

图 5.24　$\boldsymbol{u}_3^o = [3000 \quad 2500 \quad 2500]^{\mathrm{T}}$m 4 种方法定位偏差比较

以上仿真同时验证了本节方法相比 TSWLS 方法以及两种常用的迭代方法定位性能的提升。注意到,本节方法的计算量和 TSWLS 方法相当。这里的 TS 方法实际上联合估计了观测器位置和辐射源位置,扩维之后运算量远高于本节方法和 TSWLS 方法。而 CTLS 方法在有观测器位置误差时,RMSE 达不到 CRLB。

5.6 TDOA 无源定位中带约束条件的 CTLS 定位算法

TSWLS 同样是 TDOA 定位算法中的经典算法,和 TDOA&FDOA 定位算法一样,存在着“阈值效应”及定位偏差随测量误差或观测站位置误差增大而增大的问题。文献[18,28]中分别研究了 TDOA 定位中不存在传感器位置误差和存在传感器位置误差的 CTLS 算法。他们在求解 CTLS 时直接将约束条件代入优化函数中从而消去中间变量,并采用牛顿迭代法求解。本节利用基于约束条件的 CTLS 方法来求解 TDOA 定位问题,从而建立了 TDOA 定位中几种最小二乘类定位方法的统一解。因此,本节所提方法与文献[18,28]是不同的。

5.6.1 定位算法描述与求解

在时差方程(5.69)中,考虑观测站位置误差和时差测量误差时,$r_{i1}^o = r_{i1} - n_{i1}$,$\boldsymbol{s}_i^o = \boldsymbol{s}_i - \Delta\boldsymbol{s}_i$,$r_1^o = \|\boldsymbol{u}^o - \boldsymbol{s}_1^o\| \approx \|\boldsymbol{u}^o - \boldsymbol{s}_1\| + \boldsymbol{\rho}_{u^o,s_1}^{\mathrm{T}}\Delta\boldsymbol{s}_1$,其中,$\boldsymbol{\rho}_{a,b} = (\boldsymbol{a}-\boldsymbol{b})/|\boldsymbol{a}-\boldsymbol{b}|$,$\hat{r}_1^o = \|\boldsymbol{u}^o - \boldsymbol{s}_1\|$,代入式(5.69),并忽略误差的二阶项,可得

$$
\begin{aligned}
&2(\boldsymbol{s}_i-\boldsymbol{s}_1)^{\mathrm{T}}(\boldsymbol{u}^o-\boldsymbol{s}_1)+2r_{i1}\hat{r}_1^o-2(\Delta\boldsymbol{s}_i-\Delta\boldsymbol{s}_1)^{\mathrm{T}}(\boldsymbol{u}^o-\boldsymbol{s}_1)-2n_{i1}\hat{r}_1^o \\
&= -r_{i1}^2+(\boldsymbol{s}_i-\boldsymbol{s}_1)^{\mathrm{T}}(\boldsymbol{s}_i-\boldsymbol{s}_1)+2r_{i1}n_{i1}-2(\boldsymbol{s}_i-\boldsymbol{s}_1)^{\mathrm{T}}\Delta\boldsymbol{s}_i-2\boldsymbol{d}_i^{\mathrm{T}}\Delta\boldsymbol{s}_1
\end{aligned}
\tag{5.124}
$$

定义未知辐射源矢量 $\boldsymbol{\theta} = [\boldsymbol{v}^{\mathrm{T}}, \hat{r}_1^o]^{\mathrm{T}}$,其中,$\boldsymbol{v} = \boldsymbol{u}^o - \boldsymbol{s}_1$,$\hat{r}_1^o$ 为辅助参数。当 $i = 2,3,\cdots,M$ 时,联立所有不同 i 的式(5.124),可得伪线性定位方程:

$$
(\boldsymbol{A}_t - \Delta\boldsymbol{A}_t)\boldsymbol{\theta} = \boldsymbol{b}_t - \Delta\boldsymbol{b}_t \tag{5.125}
$$

其中,

$$
\boldsymbol{A}_t = \begin{bmatrix} (\boldsymbol{s}_2-\boldsymbol{s}_1)^{\mathrm{T}} & r_{21} \\ (\boldsymbol{s}_3-\boldsymbol{s}_1)^{\mathrm{T}} & r_{31} \\ \vdots & \vdots \\ (\boldsymbol{s}_M-\boldsymbol{s}_1)^{\mathrm{T}} & r_{M1} \end{bmatrix},\ \boldsymbol{b}_t = \begin{bmatrix} -r_{21}^2+(\boldsymbol{s}_2-\boldsymbol{s}_1)^{\mathrm{T}}(\boldsymbol{s}_2-\boldsymbol{s}_1) \\ -r_{31}^2+(\boldsymbol{s}_3-\boldsymbol{s}_1)^{\mathrm{T}}(\boldsymbol{s}_3-\boldsymbol{s}_1) \\ \vdots \\ -r_{M1}^2+(\boldsymbol{s}_M-\boldsymbol{s}_1)^{\mathrm{T}}(\boldsymbol{s}_M-\boldsymbol{s}_1) \end{bmatrix}
$$

$$
\Delta\boldsymbol{A}_t = \begin{bmatrix} (\Delta\boldsymbol{s}_2-\Delta\boldsymbol{s}_1)^{\mathrm{T}} & n_{21} \\ (\Delta\boldsymbol{s}_3-\Delta\boldsymbol{s}_1)^{\mathrm{T}} & n_{31} \\ \vdots & \vdots \\ (\Delta\boldsymbol{s}_M-\Delta\boldsymbol{s}_1)^{\mathrm{T}} & \boldsymbol{n}_{M1} \end{bmatrix},\ \Delta\boldsymbol{b}_t = \begin{bmatrix} -2r_{21}n_{21}+2(\boldsymbol{s}_2-\boldsymbol{s}_1)^{\mathrm{T}}\Delta\boldsymbol{s}_2+2d_2^{\mathrm{T}}\Delta\boldsymbol{s}_1 \\ -2r_{31}n_{31}+2(\boldsymbol{s}_3-\boldsymbol{s}_1)^{\mathrm{T}}\Delta\boldsymbol{s}_3+2\boldsymbol{d}_3^{\mathrm{T}}\Delta\boldsymbol{s}_1 \\ \vdots \\ -2r_{M1}n_{M1}+2(\boldsymbol{s}_M-\boldsymbol{s}_1)^{\mathrm{T}}\Delta\boldsymbol{s}_M+2\boldsymbol{d}_M^{\mathrm{T}}\Delta\boldsymbol{s}_1 \end{bmatrix}
$$

令 $\boldsymbol{\varepsilon}_t=[\Delta\boldsymbol{s}^{\mathrm{T}}\quad \boldsymbol{n}^{\mathrm{T}}]^{\mathrm{T}}$，则式(5.124)中噪声矩阵 $\Delta\boldsymbol{A}_t$ 和噪声矢量 $\Delta\boldsymbol{b}_t$ 可表示为

$$\Delta\boldsymbol{A}_t=[\boldsymbol{F}_1'\boldsymbol{\varepsilon}_t\quad\cdots\quad\boldsymbol{F}_4'\boldsymbol{\varepsilon}_t],\Delta b_t=\boldsymbol{F}_5'\boldsymbol{\varepsilon}_t \tag{5.126}$$

式中：$\boldsymbol{F}_1',\boldsymbol{F}_2',\cdots,\boldsymbol{F}_5'$分别为系数矩阵，其具体表达式见附录 D。令 $\boldsymbol{Q}_{\boldsymbol{\varepsilon}_t}=E[\boldsymbol{\varepsilon}_t\boldsymbol{\varepsilon}_t^{\mathrm{T}}]$，对 $\boldsymbol{Q}_{\boldsymbol{\varepsilon}_t}$作 Cholesky 分解 $\boldsymbol{Q}_{\boldsymbol{\varepsilon}_t}=\boldsymbol{P}_{\boldsymbol{\varepsilon}_t}\boldsymbol{P}_{\boldsymbol{\varepsilon}_t}^{\mathrm{T}}$，可得到 $\boldsymbol{\varepsilon}_t$ 的白化矢量 $\boldsymbol{\varepsilon}_t'=\boldsymbol{P}_{\boldsymbol{\varepsilon}_t}^{-1}\boldsymbol{\varepsilon}_t$。由方程式(5.125)移项，并整理得

$$\begin{aligned}[\boldsymbol{A}_t\quad\boldsymbol{b}_t][\boldsymbol{\theta}^{\mathrm{T}}\quad -1]^{\mathrm{T}}&=[\Delta\boldsymbol{A}_t\quad\Delta\boldsymbol{b}_t][\boldsymbol{\theta}^{\mathrm{T}}\quad -1]^{\mathrm{T}}=[\boldsymbol{F}_1'\boldsymbol{\varepsilon}_t\quad\cdots\quad\boldsymbol{F}_4'\boldsymbol{\varepsilon}_t,\boldsymbol{F}_5'\boldsymbol{\varepsilon}_t][\boldsymbol{\theta}^{\mathrm{T}}\quad -1]^{\mathrm{T}}\\&=\left(\sum_{i=1}^{4}\theta_i\boldsymbol{F}'_i-\boldsymbol{F}'_5\right)\boldsymbol{\varepsilon}_t=\boldsymbol{H}_t(\boldsymbol{\theta})\boldsymbol{P}_{\boldsymbol{\varepsilon}_t}\boldsymbol{\varepsilon}'_t\end{aligned} \tag{5.127}$$

式中：$\boldsymbol{H}_t(\boldsymbol{\theta})\triangleq\sum_{i=1}^{4}\theta_i\boldsymbol{F}'_i-\boldsymbol{F}'_5$，$\theta_i$ 表示 $\boldsymbol{\theta}$ 的第 i 个元素。

根据辅助变量 $\hat{r}_1^o$的定义式 $\hat{r}_1^o=\|\boldsymbol{u}^o-\boldsymbol{s}_1\|$，将其表示为关于矢量 $\boldsymbol{\theta}$ 的表达式：

$$\boldsymbol{\theta}^{\mathrm{T}}\boldsymbol{\Sigma}\boldsymbol{\theta}=0 \tag{5.128}$$

式中：$\boldsymbol{\Sigma}=\mathrm{diag}(1,1,1,-1)$。

求考虑观测站位置误差的时差 CTLS 定位解，在数学上可表示为

$$\begin{gathered}\min_{\Delta\boldsymbol{\alpha}',\boldsymbol{\theta}_1}\|\boldsymbol{\varepsilon}_t'\|^2\\ \text{s.t.}\ [\boldsymbol{A}_t\quad\boldsymbol{b}_t][\boldsymbol{\theta}^{\mathrm{T}}\quad -1]^{\mathrm{T}}=\boldsymbol{H}_t(\boldsymbol{\theta})\boldsymbol{P}_{\boldsymbol{\varepsilon}_t}\boldsymbol{\varepsilon}_t',\quad \boldsymbol{\theta}^{\mathrm{T}}\boldsymbol{\Sigma}\boldsymbol{\theta}=0\end{gathered} \tag{5.129}$$

利用拉格朗日乘子，可将式(5.128)转化为对下式的最小化：

$$L(\boldsymbol{\theta},\boldsymbol{\lambda}_1,\lambda_2,\boldsymbol{\varepsilon}_t')=\boldsymbol{\varepsilon}'^{\mathrm{T}}_t\boldsymbol{\varepsilon}_t'+\lambda_1^{\mathrm{T}}([\boldsymbol{A}_t\quad\boldsymbol{b}_t][\boldsymbol{\theta}^{\mathrm{T}}\quad -1]^{\mathrm{T}}-\boldsymbol{H}_t(\boldsymbol{\theta})\boldsymbol{P}_{\boldsymbol{\varepsilon}_t}\boldsymbol{\varepsilon}_t')+\lambda_2\boldsymbol{\theta}^{\mathrm{T}}\boldsymbol{\Sigma}\boldsymbol{\theta} \tag{5.130}$$

基于式(5.130)，分别对 $\boldsymbol{\theta}$、$\boldsymbol{\varepsilon}_t'$求偏导，可得到求极小值的必要条件：

$$\partial L(\boldsymbol{\theta},\boldsymbol{\lambda}_1,\lambda_2,\boldsymbol{\varepsilon}_t')/\partial\boldsymbol{\theta}=\{\boldsymbol{A}_t-[\boldsymbol{F}_1'\boldsymbol{P}_{\boldsymbol{\varepsilon}_t}\boldsymbol{\varepsilon}_t'\quad\cdots\quad\boldsymbol{F}_4'\boldsymbol{P}_{\boldsymbol{\varepsilon}_t}\boldsymbol{\varepsilon}_t']\}^{\mathrm{T}}\boldsymbol{\lambda}_1+2\lambda_2\boldsymbol{\Sigma}\boldsymbol{\theta}=\boldsymbol{0} \tag{5.131}$$

$$\partial L(\boldsymbol{\theta},\boldsymbol{\lambda}_1,\lambda_2,\boldsymbol{\varepsilon}_t')/\partial\boldsymbol{\varepsilon}_t'=2\boldsymbol{\varepsilon}_t'-[\boldsymbol{H}_t(\boldsymbol{\theta})\boldsymbol{P}_{\boldsymbol{\varepsilon}_t}]^{\mathrm{T}}\boldsymbol{\lambda}_1=\boldsymbol{0} \tag{5.132}$$

由式(5.132)可得，$\boldsymbol{\varepsilon}_t'=0.5\cdot[\boldsymbol{H}_t(\boldsymbol{\theta})\boldsymbol{P}_{\boldsymbol{\varepsilon}_t}]^{\mathrm{T}}\boldsymbol{\lambda}_1$，并将其代入式(5.127)得到，$\lambda_1=2(\boldsymbol{H}_t(\boldsymbol{\theta})\boldsymbol{Q}_{\boldsymbol{\varepsilon}_t}\boldsymbol{H}_t(\boldsymbol{\theta})^{\mathrm{T}})^{-1}(\boldsymbol{A}_t\boldsymbol{\theta}-\boldsymbol{b}_t)$；进而，$\boldsymbol{\varepsilon}_t'=\boldsymbol{P}_{\boldsymbol{\varepsilon}_t}^{\mathrm{T}}\boldsymbol{H}_t(\boldsymbol{\theta})^{\mathrm{T}}(\boldsymbol{H}_t(\boldsymbol{\theta})\boldsymbol{Q}_{\boldsymbol{\varepsilon}_t}\boldsymbol{H}_t(\boldsymbol{\theta})^{\mathrm{T}})^{-1}\cdot(\boldsymbol{A}_t\boldsymbol{\theta}-\boldsymbol{b}_t)$。将 $\boldsymbol{\varepsilon}_t'$、$\boldsymbol{\lambda}_1$ 表达式代入式(5.129)，并令 $\boldsymbol{W}_{\boldsymbol{\theta}}^t=(\boldsymbol{H}_t(\boldsymbol{\theta})\boldsymbol{Q}_{\boldsymbol{\varepsilon}_t}\boldsymbol{H}_t(\boldsymbol{\theta})^{\mathrm{T}})^{-1}$，$\boldsymbol{\Lambda}_t=[\boldsymbol{F}_1'\boldsymbol{Q}_{\boldsymbol{\varepsilon}_t}\boldsymbol{H}_t(\boldsymbol{\theta})^{\mathrm{T}}\boldsymbol{W}_{\boldsymbol{\theta}}^t(\boldsymbol{A}_t\boldsymbol{\theta}-\boldsymbol{b}_t)\quad\cdots\quad\boldsymbol{F}_4'\boldsymbol{Q}_{\boldsymbol{\varepsilon}_t}\boldsymbol{H}_t(\boldsymbol{\theta})^{\mathrm{T}}\boldsymbol{W}_{\boldsymbol{\theta}}^t(\boldsymbol{A}_t\boldsymbol{\theta}-\boldsymbol{b}_t)]$，可得

$$(\boldsymbol{A}_t-\boldsymbol{\Lambda}_t)^{\mathrm{T}}\boldsymbol{W}_{\boldsymbol{\theta}}^t(\boldsymbol{A}_t\boldsymbol{\theta}-\boldsymbol{b}_t)+\lambda_2\boldsymbol{\Sigma}\boldsymbol{\theta}=\boldsymbol{0} \tag{5.133}$$

整理式(5.133),可得

$$\hat{\boldsymbol{\theta}}=[(\boldsymbol{A}_t-\boldsymbol{\Lambda}_t)^{\mathrm{T}}\boldsymbol{W}_{\boldsymbol{\theta}}^t\boldsymbol{A}_t+\lambda_2\boldsymbol{\Sigma}]^{-1}(\boldsymbol{A}_t-\boldsymbol{\Lambda}_t)^{\mathrm{T}}\boldsymbol{W}_{\boldsymbol{\theta}}^t\boldsymbol{b}_t \tag{5.134}$$

由于式(5.134)中包含未知的 λ_2,因此将式(5.134)代入式(5.128)中,可得

$$\boldsymbol{b}_t^{\mathrm{T}}\boldsymbol{W}_{\boldsymbol{\theta}}^t(\boldsymbol{A}_t-\boldsymbol{\Lambda}_t)[\boldsymbol{A}_t^{\mathrm{T}}\boldsymbol{W}_{\boldsymbol{\theta}}^t(\boldsymbol{A}_t-\boldsymbol{\Lambda}_t)+\lambda_2\boldsymbol{\Sigma}]^{-1}\boldsymbol{\Sigma}_1[(\boldsymbol{A}_t-\boldsymbol{\Lambda}_t)^{\mathrm{T}}\boldsymbol{W}_{\boldsymbol{\theta}}^t\boldsymbol{A}_t+\lambda_2\boldsymbol{\Sigma}]^{-1}(\boldsymbol{A}_t-\boldsymbol{\Lambda}_t)^{\mathrm{T}}\boldsymbol{W}_{\boldsymbol{\theta}}^t\boldsymbol{b}_t=0 \tag{5.135}$$

式(5.135)的非线性方程可化为关于 λ_2 的多项式方程,注意 $\boldsymbol{\Sigma}\cdot\boldsymbol{\Sigma}=\boldsymbol{I}$,将式(5.135)中两个[·]中的 $\boldsymbol{\Sigma}$ 提到[·]外面,可写为

$$\boldsymbol{b}_t^{\mathrm{T}}\boldsymbol{W}_{\boldsymbol{\theta}}(\boldsymbol{A}_t-\boldsymbol{\Lambda}_t)\boldsymbol{\Sigma}[\boldsymbol{A}_t^{\mathrm{T}}\boldsymbol{W}_{\boldsymbol{\theta}}^t(\boldsymbol{A}_t-\boldsymbol{\Lambda}_t)\boldsymbol{\Sigma}+\lambda_2\boldsymbol{I}]^{-1}[(\boldsymbol{A}_t-\boldsymbol{\Lambda}_t)^{\mathrm{T}}\boldsymbol{W}_{\boldsymbol{\theta}}^t\boldsymbol{A}_t\boldsymbol{\Sigma}+\lambda_2\boldsymbol{I}]^{-1}(\boldsymbol{A}_t-\boldsymbol{\Lambda}_t)^{\mathrm{T}}\boldsymbol{W}_{\boldsymbol{\theta}}^t\boldsymbol{b}_t=0 \tag{5.136}$$

对矩阵 $(\boldsymbol{A}_t-\boldsymbol{\Lambda}_t)^{\mathrm{T}}\boldsymbol{W}_{\boldsymbol{\theta}}^t\boldsymbol{A}_t\boldsymbol{\Sigma}$ 进行对角化:$(\boldsymbol{A}_t-\boldsymbol{\Lambda}_t)^{\mathrm{T}}\boldsymbol{W}_{\boldsymbol{\theta}}^t\boldsymbol{A}_t\boldsymbol{\Sigma}=\boldsymbol{U\Pi U}^{-1}$,其中,$\boldsymbol{\Pi}=\mathrm{diag}(\gamma_1,\gamma_2,\gamma_3,\gamma_4)$ 为矩阵 $(\boldsymbol{A}_t-\boldsymbol{\Lambda}_t)^{\mathrm{T}}\boldsymbol{W}_{\boldsymbol{\theta}}^t\boldsymbol{A}_t\boldsymbol{\Sigma}$ 的特征值,$\boldsymbol{U}$ 表示由特征矢量构成的矩阵。

将对角化后的 $(\boldsymbol{A}_t-\boldsymbol{\Lambda}_t)^{\mathrm{T}}\boldsymbol{W}_{\boldsymbol{\theta}}^t\boldsymbol{A}_t\boldsymbol{\Sigma}$ 代入式(5.136),可得

$$\boldsymbol{p}(\boldsymbol{\Pi}+\lambda_2\boldsymbol{I})^{-1}\boldsymbol{U}^{\mathrm{T}}\boldsymbol{U}(\boldsymbol{\Pi}+\lambda_2\boldsymbol{I})^{-1}\boldsymbol{q}=0 \tag{5.137}$$

式中:$\boldsymbol{b}_t^{\mathrm{T}}\boldsymbol{W}_{\boldsymbol{\theta}}^t(\boldsymbol{A}_t-\boldsymbol{\Lambda}_t)\boldsymbol{\Sigma}\boldsymbol{U}^{-\mathrm{T}}\triangleq\boldsymbol{p}=[p_1\quad p_2\quad p_3\quad p_4]$;$\boldsymbol{U}^{-1}(\boldsymbol{A}_t-\boldsymbol{\Lambda}_t)^{\mathrm{T}}\boldsymbol{W}_{\boldsymbol{\theta}}^t\boldsymbol{b}_t\triangleq\boldsymbol{q}=[q_1\quad q_2\quad q_3\quad q_4]^{\mathrm{T}}$。

注意:矩阵 $(\boldsymbol{A}_t-\boldsymbol{\Lambda}_t)^{\mathrm{T}}\boldsymbol{W}_{\boldsymbol{\theta}}^t\boldsymbol{A}_t\boldsymbol{\Sigma}$ 不是对称矩阵,因此无法像文献[18-19]中求解时差 CWLS 定位算法时一样消去 $\boldsymbol{U}^{\mathrm{T}}\boldsymbol{U}$ 项。令 $\boldsymbol{U}^{\mathrm{T}}\boldsymbol{U}=\{u_{ij}\}_{i,j=1,2,\cdots,4}$,式(5.137)可转化为

$$\sum_{i=1}^{4}\sum_{j=1}^{4}\frac{p_iu_{ij}q_j}{(\lambda_2+\gamma_i)(\lambda_2+\gamma_j)}=0 \tag{5.138}$$

对式(5.138)两边乘以 $\prod_{i=1}^{4}(\lambda_2+\gamma_i)^2$,则式(5.138)转化为关于 λ_2 的多项式方程,因此利用多项式求根法可方便地求出 λ_2。

因此,本文中带约束条件的时差 CTLS 定位算法(CTLS_TDOA)计算步骤如下:

(1) 令 $\boldsymbol{\Lambda}_t=\boldsymbol{0}$,$\boldsymbol{W}_{\boldsymbol{\theta}}^t=\boldsymbol{Q}_{\boldsymbol{\varepsilon}_t}^{-1}$;

(2) 求解式(5.138)得到 λ_2;

(3) 将 λ_2 代入式(5.134),利用该式求解 $\hat{\boldsymbol{\theta}}$;

(4) 更新 $\boldsymbol{\Lambda}_t$、$\boldsymbol{W}_{\boldsymbol{\theta}}^t$ 值,重复步骤(2)、(3)以便得到更为精确的解。

5.6.2 讨论分析

(1) 本文中时差 CTLS 的求解式(5.134)中,令 $\boldsymbol{\Lambda}_t=0,\lambda_2=0$,可得

$$\hat{\boldsymbol{\theta}}=[\boldsymbol{A}_t^{\mathrm{T}}\boldsymbol{W}_{\boldsymbol{\theta}}^t\boldsymbol{A}_t]^{-1}\boldsymbol{A}_t^{\mathrm{T}}\boldsymbol{W}_{\boldsymbol{\theta}}^t\boldsymbol{b}_t \tag{5.139}$$

式(5.139)即为考虑观测站位置误差时的时差 T-S WLS 定位算法[4]中的第一个 WLS 解。$\boldsymbol{\Lambda}_t$ 表示的含义是矩阵 $\boldsymbol{A}_t$ 中的噪声估计值。因此,本文中 CTLS 解(不考虑变量间约束条件时)可以解释为将噪声矩阵中的估计噪声减掉,然后再求其加权最小二乘解。

(2) 令 $\boldsymbol{\Lambda}_t=\mathbf{0}$,则式(5.134)退化为

$$\hat{\boldsymbol{\theta}}=[\boldsymbol{A}_t^{\mathrm{T}}\boldsymbol{W}_{\boldsymbol{\theta}}^t\boldsymbol{A}_t+\lambda_2\boldsymbol{\Sigma}]^{-1}\boldsymbol{A}_t^{\mathrm{T}}\boldsymbol{W}_{\boldsymbol{\theta}}^t\boldsymbol{b}_t \tag{5.140}$$

式(5.140)即为考虑观测站位置误差时的 CWLS 定位方法的表达式。需要指出的是文献[50-51]中的时差 CWLS 定位中并未考虑观测站位置误差,因此其表达式中 $\boldsymbol{W}$ 与式(2-112)的 $\boldsymbol{W}_{\boldsymbol{\theta}}^t$不相同。当噪声协方差 $\boldsymbol{Q}_{\boldsymbol{\varepsilon}_t}$未知时,可令 $\boldsymbol{Q}_{\boldsymbol{\varepsilon}_t}=\boldsymbol{I}$,则 $\boldsymbol{W}_{\boldsymbol{\theta}}^t=(\boldsymbol{H}_t(\boldsymbol{\theta})\boldsymbol{H}_t(\boldsymbol{\theta})^{\mathrm{T}})^{-1}$,式(5.140)表示为噪声协方差 $\boldsymbol{Q}_{\boldsymbol{\varepsilon}_t}$未知时的 CWLS 解。

(3) 令 $\boldsymbol{\Lambda}_t=\mathbf{0}$,当噪声协方差 $\boldsymbol{Q}_{\boldsymbol{\varepsilon}_t}$未知,并且观测矩阵和数据矢量中噪声结构未知时,令 $\boldsymbol{\Lambda}=\mathbf{0}$, $\boldsymbol{W}_{\boldsymbol{\theta}}=I$,则式(5.134)退化为与文献[29]中线性校正最小二乘(LCLS)或是文献[30]约束最小二乘(CLS)解相同的形式:

$$\hat{\boldsymbol{\theta}}=[\boldsymbol{A}_t^{\mathrm{T}}\boldsymbol{A}_t+\lambda_2\boldsymbol{\Sigma}]^{-1}\boldsymbol{A}_t^{\mathrm{T}}\boldsymbol{b}_t \tag{5.141}$$

(4) 文献[19]中提出了基于 CTLS 的时差定位算法,但并未考虑观测站位置误差,且假设各个时差误差互不相关,而实际中时差误差是相关的,并且在求解 CTLS 时直接将约束条件代入优化函数中从而消去中间变量,采用牛顿迭代法求解。文献[28]中基于 CTLS 的定位算法考虑了传感器位置误差。本节方法通过基于拉格朗日乘子求解带约束条件的 CTLS 问题,从而建立了 TDOA 定位中几种最小二乘类定位方法的统一解。

5.6.3 仿真实验

本节采用蒙特卡罗仿真对比本节所提的算法 CTLS 与 TSWLS 和 CWLS 的定位性能。观测站真实位置和速度如表5.3所列。时差测量值由真实值加上零均值高斯白噪声产生,时差噪声功率 $\sigma_t^2=10^{-4}/c^2$,其协方差矩阵分别为$\sigma_t^2=\boldsymbol{J}$,其中,$\boldsymbol{J}$ 对角线上元素为1,其余为0.5。观测站位置元素由真实值加上高斯白噪声产生,

其协方差矩阵为 $\boldsymbol{Q}_{\boldsymbol{\beta}}=\sigma_s^2\boldsymbol{R}$, $\boldsymbol{R}=\mathrm{diag}([1,1,1,2,2,2,10,10,10,40,40,40,20,20,20,3,3,3])$。辐射源位置：$\boldsymbol{u}^o=[2000\quad 2500\quad 3000]^{\mathrm{T}}$m。仿真次数为 $N=5000$，估计的均方误差计算公式为 $\mathrm{MSE}(\boldsymbol{u})=\sum_{n=1}^{N}\|\boldsymbol{u}_n-\boldsymbol{u}^o\|^2/N$。

表 5.3 观测站的真实位置和速度(m/s)

观测站序号	x_i/m	y_i/m	z_i/m	$\dot{x}_i$/m/s	$\dot{y}_i$/(m/s)	$\dot{z}_i$/(m/s)
1	300	100	150	30	-20	-20
2	400	150	100	-30	10	10
3	300	500	200	10	-20	-20
4	350	200	-100	10	20	20
5	-100	-100	-100	-20	10	10
6	200	-300	-200	10	-20	20

图 5.25 给出了 3 种算法对辐射源 $\boldsymbol{u}^o$ 的定位偏差与定位均方误差曲线图。显然，随着噪声方差的减小，3 种方法获得渐进无偏的性能，而 CTLS 的定位偏差是最小的。当噪声方差为 -20dB 时，CTLS 方法得到的定位偏差为 3.9m，而 TSWLS 和 CWLS 方法得到的定位偏差分别为 9.9m，30.9m。当噪声方差为 -10dB 时，本节方法依然可以逼近 CRLB，而 TSWLS 和 CWLS 方法已经偏离 CRLB，且噪声方差继续增加时，本节方法得到的辐射源位置和速度误差均方误差要小于其他两种方法的均方误差。

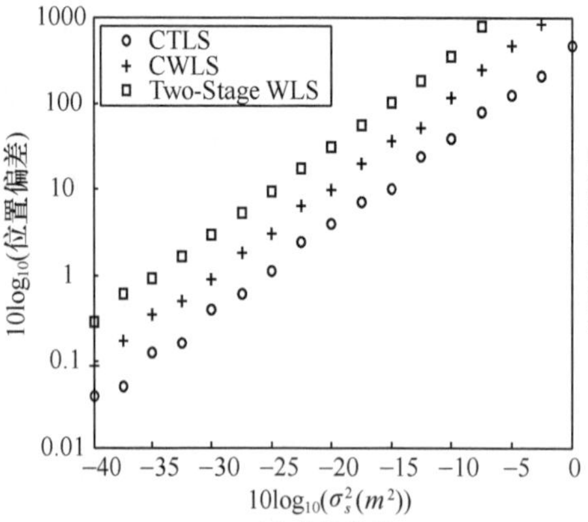

(a) 定位偏差

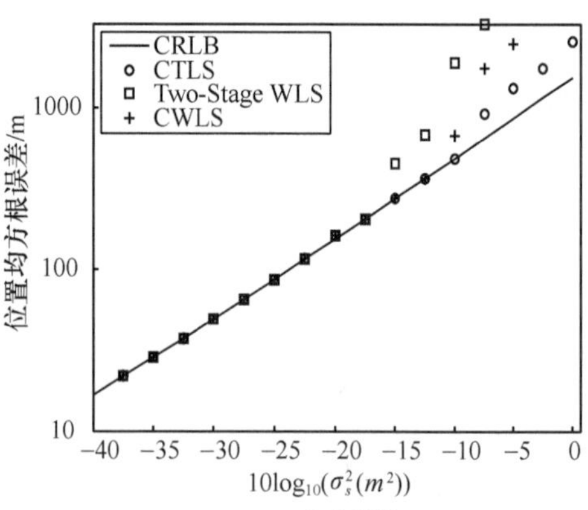

(b) 均方误差

图 5.25 不同算法得到的远场辐射源位置随观测站位置误差 σ_s^2 的变化曲线

参考文献

[1] POISEL A R. 电子战目标定位方法[M]. 王沙飞,等译. 北京:电子工业出版社, 2008.

[2] FOY W H. Position-location solution by taylor-series estimation [J]. IEEE Transactions on Aerospace and Electronic System, 1976, 12(3): 187 - 194.

[3] TORRIERI D J. Statistical theory of passive location systems[J]. IEEE Trans. On Aerospace and Electronic Systems, AES - 20, 2, 1984,3:183 - 198

[4] CHAN Y T,HO K C. A simple and efficient estimator for hyperbolic location [J]. IEEE Transactions on Signal Processing, 1994, 42(8): 1905 - 1915.

[5] ABEL J S,SMITH J O. The spherical interpolation method for closed-form passive source localization using range difference measurements [C]. In Proc. ICASSP-87 (Dallas, TX), 1987,12: 471 - 474.

[6] ABEL J S. A divide and conquer approach to least-squares estimation [J]. IEEE Trans. Aerosp. Electron. Syst. 1990, 26(3): 423 - 427.

[7] SCHAU H C,ROBINSON A Z. Passive source localization employing intersecting spherical surfaces from time-of-arrival differences [J]. IEEE Trans. Acoust. , Speech, Signal Processing, 1987, 35(3): 1223 - 1225.

[8] HO K C,YANG L. On the use of a calibration emitter for source localization in the presence of sensor position uncertainty [J]. IEEE Trans. Signal Process. 2008, 56(12): 5758 - 5772.

[9] YANG L,HO K C. Alleviating sensor position error in source localization using calibration emitters at inaccurate locations [J]. IEEE Trans. Signal Process. , 2010, 58(1): 67 - 83.

[10] 周一宇,安纬,郭福成,等. 电子对抗原理[M]. 北京:电子工业出版社, 2009.

[11] 赵国庆. 雷达对抗原理[M]. 西安: 西安电子科技大学出版社, 2001.

[12] 杨林, 孙仲康, 周一宇,等. 信号互相关实现密集信号脉冲配对[J]. 电子学报, 1999, 27(3): 52 - 55.

[13] 杨林. 无源时差定位及其信号处理研究[D]. 长沙:国防科技大学研究生院, 1998.

[14] YU H G, HUANG G M, GAO J, et al. An efficient con-strained weighted least squares algorithm for moving source location using TDOA and FDOA measure-ments [J]. IEEE Transactions on Wireless Communications, 2012, 11(3): 44 - 47.

[15] YU H G, HUANG G M, GAO J. Practical constrained least-square algorithm for moving source location using TDOA and FDOA measurements [J]. Journal of Systems Engineering and Electronics, 2012, 23(4): 488 - 494.

[16] QU F Y, GUO F C , MENG X W, et al. Constrained loca-tion algorithms based on total least squares method using TDOA and FDOA measurements [C]. IET International Conference on Automatic Control and Artificial Intelligence, Xiamen, China: IET, 2012: 2587 - 2590.

[17] LIU K, MA W, et al. Semi-definite programming algorithms for sensor network node localization

with uncertainties in anchor positions and/or propagation speed [J]. IEEE Transactions on Signal Processing, 2009, 57(2): 752 - 763.

[18] YANG K H, WANG G, LUO Z Q. Efficient convex relaxation methods for robust target localization by a sensor network using time differences of arrivals [J]. IEEE Transactions on Signal Processing, 2009, 57(7): 2775 - 2784.

[19] SO H C, HUI S P. Constrained location algorithm using TDOA measurements [J]. IEICE Transactions on Fundamentals of Science Computer and Communication Electronics, 2003, E86-A(12): 3291 - 3293.

[20] CHEUNG K W, SO H C, MA W K, et al. A constrained least squares approach to mobile positioning: algorithms and optimality [J]. EURASIP Journal Applied Signal Processing, 2006(1): 1 - 23.

[21] WEI H W, WAN Q, et al. Multidimensional scaling-based passive emitter localisation from range - difference measurements [J]. IET Signal Process, 2008, 2(4): 415 - 423.

[22] WEI H W, WAN Q, et al. A novel weighted multidimensional scaling analysis for time-of-arrival-based mobile location [J]. IEEE Transactions on Signal Processing, 2008, 56(7): 3018 - 3022.

[23] 魏和文. 被动定位参数估计与多维标度[D]. 成都:西南电子通信技术研究所, 2009.

[24] YANG L, HO K C. On using multiple calibration emitters and their geometric effects for removing sensor position errors in TDOA localization[C]. 2010 IEEE International Conference on Acoustics, Speech, and Signal Processing,2010: 2702 - 2705.

[25] K C HO. Bias reduction for an explicit solution of source localization using TDOA [J]. IEEE Trans. Signal Process,2012, 60(5): 2101 - 2114.

[26] XU B, QI W D, LI W, et al. Turbo-TSWLS: enhanced two-step weighted least squares estimator for TDOA-based localization[J]. Electronics Letters, 2012, 48(25):1597 - 1598.

[27] HO K C, LU X, KOVAVISARUCH L. Source localization using TDOA and FDOA measurements in the presence of receiver location errors: Analysis and solution[J]. IEEE Transactions on Signal Processing, 2007, 55(2): 684 - 696.

[28] 陈少昌,贺慧英,禹华刚. 传感器位置误差条件下的约束总体最小二乘时差定位算法[J]. 航空学报,2013,34(5):1165 - 1173.

[29] HUANG Y T, BENESTY J, ELKO G W, et al. Real-time passive source localization: a practical linear-correction least-squares approach[J]. IEEE Transactions on Speech Audio Processing, 2001, 9(8): 943 - 956.

[30] STOICA P, LI J. Source localization from range-difference measurements [J]. IEEE Signal Processing Magazine, 2006, 23(6): 63 - 65.

[31] 刘洋. 运动观测站测时无源定位新方法研究[D]. 长沙:国防科技大学, 2016.

[32] 曲付勇. 多站时差频差无源定位技术的研究[D]. 烟台:海军航空工程学院, 2013.

[33] SORENSON H W. Parameter estimation:Principles and problems[M]. M. Dekker,1980.

第 6 章

基于 FDOA 的多站定位方法

在实际应用中,有些信号如窄带通信信号、点频信号等,TDOA 测量误差很大甚至不能测量,而 FDOA 可以精确测量。在这种情况下若仅用 FDOA 定位,可有效地解决这些问题,因此仅用 FDOA 定位的研究对工程应用具有重要参考意义。

仅用 FDOA 定位存在以下几个问题:首先,FDOA 观测方程非线性很强,如果辐射源再存在球面约束,则很难解析求解辐射源位置;其次,观测站位置误差对定位精度影响较大,观测站位置误差对仅用 FDOA 定位的影响程度尚未研究。本章将针对这两方面的问题深入研究。

第一,存在球面约束情况下,仅用 FDOA 的定位方法研究。辐射源位于地球表面且高程已知,即辐射源位置存在球面约束。首先推导该定位场景下辐射源位置估计的 CRLB;然后将 FDOA 观测方程线性化,通过引入拉格朗日算子使得模型转化为非线性约束条件下的线性最小二乘估计;最后将使用高斯 - 牛顿算法进行迭代求解。

第二,无约束条件下仅用 FDOA 定位时,观测站位置误差对定位精度的影响。在此定位场景中,辐射源位置完全未知,不存在任何约束条件。首先推导这种定位场景下辐射源位置估计的 CRLB,将其与观测站不存在位置误差下的 CRLB 对比,分析观测站位置误差对定位性能的影响程度;然后将分析忽略观测站位置误差情况下,辐射源位置估计的理论 MSE,通过和存在观测站位置误差下 CRLB 的对比,从理论上证明忽略观测站位置误差后的估计精度达不到 CRLB;最后将在以上分析的基础上,提出一种考虑观测站位置误差的最大似然定位方法,并将在理论上证明该方法的定位精度能够达到 CRLB。

6.1 球面约束条件下仅用 FDOA 定位

6.1.1 定位模型

假设未知辐射源位于地球表面，且高程已知（这里假设高程为零），因而辐射源的位置存在球面约束。设定位场景如图 6.1 所示，在地球表面已知高度的固定辐射源，位置为 $\boldsymbol{u}=[x \quad y \quad z]^{\mathrm{T}}$，$M(M>3)$ 个观测站，位置和速度分别为 $\boldsymbol{s}_i=[x_i \quad y_i \quad z_i]^{\mathrm{T}}$，$\dot{\boldsymbol{s}}_i=[\dot{x}_i \quad \dot{y}_i \quad \dot{z}_i]^{\mathrm{T}}(i=1,2,\cdots,M)$。以第一个观测站为参考站，辐射源信号到第 i 个观测站和第一个观测站的 FDOA 为 $f_{i,1}=\dfrac{f_c}{c}(\dot{r}_i-\dot{r}_1)$，其中 f_c 为信号载频，c 为信号传播速度，$\dot{r}_i$ 为第 i 个观测站和辐射源之间的距离变化率。

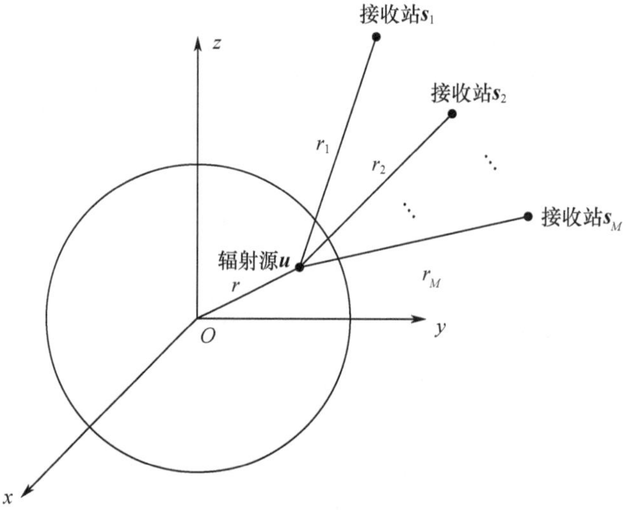

图 6.1　地球表面辐射源定位场景示意图

令 r_i 为辐射源到第 i 个观测站的距离，即

$$\begin{aligned} r_i &\triangleq \|\boldsymbol{s}_i-\boldsymbol{u}\| \\ &=\sqrt{(x_i-x)^2+(y_i-y)^2+(z_i-z)^2} \quad (i=1,2,\cdots,M) \end{aligned} \tag{6.1}$$

通过对式(6.1)求导可得距离变化率为

$$\dot{r}_i=\frac{(\boldsymbol{s}_i-\boldsymbol{u})^{\mathrm{T}}\dot{\boldsymbol{s}}_i}{r_i} \quad (i=1,2,\cdots,M) \tag{6.2}$$

这样第 i 个观测站和第1个观测站之间的FDOA为

$$f_{i,1}^{o}=\frac{f_c}{c}\dot{r}_{i,1}=\frac{f_c}{c}(\dot{r}_i-\dot{r}_1)\quad(i=2,3,\cdots,M) \tag{6.3}$$

假设辐射源的高度和本地地球半径 R 是已知的,则辐射源的位置满足以下关系:

$$\boldsymbol{u}^{\mathrm{T}}\boldsymbol{u}=R^2 \tag{6.4}$$

为了便于分析,假设地球是正球形。对于实际中地球是椭球形的情况,本节的方法仍然适用,只需将该定位结果作为初始值,进行一些迭代处理即可得椭球形下更准确的定位结果。球面约束下的仅FDOA定位问题就是通过式(6.3)、式(6.4)求解辐射源位置 $\boldsymbol{u}$。由于式(6.3)和式(6.4)非线性很强,因此很难用传统的解析方法求解,如文献[1]两步最小二乘定位方法。下面首先分析仅用FDOA定位的CRLB,然后提出球面约束条件下仅用FDOA的定位方法。

6.1.2　球面约束条件下辐射源定位的CRLB

FDOA真实值乘以信号传播速度 c 并除以信号载频 f_c 后,可得

$$\dot{r}_{i,1}^{o}=\frac{(\boldsymbol{s}_i-\boldsymbol{u})^{\mathrm{T}}\dot{\boldsymbol{s}}_i}{\|\boldsymbol{s}_i-\boldsymbol{u}\|}-\frac{(\boldsymbol{s}_1-\boldsymbol{u})^{\mathrm{T}}\dot{\boldsymbol{s}}_1}{\|\boldsymbol{s}_1-\boldsymbol{u}\|} \tag{6.5}$$

令 ε_i 为第 i 个FDOA的测量误差,这样含加性测量误差模型为

$$\dot{\boldsymbol{r}}=\boldsymbol{g}(\boldsymbol{u})+\boldsymbol{\varepsilon} \tag{6.6}$$

其中

$$\begin{cases}\dot{\boldsymbol{r}}=[\dot{r}_{2,1}\quad \dot{r}_{3,1}\quad \cdots\quad \dot{r}_{M,1}]^{\mathrm{T}}\\ \boldsymbol{g}(\boldsymbol{u})=[\dot{r}_{2,1}^{o}\quad \dot{r}_{3,1}^{o}\quad \cdots\quad \dot{r}_{M,1}^{o}]^{\mathrm{T}}\\ \boldsymbol{\varepsilon}=[\varepsilon_2\quad \varepsilon_3\quad \cdots\quad \varepsilon_M]^{\mathrm{T}}\end{cases}$$

若测量噪声是联合高斯分布,则 $\dot{\boldsymbol{r}}$ 的概率密度函数为

$$p(\dot{\boldsymbol{r}};\boldsymbol{u})=\frac{\exp\left[-\frac{1}{2}(\dot{\boldsymbol{r}}-\boldsymbol{g}(\boldsymbol{u}))^{\mathrm{T}}\boldsymbol{C}_{\boldsymbol{\varepsilon}}^{-1}(\dot{\boldsymbol{r}}-\boldsymbol{g}(\boldsymbol{u}))\right]}{\sqrt{(2\pi)^{M-1}\det(\boldsymbol{C}_{\boldsymbol{\varepsilon}})}} \tag{6.7}$$

式中:$\boldsymbol{C}_{\boldsymbol{\varepsilon}}$ 为测量噪声 $\boldsymbol{\varepsilon}$ 的协方差矩阵;det为矩阵的行列式值。由文献[2]知Fisher信息矩阵为

$$\boldsymbol{J}_{\mathrm{FDOA}}\triangleq -E\left[\frac{\partial^2\ln p(\dot{\boldsymbol{r}};\boldsymbol{u})}{\partial\boldsymbol{u}\partial\boldsymbol{u}^{\mathrm{T}}}\right] \tag{6.8}$$

对于高斯噪声情况下,Fisher信息矩阵可表示为

$$\boldsymbol{J}_{\mathrm{FDOA}}=\left[\frac{\partial \boldsymbol{g}(\boldsymbol{u})}{\partial \boldsymbol{u}}\right]^{\mathrm{T}}\boldsymbol{C}_{\varepsilon}^{-1}\left[\frac{\partial \boldsymbol{g}(\boldsymbol{u})}{\partial \boldsymbol{u}}\right] \tag{6.9}$$

其中

$$\frac{\partial \boldsymbol{g}(\boldsymbol{u})}{\partial \boldsymbol{u}}=\begin{bmatrix} \dfrac{(\boldsymbol{s}_2-\boldsymbol{u})^{\mathrm{T}}\dot{r}_2}{r_2^2}-\dfrac{(\boldsymbol{s}_1-\boldsymbol{u})^{\mathrm{T}}\dot{r}_1}{r_1^2}-\dfrac{\dot{\boldsymbol{s}}_2^{\mathrm{T}}}{r_2}+\dfrac{\dot{\boldsymbol{s}}_1^{\mathrm{T}}}{r_1} \\ \dfrac{(\boldsymbol{s}_3-\boldsymbol{u})^{\mathrm{T}}\dot{r}_3}{r_3^2}-\dfrac{(\boldsymbol{s}_1-\boldsymbol{u})^{\mathrm{T}}\dot{r}_1}{r_1^2}-\dfrac{\dot{\boldsymbol{s}}_3^{\mathrm{T}}}{r_3}+\dfrac{\dot{\boldsymbol{s}}_1^{\mathrm{T}}}{r_1} \\ \vdots \\ \dfrac{(\boldsymbol{s}_M-\boldsymbol{u})^{\mathrm{T}}\dot{r}_M}{r_M^2}-\dfrac{(\boldsymbol{s}_1-\boldsymbol{u})^{\mathrm{T}}\dot{r}_1}{r_1^2}-\dfrac{\dot{\boldsymbol{s}}_M^{\mathrm{T}}}{r_M}+\dfrac{\dot{\boldsymbol{s}}_1^{\mathrm{T}}}{r_1} \end{bmatrix}$$

由文献[4]可知，存在约束条件下未知变量估计的 CRLB 为

$$\mathrm{CRLB}(\boldsymbol{u})=\boldsymbol{J}^{-1}-\boldsymbol{J}^{-1}\boldsymbol{F}(\boldsymbol{F}\boldsymbol{J}^{-1}\boldsymbol{F})\boldsymbol{F}\boldsymbol{J}^{-1}\big|_{\boldsymbol{u}=\boldsymbol{u}^{o}} \tag{6.10}$$

式中：$\boldsymbol{J}$ 为 Fisher 信息矩阵式(6.9)；$\boldsymbol{F}$ 为约束方程对估计变量的梯度矩阵。在本文中通过对式(6.4)求导可知 $\boldsymbol{F}$ 为 $\boldsymbol{u}$。将式(6.9)代入式(6.10)，可得球面约束条件下仅用 FDOA 定位的 CRLB。

6.1.3 基于线性修正的最小二乘定位方法

最小二乘估计就是使观测的数据与预测的数据之差的平方达到最小，球面约束下仅存在频差定位问题，就是使式(6.4)和式(6.6)的误差达到最小。采用拉格朗日乘子法，代价方程为

$$\xi=(\dot{\boldsymbol{r}}-\boldsymbol{g}(\boldsymbol{u}))^{\mathrm{T}}\boldsymbol{W}(\dot{\boldsymbol{r}}-\boldsymbol{g}(\boldsymbol{u}))+\lambda(\boldsymbol{u}^{\mathrm{T}}\boldsymbol{u}-R^2) \tag{6.11}$$

式中：$\boldsymbol{W}=\boldsymbol{C}_{\varepsilon}^{-1}$，这是一个非线性约束条件下的非线性最小二乘估计问题。求解非线性最小二乘估计问题通常有两种方法：第一种方法是参数变换方法，通过寻找一个 $\boldsymbol{u}$ 的一对一变换，从而得到新空间中的一个线性信号模型，这种方法很难应用到上述定位模型中；第二种方法是使信号模型在某个标称的 $\boldsymbol{u}$ 附近进行线性化，然后应用线性最小二乘方法。

令 $\boldsymbol{u}_o$为 $\boldsymbol{u}$ 附近的值，在 $\boldsymbol{u}_o$处对 $\boldsymbol{g}(\boldsymbol{u})$线性化，可得

$$\boldsymbol{g}(\boldsymbol{u})\approx\boldsymbol{g}(\boldsymbol{u}_o)+\boldsymbol{H}(\boldsymbol{u}_o)(\boldsymbol{u}-\boldsymbol{u}_o) \tag{6.12}$$

其中

$$\boldsymbol{H}(\boldsymbol{u}_o)=\frac{\partial \boldsymbol{g}(\boldsymbol{u})}{\partial \boldsymbol{u}}\bigg|_{\boldsymbol{u}=\boldsymbol{u}_o}$$

将式(6.12)代入式(6.11)中，可得

$$\xi \approx (\dot{\boldsymbol{r}} - \boldsymbol{g}(\boldsymbol{u}_o) + \boldsymbol{H}(\boldsymbol{u}_o)\boldsymbol{u}_o - \boldsymbol{H}(\boldsymbol{u}_o)\boldsymbol{u})^{\mathrm{T}}\boldsymbol{W} \times (\dot{\boldsymbol{r}} - \boldsymbol{g}(\boldsymbol{u}_o) + \boldsymbol{H}(\boldsymbol{u}_o)\boldsymbol{u}_o - \boldsymbol{H}(\boldsymbol{u}_o)\boldsymbol{u}) + \lambda(\boldsymbol{u}^{\mathrm{T}}\boldsymbol{u} - R^2) \tag{6.13}$$

取 ξ 对 $\boldsymbol{u}$ 的梯度,可得

$$\frac{\partial \xi}{\partial \boldsymbol{u}} = -2\boldsymbol{H}^{\mathrm{T}}\boldsymbol{W}(\dot{\boldsymbol{r}} - \boldsymbol{g}(\boldsymbol{u}_o) + \boldsymbol{H}\boldsymbol{u}_o) + 2\boldsymbol{H}^{\mathrm{T}}\boldsymbol{W}\boldsymbol{H}\boldsymbol{u} + 2\lambda\boldsymbol{u} \tag{6.14}$$

式中:用 $\boldsymbol{H}$ 表示 $\boldsymbol{H}(\boldsymbol{u}_o)$。

令式(6.14)等于零,则

$$\hat{\boldsymbol{u}} = (\boldsymbol{H}^{\mathrm{T}}\boldsymbol{W}\boldsymbol{H} + \lambda\boldsymbol{I})^{-1}\boldsymbol{H}^{\mathrm{T}}\boldsymbol{W}(\dot{\boldsymbol{r}} - \boldsymbol{g}(\boldsymbol{u}_o) + \boldsymbol{H}\boldsymbol{u}_o) \tag{6.15}$$

式中:λ 为待定参数;$\boldsymbol{I}$ 为 3×3 的单位矩阵。将式(6.15)代入球面约束方程式(6.4),可得

$$(\dot{\boldsymbol{r}} - \boldsymbol{g}(\boldsymbol{u}_o) + \boldsymbol{H}\boldsymbol{u}_o)^{\mathrm{T}}\boldsymbol{W}\boldsymbol{H}(\boldsymbol{H}^{\mathrm{T}}\boldsymbol{W}\boldsymbol{H} + \lambda\boldsymbol{I})^{-2}\boldsymbol{H}^{\mathrm{T}}\boldsymbol{W}(\dot{\boldsymbol{r}} - \boldsymbol{g}(\boldsymbol{u}_o) + \boldsymbol{H}\boldsymbol{u}_o) = R^2 \tag{6.16}$$

运用特征值分解,可得

$$\boldsymbol{H}^{\mathrm{T}}\boldsymbol{W}\boldsymbol{H} = \boldsymbol{V}\boldsymbol{\Sigma}\boldsymbol{V}^{\mathrm{T}} \tag{6.17}$$

式中:$\boldsymbol{\Sigma} = \mathrm{diag}(\gamma_1, \gamma_2, \gamma_3)$,$\gamma_i$为第 i 个特征值;$\boldsymbol{V}$ 为特征矢量矩阵。将式(6.17)代入式(6.16),可得

$$(\dot{\boldsymbol{r}} - \boldsymbol{g}(\boldsymbol{u}_o) + \boldsymbol{H}\boldsymbol{u}_o)^{\mathrm{T}}\boldsymbol{W}\boldsymbol{H}\boldsymbol{V}(\boldsymbol{\Sigma} + \lambda\boldsymbol{I})^{-2}\boldsymbol{V}^{\mathrm{T}}\boldsymbol{H}^{\mathrm{T}}\boldsymbol{W}(\dot{\boldsymbol{r}} - \boldsymbol{g}(\boldsymbol{u}_o) + \boldsymbol{H}\boldsymbol{u}_o) = R^2 \tag{6.18}$$

令

$$\boldsymbol{q} = \boldsymbol{V}^{\mathrm{T}}\boldsymbol{H}^{\mathrm{T}}\boldsymbol{W}(\dot{\boldsymbol{r}} - \boldsymbol{g}(\boldsymbol{u}_o) + \boldsymbol{H}\boldsymbol{u}_o)$$

则约束方程式(6.18)简化为

$$\boldsymbol{q}^{\mathrm{T}}(\boldsymbol{\Sigma} + \lambda I)^{-2}\boldsymbol{q} = R^2 \tag{6.19}$$

这样拉格朗日乘子的函数为

$$f(\lambda) = \boldsymbol{q}^{\mathrm{T}}(\boldsymbol{\Sigma} + \lambda I)^{-2}\boldsymbol{q} - R^2 = \sum_{i=1}^{3}\frac{q_i^2}{(\lambda + \gamma_i)^2} - R^2 \tag{6.20}$$

式中:q_i 为 $\boldsymbol{q}$ 的第 i 个元素。这是关于 λ 的六次多项式,通过数值方法可以解出 λ,λ 的值不唯一,后面将分析如何选取合适的 λ。

本节讨论的是球面约束条件下的定位,所以地球半径 R 是已知量。下面分析 λ 如何修正最小二乘估计过程。

首先假设没有球面约束,则式(6.13)的最小二乘估计结果为

$$\hat{\boldsymbol{u}}_1 = (\boldsymbol{H}^{\mathrm{T}}\boldsymbol{W}\boldsymbol{H})^{-1}\boldsymbol{H}^{\mathrm{T}}\boldsymbol{W}(\dot{\boldsymbol{r}} - \boldsymbol{g}(\boldsymbol{u}_o) + \boldsymbol{H}\boldsymbol{u}_o) \tag{6.21}$$

由于忽略了球面约束，$\hat{\boldsymbol{u}}_1$是有偏估计，则

$$\hat{\boldsymbol{u}}_1=\hat{\boldsymbol{u}}+\Delta\boldsymbol{u} \tag{6.22}$$

式中：$\Delta\boldsymbol{u}$ 为修正项。将式(6.22)代入式(6.15)，可得

$$(\boldsymbol{H}^{\mathrm{T}}\boldsymbol{W}\boldsymbol{H}+\lambda\boldsymbol{I})(\hat{\boldsymbol{u}}_1-\Delta\boldsymbol{u})=\boldsymbol{H}^{\mathrm{T}}\boldsymbol{W}(\dot{\boldsymbol{r}}-\boldsymbol{g}(\boldsymbol{u}_o)+\boldsymbol{H}\boldsymbol{u}_o) \tag{6.23}$$

将式(6.21)代入式(6.23)，可得

$$(\boldsymbol{H}^{\mathrm{T}}\boldsymbol{W}\boldsymbol{H})\Delta\boldsymbol{u}=\lambda\hat{\boldsymbol{u}} \tag{6.24}$$

所以

$$\Delta\boldsymbol{u}=\lambda(\boldsymbol{H}^{\mathrm{T}}\boldsymbol{W}\boldsymbol{H})^{-1}\hat{\boldsymbol{u}} \tag{6.25}$$

将式(6.25)代入式(6.22)，可得

$$\hat{\boldsymbol{u}}_1=[\boldsymbol{I}+\lambda(\boldsymbol{H}^{\mathrm{T}}\boldsymbol{W}\boldsymbol{H})^{-1}]\hat{\boldsymbol{u}} \tag{6.26}$$

通过式(6.26)可以得到经过修正的 $\hat{\boldsymbol{u}}_2$，即

$$\hat{\boldsymbol{u}}_2=[\boldsymbol{I}+\lambda(\boldsymbol{H}^{\mathrm{T}}\boldsymbol{W}\boldsymbol{H})^{-1}]^{-1}\hat{\boldsymbol{u}}_1 \tag{6.27}$$

如果满足正则条件

$$\lim_{n\to\infty}(\lambda(\boldsymbol{H}^{\mathrm{T}}\boldsymbol{W}\boldsymbol{H})^{-1})^{n}=0 \tag{6.28}$$

则式(6.27)可展开为

$$\begin{aligned}\hat{\boldsymbol{u}}_2&=[\boldsymbol{I}+(-\lambda(\boldsymbol{H}^{\mathrm{T}}\boldsymbol{W}\boldsymbol{H})^{-1})+(-\lambda(\boldsymbol{H}^{\mathrm{T}}\boldsymbol{W}\boldsymbol{H})^{-1})^2+\cdots]\hat{\boldsymbol{u}}_1\\&=\hat{\boldsymbol{u}}_1+\sum_{n=1}^{\infty}(-\lambda(\boldsymbol{H}^{\mathrm{T}}\boldsymbol{W}\boldsymbol{H})^{-1})^{n}\hat{\boldsymbol{u}}_1\end{aligned} \tag{6.29}$$

式中：第二项为线性修正项，由式(6.28)可知 λ 必须非常小才能保证收敛，仿真过程中式(6.20)有多个根，取最接近零的根。

由式(6.29)得到 $\hat{\boldsymbol{u}}_2$，这是 $\boldsymbol{u}$ 的第一次估计值，将得到的 $\hat{\boldsymbol{u}}$ 作为新的初始值代入式(6.13)，重复上面的过程，经过多次迭代得到 $\boldsymbol{u}$ 的最终估计值。

6.1.4 定位性能仿真分析

假设地球球面约束为正球型约束，对于实际中地球是椭圆形情况，可参看相关文献提出的修正方法，将本节方法的定位结果作为初始值，迭代求解出椭球形下的定位结果。地球表面辐射源位置是西经 75.9°，北纬 45.35°。地球半径为 6378.137km，星载观测站位于距地心 42164km 的同步轨道上，它们的位置分别为 $\boldsymbol{s}_1=(50.0°\mathrm{W},2.0°\mathrm{N})$，$\boldsymbol{s}_2=(47.0°\mathrm{W},0.0°\mathrm{N})$，$\boldsymbol{s}_3=(53.0°\mathrm{W},0.0°\mathrm{N})$ 和 $\boldsymbol{s}_4=(51.5°\mathrm{W},3.0°\mathrm{N})$。它们相对于地球的速度分别为 $\dot{\boldsymbol{s}}_1=(-15.48,-13.0,$

$-772.04)$ km/h，$\dot{s}_2=(-30.78,-28.70,972.72)$ km/h，$\dot{s}_3=(-0.054,-0.041,-38.60)$ km/h 和 $\dot{s}_4=(-119.62,-95.15,1920.34)$ km/h。仿真中 FDOA 用时差变化率表示，各个时差变化率的测量噪声为独立的零均值高斯分布，方差为 σ_d^2(m/s)。均方误差为 $\text{MSE}=\sum_{i=1}^{\text{Num}}[(\hat{\boldsymbol{u}}-\boldsymbol{u})^{\text{T}}(\hat{\boldsymbol{u}}-\boldsymbol{u})]/\text{Num}$，其中 Num 为蒙特卡罗仿真次数，仿真中设为2000。最终辐射源定位精度的单位是千米。

图6.2给出了仿真结果，实线表示球面约束下仅 FDOA 定位的 CRLB。MSE1 表示用式(6.21)仿真得到的结果，即忽略球面约束条件而仅用 FDOA 定位的结果。MSE2 表示本节所提的方法，即线性修正最小二乘方法的仿真结果。从结果可以看出线性修正最小二乘方法能够较好地达到 CRLB，若不考虑球面约束则定位精度不能达到 CRLB，定位精度下降约12dB。这也验证了式(6.21)给出的估计是有偏估计，而式(6.29)的线性修正项较好地修正了这种误差。同时，从图6.2中可看出当噪声功率大于10dB时，本节方法的定位性能急速下降，而忽略球面约束的定位方法已经发散。

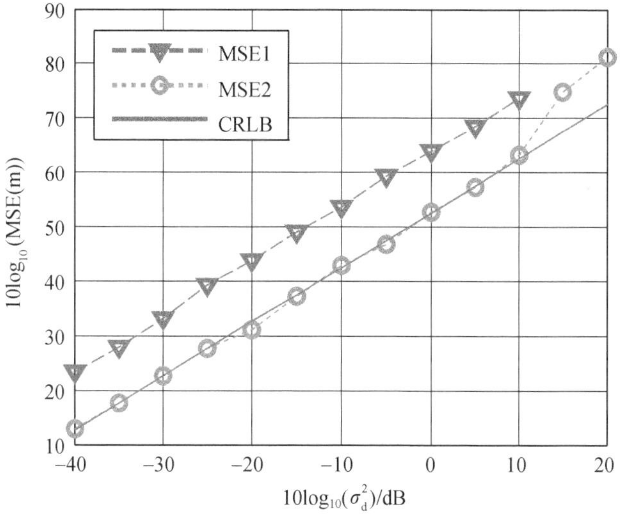

图6.2 定位精度随 FDOA 测量误差的变化

6.2 无约束条件下仅用 FDOA 定位

6.1节分析了辐射源存在球面约束情况下仅用 FDOA 定位问题，这一节将研究没有球面约束情况下仅用 FDOA 定位方法。文献[4-6]使用基于泰勒级数方法解决 FDOA 定位问题,但都没有深入分析定位精度及定位的 CRLB。下面将在已有文献基础上,研究观测站存在位置误差情况下仅用 FDOA 的定位问题。

6.2.1 定位模型

假设辐射源是静止的,有 M 个运动的观测站($M\geqslant 4$),观测站和辐射源的相对运动产生到达频率差。M 个观测站的真实位置为 $\boldsymbol{s}_i^o=[x_i^o \quad y_i^o \quad z_i^o]^{\mathrm{T}}$ 和 $\dot{\boldsymbol{s}}_i^o=[\dot{x}_i^o \quad \dot{y}_i^o \quad \dot{z}_i^o]^{\mathrm{T}}$,$\boldsymbol{s}_i^o$ 和 $\dot{\boldsymbol{s}}_i^o$ 分别为第 i 个观测站真实的位置和速度,都是未知量。而已知的观测站位置、速度和真实值之间存在误差,已知的位置和速度分别为 $\boldsymbol{s}_i=[x_i \quad y_i \quad z_i]^{\mathrm{T}}$ 和 $\dot{\boldsymbol{s}}_i=[\dot{x}_i \quad \dot{y}_i \quad \dot{z}_i]^{\mathrm{T}}$。辐射源的真实位置为 $\boldsymbol{u}^o=[x^o \quad y^o \quad z^o]^{\mathrm{T}}$,观测站位置误差矢量和速度误差矢量分别为 $\Delta\boldsymbol{s}=[\Delta\boldsymbol{s}_1^{\mathrm{T}} \quad \Delta\boldsymbol{s}_2^{\mathrm{T}} \quad \cdots \quad \Delta\boldsymbol{s}_M^{\mathrm{T}}]^{\mathrm{T}}$ 和 $\Delta\dot{\boldsymbol{s}}=[\Delta\dot{\boldsymbol{s}}_1^{\mathrm{T}} \quad \Delta\dot{\boldsymbol{s}}_2^{\mathrm{T}} \quad \cdots \quad \Delta\dot{\boldsymbol{s}}_M^{\mathrm{T}}]^{\mathrm{T}}$,$\Delta\boldsymbol{s}$ 和 $\Delta\dot{\boldsymbol{s}}$ 的各分量是独立的零均值高斯分布,协方差矩阵分别是 $E[\Delta\boldsymbol{s}\Delta\boldsymbol{s}^{\mathrm{T}}]=\boldsymbol{Q}_{\mathrm{s}}$ 和 $E[\Delta\dot{\boldsymbol{s}}\Delta\dot{\boldsymbol{s}}^{\mathrm{T}}]=\dot{\boldsymbol{Q}}_{\mathrm{s}}$。

用 r_i^o 表示第 i 个观测站与辐射源之间的真实距离,即

$$r_i^o=\|\boldsymbol{u}^o-\boldsymbol{s}_i^o\|=\sqrt{(x-x_i^o)^2+(y-y_i^o)^2+(z-z_i^o)^2} \quad (i=1,2,\cdots,M) \tag{6.30}$$

用 $\dot{r}_i^o$ 表示第 i 个观测站与辐射源之间的距离变化率,对式(6.30)求导可得

$$\dot{r}_i^o=\frac{(\boldsymbol{s}_i^o-\boldsymbol{u}^o)^{\mathrm{T}}\dot{\boldsymbol{s}}_i^o}{r_i^o} \quad (i=1,2,\cdots,M) \tag{6.31}$$

这样第 i 个观测站与第 1 个观测站之间的 FDOA 为

$$f_{i1}^o=\frac{1}{\lambda}\dot{r}_{i1}^o=\frac{1}{\lambda}(\dot{r}_i^o-\dot{r}_1^o) \quad (i=2,3,\cdots,M) \tag{6.32}$$

式中:$\lambda=\dfrac{c}{f_{\mathrm{c}}}$为信号波长,实际测量到的 FDOA 为 $f_{i1}=f_{i1}^o+\Delta f_{i1}$,$\Delta f_{i1}=\dot{n}_{i1}/\lambda$ 为测量噪声。测量到的 FDOA 可表示为

$$\begin{aligned}\dot{\boldsymbol{r}}&=[\dot{r}_{21} \quad \dot{r}_{31} \quad \cdots \quad \dot{r}_{M1}]^{\mathrm{T}}\triangleq\dot{\boldsymbol{r}}^o+\dot{\boldsymbol{n}}\\&=[\dot{r}_{21}^o \quad \dot{r}_{31}^o \quad \cdots \quad \dot{r}_{M1}^o]^{\mathrm{T}}+[\dot{n}_{21} \quad \dot{n}_{31} \quad \cdots \quad \dot{n}_{M1}]^{\mathrm{T}}\end{aligned} \tag{6.33}$$

其中 $\dot{\boldsymbol{r}}^o=[\dot{r}_{21}^o \quad \dot{r}_{31}^o \quad \cdots \quad \dot{r}_{M1}^o]^{\mathrm{T}}$;$\dot{\boldsymbol{n}}=[\dot{n}_{21} \quad \dot{n}_{31} \quad \cdots \quad \dot{n}_{M1}]^{\mathrm{T}}$,测量误差矢量 $\Delta\dot{\boldsymbol{r}}$ 是零均值高斯分布,协方差为 $E[\Delta\dot{\boldsymbol{r}}\Delta\dot{\boldsymbol{r}}^{\mathrm{T}}]=\dot{\boldsymbol{Q}}_r$。由于式(6.32)具有很强的非线性,常见的 TDOA/FDOA 联合定位中,当 TDOA 与 FDOA 成对出现时,可避免直接使用式(6.32)。但是,仅用 FDOA 定位时则必须直接利用该式,因此传统的定位方法如球面相交法、球面插值法、分类解决法以及两步最小二乘法很难用于该情形下的

定位。

6.2.2 辐射源位置估计的CRLB

本小节首先推导观测站位置存在误差情况下，仅用FDOA定位的CRLB；然后给出观测站不存在误差情况下的CRLB，并通过仿真分析两种CRLB的异同。

假设测量矢量 $\dot{\boldsymbol{r}}$ 和观测站位置 $\boldsymbol{s}$、$\dot{\boldsymbol{s}}$ 是相互独立的高斯分布，令矢量 $\boldsymbol{v}=[\dot{\boldsymbol{r}}^{\mathrm{T}}\quad \boldsymbol{s}^{\mathrm{T}}\quad \dot{\boldsymbol{s}}^{\mathrm{T}}]^{\mathrm{T}}$，$\boldsymbol{\beta}=[\boldsymbol{s}^{\mathrm{T}}\quad \dot{\boldsymbol{s}}^{\mathrm{T}}]^{\mathrm{T}}$，则有

$$
\begin{aligned}
\ln p(\boldsymbol{v};\boldsymbol{\phi}) &= \ln p(\dot{\boldsymbol{r}};\boldsymbol{\phi})+\ln p(\boldsymbol{\beta};\boldsymbol{\phi})\\
&= K_1+K_2-\frac{1}{2}(\dot{\boldsymbol{r}}-\dot{\boldsymbol{r}}^{o})^{\mathrm{T}}\dot{\boldsymbol{Q}}_{\mathrm{r}}^{-1}(\dot{\boldsymbol{r}}-\dot{\boldsymbol{r}}^{o})-\frac{1}{2}(\boldsymbol{\beta}-\boldsymbol{\beta}^{o})^{\mathrm{T}}\boldsymbol{Q}_{\boldsymbol{\beta}}^{-1}(\boldsymbol{\beta}-\boldsymbol{\beta}^{o})
\end{aligned}
\tag{6.34}
$$

式中：$K_1=-\frac{1}{2}\ln((2\pi)^{M-1}|\dot{\boldsymbol{Q}}_{\mathrm{r}}|)$，$K_2=-\frac{1}{2}\ln((2\pi)^{6M}|\boldsymbol{Q}_{\boldsymbol{\beta}}|)$，$\boldsymbol{\phi}=[\boldsymbol{u}^{\mathrm{T}}\quad \boldsymbol{s}^{\mathrm{T}}\quad \dot{\boldsymbol{s}}^{\mathrm{T}}]^{\mathrm{T}}$ 是未知参量，观测站位置误差矢量 $\Delta\boldsymbol{\beta}=[\Delta\boldsymbol{s}^{\mathrm{T}}\quad \Delta\dot{\boldsymbol{s}}^{\mathrm{T}}]^{\mathrm{T}}$ 是零均值高斯分布，协方差为

$$
E[\Delta\boldsymbol{\beta}\Delta\boldsymbol{\beta}^{\mathrm{T}}]=\boldsymbol{Q}_{\boldsymbol{\beta}}=\begin{bmatrix}\boldsymbol{Q}_{\mathrm{s}} & \boldsymbol{O}\\ \boldsymbol{O} & \dot{\boldsymbol{Q}}_{\mathrm{s}}\end{bmatrix}\tag{6.35}
$$

由文献[2]可知 ϕ 的CRLB为

$$
\mathrm{CRLB}(\phi)=-E\left[\frac{\partial^2\ln p(\boldsymbol{v};\phi)}{\partial\phi\partial\phi^{\mathrm{T}}}\right]^{-1}=\begin{bmatrix}\boldsymbol{X} & \boldsymbol{Y}\\ \boldsymbol{Y}^{\mathrm{T}} & \boldsymbol{Z}\end{bmatrix}^{-1}\tag{6.36}
$$

将式(6.34)代入式(6.36)求偏导数，可得

$$
\begin{cases}
\boldsymbol{X}=-E\left[\dfrac{\partial^2\ln p(\boldsymbol{v};\phi)}{\partial\boldsymbol{u}\partial\boldsymbol{u}^{\mathrm{T}}}\right]=\left(\dfrac{\partial\dot{\boldsymbol{r}}^{o}}{\partial\boldsymbol{u}}\right)^{\mathrm{T}}\dot{\boldsymbol{Q}}_{\mathrm{r}}^{-1}\left(\dfrac{\partial\dot{\boldsymbol{r}}^{o}}{\partial\boldsymbol{u}}\right)\\
\boldsymbol{Y}=-E\left[\dfrac{\partial^2\ln p(\boldsymbol{v};\phi)}{\partial\boldsymbol{u}\partial\boldsymbol{\beta}^{\mathrm{T}}}\right]=\left(\dfrac{\partial\dot{\boldsymbol{r}}^{o}}{\partial\boldsymbol{u}}\right)^{\mathrm{T}}\dot{\boldsymbol{Q}}_{\mathrm{r}}^{-1}\left(\dfrac{\partial\dot{\boldsymbol{r}}^{o}}{\partial\boldsymbol{\beta}}\right)\\
\boldsymbol{Z}=-E\left[\dfrac{\partial^2\ln p(\boldsymbol{v};\boldsymbol{\phi})}{\partial\boldsymbol{\beta}\partial\boldsymbol{\beta}^{\mathrm{T}}}\right]=\left(\dfrac{\partial\dot{\boldsymbol{r}}^{o}}{\partial\boldsymbol{\beta}}\right)^{\mathrm{T}}\dot{\boldsymbol{Q}}_{\mathrm{r}}^{-1}\left(\dfrac{\partial\dot{\boldsymbol{r}}^{o}}{\partial\boldsymbol{\beta}}\right)+\boldsymbol{Q}_{\boldsymbol{\beta}}^{-1}
\end{cases}\tag{6.37}
$$

式中：$\frac{\partial\dot{\boldsymbol{r}}^{o}}{\partial\boldsymbol{\beta}}=\left[\frac{\partial\dot{\boldsymbol{r}}^{o}}{\partial\boldsymbol{s}}\quad\frac{\partial\dot{\boldsymbol{r}}^{o}}{\partial\dot{\boldsymbol{s}}}\right]$；$\frac{\partial\dot{\boldsymbol{r}}^{o}}{\partial\boldsymbol{u}}$，$\frac{\partial\dot{\boldsymbol{r}}^{o}}{\partial\boldsymbol{s}}$ 和 $\frac{\partial\dot{\boldsymbol{r}}^{o}}{\partial\dot{\boldsymbol{s}}}$ 为距离变化率对位置、观测站位置和速度的矢量求导。由相关文献可知

$$
\mathrm{CRLB}(\boldsymbol{u})=\boldsymbol{X}^{-1}+\boldsymbol{X}^{-1}\boldsymbol{Y}(\boldsymbol{Z}-\boldsymbol{Y}^{\mathrm{T}}\boldsymbol{X}^{-1}\boldsymbol{Y})^{-1}\boldsymbol{Y}^{\mathrm{T}}\boldsymbol{X}^{-1}\tag{6.38}
$$

式(6.38)是考虑观测站位置误差时的CRLB，而 $\boldsymbol{X}^{-1}$ 是没有观测站位置误差时的CRLB，式(6.38)的第二项反映了观测站位置误差对定位精度的影响。

假设 FDOA 噪声大小固定为 $\sigma_f^2=10^{-5}/\lambda^2$，$\sigma_f$的单位是 Hz。$\dot{\boldsymbol{Q}}_r$是$(M-1)\times(M-1)$矩阵，对角元素为 $\lambda^2\sigma_f^2$，其他元素为 $0.5\lambda^2\sigma_f^2$。$\boldsymbol{R}_s=\sigma_s^2\text{diag}\{1,1,1,2,2,2,3,3,3,10,10,10,20,20,20,30,30,30\}$，$\sigma_s$的单位是 m。$\dot{\boldsymbol{R}}_s=0.5\boldsymbol{R}_s$。观测站的真实位置速度如表 6.1 所列。

表 6.1　观测站真实位置(m)和速度(m/s)

观测站编号	x_i/m	y_i/m	z_i/m	$\dot{x}_i$/(m/s)	$\dot{y}_i$/(m/s)	$\dot{z}_i$/(m/s)
1	300	100	150	30	-20	20
2	400	150	100	-30	10	20
3	300	500	200	10	-20	10
4	350	200	100	10	20	30
5	-100	-100	-100	-20	10	10
6	200	-300	-200	20	-10	10

图 6.3 给出当观测站位置误差不断增加时，存在观测站位置误差时的 CRLB（对角线元素和）与不存在观测站位置误差时的 CRLB 的变化曲线。图 6.3(a) 为近场辐射源情况，即辐射源离观测站距离较近，$\boldsymbol{u}=[600\quad 650\quad 550]^T$。图 6.3(b) 为远场辐射源情况，即辐射源离观测站距离较远，$\boldsymbol{u}=[2000\quad 2500\quad 3000]^T$。

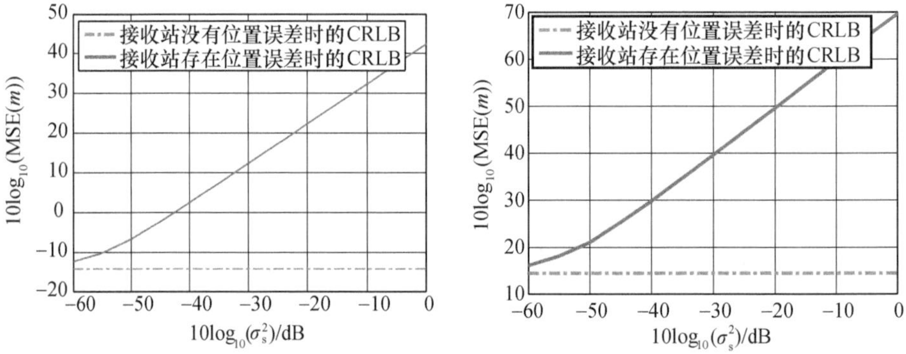

(a) 近场辐射源　　(b) 远场辐射源

图 6.3　辐射源 CRLB 随观测站位置误差变化曲线

从图 6.3 可看出随着观测站位置误差 σ_s^2 的增加，估计精度越来越偏离无误差的 CRLB。如辐射源较近的情况下，即使观测站误差非常小，$\sigma_s^2=10^{-4}$时，CRLB 增加了 16.59dB。辐射源较远的情况下也有类似特性。

假设观测站位置误差固定在 $\sigma_s^2=10^{-4}$时，FDOA 的测量噪声功率不断增加，图 6.4给出了此时存在观测站位置误差时的 CRLB（对角线元素和）与不存在观测站位置误差时的 CRLB 的变化曲线。

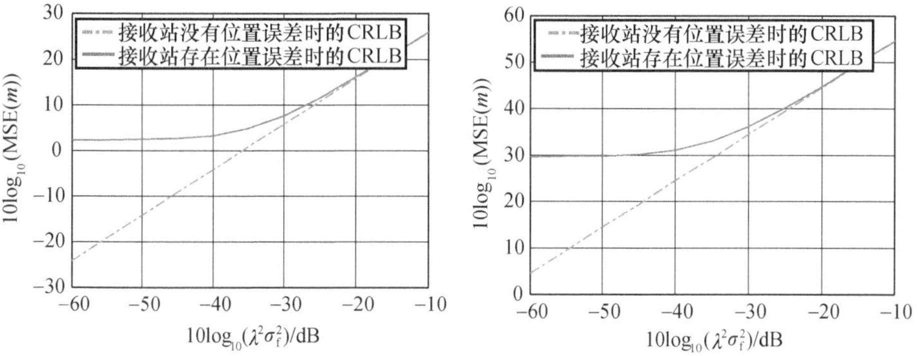

(a) 近场辐射源　　(b) 远场辐射源

图 6.4　辐射源 CRLB 随 FDOA 测量误差变化曲线

从图 6.4 可看出，在 FDOA 噪声很小时，影响定位精度的主要是观测站位置误差，而当 FDOA 噪声很大时，FDOA 噪声对定位精度的影响起主要作用，图中可看出近场辐射源和远场辐射源均有类似特性。

6.2.3　忽略观测站位置误差后定位的理论 MSE

6.2.2 节推导了在观测站存在误差的情况下，考虑误差分布特性后辐射源定位的 CRLB。本小节将从理论上分析，忽略该位置误差后辐射源定位的理论精度，即 MSE。对比二者的差异，说明在定位过程中考虑观测站位置误差的重要性。

首先定义测量变量：

$$\mathrm{g}_{i1}(\boldsymbol{u}) = \frac{(\boldsymbol{s}_i - \boldsymbol{u})^{\mathrm{T}}\dot{\boldsymbol{s}}_i}{\|\boldsymbol{s}_i - \boldsymbol{u}\|} - \frac{(\boldsymbol{s}_1 - \boldsymbol{u})^{\mathrm{T}}\dot{\boldsymbol{s}}_1}{\|\boldsymbol{s}_1 - \boldsymbol{u}\|} \tag{6.39}$$

令 $\boldsymbol{g}(\boldsymbol{u}) = [g_{21}(\boldsymbol{u})\quad g_{31}(\boldsymbol{u})\quad \cdots\quad g_{M1}(\boldsymbol{u})]^{\mathrm{T}}$，在某一点 $\boldsymbol{u}_o$ 泰勒级数展开，忽略二阶以上的项，可得

$$\boldsymbol{g}(\boldsymbol{u}) \approx \boldsymbol{g}(\boldsymbol{u}_o) + \left(\frac{\partial \boldsymbol{g}}{\partial \boldsymbol{u}}\bigg|_{\boldsymbol{u}=\boldsymbol{u}_o}\right)(\boldsymbol{u} - \boldsymbol{u}_o) \tag{6.40}$$

所以测量误差为

$$\boldsymbol{e} = \dot{\boldsymbol{r}} - \boldsymbol{g}(\boldsymbol{u}) = \dot{\boldsymbol{r}} - \boldsymbol{g}(\boldsymbol{u}_o) - \left(\frac{\partial \boldsymbol{g}}{\partial \boldsymbol{u}}\bigg|_{\boldsymbol{v}=\boldsymbol{u}_o}\right)(\boldsymbol{u} - \boldsymbol{u}_o) \tag{6.41}$$

通过使下式最小可以得到 $\boldsymbol{u}$ 的估计值：

$$\xi = \boldsymbol{e}^{\mathrm{T}}\dot{\boldsymbol{Q}}_{\mathrm{r}}\boldsymbol{e} \tag{6.42}$$

式中：$\dot{\boldsymbol{Q}}_{\mathrm{r}}$ 为加权矩阵，由最小二乘方法可知真解为

$$\boldsymbol{u}=\boldsymbol{u}_o+\left[\left(\left.\frac{\partial \boldsymbol{g}}{\partial \boldsymbol{u}}\right|_{\boldsymbol{u}=\boldsymbol{u}_o}\right)^{\mathrm{T}}\dot{\boldsymbol{Q}}_{\mathrm{r}}^{-1}\left(\left.\frac{\partial \boldsymbol{g}}{\partial \boldsymbol{u}}\right|_{\boldsymbol{u}=\boldsymbol{u}_o}\right)\right]^{-1}\left(\left.\frac{\partial \boldsymbol{g}}{\partial \boldsymbol{u}}\right|_{\boldsymbol{u}=\boldsymbol{u}_o}\right)^{\mathrm{T}}\dot{\boldsymbol{Q}}_{\mathrm{r}}^{-1}(\dot{\boldsymbol{r}}-\boldsymbol{g}(\boldsymbol{u}_o)) \tag{6.43}$$

当初始值 $\boldsymbol{u}_o$ 选为真实值 $\boldsymbol{u}^o$，这时的估计误差为

$$\boldsymbol{u}-\boldsymbol{u}^o=\left[\left(\left.\frac{\partial \boldsymbol{g}}{\partial \boldsymbol{u}}\right|_{\boldsymbol{u}=\boldsymbol{u}^o}\right)^{\mathrm{T}}\dot{\boldsymbol{Q}}_{\mathrm{r}}^{-1}\left(\left.\frac{\partial \boldsymbol{g}}{\partial \boldsymbol{u}}\right|_{\boldsymbol{u}=\boldsymbol{u}^o}\right)\right]^{-1}\left(\left.\frac{\partial \boldsymbol{g}}{\partial \boldsymbol{u}}\right|_{\boldsymbol{u}=\boldsymbol{u}^o}\right)^{\mathrm{T}}\dot{\boldsymbol{Q}}_{\mathrm{r}}^{-1}(\dot{\boldsymbol{r}}-\boldsymbol{g}(\boldsymbol{u}^o)) \tag{6.44}$$

其中

$$\left.\frac{\partial g_{i1}}{\partial \boldsymbol{u}}\right|_{\boldsymbol{u}=\boldsymbol{u}_o}=-\frac{\dot{\boldsymbol{s}}_i}{r_i}+\frac{\dot{r}_i}{(r_i)^2}(\boldsymbol{s}_i-\boldsymbol{u}_o)-\left(-\frac{\dot{\boldsymbol{s}}_1}{r_1}+\frac{\dot{r}_1}{(r_1)^2}(\boldsymbol{s}_1-\boldsymbol{u}_o)\right) \tag{6.45}$$

由式(6.44)可得 MSE 为

$$\mathrm{cov}(\boldsymbol{u}^o)=E((\boldsymbol{u}-\boldsymbol{u}^o)(\boldsymbol{u}-\boldsymbol{u}^o)^{\mathrm{T}}) \tag{6.46}$$

对 $\dot{\boldsymbol{r}}-\boldsymbol{g}(\boldsymbol{u}^o)$ 进行泰勒级数展开，忽略二阶以上误差项，可得

$$\begin{aligned}
\dot{r}_{i1}-g_{i1}(\boldsymbol{u}^o)&=\dot{n}_{i1}+\frac{(\boldsymbol{s}_i^o-\boldsymbol{u}^o)^{\mathrm{T}}\dot{\boldsymbol{s}}_i^o}{\|\boldsymbol{u}^o-\boldsymbol{s}_i^o\|}-\frac{(\boldsymbol{s}_1^o-\boldsymbol{u}^o)^{\mathrm{T}}\dot{\boldsymbol{s}}_1^o}{\|\boldsymbol{u}^o-\boldsymbol{s}_1^o\|}-\left(\frac{(\boldsymbol{s}_i-\boldsymbol{u}^o)^{\mathrm{T}}\dot{\boldsymbol{s}}_i}{\|\boldsymbol{u}^o-\boldsymbol{s}_i\|}-\frac{(\boldsymbol{s}_1-\boldsymbol{u}^o)^{\mathrm{T}}\dot{\boldsymbol{s}}_1}{\|\boldsymbol{u}^o-\boldsymbol{s}_1\|}\right)\\
&=\dot{n}_{i1}-\frac{\partial\left(\frac{(\boldsymbol{s}_i-\boldsymbol{u}^o)^{\mathrm{T}}\dot{\boldsymbol{s}}_i}{\|\boldsymbol{u}^o-\boldsymbol{s}_i\|}\right)}{\partial \boldsymbol{s}_i}\Delta\boldsymbol{s}_i-\frac{\partial\left(\frac{(\boldsymbol{s}_i-\boldsymbol{u}^o)^{\mathrm{T}}\dot{\boldsymbol{s}}_i}{\|\boldsymbol{u}^o-\boldsymbol{s}_i\|}\right)}{\partial \dot{\boldsymbol{s}}_i}\Delta\dot{\boldsymbol{s}}_i+\\
&\quad+\frac{\partial\left(\frac{(\boldsymbol{s}_1-\boldsymbol{u}^o)^{\mathrm{T}}\dot{\boldsymbol{s}}_1}{\|\boldsymbol{u}^o-\boldsymbol{s}_1\|}\right)}{\partial \boldsymbol{s}_1}\Delta\boldsymbol{s}_1+\frac{\partial\left(\frac{(\boldsymbol{s}_1-\boldsymbol{u}^o)^{\mathrm{T}}\dot{\boldsymbol{s}}_1}{\|\boldsymbol{u}^o-\boldsymbol{s}_1\|}\right)}{\partial \dot{\boldsymbol{s}}_1}\Delta\dot{\boldsymbol{s}}_1\\
&=\dot{n}_{i1}-\left[\frac{\dot{\boldsymbol{s}}_i^o}{r_i^o}-\frac{\dot{r}_i^o}{(r_i^o)^2}(\boldsymbol{s}_i^o-\boldsymbol{u}^o)\right]^{\mathrm{T}}\Delta\boldsymbol{s}_i-\frac{(\boldsymbol{s}_i^o-\boldsymbol{u}^o)^{\mathrm{T}}}{r_i}\Delta\dot{\boldsymbol{s}}_i+\\
&\quad+\left[\frac{\dot{\boldsymbol{s}}_1^o}{r_1^o}-\frac{\dot{r}_1^o}{(r_1^o)^2}(\boldsymbol{s}_1^o-\boldsymbol{u}^o)\right]^{\mathrm{T}}\Delta\boldsymbol{s}_1+\frac{(\boldsymbol{s}_1^o-\boldsymbol{u}^o)^{\mathrm{T}}}{r_1}\Delta\dot{\boldsymbol{s}}_1
\end{aligned} \tag{6.47}$$

令 $\boldsymbol{a}_i=-\dfrac{(\boldsymbol{s}_i^o-\boldsymbol{u}^o)}{r_i}$，$\boldsymbol{b}_i=-\dfrac{\dot{\boldsymbol{s}}_i^o}{r_i^o}+\dfrac{\dot{r}_i^o}{(r_i^o)^2}(\boldsymbol{s}_i^o-\boldsymbol{u}^o)$，则

$$\dot{r}_{i1}-g_{i1}(\boldsymbol{u}^o)=\dot{n}_{i1}+\boldsymbol{b}_i^{\mathrm{T}}\Delta\boldsymbol{s}_i+\boldsymbol{a}_i^{\mathrm{T}}\Delta\dot{\boldsymbol{s}}_i-\boldsymbol{b}_1^{\mathrm{T}}\Delta\boldsymbol{s}_1-\boldsymbol{a}_1^{\mathrm{T}}\Delta\dot{\boldsymbol{s}}_1 \tag{6.48}$$

所以

$$\dot{\boldsymbol{r}}-\boldsymbol{g}(\boldsymbol{u}^o)=\dot{\boldsymbol{n}}-\boldsymbol{R}\begin{pmatrix}\Delta\boldsymbol{s}\\ \Delta\dot{\boldsymbol{s}}\end{pmatrix} \tag{6.49}$$

其中

$$\boldsymbol{R}=[\boldsymbol{R}_2\quad \boldsymbol{R}_1]$$

$$\boldsymbol{R}_1(i,:)=[\boldsymbol{a}_1^{\mathrm{T}}\quad \boldsymbol{0}_{3(i-1)\times 1}^{\mathrm{T}}\quad -\boldsymbol{a}_{i+1}^{\mathrm{T}}\quad \boldsymbol{0}_{3(M-i-1)\times 1}^{\mathrm{T}}]$$

$$\boldsymbol{R}_2(i,:)=[\boldsymbol{b}_1^{\mathrm{T}}\quad \boldsymbol{0}_{3(i-1)\times 1}^{\mathrm{T}}\quad -\boldsymbol{b}_{i+1}^{\mathrm{T}}\quad \boldsymbol{0}_{3(M-i-1)\times 1}^{\mathrm{T}}]$$

将式(6.44)、式(6.49)代入式(6.46),可得

$$\begin{aligned}\mathrm{cov}(\boldsymbol{u})=&\left[\left(\left.\frac{\partial \boldsymbol{g}}{\partial \boldsymbol{u}}\right|_{\boldsymbol{u}=\boldsymbol{u}^o}\right)^{\mathrm{T}}\dot{\boldsymbol{Q}}_{\mathrm{r}}^{-1}\left(\left.\frac{\partial \boldsymbol{g}}{\partial \boldsymbol{u}}\right|_{\boldsymbol{u}=\boldsymbol{u}^o}\right)\right]^{-1}+\\&\left[\left(\left.\frac{\partial \boldsymbol{g}}{\partial \boldsymbol{u}}\right|_{\boldsymbol{u}=\boldsymbol{u}^o}\right)^{\mathrm{T}}\dot{\boldsymbol{Q}}_{\mathrm{r}}^{-1}\left(\left.\frac{\partial \boldsymbol{g}}{\partial \boldsymbol{u}}\right|_{u=u^o}\right)\right]^{-1}\left(\left.\frac{\partial \boldsymbol{g}}{\partial \boldsymbol{u}}\right|_{\boldsymbol{u}=\boldsymbol{u}^o}\right)^{\mathrm{T}}\dot{\boldsymbol{Q}}_{r}^{-1}\boldsymbol{R}\\&\boldsymbol{Q}_{\beta}\boldsymbol{R}^{\mathrm{T}}\dot{\boldsymbol{Q}}_{\mathrm{r}}^{-1}\left(\left.\frac{\partial \boldsymbol{g}}{\partial \boldsymbol{u}}\right|_{\boldsymbol{u}=\boldsymbol{u}^o}\right)\left[\left(\left.\frac{\partial \boldsymbol{g}}{\partial \boldsymbol{u}}\right|_{\boldsymbol{u}=\boldsymbol{u}^o}\right)^{\mathrm{T}}\dot{\boldsymbol{Q}}_{\mathrm{r}}^{-1}\left(\left.\frac{\partial \boldsymbol{g}}{\partial \boldsymbol{u}}\right|_{\boldsymbol{u}=\boldsymbol{u}^o}\right)\right]^{-1}\end{aligned}\tag{6.50}$$

注意到式(6.50)的第一项就是式(6.38)中的 $\boldsymbol{X}^{-1}$,即无观测站位置误差时的CRLB。但是,式(6.50)等号右边第二项和式(6.38)等号右边第二项不同,这正是能否采用观测站位置误差分布特性所带来的区别。

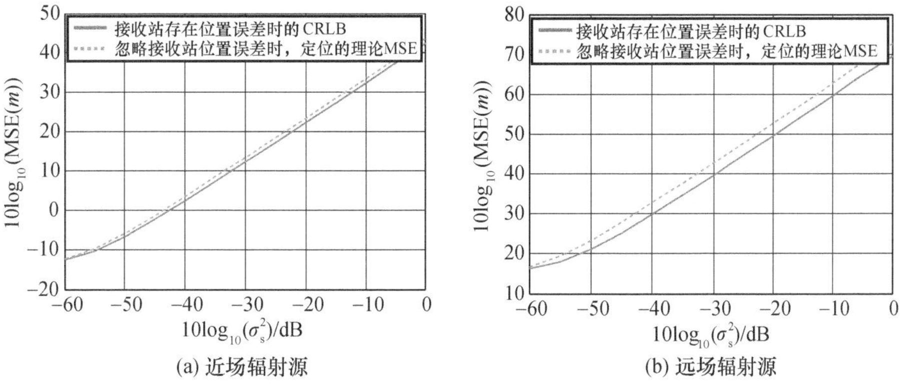

图6.5 考虑观测站位置误差的CRLB与忽略位置误差的理论MSE随位置误差变化曲线

图6.5的仿真条件同图6.4的一样,FDOA噪声误差功率固定在 $\sigma_{\mathrm{f}}^2=10^{-5}/\lambda^2$。从图中可以看出,随着观测站位置误差的增大,理论的MSE和CRLB都增加。但是,由于定位过程中不考虑该误差,理论MSE不能达到CRLB。在观测站位置误差为 −40dB 的点,图6.5(a)中MSE与CRLB的差别为1.109dB,图6.5(b)中差别为3.01dB。因此,在定位中考虑观测站位置误差具有一定的参考意义。

图6.6中观测站位置误差固定在 $\sigma_{\mathrm{s}}^2=10^{-4}$,给出定位精度的理论MSE和CRLB随FDOA噪声功率的变化曲线。从图中可以看出在FDOA噪声功率很小时,观测站位置误差对定位精度影响较大,而当FDOA噪声比观测站位置误差大很多时,观测站位置误差对定位精度影响很小。

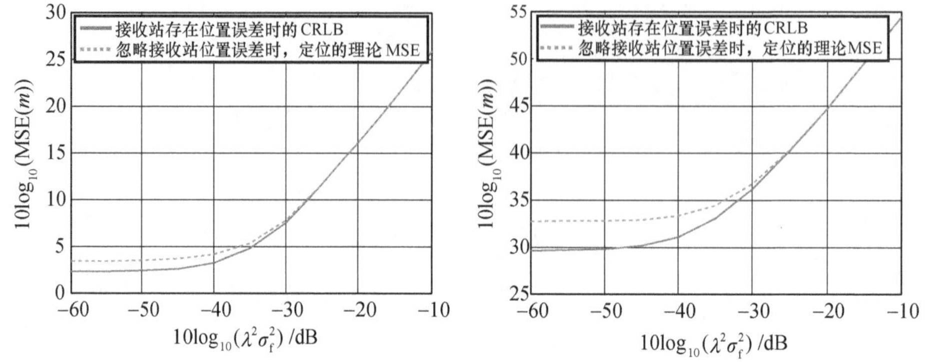

(a) 近场辐射源　　(b) 远场辐射源

图 6.6　考虑观测站位置误差的 CRLB 与忽略位置误差的理论 MSE 随 FDOA 测量误差变化曲线

6.2.4　仅用 FDOA 定位的泰勒级数展开法

令 $\boldsymbol{\theta}=[\boldsymbol{u}^{\mathrm{T}} \quad \boldsymbol{s}_1^{o\mathrm{T}} \quad \cdots \quad \boldsymbol{s}_M^{o\mathrm{T}} \quad \dot{\boldsymbol{s}}_1^{o\mathrm{T}} \quad \cdots \quad \dot{\boldsymbol{s}}_M^{o\mathrm{T}}]^{\mathrm{T}}$ 表示未知的辐射源和传感器位置、速度向量,与给定的 $7M-1$ 个观测量的关系为

$$\boldsymbol{h}(\boldsymbol{\theta}) \triangleq \boldsymbol{T}=\boldsymbol{M}-\boldsymbol{E} \tag{6.51}$$

式中:$\boldsymbol{T}=[\dot{r}_{21}^o \quad \cdots \quad \dot{r}_{M1}^o \quad \boldsymbol{s}_M^{o\mathrm{T}} \quad \cdots \quad \boldsymbol{s}_M^{o\mathrm{T}} \quad \dot{\boldsymbol{s}}_1^{o\mathrm{T}} \quad \cdots \quad \boldsymbol{s}_M^{o\mathrm{T}}]^{\mathrm{T}}$ 为观测量的真实值;$\boldsymbol{M}=[\dot{r}_{21} \quad \cdots \quad \dot{r}_{M1} \quad \boldsymbol{s}_1^{\mathrm{T}} \quad \cdots \quad \boldsymbol{s}_1^{\mathrm{T}} \quad \dot{\boldsymbol{s}}_1^{\mathrm{T}} \quad \cdots \quad \dot{\boldsymbol{s}}_M^{\mathrm{T}}]^{\mathrm{T}}$ 为观测量的估计值;$\boldsymbol{E}=[\lambda\Delta f_{21} \quad \cdots \quad \lambda\Delta f_{M1} \quad \Delta\boldsymbol{s}_1^{\mathrm{T}} \quad \cdots \quad \boldsymbol{s}_M^{\mathrm{T}} \quad \Delta\dot{\boldsymbol{s}}_1^{\mathrm{T}} \quad \cdots \quad \Delta\dot{\boldsymbol{s}}_M^{\mathrm{T}}]^{\mathrm{T}}$ 为测量误差。

假设 $\boldsymbol{E}$ 是零均值高斯分布,方差为

$$\boldsymbol{Q}=\begin{bmatrix} \dot{\boldsymbol{Q}}_{\mathrm{r}} & \boldsymbol{O}^{\mathrm{T}} & \boldsymbol{O}^{\mathrm{T}} \\ \boldsymbol{O} & \boldsymbol{Q}_{\mathrm{S}} & \boldsymbol{O}^{\mathrm{T}} \\ \boldsymbol{O} & \boldsymbol{O} & \dot{\boldsymbol{Q}}_{\mathrm{S}} \end{bmatrix}$$

式中:$\boldsymbol{O}$ 为$(3M)\times(M-1)$的零矩阵。

令 $\boldsymbol{\theta}_g=[\boldsymbol{u}_g^{\mathrm{T}} \quad \boldsymbol{s}_{1,g}^{o\ \mathrm{T}} \quad \cdots \quad \boldsymbol{s}_{M,g}^{o\ \mathrm{T}} \quad \dot{\boldsymbol{s}}_{1,g}^{o\ \mathrm{T}} \quad \cdots \quad \dot{\boldsymbol{s}}_{M,g}^{o\ \mathrm{T}}]^{\mathrm{T}}$ 是给定的初始解,则

$$f(\boldsymbol{\theta})\big|_{\boldsymbol{\theta}=\boldsymbol{\theta}_g}+\boldsymbol{A}\delta\boldsymbol{\theta}\approx\boldsymbol{M}-\boldsymbol{E} \tag{6.52}$$

式中,$\delta\theta=\theta-\theta_g$。因为 $\boldsymbol{T}=[\dot{\boldsymbol{r}} \quad \boldsymbol{s} \quad \dot{\boldsymbol{s}}]^{\mathrm{T}}$,所以

$$\boldsymbol{A}=\begin{bmatrix}\dfrac{\partial\dot{\boldsymbol{r}}}{\partial\boldsymbol{u}} & \dfrac{\partial\dot{\boldsymbol{r}}}{\partial\boldsymbol{s}} & \dfrac{\partial\dot{\boldsymbol{r}}}{\partial\dot{\boldsymbol{s}}}\\ \dfrac{\partial\boldsymbol{s}}{\partial\boldsymbol{u}} & \dfrac{\partial\boldsymbol{s}}{\partial\boldsymbol{s}} & \dfrac{\partial\boldsymbol{s}}{\partial\dot{\boldsymbol{s}}}\\ \dfrac{\partial\dot{\boldsymbol{s}}}{\partial\boldsymbol{u}} & \dfrac{\partial\dot{\boldsymbol{s}}}{\partial\boldsymbol{s}} & \dfrac{\partial\dot{\boldsymbol{s}}}{\partial\dot{\boldsymbol{s}}}\end{bmatrix}\Bigg|_{\boldsymbol{\theta}=\boldsymbol{\theta}_g} \tag{6.53}$$

式中：$\boldsymbol{A}$ 为$(7M-1)\times(6M+3)$矩阵，其中

$$\frac{\partial\dot{\boldsymbol{r}}}{\partial\boldsymbol{u}}\bigg|_{\boldsymbol{\theta}=\boldsymbol{\theta}_g}=\begin{bmatrix}-\dfrac{\dot{\boldsymbol{s}}_i^{\mathrm{T}}r_i+(\boldsymbol{u}-\boldsymbol{s}_i)^{\mathrm{T}}\dot{\boldsymbol{r}}_i}{r_i^2}+\dfrac{\dot{\boldsymbol{s}}_1^{\mathrm{T}}r_1+(\boldsymbol{u}-\boldsymbol{s}_1)^{\mathrm{T}}\dot{r}_1}{r_1^2}\\ \vdots\\ -\dfrac{\dot{\boldsymbol{s}}_M^{\mathrm{T}}r_M+(\boldsymbol{u}-\boldsymbol{s}_M)^{\mathrm{T}}\dot{r}_M}{r_M^2}+\dfrac{\dot{\boldsymbol{s}}_1^{\mathrm{T}}r_1+(\boldsymbol{u}-\boldsymbol{s}_1)^{\mathrm{T}}\dot{r}_1}{r_1^2}\end{bmatrix}\Bigg|_{\boldsymbol{\theta}=\boldsymbol{\theta}_g} \tag{6.54}$$

$$\begin{aligned}\frac{\partial\dot{\boldsymbol{r}}}{\partial\boldsymbol{s}}\bigg|_{\boldsymbol{\theta}=\boldsymbol{\theta}_g}=\operatorname{diag}\bigg\{&\frac{\dot{\boldsymbol{s}}_2^{\mathrm{T}}r_2+(\boldsymbol{u}-\boldsymbol{s}_2)^{\mathrm{T}}\dot{r}_2}{r_2^2}-\frac{\dot{\boldsymbol{s}}_1^{\mathrm{T}}r_1+(\boldsymbol{u}-\boldsymbol{s}_1)^{\mathrm{T}}\dot{r}_1}{r_1^2}\\ &,\cdots,\frac{\dot{\boldsymbol{s}}_M^{\mathrm{T}}r_M+(\boldsymbol{u}-\boldsymbol{s}_M)^{\mathrm{T}}\dot{r}_M}{r_M^2}-\frac{\dot{\boldsymbol{s}}_1^{\mathrm{T}}r_1+(\boldsymbol{u}-\boldsymbol{s}_1)^{\mathrm{T}}\dot{r}_1}{r_1^2}\bigg\}\bigg|_{\boldsymbol{\theta}=\boldsymbol{\theta}_g}\end{aligned} \tag{6.55}$$

$$\frac{\partial\dot{\boldsymbol{r}}}{\partial\dot{\boldsymbol{s}}}\bigg|_{\boldsymbol{\theta}=\boldsymbol{\theta}_g}=\operatorname{diag}\left\{-\frac{(\boldsymbol{u}-\boldsymbol{s}_2)^{\mathrm{T}}}{r_2}+\frac{(\boldsymbol{u}-\boldsymbol{s}_1)^{\mathrm{T}}}{r_1},\cdots,-\frac{(\boldsymbol{u}-\boldsymbol{s}_M)^{\mathrm{T}}}{r_M}+\frac{(\boldsymbol{u}-\boldsymbol{s}_1)^{\mathrm{T}}}{r_1}\right\}\bigg|_{\boldsymbol{\theta}=\boldsymbol{\theta}_g} \tag{6.56}$$

$$\frac{\partial\boldsymbol{s}}{\partial\boldsymbol{u}}=\frac{\partial\dot{\boldsymbol{s}}}{\partial\boldsymbol{u}}=\boldsymbol{O}_{(3M\times3)} \tag{6.57}$$

$$\frac{\partial\boldsymbol{s}}{\partial\dot{\boldsymbol{s}}}=\frac{\partial\dot{\boldsymbol{s}}}{\partial\boldsymbol{s}}=\boldsymbol{O}_{(3M\times3M)} \tag{6.58}$$

$$\frac{\partial\boldsymbol{s}}{\partial\boldsymbol{s}}=\frac{\partial\dot{\boldsymbol{s}}}{\partial\dot{\boldsymbol{s}}}=\boldsymbol{I}_{(3M\times3M)} \tag{6.59}$$

式(6.52)可近似写为

$$\boldsymbol{A}\delta\theta=\boldsymbol{W}-\boldsymbol{E} \tag{6.60}$$

其中

$$\boldsymbol{W}=\boldsymbol{M}-f(\boldsymbol{\theta})\big|_{\boldsymbol{\theta}=\boldsymbol{\theta}_g} \tag{6.61}$$

由加权最小二乘法可知：

$$\delta\boldsymbol{\theta}=[\boldsymbol{A}^{\mathrm{T}}\boldsymbol{Q}^{-1}\boldsymbol{A}]^{-1}\boldsymbol{A}^{\mathrm{T}}\boldsymbol{Q}^{-1}\boldsymbol{W} \tag{6.62}$$

得到的解为

$$\boldsymbol{\theta}^{(1)}=\boldsymbol{\theta}_g+\delta\boldsymbol{\theta} \tag{6.63}$$

以上即为泰勒级数迭代方法，重复上面过程，直到 $\delta\boldsymbol{\theta}$ 充分小。总结收敛过程如下：

$$i=0$$

$$\begin{cases}当\ \|\delta\boldsymbol{\theta}^{(i)}\|>\boldsymbol{\varepsilon}\ 且\ i\leqslant N\\ \delta\boldsymbol{\theta}^{(i+1)}=[\boldsymbol{A}^{(i)}\boldsymbol{Q}^{-1}\boldsymbol{A}^{(i)}]^{-1}\boldsymbol{A}^{(i)}\boldsymbol{Q}^{-1}\boldsymbol{W}^{(i)}\\ \boldsymbol{\theta}^{(i+1)}=\boldsymbol{\theta}^{(i)}+\delta\boldsymbol{\theta}^{(i+1)}\\ i=i+1\end{cases} \tag{6.64}$$

式中：i 为迭代次数；N 为总的迭代次数控制值；$\boldsymbol{A}^{(i)}$ 通过式(6.53)在 $\boldsymbol{\theta}_g=\boldsymbol{\theta}^{(i)}$ 处计算得到；$\boldsymbol{W}^{(i)}$ 通过式(6.61)在 $\boldsymbol{\theta}_g=\boldsymbol{\theta}^{(i)}$ 处计算得到；$\boldsymbol{\theta}^{(0)}$ 为给定的初始解；$\delta\boldsymbol{\theta}^{(0)}$ 为开始用来迭代的很大的值；$\boldsymbol{\varepsilon}$ 为一个非常小的值。

泰勒级数方法需要好的初始解，当初始解与真实解差别较大时，容易产生不收敛情况。可以采用一种检测不收敛的方法，如果当前步骤的 $\delta\boldsymbol{\theta}$ 比前一步骤的 $\delta\boldsymbol{\theta}$ 大，则此过程不收敛，需要重新设置初始解。在实际应用中，初值的选取可以利用一些先验知识，然后再用本节所提方法做更精确的估计。

由最小二乘法可知估计的均方差为

$$\operatorname{cov}(\boldsymbol{\theta})=[\boldsymbol{A}^{*\mathrm{T}}\boldsymbol{Q}^{-1}\boldsymbol{A}^{*}]^{-1} \tag{6.65}$$

式中：$\boldsymbol{A}^{*}$ 是 $\boldsymbol{A}$ 的真实解。下面将证明该方法的定位均方误差与 CRLB 一致。

将式(6.57)～式(6.59)代入式(6.53)，可得

$$\boldsymbol{A}^{*}=\begin{bmatrix}\dfrac{\partial\dot{\boldsymbol{r}}}{\partial\boldsymbol{u}} & \dfrac{\partial\dot{\boldsymbol{r}}}{\partial s} & \dfrac{\partial\dot{\boldsymbol{r}}}{\partial\dot{s}}\\ \boldsymbol{O} & \boldsymbol{I} & \boldsymbol{O}\\ \boldsymbol{O} & \boldsymbol{O} & \boldsymbol{I}\end{bmatrix} \tag{6.66}$$

将式(6.66)代入式(6.65)，可得

$$\boldsymbol{A}^{*\mathrm{T}}\boldsymbol{Q}^{-1}\boldsymbol{A}^{*}=\begin{bmatrix}\dfrac{\partial\dot{\boldsymbol{r}}}{\partial\boldsymbol{u}} & \dfrac{\partial\dot{\boldsymbol{r}}}{\partial s} & \dfrac{\partial\dot{\boldsymbol{r}}}{\partial\dot{s}}\\ \boldsymbol{O} & \boldsymbol{I} & \boldsymbol{O}\\ \boldsymbol{O} & \boldsymbol{O} & \boldsymbol{I}\end{bmatrix}^{\mathrm{T}}\begin{bmatrix}\dot{\boldsymbol{Q}}_{\mathrm{r}}^{-1} & \boldsymbol{O} & \boldsymbol{O}\\ \boldsymbol{O} & \boldsymbol{Q}_{\mathrm{s}}^{-1} & \boldsymbol{O}\\ \boldsymbol{O} & \boldsymbol{O} & \dot{\boldsymbol{Q}}_{\mathrm{s}}^{-1}\end{bmatrix}\begin{bmatrix}\dfrac{\partial\dot{\boldsymbol{r}}}{\partial\boldsymbol{u}} & \dfrac{\partial\dot{\boldsymbol{r}}}{\partial s} & \dfrac{\partial\dot{\boldsymbol{r}}}{\partial\dot{s}}\\ \boldsymbol{O} & \boldsymbol{I} & \boldsymbol{O}\\ \boldsymbol{O} & \boldsymbol{O} & \boldsymbol{I}\end{bmatrix} \tag{6.67}$$

化简式(6.67)，可得

$$\boldsymbol{A}^{*\mathrm{T}}\boldsymbol{Q}^{-1}\boldsymbol{A}^{*}=\begin{bmatrix}\dfrac{\partial\dot{\boldsymbol{r}}}{\partial\boldsymbol{u}} & \dfrac{\partial\dot{\boldsymbol{r}}}{\partial\beta}\\ \boldsymbol{O} & \boldsymbol{I}\end{bmatrix}^{\mathrm{T}}\begin{bmatrix}\dot{\boldsymbol{Q}}_{\mathrm{r}}^{-1} & \boldsymbol{O}\\ \boldsymbol{O} & \boldsymbol{Q}_{\beta}^{-1}\end{bmatrix}\begin{bmatrix}\dfrac{\partial\dot{\boldsymbol{r}}}{\partial\boldsymbol{u}} & \dfrac{\partial\dot{\boldsymbol{r}}}{\partial\beta}\\ \boldsymbol{O} & \boldsymbol{I}\end{bmatrix}$$

$$
=\begin{bmatrix} \left(\frac{\partial \dot{\boldsymbol{r}}}{\partial \boldsymbol{u}}\right)^{\mathrm{T}} \dot{\boldsymbol{Q}}_{\mathrm{r}}^{-1} \frac{\partial \dot{\boldsymbol{r}}}{\partial \boldsymbol{u}} & \left(\frac{\partial \dot{\boldsymbol{r}}}{\partial \boldsymbol{u}}\right)^{\mathrm{T}} \dot{\boldsymbol{Q}}_{\mathrm{r}}^{-1} \frac{\partial \dot{\boldsymbol{r}}}{\partial \beta} \\ \left(\frac{\partial \dot{\boldsymbol{r}}}{\partial \beta}\right)^{\mathrm{T}} \dot{\boldsymbol{Q}}_{\mathrm{r}}^{-1} \frac{\partial \dot{\boldsymbol{r}}}{\partial \boldsymbol{u}} & \left(\frac{\partial \dot{\boldsymbol{r}}}{\partial \beta}\right)^{\mathrm{T}} \dot{\boldsymbol{Q}}_{\mathrm{r}}^{-1} \frac{\partial \dot{\boldsymbol{r}}}{\partial \beta} + \boldsymbol{Q}_{\beta}^{-1} \end{bmatrix} \tag{6.68}
$$

将式(6.37)代入式(6.68)，并与式(6.36)比较，可得

$$
\begin{aligned}
\operatorname{cov}(\boldsymbol{\theta}) &= [\boldsymbol{A}^{*\mathrm{T}} \boldsymbol{Q}^{-1} \boldsymbol{A}^{*}]^{-1} \simeq \begin{bmatrix} \boldsymbol{X} & \boldsymbol{Y} \\ \boldsymbol{Y}^{\mathrm{T}} & \boldsymbol{Z} \end{bmatrix}^{-1} \\
&= \mathrm{CRLB}(\boldsymbol{\phi})
\end{aligned}
$$

因此，本书的定位方法的估计性能在低噪声情况下能够达到 CRLB。

6.2.5　定位性能仿真分析

仿真条件与 6.2.4 节相同，在图 6.7 中假设 FDOA 噪声功率固定在 $\sigma_{\mathrm{f}}^2=10^{-5}/\lambda^2$，通过变化传感器位置误差功率 σ_{s}^2，比较不考虑传感器位置误差下的 MSE（图中用 MSE 表示）、考虑传感器误差情况下的 CRLB 和 MSE（图中用 Mod-CRLB 和 Mod-MSE 表示）以及泰勒级数方法的仿真结果（图中用 Simulation MSE 表示）。仿真中初始值为真值加上对应 CRLB 值的 3 倍。仿真结果为 2000 次蒙特卡罗仿真的平均。

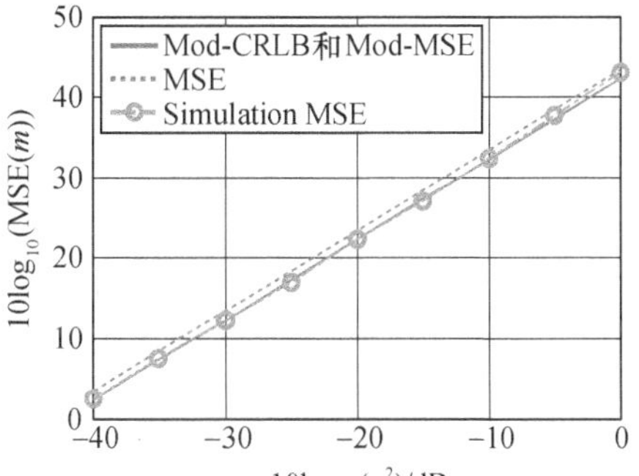

(a) 近场辐射源

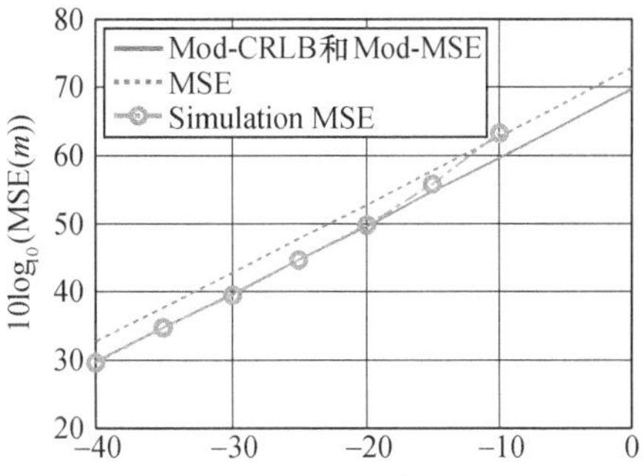

(b) 远场辐射源

图 6.7　辐射源定位精度、CRLB 和理论 MSE 随观测站位置误差变化曲线

从图 6.7 的仿真结果可以看出，定位精度近似达到了 CRLB，与不考虑传感器位置误差时的 MSE 相比，性能有一定的改进。近场辐射源定位精度改进约 1dB，远场辐射源定位精度改进约 3dB。同时从图中可看出对于远场辐射源，当 $\sigma_{\mathrm{s}}^2>0.1$ 时，泰勒级数方法不收敛。

在图 6.8 中，假设传感器位置误差固定在 $\sigma_{\mathrm{s}}^2=0.01$ 时，通过变化 FDOA 噪声功率，比较不考虑传感器位置误差下的 MSE（图中用 MSE 表示）、考虑传感器误差

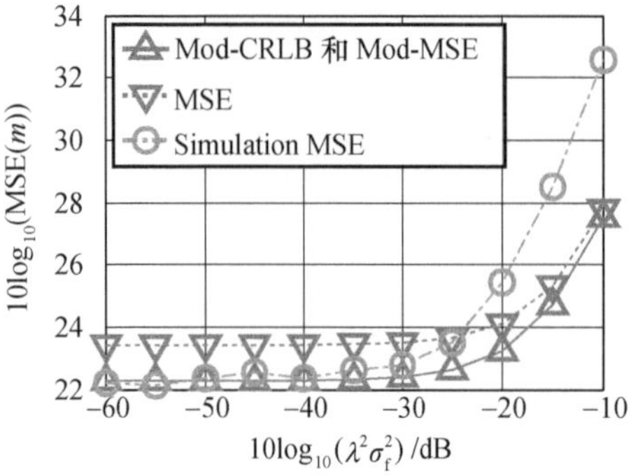

(a) 近场辐射源

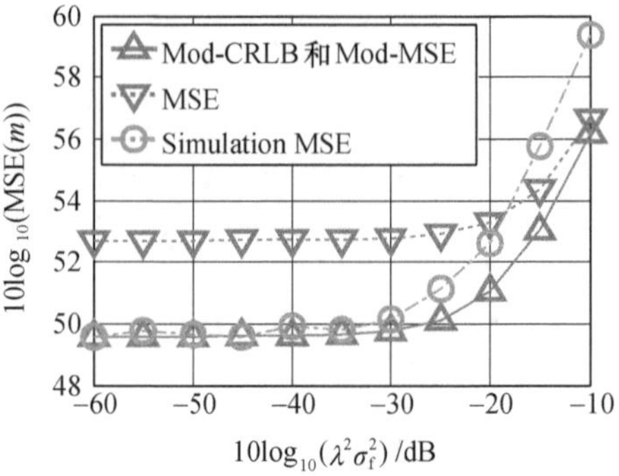

(b) 远场辐射源

图 6.8　辐射源定位精度、CRLB 和理论 MSE 随 FDOA 测量误差变化曲线

情况下的 CRLB 和 MSE(图中用 Mod-CRLB 和 Mod-MSE 表示)以及泰勒级数方法的仿真结果。每个噪声功率下仿真 1000 次蒙特卡罗仿真并取误差的平均结果。

从图 6.8 可以看出当 FDOA 噪声功率较低时,定位性能接近修正的 CRLB 和修正的 MSE,且性能明显优于不考虑传感器噪声时的定位性能。而当 FDOA 噪声功率较大时,泰勒级数方法逐渐不收敛,定位精度变差。辐射源较远的情况下,定位效果更好。

参考文献

[1] HO K C, CHAN Y T. Geolocation of a known altitude object from TDOA and FDOA measurements [J]. IEEE Trans. Aerospace and Electronic Systems, 1997, 33(3): 770 – 783.

[2] KAY STEVEN. 统计信号处理基础—估计与检测理论[M]. 罗鹏飞,张文明,等译. 北京:电子工业出版社, 2006.

[3] HO K C. Bias reduction for an explicit solution of source localization using TDOA [J]. IEEE Trans. Signal Process,2012, 60(5): 2101 – 2114.

[4] 卢鑫,朱伟强,郑同良. 多普勒频差无源定位方法研究[J]. 航天电子对抗,2008(3): 40 – 43.

[5] 张波,石昭祥. 差分多普勒定位技术的仿真研究[J]. 电光与控制,2009(3): 13 – 16.

[6] PATTISON T, CHOU S I. Sensitivity analysis of dual-satellite geolocation [J]. IEEE Trans. Aerosp. Electron. Syst, 2000, 36: 56 – 71.

[7] LI J, GUO F,JIANG W. A Linear-correction least-squares approach for geolocation using FDOA measurements only [J]. Chinese Journal of Aeronautics, 2012, 25(5):709 – 714.

[8] LI J, GUO F,JIANG W,et al. Multiple disjoint source localization with the use of calibration emitters[C]2012 IEEE. Radar confererence,IEEE,2012:0034 – 0039.

第 7 章

基于 TDOA/FDOA 的多站定位与标校方法

若目标辐射源和观测站之间存在相对运动，则观测站接收到的信号之间除了存在到达时间差（TDOA）之外，还因多普勒效应而存在到达频率差（FDOA）。因此，若利用 TDOA 和 FDOA 同时对目标位置进行估计，有可能可以提高目标位置和速度的估计[1-2]。基于 TDOA/FDOA 的多站定位方法在工程中应用很广，在学术研究中也存在大量文献。因此，研究基于 TDOA/FDOA 的多站定位与标校方法具有很现实的工程应用价值和很好的学术意义。

文献[3-5]研究了在 TDOA 定位场景下，使用标校站的定位与标校算法。在 TDOA/FDOA 联合定位场景下，如何使用单个标校站的单个辐射源定位与标校算法并未研究。而在 TDOA/FDOA 联合定位场景下，基于多个标校站的多个辐射源定位与标校算法也未深入研究。此外，各个辐射源逐个定位和多个辐射源同时定位性能的区别也未深入研究。基于以上这些问题，本章将进行三个方面的研究。

（1）在 TDOA/FDOA 定位场景下采用单个标校站的单辐射源定位与标校问题。①研究采用标校站后，辐射源定位性能的 CRLB；②将分析传统差分标校方法的理论性能，从理论上证明差分标校方法无法达到 CRLB；③提出一种解析的定位方法，该方法将首先利用来自标校站的 TDOA/FDOA 观测量修正观测站位置误差；然后用来自辐射源信号的 TDOA/FDOA 连同修正后的观测站位置估计辐射源位置信息。

（2）在 TDOA/FDOA 定位场景下辐射源存在先验位置信息时的多辐射源定位问题。将辐射源的先验位置信息建模为高斯分布，这种建模方法将统一以往三种定位场景。根据辐射源先验信息概率大小，研究如下问题：所有辐射源的位置完全未知情况下的多辐射源定位问题；部分辐射源位置存在先验信息情况下的多辐射源定位问题；所有辐射源位置存在先验信息情况下的多辐射源定位问题。本章研究这些定位场景下，定位的 CRLB 之间的联系，并分析多辐射源同时定位和单个辐射源逐个定位性能的差别。

(3) 在 TDOA/FDOA 定位场景下的自标校定位方法。在自标校定位场景中，不使用外在的标校站，但是假设一部分观测站能够辐射标校信号，从而具有类似标校站的功能。首先分析具有自标校功能后，辐射源定位性能的 CRLB，并与其他定位场景下 CRLB 对比；然后提出一种基于自标校的解析的定位方法，并对比该方法定位性能和 CRLB。

7.1 定位模型描述

我们研究基于 TDOA 和 FDOA 对运动辐射源的定位问题。图 7.1 给出了辐射源定位示意图。M 个运动观测站接收来自运动辐射源的信号，通过测量两个独立的站—站之间的时差频差来确定辐射源的位置。考虑三维情况，假设未知辐射源真实位置坐标为 $\boldsymbol{u}^o=[x^o \quad y^o \quad z^o]^{\mathrm{T}}$，速度为 $\dot{\boldsymbol{u}}^o=[\dot{x}^o \quad \dot{y}^o \quad \dot{z}^o]^{\mathrm{T}}$，$M$ 个接收观测站的真实位置和速度分别为 $\boldsymbol{s}_i^o=[x_i^o \quad y_i^o \quad z_i^o]^{\mathrm{T}}$ 和 $\dot{\boldsymbol{s}}_i^o=[\dot{x}_i^o \quad \dot{y}_i^o \quad \dot{z}_i^o]^{\mathrm{T}}(i=1,2,\cdots,M)$，为了方便起见，记 $\boldsymbol{\beta}^o=[\boldsymbol{s}^{o\mathrm{T}} \quad \dot{\boldsymbol{s}}^{o\mathrm{T}}]^{\mathrm{T}}$，其中 $\boldsymbol{s}^o=[\boldsymbol{s}_1^{o\mathrm{T}} \quad \boldsymbol{s}_2^{o\mathrm{T}} \quad \cdots \quad \boldsymbol{s}_M^{o\mathrm{T}}]^{\mathrm{T}}$，$\dot{\boldsymbol{s}}^o=[\dot{\boldsymbol{s}}_1^{o\mathrm{T}} \quad \dot{\boldsymbol{s}}_2^{o\mathrm{T}} \quad \cdots \quad \dot{\boldsymbol{s}}_M^{o\mathrm{T}}]^{\mathrm{T}}$。

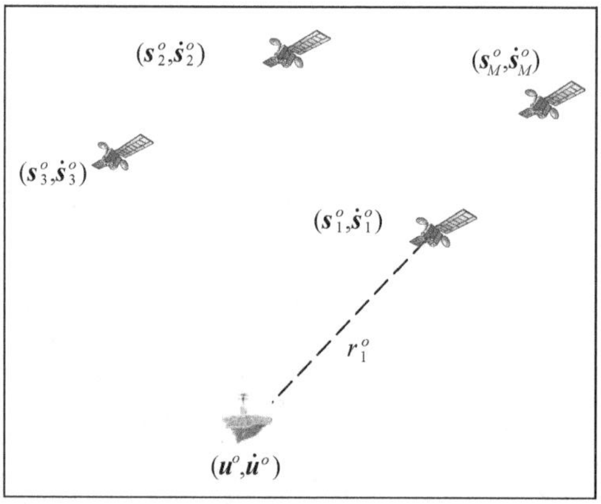

图 7.1 辐射源定位示意图

辐射源与观测站 i 之间的真实距离为

$$r_i^o=\|\boldsymbol{u}^o-\boldsymbol{s}_i^o\|=[(\boldsymbol{u}^o-\boldsymbol{s}_i^o)^{\mathrm{T}}(\boldsymbol{u}^o-\boldsymbol{s}_i^o)]^{1/2} \tag{7.1}$$

将式(7.1)两边对时间 t 求导，可得

$$\dot{r}_i^o=\frac{(\dot{\boldsymbol{u}}^o-\dot{\boldsymbol{s}}_i^o)^{\mathrm{T}}(\boldsymbol{u}^o-\boldsymbol{s}_i^o)}{r_i^o} \tag{7.2}$$

选择第一个观测站作为参考基准，则观测站 i 与观测站 1 之间的距离差为

$$r_{i1}^o = r_i^o - r_1^o \quad (i=2,3,\cdots,M) \tag{7.3}$$

将式(7.3)两边对时间 t 求导,得到距离差变化率公式:

$$\dot{r}_{i1}^o = \dot{r}_i^o - \dot{r}_1^o \quad (i=2,3,\cdots,M) \tag{7.4}$$

重写式(7.3)为 $r_{i1}^o + r_1^o = r_i^o$,将此式两边平方,并将式(7.1)代入其中,可得

$$2(\boldsymbol{s}_i^o - \boldsymbol{s}_1^o)^{\mathrm{T}}(\boldsymbol{u}^o - \boldsymbol{s}_1^o) + 2r_{i1}^o r_1^o = -r_{i1}^{o2} + (\boldsymbol{s}_i^o - \boldsymbol{s}_1^o)^{\mathrm{T}}(\boldsymbol{s}_i^o - \boldsymbol{s}_1^o) = 0 \tag{7.5}$$

对式(7.5)两边对时间 t 求导,可得

$$\begin{aligned}&(\dot{\boldsymbol{s}}_i^o - \dot{\boldsymbol{s}}_1^o)^{\mathrm{T}}(\boldsymbol{u}^o - \boldsymbol{s}_1^o) + \dot{r}_{i1}^o r_1^o + (\boldsymbol{s}_i^o - \boldsymbol{s}_1^o)^{\mathrm{T}}(\dot{\boldsymbol{u}}^o - \dot{\boldsymbol{s}}_1^o) + \\ &r_{i1}^o \dot{r}_1^o = -\dot{r}_{i1}^o r_{i1}^o + (\dot{\boldsymbol{s}}_i^o - \dot{\boldsymbol{s}}_1^o)^{\mathrm{T}}(\boldsymbol{s}_i^o - \boldsymbol{s}_1^o)\end{aligned} \tag{7.6}$$

记 $\boldsymbol{r}^o = [r_{21}^o \quad r_{31}^o \quad \cdots \quad r_{M1}^o]^{\mathrm{T}}$,$\boldsymbol{r} = [r_{21} \quad r_{31} \quad \cdots \quad r_{M1}]^{\mathrm{T}}$ 分别为真实距离差和测量距离差,$\dot{\boldsymbol{r}}^o = [\dot{r}_{21}^o \quad \dot{r}_{31}^o \quad \cdots \quad \dot{r}_{M1}^o]^{\mathrm{T}}$,$\dot{\boldsymbol{r}} = [\dot{r}_{21} \quad \dot{r}_{31} \quad \cdots \quad \dot{r}_{M1}]^{\mathrm{T}}$ 分别为真实距离差变化率和测量距离差变化率,则测量模型可表示为

$$\boldsymbol{r} = c\boldsymbol{\Delta t} = \boldsymbol{r}^o + \boldsymbol{n} \tag{7.7}$$

$$\dot{\boldsymbol{r}} = c\boldsymbol{\Delta}\dot{\boldsymbol{t}} = c\boldsymbol{F}_{\mathrm{d}}/f_0 = \dot{\boldsymbol{r}}^o + \dot{\boldsymbol{n}} \tag{7.8}$$

式中:c 为信号传播速度,记 $\boldsymbol{\alpha} = c \cdot [\boldsymbol{\Delta t}^{\mathrm{T}} \quad \boldsymbol{\Delta}\dot{\boldsymbol{t}}^{\mathrm{T}}]^{\mathrm{T}}$,$\boldsymbol{\Delta t} = [\Delta t_{21} \quad \Delta t_{31} \quad \cdots \quad \Delta t_{M1}]^{\mathrm{T}}$ $\boldsymbol{\Delta}\dot{\boldsymbol{t}} = [\Delta \dot{t}_{21} \quad \Delta \dot{t}_{31} \quad \cdots \quad \Delta \dot{t}_{M1}]^{\mathrm{T}}$ 分别为测量时差和测量时差变化率;$\boldsymbol{F}_{\mathrm{d}}$ 为频差;f_0 为辐射源频率;$\Delta\boldsymbol{\alpha} = [\boldsymbol{n}^{\mathrm{T}} \quad \dot{\boldsymbol{n}}^{\mathrm{T}}]^{\mathrm{T}}$,其中,$\boldsymbol{n} = [n_{21} \quad n_{31} \quad \cdots \quad n_{M1}]^{\mathrm{T}}$,$\dot{\boldsymbol{n}} = [\dot{n}_{21} \quad \dot{n}_{31} \quad \cdots \quad \dot{n}_{M1}]^{\mathrm{T}}$ 分别为时差和频差的加性噪声(由于距离差、距离差变化率分别与时差、频差只差一个常数 c,下面不再专门区分,视为相同)。

7.2　TDOA/FDOA 无源定位中带约束条件的 CTLS 定位算法

7.2.1　不存在观测站位置误差时的定位算法

7.2.1.1　定位算法描述与求解

根据式(7.7)、式(7.8),将时差的测量值即 $r_{i1}^o = r_{i1} - n_{i1}$ 代入式(7.5),并忽略误差的二阶项,可得

$$2(\boldsymbol{s}_i^o - \boldsymbol{s}_1^o)^{\mathrm{T}}(\boldsymbol{u}^o - \boldsymbol{s}_1^o) + 2r_{i1}r_1^o - 2n_{i1}r_1^o = -r_{i1}^2 + (\boldsymbol{s}_i^o - \boldsymbol{s}_1^o)^{\mathrm{T}}(\boldsymbol{s}_i^o - \boldsymbol{s}_1^o) + 2r_{i1}n_{i1} \tag{7.9}$$

将式(7.9)两边对时间 t 求导,可得

$$(\dot{\boldsymbol{s}}_i^o - \dot{\boldsymbol{s}}_1^o)^{\mathrm{T}}(\boldsymbol{u}^o - \boldsymbol{s}_1^o) + \dot{r}_{i1}r_1^o + (\boldsymbol{s}_i^o - \boldsymbol{s}_1^o)^{\mathrm{T}}(\dot{\boldsymbol{u}}^o - \dot{\boldsymbol{s}}_1^o) + r_{i1}\dot{r}_1^o - \dot{n}_{i1}r_1^o - n_{i1}\dot{r}_1^o$$

$$= -r_{i1}\dot{r}_{i1} + (\dot{\boldsymbol{s}}_i^o - \dot{\boldsymbol{s}}_1^o)^{\mathrm{T}}(\boldsymbol{s}_i^o - \boldsymbol{s}_1^o) + \dot{r}_{i1}n_{i1} + r_{i1}\dot{n}_{i1} \tag{7.10}$$

定义未知矢量 $\boldsymbol{\theta}_1 = [\boldsymbol{v}^{o\mathrm{T}} \quad r_1^o \quad \dot{\boldsymbol{v}}^{o\mathrm{T}} \quad \dot{r}_1^o]^{\mathrm{T}}$,其中,$\boldsymbol{v}^o = \boldsymbol{u}^o - \boldsymbol{s}_1^o$,$\dot{\boldsymbol{v}}^o = \dot{\boldsymbol{u}}^o - \dot{\boldsymbol{s}}_1^o$,并定义 r_1^o、$\dot{r}_1^o$为辅助参数,其中,$r_1^o = \|\boldsymbol{u}^o - \boldsymbol{s}_1^o\| = \|\boldsymbol{v}^o\|$,$\dot{r}_1^o = (\dot{\boldsymbol{u}}^o - \dot{\boldsymbol{s}}_1^o)^{\mathrm{T}}(\boldsymbol{u}^o - \boldsymbol{s}_1^o)/r_1^o = \dot{\boldsymbol{v}}^{o\mathrm{T}}\boldsymbol{v}^o/r_1^o$。当 $i=2,3,\cdots,M$ 时,联立式(7.9)、式(7.10),可得伪线性定位方程:

$$(\boldsymbol{A}_1 - \Delta\boldsymbol{A}_1)\boldsymbol{\theta}_1 = \boldsymbol{b}_1 - \Delta\boldsymbol{b}_1 \tag{7.11}$$

其中,

$$\boldsymbol{A}_1 = \begin{bmatrix} (\boldsymbol{s}_2^o - \boldsymbol{s}_1^o)^{\mathrm{T}} & r_{21} & \boldsymbol{0}^{\mathrm{T}} & 0 \\ \vdots & \vdots & \vdots & \vdots \\ (\boldsymbol{s}_M^o - \boldsymbol{s}_1^o)^{\mathrm{T}} & r_{M1} & \boldsymbol{0}^{\mathrm{T}} & 0 \\ (\dot{\boldsymbol{s}}_2^o - \dot{\boldsymbol{s}}_1^o)^{\mathrm{T}} & \dot{r}_{21} & (\boldsymbol{s}_2^o - \boldsymbol{s}_1^o)^{\mathrm{T}} & r_{21} \\ \vdots & \vdots & \vdots & \vdots \\ (\dot{\boldsymbol{s}}_M^o - \dot{\boldsymbol{s}}_1^o)^{\mathrm{T}} & \dot{r}_{M1} & (\boldsymbol{s}_M^o - \boldsymbol{s}_1^o)^{\mathrm{T}} & r_{M1} \end{bmatrix}, \Delta\boldsymbol{A}_1 = \begin{bmatrix} \boldsymbol{0}^{\mathrm{T}} & n_{21} & \boldsymbol{0}^{\mathrm{T}} & 0 \\ \vdots & \vdots & \vdots & \vdots \\ \boldsymbol{0}^{\mathrm{T}} & n_{M1} & \boldsymbol{0}^{\mathrm{T}} & 0 \\ \boldsymbol{0}^{\mathrm{T}} & \dot{n}_{21} & \boldsymbol{0}^{\mathrm{T}} & n_{21} \\ \vdots & \vdots & \vdots & \vdots \\ \boldsymbol{0}^{\mathrm{T}} & \dot{n}_{M1} & \boldsymbol{0}^{\mathrm{T}} & n_{M1} \end{bmatrix}$$

$$\boldsymbol{b}_1 = \begin{bmatrix} 0.5[-r_{21}^2 + (\boldsymbol{s}_2^o - \boldsymbol{s}_1^o)^{\mathrm{T}}(\boldsymbol{s}_2^o - \boldsymbol{s}_1^o)] \\ \vdots \\ 0.5[-r_{M1}^2 + (\boldsymbol{s}_M^o - \boldsymbol{s}_1^o)^{\mathrm{T}}(\boldsymbol{s}_M^o - \boldsymbol{s}_1^o)] \\ -r_{21}\dot{r}_{21} + (\dot{\boldsymbol{s}}_2^o - \dot{\boldsymbol{s}}_1^o)^{\mathrm{T}}(\boldsymbol{s}_2^o - \boldsymbol{s}_1^o) \\ \vdots \\ -r_{M1}\dot{r}_{M1} + (\dot{\boldsymbol{s}}_M^o - \dot{\boldsymbol{s}}_1^o)^{\mathrm{T}}(\boldsymbol{s}_M^o - \boldsymbol{s}_1^o) \end{bmatrix}, \Delta\boldsymbol{b}_1 = \begin{bmatrix} -r_{21}n_{21} \\ \vdots \\ -r_{M1}n_{M1} \\ -\dot{r}_{21}n_{21} - r_{21}\dot{n}_{21} \\ \vdots \\ -\dot{r}_{M1}n_{M1} - r_{M1}\dot{n}_{M1} \end{bmatrix}$$

式(7.11)可看作数据矢量 $\boldsymbol{b}_1$和观测矩阵 $\boldsymbol{A}_1$中都存在噪声扰动的线性方程组,并且从 $\Delta\boldsymbol{A}_1$和 $\Delta\boldsymbol{b}_1$具体表达式中可看出 $\Delta\boldsymbol{A}_1$和 $\Delta\boldsymbol{b}_1$中噪声分量具有不同的误差方差,且具有相关性,因此将其建模为 CTLS 模型[6-10]。

式(7.11)中噪声矩阵 $\Delta\boldsymbol{A}_1$和噪声矢量 $\Delta\boldsymbol{b}_1$可表示为

$$\Delta\boldsymbol{A}_1 = [\boldsymbol{0}_{2(M-1)\times 3} \quad \boldsymbol{F}_1\Delta\boldsymbol{\alpha} \quad \boldsymbol{0}_{2(M-1)\times 3} \quad \boldsymbol{F}_2\Delta\boldsymbol{\alpha}], \Delta\boldsymbol{b}_1 = \boldsymbol{F}_3\Delta\boldsymbol{\alpha} \tag{7.12}$$

式中:$\boldsymbol{F}_1$、$\boldsymbol{F}_2$、$\boldsymbol{F}_3$分别为系数矩阵,可定义如下:

$$\boldsymbol{F}_1 = \boldsymbol{I}_{2(M-1)\times 2(M-1)}, \boldsymbol{F}_2 = \begin{bmatrix} \boldsymbol{0}_{(M-1)\times(M-1)} & \boldsymbol{0}_{(M-1)\times(M-1)} \\ \boldsymbol{I}_{(M-1)\times(M-1)} & \boldsymbol{0}_{(M-1)\times(M-1)} \end{bmatrix}, \boldsymbol{F}_3 = \begin{bmatrix} -\boldsymbol{B} & \boldsymbol{0}_{(M-1)\times(M-1)} \\ -\dot{\boldsymbol{B}} & -\boldsymbol{B} \end{bmatrix}$$

$$\boldsymbol{B} = \mathrm{diag}(r_{21},\cdots,r_{M1}), \dot{\boldsymbol{B}} = \mathrm{diag}(\dot{r}_{21},\cdots,\dot{r}_{M1})。$$

注意,$\Delta\boldsymbol{\alpha}$ 中各项误差具有相关性,并且具有不同的方差,需要对 $\Delta\boldsymbol{\alpha}$ 进行白化处理。令 $\boldsymbol{Q}_\alpha = E[\Delta\boldsymbol{\alpha}\Delta\boldsymbol{\alpha}^{\mathrm{T}}]$,对 $\boldsymbol{Q}_\alpha$作 Cholesky 分解[24] $\boldsymbol{Q}_\alpha = \boldsymbol{P}_\alpha\boldsymbol{P}_\alpha^{\mathrm{T}}$,可得到 $\Delta\boldsymbol{\alpha}$ 的白化矢量 $\Delta\boldsymbol{\alpha}' = \boldsymbol{P}_\alpha^{-1}\Delta\boldsymbol{\alpha}$(需要指出的是,在定位解表达式中并不需要分解得到 $\boldsymbol{P}_\alpha$)。将

式(7.11)移项,并整理可得

$$\begin{aligned}[\boldsymbol{A}_1 \quad \boldsymbol{b}_1][\boldsymbol{\theta}_1^{\mathrm{T}} \quad -1]^{\mathrm{T}} &= [\Delta\boldsymbol{A}_1 \quad \Delta\boldsymbol{b}_1][\boldsymbol{\theta}_1^{\mathrm{T}} \quad -1]^{\mathrm{T}} \\ &= [\boldsymbol{0}_{2(M-1)\times 3} \quad \boldsymbol{F}_1\Delta\boldsymbol{\alpha} \quad \boldsymbol{0}_{2(M-1)\times 3} \quad \boldsymbol{F}_2\Delta\boldsymbol{\alpha} \quad \boldsymbol{F}_3\Delta\boldsymbol{\alpha}][\boldsymbol{\theta}_1^{\mathrm{T}} \quad -1]^{\mathrm{T}} \\ &= (\theta_4\boldsymbol{F}_1 + \theta_8\boldsymbol{F}_2 - \boldsymbol{F}_3)\Delta\boldsymbol{\alpha} = \boldsymbol{H}(\boldsymbol{\theta}_1)\boldsymbol{P}_\alpha\Delta\boldsymbol{\alpha}'\end{aligned} \tag{7.13}$$

式中:$\boldsymbol{H}(\boldsymbol{\theta}_1) \triangleq \theta_4\boldsymbol{F}_1 + \theta_8\boldsymbol{F}_2 - \boldsymbol{F}_3$;$\theta_i$为$\boldsymbol{\theta}_1$的第$i$个元素。

根据辅助变量r_1^o、$\dot{r}_1^o$的定义式,将其表示为关于矢量$\boldsymbol{\theta}_1$的表达式:

$$\boldsymbol{\theta}_1^{\mathrm{T}}\boldsymbol{\Sigma}_1\boldsymbol{\theta}_1 = 0, \boldsymbol{\theta}_1^{\mathrm{T}}\boldsymbol{\Sigma}_2\boldsymbol{\theta}_1 = 0 \tag{7.14}$$

式中:$\boldsymbol{\Sigma}_1 = \begin{bmatrix} \boldsymbol{\Sigma}_{11} & \boldsymbol{O} \\ \boldsymbol{O} & \boldsymbol{O} \end{bmatrix}$;$\boldsymbol{\Sigma}_2 = \begin{bmatrix} \boldsymbol{O} & \boldsymbol{\Sigma}_{12} \\ \boldsymbol{\Sigma}_{21} & \boldsymbol{O} \end{bmatrix}$;$\boldsymbol{\Sigma}_{11} = \boldsymbol{\Sigma}_{12} = \boldsymbol{\Sigma}_{21} = \mathrm{diag}(1,1,1,-1)$;$\boldsymbol{O}$为零矩阵。

需要指出的是文献[11]中,将式(7.14)中两个表达式相加后合为一个表达式,这是不正确的,附录E中给予了说明。

求解TDOA/FDOA的CTLS解,即为了在满足约束表达式(7.13)、式(7.14)条件下,求解未知矢量$\boldsymbol{\theta}_1$,使得矢量$\Delta\boldsymbol{\alpha}'$的范数平方最小化,可表示为

$$\begin{aligned}&\min_{\Delta\boldsymbol{\alpha}',\boldsymbol{\theta}_1} \|\Delta\boldsymbol{\alpha}'\|^2 \\ &\text{s.t.} \begin{cases} \boldsymbol{A}_1\boldsymbol{\theta}_1 - \boldsymbol{b}_1 = \boldsymbol{H}(\boldsymbol{\theta}_1)\boldsymbol{P}_\alpha\Delta\boldsymbol{\alpha}' \\ \boldsymbol{\theta}_1^{\mathrm{T}}\boldsymbol{\Sigma}_1\boldsymbol{\theta}_1 = 0, \boldsymbol{\theta}_1^{\mathrm{T}}\boldsymbol{\Sigma}_2\boldsymbol{\theta}_1 = 0 \end{cases}\end{aligned} \tag{7.15}$$

利用拉格朗日乘子,可将式(7.15)转化为对下式的最小化:

$$\begin{aligned}L(\boldsymbol{\theta}_1, \boldsymbol{\lambda}_1, \lambda_2, \lambda_3, \Delta\boldsymbol{\alpha}') = {}& \Delta\boldsymbol{\alpha}'^{\mathrm{T}}\Delta\boldsymbol{\alpha}' + \boldsymbol{\lambda}_1^{\mathrm{T}}(\boldsymbol{A}_1\boldsymbol{\theta}_1 - \boldsymbol{b}_1 - \boldsymbol{H}(\boldsymbol{\theta}_1)\boldsymbol{P}_\alpha\Delta\boldsymbol{\alpha}') + \\ & \lambda_2\boldsymbol{\theta}_1^{\mathrm{T}}\boldsymbol{\Sigma}_1\boldsymbol{\theta}_1 + \lambda_3\boldsymbol{\theta}_1^{\mathrm{T}}\boldsymbol{\Sigma}_2\boldsymbol{\theta}_1\end{aligned} \tag{7.16}$$

基于式(7.16)分别对$\boldsymbol{\theta}_1$、$\Delta\boldsymbol{\alpha}'$求偏导数,可得到求极小值的必要条件:

$$\begin{aligned}\frac{\partial L(\boldsymbol{\theta}_1, \boldsymbol{\lambda}_1, \lambda_2, \lambda_3, \Delta\boldsymbol{\alpha}')}{\partial\boldsymbol{\theta}_1} = {}& \{\boldsymbol{A}_1 - [\boldsymbol{0}_{2(M-1)\times 3}, \boldsymbol{F}_1\boldsymbol{P}_\alpha\Delta\boldsymbol{\alpha}', \boldsymbol{0}_{2(M-1)\times 3}, \boldsymbol{F}_2\boldsymbol{P}_\alpha\Delta\boldsymbol{\alpha}']\}^{\mathrm{T}}\boldsymbol{\lambda}_1 \\ & + 2\lambda_2\boldsymbol{\Sigma}_1\boldsymbol{\theta}_1 + 2\lambda_3\boldsymbol{\Sigma}_2\boldsymbol{\theta}_1 = \boldsymbol{0}\end{aligned} \tag{7.17}$$

$$\partial L(\boldsymbol{\theta}_1, \boldsymbol{\lambda}_1, \lambda_2, \lambda_3, \Delta\boldsymbol{\alpha}')/\partial\Delta\boldsymbol{\alpha}' = 2\Delta\boldsymbol{\alpha}' - [\boldsymbol{H}(\boldsymbol{\theta}_1)\boldsymbol{P}_\alpha]^{\mathrm{T}}\lambda_1 = \boldsymbol{0} \tag{7.18}$$

由式(7.18)可得,$\Delta\boldsymbol{\alpha}' = 0.5 \cdot [\boldsymbol{H}(\boldsymbol{\theta}_1)\boldsymbol{P}_\alpha]^{\mathrm{T}}\boldsymbol{\lambda}_1$,并将其代入式(7.13),可得$\boldsymbol{\lambda}_1 = 2(\boldsymbol{H}(\boldsymbol{\theta}_1)\boldsymbol{Q}_\alpha\boldsymbol{H}(\boldsymbol{\theta}_1)^{\mathrm{T}})^{-1}(\boldsymbol{A}_1\boldsymbol{\theta}_1 - \boldsymbol{b}_1)$;进而,$\Delta\boldsymbol{\alpha}' = \boldsymbol{P}_\alpha^{\mathrm{T}}\boldsymbol{H}(\boldsymbol{\theta}_1)^{\mathrm{T}}(\boldsymbol{H}(\boldsymbol{\theta}_1)\boldsymbol{Q}_\alpha\boldsymbol{H}(\boldsymbol{\theta}_1)^{\mathrm{T}})^{-1} \cdot (\boldsymbol{A}_1\boldsymbol{\theta}_1 - \boldsymbol{b}_1)$。将$\Delta\boldsymbol{\alpha}'$、$\boldsymbol{\lambda}_1$表达式代入式(7.18),并令$\boldsymbol{W}_{\boldsymbol{\theta}_1} = [\boldsymbol{H}(\boldsymbol{\theta}_1)\boldsymbol{Q}_\alpha\boldsymbol{H}(\boldsymbol{\theta}_1)^{\mathrm{T}}]^{-1}$,$\boldsymbol{\Lambda} = [\boldsymbol{0}_{2(M-1)\times 3} \quad \boldsymbol{F}_1\boldsymbol{Q}_\alpha\boldsymbol{H}(\boldsymbol{\theta}_1)^{\mathrm{T}}\boldsymbol{W}_{\boldsymbol{\theta}_1}(\boldsymbol{A}_1\boldsymbol{\theta} - \boldsymbol{b}_1) \quad \boldsymbol{0}_{2(M-1)\times 3} \quad \boldsymbol{F}_2\boldsymbol{Q}_\alpha\boldsymbol{H}(\boldsymbol{\theta}_1)^{\mathrm{T}}\boldsymbol{W}_{\boldsymbol{\theta}_1}(\boldsymbol{A}_1\boldsymbol{\theta} - \boldsymbol{b}_1)]$,可得

$$2(\boldsymbol{A}_1 - \boldsymbol{\Lambda})^{\mathrm{T}}\boldsymbol{W}_{\boldsymbol{\theta}_1}(\boldsymbol{A}_1\boldsymbol{\theta}_1 - \boldsymbol{b}_1) + 2\lambda_2\boldsymbol{\Sigma}_1\boldsymbol{\theta}_1 + 2\lambda_3\boldsymbol{\Sigma}_2\boldsymbol{\theta}_1 = \boldsymbol{0} \tag{7.19}$$

整理式(7.19),可得

$$\hat{\boldsymbol{\theta}}_1 = [(\boldsymbol{A}_1 - \boldsymbol{\Lambda})^{\mathrm{T}} \boldsymbol{W}_{\boldsymbol{\theta}_1} \boldsymbol{A}_1 + \lambda_2 \boldsymbol{\Sigma}_1 + \lambda_3 \boldsymbol{\Sigma}_2]^{-1} (\boldsymbol{A}_1 - \boldsymbol{\Lambda})^{\mathrm{T}} \boldsymbol{W}_{\boldsymbol{\theta}_1} \boldsymbol{b}_1 \tag{7.20}$$

式(7.20)即为该算法的求解表达式。

由于式(7.20)中包含未知的 λ_2、λ_3,将式(7.20)代入式(7.14)中,可得到

$$\begin{aligned} &\boldsymbol{b}_1^{\mathrm{T}} \boldsymbol{W}_{\boldsymbol{\theta}_1} (\boldsymbol{A}_1 - \boldsymbol{\Lambda}) [\boldsymbol{A}_1^{\mathrm{T}} \boldsymbol{W}_{\boldsymbol{\theta}_1} (\boldsymbol{A}_1 - \boldsymbol{\Lambda}) + \lambda_2 \boldsymbol{\Sigma}_1 + \lambda_3 \boldsymbol{\Sigma}_2]^{-1} \cdot \\ &\boldsymbol{\Sigma}_1 [(\boldsymbol{A}_1 - \boldsymbol{\Lambda})^{\mathrm{T}} \boldsymbol{W}_{\boldsymbol{\theta}_1} \boldsymbol{A}_1 + \lambda_2 \boldsymbol{\Sigma}_1 + \lambda_3 \boldsymbol{\Sigma}_2]^{-1} (\boldsymbol{A}_1 - \boldsymbol{\Lambda})^{\mathrm{T}} \boldsymbol{W}_{\boldsymbol{\theta}_1} \boldsymbol{b}_1 = 0 \end{aligned} \tag{7.21}$$

$$\begin{aligned} &\boldsymbol{b}_1^{\mathrm{T}} \boldsymbol{W}_{\boldsymbol{\theta}_1} (\boldsymbol{A}_1 - \boldsymbol{\Lambda}) [\boldsymbol{A}_1^{\mathrm{T}} \boldsymbol{W}_{\boldsymbol{\theta}_1} (\boldsymbol{A}_1 - \boldsymbol{\Lambda}) + \lambda_2 \boldsymbol{\Sigma}_1 + \lambda_3 \boldsymbol{\Sigma}_2]^{-1} \cdot \\ &\boldsymbol{\Sigma}_2 [(\boldsymbol{A}_1 - \boldsymbol{\Lambda})^{\mathrm{T}} \boldsymbol{W}_{\boldsymbol{\theta}_1} \boldsymbol{A}_1 + \lambda_2 \boldsymbol{\Sigma}_1 + \lambda_3 \boldsymbol{\Sigma}_2]^{-1} (\boldsymbol{A}_1 - \boldsymbol{\Lambda})^{\mathrm{T}} \boldsymbol{W}_{\boldsymbol{\theta}_1} \boldsymbol{b}_1 = 0 \end{aligned} \tag{7.22}$$

求解式(7.21)、式(7.22)关于 λ_2、λ_3的非线性方程,可利用牛顿法求解。

当不考虑变量间约束条件时,令 $\lambda_2 = 0$,$\lambda_3 = 0$,将式(7.20)重写为

$$\hat{\boldsymbol{\theta}}_1' = [(\boldsymbol{A}_1 - \boldsymbol{\Lambda})^{\mathrm{T}} \boldsymbol{W}_{\boldsymbol{\theta}_1} \boldsymbol{A}_1]^{-1} (\boldsymbol{A}_1 - \boldsymbol{\Lambda})^{\mathrm{T}} \boldsymbol{W}_{\boldsymbol{\theta}_1} \boldsymbol{b}_1 \tag{7.23}$$

带约束条件的 CTLS 定位算法如下:

(1) 令 $\boldsymbol{\Lambda} = \boldsymbol{0}$,$\boldsymbol{W}_{\boldsymbol{\theta}_1} = \boldsymbol{Q}_{\boldsymbol{\alpha}}^{-1}$;

(2) 求解式(7.21)、式(7.22)求得 λ_2、λ_3;

(3) 利用式(7.20)求解 $\hat{\boldsymbol{\theta}}_1$;

(4) 更新 $\boldsymbol{\Lambda}$、$\boldsymbol{W}_{\boldsymbol{\theta}_1}$值,重复步骤(2)、(3)以便得到更为精确的解。

由于本文求解为非凸函数的求解,迭代法无法保证收敛至全局最优解,只能控制迭代过程得到比前一个解更为精确的定位解。我们采用已有文献[12]中采取的迭代检验步骤:如果当前步骤的 $\delta\hat{\boldsymbol{\theta}}_1 = \hat{\boldsymbol{\theta}}_1^{(i+1)} - \hat{\boldsymbol{\theta}}_1^{(i)}$ 比前一步骤的 $\delta\hat{\boldsymbol{\theta}}_1$大,则此过程不收敛,停止迭代,则直接以步骤(1)中由式(7.23)计算的结果作为定位解。对于步骤(2)中拉格朗日乘子求解。若存在多个解,则将根据求得的 λ_2、λ_3,求解 $\hat{\boldsymbol{\theta}}_1$,并代入式(7.15)中,使其 $\|\boldsymbol{\varepsilon}'\|^2$最小的予以保留。

7.2.1.2 定位偏差与均方误差分析

由于观测矩阵 $\boldsymbol{A}_1$和 $\boldsymbol{b}_1$中都包含噪声且相关以及忽略的二阶噪声影响是造成偏差的两个重要原因,下面进行详细推导。下面,分析式(7.23)中 $\hat{\boldsymbol{\theta}}_1$的偏差和均方误差。

式(7.23)两边减去定位解真值 $\boldsymbol{\theta}_1^o$,可得

$$\Delta\boldsymbol{\theta}_1' = [(\boldsymbol{A}_1 - \boldsymbol{\Lambda})^{\mathrm{T}} \boldsymbol{W}_{\boldsymbol{\theta}_1} \boldsymbol{A}_1]^{-1} (\boldsymbol{A}_1 - \boldsymbol{\Lambda})^{\mathrm{T}} \boldsymbol{W}_{\boldsymbol{\theta}_1} (\boldsymbol{b}_1 - \boldsymbol{A}_1 \boldsymbol{\theta}_1^o) \tag{7.24}$$

根据式(7.11)和式(7.13),若保留推导式(7.11)时忽略掉的误差二阶项,则

$$\Delta\boldsymbol{\theta}_1' = [(\boldsymbol{A}_1 - \boldsymbol{\Lambda})^{\mathrm{T}} \boldsymbol{W}_{\boldsymbol{\theta}_1} \boldsymbol{A}_1]^{-1} (\boldsymbol{A}_1 - \boldsymbol{\Lambda})^{\mathrm{T}} \boldsymbol{W}_{\boldsymbol{\theta}_1} (\boldsymbol{H}(\boldsymbol{\theta}_1) \boldsymbol{P}_{\alpha} \Delta\boldsymbol{\alpha}' + O(\Delta\boldsymbol{\alpha})) \tag{7.25}$$

式中：$O(\Delta\boldsymbol{\alpha})=\begin{bmatrix}\Delta\boldsymbol{\alpha}(1:M-1)\odot\Delta\boldsymbol{\alpha}(1:M-1)\\\Delta\boldsymbol{\alpha}(1:M-1)\odot\Delta\boldsymbol{\alpha}(M:2M-2)\end{bmatrix}$；$\Delta\boldsymbol{\alpha}(1:M-1)$表示$\Delta\boldsymbol{\alpha}$中第1个到$M-1$个元素。

对式(7.25)取其期望值即可得到偏差表达式，式(7.25)等号右边观测矩阵$\boldsymbol{A}_1$中包含噪声，$\boldsymbol{A}_1=\boldsymbol{A}_1^o+\Delta\boldsymbol{A}_1$，且

$$\begin{cases}\boldsymbol{G}_1\triangleq(\boldsymbol{A}_1-\boldsymbol{\varLambda})^{\mathrm{T}}\boldsymbol{W}_{\boldsymbol{\theta}_1}\boldsymbol{A}_1\approx\boldsymbol{G}_1^o+\Delta\boldsymbol{G}_1\\\boldsymbol{G}_1^o=\boldsymbol{A}_1^{o\mathrm{T}}\boldsymbol{W}_{\boldsymbol{\theta}_1}\boldsymbol{A}_1^o,\Delta\boldsymbol{G}_1=(\Delta\boldsymbol{A}_1-\boldsymbol{\varLambda})^{\mathrm{T}}\boldsymbol{W}_{\boldsymbol{\theta}_1}\boldsymbol{A}_1^o+\boldsymbol{A}_1^{o\mathrm{T}}\boldsymbol{W}_{\boldsymbol{\theta}_1}\Delta\boldsymbol{A}_1\end{cases}\tag{7.26}$$

根据Neumann[24]展开定理，有

$$\boldsymbol{G}_1^{-1}\approx(\boldsymbol{I}+\boldsymbol{G}_1^{o-1}\Delta\boldsymbol{G}_1)^{-1}\boldsymbol{G}_1^{o-1}\approx(\boldsymbol{I}-\boldsymbol{G}_1^{o-1}\Delta\boldsymbol{G}_1)\boldsymbol{G}_1^{o-1}\tag{7.27}$$

将式(7.27)代入式(7.25)中，并保留二阶项，可得

$$\begin{aligned}\Delta\boldsymbol{\theta}_1'=&\boldsymbol{G}_1^{o-1}\boldsymbol{A}_1^{o\mathrm{T}}\boldsymbol{W}_{\boldsymbol{\theta}_1}(\boldsymbol{H}(\boldsymbol{\theta}_1)\boldsymbol{P}_\alpha\Delta\boldsymbol{\alpha}'+O(\Delta\boldsymbol{\alpha}))+\boldsymbol{G}_1^{o-1}(\Delta\boldsymbol{A}_1-\boldsymbol{\varLambda})^{\mathrm{T}}\boldsymbol{W}_{\boldsymbol{\theta}_1}\boldsymbol{H}(\boldsymbol{\theta}_1)\boldsymbol{P}_\alpha\Delta\boldsymbol{\alpha}'-\\&\boldsymbol{G}_1^{o-1}\Delta\boldsymbol{G}_1\boldsymbol{G}_1^{o-1}\boldsymbol{A}_1^{o\mathrm{T}}\boldsymbol{W}_{\boldsymbol{\theta}_1}\boldsymbol{H}(\boldsymbol{\theta}_1)\boldsymbol{P}_{\boldsymbol{\alpha}}\Delta\boldsymbol{\alpha}'\end{aligned}\tag{7.28}$$

注意，在$\boldsymbol{\varLambda}$表达式中，$\boldsymbol{H}(\boldsymbol{\theta}_1)$为$2(M-1)\times2(M-1)$阶可逆矩阵，则

$$\boldsymbol{Q}_{\boldsymbol{\alpha}}\boldsymbol{H}(\boldsymbol{\theta}_1)^{\mathrm{T}}\boldsymbol{W}_{\boldsymbol{\theta}_1}(\boldsymbol{A}_1\boldsymbol{\theta}-\boldsymbol{b}_1)=\boldsymbol{Q}_{\boldsymbol{\alpha}}\boldsymbol{H}(\boldsymbol{\theta}_1)^{\mathrm{T}}(\boldsymbol{H}(\boldsymbol{\theta}_1)\boldsymbol{Q}_{\boldsymbol{\alpha}}\boldsymbol{H}(\boldsymbol{\theta}_1)^{\mathrm{T}})^{-1}\boldsymbol{H}(\boldsymbol{\theta}_1)\boldsymbol{P}_{\boldsymbol{\alpha}}\Delta\boldsymbol{\alpha}'=\boldsymbol{P}_{\boldsymbol{\alpha}}\Delta\boldsymbol{\alpha}'\tag{7.29}$$

因此，$\boldsymbol{\varLambda}=[\boldsymbol{0}_{2(M-1)\times3}\quad\boldsymbol{F}_1\boldsymbol{P}_{\boldsymbol{\alpha}}\Delta\boldsymbol{\alpha}'\quad\boldsymbol{0}_{2(M-1)\times3}\quad\boldsymbol{F}_2\boldsymbol{P}_{\boldsymbol{\alpha}}\Delta\boldsymbol{\alpha}']=\Delta\boldsymbol{A}_1$。

则式(7.28)变为

$$\begin{aligned}\Delta\boldsymbol{\theta}_1'=&(\boldsymbol{A}_1^{o\mathrm{T}}\boldsymbol{W}_{\boldsymbol{\theta}_1}\boldsymbol{A}_1^{o\mathrm{T}})^{-1}\boldsymbol{A}_1^{o\mathrm{T}}\boldsymbol{W}_{\boldsymbol{\theta}_1}(\boldsymbol{H}(\boldsymbol{\theta}_1)\boldsymbol{P}_\alpha\Delta\boldsymbol{\alpha}'+O(\Delta\boldsymbol{\alpha}))+\\&-(\boldsymbol{A}_1^{o\mathrm{T}}\boldsymbol{W}_{\boldsymbol{\theta}_1}\boldsymbol{A}_1^o)^{-1}\boldsymbol{A}_1^{o\mathrm{T}}\boldsymbol{W}_{\boldsymbol{\theta}_1}\Delta\boldsymbol{A}_1(\boldsymbol{A}_1^{o\mathrm{T}}\boldsymbol{W}_{\boldsymbol{\theta}_1}\boldsymbol{A}_1^o)^{-1}\boldsymbol{A}_1^{o\mathrm{T}}\boldsymbol{W}_{\boldsymbol{\theta}_1}\boldsymbol{H}(\boldsymbol{\theta}_1)\boldsymbol{P}_\alpha\Delta\boldsymbol{\alpha}'\end{aligned}\tag{7.30}$$

令

$$\begin{aligned}&\boldsymbol{K}\triangleq\boldsymbol{G}_1^{o-1}\boldsymbol{A}_1^{o\mathrm{T}}\boldsymbol{W}_{\boldsymbol{\theta}_1}\\&\quad E[\Delta\boldsymbol{A}_1\boldsymbol{G}_1^{o-1}\boldsymbol{A}_1^{o\mathrm{T}}\boldsymbol{W}_{\boldsymbol{\theta}_1}\boldsymbol{H}(\boldsymbol{\theta}_1)\boldsymbol{P}_\alpha\Delta\boldsymbol{\alpha}']\\&=E[\boldsymbol{F}_1\boldsymbol{P}_\alpha\Delta\boldsymbol{\alpha}'K(4,:)\boldsymbol{H}(\boldsymbol{\theta}_1)\boldsymbol{P}_\alpha\Delta\boldsymbol{\alpha}'+\boldsymbol{F}_2\boldsymbol{P}_\alpha\Delta\boldsymbol{\alpha}'K(8,:)\boldsymbol{H}(\boldsymbol{\theta}_1)\boldsymbol{P}_\alpha\Delta\boldsymbol{\alpha}']\\&=E[\boldsymbol{F}_1\boldsymbol{P}_\alpha\Delta\boldsymbol{\alpha}'\Delta\boldsymbol{\alpha}'^{\mathrm{T}}\boldsymbol{P}_\alpha^{\mathrm{T}}\boldsymbol{H}(\boldsymbol{\theta}_1)^{\mathrm{T}}\boldsymbol{K}(4,:)^{\mathrm{T}}+\boldsymbol{F}_2\boldsymbol{P}_\alpha\Delta\boldsymbol{\alpha}'\Delta\boldsymbol{\alpha}'^{\mathrm{T}}\boldsymbol{P}_\alpha^{\mathrm{T}}\boldsymbol{H}(\boldsymbol{\theta}_1)^{\mathrm{T}}\boldsymbol{K}(8,:)^{\mathrm{T}}]\\&=\boldsymbol{F}_1\boldsymbol{Q}_{\boldsymbol{\alpha}}\boldsymbol{H}(\boldsymbol{\theta}_1)^{\mathrm{T}}\boldsymbol{K}(4,:)^{\mathrm{T}}+\boldsymbol{F}_2\boldsymbol{Q}_{\boldsymbol{\alpha}}\boldsymbol{H}(\boldsymbol{\theta}_1)^{\mathrm{T}}\boldsymbol{K}(8,:)^{\mathrm{T}}\end{aligned}\tag{7.31}$$

对式(7.30)两边取期望值，即

$$E[\Delta\boldsymbol{\theta}_1']=\boldsymbol{K}[\boldsymbol{q}^{\mathrm{T}},\boldsymbol{0}^{\mathrm{T}}]^{\mathrm{T}}-\boldsymbol{K}[\boldsymbol{F}_1\boldsymbol{Q}_\alpha\boldsymbol{H}(\boldsymbol{\theta}_1)^{\mathrm{T}}\boldsymbol{K}(4,:)^{\mathrm{T}}+\boldsymbol{F}_2\boldsymbol{Q}_{\boldsymbol{\alpha}}\boldsymbol{H}(\boldsymbol{\theta}_1)^{\mathrm{T}}\boldsymbol{K}(8,:)^{\mathrm{T}}]\tag{7.32}$$

式中：$\boldsymbol{q}=\mathrm{diag}\{\boldsymbol{Q}_{\boldsymbol{\alpha}}(1:M-1,1:M-1)\}$。利用式(7.30)可求$\Delta\boldsymbol{\theta}_1'$的协方差(只保留二阶误差项)：

$$E[\Delta\boldsymbol{\theta}_1'\Delta\boldsymbol{\theta}_1'^{\mathrm{T}}] \approx \boldsymbol{G}_1^{o-1}\boldsymbol{A}_1^{o\mathrm{T}}\boldsymbol{W}_{\boldsymbol{\theta}_1}\boldsymbol{H}(\boldsymbol{\theta}_1)\boldsymbol{P}_\alpha\Delta\boldsymbol{\alpha}'[\boldsymbol{G}_1^{o-1}\boldsymbol{A}_1^{o\mathrm{T}}\boldsymbol{W}_{\boldsymbol{\theta}_1}\boldsymbol{H}(\boldsymbol{\theta}_1)\boldsymbol{P}_\alpha\Delta\boldsymbol{\alpha}']^{\mathrm{T}}$$
$$=(\boldsymbol{A}_1^{o\mathrm{T}}\boldsymbol{W}_{\boldsymbol{\theta}_1}\boldsymbol{A}_1^o)^{-1} \tag{7.33}$$

显然，式(7.33)中 $\hat{\boldsymbol{\theta}}_1'$ 的协方差与文献[13]中 Two-Stage WLS 方法的第一个 WLS 解的协方差是一致的。

令 $\boldsymbol{\theta}_1=[\boldsymbol{v}^{\mathrm{T}} \quad r_1 \quad \dot{\boldsymbol{v}}^{\mathrm{T}} \quad \dot{r}_1]^{\mathrm{T}}$ 视为 $\boldsymbol{\Theta}=[\boldsymbol{v}^{\mathrm{T}} \quad \dot{\boldsymbol{v}}^{\mathrm{T}}]^{\mathrm{T}}$ 的函数，将其在 $\boldsymbol{\Theta}^o=[\boldsymbol{v}^{o\mathrm{T}} \quad \dot{\boldsymbol{v}}^{o\mathrm{T}}]^{\mathrm{T}}$ 处一阶展开，这里，$\boldsymbol{v}=\boldsymbol{u}-\boldsymbol{s}_1^o$，$\dot{\boldsymbol{v}}=\dot{\boldsymbol{u}}-\dot{\boldsymbol{s}}_1^o$，$r_1=(\boldsymbol{v}^{\mathrm{T}}\boldsymbol{v})^{1/2}$，$\dot{r}_1=\dot{\boldsymbol{v}}^{\mathrm{T}}\boldsymbol{v}/(\boldsymbol{v}^{\mathrm{T}}\boldsymbol{v})^{1/2}$，则

$$\boldsymbol{\theta}_1=\boldsymbol{\theta}_1^o+\left.\frac{\partial\boldsymbol{\theta}_1}{\partial\boldsymbol{\Theta}^{\mathrm{T}}}\right|_{\boldsymbol{\Theta}=\boldsymbol{\Theta}^o}(\boldsymbol{\Theta}-\boldsymbol{\Theta}^o) \tag{7.34}$$

其中，

$$\boldsymbol{J}\triangleq\frac{\partial\boldsymbol{\theta}_1}{\partial\boldsymbol{\Theta}^{\mathrm{T}}}=\begin{bmatrix}\boldsymbol{I}_{3\times3} & \boldsymbol{0}_{3\times3}\\ \boldsymbol{v}^{\mathrm{T}}(\boldsymbol{v}^{\mathrm{T}}\boldsymbol{v})^{-1/2} & \boldsymbol{0}_{1\times3}\\ \boldsymbol{0}_{3\times3} & \boldsymbol{I}_{3\times3}\\ \dot{\boldsymbol{v}}^{\mathrm{T}}(\boldsymbol{v}^{\mathrm{T}}\boldsymbol{v})^{-1/2}-\dot{\boldsymbol{v}}^{\mathrm{T}}\boldsymbol{v}(\boldsymbol{v}^{\mathrm{T}}\boldsymbol{v})^{-3/2}\boldsymbol{v}^{\mathrm{T}} & \boldsymbol{v}^{\mathrm{T}}(\boldsymbol{v}^{\mathrm{T}}\boldsymbol{v})^{-1/2}\end{bmatrix} \tag{7.35}$$

定义 $\Delta\boldsymbol{\theta}_1\triangleq\boldsymbol{\theta}_1-\boldsymbol{\theta}_1^o$，$\Delta\boldsymbol{\Theta}\triangleq\boldsymbol{\Theta}-\boldsymbol{\Theta}^o$，则由式(7.35)可得 $\Delta\boldsymbol{\theta}_1=\boldsymbol{J}\Delta\boldsymbol{\Theta}$。式(7.13)可写为

$$\boldsymbol{A}_1\boldsymbol{\theta}_1-\boldsymbol{b}=\boldsymbol{A}_1(\boldsymbol{\theta}_1^o+\Delta\boldsymbol{\theta}_1)-\boldsymbol{b}\approx\boldsymbol{A}_1\boldsymbol{J}\Delta\boldsymbol{\Theta}+\boldsymbol{H}(\boldsymbol{\theta}_1^o)\Delta\boldsymbol{\alpha} \tag{7.36}$$

重写式(7.16)，将其表示为 $\boldsymbol{\Theta}$ 的函数：

$$L(\boldsymbol{\Theta},\boldsymbol{\lambda}_1,\Delta\boldsymbol{\alpha}')=\Delta\boldsymbol{\alpha}'^{\mathrm{T}}\Delta\boldsymbol{\alpha}'+\lambda_1^{\mathrm{T}}[\boldsymbol{A}_1\boldsymbol{\theta}_1-\boldsymbol{b}_1-\boldsymbol{H}(\boldsymbol{\theta}_1)\boldsymbol{P}_\alpha\Delta\boldsymbol{\alpha}'] \tag{7.37}$$

与 7.2.1.1 节类似，对 $\boldsymbol{\Theta}$、$\Delta\boldsymbol{\alpha}'$ 求导，可得到下面的表达式，为取极值的必要条件：

$$\frac{\partial L(\boldsymbol{\Theta},\boldsymbol{\lambda}_1,\Delta\boldsymbol{\alpha}')}{\partial\boldsymbol{\Theta}}=\boldsymbol{J}^{\mathrm{T}}\{\boldsymbol{A}_1-[\boldsymbol{0}_{2(M-1)\times3} \quad \boldsymbol{F}_1\boldsymbol{P}_\alpha\Delta\boldsymbol{\alpha}' \quad \boldsymbol{0}_{2(M-1)\times3} \quad \boldsymbol{F}_2\boldsymbol{P}_\alpha\Delta\boldsymbol{\alpha}']\}^{\mathrm{T}}\lambda_1=\boldsymbol{0} \tag{7.38}$$

对 $\Delta\boldsymbol{\alpha}'$ 的偏导数与式(7.18)一致。结合式(7.13)、式(7.18)、式(7.36)～式(7.38)，得到与式(7.19)、式(7.20)类似的表达式：

$$\boldsymbol{J}^{\mathrm{T}}(\boldsymbol{A}_1-\boldsymbol{\Lambda})^{\mathrm{T}}\boldsymbol{W}_{\boldsymbol{\theta}_1}(\boldsymbol{A}_1\boldsymbol{J}\Delta\boldsymbol{\Theta}+\boldsymbol{H}(\boldsymbol{\theta}_1^o)\boldsymbol{P}_\alpha\Delta\boldsymbol{\alpha}')=\boldsymbol{0} \tag{7.39}$$

$$\Delta\boldsymbol{\Theta}=-[\boldsymbol{J}^{\mathrm{T}}(\boldsymbol{A}_1-\boldsymbol{\Lambda})^{\mathrm{T}}\boldsymbol{W}_{\boldsymbol{\theta}_1}\boldsymbol{A}_1\boldsymbol{J}]^{-1}\boldsymbol{J}^{\mathrm{T}}(\boldsymbol{A}_1-\boldsymbol{\Lambda})^{\mathrm{T}}\boldsymbol{W}_{\boldsymbol{\theta}_1}\boldsymbol{H}(\boldsymbol{\theta}_1^o)\boldsymbol{P}_\alpha\Delta\boldsymbol{\alpha}' \tag{7.40}$$

若保留推导式(7.11)、式(7.17)时，忽略的误差二阶项，则

$$\Delta\boldsymbol{\Theta}=-[\boldsymbol{J}^{\mathrm{T}}(\boldsymbol{A}_1-\boldsymbol{\Lambda})^{\mathrm{T}}\boldsymbol{W}_{\boldsymbol{\theta}_1}\boldsymbol{A}_1\boldsymbol{J}]^{-1}\boldsymbol{J}^{\mathrm{T}}(\boldsymbol{A}_1-\boldsymbol{\Lambda})^{\mathrm{T}}\boldsymbol{W}_{\boldsymbol{\theta}_1}\cdot$$
$$\left(\boldsymbol{H}(\boldsymbol{\theta}_1)\boldsymbol{P}_\alpha\Delta\boldsymbol{\alpha}'+\begin{bmatrix}\Delta\boldsymbol{\alpha}(1:M-1)\odot\Delta\boldsymbol{\alpha}(1:M-1)\\ \Delta\boldsymbol{\alpha}(1:M-1)\odot\Delta\boldsymbol{\alpha}(M:2M-2)\end{bmatrix}\right) \tag{7.41}$$

采用与上面推导 $\hat{\boldsymbol{\theta}}_1$ 的偏差相同的方法，可得

$$\Delta\boldsymbol{\Theta} = (\boldsymbol{J}^{\mathrm{T}}\boldsymbol{A}_1^{o\mathrm{T}}\boldsymbol{W}_{\boldsymbol{\theta}_1}\boldsymbol{A}_1^{o}\boldsymbol{J})^{-1}\boldsymbol{J}^{\mathrm{T}}\boldsymbol{A}_1^{o\mathrm{T}}\boldsymbol{W}_{\boldsymbol{\theta}_1}\left(\boldsymbol{H}(\boldsymbol{\theta}_1)\boldsymbol{P}_{\alpha}\Delta\boldsymbol{\alpha}' + \begin{bmatrix}\Delta\boldsymbol{\alpha}(1:M-1)\odot\Delta\boldsymbol{\alpha}(1:M-1)\\ \Delta\boldsymbol{\alpha}(1:M-1)\odot\Delta\boldsymbol{\alpha}(M:2M-2)\end{bmatrix}\right) + \\ -(\boldsymbol{J}^{\mathrm{T}}\boldsymbol{A}_1^{o\mathrm{T}}\boldsymbol{W}_{\boldsymbol{\theta}_1}\boldsymbol{A}_1^{o}\boldsymbol{J})^{-1}\boldsymbol{J}^{\mathrm{T}}\boldsymbol{A}_1^{o\mathrm{T}}\boldsymbol{W}_{\boldsymbol{\theta}_1}\Delta\boldsymbol{A}_1\boldsymbol{J}(\boldsymbol{J}^{\mathrm{T}}\boldsymbol{A}_1^{o}\boldsymbol{W}_{\boldsymbol{\theta}_1}\boldsymbol{A}_1^{o}\boldsymbol{J})^{-1}\boldsymbol{J}^{\mathrm{T}}\boldsymbol{A}_1^{o\mathrm{T}}\boldsymbol{W}_{\boldsymbol{\theta}_1}\boldsymbol{H}(\boldsymbol{\theta}_1)\boldsymbol{P}_{\alpha}\Delta\boldsymbol{\alpha}' \tag{7.42}$$

令

$$\boldsymbol{K}' \triangleq (\boldsymbol{J}^{\mathrm{T}}\boldsymbol{A}_1^{o\mathrm{T}}\boldsymbol{W}_{\boldsymbol{\theta}_1}\boldsymbol{A}_1^{o}\boldsymbol{J})^{-1}\boldsymbol{J}^{\mathrm{T}}\boldsymbol{A}_1^{o\mathrm{T}}\boldsymbol{W}_{\boldsymbol{\theta}_1},\ \boldsymbol{K}'' \triangleq \boldsymbol{J}\boldsymbol{K}'$$

$$\begin{aligned} &E[\Delta\boldsymbol{A}_1\boldsymbol{K}''\boldsymbol{H}(\boldsymbol{\theta}_1)\boldsymbol{P}_{\alpha}\Delta\boldsymbol{\alpha}'] \\ &= E[\boldsymbol{F}_1\boldsymbol{P}_{\alpha}\Delta\boldsymbol{\alpha}'\boldsymbol{K}''(4,:)\boldsymbol{H}(\boldsymbol{\theta}_1)\boldsymbol{P}_{\alpha}\Delta\boldsymbol{\alpha}' + \boldsymbol{F}_2\boldsymbol{P}_{\alpha}\Delta\boldsymbol{\alpha}'\boldsymbol{K}''(8,:)\boldsymbol{H}(\boldsymbol{\theta}_1)\boldsymbol{P}_{\alpha}\Delta\boldsymbol{\alpha}'] \\ &= E[\boldsymbol{F}_1\boldsymbol{P}_{\alpha}\Delta\boldsymbol{\alpha}'\Delta\boldsymbol{\alpha}'^{\mathrm{T}}\boldsymbol{P}_{\alpha}^{\mathrm{T}}\boldsymbol{H}(\boldsymbol{\theta}_1)^{\mathrm{T}}\boldsymbol{K}''(4,:)^{\mathrm{T}} + \boldsymbol{F}_2\boldsymbol{P}_{\alpha}\Delta\boldsymbol{\alpha}'\Delta\boldsymbol{\alpha}'^{\mathrm{T}}\boldsymbol{P}_{\alpha}^{\mathrm{T}}\boldsymbol{H}(\boldsymbol{\theta}_1)^{\mathrm{T}}\boldsymbol{K}''(8,:)^{\mathrm{T}}] \\ &= \boldsymbol{F}_1\boldsymbol{Q}_{\alpha}\boldsymbol{H}(\boldsymbol{\theta}_1)^{\mathrm{T}}\boldsymbol{K}''(4,:)^{\mathrm{T}} + \boldsymbol{F}_2\boldsymbol{Q}_{\alpha}\boldsymbol{H}(\boldsymbol{\theta}_1)^{\mathrm{T}}\boldsymbol{K}''(8,:)^{\mathrm{T}} \end{aligned} \tag{7.43}$$

对式(7.42)两边取期望值，即

$$E[\Delta\boldsymbol{\Theta}] = \boldsymbol{K}'[\boldsymbol{q}^{\mathrm{T}}\quad 0^{\mathrm{T}}]^{\mathrm{T}} - \boldsymbol{K}'[\boldsymbol{F}_1\boldsymbol{Q}_{\alpha}\boldsymbol{H}(\boldsymbol{\theta}_1)^{\mathrm{T}}\boldsymbol{K}''(4,:)^{\mathrm{T}} + \boldsymbol{F}_2\boldsymbol{Q}_{\alpha}\boldsymbol{H}(\boldsymbol{\theta}_1)^{\mathrm{T}}\boldsymbol{K}''(8,:)^{\mathrm{T}}] \tag{7.44}$$

利用式(7.42)求协方差 $E[\Delta\boldsymbol{\Theta}\Delta\boldsymbol{\Theta}^{\mathrm{T}}]$，保留到二阶项，可得

$$\begin{aligned} E[\Delta\boldsymbol{\Theta}\Delta\boldsymbol{\Theta}^{\mathrm{T}}] &= (\boldsymbol{J}^{\mathrm{T}}\boldsymbol{A}_1^{o\mathrm{T}}\boldsymbol{W}_{\boldsymbol{\theta}_1}\boldsymbol{A}_1^{o}\boldsymbol{J})^{-1}\boldsymbol{J}^{\mathrm{T}}\boldsymbol{A}_1^{o\mathrm{T}}\boldsymbol{W}_{\boldsymbol{\theta}_1}\boldsymbol{H}(\boldsymbol{\theta}_1)E[\boldsymbol{P}_{\alpha}\Delta\boldsymbol{\alpha}\Delta\boldsymbol{\alpha}^{\mathrm{T}}\boldsymbol{P}_{\alpha}^{\mathrm{T}}]\cdot \\ &\quad \boldsymbol{H}(\boldsymbol{\theta}_1)^{\mathrm{T}}\boldsymbol{W}_{\boldsymbol{\theta}_1}\boldsymbol{A}_1^{o}\boldsymbol{J}(\boldsymbol{J}^{\mathrm{T}}\boldsymbol{A}_1^{o\mathrm{T}}\boldsymbol{W}_{\boldsymbol{\theta}_1}\boldsymbol{A}_1^{o}\boldsymbol{J})^{-1} \\ &= (\boldsymbol{J}^{\mathrm{T}}\boldsymbol{A}_1^{o\mathrm{T}}\boldsymbol{W}_{\boldsymbol{\theta}_1}\boldsymbol{A}_1^{o}\boldsymbol{J})^{-1} \\ &= [\boldsymbol{J}^{\mathrm{T}}\boldsymbol{A}_1^{o\mathrm{T}}\boldsymbol{H}(\boldsymbol{\theta}_1)^{-\mathrm{T}}\boldsymbol{W}\boldsymbol{H}(\boldsymbol{\theta}_1)^{-1}\boldsymbol{A}_1^{o}\boldsymbol{J}]^{-1} \end{aligned} \tag{7.45}$$

根据 $\boldsymbol{H}(\boldsymbol{\theta}_1)$ 定义式，可得

$$\boldsymbol{H}(\boldsymbol{\theta}_1^{o}) = \begin{bmatrix}\boldsymbol{B}_{\mathrm{s}} & \boldsymbol{0}_{(M-1)\times(M-1)}\\ \dot{\boldsymbol{B}}_{\mathrm{s}} & \boldsymbol{B}_{\mathrm{s}}\end{bmatrix} \tag{7.46}$$

式中：$\boldsymbol{B}_{\mathrm{s}} = \mathrm{diag}(r_2^{o},\cdots,r_M^{o})$；$\dot{\boldsymbol{B}}_{\mathrm{s}} = \mathrm{diag}(\dot{r}_2^{o},\cdots,\dot{r}_M^{o})$。

将 $\boldsymbol{H}(\boldsymbol{\theta}_1^{o})$、$\boldsymbol{A}_1^{o}$、$\boldsymbol{J}$ 的表达式代入 $\boldsymbol{H}(\boldsymbol{\theta}_1^{o})^{-1}\boldsymbol{A}_1^{o}\boldsymbol{J}$，并与文献[13]中比较，可得

$$\boldsymbol{H}(\boldsymbol{\theta}_1^{o})^{-1}\boldsymbol{A}_1^{o}\boldsymbol{J} \approx \partial\boldsymbol{\alpha}^{o}/\partial\boldsymbol{\Theta}^{o} \tag{7.47}$$

式中：$\boldsymbol{\alpha}^{o} = [\boldsymbol{r}^{o\mathrm{T}}\quad \dot{\boldsymbol{r}}^{o\mathrm{T}}]^{\mathrm{T}}$。

综合式(7.45)与式(7.47)，这与文献[13]中给出的 CRLB 是一致的。因此，在小噪声扰动条件下，当忽略掉二阶及二阶以上噪声时，其均方误差能够逼近其 CRLB。

7.2.1.3　计算复杂度分析

文献[14]中详细分析了 TSWLS 方法的计算量，其为 $48M^3 - 48M^2 + 768M +$

8010，主要计算量体现在矩阵的求逆计算上，其计算复杂度为 $O(M^3)$。与 CWLS 方法相比，TSWLS 方法增加了拉格朗日乘子的计算和需要对定位解进行迭代，计算拉格朗日乘子计算量主要是二阶黑森（Hessian）矩阵计算，相比 $O(M^3)$ 可忽略，因此，其单次迭代计算复杂度为 $O(M^3)$ 。CTLS 方法单次迭代运算时，与 Two - Stage WLS 方法相比增加了拉格朗日乘子的计算和矩阵 $\boldsymbol{\Lambda}$ 的计算，矩阵 $\boldsymbol{\Lambda}$ 的计算量为 $40M^3-60M^2+20$。因此，总的计算量约为 $88M^3-108M^2+768M+8030$。

本节的方法程序在 Intel Core 2 Duo CPU 2.0GHz 主频，2.0GB 内存的计算机上进行。通过三种定位算法进行一次定位的计算机仿真时间定性衡量计算复杂性。其中，CWLS 方法和 CTLS 方法迭代计算 5 次，三种算法的计算时间分别为 0.0016s、0.0062s、0.0146s。因此，本节的方法计算量比另外两种方法大，显然定位精度的提高是以牺牲计算时间为代价的，但本节所提方法依然具有较高的应用价值，并且根据未来硬件技术水平，运行速度的问题不大。

7.2.1.4 仿真实验与性能分析

考虑多站 UAV 对运动辐射源的定位，表 7.1 给出了 6 个观测站的真实位置和速度。分别考虑近场源目标和远场源目标：① 远场源：$\boldsymbol{u}^o=[80\quad 75\quad 10]^{\mathrm{T}}$km，$\dot{\boldsymbol{u}}^o=[-100\quad 150\quad 40]^{\mathrm{T}}$m/s；② 近场源：$\boldsymbol{u}^o=[20\quad 10\quad 4]^{\mathrm{T}}$km，$\dot{\boldsymbol{u}}^o=[-100\quad 150\quad 40]^{\mathrm{T}}$m/s。时差与频差测量值由真实值加上零均值高斯白噪声产生，时差噪声方差为 $\sigma_{\mathrm{t}}^2=\sigma_{\mathrm{d}}^2/c^2$，频差噪声方差为 $\sigma_{\mathrm{f}}^2=0.1\sigma_{\mathrm{d}}^2/c^2$，假设时差与频差相互独立，其协方差矩阵分别为 $\sigma_{\mathrm{t}}^2\boldsymbol{J}$、$\sigma_{\mathrm{f}}^2\boldsymbol{J}$，其中，$\boldsymbol{J}$ 对角线上元素为 1，其余为 0.5。采用蒙特卡罗仿真对比本节方法与其他经典算法的定位偏差和均方误差。考察各种方法定位偏差和均方误差随 σ_{d}^2 变化的性能。仿真次数为 $N=5000$。估计的均方误差计算公式为 $\mathrm{MSE}(\boldsymbol{u})=\sum_{n=1}^{N}\|\boldsymbol{u}_n-\boldsymbol{u}^o\|^2/N$，$\mathrm{MSE}(\dot{\boldsymbol{u}})=\sum_{n=1}^{N}\|\dot{\boldsymbol{u}}_n-\dot{\boldsymbol{u}}^o\|^2/N$。

表 7.1 观测站的真实位置和速度

观测站编号	x_i/km	y_i/km	z_i/km	$\dot{x}_i$/(m/s)	$\dot{y}_i$/(m/s)	$\dot{z}_i$/(m/s)
1	0	0	0	300	-200	200
2	6.18	19.02	0.1	-300	100	200
3	-16.18	11.76	0.1	100	-200	100
4	-16.18	-11.76	0.1	100	200	300
5	6.18	-19.02	0.1	-200	100	100
6	20	0	0.1	200	-150	150

仿真 1：远场源 $\boldsymbol{u}^o=[80\quad 75\quad 10]^{\mathrm{T}}$km。

图 7.2 给出了仿真 1 下，CTLS、CWLS 与 TSWLS 定位位置偏差和速度偏差随时频差测量误差的变化曲线。显然，当测量误差较小时，CTLS 仿真偏差曲线与理论偏差（式(7.44)计算得到）基本重合，测量误差分别大于 15dB、5dB 时，位置和速度仿真曲线开始偏离理论偏差。随着测量误差的增大，三种方法的偏差不断增大，这表明这三种方法只能随时频差误差的减小获得渐进无偏的性能。其中，本节所提 CTLS 方法得到偏差最小，其次是 CWLS、TSWLS。

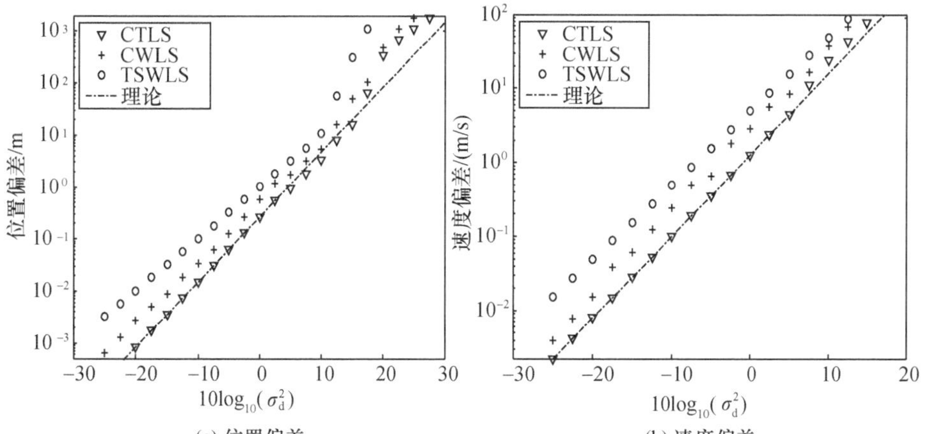

(a) 位置偏差　　(b) 速度偏差

图 7.2　不同方法得到的远场辐射源位置偏差和速度偏差随 σ_d^2 变化的仿真曲线对比

图 7.3 给出了仿真 1 下，CTLS、CWLS 与 TSWLS 定位位置和速度均方误差随时差与频差测量误差的变化曲线，以及位置和速度的 CRLB。从图 7.3(a)可以看出，当测量误差分别大于 7.5dB、12.5dB 时，TSWLS 和 CWLS 的定位位置均方误差开始无法达到 CRLB，而 CTLS 方法直到大于 15dB 时其位置均方误差才大于 CRLB。从图 7.3(b)可以看出，相比位置均方误差，速度均方误差对时差与频差测量误差的变化更为敏感。当测量误差分别大于 −2.5dB、5dB 时，TSWLS 和 CWLS 的定位位置均方误差开始无法达到 CRLB，而 CTLS 方法直到大于 7.5dB 时其速度均方误差才大于 CRLB。

综合分析不同方法的定位偏差和均方误差，当均方误差开始偏离 CRLB 时，此时估计已为有偏估计，由于 CWLS 方法考虑定位方程的约束关系，能够减弱其对定位偏差的影响。本节中 CTLS 方法不仅考虑了约束关系，而且降低了伪线性方程中由于观测矩阵和测量矢量相关导致的偏差影响。因此，具有更低的偏差，并且与均方误差相比，CWLS 与 TSWLS 也得到了有效改善。

仿真 2：近场辐射源 $\boldsymbol{u}^o=[20\quad 10\quad 4]^{\mathrm{T}}$km。

对于近场辐射源，图 7.4(a)和(b)分别给出了三种定位方法对辐射源的位置

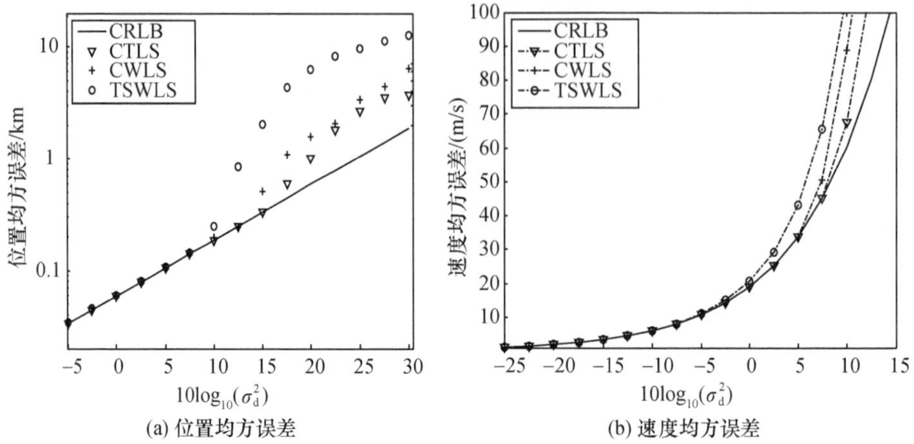

图 7.3　不同方法得到的远场辐射源位置均方误差和速度均方误差随 σ_d^2 变化的仿真曲线

偏差和速度偏差随时频差测量误差变化的性能曲线。图 7.5(a)和(b)分别给出了三种定位方法对辐射源的位置和速度均方误差随时频差测量误差变化的性能曲线。

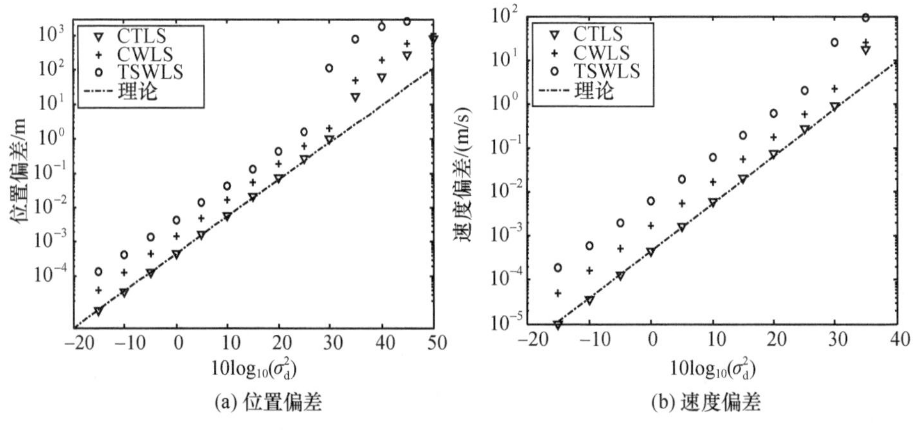

图 7.4　不同方法得到的近场辐射源位置偏差和速度偏差随 σ_d^2 变化的仿真曲线对比

由图 7.4 可以看出,CTLS 方法的位置偏差和速度偏差相比 TSWLS 和 CWLS 都得到了显著的降低。当测量误差小于 30dB 时,CTLS 仿真偏差曲线与理论偏差(式(7.44)计算得到)基本重合。在图 7.5(a)中,CTLS 方法的位置均方误差的"阈值效应"相比 TSWLS 有了明显的改善。在图 7.5(b)中,由于速度定位对测量误差较为敏感,与 CTLS 方法相比其他两种方法改善不明显。

相比远场辐射源,三种定位方法对近场辐射源的定位性能要好于对远场辐射

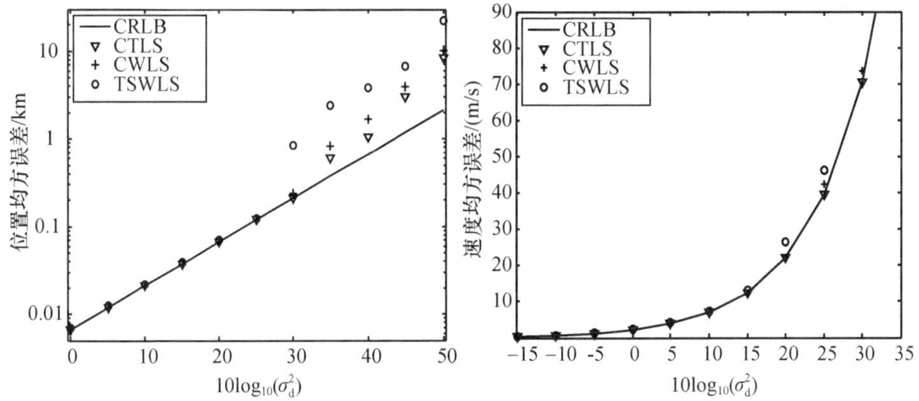

(a) 位置均方误差　　(b) 速度均方误差

图 7.5　不同方法得到的近场辐射源位置均方误差和速度均方误差随 σ_d^2 变化的仿真曲线

源的定位性能。

仿真 3:在仿真 2 条件下以近场源为例,仿真本节方法的收敛性。

图 7.6 中给出了本节方法在 $\sigma_d^2=5\mathrm{dB}$ 和 $\sigma_d^2=30\mathrm{dB}$ 时的收敛特性。终止准则为估计值与真实值之差小于 0.001。从图中可以看出:$\sigma_d^2=5\mathrm{dB}$ 时,3 次迭代即可收敛;而 $\sigma_d^2=30\mathrm{dB}$ 时,5 次迭代即可得到较好的收敛值。

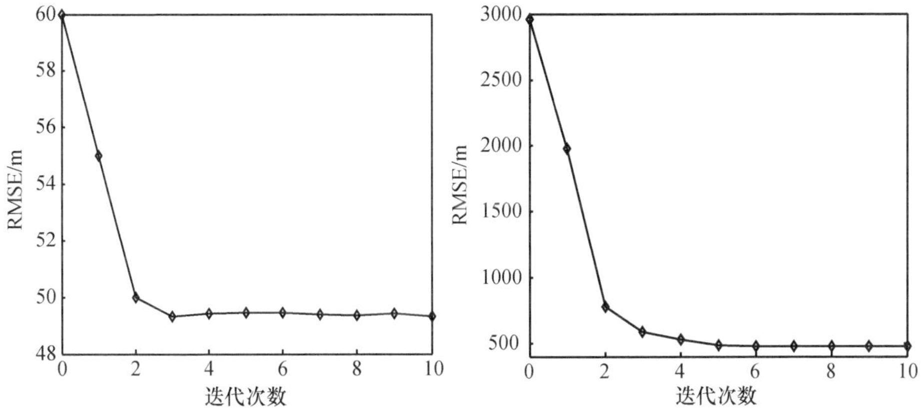

(a)　　(b)

图 7.6　本节方法的收敛曲线

7.2.2　存在观测站位置和速度误差时的 CTLS 定位算法

在实际背景下由于观测站平台的运动(无论机载或是星载平台),其自身的导航设备或是 GPS 的定位精度不高而导致观测站存在位置误差和速度误差，这将导致对目标辐射源定位精度的严重下降。本节在 7.2.1 节的基础上，研究观测站存在误差时，基于约束总体最小二乘方法的时差频差无源定位算法。

辐射源定位示意图如图 7.7 所示，假设观测站测量位置和速度分别为 $\boldsymbol{s}_i=[x_i\quad y_i\quad z_i]^{\mathrm{T}}$，$\dot{\boldsymbol{s}}_i=[\dot{x}_i\quad \dot{y}_i\quad \dot{z}_i]^{\mathrm{T}}(i=1,2,\cdots,M)$，记 $\boldsymbol{\beta}=[\boldsymbol{s}^{\mathrm{T}}\quad \dot{\boldsymbol{s}}^{\mathrm{T}}]^{\mathrm{T}}$，其中，$\boldsymbol{s}=[\boldsymbol{s}_1^{\mathrm{T}}\quad \boldsymbol{s}_2^{\mathrm{T}}\quad \cdots\quad \boldsymbol{s}_M^{\mathrm{T}}]^{\mathrm{T}}$，$\dot{\boldsymbol{s}}=[\dot{\boldsymbol{s}}_1^{\mathrm{T}}\quad \dot{\boldsymbol{s}}_2^{\mathrm{T}}\quad \cdots\quad \dot{\boldsymbol{s}}_M^{\mathrm{T}}]^{\mathrm{T}}$。观测站的位置误差为 $\Delta\boldsymbol{\beta}=[\Delta\boldsymbol{s}^{\mathrm{T}}\quad \Delta\dot{\boldsymbol{s}}^{\mathrm{T}}]^{\mathrm{T}}$，其中，$\Delta\boldsymbol{s}=[\Delta\boldsymbol{s}_1^{\mathrm{T}}\quad \Delta\boldsymbol{s}_2^{\mathrm{T}}\quad \cdots\quad \Delta\boldsymbol{s}_M^{\mathrm{T}}]^{\mathrm{T}}$，$\Delta\dot{\boldsymbol{s}}=[\Delta\dot{\boldsymbol{s}}_1^{\mathrm{T}}\quad \Delta\dot{\boldsymbol{s}}_2^{\mathrm{T}}\quad \cdots\quad \Delta\dot{\boldsymbol{s}}_M^{\mathrm{T}}]^{\mathrm{T}}$，$\Delta\boldsymbol{s}_i=\boldsymbol{s}_i-\boldsymbol{s}_i^o$，$\Delta\dot{\boldsymbol{s}}_i=\dot{\boldsymbol{s}}_i-\dot{\boldsymbol{s}}_i^o$。

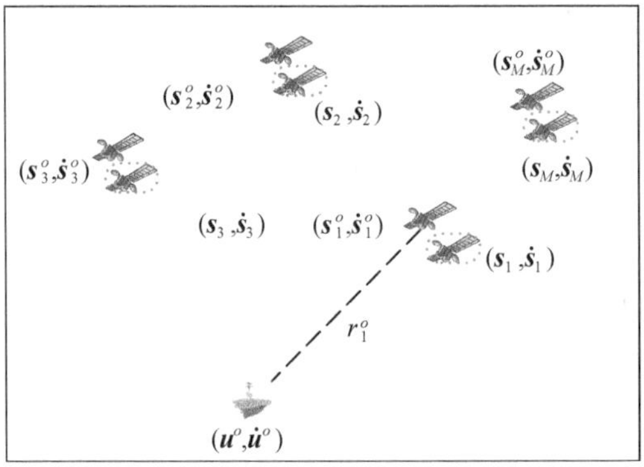

图 7.7　存在观测站位置误差时辐射源定位示意图

7.2.2.1　定位算法描述与求解

在实际中我们得到的是时差与频差和观测站位置的测量值，因此，$r_{i1}^o=r_{i1}-n_{i1}$，$\boldsymbol{s}_i^o=\boldsymbol{s}_i-\Delta\boldsymbol{s}_i$，$r_1^o=\|\boldsymbol{u}^o-\boldsymbol{s}_1^o\|\approx\|\boldsymbol{u}^o-\boldsymbol{s}_1\|+\boldsymbol{\rho}_{\boldsymbol{u}^o,\boldsymbol{s}_1}^{\mathrm{T}}\Delta\boldsymbol{s}_1$，其中，$\boldsymbol{\rho}_{\boldsymbol{a},\boldsymbol{b}}=(\boldsymbol{a}-\boldsymbol{b})/|\boldsymbol{a}-\boldsymbol{b}|$，$\hat{r}_1^o=\|\boldsymbol{u}^o-\boldsymbol{s}_1\|$，代入式(7.5)，并忽略误差的二阶项，可得

$$\begin{aligned}&2(\boldsymbol{s}_i-\boldsymbol{s}_1)^{\mathrm{T}}(\boldsymbol{u}^o-\boldsymbol{s}_1)+2r_{i1}\hat{r}_1^o-2(\Delta\boldsymbol{s}_i-\Delta\boldsymbol{s}_1)^{\mathrm{T}}(\boldsymbol{u}^o-\boldsymbol{s}_1)-2n_{i1}\hat{r}_1^o\\&=-r_{i1}^2+(\boldsymbol{s}_i-\boldsymbol{s}_1)^{\mathrm{T}}(\boldsymbol{s}_i-\boldsymbol{s}_1)+2r_{i1}n_{i1}-2(\boldsymbol{s}_i-\boldsymbol{s}_1)^{\mathrm{T}}\Delta\boldsymbol{s}_i-2d_i^{\mathrm{T}}\Delta\boldsymbol{s}_1\end{aligned}\tag{7.48}$$

式中：$\boldsymbol{d}_i=r_{i1}\boldsymbol{\rho}_{\boldsymbol{u}^o,\boldsymbol{s}_1}$。将式(7.48)两边对时间 t 进行求导，可得

$$\begin{aligned}&(\dot{\boldsymbol{s}}_i-\dot{\boldsymbol{s}}_1)^{\mathrm{T}}(\boldsymbol{u}^o-\boldsymbol{s}_1)+\dot{r}_{i1}\hat{r}_1^o+(\boldsymbol{s}_i-\boldsymbol{s}_1)^{\mathrm{T}}(\dot{\boldsymbol{u}}^o-\dot{\boldsymbol{s}}_1)+r_{i1}\dot{\hat{r}}_1^o-\\&(\Delta\dot{\boldsymbol{s}}_i-\Delta\dot{\boldsymbol{s}}_1)^{\mathrm{T}}(\boldsymbol{u}^o-\boldsymbol{s}_1)-\dot{n}_{i1}\hat{r}_1^o-(\Delta\boldsymbol{s}_i-\Delta\boldsymbol{s}_1)^{\mathrm{T}}(\dot{\boldsymbol{u}}^o-\dot{\boldsymbol{s}}_1)-n_{i1}\dot{\hat{r}}_1^o\\&=-r_{i1}\dot{r}_{i1}+(\dot{\boldsymbol{s}}_i-\dot{\boldsymbol{s}}_1)^{\mathrm{T}}(\boldsymbol{s}_i-\boldsymbol{s}_1)+\dot{r}_{i1}n_{i1}+r_{i1}\dot{n}_{i1}-(\dot{\boldsymbol{s}}_i-\dot{\boldsymbol{s}}_1)^{\mathrm{T}}\Delta\boldsymbol{s}_i-\\&(\boldsymbol{s}_i-\boldsymbol{s}_1)^{\mathrm{T}}\Delta\dot{\boldsymbol{s}}_i-\dot{\boldsymbol{d}}_i^{\mathrm{T}}\Delta\boldsymbol{s}_1-\boldsymbol{d}_i^{\mathrm{T}}\Delta\dot{\boldsymbol{s}}_1\end{aligned}\tag{7.49}$$

式中：$\dot{\boldsymbol{d}}_i=r_{i1}(\boldsymbol{I}-\boldsymbol{\rho}_{\boldsymbol{u}^o,\boldsymbol{s}_1}\boldsymbol{\rho}_{\boldsymbol{u}^o,\boldsymbol{s}_1}^{\mathrm{T}})(\dot{\boldsymbol{u}}^o-\dot{\boldsymbol{s}}_1)/\hat{r}_1^o+\dot{r}_{i1}\boldsymbol{\rho}_{\boldsymbol{u}^o,\boldsymbol{s}_1}$。

定义未知辐射源矢量 $\boldsymbol{\theta}=[\bar{\boldsymbol{v}}^{\mathrm{T}}\quad \hat{r}_1^o\quad \dot{\bar{\boldsymbol{v}}}^{\mathrm{T}}\quad \hat{\dot{r}}_1^o]^{\mathrm{T}}$,其中,$\bar{\boldsymbol{v}}=\boldsymbol{u}^o-\boldsymbol{s}_1$,$\dot{\bar{\boldsymbol{v}}}=\dot{\boldsymbol{u}}^o-\dot{\boldsymbol{s}}_1$。并定义 $\hat{r}_1^o$、$\hat{\dot{r}}_1^o$ 为辅助参数,其中,$\hat{r}_1=\|\boldsymbol{u}^o-\boldsymbol{s}_1\|=\|\bar{\boldsymbol{v}}\|$,$\hat{\dot{r}}_1=(\dot{\boldsymbol{u}}^o-\dot{\boldsymbol{s}}_1)^{\mathrm{T}}(\boldsymbol{u}^o-\boldsymbol{s}_1)/\hat{r}_1=\dot{\bar{\boldsymbol{v}}}^{\mathrm{T}}\bar{\boldsymbol{v}}/\hat{r}_1$。当 $i=2,3,\cdots,M$ 时,联立式(7.48)和式(7.49),可得伪线性定位方程:

$$(\boldsymbol{A}-\Delta\boldsymbol{A})\boldsymbol{\theta}=\boldsymbol{b}-\Delta\boldsymbol{b} \tag{7.50}$$

其中,

$$\boldsymbol{A}=\begin{bmatrix}(\boldsymbol{s}_2-\boldsymbol{s}_1)^{\mathrm{T}} & r_{21} & \boldsymbol{0}^{\mathrm{T}} & 0\\ \vdots & \vdots & \vdots & \vdots\\ (\boldsymbol{s}_M-\boldsymbol{s}_1)^{\mathrm{T}} & r_{M1} & \boldsymbol{0}^{\mathrm{T}} & 0\\ (\dot{\boldsymbol{s}}_2-\dot{\boldsymbol{s}}_1)^{\mathrm{T}} & \dot{r}_{21} & (\boldsymbol{s}_2-\boldsymbol{s}_1)^{\mathrm{T}} & r_{21}\\ \vdots & \vdots & \vdots & \vdots\\ (\dot{\boldsymbol{s}}_M-\dot{\boldsymbol{s}}_1)^{\mathrm{T}} & \dot{r}_{M1} & (\boldsymbol{s}_M-\boldsymbol{s}_1)^{\mathrm{T}} & r_{M1}\end{bmatrix}$$

$$\Delta\boldsymbol{A}=\begin{bmatrix}(\Delta\boldsymbol{s}_2-\Delta\boldsymbol{s}_1)^{\mathrm{T}} & n_{21} & \boldsymbol{0}^{\mathrm{T}} & 0\\ \vdots & \vdots & \vdots & \vdots\\ (\Delta\boldsymbol{s}_M-\Delta\boldsymbol{s}_1)^{\mathrm{T}} & n_{M1} & \boldsymbol{0}^{\mathrm{T}} & 0\\ (\Delta\dot{\boldsymbol{s}}_2-\Delta\dot{\boldsymbol{s}}_1)^{\mathrm{T}} & \dot{n}_{21} & (\Delta\boldsymbol{s}_2-\Delta\boldsymbol{s}_1)^{\mathrm{T}} & n_{21}\\ \vdots & \vdots & \vdots & \vdots\\ (\Delta\dot{\boldsymbol{s}}_M-\Delta\dot{\boldsymbol{s}}_1)^{\mathrm{T}} & \dot{n}_{M1} & (\Delta\boldsymbol{s}_M-\Delta\boldsymbol{s}_1)^{\mathrm{T}} & n_{M1}\end{bmatrix}$$

$$\boldsymbol{b}=\begin{bmatrix}-r_{21}^2+(\boldsymbol{s}_2-\boldsymbol{s}_1)^{\mathrm{T}}(\boldsymbol{s}_2-\boldsymbol{s}_1)\\ \vdots\\ -r_{M1}^2+(\boldsymbol{s}_M-\boldsymbol{s}_1)^{\mathrm{T}}(\boldsymbol{s}_M-\boldsymbol{s}_1)\\ -r_{21}\dot{r}_{21}+(\dot{\boldsymbol{s}}_2-\dot{\boldsymbol{s}}_1)^{\mathrm{T}}(\boldsymbol{s}_2-\boldsymbol{s}_1)\\ \vdots\\ -r_{M1}\dot{r}_{M1}+(\dot{\boldsymbol{s}}_M-\dot{\boldsymbol{s}}_1)^{\mathrm{T}}(\boldsymbol{s}_M-\boldsymbol{s}_1)\end{bmatrix}$$

$$\Delta\boldsymbol{b}=\begin{bmatrix}-2r_{21}n_{21}+2(\boldsymbol{s}_2-\boldsymbol{s}_1)^{\mathrm{T}}\Delta\boldsymbol{s}_2+2\boldsymbol{d}_2^{\mathrm{T}}\Delta\boldsymbol{s}_1\\ \vdots\\ -2r_{M1}n_{M1}+2(\boldsymbol{s}_M-\boldsymbol{s}_1)^{\mathrm{T}}\Delta\boldsymbol{s}_M+2\boldsymbol{d}_M^{\mathrm{T}}\Delta\boldsymbol{s}_1\\ -\dot{r}_{21}n_{21}-r_{21}\dot{n}_{21}+(\dot{\boldsymbol{s}}_2-\dot{\boldsymbol{s}}_1)^{\mathrm{T}}\Delta\boldsymbol{s}_2+(\boldsymbol{s}_2-\boldsymbol{s}_1)^{\mathrm{T}}\Delta\dot{\boldsymbol{s}}_2+\dot{\boldsymbol{d}}_2^{\mathrm{T}}\Delta\boldsymbol{s}_1+\boldsymbol{d}_2^{\mathrm{T}}\Delta\dot{\boldsymbol{s}}_1\\ \vdots\\ -\dot{r}_{M1}n_{M1}-r_{M1}\dot{n}_{M1}+(\dot{\boldsymbol{s}}_M-\dot{\boldsymbol{s}}_1)^{\mathrm{T}}\Delta\boldsymbol{s}_M+(\boldsymbol{s}_M-\boldsymbol{s}_1)^{\mathrm{T}}\Delta\dot{\boldsymbol{s}}_M+\dot{\boldsymbol{d}}_M^{\mathrm{T}}\Delta\boldsymbol{s}_1+\boldsymbol{d}_M^{\mathrm{T}}\Delta\dot{\boldsymbol{s}}_1\end{bmatrix}$$

令 $\boldsymbol{\varepsilon}=[\Delta\boldsymbol{\beta}^{\mathrm{T}} \quad \Delta\boldsymbol{\alpha}^{\mathrm{T}}]^{\mathrm{T}}$，则式(7.50)中噪声矩阵 $\Delta\boldsymbol{A}$ 和噪声矢量 $\Delta\boldsymbol{b}$ 可表示为

$$\Delta\boldsymbol{A}=[\bar{\boldsymbol{F}}_1\boldsymbol{\varepsilon} \quad \cdots \quad \bar{\boldsymbol{F}}_L\boldsymbol{\varepsilon}],\Delta\boldsymbol{b}=\bar{\boldsymbol{F}}_{L+1}\boldsymbol{\varepsilon} \tag{7.51}$$

式中：$\bar{\boldsymbol{F}}_1,\bar{\boldsymbol{F}}_2,\cdots,\bar{\boldsymbol{F}}_{L+1}$ 分别为系数矩阵（具体表达式见附录 D）；L 为矩阵 $\Delta\boldsymbol{A}$ 的列数（$\boldsymbol{\theta}$ 中元素个数）。

令 $\bar{\boldsymbol{Q}}=E[\boldsymbol{\varepsilon}\boldsymbol{\varepsilon}^{\mathrm{T}}]$，对 $\bar{\boldsymbol{Q}}$ 做 Cholesky 分解为 $\bar{\boldsymbol{Q}}=\bar{\boldsymbol{P}}\bar{\boldsymbol{P}}^{\mathrm{T}}$，可得到 $\boldsymbol{\varepsilon}$ 的白化矢量 $\boldsymbol{\varepsilon}'=\bar{\boldsymbol{P}}^{-1}\boldsymbol{\varepsilon}$。将式(7.50)移项，并整理可得

$$\begin{aligned}[\boldsymbol{A} \quad \boldsymbol{b}][\boldsymbol{\theta}^{\mathrm{T}} \quad -1]^{\mathrm{T}}&=[\Delta\boldsymbol{A} \quad \Delta\boldsymbol{b}][\boldsymbol{\theta}^{\mathrm{T}} \quad -1]^{\mathrm{T}}\\&=[\bar{\boldsymbol{F}}_1\boldsymbol{\varepsilon} \quad \bar{\boldsymbol{F}}_2\boldsymbol{\varepsilon} \quad \cdots \quad \bar{\boldsymbol{F}}_L\boldsymbol{\varepsilon} \quad \bar{\boldsymbol{F}}_{L+1}\boldsymbol{\varepsilon}][\boldsymbol{\theta}^{\mathrm{T}} \quad -1]^{\mathrm{T}}\\&=\left(\sum_{i=1}^{L}\theta_i\bar{\boldsymbol{F}}_i-\bar{\boldsymbol{F}}_{L+1}\right)\boldsymbol{\varepsilon}=\bar{\boldsymbol{H}}(\boldsymbol{\theta})\bar{\boldsymbol{P}}\boldsymbol{\varepsilon}'\end{aligned} \tag{7.52}$$

式中：$\bar{\boldsymbol{H}}(\boldsymbol{\theta}_1)\triangleq\sum_{i=1}^{L}\theta_i\bar{\boldsymbol{F}}_i-\bar{\boldsymbol{F}}_{L+1}$；$\boldsymbol{\theta}_i$ 为 $\boldsymbol{\theta}$ 的第 i 个元素。

求考虑观测站位置误差和速度误差的 CTLS 解，即为在满足约束表达式(7.52)、式(7.14)条件下，求解未知矢量 $\boldsymbol{\theta}$，使得矢量 $\boldsymbol{\varepsilon}'$ 的范数平方最小化，可表示为

$$\begin{gathered}\min_{\Delta\alpha',\boldsymbol{\theta}}\|\boldsymbol{\varepsilon}'\|^2\\ \text{s. t.}\begin{cases}\boldsymbol{A}\boldsymbol{\theta}-\boldsymbol{b}=\bar{\boldsymbol{H}}(\boldsymbol{\theta})\bar{\boldsymbol{P}}\boldsymbol{\varepsilon}',\\ \boldsymbol{\theta}^{\mathrm{T}}\boldsymbol{\Sigma}_1\boldsymbol{\theta}=0,\ \boldsymbol{\theta}^{\mathrm{T}}\boldsymbol{\Sigma}_2\boldsymbol{\theta}=0\end{cases}\end{gathered} \tag{7.53}$$

利用拉格朗日乘子，可将式(7.53)转化为对下式的最小化：

$$L(\boldsymbol{\theta},\boldsymbol{\lambda}_1,\lambda_2,\lambda_3,\boldsymbol{\varepsilon}')=\boldsymbol{\varepsilon}'^{\mathrm{T}}\boldsymbol{\varepsilon}'+\boldsymbol{\lambda}_1^{\mathrm{T}}(\boldsymbol{A}\boldsymbol{\theta}-\boldsymbol{b}-\bar{\boldsymbol{H}}(\boldsymbol{\theta})\bar{\boldsymbol{P}}\boldsymbol{\varepsilon}')+\lambda_2\boldsymbol{\theta}^{\mathrm{T}}\boldsymbol{\Sigma}_1\boldsymbol{\theta}+\lambda_3\boldsymbol{\theta}^{\mathrm{T}}\boldsymbol{\Sigma}_2\boldsymbol{\theta} \tag{7.54}$$

基于式(7.54)，分别对 $\boldsymbol{\theta}$、$\boldsymbol{\varepsilon}'$ 求偏导，可得到求极小值的必要条件：

$$\begin{aligned}\partial L(\boldsymbol{\theta}_1,\boldsymbol{\lambda}_1,\lambda_2,\lambda_3,\boldsymbol{\varepsilon}')/\partial\boldsymbol{\theta}=\{\boldsymbol{A}-[\bar{\boldsymbol{F}}_1\bar{\boldsymbol{P}}\boldsymbol{\varepsilon}' \quad \bar{\boldsymbol{F}}_2\bar{\boldsymbol{P}}\boldsymbol{\varepsilon}' \quad \cdots \quad \bar{\boldsymbol{F}}_L\bar{\boldsymbol{P}}\boldsymbol{\varepsilon}']\}^{\mathrm{T}}\lambda_1+\\ 2\lambda_2\boldsymbol{\Sigma}_1\boldsymbol{\theta}+2\lambda_3\boldsymbol{\Sigma}_2\boldsymbol{\theta}=\mathbf{0}\end{aligned} \tag{7.55}$$

$$\partial L(\boldsymbol{\theta}_1,\boldsymbol{\lambda}_1,\lambda_2,\lambda_3,\boldsymbol{\varepsilon}')/\partial\boldsymbol{\varepsilon}'=2\boldsymbol{\varepsilon}'-[\bar{\boldsymbol{H}}(\boldsymbol{\theta}_1)\bar{\boldsymbol{P}}]^{\mathrm{T}}\boldsymbol{\lambda}_1=\mathbf{0} \tag{7.56}$$

由式(7.56)可得，$\boldsymbol{\varepsilon}'=0.5\cdot[\bar{\boldsymbol{H}}(\boldsymbol{\theta})\bar{\boldsymbol{P}}]^{\mathrm{T}}\boldsymbol{\lambda}_1$，并将其代入式(7.59)，得到 $\boldsymbol{\lambda}_1=2(\bar{\boldsymbol{H}}(\boldsymbol{\theta})\bar{\boldsymbol{Q}}\bar{\boldsymbol{H}}(\boldsymbol{\theta})^{\mathrm{T}})^{-1}(\boldsymbol{A}\boldsymbol{\theta}-\boldsymbol{b})$；进而，$\boldsymbol{\varepsilon}'=\bar{\boldsymbol{P}}^{\mathrm{T}}\bar{\boldsymbol{H}}(\boldsymbol{\theta})^{\mathrm{T}}(\bar{\boldsymbol{H}}(\boldsymbol{\theta})\bar{\boldsymbol{Q}}\bar{\boldsymbol{H}}(\boldsymbol{\theta})^{\mathrm{T}})^{-1}(\boldsymbol{A}\boldsymbol{\theta}-\boldsymbol{b})$。将 $\boldsymbol{\varepsilon}'$、$\boldsymbol{\lambda}_1$ 的表达式代入式(7.55)，并令 $\bar{\boldsymbol{W}}_{\boldsymbol{\theta}}=(\bar{\boldsymbol{H}}(\boldsymbol{\theta})\bar{\boldsymbol{Q}}\bar{\boldsymbol{H}}(\boldsymbol{\theta})^{\mathrm{T}})^{-1}$，$\bar{\boldsymbol{\Lambda}}=[\bar{\boldsymbol{F}}_1\bar{\boldsymbol{Q}}\bar{\boldsymbol{H}}(\boldsymbol{\theta})^{\mathrm{T}}\bar{\boldsymbol{W}}_{\boldsymbol{\theta}}(\boldsymbol{A}\boldsymbol{\theta}-\boldsymbol{b}),\cdots,\bar{\boldsymbol{F}}_L\bar{\boldsymbol{Q}}\bar{\boldsymbol{H}}(\boldsymbol{\theta})^{\mathrm{T}}\bar{\boldsymbol{W}}_{\boldsymbol{\theta}}(\boldsymbol{A}\boldsymbol{\theta}-\boldsymbol{b})]$，可得

$$2(\boldsymbol{A}-\bar{\boldsymbol{\Lambda}})^{\mathrm{T}}\bar{\boldsymbol{W}}_{\boldsymbol{\theta}}(\boldsymbol{A}\boldsymbol{\theta}-\boldsymbol{b})+2\lambda_2\boldsymbol{\Sigma}_1\boldsymbol{\theta}+2\lambda_3\boldsymbol{\Sigma}_2\boldsymbol{\theta}=\mathbf{0} \tag{7.57}$$

整理式(7.57),可得

$$\hat{\boldsymbol{\theta}} = [(\boldsymbol{A}-\bar{\boldsymbol{\Lambda}})^{\mathrm{T}}\bar{\boldsymbol{W}}_{\boldsymbol{\theta}}\boldsymbol{A}+\lambda_2\boldsymbol{\Sigma}_1+\lambda_3\boldsymbol{\Sigma}_2]^{-1}(\boldsymbol{A}-\bar{\boldsymbol{\Lambda}})^{\mathrm{T}}\bar{\boldsymbol{W}}_{\boldsymbol{\theta}}\boldsymbol{b} \tag{7.58}$$

式(7.58)即为该算法的求解表达式。由于式(7.58)中包含未知的 λ_2、λ_3,因此将式(7.65)代入式(7.17)中,可得

$$\begin{aligned}&\boldsymbol{b}^{\mathrm{T}}\bar{\boldsymbol{W}}_{\boldsymbol{\theta}}(\boldsymbol{A}-\bar{\boldsymbol{\Lambda}})[\boldsymbol{A}^{\mathrm{T}}\bar{\boldsymbol{W}}_{\boldsymbol{\theta}}(\boldsymbol{A}-\bar{\boldsymbol{\Lambda}})+\lambda_2\boldsymbol{\Sigma}_1+\lambda_3\boldsymbol{\Sigma}_2]^{-1}\boldsymbol{\Sigma}_1\\&\cdot[(\boldsymbol{A}-\bar{\boldsymbol{\Lambda}})^{\mathrm{T}}\bar{\boldsymbol{W}}_{\boldsymbol{\theta}}\boldsymbol{A}+\lambda_2\boldsymbol{\Sigma}_1+\lambda_3\boldsymbol{\Sigma}_2]^{-1}(\boldsymbol{A}-\bar{\boldsymbol{\Lambda}})^{\mathrm{T}}\bar{\boldsymbol{W}}_{\boldsymbol{\theta}}\boldsymbol{b}=0\end{aligned} \tag{7.59}$$

$$\begin{aligned}&\boldsymbol{b}^{\mathrm{T}}\bar{\boldsymbol{W}}_{\boldsymbol{\theta}}(\boldsymbol{A}-\bar{\boldsymbol{\Lambda}})[\boldsymbol{A}^{\mathrm{T}}\bar{\boldsymbol{W}}_{\boldsymbol{\theta}}(\boldsymbol{A}-\bar{\boldsymbol{\Lambda}})+\lambda_2\boldsymbol{\Sigma}_1+\lambda_3\boldsymbol{\Sigma}_2]^{-1}\boldsymbol{\Sigma}_2\\&\cdot[(\boldsymbol{A}-\bar{\boldsymbol{\Lambda}})^{\mathrm{T}}\bar{\boldsymbol{W}}_{\boldsymbol{\theta}}\boldsymbol{A}+\lambda_2\boldsymbol{\Sigma}_1+\lambda_3\boldsymbol{\Sigma}_2]^{-1}(\boldsymbol{A}-\boldsymbol{\Lambda})^{\mathrm{T}}\bar{\boldsymbol{W}}_{\boldsymbol{\theta}}\boldsymbol{b}=0\end{aligned} \tag{7.60}$$

求解关于 λ_2、λ_3 的式(7.59)、式(7.60),可利用牛顿法求解。

存在观测站位置和速度误差时带约束条件的CTLS的定位算法如下:

(1) 令 $\bar{\boldsymbol{\Lambda}}=\boldsymbol{0}$,$\bar{\boldsymbol{W}}_{\boldsymbol{\theta}}=\bar{\boldsymbol{Q}}^{-1}$。

(2) 求解式(7.59)、式(7.60)求得 λ_2、λ_3。

(3) 利用式(7.58)求解 $\hat{\boldsymbol{\theta}}$。

(4) 更新 $\bar{\boldsymbol{\Lambda}}$,$\bar{\boldsymbol{W}}_{\boldsymbol{\theta}}$ 值,重复步骤(2)、(3)以便得到更为精确的解。

7.2.2.2 定位偏差与均方误差分析

当去掉求解变量间的约束关系时,式(7.58)可表示为

$$\hat{\boldsymbol{\theta}}' = [(\boldsymbol{A}-\bar{\boldsymbol{\Lambda}})^{\mathrm{T}}\bar{\boldsymbol{W}}_{\boldsymbol{\theta}}\boldsymbol{A}]^{-1}(\boldsymbol{A}-\bar{\boldsymbol{\Lambda}})^{\mathrm{T}}\bar{\boldsymbol{W}}_{\boldsymbol{\theta}}\boldsymbol{b} \tag{7.61}$$

式(7.61)两边减去定位解真值 $\boldsymbol{\theta}^o$,可得

$$\Delta\boldsymbol{\theta}' = [(\boldsymbol{A}-\bar{\boldsymbol{\Lambda}})^{\mathrm{T}}\bar{\boldsymbol{W}}_{\boldsymbol{\theta}}\boldsymbol{A}]^{-1}(\boldsymbol{A}-\bar{\boldsymbol{\Lambda}})^{\mathrm{T}}\bar{\boldsymbol{W}}_{\boldsymbol{\theta}}(\boldsymbol{b}-\boldsymbol{A}\boldsymbol{\theta}^o) \tag{7.62}$$

根据式(7.50)和式(7.52),若保留推导式(7.50)时忽略的误差二阶项,则式(7.62)可表示为

$$\Delta\boldsymbol{\theta}' = [(\boldsymbol{A}-\bar{\boldsymbol{\Lambda}})^{\mathrm{T}}\bar{\boldsymbol{W}}_{\boldsymbol{\theta}}\boldsymbol{A}]^{-1}(\boldsymbol{A}-\bar{\boldsymbol{\Lambda}})^{\mathrm{T}}\bar{\boldsymbol{W}}_{\boldsymbol{\theta}}(\bar{\boldsymbol{H}}(\boldsymbol{\theta})\bar{\boldsymbol{P}}\boldsymbol{\varepsilon}'+\boldsymbol{O}(\boldsymbol{\varepsilon})) \tag{7.63}$$

其中,

$$O(\boldsymbol{\varepsilon})=\begin{bmatrix}\Delta\boldsymbol{\alpha}(1:M-1)\odot\Delta\boldsymbol{\alpha}(1:M-1)+\begin{bmatrix}\Delta s_2^{\mathrm{T}}\Delta s_2-\Delta s_2^{\mathrm{T}}\Delta s_1\\ \vdots\\ \Delta s_M^{\mathrm{T}}\Delta s_M-\Delta s_M^{\mathrm{T}}\Delta s_1\end{bmatrix}\\ \Delta\boldsymbol{\alpha}(1:M-1)\odot\Delta\boldsymbol{\alpha}(M:2M-2)+\begin{bmatrix}(\Delta\dot{s}_2-\Delta\dot{s}_1)^{\mathrm{T}}\Delta s_2\\ \vdots\\ (\Delta\dot{s}_M-\Delta\dot{s}_1)^{\mathrm{T}}\Delta s_M\end{bmatrix}+\begin{bmatrix}(\Delta s_2-\Delta s_1)^{\mathrm{T}}\Delta\dot{s}_1\\ \vdots\\ (\Delta s_M-\Delta s_1)^{\mathrm{T}}\Delta\dot{s}_1\end{bmatrix}\end{bmatrix}$$

对式(7.63)取其期望值即可得到偏差表达式,注意到式(7.63)右端观测矩阵

$\boldsymbol{A}$ 中包含噪声，$\boldsymbol{A}=\boldsymbol{A}^o+\Delta\boldsymbol{A}$，且

$$\boldsymbol{G}\triangleq(\boldsymbol{A}-\bar{\boldsymbol{\Lambda}})^{\mathrm{T}}\bar{\boldsymbol{W}}_{\boldsymbol{\theta}}\boldsymbol{A}\approx\boldsymbol{G}^o+\Delta\boldsymbol{G}$$

$$\boldsymbol{G}^o=\boldsymbol{A}^o\bar{\boldsymbol{W}}_{\boldsymbol{\theta}}\boldsymbol{A}^o,\Delta\boldsymbol{G}_1=(\Delta\boldsymbol{A}-\bar{\boldsymbol{\Lambda}})^{\mathrm{T}}\bar{\boldsymbol{W}}_{\boldsymbol{\theta}}\boldsymbol{A}^o+\boldsymbol{A}^o\bar{\boldsymbol{W}}_{\boldsymbol{\theta}}\Delta\boldsymbol{A} \tag{7.64}$$

根据 Neumann 展开定理[24]，有

$$\boldsymbol{G}^{-1}\approx(\boldsymbol{I}+\boldsymbol{G}^{o-1}\Delta\boldsymbol{G})^{-1}\boldsymbol{G}^{o-1}\approx(\boldsymbol{I}-\boldsymbol{G}^{o-1}\Delta\boldsymbol{G})\boldsymbol{G}^{o-1} \tag{7.65}$$

将式(7.65)代入式(7.63)中，并保留二阶项，可得

$$\begin{aligned}\Delta\boldsymbol{\theta}'=&\boldsymbol{G}^{o-1}\boldsymbol{A}^{o\mathrm{T}}\bar{\boldsymbol{W}}_{\boldsymbol{\theta}}(\bar{\boldsymbol{H}}(\boldsymbol{\theta})\bar{\boldsymbol{P}}\boldsymbol{\varepsilon}'+O(\boldsymbol{\varepsilon}))+\boldsymbol{G}^{o-1}(\Delta\boldsymbol{A}-\bar{\boldsymbol{\Lambda}})^{\mathrm{T}}\bar{\boldsymbol{W}}_{\boldsymbol{\theta}}\bar{\boldsymbol{H}}(\boldsymbol{\theta})\bar{\boldsymbol{P}}\boldsymbol{\varepsilon}'\\&-\boldsymbol{G}^{o-1}\Delta\boldsymbol{G}\boldsymbol{G}^{o-1}\boldsymbol{A}^{o\mathrm{T}}\bar{\boldsymbol{W}}_{\boldsymbol{\theta}}\bar{\boldsymbol{H}}(\boldsymbol{\theta})\bar{\boldsymbol{P}}\boldsymbol{\varepsilon}'\end{aligned} \tag{7.66}$$

在 $\bar{\boldsymbol{\Lambda}}$ 表达式中，$\bar{\boldsymbol{H}}(\boldsymbol{\theta})$ 为 $2(M-1)\times2(M-1)$ 阶可逆矩阵，则

$$\bar{\boldsymbol{Q}}\bar{\boldsymbol{H}}(\boldsymbol{\theta})^{\mathrm{T}}\boldsymbol{W}_{\boldsymbol{\theta}}(\boldsymbol{A}\boldsymbol{\theta}-\boldsymbol{b})=\bar{\boldsymbol{Q}}\bar{\boldsymbol{H}}(\boldsymbol{\theta})^{\mathrm{T}}(\bar{\boldsymbol{H}}(\boldsymbol{\theta})\bar{\boldsymbol{Q}}\bar{\boldsymbol{H}}(\boldsymbol{\theta})^{\mathrm{T}})^{-1}\bar{\boldsymbol{H}}(\boldsymbol{\theta})\bar{\boldsymbol{P}}\boldsymbol{\varepsilon}'=\bar{\boldsymbol{P}}\boldsymbol{\varepsilon}' \tag{7.67}$$

因此，$\bar{\boldsymbol{\Lambda}}=[\bar{\boldsymbol{F}}_1\bar{\boldsymbol{P}}\boldsymbol{\varepsilon}' \quad \cdots \quad \bar{\boldsymbol{F}}_L\bar{\boldsymbol{P}}\boldsymbol{\varepsilon}']=\Delta\boldsymbol{A}$。
式(7.66)可改写为

$$\begin{aligned}\Delta\boldsymbol{\theta}'=&(\boldsymbol{A}^{o\mathrm{T}}\bar{\boldsymbol{W}}_{\boldsymbol{\theta}}\boldsymbol{A}^o)^{-1}\boldsymbol{A}^{o\mathrm{T}}\bar{\boldsymbol{W}}_{\boldsymbol{\theta}}(\bar{\boldsymbol{H}}(\boldsymbol{\theta})\bar{\boldsymbol{P}}\boldsymbol{\varepsilon}'+O(\boldsymbol{\varepsilon}))\\&-(\boldsymbol{A}^{o\mathrm{T}}\bar{\boldsymbol{W}}_{\boldsymbol{\theta}}\boldsymbol{A}^o)^{-1}\boldsymbol{A}^{o\mathrm{T}}\bar{\boldsymbol{W}}_{\boldsymbol{\theta}}\Delta A(\boldsymbol{A}^{o\mathrm{T}}\bar{\boldsymbol{W}}_{\boldsymbol{\theta}}\boldsymbol{A}^o)^{-1}\boldsymbol{A}^{o\mathrm{T}}\bar{\boldsymbol{W}}_{\boldsymbol{\theta}}\bar{\boldsymbol{H}}(\boldsymbol{\theta})\bar{\boldsymbol{P}}\boldsymbol{\varepsilon}'\end{aligned} \tag{7.68}$$

令

$$\bar{\boldsymbol{K}}\triangleq\boldsymbol{G}^{o-1}\boldsymbol{A}^{o\mathrm{T}}\bar{\boldsymbol{W}}_{\boldsymbol{\theta}}$$

$$\begin{aligned}&E[\Delta\boldsymbol{A}\boldsymbol{G}^{o-1}\boldsymbol{A}^{o\mathrm{T}}\bar{\boldsymbol{W}}_{\boldsymbol{\theta}}\bar{\boldsymbol{H}}(\boldsymbol{\theta})\bar{\boldsymbol{P}}\boldsymbol{\varepsilon}']\\
&=E[\bar{\boldsymbol{F}}_1\bar{\boldsymbol{P}}\boldsymbol{\varepsilon}'\bar{\boldsymbol{K}}(1,:)\bar{\boldsymbol{H}}(\boldsymbol{\theta})\bar{\boldsymbol{P}}\boldsymbol{\varepsilon}'+\bar{\boldsymbol{F}}_2\bar{\boldsymbol{P}}\boldsymbol{\varepsilon}'\bar{\boldsymbol{K}}(2,:)\bar{\boldsymbol{H}}(\boldsymbol{\theta})\bar{\boldsymbol{P}}\boldsymbol{\varepsilon}'+\cdots+\\
&\quad\bar{\boldsymbol{F}}_L\bar{\boldsymbol{P}}\boldsymbol{\varepsilon}'\bar{\boldsymbol{K}}(L,:)\bar{\boldsymbol{H}}(\boldsymbol{\theta})\bar{\boldsymbol{P}}\boldsymbol{\varepsilon}']\\
&=E[\bar{\boldsymbol{F}}_1\bar{\boldsymbol{P}}\boldsymbol{\varepsilon}'\boldsymbol{\varepsilon}'^{\mathrm{T}}\bar{\boldsymbol{P}}^{\mathrm{T}}\bar{\boldsymbol{H}}(\boldsymbol{\theta})^{\mathrm{T}}\bar{\boldsymbol{K}}(1,:)^{\mathrm{T}}+\bar{\boldsymbol{F}}_2\bar{\boldsymbol{P}}\boldsymbol{\varepsilon}'\boldsymbol{\varepsilon}'^{\mathrm{T}}\bar{\boldsymbol{P}}^{\mathrm{T}}\bar{\boldsymbol{H}}(\boldsymbol{\theta})^{\mathrm{T}}\bar{\boldsymbol{K}}(2,:)^{\mathrm{T}}+\cdots+\\
&\quad\bar{\boldsymbol{F}}_L\bar{\boldsymbol{P}}\boldsymbol{\varepsilon}'\boldsymbol{\varepsilon}'^{\mathrm{T}}\bar{\boldsymbol{P}}^{\mathrm{T}}\bar{\boldsymbol{H}}(\boldsymbol{\theta})^{\mathrm{T}}\bar{\boldsymbol{K}}(L,:)^{\mathrm{T}}]\\
&=\bar{\boldsymbol{F}}_1\bar{\boldsymbol{Q}}\bar{\boldsymbol{H}}(\boldsymbol{\theta})^{\mathrm{T}}\bar{\boldsymbol{K}}(1,:)^{\mathrm{T}}+\bar{\boldsymbol{F}}_2\bar{\boldsymbol{Q}}\bar{\boldsymbol{H}}(\boldsymbol{\theta})^{\mathrm{T}}\bar{\boldsymbol{K}}(2,:)^{\mathrm{T}}+\cdots+\bar{\boldsymbol{F}}_L\bar{\boldsymbol{Q}}\bar{\boldsymbol{H}}(\boldsymbol{\theta})^{\mathrm{T}}\bar{\boldsymbol{K}}(L,:)^{\mathrm{T}}\end{aligned} \tag{7.69}$$

对式(7.68)两边取期望值：

$$\begin{aligned}E[\Delta\boldsymbol{\theta}']=&\bar{\boldsymbol{K}}[\bar{\boldsymbol{q}}^{\mathrm{T}} \quad \boldsymbol{0}^{\mathrm{T}}]^{\mathrm{T}}-\bar{\boldsymbol{K}}[\bar{\boldsymbol{F}}_1\bar{\boldsymbol{Q}}\bar{\boldsymbol{H}}(\boldsymbol{\theta})^{\mathrm{T}}\bar{\boldsymbol{K}}(1,:)^{\mathrm{T}}+\bar{\boldsymbol{F}}_2\bar{\boldsymbol{Q}}\bar{\boldsymbol{H}}(\boldsymbol{\theta})^{\mathrm{T}}\bar{\boldsymbol{K}}(2,:)^{\mathrm{T}}+\cdots+\\&\bar{\boldsymbol{F}}_L\bar{\boldsymbol{Q}}\bar{\boldsymbol{H}}(\boldsymbol{\theta})^{\mathrm{T}}\bar{\boldsymbol{K}}(L,:)^{\mathrm{T}}]\end{aligned} \tag{7.70}$$

式中：$\bar{\boldsymbol{q}}=\mathrm{diag}\{\boldsymbol{Q}_\alpha(1:M-1,1:M-1)\}+E[\Delta\boldsymbol{s}_2^{\mathrm{T}}\Delta\boldsymbol{s}_2 \quad \cdots \quad \Delta\boldsymbol{s}_M^{\mathrm{T}}\Delta\boldsymbol{s}_M]^{\mathrm{T}}$。

利用式(7.68)求协方差，保留到二阶项，可得

$$E[\Delta\boldsymbol{\theta}'\Delta\boldsymbol{\theta}'^{\mathrm{T}}]\approx\boldsymbol{G}^{o-1}\boldsymbol{A}^{o\mathrm{T}}\overline{\boldsymbol{W}}_{\theta}\overline{\boldsymbol{H}}(\boldsymbol{\theta})\overline{\boldsymbol{P}}\boldsymbol{\varepsilon}'[\boldsymbol{G}^{o}\boldsymbol{A}^{o\mathrm{T}}\overline{\boldsymbol{W}}_{\theta}\overline{\boldsymbol{H}}(\boldsymbol{\theta})\overline{\boldsymbol{P}}\boldsymbol{\varepsilon}']^{\mathrm{T}}$$
$$=(\boldsymbol{A}^{o\mathrm{T}}\overline{\boldsymbol{W}}_{\theta}\boldsymbol{A}^{o})^{-1} \tag{7.71}$$

显然,式(7.71)中 $\hat{\boldsymbol{\theta}}_1'$的协方差与文献[13]中 TSWLS 方法的第一个 WLS 解的协方差是一致的。

将 $\boldsymbol{\theta}=[\bar{\boldsymbol{v}}^{\mathrm{T}}\quad \hat{r}_1\quad \dot{\bar{\boldsymbol{v}}}^{\mathrm{T}}\quad \hat{\dot{r}}_1]^{\mathrm{T}}$ 视为 $\boldsymbol{\Theta}=[\bar{\boldsymbol{v}}^{\mathrm{T}}\quad \dot{\bar{\boldsymbol{v}}}^{\mathrm{T}}]^{\mathrm{T}}$ 的函数,将其在 $\boldsymbol{\Theta}^o=[\bar{\boldsymbol{v}}^{o\mathrm{T}}\quad \dot{\bar{\boldsymbol{v}}}^{o\mathrm{T}}]^{\mathrm{T}}$ 处一阶展开,其中,$\bar{\boldsymbol{v}}=\boldsymbol{u}-\boldsymbol{s}_1$,$\dot{\bar{\boldsymbol{v}}}=\dot{\boldsymbol{u}}-\dot{\boldsymbol{s}}_1$,$\hat{r}_1=(\bar{\boldsymbol{v}}^{\mathrm{T}}\bar{\boldsymbol{v}})^{1/2}$,$\hat{\dot{r}}_1=\dot{\bar{\boldsymbol{v}}}^{\mathrm{T}}\bar{\boldsymbol{v}}/(\bar{\boldsymbol{v}}^{\mathrm{T}}\bar{\boldsymbol{v}})^{1/2}$,$\boldsymbol{\theta}$ 可以表示为

$$\boldsymbol{\theta}=\boldsymbol{\theta}^o+\left.\frac{\partial\boldsymbol{\theta}}{\partial\boldsymbol{\Theta}^{\mathrm{T}}}\right|_{\boldsymbol{\Theta}=\boldsymbol{\Theta}^o}(\boldsymbol{\Theta}-\boldsymbol{\Theta}^o) \tag{7.72}$$

其中,

$$\overline{\boldsymbol{J}}\triangleq\frac{\partial\boldsymbol{\theta}}{\partial\boldsymbol{\Theta}^{\mathrm{T}}}=\begin{bmatrix}\boldsymbol{I}_{3\times3} & \boldsymbol{0}_{3\times3}\\ \bar{\boldsymbol{v}}^{\mathrm{T}}(\bar{\boldsymbol{v}}^{\mathrm{T}}\boldsymbol{v})^{-1/2} & \boldsymbol{0}_{1\times3}\\ \boldsymbol{0}_{3\times3} & \boldsymbol{I}_{3\times3}\\ \dot{\bar{\boldsymbol{v}}}^{\mathrm{T}}(\bar{\boldsymbol{v}}^{\mathrm{T}}\bar{\boldsymbol{v}})^{-1/2}-\dot{\bar{\boldsymbol{v}}}^{\mathrm{T}}\bar{\boldsymbol{v}}(\bar{\boldsymbol{v}}^{\mathrm{T}}\bar{\boldsymbol{v}})^{-3/2}\bar{\boldsymbol{v}}^{\mathrm{T}} & \bar{\boldsymbol{v}}^{\mathrm{T}}(\bar{\boldsymbol{v}}^{\mathrm{T}}\bar{\boldsymbol{v}})^{-1/2}\end{bmatrix} \tag{7.73}$$

定义 $\Delta\boldsymbol{\theta}\triangleq\boldsymbol{\theta}-\boldsymbol{\theta}^o$,$\Delta\boldsymbol{\Theta}\triangleq\boldsymbol{\Theta}-\boldsymbol{\Theta}^o$,则式(7.72)即为 $\Delta\boldsymbol{\theta}=\overline{\boldsymbol{J}}\Delta\boldsymbol{\Theta}$。式(7.50)可改写为

$$\boldsymbol{A}\boldsymbol{\theta}-\boldsymbol{b}=\boldsymbol{A}(\boldsymbol{\theta}^o+\Delta\boldsymbol{\theta})-\boldsymbol{b}\approx\boldsymbol{A}\overline{\boldsymbol{J}}\Delta\boldsymbol{\Theta}+\overline{\boldsymbol{H}}(\boldsymbol{\theta}^o)\overline{\boldsymbol{P}}\boldsymbol{\varepsilon}' \tag{7.74}$$

重写式(7.54),将其表示为 $\boldsymbol{\Theta}$ 的函数:

$$L(\boldsymbol{\Theta},\boldsymbol{\lambda}_1,\boldsymbol{\varepsilon}')=\boldsymbol{\varepsilon}'^{\mathrm{T}}\boldsymbol{\varepsilon}'+\boldsymbol{\lambda}_1^{\mathrm{T}}(\boldsymbol{A}\boldsymbol{\theta}-\boldsymbol{b}-\overline{\boldsymbol{H}}(\boldsymbol{\theta})\overline{\boldsymbol{P}}\boldsymbol{\varepsilon}') \tag{7.75}$$

与上节类似,可对 $\boldsymbol{\Theta}$、$\boldsymbol{\varepsilon}'$求导,得到两个表达式,即为取极值的必要条件:

$$\partial L(\boldsymbol{\Theta},\boldsymbol{\lambda}_1,\boldsymbol{\varepsilon}')/\partial\boldsymbol{\Theta}=\overline{\boldsymbol{J}}^{\mathrm{T}}\{\boldsymbol{A}-[\overline{\boldsymbol{F}}_1\overline{\boldsymbol{P}}\boldsymbol{\varepsilon}'\quad\overline{\boldsymbol{F}}_2\overline{\boldsymbol{P}}\boldsymbol{\varepsilon}'\quad\cdots\quad\overline{\boldsymbol{F}}_L\overline{\boldsymbol{P}}\boldsymbol{\varepsilon}']\}^{\mathrm{T}}\boldsymbol{\lambda}_1=\boldsymbol{0} \tag{7.76}$$

对 $\boldsymbol{\varepsilon}'$的偏导数与式(7.56)一致。结合式(7.52)、式(7.56)、式(7.74)~式(7.76),得到与式(7.63)、式(7.64)类似的表达式:

$$\overline{\boldsymbol{J}}^{\mathrm{T}}(\boldsymbol{A}-\overline{\boldsymbol{\Lambda}})^{\mathrm{T}}\overline{\boldsymbol{W}}_{\theta}(\boldsymbol{A}\overline{\boldsymbol{J}}\Delta\boldsymbol{\Theta}+\overline{\boldsymbol{H}}(\boldsymbol{\theta})\overline{\boldsymbol{P}}\boldsymbol{\varepsilon}')=\boldsymbol{0} \tag{7.77}$$

$$\Delta\boldsymbol{\Theta}=-[\overline{\boldsymbol{J}}^{\mathrm{T}}(\boldsymbol{A}-\overline{\boldsymbol{\Lambda}})^{\mathrm{T}}\overline{\boldsymbol{W}}_{\theta}\boldsymbol{A}\overline{\boldsymbol{J}}]^{-1}\overline{\boldsymbol{J}}^{\mathrm{T}}(\boldsymbol{A}-\overline{\boldsymbol{\Lambda}})^{\mathrm{T}}\overline{\boldsymbol{W}}_{\theta}\overline{\boldsymbol{H}}(\boldsymbol{\theta})\overline{\boldsymbol{P}}\boldsymbol{\varepsilon}' \tag{7.78}$$

若保留推导式(7.50)和式(7.64)时忽略的误差二阶项,则

$$\Delta\boldsymbol{\Theta}=-[\overline{\boldsymbol{J}}^{\mathrm{T}}(\boldsymbol{A}-\overline{\boldsymbol{\Lambda}})^{\mathrm{T}}\overline{\boldsymbol{W}}_{\theta}\boldsymbol{A}\overline{\boldsymbol{J}}]^{-1}\overline{\boldsymbol{J}}^{\mathrm{T}}(\boldsymbol{A}-\overline{\boldsymbol{\Lambda}})^{\mathrm{T}}\overline{\boldsymbol{W}}_{\theta}(\overline{\boldsymbol{H}}(\boldsymbol{\theta})\overline{\boldsymbol{P}}\boldsymbol{\varepsilon}'+O(\boldsymbol{\varepsilon})) \tag{7.79}$$

采用与上面推导 $\hat{\boldsymbol{\theta}}'$的偏差相同的方法,得到

$$\Delta\boldsymbol{\Theta}=(\bar{\boldsymbol{J}}^{\mathrm{T}}\boldsymbol{A}^{o\mathrm{T}}\bar{\boldsymbol{W}}_{\theta}\boldsymbol{A}^{o}\bar{\boldsymbol{J}})^{-1}\bar{\boldsymbol{J}}^{\mathrm{T}}\boldsymbol{A}^{o\mathrm{T}}\bar{\boldsymbol{W}}_{\theta}(\bar{\boldsymbol{H}}(\boldsymbol{\theta})\bar{\boldsymbol{P}}\boldsymbol{\varepsilon}'+\boldsymbol{O}(\boldsymbol{\varepsilon}))-\\(\bar{\boldsymbol{J}}^{\mathrm{T}}\boldsymbol{A}^{o\mathrm{T}}\bar{\boldsymbol{W}}_{\theta}\boldsymbol{A}^{o}\bar{\boldsymbol{J}})^{-1}\bar{\boldsymbol{J}}^{\mathrm{T}}\boldsymbol{A}^{o\mathrm{T}}\bar{\boldsymbol{W}}_{\theta}\Delta\boldsymbol{A}\bar{\boldsymbol{J}}(\bar{\boldsymbol{J}}^{\mathrm{T}}\boldsymbol{A}^{o\mathrm{T}}\bar{\boldsymbol{W}}_{\theta}\boldsymbol{A}^{o}\bar{\boldsymbol{J}})^{-1}\bar{\boldsymbol{J}}^{\mathrm{T}}\boldsymbol{A}^{o\mathrm{T}}\bar{\boldsymbol{W}}_{\theta}\bar{\boldsymbol{H}}(\boldsymbol{\theta})\bar{\boldsymbol{P}}\boldsymbol{\varepsilon}' \tag{7.80}$$

令

$$\bar{\boldsymbol{K}}'\triangleq(\bar{\boldsymbol{J}}^{\mathrm{T}}\boldsymbol{A}^{o\mathrm{T}}\bar{\boldsymbol{W}}_{\theta}\boldsymbol{A}^{o}\bar{\boldsymbol{J}})^{-1}\bar{\boldsymbol{J}}^{\mathrm{T}}\boldsymbol{A}^{o\mathrm{T}}\bar{\boldsymbol{W}}_{\theta},\bar{\boldsymbol{K}}''\triangleq\bar{\boldsymbol{J}}\bar{\boldsymbol{K}}'$$

$$\begin{aligned}&E[\Delta\boldsymbol{A}\bar{\boldsymbol{K}}''\bar{\boldsymbol{H}}(\boldsymbol{\theta})\bar{\boldsymbol{P}}\boldsymbol{\varepsilon}']\\&=E[\bar{\boldsymbol{F}}_1\bar{\boldsymbol{P}}\boldsymbol{\varepsilon}'\bar{\boldsymbol{K}}''(1,:)\bar{\boldsymbol{H}}(\boldsymbol{\theta})\bar{\boldsymbol{P}}\boldsymbol{\varepsilon}'+\bar{\boldsymbol{F}}_2\bar{\boldsymbol{P}}\boldsymbol{\varepsilon}'\bar{\boldsymbol{K}}''(2,:)\bar{\boldsymbol{H}}(\boldsymbol{\theta})\bar{\boldsymbol{P}}\boldsymbol{\varepsilon}'+\cdots+\\&\quad\bar{\boldsymbol{F}}_L\bar{\boldsymbol{P}}\boldsymbol{\varepsilon}'\bar{\boldsymbol{K}}''(L,:)\bar{\boldsymbol{H}}(\boldsymbol{\theta})\bar{\boldsymbol{P}}\boldsymbol{\varepsilon}']\\&=E[\bar{\boldsymbol{F}}_1\bar{\boldsymbol{P}}\boldsymbol{\varepsilon}'\boldsymbol{\varepsilon}'^{\mathrm{T}}\bar{\boldsymbol{P}}^{\mathrm{T}}\bar{\boldsymbol{H}}(\boldsymbol{\theta})^{\mathrm{T}}\bar{\boldsymbol{K}}''(1,:)^{\mathrm{T}}+\bar{\boldsymbol{F}}_2\bar{\boldsymbol{P}}\boldsymbol{\varepsilon}'\boldsymbol{\varepsilon}'^{\mathrm{T}}\bar{\boldsymbol{P}}^{\mathrm{T}}\bar{\boldsymbol{H}}(\boldsymbol{\theta})^{\mathrm{T}}\bar{\boldsymbol{K}}''(2,:)^{\mathrm{T}}+\cdots+\\&\quad\bar{\boldsymbol{F}}_L\bar{\boldsymbol{P}}\boldsymbol{\varepsilon}'\boldsymbol{\varepsilon}'^{\mathrm{T}}\bar{\boldsymbol{P}}^{\mathrm{T}}\bar{\boldsymbol{H}}(\boldsymbol{\theta})^{\mathrm{T}}\bar{\boldsymbol{K}}''(L,:)^{\mathrm{T}}]\\&=\bar{\boldsymbol{F}}_1\bar{\boldsymbol{Q}}\bar{\boldsymbol{H}}(\boldsymbol{\theta})^{\mathrm{T}}\bar{\boldsymbol{K}}''(1,:)^{\mathrm{T}}+\bar{\boldsymbol{F}}_2\bar{\boldsymbol{Q}}\bar{\boldsymbol{H}}(\boldsymbol{\theta})^{\mathrm{T}}\bar{\boldsymbol{K}}''(2,:)^{\mathrm{T}}+\cdots+\bar{\boldsymbol{F}}_L\bar{\boldsymbol{Q}}\bar{\boldsymbol{H}}(\boldsymbol{\theta})^{\mathrm{T}}\bar{\boldsymbol{K}}''(L,:)^{\mathrm{T}}\end{aligned} \tag{7.81}$$

对式(7.80)两边取期望值,可得

$$E[\Delta\boldsymbol{\Theta}]=\bar{\boldsymbol{K}}'[\bar{q}^{\mathrm{T}}\quad\boldsymbol{0}^{\mathrm{T}}]^{\mathrm{T}}-\bar{\boldsymbol{K}}'[\bar{\boldsymbol{F}}_1\bar{\boldsymbol{Q}}\bar{\boldsymbol{H}}(\boldsymbol{\theta})^{\mathrm{T}}\boldsymbol{K}''(1,:)^{\mathrm{T}}+\bar{\boldsymbol{F}}_2\bar{\boldsymbol{Q}}\bar{\boldsymbol{H}}(\boldsymbol{\theta})^{\mathrm{T}}\boldsymbol{K}''(2,:)^{\mathrm{T}}+\cdots+\\\bar{\boldsymbol{F}}_L\bar{\boldsymbol{Q}}\bar{\boldsymbol{H}}(\boldsymbol{\theta})^{\mathrm{T}}\boldsymbol{K}''(L,:)^{\mathrm{T}}] \tag{7.82}$$

利用式(7.80)求协方差 $E[\Delta\boldsymbol{\Theta}\Delta\boldsymbol{\Theta}^{\mathrm{T}}]$,保留到二阶项,可得

$$\begin{aligned}E[\Delta\boldsymbol{\Theta}\Delta\boldsymbol{\Theta}^{\mathrm{T}}]&\approx(\bar{\boldsymbol{J}}^{\mathrm{T}}\boldsymbol{A}^{o\mathrm{T}}\bar{\boldsymbol{W}}_{\theta}\boldsymbol{A}^{o\mathrm{T}}\bar{\boldsymbol{J}})^{-1}\bar{\boldsymbol{J}}^{\mathrm{T}}\boldsymbol{A}^{o\mathrm{T}}\bar{\boldsymbol{W}}_{\theta}\bar{\boldsymbol{H}}(\boldsymbol{\theta})E[\bar{\boldsymbol{P}}\boldsymbol{\varepsilon}'\boldsymbol{\varepsilon}'^{\mathrm{T}}\bar{\boldsymbol{P}}^{\mathrm{T}}]\bar{\boldsymbol{H}}(\boldsymbol{\theta})^{\mathrm{T}}\\&\quad\bar{\boldsymbol{W}}_{\theta}\boldsymbol{A}^{o}\bar{\boldsymbol{J}}(\bar{\boldsymbol{J}}^{\mathrm{T}}\boldsymbol{A}^{o\mathrm{T}}\bar{\boldsymbol{W}}_{\theta}\boldsymbol{A}^{o}\bar{\boldsymbol{J}})^{-1}=(\bar{\boldsymbol{J}}^{\mathrm{T}}\boldsymbol{A}^{o\mathrm{T}}\bar{\boldsymbol{W}}_{\theta}\boldsymbol{A}^{o}\bar{\boldsymbol{J}})^{-1}\\&=[\bar{\boldsymbol{J}}^{\mathrm{T}}\boldsymbol{A}^{o\mathrm{T}}\bar{\boldsymbol{H}}(\boldsymbol{\theta})^{-\mathrm{T}}\bar{\boldsymbol{Q}}\bar{\boldsymbol{H}}(\boldsymbol{\theta})^{-1}\boldsymbol{A}^{o}\bar{\boldsymbol{J}}]^{-1}\end{aligned} \tag{7.83}$$

根据 $\bar{\boldsymbol{H}}(\boldsymbol{\theta})$ 的定义式,经计算可得

$$\bar{\boldsymbol{H}}(\boldsymbol{\theta})\bar{\boldsymbol{Q}}\bar{\boldsymbol{H}}(\boldsymbol{\theta})^{\mathrm{T}}=(\boldsymbol{B}_1\boldsymbol{Q}_{\alpha}\boldsymbol{B}_1^{\mathrm{T}}+\boldsymbol{D}_1\boldsymbol{Q}_{\beta}\boldsymbol{D}_1^{\mathrm{T}})^{-1} \tag{7.84}$$

式中:$\boldsymbol{B}_1=\begin{bmatrix}\boldsymbol{B}_{\mathrm{s}} & \boldsymbol{0}_{(M-1)\times(M-1)}\\ \dot{\boldsymbol{B}}_{\mathrm{s}} & \boldsymbol{B}_{\mathrm{s}}\end{bmatrix}$;$\boldsymbol{D}_1=\begin{bmatrix}\boldsymbol{D}_{\mathrm{s}} & \boldsymbol{0}_{(M-1)\times(M-1)}\\ \dot{\boldsymbol{D}}_{\mathrm{s}} & \boldsymbol{D}_{\mathrm{s}}\end{bmatrix}$;$\boldsymbol{B}_{\mathrm{s}}=\mathrm{diag}(r_2^o,\cdots,r_M^o)$;$\dot{\boldsymbol{B}}_{\mathrm{s}}=\mathrm{diag}(\dot{r}_2^o,\cdots,\dot{r}_M^o)$;$\boldsymbol{D}_{\mathrm{s}}$ 和 $\dot{\boldsymbol{D}}_{\mathrm{s}}$ 中第 $i-1$ 行元素分别为 $\boldsymbol{D}_{\mathrm{s}}[i-1,:]=[-(\boldsymbol{u}^o-\boldsymbol{s}_1+\boldsymbol{d}_i)^{\mathrm{T}}\quad\boldsymbol{0}_{3(i-2)\times1}^{\mathrm{T}}\quad(\boldsymbol{u}^o-\boldsymbol{s}_i)^{\mathrm{T}}\quad\boldsymbol{0}_{3(M-i)\times1}^{\mathrm{T}}]^{\mathrm{T}}$;$\dot{\boldsymbol{D}}_{\mathrm{s}}[i-1,:]=[-(\dot{\boldsymbol{u}}^o-\dot{\boldsymbol{s}}_1+\dot{\boldsymbol{d}}_i^{\mathrm{T}})^{\mathrm{T}}\quad\boldsymbol{0}_{3(i-2)\times1}^{\mathrm{T}}\quad(\dot{\boldsymbol{u}}^o-\dot{\boldsymbol{s}}_i)^{\mathrm{T}}\quad\boldsymbol{0}_{3(M-i)\times1}^{\mathrm{T}}]^{\mathrm{T}}$。

将式(7.84)代入式(7.83),经计算可得

$$E[\Delta\boldsymbol{\Theta}\Delta\boldsymbol{\Theta}^{\mathrm{T}}]\approx[\bar{\boldsymbol{J}}^{\mathrm{T}}\boldsymbol{A}^{o\mathrm{T}}(\boldsymbol{B}_1\boldsymbol{Q}_{\alpha}\boldsymbol{B}_1^{\mathrm{T}}+\boldsymbol{D}_1\boldsymbol{Q}_{\beta}\boldsymbol{D}_1^{\mathrm{T}})^{-1}\boldsymbol{A}^{o}\bar{\boldsymbol{J}}]^{-1}$$

$$
\begin{aligned}
&= [\bar{\boldsymbol{J}}^{\mathrm{T}}\boldsymbol{A}^{o\mathrm{T}}\boldsymbol{B}_1^{-\mathrm{T}}(\boldsymbol{Q}_\alpha + \boldsymbol{B}_1^{-1}\boldsymbol{D}_1\boldsymbol{Q}_\beta\boldsymbol{D}_1^{\mathrm{T}}\boldsymbol{B}_1^{-\mathrm{T}})^{-1}\boldsymbol{B}_1^{-1}\boldsymbol{A}^o\bar{\boldsymbol{J}}]^{-1} \\
&= [\boldsymbol{G}_3^{\mathrm{T}}\boldsymbol{Q}_\alpha^{-1}\boldsymbol{G}_3 - \boldsymbol{G}_3^{\mathrm{T}}\boldsymbol{Q}_\alpha^{-1}\boldsymbol{G}_4(\boldsymbol{Q}_\beta^{-1} + \boldsymbol{G}_4^{\mathrm{T}}\boldsymbol{Q}_\alpha^{-1}\boldsymbol{G}_4)^{-1}\boldsymbol{G}_4^{\mathrm{T}}\boldsymbol{Q}_\alpha^{-1}\boldsymbol{G}_3]^{-1}
\end{aligned} \tag{7.85}
$$

式中：$\boldsymbol{G}_3 = \boldsymbol{B}_1^{-1}\boldsymbol{A}^o\bar{\boldsymbol{J}}$；$\boldsymbol{G}_4 = \boldsymbol{B}_1^{-1}\boldsymbol{D}_1$。

将 $\boldsymbol{B}_1^{-1}$、$\boldsymbol{A}^o$、$\bar{\boldsymbol{J}}$、$\boldsymbol{D}_1$ 的表达式代入 $\boldsymbol{G}_3$、$\boldsymbol{G}_4$，并与文献[13]（当辐射源个数为 1 时）比较，可得

$$
\boldsymbol{G}_3 \approx \partial\boldsymbol{\alpha}^o/\partial\boldsymbol{\Theta}^o, \boldsymbol{G}_4 \approx \partial\boldsymbol{\alpha}^o/\partial\boldsymbol{\beta}^o \tag{7.86}
$$

结合式(7.85)、式(7.86)，本文中方法得到的辐射源均方误差表达式近似等于文献[13]中推导出的 CRLB。因此，在小噪声扰动条件下，当忽略掉二阶及二阶以上噪声时，本文方法的均方误差可逼近其 CRLB。

7.2.2.3　仿真实验与性能分析

考虑多站 UAV 观测站对运动辐射源的定位，场景设置与 7.2.1.4 节相同。6 个观测站的真实位置和速度如表 7.1 所列。分别考虑近场源目标和远场源目标。① 远场源：$\boldsymbol{u}^o = [80 \quad 75 \quad 10]^{\mathrm{T}}\mathrm{km}$，$\dot{\boldsymbol{u}}^o = [-100 \quad 150 \quad 40]^{\mathrm{T}}\mathrm{m/s}$；② 近场源：$\boldsymbol{u}^o = [20 \quad 10 \quad 4]^{\mathrm{T}}\mathrm{km}$，$\dot{\boldsymbol{u}}^o = [-100 \quad 150 \quad 40]^{\mathrm{T}}\mathrm{m/s}$。

时差与频差测量值由真实值加上零均值高斯白噪声产生，时差噪声方差 $\sigma_{\mathrm{t}}^2 = \sigma_{\mathrm{d}}^2/c^2(\sigma_{\mathrm{d}}^2 = 10^{-4})$，频差噪声方差为 $\sigma_{\mathrm{f}}^2 = 0.1\sigma_{\mathrm{d}}^2/c^2$，假设时差与频差相互独立，其协方差矩阵分别为 $\sigma_{\mathrm{t}}^2\boldsymbol{J}$、$\sigma_{\mathrm{f}}^2\boldsymbol{J}$，其中，$\boldsymbol{J}$ 对角线上元素为 1，其余为 0.5。

观测站位置元素由真实值加上高斯白噪声产生，其协方差矩阵为 $\boldsymbol{Q}_\beta = \mathrm{diag}(\boldsymbol{R}_{\mathrm{s}}, \dot{\boldsymbol{R}}_{\mathrm{s}})$，其中，$\boldsymbol{R}_{\mathrm{s}} = \sigma_{\mathrm{s}}^2\boldsymbol{R}$，$\dot{\boldsymbol{R}}_{\mathrm{s}} = 0.1\sigma_{\mathrm{s}}^2\boldsymbol{R}$。在远场源中，$\boldsymbol{R} = \mathrm{diag}[1,1,1,2,2,2,10,10,10,40,40,40,20,20,20,3,3,3]$。在近场源中，$\boldsymbol{R}$ 为单位矩阵，也就是说各个观测站具有相同的噪声功率。

采用蒙特卡罗仿真对比本节的方法与其他经典算法的定位偏差和均方误差。考察各种方法定位偏差和均方误差随观测站位置误差 σ_{s}^2 变化的性能。仿真次数为 $N = 5000$。估计的均方误差计算公式为 $\mathrm{MSE}(\boldsymbol{u}) = \sum_{n=1}^{N} \| \boldsymbol{u}_n - \boldsymbol{u}^o \|^2/N$，$\mathrm{MSE}(\dot{\boldsymbol{u}}) = \sum_{n=1}^{N} \| \dot{\boldsymbol{u}}_n - \dot{\boldsymbol{u}}^o \|^2/N$。

仿真 1：远场源：$\boldsymbol{u}^o = [80 \quad 75 \quad 10]^{\mathrm{T}}\mathrm{km}$。

图 7.8(a)和(b)给出了远场辐射源的三种定位算法的位置偏差和速度偏差随观测站位置误差变化的性能曲线。显然，当观测站位置误差较小时，CTLS 仿真偏差曲线与理论偏差（式(7.79)计算得到）基本重合，观测站位置误差分别大于

0dB、-15dB 时,位置和速度仿真曲线开始偏离理论偏差。三种定位方法只能随观测站位置误差的减小获得渐进无偏的性能。由图 7.8 可以看出,CTLS 定位方法的位置偏差和速度偏差要低于 CWLS 和 TSWLS 的位置偏差和速度偏差。

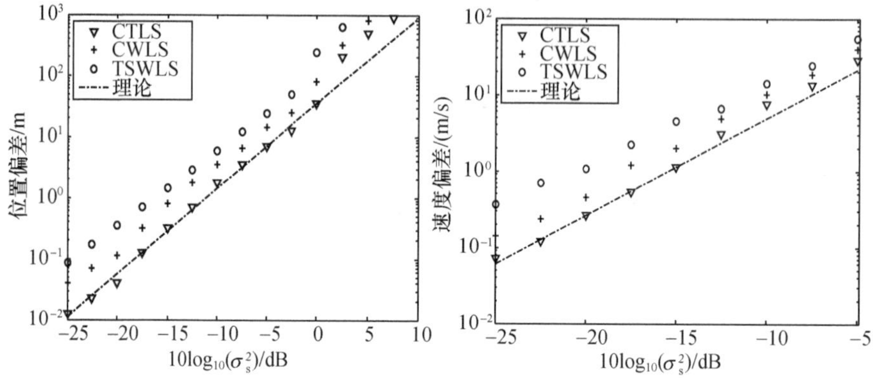

(a) 位置偏差　　(b) 速度偏差

图 7.8　不同方法得到的远场辐射源位置偏差和速度偏差随观测站位置误差 σ_s^2 变化曲线

图 7.9(a)和(b)给出了远场辐射源的三种定位方法得到的位置均方误差和速度均方误差随观测站位置误差变化的性能曲线,以及位置和速度的 CRLB。从图 7.9(a)可以看出,当观测站位置误差分别大于 -7.5dB、-2.5dB 时,Two-Stage WLS 和 CWLS 方法的位置均方误差偏离 CRLB,性能曲线开始发散,而 CTLS 方法大于 0dB 时其位置均方误差才开始偏离 CRLB,并且随着观测站位置误差的增大,CTLS 方法得到的位置均方误差要低于 CWLS 与 TSWLS 定位位置均方误差。从图 7.9(b)可以看出,与位置均方误差相比,速度均方误差对位置误差的变化更为敏感。当观测站位置误差分别大于 -20dB、-12.5dB 时,TSWLS 和 CWLS 方法得到的速度均方误差开始偏离 CRLB,而 CTLS 方法大于 -10dB 时其速度均方误差才偏离 CRLB,并且随着观测站位置误差的增大,CTLS 方法的速度均方误差要低于 CWLS 与 TSWLS 速度均方误差。

综合分析不同方法的定位偏差和均方误差,当均方误差开始偏离 CRLB 时,其性能曲线发散,此时估计已为有偏估计。本节中 CTLS 方法不仅考虑了约束关系,而且降低了伪线性方程中由于观测矩阵和测量矢量相关导致的偏差影响,因而具有更低的偏差,与均方误差相比 CWLS 与 TSWLS 也得到了有效改善。

仿真 2:近场源 $\boldsymbol{u}^o=[20\quad 10\quad 4]^{\mathrm{T}}$km。

图 7.10(a)和(b)给出了 CTLS、CWLS 与 TSWLS 三种定位方法的定位位置偏差和速度偏差随观测站位置误差变化的性能曲线。图 7.10(a)和(b)给出了 CTLS、CWLS 与 TSWLS 三种定位方法的位置均方误差和速度均方误差随观测站位

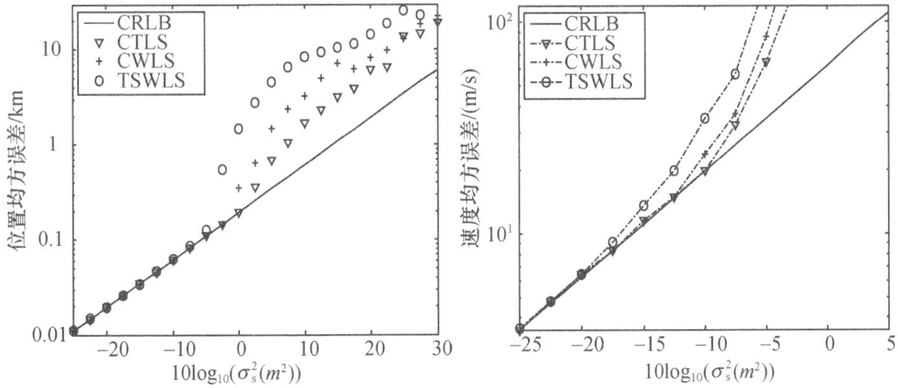

(a) 位置均方误差　　(b) 速度均方误差

图 7.9　不同方法得到的远场辐射源位置均方误差和
速度均方误差随观测站位置误差 σ_s^2 变化曲线

置误差变化的性能曲线。

由图 7.10 可以看出，当观测站位置误差较小时，CTLS 仿真偏差曲线与理论偏差基本重合，当观测站位置误差分别大于 17.5dB、7.5dB 时，位置和速度仿真曲线开始偏离理论偏差。CTLS 方法的位置偏差和速度偏差比 TSWLS 和 CWLS 都得到了显著的降低，表明 CTLS 方法能够有效减弱偏差的影响。图 7.11(a) 中，CTLS 方法的位置均方误差的"阈值效应"比 TSWLS 有了明显的改善。当观测站位置误差分别大于 7.5dB、12.5dB 时，TSWLS 和 CWLS 的位置均方误差开始偏离 CRLB，性能曲线开始发散，而 CTLS 方法直到大于 15dB 时其位置均方误差才大于 CRLB，并

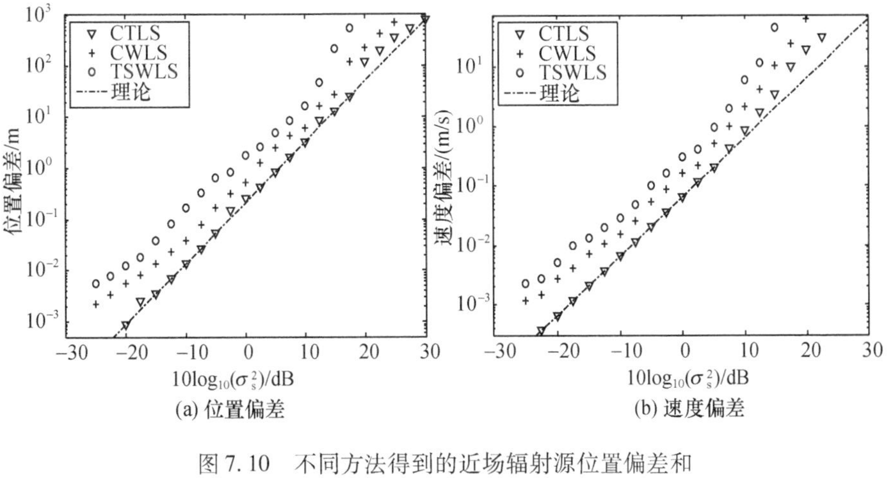

(a) 位置偏差　　(b) 速度偏差

图 7.10　不同方法得到的近场辐射源位置偏差和
速度偏差随观测站位置误差 σ_s^2 变化曲线

且随着观测站位置误差的增大，CTLS 方法的位置均方误差要低于 CWLS 与 TSWLS 位置均方误差。从图 7.11(b) 可以看出，与位置均方误差相比，速度均方误差对观测站位置误差的变化更为敏感。当观测站位置误差分别大于 5dB、7.5dB 时，TSWLS 和 CWLS 的位置均方误差开始偏离 CRLB，而 CTLS 方法大于 10dB 时其速度均方误差才大于 CRLB，并且随着观测站位置误差的增大，CTLS 方法的速度均方误差要低于 CWLS 与 TSWLS 的位置均方误差。

与远场辐射源相比，三种定位方法在存在观测站位置误差时，对近场辐射源的定位性能要好于对远场辐射源的定位性能。由图 7.8 ~ 图 7.11 可以看出，观测站位置误差对辐射源的定位性能影响是很明显的。

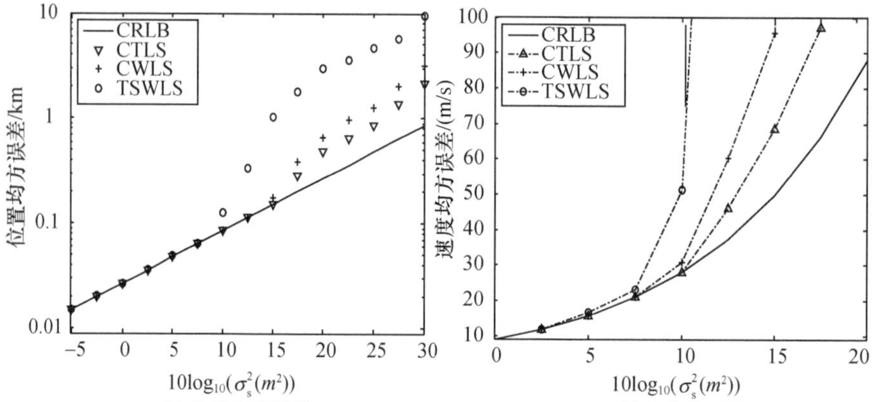

(a) 位置均方误差 (b) 速度均方误差

图 7.11　不同方法得到的近场辐射源位置均方误差和速度均方误差随观测站位置误差 σ_s^2 变化曲线

7.2.3　与其他最小二乘类方法的关系

(1) TSWLS 中给出的伪线性方程组[2]为

$$\Delta \boldsymbol{e} = \boldsymbol{A}\boldsymbol{\theta} - \boldsymbol{b} \tag{7.87}$$

根据 $\Delta \boldsymbol{e}$ 定义式 $\Delta \boldsymbol{e} \triangleq -(\Delta \boldsymbol{A}\boldsymbol{\theta} - \Delta \boldsymbol{b})$，其将方程中所有测量项的误差都移到方程的另一侧，作为数据矢量 $\boldsymbol{b}$ 的误差，因此，TSWLS 中的第一个 WLS 解是通过最小化：

$$\min_{\boldsymbol{\theta}} \quad \Delta \boldsymbol{e}^{\mathrm{T}} \boldsymbol{W} \Delta \boldsymbol{e} \tag{7.88}$$

得到第一个 WLS 解[2]为

$$\hat{\boldsymbol{\theta}} = [\boldsymbol{A}^{\mathrm{T}} \boldsymbol{W} \boldsymbol{A}]^{-1} \boldsymbol{A} \boldsymbol{W} \boldsymbol{b} \tag{7.89}$$

当不考虑变量间约束条件时，即令 $\lambda_2=0,\lambda_3=0$，式(7.58)可重写为

$$\hat{\boldsymbol{\theta}}=[(\boldsymbol{A}-\bar{\boldsymbol{A}})^{\mathrm{T}}\bar{\boldsymbol{W}}_{\theta}\boldsymbol{A}]^{-1}(\boldsymbol{A}-\bar{\boldsymbol{A}})^{\mathrm{T}}\bar{\boldsymbol{W}}_{\theta}\boldsymbol{b} \tag{7.90}$$

需要指出的是，式(7.89)与式(7.90)中的加权矩阵 $\bar{\boldsymbol{W}}_{\theta}$ 和 $\boldsymbol{W}$ 是相等的，此处不再详细说明。因此，下面加权矩阵统一用 $\bar{\boldsymbol{W}}_{\theta}$ 表示。比较式(7.89)和式(7.90)，式(7.89)中两个 $\boldsymbol{A}$ 用 $\boldsymbol{A}-\bar{\boldsymbol{A}}$ 代替，即可得到式(7.90)。TSWLS 中第二个 WLS 解[2]是通过式(7.14)建立另一个方程组，并通过 WLS 方法得到最终定位解。

(2) 由于 TSWLS 中第一个 WLS 解没有考虑变量间的约束关系，导致测量噪声较大时 WLS 解的方差很大，从而导致最终定位解在测量噪声较大时的方差很大。因此，文献[15]中的约束加权最小二乘(CWLS)解是通过直接将约束关系考虑进 WLS 解中，即为带约束条件的 WLS。其通过拉格朗日乘子法对下式极小化：

$$L(\boldsymbol{\theta},\lambda_1,\lambda_2)=(\boldsymbol{A\theta}-\boldsymbol{b})^{\mathrm{T}}\boldsymbol{W}_1(\boldsymbol{A\theta}-\boldsymbol{b})+\lambda_1\boldsymbol{\theta}^{\mathrm{T}}\boldsymbol{\Sigma}_1\boldsymbol{\theta}+\lambda_2\boldsymbol{\theta}^{\mathrm{T}}\boldsymbol{\Sigma}_2\boldsymbol{\theta} \tag{7.91}$$

来求得 $\hat{\boldsymbol{\theta}}$ 的表达式[15]：

$$\hat{\boldsymbol{\theta}}=[\boldsymbol{A}^{\mathrm{T}}\boldsymbol{W}_1\boldsymbol{A}+\lambda_1\boldsymbol{\Sigma}_1+\lambda_2\boldsymbol{\Sigma}_2]^{-1}\boldsymbol{A}^{\mathrm{T}}\boldsymbol{W}_1\boldsymbol{b} \tag{7.92}$$

文献[15]中并未考虑观测站存在位置误差和速度误差的情形，本节中，若不考虑观测站存在位置误差和速度误差时，则加权矩阵 $\bar{\boldsymbol{W}}_{\theta}$ 与 $\boldsymbol{W}_1$ 相同，此处不再详细说明。因此，式(7.58)中，令 $\bar{\boldsymbol{A}}=0$，则 $\hat{\boldsymbol{\theta}}$ 求解式(7.58)与 CWLS 解式(7.92)相同，因此，CWLS 解是本节方法中不考虑观测站存在位置误差和速度误差，并且不考虑观测矩阵和数据矢量中噪声相关性时的一个特例。

(3) 文献[11]中 CTLS 定位解是通过极小化

$$L(\boldsymbol{\theta},\boldsymbol{\lambda})=(\boldsymbol{A\theta}-\boldsymbol{b})^{\mathrm{T}}\bar{\boldsymbol{W}}_{\theta}(\boldsymbol{A\theta}-\boldsymbol{b})+\boldsymbol{\lambda}\boldsymbol{\theta}^{\mathrm{T}}\boldsymbol{\Sigma}\boldsymbol{\theta} \tag{7.93}$$

求得 $\hat{\boldsymbol{\theta}}$ 的表达式[11]：

$$\hat{\boldsymbol{\theta}}=[\boldsymbol{A}^{\mathrm{T}}\bar{\boldsymbol{W}}_{\theta}\boldsymbol{A}+\boldsymbol{\lambda}\boldsymbol{\Sigma}]^{-1}\boldsymbol{A}^{\mathrm{T}}\bar{\boldsymbol{W}}_{\theta}\boldsymbol{b} \tag{7.94}$$

从式(7.94)可看出，文献[11]通过式(7.94)对 $\boldsymbol{\theta}$ 求偏导得到 $\hat{\boldsymbol{\theta}}$ 的表达式，但其忽略了对 $\bar{\boldsymbol{W}}_{\theta}$ 求偏导；而 $\bar{\boldsymbol{W}}_{\theta}$ 是 $\boldsymbol{\theta}$ 的函数，从而导致文献[11]中实际上得到的是约束加权最小二乘解，非真正意义上的约束总体最小二乘解。本书附录 F 中已经证明在求 CTLS 解时，忽略 $\bar{\boldsymbol{W}}_{\theta}$ 作为 $\boldsymbol{\theta}$ 的函数，得到的是 WLS 解。比较式(7.90)和式(7.94)，当不考虑约束条件时，即令 $\lambda=0$，则式(7.94)中表达式与 TSWLS 方法中第一个 WLS 解式(7.90)相同；而考虑到约束条件时，式(7.94)实际上是一个约束加权最小二乘解，这一结果形式与文献[15－16]中给出的 CWLS 解的形式是一致的。

（4）当噪声协方差 $\bar{\boldsymbol{Q}}$ 未知时，并且观测矩阵和数据矢量中噪声结构未知，令 $\bar{\boldsymbol{\Lambda}}=0$，$\bar{\boldsymbol{Q}}=\boldsymbol{I}$，即 $\bar{\boldsymbol{W}}_{\boldsymbol{\theta}}=(\bar{\boldsymbol{H}}(\boldsymbol{\theta})\bar{\boldsymbol{H}}(\boldsymbol{\theta})^{\mathrm{T}})^{-1}$，则式(7.58)退化为约束最小二乘解（CLS）[1]。令 $\bar{\boldsymbol{\Lambda}}=0$，$\bar{\boldsymbol{W}}_{\boldsymbol{\theta}}=\boldsymbol{I}$，则式(7.58)退化为另一种形式的约束最小二乘解[17]。

综上所述，上述几种方法的求解过程，尽管考虑到观测矩阵 $\boldsymbol{A}$ 中的噪声，但其最终转移到 $\boldsymbol{b}$ 中，并基于 WLS 方法求解。而本节中 CTLS 解式(7.58)中，$\bar{\boldsymbol{\Lambda}}$ 表示的含义是矩阵 中的噪声估计值。CTLS 解可以解释为将观测矩阵中的估计噪声减掉，然后再求其加权最小二乘解。因此，本节中 CTLS 解式(7.58)建立了几种最小二乘类定位方法的统一解，从而将 TSWLS 的第一步解、CWLS 解和 CLS 解视为本节 CTLS 定位解的特例。

7.3 基于定位误差修正的 TDOA/TDOA 变化率定位方法

当目标运动时，可利用 TDOA 及其 TDOA 变化率量测同时估计目标位置和速度。TDOA 变化率是 FDOA 及 RDOA 变化率的等价观测量。2004 年，Ho 提出了 TDOA/FDOA 定位的 TSWLS 方法，该方法因为在第二步中使用了非线性操作，定位均方误差和定位偏差适应测量噪声能力差，方法在近场条件下无法达到定位的 CRLB。观测站运动时，由于 TDOA 是变化的，文献[18－20]研究了利用短时 TDOA 序列估计 TDOA 变化率，并联合 TDOA/TDOA 变化率对目标定位的方法。然而以上文献提出的方法是定位的有偏估计。直接利用 TSWLS 方法会产生较大的偏差，需要研究偏差更小的稳健解算方法。如果不考虑如何估计 TDOA 变化率时，定位解算方法是一致的。由于本章主要研究定位的解算方法，因此这里不区分两种观测。首先分析了 TDOA/ TDOA 变化率定位影响两步法定位性能的因素，在此基础上提出一种基于一阶泰勒级数展开的定位修正方法。该方法的第一步和两步加权最小二乘方法相同，利用 TDOA/ TDOA 变化率量测估计目标位置、速度以及中间变量；新方法的第二步避免了两步法第二步中引入估计偏差的平方运算，利用中间变量与目标位置、速度的函数关系以及一阶泰勒级数展开得到第一步定位误差的线性最小均方估计，修正第一步定位结果得到目标位置和速度的最终估计。本章从理论上证明了该方法的统计有效性。计算机仿真对比了新方法和两步加权最小二乘方法、基于泰勒级数展开的迭代极大 TS 以及约束总体 CTLS 的定位性能，验证了该方法对运动目标定位的有效性。新方法具有闭式解，复杂度和两步法相当，且均方误差和定位偏差低于两步法、泰勒级数法和约束总体最小二乘方法。

7.3.1　TDOA/TDOA 变化率定位模型

考虑在三维空间中，有 M 个运动观测站，位置和速度分别表示为 $\boldsymbol{s}_i=[x_i \quad y_i \quad z_i]^{\mathrm{T}}$，$\dot{\boldsymbol{s}}_i=[\dot{x}_i \quad \dot{y}_i \quad \dot{z}_i]^{\mathrm{T}}(i=1,2,\cdots,M)$。它们同时接收来自目标辐射源的信号。目标辐射源的位置和速度分别表示为 $\boldsymbol{u}^o=[x_u \quad y_u \quad z_u]^{\mathrm{T}}$，$\dot{\boldsymbol{u}}^o=[\dot{x}_u \quad \dot{y}_u \quad \dot{z}_u]^{\mathrm{T}}$。以观测站1为参考站测量辐射源信号到达其他观测站和参考站之间的TDOA和TDOA变化率。本节使用TDOA和TDOA变化率的等价观测量：距离差和距离差变化率作为定位观测量。第 i 个观测站和参考站之间的距离差真值为

$$r_{i1}^o=r_i^o-r_1^o \tag{7.95}$$

式中：r_i^o 为目标与观测站 i 之间的欧几里德距离，可定义为

$$r_i^o=\|\boldsymbol{u}^o-\boldsymbol{s}_i\| \tag{7.96}$$

式(7.95)两边对时间求导，可得到第 i 个观测站和参考站之间距离差变化率为

$$\begin{aligned}\dot{r}_{i1}^o&=\dot{r}_i^o-\dot{r}_1^o\\&=\frac{(\dot{\boldsymbol{u}}^o-\dot{\boldsymbol{s}}_i)^{\mathrm{T}}(\boldsymbol{u}^o-\boldsymbol{s}_i)}{r_i^o}-\frac{(\dot{\boldsymbol{u}}^o-\dot{\boldsymbol{s}}_1)^{\mathrm{T}}(\boldsymbol{u}^o-\boldsymbol{s}_1)}{r_1^o}\end{aligned} \tag{7.97}$$

将式(7.95)和式(7.97)两边平方得到两个伪线性方程，即

$$\begin{aligned}&\dot{\boldsymbol{s}}_i^{\mathrm{T}}\boldsymbol{s}_i-\dot{\boldsymbol{s}}_1^{\mathrm{T}}\boldsymbol{s}_1-(\dot{\boldsymbol{s}}_i-\dot{\boldsymbol{s}}_1)^{\mathrm{T}}\boldsymbol{u}^o-(\boldsymbol{s}_i-\boldsymbol{s}_1)^{\mathrm{T}}\dot{\boldsymbol{u}}^o\\&=\dot{r}_{i1}^o r_{i1}^o+\dot{r}_{i1}^o r_1^o+r_{i1}^o\dot{r}_1^o\end{aligned} \tag{7.98}$$

$$\boldsymbol{s}_i^{\mathrm{T}}\boldsymbol{s}_i-\boldsymbol{s}_1\boldsymbol{s}_1-2(\boldsymbol{s}_i-\boldsymbol{s}_1)^{\mathrm{T}}\boldsymbol{u}^o=r_{i1}^o+2r_{i1}^o r_1^o \tag{7.99}$$

将 $M-1$ 对时差写成矢量形式 $\boldsymbol{r}^o=[r_{21}^o \quad r_{31}^o \quad \cdots \quad r_{M1}^o]^{\mathrm{T}}$，同样地，将距离差变化率的观测量也写成矢量形式 $\dot{\boldsymbol{r}}^o=[\dot{r}_{21}^o \quad \dot{r}_{31}^o \quad \cdots \quad \dot{r}_{M1}^o]^{\mathrm{T}}$。实际获得的TDOA/TDOA变化率的观测量包含噪声，即

$$\boldsymbol{r}=\boldsymbol{r}^o+c\boldsymbol{n}_{\mathrm{t}},\dot{\boldsymbol{r}}=\dot{\boldsymbol{r}}^o+c\boldsymbol{n}_{\mathrm{f}} \tag{7.100}$$

式中：$\boldsymbol{n}_{\mathrm{t}}$ 为TDOA测量误差，$\boldsymbol{n}_{\mathrm{t}}=[n_{\mathrm{t},21} \quad n_{\mathrm{t},31} \quad \cdots \quad n_{\mathrm{t},M1}]^{\mathrm{T}}$；$\boldsymbol{n}_{\mathrm{f}}$ 为TDOA变化率的测量误差，$\boldsymbol{n}_{\mathrm{f}}=[n_{\mathrm{f},21} \quad n_{\mathrm{f},31} \quad \cdots \quad n_{\mathrm{f},M1}]^{\mathrm{T}}$；$\boldsymbol{c}$ 为信号传播速度；噪声可记为 $\boldsymbol{n}=[\boldsymbol{n}_{\mathrm{f}}^{\mathrm{T}} \quad \boldsymbol{n}_{\mathrm{f}}^{\mathrm{T}}]^{\mathrm{T}}$。

假设TDOA测量误差 $\boldsymbol{n}_{\mathrm{t}}$ 和TDOA变化率的测量误差 $\boldsymbol{n}_{\mathrm{f}}$ 都服从零均值的高斯分布，协方差矩阵分别为 $\boldsymbol{Q}_{\mathrm{t}}$ 和 $\boldsymbol{Q}_{\mathrm{f}}$，并且两者测量误差相互独立。

7.3.2　基于定位误差修正的 TDOA/TDOA 变化率定位方法

基于定位误差修正的TDOA/TDOA变化率定位方法同样包含两个步骤。

步骤1:这里简述方法的步骤1,定义待估计量 $\boldsymbol{\varphi}_1^o=[\boldsymbol{u}^{oT}\quad r_1^o\quad \dot{\boldsymbol{u}}^{oT}\quad \dot{r}_1^o]^T$, 首先假设 $\boldsymbol{u}^o$、r_1^o、$\dot{\boldsymbol{u}}^o$、$\dot{r}_1^o$是不相关的,运用 WLS 方法得到 $\boldsymbol{\varphi}_1^o$的估计。$\boldsymbol{\varphi}_1^o$的估计方程为

$$\boldsymbol{\xi}_1=\boldsymbol{h}_1-\boldsymbol{G}_1\boldsymbol{\varphi}_1^o=\boldsymbol{B}_1 n \tag{7.101}$$

式中,$\boldsymbol{G}_1$、$\boldsymbol{h}_1$、$\boldsymbol{B}_1$参见7.2节。

根据式(7.101)可以得到 $\boldsymbol{\varphi}_1^o$的 WLS 估计:

$$\begin{aligned}\boldsymbol{\varphi}_1&=[\hat{\boldsymbol{u}}^T\quad \hat{r}_1\quad \hat{\dot{\boldsymbol{u}}}^T\quad \hat{\dot{r}}_1]^T\\&=(\boldsymbol{G}_1^T\boldsymbol{W}_1\boldsymbol{G}_1)^{-1}\boldsymbol{G}_1^T\boldsymbol{W}_1\boldsymbol{h}_1\end{aligned} \tag{7.102}$$

其中,

$$\boldsymbol{W}_1=(\boldsymbol{B}_1^T\boldsymbol{Q}\boldsymbol{B}_1)^{-1} \tag{7.103}$$

$$\boldsymbol{Q}=\begin{bmatrix}\boldsymbol{Q}_t & \boldsymbol{O}\\ \boldsymbol{O} & \boldsymbol{Q}_f\end{bmatrix} \tag{7.104}$$

$\boldsymbol{\varphi}_1$估计误差的协方差矩阵为

$$\mathrm{cov}(\boldsymbol{\varphi}_1)=(\boldsymbol{G}_1^T\boldsymbol{W}_1\boldsymbol{G}_1)^{-1} \tag{7.105}$$

步骤2:对于基于 TDOA 以及 TDOA 变化率的定位问题,首先定性分析 TSWLS 方法估计偏差的来源。为此观察原方法的步骤2,在原方法步骤2中,TSWLS 方法利用辅助变量 r_1^o、$\dot{r}_1^o$和目标位置 $\boldsymbol{u}^o$以及速度 $\dot{\boldsymbol{u}}^o$的关系:

$$\begin{cases}r_1^{o2}=(\boldsymbol{u}^o-\boldsymbol{s}_1)^T(\boldsymbol{u}^o-\boldsymbol{s}_1)\\ \dot{r}_1^o r_1^o=(\dot{\boldsymbol{u}}^o-\dot{\boldsymbol{s}}_1)^T(\boldsymbol{u}^o-\boldsymbol{s}_1)\end{cases} \tag{7.106}$$

估计 $\boldsymbol{\varphi}_2^o=\begin{bmatrix}(\boldsymbol{u}^o-\boldsymbol{s}_1)\odot(\boldsymbol{u}^o-\boldsymbol{s}_1)\\(\dot{\boldsymbol{u}}^o-\dot{\boldsymbol{s}}_1)\odot(\boldsymbol{u}^o-\boldsymbol{s}_1)\end{bmatrix}$,通过 $\boldsymbol{\varphi}_2^o$估计进一步提高目标位置估计和速度的估计。式(7.106)中,对步骤1的输出进行了平方和操作。由于步骤1估计结果 $\hat{\boldsymbol{u}}$、$\hat{r}_1$、$\hat{\dot{\boldsymbol{u}}}$、$\hat{\dot{r}}_1$含有估计误差,式(7.106)中引入平方运算会增加定位的偏差。将步骤1的输出结果表示为

$$\hat{\boldsymbol{u}}=\boldsymbol{u}^o+\Delta\boldsymbol{u},\hat{r}_1=r_1^o+\Delta r_1 \tag{7.107}$$

$$\hat{\dot{\boldsymbol{u}}}=\dot{\boldsymbol{u}}^o+\Delta\dot{\boldsymbol{u}},\hat{\dot{r}}_1=\dot{r}_1^o+\Delta\dot{r}_1 \tag{7.108}$$

TSWLS 法步骤2构造的等式,保留二阶误差项可表示为

$$\boldsymbol{\xi}_2^{\mathrm{tswls}}=\begin{bmatrix}2(\boldsymbol{u}^o-\boldsymbol{s}_1)\odot\Delta\boldsymbol{u}\\2r_1^o\Delta r_1\\(\dot{\boldsymbol{u}}^o-\dot{\boldsymbol{s}}_1)\odot\Delta\boldsymbol{u}+(\boldsymbol{u}^o-\boldsymbol{s}_1)\odot\Delta\dot{\boldsymbol{u}}\\r_1^o\Delta\dot{r}_1+\dot{r}_1^o\Delta r_1\end{bmatrix}+\begin{bmatrix}\Delta\boldsymbol{u}\odot\Delta\boldsymbol{u}\\\Delta r_1^2\\\Delta\dot{\boldsymbol{u}}\odot\Delta\boldsymbol{u}\\\Delta\dot{r}_1\Delta r_1\end{bmatrix} \tag{7.109}$$

式中,最后一项为平方引入误差的二阶项,TSWLS 方法忽略了二阶误差项,本节将 5.5 节提出的基于定位误差修正的 TDOA 定位的思路推广至基于 TDOA 及其变化率的测量定位问题。新方法步骤 2 估计步骤 1 输出的目标位置和速度估计的误差为 $\Delta\boldsymbol{u}$ 和 $\Delta\dot{\boldsymbol{u}}$,修正之后得到目标位置和速度估计的最终估计。

将 r_1^o和 $\dot{r}_1^o$利用一阶泰勒级数展开,在 $\hat{\boldsymbol{u}}$ 和 $\hat{\dot{\boldsymbol{u}}}$ 处展开为

$$\hat{r}_1 = \| \boldsymbol{u}^o - \boldsymbol{s}_1 \| + \Delta r_1 \approx \| \hat{\boldsymbol{u}} - \boldsymbol{s}_1 \| - \boldsymbol{\rho}_{\hat{u},s_1}^{\mathrm{T}} \Delta\boldsymbol{u} + \Delta r_1 \tag{7.110}$$

$$\begin{aligned}\hat{\dot{r}}_1 &= \frac{(\dot{\boldsymbol{u}}^o - \dot{\boldsymbol{s}}_1)^{\mathrm{T}}(\boldsymbol{u}^o - \boldsymbol{s}_1)}{r_1^o} + \Delta\dot{r}_1 \\ &\approx \frac{(\hat{\dot{\boldsymbol{u}}} - \dot{\boldsymbol{s}}_1)^{\mathrm{T}}(\hat{\boldsymbol{u}} - \boldsymbol{s}_1)}{\hat{r}_1} - \boldsymbol{A}\Delta\boldsymbol{u} - \boldsymbol{B}\Delta\dot{\boldsymbol{u}} + \Delta\dot{r}_1\end{aligned} \tag{7.111}$$

式中:$\boldsymbol{A}$ 和 $\boldsymbol{B}$ 分别为 $\dot{r}_1^o$在 $\hat{\boldsymbol{u}}$ 和 $\hat{\dot{\boldsymbol{u}}}$ 处的一阶 TS 展开的梯度矩阵。这里忽略了二阶以上的 TS 展开项。$\boldsymbol{A}$ 和 $\boldsymbol{B}$ 的定义为

$$\boldsymbol{A} = \frac{(\hat{\dot{\boldsymbol{u}}} - \dot{\boldsymbol{s}}_1)^{\mathrm{T}} \| \hat{\boldsymbol{u}} - \boldsymbol{s}_1 \| - (\hat{\dot{\boldsymbol{u}}} - \dot{\boldsymbol{s}}_1)^{\mathrm{T}}(\hat{\boldsymbol{u}} - \boldsymbol{s}_1)\boldsymbol{\rho}_{\hat{u},s_1}^{\mathrm{T}}}{\| \hat{\boldsymbol{u}} - \boldsymbol{s}_1 \|^2} \tag{7.112}$$

$$\boldsymbol{B} = \frac{(\hat{\boldsymbol{u}} - \boldsymbol{s}_1)^{\mathrm{T}}}{\| \hat{\boldsymbol{u}} - \boldsymbol{s}_1 \|} = \boldsymbol{\rho}_{\hat{u},s_1}^{\mathrm{T}} \tag{7.113}$$

尽管式(7.122)、式(7.111)也忽略了误差项二阶项及其高阶项,但是,由于存在 r_1及 r_1^2作为比例系数,因此与 TSWLS 方法相比,近似产生的误差明显要小。同样根据 Sorenson 方法[24],有

$$\boldsymbol{0}_{3\times 1} = \Delta\boldsymbol{u} - \Delta\boldsymbol{u}, \boldsymbol{0}_{3\times 1} = \Delta\dot{\boldsymbol{u}} - \Delta\dot{\boldsymbol{u}} \tag{7.114}$$

建立步骤 2 的估计方程为

$$\boldsymbol{\xi}_2 = \boldsymbol{h}_2 - \boldsymbol{G}_2\boldsymbol{\varphi}_2^o = \boldsymbol{B}_2\boldsymbol{\eta}_2 \tag{7.115}$$

式中:$\boldsymbol{h}_2$、$\boldsymbol{G}_2$、$\boldsymbol{B}_2$的定义为

$$\boldsymbol{h}_2 = \left[\boldsymbol{0}_{1\times N}, \hat{r}_1 - \| \hat{\boldsymbol{u}} - \boldsymbol{s}_1 \|, \boldsymbol{0}_{1\times N}, \hat{\dot{r}}_1 - \frac{(\hat{\dot{\boldsymbol{u}}} - \dot{\boldsymbol{s}}_1)^{\mathrm{T}}(\hat{\boldsymbol{u}} - \boldsymbol{s}_1)}{\hat{r}_1}\right]^{\mathrm{T}} \tag{7.116}$$

$$\boldsymbol{\varphi}_2^o = \begin{bmatrix} \Delta\boldsymbol{u} \\ \Delta\dot{\boldsymbol{u}} \end{bmatrix}, \boldsymbol{G}_2 = \begin{bmatrix} \boldsymbol{I}_{N\times N} & \boldsymbol{0}_{N\times N} \\ -\boldsymbol{\rho}_{\hat{u},s_1}^{\mathrm{T}} & \boldsymbol{0}_{1\times N} \\ \boldsymbol{0}_{N\times N} & \boldsymbol{I}_{N\times N} \\ -\boldsymbol{A} & -\boldsymbol{B} \end{bmatrix}, \boldsymbol{\eta}_2 = \Delta\boldsymbol{\varphi}_1$$

$$\boldsymbol{B}_2=\begin{bmatrix}\boldsymbol{B}_{21} & \boldsymbol{0}_{(N+1)\times(N+1)}\\ \boldsymbol{0}_{(N+1)\times(N+1)} & \boldsymbol{B}_{21}\end{bmatrix},\boldsymbol{B}_{21}=\begin{bmatrix}-\boldsymbol{I}_{N\times N} & \boldsymbol{0}_{N\times 1}\\ \boldsymbol{0}_{1\times N} & 1\end{bmatrix}\tag{7.117}$$

式(7.117)和式(7.116)中 N 为定位场景的维数,本节中 $N=3$。

根据式(7.115),$\boldsymbol{\varphi}_2^o$的 WLS 解为

$$\boldsymbol{\varphi}_2=(\boldsymbol{G}_2^{\mathrm{T}}\boldsymbol{W}_2\boldsymbol{G}_2)^{-1}\boldsymbol{G}_2^{\mathrm{T}}\boldsymbol{W}_2\boldsymbol{h}_2\tag{7.118}$$

式中:$\boldsymbol{W}_2=(\boldsymbol{B}_2\mathrm{cov}(\boldsymbol{\varphi}_1)\boldsymbol{B}_2^{\mathrm{T}})^{-1}$。

利用式(7.118)修正 $\boldsymbol{\varphi}_1$,更新目标位置和速度的估计值:

$$\boldsymbol{\varphi}_3=[\boldsymbol{\varphi}_1(1:3),\boldsymbol{\varphi}_1(5:7)]^{\mathrm{T}}-\boldsymbol{\varphi}_2\tag{7.119}$$

估计的协方差矩阵为

$$\begin{aligned}\mathrm{cov}(\boldsymbol{\varphi}_3)&=E[(\boldsymbol{\varphi}_3-\boldsymbol{\varphi}_3^o)(\boldsymbol{\varphi}_3-\boldsymbol{\varphi}_3^o)^{\mathrm{T}}]=(\boldsymbol{G}_2^{\mathrm{T}}\boldsymbol{W}_2\boldsymbol{G}_2)^{-1}\\&=((\boldsymbol{B}_1^{-1}\boldsymbol{G}_1\boldsymbol{B}_2^{-1}\boldsymbol{G}_2)^{\mathrm{T}}\boldsymbol{Q}^{-1}(\boldsymbol{B}_1^{-1}\boldsymbol{G}_1\boldsymbol{B}_2^{-1}\boldsymbol{G}_2))^{-1}\end{aligned}\tag{7.120}$$

总结方法的步骤如下。

步骤 1:令 $\boldsymbol{W}_1=\boldsymbol{Q}^{-1}$,利用式(7.102)估计目标位置和速度 $\boldsymbol{u}^o$、$\dot{\boldsymbol{u}}^o$以及辅助变量 r_1^o、$\dot{r}_1^o$,得到初步估计值 $\hat{\boldsymbol{u}}$、$\hat{\dot{\boldsymbol{u}}}$、$\hat{r}_1$、$\hat{\dot{r}}_1$;

步骤 2:利用初步估计值重新计算 $\boldsymbol{W}_1=(\boldsymbol{B}_1^{\mathrm{T}}\boldsymbol{Q}\boldsymbol{B}_1)^{-1}$,重复步骤 1,更新 $\boldsymbol{u}^o$、$\dot{\boldsymbol{u}}^o$和 r_1^o、$\dot{r}_1^o$的估计值;

步骤 3:利用 step2 的结果和式(7.118)计算步骤 1 输出结果的估计误差;

步骤 4:更新目标位置和速度的估计值。

上述步骤表明,新方法步骤 2 利用 TS 展开得到方法步骤 1 估计误差的线性最小均方 LMMSE 估计,这与从观测量出发的经典泰勒级数展开法是不同的。新方法是一种闭式解,不存在 TS 方法的迭代步骤和收敛性的问题。

7.3.3 定位方法的理论性能分析

首先证明所提方法是渐近无偏的。令 $\boldsymbol{\theta}^o=[\boldsymbol{u}^{o\mathrm{T}}\quad \dot{\boldsymbol{u}}^{o\mathrm{T}}]^{\mathrm{T}}$ 为目标位置和速度的真值,根据式(7.101)和式(7.102)得到第一步估计的误差为

$$\Delta\boldsymbol{\varphi}_1=-(\boldsymbol{G}_1^{\mathrm{T}}\boldsymbol{W}_1\boldsymbol{G}_1)^{-1}\boldsymbol{G}_1^{\mathrm{T}}\boldsymbol{W}_1\boldsymbol{\eta}_1\tag{7.121}$$

式中:$\boldsymbol{\eta}_1=\boldsymbol{B}_1\boldsymbol{n}$,因测量噪声的均值为零。在噪声较小时,$E(\Delta\boldsymbol{\varphi}_1)\approx\boldsymbol{0}$。同理,有

$$\begin{aligned}E(\boldsymbol{\varphi}_3-\boldsymbol{\theta}^o)&=E([\boldsymbol{\varphi}_1(1:3),\boldsymbol{\varphi}_1(5:7)]^{\mathrm{T}}-\hat{\boldsymbol{\varphi}}_2)\\&=-(\boldsymbol{G}_2^{\mathrm{T}}\boldsymbol{W}_2\boldsymbol{G}_2)^{-1}\boldsymbol{G}_2^{\mathrm{T}}\boldsymbol{W}_2\boldsymbol{B}_2E(\Delta\boldsymbol{\varphi}_1)\\&\approx\boldsymbol{0}\end{aligned}\tag{7.122}$$

式(7.122)表明本文方法是近似无偏估计。

接下来证明,在噪声较小时本节方法可以达到 CRLB。目标位置和速度的 CRLB 由文献[21]给出,即

$$\mathrm{CRLB}(\boldsymbol{\theta})=\left(\frac{\partial f(\boldsymbol{\theta}^o)}{\partial\boldsymbol{\theta}^o}^{\mathrm{T}}\boldsymbol{Q}^{-1}\frac{\partial f(\boldsymbol{\theta}^o)}{\partial\boldsymbol{\theta}^o}\right)^{-1}=(\boldsymbol{J}^{\mathrm{T}}\boldsymbol{Q}^{-1}\boldsymbol{J})^{-1} \tag{7.123}$$

式中:$\boldsymbol{J}=\frac{\partial f(\boldsymbol{\theta}^o)}{\partial\boldsymbol{\theta}^o}$为雅克比矩阵。通过比较 $\mathrm{cov}(\boldsymbol{\varphi}_3)$ 和 $\mathrm{CRLB}(\boldsymbol{\theta}^o)$,可以证明在测量噪声较小时(附录 G 给出了详细证明),有

$$\mathrm{cov}(\boldsymbol{\varphi}_3)\approx\mathrm{CRLB}(\boldsymbol{\theta}^o) \tag{7.124}$$

式(7.124)表明本节定位方法是统计有效的。

7.3.4　仿真分析及方法复杂度分析

7.3.4.1　仿真分析

为验证 7.3.3 节定位方法的性能,本节利用蒙特卡罗仿真对比不同定位方法估计目标位置与速度的 RMSE 和估计偏差(Bias)。

表 7.2　观测站位置和速度

观测站编号	位置/m			速度/(m/s)		
1	300	100	150	30	-20	-20
2	400	150	100	-30	10	10
3	300	500	200	10	-20	-20
4	350	200	100	10	20	20
5	-100	-100	-100	-20	10	10

考虑如下场景,观测站位置和速度如表 7.2 所列,该定位场景与文献[2]是一致的。对比的方法包括基于泰勒级数展开的迭代极大似然估计 TS 方法[22]、TSWLS 方法和 CTLS 方法。为了公平比较,CTLS 方法和 TS 方法初值均由 TSWLS 方法的步骤 1 给出。且 TS 方法只迭代 1 次;CTLS 方法采用牛顿迭代,分别迭代 1 次和 5 次(用 iter 表示迭代次数)。

TDOA 测量误差 $\boldsymbol{Q}_t$ 设置成对角线元素为 $c^2\sigma^2$,其余元素均为 $0.5c^2\sigma^2$;TDOA 变化率测量误差为 $0.1\boldsymbol{Q}_t$。σ 表示测量噪声的标准差。蒙特卡罗实验的次数为 10000 次,这里考虑远场和近场条件两种定位仿真场景。

远场目标位置和速度分别为 $\boldsymbol{u}^o=[2000\quad 2500\quad 3000]^{\mathrm{T}}\mathrm{m}$,$\dot{\boldsymbol{u}}^o=[-20\quad 15\quad 40]^{\mathrm{T}}\mathrm{m/s}$。图 7.12 给出了 4 种定位方法位置估计的 RMSE 及其估计偏差随测量噪

声方差的变化曲线。

图 7.12 对比了远场条件下，4 种定位方法目标位置估计的 RMSE 及定位偏差。从图中可以看出，当测量噪声低于 -14dB 时，对比方法都能够达到定位的 CRLB。当测量噪声高于 -14dB 时，CTLS 方法迭代 1 次的定位精度开始下降。本节方法适应测量噪声的阈值明显高于其他方法。在 -8dB 处时，本节方法的 RMSE 比 TSWLS 低 2dB。此外，定位偏差对比表明，对比方法随着测量噪声增大，估计偏差也会增大。但是，本节方法的位置估计偏差低于 TSWLS 方法、TS 法以及 CTLS 方法。定位偏差不为零表明 4 种方法是目标位置的近似无偏估计。

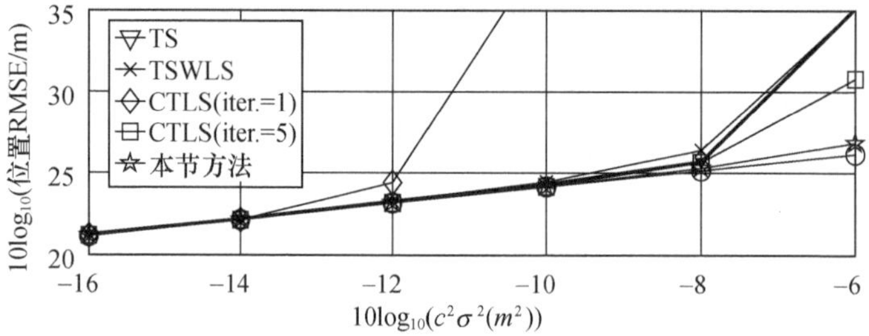

(a)

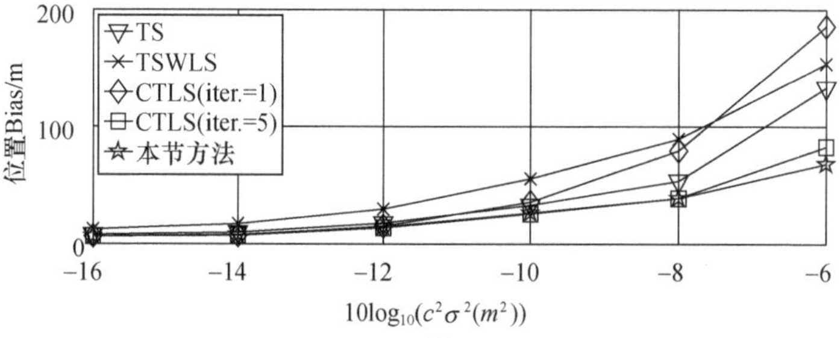

(b)

图 7.12　远场目标下 4 种方法的目标位置估计的均方根误差及偏差对比

图 7.12 对比了远场条件下，4 种方法的目标速度估计的 RMSE 及定位偏差，速度估计在远场条件测量噪声较小时，定位方法的速度估计精度都能达到 CRLB。但是，当测量噪声较大时，本节方法具有更好地适应测量噪声的能力。与其他 3 种方法相比，本节方法速度估计的 RMSE 和估计偏差更低。

近场仿真实验中，近场目标位置为 $\boldsymbol{u}^o = [285 \quad 325 \quad 275]^{\mathrm{T}}\mathrm{m}$，速度为 $\dot{\boldsymbol{u}}^o = [-20 \quad 15 \quad 40]^{\mathrm{T}}\mathrm{m/s}$。图 7.13 和图 7.14 分别给出了近场条件下，4 种定位方法速度和图标位置估计的 RMSE 和 CRLB 对比曲线，以及位置和速度估计偏差随测量噪声方差的变化曲线。

图 7.13 对比了 4 种方法在近场条件下的目标位置估计的 RMSE 及偏差性能，

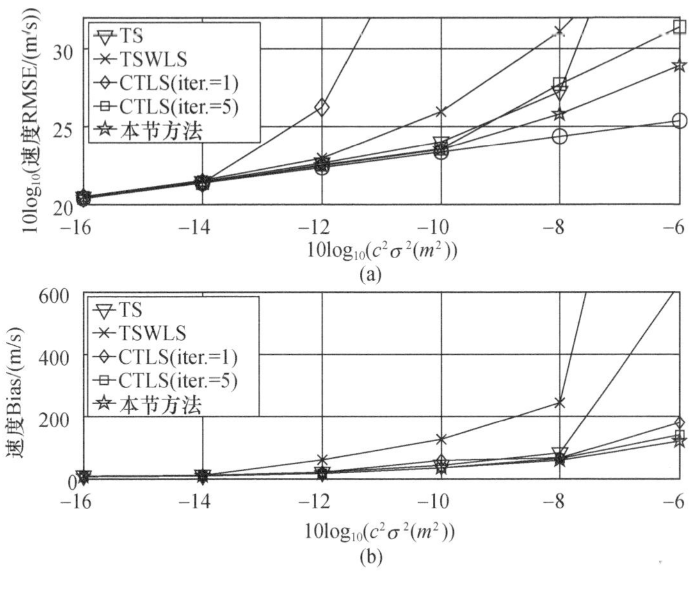

图 7.13 远场目标下 4 种方法目标速度估计的均方根误差及偏差对比

从图中可以看出当测量误差的方差高于 10dB 时，TSWLS 方法的位置估计精度已无法达到的目标位置估计的 CRLB，其他 3 种方法的位置估计精度均可以达到 CRLB。本节方法和 CTLS 方法略优于 TS 法，本节方法的位置估计偏差低于 TSWLS 方法和 TS 法，但是高于 CTLS 方法。

图 7.14 对比了 4 种方法在近场条件下的目标位置估计的 RMSE 及偏差性能。图 7.14 表明，当测量误差大于 0dB 时，TSWLS 方法的速度估计精度已经偏离速度估计的 CRLB，而本节方法仍能达到 CRLB。在 RMSE 性能方面，本节方法优于 TSWLS 方法和 TS 方法，与 CTLS 相当。当测量噪声增大到 20dB 时，相比 TSWLS 方法，本节方法的速度估计精度提高了约 12dB。估计偏差低 9.3dB，略高于 CTLS 方法。

以上仿真表明，本节的方法定位的 RMSE 优于其他 3 种方法；CTLS 方法尽管由于增加了等式约束，在近场条件下，估计偏差性能优于本节方法，但是其计算复杂度明显高于本节方法，且存在收敛性问题。

7.3.4.2 方法复杂度分析

本节定量分析本节方法和 TSWLS、CTLS 方法的复杂度。方法的复杂度通常以其使用的实数乘法次数为标准。文献[23]中给出了 TSWLS 方法的计算量。TSWLS 总共包含了 $48M^3-48M^2+768M+8010$ 次实数乘法，这里 M 为观测站个

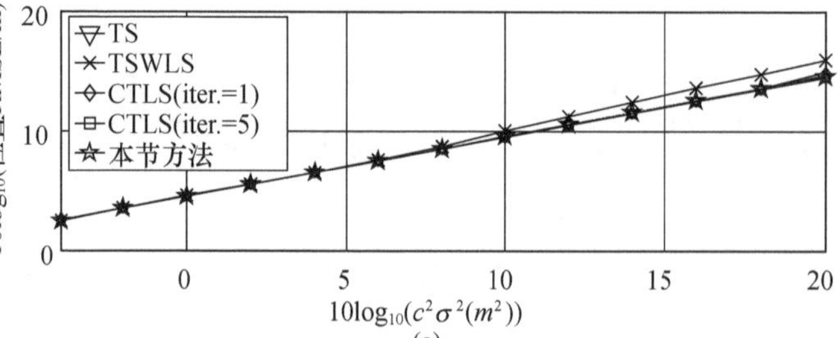

(a)

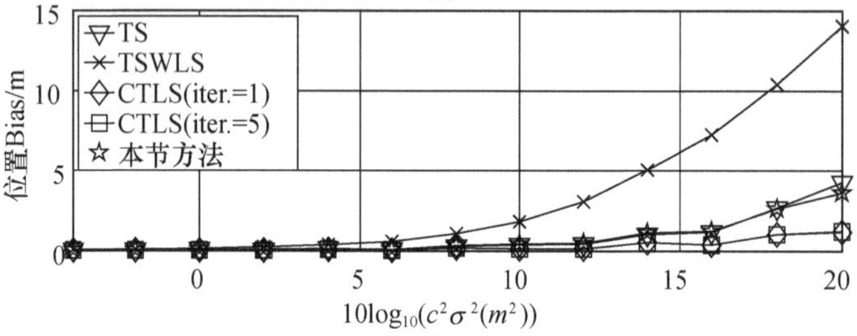

(b)

图 7.14　近场目标下 4 种方法的目标位置估计的均方根误差及偏差对比

数。式中步骤 1 计算量为 $48M^3-48M^2+768M+5628$ 次实数乘法，主要来自于矩阵求逆运算。本文方法第一步和 TSWLS 相同，故其计算量同样为 $48M^3-48M^2+768M+5628$。

下面分析本节方法步骤 2 的运算量。

步骤 1：计算 $\boldsymbol{W}_2$，包含步骤：① 计算 $\boldsymbol{B}_2^{-1}$；② 计算 $\boldsymbol{B}_2^{-1}\mathrm{cov}(\boldsymbol{\varphi}_1)^{-1}$；③ 计算 $\boldsymbol{B}_2^{-1}\mathrm{cov}(\boldsymbol{\varphi}_1)^{-1}\boldsymbol{B}_2^{-1}$。如果考虑到方法中 $\boldsymbol{B}_2$ 为分块对角矩阵，计算每个分块的逆需要 $4(N+1)^3$ 次实数乘法。这里 N 为定位维数。$\boldsymbol{W}_2$ 的计算需要 768 次实数乘法。

步骤 2：计算 $\boldsymbol{\varphi}_2$，包含步骤：① 计算 $\boldsymbol{G}_2^{\mathrm{T}}\boldsymbol{W}_2$；② 计算 $\boldsymbol{G}_2^{\mathrm{T}}\boldsymbol{W}_2\boldsymbol{G}_2$；③ 计算 $(\boldsymbol{G}_2^{\mathrm{T}}\boldsymbol{W}_2\boldsymbol{G}_2)^{-1}$；④ 计算 $(\boldsymbol{G}_2^{\mathrm{T}}\boldsymbol{W}_2\boldsymbol{G}_2)^{-1}\boldsymbol{W}_2$；⑤ 计算 $(\boldsymbol{G}_2^{\mathrm{T}}\boldsymbol{W}_2\boldsymbol{G}_2)^{-1}\boldsymbol{W}_2\boldsymbol{h}_2$。步骤① ~ ④需要 792 次实数乘法。由于本文方法中 $\boldsymbol{h}_2$ 包含零元素，故步骤⑤需要 $2N(N+1)$ 次实数乘法。因此，$\boldsymbol{\varphi}_2$ 的计算需要 816 次实数乘法。

加上方法步骤 1 的计算量，本文方法总的计算量为 $48M^3-48M^2+768M+7212$ 次实数乘法，计算量略小于 TSWLS 方法。

CTLS 方法迭代一次文献[11]的运算量为 $88M^3-108M^2+768M+8030$ 次实数乘法，约为本文方法的 2 倍，并且没有包含初始化的运算量。且在上述仿真分析的远场条件下，很显然 CTLS 方法需要多次迭代才能优于 TSWLS，其计算量将远大于本文方法。

7.4　基于 TDOA/FDOA 的单辐射源定位与标校方法

7.4.1　定位场景

假设有 M 个运动的观测站,第 i 个观测站的真实位置和速度分别为 $\boldsymbol{s}_i^o=[x_i^o \quad y_i^o \quad z_i^o]^{\mathrm{T}}$ 和 $\dot{\boldsymbol{s}}_i^o=[\dot{x}_i^o \quad \dot{y}_i^o \quad \dot{z}_i^o]^{\mathrm{T}}$。未知辐射源的位置和速度分别为 $\boldsymbol{u}^o=[x^o \quad y^o \quad z^o]^{\mathrm{T}}$ 和 $\dot{\boldsymbol{u}}^o=[\dot{x}^o \quad \dot{y}^o \quad \dot{z}^o]^{\mathrm{T}}$。标校站的位置和速度已知,分别为 $\boldsymbol{c}=[x_{\mathrm{c}} \quad y_{\mathrm{c}} \quad z_{\mathrm{c}}]^{\mathrm{T}}$ 和 $\dot{\boldsymbol{c}}=[\dot{x}_{\mathrm{c}} \quad \dot{y}_{\mathrm{c}} \quad \dot{z}_{\mathrm{c}}]^{\mathrm{T}}$。

第 i 个观测站和第 1 个观测站测得来自辐射源的 TDOA 和 FDOA 观测量分别为

$$d_{i1}=\frac{r_{i1}}{v_{\mathrm{c}}}=\frac{1}{v_{\mathrm{c}}}(r_{i1}^o+n_{i1})\,(i=2,3,\cdots,M) \tag{7.125}$$

$$\dot{d}_{i1}=\frac{f_{\mathrm{o}}}{v_{\mathrm{c}}}\dot{r}_{i1}=\frac{f_{\mathrm{o}}}{v_{\mathrm{c}}}(\dot{r}_{i1}^o+\dot{n}_{i1})\,(i=2,3,\cdots,M) \tag{7.126}$$

式中:v_{c} 为信号的传播速度;f_{o} 为信号的载频;r_{i1}^o 为辐射源到两个观测站之间的真实距离差;$\dot{r}_{i1}^o$ 为辐射源到两个观测站之间的真实距离差变化率,分别为

$$r_{i1}^o=r_i^o-r_1^o=\|\boldsymbol{u}^o-\boldsymbol{s}_i^o\|-\|\boldsymbol{u}^o-\boldsymbol{s}_1^o\| \tag{7.127}$$

$$\dot{r}_{i1}^o=\dot{r}_i^o-\dot{r}_1^o=\frac{(\boldsymbol{u}^o-\boldsymbol{s}_i^o)^{\mathrm{T}}(\dot{\boldsymbol{u}}^o-\dot{\boldsymbol{s}}_i^o)}{\|\boldsymbol{u}^o-\boldsymbol{s}_i^o\|}-\frac{(\boldsymbol{u}^o-\boldsymbol{s}_1^o)^{\mathrm{T}}(\dot{\boldsymbol{u}}^o-\dot{\boldsymbol{s}}_1^o)}{\|\boldsymbol{u}^o-\boldsymbol{s}_1^o\|} \tag{7.128}$$

为了表述简单,在后面的分析中用距离差表示 TDOA,用距离差变化率表示 FDOA。

来自辐射源信号的 TDOA 和 FDOA 变量可以表示为矢量,分别为

$$\boldsymbol{r}=[r_{21} \quad r_{31} \quad \cdots \quad r_{M1}]^{\mathrm{T}}=\boldsymbol{r}^o+\boldsymbol{n}$$

$$\dot{\boldsymbol{r}}=[\dot{r}_{21} \quad \dot{r}_{31} \quad \cdots \quad \dot{r}_{M1}]^{\mathrm{T}}=\dot{\boldsymbol{r}}^o+\dot{\boldsymbol{n}}$$

式中:$\boldsymbol{n}$ 和 $\dot{\boldsymbol{n}}$ 都是零均值高斯分布的测量噪声,其协方差矩阵分别为 $\boldsymbol{Q}_{\mathrm{u}}$ 和 $\dot{\boldsymbol{Q}}_{\mathrm{u}}$。

观测站的真实位置 $\boldsymbol{s}_i^o$ 和速度 $\dot{\boldsymbol{s}}_i^o$ 是未知的,已知的观测站位置和速度含有误差,分别为 $\boldsymbol{s}_i$ 和 $\dot{\boldsymbol{s}}_i$:

$$\boldsymbol{s}_i=\boldsymbol{s}_i^o+\Delta\boldsymbol{s}_i \tag{7.129}$$

$$\dot{\boldsymbol{s}}_i=\dot{\boldsymbol{s}}_i^o+\Delta\dot{\boldsymbol{s}}_i \tag{7.130}$$

其中,

$$\boldsymbol{s} = [\boldsymbol{s}_1^{\mathrm{T}} \quad \boldsymbol{s}_2^{\mathrm{T}} \quad \cdots \quad \boldsymbol{s}_M^{\mathrm{T}}]^{\mathrm{T}}$$
$$\Delta\boldsymbol{s} = [\Delta\boldsymbol{s}_1^{\mathrm{T}} \quad \Delta\boldsymbol{s}_2^{\mathrm{T}} \quad \cdots \quad \Delta\boldsymbol{s}_M^{\mathrm{T}}]^{\mathrm{T}}$$
$$\dot{\boldsymbol{s}} = [\dot{\boldsymbol{s}}_1^{\mathrm{T}} \quad \dot{\boldsymbol{s}}_2^{\mathrm{T}} \quad \cdots \quad \dot{\boldsymbol{s}}_M^{\mathrm{T}}]^{\mathrm{T}}$$
$$\Delta\dot{\boldsymbol{s}} = [\Delta\dot{\boldsymbol{s}}_1^{\mathrm{T}} \quad \Delta\dot{\boldsymbol{s}}_2^{\mathrm{T}} \quad \cdots \quad \Delta\dot{\boldsymbol{s}}_M^{\mathrm{T}}]^{\mathrm{T}}$$

式中:$\Delta\boldsymbol{s}$ 和 $\Delta\dot{\boldsymbol{s}}$ 都是零均值高斯噪声;协方差矩阵分别为 $\boldsymbol{Q}_{\mathrm{s}}$ 和 $\dot{\boldsymbol{Q}}_{\mathrm{s}}$。

同理,来自标校站信号的 TDOA 和 FDOA 可以表示为

$$d_{i1,\mathrm{c}} = \frac{r_{i1,\mathrm{c}}}{v_{\mathrm{c}}} = \frac{1}{v_{\mathrm{c}}}(r_{i1,\mathrm{c}}^o + n_{i1,\mathrm{c}})\,(i=2,3,\cdots,M) \tag{7.131}$$

$$\dot{d}_{i1,\mathrm{c}} = \frac{f_o}{v_{\mathrm{c}}}\dot{r}_{i1,\mathrm{c}} = \frac{f_o}{v_{\mathrm{c}}}(\dot{r}_{i1,\mathrm{c}}^o + \dot{n}_{i1,\mathrm{c}})\,(i=2,3,\cdots,M) \tag{7.132}$$

式中:$r_{i1,\mathrm{c}}^o$ 和 $\dot{r}_{i1,\mathrm{c}}^o$ 分别为标校站到两个观测站之间的真实距离差和真实距离差变化率,即

$$r_{i1,\mathrm{c}}^o = r_{i,\mathrm{c}}^o - r_{1,\mathrm{c}}^o = \|\boldsymbol{c} - \boldsymbol{s}_i^o\| - \|\boldsymbol{c} - \boldsymbol{s}_1^o\| \tag{7.133}$$

$$\dot{r}_{i1,\mathrm{c}}^o = \dot{r}_{i,\mathrm{c}}^o - \dot{r}_{1,\mathrm{c}}^o = \frac{(\boldsymbol{c} - \boldsymbol{s}_i^o)^{\mathrm{T}}(\dot{\boldsymbol{c}} - \dot{\boldsymbol{s}}_i^o)}{\|\boldsymbol{c} - \boldsymbol{s}_i^o\|} - \frac{(\boldsymbol{c} - \boldsymbol{s}_1^o)^{\mathrm{T}}(\dot{\boldsymbol{c}} - \dot{\boldsymbol{s}}_1^o)}{\|\boldsymbol{c} - \boldsymbol{s}_1^o\|} \tag{7.134}$$

来自标校站的 TDOA/FDOA 观测量用矢量表示如下:

$$\boldsymbol{r}_{\mathrm{c}} = [r_{21,\mathrm{c}} \quad r_{31,\mathrm{c}} \quad \cdots \quad r_{M1,\mathrm{c}}]^{\mathrm{T}} = \boldsymbol{r}_{\mathrm{c}}^o + \boldsymbol{n}_{\mathrm{c}}$$
$$\dot{\boldsymbol{r}}_{\mathrm{c}} = [\dot{r}_{21,\mathrm{c}} \quad \dot{r}_{31,\mathrm{c}} \quad \cdots \quad \dot{r}_{M1,\mathrm{c}}]^{\mathrm{T}} = \dot{\boldsymbol{r}}_{\mathrm{c}}^o + \dot{\boldsymbol{n}}_{\mathrm{c}}$$

式中:$\boldsymbol{n}_{\mathrm{c}}$ 和 $\dot{\boldsymbol{n}}_{\mathrm{c}}$ 为零均值高斯噪声,其协方差矩阵分别为 $\boldsymbol{Q}_{\mathrm{c}}$ 和 $\dot{\boldsymbol{Q}}_{\mathrm{c}}$。

7.4.2 CRLB 分析

本节将推导采用单个标校站修正观测站位置误差情况下,基于 TDOA/FDOA 的单辐射源定位 CRLB。已知变量可以表示为 $\boldsymbol{\alpha} = [\boldsymbol{r}^{\mathrm{T}} \quad \dot{\boldsymbol{r}}^{\mathrm{T}}]^{\mathrm{T}}$,$\boldsymbol{\beta} = [\boldsymbol{s}^{\mathrm{T}} \quad \dot{\boldsymbol{s}}^{\mathrm{T}}]^{\mathrm{T}}$ 和 $\boldsymbol{\gamma} = [\boldsymbol{r}_{\mathrm{c}}^{\mathrm{T}} \quad \dot{\boldsymbol{r}}_{\mathrm{c}}^{\mathrm{T}}]^{\mathrm{T}}$。$\boldsymbol{\theta} = [\boldsymbol{u}^{\mathrm{T}} \quad \dot{\boldsymbol{u}}^{\mathrm{T}}]^{\mathrm{T}}$ 是未知辐射源状态变量,$\boldsymbol{\beta}^o = [\boldsymbol{s}^{o\mathrm{T}} \quad \dot{\boldsymbol{s}}^{o\mathrm{T}}]^{\mathrm{T}}$ 是观测站真实的位置和速度。因而未知变量 $\boldsymbol{\varphi} = [\boldsymbol{\theta}^{\mathrm{T}} \quad \boldsymbol{\beta}^{o\mathrm{T}}]^{\mathrm{T}}$ 的概率密度函数的对数为

$$\begin{aligned} f(\boldsymbol{m};\boldsymbol{\varphi}) &= \ln f(\boldsymbol{\alpha};\boldsymbol{\varphi}) + \ln f(\boldsymbol{\beta};\boldsymbol{\varphi}) + \ln f(\boldsymbol{\gamma};\boldsymbol{\varphi}) \\ &= K - \frac{1}{2}(\boldsymbol{\alpha} - \boldsymbol{\alpha}^o)^{\mathrm{T}}\boldsymbol{Q}_{\alpha}^{-1}(\boldsymbol{\alpha} - \boldsymbol{\alpha}^o) \\ &\quad - \frac{1}{2}(\boldsymbol{\beta} - \boldsymbol{\beta}^o)^{\mathrm{T}}\boldsymbol{Q}_{\beta}^{-1}(\boldsymbol{\beta} - \boldsymbol{\beta}^o) \\ &\quad - \frac{1}{2}(\boldsymbol{\gamma} - \boldsymbol{\gamma}^o)^{\mathrm{T}}\boldsymbol{Q}_{\gamma}^{-1}(\boldsymbol{\gamma} - \boldsymbol{\gamma}^o) \end{aligned} \tag{7.135}$$

式中：K 是和未知变量无关的常数；$\boldsymbol{Q}_\alpha = \mathrm{diag}\{\boldsymbol{Q}_\mathrm{u}, \dot{\boldsymbol{Q}}_\mathrm{u}\}$，$\boldsymbol{Q}_{\boldsymbol{\beta}} = \mathrm{diag}\{\boldsymbol{Q}_\mathrm{s}, \dot{\boldsymbol{Q}}_\mathrm{s}\}$ 和 $\boldsymbol{Q}_\gamma = \mathrm{diag}\{\boldsymbol{Q}_\mathrm{c}, \dot{\boldsymbol{Q}}_\mathrm{c}\}$。

由文献[21]可知 $\boldsymbol{\varphi}$ 的 CRLB($\boldsymbol{\varphi}$)是$(6+6M)\times(6+6M)$矩阵：

$$\mathrm{CRLB}(\boldsymbol{\varphi}) = -E\left[\frac{\partial \ln f(\boldsymbol{m};\boldsymbol{\varphi})}{\partial\boldsymbol{\varphi}\partial\boldsymbol{\varphi}^\mathrm{T}}\right]^{-1} = \begin{bmatrix} \boldsymbol{X} & \boldsymbol{Y} \\ \boldsymbol{Y}^\mathrm{T} & \boldsymbol{Z} \end{bmatrix}^{-1} \tag{7.136}$$

其中，

$$\boldsymbol{X} = -E\left[\frac{\partial^2 \ln p}{\partial\boldsymbol{\theta}^o \partial\boldsymbol{\theta}^{o\mathrm{T}}}\right] = \left(\frac{\partial\boldsymbol{\alpha}^o}{\partial\boldsymbol{\theta}^o}\right)^\mathrm{T} \boldsymbol{Q}_\alpha^{-1} \left(\frac{\partial\boldsymbol{\alpha}^o}{\partial\boldsymbol{\theta}^o}\right)$$

$$\boldsymbol{Y} = -E\left[\frac{\partial^2 \ln p}{\partial\boldsymbol{\theta}^o \partial\boldsymbol{\beta}^{o\mathrm{T}}}\right] = \left(\frac{\partial\boldsymbol{\alpha}^o}{\partial\boldsymbol{\theta}^o}\right)^\mathrm{T} \boldsymbol{Q}_\alpha^{-1} \left(\frac{\partial\boldsymbol{\alpha}^o}{\partial\boldsymbol{\beta}^o}\right)$$

$$\boldsymbol{Z} = -E\left[\frac{\partial^2 \ln p}{\partial\boldsymbol{\beta}^o \partial\boldsymbol{\beta}^{o\mathrm{T}}}\right] = \left(\frac{\partial\boldsymbol{\alpha}^o}{\partial\boldsymbol{\beta}^o}\right)^\mathrm{T} \boldsymbol{Q}_\alpha^{-1} \left(\frac{\partial\boldsymbol{\alpha}^o}{\partial\boldsymbol{\beta}^o}\right) + \boldsymbol{Q}_{\boldsymbol{\beta}}^{-1} + \left(\frac{\partial\boldsymbol{\gamma}^o}{\partial\boldsymbol{\beta}^o}\right)^\mathrm{T} \boldsymbol{Q}_\gamma^{-1} \left(\frac{\partial\boldsymbol{\gamma}^o}{\partial\boldsymbol{\beta}^o}\right) \tag{7.137}$$

偏导数$\frac{\partial\boldsymbol{\alpha}^o}{\partial\boldsymbol{\theta}^o}$、$\frac{\partial\boldsymbol{\alpha}^o}{\partial\boldsymbol{\beta}^o}$和$\frac{\partial\boldsymbol{\gamma}^o}{\partial\boldsymbol{\beta}^o}$的推导见附录H，根据矩阵求逆公式，可得

$$\mathrm{CRLB}(\boldsymbol{\theta}) = \boldsymbol{X}^{-1} + \boldsymbol{X}^{-1}\boldsymbol{Y}(\boldsymbol{Z} - \boldsymbol{Y}^\mathrm{T}\boldsymbol{X}^{-1}\boldsymbol{Y})^{-1}\boldsymbol{Y}^\mathrm{T}\boldsymbol{X}^{-1} \tag{7.138}$$

式(7.138)为使用单个标校站情况下，辐射源定位性能的CRLB。式中 $\boldsymbol{X}^{-1}$是观测站没有位置误差情况下，辐射源定位的CRLB。文献[24]给出了当观测站存在误差，同时没有使用标校站时的CRLB，即

$$\mathrm{CRLB}(\boldsymbol{\theta})_o = \boldsymbol{X}^{-1} + \boldsymbol{X}^{-1}\boldsymbol{Y}(\hat{\boldsymbol{Z}} - \boldsymbol{Y}^\mathrm{T}\boldsymbol{X}^{-1}\boldsymbol{Y})^{-1}\boldsymbol{Y}^\mathrm{T}\boldsymbol{X}^{-1} \tag{7.139}$$

其中，

$$\hat{\boldsymbol{Z}} = \left(\frac{\partial\boldsymbol{\alpha}^o}{\partial\boldsymbol{\beta}^o}\right)^\mathrm{T} \boldsymbol{Q}_\alpha^{-1} \left(\frac{\partial\boldsymbol{\alpha}^o}{\partial\boldsymbol{\beta}^o}\right) + \boldsymbol{Q}_{\boldsymbol{\beta}}^{-1} \tag{7.140}$$

对比式(7.138)和式(7.139)，不同之处在于 $\boldsymbol{Z}$ 和 $\hat{\boldsymbol{Z}}$。式(7.137)中的 $\boldsymbol{Z}$ 可以表示为

$$\boldsymbol{Z} = \hat{\boldsymbol{Z}} + \tilde{\boldsymbol{Z}}$$

式中：$\tilde{\boldsymbol{Z}} = \left(\frac{\partial\gamma^o}{\partial\boldsymbol{\beta}^o}\right)^\mathrm{T} \boldsymbol{Q}_\gamma^{-1} \left(\frac{\partial\gamma^o}{\partial\boldsymbol{\beta}^o}\right)$。

对式(7.138)中的$((\hat{\boldsymbol{Z}} - \boldsymbol{Y}^\mathrm{T}\boldsymbol{X}^{-1}\boldsymbol{Y}) + \tilde{\boldsymbol{Z}})^{-1}$使用矩阵求逆，并与式(7.139)相减，可得

$$\mathrm{CRLB}(\boldsymbol{\theta})_o - \mathrm{CRLB}(\boldsymbol{\theta}) = \boldsymbol{X}^{-1}\boldsymbol{Y}\boldsymbol{\Gamma}\boldsymbol{Y}^\mathrm{T}\boldsymbol{X}^{-1} \tag{7.141}$$

其中，

$$\boldsymbol{\Gamma}=\boldsymbol{A}^{-1}\boldsymbol{P}(\boldsymbol{I}+\boldsymbol{P}^{\mathrm{T}}\boldsymbol{A}^{-1}\boldsymbol{P})^{-1}\boldsymbol{P}^{\mathrm{T}}\boldsymbol{A}^{-1}$$

$$\boldsymbol{A}=\hat{\boldsymbol{Z}}-\boldsymbol{Y}^{\mathrm{T}}\boldsymbol{X}^{-1}\boldsymbol{Y},\boldsymbol{P}=\left(\frac{\partial\gamma^{o}}{\partial\boldsymbol{\beta}^{o}}\right)\boldsymbol{L}_{\mathrm{c}}$$

式中：$\boldsymbol{L}_{\mathrm{c}}$ 为 $\boldsymbol{Q}_{\gamma}^{-1}$ 的 Cholesky 分解，即 $\boldsymbol{Q}_{\gamma}^{-1}=\boldsymbol{L}_{\mathrm{c}}L_{\mathrm{c}}^{\mathrm{T}}$。式(7.141)等号右边是正半定矩阵，这说明使用标校站后定位性能的 CRLB 只会更小，即不会降低定位性能。

下面采用类似文献[2]中的定位场景，仿真分析 CRLB 性能。观测站的真实位置和速度如表 7.2 所列。未知辐射源的位置是$[2000\quad 2500\quad 3000]^{\mathrm{T}}$m，速度为$[-20\quad 15\quad 40]^{\mathrm{T}}$m/s。标校站 1 的位置和速度分别为$[1500\quad 1550\quad 1500]^{\mathrm{T}}$m 和$[-22\quad 18\quad 42]^{\mathrm{T}}$m/s。标校站 2 的位置和速度分别为$[-600\quad -650\quad -550]^{\mathrm{T}}$m 和$[-20\quad 20\quad 40]^{\mathrm{T}}$m/s。定义矩阵 $\boldsymbol{Q}$ 为$(M-1)\times(M-1)$矩阵，对角线元素全为 1，其余元素均为 0.5。来自辐射源信号的 TDOA 测量误差协方差矩阵为 $\boldsymbol{Q}_{r}=\boldsymbol{Q}\times 10^{-4}$，FDOA 测量误差协方差矩阵为 $\dot{\boldsymbol{Q}}_{r}=\boldsymbol{Q}\times 10^{-5}$。来自标校站信号的 TDOA 测量误差协方差矩阵为 $\boldsymbol{Q}_{\mathrm{c}}=\boldsymbol{Q}\times 10^{-4}$，FDOA 测量误差协方差矩阵为 $\dot{\boldsymbol{Q}}_{\mathrm{c}}=\boldsymbol{Q}\times 10^{-5}$。观测站位置误差协方差矩阵为 $\boldsymbol{R}_{\mathrm{s}}=\sigma_{\mathrm{s}}^{2}\mathrm{diag}\{1,1,1,2,2,2,3,3,3,10,10,10,20,20,20,30,30,30\}\ \mathrm{m}^{2}$，速度误差的协方差矩阵为 $\dot{\boldsymbol{R}}_{\mathrm{s}}=0.5\boldsymbol{R}_{\mathrm{s}}$，$\sigma_{\mathrm{s}}$的单位是 m。

在图 7.15 中，CRLB1 表示观测站没有误差情况下的定位性能，即式(7.138)中的 $\boldsymbol{X}^{-1}$。CRLB2 代表式(7.139)，即观测站存在位置误差，但不使用标校站的定位性能。CRLB3 和 CRLB4 都是表示观测站存在位置误差，采用标校站时的定位

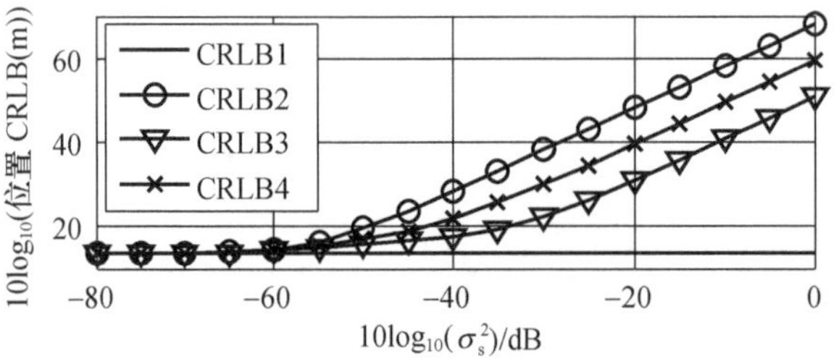

(a)

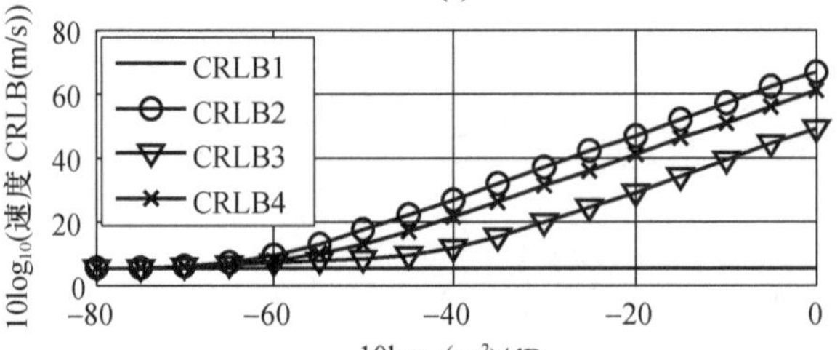

(b)

图 7.15　采用标校站与不采用标校站情况下定位 CRLB 的对比

性能,即式(7.138)。CRLB3 为采用标校站 1 时的理论性能,CRLB4 为采用标校站 2 时的理论性能。

从图 7.15 可以看出,采用标校站后,定位性能改善十分明显。而且采用不同标校站,定位性能改善也有十分明显不同。标校站 1 和辐射源距离较近,标校站 2 和辐射源距离较远,因而采用标校站 1 的定位性能改善幅度明显大于采用标校站 2 的改善幅度。例如,在观测站位置误差幅度为 $\sigma_s^2 = 10^{-2}$ 时,与不采用标校站的 CRLB 对比,采用标校站 2 后,位置估计精度提高 8.61dB,速度估计精度提高 5.90dB。而采用标校站 1 后,位置估计精度提高 17.10dB,速度估计精度提高 17.66dB。

7.4.3 差分标校方法的理论性能分析

差分标校方法就是简单将来自标校站的 TDOA/FDOA 观测量减去对应的来自辐射源的 TDOA/FDOA,然后根据观测量的差来估计辐射源位置。本节将分析在基于 TDOA/FDOA 定位体制中运用差分标校方法的理论 MSE,并与 7.4.2 节的 CRLB 对比。

首先定义以下矢量:

$$g_{i1}(\boldsymbol{\theta}^o) = \| \boldsymbol{u}^o - \boldsymbol{s}_i \| - \| \boldsymbol{u}^o - \boldsymbol{s}_1 \|$$

$$g_{i1,c}(\boldsymbol{c}) = \| \boldsymbol{c} - \boldsymbol{s}_i \| - \| \boldsymbol{c} - \boldsymbol{s}_1 \|$$

$$\dot{g}_{i1}(\boldsymbol{\theta}^o) = \frac{(\dot{\boldsymbol{u}}^o - \dot{\boldsymbol{s}}_i)^{\mathrm{T}}(\boldsymbol{u}^o - \boldsymbol{s}_i)}{\| \boldsymbol{u}^o - \boldsymbol{s}_i \|} - \frac{(\dot{\boldsymbol{u}}^o - \dot{\boldsymbol{s}}_1)^{\mathrm{T}}(\boldsymbol{u}^o - \boldsymbol{s}_1)}{\| \boldsymbol{u}^o - \boldsymbol{s}_1 \|}$$

$$\dot{g}_{i1,c}(\boldsymbol{c}) = \frac{(\dot{\boldsymbol{c}} - \dot{\boldsymbol{s}}_i)^{\mathrm{T}}(\boldsymbol{c} - \boldsymbol{s}_i)}{\| \boldsymbol{c} - \boldsymbol{s}_i \|} - \frac{(\dot{\boldsymbol{c}} - \dot{\boldsymbol{s}}_1)^{\mathrm{T}}(\boldsymbol{c} - \boldsymbol{s}_1)}{\| \boldsymbol{c} - \boldsymbol{s}_1 \|} \tag{7.142}$$

将 $\boldsymbol{s}_i = \boldsymbol{s}_i^o + \Delta \boldsymbol{s}_i$ 代入 $\| \boldsymbol{u}^o - \boldsymbol{s}_i \|$,并利用泰勒级数展开,可得

$$\| \boldsymbol{u}^o - \boldsymbol{s}_i \| \approx r_i^o - \frac{(\boldsymbol{u}^o - \boldsymbol{s}_i^o)^{\mathrm{T}} \Delta \boldsymbol{s}_i}{r_i^o} \tag{7.143}$$

忽略其中二阶项以上展开项,有

$$r_{i1} - g_{i1}(\boldsymbol{\theta}^o) = n_{i1} + \boldsymbol{a}_i^{\mathrm{T}} \Delta \boldsymbol{s}_i - \boldsymbol{a}_1^{\mathrm{T}} \Delta \boldsymbol{s}_1 \tag{7.144}$$

采用类似的方法,可得

$$r_{i1,c} - g_{i1,c}(\boldsymbol{c}) = n_{i1,c} + \boldsymbol{a}_{i,c}^{\mathrm{T}} \Delta \boldsymbol{s}_i - \boldsymbol{a}_{1,c}^{\mathrm{T}} \Delta \boldsymbol{s}_1 \tag{7.145}$$

$$\dot{r}_{i1} - \dot{g}_{i1}(\boldsymbol{\theta}^o) = \dot{n}_{i1} + \boldsymbol{a}_i^{\mathrm{T}} \Delta \dot{\boldsymbol{s}}_i + \boldsymbol{b}_i^{\mathrm{T}} \Delta \boldsymbol{s}_i - \boldsymbol{a}_1^{\mathrm{T}} \Delta \dot{\boldsymbol{s}}_1 - \boldsymbol{b}_1^{\mathrm{T}} \Delta \boldsymbol{s}_1 \tag{7.146}$$

$$\dot{r}_{i1,c} - \dot{g}_{i1,c}(c) = \dot{n}_{i1,c} + \boldsymbol{a}_{i,c}^{\mathrm{T}} \Delta \dot{\boldsymbol{s}}_i + \boldsymbol{b}_{i,c}^{\mathrm{T}} \Delta \boldsymbol{s}_i - \boldsymbol{a}_{1,c}^{\mathrm{T}} \Delta \dot{\boldsymbol{s}}_1 - \boldsymbol{b}_{1,c}^{\mathrm{T}} \Delta \boldsymbol{s}_1 \tag{7.147}$$

式中：$\boldsymbol{a}_i$、$\boldsymbol{b}_i$、$\boldsymbol{a}_{i,c}$和$\boldsymbol{b}_{i,c}$的定义则附录 H。

差分标校方法的观测方程可以表示为

$$\begin{cases} r_{i1}-r_{i1,c}=r_{i1}^o-r_{i1,c}^o+n_{i1}-n_{i1,c} \\ \dot{r}_{i1}-\dot{r}_{i1,c}=\dot{r}_{i1}^o-\dot{r}_{i1,c}^o+\dot{n}_{i1}-\dot{n}_{i1,c} \end{cases} \quad (i=2,3,\cdots,M) \tag{7.148}$$

将式(7.144)~式(7.147)代入式(7.148)，可得

$$\begin{aligned} e_i &\triangleq r_{i1}-r_{i1,c}-g_{i1}(\boldsymbol{\theta}^o)+g_{i1,c}(\boldsymbol{c}) \\ &= n_{i1}-n_{i1,c}+(\boldsymbol{a}_i^{\mathrm{T}}-\boldsymbol{a}_{i,c}^{\mathrm{T}})\Delta\boldsymbol{s}_i-(\boldsymbol{a}_1^{\mathrm{T}}-\boldsymbol{a}_{1,c}^{\mathrm{T}})\Delta\boldsymbol{s}_1 \end{aligned} \tag{7.149}$$

$$\begin{aligned} \dot{e}_i &\triangleq \dot{r}_{i1}-\dot{r}_{i1,c}-\dot{g}_{i1}(\boldsymbol{\theta}^o)+\dot{g}_{i1,c}(\boldsymbol{c}) \\ &= \dot{n}_{i1}-\dot{n}_{i1,c}+(\boldsymbol{a}_i^{\mathrm{T}}-\boldsymbol{a}_{i,c}^{\mathrm{T}})\Delta\dot{\boldsymbol{s}}_i+(\boldsymbol{b}_i^{\mathrm{T}}-\boldsymbol{b}_{i,c}^{\mathrm{T}})\Delta\boldsymbol{s}_i \\ &\quad -(\boldsymbol{a}_1^{\mathrm{T}}-\boldsymbol{a}_{1,c}^{\mathrm{T}})\Delta\dot{\boldsymbol{s}}_1-(\boldsymbol{b}_1^{\mathrm{T}}-\boldsymbol{b}_{1,c}^{\mathrm{T}})\Delta\boldsymbol{s}_1 \end{aligned} \tag{7.150}$$

当标校站的位置和辐射源较近，$\|\boldsymbol{a}_i^{\mathrm{T}}-\boldsymbol{a}_{i,c}^{\mathrm{T}}\|$将很小。因而，TDOA 观测量中的由观测站位置误差导致的测量误差将很小，从而达到提高辐射源定位精度的作用。然而，从差分标校方法的 FDOA 观测方程式(7.150)可知，标校站和辐射源之间的速度差也会影响标校精度。但是通常情况下，与标校站和辐射源之间的距离差相比，速度差的大小有限，因而对标校精度影响较小。总之，对于基于 TDOA/FDOA 的定位方法，标校站和辐射源之间的距离差是影响差分标校方法标校性能的主要因素。此外，从式(7.149)和式(7.150)可知，差分标校方法将 TDOA/FDOA 观测量的测量误差项累加，这在一定程度上也影响了该方法的标校性能。

定义包含所有已知量的矢量 $\boldsymbol{m}=[\boldsymbol{\alpha}^{\mathrm{T}} \quad \boldsymbol{\beta}^{\mathrm{T}} \quad \boldsymbol{\gamma}^{\mathrm{T}}]^{\mathrm{T}}$，以及包含所有未知变量的矢量 $\boldsymbol{\varphi}^o=[\boldsymbol{\theta}^{o\mathrm{T}} \quad \boldsymbol{\beta}^{o\mathrm{T}}]^{\mathrm{T}}$。对已知量进行泰勒级数展开，可得

$$\boldsymbol{m}=\boldsymbol{m}^o+\boldsymbol{H}^o(\boldsymbol{\varphi}-\boldsymbol{\varphi}^o) \tag{7.151}$$

式中：$\boldsymbol{m}^o$为矢量 $\boldsymbol{m}$ 的真实值；$\boldsymbol{H}^o$为梯度矩阵，可定义为

$$\boldsymbol{H}^o=\begin{bmatrix} \left(\dfrac{\partial\boldsymbol{\alpha}^o}{\partial\boldsymbol{\theta}^o}\right)_{2(M-1)\times 6} & \left(\dfrac{\partial\boldsymbol{\alpha}^o}{\partial\boldsymbol{\beta}^o}\right)_{2(M-1)\times 6M} \\ \boldsymbol{O}_{6M\times 6} & \boldsymbol{I}_{6M\times 6M} \\ \boldsymbol{O}_{2(M-1)\times 6} & \left(\dfrac{\partial\boldsymbol{\gamma}^o}{\partial\boldsymbol{\beta}^o}\right)_{2(M-1)\times 6M} \end{bmatrix} \tag{7.152}$$

偏导数$\dfrac{\partial\boldsymbol{\alpha}^o}{\partial\boldsymbol{\theta}^o}$和$\dfrac{\partial\boldsymbol{\gamma}^o}{\partial\boldsymbol{\beta}^o}$的定义见附录 H。

可以$(8M-2)\times(10M-4)$矩阵 $\boldsymbol{V}$ 定义为

$$V=\begin{bmatrix} I_{(M-1)\times(M-1)} & O_{(M-1)\times(M-1)} & O_{(M-1)\times 6M} & -I_{(M-1)\times(M-1)} & O_{(M-1)\times(M-1)} \\ O_{6M\times(M-1)} & O_{6M\times(M-1)} & I_{6M\times 6M} & O_{6M\times(M-1)} & O_{6M\times(M-1)} \\ O_{(M-1)\times(M-1)} & I_{(M-1)\times(M-1)} & O_{(M-1)\times 6M} & O_{(M-1)\times(M-1)} & -I_{(M-1)\times(M-1)} \end{bmatrix} \tag{7.153}$$

因此,式(7.148)的差分标校方法观测量可以表示为

$$m_{\mathrm{D}}=Vm=[r^{\mathrm{T}}-r_{\mathrm{c}}^{\mathrm{T}} \quad \beta^{\mathrm{T}} \quad \dot{r}^{\mathrm{T}}-\dot{r}_{\mathrm{c}}^{\mathrm{T}}] \tag{7.154}$$

令 $m_{\mathrm{D}}^{o}=Vm^{o}$ 以及 $H_{\mathrm{D}}^{o}=VH^{o}$,将式(7.151)乘以 V 可得

$$m_{\mathrm{D}}=m_{\mathrm{D}}^{o}+H_{\mathrm{D}}^{o}(\varphi-\varphi^{o}) \tag{7.155}$$

由文献[21]知 φ^{o} 的最佳 BLUE 为

$$\varphi=\varphi^{o}+(H_{\mathrm{D}}^{o\mathrm{T}}W_{\mathrm{D}}H_{\mathrm{D}}^{o})^{-1}H_{\mathrm{D}}^{o\mathrm{T}}W_{\mathrm{D}}(m_{\mathrm{D}}-m_{\mathrm{D}}^{o}) \tag{7.156}$$

式中:W_{D} 为式(7.155)中观测量协方差矩阵的逆,即

$$\begin{aligned} W_{\mathrm{D}}^{-1}&=E[(m_{\mathrm{D}}-m_{\mathrm{D}}^{o})(m_{\mathrm{D}}-m_{\mathrm{D}}^{o})^{\mathrm{T}}] \\ &=V\begin{bmatrix} Q_{\alpha} & O & O \\ O & Q_{\beta} & O \\ O & O & Q_{\gamma} \end{bmatrix}V^{\mathrm{T}} \end{aligned} \tag{7.157}$$

因此,差分标校方法的 MSE 为

$$\mathrm{cov}(\varphi)_{\mathrm{D}}=(H_{\mathrm{D}}^{o\mathrm{T}}W_{\mathrm{D}}H_{\mathrm{D}}^{o})^{-1} \tag{7.158}$$

对比式(7.158)和式(7.136)中的 CRLB,可得

$$\mathrm{cov}(\varphi)_{\mathrm{D}}^{-1}=\mathrm{CRLB}(\varphi)^{-1}-H^{o\mathrm{T}}Y^{\mathrm{T}}YH^{o} \tag{7.159}$$

其中,

$$Y=[L^{\mathrm{T}}Q_{\alpha}^{-1} \quad O \quad L^{\mathrm{T}}Q_{\gamma}^{-1}]$$

L 是 $(Q_{\alpha}^{-1}+Q_{\gamma}^{-1})^{-1}$ 的矩阵 Cholesky 分解[24],则

$$(Q_{\alpha}^{-1}+Q_{\gamma}^{-1})^{-1}=LL^{\mathrm{T}}$$

对式(7.159)运用矩阵求逆,可得

$$\mathrm{cov}(\varphi)_{\mathrm{D}}=\mathrm{CRLB}(\varphi)+\mathrm{CRLB}(\varphi)H^{o\mathrm{T}}Y^{\mathrm{T}}(I-YH^{o}\mathrm{CRLB}(\varphi)H^{o\mathrm{T}}Y^{\mathrm{T}})^{-1}YH^{o}\mathrm{CRLB}(\varphi) \tag{7.160}$$

式(7.160)等号右边第二项为正半定矩阵,这部分正是差分标校方法和 CRLB 的性能差距,这说明差分标校方法在理论上是不能达到 CRLB 的。

下面通过仿真分析差分标校方法的性能,仿真条件与图 7.15 的条件相同。图 7.16给出了运用标校 1 情况下,差分标校方法的理论性能与对应 CRLB 的对比

图。从图中可以看出采用标校站 1 的差分标校方法在大多情况下非常接近 CRLB。图 7.17 是运用标校站 2 情况下,差分标校方法理论性能与对应 CRLB 的对比图,采用标校站 2 的标校性能很明显达不到 CRLB。

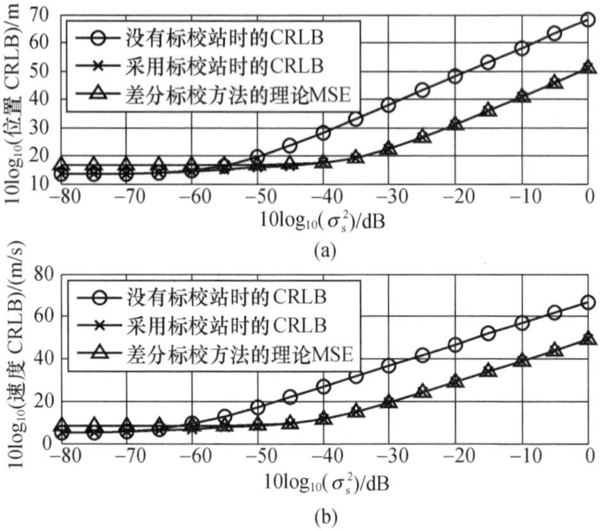

图 7.16　采用标校站 1 时,差分标校方法理论性能和 CRLB 的对比

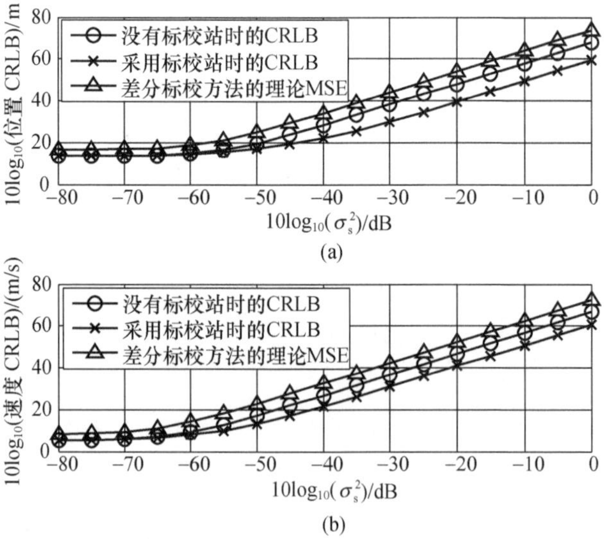

图 7.17　采用标校站 2 时,差分标校方法理论性能和 CRLB 的对比

此外,图 7.16 显示当观测站位置误差很小时($\sigma_s^2 = 10^{-8}$),差分标校方法明显

达不到 CRLB。这是由于在这种情况下，观测站位置误差 $\Delta \boldsymbol{s}_i$ 和速度误差 $\Delta \dot{\boldsymbol{s}}_i$ 对差分标校观测方程的总误差影响很小（见式(7.149)和式(7.150)），这时候占主要因素的是观测量的测量误差。由于差分标校方法的观测量是将来自辐射源和标校站的 TDOA/FDOA 观测量相减得到，测量误差是单个 TDOA/FDOA 测量误差的 2 倍，因而这时候的差分标校方法性能明显比 CRLB 差。

7.4.4　新的标校方法

文献[3]仅研究了基于 TDOA 的定位与标校方法，本节在此基础上提出一种基于 TDOA/FDOA 的定位与标校方法。该方法分为两步：第一步是标校，利用来自标校站信号的 TDOA/FDOA 观测量来标校观测站位置和速度；第二步是定位，利用来自辐射源信号的 TDOA/FDOA 观测量以及修正后的观测站位置和速度来估计辐射源的位置和状态。

将式(7.145)和式(7.147)表示为如下矢量：

$$\boldsymbol{h}_{\mathrm{c}} = \boldsymbol{G}_{\mathrm{c}}\boldsymbol{\psi} + \tilde{\boldsymbol{n}} \tag{7.161}$$

式中：$\boldsymbol{h}_{\mathrm{c}}$ 为 $2(M-1)\times 1$ 矩阵，矩阵中的元素为 $r_{i1,\mathrm{c}} - g_{i1,\mathrm{c}}(\boldsymbol{c})$ 和 $\dot{r}_{i1,\mathrm{c}} - \dot{g}_{i1,\mathrm{c}}(\boldsymbol{c})$。

$$\boldsymbol{\psi} = [\Delta \boldsymbol{s}^{\mathrm{T}} \quad \Delta \dot{\boldsymbol{s}}^{\mathrm{T}}]^{\mathrm{T}}$$

$$\tilde{\boldsymbol{n}} = [\boldsymbol{n}_{\mathrm{c}}^{\mathrm{T}} \quad \dot{\boldsymbol{n}}_{\mathrm{c}}^{\mathrm{T}}]^{\mathrm{T}}$$

$$\boldsymbol{G}_{\mathrm{c}} = \begin{bmatrix} \boldsymbol{D}_1 & \boldsymbol{O} \\ \boldsymbol{D}_2 & \boldsymbol{D}_1 \end{bmatrix} \tag{7.162}$$

未知变量 $\boldsymbol{\psi}$ 是零均值高斯噪声，协方差矩阵为 $\boldsymbol{Q}_\beta$。根据贝叶斯高斯－马尔可夫定理，$\boldsymbol{\psi}$ 的线性最小均方误差估计（LMMSE）为

$$\hat{\boldsymbol{\psi}} = (\boldsymbol{Q}_\beta^{-1} + \boldsymbol{G}_{\mathrm{c}}^{\mathrm{T}}\boldsymbol{Q}_\gamma \boldsymbol{G}_{\mathrm{c}})^{-1}\boldsymbol{G}_{\mathrm{c}}^{\mathrm{T}}\boldsymbol{Q}_\gamma \boldsymbol{h}_{\mathrm{c}} \tag{7.163}$$

因而 $\hat{\boldsymbol{\psi}}$ 的理论估计为

$$\mathrm{cov}(\boldsymbol{\psi} - \hat{\boldsymbol{\psi}}) = (\boldsymbol{Q}_\beta^{-1} + \boldsymbol{G}_{\mathrm{c}}^{\mathrm{T}}\boldsymbol{Q}_\gamma \boldsymbol{G}_{\mathrm{c}})^{-1} \tag{7.164}$$

通过式(7.163)给出的观测站位置误差和速度误差的估计，修正后的观测站位置和速度为

$$\boldsymbol{\beta}^{\mathrm{c}} = \boldsymbol{\beta} - \hat{\boldsymbol{\psi}} = \boldsymbol{\beta}^{o} + \boldsymbol{\psi} - \hat{\boldsymbol{\psi}} \tag{7.165}$$

修正后观测站状态 $\boldsymbol{\beta}^{\mathrm{c}}$ 的方差矩阵即为式(7.164)。和修正前观测站状态误差矩阵对比可得

$$\mathrm{cov}(\boldsymbol{\beta}) - \mathrm{cov}(\boldsymbol{\beta}^{\mathrm{c}}) = \boldsymbol{Q}_\beta - (\boldsymbol{Q}_\beta^{-1} + \boldsymbol{G}_{\mathrm{c}}^{\mathrm{T}}\boldsymbol{Q}_\gamma \boldsymbol{G}_{\mathrm{c}})^{-1} \tag{7.166}$$

采用类似式(7.160)的分析可知，式(7.166)等号右边项是半正定矩阵，这表

明本节提出的标校方法只会减小观测站的位置误差和速度误差。

以上标校方法为整个算法的第一步，在第二步的定位方法中，采用式(7.165)中修正后的观测站位置与速度，以及来自辐射源信号的TDOA/FDOA观测量估计辐射源位置和速度。文献[2]给出了一种两步的解析定位方法，该方法的定位性能能够达到CRLB。下面分析整个标校和定位过程，总的定位性能与CRLB的关系。

文献[2]的两步定位方法的理论性能为

$$\mathrm{MSE}(\boldsymbol{\theta})_{\mathrm{o}} = \boldsymbol{X}^{-1} + \boldsymbol{X}^{-1}\boldsymbol{Y}(\hat{\boldsymbol{Z}} - \boldsymbol{Y}^{\mathrm{T}}\boldsymbol{X}^{-1}\boldsymbol{Y})^{-1}\boldsymbol{Y}^{\mathrm{T}}\boldsymbol{X}^{-1} \tag{7.167}$$

式中：$\boldsymbol{X}$ 和 $\boldsymbol{Y}$ 的定义见式(7.137)；$\hat{\boldsymbol{Z}}$ 的定义见式(7.140)。

因此，首先利用标校站标校观测站的位置和速度，然后再利用两步定位方法，则总的定位性能为

$$\mathrm{MSE}(\boldsymbol{\theta}) = \boldsymbol{X}^{-1} + \boldsymbol{X}^{-1}\boldsymbol{Y}(\breve{\boldsymbol{Z}} - \boldsymbol{Y}^{\mathrm{T}}\boldsymbol{X}^{-1}\boldsymbol{Y})^{-1}\boldsymbol{Y}^{\mathrm{T}}\boldsymbol{X}^{-1} \tag{7.168}$$

其中，

$$\breve{\boldsymbol{Z}} = \left(\frac{\partial \boldsymbol{\alpha}^{o}}{\partial \boldsymbol{\beta}^{o}}\right)^{\mathrm{T}} \boldsymbol{Q}_{\alpha}^{-1} \left(\frac{\partial \boldsymbol{\alpha}^{o}}{\partial \boldsymbol{\beta}^{o}}\right) + (\mathrm{cov}(\boldsymbol{\psi} - \hat{\boldsymbol{\psi}}))^{-1} \tag{7.169}$$

将式(7.164)代入式(7.169)，可得

$$\breve{\boldsymbol{Z}} = \left(\frac{\partial \boldsymbol{\alpha}^{o}}{\partial \boldsymbol{\beta}^{o}}\right)^{\mathrm{T}} \boldsymbol{Q}_{\alpha}^{-1} \left(\frac{\partial \boldsymbol{\alpha}^{o}}{\partial \boldsymbol{\beta}^{o}}\right) + \boldsymbol{Q}_{\beta}^{-1} + \boldsymbol{G}_{\mathrm{c}}^{\mathrm{T}}\boldsymbol{Q}_{\gamma}\boldsymbol{G}_{\mathrm{c}}$$

通过附录H中的偏寻数定义可知在噪声较小的情况下，有

$$\boldsymbol{G}_{\mathrm{c}} \approx -\frac{\partial \gamma^{o}}{\partial \boldsymbol{\beta}^{o}}$$

因而 $\breve{\boldsymbol{Z}}$ 和式(7.137)中的 $\boldsymbol{Z}$ 在小噪声下等价，这说明本节的标校与定位方法总的定位性能(见式(7.168))能够近似达到CRLB(见式(7.138))。

7.4.5 定位性能仿真分析

仿真场景与图7.15中一样，图7.18和图7.19分别是采用标校站1和标校站2的仿真结果。每幅图包括3种定位方法：第一种方法是不采用标校站的定位方法，图中分别用CRLB1和MSE1表示对应方法理论下限和实际仿真精度；第二种方法是本节的标校与定位方法，图中分别用CRLB2和MSE2表示对应的理论下限和实际仿真精度；第三种方法是差分标校方法，图中分别用CRLB3和MSE3表示该方法的理论下限和实际仿真精度。图中的仿真结果是5000次蒙特卡罗平均结果。

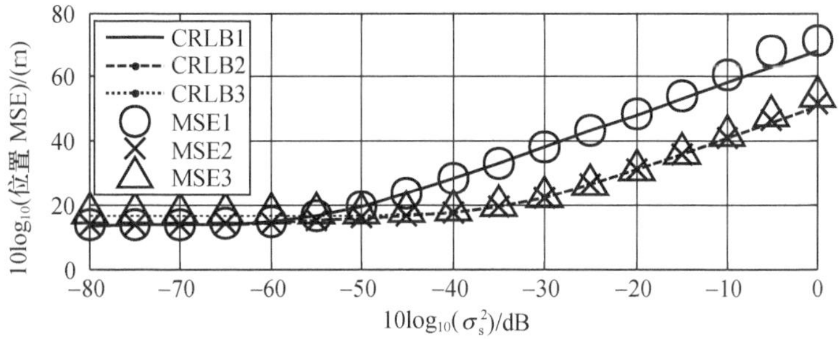

(a)

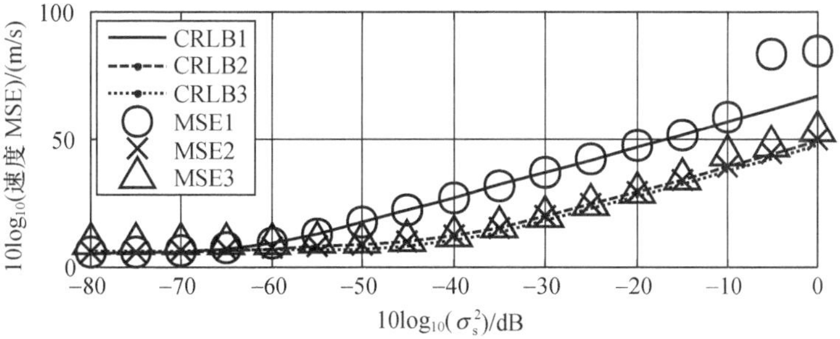

(b)

图 7.18　采用标校站 1 情况下，各种定位方法仿真结果对比

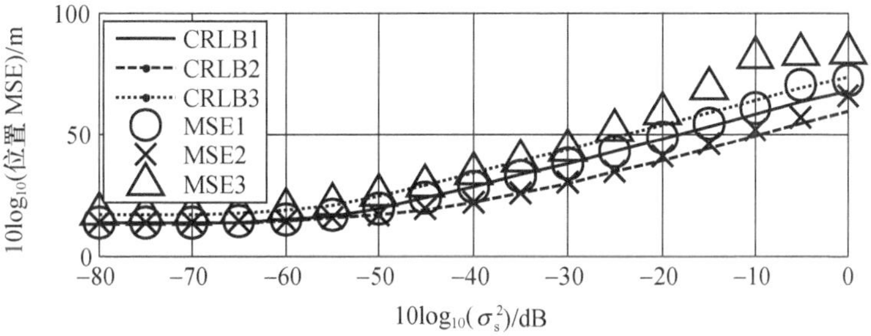

(a)

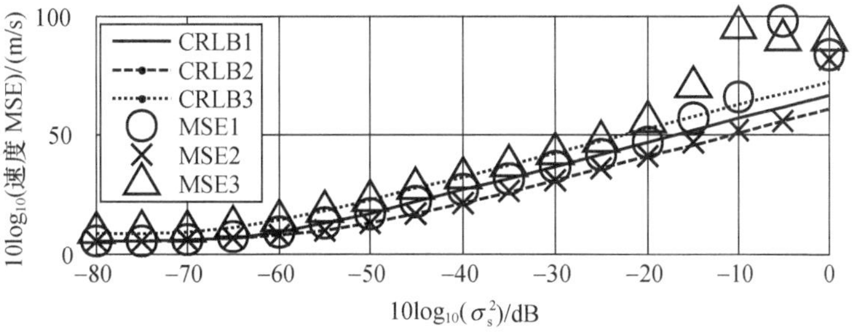

(b)

图 7.19　采用标校站 2 情况下，各种定位方法仿真结果对比

图 7.18 给出了采用标校站 1 情况下各种方法的定位性能对比。本节的标校方法定位性能能够达到 CRLB，同时差分标校方法在观测站状态误差较大情况下($\sigma_s^2 > 10^{-5}$)，也能达到 CRLB。但是，当观测站状态误差很小情况下($\sigma_s^2 < 10^{-7}$)，本节的标校方法比差分标校方法精确 3dB。

图 7.19 给出了标校站离辐射源较远情况下的仿真性能对比。本节的标校方法能很好地达到 CRLB，差分标校方法性能一直比本节的标校方法差。尽管如此，差分标校方法的定位性能一直比不采用标校站的定位性能优越。

7.5 先验信息情况下的多辐射源定位与标校方法

7.4 节研究了单个辐射源的定位与标校问题，本节将研究多辐射源情况下的定位与标校问题。与 7.4 节不同的是，这里假设辐射源的位置和速度存在先验信息，简称辐射源先验信息。根据辐射源先验信息的大小，定位场景将分为不同情况。这种假设辐射源具有先验信息得到的 CRLB 将统一以前多个文献中定位方法的 CRLB，从而便于分析这些 CRLB 之间的异同。

7.5.1 定位场景

定位场景如图 7.20 所示，总共 N 个运动辐射源，第 i 个辐射源的真实位置和真实速度分别为 $\boldsymbol{u}_i^o$ 和 $\dot{\boldsymbol{u}}_i^o(i=1,2,\cdots,N)$。用矢量 $\boldsymbol{\theta}_i^o=[\boldsymbol{u}_i^{oT}\quad \dot{\boldsymbol{u}}_i^{oT}]^T$ 表示第 i 个辐射源的状态信息。$\boldsymbol{\theta}_i^o$ 是未知的，已知的辐射源状态先验信息为 $\boldsymbol{\theta}_i$，误差为 $\Delta\boldsymbol{\theta}_i=\boldsymbol{\theta}_i-\boldsymbol{\theta}_i^o$。$\Delta\boldsymbol{\theta}_i$ 是零均值高斯随机矢量，协方差矩阵为 $\boldsymbol{Q}_{\theta_i}$。当 $\boldsymbol{Q}_{\theta_i}$ 趋向无穷大时，相当于辐射源的状态信息完全未知。将所有辐射源的真实状态表示为矢量 $\boldsymbol{\theta}^o=[\boldsymbol{\theta}_1^{oT}\quad \boldsymbol{\theta}_2^{oT}\quad \cdots\quad \boldsymbol{\theta}_N^{oT}]^T$，这样已知的辐射源状态可以表示为 $\boldsymbol{\theta}=\boldsymbol{\theta}^o+\Delta\boldsymbol{\theta}$，其中 $\boldsymbol{\theta}=[\boldsymbol{\theta}_1^T\quad \boldsymbol{\theta}_2^T\quad \cdots\quad \boldsymbol{\theta}_N^T]^T$，$\Delta\boldsymbol{\theta}=[\Delta\boldsymbol{\theta}_1^T\quad \Delta\boldsymbol{\theta}_2^T\quad \cdots\quad \Delta\boldsymbol{\theta}_N^T]^T$。为了便于分析，可以加上各个辐射源的先验信息互相独立，即 $\Delta\boldsymbol{\theta}_i$ 彼此独立不相关，$\Delta\boldsymbol{\theta}$ 的协方差矩阵为 $\boldsymbol{Q}_\theta=\mathrm{diag}\{\boldsymbol{Q}_{\theta_1}\quad \boldsymbol{Q}_{\theta_2}\quad \cdots\quad \boldsymbol{Q}_{\theta_N}\}$。

定位场景有 N 个运动的观测站，它们的真实位置和速度可以用矢量表示为 $\boldsymbol{s}^o[\boldsymbol{s}_1^{oT}\quad \boldsymbol{s}_2^{oT}\quad \cdots\quad \boldsymbol{s}_M^{oT}]^T$ 和 $\dot{\boldsymbol{s}}^o[\dot{\boldsymbol{s}}_1^{oT}\quad \dot{\boldsymbol{s}}_2^{oT}\quad \cdots\quad \dot{\boldsymbol{s}}_M^{oT}]^T$，其中 $\boldsymbol{s}_j^o$ 和 $\dot{\boldsymbol{s}}_j^o$ 是第 j 个观测站的真实位置和速度，$j=1,2,\cdots,M$。观测站的真实位置 $\boldsymbol{s}^o$ 和真实速度 $\dot{\boldsymbol{s}}^o$ 都是未知变量。已知的观测站位置和速度含有误差，分别为 $\boldsymbol{s}=[\boldsymbol{s}_1^T\quad \boldsymbol{s}_2^T\quad \cdots\quad \boldsymbol{s}_M^T]^T$ 和 $\dot{\boldsymbol{s}}=[\dot{\boldsymbol{s}}_1^T\quad \dot{\boldsymbol{s}}_2^T\quad \cdots\quad \dot{\boldsymbol{s}}_M^T]^T$。观测站的位置误差和速度误差分别为 $\Delta\boldsymbol{s}=[\Delta\boldsymbol{s}_1^T\quad \Delta\boldsymbol{s}_2^T\quad \cdots\quad \Delta\boldsymbol{s}_M^T]^T$ 和 $\Delta\dot{\boldsymbol{s}}=[\Delta\dot{\boldsymbol{s}}_1^T\quad \Delta\dot{\boldsymbol{s}}_2^T\quad \cdots\quad \Delta\dot{\boldsymbol{s}}_M^T]^T$。观测站的真实状态和已知状态之间的关系为 $\boldsymbol{s}=\boldsymbol{s}^o+\Delta\boldsymbol{s}$，$\dot{\boldsymbol{s}}=\dot{\boldsymbol{s}}^o+\Delta\dot{\boldsymbol{s}}$。定义观测站的状态矢量为 $\boldsymbol{\beta}=[\boldsymbol{s}^T\quad \dot{\boldsymbol{s}}^T]^T=\boldsymbol{\beta}^o+$

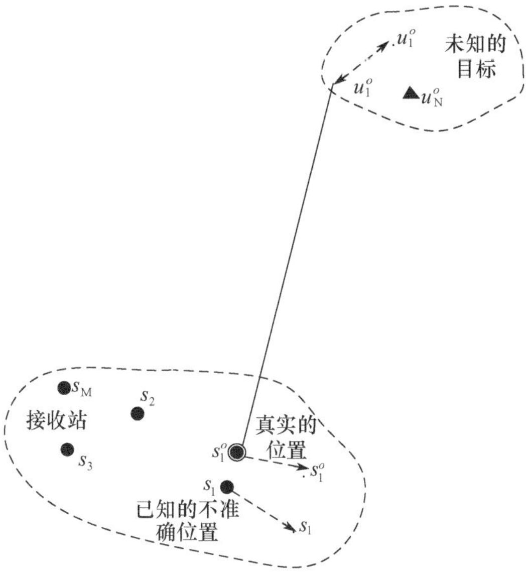

图 7.20　多辐射源定位场景图

$\Delta\boldsymbol{\beta}$，其中 $\Delta\boldsymbol{\beta}=[\Delta\boldsymbol{s}^{\mathrm{T}}\quad \Delta\dot{\boldsymbol{s}}^{\mathrm{T}}]^{\mathrm{T}}$ 是零均值高斯随机矢量，其协方差矩阵为 $\boldsymbol{Q}_{\beta}=\mathrm{diag}\{\boldsymbol{Q}_{\mathrm{s}},\dot{\boldsymbol{Q}}_{\mathrm{s}}\}$，$\boldsymbol{Q}_{\mathrm{s}}$ 和 $\dot{\boldsymbol{Q}}_{\mathrm{s}}$ 分别为观测站位置误差矢量 $\Delta\boldsymbol{s}$ 和速度误差矢量 $\Delta\dot{\boldsymbol{s}}$ 的协方差矩阵。

令 r_{j,u_i}^o 为辐射源 i 到观测站 j 之间的真实距离，即

$$r_{j,u_i}^o=\|\boldsymbol{u}_i^o-\boldsymbol{s}_j^o\| \tag{7.170}$$

式中：$\|\ *\ \|$ 表示 2 范数；$i=1,2,\cdots,N$；$j=1,2,\cdots,M$。令 $\dot{r}_{j,u_i}^o$ 为辐射源 i 和观测站 j 之间的距离变化率，即

$$\dot{r}_{j,u_i}^o=\boldsymbol{\rho}_{s_j,u_i}^{\mathrm{T}}(\dot{\boldsymbol{s}}_j^o-\dot{\boldsymbol{u}}_i^o) \tag{7.171}$$

式中：$\boldsymbol{\rho}_{a,b}$ 是由矢量 $\boldsymbol{b}$ 指向矢量 $\boldsymbol{a}$ 的单位矢量，即

$$\boldsymbol{\rho}_{a,b}\triangleq(\boldsymbol{a}-\boldsymbol{b})/\|\boldsymbol{a}-\boldsymbol{b}\| \tag{7.172}$$

辐射源 i 到观测站 j 和观测站 1 之间的 TDOA 观测量为

$$d_{j1,u_i}=\frac{r_{j1,u_i}}{c}=\frac{r_{j1,u_i}^o}{c}+\frac{\Delta r_{j1,u_i}}{c}(j=2,3,\cdots,M) \tag{7.173}$$

式中：c 为信号传播速度；$\frac{\Delta r_{j1,u_i}}{c}$ 为 TDOA 测量噪声；r_{j1,u_i} 和 r_{j1,u_i}^o 分别表示为

$$r_{j1,u_i}=r_{j1,u_i}^o+\Delta r_{j1,u_i}$$

$$r_{j1,u_i}^o = r_{j,u_i}^o - r_{1,u_i}^o$$

来自辐射源 i 的 TDOA 观测量用矢量可以表示为

$$\boldsymbol{d}_{u_i} = \frac{\boldsymbol{r}_{u_i}}{c} = \frac{1}{c}[\,r_{21,u_i} \quad r_{31,u_i} \quad \cdots \quad r_{M1,u_i}\,]^{\mathrm{T}} = \frac{\boldsymbol{r}_{u_i}^o}{c} + \frac{\Delta\boldsymbol{r}_{u_i}}{c}$$

式中：$\Delta\boldsymbol{r}_{u_i} = [\,\Delta r_{21,u_i} \quad \Delta r_{31,u_i} \quad \cdots \quad \Delta r_{M1,u_i}\,]^{\mathrm{T}}$。

辐射源 i 到观测站 j 和观测站 1 之间的 FDOA 观测量可表示为

$$\dot{d}_{j1,u_i} = \frac{f_o}{c}\dot{r}_{j1,u_i} = \frac{f_o}{c}\dot{r}_{j1,u_i}^o + \frac{f_o}{c}\Delta\dot{r}_{j1,u_i}\,(j=2,3,\cdots,M) \tag{7.174}$$

式中：f_o 为信号载频；$\dfrac{f_o}{c}\Delta\dot{r}_{j1,u_i}$ 为 FDOA 测量噪声；r_{j1,u_i} 和 $\dot{r}_{j1,u_i}$ 分别表示为

$$\dot{r}_{j1,u_i} = \dot{r}_{j1,u_i}^o + \Delta\dot{r}_{j1,u_i}$$

$$\dot{r}_{j1,u_i}^o = \dot{r}_{j,u_i}^o - \dot{r}_{1,u_i}^o$$

来自辐射源 i 的 FDOA 观测量可以用矢量可以表示为

$$\dot{\boldsymbol{d}}_{u_i} = \frac{f_o}{c}\dot{\boldsymbol{r}}_{u_i} = \frac{f_o}{c}[\,\dot{r}_{21,u_i} \quad \dot{r}_{31,u_i} \quad \cdots \quad \dot{r}_{M1,u_i}\,]^{\mathrm{T}} = \frac{f_o}{c}\dot{\boldsymbol{r}}_{u_i}^o + \frac{f_o}{c}\Delta\dot{\boldsymbol{r}}_{u_i}$$

式中：$\Delta\dot{\boldsymbol{r}}_{u_i} = [\,\Delta\dot{r}_{21,u_i} \quad \Delta\dot{r}_{31,u_i} \quad \cdots \quad \Delta\dot{r}_{M1,u_i}\,]^{\mathrm{T}}$。

将来自辐射源 i 的 TDOA 观测量和 FDOA 观测量用矢量统一表示为

$$\boldsymbol{\alpha}_{u_i} = [\,c\cdot\boldsymbol{d}_{u_i}^{\mathrm{T}} \quad \frac{c}{f_o}\cdot\dot{\boldsymbol{d}}_{u_i}^{\mathrm{T}}\,]^{\mathrm{T}} = \boldsymbol{\alpha}_{u_i}^o + \Delta\boldsymbol{\alpha}_{u_i}$$

式中：$\boldsymbol{\alpha}_{u_i}^o = [\,\boldsymbol{r}_{u_i}^{o\mathrm{T}} \quad \dot{\boldsymbol{r}}_{u_i}^{o\mathrm{T}}\,]^{\mathrm{T}}$。

在矢量 $\boldsymbol{\alpha}_{u_i}^o$ 中，TDOA 和 FDOA 观测量已经用距离差和距离差变化率代替，在后续分析中，为了分析简单，统一用距离差和距离差变化率表示 TDOA 观测量和 FDOA 观测量。测量误差 $\Delta\boldsymbol{\alpha}_{u_i} = [\,\Delta\boldsymbol{r}_{u_i}^{\mathrm{T}} \quad \Delta\dot{\boldsymbol{r}}_{u_i}^{\mathrm{T}}\,]^{\mathrm{T}}$ 是零均值高斯随机变量，$\boldsymbol{Q}_{\alpha,u_i}$ 为协方差矩阵，$\boldsymbol{Q}_\alpha = \mathrm{diag}\{\boldsymbol{Q}_{\alpha,u_1},\boldsymbol{Q}_{\alpha,u_2},\cdots,\boldsymbol{Q}_{\alpha,u_N}\}$。此外，假设 $\Delta\boldsymbol{\alpha}_{u_i}$ 和 $\Delta\boldsymbol{\beta}$ 彼此独立不相关。这样来自 N 个辐射源的所有 TDOA/FDOA 观测量可以用 $2N(M-1)\times 1$ 矢量可表示为

$$\boldsymbol{\alpha} = [\,\boldsymbol{\alpha}_{u_1}^{\mathrm{T}} \quad \boldsymbol{\alpha}_{u_2}^{\mathrm{T}} \quad \cdots \quad \boldsymbol{\alpha}_{u_N}^{\mathrm{T}}\,]^{\mathrm{T}} = \boldsymbol{\alpha}^o + \Delta\boldsymbol{\alpha}$$

式中：$\Delta\boldsymbol{\alpha}$ 为零均值高斯随机矢量。多辐射源定位的任务就是通过观测量 $\boldsymbol{\alpha}$，观测站已知位置 $\boldsymbol{\beta}$ 和辐射源先验信息 $\boldsymbol{\theta}$ 估计辐射源的真实位置和速度 $\boldsymbol{\theta}^o$。

7.5.2 CRLB 分析

本节首先推导在 7.5.1 节的条件下，辐射源状态矢量 $\boldsymbol{\theta}^o$ 估计的 CRLB；然后分

析该CRLB和以往文献中各种CRLB的联系,并研究对于多辐射源定位场景中,多个辐射源同时定位(Multiplc Sourccs Localization, MSL)和单个辐射源逐个定位(Individual Source Localization,ISL)性能的差别;最后通过仿真验证本节的理论分析。

定义未知变量为 $\boldsymbol{\varphi}=[\boldsymbol{\theta}^{o\mathrm{T}}\quad \boldsymbol{\beta}^{o\mathrm{T}}]^{\mathrm{T}}$,则已知矢量 $\boldsymbol{v}=[\boldsymbol{\theta}^{\mathrm{T}}\quad \boldsymbol{\beta}^{\mathrm{T}}\quad \boldsymbol{\alpha}^{\mathrm{T}}]^{\mathrm{T}}$ 的概率密度函数的对数为

$$\begin{aligned}\ln p(\boldsymbol{v};\boldsymbol{\varphi}) &= J-\frac{1}{2}(\boldsymbol{\theta}-\boldsymbol{\theta}^{o})^{\mathrm{T}}\boldsymbol{Q}_{\boldsymbol{\theta}}^{-1}(\boldsymbol{\theta}-\boldsymbol{\theta}^{o})\\ &\quad -\frac{1}{2}(\boldsymbol{\beta}-\boldsymbol{\beta}^{o})^{\mathrm{T}}\boldsymbol{Q}_{\beta}^{-1}(\boldsymbol{\beta}-\boldsymbol{\beta}^{o})\\ &\quad -\frac{1}{2}(\boldsymbol{\alpha}-\boldsymbol{\alpha}^{o})^{\mathrm{T}}\boldsymbol{Q}_{\alpha}^{-1}(\boldsymbol{\alpha}-\boldsymbol{\alpha}^{o})\end{aligned} \tag{7.175}$$

式中:J 为独立于 $\boldsymbol{\varphi}$ 的常数。

式(7.175)对未知变量 $\boldsymbol{\varphi}$ 求两次偏导数并求期望得到Fisher信息矩阵为

$$\mathrm{FIM}=\begin{bmatrix}\boldsymbol{X} & \boldsymbol{Y}\\ \boldsymbol{Y}^{\mathrm{T}} & \boldsymbol{Z}\end{bmatrix} \tag{7.176}$$

式中:$\boldsymbol{X}$、$\boldsymbol{Y}$ 和 $\boldsymbol{Z}$ 定义如下:

$$\boldsymbol{X}=-E\left[\frac{\partial^2\ln p(\boldsymbol{v};\boldsymbol{\varphi})}{\partial\boldsymbol{\theta}^{o}\partial\boldsymbol{\theta}^{o\mathrm{T}}}\right]=\boldsymbol{Q}_{\theta}^{-1}+\left(\frac{\partial\boldsymbol{\alpha}^{o}}{\partial\boldsymbol{\theta}^{o}}\right)^{\mathrm{T}}\boldsymbol{Q}_{\alpha}^{-1}\left(\frac{\partial\boldsymbol{\alpha}^{o}}{\partial\boldsymbol{\theta}^{o}}\right) \tag{7.177}$$

$$\boldsymbol{Y}=-E\left[\frac{\partial^2\ln p(\boldsymbol{v};\boldsymbol{\varphi})}{\partial\boldsymbol{\theta}^{o}\partial\boldsymbol{\beta}^{o\mathrm{T}}}\right]=\left(\frac{\partial\boldsymbol{\alpha}^{o}}{\partial\boldsymbol{\theta}^{o}}\right)^{\mathrm{T}}\boldsymbol{Q}_{\alpha}^{-1}\left(\frac{\partial\boldsymbol{\alpha}^{o}}{\partial\boldsymbol{\beta}^{o}}\right) \tag{7.178}$$

$$\boldsymbol{Z}=-E\left[\frac{\partial^2\ln p(\boldsymbol{v};\boldsymbol{\varphi})}{\partial\boldsymbol{\beta}^{o}\partial\boldsymbol{\beta}^{o\mathrm{T}}}\right]=\left(\frac{\partial\boldsymbol{\alpha}^{o}}{\partial\boldsymbol{\beta}^{o}}\right)^{\mathrm{T}}\boldsymbol{Q}_{\alpha}^{-1}\left(\frac{\partial\boldsymbol{\alpha}^{o}}{\partial\boldsymbol{\beta}^{o}}\right)+\boldsymbol{Q}_{\beta}^{-1} \tag{7.179}$$

偏导数 $\frac{\partial\boldsymbol{\alpha}^{o}}{\partial\boldsymbol{\theta}^{o}}$ 和 $\frac{\partial\boldsymbol{\alpha}^{o}}{\partial\boldsymbol{\beta}^{o}}$ 的定义见附录I。

对式(7.176)运用矩阵求逆,可得

$$\begin{aligned}\mathrm{CRLB}(\boldsymbol{\theta}^{o}) &= \boldsymbol{X}^{-1}+\boldsymbol{X}^{-1}\boldsymbol{Y}(\boldsymbol{Z}-\boldsymbol{Y}^{\mathrm{T}}\boldsymbol{X}^{-1}\boldsymbol{Y})^{-1}\boldsymbol{Y}^{\mathrm{T}}\boldsymbol{X}^{-1}\\ &= (\boldsymbol{X}-\boldsymbol{Y}\boldsymbol{Z}^{-1}\boldsymbol{Y}^{\mathrm{T}})^{-1}\end{aligned} \tag{7.180}$$

式(7.180)即为辐射源状态 $\boldsymbol{\theta}^{o}$ 估计性能的CRLB。

7.5.2.1 不同CRLB的对比

根据辐射源先验信息的不同,可将定位场景分为3种情况。第一种,当所有 $\boldsymbol{Q}_{\theta_i}$ 都趋向无穷大,这时候等价于所有辐射源不存在先验信息,这便是文献[25]中研究的问题。第二种,一部分 $\boldsymbol{Q}_{\theta_i}$ 趋向无穷大,即一部分辐射源不存在先验信息,其

余辐射源存在先验信息。这时候的定位场景类似于文献[5]中的问题,这时候存在先验信息的辐射源相当于存在位置误差的标校站,而不存在先验信息的辐射源即文献[5]中待估计的辐射源。不同之处在于文献[5]研究的是基于 TDOA 的单辐射源定位与标校算法,本小节研究的基于 TDOA/FDOA 的多辐射源定位与标校方法。第三种情况,所有 $\boldsymbol{Q}_{\theta_i}$数值有限,不趋向无穷大,即所有的辐射源都存在先验信息。

1) 所有辐射源不存在先验信息

由于所有的 $\boldsymbol{Q}_{\theta_i}$趋向无穷大,式(7.177)中的 $\boldsymbol{X}$ 变为

$$\boldsymbol{X}_2 = \left(\frac{\partial \boldsymbol{\alpha}^o}{\partial \boldsymbol{\theta}^o}\right)^{\mathrm{T}} \boldsymbol{Q}_\alpha^{-1} \left(\frac{\partial \boldsymbol{\alpha}^o}{\partial \boldsymbol{\theta}^o}\right) \tag{7.181}$$

从而式(7.180)中 $\boldsymbol{\theta}^o$的 CRLB 变为

$$\mathrm{CRLB}(\boldsymbol{\theta}^o)_2 = \boldsymbol{X}_2^{-1} + \boldsymbol{X}_2^{-1}\boldsymbol{Y}(\boldsymbol{Z} - \boldsymbol{Y}^{\mathrm{T}}\boldsymbol{X}_2^{-1}\boldsymbol{Y})^{-1}\boldsymbol{Y}^{\mathrm{T}}\boldsymbol{X}_2^{-1} \tag{7.182}$$

式中:$\boldsymbol{X}_2$ 为当所有观测站不存在位置误差,同时辐射源没有先验信息时,辐射源位置估计的 CRLB。式(7.182)等号右边第二项是半正定矩阵,这部分代表由于观测站位置误差导致定位性能下降的部分。式(7.182)等价于文献[25]中给出的 CRLB。

2) 部分辐射源存在先验信息

这时候可以假设 N 个辐射源中最后 $N-K$ 个辐射源存在先验信息,即 $\boldsymbol{Q}_{\theta_i}$数值有限,$i=K+1,K+2,\cdots,N$ 且 $K<N$。K 个位置完全未知的辐射源可以表示为 $\widehat{\boldsymbol{\theta}}^o = [\boldsymbol{\theta}_1^{o\mathrm{T}} \quad \boldsymbol{\theta}_2^{o\mathrm{T}} \quad \cdots \quad \boldsymbol{\theta}_K^{o\mathrm{T}}]^{\mathrm{T}}$,剩下存在先验信息的辐射源可以表示为 $\breve{\boldsymbol{\theta}}^o = [\boldsymbol{\theta}_{K+1}^{o\mathrm{T}} \quad \boldsymbol{\theta}_{K+2}^{o\mathrm{T}} \quad \cdots \quad \boldsymbol{\theta}_N^{o\mathrm{T}}]^{\mathrm{T}}$,同时存在先验信息的辐射源相当于文献[25]中的标校站,这时候的定位问题等价于利用多个标校站的多辐射源定位问题。式(7.180)给出了所有标校站和辐射源的定位 CRLB,不能准确反映辐射源的估计性能。下面将分析这种情况下辐射源的 CRLB。

变量 $\breve{\boldsymbol{\theta}}^o$和 $\widehat{\boldsymbol{\theta}}^o$的协方差矩阵可以表示如下:

$$\breve{\boldsymbol{Q}}_\theta = \mathrm{diag}\{\boldsymbol{Q}_{\theta_{K+1}}, \cdots, \boldsymbol{Q}_{\theta_N}\}$$

$$\widehat{\boldsymbol{Q}}_\theta = \mathrm{diag}\{\boldsymbol{Q}_{\theta_1}, \cdots, \boldsymbol{Q}_{\theta_K}\}$$

由于 $\widehat{\boldsymbol{\theta}}^o$完全未知,$\widehat{\boldsymbol{Q}}_\theta$无穷大。这时来自标校站 $\breve{\boldsymbol{\theta}}^o$和辐射源 $\widehat{\boldsymbol{\theta}}^o$的 TDOA/FDOA 观测量可以表示为 $\breve{\boldsymbol{\alpha}}^o = [\boldsymbol{\alpha}_{K+1}^{o\mathrm{T}} \quad \cdots \quad \boldsymbol{\alpha}_N^{o\mathrm{T}}]^{\mathrm{T}}$ 和 $\widehat{\boldsymbol{\alpha}}^o = [\boldsymbol{\alpha}_1^{o\mathrm{T}} \quad \cdots \quad \boldsymbol{\alpha}_K^{o\mathrm{T}}]^{\mathrm{T}}$,这些观测量的测量方差为

$$\breve{\boldsymbol{Q}}_\alpha = \mathrm{diag}\{\boldsymbol{Q}_{\alpha_{K+1}}, \cdots, \boldsymbol{Q}_{\alpha_N}\}$$

$$\hat{\boldsymbol{Q}}_{\alpha}=\operatorname{diag}\{\boldsymbol{Q}_{\alpha_1},\cdots,\boldsymbol{Q}_{\alpha_K}\}$$

因而有 $\boldsymbol{Q}_{\theta}=\operatorname{diag}\{\hat{\boldsymbol{Q}}_{\theta},\breve{\boldsymbol{Q}}_{\theta}\}$，$\boldsymbol{Q}_{\alpha}=\operatorname{diag}\{\hat{\boldsymbol{Q}}_{\alpha},\breve{\boldsymbol{Q}}_{\alpha}\}$。

式(7.177)~式(7.179)可以化简如下：

$$\boldsymbol{X}=\begin{bmatrix}\left(\dfrac{\partial\hat{\boldsymbol{\alpha}}^{o}}{\partial\hat{\boldsymbol{\theta}}^{o}}\right)^{\mathrm{T}}\hat{\boldsymbol{Q}}_{\alpha}^{-1}\left(\dfrac{\partial\hat{\boldsymbol{\alpha}}^{o}}{\partial\hat{\boldsymbol{\theta}}^{o}}\right) & \boldsymbol{O}\\ \boldsymbol{O} & \breve{\boldsymbol{Q}}_{\theta}^{-1}+\left(\dfrac{\partial\breve{\boldsymbol{\alpha}}^{o}}{\partial\hat{\boldsymbol{\theta}}^{o}}\right)^{\mathrm{T}}\breve{\boldsymbol{Q}}_{\alpha}^{-1}\left(\dfrac{\partial\breve{\boldsymbol{\alpha}}^{o}}{\partial\hat{\boldsymbol{\theta}}^{o}}\right)\end{bmatrix} \tag{7.183}$$

$$\boldsymbol{Y}=\begin{bmatrix}\dfrac{\partial\hat{\boldsymbol{\alpha}}^{o}}{\partial\hat{\boldsymbol{\theta}}^{o}} & \boldsymbol{O}\\ \boldsymbol{O} & \dfrac{\partial\breve{\boldsymbol{\alpha}}^{o}}{\partial\breve{\boldsymbol{\theta}}^{o}}\end{bmatrix}^{\mathrm{T}}\begin{bmatrix}\hat{\boldsymbol{Q}}_{\alpha} & \boldsymbol{O}\\ \boldsymbol{O} & \breve{\boldsymbol{Q}}_{\alpha}\end{bmatrix}^{-1}\begin{bmatrix}\dfrac{\partial\hat{\boldsymbol{\alpha}}^{o}}{\partial\boldsymbol{\beta}^{o}}\\ \dfrac{\partial\breve{\boldsymbol{\alpha}}^{o}}{\partial\boldsymbol{\beta}^{o}}\end{bmatrix}=\begin{bmatrix}\left(\dfrac{\partial\hat{\boldsymbol{\alpha}}^{o}}{\partial\hat{\boldsymbol{\theta}}^{o}}\right)^{\mathrm{T}}\hat{\boldsymbol{Q}}_{\alpha}^{-1}\left(\dfrac{\partial\hat{\boldsymbol{\alpha}}^{o}}{\partial\boldsymbol{\beta}^{o}}\right)\\ \left(\dfrac{\partial\breve{\boldsymbol{\alpha}}^{o}}{\partial\breve{\boldsymbol{\theta}}^{o}}\right)^{\mathrm{T}}\breve{\boldsymbol{Q}}_{\alpha}^{-1}\left(\dfrac{\partial\breve{\boldsymbol{\alpha}}^{o}}{\partial\boldsymbol{\beta}^{o}}\right)\end{bmatrix} \tag{7.184}$$

$$\boldsymbol{Z}=\boldsymbol{Q}_{\beta}^{-1}+\left(\dfrac{\partial\hat{\boldsymbol{\alpha}}^{o}}{\partial\boldsymbol{\beta}^{o}}\right)^{\mathrm{T}}\hat{\boldsymbol{Q}}_{\alpha}^{-1}\left(\dfrac{\partial\hat{\boldsymbol{\alpha}}^{o}}{\partial\boldsymbol{\beta}^{o}}\right)+\left(\dfrac{\partial\breve{\boldsymbol{\alpha}}^{o}}{\partial\boldsymbol{\beta}^{o}}\right)^{\mathrm{T}}\breve{\boldsymbol{Q}}_{\alpha}^{-1}\left(\dfrac{\partial\breve{\boldsymbol{\alpha}}^{o}}{\partial\boldsymbol{\beta}^{o}}\right) \tag{7.185}$$

定义

$$\hat{\boldsymbol{X}}=\left(\dfrac{\partial\hat{\boldsymbol{\alpha}}^{o}}{\partial\hat{\boldsymbol{\theta}}^{o}}\right)^{\mathrm{T}}\hat{\boldsymbol{Q}}_{\alpha}^{-1}\left(\dfrac{\partial\hat{\boldsymbol{\alpha}}^{o}}{\partial\hat{\boldsymbol{\theta}}^{o}}\right) \tag{7.186}$$

$$\hat{\boldsymbol{P}}=\breve{\boldsymbol{Q}}_{\theta}^{-1}+\left(\dfrac{\partial\breve{\boldsymbol{\alpha}}^{o}}{\partial\breve{\boldsymbol{\theta}}^{o}}\right)^{\mathrm{T}}\breve{\boldsymbol{Q}}_{\alpha}^{-1}\left(\dfrac{\partial\breve{\boldsymbol{\alpha}}^{o}}{\partial\breve{\boldsymbol{\theta}}^{o}}\right) \tag{7.187}$$

$$\hat{\boldsymbol{Y}}=\left(\dfrac{\partial\hat{\boldsymbol{\alpha}}^{o}}{\partial\hat{\boldsymbol{\theta}}^{o}}\right)^{\mathrm{T}}\breve{\boldsymbol{Q}}_{\alpha}^{-1}\left(\dfrac{\partial\hat{\boldsymbol{\alpha}}^{o}}{\partial\boldsymbol{\beta}^{o}}\right) \tag{7.188}$$

$$\hat{\boldsymbol{R}}=\left(\dfrac{\partial\breve{\boldsymbol{\alpha}}^{o}}{\partial\breve{\boldsymbol{\theta}}^{o}}\right)^{\mathrm{T}}\breve{\boldsymbol{Q}}_{\alpha}^{-1}\left(\dfrac{\partial\breve{\boldsymbol{\alpha}}^{o}}{\partial\boldsymbol{\beta}^{o}}\right) \tag{7.189}$$

将式(7.183)~式(7.185)代入式(7.176)，并利用式(7.186)~式(7.189)，可得

$$\mathrm{FIM}=\begin{bmatrix}\hat{\boldsymbol{X}} & \boldsymbol{O} & \hat{\boldsymbol{Y}}\\ \boldsymbol{O} & \hat{\boldsymbol{P}} & \hat{\boldsymbol{R}}\\ \hat{\boldsymbol{Y}}^{\mathrm{T}} & \hat{\boldsymbol{R}}^{\mathrm{T}} & \boldsymbol{Z}\end{bmatrix} \tag{7.190}$$

该Fisher信息矩阵的左上方 $6K\times6K$ 矩阵即为 $\hat{\boldsymbol{\theta}}^{o}$ 的CRLB，运用矩阵求逆引理，可得

$$\mathrm{CRLB}(\hat{\boldsymbol{\theta}}^{o})=\hat{\boldsymbol{X}}^{-1}+\hat{\boldsymbol{X}}^{-1}[\boldsymbol{O}\quad\hat{\boldsymbol{Y}}]\left(\begin{bmatrix}\hat{\boldsymbol{P}} & \hat{\boldsymbol{R}}\\ \hat{\boldsymbol{R}}^{\mathrm{T}} & \boldsymbol{Z}\end{bmatrix}-\begin{bmatrix}\boldsymbol{O}\\ \hat{\boldsymbol{Y}}^{\mathrm{T}}\end{bmatrix}\hat{\boldsymbol{X}}^{-1}[\boldsymbol{O}\quad\hat{\boldsymbol{Y}}]\right)^{-1}\begin{bmatrix}\boldsymbol{O}\\ \hat{\boldsymbol{Y}}^{\mathrm{T}}\end{bmatrix}\hat{\boldsymbol{X}}^{-1}$$

$$=\widehat{\boldsymbol{X}}^{-1}+\widehat{\boldsymbol{X}}^{-1}\widehat{\boldsymbol{Y}}(\boldsymbol{Z}-\widehat{\boldsymbol{Y}}^{\mathrm{T}}\widehat{\boldsymbol{X}}^{-1}\widehat{\boldsymbol{Y}}-\widehat{\boldsymbol{R}}^{\mathrm{T}}\widehat{\boldsymbol{P}}^{-1}\widehat{\boldsymbol{R}})^{-1}\widehat{\boldsymbol{Y}}^{\mathrm{T}}\widehat{\boldsymbol{X}}^{-1} \tag{7.191}$$

式(7.191)为利用多个标校站校正观测站位置误差情况下，多辐射源定位的CRLB。

3）所有辐射源都存在先验信息

在这种情况下，所有的辐射源位置的先验信息矩阵 $\boldsymbol{Q}_{\theta_i}$ 都是数值有限的。式(7.180)即为这种情况下辐射源位置估计的CRLB，下面分析式(7.180)与式(7.182)的区别。从 $\boldsymbol{X}$ 与 $\boldsymbol{X}_2$ 的定义式(7.177)和式(7.181)，可得

$$\boldsymbol{X}=\boldsymbol{X}_2+\boldsymbol{Q}_\theta^{-1} \tag{7.192}$$

将式(7.192)代入式(7.180)，可得

$$\mathrm{CRLB}(\boldsymbol{\theta}^o)=(\boldsymbol{X}_2-\boldsymbol{Y}\boldsymbol{Z}^{-1}\boldsymbol{Y}^{\mathrm{T}}+\boldsymbol{Q}_\theta^{-1})^{-1} \tag{7.193}$$

对式(7.193)应用矩阵求逆，并联合式(7.182)，可得

$$\mathrm{CRLB}(\boldsymbol{\theta}^o)_2-\mathrm{CRLB}(\boldsymbol{\theta}^o)=\mathrm{CRLB}(\boldsymbol{\theta}^o)_2\times(\boldsymbol{Q}_\theta+\mathrm{CRLB}(\boldsymbol{\theta}^o)_2)^{-1}\times\mathrm{CRLB}(\boldsymbol{\theta}^o)_2 \tag{7.194}$$

式(7.194)等号的右边项是半正定矩阵，这部分正是辐射源先验信息所引起定位精度提高的部分。

7.5.2.2 多辐射源同时定位与单个辐射源逐个定位性能分析

本节将分析多个辐射源同时定位和单个辐射源逐个定位性能的差异。式(7.180)给出了多辐射源同时定位的CRLB，但是该式给出的是所有辐射源状态变量 $\boldsymbol{\theta}^o$ 的估计下限，下面将分析多辐射源同时定位时，每个辐射源的CRLB。

定义如下变量：

$$\boldsymbol{X}_{u_i}=\boldsymbol{Q}_{\theta_i}^{-1}+\left(\frac{\partial\boldsymbol{\alpha}_{u_i}^o}{\partial\boldsymbol{\theta}_i^o}\right)^{\mathrm{T}}\boldsymbol{Q}_{\alpha,u_i}^{-1}\left(\frac{\partial\boldsymbol{\alpha}_{u_i}^o}{\partial\boldsymbol{\theta}_i^o}\right)$$

$$\boldsymbol{Y}_{u_i}=\left(\frac{\partial\boldsymbol{\alpha}_{u_i}^o}{\partial\boldsymbol{\theta}_i^o}\right)^{\mathrm{T}}\boldsymbol{Q}_{\alpha,u_i}^{-1}\left(\frac{\partial\boldsymbol{\alpha}_{u_i}^o}{\partial\boldsymbol{\beta}^o}\right)$$

$$\boldsymbol{Z}_{u_i}=\left(\frac{\partial\boldsymbol{\alpha}_{u_i}^o}{\partial\boldsymbol{\beta}^o}\right)^{\mathrm{T}}\boldsymbol{Q}_{\alpha,u_i}^{-1}\left(\frac{\partial\boldsymbol{\alpha}_{u_i}^o}{\partial\boldsymbol{\beta}^o}\right)+\boldsymbol{Q}_\beta^{-1}\ (1\leqslant i\leqslant N)$$

式中：$\boldsymbol{\alpha}_{u_i}^o$ 为来自辐射源 i 的真实TDOA和FDOA观测量；$\boldsymbol{Q}_{\alpha,u_i}$ 为 $\boldsymbol{\alpha}_{u_i}$ 的协方差矩阵；$\boldsymbol{Q}_{\theta_i}$ 为第 i 个辐射源先验信息 $\boldsymbol{\theta}_i$ 的协方差矩阵。

式(7.177)~式(7.179)可以表示如下：

$$\boldsymbol{X}=\mathrm{diag}\{\boldsymbol{X}_{u_1},\boldsymbol{X}_{u_2},\cdots,\boldsymbol{X}_{u_N}\} \tag{7.195}$$

$$\boldsymbol{Y}=[\boldsymbol{Y}_{u_1}^{\mathrm{T}}\quad\boldsymbol{Y}_{u_2}^{\mathrm{T}}\quad\cdots\quad\boldsymbol{Y}_{u_N}^{\mathrm{T}}]^{\mathrm{T}} \tag{7.196}$$

$$\boldsymbol{Z} = \sum_{j=1,j\neq i}^{N}\left(\left(\frac{\partial\boldsymbol{\alpha}_{u_j}^{o}}{\partial\boldsymbol{\beta}^{o}}\right)^{\mathrm{T}}\boldsymbol{Q}_{\alpha,u_j}^{-1}\left(\frac{\partial\boldsymbol{\alpha}_{u_j}^{o}}{\partial\boldsymbol{\beta}^{o}}\right)\right)+\boldsymbol{Z}_{u_i} \tag{7.197}$$

将式(7.195)~式(7.197)代入式(7.180),可得

$$\mathrm{CRLB}(\boldsymbol{\theta}^{o}) = \begin{bmatrix}\boldsymbol{X}_{u_1}^{-1} & & \\ & \ddots & \\ & & \boldsymbol{X}_{u_N}^{-1}\end{bmatrix}+\begin{bmatrix}\boldsymbol{X}_{u_1}^{-1}\boldsymbol{Y}_{u_1}\\ \vdots \\ \boldsymbol{X}_{u_N}^{-1}\boldsymbol{Y}_{u_N}\end{bmatrix}\left\{\sum_{j=1,j\neq i}^{N}\left(\left(\frac{\partial\boldsymbol{\alpha}_{u_j}^{o}}{\partial\boldsymbol{\beta}^{o}}\right)^{\mathrm{T}}\boldsymbol{Q}_{\alpha,u_j}^{-1}\left(\frac{\partial\boldsymbol{\alpha}_{u_j}^{o}}{\partial\boldsymbol{\beta}^{o}}\right)-\boldsymbol{Y}_{u_j}^{\mathrm{T}}\boldsymbol{X}_{u_j}^{-1}\boldsymbol{Y}_{u_j}\right)+\boldsymbol{Z}_{u_i}-\boldsymbol{Y}_{u_i}^{\mathrm{T}}\boldsymbol{X}_{u_i}^{-1}\boldsymbol{Y}_{u_i}\right\}^{-1}\left[\boldsymbol{Y}_{u_1}^{\mathrm{T}}\boldsymbol{X}_{u_1}^{-1}\ \cdots\ \boldsymbol{Y}_{u_N}^{\mathrm{T}}\boldsymbol{X}_{u_N}^{-1}\right] \tag{7.198}$$

因此,多辐射源同时定位时,辐射源 i 定位性能 CRLB 为

$$\mathrm{CRLB}(\boldsymbol{\theta}_i^{o})_M = \boldsymbol{X}_{u_i}^{-1}+\boldsymbol{X}_{u_i}^{-1}\boldsymbol{Y}_{u_i}\left\{\sum_{j=1,j\neq i}^{N}\left(\left(\frac{\partial\boldsymbol{\alpha}_{u_j}^{o}}{\partial\boldsymbol{\beta}^{o}}\right)^{\mathrm{T}}\boldsymbol{Q}_{\alpha,u_j}^{-1}\left(\frac{\partial\boldsymbol{\alpha}_{u_j}^{o}}{\partial\boldsymbol{\beta}^{o}}\right)-\boldsymbol{Y}_{u_j}^{\mathrm{T}}\boldsymbol{X}_{u_j}^{-1}\boldsymbol{Y}_{u_j}\right)+\boldsymbol{Z}_{u_i}-\boldsymbol{Y}_{u_i}^{\mathrm{T}}\boldsymbol{X}_{u_i}^{-1}\boldsymbol{Y}_{u_i}\right\}^{-1}\boldsymbol{Y}_{u_i}^{\mathrm{T}}\boldsymbol{X}_{u_i}^{-1} \tag{7.199}$$

下面分析单个辐射源逐个定位时,辐射源 i 定位性性能的 CRLB,用 CRLB $(\boldsymbol{\theta}_i^{o})_I$ 表示。采用类似式(7.180)的推导过程,并且忽略其余 $N-1$ 个辐射源,可得

$$\mathrm{CRLB}(\boldsymbol{\theta}_i^{o})_I = \boldsymbol{X}_{u_i}^{-1}+\boldsymbol{X}_{u_i}^{-1}\boldsymbol{Y}_{u_i}\left[\boldsymbol{Z}_{u_i}-\boldsymbol{Y}_{u_i}^{\mathrm{T}}\boldsymbol{X}_{u_i}^{-1}\boldsymbol{Y}_{u_i}\right]^{-1}\boldsymbol{Y}_{u_i}^{\mathrm{T}}\boldsymbol{X}_{u_i}^{-1} \tag{7.200}$$

对比式(7.199)和式(7.200),两种情况下的 CRLB 明显不同,为了进一步深入分析性能差异,定义 $\boldsymbol{Z}_{\mathrm{s}}$ 和 $\hat{\boldsymbol{Z}}$ 如下:

$$\boldsymbol{Z}_{\mathrm{s}} = \boldsymbol{Z}_{u_i}-\boldsymbol{Y}_{u_i}^{\mathrm{T}}\boldsymbol{X}_{u_i}^{-1}\boldsymbol{Y}_{u_i}$$

$$\hat{\boldsymbol{Z}} = \sum_{j=1,j\neq i}^{N}\left(\left(\frac{\partial\boldsymbol{\alpha}_{u_j}^{o}}{\partial\boldsymbol{\beta}^{o}}\right)^{\mathrm{T}}\boldsymbol{Q}_{\alpha,u_j}^{-1}\left(\frac{\partial\boldsymbol{\alpha}_{u_j}^{o}}{\partial\boldsymbol{\beta}^{o}}\right)-\boldsymbol{Y}_{u_j}^{\mathrm{T}}\boldsymbol{X}_{u_j}^{-1}\boldsymbol{Y}_{u_j}\right)$$

将上述定义代入式(7.199)并运用式(7.200),可得

$$\mathrm{CRLB}(\boldsymbol{\theta}_i^{o})_{\mathrm{I}}-\mathrm{CRLB}(\boldsymbol{\theta}_i^{o})_{\mathrm{M}} = \boldsymbol{X}_{u_i}^{-1}\boldsymbol{Y}_{u_i}(\boldsymbol{Z}_{\mathrm{s}}^{-1}-(\boldsymbol{Z}_{\mathrm{s}}+\hat{\boldsymbol{Z}})^{-1})\boldsymbol{Y}_{u_i}^{\mathrm{T}}\boldsymbol{X}_{u_i}^{-1} \tag{7.201}$$

对式(7.201)中的 $\boldsymbol{Z}_{\mathrm{s}}^{-1}-(\boldsymbol{Z}_{\mathrm{s}}+\hat{\boldsymbol{Z}})^{-1}$ 项运用矩阵求逆,可得

$$\boldsymbol{Z}_{\mathrm{s}}^{-1}-(\boldsymbol{Z}_{\mathrm{s}}+\hat{\boldsymbol{Z}})^{-1} = \boldsymbol{Z}_{\mathrm{s}}^{-1}\hat{\boldsymbol{Z}}(\boldsymbol{I}+\boldsymbol{Z}_{\mathrm{s}}^{-1}\hat{\boldsymbol{Z}})^{-1}\boldsymbol{Z}_{\mathrm{s}}^{-1}$$

因此,式(7.77)可以表示为

$$\mathrm{CRLB}(\boldsymbol{\theta}_i)_{\mathrm{I}}-\mathrm{CRLB}(\boldsymbol{\theta}_i)_{\mathrm{M}} = \boldsymbol{X}_{u_i}^{-1}\boldsymbol{Y}_{u_i}\boldsymbol{Z}_{\mathrm{s}}^{-1}\hat{\boldsymbol{Z}}(\boldsymbol{I}+\boldsymbol{Z}_{\mathrm{s}}^{-1}\hat{\boldsymbol{Z}})^{-1}\boldsymbol{Z}_{\mathrm{s}}^{-1}\boldsymbol{Y}_{u_i}^{\mathrm{T}}\boldsymbol{X}_{u_i}^{-1} \tag{7.202}$$

式(7.202)等号的右边项为半正定矩阵,这说明多辐射源同时定位性能不会比单个辐射源逐个定位性能差。一般情况下,比单个辐射源逐个定位性能优越。

从式(7.202)可以看出,当观测站位置和速度不存在误差时,$\boldsymbol{Q}_\beta$将会是零矩阵,因而$\boldsymbol{Z}_{u_i}$将变得无穷大,使得式(7.202)中的$\boldsymbol{Z}_s^{-1}$变为零矩阵,从而使得是式(7.202)等号的右边项为零,此时$\text{CRLB}(\boldsymbol{\theta}_i)_\text{I}=\text{CRLB}(\boldsymbol{\theta}_i)_\text{M}$。这说明当观测站位置和速度精确已知时,多辐射源同时定位的性能和单个辐射源逐个定位性能相同。在其余情况下,多辐射源同时定位比单个辐射源逐个定位性能更加精确。这是因为当观测站存在位置误差时,该位置误差同时影响各个辐射源的定位精度,这时候各个辐射源的状态变量之间存在相关性。因此,这种情况下运用多个辐射源同时定位精度比单个辐射源逐个定位精度高。反之,当观测站位置和速度精确已知时,各个辐射源的状态变量之间独立不相关,因而多个辐射源同时定位和单个辐射源逐个定位精度相同。

7.5.2.3 CRLB 仿真分析

为了更好地验证和对比不同定位场景下的CRLB,这里采用与文献相同的定位场景。观测站的真实位置和速度如表7.2所列。4个辐射源的真实位置和速度如表7.3所示。假设辐射源1和辐射源2不存在先验信息,即状态信息完全未知。辐射源3和辐射源4存在先验信息,其先验信息协方差矩阵为$\boldsymbol{Q}_{\theta_3}=\boldsymbol{Q}_{\theta_4}=\sigma_\theta^2\text{diag}\{\boldsymbol{I}_3,0.5\times\boldsymbol{I}_3\}$,$\boldsymbol{I}_3$为$3\times3$单位矩阵,$\sigma_\theta$的单位是m。定义矩阵$\boldsymbol{Q}=(\boldsymbol{I}_{M-1}+\boldsymbol{1}\boldsymbol{1}^\text{T})$,其中$\boldsymbol{I}_{M-1}$为$(M-1)\times(M-1)$单位矩阵,$\boldsymbol{1}$为$(M-1)\times1$的全1列矢量。定义来自辐射源$i$的TDOA和FDOA观测量组成的矢量$\boldsymbol{\alpha}_{u_i}$,其协方差矩阵为$\boldsymbol{Q}_{\alpha,u_i}=\sigma_\alpha^2\text{diag}\{\boldsymbol{Q},\boldsymbol{Q}\times10^{-2}\}$ $(i=1,2,3,4)$在后续仿真中假设$\sigma_\alpha^2=10^{-4}$,σ_α的单位是m。观测站状态矢量$\boldsymbol{\beta}$的协方差矩阵为$\boldsymbol{Q}_\beta=\text{diag}\{\boldsymbol{Q}_s,\dot{\boldsymbol{Q}}_s\}$,其中$\boldsymbol{Q}_s=\sigma_s^2\text{diag}\{10,10,10,2,2,2,10,10,10,40,40,40,20,20,20,3,3,3\}$,$\dot{\boldsymbol{Q}}_s=0.5\boldsymbol{Q}_s$,$\sigma_s^2$表示噪声的功率。$\boldsymbol{Q}_s$和$\dot{\boldsymbol{Q}}_s$分别是观测站位置误差矢量和速度误差矢量的协方差矩阵。

表7.3 辐射源的真实位置和速度

辐射源编号	x_i/m	y_i/m	z_i/m	$\dot{x}_i$/(m/s)	$\dot{y}_i$/(m/s)	$\dot{z}_i$/(m/s)
1	600	650	550	−20	15	40
2	2000	2500	3000	40	−20	15
3	1600	2100	3400	50	−25	10
4	2400	2200	2600	30	−10	25

在后面的仿真图中,分别用CRLB1、CRLB2、CRLB3和CRLB4表示多辐射源同时定位方法下各种不同仿真场景的CRLB。其中CRLB1表示观测站位置不存在误差情况下的CRLB,即式(7.182)中的$\boldsymbol{X}_2^{-1}$。CRLB2表示观测站存在位置误差,但是不使用标校站情况下定位的CRLB,也就是不采用辐射源3和辐射源4情况

下，辐射源 1 和辐射源 2 同时定位的 CRLB，见式(7.182)。CRLB3 表示观测站存在位置误差，采用标校站而且标校站的位置精确已知情况下($\breve{\boldsymbol{Q}}_\theta=\boldsymbol{O}$)，多辐射源同时定位的 CRLB，见式(7.199)。CRLB4 和 CRLB3 的场景类似，不同之处在于此时观测站也存在位置误差，即 $\breve{\boldsymbol{Q}}_\theta=\boldsymbol{O}$。当采用单个辐射源逐个定位方法时，以上各种仿真场景下的 CRLB 分别用 CRLB1-ISL、CRLB2-ISL、CRLB3-ISL 和 CRLB4-ISL 表示。

图 7.21(a)和图 7.21(b)分别给出了辐射源 1 和辐射源 2 在各种定位场景下 CRLB 随观测站位置误差 σ_s^2 的变化。在仿真产生 CRLB4 时，假设辐射源 3 和 4 的先验信息 $\sigma_\theta^2=10$。从图中可以看出辐射源 1 和 2 的理论估计精度会随着观测站位置误差的增大而变差，但是辐射源 3 和辐射源 4 的标校作用会较好地减小观测站位置误差的影响。同时可以看出，在辐射源 3 和辐射源 4 的标校作用下，辐射源 2 定位精度提高比辐射源 1 要大很多，这是由于辐射源 2 和两个标校站的距离较近，标校效果明显。而辐射源 1 和标校站距离较远，标校效果较小。例如，在观测站状态误差 $\sigma_s^2=10^{-2}$ 时，对于辐射源 1 的位置估计而言，CRLB4 比 CRLB2 改进 7.5dB，而辐射源 2 的位置估计中，CRLB4 比 CRLB2 改进 17.4dB。对于速度估计，辐射源 2 的提高程度同样高于辐射源 1。

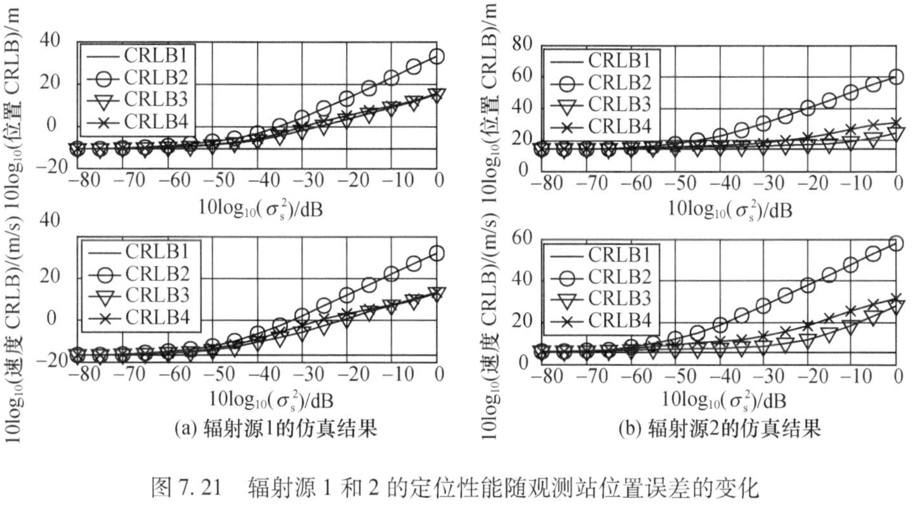

图 7.21　辐射源 1 和 2 的定位性能随观测站位置误差的变化

图 7.22(a)和图 7.22(b)分别给出了辐射源 1 和辐射源 2 随标校站(辐射源 3 和辐射源 4)先验信息 σ_θ^2 大小变化图。仿真中观测站位置误差固定为 $\sigma_s^2=10^{-4}$，从图中可以看出辐射源 1 和辐射源 2 的估计精度受辐射源 3 和辐射源 4 的先验信息误差影响较小，这与文献[5]中的结论相似。例如，当先验信息误差为$\sigma_\theta^2=10^{-1}$

时,和没有先验信息误差的 CRLB3 对比,有先验信息误差的 CRLB4 受影响的幅度非常小。即使先验信息误差 σ_θ^2 很大时,这时候辐射源 3 和辐射源 4 的位置信息基本不知道,这时候来自辐射源 3 和辐射源 4 的 TDOA 和 FDOA 观测量仍能够提高辐射源 1 和辐射源 2 的估计精度。这是因为来自辐射源 3 和辐射源 4 的观测量仍能够改进观测站位置和速度,从而提高辐射源 1 和辐射源 2 的定位精度。

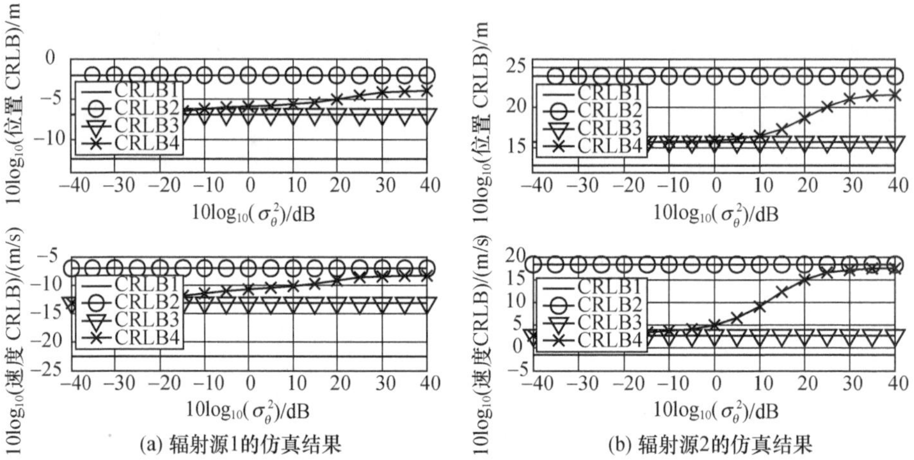

图 7.22 辐射源 1 和 2 定位性能随标校站先验信息的变化

在图 7.23(a)的仿真中,假设不使用标校站,即辐射源 3 和辐射源 4 不存在情况下。图中分别给出了观测站存在位置误差和观测站不存在位置误差情况下的定位性能。CRLB1 表示观测站不存在位置误差情况下,辐射源 1 和辐射源 2 同时定位时,辐射源 1 的定位性能。CRLB1-ISL 表示观测站不存在位置误差情况下,辐射源 1 单独定位时的定位性能。CRLB2 表示观测站存在位置误差,辐射源 1 和辐射源 2 同时定位时,辐射源 1 的定位性能。CRLB2-ISL 表示观测站存在位置误差情况下,辐射源 1 单独定位时的定位性能。从图 7.23(a)可以看出,CRLB1 和 CRLB1-ISL 完全一致,这说明当观测站位置精确已知情况下,多辐射源联合定位方法和单个辐射源逐个定位的性能相同,这和 7.5.2.2 节的分析一致。此外,从图 7.23(a)可以看出,当观测站存在位置误差时,采用多辐射源同时估计方法时辐射源 1 的估计性能比采用单个辐射源逐个估计算法时辐射源 1 的估计性能精确很多。例如,当观测站的位置误差为 $\sigma_s^2=10^{-2}$,采用多辐射源同时估计算法下,辐射源 1 的位置估计精度和速度估计精度比单个辐射源逐个估计算法下精度提高约 12dB。

图 7.23(b)给出了存在标校站情况下,即用辐射源 3 和辐射源 4 作为标校站,分别采用多辐射源同时定位和单个辐射源逐个定位方法下辐射源 1 的定位性能。

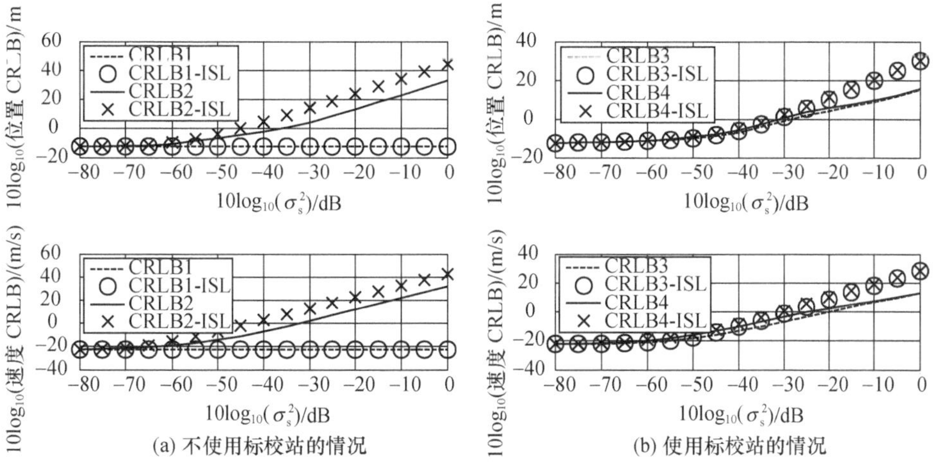

图 7.23　分别采用 MSL 和 ISL 方法时，辐射源 1 的理论定位性能

图中，CRLB3 表示辐射源 3 和辐射源 4 位置精确已知情况下，采用多辐射源同时定位方法，辐射源 1 的定位精度。CRLB3-ISL 表示辐射源 3 和辐射源 4 位置精确已知情况下，采用单个辐射源逐个定位方法，辐射源 1 的定位精度。CRLB4 表示辐射源 3 和辐射源 4 的位置信息误差为 $\sigma_\theta^2=10$，采用多辐射源同时定位方法时，辐射源 1 的定位精度。而 CRLB4-ISL 表示相应情况下采用单辐射源逐个定位算法时，辐射源 1 的定位精度。由于观测站存在位置误差，图 7.23(b) 中多辐射源同时定位方法的定位精度明显优于单辐射源逐个定位方法。例如，当观测站位置误差为 $\sigma_s^2=10^{-2}$时，辐射源 3 和辐射源 4 的位置精确已知，这时多辐射源同时定位方法的位置估计性能比单个辐射源逐个定位方法优越 5.9dB，速度估计性能提高 8.22dB。对于辐射源 3 和辐射源 4 位置信息存在误差情况下，仍然能够得到类似结论。

图 7.24 给出了辐射源 3 估计性能 CRLB 随观测站位置误差 σ_s^2 的变化曲线。图中给出了两种 CRLB，分别是辐射源 3 状态完全未知和辐射源 3 存在先验位置信息情况下的 CRLB。从图中可以看出当观测站位置误差较小时，两种情况的 CRLB 差别不明显。当观测站位置误差逐渐变大时，先验信息能够明显影响定位性能的 CRLB。这说明观测站位置误差较大情况下，先验信息能够明显改善辐射源的定位精度。

7.5.3　定位方法

正如 7.5.2.1 节所分析的，根据辐射源先验信息的有无，定位场景可以分为 3 种情况：第一种情况是所有的辐射源都没有先验位置信息；第二种情况是有一部分

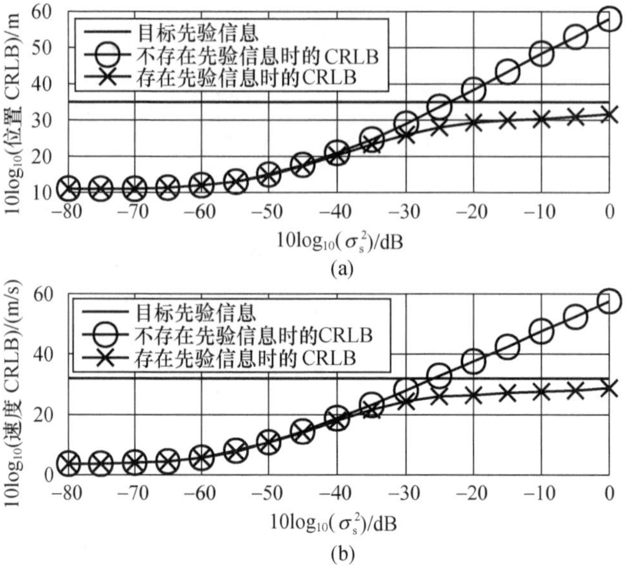

图 7.24　辐射源 3 的估计精度随观测站位置误差变化曲线

辐射源存在先验的位置信息；第三种情况是所有辐射源都存在先验位置信息。对于第一种定位场景，文献[25]已经详细研究了基于 TDOA/FDOA 的多辐射源同时定位方法。本小节将研究其余两种场景下的定位问题。

7.5.3.1　部分辐射源具有先验的位置信息

与 7.5.2.1 小节相同，这里假设前 K 个辐射源的状态 $\boldsymbol{\theta}_k^o$ 完全未知，其中 $k=1,2,\cdots,K$。剩下的 $N-K$ 个辐射源状态 $\boldsymbol{\theta}_i^o$ 具有先验信息，即知道含有误差的状态 $\boldsymbol{\theta}_i$，其中 $i=K+1,K+2,\cdots,N$。这些具有先验信息的 $N-K$ 个辐射源将被当作标校站。本小节提出的两步解析方法对于前 K 个辐射源的估计性能达到 CRLB。该方法的第一步利用来自后面 $N-K$ 个辐射源的 TDOA/FDOA 观测量来标校观测站的状态 $\boldsymbol{\beta}$，从而获得更精确的观测站位置和速度。该方法的第二步利用来自前 K 个辐射源的 TDOA/FDOA 观测量和修正后的观测站状态来估计 K 个辐射源的位置和速度信息 $\boldsymbol{\theta}_k^o$。第二步方法与文献[25]一样，因此这里不再详细介绍。为了便于理论分析整个定位算法总体的定位性能，这里讲简要地总结第二步方法。

1）标校方法

根据标校站已知的状态变量 $\boldsymbol{\theta}_i=[\boldsymbol{u}_i^{\mathrm{T}}\quad \dot{\boldsymbol{u}}_i^{\mathrm{T}}]^{\mathrm{T}}$，定义以下变量：

$$g_{j1,u_i}=\|\boldsymbol{u}_i-\boldsymbol{s}_j\|-\|\boldsymbol{u}_i-\boldsymbol{s}_1\| \tag{7.203}$$

$$\dot{g}_{j1,u_i}=\frac{(\dot{\boldsymbol{u}}_i-\dot{\boldsymbol{s}}_j)^{\mathrm{T}}(\boldsymbol{u}_i-\boldsymbol{s}_j)}{\|\boldsymbol{u}_i-\boldsymbol{s}_j\|}-\frac{(\dot{\boldsymbol{u}}_i-\dot{\boldsymbol{s}}_1)^{\mathrm{T}}(\boldsymbol{u}_i-\boldsymbol{s}_1)}{\|\boldsymbol{u}_i-\boldsymbol{s}_1\|} \tag{7.204}$$

式中：$j=2,3,\cdots,M$；$i=K+1,K+2,\cdots,N$；$\boldsymbol{u}_i$ 和 $\dot{\boldsymbol{u}}_i$ 是具有先验信息的辐射源 i（也称为标校站）的已知位置和已知速度。

式（7.203）和式（7.204）表示根据已知的标校站状态和观测站状态所预测到的 TDOA/FDOA。将式（7.203）和式（7.204）中的已知位置、已知速度表示为真实位置、真实速度和位置误差、速度误差之和，即 $\boldsymbol{u}_i=\boldsymbol{u}_i^o+\Delta\boldsymbol{u}_i$，$\dot{\boldsymbol{u}}_i=\dot{\boldsymbol{u}}_i^o+\Delta\dot{\boldsymbol{u}}_i$，$\boldsymbol{s}_j=\boldsymbol{s}_j^o+\Delta\boldsymbol{s}_j$ 和 $\dot{\boldsymbol{s}}_j=\dot{\boldsymbol{s}}_j^o+\Delta\dot{\boldsymbol{s}}_j$。将这里的表达式代入式（7.203）和式（7.204）中，利用泰勒级数展开并保留一阶项，可得

$$r_{j1,u_i}-g_{j1,u_i}=\Delta r_{j1,u_i}+\boldsymbol{a}_{j,u_i^o}^{\mathrm{T}}\Delta\boldsymbol{s}_j-\boldsymbol{a}_{1,u_i^o}^{\mathrm{T}}\Delta\boldsymbol{s}_1-(\boldsymbol{a}_{j,u_i^o}^{\mathrm{T}}-\boldsymbol{a}_{1,u_i^o}^{\mathrm{T}})\Delta\boldsymbol{u}_i \tag{7.205}$$

$$\begin{aligned}\dot{r}_{j1,u_i}-\dot{g}_{j1,u_i}=&\Delta\dot{r}_{j1,u_i}+\boldsymbol{a}_{j,u_i^o}^{\mathrm{T}}\Delta\dot{\boldsymbol{s}}_j+\boldsymbol{b}_{j,u_i^o}^{\mathrm{T}}\Delta\boldsymbol{s}_j-\boldsymbol{a}_{1,u_i^o}^{\mathrm{T}}\Delta\dot{\boldsymbol{s}}_1-\boldsymbol{b}_{1,u_i^o}^{\mathrm{T}}\Delta\boldsymbol{s}_1-\\&(\boldsymbol{a}_{j,u_i^o}^{\mathrm{T}}-\boldsymbol{a}_{1,u_i^o}^{\mathrm{T}})\Delta\dot{\boldsymbol{u}}_i-(\boldsymbol{b}_{j,u_i^o}^{\mathrm{T}}-\boldsymbol{b}_{1,u_i^o}^{\mathrm{T}})\Delta\boldsymbol{u}_i\end{aligned} \tag{7.206}$$

式中：$\boldsymbol{a}_{j,u_i^o}$ 和 $\boldsymbol{b}_{j,u_i^o}$ 的定义见附录 I；$\Delta r_{j1,u_i}$ 和 $\Delta\dot{r}_{j1,u_i}$ 分别为 TDOA 和 FDOA 测量噪声。

定义 $2(M-1)\times1$ 矢量 $\boldsymbol{h}_{u_i}$，其前 $M-1$ 行为 $r_{j1,u_i}-g_{j1,u_i}$，$j=2,3,\cdots,M$，后 $M-1$ 行为 $\dot{r}_{j1,u_i}-\dot{g}_{j1,u_i}$，$j=2,3,\cdots,M$。将式（7.205）和式（7.206）表示为矩阵形式，可得

$$\boldsymbol{h}_{u_i}=\boldsymbol{G}_{u_i}\Delta\boldsymbol{\beta}+\boldsymbol{V}_{u_i}\Delta\boldsymbol{\theta}_i+\Delta\boldsymbol{\alpha}_{u_i}\ (i=K+1,K+2,\cdots,N) \tag{7.207}$$

其中，

$$\boldsymbol{G}_{u_i}=\begin{bmatrix}\boldsymbol{D}_{1,u_i^o} & \boldsymbol{0}_{(M-1)\times3M}\\ \boldsymbol{D}_{2,u_i^o} & \boldsymbol{D}_{1,u_i^o}\end{bmatrix}_{2(M-1)\times6M} \tag{7.208}$$

$$\boldsymbol{V}_{u_i}=\begin{bmatrix}-\boldsymbol{D}_{1,u_i^o}\boldsymbol{E} & \boldsymbol{0}_{(M-1)\times3}\\ -\boldsymbol{D}_{2,u_i^o}\boldsymbol{E} & -\boldsymbol{D}_{1,u_i^o}\boldsymbol{E}\end{bmatrix}_{2(M-1)\times6} \tag{7.209}$$

矩阵 $\boldsymbol{E}$、$\boldsymbol{D}_{1,u_i^o}$ 和 $\boldsymbol{D}_{2,u_i^o}$ 的定义见附录 I。$\Delta\boldsymbol{\beta}$ 是观测站位置误差矢量，$\Delta\boldsymbol{\theta}_i$ 是辐射源 i 先验状态信息中所包含的误差项，$\Delta\boldsymbol{\alpha}_{u_i}$ 来自辐射源 i 的 TDOA/FDOA 观测量误差。

将式（7.207）从 $i=K+1,K+2,\cdots,N$ 累计，可得

$$\boldsymbol{h}_u=\boldsymbol{G}_u\Delta\boldsymbol{\beta}+\boldsymbol{V}_u\Delta\breve{\boldsymbol{\theta}}+\Delta\breve{\boldsymbol{\alpha}} \tag{7.210}$$

其中，

$$\boldsymbol{h}_u=[\boldsymbol{h}_{u_{K+1}}^{\mathrm{T}}\quad \boldsymbol{h}_{u_{K+2}}^{\mathrm{T}}\quad\cdots\quad \boldsymbol{h}_{u_N}^{\mathrm{T}}]^{\mathrm{T}}$$

$$\boldsymbol{G}_u=[\boldsymbol{G}_{u_{K+1}}^{\mathrm{T}}\quad \boldsymbol{G}_{u_{K+2}}^{\mathrm{T}}\quad\cdots\quad \boldsymbol{G}_{u_N}^{\mathrm{T}}]^{\mathrm{T}}$$

$$\boldsymbol{V}_u=\mathrm{diag}\{\boldsymbol{V}_{u_{K+1}},\quad \boldsymbol{V}_{u_{K+2}},\quad\cdots,\quad \boldsymbol{V}_{u_N}\}$$

$$\Delta\breve{\boldsymbol{\theta}}=[\Delta\breve{\boldsymbol{\theta}}_{K+1}^{\mathrm{T}}\quad \Delta\breve{\boldsymbol{\theta}}_{K+2}^{\mathrm{T}}\quad\cdots\quad \Delta\breve{\boldsymbol{\theta}}_N^{\mathrm{T}}]^{\mathrm{T}}$$

$$\Delta\breve{\boldsymbol{\alpha}}=\begin{bmatrix}\Delta\breve{\boldsymbol{\alpha}}_{u_{K+1}}^{\mathrm{T}} & \Delta\breve{\boldsymbol{\alpha}}_{u_{K+2}}^{\mathrm{T}} & \cdots & \Delta\breve{\boldsymbol{\alpha}}_{u_N}^{\mathrm{T}}\end{bmatrix}^{\mathrm{T}}$$

在7.5.1节中已经假设 $\Delta\boldsymbol{\beta}$ 是零均值高斯随机分布矢量，其协方差矩阵为 $\boldsymbol{Q}_{\beta}$。对式(7.210)应用贝叶斯－高斯－马尔可夫定理，可得 $\Delta\boldsymbol{\beta}$ 的线性最小均方误差估计(LMMSE)为

$$\Delta\hat{\boldsymbol{\beta}}=[\boldsymbol{Q}_{\beta}^{-1}+\boldsymbol{G}_u^{\mathrm{T}}(\boldsymbol{V}_u\breve{\boldsymbol{Q}}_{\theta}\boldsymbol{V}_u^{\mathrm{T}}+\breve{\boldsymbol{Q}}_{\alpha})^{-1}\boldsymbol{G}_u]^{-1}\boldsymbol{G}_u^{\mathrm{T}}(\boldsymbol{V}_u\breve{\boldsymbol{Q}}_{\theta}\boldsymbol{V}_u^{\mathrm{T}}+\breve{\boldsymbol{Q}}_{\alpha})^{-1}\boldsymbol{h}_u \tag{7.211}$$

式中：$\breve{\boldsymbol{Q}}_{\theta}$ 和 $\breve{\boldsymbol{Q}}_{\alpha}$ 分别为矢量 $\Delta\breve{\boldsymbol{\theta}}$ 和 $\Delta\breve{\boldsymbol{\alpha}}$(定义见附录J)的协方差矩阵。

估计量 $\Delta\hat{\boldsymbol{\beta}}$ 的协方差矩阵为

$$\mathrm{cov}(\Delta\boldsymbol{\beta}-\Delta\hat{\boldsymbol{\beta}})=[\boldsymbol{Q}_{\beta}^{-1}+\boldsymbol{G}_u^{\mathrm{T}}(\boldsymbol{V}_u\breve{\boldsymbol{Q}}_{\theta}\boldsymbol{V}_u^{\mathrm{T}}+\breve{\boldsymbol{Q}}_{\alpha})^{-1}\boldsymbol{G}_u]^{-1} \tag{7.212}$$

利用式(7.211)中对观测站状态误差变量的估计，可以修正观测站的状态变量 $\boldsymbol{\beta}$ 为

$$\hat{\boldsymbol{\beta}}=\boldsymbol{\beta}-\Delta\hat{\boldsymbol{\beta}}=\boldsymbol{\beta}^{o}+\Delta\boldsymbol{\beta}-\Delta\hat{\boldsymbol{\beta}} \tag{7.213}$$

修正后的观测站状态 $\hat{\boldsymbol{\beta}}$ 的协方差矩阵为式(7.212)。对比修正后的观测站状态协方差矩阵和未修正时的观测站状态协方差矩阵，可得

$$\mathrm{cov}(\boldsymbol{\beta})-\mathrm{cov}(\hat{\boldsymbol{\beta}})=\boldsymbol{Q}_{\beta}-[\boldsymbol{Q}_{\beta}^{-1}+\boldsymbol{G}_u^{\mathrm{T}}(\boldsymbol{V}_u\breve{\boldsymbol{Q}}_{\theta}\boldsymbol{V}_u^{\mathrm{T}}+\breve{\boldsymbol{Q}}_{\alpha})^{-1}\boldsymbol{G}_u]^{-1} \tag{7.214}$$

对式(7.214)应用矩阵求逆引理可知式(7.214)的右边项是正半定矩阵。这说明利用标校站的TDOA/FDOA观测量修正观测站的位置误差，只会减小观测站的误差，即使这时候标校站的位置信息并不精确。

在标校算法是实现过程中，由于 $\boldsymbol{u}_i^o$ 和 $\dot{\boldsymbol{u}}_i^o$ 是未知变量，在矩阵 $\boldsymbol{G}_u$ 和 $\boldsymbol{V}_u$ 中用 $\boldsymbol{u}_i$ 和 $\dot{\boldsymbol{u}}_i$ 代替真实值。

2）定位方法

本节将利用修正后的观测站状态变量 $\hat{\boldsymbol{\beta}}$ 以及来自前 K 个辐射源 $\boldsymbol{\theta}_i^o$ 的TDOA/FDOA观测量来估计这些辐射源的位置和速度，其中 $i=1,2,\cdots,K$。文献[25]给出了该场景下的定位方法，这里简单总结如下。

定义辐射源 i 的未知变量为 $\boldsymbol{\psi}_{1,i}^o=[\boldsymbol{u}_i^{o\mathrm{T}}\quad \hat{r}_{1,u_i}^o\quad \dot{\boldsymbol{u}}_i^{o\mathrm{T}}\quad \hat{\dot{r}}_{1,u_i}^o]^{\mathrm{T}}$，将第 $i=1,2,\cdots,K$ 个辐射源的未知变量表示为矢量形式 $\boldsymbol{\psi}_1^o=[\boldsymbol{\psi}_{1,1}^{o\mathrm{T}}\quad \boldsymbol{\psi}_{1,2}^{o\mathrm{T}}\quad\cdots\quad \boldsymbol{\psi}_{1,K}^{o\mathrm{T}}]^{\mathrm{T}}$。这样，关于 $\boldsymbol{\psi}_1^o$ 的伪线性方程为

$$\boldsymbol{\varepsilon}_1=\boldsymbol{h}_1-\boldsymbol{G}_1\boldsymbol{\psi}_1^o \tag{7.215}$$

式中：$\boldsymbol{h}_1$ 和 $\boldsymbol{G}_1$ 定义于文献[25]中的式(15)。

式(7.215)的加权最小二乘估计为

$$\boldsymbol{\psi}_1=(\boldsymbol{G}_1^{\mathrm{T}}\boldsymbol{W}_1\boldsymbol{G}_1)^{-1}\boldsymbol{G}_1^{\mathrm{T}}\boldsymbol{W}_1\boldsymbol{h}_2 \tag{7.216}$$

式中：$\boldsymbol{W}_1$为加权矩阵，定义见文献[25]中的式(18)。

下面研究待估计矢量 $\boldsymbol{u}_i^o$、$\dot{\boldsymbol{u}}_i^o$ 和变量 $\hat{r}_{1,u_i}^o$、$\hat{\dot{r}}_{1,u_i}^o$之间的关系。定义矢量 $\boldsymbol{\psi}_2^o=[\boldsymbol{\psi}_{2,1}^{o\mathrm{T}}\quad \boldsymbol{\psi}_{2,2}^{o\mathrm{T}}\quad \cdots\quad \boldsymbol{\psi}_{1,K}^{o\mathrm{T}}]^{\mathrm{T}}$，其中

$$\boldsymbol{\psi}_{2,i}^o=\begin{bmatrix}(\boldsymbol{u}_i^o-\hat{\boldsymbol{s}}_1)\odot(\boldsymbol{u}_i^o-\hat{\boldsymbol{s}}_1)\\(\boldsymbol{u}_i^o-\hat{\boldsymbol{s}}_1)\odot(\dot{\boldsymbol{u}}_i^o-\hat{\dot{\boldsymbol{s}}}_1)\end{bmatrix}\tag{7.217}$$

式中：$\odot$为点乘运算；$\hat{\boldsymbol{s}}_1$和$\hat{\dot{\boldsymbol{s}}}_1$分别为更新后的观测站 1 的位置和速度。

未知变量 $\boldsymbol{\psi}_2^o$的伪线性方程为

$$\boldsymbol{\varepsilon}_2=\boldsymbol{h}_2-\boldsymbol{G}_2\boldsymbol{\psi}_2^o\tag{7.218}$$

式中：$\boldsymbol{h}_2$和 $\boldsymbol{G}_2$定义见文献[25]中的式(29)。

式(7.218)的加权最小二乘估计解为

$$\boldsymbol{\psi}_2=(\boldsymbol{G}_2^{\mathrm{T}}\boldsymbol{W}_2\boldsymbol{G}_2)^{-1}\boldsymbol{G}_2^{\mathrm{T}}\boldsymbol{W}_2\boldsymbol{h}_2\tag{7.219}$$

式中：$\boldsymbol{W}_2$为加权矩阵，定义见文献[25]中的式(30)。

辐射源 i 的位置和速度的最终估计值分别为

$$\begin{aligned}\boldsymbol{u}_i&=\prod_i\sqrt{\boldsymbol{\psi}_{2,i}(1:3)}+\hat{\boldsymbol{s}}_1\\\dot{\boldsymbol{u}}_i&=\boldsymbol{\psi}_{2,i}(4:6)./\boldsymbol{\psi}_{2,i}(1:3)+\hat{\dot{\boldsymbol{s}}}_1\end{aligned}\tag{7.220}$$

3）性能分析

本节将推导整体定位方法的协方差矩阵，并与式(7.191)的 CRLB 对比。文献[25]以及证明在满足某些条件情况下，该文献中提出的定位方法是渐进的无偏估计，其理论性能能够达到对应的 CRLB。即该定位方法的协方差矩阵最终满足：

$$\mathrm{cov}(\widehat{\boldsymbol{\theta}})=\widehat{\boldsymbol{X}}^{-1}+\widehat{\boldsymbol{X}}^{-1}\widehat{\boldsymbol{Y}}(\widehat{\boldsymbol{Z}}-\widehat{\boldsymbol{Y}}^{\mathrm{T}}\widehat{\boldsymbol{X}}^{-1}\widehat{\boldsymbol{Y}})^{-1}\widehat{\boldsymbol{Y}}^{\mathrm{T}}\widehat{\boldsymbol{X}}^{-1}\tag{7.221}$$

式中：$\widehat{\boldsymbol{X}}$ 和 $\widehat{\boldsymbol{Y}}$ 的定义见附录 J 中的式(J.4)和(J.6)；$\widehat{\boldsymbol{\theta}}=[\boldsymbol{\theta}_1^{\mathrm{T}}\quad \boldsymbol{\theta}_2^{\mathrm{T}}\quad \cdots\quad \boldsymbol{\theta}_K^{\mathrm{T}}]^{\mathrm{T}}$ 为所有辐射源状态 $\boldsymbol{\theta}_i^o$估计结果的矢量表示，其中 $i=1,2,\cdots,K,\boldsymbol{\theta}_i=[\boldsymbol{u}_i^{\mathrm{T}}\quad \dot{\boldsymbol{u}}_i^{\mathrm{T}}]^{\mathrm{T}}$。

式(7.221)中的 $\widehat{\boldsymbol{Z}}$ 表示如下：

$$\widehat{\boldsymbol{Z}}=\left(\frac{\partial\widehat{\boldsymbol{\alpha}}^o}{\partial\boldsymbol{\beta}^o}\right)^{\mathrm{T}}\widehat{\boldsymbol{Q}}_\alpha^{-1}\left(\frac{\partial\widehat{\boldsymbol{\alpha}}^o}{\partial\boldsymbol{\beta}^o}\right)+\mathrm{cov}(\Delta\boldsymbol{\beta}-\Delta\hat{\boldsymbol{\beta}})^{-1}\tag{7.222}$$

式(7.222)中引入了修正后的观测站状态 $\hat{\boldsymbol{\beta}}$ 的协方差矩阵，即式(7.212)。

对比式(7.222)和附录 J 可知，要想证明这两式近似等价，必须要证明 $\widehat{\boldsymbol{Z}}=\boldsymbol{Z}-\widehat{\boldsymbol{R}}^{\mathrm{T}}\widehat{\boldsymbol{P}}^{-1}\widehat{\boldsymbol{R}}$，其中 $\boldsymbol{Z}$、$\widehat{\boldsymbol{P}}$ 和 $\widehat{\boldsymbol{R}}$ 的定义见附录 J。将式(7.212)代入式(7.222)中，可得

$$\widehat{\boldsymbol{Z}}=\left(\frac{\partial\widehat{\boldsymbol{\alpha}}^o}{\partial\boldsymbol{\beta}^o}\right)^{\mathrm{T}}\widehat{\boldsymbol{Q}}_\alpha^{-1}\left(\frac{\partial\widehat{\boldsymbol{\alpha}}^o}{\partial\boldsymbol{\beta}^o}\right)+\boldsymbol{Q}_\beta^{-1}+\boldsymbol{G}_u^{\mathrm{T}}(\boldsymbol{V}_u\breve{\boldsymbol{Q}}_\theta\boldsymbol{V}_u^{\mathrm{T}}+\breve{\boldsymbol{Q}}_\alpha)^{-1}\boldsymbol{G}_u\tag{7.223}$$

对比式(7.208)中的 $\boldsymbol{G}_{u_i}$、式(7.209)中的 $\boldsymbol{V}_{u_i}$ 和附录 I 的 $\frac{\partial \boldsymbol{\alpha}_{u_i}^o}{\partial \boldsymbol{\beta}^o}$、$\frac{\partial \boldsymbol{\alpha}_{u_i}^o}{\partial \boldsymbol{\theta}_i^o}$，发现它们具有相同的形式。忽略噪声误差，可以做如下近似：

$$\boldsymbol{G}_u \approx -\frac{\partial \breve{\boldsymbol{\alpha}}^o}{\partial \boldsymbol{\beta}^o}, \boldsymbol{V}_u \approx -\frac{\partial \breve{\boldsymbol{\alpha}}^o}{\partial \breve{\boldsymbol{\theta}}^o} \tag{7.224}$$

式(7.224)仅当观测站和标校站的位置误差较小时成立。基于式(7.224)的结果，式(7.223)等号右边第三项的中间项可以表示为

$$\begin{aligned}(\boldsymbol{V}_u \breve{\boldsymbol{Q}}_\theta \boldsymbol{V}_u^{\mathrm{T}} + \breve{\boldsymbol{Q}}_\alpha)^{-1} &\approx \left[\left(\frac{\partial \breve{\boldsymbol{\alpha}}^o}{\partial \breve{\boldsymbol{\theta}}^o}\right)\breve{\boldsymbol{Q}}_\theta \left(\frac{\partial \breve{\boldsymbol{\alpha}}^o}{\partial \breve{\boldsymbol{\theta}}^o}\right)^{\mathrm{T}} + \breve{\boldsymbol{Q}}_\alpha\right]^{-1} \\ &= \breve{\boldsymbol{Q}}_\alpha^{-1} - \breve{\boldsymbol{Q}}_\alpha^{-1}\left(\frac{\partial \breve{\boldsymbol{\alpha}}^o}{\partial \breve{\boldsymbol{\theta}}^o}\right)\left[\left(\frac{\partial \breve{\boldsymbol{\alpha}}^o}{\partial \breve{\boldsymbol{\theta}}^o}\right)^{\mathrm{T}} \breve{\boldsymbol{Q}}_\alpha^{-1}\left(\frac{\partial \breve{\boldsymbol{\alpha}}^o}{\partial \breve{\boldsymbol{\theta}}^o}\right) + \breve{\boldsymbol{Q}}_\theta^{-1}\right]^{-1}\left(\frac{\partial \breve{\boldsymbol{\alpha}}^o}{\partial \breve{\boldsymbol{\theta}}^o}\right)^{\mathrm{T}} \breve{\boldsymbol{Q}}_\alpha^{-1}\end{aligned} \tag{7.225}$$

将式(7.225)代入式(7.223)并且和附录 J 中式(J.3)对比，可得

$$\widehat{\boldsymbol{Z}} \approx \boldsymbol{Z} - \widehat{\boldsymbol{R}}^{\mathrm{T}} \widehat{\boldsymbol{P}}^{-1} \widehat{\boldsymbol{R}} \tag{7.226}$$

这就证明本节基于多个标校站的多辐射源定位算法的定位性能能够渐进达到 CRLB。

7.5.3.2 所有辐射源都含有先验位置信息

下面考虑所有辐射源都有先验位置信息的定位场景。这时 7.5.3.1 节的定位方法也能运用到这种定位场景，但是由于该方法是假设部分辐射源没有先验位置信息，因此 7.5.3.1 的定位方法应用到本节的定位场景，定位性能将不能达到 CRLB。本节提出另一种定位方法，该方法首先利用所有观测站和辐射源的先验位置信息；然后利用最佳线性无偏估计器来获取更加精确的观测站和辐射源位置。该方法虽然是迭代方法，不是解析解，但是定位性能能够达到该定位场景下的 CRLB。

定义未知变量真实值为矢量 $\boldsymbol{\varphi} = [\boldsymbol{\theta}^{o\mathrm{T}} \quad \boldsymbol{\beta}^{o\mathrm{T}}]^{\mathrm{T}}$，而已知的观测矢量为 $\boldsymbol{v} = [\boldsymbol{\theta}^{\mathrm{T}} \quad \boldsymbol{\beta}^{\mathrm{T}} \quad \boldsymbol{\alpha}^{\mathrm{T}}]^{\mathrm{T}}$，其中 $\boldsymbol{\theta} = [\boldsymbol{\theta}_1^{\mathrm{T}} \quad \boldsymbol{\theta}_2^{\mathrm{T}} \quad \cdots \quad \boldsymbol{\theta}_N^{\mathrm{T}}]^{\mathrm{T}}$ 为所有辐射源的状态矢量，$\boldsymbol{\alpha}$ 为所有 TDOA/FDOA 观测量的矢量。通过对代价函数 $(\boldsymbol{v} - \boldsymbol{v}^o)^{\mathrm{T}} \boldsymbol{W}^{-1} (\boldsymbol{v} - \boldsymbol{v}^o)$ 的最大似然方法求解未知变量 $\boldsymbol{\varphi}$。

$\boldsymbol{W}$ 为观测矢量 $\boldsymbol{v}$ 的协方差矩阵，即

$$\boldsymbol{W} = \mathrm{diag}\{\boldsymbol{Q}_\theta, \boldsymbol{Q}_\beta, \boldsymbol{Q}_\alpha\} \tag{7.227}$$

$\boldsymbol{v}^o$ 为观测矢量 $\boldsymbol{v}$ 的真实值，由于 TDOA/FDOA 测量方程与辐射源的状态是非线性关系，$\boldsymbol{v}^o$ 和待估计变量 $\boldsymbol{\varphi}$ 也是非线性关系。为了解决这种非线性问题，假设待估计

变量有一个不准确的初始解 $\boldsymbol{\varphi}_o=[\boldsymbol{\theta}^{\mathrm{T}}\quad\boldsymbol{\beta}^{\mathrm{T}}]^{\mathrm{T}}$，将 $\boldsymbol{v}^o$ 在初始解 $\boldsymbol{\varphi}_o$ 周围做泰勒级数展开并保留一阶项，可得

$$\boldsymbol{v}^o\approx\boldsymbol{v}_o+\boldsymbol{H}_o(\boldsymbol{\varphi}-\boldsymbol{\varphi}_o) \tag{7.228}$$

式中：$\boldsymbol{v}_o$ 为 $\boldsymbol{v}^o$ 在 $\boldsymbol{\varphi}_o$ 处一阶展开值；$\boldsymbol{H}_o$ 为梯度矩阵，可定义为

$$\boldsymbol{H}_o=\begin{bmatrix}\boldsymbol{I}_{6N\times 6N} & \boldsymbol{O}\\ \boldsymbol{O} & \boldsymbol{I}_{6M\times 6M}\\ \dfrac{\partial\boldsymbol{\alpha}^o}{\partial\boldsymbol{\theta}^o} & \dfrac{\partial\boldsymbol{\alpha}^o}{\partial\boldsymbol{\beta}^o}\end{bmatrix}\Bigg|_{\boldsymbol{\varphi}=\boldsymbol{\varphi}_o} \tag{7.229}$$

式中的偏导数定义见附录I。

未知变量 $\boldsymbol{\varphi}$ 和初始值之间的差值 $\delta\boldsymbol{\varphi}=\boldsymbol{\varphi}-\boldsymbol{\varphi}_o$ 通过BLUE估计，可得

$$\delta\boldsymbol{\varphi}=(\boldsymbol{H}_o^{\mathrm{T}}\boldsymbol{W}^{-1}\boldsymbol{H}_o)^{-1}(\boldsymbol{H}_o^{\mathrm{T}}\boldsymbol{W}^{-1})(\boldsymbol{v}-\boldsymbol{v}_o) \tag{7.230}$$

这样，未知变量 $\boldsymbol{\varphi}$ 的估计值为

$$\hat{\boldsymbol{\varphi}}=\boldsymbol{\varphi}_o+\delta\boldsymbol{\varphi} \tag{7.231}$$

式(7.228)的一阶线性近似可以通过多次迭代，每次展开点为更新后的 $\hat{\boldsymbol{\varphi}}$。这样当初始值 $\boldsymbol{\varphi}_o$ 和真实值误差较小的情况下，迭代能够收敛到真实值附近。由于这种迭代方法是最大似然估计器，因此该方法是渐进无偏的，并且能够达到CRLB。下面简要证明这个结论。

式(7.230)中 $\delta\boldsymbol{\varphi}$ 的协方差矩阵为

$$\mathrm{cov}(\hat{\boldsymbol{\varphi}})=(\boldsymbol{H}_o^{\mathrm{T}}\boldsymbol{W}^{-1}\boldsymbol{H}_o)^{-1} \tag{7.232}$$

现在比较 $\mathrm{cov}(\hat{\boldsymbol{\varphi}})$ 和 $\boldsymbol{\varphi}$ 的CRLB，即式(7.176)中Fisher信息矩阵的逆。将式(7.227)和式(7.229)代入 $\boldsymbol{H}_o^{\mathrm{T}}\boldsymbol{W}^{-1}\boldsymbol{H}_o$ 中，可得

$$\boldsymbol{H}_o^{\mathrm{T}}\boldsymbol{W}^{-1}\boldsymbol{H}_o\approx\begin{bmatrix}\boldsymbol{Q}_\theta^{-1}+\left(\dfrac{\partial\boldsymbol{\alpha}^o}{\partial\boldsymbol{\theta}^o}\right)^{\mathrm{T}}\boldsymbol{Q}_\alpha^{-1}\left(\dfrac{\partial\boldsymbol{\alpha}^o}{\partial\boldsymbol{\theta}^o}\right) & \left(\dfrac{\partial\boldsymbol{\alpha}^o}{\partial\boldsymbol{\theta}^o}\right)^{\mathrm{T}}\boldsymbol{Q}_\alpha^{-1}\left(\dfrac{\partial\boldsymbol{\alpha}^o}{\partial\boldsymbol{\beta}^o}\right)\\ \left(\dfrac{\partial\boldsymbol{\alpha}^o}{\partial\boldsymbol{\beta}^o}\right)^{\mathrm{T}}\boldsymbol{Q}_\alpha^{-1}\left(\dfrac{\partial\boldsymbol{\alpha}^o}{\partial\boldsymbol{\theta}^o}\right) & \left(\dfrac{\partial\boldsymbol{\alpha}^o}{\partial\boldsymbol{\beta}^o}\right)^{\mathrm{T}}\boldsymbol{Q}_\alpha^{-1}\left(\dfrac{\partial\boldsymbol{\alpha}^o}{\partial\boldsymbol{\beta}^o}\right)+\boldsymbol{Q}_\beta^{-1}\end{bmatrix} \tag{7.233}$$

上述近似仅当 $\boldsymbol{\varphi}_o$ 非常接近真实值 $\boldsymbol{\varphi}$ 时成立。因此当算法收敛时，式(7.233)即为式(7.176)中的Fisher信息矩阵。这说明该估计方法的性能能够达到CRLB。

7.5.4 定位性能仿真分析

本节通过仿真验证前面提出的两种定位场景下的定位方法。仿真中将对比实际获得的MSE和对应的CRLB。每个MSE点的蒙特卡罗仿真次数为5000。仿真参数除了特别注明外，其余都与7.5.3节一致。

7.5.4.1 部分辐射源具有先验位置信息

仿真中假设辐射源 1 和辐射源 2 的位置和速度完全未知，而辐射源 3 和辐射源 4 的位置和速度具有先验信息，即已知的位置和速度含有误差，仿真中假设误差幅度 $\sigma_\theta^2=10$。因此，辐射源 3 和辐射源 4 可以当作标校站来修正观测站的位置和速度。图 7.25 中 MSE2 表示不采用标校站时（忽略辐射源 3 和辐射源 4），运用多辐射源联合定位方法时辐射源 1 或者辐射源 2 的定位性能。MSE4 表示采用标校站时（考虑来自辐射源 3 和辐射源 4 的 TDOA/FDOA 观测量），运用多辐射源联合定位方法时，辐射源 1 或者辐射源 2 的定位性能。CRLB2 和 CRLB4 分别表示对应情况下的 CRLB。

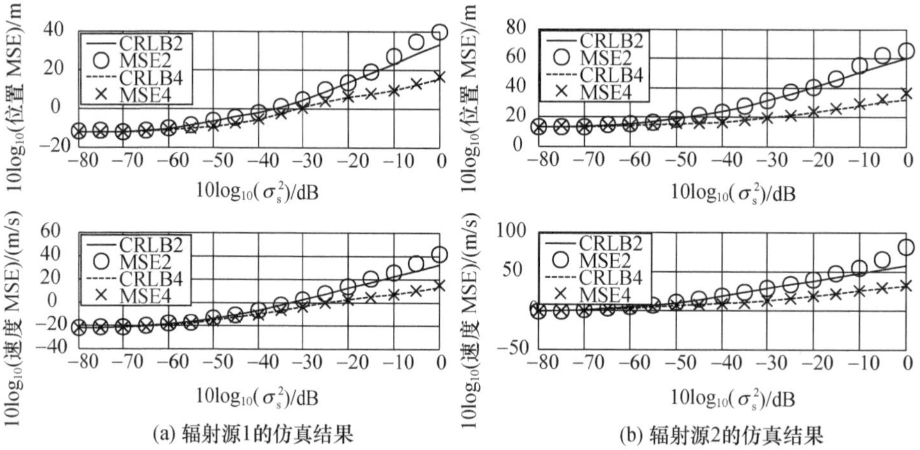

图 7.25 辐射源定位性能和 CRLB 随观测站位置误差的变化

从图 7.25 可以看出，不论是辐射源 1 还是辐射源 2，本节提出的定位算法都能够达到 CRLB。这和本节的理论分析是一致的，说明标校站所带来定位性能的提高是可以通过本节的定位算法来实现。例如，对于辐射源 1，当观测站位置误差幅度在 $\sigma_s^2=10^{-2}$ 时，采用辐射源 3 和辐射源 4 作为标校站后，位置估计性能能够提高 7.18dB，速度估计性能能够提高 11.18dB。

图 7.26 给出了多辐射源同时定位和单个辐射源逐个定位性能的对比分析。图中只给出了辐射源 1 在两种算法下的仿真性能以及 CRLB 随观测站位置误差 σ_s^2 的变化。图中用 MSE4 - ISL 表示采用单个辐射源逐个定位方法下的均方误差，CRLB4 - ISL 为对应的 CRLB。MSE4 和 CRLB4 则分别表示多辐射源同时定位方法下的均方误差和 CRLB。仿真中，辐射源 3 和辐射源 4 的先验信息误差固定为 $\sigma_\theta^2=10$。蒙特卡罗仿真再一次证明了多辐射源同时定位方法性能优于单个辐射源逐个定位方法。例如，当观测站位置误差幅度为 $\sigma_s^2=10^{-2}$ 时，相对于单辐射源

逐个定位方法，多辐射源同时定位方法位置估计精度要提高 5. 23dB，速度估计精度要提高 7. 55dB。

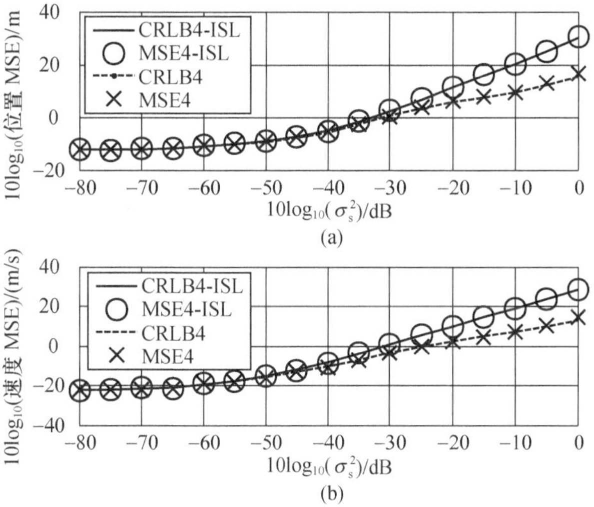

图 7. 26　分别采用 MSL 和 ISL 方法时，辐射源 1 的仿真定位性能

7. 5. 4. 2　所有辐射源都有先验位置信息

在仿真中假设仅有辐射源 3 和辐射源 4，采用多辐射源同时定位方法，先验信息误差假设为 $\sigma_\theta^2 = 10^3$。图 7. 27 给出了辐射源 3 分别采用先验信息和不采用先验

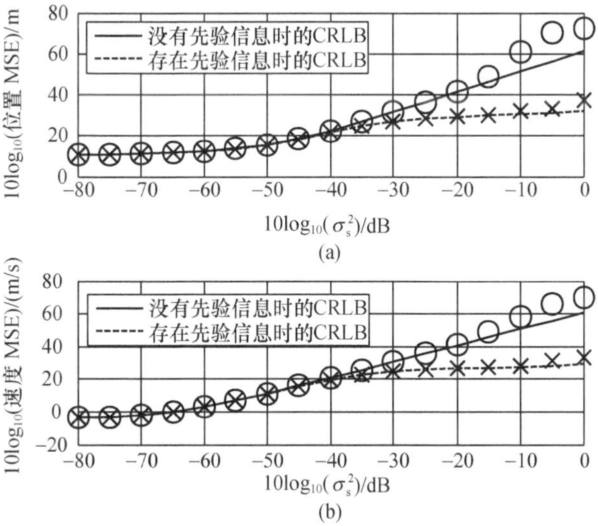

图 7. 27　辐射源 3 先验信息有无对定位精度的影响

信息情况下的仿真性能,并与对应条件下的 CRLB 对比。从图中可以看出,尽管先验信息存在误差,但是当观测站位置误差较大,定位性能较差的情况下,先验信息能够很好地约束定位精度在某个范围之内,从而比不采用先验信息时的定位精度高。而当观测站位置误差较小情况下,本身定位精度已经很好的情况下,先验信息对定位精度影响很小。

7.6 基于自标校方法的多站 TDOA/FDOA 定位方法

前面两节研究的标校方法都是通过测量来自额外标校站的 TDOA/FDOA 来修正观测站位置误差,从而提高定位精度。但是,这些额外标校站都是假设只能辐射标校信号,却不能接收来自辐射源的信息。在实际应用中,部分标校站也能接收来自辐射源的信号,如果考虑标校站接收到来自辐射源的信号,定位精度是否能进一步提高?这是本节将要探讨的问题。由于假设标校站也能接收来自辐射源的信号,为了便于描述,本节将标校站称为具有自标校功能的观测站。

7.6.1 定位场景

假设定位场景如图 7.28 所示,辐射源的真实位置和速度分别为 $\boldsymbol{u}^o=[x^o\quad y^o\quad z^o]^{\mathrm{T}}$,$\dot{\boldsymbol{u}}^o=[\dot{x}^o\quad \dot{y}^o\quad \dot{z}^o]^{\mathrm{T}}$。$M$ 个观测站的真实位置和速度分别为 $\boldsymbol{s}_i^o=[x_i^o\quad y_i^o\quad z_i^o]^{\mathrm{T}}$,$\dot{\boldsymbol{s}}_i^o=[\dot{x}_i^o\quad \dot{y}_i^o\quad \dot{z}_i^o]^{\mathrm{T}}(i=1,2,\cdots,M)$。为了表述简单,将所有观测站的真实位置和真实速度统一用矢量表示为 $\boldsymbol{s}^o=[\boldsymbol{s}_1^{o\mathrm{T}}\quad \boldsymbol{s}_2^{o\mathrm{T}}\quad \cdots\quad \boldsymbol{s}_M^{o\mathrm{T}}]^{\mathrm{T}}$ 和 $\dot{\boldsymbol{s}}^o=[\dot{\boldsymbol{s}}_1^{o\mathrm{T}}\quad \dot{\boldsymbol{s}}_2^{o\mathrm{T}}\quad \cdots\quad \dot{\boldsymbol{s}}_M^{o\mathrm{T}}]^{\mathrm{T}}$。观测站位置误差矢量和速度误差矢量分别为 $\Delta\boldsymbol{s}^o=[\Delta\boldsymbol{s}_1^{\mathrm{T}}\quad \Delta\boldsymbol{s}_2^{\mathrm{T}}\quad \cdots\quad \Delta\boldsymbol{s}_M^{\mathrm{T}}]^{\mathrm{T}}$ 和 $\Delta\dot{\boldsymbol{s}}^o=[\Delta\dot{\boldsymbol{s}}_1^{\mathrm{T}}\quad \Delta\dot{\boldsymbol{s}}_2^{\mathrm{T}}\quad \cdots\quad \Delta\dot{\boldsymbol{s}}_M^{\mathrm{T}}]^{\mathrm{T}}$。观测站状态矢量可以写为 $\boldsymbol{\beta}=[\boldsymbol{s}^{\mathrm{T}}\quad \dot{\boldsymbol{s}}^{\mathrm{T}}]^{\mathrm{T}}=\boldsymbol{\beta}^o+\Delta\boldsymbol{\beta}$,其中 $\Delta\boldsymbol{\beta}=[\Delta\boldsymbol{s}^{\mathrm{T}}\quad \Delta\dot{\boldsymbol{s}}^{\mathrm{T}}]^{\mathrm{T}}$。假设 $\Delta\boldsymbol{\beta}$ 是零均值高斯矢量,其协方差矩阵为 $\boldsymbol{Q}_\beta=\mathrm{diag}\{\boldsymbol{Q}_{s_1},\cdots,\boldsymbol{Q}_{s_M},\dot{\boldsymbol{Q}}_{s_1},\cdots,\dot{\boldsymbol{Q}}_{s_M}\}$,其中 $\boldsymbol{Q}_{s_i}$ 和 $\dot{\boldsymbol{Q}}_{s_i}$ 分别是矢量 $\Delta\boldsymbol{s}_i$ 和矢量 $\Delta\dot{\boldsymbol{s}}_i$ 的协方差矩阵,$i=1,2,\cdots,M$。

用 r_i^o 表示第 j 个观测站与辐射源之间的真实距离,即

$$r_i^o=\|\boldsymbol{u}^o-\boldsymbol{s}_i^o\| \tag{7.234}$$

式中:$\|*\|$ 为欧几里得范数。用 $\dot{r}_i^o$ 表示第 j 个观测站与辐射源之间的真实距离变化率,即

$$\dot{r}_i^o=\frac{(\boldsymbol{u}^o-\boldsymbol{s}_i^o)^{\mathrm{T}}(\dot{\boldsymbol{u}}^o-\dot{\boldsymbol{s}}_i^o)}{\|\boldsymbol{u}^o-\boldsymbol{s}_i^o\|} \tag{7.235}$$

辐射源到第 j 个观测站和第 1 个观测站之间的 TDOA 和 FDOA 分别为

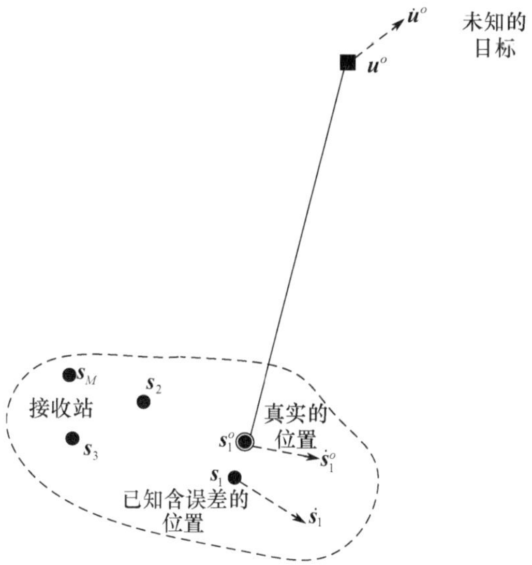

图 7.28　辐射源定位场景,圆形表示观测站,方形表示辐射源

$$d_{i1}=\frac{r_{i1}}{c}=\frac{1}{c}(r_{i1}^o+n_{i1})(i=2,3,\cdots,M) \tag{7.236}$$

$$f_{i1}=\frac{f_o}{c}\dot{r}_{i1}=\frac{f_o}{c}(\dot{r}_{i1}^o+\dot{n}_{i1})(i=2,3,\cdots,M) \tag{7.237}$$

式中:c 为光速;f_o 为信号载频;r_{i1}^o 和 $\dot{r}_{i1}^o$ 分别为真实距离差和距离差变化率,可表示为

$$r_{i1}^o=r_i^o-r_1^o$$
$$\dot{r}_{i1}^o=\dot{r}_i^o-\dot{r}_1^o$$

设 $\boldsymbol{r}=[r_{21}\quad r_{31}\quad\cdots\quad r_{M1}]^{\mathrm{T}}=\boldsymbol{r}^o+\boldsymbol{n}$,$\dot{\boldsymbol{r}}=[\dot{r}_{21}\quad \dot{r}_{31}\quad\cdots\quad \dot{r}_{M1}]^{\mathrm{T}}=\dot{\boldsymbol{r}}^o+\dot{\boldsymbol{n}}$,$\boldsymbol{n}$ 和 $\dot{\boldsymbol{n}}$ 是零均值高斯分布噪声,其协方差矩阵分别为 $\boldsymbol{Q}_u$ 和 $\dot{\boldsymbol{Q}}_u$,则令 $\boldsymbol{Q}_\alpha=\mathrm{diag}\{\boldsymbol{Q}_u,\dot{\boldsymbol{Q}}_u\}$。这里假设测量噪声 $\Delta\boldsymbol{\alpha}$ 和观测站位置误差 $\Delta\boldsymbol{\beta}$ 是独立不相关的。

7.6.2　CRLB 分析

本节将推导部分观测站具有自标校功能情况下,辐射源定位的 CRLB。本节将首先研究仅有一个自标校观测站情况下的 CRLB;然后将其推广到所有观测站具有自标校能力情况下的 CRLB;最后将通过数字仿真来验证本节的理论分析。

7.6.2.1　仅有一个自标校观测站时的 CRLB

在不失一般性的情况下,假设观测站 1 具有自标校功能。其辐射的信号能够

被其余 $M-1$ 个观测站接收($i=2,3,\cdots,M$),这样可以估计出来自自标校观测站信号的 TDOA/FDOA 观测量。令 r_{i,s_1}^o 是观测站 $\boldsymbol{s}_i^o$ 和观测站 $\boldsymbol{s}_1^o$ 之间的距离,$\dot{r}_{i,s_1}^o$ 为它们之间的距离变化率,即

$$r_{i,s_1}^o = \|\boldsymbol{s}_i^o - \boldsymbol{s}_1^o\| \ (i=2,3,\cdots,M) \tag{7.238}$$

$$\dot{r}_{i,s_1}^o = \frac{(\boldsymbol{s}_i^o - \boldsymbol{s}_1^o)^{\mathrm{T}}(\dot{\boldsymbol{s}}_i^o - \dot{\boldsymbol{s}}_1^o)}{\|\boldsymbol{s}_i^o - \boldsymbol{s}_1^o\|} (i=2,3,\cdots,M) \tag{7.239}$$

定义 d_{i2,s_1} 为自标校站信号到观测站 $\boldsymbol{s}_i^o$ 和观测站 $\boldsymbol{s}_2^o$ 之间的 TDOA 观测量,$\dot{d}_{i2,s_1}$ 为相应的 FDOA 观测量。来自自标校站信号的 TDOA/FDOA 观测量如下:

$$d_{i2,s_1} = \frac{r_{i2,s_1}}{c} = \frac{1}{c}(r_{i2,s_1}^o + n_{i2,s_1})(i=3,4,\cdots,M) \tag{7.240}$$

$$\dot{d}_{i2,s_1} = \frac{f_o}{c}\dot{r}_{i2,s_1} = \frac{f_o}{c}(\dot{r}_{i2,s_1}^o + \dot{n}_{i2,s_1})(i=3,4,\cdots,M) \tag{7.241}$$

式中:r_{i2,s_1}^o 和 $\dot{r}_{i2,s_1}^o$ 分别为真实距离差和真实的距离差变化率,即

$$r_{i2,s_1}^o = r_{i,s_1}^o - r_{2,s_1}^o$$
$$\dot{r}_{i2,s_1}^o = \dot{r}_{i,s_1}^o - \dot{r}_{2,s_1}^o$$

将所有的 r_{i2,s_1} 和 $\dot{r}_{i2,s_1}$ 用矢量分别表示为 $\boldsymbol{r}_{s_1} = [r_{32,s_1} \quad r_{42,s_1} \quad \cdots \quad r_{M2,s_1}]^{\mathrm{T}} = \boldsymbol{r}_{s_1}^o + \Delta\boldsymbol{r}_{s_1}$ 和 $\dot{\boldsymbol{r}}_{s_1} = [\dot{r}_{32,s_1} \quad \dot{r}_{42,s_1} \quad \cdots \quad \dot{r}_{M2,s_1}]^{\mathrm{T}} = \dot{\boldsymbol{r}}_{s_1}^o + \Delta\dot{\boldsymbol{r}}_{s_1}$。$\Delta\boldsymbol{r}_{s_1}$ 和 $\Delta\dot{\boldsymbol{r}}_{s_1}$ 是测量噪声,分别为 $\Delta\boldsymbol{r}_{s_1} = [n_{32,s_1} \quad n_{42,s_1} \quad \cdots \quad n_{M2,s_1}]^{\mathrm{T}}$ 和 $\Delta\dot{\boldsymbol{r}}_{s_1} = [\dot{n}_{32,s_1} \quad \dot{n}_{42,s_1} \quad \cdots \quad \dot{n}_{M2,s_1}]^{\mathrm{T}}$。$\boldsymbol{r}_{s_1}$ 和 $\dot{\boldsymbol{r}}_{s_1}$ 可以组合为来自自标校站的测量矢量 $\boldsymbol{\gamma}_1 = [\boldsymbol{r}_{s_1}^{\mathrm{T}} \quad \dot{\boldsymbol{r}}_{s_1}^{\mathrm{T}}]^{\mathrm{T}}$。将来自自标校站测量误差建模为 $\Delta\boldsymbol{\gamma}_1 = [\Delta\boldsymbol{r}_{s_1}^{\mathrm{T}} \quad \Delta\dot{\boldsymbol{r}}_{s_1}^{\mathrm{T}}]^{\mathrm{T}}$,并假设其为零均值高斯随机变量,协方差矩阵为 $\boldsymbol{Q}_{\gamma_1} = \mathrm{diag}\{\boldsymbol{Q}_{s_1}, \dot{\boldsymbol{Q}}_{s_1}\}$。$\boldsymbol{Q}_{s_1}$ 和 $\dot{\boldsymbol{Q}}_{s_1}$ 分别是 $\Delta\boldsymbol{r}_{s_1}$ 和 $\Delta\dot{\boldsymbol{r}}_{s_1}$ 的协方差矩阵。假设来自自标校站的观测量 $\Delta\boldsymbol{\gamma}_1$ 和观测站位置误差矢量 $\Delta\boldsymbol{\beta}$ 独立不相关。

辐射源位置矢量 $\boldsymbol{\theta}^o = [\boldsymbol{u}^{o\mathrm{T}} \quad \dot{\boldsymbol{u}}^{o\mathrm{T}}]^{\mathrm{T}}$ 和观测站的真实位置 $\boldsymbol{\beta}^o$ 为未知的待估计矢量。观测量包括来自辐射源 $\boldsymbol{u}^o$ 和自标校站 $\boldsymbol{s}_1^o$ 的 TDOA/FDOA 观测量,它们分别为矢量 $\boldsymbol{\alpha}$ 和矢量 $\boldsymbol{\gamma}_1$,以及观测站状态的已知值 $\boldsymbol{\beta}$。

为了获得 $\boldsymbol{\theta}^o$ 的 CRLB,首先定义未知矢量 $\boldsymbol{\varphi} = [\boldsymbol{\theta}^{o\mathrm{T}} \quad \boldsymbol{\beta}^{o\mathrm{T}}]^{\mathrm{T}}$,因而观测量 $\boldsymbol{m} = [\boldsymbol{\alpha}^{\mathrm{T}} \quad \boldsymbol{\beta}^{\mathrm{T}} \quad \boldsymbol{\gamma}_1^{\mathrm{T}}]^{\mathrm{T}}$ 的概率密度函数的对数为

$$\begin{aligned}\ln p(\boldsymbol{m};\boldsymbol{\varphi}) = J &- \frac{1}{2}(\boldsymbol{\alpha} - \boldsymbol{\alpha}^o)^{\mathrm{T}}\boldsymbol{Q}_\alpha^{-1}(\boldsymbol{\alpha} - \boldsymbol{\alpha}^o) \\ &- \frac{1}{2}(\boldsymbol{\beta} - \boldsymbol{\beta}^o)^{\mathrm{T}}\boldsymbol{Q}_\beta^{-1}(\boldsymbol{\beta} - \boldsymbol{\beta}^o)\end{aligned}$$

$$-\frac{1}{2}(\boldsymbol{\gamma}_1-\boldsymbol{\gamma}_1^o)^{\mathrm{T}}\boldsymbol{Q}_{\gamma_1}^{-1}(\boldsymbol{\gamma}_1-\boldsymbol{\gamma}_1^o) \tag{7.242}$$

式中：J 为与未知变量 $\boldsymbol{\varphi}$ 无关的常数。根据文献[21] $\boldsymbol{\varphi}$ 的CRLB为

$$\mathrm{CRLB}(\boldsymbol{\varphi})_1=-E\left[\frac{\partial \ln p(\boldsymbol{m};\boldsymbol{\varphi})}{\partial\boldsymbol{\varphi}\partial\boldsymbol{\varphi}^{\mathrm{T}}}\right]^{-1}=\begin{bmatrix}\boldsymbol{X} & \boldsymbol{Y}\\ \boldsymbol{Y}^{\mathrm{T}} & \boldsymbol{Z}_1\end{bmatrix}^{-1} \tag{7.243}$$

式中：$\boldsymbol{X}$、$\boldsymbol{Y}$ 和 $\boldsymbol{Z}_1$ 分别定义为

$$\boldsymbol{X}=-E\left[\frac{\partial^2 \ln p}{\partial\boldsymbol{\theta}^o\partial\boldsymbol{\theta}^{o\mathrm{T}}}\right]=\left(\frac{\partial\boldsymbol{\alpha}^o}{\partial\boldsymbol{\theta}^o}\right)^{\mathrm{T}}\boldsymbol{Q}_\alpha^{-1}\left(\frac{\partial\boldsymbol{\alpha}^o}{\partial\boldsymbol{\theta}^o}\right) \tag{7.244}$$

$$\boldsymbol{Y}=-E\left[\frac{\partial^2 \ln p}{\partial\boldsymbol{\theta}^o\partial\boldsymbol{\beta}^{o\mathrm{T}}}\right]=\left(\frac{\partial\boldsymbol{\alpha}^o}{\partial\boldsymbol{\theta}^o}\right)^{\mathrm{T}}\boldsymbol{Q}_\alpha^{-1}\left(\frac{\partial\boldsymbol{\alpha}^o}{\partial\boldsymbol{\beta}^o}\right) \tag{7.245}$$

$$\boldsymbol{Z}_1=-E\left[\frac{\partial^2 \ln p}{\partial\boldsymbol{\beta}^o\partial\boldsymbol{\beta}^{o\mathrm{T}}}\right]=\left(\frac{\partial\boldsymbol{\alpha}^o}{\partial\boldsymbol{\beta}^o}\right)^{\mathrm{T}}\boldsymbol{Q}_\alpha^{-1}\left(\frac{\partial\boldsymbol{\alpha}^o}{\partial\boldsymbol{\beta}^o}\right)+\boldsymbol{Q}_\beta^{-1}+\left(\frac{\partial\boldsymbol{\gamma}_1^o}{\partial\boldsymbol{\beta}^o}\right)^{\mathrm{T}}\boldsymbol{Q}_{\gamma_1}^{-1}\left(\frac{\partial\boldsymbol{\gamma}_1^o}{\partial\boldsymbol{\beta}^o}\right) \tag{7.246}$$

偏导数 $\frac{\partial\boldsymbol{\alpha}^o}{\partial\boldsymbol{\theta}^o}$、$\frac{\partial\boldsymbol{\alpha}^o}{\partial\boldsymbol{\beta}^o}$ 和 $\frac{\partial\boldsymbol{\gamma}_1^o}{\partial\boldsymbol{\beta}^o}$ 的定义见附录K。

对式(7.243)应用部分矩阵求逆引理，可得到仅当观测站1具有自标校能力时，辐射源状态 $\boldsymbol{\theta}^o$ 的CRLB为

$$\mathrm{CRLB}(\boldsymbol{\theta}^o)_1=\boldsymbol{X}^{-1}+\boldsymbol{X}^{-1}\boldsymbol{Y}(\boldsymbol{Z}_1-\boldsymbol{Y}^{\mathrm{T}}\boldsymbol{X}^{-1}\boldsymbol{Y})^{-1}\boldsymbol{Y}^{\mathrm{T}}\boldsymbol{X}^{-1} \tag{7.247}$$

由文献[24]可知，当观测站没有自标校功能时，辐射源状态 $\boldsymbol{\theta}^o$ 的CRLB为

$$\mathrm{CRLB}(\boldsymbol{\theta}^o)=\boldsymbol{X}^{-1}+\boldsymbol{X}^{-1}\boldsymbol{Y}(\boldsymbol{Z}-\boldsymbol{Y}^{\mathrm{T}}\boldsymbol{X}^{-1}\boldsymbol{Y})^{-1}\boldsymbol{Y}^{\mathrm{T}}\boldsymbol{X}^{-1} \tag{7.248}$$

式中：$\boldsymbol{Z}=\left(\frac{\partial\boldsymbol{\alpha}^o}{\partial\boldsymbol{\beta}^o}\right)^{\mathrm{T}}\boldsymbol{Q}_\alpha^{-1}\left(\frac{\partial\boldsymbol{\alpha}^o}{\partial\boldsymbol{\beta}^o}\right)+\boldsymbol{Q}_\beta^{-1}$。对比式(7.247)和式(7.248)可以发现它们的形式相似，不同之处在于式(7.247)中的 $\boldsymbol{Z}_1$ 被式(7.248)中的 $\boldsymbol{Z}$ 代替。令 $\tilde{\boldsymbol{Z}}_1=\left(\frac{\partial\boldsymbol{\gamma}_1^o}{\partial\boldsymbol{\beta}^o}\right)^{\mathrm{T}}\boldsymbol{Q}_{\gamma_1}^{-1}\left(\frac{\partial\boldsymbol{\gamma}_1^o}{\partial\boldsymbol{\beta}^o}\right)$，式(7.247)等号右边第二项的中间项可以表示为 $(\boldsymbol{Z}_1-\boldsymbol{Y}^{\mathrm{T}}\boldsymbol{X}^{-1}\boldsymbol{Y})^{-1}=((\boldsymbol{Z}-\boldsymbol{Y}^{\mathrm{T}}\boldsymbol{X}^{-1}\boldsymbol{Y})+\tilde{\boldsymbol{Z}}_1)^{-1}$。应用矩阵求逆引理，并将式(7.248)代入式(7.247)，可得

$$\mathrm{CRLB}(\boldsymbol{\theta}^o)-\mathrm{CRLB}(\boldsymbol{\theta}^o)_1=\boldsymbol{X}^{-1}\boldsymbol{Y}\boldsymbol{\Gamma}_1\boldsymbol{Y}^{\mathrm{T}}\boldsymbol{X}^{-1} \tag{7.249}$$

其中，

$$\boldsymbol{\Gamma}_1=\boldsymbol{A}^{-1}\boldsymbol{B}_1(\boldsymbol{I}+\boldsymbol{B}_1^{\mathrm{T}}\boldsymbol{A}^{-1}\boldsymbol{B}_1)^{-1}\boldsymbol{B}_1^{\mathrm{T}}\boldsymbol{A}^{-1}$$
$$\boldsymbol{A}=\boldsymbol{Z}-\boldsymbol{Y}^{\mathrm{T}}\boldsymbol{X}^{-1}\boldsymbol{Y}$$

式中：$\boldsymbol{B}_1$为 $\tilde{\boldsymbol{Z}}_1$的 Cholesky 分解，即 $\tilde{\boldsymbol{Z}}_1 = \boldsymbol{B}_1\boldsymbol{B}_1^{\mathrm{T}}$。

式(7.249)等号右边项是半正定矩阵，这说明使用来自标校站的 TDOA/FDOA 观测量只会提高辐射源定位精度，尽管自标校站位置不是精确已知的。

7.6.2.2 具有多个自标校观测站时的 CRLB

在不失一般性的情况下，假设前 N 个观测站具有自标校功能($N>1$)，即观测站 $\boldsymbol{s}_j^o(j=1,2,\cdots,N)$。这种情况下，任何一个自标校观测站辐射的信号都能被 $M-N$ 观测站以及其余 $N-1$ 个自标校站接收。为了便于表述来自自标校站的 TDOA 和 FDOA，定义下标系数为

$$t_{ij}=\begin{cases} i+j & (i+j\leqslant M) \\ i+j-M & (i+j>M) \end{cases} \tag{7.250}$$

式中：i 为从 $1\sim M-1$ 的整数，用来表示 TDOA、FDOA 观测量的序号，即第 $i-1$ 个来自自标校站 $\boldsymbol{s}_j^o$的 TDOA/FDOA 观测量。

令 r_{i,s_j}^o为观测站 $\boldsymbol{s}_j^o$和 $\boldsymbol{s}_{t_{ij}}^o(i=1,2,\cdots,M-1)$之间的真实距离，$\dot{r}_{i,s_j}^o$为相应的真实距离变化率，分别表示如下：

$$r_{i,s_j}^o=\|\boldsymbol{s}_{t_{ij}}^o-\boldsymbol{s}_j^o\|\ (j=1,2,\cdots,N) \tag{7.251}$$

$$\dot{r}_{i,s_j}^o=\frac{(\boldsymbol{s}_{t_{ij}}^o-\boldsymbol{s}_j^o)^{\mathrm{T}}(\dot{\boldsymbol{s}}_{t_{ij}}^o-\dot{\boldsymbol{s}}_j^o)}{r_{i,s_j}^o}(j=1,2,\cdots,N) \tag{7.252}$$

根据式(7.251)和式(7.252)中的定义，来自自标校站 $\boldsymbol{s}_j^o$的信号，到观测站 $\boldsymbol{s}_{t_{ij}}^o$和观测站 $\boldsymbol{s}_{t_{1j}}^o$之间的 TDOA 和 FDOA 分别表示如下：

$$d_{i1,s_j}=\frac{r_{i1,s_j}}{c}=\frac{1}{c}(r_{i1,s_j}^o+n_{i1,s_j})(i=2,3,\cdots,M-1) \tag{7.253}$$

$$f_{i1,s_j}=\frac{f_o}{c}\dot{r}_{i1,s_j}=\frac{f_o}{c}(\dot{r}_{i1,s_j}^o+\dot{n}_{i1,s_j})(i=2,3,\cdots,M-1) \tag{7.254}$$

式中：r_{i1,s_j}^o和 $\dot{r}_{i1,s_j}^o$分别为真实的距离差和真实的距离差变化率，即

$$r_{i1,s_j}^o=r_{i,s_j}^o-r_{1,s_j}^o$$
$$\dot{r}_{i1,s_j}^o=\dot{r}_{i,s_j}^o-\dot{r}_{1,s_j}^o$$

将来自自标校站 $\boldsymbol{s}_j^o$ 的 r_{i1,s_j}和 $\dot{r}_{i1,s_j}$用向量形式表示为 $\boldsymbol{r}_{s_j}=[r_{21,s_j}\quad r_{31,s_j}\quad\cdots\quad r_{(M-1)1,s_j}]^{\mathrm{T}}=\boldsymbol{r}_{s_j}^o+\Delta\boldsymbol{r}_{s_j}$，$\dot{\boldsymbol{r}}_{s_j}=[\dot{r}_{21,s_j}\quad\dot{r}_{31,s_j}\quad\cdots\quad\dot{r}_{(M-1)1,s_j}]^{\mathrm{T}}=\dot{\boldsymbol{r}}_{s_j}^o+\Delta\dot{\boldsymbol{r}}_{s_j}$。$\boldsymbol{r}_{s_j}$和 $\dot{\boldsymbol{r}}_{s_j}$再次联合表示为 $\boldsymbol{\gamma}_j=[\boldsymbol{r}_{s_j}^{\mathrm{T}}\quad\dot{\boldsymbol{r}}_{s_j}^{\mathrm{T}}]^{\mathrm{T}}$，并且 $\boldsymbol{\gamma}_j=\boldsymbol{\gamma}_j^o+\Delta\boldsymbol{\gamma}_j$，其中 $\boldsymbol{\gamma}_j^o=[\boldsymbol{r}_{s_j}^{o\mathrm{T}}\quad\dot{\boldsymbol{r}}_{s_j}^{o\mathrm{T}}]^{\mathrm{T}}$。测量误差 $\Delta\boldsymbol{\gamma}_j=[\Delta\boldsymbol{r}_{s_j}^{\mathrm{T}}\quad\Delta\boldsymbol{r}_{s_j}^{\mathrm{T}}]^{\mathrm{T}}$是零均值高斯变量，其协方差矩阵为 $\boldsymbol{Q}_{\gamma_j}=\mathrm{diag}\{\boldsymbol{Q}_{s_j},\dot{\boldsymbol{Q}}_{s_j}\}$。将来

自所有观测站的观测量 $\boldsymbol{\gamma}_j$ 用向量表示为 $\boldsymbol{\gamma}=[\boldsymbol{\gamma}_1^{\mathrm{T}} \quad \cdots \quad \boldsymbol{\gamma}_N^{\mathrm{T}}]^{\mathrm{T}}$,并且 $\boldsymbol{\gamma}=\boldsymbol{\gamma}^o+\Delta\boldsymbol{\gamma}$,其中 $\boldsymbol{\gamma}^o=[\boldsymbol{\gamma}_1^{o\mathrm{T}} \quad \cdots \quad \boldsymbol{\gamma}_N^{o\mathrm{T}}]^{\mathrm{T}}$。$\Delta\boldsymbol{\gamma}=[\Delta\boldsymbol{\gamma}_1^{\mathrm{T}} \quad \Delta\boldsymbol{\gamma}_2^{\mathrm{T}} \quad \cdots \quad \Delta\boldsymbol{\gamma}_N^{\mathrm{T}}]^{\mathrm{T}}$ 为零均值高斯向量,协方差矩阵为 $\boldsymbol{Q}_\gamma=\mathrm{diag}\{\boldsymbol{Q}_{\gamma_1},\cdots,\boldsymbol{Q}_{\gamma_N}\}$。

待估计的未知矢量包括辐射源的真实状态 $\boldsymbol{\theta}^o=[\boldsymbol{u}^{o\mathrm{T}} \quad \dot{\boldsymbol{u}}^{o\mathrm{T}}]^{\mathrm{T}}$ 和观测站的真实状态向量 $\boldsymbol{\beta}^o$。观测量包括来自辐射源信号的TDOA/FDOA观测量 $\boldsymbol{\alpha}$、来自自标校站的TDOA/FDOA观测量 $\boldsymbol{\gamma}$ 以及已知的观测站状态向量 $\boldsymbol{\beta}$。观测量可以向量表示为 $\boldsymbol{m}=[\boldsymbol{\alpha}^{\mathrm{T}} \quad \boldsymbol{\beta}^{\mathrm{T}} \quad \boldsymbol{\gamma}^{\mathrm{T}}]^{\mathrm{T}}$。

在存在多个自标校站情况下,未知变量 $\boldsymbol{\varphi}=[\boldsymbol{\theta}^{o\mathrm{T}} \quad \boldsymbol{\beta}^{o\mathrm{T}}]^{\mathrm{T}}$ 的CRLB为

$$\mathrm{CRLB}(\boldsymbol{\varphi})_2=-E\left[\frac{\partial \ln p(\boldsymbol{m};\boldsymbol{\varphi})}{\partial\boldsymbol{\varphi}\partial\boldsymbol{\varphi}^{\mathrm{T}}}\right]^{-1}=\begin{bmatrix}\boldsymbol{X} & \boldsymbol{Y}\\ \boldsymbol{Y}^{\mathrm{T}} & \boldsymbol{Z}_2\end{bmatrix}^{-1} \tag{7.255}$$

式中:$\boldsymbol{X}$ 和 $\boldsymbol{Y}$ 的定义见式(7.244)和式(7.245),$\boldsymbol{Z}_2$定义为

$$\begin{aligned}\boldsymbol{Z}_2&=-E\left[\frac{\partial^2\ln p}{\partial\boldsymbol{\beta}^o\partial\boldsymbol{\beta}^{o\mathrm{T}}}\right]\\&=\left(\frac{\partial\boldsymbol{\alpha}^o}{\partial\boldsymbol{\beta}^o}\right)^{\mathrm{T}}\boldsymbol{Q}_\alpha^{-1}\left(\frac{\partial\boldsymbol{\alpha}^o}{\partial\boldsymbol{\beta}^o}\right)+\boldsymbol{Q}_\beta^{-1}+\sum_{j=1}^{N}\left(\frac{\partial\gamma_j^o}{\partial\boldsymbol{\beta}^o}\right)^{\mathrm{T}}\boldsymbol{Q}_{\gamma_j}^{-1}\left(\frac{\partial\gamma_j^o}{\partial\boldsymbol{\beta}^o}\right)\end{aligned} \tag{7.256}$$

偏导数$\partial\gamma_j^o/\partial\boldsymbol{\beta}^o$的定义见附录L。可得辐射源状态 $\boldsymbol{\theta}^o$ 的CRLB为

$$\mathrm{CRLB}(\boldsymbol{\theta}^o)_2=\boldsymbol{X}^{-1}+\boldsymbol{X}^{-1}\boldsymbol{Y}(\boldsymbol{Z}_2-\boldsymbol{Y}^{\mathrm{T}}\boldsymbol{X}^{-1}\boldsymbol{Y})^{-1}\boldsymbol{Y}^{\mathrm{T}}\boldsymbol{X}^{-1} \tag{7.257}$$

下面分析由于多个观测站具有自标校功能从而使得CRLB性能提高的程度。

$\tilde{\boldsymbol{Z}}_2$定义为

$$\tilde{\boldsymbol{Z}}_2=\sum_{j=1}^{N}\left(\frac{\partial\gamma_j^o}{\partial\boldsymbol{\beta}^o}\right)^{\mathrm{T}}\boldsymbol{Q}_{\gamma_j}^{-1}\left(\frac{\partial\gamma_j^o}{\partial\boldsymbol{\beta}^o}\right)$$

采用类似7.6.2.1节的推导方法,可得

$$\mathrm{CRLB}(\boldsymbol{\theta}^o)-\mathrm{CRLB}(\boldsymbol{\theta}^o)_2=\boldsymbol{X}^{-1}\boldsymbol{Y}\boldsymbol{\Gamma}_2\boldsymbol{Y}^{\mathrm{T}}\boldsymbol{X}^{-1} \tag{7.258}$$

其中,

$$\boldsymbol{\Gamma}_2=\boldsymbol{A}^{-1}\boldsymbol{B}_2(\boldsymbol{I}+\boldsymbol{B}_2^{\mathrm{T}}\boldsymbol{A}^{-1}\boldsymbol{B}_2)^{-1}\boldsymbol{B}_2^{\mathrm{T}}\boldsymbol{A}^{-1} \tag{7.259}$$

式中:$\boldsymbol{A}$ 的定义和7.6.2.1节相同;$\boldsymbol{B}_2$是 $\tilde{\boldsymbol{Z}}_2$的Cholesky分解,即 $\tilde{\boldsymbol{Z}}_2=\boldsymbol{B}_2\boldsymbol{B}_2^{\mathrm{T}}$。式(7.258)等号的右边项是半正定矩阵,这部分正是由于 M 个自标校站所带来的性能提高部分。

7.6.2.3 CRLB性能仿真

仿真场景类似7.2节的设置,6个观测站($M=6$)的真实位置和真实速度如表

7.1 所列。仿真分为近场辐射源和远场辐射源，位置分别为 $[600 \quad 650 \quad 550]^{\mathrm{T}}$m 和 $[2000 \quad 2500 \quad 3000]^{\mathrm{T}}$m，速度相同，为 $[-20 \quad 15 \quad 40]^{\mathrm{T}}$m/s。令 $\boldsymbol{Q}_1$ 和 $\boldsymbol{Q}_2$ 分对角线元素为 1 其余元素为 0 的矩阵，它们的维数分别为 $(M-1)\times(M-1)$ 和 $(M-2)\times(M-2)$。定义 $\boldsymbol{Q}_\alpha$ 和 $\boldsymbol{Q}_{\gamma_j}$ 分别为来自辐射源和来自自标校站的 TDOA/FDOA 观测量 $\boldsymbol{\alpha}$ 和 $\boldsymbol{\gamma}_j$ 的协方差矩阵，即 $\boldsymbol{Q}_\alpha = \mathrm{diag}\{\boldsymbol{Q}_1\times10^{-4}, \boldsymbol{Q}_1\times10^{-6}\}$，$\boldsymbol{Q}_{\gamma_j} = \mathrm{diag}\{\boldsymbol{Q}_1\times10^{-4}, \boldsymbol{Q}_1\times10^{-6}\}$。

令

$$\boldsymbol{R}_\mathrm{s} = \sigma_\mathrm{s}^2\mathrm{diag}[1,1,1,2,2,2,3,3,3,10,10,10,20,20,20,30,30,30], \dot{\boldsymbol{R}}_\mathrm{s} = 0.5\boldsymbol{R}_\mathrm{s}$$

这样观测站状态矢量 $\boldsymbol{\beta}$ 的协方差矩阵为 $\boldsymbol{Q}_\beta = \mathrm{diag}\{\boldsymbol{R}_\mathrm{s}, \dot{\boldsymbol{R}}_\mathrm{s}\}$。

图 7.29(a)给出了近场辐射源定位 CRLB 随观测站位置误差 σ_s^2 的变化，图 7.29(b)则相应地给出了远场辐射源定位 CRLB 变化情况。图中 CRLB1 表示所有的观测站位置和速度精确已知，且没有自标校功能时，辐射源定位的 CRLB，即式(7.247)中的 $\boldsymbol{X}^{-1}$。图中的 CRLB2 即式(7.248)，表示观测站存在位置误差且没有自标校功能时，辐射源定位的 CRLB。CRLB3 和 CRLB4 分别表示只有观测站 $\boldsymbol{s}_1^o$ 是自标校站时和所有观测站都是自标校站时，辐射源定位的 CRLB，即分别为式(7.247)和式(7.257)。

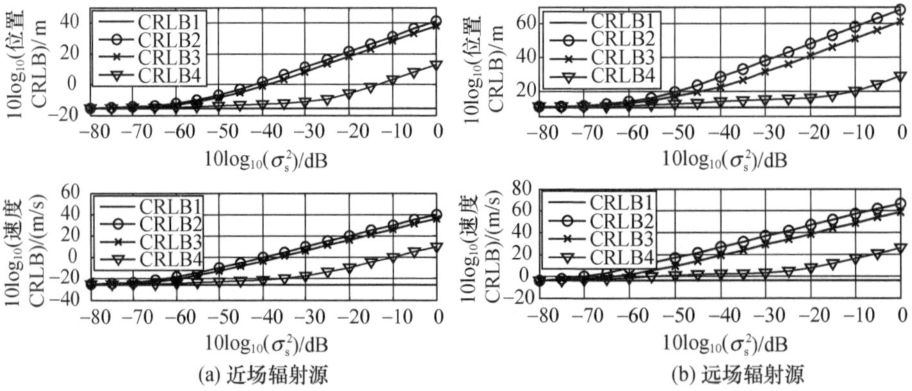

图 7.29 辐射源定位 CRLB 随观测站位置误差的变化

从图 7.29 可以看出，采用自标校站能够明显提高辐射源定位精度。对于近场辐射源，当观测站位置误差幅度为 $\sigma_\mathrm{s}^2 = 10^{-2}$ 时，相对于没有自标校站情况下的定位精度，仅有观测站 1 为自标校站时，辐射源位置估计精度能够提高 2.96dB，速度估计精度提高 3.76dB。如果所有的观测站都为自标校站时，辐射源定位精度能够获得极大地提高。与仅有观测站 1 为自标校站情况对比，当观测站位置误差幅度

为 $\sigma_s^2=10^{-2}$,所有观测站为自标校站时,辐射源的位置估计精度和速度估计精度分别提高 7.05dB 和 7.89dB。这也表明当观测站具有自标校功能时,能够很好地提高辐射源定位精度。

7.6.3　定位方法

本节将提出一种利用来自辐射源和自标校站的 TDOA/FDOA 观测量来估计辐射源的位置和速度的方法。该方法和 7.4 节以及 7.5 节的方法有些类似,但是,不同之处在于本节提出的方法是利用观测站本身辐射的信号产生的 TDOA/FDOA 标校观测站的位置误差和速度误差,而 7.4 节和 7.5 节都是利用来自额外标校站的 TDOA/FDOA 校正观测站的位置和速度。

本节的定位方法同样包括两步。第一步为标校,利用来自自标校站的 TDOA/FDOA 观测量来校正观测站的位置和速度。观测站的状态变量 $\boldsymbol{\beta}$ 已知,但是含有误差 $\Delta\boldsymbol{\beta}$。通过已知的观测站位置可以计算出来自自标校站的 TDOA/FDOA 的预测值,而预测值与实际的测量值之间的误差和观测站的状态误差矢量 $\Delta\boldsymbol{\beta}$ 以及测量噪声相关,从而可以估计出状态误差矢量 $\Delta\boldsymbol{\beta}$。第二步为定位,利用来自辐射源的 TDOA/FDOA 观测量和修正后的观测站状态变量估计辐射源位置。第二步与文献[2]的定位方法相同,这里不再重复。

7.6.3.1　仅用一个自标校站时的标校方法

这种情况下,仅有观测站 $\boldsymbol{s}_1^o$ 为自标校站。来自自标校站 $\boldsymbol{s}_1^o$ 的 TDOA/FDOA 预测值可以表示如下:

$$g_{i2,s_1}=\|\boldsymbol{s}_1-\boldsymbol{s}_i\|-\|\boldsymbol{s}_1-\boldsymbol{s}_2\|\ (i=3,4,\cdots,M) \tag{7.260}$$

$$\dot{g}_{i2,s_1}=\frac{(\dot{\boldsymbol{s}}_1-\dot{\boldsymbol{s}}_i)^{\mathrm{T}}(\boldsymbol{s}_1-\boldsymbol{s}_i)}{\|\boldsymbol{s}_1-\boldsymbol{s}_i\|}-\frac{(\dot{\boldsymbol{s}}_1-\dot{\boldsymbol{s}}_2)^{\mathrm{T}}(\boldsymbol{s}_1-\boldsymbol{s}_2)}{\|\boldsymbol{s}_1-\boldsymbol{s}_2\|}(i=3,4,\cdots,M) \tag{7.261}$$

式中:TDOA 和 FDOA 观测量都已分别乘以光速 c 和信号波长 c/f_o。将式(7.261)的观测站位置和速度表示为真实值和误差值之和,即 $\boldsymbol{s}_k=\boldsymbol{s}_k^o+\Delta\boldsymbol{s}_k,\dot{\boldsymbol{s}}_k=\dot{\boldsymbol{s}}_k^o+\Delta\dot{\boldsymbol{s}}_k(k=1,2,\cdots,M)$。对式(7.260)和式(7.261)应用一阶泰勒级数展开并减去实际测量值,可得

$$r_{i2,s_1}-g_{i2,s_1}=\Delta r_{i2,s_1}+\tilde{\boldsymbol{c}}_i^{\mathrm{T}}\Delta\boldsymbol{s}_i-\tilde{\boldsymbol{c}}_2^{\mathrm{T}}\Delta\boldsymbol{s}_2-(\tilde{\boldsymbol{c}}_i^{\mathrm{T}}-\tilde{\boldsymbol{c}}_2^{\mathrm{T}})\Delta\boldsymbol{s}_1 \tag{7.262}$$

$$\begin{aligned}\dot{r}_{i2,s_1}-\dot{g}_{i2,s_1}=&\Delta\dot{r}_{i2,s_1}+\tilde{\boldsymbol{c}}_i^{\mathrm{T}}\Delta\dot{\boldsymbol{s}}_i+\tilde{\boldsymbol{d}}_i^{\mathrm{T}}\Delta\boldsymbol{s}_i-\tilde{\boldsymbol{c}}_2^{\mathrm{T}}\Delta\dot{\boldsymbol{s}}_2-\tilde{\boldsymbol{d}}_2^{\mathrm{T}}\Delta\boldsymbol{s}_2\\&-(\tilde{\boldsymbol{c}}_i^{\mathrm{T}}-\tilde{\boldsymbol{c}}_2^{\mathrm{T}})\Delta\dot{\boldsymbol{s}}_1-(\tilde{\boldsymbol{d}}_i^{\mathrm{T}}-\tilde{\boldsymbol{d}}_2^{\mathrm{T}})\Delta\boldsymbol{s}_1\end{aligned} \tag{7.263}$$

式中：$\tilde{\boldsymbol{c}}_i$、$\tilde{\boldsymbol{d}}_i$和附录 K 中的 $\boldsymbol{c}_i$、$\boldsymbol{d}_i$表达式形式一样。不同之处在于 $\boldsymbol{c}_i$、$\boldsymbol{d}_i$中使用观测站的真实位置和速度，而 $\tilde{\boldsymbol{c}}_i$、$\tilde{\boldsymbol{d}}_i$中为含误差的位置和速度。

令 $\boldsymbol{h}_{s_1}$为 $2(M-2)\times 1$ 矢量，其中前 $M-2$ 个元素为 $r^o_{i2,s_1}-g_{i2,s_1}(i=3,4,\cdots,M)$；后 $M-2$ 个元素为 $\dot{r}^o_{i2,s_1}-\dot{g}_{i2,s_1}(i=3,4,\cdots,M)$。将式(7.262)和式(7.263)累积为矢量形式：

$$\boldsymbol{h}_{s_1}=\boldsymbol{G}_{s_1}\Delta\boldsymbol{\beta}+\Delta\boldsymbol{\gamma}_1 \tag{7.264}$$

其中，

$$\boldsymbol{G}_{s_1}=\begin{bmatrix}-\boldsymbol{D}_{3,s_1} & \boldsymbol{O}_{(M-2)\times 3M}\\ -\boldsymbol{D}_{4,s_1} & -\boldsymbol{D}_{3,s_1}\end{bmatrix}_{2(M-2)\times 6M} \tag{7.265}$$

从式(7.262)和式(7.263)可以发现，式(7.265)中的$\boldsymbol{D}_{3,s_1}$、$\boldsymbol{D}_{4,s_1}$和附录 K 中的$\partial\boldsymbol{r}^o_{s_1}/\partial\boldsymbol{s}^o$、$\partial\dot{\boldsymbol{r}}^o_{s_1}/\partial\boldsymbol{s}^o$形式相同。不同之处在于 $\boldsymbol{D}_{3,s_1}$和 $\boldsymbol{D}_{4,s_1}$中使用的观测站位置和速度是含有误差的已知值。而附录 K 中的$\partial\boldsymbol{r}^o_{s_1}/\partial\boldsymbol{s}^o$和$\partial\dot{\boldsymbol{r}}^o_{s_1}/\partial\boldsymbol{s}^o$中使用真实的观测站位置和速度。

对式(7.264)运用贝叶斯－高斯－马尔可夫定理，$\Delta\boldsymbol{\beta}$ 的线性最小均方误差估计为

$$\Delta\hat{\boldsymbol{\beta}}=[\boldsymbol{Q}_\beta^{-1}+\boldsymbol{G}^{\mathrm{T}}_{s_1}\boldsymbol{Q}^{-1}_{\gamma_1}\boldsymbol{G}_{s_1}]^{-1}\boldsymbol{G}^{\mathrm{T}}_{s_1}\boldsymbol{Q}^{-1}_{\gamma_1}\boldsymbol{h}_{s_1} \tag{7.266}$$

$\Delta\hat{\boldsymbol{\beta}}$ 的协方差矩阵为

$$\mathrm{cov}(\Delta\boldsymbol{\beta}-\Delta\hat{\boldsymbol{\beta}})=[\boldsymbol{Q}_\beta^{-1}+\boldsymbol{G}^{\mathrm{T}}_{s_1}\boldsymbol{Q}^{-1}_{\gamma_1}\boldsymbol{G}_{s_1}]^{-1} \tag{7.267}$$

将 $\Delta\hat{\boldsymbol{\beta}}$ 从已知变量 $\boldsymbol{\beta}$ 中减去，即可获得修正后的观测站状态矢量 $\hat{\boldsymbol{\beta}}$，即

$$\hat{\boldsymbol{\beta}}=\boldsymbol{\beta}-\Delta\hat{\boldsymbol{\beta}}=\boldsymbol{\beta}^o+\Delta\boldsymbol{\beta}-\Delta\hat{\boldsymbol{\beta}} \tag{7.268}$$

可以验证式(7.268)中 $\hat{\boldsymbol{\beta}}$ 的协方差矩阵即为式(7.267)中的 $\mathrm{cov}(\Delta\boldsymbol{\beta}-\Delta\hat{\boldsymbol{\beta}})$。对比修正前后观测站状态矢量的协方差矩阵，可得

$$\mathrm{cov}(\boldsymbol{\beta})-\mathrm{cov}(\hat{\boldsymbol{\beta}})=\boldsymbol{Q}_\beta-(\boldsymbol{Q}_\beta^{-1}+\boldsymbol{G}^{\mathrm{T}}_{s_1}\boldsymbol{Q}^{-1}_{\gamma_1}\boldsymbol{G}_{s_1})^{-1} \tag{7.269}$$

通过 7.4 节和 7.5 节类似的分析方法可知，$\mathrm{cov}(\boldsymbol{\beta})-\mathrm{cov}(\hat{\boldsymbol{\beta}})$是半正定矩阵，也就是说修正后的观测站位置和速度不会比修正前的精度差。

7.6.3.2 多个观测站为自标校站时的标校方法

假设有前 N 个观测站 $\boldsymbol{s}^o_j(1\leqslant j\leqslant N)$为自标校观测站，这样式(7.260)和式(7.261)可以类似地表示如下：

$$g_{i1,s_j}=\|\boldsymbol{s}_j-\boldsymbol{s}_{t_i}\|-\|\boldsymbol{s}_j-\boldsymbol{s}_{t_1}\| \tag{7.270}$$

$$\dot{\boldsymbol{g}}_{i1,s_j}=\frac{(\dot{\boldsymbol{s}}_j-\dot{\boldsymbol{s}}_{t_i})^{\mathrm{T}}(\boldsymbol{s}_j-\boldsymbol{s}_{t_i})}{\boldsymbol{s}_j-\boldsymbol{s}_{t_i}}-\frac{(\dot{\boldsymbol{s}}_j-\dot{\boldsymbol{s}}_{t_1})^{\mathrm{T}}(\boldsymbol{s}_j-\boldsymbol{s}_{t_1})}{\|\boldsymbol{s}_j-\boldsymbol{s}_{t_1}\|} \tag{7.271}$$

式中:系数 t_{ij} 的定义见式(7.250)。采用类似式(7.262)和式(7.263)的方法可得

$$r_{i1,s_j}-g_{i1,s_j}=\Delta r_{i1,s_j}+\tilde{\boldsymbol{c}}_{t_{ij},s_j}^{\mathrm{T}}\Delta\boldsymbol{s}_{t_{ij}}-\tilde{\boldsymbol{c}}_{t_{1j},s_j}^{\mathrm{T}}\Delta\boldsymbol{s}_{t_{1j}}-(\tilde{\boldsymbol{c}}_{t_{ij},s_j}^{\mathrm{T}}-\tilde{\boldsymbol{c}}_{t_{1j},s_j}^{\mathrm{T}})\Delta\boldsymbol{s}_j \tag{7.272}$$

$$\begin{aligned}\dot{r}_{i1,s_j}-\dot{g}_{i1,s_j}=&\Delta\dot{r}_{i1,s_j}+\tilde{\boldsymbol{c}}_{t_{ij},s_j}^{\mathrm{T}}\Delta\dot{\boldsymbol{s}}_{t_{ij}}+\tilde{\boldsymbol{d}}_{t_{ij},s_j}^{\mathrm{T}}\Delta\boldsymbol{s}_{t_{ij}}-\tilde{\boldsymbol{c}}_{t_{1j},s_j}^{\mathrm{T}}\Delta\dot{\boldsymbol{s}}_{t_{1j}}-\tilde{\boldsymbol{d}}_{t_{1j},s_j}^{\mathrm{T}}\Delta\boldsymbol{s}_{t_{1j}}\\&-(\tilde{\boldsymbol{c}}_{t_{ij},s_j}^{\mathrm{T}}-\tilde{\boldsymbol{c}}_{t_{1j},s_j}^{\mathrm{T}})\Delta\dot{\boldsymbol{s}}_j-(\tilde{\boldsymbol{d}}_{t_{ij},s_j}^{\mathrm{T}}-\tilde{\boldsymbol{d}}_{t_{1j},s_j}^{\mathrm{T}})\Delta\boldsymbol{s}_j\end{aligned} \tag{7.273}$$

式中:$\tilde{\boldsymbol{c}}_{t_{ij},s_j}$、$\tilde{\boldsymbol{d}}_{t_{ij},s_j}$的定义和附录L中的$\boldsymbol{c}_{t_{ij},s_j}$、$\boldsymbol{d}_{t_{ij},s_j}$类似,仅将真实的观测站位置和速度替换为已知值。

定义$\boldsymbol{h}_{s_j}$为$2(M-2)\times1$矢量,其前$M-2$个元素和后$M-2$个元素分别为$r_{i1,s_j}-g_{i1,s_j}$和$\dot{r}_{i1,s_j}-\dot{g}_{i1,s_j}$($i=2,3,\cdots,M-1$)。将式(7.272)和式(7.273)表示为矩阵形式,即

$$\boldsymbol{h}_{s_j}=\boldsymbol{G}_{s_j}\Delta\boldsymbol{\beta}+\Delta\boldsymbol{\gamma}_j \tag{7.274}$$

其中,

$$\boldsymbol{G}_{s_j}=\begin{bmatrix}-\boldsymbol{D}_{3,s_j} & \boldsymbol{O}_{(M-2)\times3M}\\ -\boldsymbol{D}_{4,s_j} & -\boldsymbol{D}_{3,s_j}\end{bmatrix}_{2(M-2)\times6M} \tag{7.275}$$

式中:$\boldsymbol{D}_{3,s_j}$、$\boldsymbol{D}_{4,s_j}$与附录L中的$\partial\boldsymbol{r}_{s_j}^{o}/\partial\boldsymbol{s}^{o}$、$\partial\dot{\boldsymbol{r}}_{s_j}^{o}/\partial\boldsymbol{s}^{o}$形式类似,仅将真实的观测站位置和速度替换为已知值。将式(7.274)累积,可得

$$\boldsymbol{h}=\boldsymbol{G}_s\Delta\boldsymbol{\beta}+\Delta\boldsymbol{\gamma} \tag{7.276}$$

其中,

$$\boldsymbol{h}_s=[\boldsymbol{h}_{s_1}^{\mathrm{T}}\quad\boldsymbol{h}_{s_2}^{\mathrm{T}}\quad\cdots\quad\boldsymbol{h}_{s_N}^{\mathrm{T}}]^{\mathrm{T}}$$

$$\boldsymbol{G}_s=[\boldsymbol{G}_{s_1}^{\mathrm{T}}\quad\boldsymbol{G}_{s_2}^{\mathrm{T}}\quad\cdots\quad\boldsymbol{G}_{s_N}^{\mathrm{T}}]^{\mathrm{T}}$$

$$\Delta\boldsymbol{\gamma}=[\Delta\boldsymbol{\gamma}_1^{\mathrm{T}}\quad\Delta\boldsymbol{\gamma}_2^{\mathrm{T}}\quad\cdots\quad\Delta\boldsymbol{\gamma}_N^{\mathrm{T}}]^{\mathrm{T}}$$

对式(7.276)使用贝叶斯-高斯-马尔可夫定理,可得$\Delta\boldsymbol{\beta}$的线性最小二乘估计为

$$\Delta\hat{\boldsymbol{\beta}}=[\boldsymbol{Q}_{\beta}^{-1}+\boldsymbol{G}_s^{\mathrm{T}}\boldsymbol{Q}_{\gamma}^{-1}\boldsymbol{G}_s]^{-1}\boldsymbol{G}_s^{\mathrm{T}}\boldsymbol{Q}_{\gamma}^{-1}\boldsymbol{h}_s \tag{7.277}$$

其协方差矩阵为

$$\mathrm{cov}(\Delta\boldsymbol{\beta}-\Delta\hat{\boldsymbol{\beta}})=[\boldsymbol{Q}_{\beta}^{-1}+\boldsymbol{G}_s^{\mathrm{T}}\boldsymbol{Q}_{\gamma}^{-1}\boldsymbol{G}_s]^{-1} \tag{7.278}$$

通过类似 7.5.3.1 节的推导可得修正后的观测站状态矢量为

$$\hat{\boldsymbol{\beta}} = \boldsymbol{\beta} - \Delta\hat{\boldsymbol{\beta}} = \boldsymbol{\beta}^o + \Delta\boldsymbol{\beta} - \Delta\hat{\boldsymbol{\beta}} \tag{7.279}$$

对比修正前、后观测站状态的协方差矩阵可得

$$\mathrm{cov}(\boldsymbol{\beta}) - \mathrm{cov}(\hat{\boldsymbol{\beta}}) = Q_{\boldsymbol{\beta}} - [\boldsymbol{Q}_{\boldsymbol{\beta}}^{-1} + \boldsymbol{G}_s^{\mathrm{T}}\boldsymbol{Q}_{\gamma}^{-1}\boldsymbol{G}_s]^{-1} \tag{7.280}$$

式(7.280)等号的右边项为正半定矩阵,表明修正后的观测站位置精度不会比修正之前差。

在定位这一步,将利用已经修正的观测站状态 $\hat{\boldsymbol{\beta}}$、来自辐射源的 TDOA 观测量 $\boldsymbol{r}$ 和 FDOA 观测量 $\dot{\boldsymbol{r}}$ 来估计辐射源的未知位置 $\boldsymbol{u}^o$ 和速度 $\dot{\boldsymbol{u}}^o$。文献[2]已经给出了详细的定位方法,这里不再重复。

7.6.3.3 定位性能分析

从文献[2]给出的辐射源定位性能公式可知,当所有观测站具有自标校功能时,辐射源状态矢量 $\boldsymbol{\theta}^o = [\boldsymbol{u}^{o\mathrm{T}} \quad \dot{\boldsymbol{u}}^{o\mathrm{T}}]^{\mathrm{T}}$ 估计的理论最佳性能为

$$\mathrm{cov}(\boldsymbol{\theta})_2 \approx \boldsymbol{X}^{-1} + \boldsymbol{X}^{-1}\boldsymbol{Y}(\hat{\boldsymbol{Z}} - \boldsymbol{Y}^{\mathrm{T}}\boldsymbol{X}^{-1}\boldsymbol{Y})^{-1}\boldsymbol{Y}^{\mathrm{T}}\boldsymbol{X}^{-1} \tag{7.281}$$

其中,

$$\hat{\boldsymbol{Z}} = \left(\frac{\partial\boldsymbol{\alpha}^o}{\partial\boldsymbol{\beta}^o}\right)^{\mathrm{T}}\boldsymbol{Q}_{\alpha}^{-1}\left(\frac{\partial\boldsymbol{\alpha}^o}{\partial\boldsymbol{\beta}^o}\right) + \mathrm{cov}(\Delta\boldsymbol{\beta} - \Delta\hat{\boldsymbol{\beta}})^{-1} \tag{7.282}$$

在 $\hat{\boldsymbol{Z}}$ 的表达式中,已经将观测站位置协方差矩阵 $\boldsymbol{Q}_{\beta}$ 换成修正后的协方差矩阵 $\mathrm{cov}(\Delta\boldsymbol{\beta} - \Delta\hat{\boldsymbol{\beta}})$。对比式(7.281)和式(7.257)可发现只要证明了 $\hat{\boldsymbol{Z}} \approx \boldsymbol{Z}_2$,其中 $\boldsymbol{Z}_2$ 的定义见式(7.256),就能说明本节所提出的定位方法性能能够达到 CRLB。为此,将式(7.278)代入式(7.281),可得

$$\begin{aligned}\hat{\boldsymbol{Z}} &= \left(\frac{\partial\boldsymbol{\alpha}^o}{\partial\boldsymbol{\beta}^o}\right)^{\mathrm{T}}\boldsymbol{Q}_{\alpha}^{-1}\left(\frac{\partial\boldsymbol{\alpha}^o}{\partial\boldsymbol{\beta}^o}\right) + \boldsymbol{Q}_{\beta}^{-1} + \boldsymbol{G}_s^{\mathrm{T}}\boldsymbol{Q}_{\gamma}^{-1}\boldsymbol{G}_s \\ &= \left(\frac{\partial\boldsymbol{\alpha}^o}{\partial\boldsymbol{\beta}^o}\right)^{\mathrm{T}}\boldsymbol{Q}_{\alpha}^{-1}\left(\frac{\partial\boldsymbol{\alpha}^o}{\partial\boldsymbol{\beta}^o}\right) + \boldsymbol{Q}_{\beta}^{-1} + \sum_{j=1}^{N}\boldsymbol{G}_{s_j}^{\mathrm{T}}\boldsymbol{Q}_{\gamma_j}^{-1}\boldsymbol{G}_{s_j}\end{aligned} \tag{7.283}$$

对比式(7.275)中定义的 $\boldsymbol{G}_{s_j}$ 和附录 L 中的定义的 $\partial\boldsymbol{\gamma}_j^o/\partial\boldsymbol{\beta}$,可得

$$\boldsymbol{G}_{s_j} \approx -\frac{\partial\boldsymbol{\gamma}_j^o}{\partial\boldsymbol{\beta}^o}$$

从而证明了 $\hat{\boldsymbol{Z}} \approx \boldsymbol{Z}_2$,也即是 $\mathrm{cov}(\boldsymbol{\theta})_2 \approx \mathrm{CRLB}(\boldsymbol{\theta}^o)_2$。

7.6.3.4 定位性能仿真分析

仿真场景和 7.6.2 节相同,辐射源位置 $\boldsymbol{u}^o$ 和速度 $\dot{\boldsymbol{u}}^o$ 的均方误差计算公式分别

为 $\mathrm{MSE}(\boldsymbol{u}) = \sum_{j=1}^{\mathrm{Num}} \|\hat{\boldsymbol{u}}_j - \boldsymbol{u}^o\|^2/\mathrm{Num}$ 和 $\mathrm{MSE}(\dot{\boldsymbol{u}}) = \sum_{j=1}^{\mathrm{Num}} \|\hat{\dot{\boldsymbol{u}}}_j - \dot{\boldsymbol{u}}^o\|^2/\mathrm{Num}$，其中 $\hat{\boldsymbol{u}}_j$ 和 $\hat{\dot{\boldsymbol{u}}}_j$ 表示第 j 次蒙特卡罗仿真时辐射源位置和速度的估计值，Num 是蒙特卡罗仿真次数，本仿真中是 5000 次。

图 7.30(a)给出了近场辐射源条件下，观测站是否具有自标校功能下的定位性能随观测站位置误差幅度的变化。图 7.30(b)为远场辐射源情况下的对应仿真。每幅图中均给出了 3 种定位方法下的 CRLB 和 MSE，图中 CRLB2 表示所有观测站没有自标校功能时辐射源定位的 CRLB，MSE2 为对应的仿真性能。图中 CRLB3 则表示只有观测站 1 为自标校站时，辐射源定位的 CRLB，而 MSE3 则为对应的仿真性能。CRLB4 代表所有观测站都具有自标校功能时，辐射源定位的 CRLB，实际仿真性能则用 MSE4 表示。

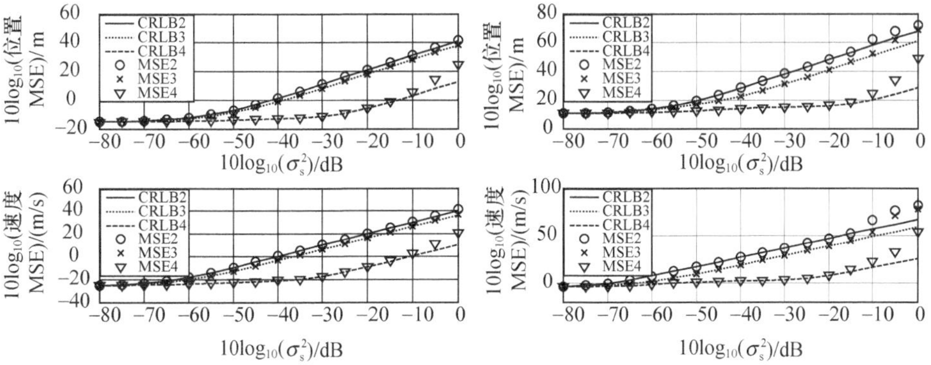

(a) 近场辐射源　　(b) 远场辐射源

图 7.30　观测站有无自标校功能时，辐射源的定位性能

从图 7.30 可以看出，当观测站位置误差幅度 σ_s^2 低于 −10dB 时，利用自标校站的定位方法能够达到对应的 CRLB，这也验证了本节的性能分析。此外，当所有观测站都具有自标校功能时，定位性能的提高要远大于仅有一个观测站是自标校站。

图 7.31 将研究仅有观测站 1 为自标校站时的定位性能，与之对比定位场景是当观测站 1 为外标校站，即只能辐射信号，不能接收信号。这正是 7.4 节所研究定位方法，从而可以分析当使用外标校站标校时，标校站如果能接收信号对定位精度的影响。从图 7.31 可以看出，不论是近场辐射源还是远场辐射源，当外标校站能够接收来自辐射源的信号，辐射源定位精度明显提高，而且对噪声的适应性也得到提高。例如远场辐射源，位置估计和速度估计偏离 CRLB 的噪声阈值都提高 15dB 左右。

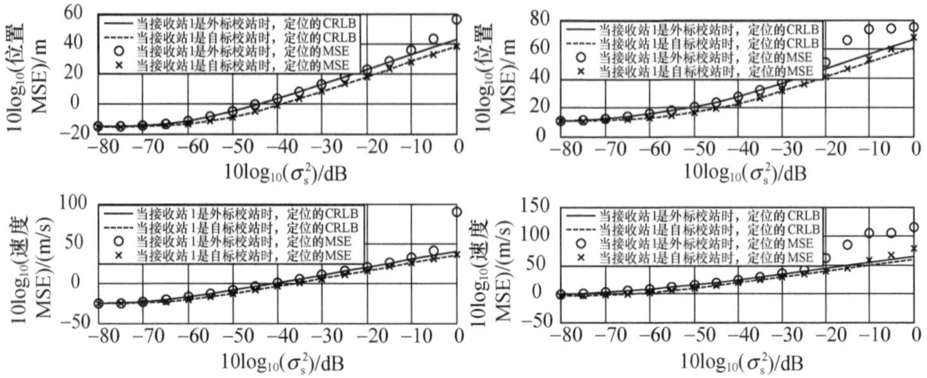

(a) 近场辐射源　　(b) 远场辐射源

图 7.31　使用外标校站与自标校站时，辐射源定位性能的对比

7.7　基于半定松弛的非线性最小二乘 TDOA/FDOA 定位算法

当采用非线性最小二乘方法来求解无源定位问题时，由于目标函数的非线性和非凸性，通常没有闭式解，只能采用迭代方法进行求解，如高斯 - 牛顿迭代算法、L - M 方法等，通常只能收敛到局部最优解。本质上，最大似然估计为误差服从高斯分布时的 NLS 估计。鉴于 TDOA/FDOA 的 NLS 方法中目标函数和约束条件的高度非线性，本节中将误差项作为未知项引入待求变量中，从而将非线性约束条件方便的转换为线性约束条件，并利用半定松弛（Semi - definite relexation, SDR）技术将其转化为可求解的凸优化问题。

7.7.1　凸优化概述

考虑如下数学优化问题：

$$\begin{aligned} &\text{min mize} \quad f_o(\boldsymbol{x}) \\ &\text{s. t.}\, f_i(\boldsymbol{x}) \leqslant b_i \,(i=1,2,\cdots,m) \end{aligned} \tag{7.284}$$

式中：矢量 $\boldsymbol{x} \in \boldsymbol{R}^n$ 为优化变量；$f_o(\cdot)$ 为优化目标函数；$f_i(\cdot)$ 为约束函数。若优化目标函数和约束函数皆为凸函数，则此优化问题称为凸优化问题[26,27]。特别地，当优化目标函数和约束函数皆为线性函数时，称为线性规划（LP）问题。半定规划（SDP）是线性规划的自然推广，是在满足约束“对称矩阵的仿射组合半正定”的条件下使线性函数极小化的问题[26]。由于约束是非线性、非光滑、凸的，因此半定规划是一个凸优化问题。半定规划与线性规划的主要区别在于半定规划用半正定矩阵锥取代线性规划中的非负象限。

半定规划的标准形式：

$$
\begin{aligned}
&\min \quad \boldsymbol{C}\cdot\boldsymbol{X}=\mathrm{Tr}(\boldsymbol{C}^{\mathrm{T}}\boldsymbol{X})\\
&\text{s. t.}\ \begin{cases}\boldsymbol{A}_i\cdot\boldsymbol{X}=\mathrm{Tr}(\boldsymbol{A}_i^{\mathrm{T}}\boldsymbol{X})=\boldsymbol{b}_i(i=1,2,\cdots,m)\\ \boldsymbol{X}\geq 0\end{cases}
\end{aligned}
\tag{7.285}
$$

二次锥规划是在仿射空间与有限个二次锥的笛卡儿乘积之交上极小化一个线性函数，因此它是非线性凸规划[26]。二次锥规划包括线性规划和二次约束下的凸二次规划等，是半定规划的特例。

二阶锥规划(SOCP)的标准形式为

$$
\begin{aligned}
&\min \quad \boldsymbol{c}^{\mathrm{T}}\boldsymbol{x}\\
&\text{s. t.}\ \|\boldsymbol{A}_i\boldsymbol{x}+\boldsymbol{b}_i\|\leqslant\boldsymbol{d}_i^{\mathrm{T}}\boldsymbol{x}+\boldsymbol{e}_i(i=1,2,\cdots,L)
\end{aligned}
\tag{7.286}
$$

对于一般的优化问题，局部最优解不一定是全局最优解。但对于凸优化问题，其局部最优解必为全局最优解。随着内点算法的研究与不断发展，凸优化问题进一步得到数学界乃至工程界的高度重视。半定规划也发展出了高效稳定的内点算法，为走向实用性打下了坚实的基础。目前，凸优化已经被广泛地应用于自动控制、信号处理、组合优化、滤波器的设计和移动通信等各个领域，而其也成为数学规划领域日益引人关注的研究方向[26]。

目前，已开发出关于凸优化的工具包 CVX[28]，以方便工程人员直接应用解决具体问题。因此，本节不再对如何求解凸优化问题进行阐述，重点是如何将无源定位问题转化为易于求解的凸优化问题。

7.7.2　非线性最小二乘半定松弛定位方法

假设 M 个运动观测站接收来自运动辐射源的信号，通过测量两个独立的站-站之间的时差与频差确定辐射源的位置。考虑三维情况，假设未知辐射源真实位置坐标为 $\boldsymbol{u}^o=[x^o\quad y^o\quad z^o]^{\mathrm{T}}$，速度为 $\dot{\boldsymbol{u}}^o=[\dot{x}^o\quad \dot{y}^o\quad \dot{z}^o]^{\mathrm{T}}$，$M$ 个接收观测站的位置和速度分别为 $\boldsymbol{s}_i^o=[x_i^o\quad y_i^o\quad z_i^o]^{\mathrm{T}}$，$\dot{\boldsymbol{s}}_i^o=[\dot{x}_i^o\quad \dot{y}_i^o\quad \dot{z}_i^o]^{\mathrm{T}}(i=1,2,\cdots,M)$，为方便起见，记 $\boldsymbol{\beta}^o=[\boldsymbol{s}^{o\mathrm{T}}\quad \dot{\boldsymbol{s}}^{o\mathrm{T}}]^{\mathrm{T}}$，$\boldsymbol{s}^o=[\boldsymbol{s}_1^{o\mathrm{T}}\quad \boldsymbol{s}_2^{o\mathrm{T}}\quad\cdots\quad \boldsymbol{s}_M^{o\mathrm{T}}]^{\mathrm{T}}$，$\dot{\boldsymbol{s}}^o=[\dot{\boldsymbol{s}}_1^{o\mathrm{T}}\quad \dot{\boldsymbol{s}}_2^{o\mathrm{T}}\quad\cdots\quad \dot{\boldsymbol{s}}_M^{o\mathrm{T}}]^{\mathrm{T}}$。记 $\boldsymbol{r}^o=[r_{21}^o\quad r_{31}^o\quad\cdots\quad r_{M1}^o]^{\mathrm{T}}$，$\dot{\boldsymbol{r}}^o=[\dot{r}_{21}^o\quad \dot{r}_{31}^o\quad\cdots\quad \dot{r}_{M1}^o]^{\mathrm{T}}$，分别为真实时差与频差，$\boldsymbol{r}=[r_{21}\quad r_{31}\quad\cdots\quad r_{M1}]^{\mathrm{T}}$，$\dot{\boldsymbol{r}}=[\dot{r}_{21}\quad \dot{r}_{31}\quad\cdots\quad \dot{r}_{M1}]^{\mathrm{T}}$ 分别为测量时差与测量频差，$\boldsymbol{n}=[n_{21}\quad n_{31}\quad\cdots\quad n_{M1}]^{\mathrm{T}}$，$\dot{\boldsymbol{n}}=[\dot{n}_{21}\quad \dot{n}_{31}\quad\cdots\quad \dot{n}_{M1}]^{\mathrm{T}}$ 分别为时差与频差的加性噪声。记 $\boldsymbol{\alpha}^o=[\boldsymbol{r}^{o\mathrm{T}}\quad \dot{\boldsymbol{r}}^{o\mathrm{T}}]^{\mathrm{T}}$，$\boldsymbol{\alpha}=[\boldsymbol{r}^{\mathrm{T}}\quad \dot{\boldsymbol{r}}^{\mathrm{T}}]^{\mathrm{T}}$，$\Delta\boldsymbol{\alpha}=[\boldsymbol{n}^{\mathrm{T}}\quad \dot{\boldsymbol{n}}^{\mathrm{T}}]^{\mathrm{T}}$。

时差与频差测量方程可以分别表示为

$$
r_{i1}=\|\boldsymbol{u}^o-\boldsymbol{s}_i^o\|-\|\boldsymbol{u}^o-\boldsymbol{s}_1^o\|+n_{i1}
\tag{7.287}
$$

$$\dot{r}_{i1}=\frac{(\dot{\boldsymbol{u}}^o-\dot{\boldsymbol{s}}_i^o)^{\mathrm{T}}(\boldsymbol{u}^o-\boldsymbol{s}_i^o)}{\|\boldsymbol{u}^o-\boldsymbol{s}_i^o\|}-\frac{(\dot{\boldsymbol{u}}^o-\dot{\boldsymbol{s}}_1^o)^{\mathrm{T}}(\boldsymbol{u}^o-\boldsymbol{s}_1^o)}{\|\boldsymbol{u}^o-\boldsymbol{s}_1^o\|}+\dot{n}_{i1} \tag{7.288}$$

辐射源位置 $\boldsymbol{\varphi}=[\boldsymbol{u}^{o\mathrm{T}}\quad \dot{\boldsymbol{u}}^{o\mathrm{T}}]^{\mathrm{T}}$ 可通过求解如下 NLS 问题：

$$\min_{\boldsymbol{\varphi}}\quad \boldsymbol{n}^{\mathrm{T}}\boldsymbol{Q}_{\mathrm{t}}^{-1}\boldsymbol{n}+\dot{\boldsymbol{n}}^{\mathrm{T}}\boldsymbol{Q}_{\mathrm{f}}^{-1}\dot{\boldsymbol{n}} \tag{7.289}$$

式中：$\boldsymbol{Q}_{\mathrm{t}}^{-1}$、$\boldsymbol{Q}_{\mathrm{f}}^{-1}$为加权矩阵。

令

$$r_i^o=\|\boldsymbol{u}^o-\boldsymbol{s}_i^o\| \tag{7.290}$$

$$\dot{r}_i^o=\frac{(\dot{\boldsymbol{u}}^o-\dot{\boldsymbol{s}}_i^o)^{\mathrm{T}}(\boldsymbol{u}^o-\boldsymbol{s}_i^o)}{\|\boldsymbol{u}^o-\boldsymbol{s}_i^o\|} \tag{7.291}$$

则式(7.289)可化为

$$\begin{gathered}\min_{\boldsymbol{\varphi}}(\boldsymbol{r}-\boldsymbol{A}\tilde{\boldsymbol{r}})^{\mathrm{T}}\boldsymbol{Q}_{\mathrm{t}}^{-1}(\boldsymbol{r}-\boldsymbol{A}\tilde{\boldsymbol{r}})+(\dot{\boldsymbol{r}}-\boldsymbol{A}\tilde{\dot{\boldsymbol{r}}})^{\mathrm{T}}\boldsymbol{Q}_{\mathrm{f}}^{-1}(\dot{\boldsymbol{r}}-\boldsymbol{A}\tilde{\dot{\boldsymbol{r}}})\\ \text{s. t.}\quad r_i^o=\|\boldsymbol{u}-\boldsymbol{s}_i^o\|\\ \dot{r}_i^o=\frac{(\dot{\boldsymbol{u}}-\dot{\boldsymbol{s}}_i^o)^{\mathrm{T}}(\boldsymbol{u}-\boldsymbol{s}_i^o)}{\|\boldsymbol{u}-\boldsymbol{s}_i^o\|}(i=1,2,\cdots,M)\end{gathered} \tag{7.292}$$

其中，

$$\boldsymbol{A}=\begin{bmatrix}-1&1&0&\cdots&0\\-1&0&1&\cdots&0\\\vdots&\vdots&\vdots&\ddots&\vdots\\-1&0&0&\cdots&1\end{bmatrix},\tilde{\boldsymbol{r}}=[r_1^o\quad r_2^o\quad\cdots\quad r_M^o]^{\mathrm{T}},\tilde{\dot{\boldsymbol{r}}}=[\dot{r}_1^o\quad \dot{r}_2^o\quad\cdots\quad \dot{r}_M^o]^{\mathrm{T}}$$

显然，式(7.292)中目标函数和约束函数都是非线性非凸的，不满足半定规划的条件，我们通过一系列变换和松弛技术，使其满足求解半定规划条件。

根据式(7.290)、式(7.291)，对其移项，并经平方等代数运算，可得

$$(\boldsymbol{s}_i^o-\boldsymbol{s}_1^o)^{\mathrm{T}}(\boldsymbol{u}^o-\boldsymbol{s}_1^o)+r_{i1}r_1^o-r_{i1}n_{i1}-n_{i1}r_1^o-\frac{1}{2}n_{i1}^2=\frac{1}{2}[-r_{i1}^2+(\boldsymbol{s}_i^o-\boldsymbol{s}_1^o)^{\mathrm{T}}(\boldsymbol{s}_i^o-\boldsymbol{s}_1^o)] \tag{7.293}$$

对式(7.293)两边对时间 t 进行求导，可得

$$\begin{aligned}&(\dot{\boldsymbol{s}}_i^o-\dot{\boldsymbol{s}}_1^o)^{\mathrm{T}}(\boldsymbol{u}^o-\boldsymbol{s}_1^o)+(\boldsymbol{s}_i^o-\boldsymbol{s}_1^o)^{\mathrm{T}}(\dot{\boldsymbol{u}}^o-\dot{\boldsymbol{s}}_1^o)+\dot{r}_{i1}r_1^o+r_{i1}\dot{r}_1^o-\dot{r}_{i1}n_{i1}-\\&r_{i1}\dot{n}_{i1}-\dot{n}_{i1}r_1^o-n_{i1}\dot{r}_1^o-n_{i1}\dot{n}_{i1}\\=&-r_{i1}\dot{r}_{i1}+(\dot{\boldsymbol{s}}_i^o-\dot{\boldsymbol{s}}_1^o)^{\mathrm{T}}(\boldsymbol{s}_i^o-\boldsymbol{s}_1^o)\end{aligned} \tag{7.294}$$

注意：式(7.293)、式(7.294)不同于第 7.1 节相关公式，前者保留了误差的二阶项，因而与测量方程式(7.290)、式(7.291)是等价的。

将式(7.293)、式(7.294)表示为矩阵形式：

$$\boldsymbol{y}=\boldsymbol{H}\boldsymbol{x} \tag{7.295}$$

其中，$\bar{\boldsymbol{\varphi}}=[(\boldsymbol{u}^o-\boldsymbol{s}_1^o)^{\mathrm{T}}\quad(\dot{\boldsymbol{u}}^o-\dot{\boldsymbol{s}}_1^o)^{\mathrm{T}}]^{\mathrm{T}}$，$\boldsymbol{\zeta}=[r_1^o\quad\dot{r}_1^o\quad\Delta\boldsymbol{\alpha}^{\mathrm{T}}]^{\mathrm{T}}$，$\boldsymbol{U}=\boldsymbol{\zeta}\boldsymbol{\zeta}^{\mathrm{T}}$，$\boldsymbol{x}=[\bar{\boldsymbol{\varphi}}^{\mathrm{T}}\quad\boldsymbol{\zeta}^{\mathrm{T}}\quad\boldsymbol{\delta}^{\mathrm{T}}]^{\mathrm{T}}$，$\boldsymbol{\delta}=[\boldsymbol{U}(1,3{:}2M)\quad\boldsymbol{U}(2,3{:}M+1)\quad\mathrm{diag}[\boldsymbol{U}(3{:}M+1,3{:}M+1)]\quad\mathrm{diag}[\boldsymbol{U}(3{:}M+1,M+2{:}2M)]]^{\mathrm{T}}$，$\boldsymbol{H}=[\boldsymbol{H}_1^{\mathrm{T}}\quad\boldsymbol{H}_2^{\mathrm{T}}]^{\mathrm{T}}$，$\boldsymbol{H}_1=[\boldsymbol{G}_1^{\mathrm{T}}\quad\boldsymbol{0}_{(M-1)\times3}\quad\boldsymbol{r}\quad\boldsymbol{0}_{(M-1)\times1},\ -\boldsymbol{R}\quad\boldsymbol{O}\quad-\boldsymbol{I}\quad\boldsymbol{O}\quad\boldsymbol{O}\quad-1/2\boldsymbol{I}\quad\boldsymbol{O}]$，$\boldsymbol{H}_2=[\dot{\boldsymbol{G}}_1^{\mathrm{T}}\quad\boldsymbol{G}_1^{\mathrm{T}}\quad\dot{\boldsymbol{r}}\quad\boldsymbol{r}\quad-\dot{\boldsymbol{R}}\quad-\boldsymbol{R}\quad\boldsymbol{O}\quad-\boldsymbol{I}\quad-\boldsymbol{I}\quad\boldsymbol{O}\quad-\boldsymbol{I}]$，$\boldsymbol{G}_1=[\boldsymbol{s}_2^o-\boldsymbol{s}_1^o\quad\boldsymbol{s}_3^o-\boldsymbol{s}_1^o\quad\cdots\quad\boldsymbol{s}_M^o-\boldsymbol{s}_1^o]$，$\dot{\boldsymbol{G}}_1=[\dot{\boldsymbol{s}}_2^o-\dot{\boldsymbol{s}}_1^o\quad\dot{\boldsymbol{s}}_3^o-\dot{\boldsymbol{s}}_1^o\quad\cdots\quad\dot{\boldsymbol{s}}_M^o-\dot{\boldsymbol{s}}_1^o]$，$\boldsymbol{r}=[r_{21}\quad r_{31}\quad\cdots\quad r_{M1}]^{\mathrm{T}}$，$\dot{\boldsymbol{r}}=[\dot{r}_{21}\quad\dot{r}_{31}\quad\cdots\quad\dot{r}_{M1}]^{\mathrm{T}}$，$\boldsymbol{R}=\mathrm{diag}(\boldsymbol{r})$，$\dot{\boldsymbol{R}}=\mathrm{diag}(\dot{\boldsymbol{r}})$，$\boldsymbol{I}$、$\boldsymbol{O}$ 分别为 $(M-1)\times(M-1)$ 阶单位矩阵和零矩阵。显然式(7.292)中非线性的约束条件经过变换转化为关于 $\boldsymbol{x}$ 的线性方程式(7.295)。

辅助变量 r_1^o、$\dot{r}_1^o$ 定义式分别为

$$r_1^o=\|\boldsymbol{u}^o-\boldsymbol{s}_1^o\|,\ \dot{r}_1^o=\frac{(\dot{\boldsymbol{u}}^o-\dot{\boldsymbol{s}}_1^o)^{\mathrm{T}}(\boldsymbol{u}^o-\boldsymbol{s}_1^o)}{\|\boldsymbol{u}^o-\boldsymbol{s}_1^o\|} \tag{7.296}$$

定义

$$\boldsymbol{\Phi}=\bar{\boldsymbol{\varphi}}\bar{\boldsymbol{\varphi}}^{\mathrm{T}}$$

$$r_1^o=\|\boldsymbol{u}^o-\boldsymbol{s}_1^o\|\Leftrightarrow\bar{\boldsymbol{\varphi}}^{\mathrm{T}}\boldsymbol{\Sigma}_1\bar{\boldsymbol{\varphi}}=\boldsymbol{U}(1,1)\Leftrightarrow\mathrm{Tr}[\boldsymbol{\Sigma}_1\boldsymbol{\Phi}]=\boldsymbol{U}(1,1) \tag{7.297}$$

式中：$\boldsymbol{\Sigma}_1=\begin{bmatrix}\boldsymbol{I}_{3\times3} & \boldsymbol{O}_{3\times3}\\ \boldsymbol{O}_{3\times3} & \boldsymbol{O}_{3\times3}\end{bmatrix}$。

定义：

$$\dot{r}_1^o=\frac{(\dot{\boldsymbol{u}}^o-\dot{\boldsymbol{s}}_1^o)^{\mathrm{T}}(\boldsymbol{u}^o-\boldsymbol{s}_1^o)}{\|\boldsymbol{u}^o-\boldsymbol{s}_1^o\|}\Leftrightarrow\bar{\boldsymbol{\varphi}}^{\mathrm{T}}\boldsymbol{\Sigma}_2\bar{\boldsymbol{\varphi}}=2\boldsymbol{U}(1,2)\Leftrightarrow\mathrm{tr}[\boldsymbol{\Sigma}_2\boldsymbol{\Phi}]=2\boldsymbol{U}(1,2) \tag{7.298}$$

式中：$\boldsymbol{\Sigma}_2=\begin{bmatrix}\boldsymbol{O}_{3\times3} & \boldsymbol{I}_{3\times3}\\ \boldsymbol{I}_{3\times3} & \boldsymbol{O}_{3\times3}\end{bmatrix}$。

因此，式(7.296)中的非线性约束等式变换为了关于 $\boldsymbol{\Phi}$ 和 $\boldsymbol{U}$ 的线性关系式(7.297)、式(7.298)。

根据式(7.293)～式(7.298)，辐射源的 NLS 解问题式(7.292)可转换为

$$\min_{\boldsymbol{x},\boldsymbol{\Phi},\boldsymbol{U}}\ \mathrm{tr}[\boldsymbol{Q}_{\mathrm{t}}^{-1}\boldsymbol{U}(3{:}M+1,3{:}M+1)]+\mathrm{tr}[\boldsymbol{Q}_{\mathrm{f}}^{-1}\boldsymbol{U}(M+2{:}2M,M+2{:}2M)]$$

$$\text{s. t.}\ \begin{cases}\boldsymbol{y}=\boldsymbol{H}\boldsymbol{x}\\ \mathrm{tr}[\boldsymbol{\Sigma}_1\boldsymbol{\Phi}]=\boldsymbol{U}(1,1),\ \mathrm{tr}[\boldsymbol{\Sigma}_2\boldsymbol{\Phi}]=2\boldsymbol{U}(1,2)\\ \boldsymbol{U}=\boldsymbol{\zeta}\boldsymbol{\zeta}^{\mathrm{T}},\ \boldsymbol{\Phi}=\bar{\boldsymbol{\varphi}}\bar{\boldsymbol{\varphi}}^{\mathrm{T}}\end{cases} \tag{7.299}$$

注意，在式(7.299)中，约束条件 $\boldsymbol{U}=\boldsymbol{\zeta}\boldsymbol{\zeta}^{\mathrm{T}}$ 等价于 $\boldsymbol{U}\geq\boldsymbol{\zeta}\boldsymbol{\zeta}^{\mathrm{T}}$，$\mathrm{rank}(\boldsymbol{U})=1$，$\boldsymbol{\Phi}=\bar{\boldsymbol{\varphi}}\bar{\boldsymbol{\varphi}}^{\mathrm{T}}$ 等价于 $\boldsymbol{\Phi}\geq\bar{\boldsymbol{\varphi}}\bar{\boldsymbol{\varphi}}^{\mathrm{T}}$，$\mathrm{rank}(\boldsymbol{\Phi})=1$，显然，秩 1 的约束是非凸的，对其进行松弛，即去掉秩 1 的约束条件，则式(7.299)可转化为如下 SDP 问题：

$$\min_{\boldsymbol{x},\boldsymbol{\Phi},\boldsymbol{U}}\quad \mathrm{tr}[\boldsymbol{Q}_{\mathrm{t}}^{-1}\boldsymbol{U}(3:M+1,3:M+1)]+\mathrm{tr}[\boldsymbol{Q}_{\mathrm{f}}^{-1}\boldsymbol{U}(M+2:2M,M+2:2M)]$$

$$\text{s.t.}\begin{cases}\boldsymbol{y}=\boldsymbol{H}\boldsymbol{x}\\ \mathrm{tr}[\boldsymbol{\Sigma}_1\boldsymbol{\Phi}]=\boldsymbol{U}(1,1),\mathrm{tr}[\boldsymbol{\Sigma}_2\boldsymbol{\Phi}]=2\boldsymbol{U}(1,2)\\ \boldsymbol{U}\geq\boldsymbol{\zeta}\boldsymbol{\zeta}^{\mathrm{T}},\boldsymbol{\Phi}\geq\bar{\boldsymbol{\varphi}}\bar{\boldsymbol{\varphi}}^{\mathrm{T}}\end{cases}\tag{7.300}$$

因此，式(7.300)的 SDP 问题可方便地通过内点算法得到其近似最优解。

7.7.3 存在观测站误差时的 NLSSDP 定位算法

本节考虑当观测站位置存在误差时的非线性最小二乘定位算法。记 $\boldsymbol{s}_i=[x_i\quad y_i\quad z_i]^{\mathrm{T}}$，$\dot{\boldsymbol{s}}_i=[\dot{x}_i\quad \dot{y}_i\quad \dot{z}_i]^{\mathrm{T}}$ 为第 i 个观测站的测量位置和速度；$\boldsymbol{\beta}=[\boldsymbol{s}^{\mathrm{T}}\quad \dot{\boldsymbol{s}}^{\mathrm{T}}]^{\mathrm{T}}$，$\boldsymbol{s}=[\boldsymbol{s}_1^{\mathrm{T}}\quad \boldsymbol{s}_2^{\mathrm{T}}\quad\cdots\quad \boldsymbol{s}_M^{\mathrm{T}}]^{\mathrm{T}}$，$\dot{\boldsymbol{s}}=[\dot{\boldsymbol{s}}_1^{\mathrm{T}}\quad \dot{\boldsymbol{s}}_2^{\mathrm{T}}\quad\cdots\quad \dot{\boldsymbol{s}}_M^{\mathrm{T}}]^{\mathrm{T}}$。观测站的位置误差为 $\Delta\boldsymbol{\beta}=[\Delta\boldsymbol{s}^{\mathrm{T}}\quad \Delta\dot{\boldsymbol{s}}^{\mathrm{T}}]^{\mathrm{T}}$，其中，$\Delta\boldsymbol{s}=[\Delta\boldsymbol{s}_1^{\mathrm{T}}\quad \Delta\boldsymbol{s}_2^{\mathrm{T}}\quad\cdots\quad \Delta\boldsymbol{s}_M^{\mathrm{T}}]^{\mathrm{T}}$，$\Delta\dot{\boldsymbol{s}}=[\Delta\dot{\boldsymbol{s}}_1^{\mathrm{T}}\quad \Delta\dot{\boldsymbol{s}}_2^{\mathrm{T}}\quad\cdots\quad \Delta\dot{\boldsymbol{s}}_M^{\mathrm{T}}]^{\mathrm{T}}$，$\Delta\boldsymbol{s}_i=\boldsymbol{s}_i-\boldsymbol{s}_i^o$，$\Delta\dot{\boldsymbol{s}}_i=\dot{\boldsymbol{s}}_i-\dot{\boldsymbol{s}}_i^o$。

与式(7.292)类似，存在观测站位置误差时，辐射源位置 $\boldsymbol{\varphi}=[\boldsymbol{u}^{o\mathrm{T}}\quad \dot{\boldsymbol{u}}^{o\mathrm{T}}]^{\mathrm{T}}$ 可通过求解如下 NLS 问题：

$$\min_{\boldsymbol{\varphi}}(\boldsymbol{r}-\boldsymbol{A}\tilde{\boldsymbol{r}})^{\mathrm{T}}\boldsymbol{Q}_{\mathrm{t}}^{-1}(\boldsymbol{r}-\boldsymbol{A}\tilde{\boldsymbol{r}})+(\dot{\boldsymbol{r}}-\boldsymbol{A}\tilde{\dot{\boldsymbol{r}}})^{\mathrm{T}}\boldsymbol{Q}_{\mathrm{f}}^{-1}(\dot{\boldsymbol{r}}-\boldsymbol{A}\tilde{\dot{\boldsymbol{r}}})+(\boldsymbol{\beta}-\boldsymbol{\beta}^o)^{\mathrm{T}}\boldsymbol{Q}_{\beta}^{-1}(\boldsymbol{\beta}-\boldsymbol{\beta}^o)$$

$$\text{s.t.}\begin{cases}r_i^o=\|\boldsymbol{u}-\boldsymbol{s}_i^o\|\\ \dot{r}_i^o=\dfrac{(\dot{\boldsymbol{u}}-\dot{\boldsymbol{s}}_i^o)^{\mathrm{T}}(\boldsymbol{u}-\boldsymbol{s}_i^o)}{\|\boldsymbol{u}-\boldsymbol{s}_i^o\|}(i=1,2,\cdots,M)\end{cases}\tag{7.301}$$

式中：$\boldsymbol{Q}_{\mathrm{t}}^{-1}$、$\boldsymbol{Q}_{\mathrm{f}}^{-1}$、$\boldsymbol{Q}_{\beta}^{-1}$ 为时差、频差误差和观测站位置误差的加权矩阵。

显然，式(7.301)中目标函数和约束条件都是非线性非凸的，不满足半定规划的条件，我们通过一系列变换和松弛技术，使其满足求解半定规划条件。

将 $r_{i1}^o=r_{i1}-n_{i1}$，$\boldsymbol{s}_i^o=\boldsymbol{s}_i-\Delta\boldsymbol{s}_i$，代入式(7.5)，可得

$$\begin{aligned}&2(\boldsymbol{s}_i-\boldsymbol{s}_1)^{\mathrm{T}}(\boldsymbol{u}^o-\boldsymbol{s}_1)+2r_{i1}r_1^o-2r_{i1}n_{i1}+2(\boldsymbol{s}_i-\boldsymbol{s}_1)^{\mathrm{T}}\Delta\boldsymbol{s}_i\\&-2(\Delta\boldsymbol{s}_i-\Delta\boldsymbol{s}_1)^{\mathrm{T}}(\boldsymbol{u}^o-\boldsymbol{s}_1)-2n_{i1}r_1^o+n_{i1}^2+\Delta\boldsymbol{s}_1^{\mathrm{T}}\Delta\boldsymbol{s}_1-\Delta\boldsymbol{s}_i^{\mathrm{T}}\Delta\boldsymbol{s}_i\\&=-r_{i1}^2+(\boldsymbol{s}_i-\boldsymbol{s}_1)^{\mathrm{T}}(\boldsymbol{s}_i-\boldsymbol{s}_1)\end{aligned}\tag{7.302}$$

式(7.302)两边对时间 t 进行求导，可得

$$\begin{aligned}&(\dot{\boldsymbol{s}}_i^o-\dot{\boldsymbol{s}}_1)^{\mathrm{T}}(\boldsymbol{u}^o-\boldsymbol{s}_1)+(\boldsymbol{s}_i-\boldsymbol{s}_1)^{\mathrm{T}}(\dot{\boldsymbol{u}}^o-\dot{\boldsymbol{s}}_1)+\dot{r}_{i1}r_1^o+r_{i1}\dot{r}_1^o-\dot{r}_{i1}n_{i1}-r_{i1}\dot{n}_{i1}\\&+(\dot{\boldsymbol{s}}_i-\dot{\boldsymbol{s}}_1)^{\mathrm{T}}\Delta\boldsymbol{s}_i+(\boldsymbol{s}_i-\boldsymbol{s}_1)^{\mathrm{T}}\Delta\dot{\boldsymbol{s}}_i-(\Delta\dot{\boldsymbol{s}}_i-\Delta\dot{\boldsymbol{s}}_1)^{\mathrm{T}}(\boldsymbol{u}^o-\boldsymbol{s}_1)\end{aligned}$$

$$-(\Delta s_i-\Delta s_1)^{\mathrm T}(\dot{u}^o-\dot{s}_1)-\dot{n}_{i1}r_1^o-n_{i1}\dot{r}_1^o+n_{i1}\dot{n}_{i1}+\Delta s_1^{\mathrm T}\Delta\dot{s}_1-\Delta s_i^{\mathrm T}\Delta\dot{s}_i$$
$$=-r_{i1}\dot{r}_{i1}+(s_i-s_1)^{\mathrm T}(\dot{s}_i-\dot{s}_1) \tag{7.303}$$

注意,式(7.302)、式(7.303)保留了误差的二阶项,因而与测量方程式(7.287)、式(7.288)是等价的。

将式(7.302)、式(7.303)表示为矩阵形式:

$$y=Hx \tag{7.304}$$

其中,

$\bar{\varphi}=[(u^o-s_1)^{\mathrm T}\quad(\dot{u}^o-\dot{s}_1)^{\mathrm T}]^{\mathrm T}$,$\zeta=[\bar{\varphi}^{\mathrm T}\quad r_1^o\quad \dot{r}_1^o\quad \Delta\alpha^{\mathrm T}\quad \Delta\beta^{\mathrm T}]^{\mathrm T}$,$U=\zeta\zeta^{\mathrm T}$

$x=[\zeta^{\mathrm T}\quad x_1\quad x_2]^{\mathrm T}$,$x_1=[g_1^{\mathrm T}\quad U(7,9:M+7)\quad \mathrm{diag}(U(9:M+7,9:M+7))^{\mathrm T}\quad g_2^{\mathrm T}]^{\mathrm T}$

$g_1=[\mathrm{tr}(U(1:3,2M+7:2M+9)),\mathrm{tr}(U(1:3,2M+10:2M+12))\quad\cdots\quad \mathrm{tr}(U(1:3,5M+4:5M+6))]^{\mathrm T}$

$g_2=[\mathrm{tr}(U(2M+7:2M+9,2M+7:2M+9))\quad \mathrm{tr}(U(2M+10:2M+12,2M+10:2M+12))\quad\cdots\quad \mathrm{tr}(U(5M+4:5M+6,5M+4:5M+6))]^{\mathrm T}$

$x_2=[g_3^{\mathrm T}\quad g_4^{\mathrm T}\quad U(7,M+8:2M+6)\quad U(8,9:M+7)\quad (\mathrm{diag}(U(9:M+7,M+8:2M+6)))^{\mathrm T},g_5^{\mathrm T}]^{\mathrm T}$

$g_3=[\mathrm{tr}(U(1:3,5M+7:5M+9))\quad \mathrm{tr}(U(1:3,5M+10:5M+12))\quad\cdots\quad \mathrm{tr}(U(1:3,8M+4:8M+6))]^{\mathrm T}$

$g_4=[\mathrm{tr}(U(4:6,2M+7:2M+9))\quad \mathrm{tr}(U(4:6,2M+10:2M+12))\quad\cdots\quad \mathrm{tr}(U(4:6,5M+4:5M+6))]^{\mathrm T}$

$g_5=[\mathrm{tr}(U(2M+7:2M+9,5M+7:5M+9))\quad \mathrm{tr}(U(2M+10:2M+12,5M+10:5M+12))\quad\cdots\quad \mathrm{tr}(U(5M+4:5M+6,8M+4:8M+6))]^{\mathrm T}$

$H=[H_1^{\mathrm T}\quad H_2^{\mathrm T}]^{\mathrm T}$

$H_1=[2G_1^{\mathrm T}\quad 0_{(M-1)\times3}\quad 2r\quad 0_{(M-1)\times1}\quad -2R\quad O\quad 0_{(M-1)\times3}\quad D_{\mathrm s}\quad 1_{(M-1)\times1}\quad -I\quad -2I\quad I\quad 1_{(M-1)\times1}\quad -I\quad 0_{(M-1)\times(12M-3)}]$

$H_2=[\dot{G}_1^{\mathrm T}\quad G_1^{\mathrm T}\quad \dot{r}\quad r\quad -\dot{R}\quad -R\quad 0_{(M-1)\times3}\quad \dot{D}_{\mathrm s}\quad 0_{(M-1)\times(8M-1)}\quad D_s\quad 1_{(M-1)\times1}\quad -I\quad 1_{(M-1)\times1}\quad -I\quad -I\quad -I\quad I\quad 1_{(M-1)\times1}\quad -I]$,$G_1=[s_2-s_1\quad s_3-s_1\quad\cdots\quad s_M-s_1]$,$\dot{G}_1=[\dot{s}_2-\dot{s}_1\quad \dot{s}_3-\dot{s}_1\quad\cdots\quad \dot{s}_M-\dot{s}_1]$

$r=[r_{21}\quad r_{31}\quad\cdots\quad r_{M1}]^{\mathrm T}$,$\dot{r}=[\dot{r}_{21}\quad \dot{r}_{31}\quad\cdots\quad \dot{r}_{M1}]^{\mathrm T}$,$R=\mathrm{diag}(r)$,$\dot{R}=\mathrm{diag}(\dot{r})$

$D_{\mathrm s}=\mathrm{diag}\{[(s_2-s_1)^{\mathrm T}\quad\cdots\quad(s_M-s_1)^{\mathrm T}]\}I$,$\dot{D}_{\mathrm s}=\mathrm{diag}\{[(\dot{s}_2-\dot{s}_1)^{\mathrm T}\quad\cdots\quad(\dot{s}_M-\dot{s}_1)^{\mathrm T}]\}$,$I$ 和 O 分别为$(M-1)\times(M-1)$阶单位矩阵和零矩阵。

考虑到观测站位置误差时,辅助变量 r_1^o、$\dot{r}_1^o$可分别表示为

$$r_1^o = \| \boldsymbol{u}^o - \boldsymbol{s}_1^o \| = \| \boldsymbol{u}^o - \boldsymbol{s}_1 + \Delta \boldsymbol{s}_1 \| \tag{7.305}$$

$$\dot{r}_1^o = \frac{(\dot{\boldsymbol{u}}^o - \dot{\boldsymbol{s}}_1^o)^{\mathrm{T}}(\boldsymbol{u}^o - \boldsymbol{s}_1^o)}{r_1^o} = \frac{(\dot{\boldsymbol{u}}^o - \dot{\boldsymbol{s}}_1 + \Delta \dot{\boldsymbol{s}}_1)^{\mathrm{T}}(\boldsymbol{u}^o - \boldsymbol{s}_1 + \Delta \boldsymbol{s}_1)}{r_1^o} \tag{7.306}$$

将式(7.305)、式(7.306)转化为关于 $\boldsymbol{U}$ 的线性关系式：

$$\boldsymbol{U}(7,7) = \mathrm{tr}\begin{bmatrix} \boldsymbol{U}(1:3,1:3) + \boldsymbol{U}(1:3,2M+7:2M+9) \\ + \boldsymbol{U}(2M+7:2M+9,2M+7:2M+9) \end{bmatrix} \tag{7.307}$$

$$\boldsymbol{U}(7,8) = \mathrm{tr}\begin{bmatrix} \boldsymbol{U}(1:3,4:6) + \boldsymbol{U}(4:6,2M+7:2M+9) + \boldsymbol{U}(1:3,5M+7:5M+9) \\ + \boldsymbol{U}(5M+7:5M+9,5M+7:5M+9) \end{bmatrix} \tag{7.308}$$

根据式(7.304)~式(7.308)，辐射源的 NLS 解问题式(7.301)可表示为

$$\begin{aligned} \min_{\boldsymbol{x},\boldsymbol{U}} \quad & \mathrm{tr}[\boldsymbol{Q}_{\mathrm{t}}^{-1}\boldsymbol{U}(8:M+7,8:M+7)] + \mathrm{tr}[\boldsymbol{Q}_{\mathrm{f}}^{-1}\boldsymbol{U}(M+8:2M+6,M+8:2M+6)] \\ & + \mathrm{tr}[\boldsymbol{Q}_{\beta}^{-1}U(2M+7:8M+6,2M+7:8M+6)] \end{aligned}$$

$$\text{s. t.} \begin{cases} \boldsymbol{y} = \boldsymbol{H}\boldsymbol{x} \\ \boldsymbol{U}(7,7) = \mathrm{tr}\begin{bmatrix} \boldsymbol{U}(1:3,1:3) + \boldsymbol{U}(1:3,2M+7:2M+9) \\ + \boldsymbol{U}(2M+7:2M+9,2M+7:2M+9) \end{bmatrix} \\ \boldsymbol{U}(7,8) = \mathrm{tr}\begin{bmatrix} \boldsymbol{U}(1:3,4:6) + \boldsymbol{U}(4:6,2M+7:2M+9) + \boldsymbol{U}(1:3,5M \\ +7:5M+9) + \boldsymbol{U}(5M+7:5M+9,5M+7:5M+9) \end{bmatrix} \\ \boldsymbol{U} = \boldsymbol{\zeta}\boldsymbol{\zeta}^{\mathrm{T}} \end{cases} \tag{7.309}$$

将式(7.309)中的非凸约束条件 $\boldsymbol{U} = \boldsymbol{\zeta}\boldsymbol{\zeta}^{\mathrm{T}}$ 进行松弛：$\boldsymbol{U} \geq \boldsymbol{\zeta}\boldsymbol{\zeta}^{\mathrm{T}}$，可得到如下 SDP 问题：

$$\begin{aligned} \min_{\boldsymbol{x},\boldsymbol{U}} \quad & \boldsymbol{Q}_{\mathrm{t}}^{-1}\boldsymbol{U}(3:M+1,3:M+1) + \boldsymbol{Q}_{\mathrm{f}}^{-1}\boldsymbol{U}(M+2:2M,M+2:2M) \\ & + \mathrm{tr}[\boldsymbol{Q}_{\beta}^{-1}\boldsymbol{U}(2M+7:8M+6,2M+7:8M+6)] \end{aligned}$$

$$\text{s. t.} \begin{cases} \boldsymbol{y} = \boldsymbol{H}\boldsymbol{x} \\ \boldsymbol{U}(7,7) = \mathrm{tr}\begin{bmatrix} \boldsymbol{U}(1:3,1:3) + \boldsymbol{U}(1:3,2M+7:2M+9) \\ + \boldsymbol{U}(2M+7:2M+9,2M+7:2M+9) \end{bmatrix} \\ \boldsymbol{U}(7,8) = \mathrm{tr}\begin{bmatrix} \boldsymbol{U}(1:3,4:6) + \boldsymbol{U}(4:6,2M+7:2M+9) + \boldsymbol{U}(1:3,5M \\ +7:5M+9) + \boldsymbol{U}(5M+7:5M+9,5M+7:5M+9) \end{bmatrix} \\ \boldsymbol{U} \geq \boldsymbol{\zeta}\boldsymbol{\zeta}^{\mathrm{T}} \end{cases}$$

关于本节 NLSSDP 方法的计算复杂性和性能分析将在 7.7.4 节中详细分析。

7.7.4 稳健 TDOA/FDOA 定位算法

7.7.3 节研究的 NLSSDP 算法中由于将误差项加入待求变量中，导致待求变

量规模变大,增加了计算量,特别是存在观测站位置误差时,极大增加了待求变量个数,事实上我们最终要求的是辐射源位置参数而不关心误差项。因此,本节基于测量误差界信息,研究一种计算较为简单的,并且稳健的TDOA/FDOA定位算法。

7.7.4.1　算法描述

重写时差频差方程:

$$2(\boldsymbol{s}_i^o-\boldsymbol{s}_1^o)^{\mathrm{T}}(\boldsymbol{u}^o-\boldsymbol{s}_1^o)+2r_{i1}^o r_1^o=-r_{i1}^{o2}+(\boldsymbol{s}_i^o-\boldsymbol{s}_1^o)^{\mathrm{T}}(\boldsymbol{s}_i^o-\boldsymbol{s}_1^o) \tag{7.310}$$

$$\begin{aligned}&(\dot{\boldsymbol{s}}_i^o-\dot{\boldsymbol{s}}_1^o)^{\mathrm{T}}(\boldsymbol{u}^o-\boldsymbol{s}_1^o)+\dot{r}_{i1}^o r_1^o+(\boldsymbol{s}_i^o-\boldsymbol{s}_1^o)^{\mathrm{T}}(\dot{\boldsymbol{u}}^o-\dot{\boldsymbol{s}}_1^o)+r_{i1}^o\dot{r}_1^o\\&=-\dot{r}_{i1}^o r_{i1}^o+(\dot{\boldsymbol{s}}_i^o-\dot{\boldsymbol{s}}_1^o)^{\mathrm{T}}(\boldsymbol{s}_i^o-\boldsymbol{s}_1^o)\end{aligned} \tag{7.311}$$

考虑观测站位置,速度误差及时差与频差测量误差时,将$r_{i1}^o=r_{i1}-n_{i1}$,$\boldsymbol{s}_i^o=\boldsymbol{s}_i-\Delta\boldsymbol{s}_i$,$r_1^o=\|\boldsymbol{u}^o-\boldsymbol{s}_1^o\|\approx\|\boldsymbol{u}^o-\boldsymbol{s}_1\|+\boldsymbol{\rho}_{\boldsymbol{u}^o,\boldsymbol{s}_1}^{\mathrm{T}}\Delta\boldsymbol{s}_1$,其中,$\boldsymbol{\rho}_{a,b}=(\boldsymbol{a}-\boldsymbol{b})/\|\boldsymbol{a}-\boldsymbol{b}\|$,$\hat{r}_1^o=\|\boldsymbol{u}^o-\boldsymbol{s}_1\|$,将以上公式代入式(7.310)、式(7.311),可得

$$\begin{aligned}&2(\boldsymbol{s}_i-\boldsymbol{s}_1)^{\mathrm{T}}(\boldsymbol{u}^o-\boldsymbol{s}_1)+2r_{i1}\hat{r}_1^o-2(\Delta\boldsymbol{s}_i-\Delta\boldsymbol{s}_1)^{\mathrm{T}}(\boldsymbol{u}^o-\boldsymbol{s}_1)-2n_{i1}\hat{r}_1^o\\&=-r_{i1}^2+(\boldsymbol{s}_i-\boldsymbol{s}_1)^{\mathrm{T}}(\boldsymbol{s}_i-\boldsymbol{s}_1)+2r_{i1}n_{i1}-2(\boldsymbol{s}_i-\boldsymbol{s}_1)^{\mathrm{T}}\Delta\boldsymbol{s}_i-2\boldsymbol{d}_i^{\mathrm{T}}\Delta\boldsymbol{s}_1+O(n_{i1})+O(\Delta\boldsymbol{s}_i)\end{aligned} \tag{7.312}$$

$$\begin{aligned}&(\dot{\boldsymbol{s}}_i-\dot{\boldsymbol{s}}_1)^{\mathrm{T}}(\boldsymbol{u}^o-\boldsymbol{s}_1)+\dot{r}_{i1}\hat{r}_1^o+(\boldsymbol{s}_i-\boldsymbol{s}_1)^{\mathrm{T}}(\dot{\boldsymbol{u}}^o-\dot{\boldsymbol{s}}_1)+r_{i1}\hat{\dot{r}}_1^o-(\Delta\dot{\boldsymbol{s}}_i-\Delta\dot{\boldsymbol{s}}_1)^{\mathrm{T}}(\boldsymbol{u}^o-\boldsymbol{s}_1)\\&-\dot{n}_{i1}\hat{r}_1^o-(\Delta\boldsymbol{s}_i-\Delta\boldsymbol{s}_1)^{\mathrm{T}}(\dot{\boldsymbol{u}}^o-\dot{\boldsymbol{s}}_1)-n_{i1}\hat{\dot{r}}_1^o\\&=-r_{i1}\dot{r}_{i1}+(\dot{\boldsymbol{s}}_i-\dot{\boldsymbol{s}}_1)^{\mathrm{T}}(\boldsymbol{s}_i-\boldsymbol{s}_1)+\dot{r}_{i1}n_{i1}+r_{i1}\dot{n}_{i1}-(\dot{\boldsymbol{s}}_i-\dot{\boldsymbol{s}}_1)^{\mathrm{T}}\Delta\boldsymbol{s}_i-(\boldsymbol{s}_i-\boldsymbol{s}_1)^{\mathrm{T}}\Delta\dot{\boldsymbol{s}}_i\\&-\dot{\boldsymbol{d}}_i^{\mathrm{T}}\Delta\boldsymbol{s}_1-\boldsymbol{d}_i^{\mathrm{T}}\Delta\dot{\boldsymbol{s}}_1+O(n_{i1})+O(\dot{n}_{i1})+O(\Delta\boldsymbol{s}_1)+O(\Delta\boldsymbol{s}_i)+O(\Delta\dot{\boldsymbol{s}}_1)+O(\Delta\dot{\boldsymbol{s}}_i)\end{aligned} \tag{7.313}$$

式中:$O(\cdot)$为二阶及二阶以上误差项。

与7.2.2节一样,把上述含噪的时差与频差方程写成矩阵的形式:

$$(\boldsymbol{A}_0-\Delta\boldsymbol{A})\boldsymbol{\theta}-(\boldsymbol{b}_0-\Delta\boldsymbol{b})=O(\boldsymbol{\alpha})+O(\boldsymbol{\beta}) \tag{7.314}$$

式中:$\boldsymbol{A}_0$、$\Delta\boldsymbol{A}_0$、$\boldsymbol{b}$、$\Delta\boldsymbol{b}$的表达式分别对应7.2.2节中的$\boldsymbol{A}$、$\Delta\boldsymbol{A}$、$\boldsymbol{b}$、$\Delta\boldsymbol{b}$。

7.2节,考虑噪声较小时,忽略二阶噪声项,因此将时差频差方程建模为约束总体最小二乘模型。然而,如式(7.314)所示,随着噪声$\boldsymbol{\alpha}$、$\boldsymbol{\beta}$方差的增大,利用7.2节中的基于总体最小二乘一致方程$(\boldsymbol{A}_0-\Delta\boldsymbol{A})\boldsymbol{\theta}-(\boldsymbol{b}_0-\Delta\boldsymbol{b})=\boldsymbol{0}$求解,可能导致定位精度的下降,甚至不能够有效定位。为了进一步抑制噪声对定位解的不确定性影响,本节考虑通过约束噪声界,来获得稳健的定位解。

我们考虑采用min max准则求解式(7.314)问题:

$$\min_{\boldsymbol{u}^o}\left\{\sup_{\|\Delta\boldsymbol{A},\Delta\boldsymbol{b}\|_F\leqslant\rho}\|(\boldsymbol{A}_0-\Delta\boldsymbol{A})\boldsymbol{\theta}-(\boldsymbol{b}_0-\Delta\boldsymbol{b})\|\right\}$$

$$
\text{s. t.} \quad \begin{cases} \hat{r}_1^o = \| \boldsymbol{u}^o - \boldsymbol{s}_1 \| \\ \hat{\dot{r}}_1^o = \dfrac{(\dot{\boldsymbol{u}}^o - \dot{\boldsymbol{s}}_1)^{\mathrm{T}}(\boldsymbol{u}^o - \boldsymbol{s}_1)}{\| \boldsymbol{u}^o - \boldsymbol{s}_1 \|} \end{cases} \tag{7.315}
$$

式(7.315)加入了误差界信息,因而,采用上述方法可望获得稳健的定位性能。本节在7.7.4.2节研究如何将式(7.315)的求解转化为半定规划问题。

7.7.4.2 算法求解

注意到式(7.314)中,观测矩阵误差 $\Delta\boldsymbol{A}$ 和测量矢量误差 $\Delta\boldsymbol{b}$ 均为 $\Delta\boldsymbol{\alpha}$、$\Delta\boldsymbol{\beta}$ 中元素的组合,也就是说具有一定的结构,可将其表示为

$$
\boldsymbol{A}(\boldsymbol{\varepsilon}) = \boldsymbol{A}_0 + \sum_{i=1}^{p} \varepsilon_i \boldsymbol{A}_i, \quad \boldsymbol{b}(\boldsymbol{\varepsilon}) = \boldsymbol{b}_0 + \sum_{i=1}^{p} \varepsilon_i \boldsymbol{b}_i \tag{7.316}
$$

式中:$\boldsymbol{\varepsilon} = [\Delta\boldsymbol{\beta}^{\mathrm{T}} \quad \Delta\boldsymbol{\alpha}^{\mathrm{T}}]^{\mathrm{T}}$。因此,相应的定位模型式(3.315)转化为

$$
\begin{aligned} & \min_{\boldsymbol{\theta}} \{ \sup_{\|\boldsymbol{\varepsilon}\| \leqslant \rho} \| \boldsymbol{A}(\boldsymbol{\varepsilon})\boldsymbol{\theta} - \boldsymbol{b}(\boldsymbol{\varepsilon}) \| \} \\ & \text{s. t.} \quad \begin{cases} \hat{r}_1^o = \| \boldsymbol{u}^o - \boldsymbol{s}_1 \| \\ \hat{\dot{r}}_1^o = \dfrac{(\dot{\boldsymbol{u}}^o - \dot{\boldsymbol{s}}_1)^{\mathrm{T}}(\boldsymbol{u}^o - \boldsymbol{s}_1)}{\| \boldsymbol{u}^o - \boldsymbol{s}_1 \|} \end{cases} \end{aligned} \tag{7.317}
$$

定义变量矩阵:

$$
\boldsymbol{M}(\boldsymbol{\theta}) \triangleq [\boldsymbol{A}_1\boldsymbol{\theta} - \boldsymbol{b}_1, \cdots, \boldsymbol{A}_{\mathrm{p}}\boldsymbol{\theta} - \boldsymbol{b}_{\mathrm{p}}] \tag{7.318}
$$

$$
\boldsymbol{F} \triangleq \boldsymbol{M}(\boldsymbol{\theta})^{\mathrm{T}}\boldsymbol{M}(\boldsymbol{\theta}) \tag{7.319}
$$

$$
\boldsymbol{g} \triangleq \boldsymbol{M}(\boldsymbol{\theta})^{\mathrm{T}}(\boldsymbol{A}_0\boldsymbol{\theta} - \boldsymbol{b}_0) \tag{7.320}
$$

$$
h = \| \boldsymbol{A}_0\boldsymbol{\theta} - \boldsymbol{b}_0 \|^2 \tag{7.321}
$$

$$
r_e(\boldsymbol{\theta}, \rho) \triangleq \sup_{\|\boldsymbol{\varepsilon}\| \leqslant \rho} \| \boldsymbol{A}(\boldsymbol{\varepsilon})\boldsymbol{\theta} - \boldsymbol{b}(\boldsymbol{\varepsilon}) \| \tag{7.322}
$$

在式(7.322)中,注意到 ρ 为一个标量,$r_e(\boldsymbol{\theta}, \rho) \triangleq \rho \sup\limits_{\|\boldsymbol{\varepsilon}\| \leqslant \rho} \| \boldsymbol{A}(\boldsymbol{\varepsilon})/\rho\boldsymbol{\theta} - \boldsymbol{b}(\boldsymbol{\varepsilon})/\rho \|$,不失一般性,在相关表达式中可令 $\rho = 1$(在讨论 ρ 取值时除外)。

根据上述表达式,可得

$$
r_e(\boldsymbol{\theta})^2 = \sup_{\boldsymbol{\varepsilon}^{\mathrm{T}}\boldsymbol{\varepsilon} \leqslant 1} \begin{bmatrix} 1 \\ \boldsymbol{\varepsilon} \end{bmatrix}^{\mathrm{T}} \begin{bmatrix} h & \boldsymbol{g}^{\mathrm{T}} \\ \boldsymbol{g} & \boldsymbol{F} \end{bmatrix} \begin{bmatrix} 1 \\ \boldsymbol{\varepsilon} \end{bmatrix} \tag{7.323}
$$

根据S-procedure定理[26],令 $\lambda \geqslant 0$,对任意 $\boldsymbol{\varepsilon}$,$\boldsymbol{\varepsilon}^{\mathrm{T}}\boldsymbol{\varepsilon} \leqslant 1$,若有 $\begin{bmatrix} 1 \\ \boldsymbol{\varepsilon} \end{bmatrix}^{\mathrm{T}} \begin{bmatrix} h & \boldsymbol{g}^{\mathrm{T}} \\ \boldsymbol{g} & F \end{bmatrix} \begin{bmatrix} 1 \\ \boldsymbol{\varepsilon} \end{bmatrix} \leqslant \lambda$,当且仅当存在 $\tau \geqslant 0$,使得下式成立:

$$\begin{bmatrix} \lambda-\tau-h & -\boldsymbol{g}^{\mathrm{T}} \\ -\boldsymbol{g} & \tau\boldsymbol{I}-\boldsymbol{F} \end{bmatrix} \geq \boldsymbol{0} \tag{7.324}$$

由式(7.324)可得

$$\begin{bmatrix} \lambda-\tau & \boldsymbol{0} \\ \boldsymbol{0} & \tau\boldsymbol{I} \end{bmatrix} - \begin{bmatrix} h & \boldsymbol{g}^{\mathrm{T}} \\ \boldsymbol{g} & \boldsymbol{F} \end{bmatrix} \geq \boldsymbol{0} \tag{7.325}$$

即

$$\begin{bmatrix} \lambda-\tau & \boldsymbol{0} \\ \boldsymbol{0} & \tau\boldsymbol{I} \end{bmatrix} - \begin{bmatrix} (\boldsymbol{A}_0\boldsymbol{\theta}-\boldsymbol{b}_0)^{\mathrm{T}} \\ \boldsymbol{M}(\boldsymbol{\theta})^{\mathrm{T}} \end{bmatrix} [(\boldsymbol{A}_0\boldsymbol{\theta}-\boldsymbol{b}_0) \quad \boldsymbol{M}(\boldsymbol{\theta})] \geq \boldsymbol{0} \tag{7.326}$$

利用Schur补，可得

$$\begin{bmatrix} \lambda-\tau & \boldsymbol{0} & (\boldsymbol{A}_0\boldsymbol{\theta}-\boldsymbol{b}_0)^{\mathrm{T}} \\ \boldsymbol{0} & \tau\boldsymbol{I} & \boldsymbol{M}(\boldsymbol{\theta})^{\mathrm{T}} \\ \boldsymbol{A}_0\boldsymbol{\theta}-\boldsymbol{b}_0 & \boldsymbol{M}(\boldsymbol{\theta}) & \boldsymbol{I} \end{bmatrix} \geq \boldsymbol{0} \tag{7.327}$$

定义变量：$\boldsymbol{\Theta}=\boldsymbol{\theta}\boldsymbol{\theta}^{\mathrm{T}}$ 和

$$r_1 = \| \boldsymbol{u}^o - \boldsymbol{s}_1 \| \Leftrightarrow \boldsymbol{\theta}^{\mathrm{T}}\boldsymbol{\Sigma}_1\boldsymbol{\theta}=0 \Leftrightarrow \mathrm{tr}(\boldsymbol{\Sigma}_1\boldsymbol{\Theta})=0 \tag{7.328}$$

式中：$\boldsymbol{\Sigma}_1=\begin{bmatrix} \Sigma_0 & \boldsymbol{0} \\ \boldsymbol{0} & \boldsymbol{0} \end{bmatrix}$；$\Sigma_0=\mathrm{diag}\{1,1,1,-1\}$。

$$\dot{r}_1 = \frac{(\dot{\boldsymbol{u}}^o-\dot{\boldsymbol{s}}_1)^{\mathrm{T}}(\boldsymbol{u}^o-\boldsymbol{s}_1)}{\| \boldsymbol{u}^o-\boldsymbol{s}_1 \|} \Leftrightarrow \boldsymbol{\theta}^{\mathrm{T}}\boldsymbol{\Sigma}_2\boldsymbol{\theta}=0 \Leftrightarrow \mathrm{tr}(\boldsymbol{\Sigma}_2\boldsymbol{\Theta})=0 \tag{7.329}$$

式中：$\boldsymbol{\Sigma}_2=\begin{bmatrix} \boldsymbol{0} & \Sigma_0 \\ \Sigma_0 & \boldsymbol{0} \end{bmatrix}$。

对非凸约束集 $\boldsymbol{\Theta}=\boldsymbol{\theta}\boldsymbol{\theta}^{\mathrm{T}}$ 进行松弛，可得

$$\begin{bmatrix} \boldsymbol{\Theta} & \boldsymbol{\theta} \\ \boldsymbol{\theta}^{\mathrm{T}} & 1 \end{bmatrix} \geq \boldsymbol{0} \tag{7.330}$$

式(7.317)可转化为如下SDP算法：

$$\min_{\boldsymbol{\Theta},\boldsymbol{\theta},\lambda,\tau} \quad \lambda$$

$$\text{s. t.} \quad \begin{cases} \mathrm{tr}(\boldsymbol{\Sigma}_1\boldsymbol{\Theta})=0, \mathrm{tr}(\boldsymbol{\Sigma}_2\boldsymbol{\Theta})=0 \\ \begin{bmatrix} \lambda-\tau & \boldsymbol{0} & (\boldsymbol{A}_0\boldsymbol{\theta}-\boldsymbol{b}_0)^{\mathrm{T}} \\ \boldsymbol{0} & \tau\boldsymbol{I} & \boldsymbol{M}(\boldsymbol{\theta})^{\mathrm{T}} \\ \boldsymbol{A}_0\boldsymbol{\theta}-\boldsymbol{b}_0 & \boldsymbol{M}(\boldsymbol{\theta}) & \boldsymbol{I} \end{bmatrix} \geq \boldsymbol{0} \\ \begin{bmatrix} \boldsymbol{\Theta} & \boldsymbol{\theta} \\ \boldsymbol{\theta}^{\mathrm{T}} & I \end{bmatrix} \geq \boldsymbol{0} \end{cases} \tag{7.331}$$

则式(7.331)可方便地通过SDP的内点算法求得其全局近似最优解。本节所提的算法记为稳建半定规划(Robust Semi-definite Programming,RSDP)。

7.7.5 分析讨论

7.7.5.1 与文献[26]中方法的比较

文献[26]提出了一种基于min max准则的SDP-I时差定位算法。和本章同样都利用了min max准则,但本质上和本章方法是不同的。下面简要介绍SDP-I时差定位算法。

对式(7.287)移项,并做平方可得

$$(r_{i1}+\|\boldsymbol{u}^o-\boldsymbol{s}_1^o\|)^2-(\|\boldsymbol{u}^o-\boldsymbol{s}_i^o\|)^2=\underbrace{(2\|\boldsymbol{u}^o-\boldsymbol{s}_i^o\|+n_{i1})n_{i1}}_{\text{noise}\ w_i} \tag{7.332}$$

式(7.332)等号右边为包含所有噪声n_{i1}的合并项w_i,显然不含噪声时,等号右边应等于零。当噪声特性未知时,采用min max准则,提出了一种简化的算法,即

$$\boldsymbol{u}=\arg\min_{\boldsymbol{u}^o}\max_{i=2,3,\cdots,M}\left|(r_{i1}+\|\boldsymbol{u}^o-\boldsymbol{s}_1^o\|)^2-(\|\boldsymbol{u}^o-\boldsymbol{s}_i^o\|)^2\right| \tag{7.333}$$

令$u_s=\boldsymbol{u}^{\mathrm{T}}\boldsymbol{u}$,$r_1=\|\boldsymbol{u}-\boldsymbol{s}_1\|$,$r_s=r_1^2$,可将式(7.333)转化为

$$\begin{aligned}&\min_{\boldsymbol{u},u_s,r_1,r_s}\tau\\ &\text{s.t.}\quad\begin{cases}-\tau<\dfrac{1}{c^2}\mathrm{tr}\left(\begin{bmatrix}\boldsymbol{I}&\boldsymbol{u}\\ \boldsymbol{u}^{\mathrm{T}}&u_s\end{bmatrix}\begin{bmatrix}\boldsymbol{s}_i\boldsymbol{s}_i^{\mathrm{T}}&-\boldsymbol{s}_i\\ -\boldsymbol{s}_i^{\mathrm{T}}&1\end{bmatrix}\right)-\dfrac{1}{c^2}\mathrm{tr}\left(\begin{bmatrix}1&r_1\\ r_1&r_s\end{bmatrix}\begin{bmatrix}r_{i1}^2&r_{i1}\\ r_{i1}&1\end{bmatrix}\right)<\tau\\ (i=2,3,\cdots,M)\end{cases}\end{aligned} \tag{7.334}$$

利用凸松弛技术,可将式(7.334)转化为易于求解的SDP问题(SDP-I):

$$\begin{aligned}&\min_{\boldsymbol{u},u_s,r_1,r_s}\tau\\ &\text{s.t.}\quad\begin{cases}-\tau<\dfrac{1}{c^2}\mathrm{tr}\left(\begin{bmatrix}\boldsymbol{I}&\boldsymbol{u}\\ \boldsymbol{u}^{\mathrm{T}}&u_s\end{bmatrix}\begin{bmatrix}\boldsymbol{s}_i\boldsymbol{s}_i^{\mathrm{T}}&-\boldsymbol{s}_i\\ -\boldsymbol{s}_i^{\mathrm{T}}&1\end{bmatrix}\right)-\dfrac{1}{c^2}\mathrm{tr}\left(\begin{bmatrix}1&r_1\\ r_1&r_s\end{bmatrix}\begin{bmatrix}r_{i1}^2&r_{i1}\\ r_{i1}&1\end{bmatrix}\right)<\tau\\ (i=2,3,\cdots,M)\\ \begin{bmatrix}\boldsymbol{I}&\boldsymbol{u}\\ \boldsymbol{u}^{\mathrm{T}}&u_s\end{bmatrix}\succeq 0,\quad\begin{bmatrix}1&r_1\\ r_1&r_s\end{bmatrix}\succeq 0\\ r_s=\boldsymbol{s}_1^{\mathrm{T}}\boldsymbol{s}_1-2\boldsymbol{s}_1^{\mathrm{T}}\boldsymbol{u}+u_s\end{cases}\end{aligned} \tag{7.335}$$

上述SDP-I算法对未知噪声环境下时差定位具有一定的稳健性，且相比基于最大似然SDP算法的定位算法具有计算优势。本章算法RSDP与SDP-I算法的区别如下。

(1) SDP-I算法本质上是时差方程的 l_∞ 范数的求解，而本章所提算法RSDP利用的是时差频差方程的 l_2 范数，显然，l_2 范数要比 l_∞ 范数的解更为精确。

(2) 本章算法利用了参数测量误差界信息。

(3) 本章中考虑的是TDOA/FDOA联合定位。

7.7.5.2　关于误差界的上下限

由于最小二乘类方法(如TS WLS、LCLS、CTLS等)是建立在测量误差较小的基础之上，从而得到的伪线性方程组。当测量误差较大时，显然测量误差的高阶项不可忽略。此时，所谓的"伪线性方程组"并非一致方程，因此最小二乘类方法得到的定位解偏差较大。本章基于误差界信息，利用min max准则来约束方程组，使其得到稳健的定位解。下面讨论误差界 ρ 的取值问题。

推论7.1[29]　当 ρ 满足

$$\rho \leqslant \rho_{\min} \triangleq \frac{\sqrt{1+\|\boldsymbol{A}^{\dagger}\boldsymbol{b}\|_2^2}}{\|(\boldsymbol{A}\boldsymbol{A}^{\mathrm{T}})^{\dagger}\boldsymbol{b}\|_2}, \boldsymbol{b} \in \mathrm{Range}(\boldsymbol{A}) \tag{7.336}$$

时，式 $\min\limits_{\boldsymbol{u}^o}\{\sup\limits_{\|\Delta\boldsymbol{A},\Delta\boldsymbol{b}\|_F\leqslant\rho}\|(\boldsymbol{A}_0-\Delta\boldsymbol{A})\boldsymbol{\theta}-(\boldsymbol{b}_0-\Delta\boldsymbol{b})\|\}$ 的解与LS(TLS)解具有一致性。并且，文献[29]中给出了 $\min\limits_{\boldsymbol{u}^o}\{\sup\limits_{\|\Delta\boldsymbol{A},\Delta\boldsymbol{b}\|_F\leqslant\rho}\|(\boldsymbol{A}_0-\Delta\boldsymbol{A})\boldsymbol{\theta}-(\boldsymbol{b}_0-\Delta\boldsymbol{b})\|\}$ 具有唯一非零解时 ρ 的上限为

$$\rho < \rho_{\max} \triangleq \|\boldsymbol{A}^{\mathrm{T}}\boldsymbol{b}\|_2^2 / \|\boldsymbol{b}\|_2 \tag{7.337}$$

推论7.1表明了一个重要的性质：当误差界 $\rho \leqslant \rho_{\min}$ 时，也就是说当误差很小时，min max方法能够获得与LS相当的性能，并且误差界的取值具有上限。因此，推论7.1可作为本章所提算法在实际中适用性的判断依据。

值得注意的是，当观测站布站构型较差时，基于最小二乘类的方法，有可能导致求解 $(\boldsymbol{A}\boldsymbol{A}^{\mathrm{T}})$ 逆时是奇异的，从而不能得到正确的定位解。而 $\min\limits_{\boldsymbol{u}^o}\{\sup\limits_{\|\Delta\boldsymbol{A},\Delta\boldsymbol{b}\|_F\leqslant\rho}\|(\boldsymbol{A}_0-\Delta\boldsymbol{A})\boldsymbol{\theta}-(\boldsymbol{b}_0-\Delta\boldsymbol{b})\|\}$ 的解具有如下形式：

$$\hat{\boldsymbol{\theta}} = (\boldsymbol{A}^{\mathrm{T}}\boldsymbol{A}+\mu\boldsymbol{I})^{-1}\boldsymbol{A}^{\mathrm{T}}\boldsymbol{b} \tag{7.338}$$

式中：μ 为常数。

从数学上，其解可以看作是最小二乘方法的正则化，因此求得的解具有很强的稳健性。

7.7.5.3　误差界未知时的特例——最小二乘半定规划(LSSDP)

当误差界未知时，此时，令 $\rho=0$，则定位求解式(7.317)转化为

$$\min_{\boldsymbol{\theta}} \quad \|\boldsymbol{A\theta}-\boldsymbol{b}\| \tag{7.339}$$

也可以表示为模的平方形式：

$$\min_{\boldsymbol{\theta}}(\boldsymbol{A\theta}-\boldsymbol{b})^{\mathrm{T}}(\boldsymbol{A\theta}-\boldsymbol{b}) \tag{7.340}$$

加上约束条件，可得此情形下的定位算法：

$$\begin{aligned}&\min_{\boldsymbol{\theta}}(\boldsymbol{A\theta}-\boldsymbol{b})^{\mathrm{T}}(\boldsymbol{A\theta}-\boldsymbol{b})\\ &\text{s. t.}\quad \begin{cases}\hat{r}_1^o=\|\boldsymbol{u}^o-\boldsymbol{s}_1\|\\ \hat{\dot{r}}_1^o=\dfrac{(\dot{\boldsymbol{u}}^o-\dot{\boldsymbol{s}}_1)^{\mathrm{T}}(\boldsymbol{u}^o-\boldsymbol{s}_1)}{\|\boldsymbol{u}^o-\boldsymbol{s}_1\|}\end{cases}\end{aligned} \tag{7.341}$$

当不考虑约束条件时，实际上式(7.341)是得到的最小二乘定位解。当存在两个非线性非凸约束条件时，对其求解依然可通过 SDP 算法求解。联立式(7.328)~式(7.330)，式(7.341)可转化为如下 SDP 算法：

$$\begin{aligned}&\min_{\boldsymbol{\Theta},\boldsymbol{\theta}}\quad \mathrm{Tr}(\boldsymbol{A}^{\mathrm{T}}\boldsymbol{A\Theta})-2\boldsymbol{b}^{\mathrm{T}}\boldsymbol{A\theta}\\ &\text{s. t.}\quad \begin{cases}\mathrm{tr}(\boldsymbol{\Sigma}_1\boldsymbol{\Theta})=0\\ \mathrm{tr}(\boldsymbol{\Sigma}_2\boldsymbol{\Theta})=0\\ \begin{bmatrix}\boldsymbol{\Theta} & \boldsymbol{\theta}\\ \boldsymbol{\theta}^{\mathrm{T}} & I\end{bmatrix}\geq \boldsymbol{0}\end{cases}\end{aligned} \tag{7.342}$$

式(7.342)依然可以通过 SDP 的内点算法求得全局近似最优解。此定位算法简记为 LSSDP。

需要指出的是，由于本章算法在转化为求解 SDP 问题时，忽略了 $\mathrm{rank}(\boldsymbol{\Theta})=1$ 的条件。文献[30]证明了所求 $\boldsymbol{\Theta}$ 的秩满足如下关系式：

$$\mathrm{rank}(\boldsymbol{\Theta})\leqslant\lfloor(\sqrt{8l+1}-1)/2\rfloor \tag{7.343}$$

式中：$\lfloor\ \rfloor$ 表示向下取整运算；l 为线性约束个数。

由式(3-49)或式(3-60)可得，本章算法中 $\boldsymbol{\Theta}$ 的秩为 $\mathrm{rank}(\boldsymbol{\Theta})=1$ 或 2。若秩为 2 时，需要对其解进一步处理，以满足秩的条件。对 $\boldsymbol{\Theta}$ 做特征值分解，并取最大特征值 λ_1 及对应的特征矢量 $\boldsymbol{\varphi}_1$，用 $\tilde{\boldsymbol{\Theta}}=\lambda_1\boldsymbol{\varphi}_1\boldsymbol{\varphi}_1^{\mathrm{T}}$ 来近似 $\boldsymbol{\Theta}$，则 $\tilde{\boldsymbol{\theta}}=\sqrt{\lambda_1}\boldsymbol{\varphi}_1$。事实上，经过大量仿真表明，通常所求 $\boldsymbol{\Theta}$ 满足秩 1 的条件，因此无须进一步处理即可。

7.7.6 性能分析

7.7.6.1 计算复杂度分析

计算 SDP 的最坏情况下复杂度[31]为 $O((l^3+l^2p^2+lp^3)p^{0.5})$，其中，$l$ 为约束条

件的个数，p为所求变量规模大小，文献[32]中方法$l=O(M^2)$，$p=O(M)$，其计算复杂度为$O(M^{6.5})$。本章中不存在观测站位置误差时的NLSSDP1：$l=5$，$p=2n+2M$（NLSSDP是非线性最小二乘半定规划的英文首字母缩写）。由于$p>>l$，其计算复杂度为$O(5(2n+2M)^{3.5})$，存在观测站位置误差时的NLSSDP2：$l=4$，$p=2n+2M(n+1)$，其计算复杂度为$O(4[2n+2M(n+1)]^{3.5})$。在RSDP中：$l=4$，$p=2n+4$，由于$p>>l$，其计算复杂度为$O(4(2n+4)^{3.5})$。在LSSDP中：$l=3$，$p=2n+2$，由于$p>>l$，其计算复杂度为$O(3(2n+2)^{3.5})$。显然，当观测站的数目较大时，文献[32]中方法首先具有最高的计算复杂性；其次是存在观测站位置误差时的NLSSDP2方法和不存在观测站位置误差时的NLSSDP1方法，而且RSDP和LSSDP方法的计算复杂性相对较小。

7.7.6.2 仿真实验

下面考虑多站无人机（UAV）观测站对运动辐射源的定位，分别考虑近场源目标和远场源目标。表7.4给出了6个观测站的真实位置和速度。近场源目标位置和远场源目标位置如表7.5所列。

表7.4 UAV观测站的真实位置和速度

观测站编号	x_i/km	y_i/km	z_i/km	$\dot{x}_i$/(m/s)	$\dot{y}_i$/(m/s)	$\dot{z}_i$/(m/s)
1	0	0	0	100	-120	30
2	6.18	19.02	0.1	-200	100	45
3	-16.18	11.76	0.1	100	-180	20
4	-16.18	-11.76	0.1	-100	-200	35
5	6.18	-19.02	0.1	-200	150	50
6	20	0	0.1	120	-150	40

表7.5 辐射源的真实位置和速度

辐射源	x_i/km	y_i/km	z_i/km	$\dot{x}_i$/(m/s)	$\dot{y}_i$/(m/s)	$\dot{z}_i$/(m/s)
近场源	-20	20	4	130	100	20
远场源	60	-40	9	140	-200	50

仿真1：时频差误差固定时，观测站位置误差变化对不同定位方法定位性能的影响。

仿真场景设置：时差与频差测量值由真实值加上零均值截断高斯噪声产生，截断高斯噪声PDF为

$$p(x)=\begin{cases}\dfrac{b}{\sqrt{2\pi}\sigma}\left(\exp\dfrac{-x^2}{2\sigma^2}-\exp\dfrac{-(\alpha x)^2}{2\sigma^2}\right) & (|x|\leqslant\alpha\sigma)\\0 & (|x|\geqslant\alpha\sigma)\end{cases}\tag{7.344}$$

式中：b 为归一化常数；σ^2 为方差；α 为变量 x 所取区间的常数因子。时差噪声 n_t 的方差 σ_t^2，$n_t \leqslant \alpha_1\sigma_t$ 表示时差噪声的取值范围，n_f 为频差噪声，其方差为 $\sigma_f^2(=0.1\sigma_t^2)$，$n_f \leqslant \alpha_2\sigma_f$ 表示频差噪声的取值范围。

假设时差与频差相互独立，其协方差矩阵分别为 $\sigma_t^2\boldsymbol{J}$、$\sigma_f^2\boldsymbol{J}$，其中，$\boldsymbol{J}$ 对角线上元素为1，其余为0.5。在仿真中，$\sigma_t^2=10^{-4}/c^2$，$\alpha_1=\alpha_2=3$。观测站位置元素由真实值加上截断高斯噪声产生，其协方差矩阵为 $\boldsymbol{Q}_{\boldsymbol{\beta}}=\mathrm{diag}(\boldsymbol{R}_s,\dot{\boldsymbol{R}}_s)$，其中，$\boldsymbol{R}_s=\sigma_s^2\boldsymbol{I}$，$\dot{\boldsymbol{R}}_s=0.1\sigma_s^2\boldsymbol{I}$。$\Delta\boldsymbol{s}_{ix}(\Delta\boldsymbol{s}_{iy},\Delta\boldsymbol{s}_{iz})\leqslant\alpha_3\sigma_s^2$ 表示观测站位置误差的取值范围，σ_s^2 为观测站位置元素的方差，取 $\alpha_3=3$。考察各种算法定位均方误差随 σ_s^2 变化的性能。

我们对不同算法的性能进行了对比，包括：本章所提 NLSSDP 方法、RSDP、LSSDP，文献[33]中 SDP－I，与文献[2]中 TSWLS 方法。使用 Matlab 工具包 CVX 中的 SeDuMi[28,34] 来求解本章中的 SDP 算法式(7.300)、式(7.309)、式(7.331)和式(7.342)。

图7.32给出了不同算法得到的近场辐射源位置和速度均方误差随观测站位置误差变化曲线。近场辐射源位置坐标为$[-20\quad 20\quad 4]^{\mathrm{T}}$km 和速度$[130\quad 100\quad 20]^{\mathrm{T}}$m/s。为了便于比较，图中给出了误差服从高斯分布条件下的 CRLB 和Two－Stage WLS 方法的定位性能。由图7.32可以看出由于噪声的统计特性未知，NLSSDP、RSDP、LSSDP、SDP－I 定位方法的辐射源位置和速度均方误差都不能逼近 CRLB，基于非线性最小二乘得到的 NLSSDP 给出了最好的性能。随着观测站位置误差方差的增大，Two－Stage WLS 方法由于"阈值效应"性能急剧下降，而 RSDP

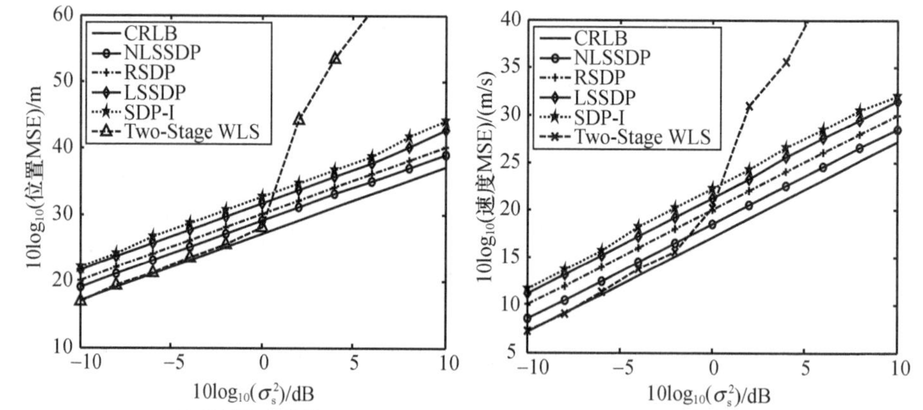

(a) 位置均方误差　　(b) 速度均方误差

图7.32　不同算法得到的近场辐射源位置均方误差和速度均方误差随观测站位置误差 σ_s^2 变化曲线

仅比 NLSSDP 方法相差 1dB 左右，表现出了较好的稳健性。LSSDP 方法由于没有利用误差界信息，与定位性能相比 NLSSDP 和 RSDP 方法要差，但是比 SDP-I 定位方法稍好。

图 7.33 给出了远场辐射源位置和速度的定位均方误差随观测站位置误差变化曲线。远场辐射源位置坐标为 $[60\quad -40\quad 9]^{\mathrm{T}}$km 和速度 $[140\quad -200\quad 50]^{\mathrm{T}}$m/s。由图可以看出，TS WLS 存在“阈值效应”，而 NLSSDP、RSDP 定位方法对辐射源位置和速度定位精度随着观测站位置误差的增大表现出了很强的稳健性，仅比 CRLB 差 2 ~ 3dB。与 LSSDP 定位方法性能相比 NLSSDP 和 RSDP 方法要差，但是比 SDP-I 定位方法的性能要好。

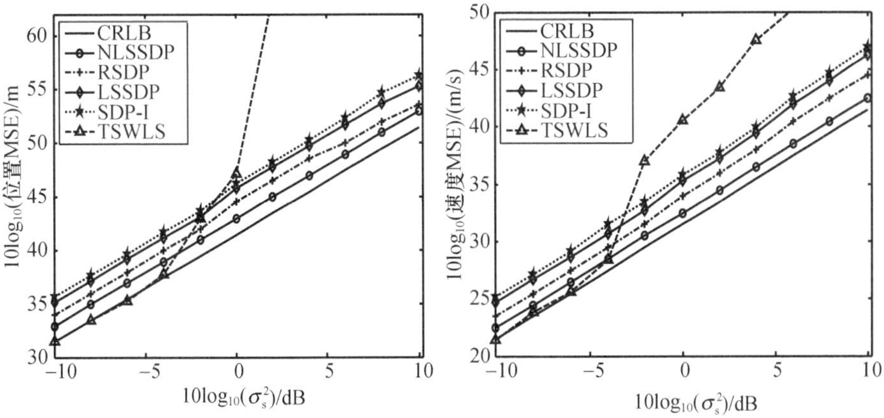

(a) 位置均方误差　　(b) 速度均方误差

图 7.33　不同算法得到的远场辐射源位置均方误差和速度均方误差随观测站位置误差 σ_s^2 变化曲线

仿真 2：观测站位置误差固定时，时频差误差变化对不同定位方法定位性能的影响。

仿真场景设置：观测站位置元素由真实值加上截断高斯噪声产生，其协方差矩阵为 $\boldsymbol{Q}_{\boldsymbol{\beta}}=\mathrm{diag}(\boldsymbol{R}_{\mathrm{s}},\dot{\boldsymbol{R}}_{\mathrm{s}})$，其中，$\boldsymbol{R}_{\mathrm{s}}=\sigma_{\mathrm{s}}^2\boldsymbol{I}$，$\dot{\boldsymbol{R}}_{\mathrm{s}}=0.1\sigma_{\mathrm{s}}^2\boldsymbol{I}$。$\Delta \boldsymbol{s}_{ix}(\Delta \boldsymbol{s}_{iy},\Delta \boldsymbol{s}_{iz})\leqslant\alpha_3\sigma_{\mathrm{s}}^2$ 表示观测站位置误差的取值范围，σ_{s}^2 为观测站位置元素的方差，取 $\sigma_{\mathrm{s}}^2=-15$dB，$\alpha_3=3$。时差与频差测量值由真实值加上零均值截断高斯噪声产生，时差噪声 n_{t} 的方差为 σ_{t}^2，$n_{\mathrm{t}}\leqslant\alpha_1\sigma_{\mathrm{t}}$ 表示时差噪声的取值范围；频差噪声 n_{f} 方差为 $\sigma_{\mathrm{f}}^2(=0.1\sigma_t^2)$，$n_{\mathrm{f}}\leqslant\alpha_2\sigma_{\mathrm{f}}$ 表示频差噪声的取值范围。假设时差与频差相互独立，其协方差矩阵分别为 $\sigma_{\mathrm{t}}^2\boldsymbol{J}$、$\sigma_{\mathrm{f}}^2\boldsymbol{J}$，其中，$\boldsymbol{J}$ 对角线上元素为 1，其余为 0.5，$\sigma_{\mathrm{t}}^2=\sigma_{\mathrm{d}}^2/c^2$。在仿真中，$\alpha_1=\alpha_2=3$。考察各种算法定位均方误差随时差频差误差 σ_{d}^2 变化的性能。

图 7.34(a) 和 (b) 分别给出了不同定位方法下，近场辐射源的位置和速度的

定位均方误差随时差频差误差 σ_d^2 变化的性能曲线。可以看出 NLSSDP、RSDP、LSSDP、SDP-I 定位方法的辐射源位置和速度均方误差都不能逼近 CRLB,其中,基于非线性最小二乘得到的 NLSSDP 给出了最好的性能。随着时差频差误差方差的增大,TSWLS 相比 NLSSDP 和 RSDP 方法的定位性能对噪声变化更为敏感,当时差频差误差方差大于 12dB 时,NLSSDP 和 RSDP 方法对辐射源位置和速度的定位精度明显优于 TSWLS 方法。本章所提出的 RSDP 方法通过对误差项的约束,能够得到稳健的定位解,但其定位精度相比 NLSSDP 方法要低 1 ~ 2dB 左右。LSSDP 方法的性能比 NLSSDP 和 RSDP 方法要差,但是要好于 SDP-I 的定位性能。

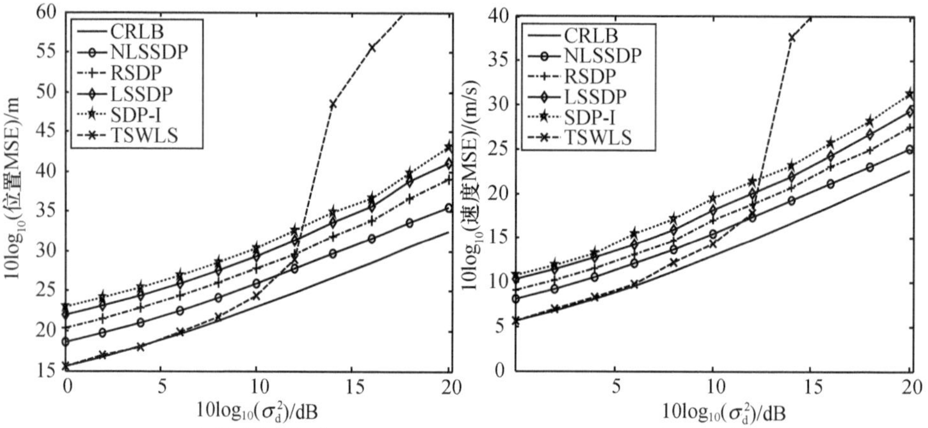

(a) 位置均方误差　　(b) 速度均方误差

图 7.34　不同算法得到的近场辐射源位置均方误差和速度均方误差随时频差误差 σ_d^2 变化曲线

图 7.35(a)和(b)分别给出了不同定位方法对远场辐射源定位得到的位置均方误差和速度均方误差随时差频差误差 σ_d^2 变化的性能曲线。噪声对远场源定位性能的影响相比近场源的影响更为明显。随时差频差误差的增大,NLSSDP 和 RSDP 方法对辐射源位置和速度的定位精度明显优于 TSWLS 方法,性能更为稳健。

通过仿真,得出如下结论:由于 TSWLS 方法的定位方程忽略了误差项的二阶项,从而导致当误差方差较大时,定位性能下降。而基于非线性最小二乘的 NLSS-DP 采用凸规划方法求解优化问题的近似最优解,从而避免了一般高斯迭代导致的收敛到局部最优解问题,并且不存在“阈值效应”问题。本章所提出的 RSDP 方法通过对误差项的约束,能够得到稳健的定位解,但其定位精度相比 NLSSDP 方法要低 1 ~ 2dB 左右。LSSDP 方法由于没有利用误差界信息,与定位性能相比 NLSSDP 和 RSDP 方法要差,但是比 SDP-I 的定位方法稍好。考虑到实际中很难得到误差

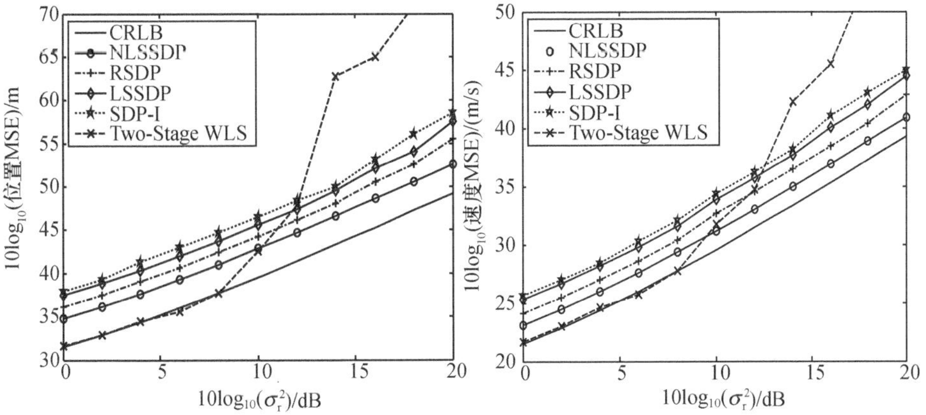

(a) 位置均方误差　　(b) 速度均方误差

图 7.35　不同算法得到的远场辐射源位置均方误差和速度均方误差随时频差测量误差 σ_d^2 变化曲线

间相关性信息(协方差信息),而误差界信息可根据经验值获得,因而 RSDP 方法具有一定的实用性。

参考文献

[1] HO K C, CHAN Y T. Geolocation of a known altitude object from TDOA and FDOA measurements [J]. IEEE Trans. Aerospace and Electronic Systems, 1997, 33(3): 770 - 783.

[2] HO K C, LU XN, KOVAVISARUCH L. Source localization using TDOA and FDOA measurements in the presence of receiver location errors: analysis and solution [J]. IEEE Trans. Signal Processing, 2007, 55(2): 684 - 696.

[3] HO K C, YANG L. On the use of a calibration emitter for source localization in the presence of sensor position uncertainty [J]. IEEE Trans. Signal Processing, 2008, 56(12): 5758 - 5772.

[4] YANG L, HO K C. An approximately efficient TDOA localization algorithm in closed-form for locating multiple disjoint sources with erroneous sensor positions [J]. IEEE Trans. Signal Processing, 2009, 57(12): 4598 - 4615.

[5] YANG L, HO K C. Alleviating sensor position error in source localization using calibration emitters at inaccurate locations [J]. IEEE Trans. Signal Processing, 2010, 58(1): 67 - 83.

[6] ABATZOGLOU T J, MENDEL J M, HARADA G A. The constrained total least squares technique and its applications to harmonic superresolution [J]. IEEE Transactions on Signal Processing, 1991, 39(5): 1070 - 1087.

[7] SCHAFFRIN B. A note on constrained total least-squares estimation [J]. Linear Algebra and its Applications, 2006, 417: 245 - 258.

[8] VAN HUFFEL S, PARK H, ROSEN J B. Formulation and solution of structured total least norm problem for parameter estimation [J]. IEEE Transactions on Signal Processing, 1996, 44(9): 2464 - 2474.

[9] MARKOVSKY I, VAN HUFFEL S, KUKUSH A. On the computation of the structured total least squares estimator [J]. Numerical Linear Algebra Application, 2004, 11: 591 - 608.

[10] MARKOVSKY I, VAN HUFFEL S, PINTELON R. Block-toeplitz/hankel structured total least squares [J]. SIAM Journal of Matrix Anal. Application,2005, 26(4): 1083 - 1099.

[11] Yu H, HUANG G, GAO J. Constrained total least-squares localisation algorithm using time difference of arrival and frequency difference of arrival measurements with sensor location uncertainties [J]. IET Radar Sonar and Navigation, 2012, 6(9): 891 - 899.

[12] FOY W H. Position-location solution by taylor-series estimation [J]. IEEE Transactions on Aerospace and Electronic Systems, 1976, 12(3): 187 - 194.

[13] HO K C, XU W. An accurate algebraic solution for moving source location using TDOA and FDOA measurements [J]. IEEE Transactions on Signal Processing, 2004, 52 (9): 2453 - 2463.

[14] AMAR A, LEUS G, FRIEDLANDER B. Emitter localization given time delay and frequency shift measurements [J]. IEEE Transactions on Aerospace and Electronic Systems, 2012, 48 (2): 1826 - 1837.

[15] GUO F C, HO K C. A quadratic constraint solution method for TDOA and FDOA localization [C]. International Conference on Acoustics Speech and Signal Processing, Prague, Czech, May 22 - 27, 2011: 2588 - 2591.

[16] SO H C, HUI S P. Constrained location algorithm using TDOA measurements [J]. IEICE Transactions on Fundamentals of Science Computer and Communication Electronics, 2003, E86-A(12): 3291 - 3293.

[17] STOICA P, LI J. Source localization from range-difference measurements [J]. IEEE Signal Processing Magazine, 2006, 23(6): 63 - 65.

[18] DOGANCAY K, GRAY D A. Bias compensation for Least-Squares Multi-Pulse TDOA localization algorithms[C]. International Conference on. Intelligent Sensors, Sensor Networks and Information Processing , IEEE 2005. 51:56

[19] DOGANCAY K, GRAY D A. Closed-form estimators for multi-pulse TDOA localization[J]. Proceedings of the Eighth International Symposium on Signal Processing and Its Applications, 2005,2:543 - 546.

[20] 贾兴江. 运动多站无源定位关键技术研究[D]. 长沙:国防科技大学,2011.

[21] KAY S. 统计信号处理基础——估计与检测理论[M]. 罗鹏飞,张文明,等译. 北京:电子工业出版社, 2006.

[22] KOVAVISARUCH L, HO K C. Modified taylor-series method for source and receiver localization using TDOA measurements with erroneous receiver positions[C]. IEEE International Symposium

on Circuits and Systems (ISAS), Vols 1 - 6, Conference Proceedings,2005: 2295 - 2298.

[23] AMAR A. Emitter localization given time delay and frequency shift measurements [J]. IEEE Transactions on Aerospace and Electronic Systems, 2012, 48(2): 1826 - 1837.

[24] 张贤达. 矩阵分析与应用[M]. 北京:清华大学出版社,2004.

[25] SUN M, HO K C. An asymptotically efficient estimator for TDOA and FDOA positioning of multiple disjoint sources in the presence of sensor location uncertainties [J]. IEEE Trans. Signal Processing, 2011, 59(7): 3434 - 3440.

[26] BOYD S, VANDENBERGHE L. Convex optimization [M]. New York: Cambridge University Press, 2004.

[27] LUO Z Q, MA W K. Semidefinite relaxation of quadratic optimization problems [J]. IEEE Signal Processing Magazine, 2010, 27(3): 20 - 34.

[28] GRANT M, BOYD S. CVX: MATLAB software for disciplined convex programming [EB/OL]. 2009, Available: http://stanford. edu/ boyd/cvx.

[29] El GHAOUI L, LEBRET H. Robust solutions to least-squares problems with uncertain data [J]. SIAM J. Mater. Anal. Appl., 1997, 18(4): 1035 - 1064.

[30] BARVINOK A I. Problems of distance geometry and convex properties of quadratic maps[J]. Discrete Compution. Geometry, 1995, 13(1): 189 - 202.

[31] FUJISAWA K, KOJIMA M, NAKATA K. Exploiting sparsity in primal dual interior-point methods for semidefinite programming[J]. Math Programming, 1997, 79(1 - 3): 235 - 253.

[32] YANG K, JIANG L, LUO Z Q. Efficient semidefinite relaxation for robust geolocation of unknown emitter by a satellite cluster using TDOA and FDOA measurements [C]//IEEE ICASSP, Prague, Czech, May 2011: 2584 - 2587.

[33] XU E, DING Z. Reduced complexity semidefinite relaxation algorithms for source localization based on time difference of arrival [J]. IEEE Transactions on Mobile Computing, 2011, 10(9): 1276 - 1282.

[34] STURM J F. Using SeDuMi 1. 02, a Matlab toolbox for optimization over symmetric cones [J]. Optimum Methods Software, 1999, 11/12: 625 - 653.

[35] SCHAFFRIN B. A note on constrained total least-squares estimation [J]. Linear Algebra and its Applications, 2006, 417: 245 - 258.

[36] YU H, HUANG G, GAO J. Constrained total least-squares localisation algorithm using time difference of arrival and frequency difference of arrival measurements with sensor location uncertainties [J]. IET Radar Sonar and Navigation, 2012, 6(9): 891 - 899.

[37] LI J, GUO F, JIANG W. Source localization and calibration using TDOA and FDOA measurements in the presence of sensor location uncertainty [J]. SCIENCE CHINA (F),2014, 57(2): 1 - 12.

[38] LI J, GUO F, YANG L, et al. On the use of calibration sensors in source localization using TDOA and FDOA measurements [J]. Digital signal processing, 2014, 27:33 - 43.

第 8 章

时差与频差估计原理及方法

为了提高定位精度和充分提取定位信息，如何从信号中提取 TDOA 与 FDOA 成为当前亟待解决的关键问题，并且在观测器和辐射源存在相对运动时，两者通常是耦合[1]的，一般需要对两者进行联合估计。鉴于此，本章主要研究脉冲串信号时差与多普勒差联合估计方法。

如相关文献所述，频差[1]、时间伸缩因子[2]及时间多普勒差[3]均可以表征多普勒差，三者本质相同且存在相互转换关系。对于窄带脉冲串信号，在参数估计中适宜使用频差表征多普勒差；对于宽带脉冲串信号，在参数估计中不适宜使用频差表征多普勒差，而由时间多普勒差替代频差。基于此，本章主要解决脉冲串信号时差与多普勒差联合估计中遇到的以下 3 个主要问题。

（1）鉴于脉冲串信号互模糊函数图的多峰特性，若直接运用互模糊函数法，则算法复杂，运算量大，并且易出现错误估计。针对该问题，提出了综合运用统计直方图法（H）、时差序列（TDOAs）法及改进互模糊函数（MCAF）法的统计直方图时差序列改进互模糊函数（H-TDOAs-MCAF）算法，该算法能够快速稳健地估计出时差频差信息。

（2）脉冲串信号互模糊函数图的多峰特性在一定条件下将引起时差/频差模糊。针对该问题，提出了基于非模糊量定位反演的以及基于多假设检验的解模糊方法，有效地实现了解模糊。

（3）在使用简化模型的情况下，基于互模糊函数的时差与频差联合估计方法仅适用于窄带信号。对于非窄带信号（其不满足信号带宽远远小于信号载频的窄带条件），若直接使用互模糊函数法进行时差与频差联合估计，则将引起估计偏差。针对该问题，本节以时间多普勒差替代频差，在频域分割的条件下，提出了分离估计法及频域累积互模糊函数方法，有效地实现了非窄带信号时差与时间多普勒差联合估计。

8.1　观测站侦收信号模型

8.1.1　一般模型

以观测起始时刻为时间零点，在观测时间$[0,T]$内，两个观测站侦收的辐射源信号可表示为

$$
\begin{aligned}
y_{1,\mathrm{real0}}(t) &= A_1 x_{\mathrm{real0}}\left(\frac{t-d_1}{b_1}\right) + n_{1,\mathrm{real0}}(t) \\
y_{2,\mathrm{real0}}(t) &= A_2 x_{\mathrm{real0}}\left(\frac{t-d_2}{b_2}\right) + n_{2,\mathrm{real0}}(t)
\end{aligned} \tag{8.1}
$$

式中：$x_{\mathrm{real0}}(t)$为辐射源信号的真实波形；$n_{1,\mathrm{real0}}(t)$与$n_{2,\mathrm{real0}}(t)$分别为观测站 1 与 2 处的观测噪声；A_1与A_2分别为观测站 1 与 2 处的信号幅度增益；b_1与b_2分别为观测站 1 与 2 所接收信号的时间伸缩量，其表达式为$b_i=\left(1-\dfrac{v_{ri}}{c}\right)^{-1}$ $(i=1,2)$，v_{r1}与v_{r2}分别为辐射源相对于观测站 1 与 2 的径向速度，相向取负，相离取正；d_1与d_2分别为观测站 1 与 2 所接收信号的时间延迟量，其表达式为$d_i=\dfrac{r_i(0)}{c}(i=1,2)$，$r_1(0)$与$r_2(0)$分别为起始观测时刻辐射源到观测站 1 与 2 的距离。

令$x_{\mathrm{real}}(t)=A_1 x_{\mathrm{real0}}(t)$，$y_{1,\mathrm{real}}(t)=y_{1,\mathrm{real0}}(b_1 t+d_1)$，$y_{2,\mathrm{real}}(t)=y_{2,\mathrm{real0}}(b_1 t+d_1)$，$n_{1,\mathrm{real}}(t)=n_{1,\mathrm{real0}}(b_1 t+d_1)$，$n_{2,\mathrm{real}}(t)=n_{2,\mathrm{real0}}(b_1 t+d_1)$，进一步整理后可得

$$
\begin{cases}
y_{1,\mathrm{real}}(t) = x_{\mathrm{real}}(t) + n_{1,\mathrm{real}}(t) \\
y_{2,\mathrm{real}}(t) = A x_{\mathrm{real}}\left(\dfrac{t-D}{\mathrm{TS}}\right) + n_{2,\mathrm{real}}(t)
\end{cases} \tag{8.2}
$$

式中：$A=A_2/A_1$为观测站 2 相对于观测站 1 的信号相对幅度增益；D为观测站 2 与观测站 1 所接收信号之间的时差，其表达式为$D=(d_2-d_1)/b_1\approx d_2-d_1$；TS 为时间伸缩因子，其表达式为$\mathrm{TS}=\dfrac{b_2}{b_1}=\left(\dfrac{c-v_{r2}}{c-v_{r1}}\right)^{-1}$。

若以$\dot{t}_{21}=\dfrac{v_{r2}-v_{r1}}{c}$表示时间多普勒差，则 TS 与$\dot{t}_{21}$的关系式为

$$
\mathrm{TS}=\left(\frac{c-v_{r2}}{c-v_{r1}}\right)^{-1}=\left(1-\frac{v_{r2}-v_{r1}}{c-v_{r1}}\right)^{-1}\approx(1-\dot{t}_{21})^{-1} \tag{8.3}
$$

8.1.2 窄带信号条件下的简化模型

将 $x_{\text{real}}(t)$ 对应的复包络信号记为 $x(t)$。当辐射源信号为窄带信号时，满足 $B/f_{\text{c}} \ll 1$，其中 B 为信号带宽，f_{c} 为信号载频。在该条件下，当观测站与辐射源之间存在相对运动时，观测站所侦收到的辐射源信号各频率分量对应的多普勒频移大致相等，可以使用某一个频率分量（习惯上选载频）对应的多普勒频移近似表征所有频率分量对应的多普勒频移，从而可得

$$\begin{aligned} x\left(\frac{t-D}{\text{TS}}\right) &= x\left(\left(1-\frac{v_{r2}-v_{r1}}{c-v_{r2}}\right)(t-D)\right) \approx x\left(\left(1-\frac{v_{r2}-v_{r1}}{c}\right)(t-D)\right) \\ &\approx x(t-D)\exp\left[-\text{j}2\pi f_{\text{c}}\frac{v_{r2}-v_{r1}}{c}(t-D)\right] \\ &= x(t-D)\exp[-\text{j}2\pi F(t-D)] \end{aligned} \tag{8.4}$$

式中：$F = f_{\text{c}}\dfrac{v_{r2}-v_{r1}}{c}$ 为观测站 2 的信号与观测站 1 的信号的多普勒频率差。

基于以上分析，将 $y_{1,\text{real}}(t)$ 与 $y_{2,\text{real}}(t)$ 经过处理后转换成复包络信号，可得[1,4]

$$\begin{cases} y_1(t) = x(t) + n_1(t) \\ y_2(t) = \alpha x(t-D)\exp[-\text{j}2\pi F(t-D)] + n_2(t), t \in [0,T] \end{cases} \tag{8.5}$$

式中：α 为相对复增益因子；D 与 F 分别为时差与频差；$n_1(t)$ 与 $n_2(t)$ 分别为观测站 1 与 2 对应的复包络噪声。

8.2 互模糊函数法及其性能

8.2.1 互模糊函数法原理

基于上述信号模型，为估计得到两路信号之间的高精度时差和多普勒频差估计，通常需要截获一段积累时间长度的中频信号采用互模糊函数（Cross Ambiguity Function，CAF）的方法进行时频联合估计，它是最常用方法之一。互模糊函数可定义[1,4]为

$$A(\tau,v) = \int_0^T y_1(t) y_2^*(t+\tau)\exp(-\text{j}2\pi vt)\,\text{d}t \tag{8.6}$$

式中：τ 与 v 分别为时差与频差搜索值。令互模糊函数的模 $|A(\tau,v)|$ 或模的平方

$|A(\tau,v)|^2$达到最大值的时差搜索值 τ 与频差搜索值 ν 分别是 D 与 F 的估计值。基本原理是对其中一颗观测站截获信号进行延时和频移后，再进行两个信号的相关和能量积分计算，在所有可能的延时和频移条件"对比"两路信号后，寻找在时间－频率平面上的互模糊函数峰值，其对应的时延和频移量即为信号的 TDOA 和 FDOA 估计，如图 8.1 所示。

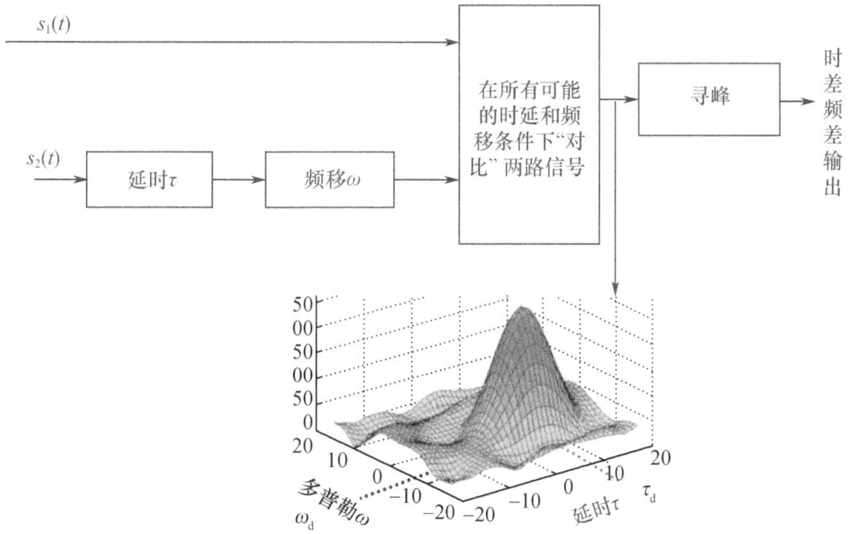

图 8.1　互模糊函数计算原理图

8.2.2　互模糊函数法的理论性能

互模糊函数法对应的时差与频差均方根误差理论下限[1]可表示为

$$\sigma_{\mathrm{T}}=\frac{1}{\beta}\frac{1}{\sqrt{BT\gamma}},\sigma_{\mathrm{F}}=\frac{1}{T_e}\frac{1}{\sqrt{BT\gamma}} \tag{8.7}$$

式中：B 为接收机噪声带宽（假设观测站 1、2 的接收机带宽相同）；T 为信号实际持续时间；β 为等效信号带宽，可表示为

$$\beta = 2\pi\left[\int_{-\infty}^{\infty} f^2 W_s(f)\,\mathrm{d}f \Big/ \int_{-\infty}^{\infty} W_s(f)\,\mathrm{d}f\right]^{\frac{1}{2}}$$

其中 $W_s(f)$ 为以零频为中心的信号功率谱密度；T_e 为等效信号累积时间，$T_e = 2\pi\left[\int_{-\infty}^{\infty} t^2 |x(t)|^2\mathrm{d}t \Big/ \int_{-\infty}^{\infty} |x(t)|^2\mathrm{d}t\right]^{\frac{1}{2}}$，$x(t)$ 为时间零点为对称中心的信号复包络；γ 为等效信噪比，可表示为

$$\gamma = 2\left(\frac{1}{\gamma_1} + \frac{1}{\gamma_2} + \frac{1}{\gamma_1\gamma_2}\right)^{-1}$$

式中：γ_1 与 γ_2 分别为观测站 1 与观测站 2 的接收机中频输出信噪比。

由于时差的测量精度与信号带宽 B 成反比，频差的测量精度与信号积累时间 T 成反比，因此时差和频差的测量精度取决于积累时间 T 和信号带宽 B。对于雷达信号而言，一般其带宽较宽（兆赫量级以上），所以可以获得较好的时差测量精度；而由于其脉冲持续时间很短（微秒量级），利用单脉冲相关测量得到的频差精度太差（千赫至兆赫量级），无法满足定位需求。所以为了得到足够精度（赫兹量级）的频差测量结果，必须积累一定时间长度（百毫秒量级以上）的多个脉冲进行互模糊函数计算。

若观测站接收到 FM 调制的连续波通信信号，得到互模糊函数图如图 8.2(a) 所示；对于一串雷达脉冲信号，若其时差 5μs，频差 500Hz，PRI = 1ms，得到的互模糊函数图如图 8.2(b) 所示。

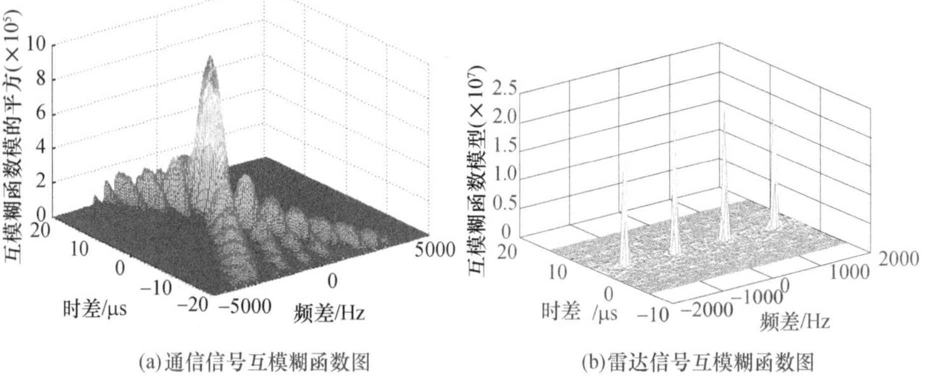

(a)通信信号互模糊函数图　　(b)雷达信号互模糊函数图

图 8.2　通信信号和雷达信号互模糊函数图

从图 8.2 中可知：

(1) 由于雷达信号存在一定的 PRF，导致互模糊函数也将存在一定的模糊问题，而通信信号由于其为连续波信号，互模糊函数不存在模糊问题，因此时差与频差的模糊问题为对雷达信号侦察的特有问题，尤其在卫星应用场景时差与频差模糊现象较为明显。

(2) 由于雷达信号和通信信号的互模糊函数差异较大，雷达信号带宽宽，导致其模糊函数峰较窄，因此其时差测量精度高，应该根据雷达信号和通信信号不同的特点进行不同的处理。

此外，互模糊函数进行相关积累得到的时差与频差测量精度主要与信号带宽和积累时长有关系，而与信号波形的具体形式（调制方式、跳扩频等）关系不大。

对于时宽带宽积大的复杂体制宽带信号,具有潜在的高测量精度和低信噪比适应能力。

由于 TDOA 和 FDOA 测量精度取决于积累时间 T 和信号带宽 B,因此为了得到足够精度的测量结果,必须积累相当多的样点进行互模糊函数计算,计算量十分巨大。因此,必须要考虑互模糊函数的快速计算方法。

8.2.3　互模糊函数快速计算方法

令 $r(t)=y_1(t)y_2^*(t+\tau)$,当 τ 一定时,则式(8.6)可看成关于信号 $r(t)$ 的傅里叶变换。这是快速计算互模糊函数的方法之一。

此外,为了降低计算量,首先将时长为 T^o 的样点平均分为 K 段,每段时长为 T^o/K,分别在各时段上计算 $\mathrm{CAF}(\tau,v,k)(k=1,2,\cdots,K)$;然后再相关累加得到一个总的互模糊函数 $\mathrm{CAF}_c(\tau,v)$,在此矩阵中进行二维搜索,找出峰值所对应的时差与频差。

实际中获得的是两个观测站的离散采样信号。设采样频率为 f_s,按照下述方法将 τ 与 ν 离散化。首先根据先验信息,判定 (D,F) 处于时差频差平面(简称 $\tau-\nu$ 平面)内的某一区域 $\boldsymbol{G}$ 内,使用分别与 τ 轴与 ν 轴平行的两组平行线,将 $\boldsymbol{G}$ 划分成若干网格,从而 $\tau=Tt_s=T/f_s$, $v=K\Delta f$,其中 t_s 与 Δf 分别为网格在时差轴与频差轴上的长度,T 与 K 为整数。离散网格点的坐标可表示为 $(Tt_s,K\Delta f)$,简记为 (T,K)。

综上可知,离散采样信号条件下的互模糊函数可以表示为

$$\begin{aligned}A(Tt_s,K\Delta f) &= A_{\mathrm{dis}}(T,K)\\&=\sum_{n=0}^{N-1}y_1(n)y_2^*(n+T)\exp\left(-\mathrm{j}2\pi\frac{\Delta f}{f_s}Kn\right)\\&=\sum_{n=0}^{N-1}r(n,T)\exp\left(-\mathrm{j}2\pi\frac{\Delta f}{f_s}Kn\right)\end{aligned}\tag{8.8}$$

式中:$r(n,T)=y_1(n)y_2^*(n+T)$。由式(8.8)可知,互模糊函数序列 $\{A(T,K)\}_{K=0}^{N-1}$ 的计算可等效为对相关序列 $\{r(n,T)\}_{n=0}^{N-1}$ 进行离散傅里叶变换,在具体实现时采用 FFT。

基于式(8.8),下面讨论基于滤波抽取的快速计算方法。采样频率 f_s 通常远大于相关序列 $\{r(n,T)\}_{n=0}^{N-1}$ 对应的信号带宽 B[1]。然而根据带通采样定理[5]可知,为了保证信号不失真,要求采样频率大于 $2B$,并不要求采样频率远大于带宽 B。鉴于此,采用滤波抽取技术降低采样频率,减小计算互模糊函数所需的运算量。

将相关序列 $\{r(n,T)\}_{n=0}^{N-1}$ 中包含的 N 个数据分成 M 段,每段 L 个数据,按照下式获得经滤波抽取后的相关序列:

$$R(m,T) = \sum_{p=0}^{L-1} r(mL+p,T)h_{11}(L-1-p) \tag{8.9}$$

式(8.9)可以理解为，将相关序列 $r(n,T)$ 通过冲击响应序列为 $h_{11}(n)$、长度为 L 的低通滤波器后，以 L 为间隔进行抽取，从而获得序列 $R(m,T)$，其中 L 称为抽取比。

经过上述滤波抽取后，互模糊函数为

$$A_{\text{dis}}(T,K) = \sum_{m=0}^{M-1} R(m,T)\exp\left(-\mathrm{j}2\pi\frac{\Delta f}{f_{\mathrm{s}}}LKm\right) \tag{8.10}$$

8.2.4 基于互模糊函数的时差与频差联合估计算法

8.2.3 节给出了互模糊函数的快速计算方法。本节以此为基础，讨论基于互模糊函数的时差与频差联合估计算法。Stein 在文献[1]中提出了滤波抽取、粗精搜索与插值拟合等实用性处理方式，使得该文章成为互模糊函数法时差与频差估计的经典文献之一。基于此，许多文献在细节方面进行了深化，典型代表有文献[6-9]。上述算法一般将估计算法分三步实现，如图 8.3 所示。

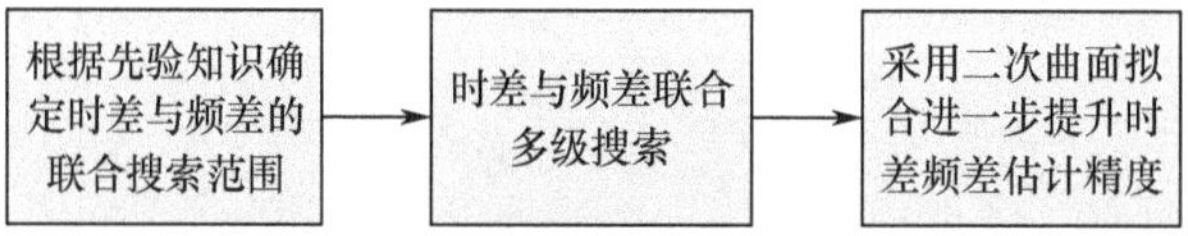

图 8.3　时差与频差联合估计实现步骤

8.2.4.1 时差与频差的搜索范围

基于互模糊函数法进行时差与频差联合估计时，通常需要进行二维搜索，此时首先需要根据先验知识获得时差与频差的搜索范围。通常根据辐射源位置 $\boldsymbol{P}$ 与速度 $\boldsymbol{v}$ 的取值范围，结合各观测站的导航参数，根据时差与频差表达式推知时差与频差的取值范围。

设观测站 1 的位置与速度分别为 $\boldsymbol{P}_1$ 与 $\boldsymbol{v}_1$，观测站 2 的位置与速度分别为 $\boldsymbol{P}_2$ 与 $\boldsymbol{v}_2$，辐射源的位置与速度分别为 $\boldsymbol{P}$ 与 $\boldsymbol{v}$，则时差与频差的表达式分别为

$$t_{21} = \frac{1}{c}\|\boldsymbol{P}-\boldsymbol{P}_2\| - \frac{1}{c}\|\boldsymbol{P}-\boldsymbol{P}_1\| \tag{8.11}$$

$$f_{21} = \frac{f_{\mathrm{c}}(\boldsymbol{v}-\boldsymbol{v}_2)^{\mathrm{T}}(\boldsymbol{P}-\boldsymbol{P}_2)}{c\|\boldsymbol{P}-\boldsymbol{P}_2\|} - \frac{f_{\mathrm{c}}(\boldsymbol{v}-\boldsymbol{v}_1)^{\mathrm{T}}(\boldsymbol{P}-\boldsymbol{P}_1)}{c\|\boldsymbol{P}-\boldsymbol{P}_1\|} \tag{8.12}$$

式中：f_{c} 为辐射源信号载频。

8.2.4.2　多级渐细搜索

为了高效快速地进行时差与频差二维搜索，此处引入多级渐细搜索策略，其采用从全局到局部的渐次精细化准则。在该框架下，以前一级的时差与频差搜索结果来引导下一级的搜索，能够有效提高运算效率。随着级数的增加，时差与频差搜索范围越来越小，互模糊函数图也越来越精细，能够使得时差与频差估计结果更准确。下面给出多级渐细搜索基本步骤。

步骤 1：令搜索级数 $i=1$，根据先验信息确定时差与频差的搜索范围。

步骤 2：按照 8.2.3 节所述的方法计算互模糊函数，基于互模糊函数模的平方最大准则进一步获得时差与频差的估计值 $\hat{D}^{(i)}$ 与 $\hat{F}^{(i)}$。

步骤 3：根据 $\hat{D}^{(i)}$ 与 $\hat{F}^{(i)}$ 及可能的最大估计误差，确定下一级时差与频差的搜索范围。令 $i=i+1$，转入步骤 2。

依此循环，直至时差与频差搜索范围足够小，输出时差与频差的估计值。

8.2.4.3　二次曲面拟合

由于受到采样周期 t_s 的限制，最小的时差搜索间隔只能等于 t_s，无法实现分数倍采样周期的时差搜索，从而限制了时差与频差估计精度。针对该问题，为了进一步提高估计精度，可以采用两种方法。一是信号插值法。利用 sinc 插值技术[10]，基于离散采样点可以重构连续信号 $s(t)$，然后进行分数倍采样周期的时间移动，接着对时间移动后的连续信号进行重采样，可获得时间移动为分数倍采样周期的离散信号，从而实现分数倍采样周期的时差搜索。二是二次曲面拟合法。在已获得的时差与频差估计点附近，选取若干点，进行二次曲面拟合，从而进一步提高时差与频差的估计精度。

从运算量角度思考，可以选用小运算量的二次曲面拟合[1,11]。设 $\hat{D}$ 与 $\hat{F}$ 分别为时差与频差估计值。将 $|A(\tau,v)|^2$ 在 $(\hat{D},\hat{F})$ 处展开成二阶泰勒级数[12]，可得

$$\begin{aligned}|A(\tau,v)|^2 = {} & |A(\hat{D},\hat{F})|^2 + \frac{\partial|A(\tau,v)|^2}{\partial\tau}(\tau-\hat{D}) + \frac{\partial|A(\tau,v)|^2}{\partial v}(v-\hat{F}) + \\ & \frac{\partial^2|A(\tau,v)|^2}{\partial\tau\partial v}(\tau-\hat{D})(v-\hat{F}) + \frac{1}{2}\frac{\partial^2|A(\tau,v)|^2}{\partial\tau^2}(\tau-\hat{D})^2 + \\ & \frac{1}{2}\frac{\partial^2|A(\tau,v)|^2}{\partial v^2}(v-\hat{F})^2\end{aligned} \tag{8.13}$$

也就是说，在 $(\hat{D},\hat{F})$ 附近，$|A(\tau,v)|^2$ 可以使用二次曲面来近似，进一步可得

$$\begin{aligned}|A(\tau,v)|^2 - |A(\hat{D},\hat{F})|^2 = {} & s_1(\tau-\hat{D})^2 + s_2(\tau-\hat{D}) + s_3(\tau-\hat{D})(v-\hat{F}) \\ & + s_4(v-\hat{F})^2 + s_5(v-\hat{F})\end{aligned} \tag{8.14}$$

在$(\hat{D},\hat{F})$附近，选择5个离散点，构建方程组并解算出系数矢量$\boldsymbol{s}=[s_1 \quad s_2 \quad s_3 \quad s_4 \quad s_5]^{\mathrm{T}}$，进一步求得$|A(\tau,v)|^2$最大值对应的$(\tau_{\mathrm{opt}},v_{\mathrm{opt}})$，可得

$$\tau_{\mathrm{opt}}=\frac{s_3s_5-2s_2s_4}{4s_1s_4-s_3s_3}+\hat{D},v_{\mathrm{opt}}=\frac{s_2s_3-2s_5s_1}{4s_4s_1-s_3^2}+\hat{F} \tag{8.15}$$

将τ_{opt}与v_{opt}分别作为时差与频差的估计值。此外，也可用9个点进行二次曲面拟合[8]。

8.3 窄带脉冲串信号时差与频差联合估计

本节基于8.2节所述的互模糊函数法，研究窄带脉冲串信号时差与频差估计问题。其中“窄带”是指辐射源信号带宽远远小于信号载频，该条件下，观测站1与观测站2所侦收的辐射源信号的模型由式(8.5)表示。在8.2节的讨论中并未涉及信号形式，研究的是通用意义上的方法；而在本节进一步考虑脉冲串信号的特性，研究更加适用于脉冲串信号的时差与频差估计方法。

8.3.1 脉冲串信号互模糊函数图特点分析

从信号形式上来看，脉冲串信号在时域上是稀疏的，并且往往具有一定的时域周期性，从而使得脉冲串信号的互模糊函数图呈现出某些特性，增加了时差频差估计的难度。下面首先给出典型脉冲串信号的互模糊函数图，图8.4～图8.6分别给出了脉冲重复周期(PRI)固定、抖动及参差条件下脉冲串信号的互模糊函数。

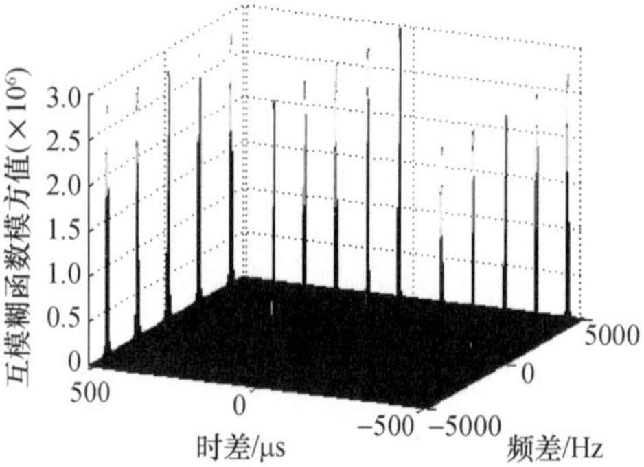

(a) 全局图

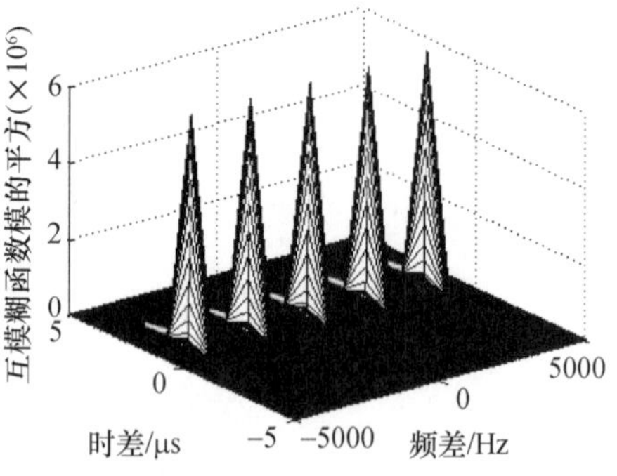

(b) 局部图

图8.4 固定PRI脉冲串信号互模糊函数图

从仿真结果上来看，固定PRI、抖动PRI、参差PRI等典型脉冲串信号[13]的互

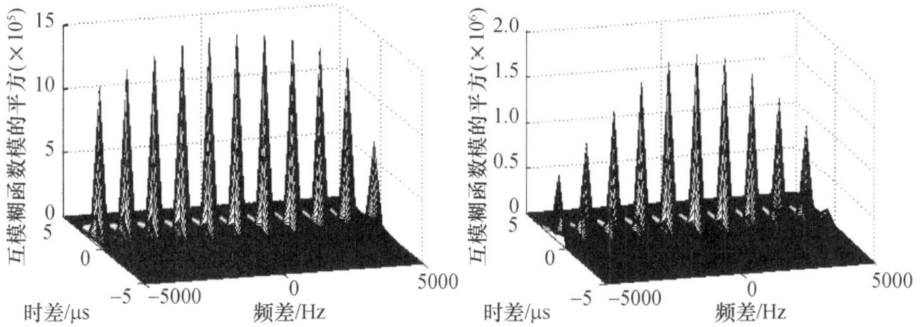

(a) 5%PRI最大抖动量　　(b) 10%PRI最大抖动量

图8.5　抖动PRI脉冲串信号互模糊函数图

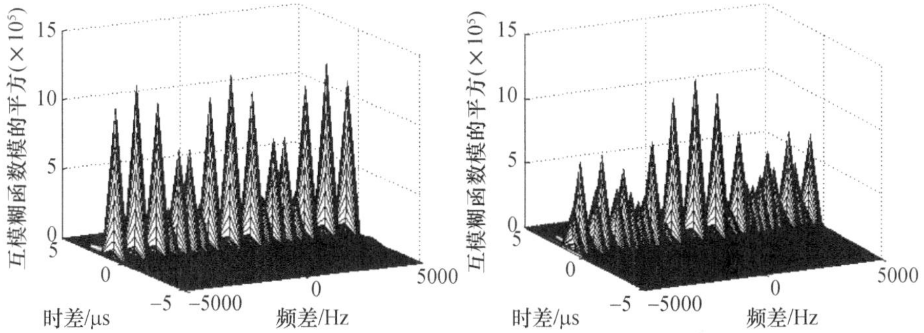

(a) 双参差　　(b) 四参差

图8.6　参差PRI脉冲串信号互模糊函数图

模糊函数图中都出现了多峰现象。并且信号的周期性越强,各峰的幅度越接近;信号的周期性越弱,真实时差频差对应的主峰幅度越大。

从理论分析的角度来说,对于具有周期性的脉冲串信号,其互模糊函数图的特点为:在时差剖面上,$\mathrm{TDOA} \pm \mathrm{PRI} \times k, (k=0,1,\cdots)$处出现互模糊峰,其中TDOA为真实时差;在频差剖面上,$\mathrm{FDOA} \pm k/\mathrm{PRI}, (k=0,1,\cdots)$处出现互模糊峰,其中FDOA为真实频差。

8.3.2　时差与频差估计难点及解决思路

由互模糊函数法的基本原理可知,根据互模糊函数图上最大峰的位置可以获得时差频差的估计值。尽管如此,由于脉冲串信号互模糊函数图具有多峰特性,直接使用8.2节所述的互模糊函数法不易可靠地搜索到最大峰。鉴于此,需要对原有方法进行改进。一个最基本的思路就是增加多峰检测功能,找到互模糊函数图上的所有峰，通过幅度比较选出最大峰，但是其中存在两个难点问题。

难点1：时差与频差搜索范围内的互模糊函数峰越多，互模糊函数法的复杂度越高，相应的运算量也越大。

难点2：若在时差与频差搜索范围内出现多个幅度大致相同的互模糊函数峰，则不易判定出最大峰，从而产生模糊问题。若多峰对应的时差值不同，则时差模糊[14-16]；若多峰对应的频差值不同，则出现频差模糊[17]。

针对上述难点，进一步思考，若能够通过某种方式缩小时差与频差的搜索范围，则可以减少互模糊函数峰的个数，进而降低算法的复杂度及运算量；并且缩小搜索范围在一定程度上可以抑制模糊。由此出发，本节采用基于统计直方图及时差序列法的两级引导策略，引导互模糊函数法在较小的范围内对时差与频差进行联合搜索。第一级基于两个观测站的脉冲到达时间（TOA）序列，采用统计直方图法获得时差估计值，以此引导两个观测站的信号进行脉冲配对[18]；第二级在脉冲配对的基础上获得时差序列，采用时差序列法估计时差及时间多普勒差，根据估计误差以及时间多普勒差与频差之间的关系式确定时差与频差搜索范围，以此引导互模糊函数法。

基于上述两级引导，使得时差与频差搜索范围大大减小，从而有效地减少了运算量。进一步考虑到脉冲串信号互模糊函数图多峰特性与时域稀疏等特性，需要对互模糊函数的计算方式进行改进，以适应脉冲串信号的特性，由此引出改进的互模糊函数法。

综上所述，顺序使用统计直方图法（以 H 表示）、时差序列法（以 TDOAs 表示）与改进互模糊函数法（以 MCAF 表示），构成 H-TDOAs-MCAF 算法，其流程如图 8.7 所示。

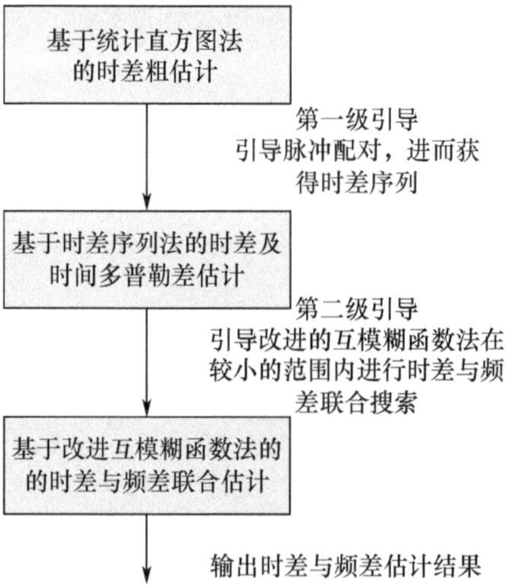

图 8.7　H-TDOAs-MCAF 算法流程图

值得注意的是，H-TDOAs-MCAF 算法的主要出发点在于通过两级引导缩小时差与频差搜索范围，以此来降低互模糊函数法的运算复杂度，并在一定程度上抑制模糊。但该算法不能保证完全解决模糊问题。若其输出结果为一对时差与频差估计值，则不出现模糊；若输出结果为多对时差频差估计值，则出现模糊，需要采用其他方法继续解模糊（见 8.4 节）。

8.4　基于统计直方图及时差序列法的两级引导

8.4.1　统计直方图法

在 H-TDOAs-MCAF 算法的框架中，统计直方图法用于完成第一级引导，指引脉冲配对。该方法在文献[18-19]中有详细论述，其在数学上可以描述为两个观测站脉冲列之间的互相关；该方法将统计直方图上超过预定阈值的直方图峰对应的时差作为两路信号时差的待选值，其原理简单，运算量小。下面简单阐述统计直方图法。假设已经实现信号分选，分别以列矢量 $\boldsymbol{b}_{\mathrm{TOA}}$、$\boldsymbol{a}_{\mathrm{TOA}}$ 表征观测站 2、1 获得的脉冲到达时间序列，首先构造矩阵：

$$\boldsymbol{C} = \boldsymbol{1}_{l_{\mathrm{A}} \times 1} \times \boldsymbol{b}_{\mathrm{TOA}}^{\mathrm{T}} - \boldsymbol{a}_{\mathrm{TOA}} \times \boldsymbol{1}_{1 \times l_{\mathrm{B}}} \tag{8.16}$$

式中：$\boldsymbol{1}_{l_{\mathrm{A}} \times 1}$ 为 l_{A} 维全 1 列矢量，l_{A} 为列矢量 $\boldsymbol{a}_{\mathrm{TOA}}$ 的维数；$\boldsymbol{1}_{1 \times l_{\mathrm{B}}}$ 为 l_{B} 维全 1 行矢量，l_{B} 为列矢量 $\boldsymbol{b}_{\mathrm{TOA}}$ 的维数；上标 T 表示转置运算符。然后根据先验信息获得时差的取值范围（称为时差窗口）$[\mathrm{TDOA}_{\min}, \mathrm{TDOA}_{\max}]\mu\mathrm{s}$，取出矩阵中处于该窗口的元素，构成列矢量 $\boldsymbol{g}_{\mathrm{TDOA}}$，进一步采用直方图统计 $\boldsymbol{g}_{\mathrm{TDOA}}$ 中元素的分布情况。例如，设真实时差 30μs，多普勒差 1μs/s，脉冲重复间隔 250μs，时差窗口[-200,200]μs，累积时间 0.1s，直方图统计结果如图 8.8 所示。

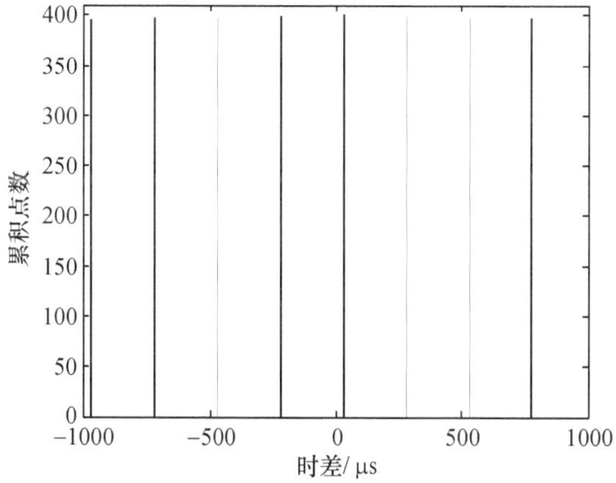

图 8.8　脉冲串信号统计直方图

由此可知，对于脉冲重复间隔固定的脉冲串，在真实时差 TDOA_0 附近将出现峰值，但是在 $\mathrm{TDOA}_0 \pm k \times \mathrm{PRI}(k=1,2,\cdots)$ 处也将出现峰值，从而造成时差模糊。

若在统计直方图上出现强主峰，则判定为“时差不模糊”，将该峰对应的时差搜索值作为时差粗测值,据此实现脉冲配对,进一步获得一个时差序列;若在统计直方图上出现多个幅度大致相同的峰,则判定为“时差模糊”。该条件下,对于每个峰,都利用其对应的时差搜索值进行脉冲配对,进而获得多个时差序列。

8.4.2 时差序列法

在 H-TDOAs-MCAF 算法的框架中,时差序列法用于第二级引导,在脉冲配对的基础上构建时差序列,并由此估计时差与时间多普勒差。进一步确定时差频差搜索范围,以此引导互模糊函数法。若时差不模糊,则脉冲配对后获得一个时差序列,时差序列法确定的时差频差搜索范围内仅包含一个区域;若时差模糊,则脉冲配对后获得多个时差序列,时差序列法确定的时差频差搜索范围内包含多个区域。

1)时差序列模型

根据式(8.2)可知,将观测起始时刻置为时间零点,在单次观测时间$[0,T]$内,观测站 1 及观测站 2 侦收到的辐射源信号可表示为

$$\begin{cases} y_{1,\text{real}}(t) = x_{\text{real}}(t) + n_{1,\text{real}}(t) \\ y_{2,\text{real}}(t) = Ax_{\text{real}}\left(\dfrac{t-D}{\text{TS}}\right) + n_{2,\text{real}}(t) \end{cases} \tag{8.17}$$

由式(8.17)可知,t 时刻辐射源信号到达两观测站的时间之差为

$$\begin{aligned} t_{21}(t) &= t\times\text{TS} + D - t = (\text{TS}-1)t + D = \frac{b_2-b_1}{b_1}t + \frac{d_2-d_1}{b_2} \\ &= \frac{v_{r2}-v_{r1}}{c-v_{r2}}t + \frac{r_2(0)-r_1(0)}{c}\cdot\frac{c-v_{r2}}{c} \\ &\overset{\substack{c\gg v_{r1}\\ c\gg v_{r2}}}{\approx} \frac{v_{r2}-v_{r1}}{c}t + \frac{r_2(0)-r_1(0)}{c} \end{aligned} \tag{8.18}$$

式中:$D=\dfrac{d_2-d_1}{b_1}$,$\text{TS}=\dfrac{b_2}{b_1}$,$b_1=\dfrac{c}{c-v_{r1}}$,$b_2=\dfrac{c}{c-v_{r2}}$,$d_2=\dfrac{r_2(0)}{c}$,$d_1=\dfrac{r_1(0)}{c}$。

由式(8.18)可知,时差按照线性规律随时间变化。利用该特点,文献[3]提出了一种快速有效的时差与时间多普勒差估计方法。该方法首先将侦收到的两路辐射源信号在时域上分成若干小段;然后基于两路信号中各对应段采用互相关法[20-22]估计时差,进而获得一个时差序列;最后由此线性估计出观测起始时刻的时差与时间多普勒差。该方法将时差与多普勒差二维联合估计转换为时差一维估计,节约了计算量,有利于快速运算。

下面将上述思想用于脉冲串信号观测量估计。设观测时间$[0,T]$内无源定位

系统侦收到 N 个脉冲，$t_{1,i}$、$t_{2,i}$分别为第 $i(i=1,2,\cdots,N)$ 个脉冲到达观测站 1、2 的时间，从而 $t_{1,i}$时刻两路脉冲串信号的时差 $t_{21,i}=t_{2,i}-t_{1,i}$，根据式(8.18)可知，当辐射源信号传播速度 c 远远大于辐射源与观测站之间的相对运动速度时，可得

$$t_{21,i}=\dot{t}_{21}\times t_{1,i}+D \tag{8.19}$$

式中：D 与 $\dot{t}_{21}$分别为观测起始时刻的时差与时间多普勒差，两者的表达式分别为 $D=\dfrac{r_2(0)-r_1(0)}{c}$与 $\dot{t}_{21}=\dfrac{v_{r2}-v_{r1}}{c}$。

考虑时差测量误差，以 $t_{\mathrm{m}21,i}$、$n_{21,i}$分别表征 $t_{21,i}$的测量值及测量误差。对于 N 个脉冲，根据式(8.19)，可得

$$\begin{cases} t_{\mathrm{m}21,1}=D+t_{1,1}\times\dot{t}_{21}+n_{21,1} \\ \qquad\vdots \\ t_{\mathrm{m}21,N}=D+t_{1,N}\times\dot{t}_{21}+n_{21,N} \end{cases} \tag{8.20}$$

则

$$\boldsymbol{z}=\boldsymbol{H}\boldsymbol{x}+\boldsymbol{n} \tag{8.21}$$

式中：$\boldsymbol{x}=[D\quad \dot{t}_{21}]^{\mathrm{T}}$，$\boldsymbol{z}=[t_{\mathrm{m}21,1}\quad\cdots\quad t_{\mathrm{m}21,N}]^{\mathrm{T}}$，$\boldsymbol{n}=[n_{21,1}\quad\cdots\quad n_{21,N}]^{\mathrm{T}}$，

$\boldsymbol{H}=\begin{bmatrix}1 & t_{1,1}\\ \vdots & \vdots \\ 1 & t_{1,N}\end{bmatrix}$。由此根据加权最小二乘可得 $\boldsymbol{x}$ 的估计值，即

$$\boldsymbol{x}=(\boldsymbol{H}^{\mathrm{T}}\boldsymbol{C}^{-1}\boldsymbol{H})^{-1}\boldsymbol{H}^{\mathrm{T}}\boldsymbol{C}^{-1}\boldsymbol{z}=\left(\sum_{i=1}^{N}\boldsymbol{h}_i^{\mathrm{T}}\sigma_i^{-2}\boldsymbol{h}_i\right)^{-1}\left(\sum_{i=1}^{N}\boldsymbol{h}_i^{\mathrm{T}}\sigma_i^{-2}t_{\mathrm{m}21,i}\right) \tag{8.22}$$

式中：$\boldsymbol{h}_i=[1\quad t_{1,i}]$，$\sigma_i^2$为 $n_{21,i}$的方差，$i=1,2,\cdots,N$。

进一步可得

$$\begin{cases} \hat{D}=\dfrac{1}{d}\left(\sum_{i=1}^{N}\sigma_i^{-2}t_{1,i}^2\right)\left(\sum_{i=1}^{N}\sigma_i^{-2}t_{\mathrm{m}21,i}\right)-\dfrac{1}{d}\left(\sum_{i=1}^{N}\sigma_i^{-2}t_{1,i}\right)\left(\sum_{i=1}^{N}\sigma_i^{-2}t_{1,i}t_{\mathrm{m}21,i}\right) \\ \hat{\dot{t}}_{21}=-\dfrac{1}{d}\left(\sum_{i=1}^{N}\sigma_i^{-2}t_{1,i}\right)\left(\sum_{i=1}^{N}\sigma_i^{-2}t_{\mathrm{m}21,i}\right)+\dfrac{1}{d}\left(\sum_{i=1}^{N}\sigma_i^{-2}\right)\left(\sum_{i=1}^{N}\sigma_i^{-2}t_{1,i}t_{\mathrm{m}21,i}\right) \end{cases} \tag{8.23}$$

式中：$d=\left(\sum_{i=1}^{N}\sigma_i^{-2}\right)\left(\sum_{i=1}^{N}\sigma_i^{-2}t_{1,i}^2\right)-\left(\sum_{i=1}^{N}\sigma_i^{-2}t_{1,i}\right)^2$，$\hat{D}$ 与 $\hat{\dot{t}}_{21}$ 分别为观测起始时刻的时差和时间多普勒差的估计值。

观测矩阵 $\boldsymbol{H}$ 中含有脉冲到达时间，由于其估计精度一般为纳秒量级，影响不大。为了简化分析，不考虑其测量误差，此时根据线性加权最小二乘的性质，可得

$$\mathrm{Var}(\boldsymbol{x}) = (\boldsymbol{H}^{\mathrm{T}}\boldsymbol{C}^{-1}\boldsymbol{H})^{-1} = \frac{1}{d}\begin{bmatrix} \sum_{i=1}^{N}\sigma_i^{-2}t_{1,i}^2 & -\sum_{i=1}^{N}\sigma_i^{-2}t_{1,i} \\ -\sum_{i=1}^{N}\sigma_i^{-2}t_{1,i} & \sum_{i=1}^{N}\sigma_i^{-2} \end{bmatrix} \tag{8.24}$$

设 $\sigma_1 = \cdots = \sigma_N = \sigma$，则有

$$\sigma_{\mathrm{D}} = \sqrt{\frac{1}{d}\sum_{i=1}^{N}\sigma_i^{-2}t_{1,i}^2} = \sigma\sqrt{\frac{\sum_{i=1}^{N}t_{1,i}^2}{N\sum_{i=1}^{N}t_{1,i}^2 - \left(\sum_{i=1}^{N}t_{1,i}\right)^2}} \tag{8.25}$$

$$\sigma_{t_{21}} = \sqrt{\frac{1}{d}\sum_{i=1}^{N}\sigma_i^{-2}} = \sigma\sqrt{\frac{N}{N\sum_{i=1}^{N}t_{1,i}^2 - \left(\sum_{i=1}^{N}t_{1,i}\right)^2}} \tag{8.26}$$

进一步假设脉冲重复间隔固定且为 T_{r}，可得

$$\sigma_{\mathrm{D}} = \sigma\sqrt{\frac{2(2N-1)}{N+1}\frac{1}{N}},\sigma_{t_{21}} = \sigma\sqrt{\frac{12}{N(N+1)(N-1)T_{\mathrm{r}}^2}} \tag{8.27}$$

2）逐脉冲时差测量方法

下面基于观测站1、2侦收的第 i 个脉冲进行时差估计。下面给出基本步骤。

（1）考虑到脉冲的时域冲击特性，利用自适应阈值法获得第 i 个脉冲信号到达观测站1与2的时间的估计值 $t_{\mathrm{m1},i}$ 与 $t_{\mathrm{m2},i}$。

（2）通过 $t_{\mathrm{m2},i}$ 与 $t_{\mathrm{m1},i}$ 做差可获得时差 $t_{21,i}$ 的粗估计值 $t_{\mathrm{m21},i,\mathrm{c}} = t_{\mathrm{m2},i} - t_{\mathrm{m1},i}$。

（3）根据 $t_{\mathrm{m21},i,\mathrm{c}}$ 及测量误差，限定时差搜索范围，采用互相关法[19-21]获得时差的精估计值 $t_{\mathrm{m21},i}$。

3）时差频差引导精度

根据式(8.4)可知，$F = f_{\mathrm{c}}\frac{v_{r2} - v_{r1}}{c}$，又因 $\dot{t}_{21} = \frac{v_{r2} - v_{r1}}{c}$，从而可得频差 F 与时间多普勒差 $\dot{t}_{21}$ 的关系式为

$$F = f_{\mathrm{c}}\dot{t}_{21} \tag{8.28}$$

式中：f_{c} 为辐射源信号载频。由于采用互相关法进行时差精估计，故而第 i 个脉冲对应的时差均方根误差可表示为[1]

$$\sigma_i = \frac{1}{\beta_{\mathrm{p}i}}\frac{1}{\sqrt{B\tau_{\mathrm{p}i}\gamma_{\mathrm{p}i}}} \tag{8.29}$$

式中：$\tau_{\mathrm{p}i}$ 与 $\beta_{\mathrm{p}i}$ 分别为第 i 个脉冲的宽度与等效带宽；$\gamma_{\mathrm{p}i}$ 为第 i 个脉冲对的等效信噪

比。为简化分析,设脉冲串信号由 N 个完全相同的脉冲构成,脉冲重复间隔为固定值 T_r,脉宽为 τ_p,单个脉冲等效带宽为 β_p,脉冲等效信噪比为 γ_p。根据式(8.27)~式(8.29),可得

$$\sigma_D = \frac{1}{\beta_p}\frac{1}{\sqrt{B\tau_p\gamma_p}}\sqrt{\frac{2(2N-1)}{N+1}\frac{1}{N}},\sigma_F = \frac{f_c}{\beta_p}\frac{1}{\sqrt{B\tau_p\gamma_p}}\sqrt{\frac{12}{N(N+1)(N-1)T_r^2}} \tag{8.30}$$

实际上,无须利用信号互相关法测时差,仅利用 TOA 做差(该方法称为 TOA 差分法)就可以获得脉冲时差。若基于视频包络信号测量 TOA,则 TOA 的均方根误差可表示为[23]

$$\sigma_{TOA} = \frac{t_{rs}}{\sqrt{2\gamma}} \tag{8.31}$$

式中:t_{rs}为视频包络脉冲前沿持续时间;γ 为视频包络信号对应的信噪比。进一步可得第 i 个脉冲对应的时差均方根误差为

$$\sigma_i = \sqrt{\frac{t_{rs1,i}^2}{2\gamma_{1,i}} + \frac{t_{rs2,i}^2}{2\gamma_{2,i}}} \tag{8.32}$$

式中:$t_{rs1,i}$与 $t_{rs2,i}$分别为观测站 1 与 2 的第 i 个视频包络脉冲前沿持续时间;$\gamma_{1,i}$与 $\gamma_{2,i}$分别为观测站 1 与 2 的第 i 个视频包络脉冲对应的信噪比。为了简化分析,设视频包络脉冲串信号由 N 个完全相同的脉冲构成,令 $t_{rs1,1} = \cdots = t_{rs1,N} = t_{rs1}$, $t_{rs2,1} = \cdots = t_{rs2,N} = t_{rs2}$, $\gamma_{1,1} = \cdots = \gamma_{1,N} = \gamma_1$, $\gamma_{2,1} = \cdots = \gamma_{2,N} = \gamma_2$,可得

$$\sigma_D = \sqrt{\frac{t_{rs1}^2}{2\gamma_1} + \frac{t_{rs2}^2}{2\gamma_2}}\sqrt{\frac{2(2N-1)}{N+1}\frac{1}{N}},\sigma_F = f_c\sqrt{\frac{t_{rs1}^2}{2\gamma_1} + \frac{t_{rs2}^2}{2\gamma_2}}\sqrt{\frac{12}{N(N+1)(N-1)T_r^2}} \tag{8.33}$$

对信号互相关法与 TOA 差分法进行比较,TOA 差分法是基于视频包络信号的,忽略了脉冲内部调制信息,而信号相关法是基于采样信号的,保留了脉冲内部调制信息,故而 TOA 差分法对应的时差测量精度一般低于信号互相关法对应的时差测量精度,但其省略了脉冲互相关过程,节约了运算量。

8.5　基于改进互模糊函数法的时差与频差联合估计

在 H-TDOAs-MCAF 算法的框架中,改进的互模糊函数法处于最后一级,用于精确估计时差与频差。在 8.2 节的讨论中并未涉及信号形式,研究的是通用意义上的方法,而本节进一步考虑脉冲串信号互模糊函数图的多峰特性及时域稀疏特

性，对互模糊函数法进行两方面的改进：一是增加多峰检测功能；二是采用非补零相关与非补零滤波抽取。

8.5.1 多峰检测

在 H-TDOAs-MCAF 算法的框架下，由于通过统计直方图可以进行时差多峰检测，故而仅需通过互模糊函数图进行频差多峰检测。下面给出具体步骤。

第一步：确定检测阈值；具体来说，在时差与频差搜索范围内取离散点集，计算其对应的互模糊函数，以其模方（模的平方）最大值的 $a\%$（如 80%）作为检测阈值。

第二步：利用连续性准则进行频差峰检测；具体来说，给定时差搜索值，获得互模糊函数图的时差剖面图（横轴为频差轴，纵轴为互模糊函数模方值），根据检测阈值，在该图中选出不低于检测阈值的所有模方值。若检测阈值选取合适，当时差剖面图中存在多个频差峰时，将获得多个连续区间，每个区间内具有一个频差峰；当存在一个频差峰时，将获得一个连续区间。

基于以上两步，可以实现频差多峰检测。以重复频率为 1000Hz 的脉冲串信号为例，图 8.9 给出了相应的频差多峰检测示意图。

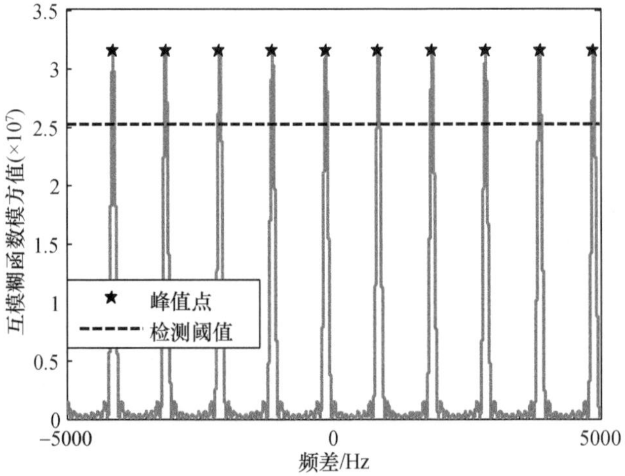

图 8.9 频差多峰检测示意图

8.5.2 非补零相关及非补零滤波抽取

8.2 节所述的互模糊函数法并未涉及信号的形式，若直接将该方法用于脉冲串信号，则需要在脉冲非存在期间进行数据补零，将脉冲串信号补成连续波信号，以适应 8.2 节所述的互模糊函数法。然而，数据补零将引入了大量额外的运算。针对该问题，本节引入非补零相关及非补零滤波抽取，大大节省了运算量。

首先给出两个时间区间是否交叠的判定准则，这是非补零相关及非补零滤波抽取的基础。对于两个时间区间 $[t_{st1}, t_{end1}]$ 与 $[t_{st2}, t_{end2}]$，若

$$\max\{t_{st1}, t_{st2}\} < \min\{t_{end1}, t_{end2}\} \tag{8.34}$$

则两个时间区间有交叠，其交叠区间为 $[\max\{t_{st1}, t_{st2}\}, \min\{t_{end1}, t_{end2}\}]$（图 8.10）。

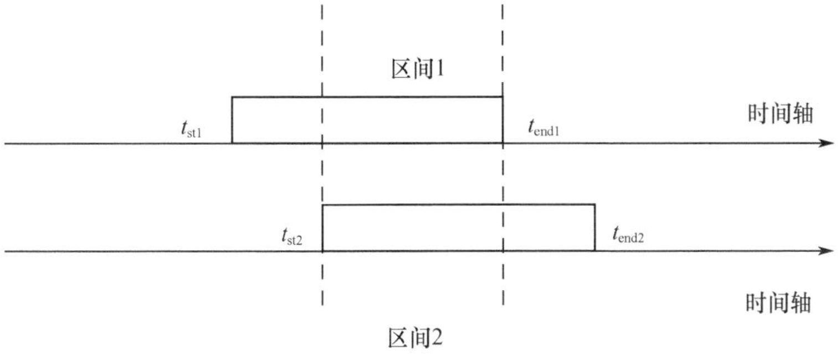

图 8.10　区间交叠判定示意图

1）非补零相关

第一路及第二路脉冲串信号 $s_1(n)$、$s_2(n+\tau)$ 在时域上表现为多个脉冲，记为

$$s_1(n), n \in \bigcup_{i=1}^{M_1} [n_{ist\_s_1}, n_{ied\_s_1}], s_2(n+\tau), n \in \bigcup_{i=1}^{M_2} [n_{ist\_s_2}, n_{ied\_s_2}] \tag{8.35}$$

若按照 8.2 节中式(8.8)进行两路信号相关，则需要在脉冲非存在期间进行补零，然后相关，这样引入了大量额外的运算量。鉴于此，采用非补零相关方法，其基本步骤如下。

（1）令 $k=1, j=1$，判定时间区间 $[n_{kst\_s_1}, n_{ked\_s_1}]$ 与 $[n_{jst\_s_2}, n_{jed\_s_2}]$ 是否有交集，若有则在交叠区间内，将两路信号进行共轭相关，反之不进行信号共轭相关操作；

（2）令 $j=j+1$，重复上述操作，直至 $j=M_2$。

（3）令 $k=k+1$，重复上述操作，直至 $k=M_1$。

考虑到脉冲串信号的时域稀疏特性，定义脉冲存在时间总和与总观测时间的比值为时域占空比 D_t，则采用上述方法后，可节省 $(1-D_t)\times 100\%$ 的运算量。

2）非补零滤波抽取

对于脉冲串信号，相关序列 $r(n)$ 在时域上表现为多个脉冲，即

$$r(n), n \in \bigcup_{i=1}^{M} [n_{ist}, n_{ied}] \tag{8.36}$$

若按照 8.2 节中式(8.9)进行滤波抽取，则需要在脉冲非存在期间对 $r(n)$ 进

行补零，然后再滤波抽取，这样引入了大量额外的运算量。鉴于此，采用非补零滤波抽取方法，其基本步骤如下。

（1）按照抽取比 L，将 $r(n)$ 分成等长的 M_L 段，每段 L 个数据点。第 $k(k=0,1,\cdots M_L-1)$ 段可表示为 $r(n),n\in[n_k,n_{k+1}]$。

（2）令 $k=0$，求 $[n_k,n_{k+1}]$ 与 $\bigcup_{i=1}^{M}[n_{ist},n_{ied}]$ 的交集，得到集合

$$D_k=[n_k,n_{k+1}]\cap\left(\bigcup_{i=1}^{M}[n_{ist},n_{ied}]\right) \tag{8.37}$$

也就是选出了 $r(n),n\in[n_k,n_{k+1}]$ 中的非零数据点，从而第 k 段数据求和等效于第 k 段非零数据求和，由此避免了补零求和引入的大量额外运算量。

（3）令 $k=k+1$，重复上述操作，直至 $k=M_L-1$。

采用上述方法后，可节省 $(1-D_t)\times100\%$ 的运算量。

8.5.3 仿真分析

以下仿真中设定真实时差为 3.1869μs，真实频差为 1589.486Hz，脉冲串信号采样率 50MHz。

1）多级渐细搜索中各级对应的模糊函数图

设脉冲串信号持续时间 5ms，脉冲宽度为 10μs，脉冲重复频率为 1kHz，脉内调制为线性调频，调制带宽 1MHz。图 8.11 给出了多级渐细搜索中各级对应的互模糊函数图。

由图 8.11 可以直观地看出，多级渐细搜索遵循了从全局到局部渐次精细化的准则。在该框架下，以前一级的时差频差搜索结果来引导下一级的搜索，能够有效提高运算效率。随着级数的增加，时差频差搜索范围越来越小，互模糊函数图也越来越精细，能够使得时差频差估计结果更准确。

2）改进的 CAF 方法与 CAF 方法的比较

下面分别从运算效率及估计性能两方面比较改进的 CAF 方法（见 8.3 节）与 CAF 方法（见 8.2 节）。

首先比较两种方法的运算效率。设脉冲宽度为 10μs，脉冲重复频率为 1kHz，脉内调制为线性调频，调制带宽 1MHz，表 8.1 给出了不同脉冲串信号持续时间条件下两种方法单次运行所需时间，图 8.12 据此画出了相应的曲线。

由表 8.1 及图 8.12 可知，改进的 CAF 方法的单次运行时间要少于 CAF 法，并且脉冲串信号的持续时间越长，两者单次运行时间之差越大。这表明通过引入非补零相关及非补零滤波抽取，改进的 CAF 方法能够有效减小运算量，提高运算速度。

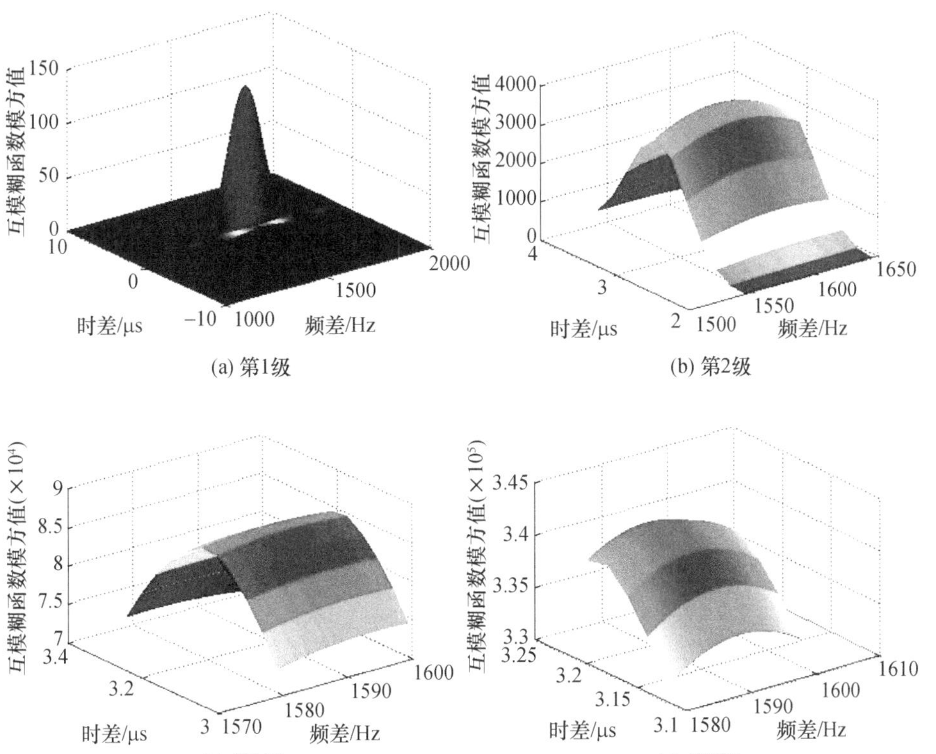

(a) 第1级　(b) 第2级　(c) 第3级　(d) 第4级

图 8.11　多级渐细搜索对应的互模糊函数图

表 8.1　改进的 CAF 方法与 CAF 方法单次运行所需时间

脉冲串信号持续时间/ms	CAF 方法单次运行所耗费的时间/s	改进的 CAF 方法单次运行所耗费的时间/s
2	1.1163	0.83781
5	2.2666	0.9925
10	4.0094	1.2006
15	5.885	1.5078

下面，比较两种方法的时差与频差估计性能。设脉冲串信号持续时间 5ms，脉冲宽度为 10μs，脉冲重复频率为 1kHz，脉内调制为线性调频，调制带宽 1MHz，进行 300 次蒙特卡罗仿真，对时差频差估计误差进行统计，表 8.2 给出了不同信噪比条件下两种方法的时差与频差估计结果，图 8.13 据此画出了相应的曲线。图 8.14给出了信噪比为 0 的条件下两种方法的蒙特卡罗实验结果。

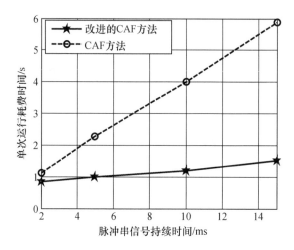

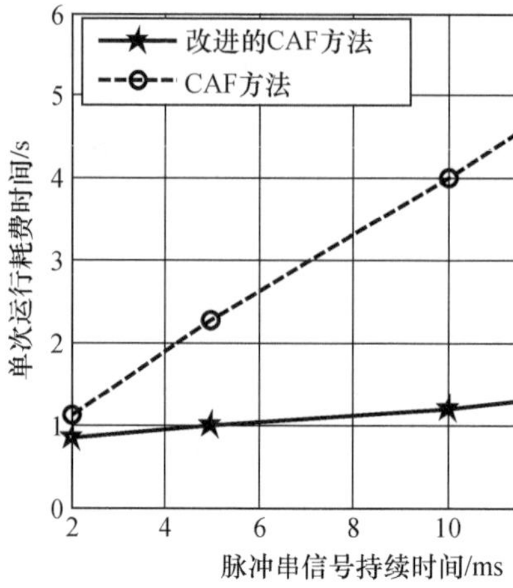

图8.12　改进的 CAF 法与 CAF 法单次运算时间的比较

表 8.2　不同信噪比条件下的时差与频差估计结果

信噪比/dB	参数估计算法	时差误差均值/ns	时差均方根误差/ns	频差误差均值/Hz	频差均方根误差/Hz
0	CAF	-5.1707	30.6097	0.016613	1.9745
	改进的 CAF	-0.46028	28.6374	-0.15283	1.9008
5	CAF	-2.812	11.4764	0.026232	1.0807
	改进的 CAF	-0.96331	11.7838	-0.018529	1.0359
10	CAF	-2.0006	4.2356	0.18053	0.64619
	改进的 CAF	-1.8848	4.5531	0.15566	0.63837
15	CAF	-2.2727	2.6518	0.19484	0.37957
	改进的 CAF	-2.2873	2.6592	0.15328	0.35998

由表8.2、图8.13及图8.14可知，改进的CAF方法与CAF法对应的时差及频差估计误差均相差不大，这表明两种方法的性能基本是一致的，改进的CAF方法在提高运算效率的同时并没有降低性能。

3）各因素对改进的CAF方法性能的影响

以上分析表明了改进的CAF方法与CAF方法性能大致相同，但其具有更高的运算效率。下面进一步分析脉冲宽度、脉冲重复频率与调制带宽对改进的CAF方法性能的影响。以下仿真中脉冲串信号持续时间5ms，脉内调制为线性调频。

设信噪比为5dB，脉冲重复频率为1kHz，调制带宽为1MHz，进行300次蒙特卡罗仿真。表8.3列出了不同脉冲宽度条件下的时差与频差估计结果，图8.15据此画出了相应的曲线。

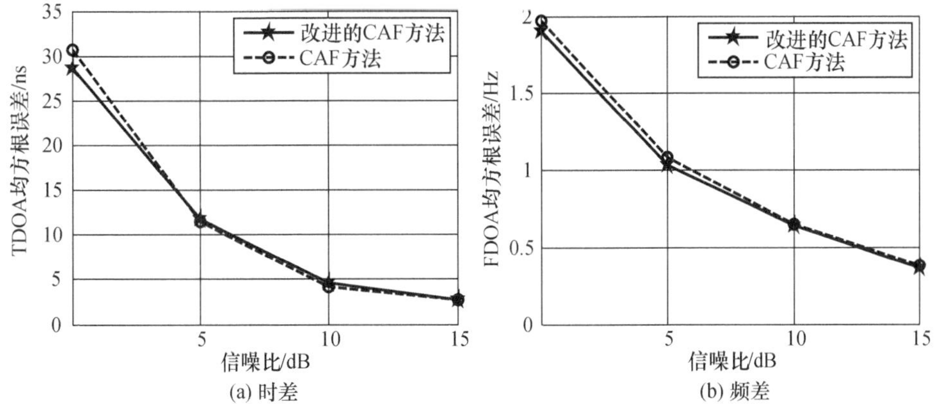

图 8.13 不同信噪比条件下的时差与频差估计性能

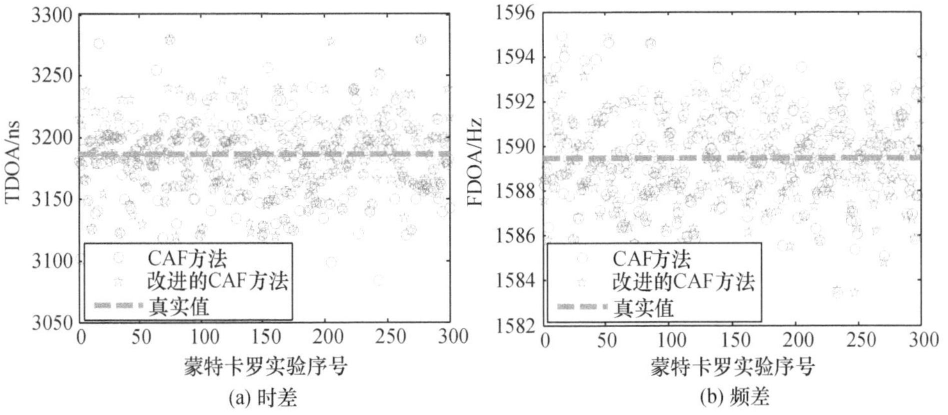

图 8.14 信噪比为 0 的条件下蒙特卡罗实验时差与频差估计结果

表 8.3 不同脉冲宽度条件下的时差与频差估计结果

仿真条件	时差误差均值/ns	时差均方根误差/ns	频差误差均值/Hz	频差均方根误差/Hz
脉宽 10μs	-0.96331	11.7838	-0.018529	1.0359
脉宽 20μs	-0.11938	11.1807	0.012346	0.73054
脉宽 30μs	-3.4321	10.7758	-0.038683	0.55129
脉宽 40μs	-0.94542	10.5382	-0.011574	0.44679

设信噪比为5dB,脉冲宽度为10μs,调制带宽为1MHz,进行300次蒙特卡罗仿真,表8.4列出了不同脉冲重复频率条件下的时差与频差估计结果,图8.16据此画出了相应的曲线。

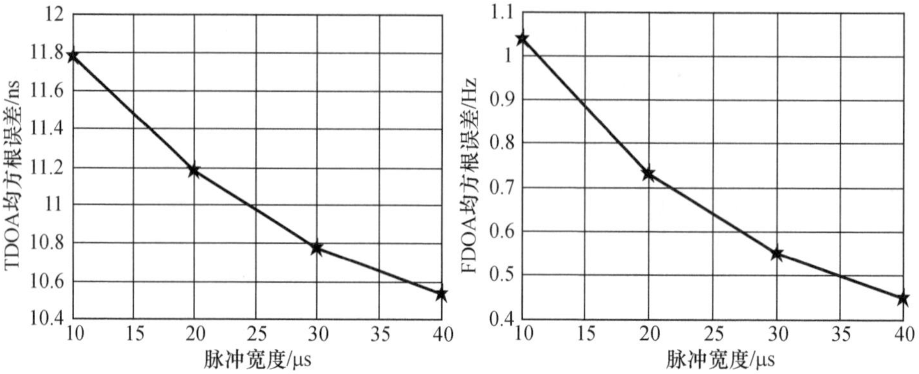

(a) 时差 (b) 频差

图 8.15 时差与频差估计误差与脉冲宽度的关系图

表 8.4 不同脉冲重复频率条件下的时差与频差估计结果

仿真条件	时差误差均值/ns	时差均方根误差/ns	频差误差均值/Hz	频差均方根误差/Hz
重频 0.5kHz	-4.5216	15.7238	0.17521	1.3086
重频 1kHz	-0.96331	11.7838	-0.018529	1.0359
重频 2kHz	-1.5897	8.1015	0.015241	0.71865
重频 3kHz	-0.44633	6.7881	0.064955	0.52165

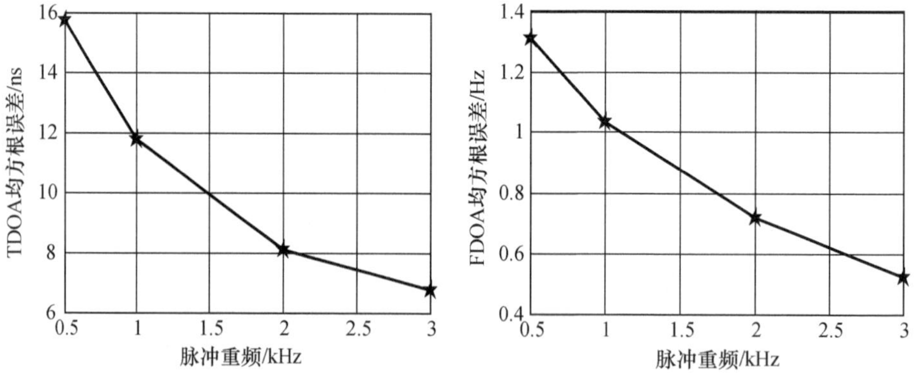

(a) 时差 (b) 频差

图 8.16 时差频差估计误差与脉冲重复频率的关系图

设信噪比为 5dB，脉冲重复频率为 1kHz，脉冲宽度为 10μs，进行 300 次蒙特卡罗仿真，表 8.5 列出了不同调制带宽条件下的时差与频差估计结果，图 8.17 据此画出了相应的曲线。

表8.5　不同调制带宽条件下的时差与频差估计结果

仿真条件	时差误差均值/ns	时差均方根误差/ns	频差误差均值/Hz	频差均方根误差/Hz
调制带宽0.5MHz	-1.5917	17.1298	0.007289	1.0429
调制带宽1MHz	-0.96331	11.7838	-0.018529	1.0359
调制带宽1.5MHz	-2.1762	8.292	0.20729	1.1068
调制带宽2MHz	-1.2118	5.8838	0.10421	1.0642

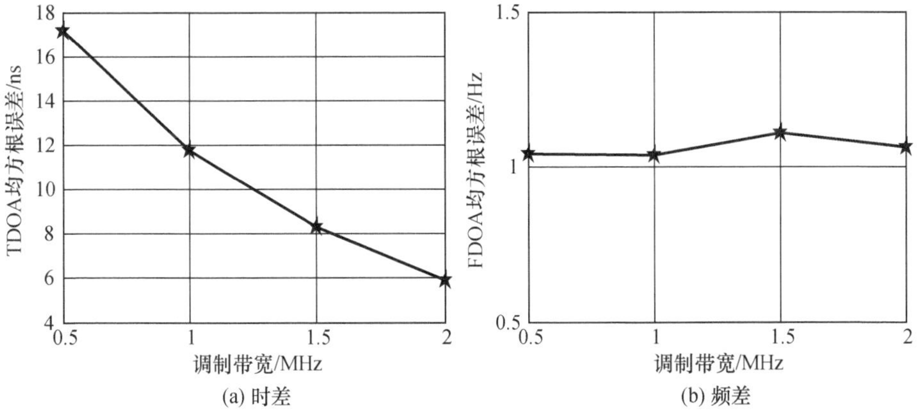

图8.17　时差与频差估计误差与脉冲调制带宽的关系图

根据图8.15～图8.17及表8.3～表8.5可知：

（1）随着脉冲宽度与脉冲重复频率的增加，时差与频差估计误差均减小，这与理论分析是一致的。理论上，无论是脉冲宽度增加还是脉冲重复频率增加，都使得给定观测时间内的信号实际持续时间T增加，根据式（8.7）可知，时差与频差均方根误差都将减小。

（2）随着调制带宽的增加，时差估计误差减小，而频差估计误差大致保持不变，这与理论分析是一致的。理论上，当调制带宽增加时，信号等效带宽β增加，根据式（8.7）可知时差均方根误差将减小，而信号等效带宽的增加对频差均方根误差无直接影响。

8.6　窄带脉冲串信号时差与频差解模糊

8.6.1　雷达信号的时差与频差模糊问题

对于雷达信号特别是固定重频雷达信号，其脉冲重复周期特性可能导致互模糊函数估计时差频差参数时存在时差与频差模糊问题。下面对此进行分析。

8.6.1.1 时差模糊问题

假设主站信号和辅站信号如图 8.18 所示。由于双站之间存在已知的一定的站间距,因此辐射源到达主站和辅站的时间差存在一个固定的最大值,该最大值小于站星间距 D 除于光速 c,所有时间差都将小于该时差窗。

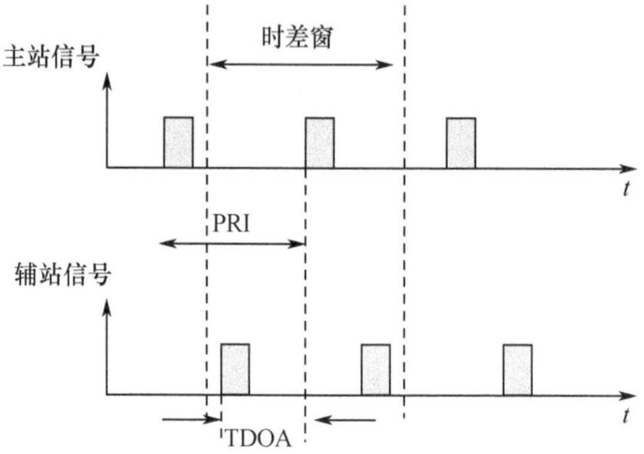

图 8.18 时差模糊示意图

如图 8.18 所示,若辐射源发射信号 PRI 小于时差窗,则辅站脉冲可能与主站两个以上脉冲存在配对关系,导致存在时差模糊。因此假设 $TDOA_{max}$ 为覆盖范围内的最大时差,则时差窗等于 2 倍的最大时差,即时差窗为$[-TDOA_{max}, TDOA_{max}]$即 $2|TDOA_{max}|$范围,可得不发生时差模糊的条件是辐射源的脉冲重复频率(PRF)小于时差窗的倒数:

$$\mathrm{PRF} \leqslant \frac{1}{2|\mathrm{TDOA}_{max}|}$$

8.6.1.2 频差模糊问题

在求雷达信号互模糊函数的过程中,雷达脉冲信号的频谱示意图如图 8.19 所示。

由图中 8.19 可知,脉冲信号的频谱以 PRF 为周期重复,频谱包络宽度约为 $1/\tau$。对于雷达脉冲典型脉宽为 $\tau = 1\text{us}$,可以计算得到 $1/\tau = 1\text{MHz}$,远远大于双站间的 FDOA 可能的范围,因此在模糊图上将以真实的 FDOA 为中心,每间隔 PRF 产生多个梳齿状的虚假峰。

若辐射源的重频频率小于双站频差的可能范围,则将产生频差模糊现象,即无法分辨哪一个峰是目标的频差,可能导致频差计算错误,从而得到错误的定位结果。对于观测站高度为 H,星间距为 D,观测站速度为 v,载频为 f_c 的脉冲信号,最

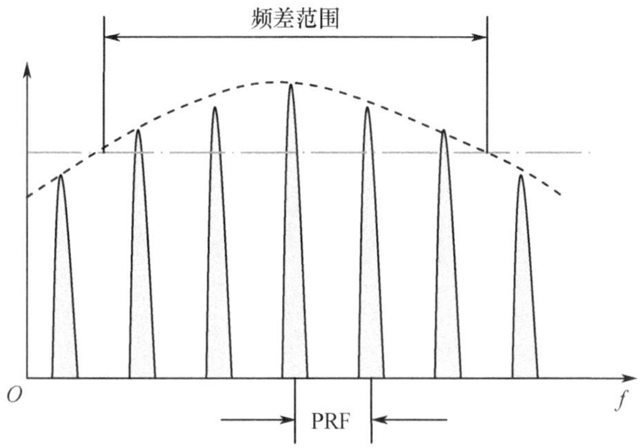

图 8.19　雷达脉冲信号频谱示意图

大的多普勒差为观测站水平投影点位置产生，则

$$|f|_{\max} = \frac{f_c}{c}\frac{D}{H}v \tag{8.38}$$

因此，频差模糊产生的条件是目标辐射源的 PRF 小于最大频差，即

$$\mathrm{PRF} \leqslant \frac{f_c}{c}\frac{D}{H}v \tag{8.39}$$

若信号 PRF 低于上述频率，将会出现频差模糊问题，将会引起定位的模糊。

8.6.1.3　消除时差与频差模糊思路

消除时差和频差模糊主要采用两种方法。

(1) 长时间积累法。时差定位系统中解时差模糊的传统方法是利用长时间积累，例如，积累一段时长的数据或者积累几分钟，分析在积累时间内各个位置上对目标多次定位的结果，检测并排除掉其中散布较大的虚假定位值。对于频差模糊，这一方法同样适用。但上述方法需要接收机长时间驻留于某一频段。

(2) 时差变化率法。实际上，根据双站参数和地面雷达目标的特点，对绝大多数现役雷达而言，固定重频雷达的时差模糊很少，而对卫星导弹类应用场景，频差上模糊才是其中必须要解决的关键技术问题。对于此问题，提出了一种采用时差变化率解频差模糊的新方法，其具体思路如下。

在一小段观测时间内（如 $T \leqslant 1\mathrm{s}$），时差的变化如图 8.20 所示。

对上述时差，进行最小二乘拟合，可以得到时差变化率 dTDOA 的估计。对于多辐射源信号的时差，可以用 Hough 变换把同一个脉冲的时差求取出来。时差变化率与频差 FDOA 的关系为

$$c \cdot d\mathrm{TDOA} = \lambda \cdot \mathrm{FDOA}$$

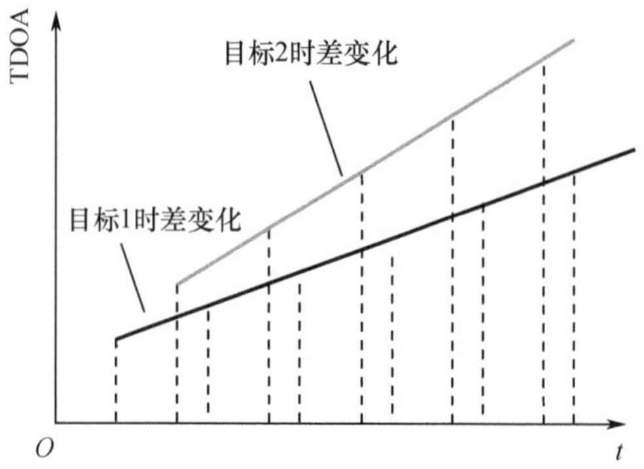

图 8.20　时差的变化示意图

式中：c 为光速；λ 为信号波长。可以推导得到正确解频差模糊对时差测量精度的要求为

$$\sigma_{\mathrm{TDOA}} \leqslant \frac{(T_{\mathrm{N}} f_{\mathrm{PRF}})^{3/2}}{6f\sqrt{12}} \tag{8.40}$$

从式(8.40)可知，频差解模糊对时差精度的需求仅仅与脉冲个数 $k = T_{\mathrm{N}} f_{\mathrm{PRF}}$ 和载频有关系。反过来，在给定时差测量精度条件下，也可以得到不模糊重频为

$$f_{\mathrm{PRF}} \geqslant \frac{(12\sqrt{3} f \sigma_{\mathrm{TDOA}})^{\frac{2}{3}}}{T_{\mathrm{N}}} \tag{8.41}$$

如果固定测时差误差为 $\sigma_{\mathrm{TDOA}} = 30\mathrm{ns}$，分别假设积累时间为 $T_{\mathrm{N}} = 0.1\mathrm{s}$ 和 $T_{\mathrm{N}} = 1\mathrm{s}$，可以得到如下的最小无模糊重频与载频之间的关系如图 8.21 所示。

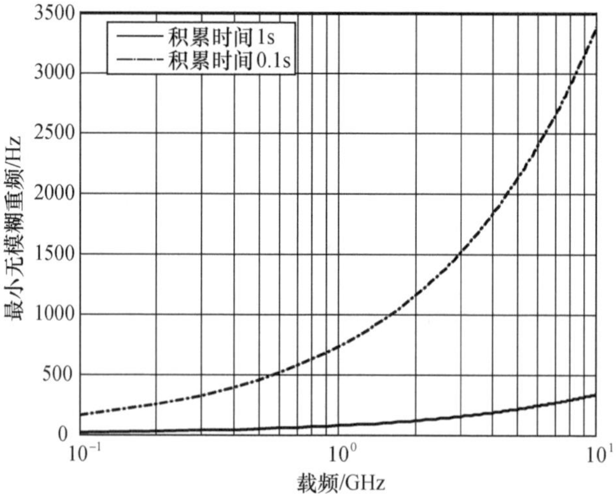

图 8.21　最小无模糊重频与载频的关系

由图 8.21 可知，最小无模糊重频在高频段较高，在时差误差为 30ns 条件下，如果积累时间可以达到 1s，则对于重频大于 338Hz 以上的脉冲序列，可以用时差变化率解频差模糊。

由于脉冲串信号互模糊函数图的多峰特性，因此在一定条件下将引起时差/频差模糊。虽然 H-TDOAs-MCAF 算法能够在一定程度上抑制模糊，但不能保证完全解决模糊问题。若其输出结果是多对时差频差估计值，则仍存在模糊，需要采用其他方法解模糊。鉴于此，本节提出了两种解模糊方法：一是非模糊量定位反演；二是多假设检验。

8.6.2　基于非模糊量定位反演的解模糊方法

实际上，模糊在某种程度上可认为是一种先验信息不充分的表现，故而通过增加观测信息，减小时差/频差搜索窗口，使得该窗口内仅有单个强峰，从而可解模糊。由此出发，引出基于非模糊量定位反演的解模糊方法。首先利用非模糊的观测量进行辐射源定位，然后基于定位结果及定位误差范围，推算出模糊观测量的取值范围，若该范围足够小，则可以解模糊。此处，由辐射源位置推知观测量，而不是由观测量定位辐射源，故而使用“反演”一词。

下面以两运动观测站对地面固定辐射源定位为例，阐述基于非模糊量定位反演的解模糊方法。考虑两种情况：一是时差模糊而频差不模糊，此时基于频差定位反演解时差模糊；二是频差模糊而时差不模糊，此时基于时差定位反演解频差模糊。

8.6.2.1　基于频差定位反演的时差解模糊

考虑时差模糊而频差不模糊的情况。N 次观测条件下，对于第 k 次观测，两观测站之间频差可表示[24-26]为

$$f_{10,k}=f_c\,\frac{-\boldsymbol{V}_{1,k}^{\mathrm{T}}(\boldsymbol{P}-\boldsymbol{P}_{1,k})}{c\,\|\boldsymbol{P}-\boldsymbol{P}_{1,k}\|}-f_c\,\frac{-\boldsymbol{V}_{0,k}^{\mathrm{T}}(\boldsymbol{P}-\boldsymbol{P}_{0,k})}{c\,\|\boldsymbol{P}-\boldsymbol{P}_{0,k}\|}(k=1,2,\cdots,N) \qquad (8.42)$$

式中：$\boldsymbol{P}$ 为固定辐射源位置矢量；$\boldsymbol{P}_{0,k}$ 与 $\boldsymbol{P}_{1,k}$ 分别为观测站 0 及观测站 1 在第 k 次观测条件下的位置矢量；$\boldsymbol{V}_{0,k}$ 与 $\boldsymbol{V}_{1,k}$ 分别为观测站 0 及观测站 1 在第 k 次观测条件下的速度矢量；c 为电磁波传播速度；f_c 为辐射源信号载频。此外，考虑地球表面约束条件 $H(\boldsymbol{P})=\boldsymbol{P}^{\mathrm{T}}\boldsymbol{P}-R^2=0$。

基于 N 次观测条件下的频差信息进行辐射源定位，定位精度可由约束条件下的 CRLB 表征。基于 8.3.2 节的相关分析，约束条件下 CRLB 可表示为

$$\mathrm{CRLB}_c(\boldsymbol{P})=\boldsymbol{C}_{11}-\boldsymbol{C}_{11}\boldsymbol{F}_t(\boldsymbol{F}_t\boldsymbol{C}_{11}\boldsymbol{F}_t)^{-1}\boldsymbol{F}_t\boldsymbol{C}_{11} \qquad (8.43)$$

式中：$\boldsymbol{F}_{\mathrm{t}}=2\boldsymbol{P}$，$\boldsymbol{C}_{11}=\boldsymbol{A}^{-1}+\boldsymbol{A}^{-1}\boldsymbol{U}(\boldsymbol{D}-\boldsymbol{V}\boldsymbol{A}^{-1}\boldsymbol{U})^{-1}\boldsymbol{V}\boldsymbol{A}^{-1}$，$\boldsymbol{A}=\sum_{i=1}^{N}\boldsymbol{J}_{\mathrm{t}i}^{\mathrm{T}}\boldsymbol{C}_{\mathrm{t}i}^{-1}\boldsymbol{J}_{\mathrm{t}i}$，

$$\boldsymbol{D}=\mathrm{diag}(\boldsymbol{J}_{\mathrm{tnav1}}^{\mathrm{T}}\boldsymbol{C}_{\mathrm{t1}}^{-1}\boldsymbol{J}_{\mathrm{tnav1}}+\boldsymbol{C}_{\mathrm{nav1}}^{-1},\cdots,\boldsymbol{J}_{\mathrm{tnav}N}^{\mathrm{T}}\boldsymbol{C}_{\mathrm{t}N}^{-1}\boldsymbol{J}_{\mathrm{tnav}N}+\boldsymbol{C}_{\mathrm{nav}N}^{-1}),\boldsymbol{V}=\boldsymbol{U}^{\mathrm{T}},$$

$\boldsymbol{U}=[\boldsymbol{J}_{\mathrm{t1}}^{\mathrm{T}}\boldsymbol{C}_{\mathrm{t1}}^{-1}\boldsymbol{J}_{\mathrm{tnav1}}\quad\cdots\quad\boldsymbol{J}_{\mathrm{t}N}^{\mathrm{T}}\boldsymbol{C}_{\mathrm{t}N}^{-1}\boldsymbol{J}_{\mathrm{tnav}N}]$，$\boldsymbol{J}_{\mathrm{t},k}=\dfrac{\partial f_{10,k}}{\partial\boldsymbol{P}^{\mathrm{T}}}(k=1,2,\cdots,N)$，$\boldsymbol{J}_{\mathrm{tnav},k}=\dfrac{\partial f_{10,k}}{\partial\theta_{\mathrm{nav},k}^{\mathrm{T}}}$，$\theta_{\mathrm{nav},k}=[\boldsymbol{P}_{0,k}\quad\boldsymbol{P}_{1,k}\quad\boldsymbol{V}_{0,k}\quad\boldsymbol{V}_{1,k}]$，$\boldsymbol{C}_{\mathrm{t}i}$为$n_{\mathrm{t}i}$对应的协方差阵，$n_{\mathrm{t}i}$为$f_{10,k}$的测量误差，$\boldsymbol{C}_{\mathrm{nav}i}$为$n_{\mathrm{nav}i}$对应的协方差阵，而$n_{\mathrm{nav}i}$为$\theta_{\mathrm{nav},k}$的测量误差。

接着基于辐射源定位结果反演时差。基于时差表达式，利用微分表示法可获得时差反演精度：

$$\sigma_{t_{10}}^{2}=\boldsymbol{J}_{tP}\boldsymbol{C}_{P}\boldsymbol{J}_{tP}^{\mathrm{T}}+\boldsymbol{J}_{tP_1}\boldsymbol{C}_{P_1}\boldsymbol{J}_{tP_1}^{\mathrm{T}}+\boldsymbol{J}_{tP_0}\boldsymbol{C}_{P_0}\boldsymbol{J}_{tP_0}^{\mathrm{T}}\tag{8.44}$$

式中：$\boldsymbol{C}_{P}=\mathrm{CRLB}_{\mathrm{c}}(\boldsymbol{P})$；$\boldsymbol{C}_{P_0}$、$\boldsymbol{C}_{P_1}$分别为反演时刻观测站0与1的位置误差协方差阵；$\boldsymbol{J}_{tP}=\dfrac{\partial t_{10}}{\partial\boldsymbol{P}^{\mathrm{T}}}$；$\boldsymbol{J}_{tP_1}=\dfrac{\partial t_{10}}{\partial\boldsymbol{P}_1^{\mathrm{T}}}$；$\boldsymbol{J}_{tP_0}=\dfrac{\partial t_{10}}{\partial\boldsymbol{P}_0^{\mathrm{T}}}$，$t_{10}=\dfrac{1}{c}(\|\boldsymbol{P}-\boldsymbol{P}_1\|-\|\boldsymbol{P}-\boldsymbol{P}_0\|)$。

基于时差反演精度，可推知时差可能取值范围，若互模糊函数图在该范围内仅有一个强峰，则实现解模糊。

8.6.2.2 基于时差定位反演的频差解模糊

考虑频差模糊而时差不模糊的情况。N次观测条件下，对于第k次观测，两观测站之间时差可表示为[24-26]

$$t_{10,k}=\frac{\|\boldsymbol{P}-\boldsymbol{P}_{1,k}\|}{c}-\frac{\|\boldsymbol{P}-\boldsymbol{P}_{0,k}\|}{c}\tag{8.45}$$

基于N次观测条件下的时差信息进行辐射源定位，定位精度可由约束条件下的CRLB表征，其表达式类同8.6.2.1节，所不同的是将$f_{10,k}$替换为$t_{10,k}$，且$\boldsymbol{\theta}_{\mathrm{nav},k}=[\boldsymbol{P}_{0,k};\boldsymbol{P}_{1,k}]$。接着基于辐射源定位结果反演频差。基于频差表达式，利用微分表示法可获得频差反演精度：

$$\sigma_{f_{10}}^{2}=\boldsymbol{J}_{fP}\boldsymbol{C}_{P}\boldsymbol{J}_{fP}^{\mathrm{T}}+\boldsymbol{J}_{fP_1}\boldsymbol{C}_{P_1}\boldsymbol{J}_{fP_1}^{\mathrm{T}}+\boldsymbol{J}_{fP_0}\boldsymbol{C}_{P_0}\boldsymbol{J}_{fP_0}^{\mathrm{T}}+\boldsymbol{J}_{fV_1}\boldsymbol{C}_{V_1}\boldsymbol{J}_{fV_1}^{\mathrm{T}}+\boldsymbol{J}_{fV_0}\boldsymbol{C}_{V_0}\boldsymbol{J}_{fV_0}^{\mathrm{T}}\tag{8.46}$$

式中：$\boldsymbol{C}_{V_0}$、$\boldsymbol{C}_{V_1}$分别为反演时刻观测站0与1的速度误差协方差阵；$\boldsymbol{J}_{fP}=\dfrac{\partial f_{f0}}{\partial\boldsymbol{P}^{\mathrm{T}}}$；$\boldsymbol{J}_{fV_1}=\dfrac{\partial f_{10}}{\partial\boldsymbol{V}_1^{\mathrm{T}}}$；$\boldsymbol{J}_{fV_0}=\dfrac{\partial f_{10}}{\partial\boldsymbol{V}_0^{\mathrm{T}}}$；$\boldsymbol{J}_{fP_1}=\dfrac{\partial f_{10}}{\partial\boldsymbol{P}_1^{\mathrm{T}}}$；$\boldsymbol{J}_{fP_0}=\dfrac{\partial f_{10}}{\partial\boldsymbol{P}_0^{\mathrm{T}}}$；$f_{10}=f_{\mathrm{c}}\dfrac{-\boldsymbol{V}_1^{\mathrm{T}}(\boldsymbol{P}-\boldsymbol{P}_1)}{c\|\boldsymbol{P}-\boldsymbol{P}_0\|}-f_{\mathrm{c}}\dfrac{-\boldsymbol{V}_0^{\mathrm{T}}(\boldsymbol{P}-\boldsymbol{P}_0)}{c\|\boldsymbol{P}-\boldsymbol{P}_0\|}$。基于频差反演精度，可推知频差可能取值范围，若互模糊函数图在该范围内仅有一个强峰，则实现解模糊。

8.6.2.3 数值分析

以两运动观测站对地面固定辐射源定位为例，设观测站位置均方根误差

100m，速度均方根误差 1m/s，辐射源信号载频 2.6GHz。

1）频差模糊但时差不模糊条件下的频差反演精度分析

设时差均方根误差 30ns，观测时间间隔 1s，图 8.22、图 8.23 分别给出 3 次及 5 次观测条件下的定位精度及频差反演精度，图中三角符号表示运动观测站。

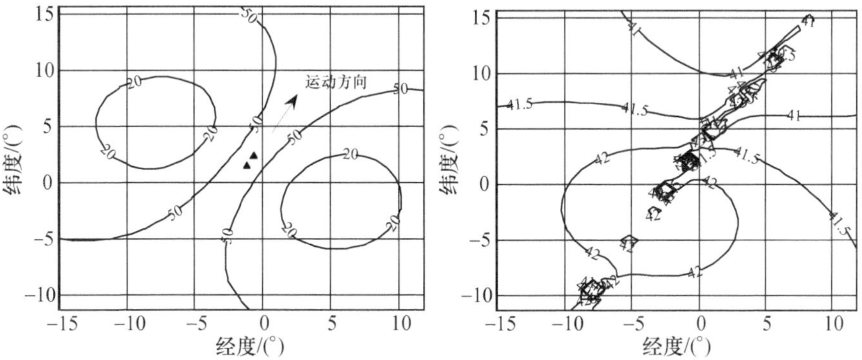

(a) 双站时差定位误差分布图（km）　　(b) 频差反演精度分布图（Hz）

图 8.22　3 次观测条件下的定位精度及频差反演精度

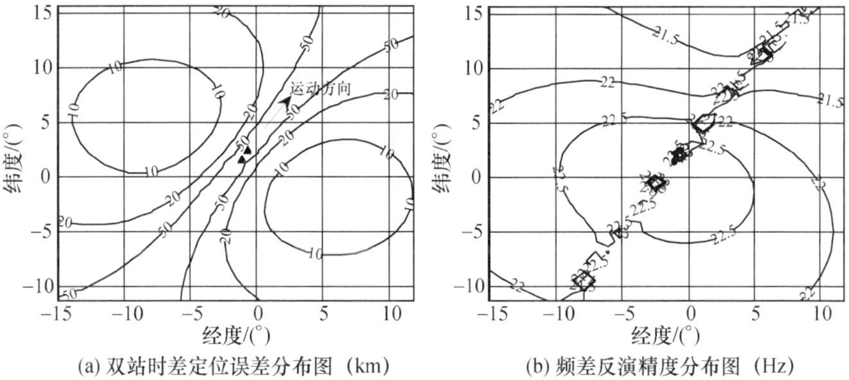

(a) 双站时差定位误差分布图（km）　　(b) 频差反演精度分布图（Hz）

图 8.23　5 次观测条件下的定位精度及频差反演精度

由图 8.22 和图 8.23 可知：①在时差不模糊的条件下，通过多次观测累积，理论上双站仅利用时差信息可对地面固定辐射源实现有效定位，从而可反演出频差信息，进一步用于解频差模糊。②辐射源定位精度及频差反演精度随着观测次数的增加而提高。在应用中，首先根据实际情况确定解频差模糊所需的频差反演精度；然后推知所需的最少观测次数。一旦解模糊，可综合利用时差与频差信息进行定位，从而进一步提高定位精度。

2）时差模糊但是频差不模糊条件下的时差反演精度分析

设频差均方根误差 5Hz，观测时间间隔 1s，图 8.24、图 8.25 分别给出 3 次及 5 次观测条件下的定位精度及时差反演精度，图中三角符号表示运动观测站。

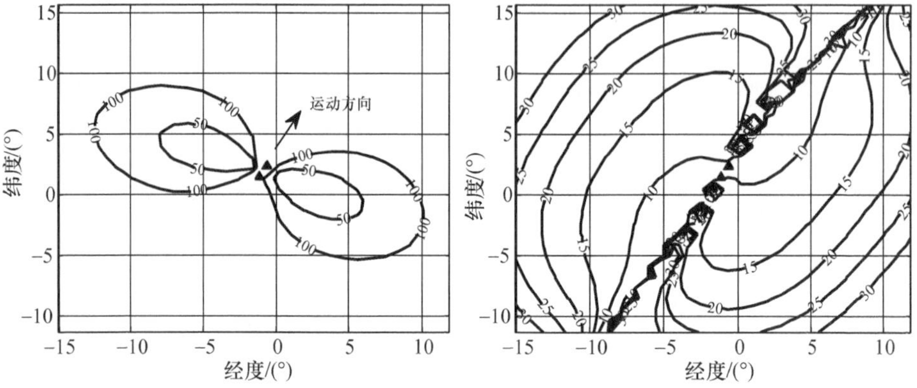

(a) 双站频差定位误差分布图（km）　　(b) 时差反演精度分布图（μs）

图 8.24　3 次观测条件下的定位精度及时差反演精度

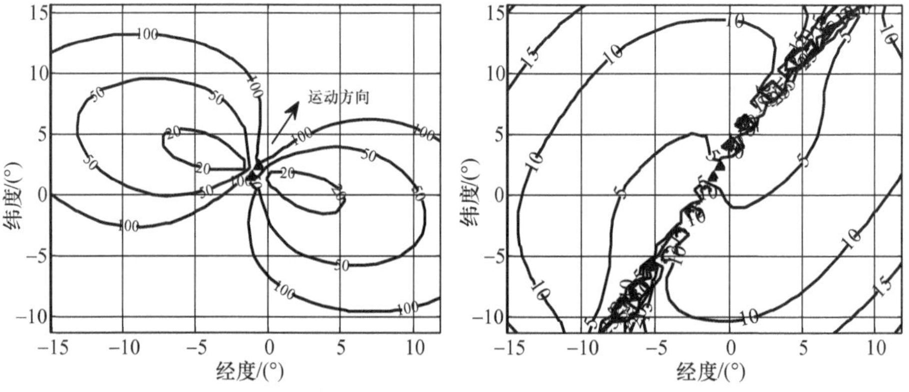

(a) 双站频差定位误差分布图（km）　　(b) 时差反演精度分布图（μs）

图 8.25　5 次观测条件下的定位精度及时差反演精度

由图 8.24 和图 8.25 可知：①在频差不模糊的条件下，通过多次观测累积，理论上双站仅利用频差信息可以对地面固定辐射源实现有效定位，从而可反演出时差信息，进一步用于解时差模糊。②辐射源定位精度及时差反演精度随着观测次数的增加而提高。在应用中，首先根据实际情况确定解时差模糊所需的时差反演精度；然后推知所需的最少观测次数。一旦解模糊，可以综合利用时差、频差信息进行定位，从而进一步提高定位精度。

8.6.3 基于多假设检验的解模糊方法

8.6.2节从非模糊量定位反演的角度研究了解模糊方法。本节从另一个角度,采用多假设检验[27-29]思想进行解模糊。

8.6.3.1 多假设检验基本原理

在单次观测条件下,采用H-TDOAs-MCAF算法估计窄带脉冲串信号对应的时差与频差,若输出多对时差与频差估计值,则产生模糊。为了解模糊,累积多次观测获得的时差与频差估计值,将其在时差—频差平面上进行聚类,把距离相近的不同观测时刻获得的点归为一类,获得多个点集。设共有M个点集,第i个点集记为$\boldsymbol{Z}_i=\{\boldsymbol{z}_k^{(i)}\}_{k=1}^{N}$,其中$\boldsymbol{z}_k^{(i)}=[\mathrm{TDOA}_{\mathrm{m},k}^{(i)} \quad \mathrm{FDOA}_{\mathrm{m},k}^{(i)}]^{\mathrm{T}}$,$\mathrm{TDOA}_{\mathrm{m},k}^{(i)}$、$\mathrm{FDOA}_{\mathrm{m},k}^{(i)}$分别表示第$k$次观测条件下获得的属于第$i$个点集的时差、频差估计值。

对于上述M个点集,仅有一个点集对应真实辐射源,而其他的为虚假点集。据此,解模糊问题转换为判定哪个点集对应真实辐射源,可将其归为多元假设检验问题。以H_i表示第$i(i=1,2,\cdots,M)$个假设,则构成M个假设:

H_1:点集1对应真实辐射源…,H_M:点集M对应真实辐射源

可以采用最大后验概率准则进行判决。进一步,在各假设的先验概率相同的条件下,该准则等效于最大似然准则。设时差与频差的估计误差服从高斯分布,则H_i对应的似然函数[27]为

$$p(\boldsymbol{Z}_i/H_i)=\frac{1}{\sqrt{(2\pi)^N\prod_{k=1}^{N}\det(\boldsymbol{C}_k)}}\exp\left[-\frac{1}{2}\sum_{k=1}^{N}(\boldsymbol{z}_k^{(i)}-\boldsymbol{u}_k^{(i)})^{\mathrm{T}}\boldsymbol{C}_k^{-1}(\boldsymbol{z}_k^{(i)}-\boldsymbol{u}_k^{(i)})\right] \tag{8.47}$$

式中:$\boldsymbol{u}_k^{(i)}=[\mathrm{TDOA}_k^{(i)} \quad \mathrm{FDOA}_k^{(i)}]^{\mathrm{T}}$,$\mathrm{TDOA}_k^{(i)}$、$\mathrm{FDOA}_k^{(i)}$分别表示由$\boldsymbol{\theta}^{(i)}$反推出的时差与频差,$\boldsymbol{\theta}^{(i)}$表示根据点集$\boldsymbol{Z}_i$估计出的辐射源运动状态参数;$\boldsymbol{C}_k$为第$k$次观测条件下的时差与频差估计误差协方差阵。

构造检验统计量$F^{(i)}=\sum_{k=1}^{N}(\boldsymbol{z}_k^{(i)}-\boldsymbol{u}_k^{(i)})^{\mathrm{T}}\boldsymbol{C}_k^{-1}(\boldsymbol{z}_k^{(i)}-\boldsymbol{u}_k^{(i)})$,根据式(8.47)可知,似然函数$p(\boldsymbol{Z}_i/H_i)$最大等效于检验统计量$F^{(i)}$最小。基于此,将最小检验统计量对应的假设判定为真,认为相应的点集对应真实辐射源。

8.6.3.2 仿真分析

以两个运动观测站对地面固定辐射源定位为例进行仿真分析。给定辐射源位置,模拟产生出多次观测条件下的时差与频差值,附加噪声后构成时差与频差测量值。设脉冲辐射源信号载频为6.6GHz,时差均方根误差为30ns,频差均方根误差

为 2Hz，观测次数为 5，蒙特卡罗仿真次数为 50。以下分别给出两种情况下的解模糊仿真：一是频差模糊但是时差不模糊的情况；二是时差模糊但是频差不模糊的情况。

1）频差模糊但是时差不模糊条件下的解模糊仿真

以 PRI 表示脉冲串信号的脉冲重复间隔，以 f_{10} 表示频差真实值，则按照 $f_{10}+1/\mathrm{PRI}$ 及 $f_{10}-1/\mathrm{PRI}$ 模拟产生两个模糊的频差。

图 8.26 ~ 图 8.28 分别给出了 PRI = 1ms、5ms 及 10ms 条件下的定位结果示意图及统计量—实验序号曲线图。定位结果的形成过程为：在多次观测条件下，每次观测都获得一个无模糊的时差测量值及 3 个频差测量值（一个无模糊的频差测量值，两个模糊的频差测量值），进而得到 3 个定位结果（一个无模糊定位结果，两个模糊定位结果），通过多次观测累积，定位点集中分布在 3 个小区域内（一个为无模糊定位点聚集区，两个为模糊定位点聚集区），每个小区域对应一个统计量。

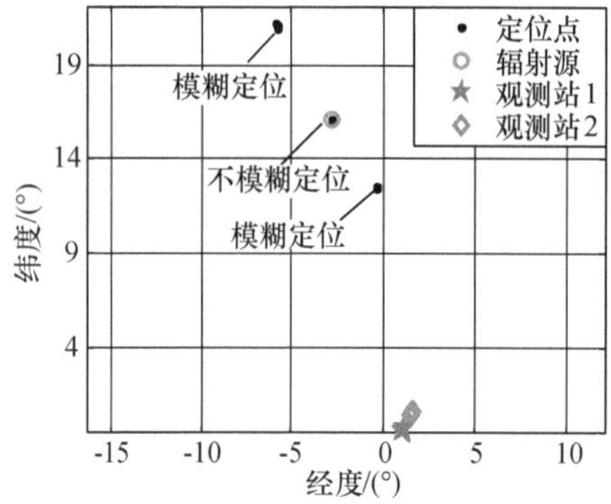

(a) 定位结果示意图

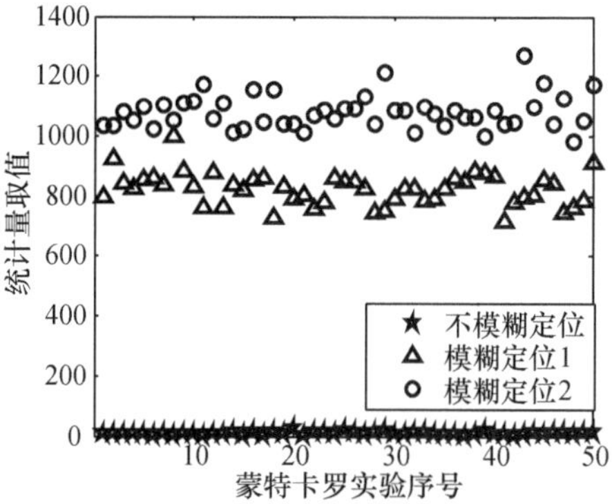

(b) 统计量-实验序号曲线图

图 8.26　PRI = 1ms 条件下频差解模糊仿真图（解模糊概率 100%）

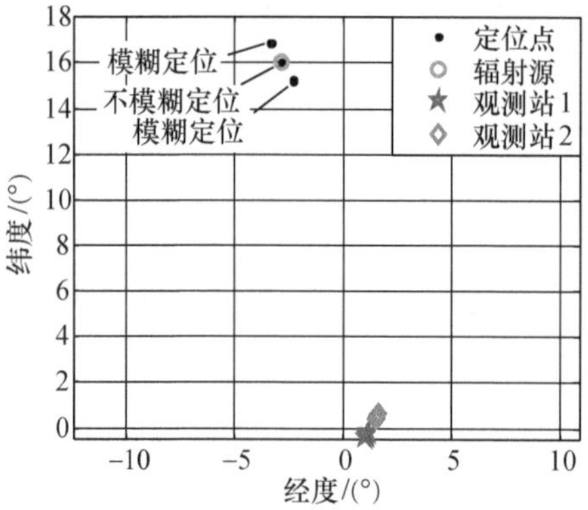

(a) 定位结果示意图

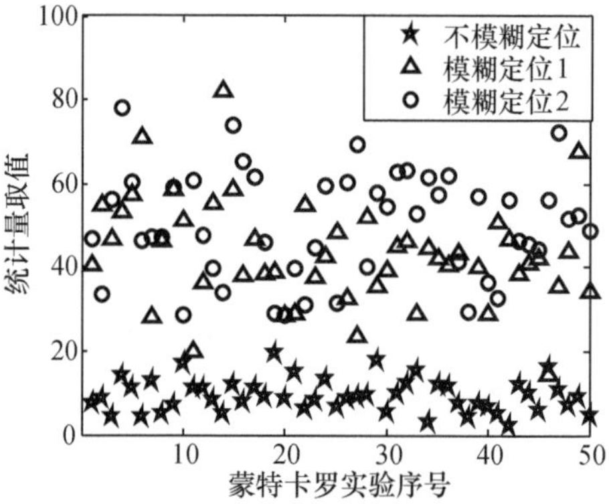

(b) 统计量-实验序号曲线图

图 8.27　PRI = 5ms 条件下频差解模糊仿真图（解模糊概率 98%）

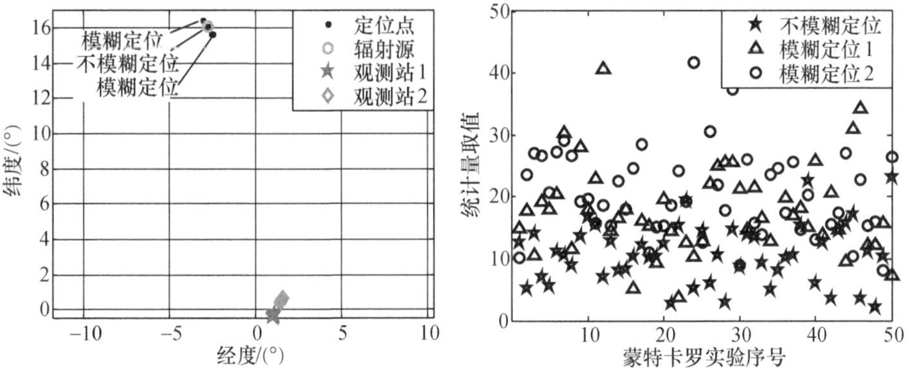

(a) 定位结果示意图　　(b) 统计量–实验序号曲线图

图 8.28　PRI = 10ms 条件下频差解模糊仿真图(解模糊概率 74%)

由图 8.26 ~ 图 8.28 可知:①在上述仿真场景下,多假设检验方法能够以一定的概率解频差模糊,PRI 分别为 1ms、5ms 及 10ms 时,50 次蒙特卡罗仿真实验下的解模糊概率分别为 100%、98% 与 74%;②脉冲重复间隔的越小,无模糊定位点聚集区与模糊定位点聚集区对应的 F 统计量的差别越大,越容易解模糊,相应的解模糊概率越大;反之差别越小,越不容易解模糊,相应的解模糊概率越小。

2) 时差模糊但是频差不模糊条件下的解模糊仿真

以 t_{10} 表示时差真实值,则按照 $t_{10} - 2 \times \mathrm{PRI}$ 及 $t_{10} - \mathrm{PRI}$ 模拟产生两个模糊的时差。图 8.29 ~ 图 8.31 分别给出了给出了 PRI = 0.1ms、0.025ms、0.01ms 条件下的定位结果示意图及统计量—实验序号曲线图。定位结果的形成过程为:在多次观测条件下,每次观测都获得一个无模糊的频差测量值与 3 个时差测量值(一个无模糊的时差测量值,两个模糊的时差测量值),进而对应 3 个定位结果(一个无模糊定位结果,两个模糊定位结果),通过多次观测累积,定位点集中分布在 3 个小区域内(一个为无模糊定位点聚集区,两个为模糊定位点聚集区),每个定位点聚集区对应一个统计量。

由图 8.29 ~ 图 8.31 可知:①在上述仿真场景下,假设检验方法能够以一定的概率解时差模糊,PRI 分别为 0.1ms、0.025ms 及 0.01ms 时,50 次蒙特卡罗仿真实验下的解模糊概率分别为 100%、100% 与 98%。②脉冲重复间隔越大,无模糊定位点聚集区与模糊定位点聚集区对应的 F 统计量的差别越大,越容易解模糊,相应的解模糊概率越大;反之差别越小,越不容易解模糊,相应的解模糊概率越小。这也体现了时差解模糊与频差解模糊的不同特点:脉冲重复间隔越大,越容易解时差模糊,而越难解频差模糊;脉冲重复间隔越小,越容易解频差模糊,而越难解时差模糊。

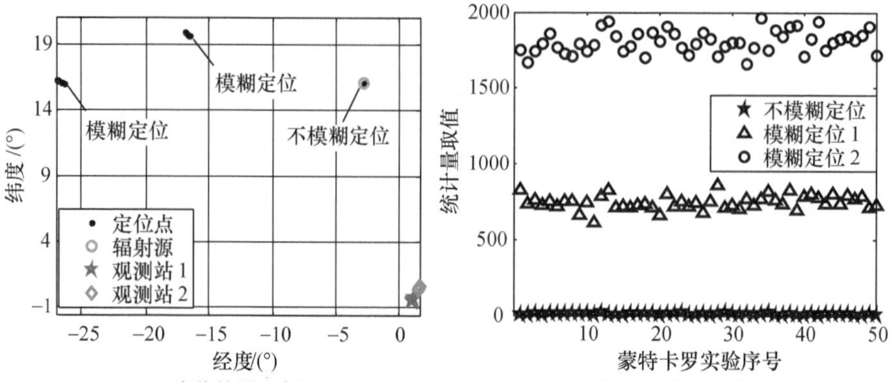

(a) 定位结果示意图　　(b) 统计量-实验序号曲线图

图 8.29　PRI = 0.1ms 条件下时差解模糊仿真图(解模糊概率 100%)

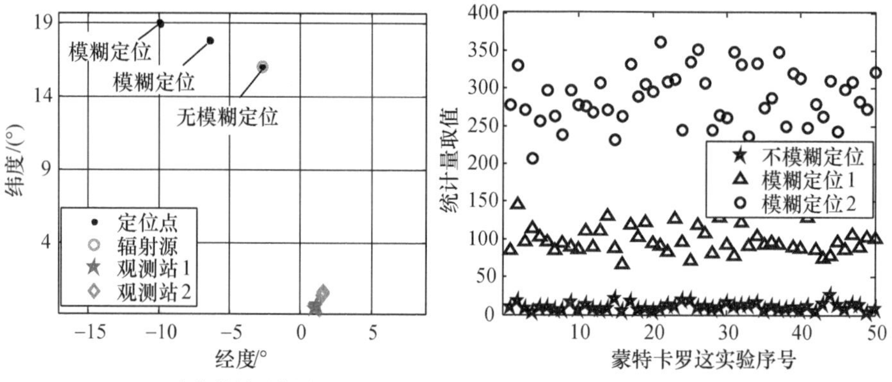

(a) 定位结果示意图　　(b) 统计量-实验序号曲线图

图 8.30　PRI = 0.025ms 条件下时差解模糊仿真图(解模糊概率 100%)

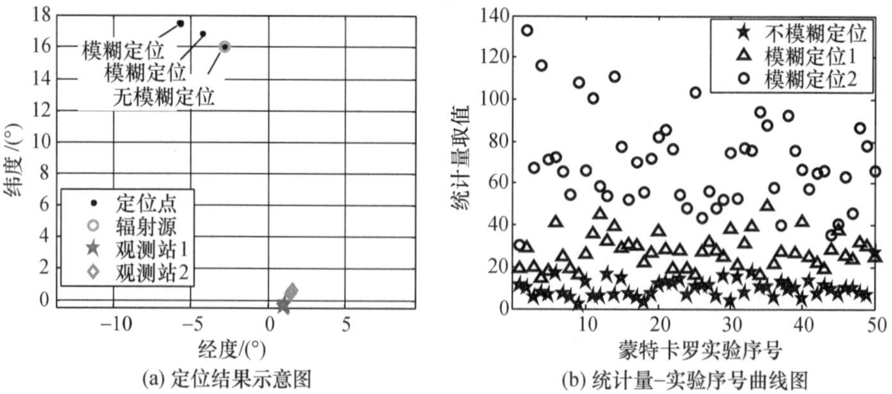

(a) 定位结果示意图　　(b) 统计量-实验序号曲线图

图 8.31　PRI = 0.01ms 条件下时差解模糊仿真图(解模糊概率 98%)

8.7 非窄带脉冲串信号时差与时间多普勒差联合估计

8.7.1 问题描述

本节基于窄带信号条件下的简化模型讨论了窄带脉冲串时差与频差联合估计问题,其前提是辐射源信号带宽远远小于信号载频。根据文献[30]可知,简化模型是一种近似模型,其以某一频率分量(习惯上选载频)对应的多普勒频移近似表征所有频率分量对应的多普勒频移,只要信号带宽不为零,这种模型总是存在模型误差。所不同的是,信号带宽较小时,模型误差较小,对参数估计影响不大;但是随着信号带宽的增大,模型误差也增大,对参数估计的影响增大。从模型误差的产生原因可以看出,该模型误差对频差估计有很大影响,会使得频差估计有偏。下面借鉴文献[2]的思想,给出偏差表达式。

假设辐射源信号在$[f_c + B/2, f_c - B/2]$内具有均匀频谱,其中 B 为辐射源信号带宽,f_c 为信号载频。采用简化模型,以载频对应的多普勒频移近似表征各个频率分量对应的多普勒频移。在上述条件下,以 $\dot{t}_{21}$ 表示时间多普勒差,对于频率为 f 的分量,引起的频差偏差为 $b(f) = \dot{t}_{21}(f - f_c)$,从而对于$\left[f_c + \frac{B}{2}, f_c - \frac{B}{2}\right]$内的所有频率分量,平均频差偏差为

$$\bar{b}_f = \int_{f_c - B/2}^{f_c + B/2} b(f)\,\mathrm{d}f = \dot{t}_{21}\int_{B/2}^{B/2} f'\,\mathrm{d}f' = \dot{t}_{21}B \tag{8.48}$$

进一步可得引起的时间多普勒差偏差为

$$\bar{b}_{\dot{t}_{21}} = \frac{B}{f_c}\dot{t}_{21} \tag{8.49}$$

由式(8.49)可知,在窄带条件下,$B \ll f_c$,从而 $\bar{b}_{\dot{t}_{21}} \approx 0$,此时引起的时间多普勒差偏差可忽略。这说明窄带条件下使用简化模型是合理的。而当辐射源信号不满足 $B \ll f_c$ 时,不妨称为非窄带信号。若使用简化模型,则将引起不可忽略的频差偏差,进一步导致不可忽略的时间多普勒差偏差。鉴于此,为了消除偏差,有必要认真研究非窄带信号观测量估计方法。该问题具有很强的实际意义,因为无源定位系统在应用中往往要面对大量非窄带脉冲串信号,例如,频率捷变雷达脉冲串信号以及具有复杂调制特性的大带宽脉冲串信号等。

考虑到非窄带信号的各频率分量对应的频差具有较大的差异性而对应的时间多普勒差是相同的,故而以时间多普勒差替代频差,研究非窄带脉冲串信号时差与

时间多普勒差的联合估计问题。鉴于使用简化模型是导致非窄带信号时间多普勒差有偏的根本原因，由此获得两种消除偏差的思路。

思路1：为了消除偏差，可以采用式(8.2)所示的一般信号模型。该模型对应的互模糊函数[2]为

$$\mathrm{CAF}(\tau,\alpha)=\int_0^T y_{1,\mathrm{real}}(t)y_{2,\mathrm{real}}(\alpha t+\tau)\mathrm{d}t \tag{8.50}$$

对于(τ,α)进行二维搜索，使得$\mathrm{CAF}(\tau,\alpha)$最大的$(\tau,\alpha)$就是$(D,\mathrm{TS})$的估计值。基于TS的估计值，根据$\mathrm{TS}=(1-\dot{t}_{21})^{-1}$可获得时间多普勒差$\dot{t}_{21}$的估计值。考虑到二维搜索的计算量大，为了提高运算效率，Chan采用迭代法[2]进行快速运算。为了保证收敛，迭代法需要一个较好的初始值，故而在实际运用中一般需要首先使用搜索类方法进行(D,TS)粗估计；然后再使用迭代法进行快速精估计。在粗精两步估计的条件下，运算量主要取决于粗估计阶段的二维搜索。而粗估计阶段暂无快速算法是思路1面临的难题。

思路2：采用频域分割方法，将非窄带信号转换为多个窄带信号。具体来说，对于观测站1侦收的辐射源信号，首先使用L_{B}个窄带滤波器[5]覆盖辐射源信号带宽，每个滤波器截取部分谱，输出窄带信号；然后对每个滤波器的输出进行采样及实复信号转换，最终获得L_{B}路窄带复包络信号。同样的处理应用于观测站2侦收的辐射源信号，从而获得L_{B}对窄带复包络信号。如图8.32(b)所示。每对窄带复包络信号都可以基于窄带信号条件下的简化模型进行时差频差估计。采用简化模型后，可以使用滤波抽取等技术，从而能够有效提高运算效率。这是思路2相对于思路1的优势。

以下基于思路2，提出了两种非窄带脉冲串信号时差与时间多普勒差的联合估计方法，分别为分离估计法与频域累积互模糊函数法(FCCAF)。

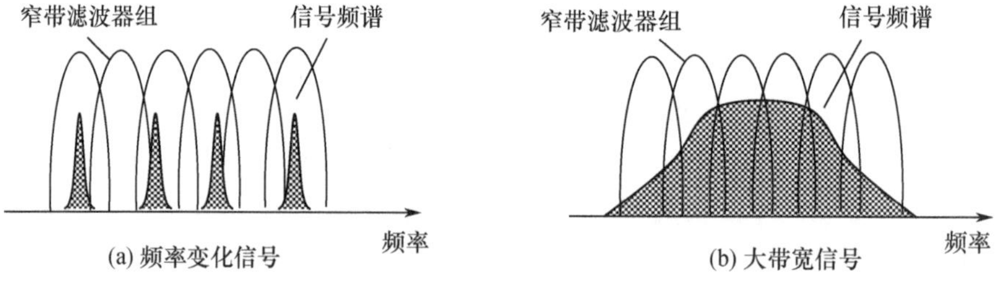

图8.32　基于窄带滤波器组的频域分割示意图

8.7.2　分离估计法

基于频域分割后获得L_{B}对窄带复包络信号，可以采用分离估计法联合估计时

差与时间多普勒差。下面给出基本步骤。

第一步:对于每对窄带复包络信号,采用 8.2 节所述的方法估计时差与频差。为了提升运算效率,可采用并行计算方式。最终获得一个时差序列及一个频差序列,其中对于第 $i(i=1,2,\cdots,L_{\mathrm{B}})$ 对窄带复包络信号,其对应的时差与频差测量结果记为 $\tau_{\mathrm{m}i}$、$\tau_{\mathrm{m}i}$,相应的测量误差记为 n_{τ_i}、n_{v_i}。

第二步:基于时差与频差序列联合估计时差与时间多普勒差。根据时差与频差序列,可得

$$\begin{cases}\tau_{\mathrm{m}1}=D+n_{\tau_1}\\ \quad\vdots\\ \tau_{\mathrm{m}L_{\mathrm{B}}}=D+n_{\tau_{L_{\mathrm{B}}}}\end{cases},\begin{cases}v_{\mathrm{m}1}=(f_{\mathrm{c}}+|f_1|)\dot{t}_{21}+n_{v_1}\\ \quad\vdots\\ v_{\mathrm{m}L_{\mathrm{B}}}=(f_{\mathrm{c}}+|f_{L_{\mathrm{B}}}|)\dot{t}_{21}+n_{v_{L_{\mathrm{B}}}}\end{cases} \tag{8.51}$$

式中:$|f_i|$ 为第 i 对窄带复包络信号的中心频率与非窄带信号载频 f_{c} 之差的绝对值。根据线性加权最小二乘方法可得时差与时间多普勒差的估计值

$$\hat{D}=\left(\sum_{i}^{L_{\mathrm{B}}}\sigma_{\tau_i}^{-2}\right)^{-1}\left(\sum_{i}^{L_{\mathrm{B}}}\sigma_{\tau_i}^{-2}\tau_{\mathrm{m}i}\right),\hat{\dot{t}}_{21}=\left(\sum_{i}^{L_{\mathrm{B}}}\sigma_{v_i}^{-2}(f_{\mathrm{c}}+|f_i|)\right)^{-1}\left(\sum_{i}^{L_{\mathrm{B}}}\sigma_{v_i}^{-2}v_{\mathrm{m}i}\right) \tag{8.52}$$

式中:σ_{τ_i} 为 n_{τ_i} 的均方根误差;σ_{v_i} 为 n_{v_i} 的均方根误差。

8.7.3　频域累积互模糊函数法

本节将引入 FCCAF,并将其用于非窄带脉冲串信号时差与时间多普勒差联合估计。

第 i 对窄带复包络信号可表示为

$$\begin{cases}y_{1,i}(t)=x_i(t)+n_{1,i}(t)\\ y_{2,i}(t)=\alpha_i x_i(t-D)\exp[-\mathrm{j}2\pi F_i(t-D)]+n_{2,i}(t),t\in[0,T]\end{cases} \tag{8.53}$$

式中:D 为两路信号的时差;F_i 为第 i 对窄带复包络信号的中心频率对应的频差,其表达式为 $F_i=(f_{\mathrm{c}}+|f_i|)\dot{t}_{21}$;$\alpha_i$ 为相对复增益因子,$\alpha_i=|\alpha_i|\exp(\mathrm{j}\theta_i)$,其中 θ_i 与 $|\alpha_i|$ 分别表示 α_i 的相角与模。

下面引入 FCCAF 定义为

$$\mathrm{CAF}_{\Sigma}(\tau,\dot{\tau})=\sum_{i}\frac{|\alpha_i||\mathrm{CAF}_i|}{|\alpha_i|^2P_{1,i}+P_{2,i}} \tag{8.54}$$

式中:$P_{1,i}=E\left[\dfrac{1}{2}|N_{1,i}|^2\right]$,$P_{2,i}=E\left[\dfrac{1}{2}|N_{2,i}|^2\right]$,$N_{1,i}$ 与 $N_{2,i}$ 分别为 $n_{1,i}(t)$ 与 $n_{2,i}(t)$ 的功率谱;E 为数学期望;CAF_i 为第 i 对窄带复包络信号对应的互模糊函数,其表

达式为

$$\mathrm{CAF}_i = \int_0^T y_{1,i}(t) y_{2,i}^*(t+\tau) \exp(-\mathrm{j}2\pi v_i t)\,\mathrm{d}t \tag{8.55}$$

式中：$v_i = (f_c + |f_i|)\dot{\tau}$。

令 $\mathrm{CAF}_\Sigma(\tau,\dot{\tau})$ 达到最大值的 τ 与 $\dot{\tau}$ 分别是时差 D 与时间多普勒差 $\dot{t}_{21}$ 的估计值。下面给出 FCCAF 方法的基本步骤。

第一步：计算各对窄带复包络信号对应的互模糊函数。

根据先验知识获得时差与时间多普勒差的搜索范围：

$$\boldsymbol{D} = \{(\tau,\dot{\tau}) \mid \tau \in [\tau_{\min}^{(0)}, \tau_{\max}^{(0)}], \dot{\tau} \in [\dot{\tau}_{\min}^{(0)}, \dot{\tau}_{\max}^{(0)}]\} \tag{8.56}$$

按照矩形网格对该范围进行划分，得到离散搜索点集 $\boldsymbol{D}_s = \{(\tau_{sj},\dot{\tau}_{sj})\}_j$，进一步映射为各对复包络信号的时差频差搜索点集，对于第 i 对复包络信号（$i=1,2,\cdots,L_B$），其时差频差搜索点集记为 $\boldsymbol{d}_i = \{(\tau_{sj},(f_c + |f_i|)\dot{\tau}_{sj})\}_j$，按照 8.2.3 节所述的互模糊函数快速计算方法获得 $\mathrm{CAF}_i(\boldsymbol{d}_i)$，照此遍历 L_B 对复包络信号。

第二步：计算 FCCAF。

基于 $\mathrm{CAF}_i(\boldsymbol{d}_i)$，按照式(8.54)计算 $\mathrm{CAF}_\Sigma(\boldsymbol{D}_s)$。在离散搜索点集 $\boldsymbol{D}_s = \{(\tau_{sj},\dot{\tau}_{sj})\}_j$ 中，寻找使得 CAF_Σ 取得最大值的离散搜索点（$\tau_{s,opt},\dot{\tau}_{s,opt}$），从而时差估计值为 $\tau_{s,opt}$，时间多普勒差的估计值为 $\dot{\tau}_{s,opt}$。

以上仅是 FCCAF 法的基本步骤，在此基础上，可加入多级搜索策略及二次曲面拟合策略等（见 8.2.4 节）。

8.7.4 仿真分析

仿真条件：考虑频率变化的脉冲串信号，其脉冲载频在 f_1 与 f_2 之间交替变化，其中 $f_1 = 2.62\text{GHz}$，$f_2 = 2.63\text{GHz}$。脉内调制为线性调频，调制带宽 2MHz，脉冲宽度 10μs，脉冲重复间隔 1ms，脉冲串持续时间 10ms，共 10 个脉冲，信号的波形图及频谱图如图 8.33 所示。设定真实时差为 1.5326μs，真实时间多普勒差为 977.3969ns/s。

1）无噪声条件下 CAF 方法、分离估计法及 FCCAF 方法仿真

无噪声条件下不同方法的时差与时间多普勒差联合估计结果，如表 8.6 所列。

将表 8.6 所列的估计结果与时差及时间多普勒差真实值进行比较，由此可知：①对于频率变化的脉冲串信号，CAF 方法无法准确测量时差与频差，故而转化后得到的时间多普勒差也是不准确的；②分离估计法与 FCCAF 方法都能够比较准确地测量时差及时间多普勒差。

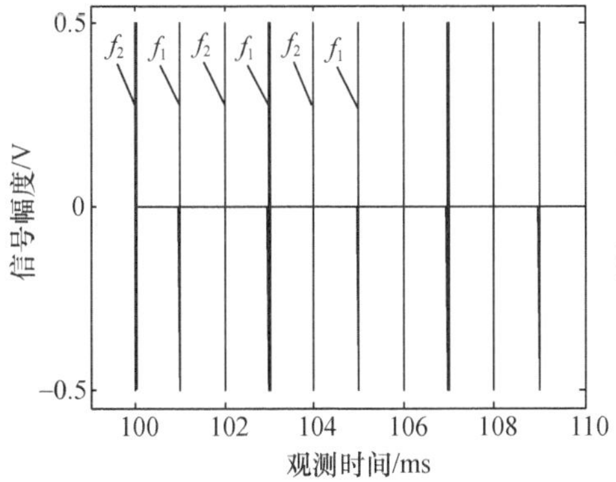

(a) 脉冲串信号波形图

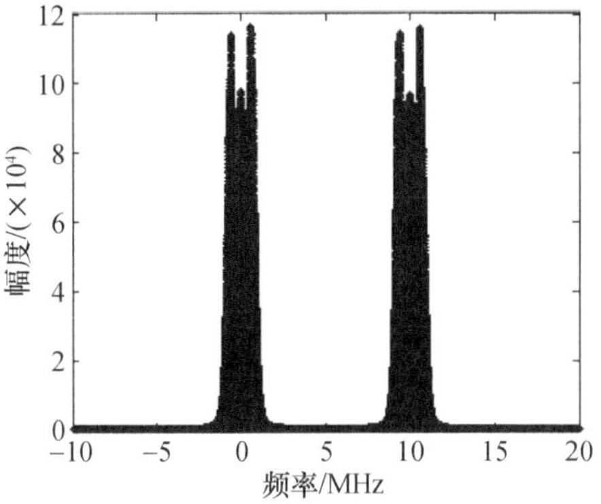

(b) 脉冲串复包络信号频谱图

图 8.33　仿真信号的波形图及频谱图

表 8.6　无噪声条件下不同方法的时差与时间多普勒差联合估计结果

B/MHz	CAF 方法		分离估计法		FCCAF 方法	
	时差/μs	时间多普勒差/(ns/s)	时差/μs	时间多普勒差/(ns/s)	时差/μs	时间多普勒差/(ns/s)
0	1.52	977.4011	1.52	977.4011	1.52	977.4011
10	1.4754	978.5660	1.52	977.3995	1.52	977.4011
30	1.5395	983.3183	1.52	977.3964	1.52	977.4011
50	1.52	980.4762	1.52	977.3933	1.52	977.4011
70	1.5599	990.4002	1.52	977.3902	1.52	977.4011

2)分离估计法与 FCCAF 方法性能比较

设f_1 =2.62GHz,f_2 =2.62GHz+30MHz,复包络信号采样率 50MHz,脉冲串持续时间 5ms,包含 5 个脉冲,其他仿真参数同上述仿真条件,进行 300 次蒙特卡罗仿真。图 8.34 ~ 图 8.37 分别给出了信噪比 0dB、5dB、10dB 及 15dB 条件下的蒙特卡罗仿真结果,表 8.7 给出了这些条件下时差与时间多普勒差估计的统计结果,图 8.38 据此画出了相应的曲线。

表 8.7　蒙特卡罗仿真对应的时差与时间多普勒差联合估计结果

信噪比/dB	估计方法	时差误差均值/ns	时差均方根误差/ns	时间多普勒差误差均值/(ns/s)	时间多普勒差均方根误差/(ns/s)
0	FCCAF	−5.2817	21.5481	−0.07759	1.0874
	分离估计法	−3.1126	20.2098	0.01586	1.2963

（续）

信噪比/dB	估计方法	时差误差均值/ns	时差均方根误差/ns	时间多普勒差误差均值/(ns/s)	时间多普勒差均方根误差/(ns/s)
5	FCCAF	-2.7897	10.591	0.00907	0.5324
	分离估计法	-3.3	9.7317	0.00732	0.6789
10	FCCAF	-3.6718	4.8289	0.00710	0.2694
	分离估计法	-3.6751	5.135	0.00344	0.3330
15	FCCAF	-3.6258	3.7491	-0.00511	0.1596
	分离估计法	-3.6063	3.7308	-0.00743	0.1901

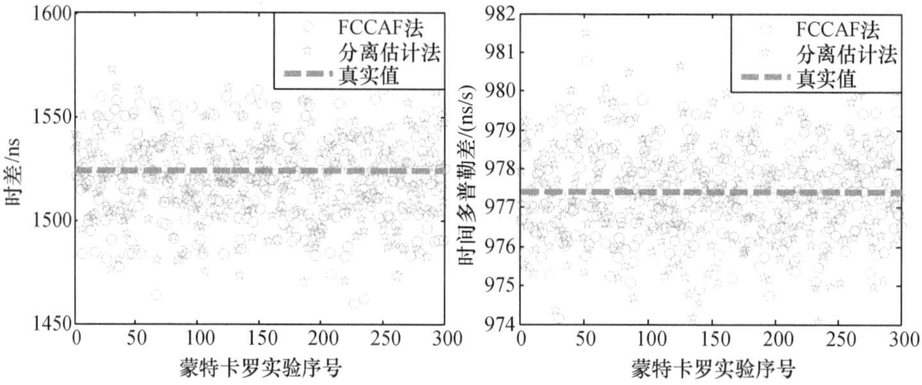

(a) 时差　　(b) 时间多普勒差

图 8.34　在信噪比为 0dB 条件下蒙特卡罗仿真结果

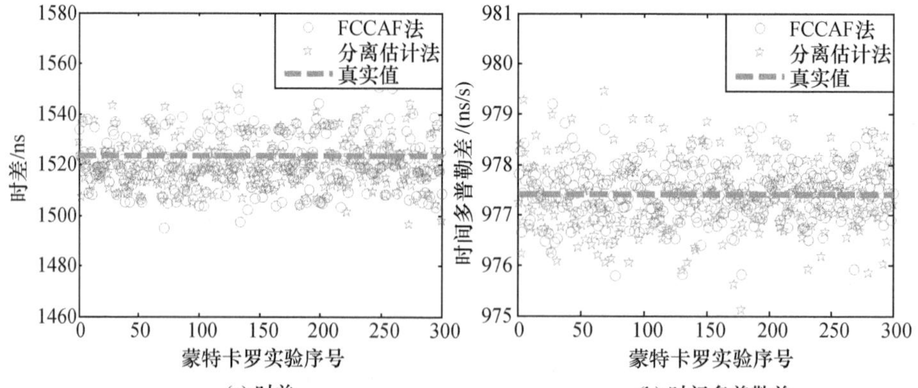

(a) 时差　　(b) 时间多普勒差

图 8.35　在信噪比 5dB 条件下蒙特卡罗仿真结果

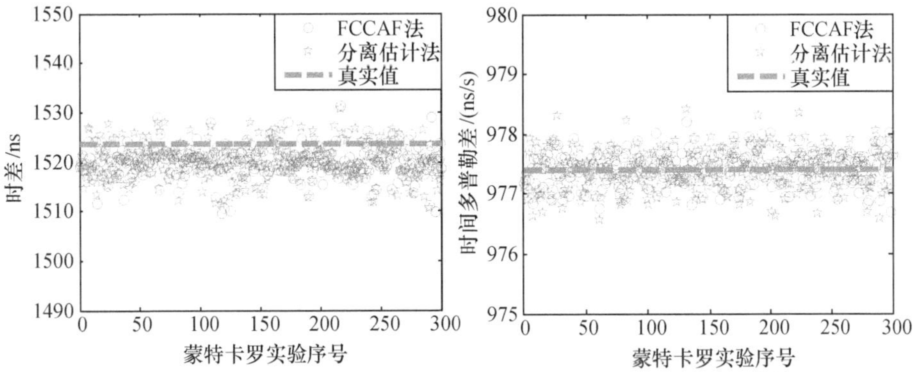

(a) 时差　　(b) 时间多普勒差

图 8.36　在信噪比 10dB 条件下蒙特卡罗仿真结果

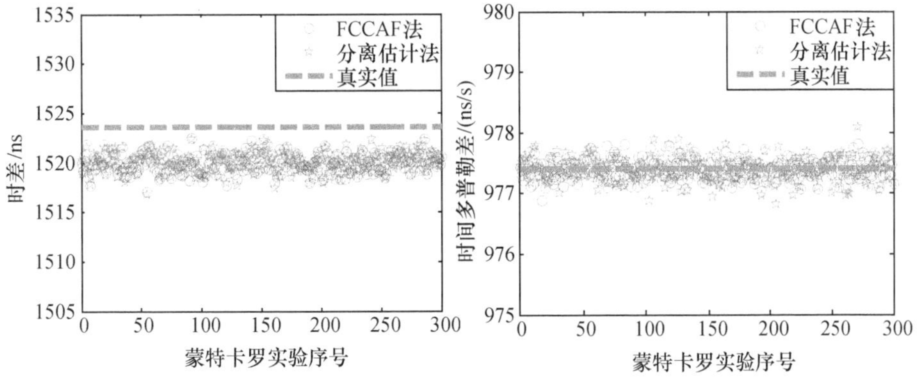

(a) 时差　　(b) 时间多普勒差

图 8.37　在信噪比 15dB 条件下蒙特卡罗仿真结果

根据以上仿真可知:

(1) 在上述仿真情景下,无论是分离估计法还是 FCCAF 方法,时间多普勒差估计近似无偏,这说明以上两种方法都能有效克服直接使用 CAF 方法引起的时间多普勒差偏差问题。

(2) 分离估计法及 FCCAF 方法对应的时差估计略微有偏,大约在 2 ~ 5ns 之内,对估计性能略有影响。有偏的原因之一在于:算法中在多级渐细搜索之后续接了二次曲面拟合,尽管改善了时差估计精度,但二次曲面拟合无法保证时差估计是无偏的。

(3) 从时差均方根误差来看,分离估计法的时差估计性能略高于 FCCAF 方法,并且两种方法时差估计性能的差别随着信噪比增加而减小。

(4) 从时间多普勒差均方根误差来看,FCCAF 方法的时间多普勒差估计性能

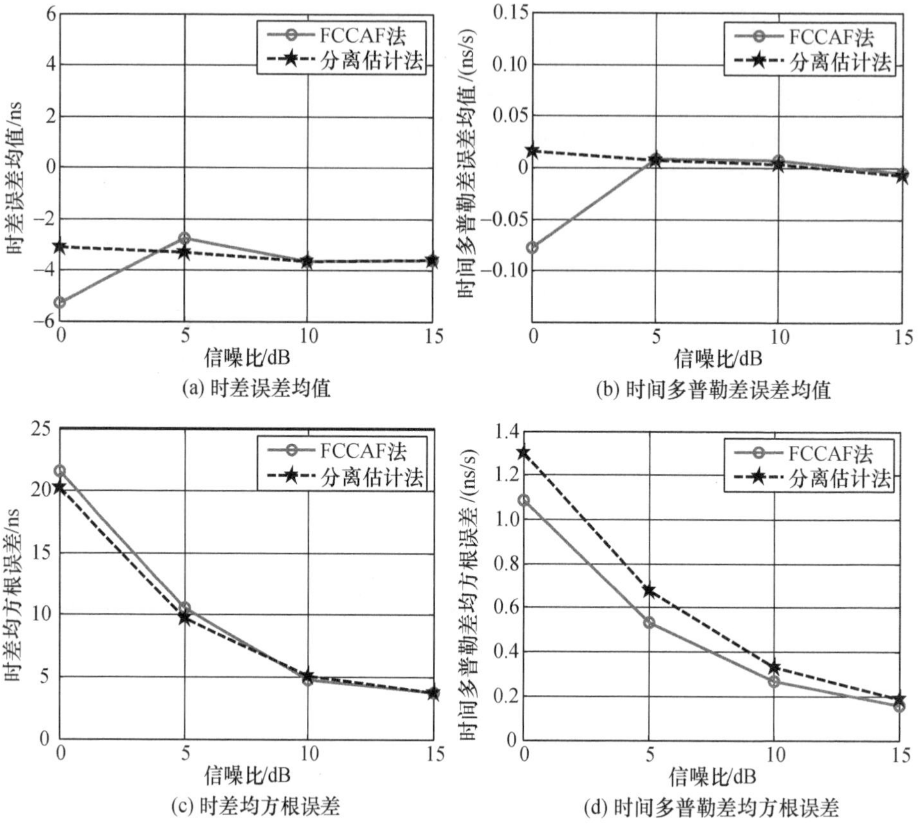

图 8.38　分离估计法与 FCCAF 法性能比较图

优于分离估计法，并且两种方法时间多普勒差估计性能的差别随信噪比的增加而减小。

参考文献

[1] STEIN S. Algorithms for ambiguity function processing[J]. IEEE Transactions on Acoustics, Speech, and Signal Processing, 1981, 29(3): 588 - 599.

[2] HO K C, CHAN Y T. Geolocation of a known altitude object from TDOA and FDOA measurements [J]. IEEE Trans. Aerospace and Electronic Systems, 1997, 33(3): 770 - 783.

[3] WEINSTEIN E, KLETTER D. Delay and doppler estimation by time-space partition of the array data[J]. IEEE Transactions on Acoustics, Speech, and Signal Processing, 1983, 31(6): 1523 - 1535.

[4] STEIN S. Differential delay/doppler ML estimation with unknown signal[J]. IEEE Transactions

on Signal Processing, 1993, 41(8): 2717 – 2719.

[5] 马晓岩, 向家彬, 朱裕生, 等. 雷达信号处理[M]. 长沙: 湖南科学技术出版社, 1999.

[6] YATRAKIS C L. Computing the cross-ambiguity function-a review[D]. USA: the Graduate School of Binghamton University, 2005.

[7] JOHNSON J J. Implementing the cross ambiguity function and generating geometry-specific signals[D]. USA: Research Office Naval Postgraduate School, 2001.

[8] TAO R, ZHANG W Q, CHEN E Q. Two-stage method for joint time delay and doppler shift estimation[J]. IET Radar Sonar Navig., 2008, 2(1): 71 – 77.

[9] DOOLEY S R, NANDI A K. Adaptive time delay and doppler shift estimation for narrowband signals[J]. IEE Proc. -Radar Sonar Navig, 1999, 146(5): 243 – 250.

[10] 陈生潭, 郭宝龙, 李学武, 等. 信号与系统[M]. 2 版. 西安: 西安电子科技大学出版社, 2004.

[11] TAO R, ZHANG W Q, CHEN E Q. Two-stage method for joint time delay and doppler shift estimation[J]. IET Radar Sonar Navig., 2008, 2(1): 71 – 77.

[12] 数学手册编写组. 数学手册[M]. 北京: 高等教育出版社, 1979.

[13] 赵国庆. 雷达对抗原理[M]. 西安: 西安电子科技大学出版社, 2001.

[14] SCHEUING J, YANG B. Disambiguation of TDOA estimation for multiple sources in reverberant environments [J]. IEEE Transactions on Audio, Speech, and Language Processing, 2008, 16 (8): 1479 – 1489.

[15] 孙欢. 无源定位系统中高重频定位模糊研究[D]. 南京: 南京电子技术研究所, 2005.

[16] 曾涛, 龙腾. 一种脉冲多普勒雷达解模糊新算法[J]. 电子学报, 2000, 28(13): 99 – 101.

[17] GAI J, CHAN F, CHAN Y T, et al. Frequency estimation of uncooperative coherent pulse radars[C]// Military Communications Conference. USA: Institute of Electrical and Electronics Engineers Inc., 2007: 1 – 7.

[18] 杨林, 孙仲康, 周一宇, 等. 信号互相关实现密集信号脉冲配对[J]. 电子学报, 1999, 27(3): 52 – 55.

[19] 杨林. 无源时差定位及其信号处理[D]. 长沙: 国防科学技术大学研究生院, 1998.

[20] KNAPP C H, CARTER G C. The generalized correlation method for estimation of time delay [J]. IEEE Transactions on Acoustics, Speech, and Signal Processing, 1976, 24(4): 320 – 327.

[21] IANNIELLO J P. Time delay estimation via cross-correlation in the presence of large estimation errors[J]. IEEE Transactions on Acoustics, Speech, and Signal Processing, 1982, 30(6): 998 – 1003.

[22] SCHULTHEISS P M, MESSER H, SHOR G. Maximum likelihood time delay estimation in non-gaussian noise[J]. IEEE Transactions on Signal Processing, 1997, 45(10): 2571 – 2575.

[23] 毛悦, 宋小勇, 等. 脉冲量 TOA 测量误差及几何精度分析[J], 测绘科学技术互换, 2009, 26

(2):140 - 143.

[24] HO K C, XU W W. An accurate algebraic solution for moving source location using TDOA and FDOA measurements [J]. IEEE Transactions On Signal Processing, 2004, 52(9): 2453 - 2463.

[25] HO K C, CHAN Y T. Geolocation of a known altitude object from TDOA and FDOA measurements[J]. IEEE Transactions on Aerospace and Electronic Systems, 1997, 33(3): 770 - 783.

[26] HO K C, LU X N, KOVAVISARUCH L. Source localization using TDOA and FDOA measurements in the presence of receiver location errors: analysis and solution[J]. IEEE Transactions On Signal Processing, 2007, 55(2): 684 - 696.

[27] 刘声福，罗鹏飞．统计信号处理[M]．长沙：国防科学技术大学出版社，1999.

[28] 何友，修建娟，张晶炜．雷达数据处理及应用[M]．北京：电子工业出版社，2006.

[29] 董勇,刘帅,等．基于双时刻联合的多辐射及时差定位解模糊方法[J],太赫兹科学与电子信息学报,2018,16(2):223 - 226.

[30] NELSON D J, SMITH D C. Scale cross-ambiguity and target resolution[J]. Digital Signal Processing, 2009, 19: 194 - 200.

第9章 直接定位方法

前面几章研究的定位方法都是基于定位参数(观测量)的定位方法,即首先根据观测站的接收信号提取定位参数;然后根据定位参数来求解辐射源位置。已有文献[1]证明了这类定位方法在信噪比较低的情况下,不是一种最优的定位方法。最近十多年兴起的基于信号数据的直接定位方法[1-2],不需要估计定位参数,而是直接利用观测站接收的信号估计辐射源位置。虽然这种方法的运算量可能较大,但是该方法被证明是一种最优的定位方法,尤其是在低信噪比条件下,直接定位方法的定位精度明显优于基于定位参数的定位方法。

然而当对接收的信号作宽带信号处理时,已有的直接定位方法[1-2]没有考虑同一观测站接收的不同段信号之间的相干性,因而并不是一种最优方法。此外,已有的直接定位方法大多将信号模型建模为广义平稳的高斯随机模型,这种模型比较适合于语音信号和声呐信号等。而对于通信辐射源或者雷达辐射源这种电磁信号,确定性信号模型更加准确。文献[3]详细分析了两种信号模型对定位性能的影响。针对这些问题,本章将研究以下内容。

(1) 在确定性信号模型下,分析同一个观测站接收的不同段信号之间的相干性,并分析其对直接定位方法 CRLB 的影响。首先,本章将研究非合作式定位场景,即辐射源发射信号未知情况下,基于相干累加的直接定位和基于非相干累加的直接定位的 CRLB,然后,将研究合作式定位场景下,基于相干累加的直接定位和基于非相干累加的直接定位的 CRLB。

(2) 提出基于确定性信号模型下的相干累加直接定位方法。本章将分别研究非合作式定位场景和合作式定位场景下的相干累加直接定位方法,并且将分析相干累加直接定位方法与非相干累加直接定位方法之间的区别。

9.1 直接定位信号数学建模

假设辐射源是静止的，位置为 $\boldsymbol{u}$，维数 d 可以是 3 或者 2，而 L 个运动的观测站时钟均已同步。t_1 为观测站开始采集信号的起点时间，在 t_1 时刻，观测站的位置分别为 $\boldsymbol{p}_{l,1}(l=1,2,\cdots,L)$。为了方便分析，不妨假设所有观测站都是匀速直线运动，但是本章的结论可以扩展到非匀速运动场景。

辐射源辐射的信号建模为

$$x(t)=\mathrm{e}^{\mathrm{j}\varphi}s(t)\mathrm{e}^{\mathrm{j}2\pi f_c t}$$

式中：φ 为未知的初始相位；$s(t)$ 为信号包络；f_c 为信号载频。

第 l 个观测站接收的信号为

$$r_l(t)=s(\beta_l(t-\tau_l))\mathrm{e}^{\mathrm{j}\varphi}\mathrm{e}^{\mathrm{j}2\pi f_c\beta_l(t-\tau_l)}+\omega_l(t) \tag{9.1}$$

式中：$\omega_l(t)(l=1,2,\cdots,L)$ 为零均值的统计独立复循环高斯噪声；τ_l 为信号从辐射源传播到观测站 l 的时间延时，即

$$\tau_l=\frac{1}{c}\|\boldsymbol{p}_{l,1}+\dot{\boldsymbol{p}}_l(t-t_1)-\boldsymbol{u}\| \tag{9.2}$$

式中：c 为信号传播速度；β_l 为辐射源发射信号 $x(t)$ 到观测站 l 时的时间伸缩因子，其定义为

$$\beta_l=1+\frac{(\boldsymbol{p}_{l,1}+\dot{\boldsymbol{p}}_l(t-t_1)-\boldsymbol{u})^{\mathrm{T}}\dot{\boldsymbol{p}}_l}{c\|\boldsymbol{p}_{l,1}+\dot{\boldsymbol{p}}_l(t-t_1)-\boldsymbol{u}\|} \tag{9.3}$$

当信号带宽 $W\ll f_c$，并且在信号时长 T_s 内满足窄带条件 $\beta_l T_s W\ll 1$，式(9.1)中的接收信号可以近似为

$$\begin{aligned}r_l(t)&\approx s(t-\tau_l)\mathrm{e}^{\mathrm{j}\varphi}\mathrm{e}^{\mathrm{j}2\pi f_c(t-\tau_l)}\mathrm{e}^{\mathrm{j}v_l(t-\tau_l)}+\omega_l(t)\\&=x(t-\tau_l)\mathrm{e}^{\mathrm{j}v_l(t-\tau_l)}+\omega_l(t)\end{aligned} \tag{9.4}$$

式中：v_l 为多普勒频移，即

$$v_l=\frac{2\pi f_c}{c}\frac{(\boldsymbol{p}_{l,1}+\dot{\boldsymbol{p}}_l(t-t_1)-\boldsymbol{u})^{\mathrm{T}}\dot{\boldsymbol{p}}_l}{c\|\boldsymbol{p}_{l,1}+\dot{\boldsymbol{p}}_l(t-t_1)-\boldsymbol{u}\|} \tag{9.5}$$

对式(9.4)的信号在满足奈奎斯特采样定理下采样，可得

$$r_l[n]=\mathrm{e}^{\mathrm{j}\varphi_l}x[n-\tau_l/f_s]\mathrm{e}^{\mathrm{j}v_l(nt_s-\tau_l)}+\omega_l[n]\,(n=0,1,\cdots,N-1) \tag{9.6}$$

式中：假设信号的初始采集时间 $t_1=0$，φ_l 是常数。

假设每个观测站采集 K 段不重叠的短时信号，这样第 l 个观测站采集到的第 k 段短时信号可表示为

$$r_{l,k}[n_k]=\mathrm{e}^{\mathrm{j}\varphi_l}x[t_kf_s+n_k-\tau_{l,k}f_s]\mathrm{e}^{\mathrm{j}v_{l,k}(t_k+n_kt_s-\tau_{l,k})}+\omega_{l,k}[n_k](n_k=0,1,\cdots,N_k-1) \tag{9.7}$$

式中：t_k为第 k 段信号的起始时间；N_k为第 k 段信号总的采样点数；$\tau_{l,k}$为第 k 段信号从辐射源传播到第 l 个观测站的时延；$v_{l,k}$的第 k 段信号到第 l 个观测站的多普勒频移，分别定义如下：

$$\tau_{l,k}=\frac{1}{c}\|\boldsymbol{u}-\boldsymbol{p}_{l,k}\|(l=1,2,\cdots,L;k=1,2,\cdots,K) \tag{9.8}$$

$$v_{l,k}=\frac{2\pi f_c}{c}\frac{(\boldsymbol{p}_{l,k}-\boldsymbol{u})^{\mathrm{T}}\dot{\boldsymbol{p}}_l}{\|\boldsymbol{u}-\boldsymbol{p}_{l,k}\|} \tag{9.9}$$

式中：$\boldsymbol{p}_{l,k}$为第 l 个观测站在 t_k时刻的位置，即

$$\boldsymbol{p}_{l,k}=\boldsymbol{p}_l+\dot{\boldsymbol{p}}_lt_k \tag{9.10}$$

这里假设时延 $\tau_{l,k}$和多普勒频移 $v_{l,k}$在第 k 段短时信号内是不变的，但是不同段短时信号之间的时延和多普勒频移是变化的。假设不同段短时信号的多普勒频移 $v_{l,k}$相同，要求不同段短时信号的时延 $\tau_{l,k}$是随多普勒频移 $v_{l,k}$线性变化。在实际中，当观测站和辐射源之间存在高速相对运动时，不同段的短时信号的多普勒频移通常差别较大，因此这里所采用的假设条件更符合实际情况。

定义 $x_k[n_k]\triangleq x[t_kf_s+n_k]$，则第 l 个观测站接收到的第 k 段短时信号可表示为

$$r_{l,k}[n_k]=x_k[n_k-\tau_{l,k}f_s]\mathrm{e}^{\mathrm{j}v_{l,k}n_kt_s}\mathrm{e}^{\mathrm{j}v_{l,k}(t_k-\tau_{l,k})+\mathrm{j}\varphi_l}+\omega_{l,k}[n_k](n_k=0,1,\cdots,N_k-1) \tag{9.11}$$

在以往的文献[4]中，相位 $\mathrm{e}^{\mathrm{j}v_{l,k}(t_k-\tau_{l,k})+\mathrm{j}\varphi_l}$被忽略掉或者假设为和时延 $\tau_{l,k}$、多普勒频移 $v_{l,k}$不相关的常数项。本节所提出的基于相干累加的直接定位方法，正是利用相位项 $v_{l,k}(t_k-\tau_{l,k})$与时延 $\tau_{l,k}$、多普勒 $v_{l,k}$之间的关系提高定位精度。

定义

$$\boldsymbol{n}_k=[0\quad 1\quad \cdots\quad N_k-1]^{\mathrm{T}}$$

$$\tilde{\boldsymbol{n}}_k=\left[\frac{N_k}{2}\quad\cdots\quad N_k-1\quad 0\quad\cdots\quad\frac{N_k}{2}-1\right]^{\mathrm{T}}$$

$$\boldsymbol{F}_k=\frac{1}{\sqrt{N_k}}\exp\left(-\mathrm{j}\frac{2\pi}{N_k}\tilde{\boldsymbol{n}}_k\tilde{\boldsymbol{n}}_k^{\mathrm{T}}\right)$$

$$\boldsymbol{D}_{\tau_{l,k}}=\mathrm{diag}\left\{\exp\left(-\mathrm{j}\frac{2\pi}{N_k}\boldsymbol{n}_k\tau_{l,k}\right)\right\}$$

$$\boldsymbol{D}_{v_{l,k}}=\mathrm{diag}\{\exp(\mathrm{j}v_{l,k}(\boldsymbol{n}_k+(t_k-\tau_{l,k})\mathbf{1}_{N_k}))\}$$

$$\boldsymbol{E}_{l,k} = \mathrm{e}^{\mathrm{j}\varphi_l}\boldsymbol{I}_{N_k}$$

式中：$\boldsymbol{I}_{N_k}$为 $N_k \times N_k$的单位矩阵；$\boldsymbol{I}_{N_k}$为 $N_k \times 1$ 的全 1 矢量。

因此，将式(9.11)表示为矢量形式如下：

$$\begin{aligned}\boldsymbol{r}_{l,k} &= \boldsymbol{E}_{l,k}\boldsymbol{D}_{v_{l,k}}\boldsymbol{F}_k^{\mathrm{H}}\boldsymbol{D}_{\tau_{l,k}}\boldsymbol{F}_k x_k + \boldsymbol{w}_{l,k} \\ &= \boldsymbol{Q}_{l,k}\boldsymbol{x}_k + \boldsymbol{w}_{l,k}\end{aligned} \tag{9.12}$$

其中

$$\boldsymbol{Q}_{l,k} \triangleq \boldsymbol{E}_{l,k}\boldsymbol{D}_{v_{l,k}}\boldsymbol{F}_k^{\mathrm{H}}\boldsymbol{D}_{\tau_{l,k}}\boldsymbol{F}_k \tag{9.13}$$

$$\boldsymbol{x}_k = [x_k[0] \quad x_k[1] \quad \cdots \quad x_k[N_k-1]]^{\mathrm{T}}$$

$$\boldsymbol{r}_{l,k} = [r_{l,k}[0] \quad r_{l,k}[1] \quad \cdots \quad r_{l,k}[N_k-1]]^{\mathrm{T}}$$

$$\boldsymbol{w}_{l,k} = [\omega_{l,k}[0] \quad \omega_{l,k}[1] \quad \cdots \quad \omega_{l,k}[N_k-1]]^{\mathrm{T}}$$

式中：$\boldsymbol{r}_{l,k}$为第 l 个观测站接收到的第 k 段短时信号里的所有采样点。

由式(9.4)的定义可知，$\boldsymbol{w}_{l,k}$是独立循环复高斯随机矢量，其分布函数为 $\boldsymbol{w}_{l,k} \sim \mathrm{CN}(\boldsymbol{0},\boldsymbol{\Lambda}_{l,k})$，其中 $\boldsymbol{\Lambda}_{l,k} = \sigma_{l,k}^2\boldsymbol{I}_{N_k}$，$\sigma_{l,k}^2$为噪声功率。

令

$$\boldsymbol{r}_k = [\boldsymbol{r}_{1,k}^{\mathrm{H}} \quad \boldsymbol{r}_{2,k}^{\mathrm{H}} \quad \cdots \quad \boldsymbol{r}_{L,k}^{\mathrm{H}}]^{\mathrm{H}}$$

$$\boldsymbol{r} = [\boldsymbol{r}_1^{\mathrm{H}} \quad \boldsymbol{r}_2^{\mathrm{H}} \quad \cdots \quad \boldsymbol{r}_K^{\mathrm{H}}]^{\mathrm{H}}$$

$$\boldsymbol{Q}_k = [\boldsymbol{Q}_{1,k}^{\mathrm{H}} \quad \boldsymbol{Q}_{2,k}^{\mathrm{H}} \quad \cdots \quad \boldsymbol{Q}_{L,k}^{\mathrm{H}}]^{\mathrm{H}}$$

$$\boldsymbol{Q} = \mathrm{diag}\{\boldsymbol{Q}_1 \quad \boldsymbol{Q}_2 \quad \cdots \quad \boldsymbol{Q}_K\}$$

$$\boldsymbol{x} = [\boldsymbol{x}_1^{\mathrm{H}} \quad \boldsymbol{x}_2^{\mathrm{H}} \quad \cdots \quad \boldsymbol{x}_K^{\mathrm{H}}]^{\mathrm{H}}$$

$$\boldsymbol{w}_k = [\boldsymbol{w}_{1,k}^{\mathrm{H}} \quad \boldsymbol{w}_{2,k}^{\mathrm{H}} \quad \cdots \quad \boldsymbol{w}_{L,k}^{\mathrm{H}}]^{\mathrm{H}}$$

$$\boldsymbol{w} = [\boldsymbol{w}_1^{\mathrm{H}} \quad \boldsymbol{w}_2^{\mathrm{H}} \quad \cdots \quad \boldsymbol{w}_K^{\mathrm{H}}]^{\mathrm{H}}$$

$$E\{\boldsymbol{w}_k\boldsymbol{w}_k^{\mathrm{H}}\} = \boldsymbol{\Lambda}_k = \mathrm{diag}\{\boldsymbol{\Lambda}_{1,k},\boldsymbol{\Lambda}_{2,k},\cdots,\boldsymbol{\Lambda}_{L,k}\}$$

$$E\{\boldsymbol{w}\boldsymbol{w}^{\mathrm{H}}\} = \boldsymbol{\Lambda} = \mathrm{diag}\{\boldsymbol{\Lambda}_1,\boldsymbol{\Lambda}_2,\cdots,\boldsymbol{\Lambda}_K\}$$

因此，式(9.12)可以进一步表示为

$$\boldsymbol{r} = \boldsymbol{Q}\boldsymbol{x} + \boldsymbol{w} \tag{9.14}$$

直接定位方法就是从观测站接收的信号 $\boldsymbol{r}$ 中直接估计辐射源位置 $\boldsymbol{u}$。

9.2 定位 CRLB 推导

首先推导非合作式定位场景下，即辐射源发射信号 $\boldsymbol{x}$ 未知情况下辐射源定位的 CRLB；然后再推广到合作式定位场景下，辐射源发射信号 $\boldsymbol{x}$ 是已知情况下定位的CRLB。辐射源发射的信号 $\boldsymbol{x}$ 是由实部和虚部 $[\mathrm{Re}\{\boldsymbol{x}^{\mathrm{T}}\}, \mathrm{Im}\{\boldsymbol{x}^{\mathrm{T}}\}]^{\mathrm{T}}$ 组成。每种定位场景下,分别建立两种信号模型:一种是考虑信号的相位项 $\mathrm{e}^{\mathrm{j}v_{l,k}(t_k-\tau_{l,k})+\mathrm{j}\varphi_l}$(见式(9.11));另一种是将该相位项考虑成常数项。这两种信号建模方法将对应两种不同的CRLB,第一种为基于相干累加方法的直接定位方法的CRLB;第二种为基于非相干累加方法的直接定位方法的CRLB,即文献[2]中的直接定位方法。

9.2.1 非合作式定位场景下的CRLB

9.2.1.1 基于相干累加方法的直接定位方法CRLB

定义未知的矢量为

$$\boldsymbol{\xi} \triangleq [\mathrm{Re}\{\boldsymbol{x}^{\mathrm{T}}\} \quad \mathrm{Im}\{\boldsymbol{x}^{\mathrm{T}}\} \quad \boldsymbol{\theta}^{\mathrm{T}}]^{\mathrm{T}} \tag{9.15}$$

其中

$$\boldsymbol{\theta} = [\varphi_1 \quad \varphi_2 \quad \cdots \quad \varphi_L \quad \boldsymbol{u}^{\mathrm{T}}]^{\mathrm{T}} \tag{9.16}$$

式中:θ 包含了辐射源位置矢量和 L 个观测站信号中初始相位的常数项。

因此,式(9.14)中观测量 $\boldsymbol{r}$ 的概率密度函数为

$$\begin{aligned} p(\boldsymbol{r};\boldsymbol{\xi}) &= \frac{1}{\det(\pi\boldsymbol{\Lambda})}\exp\{-(\boldsymbol{r}-\boldsymbol{Q}\boldsymbol{x})^{\mathrm{H}}\boldsymbol{\Lambda}^{-1}(\boldsymbol{r}-\boldsymbol{Q}\boldsymbol{x})\} \\ &= \frac{1}{\det(\pi\boldsymbol{\Lambda})}\exp\left\{-\sum_{k=1}^{K}(\boldsymbol{r}_k-\boldsymbol{Q}_k\boldsymbol{x}_k)^{\mathrm{H}}\boldsymbol{\Lambda}_k^{-1}(\boldsymbol{r}_k-\boldsymbol{Q}_k\boldsymbol{x}_k)\right\} \end{aligned} \tag{9.17}$$

由文献[5]知Fisher信息矩阵为

$$\boldsymbol{J}_{\xi} = 2\sum_{k=1}^{K}\mathrm{Re}\left\{\left(\frac{\partial\boldsymbol{Q}_k\boldsymbol{x}_k}{\partial\boldsymbol{\xi}}\right)^{\mathrm{H}}\boldsymbol{\Lambda}_k^{-1}\left(\frac{\partial\boldsymbol{Q}_k\boldsymbol{x}_k}{\partial\boldsymbol{\xi}}\right)\right\} \tag{9.18}$$

其中

$$\frac{\partial\boldsymbol{Q}_k\boldsymbol{x}_k}{\partial\boldsymbol{\xi}} = \left[\frac{\partial\boldsymbol{Q}_k\boldsymbol{x}_k}{\partial\mathrm{Re}\{x\}}, \frac{\partial\boldsymbol{Q}_k\boldsymbol{x}_k}{\partial\mathrm{Im}\{x\}}, \frac{\partial\boldsymbol{Q}_k\boldsymbol{x}_k}{\partial\theta}\right] \tag{9.19}$$

$$\frac{\partial\boldsymbol{Q}_k\boldsymbol{x}_k}{\partial\mathrm{Re}\{\boldsymbol{x}\}} = [\boldsymbol{O} \quad \cdots \quad \boldsymbol{O} \quad \boldsymbol{Q}_k \quad \boldsymbol{O} \quad \cdots \quad \boldsymbol{O}] \tag{9.20}$$

$$\frac{\partial\boldsymbol{Q}_k\boldsymbol{x}_k}{\partial\mathrm{Im}\{\boldsymbol{x}\}} = [\boldsymbol{O} \quad \cdots \quad \boldsymbol{O} \quad \mathrm{j}\boldsymbol{Q}_k \quad \boldsymbol{O} \quad \cdots \quad \boldsymbol{O}] \tag{9.21}$$

定义偏导数 $\boldsymbol{G}_k \triangleq \dfrac{\partial\boldsymbol{Q}_k\boldsymbol{x}_k}{\partial\boldsymbol{\theta}}$,则 $\boldsymbol{J}_{\xi}$ 可表示为

$$\boldsymbol{J}_{\xi} = 2\mathrm{Re}\left\{\begin{bmatrix} \boldsymbol{A} & \mathrm{j}\boldsymbol{A} & \boldsymbol{B}^{\mathrm{H}} \\ -\mathrm{j}\boldsymbol{A} & \boldsymbol{A} & -\mathrm{j}\boldsymbol{B}^{\mathrm{H}} \\ \boldsymbol{B} & \mathrm{j}\boldsymbol{B} & \sum_{k=1}^{K}\boldsymbol{G}_k^{\mathrm{H}}\boldsymbol{\Lambda}_k^{-1}\boldsymbol{G}_k \end{bmatrix}\right\} \tag{9.22}$$

其中

$$\boldsymbol{A} \triangleq \mathrm{diag}\{\boldsymbol{Q}_1^{\mathrm{H}}\boldsymbol{\Lambda}_1^{-1}\boldsymbol{Q}_1 \quad \boldsymbol{Q}_2^{\mathrm{H}}\boldsymbol{\Lambda}_2^{-1}\boldsymbol{Q}_2 \quad \cdots \quad \boldsymbol{Q}_K^{\mathrm{H}}\boldsymbol{\Lambda}_K^{-1}\boldsymbol{Q}_K\}$$

$$\boldsymbol{B} \triangleq [\boldsymbol{G}_1^{\mathrm{H}}\boldsymbol{\Lambda}_1^{-1}\boldsymbol{Q}_1 \quad \boldsymbol{G}_2^{\mathrm{H}}\boldsymbol{\Lambda}_2^{-1}\boldsymbol{Q}_2 \quad \cdots \quad \boldsymbol{G}_K^{\mathrm{H}}\boldsymbol{\Lambda}_K^{-1}\boldsymbol{Q}_K]$$

式(9.22)可简化为

$$\boldsymbol{J}_{\xi} = 2\begin{bmatrix} \boldsymbol{A} & \boldsymbol{O} & \mathrm{Re}\{\boldsymbol{B}^{\mathrm{H}}\} \\ \boldsymbol{O} & \boldsymbol{A} & \mathrm{Im}\{\boldsymbol{B}^{\mathrm{H}}\} \\ \mathrm{Re}\{\boldsymbol{B}\} & -\mathrm{Im}\{\boldsymbol{B}\} & \sum_{k=1}^{K}\mathrm{Re}\{\boldsymbol{G}_k^{\mathrm{H}}\boldsymbol{\Lambda}_k^{-1}\boldsymbol{G}_k\} \end{bmatrix} \tag{9.23}$$

应用部分矩阵求逆，$\boldsymbol{\theta}$ 的 Fisher 信息矩阵为

$$\boldsymbol{J}_{\boldsymbol{\theta}} = 2\sum_{k=1}^{K}\mathrm{Re}\{\boldsymbol{G}_k^{\mathrm{H}}\boldsymbol{\Lambda}_k^{-1}\boldsymbol{G}_k\} - 2\mathrm{Re}\{\boldsymbol{B}\boldsymbol{A}^{-1}\boldsymbol{B}^{\mathrm{H}}\} \tag{9.24}$$

因此，$\boldsymbol{\theta}$ 的 CRLB 为

$$\mathrm{CRLB}_{\mathrm{ch\_un}}(\boldsymbol{\theta}) = \frac{1}{2}\left(\sum_{k=1}^{K}\mathrm{Re}\{\boldsymbol{G}_k^{\mathrm{H}}\boldsymbol{\Lambda}_k^{-1}\boldsymbol{G}_k\} - \mathrm{Re}\{\boldsymbol{B}\boldsymbol{A}^{-1}\boldsymbol{B}^{\mathrm{H}}\}\right)^{-1} \tag{9.25}$$

式中：$\boldsymbol{G}_k$的定义见附录 M；$\mathrm{CRLB}_{\mathrm{ch_un}}(\boldsymbol{\theta})$的右下方 $d \times d$ 矩阵正是基于相干累加直接定位方法的 CRLB。

9.2.1.2 基于非相干累加的直接定位方法 CRLB

对于非相干累加方法，第 l 个观测站接收到的第 k 段短时信号可以建模为

$$\boldsymbol{r}_{l,k} = \tilde{\boldsymbol{D}}_{v_{l,k}}\boldsymbol{F}_k^{\mathrm{H}}\tilde{\boldsymbol{D}}_{\tau_{l,k}}\boldsymbol{F}_k\boldsymbol{x}_k + \boldsymbol{w}_{l,k} = \tilde{\boldsymbol{D}}_{l,k}\boldsymbol{x}_k + \boldsymbol{w}_{l,k} \tag{9.26}$$

其中

$$\tilde{\boldsymbol{D}}_{v_{l,k}} = \mathrm{diag}\{\exp(\mathrm{j}v_{l,k}\boldsymbol{n}_k)\} \tag{9.27}$$

$$\tilde{\boldsymbol{Q}}_{l,k} \triangleq \boldsymbol{D}_{v_{l,k}}\boldsymbol{F}_k^{\mathrm{H}}\boldsymbol{D}_{\tau_{l,k}}\boldsymbol{F}_k \tag{9.28}$$

定义

$$\tilde{\boldsymbol{Q}}_k = [\tilde{\boldsymbol{Q}}_{1,k}^{\mathrm{H}} \quad \tilde{\boldsymbol{Q}}_{2,k}^{\mathrm{H}} \quad \cdots \quad \tilde{\boldsymbol{Q}}_{L,k}^{\mathrm{H}}]^{\mathrm{H}}$$

$$\tilde{Q} = \mathrm{diag}\{\tilde{Q}_1 \quad \tilde{Q}_2 \quad \cdots \quad \tilde{Q}_K\}$$

$$\tilde{G}_k \triangleq \frac{\partial \tilde{Q}_k x}{\partial u}$$

$$\tilde{A} \triangleq \mathrm{diag}\{\tilde{Q}_1^{\mathrm{H}} \Lambda_1^{-1} \tilde{Q}_1 \quad \tilde{Q}_2^{\mathrm{H}} \Lambda_2^{-1} \tilde{Q}_2 \quad \cdots \quad \tilde{Q}_K^{\mathrm{H}} \Lambda_K^{-1} \tilde{Q}_K\}$$

$$\tilde{B} \triangleq [\tilde{G}_1^{\mathrm{H}} \Lambda_1^{-1} \tilde{Q}_1 \quad \tilde{G}_2^{\mathrm{H}} \Lambda_2^{-1} \tilde{Q}_2 \quad \cdots \quad \tilde{G}_K^{\mathrm{H}} \Lambda_K^{-1} \tilde{Q}_K]$$

采用推导式(9.25)类似的方法,可以得到非合作式定位场景下,基于非相干累加的直接定位方法的 CRLB 为

$$\mathrm{CRLB}_{\mathrm{non\_un}}(u) = \frac{1}{2}\left(\sum_{k=1}^{K} \mathrm{Re}\{\tilde{G}_k^{\mathrm{H}} \Lambda_k^{-1} \tilde{G}_k\} - \mathrm{Re}\{\tilde{B}\tilde{A}^{-1}\tilde{B}^{\mathrm{H}}\}\right)^{-1} \tag{9.29}$$

式中:$\tilde{G}_k$的定义见附录 N。

9.2.2 合作式定位场景下的 CRLB

9.2.2.1 基于相干累加的直接定位 CRLB

在合作式定位场景下,辐射源的发射信号 x 是已知的。类似式(9.23)的推导,可得 θ 的 Fisher 信息矩阵为

$$J_{\theta} = 2\sum_{k=1}^{K} \mathrm{Re}\left\{\left(\frac{\partial Q_k x_k}{\partial \theta}\right)^{\mathrm{H}} \Lambda_k^{-1} \left(\frac{\partial Q_k x_k}{\partial \theta}\right)\right\} \tag{9.30}$$

因此,θ 的 CRLB 为

$$\mathrm{CRLB}_{\mathrm{ch\_kn}}(\theta) = \frac{1}{2}\left(\sum_{k=1}^{K} \mathrm{Re}\{G_k^{\mathrm{H}} \Lambda_k^{-1} G_k\}\right)^{-1} \tag{9.31}$$

其中:G_k的定义见附录 M,$\mathrm{CRLB}_{\mathrm{ch_kn}}(\theta)$的右下方 $d \times d$ 块矩阵即为合作式定位场景下,基于相干累加的直接定位方法的 CRLB。

9.2.2.2 基于非相干累加的直接定位方法 CRLB

在辐射源发射信号 x 已知的情况下,辐射源位置 u 的 Fisher 信息矩阵为

$$J_{u} = 2\sum_{k=1}^{K} \mathrm{Re}\left\{\left(\frac{\partial \tilde{Q}_k x_k}{\partial u}\right)^{\mathrm{H}} \Lambda_k^{-1} \left(\frac{\partial \tilde{Q}_k x_k}{\partial u}\right)\right\} \tag{9.32}$$

因此,在合作式定位场景下,基于非相干累加直接定位方法的 CRLB 为

$$\mathrm{CRLB}_{\mathrm{non\_kn}}(u) = \frac{1}{2}\left(\sum_{k=1}^{K} \mathrm{Re}\{\tilde{G}_k^{\mathrm{H}} \Lambda_k^{-1} \tilde{G}_k\}\right)^{-1} \tag{9.33}$$

式中：偏导数 $\tilde{\boldsymbol{G}}_k$ 的定义见附录 N。

9.2.3 CRLB 分析

基于相干累加和非相干累加的直接定位方法之间的区别在于，前者利用了接收信号相位中 $\mathrm{e}^{\mathrm{j}v_{l,k}(t_k-\tau_{l,k})}$ 这一项和时延 $\tau_{l,k}$、多普勒 $v_{l,k}$ 之间的关系（见式(9.11)）。因此，可以预见相干累加的直接定位方法精度要高于非相干累加直接定位方法。更进一步，当第 k 段信号相对第一段信号的时间距离 t_k 很大时，该相位项将由 $\mathrm{e}^{\mathrm{j}v_{l,k}t_k}$ 占主导作用。可以预见基于相干累加直接定位方法的定位精度和 t_k 相关。下面将展开分析。

定义

$$t_k=(k-1)T$$

式中：T 为相邻短时信号起始时间的间隔。

定义投影矩阵：

$$\boldsymbol{P}_k \triangleq \boldsymbol{\Lambda}_k^{-1}-\boldsymbol{\Lambda}_k^{-1}\boldsymbol{Q}_k(\boldsymbol{Q}_k^{\mathrm{H}}\boldsymbol{\Lambda}_k^{-1}\boldsymbol{Q}_k)^{-1}\boldsymbol{Q}_k^{\mathrm{H}}\boldsymbol{\Lambda}_k^{-1} \tag{9.34}$$

$$\tilde{\boldsymbol{P}}_k \triangleq \boldsymbol{\Lambda}_k^{-1}-\boldsymbol{\Lambda}_k^{-1}\tilde{\boldsymbol{Q}}_k(\tilde{\boldsymbol{Q}}_k^{\mathrm{H}}\boldsymbol{\Lambda}_k^{-1}\tilde{\boldsymbol{Q}}_k)^{-1}\tilde{\boldsymbol{Q}}_k^{\mathrm{H}}\boldsymbol{\Lambda}_k^{-1} \tag{9.35}$$

则式(9.25)和式(9.29)中非合作式定位场景下的 CRLB 可以表示为

$$\mathrm{CRLB}_{\mathrm{ch\_un}}(\boldsymbol{\theta})=\frac{1}{2}\left(\sum_{k=1}^{K}\mathrm{Re}\{\boldsymbol{G}_k^{\mathrm{H}}\boldsymbol{P}_k^{-1}\boldsymbol{G}_k\}\right)^{-1} \tag{9.36}$$

$$\mathrm{CRLB}_{\mathrm{non\_un}}(\boldsymbol{u})=\frac{1}{2}\left(\sum_{k=1}^{K}\mathrm{Re}\{\tilde{\boldsymbol{G}}_k^{\mathrm{H}}\tilde{\boldsymbol{P}}_k^{-1}\tilde{\boldsymbol{G}}_k\}\right)^{-1} \tag{9.37}$$

分别对比式(9.36)和式(9.31)，以及式(9.37)和式(9.33)可以发现，非合作式定位的 CRLB 和对应的合作式定位 CRLB 形式相似，不同之处在于，合作式定位 CRLB 中的噪声协方差矩阵 $\boldsymbol{\Lambda}_k$ 分别被投影矩阵 $\boldsymbol{P}_k$ 和 $\tilde{\boldsymbol{P}}_k$ 代替。因此，为了分析简单，下面仅分析合作式定位场景下，基于相干累加和非相干累加直接定位方法之间的区别，非合作式定位场景也会有相似结论。

在合作式定位场景下，$\boldsymbol{\theta}=[\varphi_1\quad \varphi_2\quad \cdots\quad \varphi_l\quad \boldsymbol{u}^{\mathrm{T}}]^{\mathrm{T}}$ 的 CRLB 重写为

$$\mathrm{CRLB}_{\mathrm{ch\_kn}}(\boldsymbol{\theta})=\frac{1}{2}\left(\sum_{k=1}^{K}\mathrm{Re}\{\boldsymbol{G}_k^{\mathrm{H}}\boldsymbol{\Lambda}_k^{-1}\boldsymbol{G}_k\}\right)^{-1} \tag{9.38}$$

对应的 Fisher 信息矩阵为

$$\mathrm{FIM}_{\mathrm{ch\_kn}}(\boldsymbol{\theta})=2\sum_{k=1}^{K}\mathrm{Re}\left\{\left(\frac{\partial \boldsymbol{Q}_k\boldsymbol{x}_k}{\partial\boldsymbol{\theta}}\right)^{\mathrm{H}}\boldsymbol{\Lambda}_k^{-1}\left(\frac{\partial \boldsymbol{Q}_k\boldsymbol{x}_k}{\partial\boldsymbol{\theta}}\right)\right\} \tag{9.39}$$

在式(9.38)中忽略未知相位项 ϕ_l，可得到辐射源位置变量 $\boldsymbol{u}$ 的近似信息矩阵：

$$\begin{aligned}\mathrm{FIM}_{\mathrm{ch\_kn}}(\boldsymbol{u}) &\approx 2\sum_{k=1}^{K}\mathrm{Re}\left\{\left(\frac{\partial \boldsymbol{Q}_k \boldsymbol{x}_k}{\partial u}\right)^{\mathrm{H}}\boldsymbol{\Lambda}_k^{-1}\left(\frac{\partial \boldsymbol{Q}_k \boldsymbol{x}_k}{\partial u}\right)\right\}\\ &\approx 2\mathrm{Re}\left\{\sum_{k=1}^{K}\sum_{l=1}^{L}\left(\frac{\partial \boldsymbol{Q}_{l,k}\boldsymbol{x}_k}{\partial u}\right)^{\mathrm{H}}\boldsymbol{\Lambda}_{l,k}^{-1}\left(\frac{\partial \boldsymbol{Q}_{l,k}\boldsymbol{x}_k}{\partial u}\right)\right\}\end{aligned} \tag{9.40}$$

式(9.40)中的信息矩阵可以表示为

$$\mathrm{FIM}_{\mathrm{ch\_kn}}(\boldsymbol{u}) = 2\sigma^{-2}\begin{bmatrix} J_{xx} & J_{xy} \\ J_{xy} & J_{yy}\end{bmatrix} \tag{9.41}$$

式中：J_{xx}、J_{xy} 和 J_{yy} 定义见附录 O 中，并且随着相邻短时信号间隔 T 的增加，J_{xx}、J_{xy} 和 J_{yy} 都随 T^2 增加。这表明合作式定位场景下，相干累加直接定位方法的 CRLB 和 T^2 成反比。也就是说，当相邻短时信号间隔 T 的变大会提高辐射源定位精度。该结论正是来源于 $\mathrm{e}^{\mathrm{j}v_{l,k}t_k}$ 中的相位项 $v_{l,k}t_k$，它和 t_k 为线性关系。而这种相邻短时信号之间的相干性存在于每一个观测站中，没有横跨不同观测站。因此，这种基于相干累加的直接定位方法不需要观测站之间的相位同步，这与文献[4]中的相干定位方法不同。

采用类似的分析，非相干累加直接定位的信息矩阵可以表示为

$$\mathrm{FIM}_{\mathrm{non\_kn}}(\boldsymbol{u}) = 2\sigma^{-2}\begin{bmatrix} \tilde{J}_{xx} & \tilde{J}_{xy} \\ \tilde{J}_{xy} & \tilde{J}_{yy}\end{bmatrix} \tag{9.42}$$

其中

$$\tilde{J}_{xx} = \sum_{l=1}^{L}\sum_{k=1}^{K}\left[-2e_4\tau_{x,l,k}v_{x,l,k} + e_5\tau_{x,l,k}^2 + e_3 v_{x,l,k}^2\right] \tag{9.43}$$

$$\tilde{J}_{xy} = \sum_{l=1}^{L}\sum_{k=1}^{K}\left[e_5\tau_{x,l,k}\tau_{y,l,k} - e_4\tau_{x,l,k}v_{y,l,k} - e_4 v_{x,l,k}\tau_{y,l,k} + e_3 v_{x,l,k}v_{y,l,k}\right] \tag{9.44}$$

$$\tilde{J}_{yy} = \sum_{l=1}^{L}\sum_{k=1}^{K}\left[-2e_4\tau_{y,l,k}v_{y,l,k} + e_5\tau_{y,l,k}^2 + e_3 v_{y,l,k}^2\right] \tag{9.45}$$

式中：e_3、e_4、e_5 和 e_6 的定义见附录 O。

由上述公式可以看出，基于非相干累加直接定位方法的 CRLB 和 T 无关。这正是由于非相干累加方法忽略了相位项 $\mathrm{e}^{\mathrm{j}v_{l,k}t_k}$ 和多普勒的关系。9.5 节将给出相应的计算机仿真结果。

9.3 直接定位方法

本节将分别推导非合作式定位场景和合作式定位场景下的直接定位方法，并且分析基于相干累加和非相干累加直接定位方法之间的异同。这些直接定位方法是最大似然估计，从而是渐进无偏估计，并且在高信噪比下能够达到各自场景下的CRLB。

9.3.1 非合作式定位场景下的直接定位方法

9.3.1.1 基于相干累加的直接定位方法

在非合作式定位场景下，未知待估计矢量 $\boldsymbol{\xi}$ 的定义见式(9.15)。它包含了辐射源发射信号 $\boldsymbol{x}$ 和辐射源位置 $\boldsymbol{u}$。将式(9.17)中观测量 $\boldsymbol{r}$ 关于变量 $\boldsymbol{\xi}$ 的概率密度函数重写为

$$p(\boldsymbol{r};\boldsymbol{\xi}) = \frac{1}{\det(\pi\boldsymbol{\Lambda})}\exp\left\{-\sum_{k=1}^{K}(\boldsymbol{r}_k-\boldsymbol{Q}_k\boldsymbol{x}_k)^{\mathrm{H}}\boldsymbol{\Lambda}_k^{-1}(\boldsymbol{r}_k-\boldsymbol{Q}_k\boldsymbol{x}_k)\right\} \tag{9.46}$$

如果 $\boldsymbol{x}$ 给定的情况下，则 $\boldsymbol{\theta}=[\varphi_1 \quad \varphi_2 \quad \cdots \quad \varphi_L \quad \boldsymbol{u}^{\mathrm{T}}]^{\mathrm{T}}$ 的最大似然估计 $\hat{\boldsymbol{\theta}}_{\mathrm{ML}}$，可以通过对式(9.46)求偏导数得到，即

$$\begin{aligned}\hat{\boldsymbol{\theta}}_{\mathrm{ML}} &= \underset{\boldsymbol{\theta}}{\operatorname{argmax}}\left\{-\sum_{k=1}^{K}(\boldsymbol{r}_k-\boldsymbol{Q}_k\boldsymbol{x}_k)^{\mathrm{H}}\boldsymbol{\Lambda}_k^{-1}(\boldsymbol{r}_k-\boldsymbol{Q}_k\boldsymbol{x}_k)\right\} \\ &= \underset{\boldsymbol{\theta}}{\operatorname{argmax}}\left\{\sum_{k=1}^{K}2\mathrm{Re}\{\boldsymbol{r}_k^{\mathrm{H}}\boldsymbol{\Lambda}_k^{-1}\boldsymbol{Q}_k\boldsymbol{x}_k\}-\boldsymbol{x}_k^{\mathrm{H}}\boldsymbol{Q}_k^{\mathrm{H}}\boldsymbol{\Lambda}_k^{-1}\boldsymbol{Q}_k\boldsymbol{x}_k\right\}\end{aligned} \tag{9.47}$$

式中：相位项 $\varphi_l(l=1,2,\cdots,L)$ 是直接定位方法中的冗余变量；$\boldsymbol{Q}_k^{\mathrm{H}}\boldsymbol{\Lambda}_k^{-1}\boldsymbol{Q}_k$ 可以简化为 $\left(\sum_{l=1}^{L}\sigma_{l,k}^{-2}\right)\boldsymbol{I}_{N_k}$，因而 $\boldsymbol{x}_k^{\mathrm{H}}\boldsymbol{Q}_k^{\mathrm{H}}\boldsymbol{\Lambda}_k^{-1}\boldsymbol{Q}_k\boldsymbol{x}_k$ 和 $\boldsymbol{\theta}$ 无关。式(9.47)可以进一步简化为

$$\boldsymbol{\theta}_{\mathrm{ML}} = \underset{\boldsymbol{\theta}}{\operatorname{argmax}}\left\{\sum_{k=1}^{K}\mathrm{Re}\{\boldsymbol{r}_k^{\mathrm{H}}\boldsymbol{\Lambda}_k^{-1}\boldsymbol{Q}_k\boldsymbol{x}_k\}\right\} \tag{9.48}$$

将 $\boldsymbol{x}_k$ 的最大似然估计

$$\boldsymbol{x}_k=(\boldsymbol{Q}_k^{\mathrm{H}}\boldsymbol{\Lambda}_k^{-1}\boldsymbol{Q}_k)^{-1}\boldsymbol{Q}_k^{\mathrm{H}}\boldsymbol{\Lambda}_k^{-1}\boldsymbol{r}_k \tag{9.49}$$

代入式(4.47)，可得

$$\begin{aligned}\hat{\boldsymbol{\theta}}_{\mathrm{ML}} &= \underset{\boldsymbol{\theta}}{\operatorname{argmax}}\left\{\sum_{k=1}^{K}\mathrm{Re}\{\boldsymbol{r}_k^{\mathrm{H}}\boldsymbol{\Lambda}_k^{-1}\boldsymbol{Q}_k(\boldsymbol{Q}_k^{\mathrm{H}}\boldsymbol{\Lambda}_k^{-1}\boldsymbol{Q}_k)^{-1}\boldsymbol{Q}_k^{\mathrm{H}}\boldsymbol{\Lambda}_k^{-1}\boldsymbol{r}_k\}\right\} \\ &= \underset{\boldsymbol{\theta}}{\operatorname{argmax}}\left\{\mathrm{Re}\left\{\sum_{k=1}^{K}\sum_{l_1=1}^{L}\sum_{l_2\neq l_1}^{L}\eta_{l_1,l_2,k}\boldsymbol{r}_{l_1,k}^{\mathrm{H}}\boldsymbol{Q}_{l_1,k}\boldsymbol{Q}_{l_2,k}^{\mathrm{H}}\boldsymbol{r}_{l_2,k}\right\}\right\}\end{aligned} \tag{9.50}$$

其中

$$\eta_{l_1,l_2,k} = \frac{\sigma_{l_1,k}^{2}\sigma_{l_2,k}^{2}}{\sum_{l=1}^{L}\sigma_{l,k}^{-2}} \tag{9.51}$$

尽管式(9.50)给出了 $\boldsymbol{\theta}$ 的最大似然估计，但是获取辐射源位置 $\boldsymbol{u}$ 仍然很困难，这是因为式(9.50)中含有 L 个冗余的相位项。当 L 很大时，$\boldsymbol{\theta}$ 的最大似然估计运算极其复杂。为了简化计算，忽略式(9.12)中的噪声项，将 $\boldsymbol{r}_{l,k}$ 代入式(9.50)，可得

$$C_1(\boldsymbol{\theta}) = \mathrm{Re}\left\{\sum_{l_1=1}^{L}\sum_{l_2\neq l_1}^{L}\eta_{l_1,l_2,k}\mathrm{e}^{\mathrm{j}(\varphi_{l_1}-\varphi_{l_2})}\sum_{k=1}^{K}(\boldsymbol{x}_k^{\mathrm{H}}\boldsymbol{x}_k)\right\} \tag{9.52}$$

式(9.52)表明当信噪比较大时，相位项 φ_l 通过改变累加值的相位来影响最大似然估计的结果。

为了消除 φ_l 的影响，可以对累加项运用绝对值函数，可得

$$\begin{aligned} C_2(\boldsymbol{\theta}) &= \sum_{l_1=1}^{L}\sum_{l_2\neq l_1}^{L}\mathrm{abs}\left(\sum_{k=1}^{K}\eta_{l_1,l_2,k}\mathrm{e}^{\mathrm{j}(\varphi_{l_1}-\varphi_{l_2})}\boldsymbol{x}_k^{\mathrm{H}}\boldsymbol{x}_k\right) \\ &= \sum_{l_1=1}^{L}\sum_{l_2\neq l_1}^{L}\mathrm{abs}\left(\sum_{k=1}^{K}\eta_{l_1,l_2,k}\boldsymbol{x}_k^{\mathrm{H}}\boldsymbol{x}_k\right) \end{aligned} \tag{9.53}$$

从而消除了冗余的相位项对定位精度的影响，因此，式(9.50)的代价函数可以修正为

$$\hat{\boldsymbol{u}} = \underset{\boldsymbol{u}}{\mathrm{argmax}}\left\{\sum_{l_1=1}^{L}\sum_{l_2\neq l_1}^{L}\mathrm{abs}\left(\sum_{k=1}^{K}\eta_{l_1,l_2,k}\boldsymbol{r}_{l_1,k}^{\mathrm{H}}\boldsymbol{Q}_{l_1,k}\boldsymbol{Q}_{l_2,k}^{\mathrm{H}}\boldsymbol{r}_{l_2,k}\right)\right\} \tag{9.54}$$

式(9.54)为非合作式定位场景下基于相干累加的直接定位方法代价函数，通过对辐射源周围区域采用多级网格搜索，可获取辐射源位置估计 $\hat{\boldsymbol{u}}$。由于式(9.54)在高信噪比下才成立，因此在低信噪比下式(9.50)的估计精度要优于式(9.54)的估计精度。

9.3.1.2 基于非相干累加的直接定位方法

非相干累加方法的信号模型见式(9.26)，为了便于描述，将第 l 个观测站接收的第 k 段短时信号重新表示为

$$\boldsymbol{r}_{l,k} = \tilde{\boldsymbol{D}}_{v_{l,k}}\boldsymbol{F}_k^{\mathrm{H}}\boldsymbol{D}_{\tau_{l,k}}\boldsymbol{F}_k\boldsymbol{x}_k + \boldsymbol{w}_{l,k} = \tilde{\boldsymbol{Q}}_{l,k}\boldsymbol{x}_k + \boldsymbol{w}_{l,k} \tag{9.55}$$

采用推导式(9.50)的方法，可以得到辐射源位置 $\boldsymbol{u}$ 的最大似然估计为

$$\hat{\boldsymbol{u}}_{\mathrm{ML}} = \underset{\boldsymbol{u}}{\mathrm{argmax}}\left\{\sum_{k=1}^{K}\mathrm{Re}\{\boldsymbol{r}_k^{\mathrm{H}}\boldsymbol{\Lambda}_k^{-1}\tilde{\boldsymbol{Q}}_k(\tilde{\boldsymbol{Q}}_k^{\mathrm{H}}\boldsymbol{\Lambda}_k^{-1}\tilde{\boldsymbol{Q}}_k)^{-1}\tilde{\boldsymbol{Q}}_k^{\mathrm{H}}\boldsymbol{\Lambda}_k^{-1}\boldsymbol{r}_k\}\right\}$$

$$= \underset{\boldsymbol{u}}{\operatorname{argmax}} \left\{ \operatorname{Re} \left\{ \sum_{k=1}^{K} \sum_{l_2 \neq l_1}^{L} \sum_{l_1=1}^{L} \eta_{l_1,l_2,k} \boldsymbol{r}_{l_1,k}^{\mathrm{H}} \tilde{\boldsymbol{Q}}_{l_1,k} \tilde{\boldsymbol{Q}}_{l_2,k}^{\mathrm{H}} \boldsymbol{r}_{l_2,k} \right\} \right\} \tag{9.56}$$

然而,式(9.55)给出的信号模型并不符合真实的信号模型,即式(9.12)。由于式(9.55)忽略了相位项 $v_{l,k}(t_k - \tau_{l,k}) + \varphi_l$ 的存在,式(9.56)给出的最大似然方法并不能获取真实的辐射源位置。为了便于分析,将式(9.12)的信号模型重写为

$$\boldsymbol{r}_{l,k} = \mathrm{e}^{\mathrm{j}\phi_{l,k}} \tilde{\boldsymbol{Q}}_{l,k} \boldsymbol{x}_k + \boldsymbol{w}_{l,k} \tag{9.57}$$

式中:$\phi_{l,k} = v_{l,k}(t_k - \tau_{l,k}) + \varphi_l$。

采用推导式(9.54)类似的方法,忽略噪声项,将 $\boldsymbol{r}_{l,k}$ 代入式(9.56)中,可得

$$\begin{aligned} C_3(\boldsymbol{u}) &= \operatorname{Re} \left\{ \sum_{k=1}^{K} \sum_{l_1=1}^{L} \sum_{l_2 \neq l_1}^{L} \eta_{l_1,l_2,k} (\mathrm{e}^{\mathrm{j}\phi_{l_1,k}} \tilde{\boldsymbol{Q}}_{l_1,k} \boldsymbol{x}_k)^{\mathrm{H}} \tilde{\boldsymbol{Q}}_{l_1,k} \tilde{\boldsymbol{Q}}_{l_2,k}^{\mathrm{H}} (\mathrm{e}^{\mathrm{j}\phi_{l_2,k}} \tilde{\boldsymbol{Q}}_{l_2,k} \boldsymbol{x}_k) \right\} \\ &= \operatorname{Re} \left\{ \sum_{k=1}^{K} \sum_{l_1=1}^{L} \sum_{l_2 \neq l_1}^{L} \eta_{l_1,l_2,k} \mathrm{e}^{\mathrm{j}(\phi_{l_2,k} - \phi_{l_1,k})} \boldsymbol{x}_k^{\mathrm{H}} \boldsymbol{x}_k \right\} \end{aligned} \tag{9.58}$$

从式(9.58)可以看出,相位项 $\phi_{l,k}$ 将影响代价函数值,从而不能准确估计辐射源位置。为了消除 $\phi_{l,k}$ 的影响,同样引入绝对值函数,则式(9.58)变为

$$\begin{aligned} C_4(\boldsymbol{u}) &= \sum_{k=1}^{K} \sum_{l_1=1}^{L} \sum_{l_2 \neq l_1}^{L} \eta_{l_1,l_2,k} \operatorname{abs}(\mathrm{e}^{\mathrm{j}(\phi_{l_2,k} - \phi_{l_1,k})} \boldsymbol{x}_k^{\mathrm{H}} \boldsymbol{x}_k) \\ &= \sum_{k=1}^{K} \sum_{l_1=1}^{L} \sum_{l_2 \neq l_1}^{L} \eta_{l_1,l_2,k} \operatorname{abs}(\boldsymbol{x}_k^{\mathrm{H}} \boldsymbol{x}_k) \end{aligned} \tag{9.59}$$

这说明在高信噪比下,相位项 $\phi_{l,k}$ 的影响可以忽略掉。因此,式(9.56)的代价函数可以修改为

$$\hat{\boldsymbol{u}} = \underset{\boldsymbol{u}}{\operatorname{argmax}} \left\{ \sum_{k=1}^{K} \sum_{l_1=1}^{L} \sum_{l_2 \neq l_1}^{L} \eta_{l_1,l_2,k} \operatorname{abs}(\boldsymbol{r}_{l_1,k}^{\mathrm{H}} \tilde{\boldsymbol{Q}}_{l_1,k} \tilde{\boldsymbol{Q}}_{l_2,k}^{\mathrm{H}} \boldsymbol{r}_{l_2,k}) \right\} \tag{9.60}$$

式(9.60)即为基于非相干累加的直接定位方法,通过对辐射源周围区域网格搜索即可获取辐射源位置估计 $\hat{\boldsymbol{u}}$。而在以往的直接定位方法中,并未深入讨论相位项 $\phi_{l,k}$ 对代价函数的影响,而只是简单地使用绝对值函数。

9.3.2 合作式定位场景下的直接定位方法

与 9.4.1 节的非合作式定位场景不同,合作式定位场景下,辐射源发射信号 $\boldsymbol{x}$ 是已知变量,不再需要估计发射信号 $\hat{\boldsymbol{x}}$。采用类似 9.4.1 节的方法,可以分别得出基于相干累加和非相干累加直接定位方法的代价函数。下面忽略一些推导细节,给出总结性结果。

在合作式定位场景下,基于相干累积直接定位方法,式(9.14)中接收信号 $\boldsymbol{r}$ 的

概率密度函数为

$$p(\boldsymbol{r};\boldsymbol{\theta}) = \frac{1}{\det(\pi\boldsymbol{\Lambda})}\exp\left\{-\sum_{k=1}^{K}(\boldsymbol{r}_k-\boldsymbol{Q}_k\boldsymbol{x}_k)^{\mathrm{H}}\boldsymbol{\Lambda}_k^{-1}(\boldsymbol{r}_k-\boldsymbol{Q}_k\boldsymbol{x}_k)\right\} \tag{9.61}$$

通过对未知矢量 $\boldsymbol{\theta}=[\varphi_1 \quad \varphi_2 \quad \cdots \quad \varphi_L \quad \boldsymbol{u}^{\mathrm{T}}]^{\mathrm{T}}$ 的估计获取辐射源位置,其中相位 $\varphi_l(l=1,2,\cdots,L)$ 是冗余变量。$\boldsymbol{\theta}$ 的最大似然估计为

$$\hat{\boldsymbol{\theta}}_{\mathrm{ML}} = \underset{\boldsymbol{\theta}}{\arg\max}\left\{\sum_{k=1}^{K}\mathrm{Re}\{\boldsymbol{r}_k^{\mathrm{H}}\boldsymbol{\Lambda}_k^{-1}\boldsymbol{Q}_k\boldsymbol{x}_k\}\right\} \tag{9.62}$$

通过使用绝对值函数消除未知相位项 φ_l 的影响,式(9.62)可以修正为

$$\hat{\boldsymbol{u}} = \underset{\boldsymbol{u}}{\arg\max}\left\{\sum_{l=1}^{L}\mathrm{abs}\left(\sum_{k=1}^{K}\boldsymbol{r}_{l,k}^{\mathrm{H}}\boldsymbol{\Lambda}_{l,k}^{-1}\boldsymbol{Q}_{l,k}\boldsymbol{x}_k\right)\right\} \tag{9.63}$$

式(9.63)为合作式定位场景下,基于相干累加直接定位方法的代价函数。而对应的基于非相干累加直接定位的代价函数为

$$\hat{\boldsymbol{u}} = \underset{\boldsymbol{u}}{\arg\max}\left\{\sum_{k=1}^{K}\sum_{l=1}^{L}\mathrm{abs}(\boldsymbol{r}_{l,k}^{\mathrm{H}}\boldsymbol{\Lambda}_{l,k}^{-1}\hat{\boldsymbol{Q}}_{l,k}\boldsymbol{x}_k)\right\} \tag{9.64}$$

分别对式(9.63)和式(9.64)的代价函数网格搜索,可得到辐射源位置估计值。

9.4 定位性能仿真分析

9.4.1 多目标分辨仿真

本节将通过计算机仿真来验证9.3节的CRLB分析和9.4节的直接定位方法,并对比各种定位方法性能的区别。图9.1为二维的定位场景图,为了便于分析,这里仅给出二维的仿真,三维情况可以类似推广。假设有3个观测站和1个辐射源,3个观测站的初始位置分别为 $\boldsymbol{p}_{1,1}=[-10000 \quad 0]^{\mathrm{T}}$m、$\boldsymbol{p}_{2,1}=[6500 \quad 3500]^{\mathrm{T}}$m 和 $\boldsymbol{p}_{3,1}=[3000 \quad -2000]^{\mathrm{T}}$m。3个观测站的速度恒定不变,分别为 $\dot{\boldsymbol{p}}_1=[80 \quad -60]^{\mathrm{T}}$m/s、$\dot{\boldsymbol{p}}_2=[-70 \quad 70]^{\mathrm{T}}$m/s 和 $\dot{\boldsymbol{p}}_3=[60 \quad 80]^{\mathrm{T}}$m/s。辐射源静止在坐标轴原点,每个观测站接收 K 段短时信号,每段短时信号时长1ms,相邻短时信号起点的间隔为 Ts。

这里的信号产生采用文献[6]的方法,辐射源信号的包络是用自回归滑动平均(Auto-regressive Moving-average,ARMA)模型产生,其离散传输函数为

$$H(z)=\frac{1+0.9z^{-1}+0.8z^{-2}}{1-0.7z^{-1}}$$

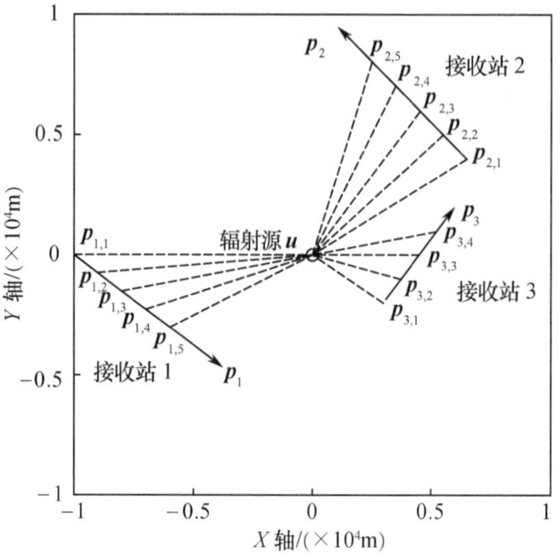

图 9.1　定位场景图

3 个观测站的未知相位项 φ_l（见式(9.11)）分别设为 $\varphi_1=\frac{1}{18}\pi$、$\varphi_2=\frac{4}{18}\pi$ 和 $\varphi_3=\frac{6}{18}\pi$。辐射源信号的载频为 $f_c=300\text{MHz}$，采样频率为 $f_s=50\text{kHz}$。

在第一组仿真中，即图 9.2 和图 9.3，假设相邻短时信号起点距离 $T=0.1\text{s}$，信噪比为 40dB，每个观测站接收的短时信号段数为 $K=10$。

图 9.2(a)和图 9.2(b)分别是非合作式定位场景下，非相干累加直接定位和相干累加直接定位的代价函数，即式(9.60)和式(9.54)。

图 9.2(c)和图 9.2(d)分别为对应的二维俯视图。图 9.3(a)和图 9.3(b)分别是合作式定位场景下，非相干累加直接定位和相干累加直接定位的代价函数，即式(9.64)和式(9.63)。图 9.3(c)和图 9.3(d)分别为相应的二维俯视图。

从图 9.2 可以看出，在信噪比较高的情况下，非相干累加直接定位方法的代价函数图是一个在辐射源真实位置周围半径很大的峰。左图 9.3 的合作式定位场景下，同样存在这样的现象。这表明非相干直接定位方法对噪声的适应性不够好，当信噪比较低时，估计值容易偏离真实的位置。与之相反，相干累加直接定位方法的代价函数图在辐射源周围的峰明显尖锐，这说明相干累加直接定位方法的估计精度要更高。这是由于相干累加直接定位方法运用了相位项 $e^{jv_{l,k}t_k}$ 和辐射源位置之间的关系。此外，由图 9.2(b)和图 9.3(b)中可以看到多峰现象，这说明相干累积直接定位方法可能会有多个模糊解。这是由于相干累加直接定位方法利用了相位信息 $e^{jv_{l,k}t_k}$，而该相位信息存在 2π 的周期模糊，因而有多个模糊解。在下面的仿真

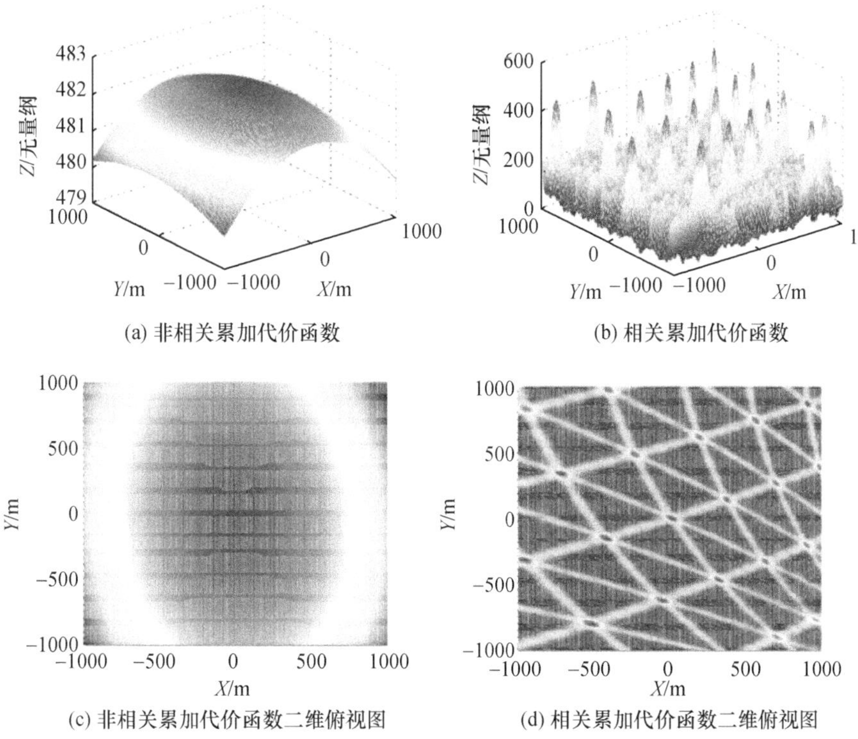

图 9.2　非合作式定位场景下，非相干累加直接定位和相干累加直接定位代价函数

中，为了避免出现模糊解，首先使用非相干累加直接定位方法获取初始解，即式(9.60)和式(9.64)；然后在该初始解的基础上运用相干累加直接定位方法，即式(9.54)和式(9.63)，这样就可以获取辐射源位置的精确估计。

9.4.2　定位精度仿真

第二组仿真是为验证 9.3 节所提出的直接定位方法与 9.2 节对应的 CRLB 理论性能之间的关系。仿真结果如图 9.4 ~ 图 9.9 所示，图中每个点的结果为 200 次蒙特卡罗仿真结果的平均。在这些图中，用“Coherent CRLB”代表相干累加直接定位的 CRLB，用“Non-coherent CRLB”表示非相干累加直接定位的 CRLB。用“Coherent DPD”表示相干累加直接定位方法的仿真性能，“Non-coherent DPD”表示非相干累加直接定位方法的仿真性能。

除了以上介绍的本节中推导的直接定位方法外，在图 9.4 ~ 图 9.9 的每幅图中，分别给出了传统的两步定位方法以及文献[4]中的互模糊函数累积方法。两步

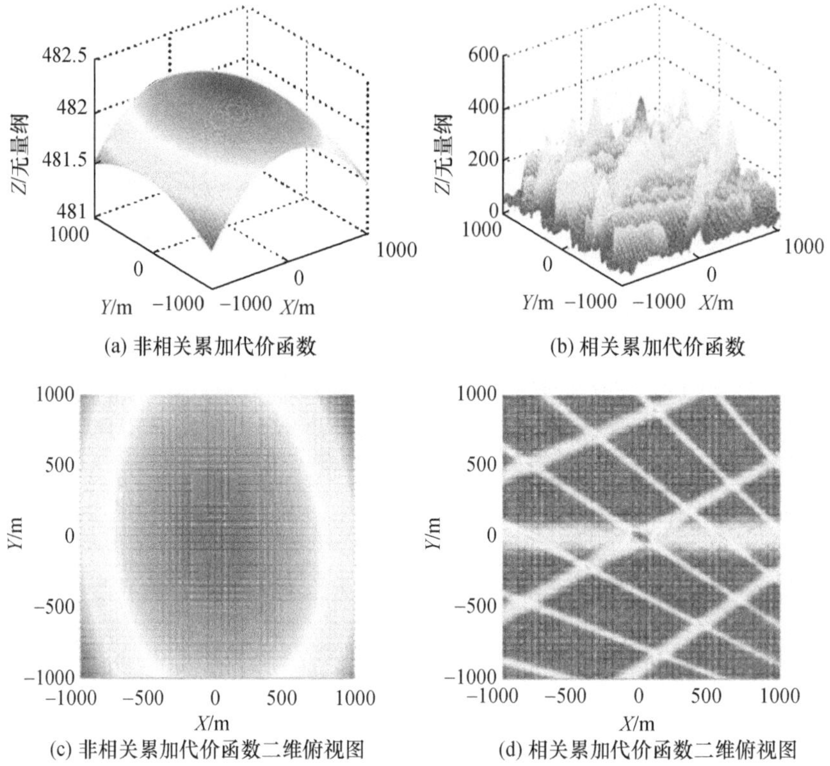

(a) 非相关累加代价函数　(b) 相关累加代价函数

(c) 非相关累加代价函数二维俯视图　(d) 相关累加代价函数二维俯视图

图 9.3　合作式定位场景下，非相干累加直接定位和相干累加直接定位代价函数

定位方法首先根据接收信号估计 TDOA/FDOA（非合作式定位）或者 TOA/FOA（合作式定位）；然后再利用定位解算方法（仿真中使用网格搜索方法）估计辐射源位置。

图 9.4 和图 9.5 分析了信噪比对不同定位方法性能的影响。仿真中假设相邻短时信号起点的距离 $T=0.1\text{s}$，每个观测站接收短时信号的段数为 $K=10$。从相干直接定位 CRLB 和非相干直接定位 CRLB 的对比可以看出，相干直接定位的理论定位精度能够提高大约 25dB。这种性能的提高正是由于采用了相位 $e^{j\nu_{l,k}t_k}$ 中与辐射源位置有关的信息。与预期的结果一样，当信噪比较高的情况下，5.4 节提出的直接定位方法都能达到各自的 CRLB。当信噪比较低时，相干累加直接定位和非相干累加直接定位的性能相似。这是因为相干直接定位方法采用非相干直接定位方法的估计值作为初始解，来避免模糊解。因此，当非相干直接定位的定位精度不高时，相干直接定位的估计值是模糊解。此外，传统的两步定位方法，在高信噪比下和非相干累积直接定位方法相似。在低信噪比下，传统两步定位方法性能明显比非相干累加直接定位方法差。基于互模糊函数累积方法的定位性能则一直很

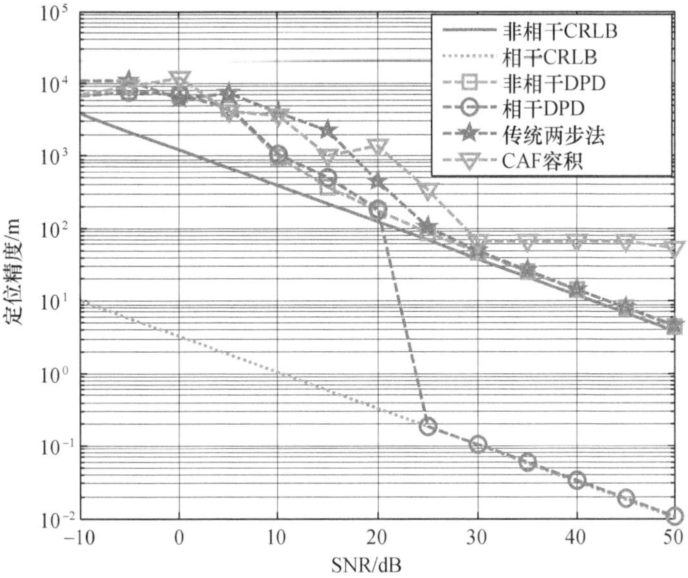

图 9.4　非合作式定位场景下，辐射源定位性能与信噪比的关系

差，这是由于互模糊函数累积方法必须假设时延和多普勒是线性变化，并且多普勒一直不变。在实际的仿真中，这一条件并不满足。

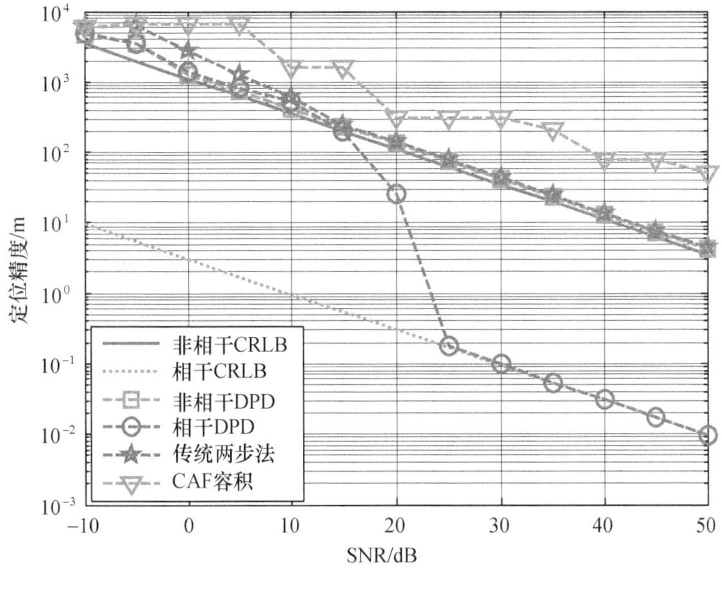

图 9.5　合作式定位场景下，辐射源定位性能与信噪比的关系

在高信噪比下，图 9.5 中的传统两步定位方法和非相干累加直接定位方法的性能和 CRLB 有较小的恒定距离。这是因为图中给出的非相干累加直接定位方法的 CRLB 忽略了各个短时信号中的初始相位，而实际仿真中，每段短时信号都含有未知的初始相位。文献[6]研究了信号初始相位对定位 CRLB 的影响，而本节主要侧重研究相干累加直接定位方法，关于在非相干累加直接定位中，信号初始相位对定位精度的影响将作为未来的研究方向。

图 9.6 和图 9.7 分别给出了各种定位方法性能随相邻短时信号间隔 T 的关系。仿真中信噪比为 40dB，每个观测站接收的短时信号段数为 $K=10$。从图中可以看出，相干累加直接定位方法的 CRLB 随着 T 的增加而不断降低，也即是辐射源定位的理论精度不断提高。而非相干累加直接定位方法的 CRLB 则不受 T 的影响，这些与 9.3 节的分析一致。由于仿真中信噪比较高，因此相干累加直接定位方法的定位精度能够达到 CRLB。此外，基于互模糊函数累积的定位方法，其定位性能随着 T 的增加而不断变差。这是因为互模糊函数累积方法要求各短时信号的时延和多普勒线性变化，而且多普勒不变。这种模型误差会随着相邻短时信号间隔 T 的增加而不断变大，因而定位精度越差。

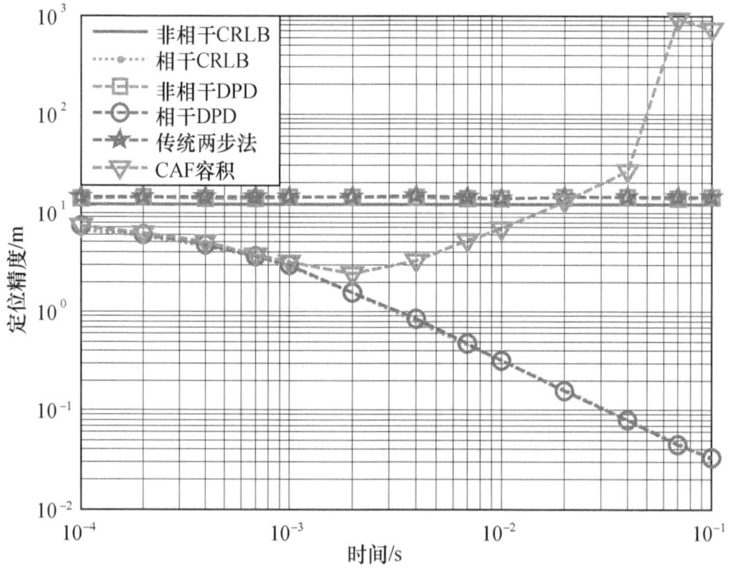

图 9.6　非合作式定位场景下，辐射源定位性能与信号段间隔 T 的关系

图 9.8 和图 9.9 研究了短时信号段数 K 对定位性能的影响。仿真中令相邻短时信号起点间隔 $T=10\text{s}$，$\text{SNR}=40\text{dB}$。和预期的结果一样，相干累加直接定位方法和非相干累加直接定位方法的性能都随着 T 的增大而不断提高。但是，相干累

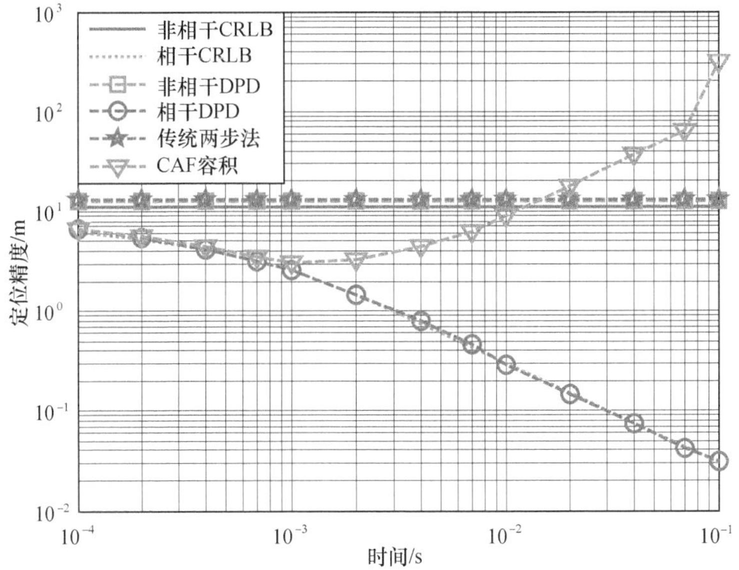

图 9.7　合作式定位场景下，辐射源定位性能与信号段间隔 T 的关系

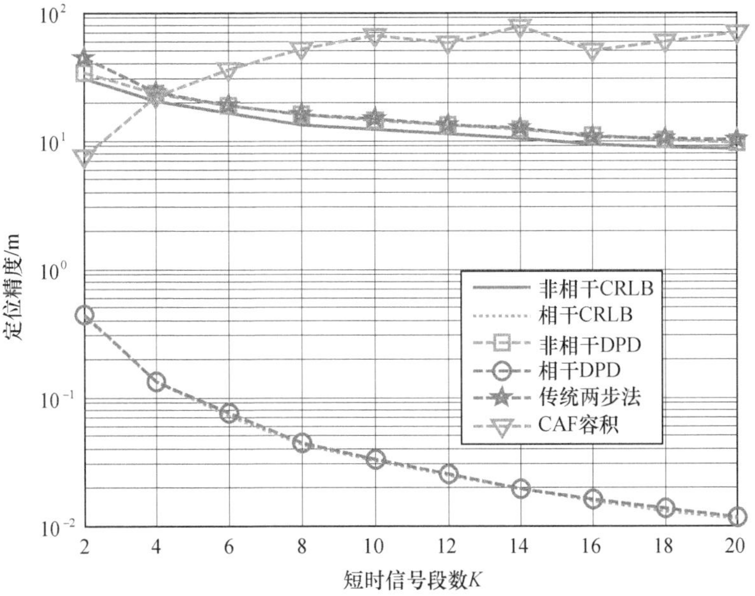

图 9.8　非合作式定位场景下，辐射源定位性能随短时信号段数 K 的变化

加直接定位方法性能提高幅度明显高于非相干累加直接定位方法。例如，当 K 由 2 增加到 20 时，相干累加直接定位方法性能提高 28dB，而非相干累加直接定位方

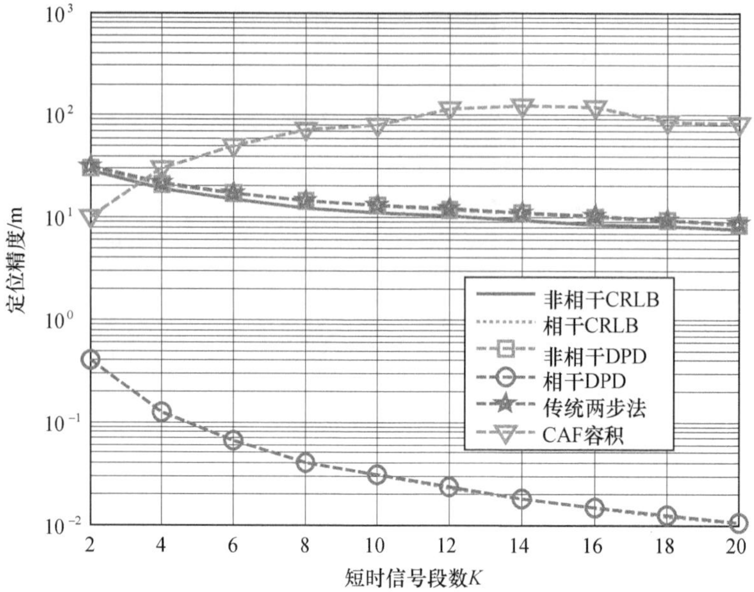

图9.9　合作式定位场景下,辐射源定位性能随短时信号段数 K 的变化

法性能提高 20dB。

参考文献

[1] WEISS A J, AMAR A. Direct position determination of multiple radio signals [J]. EURASIP J. Adv. Signal Processing, 2005, 2005(1): 37-49.

[2] WEISS A J. Direct geolocation of wideband emitters based on delay and Doppler [J]. IEEE Trans. Signal Processing, 2011, 59(6): 2513-2521.

[3] FOWLER M L, HU X. Signal models for TDOA/FDOA estimation [J]. IEEE Trans. Aerosp. Elect. Sys., 2008, 44(4): 1543-1550.

[4] ULMAN R, GERANIOTIS E. Wideband TDOA/FDOA processing using summation of short-time CAF's [J]. IEEE Trans. Signal Processing, 1999, 47(12): 3193-3200.

[5] KAY S M. Fundamentals of statistical signal process, estimation theory [M]. Englewood Cliffs, NJ: Prentice-Hall, 1993.

[6] YEREDOR A, ANGEL E. Joint TDOA and FDOA estimation: A conditional bound and its use for optimally weighted localization [J]. IEEE Trans. Signal Processing, 2011, 59(4): 1612-1623.

第 10 章

单站无源定位技术

仅仅利用单个观测站进行无源探测定位时,从信号中可以获取有关目标空间位置、运动状态的主要参数,包括信号到达方向(DOA)、信号到达时间(TOA)、信号到达频率(FOA)及信号接收强度(RSS)等。从直接来看,这些参数并不能瞬时、直接地确定辐射源的位置,为此单站无源定位一般需要积累多个不同时刻的测量参数,通过无源定位跟踪、滤波等数据处理工作,才能获取目标所在的空间位置及其运动状态等信息,从而实现对目标辐射源的单站无源定位[1-2]。其中,利用无源测量信息估算运动辐射源的位置和运动状态的过程又称为目标运动分析(Target Motion Analysis, TMA)[3-5],其基本原理是利用多次观测数据来拟合目标的运动轨迹,并估算出目标运动的状态参数。

总的来看,单站无源定位领域主要研究以下技术问题。

(1) 根据观测站的特点,研究合适的定位模型,研究解决定位模型非线性问题,提出适用的非线性定位算法,使模型能更好地反映定位问题的物理本质,使定位算法能实现更好的定位性能且工作更稳定,这部分称为跟踪滤波算法研究。

(2) 研究增加不同种类观测量的单观测器实现快速无源定位的技术,以及实现快速无源定位所需的参数测量技术,这部分一般称为定位新体制研究。

(3) 通过对可观测性的研究,提出改善定位系统可观测性的方法,例如,观测站采用何种运动轨迹、航向能够从本质上提高对目标的定位性能,该部分研究也称为航迹优化研究。

本章将首先对单站无源定位的参数特点进行分析,在介绍传统单站测向交叉方法和 TOA/DOA 联合定位方法之后,提出一种基于质点运动学的单站无源定位体制及基于模糊相位差的定位新体制。

10.1 运动单站仅测角定位

10.1.1 运动单站无源定位模型

在单站单次测向条件下,仅仅知道目标的方向,无法确定目标的位置。因此需要运动单站多次测向,利用不同方向线的交叉,即可确定目标的位置,称为仅测向定位(Bearings - only, BO)方法。其实质是利用多次测向估计目标运动的位置和航迹。对于固定目标辐射源的测向交叉定位如图 10.1(a)所示,对于运动目标的测向交叉定位如图 10.1(b)所示。

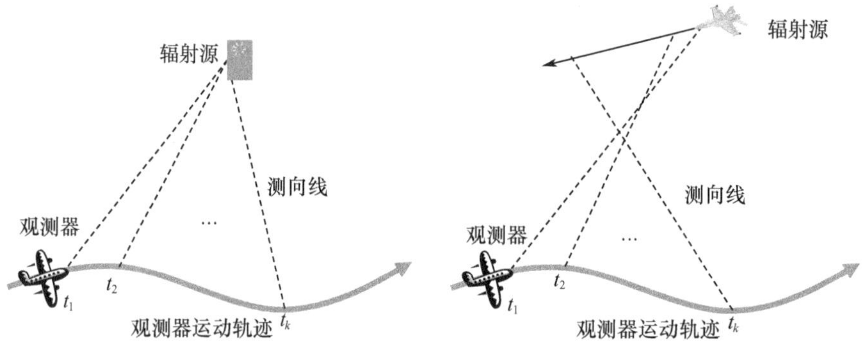

(a) 对固定目标　(b) 对运动目标

图 10.1　仅测角定位示意图

例如,在三维条件下在一段时间内观测站对目标来波信号进行 K 次测角,每次测角时的目标辐射源位置为$(x_{T,k}, y_{T,k}, z_{T,k})$,观测站位置为$(x_{O,k}, y_{O,k}, z_{O,k})$ $(k = 1,2,\cdots,K)$,定义方位角 β 为 y 轴为 0°,顺时针方向为正,其中每一次所测的角度都可以认为是目标相对位置(x_k, y_k, z_k) 的非线性函数:

$$\beta_k = \arctan\left(\frac{y_k}{x_k}\right) \quad (k = 1,2,\cdots,K) \tag{10.1}$$

$$\varepsilon_k = \arctan\left(\frac{z_k}{\sqrt{(x_{T,k} - x_{O,k})^2 + (y_{T,k} - y_{O,k})^2}}\right) \quad (k = 1,2,\cdots,K) \tag{10.2}$$

式中:$x_k = x_{T,k} - x_{O,k}$,$y_k = y_{T,k} - y_{O,k}$,$z_k = z_{T,k} - z_{O,k}$为笛卡儿坐标系下目标 T 相对于观测站 O 的位置。

在多次测量角度和观测站自身位置已知的条件下,利用非线性最小二乘、扩展卡尔曼滤波、UKF、粒子滤波等方法即可确定出目标的位置和速度。

这种方法在机载、舰载等单站无源定位应用中较为广泛，其优点是测量设备相对较简单，只需测向即可定位，对信号波形、频率的捷变不敏感。缺点主要有以下几点。

（1）为满足定位的可观测性，对匀速运动的目标进行定位需要观测器自身做加速运动；定位精度与观测器机动大小、方式有关，与对观测载体操作员的操作的要求有关。

（2）对测向精度要求较高。如果测向精度较低，有可能算法不收敛。

（3）定位精度收敛速度较慢，也即定位精度与观测载体运动尺度有关，载机必须运动于一定的角度范围以上才能收敛于较好的定位精度上。通常对于机载定位情况，若距离较远，如几百千米以上，定位的收敛时间一般大于90～300s。

10.1.2　运动单站定位可观测分析

所谓可观测问题，也就是确定系统有无唯一解的问题，具体到跟踪算法中体现出来的往往是滤波能否收敛于真值的问题。在单站无源定位中，在什么情况下能获得辐射源位置的唯一解也就成为研究者必须弄清楚的关键问题之一。为了考察系统的可观测性，可以假设各个观测量都是无噪声的，因为从本质上讲噪声并不影响定位的可观测性。在单站无源观测条件下，在某些情况下即使观测器自身机动仍然不能保证对感兴趣的运动辐射源的定位可观测性。如图10.2所示的利用角度对运动辐射源定位的例子中，由于观测站机动时和观测站不机动时对应的方位角及其任意高阶变化率完全相同，因此这种机动不能确定出辐射源位置[6]。

由于三维单站无源定位的可观测性形式和二维定位时基本相同，因此为了方便说明原理，本节仅仅讨论二维单站无源定位的可观测性，在三维定位时只要将这里的结论推广的状态变量扩充到三维即可。

Nardone 和 Aidala 等利用解测量矩阵的偏微分方程的方法研究并得到了只测向(Bearings-only)条件下的可观测条件[7]：即观测站的运动使得如下公式对于 $\forall t > t_0$ 成立：

$$\int_{t_0}^{t}(t-\tau)\begin{bmatrix}a_{Ox}(\tau)\\a_{Oy}(\tau)\end{bmatrix}\mathrm{d}\tau \neq \alpha(t)\left\{\begin{bmatrix}x(t_0)\\y(t_0)\end{bmatrix}+(t-t_0)\begin{bmatrix}\dot{x}(t_0)\\\dot{y}(t_0)\end{bmatrix}\right\} \tag{10.3}$$

式中：$\alpha(t)$为一任意标量函数；$x(t_0)$ 和 $y(t_0)$为目标和观测站之间在 $t=t_0$时刻的相位位置；$\dot{x}(t_0)$ 和 $\dot{y}(t_0)$为目标和观测器之间在 $t=t_0$时刻的相位速度。

1988年，Fogel 和 Becher 等采用线性代数的基本理论，证明得到了对 N 阶多项式运动目标只测向定位的可观测性充要条件，并指出 Aidala 的可观测条件仅仅只是必要条件[8]。其得到的单站只测角定位可观测充要条件为[5]：观测站的运动使

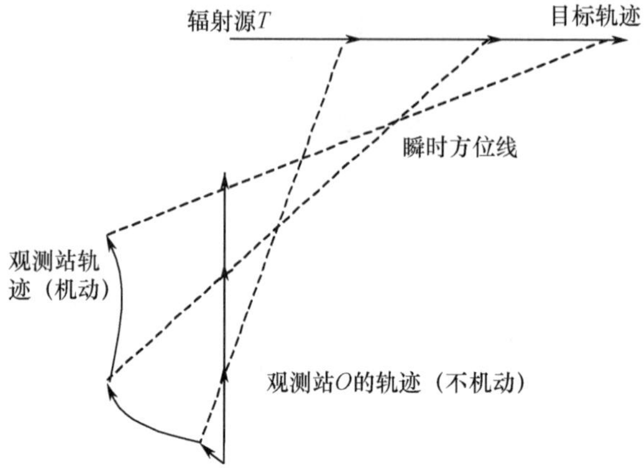

图 10.2　一种定位不可观测时的目标与观测器的几何运动示意图

得下式在 $\forall t > t_0$ 时刻成立：

$$\boldsymbol{x}(t) = \begin{bmatrix} x(t) \\ y(t) \end{bmatrix} \equiv \alpha(t)\boldsymbol{Bt} \tag{10.4}$$

式中：$\alpha(t)$ 为任意的归一化函数，$\boldsymbol{t} = [1 \quad (t-t_0) \quad \cdots \quad (t-t_0)^N]^{\mathrm{T}}$；$\boldsymbol{B}$ 为任意与 $\boldsymbol{t}$ 独立的 $2 \times (N+1)$ 矩阵。

根据前面有关可观测性定理，不难得到几种典型的仅测角度定位不可观测及可观测的例子。为了使说明更加形象，分别将不可观测和可观测的例子画成如图 10.3和图 10.4 所示的示意图。

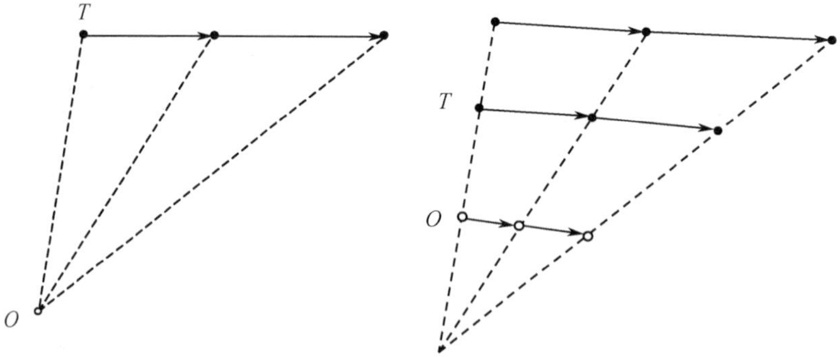

(a) 运动辐射源，固定观测器　　(b) 匀速运动的辐射源和观测器

图 10.3　利用角度对辐射源不可观测的情况

图 10.3 和图 10.4 中实线表示运动轨迹，虚线表示视线角，空心点表示观测站，实心点表示目标。

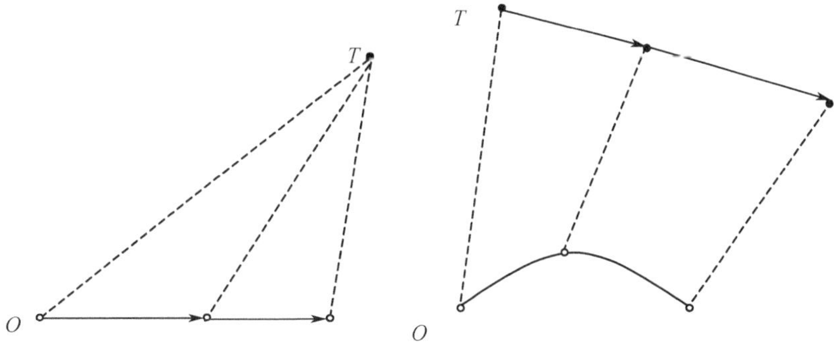

(a) 运动观测器，固定辐射源　　(b) 匀速运动辐射源，满足式(10.4)加速运动观测器

图 10.4　利用角度及对辐射源可观测的情况

10.1.3　修正极坐标 EKF(MPCEKF)方法

1983 年,V. J. Aidala 提出了一种修正极坐标 EKF(MPCEKF)方法[9],其利用精心选择的特殊极坐标系建立目标的跟踪模型,在滤波中可对状态变量中的直接观测项和间接观测项自动解耦,避免了病态矩阵的产生。

对于二维平面上如图 10.5 所示的坐标系,定义笛卡儿坐标系下的辐射源状态变量为

$$\boldsymbol{X}_{\mathrm{T},k} = [\,x_{\mathrm{T},k} \quad y_{\mathrm{T},k} \quad \dot{x}_{\mathrm{T},k} \quad \dot{y}_{\mathrm{T},k}\,]^{\mathrm{T}} \tag{10.5}$$

定义方位角 β 为 y 轴为 0°,顺时针方向为正,即

$$\beta_k = \arctan \frac{y_k}{x_k} \tag{10.6}$$

式中:$x_k = x_{\mathrm{T},k} - x_{\mathrm{O},k}$,$y_k = y_{\mathrm{T},k} - y_{\mathrm{O},k}$。

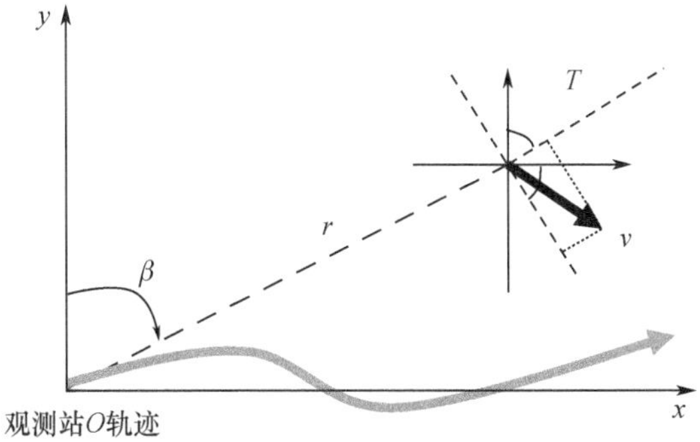

图 10.5　单站无源定位状态定义图

如果假设目标匀速直线运动，可以得到目标运动状态方程为

$$\boldsymbol{X}_{\mathrm{T},k}=\boldsymbol{\Phi}_k\boldsymbol{X}_{\mathrm{T},k-1}+\boldsymbol{w}_k \tag{10.7}$$

式中：$\boldsymbol{\Phi}_k=\begin{bmatrix}1&0&T&0\\0&1&0&T\\0&0&1&0\\0&0&0&1\end{bmatrix}$；$\boldsymbol{w}_k$为状态噪声。

假设观测站的状态变量为 $\boldsymbol{X}_{\mathrm{O},k}=[x_{\mathrm{O},k}\quad y_{\mathrm{O},k}\quad \dot{x}_{\mathrm{O},k}\quad \dot{y}_{\mathrm{O},k}]^{\mathrm{T}}$，因此相对运动状态为

$$\boldsymbol{X}_k=\boldsymbol{X}_{\mathrm{T},k}-\boldsymbol{X}_{\mathrm{O},k} \tag{10.8}$$

假设 MPCEKF 的状态变量取为[9]

$$\boldsymbol{Y}_k=[\beta\quad 1/r\quad \dot{\beta}\quad \dot{r}/r] \tag{10.9}$$

假设观测量$\beta_{\mathrm{m},k}$含有噪声，噪声为 v_k。测量方程为

$$z_{\mathrm{m},k}=\beta_{\mathrm{m},k}=\boldsymbol{H}_k\boldsymbol{Y}_k+v_k \tag{10.10}$$

式中：$\boldsymbol{H}_k=[1\quad 0\quad 0\quad 0]$。

则由极坐标和笛卡儿坐标的几何变换关系可得变换关系为[9]

$$\boldsymbol{Y}_k=\boldsymbol{f}(\boldsymbol{X}_k)=\begin{pmatrix}\arctan^{-1}(x_k/y_k)\\ \dfrac{1}{\sqrt{x_k+y_k}}\\ \dfrac{-x_k\dot{y}_k+y_k\dot{x}_k}{x^2+y^2}\\ \dfrac{x_k\dot{x}_k+y_k\dot{y}_k}{x^2+y^2}\end{pmatrix}=\begin{pmatrix}\arctan^{-1}(\boldsymbol{X}_{k,1}/\boldsymbol{X}_{k,2})\\ \dfrac{1}{\sqrt{\boldsymbol{X}_{k,1}^2+\boldsymbol{X}_{k,2}^2}}\\ \dfrac{-\boldsymbol{X}_{k,1}\boldsymbol{X}_{k,4}+\boldsymbol{X}_{k,2}\boldsymbol{X}_{k,3}}{\boldsymbol{X}_{k,1}^2+\boldsymbol{X}_{k,2}^2}\\ \dfrac{\boldsymbol{X}_{k,1}\boldsymbol{X}_{k,3}+\boldsymbol{X}_{k,2}\boldsymbol{X}_{k,4}}{\boldsymbol{X}_{k,1}^2+\boldsymbol{X}_{k,2}^2}\end{pmatrix} \tag{10.11}$$

对应的逆变换为

$$\begin{aligned}\boldsymbol{X}_k&=\boldsymbol{f}^{-1}(\boldsymbol{Y}_k)\\&=\left(\frac{1}{R}\right)^{-1}\begin{pmatrix}\sin\beta_k\\ \cos\beta_k\\ \dot{\beta}\cos\beta_k+\dfrac{\dot{r}_k}{r_k}\sin\beta_k\\ -\dot{\beta}\sin\beta_k+\dfrac{\dot{r}_k}{r_k}\cos\beta_k\end{pmatrix}=\frac{1}{\boldsymbol{Y}_{k,2}}\begin{pmatrix}\sin(\boldsymbol{Y}_{k,1})\\ \cos(\boldsymbol{Y}_{k,1})\\ \boldsymbol{Y}_{k,3}\cos(\boldsymbol{Y}_{k,1})+\boldsymbol{Y}_{k,4}\sin(\boldsymbol{Y}_{k,1})\\ -\boldsymbol{Y}_{k,3}\sin(\boldsymbol{Y}_{k,1})+\boldsymbol{Y}_{k,4}\cos(\boldsymbol{Y}_{k,1})\end{pmatrix}\end{aligned} \tag{10.12}$$

因此可以得到预测方程为

$$\begin{aligned}\boldsymbol{Y}_{k/k-1} &= \boldsymbol{f}(\boldsymbol{X}_{k/k-1}) = \boldsymbol{f}(\boldsymbol{\Phi}_k\boldsymbol{X}_{\mathrm{T},k-1/k-1} - \boldsymbol{X}_{\mathrm{O},k}) \\ &= \boldsymbol{f}(\boldsymbol{\Phi}_k\boldsymbol{f}^{-1}(\boldsymbol{Y}_{k-1/k-1}) + \boldsymbol{\Phi}_k\boldsymbol{X}_{\mathrm{O},k-1} - \boldsymbol{X}_{\mathrm{O},k})\end{aligned} \tag{10.13}$$

预测方差为

$$\boldsymbol{P}_{k/k-1} = \boldsymbol{F}_k\boldsymbol{P}_{k-1}\boldsymbol{F}_k^{\mathrm{T}} + \boldsymbol{Q}_k \tag{10.14}$$

其中

$$\begin{aligned}\boldsymbol{F}_k &= \frac{\partial \boldsymbol{Y}_k}{\partial \boldsymbol{Y}_{k-1}} = \frac{\partial \boldsymbol{Y}_k}{\partial \boldsymbol{X}_k}\,\frac{\partial \boldsymbol{X}_k}{\partial \boldsymbol{X}_{k-1}}\,\frac{\partial \boldsymbol{X}_{k-1}}{\partial \boldsymbol{Y}_{k-1}} \\ &= \boldsymbol{A}_k\boldsymbol{\Phi}_k\boldsymbol{C}_{k-1}\end{aligned} \tag{10.15}$$

式中：$\boldsymbol{A}_k = \dfrac{\partial \boldsymbol{Y}_k}{\partial \boldsymbol{X}_k}$，$\boldsymbol{C}_{k-1} = \dfrac{\partial \boldsymbol{X}_{k-1}}{\partial \boldsymbol{Y}_{k-1}}$。

卡尔曼增益：

$$\boldsymbol{K}_k = \boldsymbol{P}_{k/k-1}\boldsymbol{H}_k^{\mathrm{T}}[\boldsymbol{H}_k\boldsymbol{P}_{k/k-1}\boldsymbol{H}_k^{\mathrm{T}} + \boldsymbol{R}_k]^{-1} \tag{10.16}$$

滤波方程：

$$\hat{\boldsymbol{Y}}_k = \hat{\boldsymbol{Y}}_{k/k-1} + \boldsymbol{K}_k[\boldsymbol{Z}_{mk} - \boldsymbol{H}_k\hat{\boldsymbol{Y}}_{k/k-1}] \tag{10.17}$$

滤波协方差：

$$\boldsymbol{P}_k = [\boldsymbol{I} - \boldsymbol{K}_k\boldsymbol{H}_k]\boldsymbol{P}_{k/k-1}[\boldsymbol{I} - \boldsymbol{K}_k\boldsymbol{H}_k]^{\mathrm{T}} + \boldsymbol{K}_k\boldsymbol{R}_k\boldsymbol{K}_k^{\mathrm{T}} \tag{10.18}$$

式中：$\boldsymbol{H}_k$为测量矩阵。

最后输出为

$$\hat{X}_{\mathrm{T},k} = \boldsymbol{f}^{-1}(\hat{\boldsymbol{Y}}_k) + \boldsymbol{X}_{\mathrm{O},k} \tag{10.19}$$

将式(10.17)代入其式(10.19)，可得到对运动目标的状态。

10.2　基于 TOA 和 DOA 的固定单站无源跟踪方法

从相关数学可知，若利用信号 DOA 观测可以确定出目标等速直线运动的航向来，而利用信号 TOA 观测可以确定出目标的径向距离和目标运动的速度，将两者结合起来就能对目标进行定位。本节对此进行介绍。

10.2.1　利用 DOA 确定运动目标航向

假设观测站 O 固定不动，设已有 t_j时刻的方位角观测 $\beta_j(j=0,1,2)$，如图 10.6 所示。目标匀速直线运动，在相同的时间间隔内依次通过 A、B、C 3 个点，其中

$AB = BC = d$。

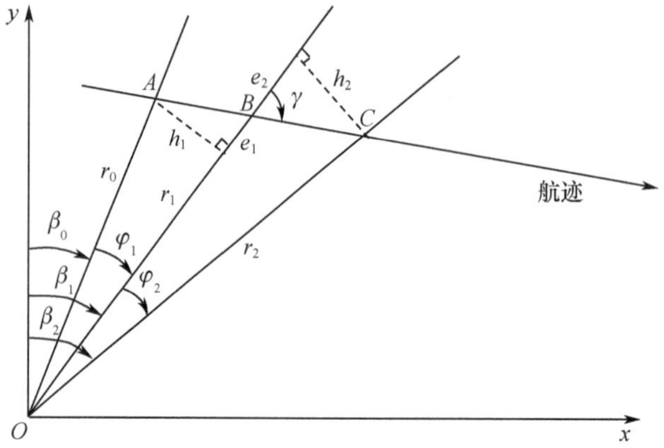

图 10.6　利用 DOA 对航向的确定

令

$$\varphi_j \triangleq \Delta\beta_j = \beta_j - \beta_{j-1} \quad (j = 1, 2) \tag{10.20}$$

记

$$\Delta t_j \triangleq t_j - t_{j-1} \quad (j = 1, 2) \tag{10.21}$$

于是可得

$$\begin{cases} \tan\varphi_1 = \dfrac{h_1}{r_1 - e_1} = \dfrac{v\Delta t_1 \sin\gamma}{r_1 - v\Delta t_1 \cos\gamma} \\ \tan\varphi_2 = \dfrac{h_2}{r_1 + e_2} = \dfrac{v\Delta t_2 \sin\gamma}{r_1 + v\Delta t_2 \cos\gamma} \end{cases} \tag{10.22}$$

由式(10.22)可解得

$$\tan\gamma = \frac{(\Delta t_1 + \Delta t_2)\tan\varphi_1 \tan\varphi_2}{\Delta t_2 \tan\varphi_1 - \Delta t_1 \tan\varphi_2} \tag{10.23}$$

若式(10.23)的分母

$$\Delta t_2 \tan\varphi_1 - \Delta t_1 \tan\varphi_2 \neq 0 \tag{10.24}$$

则 γ 有解，即可以确定目标航向。

航向角为

$$\theta = \beta_1 + \gamma \tag{10.25}$$

容易看出，当 $\Delta t_1 = \Delta t_2$ 时，式(10.24)等价于

$$\Delta\beta_1 \neq \Delta\beta_2$$

也就是说对匀速直线运动目标，只要目标运动航迹不是径向，即 $\Delta\beta_i = 0$，则由三次方位观测可以从式(10.23)和式(10.25)确定出航向角 θ。但是，无法确定目标的速度和位置，若要确定目标的位置和速度，则需要增加信息，例如，增加TOA的测量。

10.2.2　多次测量的跟踪滤波方法

文献[31-36]提出了利用观测站测量得到辐射源的TOA时域差分和DOA实现对运动辐射源的跟踪定位方法，文献[1,34]研究了利用TOA和DOA定位的可观测性条件，必须满足非径向和非圆周运动时，可以实现对辐射源的跟踪定位。上述文献讨论的主要模型均为利用TOA差分进行定位，这种定位方法由于短时间内TOA差分变化非常小，易受观测噪声影响，为了克服这种影响，需要求取长时间的TOA差分，但这将容易导致跟踪滤波器发散。

若辐射源信号存在一定的发射信号重复规律，例如，存在已知固定的基本重复周期，即其发射时间是该重复周期的整数倍，则可以利用测量信号的TOA的取模和DOA实现对辐射源航迹的唯一确定，从而实现对目标辐射源的定位跟踪。

10.2.2.1　状态模型

假设观测站位于 $\boldsymbol{x}_0 = [x_0 \quad y_0]^{\mathrm{T}}$ 固定不动，辐射源按照匀速直线运动，定义 k 时刻的状态为 $\boldsymbol{x}_{\mathrm{T}k} = [x_{\mathrm{T}k} \quad y_{\mathrm{T}k} \quad \dot{x}_{\mathrm{T}k} \quad \dot{y}_{\mathrm{T}k} \quad r_{0k}]^{\mathrm{T}}$，可以得到状态方程为[10]

$$\boldsymbol{x}_{\mathrm{T}k+1} = \boldsymbol{\Phi}\boldsymbol{x}_{\mathrm{T}k} + \boldsymbol{w}_k \tag{10.26}$$

式中：$\boldsymbol{\Phi}_k$ 为状态转移矩阵，$\boldsymbol{\Phi}_k = \begin{bmatrix} 1 & 0 & T_k & 0 & 0 \\ 0 & 1 & 0 & T_k & 0 \\ 0 & 0 & 1 & 0 & 0 \\ 0 & 0 & 0 & 1 & 0 \\ 0 & 0 & 0 & 0 & 1 \end{bmatrix}$，$\boldsymbol{w}_k$ 为状态噪声，假设其为零均值高斯分布，其方差阵为 $\boldsymbol{Q}_k$。

10.2.2.2　测量模型

若辐射源为按照某一个已知基本周期 T_{p} 发射信号，假设第 k 个TOA信号对应辐射源信号发射时刻为 $M \cdot T_{\mathrm{p}}$，其中 M 为未知整数，则观测站所接收到信号的TOA为

$$t_k = t_0 + MT_{\mathrm{p}} + \frac{r(t_k)}{c} + \delta_{tk} \tag{10.27}$$

式中：t_0 为未知的起始发射时刻；c 为光速；$r(t_k)=\sqrt{(x_{Tk}-x_O)^2+(y_{Tk}-y_O)^2}$ 为发射时刻的辐射源到目标的距离；δ_{tk}为 TOA 的测量噪声。

假设其服从 $N(0,\sigma_t)$ 的零均值高斯白噪声分布。因此，若将所接收信号的到达时间对 T_p 取余数，可得

$$\lfloor t_k \rfloor_{T_p}=t_0+\frac{r(t_k)}{c}+\delta_{tk} \tag{10.28}$$

将式(10.28)乘以光速 c，可得 TOA 测量方程：

$$z_{rk}=c\lfloor t_k \rfloor_{T_p}=r_0+\sqrt{(x_{Tk}-x_O)^2+(y_{Tk}-y_O)^2}+\delta_{rk} \tag{10.29}$$

式中：$\delta_{rk}=c\cdot\delta_{tk}$。

另外，根据方位角的定义，可得

$$\beta_k=\arctan\left(\frac{x_{Tk}-x_O}{y_{Tk}-y_O}\right)+\delta_{\beta k} \tag{10.30}$$

式中：$\delta_{\beta k}$为角度的测量噪声，假设其服从 $N(0,\sigma_\beta)$ 的零均值高斯白噪声分布。

令观测矢量 $\boldsymbol{z}_k=[z_{rk}\quad \beta_k]^{\mathrm{T}}$，结合式(10.29)、式(10.30)，可以得到测量方程：

$$\boldsymbol{z}_k=\boldsymbol{h}(\boldsymbol{x}_{Tk})+\boldsymbol{\delta}_k \tag{10.31}$$

式中：$\boldsymbol{h}(\boldsymbol{x}_{Tk})=\begin{bmatrix} r_0+\sqrt{(x_{Tk}-x_O)^2+(y_{Tk}-y_O)^2} \\ \arctan\left(\frac{x_{Tk}-x_O}{y_{Tk}-y_O}\right)\end{bmatrix}$，$\boldsymbol{\delta}_k=[\delta_{rk}\quad \delta_{\beta k}]^{\mathrm{T}}$ 为测量噪声，其分别服从均值为零，方差矩阵为 $\boldsymbol{R}=\mathrm{diag}\{\sigma_r^2,\sigma_\beta^2\}$ 的高斯分布。

10.2.2.3 跟踪算法

建立了上述状态模型和测量模型后，可以采用 EKF 方法等对其进行多次滤波跟踪。其预测方程为[10]

$$\hat{\boldsymbol{x}}_{i/i-1}=\boldsymbol{\Phi}\hat{\boldsymbol{x}}_{i-1/i-1} \tag{10.32}$$

预测协方差为

$$\boldsymbol{P}_{i/i-1}=\boldsymbol{\Phi}\boldsymbol{P}_{i-1/i-1}\boldsymbol{\Phi}^{\mathrm{T}}+\boldsymbol{Q} \tag{10.33}$$

卡尔曼增益为

$$\boldsymbol{K}_i=\boldsymbol{P}_{i/i-1}\boldsymbol{H}_i^{-\mathrm{T}}[\boldsymbol{H}_i^{-}\boldsymbol{P}_{i/i-1}\boldsymbol{H}_i^{-\mathrm{T}}+\boldsymbol{R}_i]^{-1} \tag{10.34}$$

滤波方程：

$$\hat{\boldsymbol{x}}_i=\hat{\boldsymbol{x}}_{i/i-1}+\boldsymbol{K}_i[\boldsymbol{z}_{mi}-\boldsymbol{f}(\hat{\boldsymbol{x}}_{i/i-1})] \tag{10.35}$$

滤波协方差：

$$\boldsymbol{P}_i=[\boldsymbol{I}-\boldsymbol{K}_i\boldsymbol{H}_i^{-}]\boldsymbol{P}_{i/i-1}[\boldsymbol{I}-\boldsymbol{K}_i\boldsymbol{H}_i^{-}]^{\mathrm{T}}+\boldsymbol{K}_i\boldsymbol{R}\boldsymbol{K}_i^{\mathrm{T}} \tag{10.36}$$

式中：$H_i^- = \left.\frac{\partial h(x)}{\partial x}\right|_{x=\hat{x}_{i/i-1}}$ 为测量方程在预测点 $\hat{x}_{i/i-1}$ 处计算的雅克比矩阵，该矩阵可以表示为

$$H = \frac{\partial z}{\partial x_T} = \begin{bmatrix} \frac{\partial z_{rk}}{\partial x_T} & \frac{\partial z_{rk}}{\partial y_T} & 0 & 0 & 1 \\ \frac{\partial \beta_k}{\partial x_T} & \frac{\partial \beta_k}{\partial y_T} & 0 & 0 & 0 \end{bmatrix}$$

式中，各元素求导量为

$$\frac{\partial z_{rk}}{\partial x_T} = \frac{x_T - x_O}{r}, \frac{\partial z_{rk}}{\partial y_T} = \frac{y_T - y_O}{r}, \frac{\partial \beta_k}{\partial x_T} = \frac{y_T - y_O}{r^2}, \frac{\partial \beta_k}{\partial y_T} = -\frac{x_T - x_O}{r^2}$$

在EKF定位跟踪过程中，滤波器的初值选取非常重要。为此，可以采用一段时间内的角度变化率和TOA二次变化率，根据下式粗略估计距离：

$$r = \frac{c\ddot{t}_0}{\dot{\beta}^2} \tag{10.37}$$

根据式(10.37)得到的初始距离，结合方位角测量，得到目标的初始位置：

$$\begin{cases} x_0 = r_0 \sin\beta_0 \\ y_0 = r_0 \cos\beta_0 \end{cases} \tag{10.38}$$

结合目标先验分布可以计算得到初始状态协方差矩阵 P_0，代入EKF滤波方程中，进行迭代，即可得到每个时刻的目标位置。

10.2.2.4　定位误差的CRLB计算方法

若目标真值已知，可以计算到该场景定位误差的CRLB。文献[1]已证明，由于目标运动，因此根据目标运动的状态方程式(10.32)，在假设的目标位置协方差矩阵 P_0 条件下，利用式(10.33)、式(10.34)、式(10.36)分别进行迭代，即可得到定位误差的协方差矩阵 P_k。其递推过程中与真实滤波过程唯一不同的是采用真实值进行计算雅克比矩阵：

$$H_i = \left.\frac{\partial h(X)}{\partial X}\right|_{X=X} \tag{10.39}$$

计算得到定位误差的协方差阵 P_k 以后，输出定位误差为

$$e_k = \sqrt{P_k(1,1) + P_k(2,2)} \tag{10.40}$$

即为定位误差的CRLB值。

10.2.3　定位跟踪滤波仿真

假设观测站位于原点，目标运动起始点位于[150km，135km]，运动速度 v =220m/s，

航向为 132°，信号发射时间间隔 $T_p = 7.8ms$，测角精度 0.17°，TOA 测量误差 100ns，数据随机丢失，丢失率 80%，具有未知的发射起始时间。相对运动场景和某一次跟踪的航迹，如图 10.7 所示。

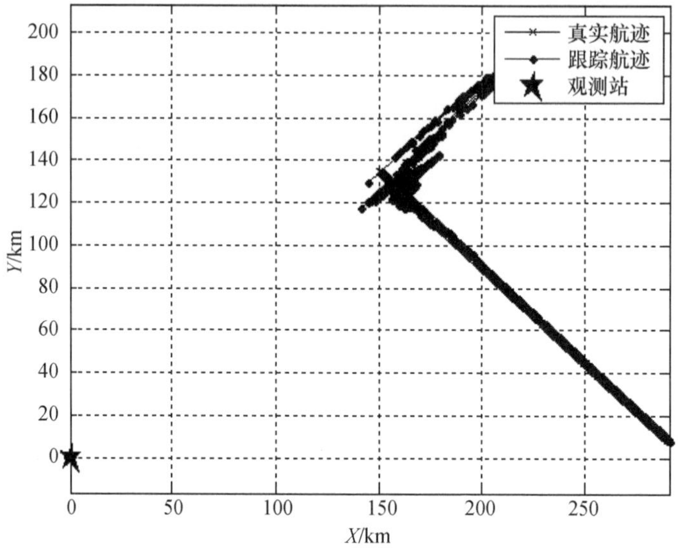

图 10.7 相对运动场景和某一次跟踪的航迹

由图 10.7 可知，定位跟踪一开始偏离目标，随着一段时间的跟踪，可以一直保持较好地跟踪。

为了评估定位性能，采用多次蒙特卡罗重复实验法统计相对定位误差指标。假设进行 M 次蒙特卡罗重复实验，对于每一个时刻位置 $\boldsymbol{x}_k$ 处得到的位置估计 $\hat{\boldsymbol{x}}_{k,m}$ $(m=1,2,\cdots,M)$，定义相对定位误差为

$$\delta_r(\%R) = \frac{\left(\frac{1}{M}\sum_{m=1}^{M}\|\boldsymbol{x}_{k,m} - \boldsymbol{x}_k\|^2\right)^{1/2}}{\|\boldsymbol{x}_k\|} \tag{10.41}$$

统计 100 次蒙特卡罗实验结果，可以得到相对定位误差和 CRLB 的随时间收敛曲线如图 10.8 所示。

由图 10.8 可知，相对定位误差曲线与 CRLB 曲线基本重合，显示了本算法已经达到最优，约在 70 ~ 100s 达到 5% R 的收敛精度。多次重复试验的收敛概率很高，统计可以达到接近 100%。

利用固定单站接收运动辐射源信号的 TOA 和 DOA，若满足定位的可观测性条件下且其辐射源发射信号存在已知的重复周期 T_p，可以利用 TOA 对基本时钟周期的取模值和 DOA 观测量。采用扩展卡尔曼滤波达到最优定位性能和高的定位跟

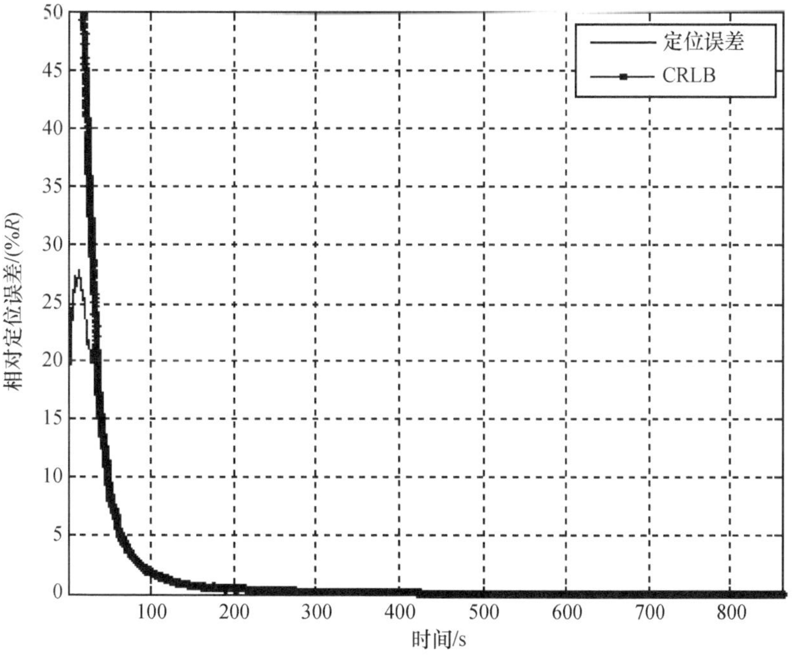

图10.8　相对定位误差收敛曲线

踪成功概率,在隐蔽条件下实现对辐射源的被动定位和跟踪。若重复周期未知可将其作为参数进行建模后再进行滤波即可。

10.3　基于质点运动学的单站定位原理

10.3.1　基于质点运动学的二维单站无源定位原理

当观测站 O 和目标辐射源 T 在距离比较远时,可以忽略其体积大小而近似成空间中的质点。为了方便说明原理,不妨先考虑观测站 O 和目标 T 都在二维平面上运动的情况,这时可用极坐标描述法。在极坐标中,目标 T 相对于观测站 O 的位置可以由两个独立的变量 γ 和 β 表示,因此目标 T 的相对运动将由运动方程 $r=r(t)$,$\beta=\beta(t)$描述,称为极坐标运动方程。在径向方向上取单位矢量 $\boldsymbol{e}_r$,那么 $\boldsymbol{r}=TO$可写成[11]

$$\boldsymbol{r}=r\boldsymbol{e}_r \tag{10.42}$$

现将 $\boldsymbol{e}_r$ 顺着 β 增加的方向旋转 90°，得到横向单位矢量 $\boldsymbol{e}_\beta$。取 $[\boldsymbol{e}_r,\boldsymbol{e}_\beta]$ 为矢量基，并将速度和加速度在这两个基的方向上分解。$[\boldsymbol{e}_r,\boldsymbol{e}_\beta]$ 也是正交基，但是与笛卡儿坐标系矢量基 $[\boldsymbol{e}_x,\boldsymbol{e}_y]$ 不同的是，后者在参考坐标系中始终保持方向不变，而前者的方向随着点的运动"走到哪里，变到哪里"，如图 10.9 所示。

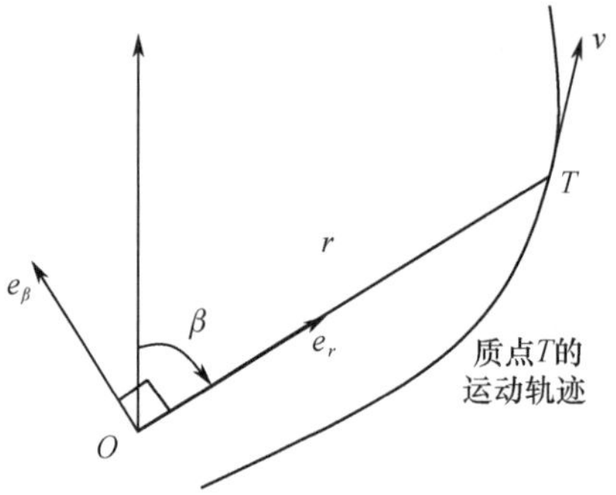

图 10.9　质点二维运动示意图

因为 $\boldsymbol{e}_r$、$\boldsymbol{e}_\beta$ 不是常矢量，所以它们对时间的导数不等于零。如图 10.10 中所示，利用几何知识，可得

$$\left|\frac{\mathrm{d}\boldsymbol{e}_r}{\mathrm{d}t}\right| = \lim_{\Delta t\to 0}\left|\frac{\Delta \boldsymbol{r}}{\Delta t}\right| = \lim_{\Delta t\to 0}\left|\frac{2\sin\dfrac{\Delta\beta}{2}}{\Delta t}\right| = \lim_{\Delta t\to 0}\left|\frac{\Delta\beta}{\Delta t}\right| = |\dot{\beta}| \tag{10.43}$$

因为 $\dfrac{\mathrm{d}\boldsymbol{e}_r}{\mathrm{d}t}$ 与 $\boldsymbol{e}_\beta$ 的指向是否相同取决于 $\dot{\beta}>0$ 或 $\dot{\beta}<0$，所以最后得出

$$\frac{\mathrm{d}\boldsymbol{e}_r}{\mathrm{d}t} = \dot{\beta}\boldsymbol{e}_\beta \tag{10.44}$$

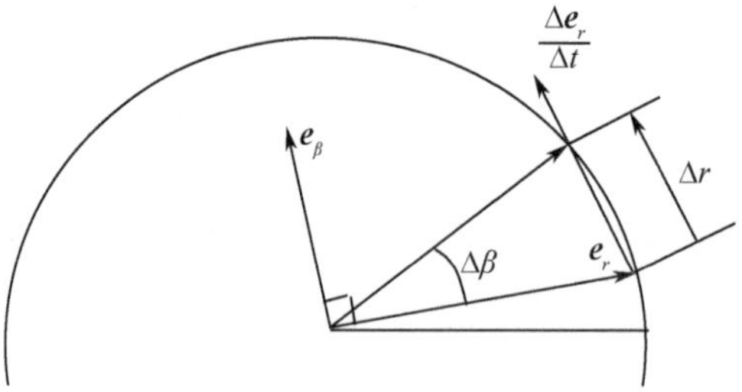

图 10.10　矢量求导示意图

设 $\boldsymbol{e}_k$ 是垂直于 $[\boldsymbol{e}_r,\boldsymbol{e}_\beta]$ 平面的单位矢量，则根据矢量积的定义有 $\boldsymbol{e}_\beta=\boldsymbol{e}_k\times\boldsymbol{e}_r$，将这个式子求导，因 $\boldsymbol{e}_k$ 在空间的方向不变，即有 $\dfrac{\mathrm{d}\boldsymbol{e}_k}{\mathrm{d}t}=0$，可得[11]

$$\frac{\mathrm{d}\boldsymbol{e}_\beta}{\mathrm{d}t}=\boldsymbol{e}_k\times\left(\frac{\mathrm{d}\boldsymbol{e}_r}{\mathrm{d}t}\right)=\boldsymbol{e}_k\times(\dot{\beta}\boldsymbol{e}_\beta)=-\dot{\beta}\boldsymbol{e}_r \tag{10.45}$$

对式(10.42)中 t 分别求一阶导数和二阶导数,并将式(10.44)和式(10.45)代入该导数,便得出速度矢量 $\boldsymbol{v}$ 在极坐标中的表达式为

$$\boldsymbol{v}=\dot{r}\boldsymbol{e}_r+r\dot{\beta}\boldsymbol{e}_\beta \tag{10.46}$$

以及加速度矢量的表达式为

$$\boldsymbol{a}=(\ddot{r}-r\dot{\beta}^2)\boldsymbol{e}_r+(r\ddot{\beta}+2\dot{r}\dot{\beta})\boldsymbol{e}_\beta \tag{10.47}$$

式(10.46)表明,在极坐标矢量基$[\boldsymbol{e}_r,\boldsymbol{e}_\beta]$中,速度可以分解成径向分量 v_{r} 和切向分量 v_{t} 两个部分:

$$v_{\mathrm{r}}=\dot{r} \tag{10.48}$$

$$v_{\mathrm{t}}=r\dot{\beta} \tag{10.49}$$

式(10.47)表明,保持质点运动所需的加速度可以分为径向加速度 a_{r} 和切向加速度 a_{t} 两个部分:

$$a_{\mathrm{r}}=\ddot{r}-r\dot{\beta}^2 \tag{10.50}$$

$$a_{\mathrm{t}}=r\ddot{\beta}+2\dot{r}\dot{\beta} \tag{10.51}$$

注意:此式(10.50)左边的 a_{r} 是保持目标 T—观测站 O 之间相对运动所需的加速度的径向分量,通常称为径向加速度分量;而 $\ddot{r}$ 则代表目标和观测站距离标量变化的二次导数,习惯上称为离心加速度。根据式(10.49)和式(10.50)可以得到下面几个测距方程:

$$r=\frac{v_{\mathrm{t}}}{\dot{\beta}} \tag{10.52}$$

$$r=\frac{\ddot{r}-a_{\mathrm{r}}}{\dot{\beta}^2} \tag{10.53}$$

如果得到相对运动的切向速度 v_{t} 和角度变化率 $\dot{\beta}$,通过式(10.52)就可以计算出目标的相对距离 r。同样,如果得到 $T-O$ 之间的相对离心加速度 $\ddot{r}$、相对径向加速度 a_{r}、角度变化率 $\dot{\beta}$,根据式(10.53)也可以得到相对距离 r,再结合方位角 β 即可定出目标相对于观测器的位置(r,β)。

为了便于进一步研究,不妨将式(10.52)方法称为利用角度及其变化率的单站无源定位方法,由于该定位方法需要测量角度 β 及其变化率 $\dot{\beta}$ 两个参数,因此又简称双参数法;式(10.53)方法称为利用离心加速度的单站无源定位方法。由于

该定位方法需要测量角度 β 及其变化率 $\dot{\beta}$、离心加速度 $\ddot{r}$ 3 个参数，因此又简称为三参数法。

10.3.2 基于质点运动学的三维单站定位原理

假设在以观测站为原点的三维球面坐标系中，目标点 T 相对于观测站的空间位置用斜距 r、方位角 β、俯仰角 ε 确定。为此选用球坐标系矢量基$(\boldsymbol{e}_r,\boldsymbol{e}_\beta,\boldsymbol{e}_\varepsilon)$，其中 $\boldsymbol{e}_r$、$\boldsymbol{e}_\beta$、$\boldsymbol{e}_\varepsilon$ 单位矢量分别代表 r 斜距，β 方位、ε 俯仰增长的方向，如图 10.11 所示。

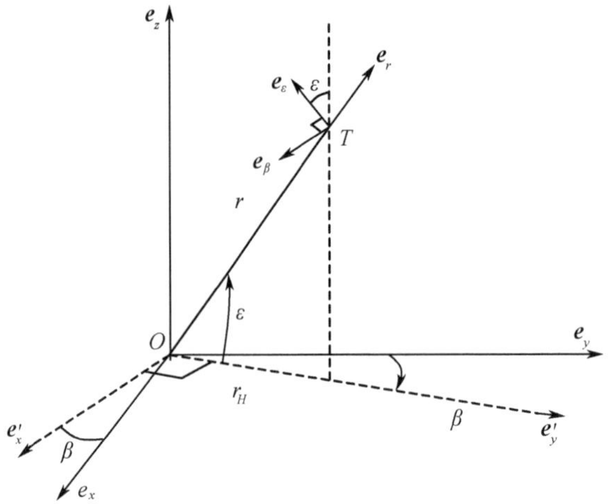

图 10.11　三维质点运动示意图

运用和二维情况相同的分析方法可得速度矢量分解[11-12]如下：

径向速度：
$$v_{\mathrm{r}} = \dot{r} \tag{10.54}$$

水平面切向速度：
$$v_{\mathrm{tH}} = r\dot{\beta}\cos\varepsilon \tag{10.55}$$

垂直面切向速度：
$$v_{\mathrm{tV}} = r\dot{\varepsilon} \tag{10.56}$$

目标 T 的加速度矢量在$(\boldsymbol{e}_r,\boldsymbol{e}_\beta,\boldsymbol{e}_\varepsilon)$坐标系中的分量分别为

径向加速度：
$$a_{\mathrm{r}} = \ddot{r} - r(\dot{\beta}\cos\varepsilon)^2 - r\dot{\varepsilon}^2 \tag{10.57}$$

水平面切向加速度：
$$a_{\mathrm{tH}} = r\ddot{\beta}\cos\varepsilon + 2\dot{r}\dot{\beta}\cos\varepsilon + 2r\dot{\varepsilon}\dot{\beta}\sin\varepsilon \tag{10.58}$$

垂直面切向加速度：

$$a_{tV} = r\dot{\varepsilon} + 2\dot{r}\dot{\varepsilon} - r\dot{\beta}^2\cos\varepsilon\sin\varepsilon \tag{10.59}$$

其中式(10.57)表明径向加速度 a_r 由径向距离上的平移离心加速度 $\ddot{r}$、水平切向运动速度 $r\dot{\beta}\cos\varepsilon$ 和垂面切向运动速度 $r\dot{\varepsilon}$引起的向心加速度综合而成,即

$$a_r = a_{离心} - a_{向心} \tag{10.60}$$

式中:离心加速度 $a_{离心} = \ddot{r}$ 为距离标量的二次导数,它与相对运动的方向变化无关;而向心加速度为

$$a_{向心} = \frac{(r\dot{\beta}\cos\varepsilon)^2 + (r\dot{\varepsilon})^2}{r} \triangleq \frac{v_{tH}^2 + v_{tV}^2}{r} = \frac{v_t^2}{r} \tag{10.61}$$

是由相对运动的方向变化所引起的,v_t 由两个正交的切向速度合成的,即

$$v_t = \sqrt{v_{tH}^2 + v_{tV}^2} \tag{10.62}$$

它是在等 r 球面上 T 点处的总切向速度。由这些关系式可以看出以下几点。

(1) 若观测器能测得 β、$\dot{\beta}$、ε、$\dot{\varepsilon}$,而通过导航设备或其他措施获得有关切向速度 v_{tH}、v_{tV}的数据,则可以根据式(10.55)或式(10.56)求解出距离 r。

(2) 若观测器能测得 β、$\dot{\beta}$、ε、$\dot{\varepsilon}$,并通过测量手段获得实际相对离心加速度 $\ddot{r}$,再通过导航设备或其他措施获得径向加速度 a_r,也可根据式(10.57)求出 r。当距离 r 测量出来以后,结合所观测的方位角 β、俯仰角 ε,即可定出辐射源在坐标系中的瞬时位置(r,β,ε)。

10.4 基于相位差变化率的单站无源定位

上述基于质点运动学的单站无源定位与跟踪物理原理表明,在探测器与目标辐射源之间有相对运动的场合(如目标不动,探测器动;目标动,探测器也动;目标动,探测器不动),对应于不同类型的辐射源,利用基于质点运动学的单站无源定位技术,就有可能实现在空地、空空、地空等情况下对目标的定位和跟踪。

从 20 世纪 90 年代以来,一种基于干涉仪相位差变化率的单站无源定位方法受到广大研究人员的关注。其基本思想是在测量角度的同时,增加一个长基线干涉仪系统,利用干涉仪系统的相位差变化率得到高精度的角度变化率,从而实现快速高精度的单站无源定位[13]。

10.4.1 相位差变化率定位原理

根据运动学原理,在目标与观测平台存在相对运动的条件下,利用观测平台上携载的任意宽开的二单元天线阵(干涉仪),可以获得位置未知的辐射源辐射电磁

波的相位差变化率信息,此信息中含有辐射源的位置信息。再利用测角系统测得的目标方位角和俯仰角及其时间变化率信息(β、ε、$\dot{\beta}$、$\dot{\varepsilon}$),即可实现对目标的实时交叉定位。

利用空中运动平台上携带的二单元天线阵(干涉仪),可以获得位置未知的固定辐射源辐射波的相位差变化率信息 $\dot{\phi}(t)$。$\dot{\phi}(t)$ 含有辐射源的位置信息,如图10.12 所示。

(a) 水平放置干涉仪　　　　　(b) 一定倾角的干涉仪

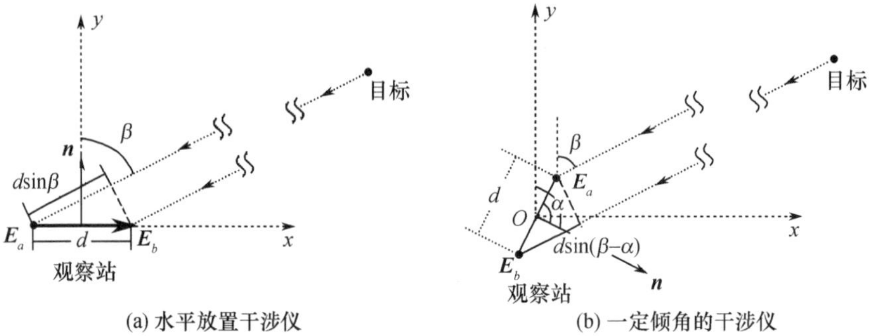

图 10.12　二单元天线阵接收信号相位差信息的几何解释

在图 10.12 中,设空中运动平台上的两个天线阵元 E_a、E_b 接收的信号信息相位差为 $\phi(t)$,则根据干涉仪的相位差公式,可得[14-16]

$$\phi(t) = \omega_{\text{T}}\Delta t = \frac{2\pi d}{c}f_{\text{T}}\sin\left[\beta(t) - \alpha(t)\right] \tag{10.63}$$

式中:ω_{T} 为来波角频率;Δt 为来波到达 E_a、E_b 两个阵元的时间差;d 为阵元间距(干涉仪基线长);c 为光速;f_{T} 为来波频率;$\beta(t)$ 为来波方位角;$\alpha(t)$ 为 E_a、E_b 连线垂直方向 n(称为天线方向)的方位角。

这里假设 d 远小于空中运动平台与固定辐射源之间水平距离,并且空中运动平台的飞行高度远小于目标和平台之间的水平距离。

将式(10.63)对时间 t 求导数,可得

$$\dot{\phi}(t) = \frac{2\pi d}{c}f_{\text{T}}\cos\left[\beta(t) - \alpha(t)\right] \cdot \left[\dot{\beta}(t) - \dot{\alpha}(t)\right] \tag{10.64}$$

式中:$\dot{\phi}(t) = \dfrac{\mathrm{d}\phi(t)}{\mathrm{d}t}$,$\dot{\beta}(t) = \dfrac{\mathrm{d}\beta(t)}{\mathrm{d}t}$,$\dot{\alpha}(t) = \dfrac{\mathrm{d}\alpha(t)}{\mathrm{d}t}$。

若记 $k = \dfrac{2\pi d}{c}$,则式(10.64)简化为

$$\dot{\phi}(t) = kf_{\text{T}}\cos\left[\beta(t) - \alpha(t)\right] \cdot \left[\dot{\beta}(t) - \dot{\alpha}(t)\right] \tag{10.65}$$

显然,有

$$\dot{\beta}(t)=\dot{\alpha}(t)+\frac{\dot{\phi}(t)}{kf_{\mathrm{T}}\cos[\beta(t)-\alpha(t)]} \tag{10.66}$$

另外，由几何知识可以得到在某时刻 $t=t_i$，有

$$\beta(t)=\arctan^{-1}\frac{x_{\mathrm{T}}-x_{0i}}{y_{\mathrm{T}}-y_{0i}}\triangleq\beta_i \tag{10.67}$$

式中：$(x_{\mathrm{T}},y_{\mathrm{T}})$ 为固定目标辐射源的水平位置坐标；(x_{0i},y_{0i}) 为空中运动平台 i 时刻的水平位置坐标。

式(10.67)两边对时间 t 求导，可得[14]

$$\dot{\beta}(t)=\frac{\dot{y}_{0i}(x_{\mathrm{T}}-x_{0i})-\dot{x}_{0i}(y_{\mathrm{T}}-y_{0i})}{(x_{\mathrm{T}}-x_{0i})^2+(y_{\mathrm{T}}-y_{0i})^2}=\frac{\dot{y}_{0i}\sin\beta_i-\dot{x}_{0i}\cos\beta_i}{r_i} \tag{10.68}$$

式中：$\dot{x}_{0i}=\frac{\mathrm{d}x_{0i}}{\mathrm{d}t}$，$\dot{y}_{0i}=\frac{\mathrm{d}y_{0i}}{\mathrm{d}t}$，$r_i=\sqrt{(x_{\mathrm{T}}-x_{0i})^2+(y_{\mathrm{T}}-y_{0i})^2}$。

整理式(10.68)，可得

$$r_i=(\dot{y}_{0i}\sin\beta_i-\dot{x}_{0i}\cos\beta_i)\dot{\beta}_i^{-1} \tag{10.69}$$

将式(10.66)代入(10.69)可得干涉仪相位差变化率的测距公式：

$$r_i=\frac{(\dot{y}_{0i}\sin\beta_i-\dot{x}_{0i}\cos\beta_i)}{\dot{\alpha}(t)+\dfrac{\dot{\phi}(t)}{kf_{\mathrm{T}}\cos[\beta(t)-\alpha(t)]}} \tag{10.70}$$

式中：下标“i”表示相应的参量取时刻 i 时的值。显然，式(10.70)是一个极坐标系下的圆的方程，圆心为(x_{0i},y_{0i})，半径为$(\dot{y}_{0i}\sin\beta_i-\dot{x}_{0i}\cos\beta_i)\dot{\beta}_i^{-1}$，且该圆过目标位置点$(x_{\mathrm{T}},y_{\mathrm{T}})$。

从几何上看，$\dot{\phi}_i$ 定位圆和方向角 β_i 决定的定位射线（可称为 β_i 定位射线）必然交于点$(x_{\mathrm{T}},y_{\mathrm{T}})$，点$(x_{\mathrm{T}},y_{\mathrm{T}})$就是所要求的未知辐射源位置。这就是在已知观测平台的位置坐标和运动速度 $\boldsymbol{v}_{0i}$ 条件下，利用方位角 β_i 和相位变化率 $\dot{\phi}_i$ 信息对未知辐射源进行相交定位的定位原理，如图 10.13 所示。

事实上，根据三角函数的定义，有

$$\sin\beta_i=\frac{x_{\mathrm{T}}-x_{0i}}{\boldsymbol{r}_i},\cos\beta_i=\frac{y_{\mathrm{T}}-y_{0i}}{\boldsymbol{r}_i},$$

可以直接推出

$$x_{\mathrm{T}}=x_{0i}+r_i\sin\beta_i \tag{10.71}$$

$$y_{\mathrm{T}}=y_{0i}+r_i\cos\beta_i \tag{10.72}$$

由式(10.68)，很容易解得

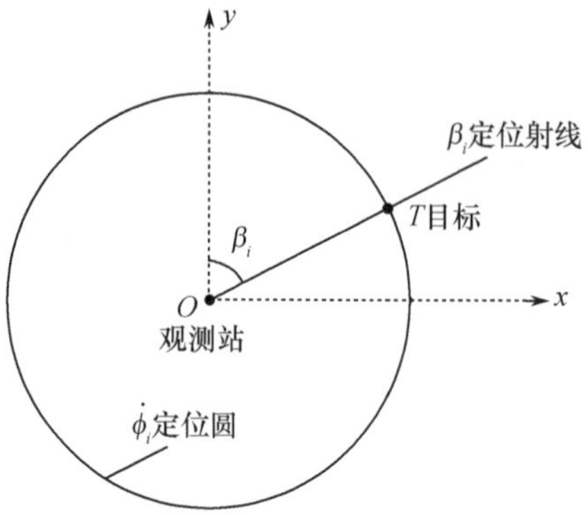

图 10.13 相位变化率定位的几何解释

$$x_T = x_{Oi} + \sin\beta_i(\dot{y}_{Oi}\sin\beta_i - \dot{x}_{Oi}\cos\beta_i)\dot{\beta}_i \triangleq f_{xi} \tag{10.73}$$

$$y_T = y_{Oi} + \cos\beta_i(\dot{y}_{Oi}\sin\beta_i - \dot{x}_{Oi}\cos\beta_i)\dot{\beta}_i^{-1} \triangleq f_{yi} \tag{10.74}$$

其中 $\dot{\beta}_i = \dot{\alpha}_i + \dfrac{1}{kf_{Ti}\cos(\beta_i - \alpha_i)}\dot{\phi}_i$。

在式(10.73)、式(10.74)中,除 $\dot{\phi}_i$、β_i 和 f_{Ti} 外,其余均为可知的运动观测平台的状态参量。所以在测得 $\dot{\phi}_i$、β_i 和 f_{Ti} 的前提下,运用式(10.73)、式(10.73)即可定出固定目标辐射源的位置。

综合以上分析,基于长基线相位差变化率的单站定位方法优点是定位精度有了提高,定位的收敛速度也较快,但是也带来以下几个问题。

(1) 对载机姿态测量误差和姿态的变化较为敏感,应考虑消除载机姿态振动、机体变化的影响。

(2) 对基线的长度 d 有一定要求,长度应使得基线波长比满足一定条件,这给低频段长波长信号辐射源的高精度定位带来困难。

(3) 其可观测性与只测角定位相同,对匀速运动目标定位也需观测器载机作机动运动。10.4.2 节对此进行分析。

10.4.2 相位差变化率定位的可观测性分析

下面对利用角度及相位差变化率参数进行可观测性分析。

假设目标匀速直线运动,因此可以采用匀速运动状态模型:

$$\boldsymbol{X}_{T,i+1} = \boldsymbol{\Phi}\boldsymbol{X}_{T,i} \tag{10.75}$$

因此,目标相对于观测器的相对运动状态方程为

$$\boldsymbol{X}_{i+1} = \boldsymbol{X}_{T,i+1} - \boldsymbol{X}_{O,i+1} = \boldsymbol{\Phi}\boldsymbol{X}_i - \boldsymbol{U}_i \tag{10.76}$$

式中：$\boldsymbol{U}_i$ 为观测器的机动控制量。由于相位差变化率等效于角度变化率，因此下面对角度变化率的可观测性进行分析，其结论可以推广到相位差变化率的定位可观测性。如果利用信号到达方向角及其变化率两个观测量来估计目标的位置，矩阵形式的观测方程为

$$\boldsymbol{Z}_i = \boldsymbol{G}(\boldsymbol{X}_i) \tag{10.77}$$

其中：$\boldsymbol{Z}_i = \begin{bmatrix} \beta_i \\ \dot{\beta}_i \end{bmatrix}$；$\boldsymbol{G}(\boldsymbol{X}_i) = \begin{bmatrix} g_1(\boldsymbol{X}_i) \\ g_2(\boldsymbol{X}_i) \end{bmatrix}$。由于观测方程是非线性的，因此应该采用非线性系统的可观测分析方法。

根据前面非线性系统的可观测定理[6]，利用方向角及其变化率两个观测量定位时，对式(10.77)求导，可以计算出在 $\boldsymbol{X}_i$ 处雅克比矩阵为

$$\boldsymbol{H}_i = \frac{\partial G(\boldsymbol{X})}{\partial \boldsymbol{X}}\bigg|_{X=X_i} = \begin{bmatrix} \dfrac{\partial g_1}{\partial x_i} & \dfrac{\partial g_1}{\partial y_i} & \dfrac{\partial g_1}{\partial \dot{x}_i} & \dfrac{\partial g_1}{\partial \dot{y}_i} \\ \dfrac{\partial g_2}{\partial x_i} & \dfrac{\partial g_2}{\partial y_i} & \dfrac{\partial g_2}{\partial \dot{x}_i} & \dfrac{\partial g_2}{\partial \dot{y}_i} \end{bmatrix} \tag{10.78}$$

由于选定的相对运动状态变量是 4×1 维向量，而且观测矢量为 2×1 维矢量，如果进行 $N=2$ 次观测，得到 $\boldsymbol{Z}_i$ 和 $\boldsymbol{Z}_{i+1}$ 两个观测向量，因此可得

$$\boldsymbol{\Gamma}(i,i+1) = \begin{bmatrix} \boldsymbol{H}_i \\ \boldsymbol{H}_{i+1}\boldsymbol{\Phi} \end{bmatrix}_{(4\times4)} \tag{10.79}$$

如果 $\mathrm{rank}[\boldsymbol{\Gamma}(i,i+1)]=4$，那么根据前面对于非线性系统的可观测分析可知该系统是可观测的。下面分析在什么情况下满足这个可观测条件。

由于 $\boldsymbol{\Gamma}(i,i+1)$ 是 4×4 方阵，因此 $\mathrm{rank}[\boldsymbol{\Gamma}(i,i+1)]=4$ 的充要条件是其行列式满足：

$$\det\boldsymbol{\Gamma}(i,i+1) \neq 0 \tag{10.80}$$

而将 i 和 $i+1$ 时刻的状态变量代入雅克比矩阵计算后整理得到可观测的条件[17-18]：

$$\begin{aligned}\det\boldsymbol{\Gamma}(i,i+1) &= \det\begin{bmatrix} \boldsymbol{H}_i \\ \boldsymbol{H}_{i+1}\boldsymbol{\Phi} \end{bmatrix} \\ &= \frac{(y_i x_{i+1} - x_i y_{i+1})^2 - (x_i\dot{y}_i - y_i\dot{x}_i)(x_{i+1}\dot{y}_{i+1} - y_{i+1}\dot{x}_{i+1})T_s^2}{(x_i^2 + y_i^2)^2(x_{i+1}^2 + y_{i+1}^2)^2} \neq 0\end{aligned} \tag{10.81}$$

因此，可以讨论在目标和观测站各种不同相对运动状态情况下的定位可观测性问题。

（1）目标和观测站均不动或无相对运动，此时 $x_i = x_{i+1}, y_i = y_{i+1}, \dot{x}_i = \dot{x}_{i+1} = 0$，$\dot{y}_i = \dot{y}_{i+1} = 0$，将上述公式代入式(10.81)可以得到 $\det\boldsymbol{\Gamma}(i,i+1) = 0$，此时对目标定位不可观测。

（2）目标和观测站之间只有相对的径向运动，此时 $\frac{x_i}{y_i} = \frac{x_{i+1}}{y_{i+1}} = \frac{\dot{x}_i}{\dot{y}_i} = \frac{\dot{x}_{i+1}}{\dot{y}_{i+1}}$，代入式(10.81)仍然得到 $\det\boldsymbol{\Gamma}(i,i+1) = 0$，此时对目标定位不可观测。

（3）目标相对于观测站做相对匀速直线运动但是目标运动速度未知，包括观测站固定，目标运动的情况；目标和观测站两者都是匀速直线运动；或者两者都机动但是两者机动完全相同等情况。此时 $x_{i+1} = x_i + \dot{x}_i T_s, y_{i+1} = y_i + \dot{y}_i T_s, \dot{x}_i = \dot{x}_{i+1}$，$\dot{y}_i = \dot{y}_{i+1}$ 代入式(10.81)仍然得到 $\det\boldsymbol{\Gamma}(i,i+1) = 0$，对目标定位不可观测。

（4）目标与观测站之间做相对匀速直线运动，但是目标运动速度已知（如对于固定目标已知目标速度等于零，此时相对运动速度的大小等于观测站速度），此时有 $\det\boldsymbol{\Gamma}(i,i+1) = 0$ 且可以计算得到 $\mathrm{rank}[\boldsymbol{\Gamma}(i,i+1)] = 2$，但这时相对运动状态变量也只有两个未知数 x_i 和 y_i，因此这种情况可以得到目标位置的唯一解。

（5）观测站机动运动（即加速度不等于零），而目标匀速运动，此时 $x_{i+1} = x_i + \dot{x}_i T_s - a_{oxi} T_s^2/2, y_{i+1} = y_i + \dot{y}_i T_s - a_{oyi} T_s^2/2, \dot{x}_i = \dot{x}_{i+1} - a_{oxi} T_s, \dot{y}_i = \dot{y}_{i+1} - a_{oyi} T_s$，将上述公式代入式(10.81)矩阵化简，可得

$$\det\boldsymbol{\Gamma}(i,i+1) = \frac{(y_i a_{oxi} - x_i a_{oyi})^2 - 2(y_i \dot{x}_i - x_i \dot{y}_i)(\dot{y}_i a_{oxi} - \dot{x}_i a_{oyi})}{4(x_i^2 + y_i^2)^2 (x_{i+1}^2 + y_{i+1}^2)^2} T_s^4 \tag{10.82}$$

因此，在这种情况下，如果观测站的机动使得式(10.82)等于零，则对于目标利用角度及其变化率是不可观测的；否则是可以观测的。

不难验证，对于观测站做非径向的匀加速直线运动或者圆周转弯运动，式(10.82)都满足，因此此时利用角度及其变化率对匀速直线运动辐射源都是可以定位的。

10.4.3 相位差变化率的测量

由于长基线干涉仪的基线波长比较大，因此从式(10.63)可以获得很大的基线波长比增益，从而使得角度变化率的精度较高。另外，虽然干涉仪测量出来的相位差可能是模糊的，但是由于辐射源按照一定重复频率发射多个脉冲，利用多个脉冲的时间关系即可解相位差变化率的模糊，从而获得无模糊的相位差变化率。求解相位差变化率带来的好处还在于：通过时间求导去除了对于干涉仪测向而言带来较大误差的通道/相位不一致造成的系统偏差。

10.4.3.1 相位差变化率的解模糊方法

上述定位过程在实际测量时还存在另外一个问题，即相位差 ϕ 以 2π 为周期，如果超过 2π，便出现模糊现象。要得到较大的不模糊视角，通常必须采用小天线间距 D。不产生模糊的两天线之间的最大距离为 $d_{\max}=\lambda/2$。

在单站高精度定位中采用的干涉仪，为了获得较大的基线波长比增益，基线距离 d 一般选择远大于 $d_{\max}$，因此所得到的相位是严重模糊的。通常的思路是采用长短多个基线干涉仪组合进行解模糊，但本节采用另外一个思路。由于定位只需要相位差变化率，显然，可以对所接收到的原始相位差数据求导（差分）得到相位差变化率，但是由于相位存在模糊，会产生若干跳变。因此，需要对相位差进行解模糊处理，但是在干涉仪基线较长时，是无法根据单个基线干涉仪的相位进行解模糊的。但如果多次接收到同一个信号，就可以利用多个不同时刻模糊的相位差数据求解到无模糊的相位差变化率。

如图10.14所示，所测量的相位差 Φ 存在模糊现象，始终是处在 $[0,2\pi)$ 范围内。但是到某一个时刻，有可能恰好此时相位存在 2π 跳变，如果直接求这两个相位的差，则会得到错误的结果。因此应该判断相邻相位之间的变化有没有超过 π；如果有，则应选择相位补偿 $\pm 2\pi$，求得正确解模糊的相位差变化率频率。

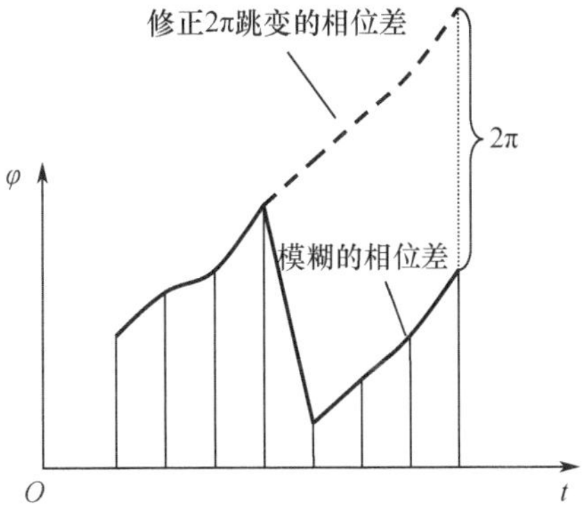

图10.14 相位差变化率解模糊示意图

实际的相位差数据及其变化率如图10.15所示。

图10.15所示为根据模糊的相位差解模糊后得到的相位差序列，对该序列进行滤波可以求解出相位差变化率。

10.4.3.2 相位差变化率测量数据的时域差分处理

干涉仪接收的每次测量得到一个相位差值，一个时间段内的信号可以得到一个相位差序列，相位差变化率实质上就是相位差序列在时间上的微分。由于相位存在模糊性，因此测量得到的相位差序列也存在模糊的问题，但在这里只需要解出

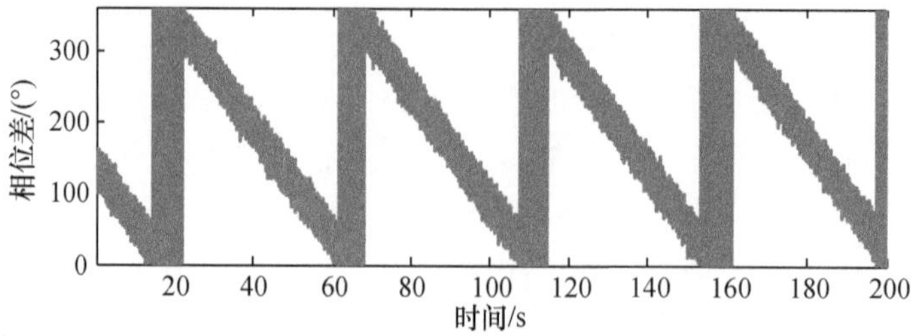

(a) 测量的相位差显示

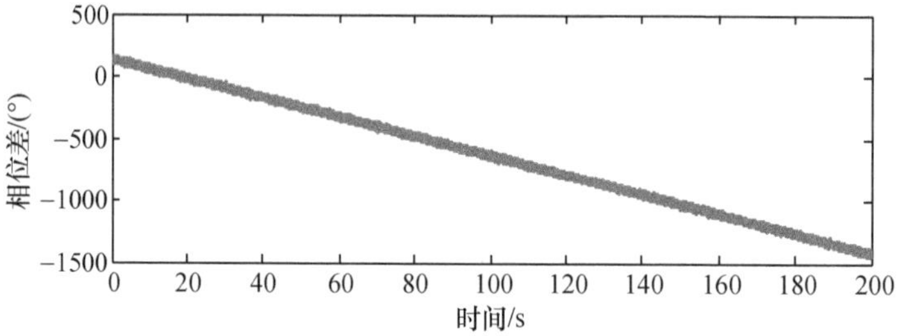

(b) 解模糊的相位差

图 10.15 观测器匀速直线运动条件下模糊的相位差与解模糊的相位差

其相对模糊即可。如果得到一组经过解模糊后的相位差值，对其进行线性拟合或滤波来得到这组相位差值的斜率，可以认为该斜率就是该段时间内的相位差变化率。

应用差分方法提取相位差变化率数据的原理是利用$(i-1)T$时刻到iT时刻这一个时段内相位差数据的平均变化速度近似iT时刻的相位差变化率，即$\dot{\phi}_i \approx \frac{\varphi_i - \varphi_{i-1}}{iT-(i-1)T}$。如图 10.16 所示，实线为信号的测量相位差，虚线为解模糊后的相位差。

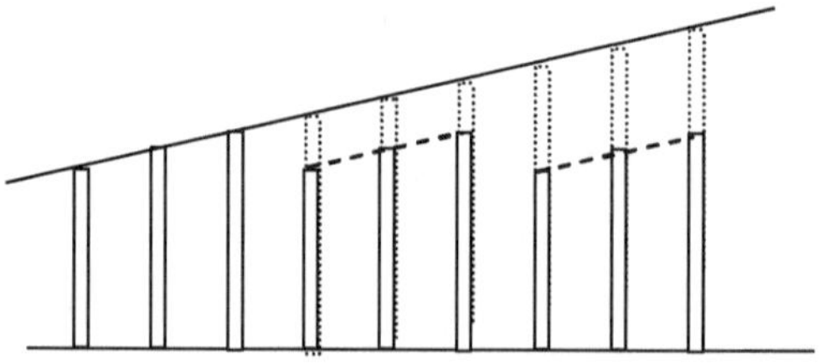

图 10.16 相位差序列求斜率

这种方法是最简单的提取方法，但是这种方法无法对相位差数据进行平滑。假设相位干涉仪独立进行测量，其各个时刻的测量是独立的，解模糊后的相位差数据的测量误差服从正态分布，误差均方差为σ_ϕ。利用差分方法提取相位差变化率

数据,其误差均方差为

$$\sigma_{\hat{\dot{\phi}}} = \sqrt{D\left[\frac{\phi_i - \phi_{i-1}}{iT-(i-1)T}\right]} = \sqrt{\frac{\sigma_\phi^2 + \sigma_\phi^2}{T^2}} = \frac{\sqrt{2}\sigma_\phi}{T} \tag{10.83}$$

以单载波信号为例,对上述算法进行仿真分析,参数设置为:干涉仪沿机轴方向 $d=5\text{m}$, $f_T=6\text{GHz}$, $T=1\text{s}$,已解得模糊相位差数据的测量精度为 $\sigma_\phi=0.5°\approx 0.00875\text{rad}$ 和 $\sigma_\phi=1°\approx 0.0175\text{rad}$,,固定目标的位置为[133 500 0]km,机载观测平台的运动起点为[0 0 10]km,速度为[300 0 0]m/s,100 次蒙特卡罗实验结果如图 10.17 所示[19]。

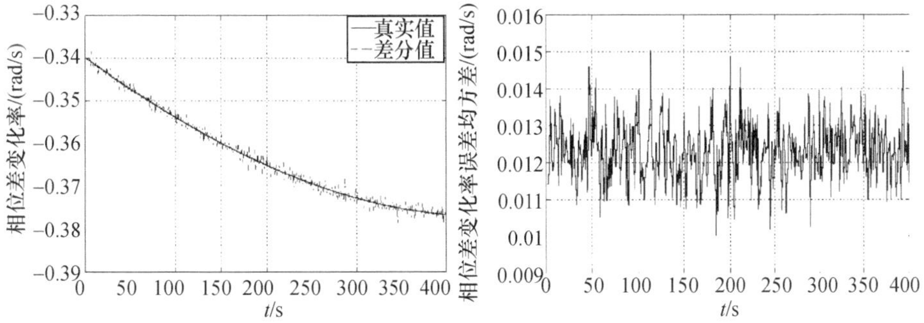

(a) 已解模糊相位差数据误差均方差为$\sigma_\phi=0.5°\approx0.00875\text{rad}$时的仿真结果

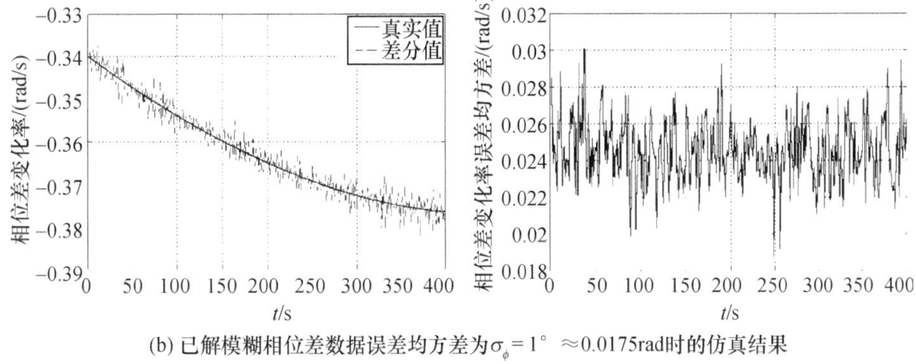

(b) 已解模糊相位差数据误差均方差为$\sigma_\phi=1°\approx0.0175\text{rad}$时的仿真结果

图 10.17 差分方法获取相位差变化率 $\dot{\phi}$ 的仿真结果

从以上仿真结果可以看出,采用差分方法提取相位差变化率数据,当可供利用的已解模糊相位差数据精度为 $\sigma_\phi=0.5°$时,相位差变化率数据的差分误差均方差集中在 0.7°/s 附近;当已解模糊相位差数据精度为 $\sigma_\phi=1°$时,相位差变化率数据的差分误差均方差集中在 1.4°/s 附近,这与前面的理论分析结果是一致的。

为了尽可能提高利用相位差变化率方法进行无源定位的精度,对参数测量精度有着较高的要求,差分方法虽然操作简单,但其进行数据处理的精度不能达到预期的要求。

10.4.3.3 最小二乘方法提取相位差变化率数据

假设长基线干涉仪测量信号时,可以均匀测量得到 K 个时刻的相位差,每个测量的相位差为

$$\phi_k = \phi_0 + \dot{\phi}kT + \delta\phi_k (k = 1, 2, \cdots, K) \tag{10.84}$$

式中:ϕ_0 为未知初相(含相位差的系统偏差);$\dot{\phi}$ 为待估计的相位差变化率;$\delta\phi_k$ 为相位差的随机误差。假设相位差的测量误差服从 $N(0, \sigma_\phi)$ 的正态分布,且相互独立。下面讨论根据最小二乘估计进行相位差变化率测量估计的精度。

将式(10.84)写成矢量形式,即

$$\boldsymbol{\Phi}_K = \boldsymbol{H}_K \begin{bmatrix} \boldsymbol{\varphi}_0 \\ \dot{\boldsymbol{\varphi}} \end{bmatrix} + \boldsymbol{V}_K \tag{10.85}$$

其中,$\boldsymbol{\Phi}_K = \begin{bmatrix} \phi_1 \\ \phi_2 \\ \vdots \\ \phi_K \end{bmatrix}$;$\boldsymbol{H}_K = \begin{bmatrix} 1 & T \\ 1 & 2T \\ \vdots & \vdots \\ 1 & KT \end{bmatrix}$;$\boldsymbol{V}_K = \begin{bmatrix} \delta\phi_1 \\ \delta\phi_2 \\ \vdots \\ \delta\phi_K \end{bmatrix}$。

对其做最小二乘估计(LSE),可以得到估计

$$\begin{aligned}\hat{\boldsymbol{\varphi}}_K &= [\boldsymbol{H}_K^{\mathrm{T}}\boldsymbol{H}_K]^{-1}\boldsymbol{H}_K^{\mathrm{T}}\boldsymbol{\Phi}_K \\ &= \begin{bmatrix} \dfrac{2(2K+1)}{K(K-1)}\sum_{k=1}^{K}\phi_k - \dfrac{6}{K(K-1)}\sum_{k=1}^{K}k\phi_k \\ -\dfrac{6}{TK(K-1)}\sum_{k=1}^{K}\phi_k + \dfrac{12}{KT(K^2-1)}\sum_{k=1}^{K}k\phi_k \end{bmatrix}\end{aligned}$$

式中:$\hat{\boldsymbol{\varphi}}_K = \begin{bmatrix} \hat{\boldsymbol{\phi}}_{0,K} \\ \hat{\dot{\phi}}_K \end{bmatrix}$。

因此,有

$$\hat{\dot{\phi}}_K = -\frac{6}{TK(K-1)}\sum_{k=1}^{K}\phi_k + \frac{12}{KT(K^2-1)}\sum_{k=1}^{K}k\phi_k \tag{10.86}$$

其误差为

$$\boldsymbol{P}_K = [\boldsymbol{H}_K^{\mathrm{T}}\boldsymbol{H}_K]^{-1}\sigma_\phi^2 = \begin{bmatrix} \dfrac{2(2K+1)}{K(K-1)} & -\dfrac{6}{TK(K-1)} \\ -\dfrac{6}{TK(K-1)} & \dfrac{12}{KT^2(K^2-1)} \end{bmatrix}\sigma_\phi^2 \tag{10.87}$$

可以得到相位差变化率的估计方差为

$$\sigma_{\dot{\phi}}=\sigma_{\phi}\sqrt{\frac{12}{KT^{2}(K^{2}-1)}}=\sigma_{\phi}f_{\mathrm{PRF}}\sqrt{\frac{12}{K(K^{2}-1)}} \tag{10.88}$$

可以得到在采样频率 $f_s=1\mathrm{kHz}$，假设 $\sigma_{\phi}=1°$ 和 $\sigma_{\phi}=10°$ 时的相位差变化率测量精度如图 10.18 所示。

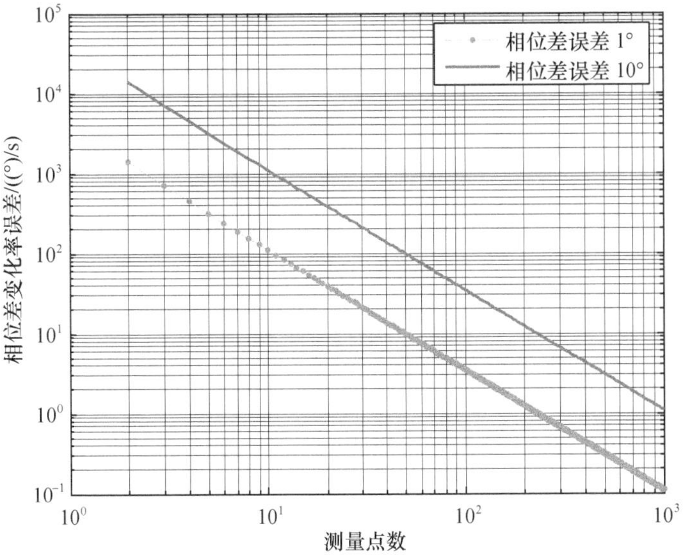

图 10.18　相位差变化率测量精度与采样点数之间的关系

另外，可以将式(10.88)做一个近似，可得

$$\sigma_{\dot{\phi}}\approx\sigma_{\phi}f_s\sqrt{\frac{12}{K^3}}\ (K>>1) \tag{10.89}$$

由于测量个数 $K=T_Nf_s$，其中 T_N 为照射时间。将 $K=T_Nf_s$ 代入式(10.89)可得

$$\sigma_{\dot{\phi}}\approx\sigma_{\phi}\sqrt{\frac{12}{T_N^3f_s}}(K>>1) \tag{10.90}$$

因此相位差变化率与积累照射时间 T_N 的 1.5 次方成反比，与 $\sqrt{f_s}$ 成反比。式(10.90)还可以写为

$$\sigma_{\dot{\phi}}\approx\frac{\sigma_{\phi}}{T_N}\sqrt{\frac{12}{K}}(K>>1) \tag{10.91}$$

假设 $\sigma_{\phi}=10°$，可以得到不同脉冲重复频率条件下的相位差变化率测量精度，如表 10.1 所列。

表 10.1 不同积累时间、不同脉冲重复频率下的相位差变化率测量精度

单位:((°)/s)

T_N \ 脉冲重复频率	100Hz	1kHz	10kHz	100kHz
0.01s	3464	1095	346	109
0.1s	109	34	10.5	3.4
0.2s	38	12	3.87	1.2
0.5s	9.8	3.0	0.97	0.3
1s	3.4	1.0	0.34	0.11
2s	1.2	0.38	0.12	0.03
5s	0.3	0.09	0.03	0.009

从表 10.1 可知,利用多次测量相位差统计相位差变化率,当积累时间较长时,可以达到较高的相位差变化率测量精度,甚至远小于相位差的测量误差。

10.4.3.4 利用卡尔曼滤波方法提取相位差变化率数据

由于最小二乘方法是一种批处理方法,因此必须仔细确定统计周期,以减小相位差变化率的误差。另外,如果统计周期过大,则导致定位的数据更少,会对后面的收敛产生影响。

如果利用卡尔曼滤波方法,一方面对输入的已解模糊相位差数据进行平滑,减弱测量噪声的影响;另一方面实时给出相位差变化率数据的估计值,消除最小二乘方法中统计周期的影响。

由于 $\dot{\phi}$ 的值本身比较小,其变化范围也不大,这里用匀速直线运动模型来近似描述相位差曲线的变化规律,选取状态变量 $\boldsymbol{X}(i)=[\phi_i \quad \dot{\phi}_i]^{\mathrm{T}}$,可建立如下状态方程[20]:

$$\boldsymbol{X}(i+1)=\begin{bmatrix}\phi_{x(i+1)}\\ \dot{\phi}_{x(i+1)}\end{bmatrix}=\begin{bmatrix}1 & T\\ 0 & 1\end{bmatrix}\begin{bmatrix}\phi_i\\ \dot{\phi}_i\end{bmatrix}+\begin{bmatrix}\dfrac{T^2}{2}\\ T\end{bmatrix}a_x=\boldsymbol{\Phi}\boldsymbol{X}(i)+\boldsymbol{\Gamma}\boldsymbol{W}(i) \tag{10.92}$$

观测方程为

$$\boldsymbol{Z}(i)=\phi_{xi}=[1\ 0]\begin{bmatrix}\phi_i\\ \dot{\phi}_i\end{bmatrix}+[erx_i]=C\boldsymbol{X}(i)+\boldsymbol{V}(i) \tag{10.93}$$

式中:$\boldsymbol{W}(i)$ 为零均值的高斯扰动噪声,协方差矩阵为 $\boldsymbol{Q}(i)$;$\boldsymbol{V}(i)$ 为零均值的高斯观测噪声,协方差矩阵为 $\boldsymbol{R}(i)$。对应的卡尔曼滤波方程为

$$\hat{\boldsymbol{X}}(i/i-1)=\boldsymbol{\Phi}\hat{\boldsymbol{X}}(i-1/i-1) \tag{10.94}$$

$$P_{\tilde{X}}(i/i-1)=\boldsymbol{\Phi}P_{\tilde{X}}(i-1/i-1)\boldsymbol{\Phi}^{\mathrm{T}}+\boldsymbol{\Gamma}\boldsymbol{Q}(i-1)\boldsymbol{\Gamma}^{\mathrm{T}} \tag{10.95}$$

$$\boldsymbol{K}(i)=\boldsymbol{P}_{\tilde{X}}(i/i-1)\boldsymbol{C}^{\mathrm{T}}[\boldsymbol{C}\boldsymbol{P}_{\tilde{X}}(i/i-1)\boldsymbol{C}^{\mathrm{T}}+\boldsymbol{R}(i)]^{-1} \tag{10.96}$$

$$\hat{\boldsymbol{X}}(i/i)=\hat{\boldsymbol{X}}(i/i-1)+\boldsymbol{K}(i)[\boldsymbol{Z}(i)-\boldsymbol{C}\hat{\boldsymbol{X}}(i/i-1)] \tag{10.97}$$

$$\boldsymbol{P}_{\tilde{X}}(i/i)=[\boldsymbol{I}-\boldsymbol{K}(i)\boldsymbol{C}]\boldsymbol{P}_{\tilde{X}}(i/i-1) \tag{10.98}$$

对上述算法进行仿真分析,100 次蒙特卡罗实验结果如图 10.19 所示。

从以上仿真结果可以看出,采用差分方法提取相位差变化率数据,当可供利用的已解模糊相位差数据精度为 $\sigma_\phi=0.5°$时,卡尔曼滤波输出数据的稳态误差均方差为 $\sigma_\phi=0.3°$,$\sigma_{\dot\phi}=0.08°/\mathrm{s}$;当已解模糊相位差数据精度为 $\sigma_\phi=1°$时,卡尔曼滤波输出数据的稳态误差均方差为 $\sigma_\phi=0.5°$、$\sigma_{\dot\phi}=0.1°/\mathrm{s}$,从仿真曲线的变化趋势来看,在给定精度的输入数据下,卡尔曼滤波收敛较快,对应暂态过程中输出数据的误差均方差迅速减小,没有出现明显的起伏波动现象,可以说此处对已解模糊相位差数据进行卡尔曼滤波处理的精度是相当高的。综上所述,本节介绍的卡尔曼滤波提取的方法具有处理过程比较简单、数据处理精度相当高的优点,具有较大的应用价值。

经过对所用各种方法下仿真结果的比较与分析,作者发现在本书依托的特定应用背景下,从暂态性能、收敛速度、稳态精度和实际使用的方便程度这几方面来衡量,卡尔曼滤波方法的处理效果最好。因而建议在无源定位信号处理过程中选用卡尔曼滤波方法来平滑解模糊相位差数据并提取对应的相位差变化率数据。

10.4.4 基于相位差变化率的三维无源定位方法

10.4.4.1 定位测量模型

假设在三维笛卡儿坐标系中,干涉仪基线矢量为

$$\boldsymbol{d}=[d_x \quad d_y \quad d_z]^{\mathrm{T}} \tag{10.99}$$

式中,干涉仪基线长度为 $d=\|\boldsymbol{d}\|$。观测站和目标的相对位置 $T-O$ 矢量为

$$\boldsymbol{X}=[x \quad y \quad z]^{\mathrm{T}}=\boldsymbol{X}_{\mathrm{T}}-\boldsymbol{X}_{\mathrm{O}} \tag{10.100}$$

其中,$\boldsymbol{X}_{\mathrm{T}}=[x_{\mathrm{T}} \quad y_{\mathrm{T}} \quad z_{\mathrm{T}}]^{\mathrm{T}}$,$\boldsymbol{X}_{\mathrm{O}}=[x_{\mathrm{O}} \quad y_{\mathrm{O}} \quad z_{\mathrm{O}}]^{\mathrm{T}}$,则可以得到 $\boldsymbol{X}$ 和 $\boldsymbol{d}$ 的夹角余弦为

$$\cos\theta_{\mathrm{A}}=\frac{(\boldsymbol{d}\cdot\boldsymbol{X})}{\|\boldsymbol{d}\|\ \|\boldsymbol{X}\|}=\frac{\boldsymbol{d}^{\mathrm{T}}\boldsymbol{X}}{d\|\boldsymbol{X}\|}=\frac{d_x x+d_y y+d_z z}{d\sqrt{x^2+y^2+z^2}} \tag{10.101}$$

根据干涉仪相位差的定义,其相位差等于波程差除于波长再乘于 2π,即

$$\phi=\mathrm{mod}\left(2\pi\frac{d}{\lambda}\cos\theta_{\mathrm{A}},2\pi\right)$$

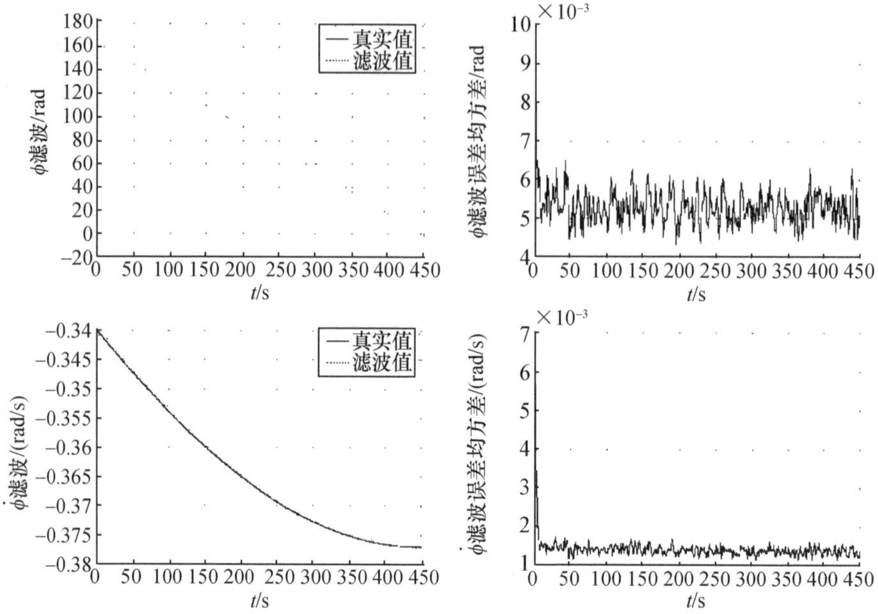

(a) 已解模糊相位差数据误差均方差为$\sigma_{\phi}=0.5°\approx0.00875\text{rad}$时的仿真结果

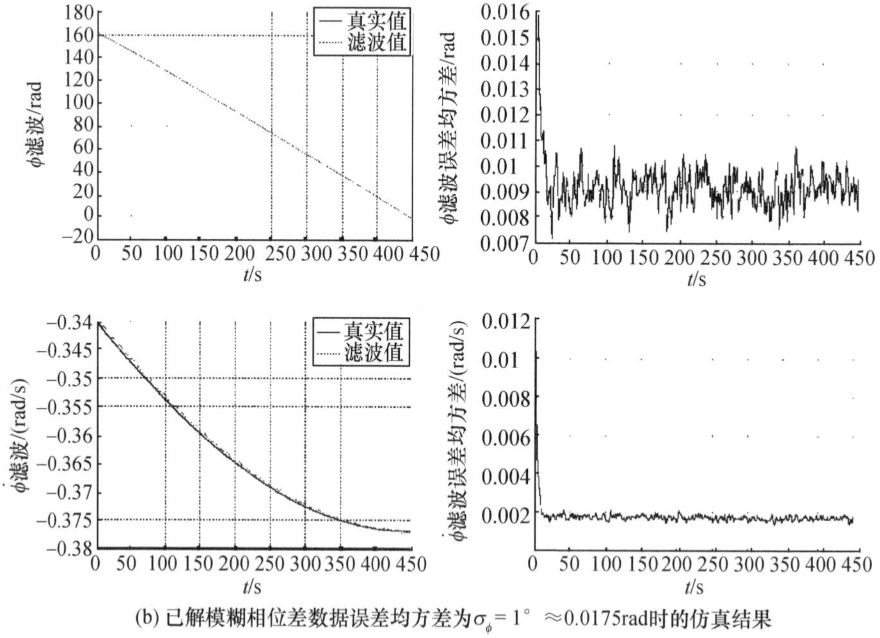

(b) 已解模糊相位差数据误差均方差为$\sigma_{\phi}=1°\approx0.0175\text{rad}$时的仿真结果

图 10.19　卡尔曼滤波方法获取相位差变化率 $\dot{\phi}$ 的仿真结果

$$= \mathrm{mod}\left(\frac{2\pi}{\lambda}\frac{d_x x + d_y y + d_z z}{\sqrt{x^2 + y^2 + z^2}}, 2\pi\right) \tag{10.102}$$

假设干涉仪安装于飞机上如图 10.20 所示，飞机的航向角为 α，俯仰角为 θ，假设干涉仪基线与机身方向存在一个固定的水平安装角 ψ 和固定的俯仰安装角 γ，则可得基线矢量为

$$\begin{cases} d_x = d\sin(\alpha - \psi)\cos(\theta - \gamma) \\ d_y = d\cos(\alpha - \psi)\cos(\theta - \gamma) \\ d_z = d\sin(\theta - \gamma) \end{cases} \tag{10.103}$$

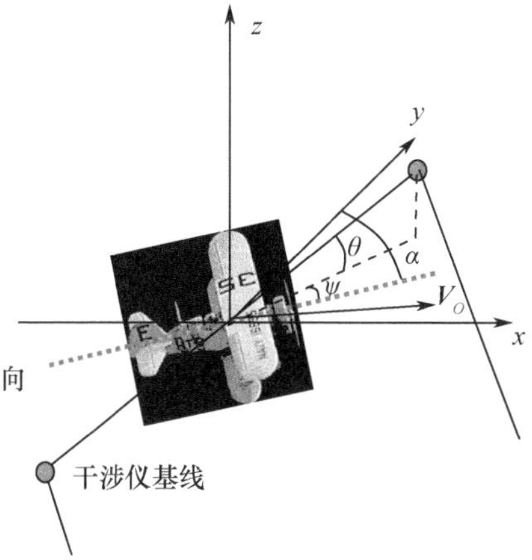

图 10.20　干涉仪基线安装角示意图

因此，可得相位差：

$$\phi = \mathrm{mod}\left(\frac{2\pi d}{\lambda}\frac{\sin(\alpha - \psi)\cos(\theta - \gamma)x + \cos(\alpha - \psi)\cos(\theta - \gamma)y + \sin(\theta - \gamma)z}{\sqrt{x^2 + y^2 + z^2}}, 2\pi\right) \tag{10.104}$$

将式(10.102)相位差对时间求导，可得

$$\dot{\phi} = \frac{2\pi}{\lambda}\left\{\frac{1}{(x^2 + y^2 + z^2)^{\frac{3}{2}}}[d_x\dot{x}(y^2 + z^2) + d_y\dot{y}(x^2 + z^2) + d_z\dot{z}(\boldsymbol{x}^2 + y^2) - x\dot{x}(yd_y + zd_z) - y\dot{y}(xd_x + zd_z) - z\dot{z}(xd_x + yd_y)] + \frac{\dot{d}_x x + \dot{d}_y y + \dot{d}_z z}{(x^2 + y^2 + z^2)^{\frac{1}{2}}}\right\} \tag{10.105}$$

考虑安装角固定不变，因此基线矢量求导，可得

$$\begin{cases}\dot{d}_x = d[\dot{\alpha}\cos(\alpha-\psi)\cos(\theta-\gamma) - \dot{\theta}\sin(\alpha-\psi)\sin(\theta-\gamma)] \\ \dot{d}_y = d[-\dot{\alpha}\sin(\alpha-\psi)\cos(\theta-\gamma) - \dot{\theta}\cos(\alpha-\psi)\sin(\theta-\gamma)] \\ \dot{d}_z = d\dot{\theta}\cos(\theta-\gamma)\end{cases} \tag{10.106}$$

将式(10.105)代入(10.106)可得相位差变化率的测量方程。各个角度的几何关系如图10.21所示。

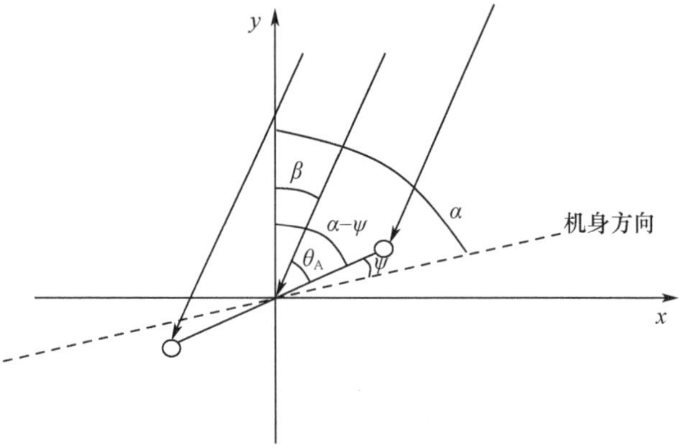

图10.21　二维平面干涉仪测向示意图

而此时短基线干涉仪所测量得到的角度为

$$\begin{aligned}\theta_{A,m} &= \arccos\left(\frac{d_x x + d_y y + d_z z}{d\sqrt{x^2+y^2+z^2}}\right) + \delta_{\theta_A} \\ &= \arccos\left(\frac{\sin(\alpha-\psi)\cos(\theta-\gamma)x + \cos(\alpha-\psi)\cos(\theta-\gamma)y + \sin(\theta-\gamma)z}{\sqrt{x^2+y^2+z^2}}\right) + \delta_{\theta_A}\end{aligned} \tag{10.107}$$

式中：δ_{θ_A}为短基线干涉仪的测角误差。

10.4.4.2　近似定位模型

在二维定位中，由于相对于目标距离而言，载机的飞行高度很低，这时可以近似为载机和目标在二维平面定位问题，此时假设目标辐射源和观测站载机的高程z_T、z_O均已知，则z已知，只需求得$\boldsymbol{X}_T = [x_T \quad y_T]^T$即可。在这种假设条件下，可以假设干涉仪只在水平面上运动时俯仰角和俯仰安装角等于0°，即$\theta = \gamma = 0°$，实际测量得到的干涉仪角度为

$$\theta_{A,m} = \arccos\left(\frac{\sin(\alpha_m-\psi)x + \cos(\alpha_m-\psi)y}{\sqrt{x^2+y^2+z^2}}\right) + \delta_{\theta_A} = f_\theta(\boldsymbol{X}) + \delta_\theta \tag{10.108}$$

式中：δ_{θ_A}为干涉仪角度的测量误差；$\boldsymbol{X} = [x \quad y]^T = \boldsymbol{X}_T - \boldsymbol{X}_O$。

如果 $z=0$，则可以近似为干涉仪所测量得到的角度为

$$\theta_{\mathrm{A},m}=\alpha-\psi-\arctan\frac{x}{y}+\delta_{\alpha}+\delta_{\theta_{\mathrm{A}}} \tag{10.109}$$

实际上 $z\neq0$，因此只能采用式(10.108)模型进行定位。则解跳变模糊后的相位差模型为

$$\begin{aligned}\phi_m&=\frac{2\pi d}{\lambda}\frac{\sin(\alpha-\psi)x+\cos(\alpha-\psi)y}{\sqrt{x^2+y^2+z^2}}-N2\pi+\delta_{\varphi}\\&\triangleq f_{\phi}(\boldsymbol{X},N)+\delta_{\phi}\end{aligned} \tag{10.110}$$

式中：N 为未知的固定整数。

假设观测器水平飞行，$\dot{z}=0$，则相位差变化率为

$$\begin{aligned}\dot{\phi}_m=\frac{2\pi d}{\lambda}\Bigg\{&\frac{\sin(\alpha-\psi)\dot{x}(y^2+z^2)+\cos(\alpha-\psi)\dot{y}(x^2+z^2)-xy[\dot{x}\cos(\alpha-\psi)+\dot{y}\sin(\alpha-\psi)]}{(x^2+y^2+z^2)^{\frac{3}{2}}}\\&+\dot{\alpha}\frac{\cos(\alpha-\psi)x-\sin(\alpha-\psi)y}{(x^2+y^2+z^2)^{\frac{1}{2}}}\Bigg\}+\delta_{\dot{\phi}}\triangleq f_{\dot{\phi}}(\boldsymbol{X})+\delta_{\dot{\phi}}\end{aligned} \tag{10.111}$$

式(10.108)和式(10.111)构成了角度和相位差变化率定位的测量模型。

10.4.4.3　修正增益扩展卡尔曼定位算法

根据上述模型，可以采用 EKF 方法，得到目标的位置解估计。假设系统状态模型为

$$\boldsymbol{X}_i=\boldsymbol{\Phi}\boldsymbol{X}_{i-1}+\boldsymbol{B}\boldsymbol{U}_i \tag{10.112}$$

观测方程为

$$\boldsymbol{Z}_{mi}=\boldsymbol{G}(\boldsymbol{X}_i)+\boldsymbol{N}_i$$

EKF 定位方法的滤波方程见 10.2.2 节，只要通过开始两次观测或者先验信息确定初始估计值 $\boldsymbol{X}_0$、$\boldsymbol{P}_0$，通过上述方程即可递推求出目标的位置解。

在 10.4.4.2 节中，得到了三维状态下近似的角度和相位差变化率测量模型。在上述模型中，考虑了观测站高度 z 的影响。由于实际飞行时，目标的距离远大于观测器的高度，这样就可以完全将定位模型近似为一个二维定位问题。

此时为了便于滤波处理，需将状态方程和测量方程作一些形式上的改变。令 $\boldsymbol{X}_{\mathrm{O}i}=[x_{\mathrm{O}i}\quad y_{\mathrm{O}i}\quad \dot{x}_{\mathrm{O}i}\quad \dot{y}_{\mathrm{O}i}]^{\mathrm{T}}$，$\boldsymbol{X}_{\mathrm{T}i}=[x_{\mathrm{T}i}\quad y_{\mathrm{T}i}\quad \dot{x}_{\mathrm{T}i}\quad \dot{y}_{\mathrm{T}i}]^{\mathrm{T}}$，并取 $\boldsymbol{X}_{\mathrm{T}i}$ 为状态变量，则式(10.112)可改写为

$$\boldsymbol{X}_{\mathrm{T}i}=\boldsymbol{\Phi}_{i,i-1}\boldsymbol{X}_{\mathrm{T}i-1}$$

式中：状态转移矩阵 $\boldsymbol{\Phi}_{i,i-1}=\begin{bmatrix}\boldsymbol{I}_2 & (t_i-t_{i-1})\boldsymbol{I}_2\\ \boldsymbol{O}_2 & \boldsymbol{I}_2\end{bmatrix}$，$\boldsymbol{I}_2$、$\boldsymbol{O}_2$ 分别是 2×2 的单位矢和

2×2 的零矢。

式(10.108)和式(10.111)可分别改写为[16]

$$\beta_i=\tan\frac{x_i}{y_i}\triangleq g_1(\boldsymbol{X}_{\mathrm{T}i},\mathscr{M}_i) \tag{10.113}$$

$$\dot{\phi}_i=kf_{\mathrm{T}i}(\dot{\beta}_i-\dot{\alpha}_i)(\cos\beta_i\cos\alpha_i+\sin\beta_i\sin\alpha_i)\triangleq g_2(\boldsymbol{X}_{\mathrm{T}i},\mathscr{M}_i) \tag{10.114}$$

其中

$$\dot{\beta}_i=\frac{\dot{x}_iy_i-\dot{y}_ix_i}{x_i^2+y_i^2} \tag{10.115}$$

$$\sin\beta_i=\frac{x_i}{r_i},\cos\beta_i=\frac{y_i}{r_i}$$

$\mathscr{M}_i$为观测量 $\boldsymbol{X}_{\mathrm{O}i}$、$\dot{\alpha}_i$、$\dot{\phi}_i$、$f_{\mathrm{T}i}$、$\beta_i$、$\alpha_i$的集合。

这里,$r_i=\sqrt{x_i^2+y_i^2}$。

式(10.113)和式(10.114)均为关于状态 $\boldsymbol{X}_{\mathrm{T}i}$和观测量 $\mathscr{M}_i$($\boldsymbol{X}_{\mathrm{O}i}$、$\dot{\alpha}_i$、$\dot{\phi}_i$、$f_{\mathrm{T}i}$、$\beta_i$、$\alpha_i$)的非线性方程,于是可以得出新的矩阵测量方程为

$$\boldsymbol{Z}_i=\boldsymbol{G}(\boldsymbol{X}_{\mathrm{T}i},\mathscr{M}_i) \tag{10.116}$$

式中:$\boldsymbol{Z}_i=\begin{bmatrix}\beta_i\\ \dot{\phi}_i\end{bmatrix}$;$\boldsymbol{G}(\boldsymbol{X}_{\mathrm{T}i},\mathscr{M}_i)=\begin{bmatrix}g_1(\boldsymbol{X}_{\mathrm{T}i},\mathscr{M}_i)\\ g_2(\boldsymbol{X}_{\mathrm{T}i},\mathscr{M}_i)\end{bmatrix}$。

可以对它进行线性化处理。将式(10.113)、式(10.114)在预测点 $\hat{\boldsymbol{X}}_{\mathrm{T}i}^-$ 和实际测量集 $\mathscr{M}_{mi}(\boldsymbol{X}_{\mathrm{O}mi},\dot{\alpha}_{mi},\dot{\phi}_{mi},f_{\mathrm{T}mi},\beta_{mi},\alpha_{mi})$处泰勒展开取一次项,可以近似得出

$$\begin{aligned}\beta_{mi}=&g_1(\hat{\boldsymbol{X}}_{\mathrm{T}i}^-,\mathscr{M}_{mi})+\left.\frac{\partial g_1}{\partial x_{\mathrm{T}i}}\right|_{\substack{\hat{x}_{\mathrm{T}i}\\ \mathscr{M}_{mi}}}(x_{\mathrm{T}i}-\boldsymbol{x}_{\mathrm{T}i}^-)+\left.\frac{\partial g_1}{\partial y_{\mathrm{T}i}}\right|_{\substack{\hat{x}_{\mathrm{T}i}\\ \mathscr{M}_{mi}}}(y_{\mathrm{T}i}-\hat{y}_{\mathrm{T}i}^-)\\&+\left.\frac{\partial g_1}{\partial x_{\mathrm{O}i}}\right|_{\substack{\hat{x}_{\mathrm{T}i}\\ \mathscr{M}_{mi}}}\Delta x_{\mathrm{O}i}+\left.\frac{\partial g_1}{\partial y_{\mathrm{O}i}}\right|_{\substack{\hat{x}_{\mathrm{T}i}\\ \mathscr{M}_{mi}}}\Delta y_{\mathrm{O}i}+\Delta\beta_i\end{aligned} \tag{10.117}$$

$$\begin{aligned}\dot{\phi}_{mi}=&g_2(\hat{\boldsymbol{X}}_{\mathrm{T}i}^-,\mathscr{M}_{mi})+\left.\frac{\partial g_2}{\partial x_{\mathrm{T}i}}\right|_{\substack{\hat{x}_{\mathrm{T}i}\\ \mathscr{M}_{mi}}}(x_{\mathrm{T}i}-\boldsymbol{x}_{\mathrm{T}i}^-)+\left.\frac{\partial g_2}{\partial y_{\mathrm{T}i}}\right|_{\substack{\hat{x}_{\mathrm{T}i}\\ \mathscr{M}_{mi}}}(y_{\mathrm{T}i}-\hat{y}_{\mathrm{T}i}^-)+\left.\frac{\partial g_2}{\partial \dot{x}_{\mathrm{T}i}}\right|_{\substack{\hat{x}_{\mathrm{T}i}\\ \mathscr{M}_{mi}}}(\dot{x}_{\mathrm{T}i}-\hat{\dot{x}}_{\mathrm{T}i}^-)+\\&\left.\frac{\partial g_2}{\partial \dot{y}_{\mathrm{T}i}}\right|_{\substack{\hat{x}_{\mathrm{T}i}\\ \mathscr{M}_{mi}}}(\dot{y}_{\mathrm{T}i}-\hat{\dot{y}}_{\mathrm{T}i}^-)+\left.\frac{\partial g_2}{\partial x_{\mathrm{O}i}}\right|_{\substack{\hat{x}_{\mathrm{T}i}\\ \mathscr{M}_{mi}}}\Delta x_{\mathrm{O}i}+\left.\frac{\partial g_2}{\partial y_{\mathrm{O}i}}\right|_{\substack{\hat{x}_{\mathrm{T}i}\\ \mathscr{M}_{mi}}}\Delta y_{\mathrm{O}i}+\left.\frac{\partial g_2}{\partial \dot{x}_{\mathrm{O}i}}\right|_{\substack{\hat{x}_{\mathrm{T}i}\\ \mathscr{M}_{mi}}}\Delta\dot{x}_{\mathrm{O}i}+\\&\left.\frac{\partial g_2}{\partial \dot{y}_{\mathrm{O}i}}\right|_{\substack{\hat{x}_{\mathrm{T}i}\\ \mathscr{M}_{mi}}}\Delta\dot{y}_{\mathrm{O}i}+\left.\frac{\partial g_2}{\partial \alpha_i}\right|_{\substack{\hat{x}_{\mathrm{T}i}\\ \mathscr{M}_{mi}}}\Delta\alpha_i+\left.\frac{\partial g_2}{\partial \dot{\alpha}_i}\right|_{\substack{\hat{x}_{\mathrm{T}i}\\ \mathscr{M}_{mi}}}\Delta\dot{\alpha}_i+\left.\frac{\partial g_2}{\partial f_{\mathrm{T}i}}\right|_{\substack{\hat{x}_{\mathrm{T}i}\\ \mathscr{M}_{mi}}}\Delta f_{\mathrm{T}i}+\Delta\dot{\phi}_i\end{aligned} \tag{10.118}$$

式中：$\Delta x_{Oi}=x_{Oi}-x_{Omi}$、$\Delta y_{Oi}=y_{Oi}-y_{Omi}$；$\Delta\dot{x}_{Oi}=\dot{x}_{Oi}-\dot{x}_{Omi}$；$\Delta\dot{y}_{Oi}=\dot{y}_{Oi}-\dot{y}_{Omi}$；$\Delta\beta_i=\beta_i-\beta_{mi}$；$\Delta\alpha_i=\alpha_i-\alpha_{mi}$；$\Delta\dot{\alpha}_i=\dot{\alpha}_i-\dot{\alpha}_{mi}$；$\Delta\dot{\phi}_i=\dot{\phi}_i-\dot{\phi}_{mi}$；$\Delta f_{Ti}=f_{Ti}-f_{Tmi}$。这里忽略了线性化引起的误差。

根据式(10.113)、式(10.114)，可以求出式(10.117)、式(10.118)中的各个偏导数：

$$\frac{\partial g_1}{\partial x_{Ti}}=\frac{\cos\beta_i}{r_i},\frac{\partial g_1}{\partial y_{Ti}}=-\frac{\sin\beta_i}{r_i}$$

$$\frac{\partial g_1}{\partial x_{Oi}}=-\frac{\partial g_1}{\partial x_{Ti}},\frac{\partial g_1}{\partial y_{Oi}}=-\frac{\partial g_1}{\partial y_{Ti}}$$

$$\frac{\partial g_2}{\partial x_{Ti}}=kf_{Ti}\left[\cos(\beta_i-\alpha_i)\frac{\partial\dot{\beta}_i}{\partial x_{Ti}}-(\dot{\beta}_i-\dot{\alpha}_i)\sin(\beta_i-\alpha_i)\frac{\partial g_1}{\partial x_{Ti}}\right]$$

$$\frac{\partial g_2}{\partial y_{Ti}}=kf_{Ti}\left[\cos(\beta_i-\alpha_i)\frac{\partial\dot{\beta}_i}{\partial y_{Ti}}-(\dot{\beta}_i-\dot{\alpha}_i)\sin(\beta_i-\alpha_i)\frac{\partial g_1}{\partial y_{Ti}}\right]$$

$$\frac{\partial g_2}{\partial \dot{x}_{Ti}}=kf_{Ti}\cos(\beta_i-\alpha_i)\frac{\partial\dot{\beta}_i}{\partial \dot{x}_{Ti}},\frac{\partial g_2}{\partial \dot{y}_{Ti}}=kf_{Ti}\cos(\beta_i-\alpha_i)\frac{\partial\dot{\beta}_i}{\partial \dot{y}_{Ti}}$$

$$\frac{\partial g_2}{\partial x_{Oi}}=-\frac{\partial g_2}{\partial x_{Ti}},\frac{\partial g_2}{\partial y_{Oi}}=-\frac{\partial g_2}{\partial y_{Ti}}$$

$$\frac{\partial g_2}{\partial \dot{x}_{Oi}}=-\frac{\partial g_2}{\partial \dot{x}_{Ti}},\frac{\partial g_2}{\partial \dot{y}_{Oi}}=-\frac{\partial g_2}{\partial \dot{y}_{Ti}}$$

$$\frac{\partial g_2}{\partial \alpha_i}=kf_{Ti}(\dot{\beta}_i-\dot{\alpha}_i)\sin(\beta_i-\alpha_i)$$

$$\frac{\partial g_2}{\partial \dot{\alpha}_i}=-kf_{Ti}\cos(\beta_i-\alpha_i)$$

$$\frac{\partial g_2}{\partial f_{Ti}}=k(\dot{\beta}_i-\dot{\alpha}_i)\cos(\beta_i-\alpha_i)$$

而

$$\frac{\partial\dot{\beta}_i}{\partial x_{Ti}}=-2\dot{\beta}_i\frac{\sin\beta_i}{r_i}-\frac{\dot{y}_i}{r_i^2}$$

$$\frac{\partial\dot{\beta}_i}{\partial y_{Ti}}=-2\dot{\beta}_i\frac{\cos\beta_i}{r_i}+\frac{\dot{x}_i}{r_i^2}$$

$$\frac{\partial\dot{\beta}_i}{\partial \dot{x}_{Ti}}=\frac{\cos\beta_i}{r_i},\frac{\partial\dot{\beta}_i}{\partial \dot{y}_{Ti}}=-\frac{\sin\beta_i}{r_i}$$

整理式(10.117)、式(10.118)，可得

$$\beta_{mi}-g_1(\hat{\boldsymbol{X}}_{\mathrm{T}i}^{-},\boldsymbol{\mathcal{M}}_{mi})+\boldsymbol{h}_1(\hat{\boldsymbol{X}}_{\mathrm{T}i}^{-},\boldsymbol{\mathcal{M}}_{mi})\hat{\boldsymbol{X}}_{\mathrm{T}i}^{-}\triangleq z_{\beta_i}=\boldsymbol{h}_1(\hat{\boldsymbol{X}}_{\mathrm{T}i}^{-},\boldsymbol{\mathcal{M}}_{mi})\boldsymbol{X}_{\mathrm{T}i}+n_{ai} \tag{10.119}$$

$$\dot{\phi}_{mi}-g_2(\hat{\boldsymbol{X}}_{\mathrm{T}i}^{-},\boldsymbol{\mathcal{M}}_{mi})+\boldsymbol{h}_2(\hat{\boldsymbol{X}}_{\mathrm{T}i}^{-},\boldsymbol{\mathcal{M}}_{mi})\hat{\boldsymbol{X}}_{\mathrm{T}i}^{-}\triangleq z_{\dot{\phi}_i}=\boldsymbol{h}_2(\hat{\boldsymbol{X}}_{\mathrm{T}i}^{-},\boldsymbol{\mathcal{M}}_{mi})\boldsymbol{X}_{\mathrm{T}i}+n_{bi} \tag{10.120}$$

其中

$$\boldsymbol{h}_1(\hat{\boldsymbol{X}}_{\mathrm{T}i}^{-},\boldsymbol{\mathcal{M}}_{mi})=\left[\frac{\partial g_1}{\partial x_{\mathrm{T}i}}\quad\frac{\partial g_1}{\partial y_{\mathrm{T}i}}\quad 0\quad 0\right]_{\substack{\hat{x}_{\mathrm{T}i}\\ \mathcal{M}_{mi}}}$$

$$\boldsymbol{h}_2(\hat{\boldsymbol{X}}_{\mathrm{T}i}^{-},\boldsymbol{\mathcal{M}}_{mi})=\left[\frac{\partial g_2}{\partial x_{\mathrm{T}i}}\quad\frac{\partial g_2}{\partial y_{\mathrm{T}i}}\quad\frac{\partial g_2}{\partial \dot{x}_{\mathrm{T}i}}\quad\frac{\partial g_2}{\partial \dot{y}_{\mathrm{T}i}}\right]_{\substack{\hat{x}_{\mathrm{T}i}\\ \mathcal{M}_{mi}}}$$

$$n_{ai}=\left.\frac{\partial g_1}{\partial x_{\mathrm{O}i}}\right|_{\substack{\hat{x}_{\mathrm{T}i}\\ \mathcal{M}_{mi}}}\Delta x_{\mathrm{O}i}+\left.\frac{\partial g_1}{\partial y_{\mathrm{O}i}}\right|_{\substack{\hat{x}_{\mathrm{T}i}\\ \mathcal{M}_{mi}}}\Delta y_{\mathrm{O}i}+\Delta\beta_i \tag{10.121}$$

$$\begin{aligned}n_{bi}=&\left.\frac{\partial g_2}{\partial x_{\mathrm{O}i}}\right|_{\substack{\hat{x}_{\mathrm{T}i}\\ \mathcal{M}_{mi}}}\Delta x_{\mathrm{O}i}+\left.\frac{\partial g_2}{\partial y_{\mathrm{O}i}}\right|_{\substack{\hat{x}_{\mathrm{T}i}\\ \mathcal{M}_{mi}}}\Delta y_{\mathrm{O}i}+\left.\frac{\partial g_2}{\partial \dot{x}_{\mathrm{O}i}}\right|_{\substack{\hat{x}_{\mathrm{T}i}\\ \mathcal{M}_{mi}}}\Delta \dot{x}_{\mathrm{O}i}+\left.\frac{\partial g_2}{\partial \dot{y}_{\mathrm{O}i}}\right|_{\substack{\hat{x}_{\mathrm{T}i}\\ \mathcal{M}_{mi}}}\Delta \dot{y}_{\mathrm{O}i}\\&+\left.\frac{\partial g_2}{\partial \alpha_i}\right|_{\substack{\hat{x}_{\mathrm{T}i}\\ \mathcal{M}_{mi}}}\Delta\alpha_i+\frac{\partial g_2}{\partial \dot{\alpha}_i}{}_{\substack{\hat{x}_{\mathrm{T}i}\\ \mathcal{M}_{mi}}}\Delta\dot{\alpha}_i+\frac{\partial g_2}{\partial f_{\mathrm{T}i}}{}_{\substack{\hat{x}_{\mathrm{T}i}\\ \mathcal{M}_{mi}}}\Delta f_{\mathrm{T}i}+\Delta\dot{\phi}_i\end{aligned} \tag{10.122}$$

式中：n_{ai}、n_{bi} 可以看作等效的测量误差。其统计特性可以由式(10.121)和式(10.122)求出。为了避免数据相关，可以将式(10.121)、式(10.122)中的实际测量值近似地用预测测量值来替换。在假设各个测量误差为相互独立的零均值高斯白噪声的前提下，可得

$$E[n_{ai}]=E[n_{bi}]=0 \tag{10.123}$$

$$E[n_{ai}^2]=\left[\left(\frac{\partial g_1}{\partial x_{\mathrm{O}i}}\right)^2+\left(\frac{\partial g_1}{\partial y_{\mathrm{O}i}}\right)^2\right]_{\substack{\hat{x}_{\mathrm{T}i}\\ \hat{\mathcal{M}}_i^-}}\sigma_{\mathrm{P}}^2+\sigma_\beta^2 \tag{10.124}$$

$$\begin{aligned}E[n_{bi}^2]=&\left[\left(\frac{\partial g_2}{\partial x_{\mathrm{O}i}}\right)^2+\left(\frac{\partial g_2}{\partial y_{\mathrm{O}i}}\right)^2\right]_{\substack{\hat{x}_{\mathrm{T}i}\\ \hat{\mathcal{M}}_i^-}}\sigma_{\mathrm{P}}^2+\left[\left(\frac{\partial g_2}{\partial \dot{x}_{\mathrm{O}i}}\right)^2+\left(\frac{\partial g_2}{\partial \dot{y}_{\mathrm{O}i}}\right)^2\right]_{\substack{\hat{x}_{\mathrm{T}i}\\ \hat{\mathcal{M}}_i^-}}\sigma_v^2\\&+\left.\left(\frac{\partial g_2}{\partial \alpha_i}\right)^2\right|_{\substack{\hat{x}_{\mathrm{T}i}\\ \hat{\mathcal{M}}_{\mathrm{T}i}}}\sigma_\alpha^2+\left.\left(\frac{\partial g_2}{\partial \dot{\alpha}_i}\right)^2\right|_{\substack{\hat{x}_{\mathrm{T}i}\\ \hat{\mathcal{M}}_{\mathrm{T}i}}}\sigma_{\dot{\alpha}}^2+\left.\left(\frac{\partial g_2}{\partial f_{\mathrm{T}i}}\right)^2\right|_{\substack{\hat{x}_{\mathrm{T}i}\\ \hat{\mathcal{M}}_{\mathrm{T}i}}}\sigma_{\mathrm{f}}^2+\sigma_{\dot{\phi}}^2\end{aligned} \tag{10.125}$$

$$E[n_{ai}n_{bi}]=E[n_{bi}n_{ai}]=\left[\frac{\partial g_1}{\partial x_{\mathrm{O}i}}\frac{\partial g_2}{\partial x_{\mathrm{O}i}}+\frac{\partial g_1}{\partial y_{\mathrm{O}i}}\frac{\partial g_2}{\partial y_{\mathrm{O}i}}\right]_{\substack{\hat{x}_{\mathrm{T}i}\\ \hat{\mathcal{M}}_i^-}}\sigma_{\mathrm{P}}^2 \tag{10.126}$$

式中：下标“$\hat{\mathcal{M}}_i^-$”表示参数 $\boldsymbol{X}_{\mathrm{O}i}$、$\dot{\alpha}_i$、$f_{\mathrm{T}i}$、$\beta_i$、$\alpha_i$ 等取相应的预测值。

将式(10.119)、式(10.120)整理成线性化的矩阵测量方程，可得

$$\hat{\boldsymbol{Z}}_i=\boldsymbol{H}_i(\hat{\boldsymbol{X}}_{\mathrm{T}i}^{-},\boldsymbol{\mathcal{M}}_{mi})\boldsymbol{X}_{\mathrm{T}i}+\boldsymbol{n}_i \tag{10.127}$$

其中

$$\boldsymbol{H}_i(\hat{\boldsymbol{X}}_{\mathrm{T}i}^-,\mathscr{M}_{mi})=\begin{bmatrix}\boldsymbol{h}_1(\hat{\boldsymbol{X}}_{\mathrm{T}i}^-,\mathscr{M}_{mi})\\\boldsymbol{h}_2(\hat{\boldsymbol{X}}_{\mathrm{T}i}^-,\mathscr{M}_{mi})\end{bmatrix}$$

$$\begin{aligned}\boldsymbol{Z}_i=\begin{bmatrix}z_{\beta_i}\\z_{\dot{\phi}_i}\end{bmatrix}&=\begin{bmatrix}\beta_{mi}-g_1(\hat{\boldsymbol{X}}_{\mathrm{T}i}^-,\mathscr{M}_{mi})+\boldsymbol{h}_1(\hat{\boldsymbol{X}}_{\mathrm{T}i}^-,\mathscr{M}_{mi})\hat{\boldsymbol{X}}_{\mathrm{T}i}^-\\\dot{\phi}_{mi}-g_2(\hat{\boldsymbol{X}}_{\mathrm{T}i}^-,\mathscr{M}_{mi})+\boldsymbol{h}_2(\hat{\boldsymbol{X}}_{\mathrm{T}i}^-,\mathscr{M}_{mi})\hat{\boldsymbol{X}}_{\mathrm{T}i}^-\end{bmatrix}\\&=\boldsymbol{Z}_{mi}-\boldsymbol{G}(\hat{\boldsymbol{X}}_{\mathrm{T}i}^-,\mathscr{M}_{mi})+\boldsymbol{H}_i(\hat{\boldsymbol{X}}_{\mathrm{T}i}^-,\mathscr{M}_{mi})\hat{\boldsymbol{X}}_{Ti}^-,\end{aligned}$$

$$\boldsymbol{n}_i=\begin{bmatrix}n_{ai}\\n_{bi}\end{bmatrix}$$

$\boldsymbol{n}_i$的协方差矩阵为

$$\boldsymbol{R}_i=E[\boldsymbol{n}_i\boldsymbol{n}_i^{\mathrm{T}}]=\begin{bmatrix}E[(n_{ai})^2] & E[n_{ai}n_{bi}]\\E[n_{bi}n_{ai}] & E[(n_{bi})^2]\end{bmatrix}\tag{10.128}$$

于是,根据状态方程(10.112)和测量方程(10.113)、(10.127)就可以得出如下 MGEKF 滤波方程[16,21]

$$\hat{\boldsymbol{X}}_{\mathrm{T}i}^-=\boldsymbol{\Phi}_{i,i-1}\hat{\boldsymbol{X}}_{\mathrm{T}i-1}\tag{10.129}$$

$$\boldsymbol{P}_i^-=\boldsymbol{\Phi}_{i,i-1}\boldsymbol{P}_{i-1}\boldsymbol{\Phi}_{i,i-1}^{\mathrm{T}}\tag{10.130}$$

$$\boldsymbol{K}_i=\boldsymbol{P}_i^-\boldsymbol{H}_i^{\mathrm{T}}(\hat{\boldsymbol{X}}_{\mathrm{T}i}^-,\hat{\mathscr{M}}_i^-)[\boldsymbol{H}_i(\hat{\boldsymbol{X}}_{\mathrm{T}i}^-,\hat{\mathscr{M}}_i^-)\boldsymbol{P}_i^-\boldsymbol{H}_i^{\mathrm{T}}(\hat{\boldsymbol{X}}_{\mathrm{T}i}^-,\hat{\mathscr{M}}_i^-)+\boldsymbol{R}_i]^{-1}\tag{10.131}$$

$$\bar{\boldsymbol{K}}_i=\boldsymbol{P}_i^-\boldsymbol{H}_i^{\mathrm{T}}(\hat{\boldsymbol{X}}_{\mathrm{T}i}^-,\mathscr{M}_{mi})[\boldsymbol{H}_i(\hat{\boldsymbol{X}}_{\mathrm{T}i}^-,\mathscr{M}_{mi})\boldsymbol{P}_i^-\boldsymbol{H}_i^{\mathrm{T}}(\hat{\boldsymbol{X}}_{\mathrm{T}i}^-,\mathscr{M}_{mi})+\boldsymbol{R}_i]^{-1}\tag{10.132}$$

$$\hat{\boldsymbol{X}}_{\mathrm{T}i}=\hat{\boldsymbol{X}}_{\mathrm{T}i}^-+\boldsymbol{K}_i[\boldsymbol{Z}_{mi}-\boldsymbol{G}(\hat{\boldsymbol{X}}_{\mathrm{T}i}^-,\hat{\mathscr{M}}_i^-)]\tag{10.133}$$

$$\boldsymbol{P}_i=(\boldsymbol{I}-\bar{\boldsymbol{K}}_i\boldsymbol{H}_i(\hat{\boldsymbol{X}}_{\mathrm{T}i}^-,\mathscr{M}_{mi}))\boldsymbol{P}_i^-(\boldsymbol{I}-\bar{\boldsymbol{K}}_i\boldsymbol{H}_i(\hat{\boldsymbol{X}}_{\mathrm{T}i}^-,\mathscr{M}_{mi}))^{\mathrm{T}}+\bar{\boldsymbol{K}}_i\boldsymbol{R}_i\bar{\boldsymbol{K}}_i^{\mathrm{T}}\tag{10.134}$$

其中

$$\boldsymbol{H}_i(\hat{\boldsymbol{X}}_{\mathrm{T}i}^-,\mathscr{M}_i^-)\Leftarrow\begin{cases}\boldsymbol{X}_i\leftarrow\hat{\boldsymbol{X}}_{\mathrm{T}i}^--\hat{\boldsymbol{X}}_{\mathrm{O}i}^-\\\beta_i\leftarrow\arctan\dfrac{x_i}{y_i}\\r_i\leftarrow\sqrt{x_i^2+y_i^2}\\\dot{\beta}_i\leftarrow\dfrac{\dot{x}_iy_i-\dot{y}_ix_i}{r_i^2},\\\alpha_i\leftarrow\hat{\alpha}_i^-\\\dot{\alpha}_i\leftarrow\hat{\dot{\alpha}}_i^-\\f_{\mathrm{T}i}\leftarrow\hat{f}_{\mathrm{T}i}^-\end{cases}$$

$$
\boldsymbol{H}_i(\hat{\boldsymbol{X}}_{\mathrm{T}i}^-,\mathcal{M}_{mi})\Leftarrow\begin{cases}\boldsymbol{X}_i\leftarrow\hat{\boldsymbol{X}}_{\mathrm{T}i}^- -\boldsymbol{X}_{0mi}\\ \beta_i\leftarrow\beta_{mi}\\ r_i\leftarrow x_i\sin\beta_i+y_i\cos\beta_i\\ \dot{\phi}_i\leftarrow\dot{\phi}_{mi}\\ \alpha_i\leftarrow\alpha_{mi}\\ \dot{\alpha}_i\leftarrow\dot{\alpha}_{mi}\\ f_{\mathrm{T}i}\leftarrow f_{\mathrm{T}mi}\\ \dot{\beta}_i\leftarrow\dot{\alpha}_i+\dfrac{\hat{\dot{\phi}}_i}{kf_{\mathrm{T}i}\cos(\beta_i-\alpha_i)}\end{cases}
$$

这样,在满足可观测条件的前提下,首先利用起始两次测量得出粗估计 $\hat{\boldsymbol{X}}_{\mathrm{T}0}$、$\boldsymbol{P}_0$,然后即可运用递推公式(10.129)~式(10.134)得出任意时刻 i 的滤波估计 $\hat{\boldsymbol{X}}_{\mathrm{T}i}$。

整个修正增益扩展卡尔曼滤波算法的流程图如图 10.22 所示。

10.4.5 对地面/海面慢速运动目标跟踪

10.4.5.1 对慢速运动目标定位思路

在对地面/海面慢速运动目标跟踪时,相对于运动平台而言目标处于缓慢运动状态,但其运动速度相对于观测平台来讲是未知的。本节着重研究运动目标真实速度未知情况下的无源定位问题,研究思路为建立 MGEKF 方程[21],先忽略目标的运动速度,只利用观测平台的运动速度对目标进行粗略定位,给出滤波初值,然后在滤波过程中逐步估计出目标的运动速度,对粗略定位的结果进行补偿修正并平滑测量噪声,进一步提高定位精度[20]。

在利用相位差变化率方法对目标进行无源定位时,为了减小误差,提高定位精度,我们必须充分利用目标的运动速度信息。但实际上目标的运动速度信息相对于观测平台来讲是未知的。因此,如何快速、准确地获取目标的运动速度信息,成为相位差变化率无源定位方法走向实践过程中迫切需要解决的一个问题。另外,对原始定位结果进行有效的滤波处理,平滑测量噪声的影响,也有着重要的实用价值。本章集中研究目标运动速度信息的获取及定位滤波问题。

对观测平台接收目标辐射电磁波的相位差数据及对应的变化率数据进行分析,可以发现这两种数据实际上携带了目标和观测平台之间的相对运动速度信息,这就为我们提取目标的运动速度信息提供了理论依据。

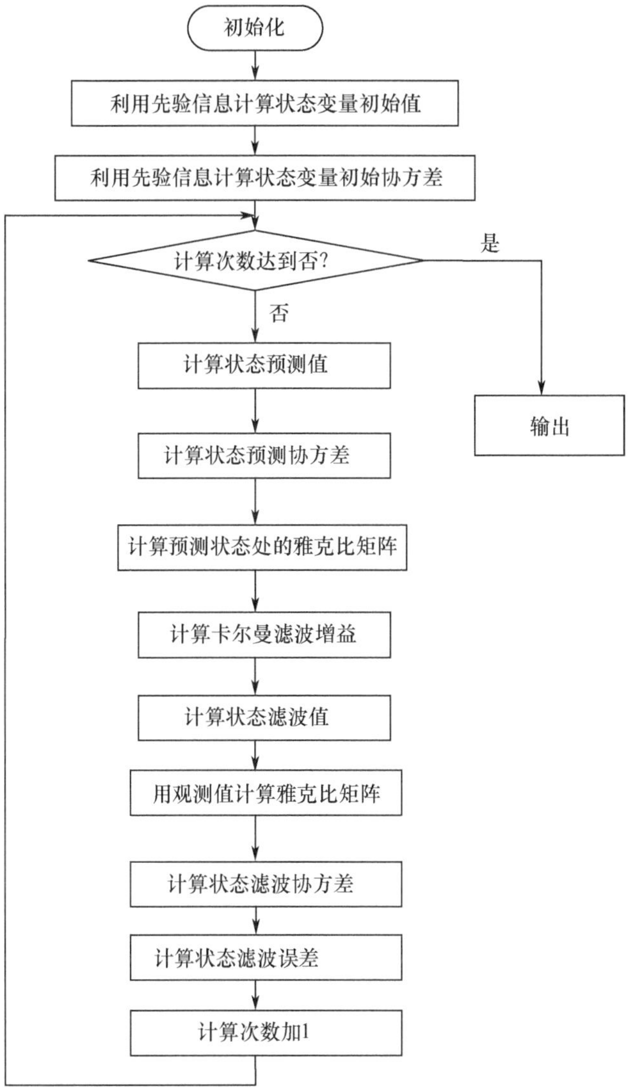

图 10.22 修正增益扩展卡尔曼滤波算法流程图

本节中思路是将目标运动速度估计和定位滤波这两个问题合二为一,采用补偿修正的思路,建立 MGEKF 算法[21]加以解决,即首先忽略目标的运动速度,只利用观测平台的运动速度信息对目标进行粗略定位,再建立 MGEKF 过程(其中的状态变量包含了目标的运动速度),逐步估计出目标的运动速度,对粗略定位结果进行补偿并平滑测量噪声。对 MGEKF 补偿滤波过程预置速度初值为零,取对应的粗略定位结果作为目标位置初值。其处理的过程为:首先利用前一时刻的目标位置及速度滤波值，计算出当前时刻目标位置及速度的预测值；然后利用此速度预测值和当前时刻观测平台接收到的目标辐射电磁波的相位差数据及其变化率数据进行测距、定位计算，补偿由于目标真实速度未知引起的测距、定位误差，并依据该计算结果对当前时刻的目标位置及速度预测值进行修正，得出当前时刻目标位置及速度的滤波值。下面，利用当前时刻目标位置及速度的滤波值计算下一时刻目标位置及速度的预测值，依据预测结果和下一时刻的观测数据计算出下一时刻的状态滤波值，如此重复进行。即在滤波过程中，对目标速度的估计值逐渐向其真实值逼近，因而可以对最初未利用目标运动速度信息所得的粗略定位的结果进行补偿修正并平滑测量噪声，提高定位精度。

10.4.5.2 定位滤波方法

选取状态变量为 $\boldsymbol{X}_{\mathrm{T}i}=[x_{\mathrm{T}i}\quad \dot{x}_{\mathrm{T}i}\quad y_{\mathrm{T}i}\quad \dot{y}_{\mathrm{T}i}]^{\mathrm{T}}$，建立如下状态方程：

$$\boldsymbol{X}_{\mathrm{T}(i+1)}=\begin{bmatrix} x_{\mathrm{T}(i+1)} \\ \dot{x}_{\mathrm{T}(i+1)} \\ y_{\mathrm{T}(i+1)} \\ \dot{y}_{\mathrm{T}(i+1)} \end{bmatrix}=\begin{bmatrix} 1 & T & 0 & 0 \\ 0 & 1 & 0 & 0 \\ 0 & 0 & 1 & T \\ 0 & 0 & 0 & 1 \end{bmatrix}\begin{bmatrix} x_{\mathrm{T}i} \\ \dot{x}_{\mathrm{T}i} \\ y_{\mathrm{T}i} \\ \dot{y}_{\mathrm{T}i} \end{bmatrix}+\begin{bmatrix} T & 0 \\ 1 & 0 \\ 0 & T \\ 0 & 1 \end{bmatrix}\begin{bmatrix} \Delta \tilde{\dot{x}}_i \\ \Delta \tilde{\dot{y}}_i \end{bmatrix}=\boldsymbol{\Phi}\boldsymbol{X}_{\mathrm{T}i}+\boldsymbol{B}\boldsymbol{W}(i) \tag{10.135}$$

式中：$\boldsymbol{W}(i)=[\Delta \tilde{\dot{x}}_i\quad \Delta \tilde{\dot{y}}_i]^{\mathrm{T}}$ 为目标的瞬时速度扰动噪声，并且 $\Delta \tilde{\dot{x}}_i$、$\Delta \tilde{\dot{y}}_i$ 均为零均值的高斯白噪声，协方差矩阵记作 $\boldsymbol{Q}(i)$。

以 ϕ_{xi}、ϕ_{yi}、$\dot{\phi}_{xi}$、$\dot{\phi}_{yi}$ 为原始观测变量，由 $\phi_{xi}=k_x f_{\mathrm{T}i}\sin\beta_i\cos\varepsilon_i$，$\phi_{yi}=-k_y f_{\mathrm{T}i}\cos\beta_i\cos\varepsilon_i$，$\sin\beta_i\cos\varepsilon_i=\dfrac{x_{\mathrm{T}i}-x_{\mathrm{O}i}}{r_i}$，$\cos\beta_i\cos\varepsilon_i=\dfrac{y_{\mathrm{T}i}-y_{\mathrm{O}i}}{r_i}$ 可得

$$\phi_{xi}=k_x f_{\mathrm{T}i}\frac{x_{\mathrm{T}i}-x_{\mathrm{O}i}}{\sqrt{(x_{\mathrm{T}i}-x_{\mathrm{O}i})^2+(y_{\mathrm{T}i}-y_{\mathrm{O}i})^2+z_{\mathrm{O}i}^2}}=g_1 \tag{10.136}$$

$$\phi_{yi}=-k_y f_{\mathrm{T}i}\frac{y_{\mathrm{T}i}-y_{\mathrm{O}i}}{\sqrt{(x_{\mathrm{T}i}-x_{\mathrm{O}i})^2+(y_{\mathrm{T}i}-y_{\mathrm{O}i})^2+z_{\mathrm{O}i}^2}}=g_2 \tag{10.137}$$

由

$$\dot{\phi}_{xi}=k_x f_{\mathrm{T}i}(\dot{\beta}_i\cos\beta_i\cos\varepsilon_i-\dot{\varepsilon}_i\sin\beta_i\sin\varepsilon_i)$$

$$\dot{\phi}_{yi}=k_y f_{\mathrm{T}i}(\dot{\beta}_i\sin\beta_i\cos\varepsilon_i+\dot{\varepsilon}_i\cos\beta_i\sin\varepsilon_i)$$

$$\sin\beta_i\sin\varepsilon_i=\frac{z_{\mathrm{O}i}(x_{\mathrm{T}i}-x_{\mathrm{O}i})}{r_i^2\cos\varepsilon_i}$$

$$\dot{\beta}_i=\frac{(\dot{x}_{\mathrm{T}i}-\dot{x}_{\mathrm{O}i})\cos\beta_i-(\dot{y}_{\mathrm{T}i}-\dot{y}_{\mathrm{O}i})\sin\beta_i}{r_i\cos\varepsilon_i}$$

$$\cos\beta_i \sin\varepsilon_i = \frac{z_{Oi}(y_{Ti} - y_{Oi})}{r_i^2 \cos\varepsilon_i}$$

$$\dot{\varepsilon}_i = \frac{\dot{z}_{Oi}\cos\varepsilon_i - [(\dot{x}_{Ti} - \dot{x}_{Oi})\sin\beta_i + (\dot{y}_{Ti} - \dot{y}_{Oi})\cos\beta_i]\sin\varepsilon_i}{r_i}$$

可得

$$\dot{\phi}_{xi} = k_x f_T(\dot{x}_i p_{1i} - \dot{y}_i p_{2i} - \dot{z}_{Oi} p_{3i}) = g_3 \tag{10.138}$$

$$\dot{\phi}_{yi} = k_y f_T(\dot{x}_i p_{2i} - \dot{y}_i p_{4i} + \dot{z}_{Oi} p_{5i}) = g_4 \tag{10.139}$$

其中

$$p_{1i} = (\cos^2\beta_i + \sin^2\beta_i \sin^2\varepsilon_i)/r_i$$
$$p_{2i} = \sin\beta_i \cos\beta_i \cos^2\varepsilon_i / r_i$$
$$p_{3i} = \sin\beta_i \sin\varepsilon_i \cos\varepsilon_i / r_i$$
$$p_{4i} = (\sin^2\beta_i + \cos^2\beta_i \sin^2\varepsilon_i)/r_i$$
$$p_{5i} = \cos\beta_i \sin\varepsilon_i \cos\varepsilon_i / r_i$$

将式(10.136)~式(10.139)在预测点集 $\hat{\boldsymbol{X}}_{Ti}^-$ 和实际测量集 $\mathscr{M}_i(x_{Omi}, y_{Omi}, z_{Omi}, \dot{x}_{Omi}, \dot{y}_{Omi}, \dot{z}_{Omi}, f_{Tmi}, \phi_{xmi}, \phi_{ymi}, \dot{\phi}_{xmi}, \dot{\phi}_{ymi})$ 处进行泰勒级数展开并取一次项,可以近似得出线性化的矩阵测量方程,于是可以根据状态方程和测量方程列出代入修正增益卡尔曼滤波,即可实现对目标的跟踪滤波。

10.4.5.3　对慢速目标的定位仿真

假设目标运动速度为 30km/h,这时的定位误差如图 10.23 和图 10.24 所示。

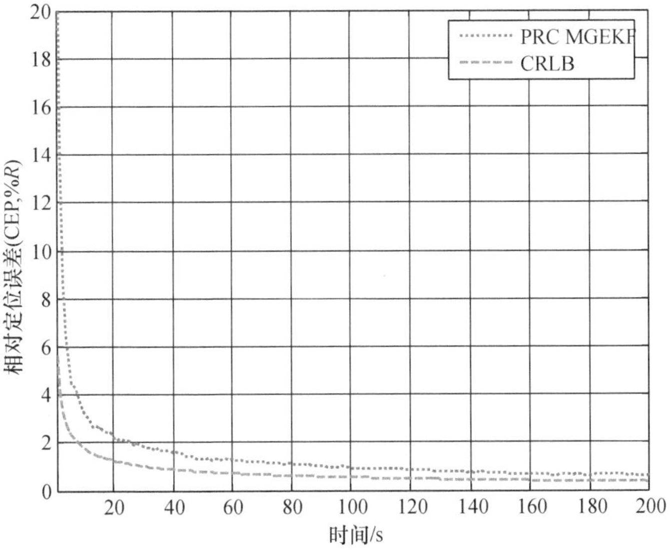

图 10.23　目标 $v = 30\text{km/h}$, $f = 0.2\text{GHz}$ 的定位误差

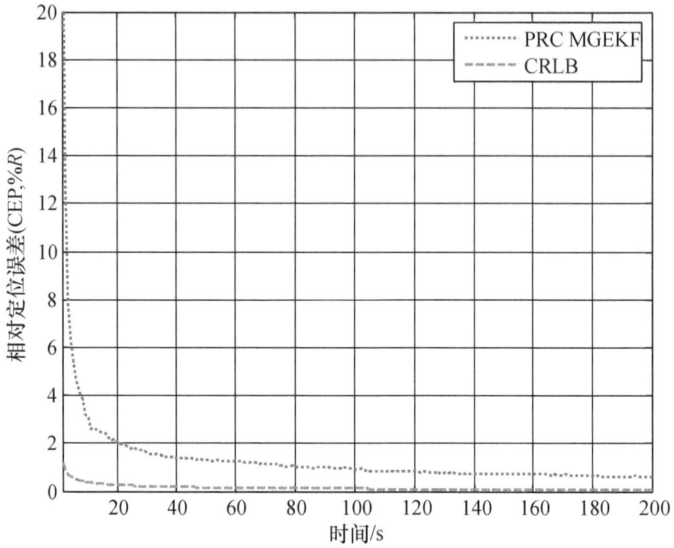

图 10.24　目标 $v=30\mathrm{km/h}$, $f=1\mathrm{GHz}$ 的定位误差

由图 10.24 可知,目标慢速运动时,对于定位的收敛速度和精度影响不大,这是由于其在定位收敛时间内运动的距离很短(小于 250m),因此可以近似认为其固定。

10.5　基于多普勒频率变化率的单站定位体制

10.5.1　多普勒变化率定位原理

根据物理学中的质点运动原理,观测站和辐射源之间的距离为

$$r(t)=\frac{v_{\mathrm{t}}(t)}{\dot{\beta}(t)} \tag{10.140}$$

式中:$\dot{\beta}(t)$ 为相对运动引起的角度变化率;$v_{\mathrm{t}}(t)$ 为运动速度;t 为时间。

但是,通常辐射源(目标)的运动速度 v 是未知的,因而 $v_{\mathrm{t}}(t)$ 也是未知的,此时仅仅采用式(10.140)无法测距。根据运动学原理,可得另外一个等式:

$$\ddot{r}(t)=\frac{v_{\mathrm{t}}^2(t)}{r(t)} \tag{10.141}$$

式中:离心加速度 $\ddot{r}$ 为距离 r 标量的二次导数。联立式(10.140)和式(10.141),可得

$$r(t)=\frac{\ddot{r}(t)}{\dot{\beta}^2(t)} \tag{10.142}$$

如果能够在某一时刻测量得到该时刻的离心加速度 $\ddot{r}(t)$ 和角速度 $\dot{\beta}(t)$，即可实现瞬时测距。通常观测站可以接收到辐射源辐射的信号，因此离心加速度信息既可以从信号的频域获得，其原理如下。

根据多普勒效应，径向速度 v_r 和多普勒频率 f_d 之间的关系为

$$v_r(t)=\dot{r}(t)=-\lambda f_d(t) \tag{10.143}$$

对式(10.143)求导，可得离心加速度 $\ddot{r}(t)$ 和多普勒频率变化率 $\dot{f}_d(t)$ 为

$$\ddot{r}(t)=-\lambda\dot{f}_d(t) \tag{10.144}$$

也可以得到每一个时刻的多普勒频率变化率为

$$\dot{f}_{dk}=-\frac{\ddot{r}_k}{\lambda} \tag{10.145}$$

其中

$$\ddot{r}_k=\frac{(x_k^2+y_k^2+z_k^2)(x_k\ddot{x}+y_k\ddot{y}+z_k\ddot{z})+(x_k\dot{y}_k-y_k\dot{x}_k)^2+(x_k\dot{z}_k-z_k\dot{x}_k)^2+(z_k\dot{y}_k-y_k\dot{z}_k)^2}{(x_k^2+y_k^2+z_k^2)^{3/2}}$$

上述即为多普勒变化率定位的数学模型[23-25]。事实上，将式(10.144)代入式(10.142)，可得

$$r(t)=-\lambda\frac{\dot{f}_d(t)}{\dot{\beta}^2(t)} \tag{10.146}$$

式(10.146)为基于多普勒频率变化率的单站测距公式。如果能够获得角度 $\beta(t)$，即可确定目标在笛卡儿坐标系下的坐标：

$$\begin{cases}x(t)=r(t)\sin\beta(t)\\ y(t)=r(t)\cos\beta(t)\end{cases} \tag{10.147}$$

如果目标的发射频率在短时间内信号载频不变，假设在第 iT 时刻脉冲信号的频率为

$$f_i=f_0+f_{d,i} \tag{10.148}$$

式中：f_0 为辐射源发射的频率；$f_{d,i}$ 为在 i 时刻由观测器相对运动引起的多普勒频移，T 为测量间隔。在 $(i+1)T$ 时刻信号的频率为

$$f_{i+1}=f_0+f_{d,i+1} \tag{10.149}$$

如果 T 足够小，多普勒频率的变化率 $\dot{f}_d$ 可以近似为

$$\dot{f}_d\approx(f_{i+1}-f_i)/T\mid_{T\to 0}=\dot{f} \tag{10.150}$$

因此,目标的多普勒频率变化率等于侦察接收机测量的频率变化率。

只要观测站和辐射源之间存在着相对运动且为非径向运动,利用该理论就有可能确定出辐射源的距离和位置。该理论解决了被动测斜距的关键技术,确立了实现单站被动探测定位系统的技术基础。

由于上述推导中并没有假设辐射源和辐射源的相对运动形式,也即只要满足观测站和目标之间存在非径向运动,观测站可以是静止的,也可以是运动的;目标可以是静止的,也可以是运动的。因此,该方法可以用于单机空对空无源定位。

在多次测量的情况下,为了提高定位精度,通常选择适当的非线性跟踪滤波算法如非线性最小二乘或 EKF 方法及其改进等对辐射源进行跟踪定位。

多普勒频率变化率方法的优点是定位的可观测性较强,定位收敛速度较快,在理论上对于大部分跳频辐射源也能定位。但应用中存在一些问题。

(1) 测量的参数较多,需同时测量角度、角度变化率(相位差变化率)、多普勒频率变化率,系统较复杂。

(2) 要求的频率变化率的精度较高,达到赫兹量级,这对于测量接收系统的要求较高。

(3) 频率变化率参数还是在一定程度上受到波形捷变的影响,波形的变化必然影响到多普勒频率变化率的测量精度。

10.5.2 匀速目标定位可观测性分析

下面对其定位的可观测性进行分析。由于离心加速度 $\ddot{r}(t)$ 和多普勒频率变化率 $\dot{f}_{\mathrm{d}}(t)$ 为 $\dot{f} = -\lambda\dot{f}_{\mathrm{d}}(t)$,因此可以通过离心加速度等效分析可观测性。

对于匀速运动目标,由于其加速度已知为零,即

$$\boldsymbol{a}_{\mathrm{T}} = 0 \tag{10.151}$$

因此,根据第 2 章的测距公式可知,如果观测器能够同时测量到某一时刻的角度、角度变化率、离心加速度,那么在二维空间中目标的瞬时相对距离为

$$r = \frac{\ddot{r} + \ddot{x}_o\sin\beta + \ddot{y}_o\cos\beta}{\dot{\beta}^2} \tag{10.152}$$

距离 r 计算出来以后,再结合方位角即可定出辐射源在坐标系中的位置。注意在这个过程中,我们并没有定义观测器的运动状态,因此观测器可以是静止的,也可以是以任何方式运动的,只要其运动使得这个时刻 $\dot{\beta}_i \neq 0$。而 $\dot{\beta}_i = 0$ 即意味着可能是下面两种情况之一:

(1) 观测器和辐射源之间无相对运动。

(2) 观测器朝目标辐射源径向运动。

因此可以得到几种利用角度及其变化率、离心加速度典型的不可观测和可观测的例子分别如图10.25、图10.26所示。两个图中实线表示运动轨迹，虚线表示视线角，空心点表示观测器，实心点表示目标。

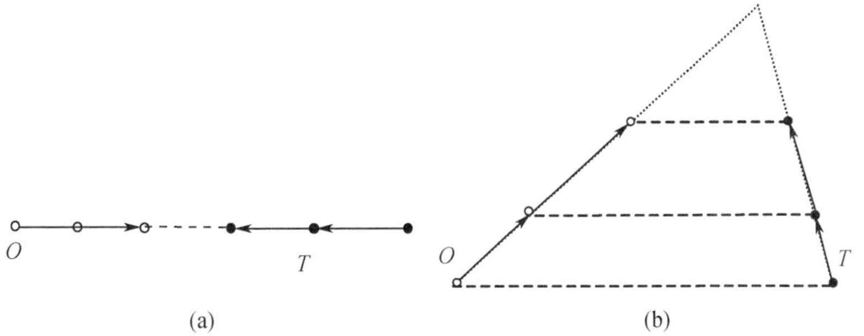

图10.25　利用角度及其变化率、离心加速度信息不可观测的情况

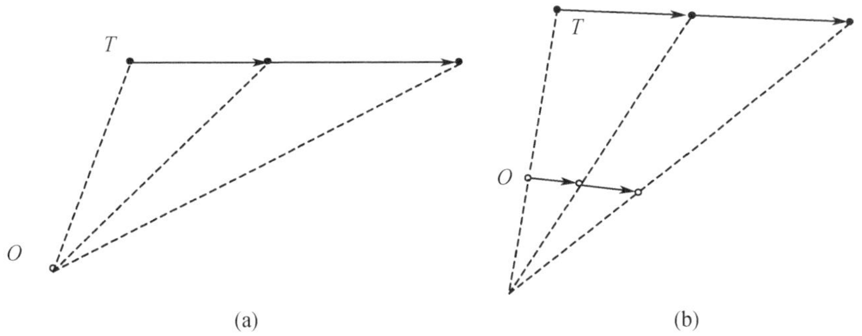

图10.26　利用角度及其变化率、离心加速度可观测的情况

对比离心加速度和角度的定位不可观测情况，可见在利用角度及其变化率定位中不可观测的情况，在增加离心加速度测量信息后，变成了可观测的情况。

10.5.3　机动目标定位可观测性分析

在目标机动时，由于目标的加速度未知，导致相对运动的加速度是未知的，因此无法直接用径向加速度测距公式单次测量获得距离。那么这个时候能否采用多次测量从而得出目标的运动状态呢？下面先对利用这3个参数对匀加速运动辐射源的无源定位可观测性进行分析。

假设目标辐射源按照匀加速运动，而观测器有可能是机动运动，也可能是匀速直线运动，还有可能是静止不动。这时目标－观测器的相对运动状态可以选为$\boldsymbol{X}_i = [x_i \quad y_i \quad \dot{x}_i \quad \dot{y}_i \quad \ddot{x}_i \quad \ddot{y}_i]^{\mathrm{T}}$，假设不考虑状态噪声，离散状态转移方程为

$$\boldsymbol{X}_{i+1}=\boldsymbol{\Phi}\boldsymbol{X}_i-\boldsymbol{U}_{oi} \tag{10.153}$$

式中：$\boldsymbol{\Phi}=\begin{bmatrix}\boldsymbol{I}_2 & \boldsymbol{I}_2T & \boldsymbol{I}_2T^2/2\\ \boldsymbol{0} & \boldsymbol{I}_2 & \boldsymbol{I}_2T\\ \boldsymbol{0} & \boldsymbol{0} & \boldsymbol{I}_2\end{bmatrix}$，$T=t_{i+1}-t_i$ 为测量周期，$\boldsymbol{U}_{oi}=[0\quad 0\quad 0\quad 0\quad a_{oxi}\quad a_{oyi}]^{\mathrm{T}}$ 为观测器机动输入。

由质点运动学公式，可得

$$\ddot{r}_i=\ddot{x}_i\sin\beta_i+\ddot{y}_i\cos\beta_i+r_i\dot{\beta}_i^2 \tag{10.154}$$

由恒等式可得

$$r_i=x_i in\beta_i+y_i\cos\beta_i \tag{10.155}$$

将式(10.155)代入式(10.154)，可得

$$\ddot{r}_i=\ddot{x}_i\sin\beta_i+\ddot{y}_i\cos\beta_i+x_i\dot{\beta}\sin\beta_i+y_i\dot{\beta}_i^2\cos\beta_i \tag{10.156}$$

结合恒等式，有

$$x_i\cos\beta_i-y_i\sin\beta_i=0 \tag{10.157}$$

$$x_i\dot{\beta}_i\sin\beta_i+y_i\dot{\beta}_i\cos\beta_i-\dot{x}_i\cos\beta_i+\dot{y}_i\sin\beta_i=0 \tag{10.158}$$

由式(10.156)～式(10.158)，可以得到 t_i 时刻利用离心加速度、角度及其变化率的测量方程为

其中

$$\boldsymbol{Z}_i=\boldsymbol{H}_i\boldsymbol{X}_i \tag{10.159}$$

$$\boldsymbol{Z}_i=\begin{bmatrix}0\\0\\ \ddot{r}_i\end{bmatrix},\boldsymbol{H}_i=\begin{bmatrix}\cos\beta_i & -\sin\beta_i & 0 & 0 & 0 & 0\\ \dot{\beta}_i\sin\beta_i & \dot{\beta}_i\cos\beta_i & -\cos\beta_i & \sin\beta_i & 0 & 0\\ \dot{\beta}_i^2\sin\beta_i & \dot{\beta}_i^2\cos\beta_i & 0 & 0 & \sin\beta_i & \cos\beta_i\end{bmatrix}$$

因此，对于 t_{i+1} 时刻的测量值，有

$$\boldsymbol{Z}_{i+1}=\boldsymbol{H}_{i+1}\boldsymbol{X}_{i+1}=\boldsymbol{H}_{i+1}\boldsymbol{\Phi}\boldsymbol{X}_i-\boldsymbol{H}_{i+1}\boldsymbol{U}_{oa} \tag{10.160}$$

由于观测器的机动往往是已知的，因此可以将式(10.160)等号右边第二项移到左边可得

$$\boldsymbol{Z}_{i+1}+\boldsymbol{H}_{i+1}\boldsymbol{U}_{oa}=\boldsymbol{H}_{i+1}\boldsymbol{\Phi}\boldsymbol{X}_i \tag{10.161}$$

联合式(10.159)、式(10.161)，可得

$$\begin{aligned}\boldsymbol{Z}_i'&\triangleq\begin{bmatrix}\boldsymbol{Z}_i\\ \boldsymbol{Z}_{i+1}+\boldsymbol{H}_{i+1}\boldsymbol{U}_{oa}\end{bmatrix}\\ &=\begin{bmatrix}\boldsymbol{H}_i\\ \boldsymbol{H}_{i+1}\boldsymbol{\Phi}\end{bmatrix}\boldsymbol{X}_i\triangleq\boldsymbol{\Gamma}_i\boldsymbol{X}_i\end{aligned} \tag{10.162}$$

下面分两种情况进行讨论。

(1) 假设 $\boldsymbol{Z}_i' \neq 0$，由于 $\boldsymbol{\Gamma}_i$ 为一个 6×6 方阵，因此如果 $\boldsymbol{\Gamma}_i$ 的行列式 $\det[\boldsymbol{\Gamma}_i]$ 不等于零，那么根据式(10.162)就可以唯一地得到

$$\boldsymbol{X}_i = \boldsymbol{\Gamma}_i^{-1}\boldsymbol{Z}_i' \tag{10.163}$$

下面看什么时候 $\boldsymbol{\Gamma}_i$ 的行列式不等于零。对 $\boldsymbol{\Gamma}_i$ 求行列式，经过一系列复杂的化简后，可得

$$\det[\boldsymbol{\Gamma}_i] = \frac{1}{2}T^2[(\dot\beta_i + \dot\beta_{i+1})^2 + T\dot\beta_i\dot\beta_{i+1}(\dot\beta_i + \dot\beta_{i+1}) - \frac{1}{2}T^2\dot\beta_i^2\dot\beta_{i+1}^2]\sin(\beta_i - \beta_{i+1}) + \sin^3(\beta_{i+1} - \beta_i) \tag{10.164}$$

因此，如果在 $t_i \leqslant t < t_{i+1}$ 中角度变化率 $\dot\beta \equiv 0$，则有 $\beta_i - \beta_{i+1} = 0$，$\dot\beta_i = \dot\beta_{i+1} = 0$，将以上公式代入式(10.164)得到 $\det[\boldsymbol{\Gamma}_i] = 0$，因此式(10.162)没有唯一解，故此时对于辐射源的状态不可观测。如果相对运动的角度及其变化率使得式(10.164)等于零，则对于此时的运动辐射源是可以观测的。

不难验证，对于匀加速直线运动的目标，观测器静止或直线运动、圆周运动，只要 $\dot\beta_i \neq 0(i = 0,1,2,\cdots,N)$，$\det[\boldsymbol{\Gamma}_i] \neq 0$ 都满足，因而对匀加速运动的目标也是可以观测的。

(2) 下面再讨论 $\boldsymbol{Z}_i' = 0$ 的可能性。由于

$$\boldsymbol{Z}_i' = [0 \quad 0 \quad \ddot r_i \quad 0 \quad 0 \quad \ddot r_{i+1} + a_{ori}]^{\mathrm{T}} \tag{10.165}$$

式中：$a_{ori} = a_{oxi}\sin\beta_i + a_{oyi}\cos\beta_i$，可以再分两种情况讨论。

① 如果观测器没有加速度即静止或匀速直线运动，即 $a_{oxi} = a_{oyi} = 0$，则很容易由 $\boldsymbol{Z}_i' = 0$ 推出 $\ddot r_i = \ddot r_{i+1} = 0$，即相当于 $T-O$ 相对静止或目标绕观测器圆周运动，此时仅根据角速度和角度无法确定出目标的位置，属于不可观测的情况。

② 如果 $a_{ori} \neq 0$，$\ddot r_i = 0$，$\ddot r_{i+1} = -a_{ori}$，则 $\boldsymbol{Z}_i' = 0$，这只是一种瞬时的特殊情况，因为再下一时刻 $\boldsymbol{Z}_{i+1}' \neq 0$，此时仍然和情况(1)相同。

如果目标加速且 $\boldsymbol{Z}_i' = 0$，则由于 $\boldsymbol{\Gamma}_i$ 的秩大于 2，因此仍然式(10.162)没有非零解，故此时对于目标仍然不可观测。

总结上面的可观测性分析可知，对于匀加速直线运动的辐射源，如果 $\dot\beta_i \equiv 0$ 或 $\ddot r_i \equiv 0(i = 0,1,\cdots,N)$，此时利用离心加速度的测距定位方法是不可以观测的；如果观测器加速运动使得式(10.164)和式(10.165)不等于零，就是可观测的[26]。

在一般工程应用上，实际只要保证 $\dot\beta_i \neq 0(i = 0,1,2,\cdots,N)$，在常见的目标和观测器运动形式下如巡航、转弯、加速、减速运动，式(10.164)和式(10.165)不为零的条件是很容易满足的，因而这些情况下利用离心加速度和角度及其变化率信

息进行无源定位大都是可观测的。

10.6 干涉仪模糊相位差定位

对于传统单站仅测角定位，干涉仪测角性能直接影响定位性能，因此面临以下主要问题：①当接收的辐射源信号信噪比较低时，干涉仪无模糊测向概率降低，这将导致定位性能降低；②干涉仪解模糊算法如长短基线组合解模糊算法和基于余数定理的解模糊算法对天线布阵有较高要求，这将限制干涉仪与观测器的共形设计；③通常针对一个辐射源频段设计的一组干涉仪基线组，当辐射源频率超过设计频段时，解模糊失效，因此针对不同频段需要设计多组干涉仪基线，这无疑将增加系统的复杂性。

受相关文献中直接定位思想的启发，若能去掉相位差解模糊测向过程，而直接利用模糊相位差进行定位，则传统干涉仪仅测角定位中面临的上述问题，可得以较好的解决。

本节提出了一种利用干涉仪模糊相位差的运动单站直接定位新方法[27]。该方法直接利用多次测量的模糊相位差估计辐射源位置。由于无须解相位差模糊，因此避免了错误解模糊引起的定位性能下降，对天线数目和布阵要求也大为降低，并可提高干涉仪的频段适应能力。针对相位差 2π 模糊特性引起的非连续性和非线性，提出一种多角度距离参数化高斯和无迹卡尔曼滤波（Multiple Bearing Range Parameterized Gaussian Mixture Filter, MBRPGMF）定位解算方法，该算法利用相位误差检测获得多个初始方位角，采用距离参数化方法获得一组高斯和滤波初始值，使用递推滤波方法估计辐射源位置，并通过剔除与合并高斯和成员降低运算量，最后对定位误差 CRLB 进行分析。

10.6.1 定位原理

假设地面有一固定辐射源向空中发射信号。在某一次观测时间内，运动观测器经过辐射源所在区域，接收地面辐射源发射的信号，利用其上的相位干涉仪测量得到相位差，结合观测器位置和姿态数据，实现对辐射源定位。定位场景示意图如图 10.27 所示。

当基线长度远大于信号波长时，相位差测量存在 2π 模糊。对于单个干涉仪长基线，无法解模糊实现测向定位。在此条件下，考虑通过基线时变消除相位差模糊引起的定位模糊。

下面给出一种时变基线干涉仪定位原理的几何解释。如图 10.28 所示，一次

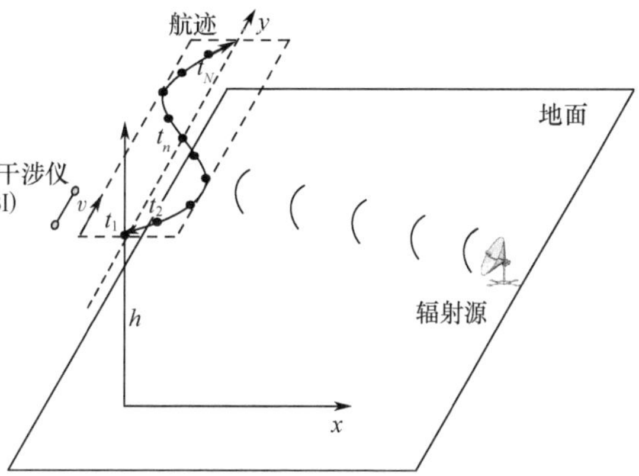

图10.27　定位场景示意图

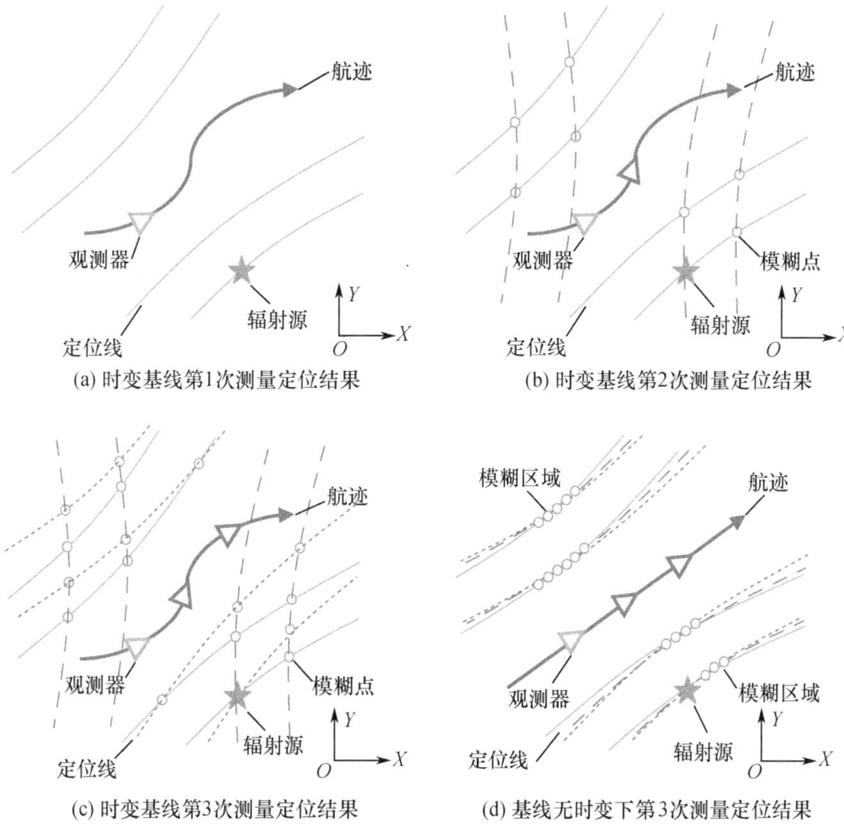

图10.28　定位原理几何示意图

测量的模糊相位差对应着多个模糊的来波入射角。这些角度与地面相交形成一簇定位线,辐射源位于其中的一条定位线上,但无法唯一确定辐射源的位置。如果在下一个观测时刻,干涉仪基线发生变化,测量的相位差对应的定位线簇也发生相应的变化,并与前一次测量对应的定位线簇相交,从而得到多个模糊的定位点。辐射源位于其中一个交点上,但仍然无法唯一地确定辐射源位置,如图10.28(b)所示。3次测量的相位差得到的定位线簇中,只有经过辐射源的定位线能够相交于一点,如图10.28(c)所示。

从图10.28(a)~(c)中可以看到,理论上至少需要3次测量才能实现无模糊定位。而实际测量受噪声等因素的影响,往往需要大于3次的测量才可能得到无模糊的辐射源位置。从图10.28(a)~(c)中还可以看到,要估计出辐射源所在的位置,多次测量对应的定位线簇之间需要有较明显的差异,否则定位线簇所形成的将是多条模糊定位区域,如图10.28(d)所示。

通过干涉仪基线匀速运动引起的多次测量的变化,也可以实现无模糊定位,但这需要较长的定位时间才能引起测量之间的明显差异。在较短的观测时间内,要实现定位线簇之间的明显差异,则需要干涉仪基线产生明显的时变。

10.6.2 相位差模型

在图10.27所示定位场景中,假设信号辐射源位置为 $\boldsymbol{x}_{\mathrm{T}}=[x_{\mathrm{T}}\quad y_{\mathrm{T}}\quad z_{\mathrm{T}}]^{\mathrm{T}}$,发射信号的载频为 f_{c},对应的信号波长为 λ。在观测时刻 t_n,运动观测器的位置为 $\boldsymbol{x}_n=[x_n\quad y_n\quad z_n]^{\mathrm{T}}$,对应的辐射源到观测器的单位视线矢量为 $\boldsymbol{r}_n=(\boldsymbol{x}_{\mathrm{T}}-\boldsymbol{x}_n)/\|\boldsymbol{x}_{\mathrm{T}}-\boldsymbol{x}_n\|$。假设干涉仪具有 M 条基线,第 m 条干涉仪基线指向矢量为 $\boldsymbol{b}_{mn}=[b_{xmn}\quad b_{ymn}\quad b_{zmn}]^{\mathrm{T}}$,则对应的无模糊相位差为

$$\phi_{mn}=\kappa\boldsymbol{b}_{mn}^{\mathrm{T}}\boldsymbol{r}_n+\delta_{mn}(m=1,2,\cdots,M;n=1,2,\cdots,N;\kappa=2\pi/\lambda) \tag{10.166}$$

式中:δ_{mn} 为相位差测量误差。假设其相互独立服从均值为零方差为 σ_{mn}^2 的高斯分布,并假设 $\sigma_{mn}^2=\sigma^2$。

将第1次测量得到的相位差写成矢量形式为

$$\boldsymbol{\Phi}_n=\boldsymbol{F}_n(\boldsymbol{x}_{\mathrm{T}})+\boldsymbol{E}_n \tag{10.167}$$

式中:$\boldsymbol{\Phi}_n=[\phi_{1n}\quad\phi_{2n}\quad\cdots\quad\phi_{Mn}]^{\mathrm{T}}$,$\boldsymbol{F}_n(\boldsymbol{x}_{\mathrm{T}})=[f_{1n}(\boldsymbol{x}_{\mathrm{T}})\quad f_{2n}(\boldsymbol{x}_{\mathrm{T}})\quad\cdots\quad f_{Mn}(\boldsymbol{x}_{\mathrm{T}})]^{\mathrm{T}}$,$f_{mn}(\boldsymbol{x}_{\mathrm{T}})=\kappa\boldsymbol{b}_{mn}^{\mathrm{T}}\boldsymbol{r}_n$,$\boldsymbol{E}_n=[\delta_{1n}\quad\delta_{2n}\quad\cdots\quad\delta_{Mn}]^{\mathrm{T}}$。

因此,式(10.167)对应的模糊相位差模型为

$$\boldsymbol{\Theta}_n=(\boldsymbol{F}_n(\boldsymbol{x}_{\mathrm{T}})+\boldsymbol{E})\bmod 2\pi \tag{10.168}$$

由于干涉仪基线指向和定位计算涉及地固坐标系、干涉仪机体坐标系、NED

坐标系，因此需要考虑定位中的坐标转换问题。这些坐标系的定义和转换可见第 2 章。

干涉仪模糊相位差运动单站直接无源定位问题，即是通过多次测量得到模糊相位差，利用目标的定位模型，估计辐射源的位置。

10.6.3 定位方法

定位解算是一个典型的非线性最优化寻优问题。网格搜索方法无须初始，算法稳健，但运算量较大。牛顿迭代法、非线性最小二乘法等批处理算法原理简单，定位精度较高，但受初值影响大。另外，随着观测时间的累积导致数据量增大从而影响批处理算法的实时性。递推滤波定位方法，如粒子滤波（Particle Filter, PF）方法[28]，由于相位差模糊特性需要较多的粒子数，使得运算量较大；而 EKF[10] 等方法具有较好的实时性，但同样受滤波初值的影响。

针对上述问题，通过分析干涉仪模糊相位差的特性及其与方位角的关系，本节提出一种多角度距离参数化高斯和无迹卡尔曼滤波（MBRPGMF）定位解算方法。该算法首先利用初始时刻的一组模糊相位差，通过相位差误差检测获得多个初始方位角，通过距离参数化得到一组滤波初始值，从而利用高斯和滤波方法，获得定位解。在滤波过程中，通过剔除与合并高斯和成员降低运算量。

10.6.3.1 相位差误差检测

当测量得到模糊相位差后，可利用相关干涉仪等方法估计信号方向。但当辐射源频率超出干涉仪解模糊能力后或相位差误差较大时，不能唯一确定辐射信号方向。但是，当基线长度和辐射源频率确定后，相位差的模糊数范围是确定的，而真实方位角对应的模糊数必然是其中之一。本节通过相位差误差检测，选择多个满足一定条件的模糊数对应的方位角，作为定位的初始角。以线阵干涉仪下的二维定位场景为例。

根据最长基线长度 $d_{\max}$ 和辐射源信号波长 λ，确定最大模糊数 $N_{\text{amb}} = \lceil d/\lambda \rceil$，$\lceil \cdot \rceil$ 表示向上取整。从而获得模糊数范围为 $n_{\text{amb}} \in [-N_{\text{amb}}, N_{\text{amb}}]$。对每个模糊数 n_{amb}，计算得到对应的方位角为

$$\beta_{n_{\text{amb}}} = \arccos\left(\frac{\lambda(\phi_{\max} + 2\pi n_{\text{amb}})}{2\pi d_{\max}}\right) \tag{10.169}$$

利用 $\beta_{n_{\text{amb}}}$ 计算得到对应的视线矢量 $\boldsymbol{r}_{n_{\text{amb}}} = [\cos\beta_{n_{\text{amb}}} \quad \sin\beta_{n_{\text{amb}}} \quad 0]^{\mathrm{T}}$，利用式（10.168）得到对应的模糊相位差 $\boldsymbol{\Theta}_{n_{\text{amb}}}$，计算测量的相位差与 $\boldsymbol{\Theta}_{n_{\text{amb}}}$ 的均方根误差为

$$\sigma_{n_{\text{amb}}} = \sqrt{\sum_{m=1}^{M} [(\phi_{m1} - \phi_{m1n_{\text{amb}}}) \bmod 2\pi]^2} \tag{10.170}$$

将 $\sigma_{n_{\text{amb}}}$ 与阈值 γ 进行比较，若小于阈值，则将其对应的方位角作为初始角度。遍历所有可能的模糊数，得到所有可能的方位初始角。

在本节仿真分析中的典型场景下，对第一组测量的相位差 $\boldsymbol{\Theta}_1$，利用相位差误差检测得到图 10.29 所示结果，当 $\sigma_{n_{\text{amb}}}$ 小于 $\gamma = 3\sigma\sqrt{M}$ 时，对应的模糊数标志设置为 1。图 10.29(a)中信号频率 $f_c = 3\text{GHz}$，相位差测量误差 $\sigma = 10°$，图 10.29(b)中 $f_c = 3\text{GHz}$，$\sigma = 20°$，图 10.29(c)中 $f_c = 6\text{GHz}$，$\sigma = 10°$，当相位差误差增大，或者辐射源频率超过干涉仪的工作频段时，存在测向模糊，通过误差检测方法，可获得所有可能的方位角。

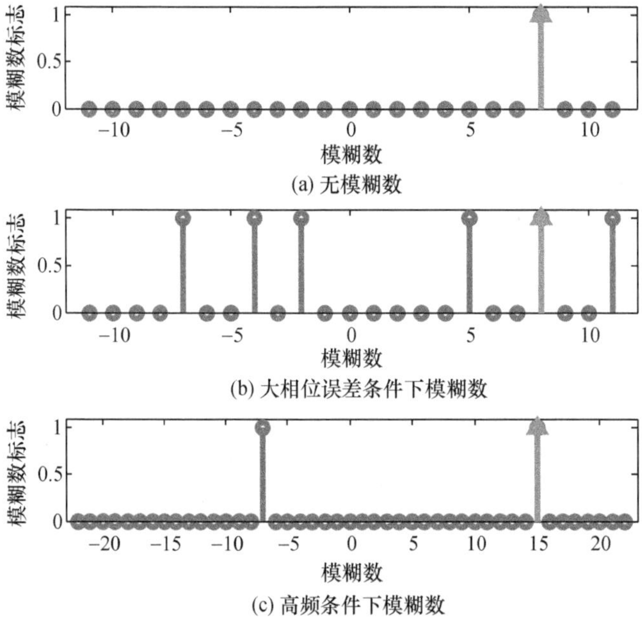

图 10.29 模糊数检测示意图

10.6.3.2 距离参数化

距离参数化方法在仅测角定位跟踪中有深入的研究和应用。当获得多个初始方位角后，对每个方位角，利用距离参数化方法，得到一组高于辐射源位置的高斯和表示。与文献[35]距离参数化方法类似，假设最小和最大探测距离分别为 $R_{\min}$ 和 $R_{\max}$。将 $[R_{\min}, R_{\max}]$ 划分为 G 个区间，使得每个区间满足

$$R_{\max}(g)/R_{\min}(g) = \rho(g = 1, 2, \cdots, G) \tag{10.171}$$

式中：$R_{\min}(g)$ 和 $R_{\max}(g)$ 分别为区间 g 的下界和上界，$R_{\min}(1)=R_{\min}$，$\rho=(R_{\max}/R_{\min})^{1/G}$。

定义距离区间宽度为 $R_{\mathrm{d}}(g)=R_{\max}(g)-R_{\min}(g)$，距离区间均值为 $R_m(g)=(R_{\max}(g)+R_{\min}(g))/2$，由初始化方位角 $\beta_{n_{\mathrm{b}}}$ 可得高斯概率密度函数的均值和协方差如下：

$$\boldsymbol{\mu}_{n_{\mathrm{b}}}(g)=\boldsymbol{x}_o(1)+R_m(g)[\cos\beta_{n_{\mathrm{b}}},\sin\beta_{n_{\mathrm{b}}}]^{\mathrm{T}} \tag{10.172}$$

$$\boldsymbol{P}_{n_{\mathrm{b}}}(g)=\begin{bmatrix}\cos\beta_{n_{\mathrm{b}}} & -\sin\beta_{n_{\mathrm{b}}}\\ \sin\beta_{n_{\mathrm{b}}} & \cos\beta_{n_{\mathrm{b}}}\end{bmatrix}\begin{bmatrix}(R_{\mathrm{d}}(g)/2)^2 & 0\\ 0 & (R_m(g)\sigma_{\beta_{n_{\mathrm{b}}}})^2\end{bmatrix}\begin{bmatrix}\cos\beta_{n_{\mathrm{b}}} & \sin\beta_{n_{\mathrm{b}}}\\ -\sin\beta_{n_{\mathrm{b}}} & \cos\beta_{n_{\mathrm{b}}}\end{bmatrix}$$

$$(n_{\mathrm{b}}=1,2,\cdots,N_{\mathrm{b}}) \tag{10.173}$$

式中：$\boldsymbol{x}_o(1)$ 为初始时刻观测器位置；$\sigma_{\beta_{n_{\mathrm{b}}}}$ 为测角均方根误差。

对于每个高斯成员的初始权值可根据其覆盖的区域大小进行设置：

$$\omega_{n_{\mathrm{b}}}(g)=\frac{\sqrt{\det(\boldsymbol{P}_{n_{\mathrm{b}}}(g))}}{\sum_{n_{\mathrm{b}}=1}^{N_{\mathrm{b}}}\sum_{g=1}^{G}\sqrt{\det(\boldsymbol{P}_{n_{\mathrm{b}}}(g))}}\approx\frac{R_{\mathrm{d}}(g)R_m(g)}{N_{\mathrm{b}}\sum_{g=1}^{G}R_{\mathrm{d}}(g)R_m(g)} \tag{10.174}$$

对 N_{b} 个初始化角度，得到 $N_{\mathrm{b}}G$ 组均值、协方差和权值。

根据图 10.30 中得到每个初始方位角通过距离参数化为 8 组高斯和，得到对应高斯和成员的初始均值、协方差和权值。

10.6.3.3 高斯和滤波

当获得初始权值、均值和协方差后，通过递推滤波方法，进行定位计算。

状态预测：

$$\boldsymbol{x}_{n|n-1}(c)=\boldsymbol{x}_{n-1|n-1}(c) \tag{10.175}$$

$$\boldsymbol{P}_{n|n-1}(c)=\boldsymbol{P}_{n-1|n-1}(c) \tag{10.176}$$

$$\boldsymbol{\omega}_{n|n-1}(c)=\boldsymbol{\omega}_{n-1|n-1}(c) \tag{10.177}$$

式中：$c=1,2,\cdots,C$，初始时刻有 $C=N_{\mathrm{b}}G$。

状态更新：

$$\boldsymbol{x}_{n|n}(c)=\boldsymbol{x}_{n|n-1}(c)+\boldsymbol{K}(c)\boldsymbol{v}(c) \tag{10.178}$$

$$\boldsymbol{P}_{n|n}(c)=\boldsymbol{P}_{n|n-1}(c)-\boldsymbol{K}(c)\boldsymbol{S}(c)\boldsymbol{K}^{\mathrm{T}}(c) \tag{10.179}$$

$$L_{n|n}(c)=\frac{1}{(2\pi)^{n_x/2}\sqrt{\det(\boldsymbol{S}(c))}}\exp\left(-\frac{1}{2}\boldsymbol{v}(c)\boldsymbol{S}(c)\boldsymbol{v}^{\mathrm{T}}(c)\right) \tag{10.180}$$

其中，新息为

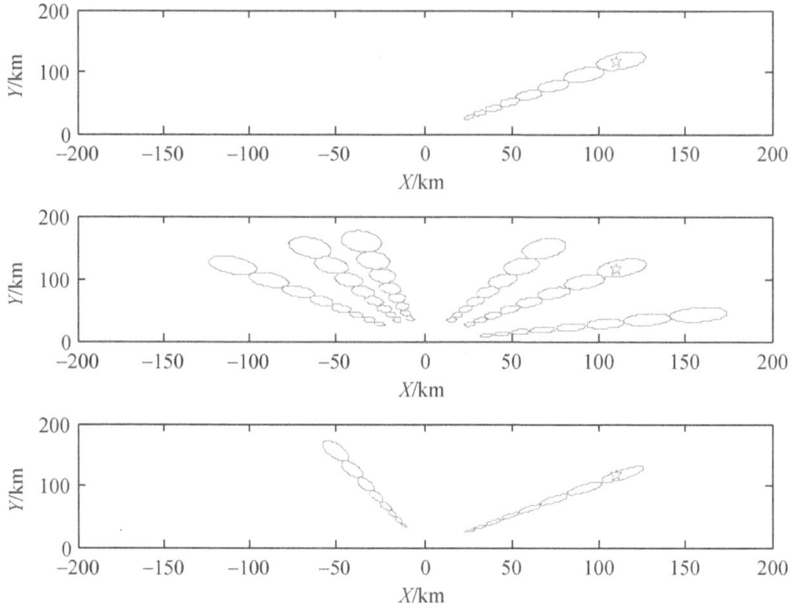

图 10.30　多角度距离参数化示意图

$$v(c)=(\boldsymbol{\Theta}_n-\boldsymbol{F}_n(\boldsymbol{x}_{n|n-1}(c)))\bmod 2\pi \tag{10.181}$$

新息协方差矩阵为

$$\boldsymbol{S}(c)=\boldsymbol{H}(c)\boldsymbol{P}_{n|n-1}(c)\boldsymbol{H}^{\mathrm{T}}(c)+\boldsymbol{R} \tag{10.182}$$

雅克比矩阵为

$$\boldsymbol{H}(c)=\frac{\partial \boldsymbol{F}_n}{\partial \boldsymbol{x}_n}=\left[\frac{\kappa\boldsymbol{b}_{1n}-\kappa\boldsymbol{b}_{1n}^{\mathrm{T}}\boldsymbol{r}_n\boldsymbol{r}_n}{r_n}\quad\cdots\quad\frac{\kappa\boldsymbol{b}_{Mn}-\kappa\boldsymbol{b}_{Mn}^{\mathrm{T}}\boldsymbol{r}_n\boldsymbol{r}_n}{r_n}\right]^{\mathrm{T}} \tag{10.183}$$

卡尔曼增益为

$$\boldsymbol{K}(c)=\boldsymbol{P}_{n|n-1}(c)\boldsymbol{H}(c)\boldsymbol{S}^{-1}(c) \tag{10.184}$$

权值更新

$$\omega_{n|n}(c)=\frac{\omega_{n|n-1}(c)L_{n|n}(c)}{\sum_{c=1}^{C}\omega_{n|n-1}(c)L_{n|n}(c)} \tag{10.185}$$

结果输出

$$\boldsymbol{x}_{k|k}=\sum_{c=1}^{C}\omega_{n|n}(c)\boldsymbol{x}_{n|n}(c) \tag{10.186}$$

10.6.3.4　高斯和降阶

由于初始化阶段得到较多数量的高斯和成员，而随着观测次数的增多，滤波结

果远离辐射源真值的滤波器权值逐步趋近于零。通过滤波器权值 $\omega_{n|n}(c)$ 与权值阈值 ε 进行比较，当小于阈值时，剔除对应的高斯和成员的均值和协方差矩阵。通过剔除这些高斯成员以降低运算量。

另外，可通过合并相似性较大的高斯和成员以降低运算量，相似性的判断准则如 Mahalonobis 距离、积分平方误差（Integral Square Error，ISE）准则、Kullback-leibler 发散（Kullback-Leibler Divergence，KLD）准则等。本节采用具有直观物理意义的欧几里得距离作为相似性的判断。计算高斯成员 $\boldsymbol{x}_{n|n}(i)$ 和 $\boldsymbol{x}_{n|n}(j)$ 的欧几里得距离为

$$d_{ij}=\sqrt{(\boldsymbol{x}_{n|n}(i)-\boldsymbol{x}_{n|n}(i))^{\mathrm{T}}(\boldsymbol{x}_{n|n}(i)-\boldsymbol{x}_{n|n}(i))} \tag{10.187}$$

将 d_{ij} 与距离阈值 γ 进行比较，若小于阈值，则将两个高斯和成员合并[94]：

$$\omega_{n|n}(k)=\omega_{n|n}(i)+\omega_{n|n}(j) \tag{10.188}$$

$$\boldsymbol{x}_{n|n}(k)=\frac{1}{\omega_{n|n}(k)}(\omega_{n|n}(i)\boldsymbol{x}_{n|n}(i)+\omega_{n|n}(j)\boldsymbol{x}_{n|n}(j)) \tag{10.189}$$

$$\boldsymbol{P}_{n|n}(k)=\frac{1}{\omega_{n|n}(k)}\Big[\omega_{n|n}(i)\boldsymbol{P}_{n|n}(i)+\omega_{n|n}(j)\boldsymbol{P}_{n|n}(j)+\frac{\omega_{n|n}(i)\omega_{n|n}(j)}{\omega_{n|n}(k)}(\boldsymbol{x}_{n|n}(i)-\boldsymbol{x}_{n|n}(j))(\boldsymbol{x}_{n|n}(i)-\boldsymbol{x}_{n|n}(j))^{\mathrm{T}}\Big] \tag{10.190}$$

将得到的 K 个高斯和权值进行归一化：

$$\omega_{n|n}(k)=\frac{\omega_{n|n}(k)}{\sum_{k=1}^{K}\omega_{n|n}(k)} \tag{10.191}$$

10.6.3.5　算法流程

步骤1：相位差误差检测。利用初始时刻得到的最长基线对应模糊相位差和信号波长，利用式（10.169）计算得到方位角，利用式（10.170）得到的检测量与阈值 γ 进行比较，获得 N_{b} 个初始方位角。

步骤2：距离参数化。将探测距离范围$[R_{\min},R_{\max}]$划分为 G 个区间，对得到的每个方位角，利用式（10.172）～式（10.174）得到 $N_{\mathrm{b}}G$ 组高斯和均值、协方差和权值。

步骤3：滤波更新。当得到一组新的观测后，对每个高斯和成员，利用式（10.175）～式（10.185）更新高斯和均值、协方差和权值，利用式（10.186）输出定位结果。

步骤4：高斯和降阶。对更新后的高斯和，通过与权值阈值 ε 进行比较，剔除低概率高斯和成员；利用式（10.187）计算高斯和成员的距离，对满足距离阈值的高斯和利用式（10.188）～式（10.191），得到 K 个高斯和表示。返回步骤3 直到定

位结束。

10.6.4 CRLB 分析

由于相位差测量可能存在误差,导致上述方法定位将存在定位误差,需对无模糊相位差定位的误差下限进行分析。CRLB 是无偏估计器所能达到的估计误差下限,根据 CRLB 的定义,有

$$\mathrm{CRLB}(\boldsymbol{x}_{\mathrm{T}})=\boldsymbol{J}^{-1}=\left\{E\left[\frac{\partial^{2}\ln p(\boldsymbol{x}_{\mathrm{T}}|\boldsymbol{\Phi})}{\partial\boldsymbol{x}_{\mathrm{T}}\partial x_{\mathrm{T}}^{\mathrm{T}}}\right]\right\}^{-1} \tag{10.192}$$

式中,$p(\boldsymbol{x}_{\mathrm{T}}|\boldsymbol{\Phi})$为联合概率密度函数。式(10.192)中偏导数为

$$\frac{\partial^{2}\ln p(\boldsymbol{x}_{\mathrm{T}}|\boldsymbol{\Phi})}{\partial\boldsymbol{x}_{\mathrm{T}}\partial\boldsymbol{x}_{\mathrm{T}}^{\mathrm{T}}}=\left(\frac{\partial\boldsymbol{F}}{\partial\boldsymbol{x}_{\mathrm{T}}}\right)^{\mathrm{T}}\boldsymbol{R}^{-1}\frac{\partial\boldsymbol{F}}{\partial\boldsymbol{x}_{\mathrm{T}}} \tag{10.193}$$

式中:$\boldsymbol{R}=\mathrm{diag}\{\sigma^{2},\sigma^{2},\cdots,\sigma^{2}\}_{NM\times NM}$;$\frac{\partial\boldsymbol{F}}{\partial\boldsymbol{x}_{\mathrm{T}}}=\boldsymbol{H}=\left[\frac{\partial\boldsymbol{F}_{1}}{\partial\boldsymbol{x}_{\mathrm{T}}}\quad\frac{\partial\boldsymbol{F}_{2}}{\partial\boldsymbol{x}_{\mathrm{T}}}\quad\cdots\quad\frac{\partial\boldsymbol{F}_{N}}{\partial\boldsymbol{x}_{T}}\right]^{\mathrm{T}}$;$\frac{\partial\boldsymbol{F}_{n}}{\partial\boldsymbol{x}_{\mathrm{T}}}=\left[\frac{\partial f_{1n}}{\partial\boldsymbol{x}_{\mathrm{T}}}\quad\frac{\partial f_{1n}}{\partial\boldsymbol{x}_{\mathrm{T}}}\quad\cdots\quad\frac{\partial f_{Mn}}{\partial\boldsymbol{x}_{\mathrm{T}}}\right]$;$\frac{\partial f_{mn}}{\partial\boldsymbol{x}_{\mathrm{T}}}=\frac{\kappa\boldsymbol{b}_{mn}-\kappa\boldsymbol{b}_{mn}^{\mathrm{T}}\boldsymbol{r}_{n}\boldsymbol{r}_{n}}{r_{n}}$。

因此 CRLB 为

$$\mathrm{CRLB}(\boldsymbol{x}_{\mathrm{T}})=\sigma^{2}(\boldsymbol{H}^{\mathrm{T}}\boldsymbol{H})^{-1} \tag{10.194}$$

10.6.5 仿真分析

典型场景:假设地面辐射源位置为[110.5　115.3　0]km,辐射源信号载频为 3GHz,采用文献[36]中的干涉仪基线设置方式,即 4 阵元线阵干涉仪中第 2~4 个阵元与第 1 个阵元的距离分别为 9λ/2、15λ/2、22λ/2,干涉仪平行于观测器机身安装。假设辐射源频率测量误差 0.01MHz。观测器以速度 $v=300\mathrm{m/s}$ 沿 X 轴正方向匀速直线运动,初始位置为[0　0　0.5]km。观测器自身位置和姿态信息通过导航设备获得,并假设观测器位置测量精度为 0.5m,平台姿态测量精度为 0.01°,定位处理数据率为 0.5s。

仿真中最大探测距离 $R_{\max}=200\mathrm{km}$,最小探测距离 $R_{\max}=30\mathrm{km}$,每个方位角利用距离参数化得到 G=8 组高斯和成员,权值阈值 $\varepsilon=10^{-10}$,距离阈值 $\gamma=3\mathrm{km}$。

为了统计定位性能,采用 100 次蒙特卡罗重复试验统计定位误差。定义均方根误差为

$$\mathrm{RMS}(T)=\sqrt{\frac{1}{M}\sum_{m=1}^{M}[\boldsymbol{x}_{\mathrm{T}}-\boldsymbol{x}_{\mathrm{T}m}(T)]^{\mathrm{T}}[\boldsymbol{x}_{\mathrm{T}}-\boldsymbol{x}_{\mathrm{T}m}(T)]} \tag{10.195}$$

式中:$\boldsymbol{x}_{\mathrm{T}m}(T)$为观测时长 T 下单次仿真得到的辐射源位置估计;M 为蒙特卡罗仿真次数。

仿真1:可测向场景。

辐射源信号载频为3GHz,信号观测时间为60s,仿真相位差测量误差在5°~80°范围下,本节定位方法和仅测角定位方法的性能比较。在仅测角方法中,角度利用相关法测得,同时剔除角度测量野值。

从图10.31的仿真结果可以看到,在相位差测量误差较小的条件下,仅测角定位和本节的相位差直接定位算法性能相当,都可接近CRLB;当相位差测量误差大于20°后,测角精度和解模糊概率下降,导致定位性能降低;本节方法在相位差测量误差20°~60°范围内,仍能较好地接近CRLB。

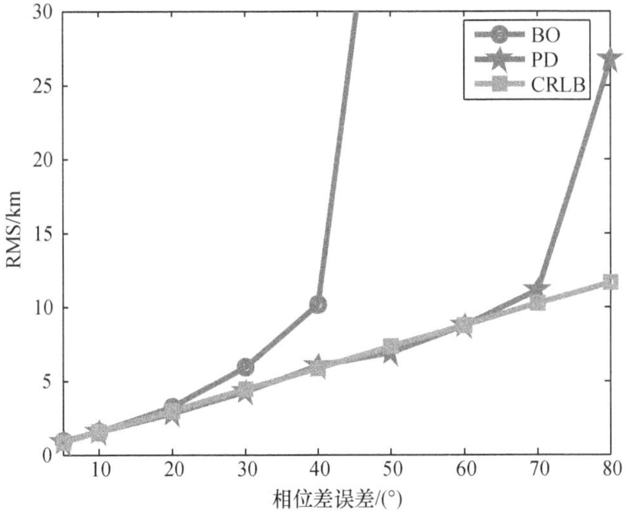

图10.31 可测向条件下定位性能

在相位差测量误差较大的条件下,干涉仪解模糊概率下降,出现测向野值,而剔除野值也意味着将损失相位差中包含的辐射源位置信息,因而定位性能偏离了CRLB。而本节方法直接利用相位差进行定位,在相位差测量精度较差的情况下定位性能仍可接近CRLB。

仿真2:不可测向场景。

典型场景下,仍采用频率为3GHz条件下对应的干涉仪基线配置条件。假设实际的辐射源频率为6GHz,信号观测时间60s,仿真相位差测量误差在5°~80°范围下,本节定位方法和仅测角定位方法的性能比较。

从图10.32中可知,由于辐射源频率为6GHz,使得最短基线(或最短虚拟基线)长度大于半倍波长,采用长短基线解模糊方法无法测向,而相关干涉仪测向方法中会出现多个模糊角度对应的虚假峰,因此无法通过测向实现定位。而本节方法由于无须测向,因此通过观测器运动,利用多次测量的相位差仍能实现定位。

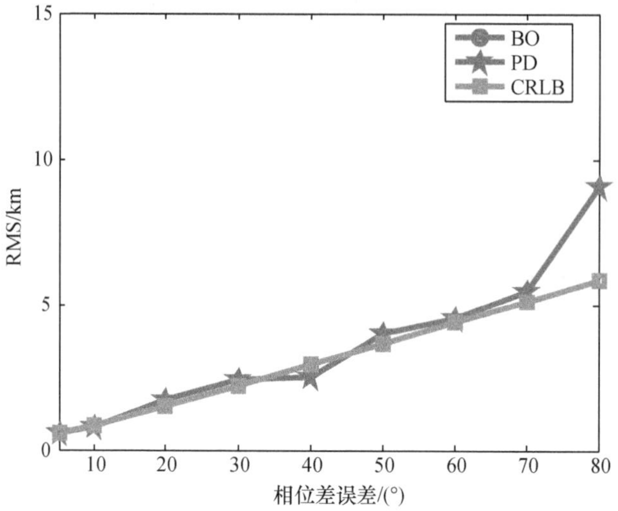

图 10.32　不可测向条件下定位性能

仿真 3：不同滤波方法性能比较。

在仿真 2 的场景下，相位差测量误差 10°条件下，对比仿真了使用 EKF 和 UKF[28]、容积卡尔曼滤波（Cubature Kalman Filter，CKF）[29]和求积卡尔曼滤波（Quadrature Kalman Filter，QKF）[30]4 种不同滤波器下多角度距离参数化高斯和滤波（MBRPGMF）方法的定位性能。

从图 10.33(a) 中可以看到，当 $G=1$ 仅初始化为单个高斯成员，多角度距离参数化高斯和扩展卡尔曼滤波（MBRPGMEKF）方法出现发散；从图 10.33(b) 中可以看到，当 $G=8$ 可得到了关于辐射源位置较好的初始化信息，因此 4 种多角度距离参数化的高斯和非线性滤波性能几乎相同。

表 10.2 给出了 $G=8$ 仿真条件下，4 种算法单次仿真所用时间。仿真所用计算机操作系统为 Microsoft Windows XP，计算机配置为 Intel® Core™ i5 CPU 750 @ 2.67GHz，2.66GHz，内存为 3.24GB，使用 Matlab®软件进行仿真计算。

表 10.2　不同算法单次仿真耗时

Alg.	MBRPGMEKF	MBRPGMUKF	MBRPGMCKF	MBRPGMQKF
时间/s	0.22	0.32	0.29	0.58

从表 10.2 可以看出，MBRPGMEKF 消耗时间最少，而 MBRPGMUKF、多角度距离参数化高斯和容称卡尔曼滤波（MBRPGMCKF）和多角度距离参数化高斯和求积卡尔曼滤波（MBRPGMQKF）方法与 MBRPGMEKF 方法相比无须求导运算，3 种方法所用采样点（Sigma 点）数分别为 5、4、9，耗时基本与 Sigma 点数正比例。另外，

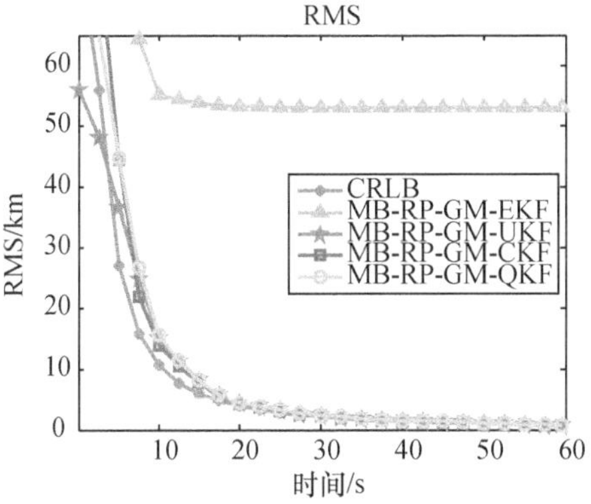

(a) 初始高斯和数量G=1

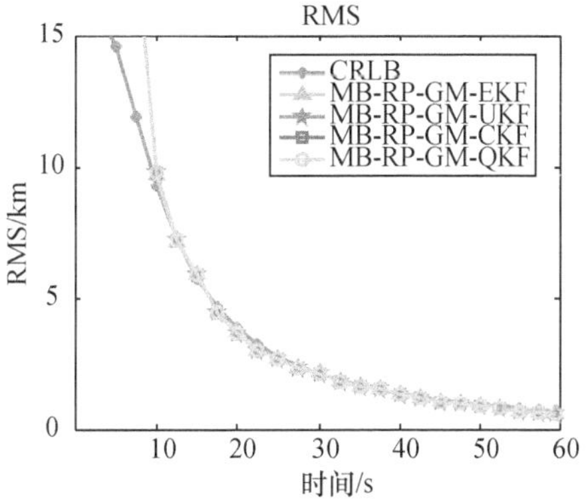

(b) 初始高斯和数量G=8

图 10.33　不同滤波方法下定位性能

对于 MB RP GM QKF 可采用文献[36]中稀疏网格方法在不降低精度条件下减少 Sigma 点数。

仿真 4:不同频段辐射源场景。

为进一步分析在不可测向场景下,本节定位方法的性能,仿真分析了在不同频段辐射源场景下的定位性能。仿真中考虑两种观测器运动方式:一是典型场景下的匀速飞行方式;另外一种为文献[21]中的蛇形机动运动方式,即观测器沿 X 轴方向,转弯半径 $R=10\text{km}$,蛇形机动周期 $T_s=10\text{s}$。在仿真中,将单次定位误差小于 3 倍 CRLB 的情况作为正确定位,由此定义正确定位的概率为

$$P_c(T)=\frac{M_c}{M}\times 100\% \tag{10.196}$$

式(10.196)中:$P_c(T)$为观测时长 T 下正确定位概率;M_c 为蒙特卡罗仿真中正确定位的次数。

采用典型场景下基线设置,表 10.2 列出了仿真相位差测量误差 10°,定位累积时间为 60s 下,辐射源频率 3 ~ 18GHz 范围下的定位性能。表中,C 表示匀速运动,M 表示蛇形机动。

表 10.2　不同辐射源频率下的定位性能

f/GHz		3	5	7	9	11	15	18
C	RMS	1.63	0.79	0.62	0.52	0.45	0.33	0.26
	P_c(%)	100	100	100	99	99	99	100
M	RMS	1.51	0.94	0.62	0.43	0.37	0.30	0.29
	P_c(%)	99	99	100	100	100	100	99

为了分析天线布阵对定位性能的影响,在典型场景下,改变天线布阵方式,使

基线长度分别为0.5m、1.0m、1.5m。表10.3列出了仿真相位差测量误差10°，定位累积时间为60s下，辐射源频率3～18GHz范围下的定位性能。

表10.3 不同辐射源频率下的定位性能

f/GHz		3	5	7	9	11	15	18
C	RMS	13.0	14.1	8.9	9.2	7.2	4.7	4.6
	P_c(%)	81	58	53	43	40	51	48
M	RMS	1.14	0.62	0.53	0.40	0.28	0.25	0.22
	P_c(%)	100	100	100	99	100	100	99

从表10.2和表10.3的仿真结果可以看出，随着辐射源频率的增加，仅用一组干涉仪基线，本节方法仍可实现定位。这与传统干涉仪测向定位中，针对不同频段采用不同的基线设置干涉仪测向定位的情况相比，本节定位方法系统结构更为简化。

与传统干涉仪测向定位中为满足无模糊测向而限制干涉仪基线布阵相比，本节定位方法对干涉仪基线布阵要求降低。

与观测器在匀速飞行方式相比，机动飞行方式引入了相位差较大的时变，有利于消除虚假峰对定位的影响，从而提高正确定位的概率。

参考文献

[1] 孙仲康，周一宇，何黎星. 单多基地有源无源定位技术[M]. 北京：国防工业出版社，1996.

[2] 孙仲康，郭福成，冯道旺，等. 单站无源定位跟踪技术[M]. 北京：国防工业出版社，2008.

[3] BECKER K. An efficient method of passive emitter location[J]. IEEE Transactions on Aerospace and Electronic Systems, 1992,28 (4):1091－1104.

[4] BECKER K. Three－dimensional target motion analysis using angles and frequency measurements [J]. IEEE Transactions on Aerospace and Electronic Systems, 2005,41 (1):284－301.

[5] BECKER K. A general approach to TMA observability from angle and frequency measurements [J]. IEEE Transactions on Aerospace and Electronic Systems, 1996,32 (1):487－494.

[6] HERMANN R, KRENER A J. Nonlinear controllability and observability[J]. IEEE Transactions on Automatic Control, Vol. AC-22, No. 5, 1977,10: 728－740.

[7] NARDONE S C, AIDALA V J. Observability criteria for bearing-only target motion analysis[J]. IEEE Transactions on Aerospace and Electronic Systems, Vol. AES-17, No. 2 1981, 3: 162－166.

[8] FOGEL E, GAVISH M. Nth-order dynamics target observability from angle measurements[J]. IEEE Transactions on Aerospace and Electronic Systems, Vol. AES-24, No. 3, 1988, 3: 305－308.

[9] AIDALA V J, HAMMEL S. Utilization of modified polar coordinates for bearings-only tracking [J]. IEEE Transactions on Automatic Control, Vol. AC-28, No. 3, 1983,3: 283 - 294.

[10] KAY S. 统计信号处理基础——估计与检测理论[M]. 罗鹏飞,张文明,等译. 北京:电子工业出版社, 2006.

[11] 朱照宣,周起钊,殷金生. 理论力学[M]. 北京:北京大学出版社,1981.

[12] 孙仲康. 基于运动学原理的无源定位技术[J]. 制导与引信,2001, 22(1):40 - 44.

[13] ADAMY D. Radar warning receiver: The digital revolution[J]. Journal of Electronic Defence, 2000,6: 45 - 50.

[14] 许耀伟. 一种快速高精度无源定位方法的研究[D]. 长沙:国防科学技术大学研究生院, 1998.

[15] 许耀伟,孙仲康. 利用相位差变化率对固定辐射源的无源被动定位[J]. 系统工程与电子技术,1999,21(3):34 - 37.

[16] 许耀伟. 对固定和运动辐射源的单站无源定位跟踪技术,雷达无源定位跟踪技术研讨会论文集[C]. 北京:2001: 23 - 28.

[17] 郭福成,孙仲康. 对机动辐射源单站无源定位可观测性分析[J]. 航天电子对抗,2005. 21(3):31 - 33.

[18] 郭福成,孙仲康. 利用方向角及其变化率的二维单站无源定位可观测性分析[J]. 系统工程与电子技术,2002,9(9):30 - 32.

[19] 邓新蒲,祁颖松,卢启中,等. 相位差变化率的测量方法及其测量精度分析[J]. 系统工程与电子技术,2001(1):20 - 23.

[20] 单月晖,孙仲康,皇甫堪. 变化姿态角下相位差变化率无源定位方法研究[J]. 电子学报,2002(12):1897 - 1900.

[21] SONG T L, SPEYER J. A stochastic analysis of a modified gain extended kalman filter with applications to estimation with bearings only measurements[J]. IEEE Transactions on Automatic Control, Vol. AC - 30, No. 10, 1985,10: 940 - 949.

[22] GALKOWSKI P J, ISLAM M. An alternative derivation of modified gain function of Song and Speyer[J]. IEEE Transactions on Automatic Control, 1991,36(11): 1322 - 1326.

[23] 冯道旺. 利用径向加速度信息的单站无源定位技术研究[D]. 长沙:国防科学技术大学研究生院, 2003.

[24] 李宗华. 无机动单站对运动辐射源的无源定位跟踪技术研究[D]. 长沙:国防科学技术大学研究生院,2003.

[25] 张 敏,冯道旺,郭福成. 基于多普勒变化率的单星无源定位[J]. 航天电子对抗,2009(5): 11 - 13.

[26] 郭福成. 基于运动学原理的单站无源定位与跟踪关键技术研究[D]. 长沙:国防科学技术大学研究院, 2002.

[27] 张敏,郭福成,周一宇. 基于单个长基线干涉仪的运动单站直接定位[J]. 航空学报,2013(2): 378 - 386.

[28] JULIER S J, UHLMANN J K. , Unsceuted fitering and nonlinear estimation[J]. Proeeding of IEEE, 2004, 92(3):401 - 422.

[29] ARASARATNAM I, HAYKIN S. Cubature kalmen filters[J]. IEEE Transactions on Automatic Control. Vol. 54, 2009(6): 1254 - 1269.

[30] ITO K, XIONG K. Gaussian filters for nonlinear filterry problems [J]. IEEE transactions on automatic control, 2000, 45(5):910 - 927.

[31] 张铭,孙仲康. 利用不机动单站 DOA、TOA 的测量实现被动定位与跟踪[J]. 航空学报, 1989, 10(5):A234 - A241.

[32] 周一宇,孙仲康. 利用 DOA 和 TOA 测量对三维运动辐射源的定位与跟踪[J]. 电子学报, 1991, 19(2):69 - 73.

[33] 焦淑红,司锡才. 利用 DOA 和 TOA 对运动辐射源的单舰无源定位[J]. 舰船工程, 1999, 4:55 - 57.

[34] 谢细全,王琴,等. DOA 和 TOA 的单站无源定位可观测性分析[J]. 电光与控制, Vol. 14, 2007. 4(2): 47 - 49.

[35] PEACH N. Bearings-only tracking using a set of range-parameterised extended Kalman filters [J]. IEE Proceeding on Control Theory Application, 1995, 142(1): 73 - 80.

[36] SHIEH C S, LIN C T. Direction of arrival estimation based on phase differences using neural fuzzy network [J]. IEEE Transactions on Antennas and Propagation, 2000, 48(7): 1115 - 1124.

附录 A

TDOA 定位偏差分析

本附录给出文中式(5.63)的详细推导。

$\boldsymbol{G}_2$可以表示为

$$\boldsymbol{G}_2 = \boldsymbol{G}_2^o + \Delta\boldsymbol{G}_2 \tag{A.1}$$

式中

$$\Delta\boldsymbol{G}_2 \approx \begin{bmatrix} \boldsymbol{0}_{N\times N} \\ \Delta\boldsymbol{u}^{\mathrm{T}} \underbrace{\frac{1}{r_1^o}(-\boldsymbol{I} + \boldsymbol{\rho}_{\boldsymbol{u}^o,s_1}\boldsymbol{\rho}_{\boldsymbol{u}^o,s_1}^{\mathrm{T}})}_{\boldsymbol{M}_g} \end{bmatrix}$$

定义 $\boldsymbol{P}_1 = \boldsymbol{G}_1^{\mathrm{T}}\boldsymbol{W}_1\boldsymbol{G}_1$,由第 5 章文献[25]知,$\boldsymbol{W}_2$可表示为

$$\boldsymbol{W}_2 = \boldsymbol{W}_2^o + \Delta\boldsymbol{W}_2, \quad \Delta\boldsymbol{W}_2 \approx \boldsymbol{B}_2^{-1}\Delta\boldsymbol{P}_1\boldsymbol{B}_2^{-1} \tag{A.2}$$

式中:$\Delta\boldsymbol{P}_1 = \boldsymbol{P}_1 - \boldsymbol{G}_1^{o\mathrm{T}}\boldsymbol{W}\boldsymbol{G}_1^o = \boldsymbol{G}_1^{o\mathrm{T}}\boldsymbol{W}_1\Delta\boldsymbol{G}_1 + \Delta\boldsymbol{G}_1^{\mathrm{T}}\boldsymbol{W}_1\boldsymbol{G}_1^o$,$\Delta\boldsymbol{P}_1$的推导见第 5 章文献[25]。忽略 $\Delta\boldsymbol{G}_2$和 $\Delta\boldsymbol{W}_2^o$的乘积项,可得

$$\begin{aligned} \boldsymbol{P}_2 &= \boldsymbol{G}_2^{\mathrm{T}}\boldsymbol{W}_2\boldsymbol{G}_2 \\ &\approx \boldsymbol{G}_2^{o\mathrm{T}}\boldsymbol{W}_2^o\boldsymbol{G}_2^o + \underbrace{\boldsymbol{G}_2^{o\mathrm{T}}\boldsymbol{W}_2^o\Delta\boldsymbol{G}_2 + \boldsymbol{G}_2^{o\mathrm{T}}\Delta\boldsymbol{W}_2^o\boldsymbol{G}_2^o + \Delta\boldsymbol{G}_2^{\mathrm{T}}\boldsymbol{W}_2^o\boldsymbol{G}_2^o}_{\Delta\boldsymbol{P}_2} \end{aligned} \tag{A.3}$$

在噪声水平较小时,有

$$\boldsymbol{P}_2^{-1} \approx (\boldsymbol{I} - \boldsymbol{P}_2^{o-1}\Delta\boldsymbol{P}_2)\boldsymbol{P}_2^{o-1} \tag{A.4}$$

定义 $\boldsymbol{H}_2^o = (\boldsymbol{G}_2^{o\mathrm{T}}\boldsymbol{W}_2^o\boldsymbol{G}_2^o)^{-1}\boldsymbol{G}_2^{o\mathrm{T}}\boldsymbol{W}_2^o$,令 $\boldsymbol{F}_2 = \boldsymbol{B}_2\Delta\boldsymbol{\varphi}_1 + \boldsymbol{F}_1$,将式(A.1)~式(A.4)代入式(5.59),可得

$$\begin{aligned} \Delta\breve{\boldsymbol{u}} &= -\boldsymbol{P}_2^{-1}\boldsymbol{G}_2^{\mathrm{T}}\boldsymbol{W}_2\boldsymbol{F}_2 \\ &\approx -(\boldsymbol{I} - \boldsymbol{P}_2^{o-1}\Delta\boldsymbol{P}_2)\boldsymbol{P}_2^{o-1}\boldsymbol{G}_2^{\mathrm{T}}\boldsymbol{W}_2\boldsymbol{F}_2 \\ &\approx -\boldsymbol{H}_2^o\boldsymbol{F}_2 - \boldsymbol{P}_2^{o-1}\boldsymbol{G}_2^{o\mathrm{T}}\Delta\boldsymbol{W}_2\boldsymbol{F}_2 - \boldsymbol{P}_2^{o-1}\Delta\boldsymbol{G}_2^{\mathrm{T}}\boldsymbol{W}_2^o\boldsymbol{F}_2 + \boldsymbol{P}_2^{o-1}\Delta\boldsymbol{P}_2\boldsymbol{H}_2^o\boldsymbol{F}_2 \end{aligned} \tag{A.5}$$

式(A.5)最后一项可展开写为

$$\boldsymbol{P}_2^{o-1}\Delta\boldsymbol{P}_2\boldsymbol{H}_2^o\boldsymbol{F}_2 \approx \boldsymbol{H}_2^o\Delta\boldsymbol{G}_2\boldsymbol{H}_2^o\boldsymbol{F}_2 + \boldsymbol{P}_2^{o-1}\boldsymbol{G}_2^{o\mathrm{T}}\Delta\boldsymbol{W}_2^o\boldsymbol{G}_2^o\boldsymbol{H}_2^o\boldsymbol{F}_2 + \boldsymbol{P}_2^{o-1}\Delta\boldsymbol{G}_2^{\mathrm{T}}\boldsymbol{W}_2^o\boldsymbol{G}_2^o\boldsymbol{H}_2^o\boldsymbol{F}_2 \tag{A.6}$$

将式(A.5)整理,可得

$$\begin{aligned}\Delta\breve{\boldsymbol{u}} = &-\boldsymbol{H}_2^o\boldsymbol{F}_2 - \boldsymbol{P}_2^{o-1}\Delta\boldsymbol{G}_2^{\mathrm{T}}\boldsymbol{W}_2^o\boldsymbol{P}_3\boldsymbol{F}_2 + \boldsymbol{H}_2^o\Delta\boldsymbol{G}_2\boldsymbol{H}_2^o\boldsymbol{F}_2 \\ &- \boldsymbol{P}_2^{o-1}\boldsymbol{G}_2^{o\mathrm{T}}\Delta\boldsymbol{W}_2\boldsymbol{P}_3\boldsymbol{F}_2\end{aligned} \tag{A.7}$$

对式(A.7)中逐项求期望,可得

$$E[\Delta\breve{\boldsymbol{u}}] = \boldsymbol{\alpha} + \boldsymbol{\beta} + \boldsymbol{\gamma} + \boldsymbol{\delta} \tag{A.8}$$

定义 $\Delta\boldsymbol{\varphi}_1$ 的协方差矩阵为

$$\begin{aligned}\boldsymbol{C}_1 &= E[\Delta\boldsymbol{\varphi}_1\Delta\boldsymbol{\varphi}_1^{\mathrm{T}}] \\ &= (\boldsymbol{G}_1^{o\mathrm{T}}\boldsymbol{W}_1^o\boldsymbol{G}_1^o)^{-1} + E[\Delta\boldsymbol{\varphi}_1]E[\Delta\boldsymbol{\varphi}_1]^{\mathrm{T}} \\ &\approx (\boldsymbol{G}_1^{o\mathrm{T}}\boldsymbol{W}_1^o\boldsymbol{G}_1^o)^{-1}\end{aligned} \tag{A.9}$$

下面分别计算 $\boldsymbol{\alpha}$、$\boldsymbol{\beta}$、$\boldsymbol{\gamma}$ 和 $\boldsymbol{\delta}$。首先有

$$\begin{aligned}\boldsymbol{\alpha} &= -E[\boldsymbol{H}_2^o\boldsymbol{F}_2] = -E[\boldsymbol{H}_2^o(\boldsymbol{B}_2\Delta\boldsymbol{\varphi}_1 + \boldsymbol{F}_1)] \\ &= -\boldsymbol{H}_2^o\boldsymbol{B}_2E[\Delta\boldsymbol{\varphi}_1] - \boldsymbol{H}_2^o\begin{bmatrix}\boldsymbol{0}_{N\times N} \\ \dfrac{1}{2}\mathrm{tr}(\boldsymbol{M}_g\boldsymbol{C}_1(1:N,1:N))\end{bmatrix}\end{aligned} \tag{A.10}$$

$\boldsymbol{M}_g$ 的定义如式(A.1)。$\boldsymbol{\beta}$ 可以定义为

$$\begin{aligned}\boldsymbol{\beta} &= -E[\boldsymbol{P}_2^{o-1}\Delta\boldsymbol{G}_2^{\mathrm{T}}\boldsymbol{W}_2^o\boldsymbol{P}_3\boldsymbol{F}_2] \\ &= -\boldsymbol{P}_2^{o-1}E[\Delta\boldsymbol{G}_2^{\mathrm{T}}\boldsymbol{W}_2^o\boldsymbol{P}_3\boldsymbol{F}_2] \\ &= -\boldsymbol{P}_2^{o-1}\boldsymbol{M}_g^{\mathrm{T}}(\boldsymbol{C}_1(1:N,:)\boldsymbol{A}_2(N+1,:)^{\mathrm{T}})\end{aligned} \tag{A.11}$$

式中:$\boldsymbol{A}_2 = \boldsymbol{W}_2^o\boldsymbol{P}_3\boldsymbol{B}_2$。对于 $\boldsymbol{\gamma}$ 有

$$\begin{aligned}\boldsymbol{\gamma} &= E[\boldsymbol{H}_2^o\Delta\boldsymbol{G}_2\boldsymbol{H}_2^o\boldsymbol{F}_2] \\ &= \boldsymbol{H}_2^oE[\Delta\boldsymbol{G}_2\boldsymbol{H}_2^o\boldsymbol{B}_2\Delta\boldsymbol{\varphi}_1] \\ &= \boldsymbol{H}_2^o\begin{bmatrix}\boldsymbol{0}_{N\times 1} \\ \boldsymbol{A}_3\end{bmatrix}\end{aligned} \tag{A.12}$$

式中:$\boldsymbol{A}_3 = \mathrm{tr}(\boldsymbol{P}_4\boldsymbol{C}_1(:,1:N))$,$\boldsymbol{P}_4 = \boldsymbol{M}_g\boldsymbol{H}_2^o\boldsymbol{B}_2$。

对于 $\boldsymbol{\delta}$ 有

$$\begin{aligned}\boldsymbol{\delta} &= -E[\boldsymbol{P}_2^{o-1}\boldsymbol{G}_2^{o\mathrm{T}}\Delta\boldsymbol{W}_2\boldsymbol{P}_3\boldsymbol{F}_2] \\ &\approx -\boldsymbol{P}_2^{o-1}\boldsymbol{G}_2^{o\mathrm{T}}E[\Delta\boldsymbol{W}_2\boldsymbol{P}_3\boldsymbol{B}_2\Delta\boldsymbol{\varphi}_1]\end{aligned} \tag{A.13}$$

将 $\Delta\boldsymbol{W}_2$ 代入式(A.13)中,可得

$$\begin{aligned}\boldsymbol{\delta} &= -\boldsymbol{P}_2^{o-1}\boldsymbol{G}_2^{o\mathrm{T}}\boldsymbol{B}_2^{-1}\boldsymbol{G}_1^{o\mathrm{T}}\boldsymbol{W}_1 E[\boldsymbol{\Delta G}_1\boldsymbol{B}_2^{-1}\boldsymbol{P}_3\boldsymbol{B}_2\boldsymbol{\Delta\varphi}_1] \\ &\quad -\boldsymbol{P}_2^{o-1}\boldsymbol{G}_2^{o\mathrm{T}}\boldsymbol{B}_2^{-1}E[\boldsymbol{\Delta G}_1^{\mathrm{T}}\boldsymbol{W}_1\boldsymbol{G}_1^{o}\boldsymbol{B}_2^{-1}\boldsymbol{P}_3\boldsymbol{B}_2\boldsymbol{\Delta\varphi}_1] \\ &= 2\boldsymbol{P}_6\boldsymbol{G}_1^{o\mathrm{T}}\boldsymbol{W}_1\boldsymbol{Q}\boldsymbol{B}_1\boldsymbol{P}_7(N+1,:)^{\mathrm{T}} + 2\boldsymbol{P}_6\begin{bmatrix}\boldsymbol{0}_{N\times 1} \\ \mathrm{tr}(\boldsymbol{W}_1\boldsymbol{G}_1^{o}\boldsymbol{P}_7\boldsymbol{B}_1\boldsymbol{Q})\end{bmatrix}\end{aligned} \tag{A.14}$$

式中：$\boldsymbol{P}_6=\boldsymbol{P}_2^{o-1}\boldsymbol{G}_2^{o\mathrm{T}}\boldsymbol{B}_2^{-1}$；$\boldsymbol{P}_7=\boldsymbol{B}_2^{-1}\boldsymbol{P}_3\boldsymbol{B}_2\boldsymbol{H}_1$。

综上所述，即得到所提出的时差定位新方法的估计偏差的理论值。

附录 B

5.5.2 节定位偏差分析

附录 B 推导 5.2.2 节观测站误差条件下时差定位的 TSWLS 算法的理论偏差。紧接式(5.91),计算 $E[\Delta\boldsymbol{\varphi}_{1,\mathrm{s}}]$以获得 $E[\Delta\boldsymbol{\varphi}_1]$,为简单起见,定义 $\boldsymbol{P}_1$为$\boldsymbol{G}_1^{\mathrm{T}}\boldsymbol{W}_1\boldsymbol{G}_1$有

$$\Delta\boldsymbol{\varphi}_{1,\mathrm{s}} = \boldsymbol{P}_1^{-1}\boldsymbol{G}_1^{\mathrm{T}}\boldsymbol{W}_1\boldsymbol{N}_{\mathrm{s}} \tag{B.1}$$

将 $\boldsymbol{G}_1$表示为

$$\boldsymbol{G}_1 = \boldsymbol{G}_1^o + \Delta\boldsymbol{G}_1 \tag{B.2}$$

其中

$$\Delta\boldsymbol{G}_1 = -2[\boldsymbol{A}_{\mathrm{s}} \quad \boldsymbol{n}], \quad \boldsymbol{A}_{\mathrm{s}} = \begin{bmatrix} (\Delta\boldsymbol{s}_2 - \Delta\boldsymbol{s}_1)^{\mathrm{T}} \\ (\Delta\boldsymbol{s}_3 - \Delta\boldsymbol{s}_1)^{\mathrm{T}} \\ \vdots \\ (\Delta\boldsymbol{s}_M - \Delta\boldsymbol{s}_1)^{\mathrm{T}} \end{bmatrix} \tag{B.3}$$

式(B.1)可以重写为

$$\boldsymbol{P}_1 = \boldsymbol{P}_1^o + \Delta\boldsymbol{P}_1, \quad \boldsymbol{P}_1^o = \boldsymbol{G}_1^{o\mathrm{T}}\boldsymbol{W}_1\boldsymbol{G}_1^o \tag{B.4}$$

$$\Delta\boldsymbol{P}_1 = \boldsymbol{G}_1^{o\mathrm{T}}\boldsymbol{W}_1\Delta\boldsymbol{G}_1 + \Delta\boldsymbol{G}_1^{\mathrm{T}}\boldsymbol{W}_1\boldsymbol{G}_1^o \tag{B.5}$$

这里忽略了 $\Delta\boldsymbol{G}_1^{\mathrm{T}}\boldsymbol{W}_1\Delta\boldsymbol{G}_1$项,因为该项与 $\boldsymbol{N}_{\mathrm{s}}$相乘产生的为高阶项,TDOA 测量噪声和传感器噪声较小时,根据纽曼展开有

$$\boldsymbol{P}_1^{-1} \approx (\boldsymbol{I} - \boldsymbol{P}_1^{o-1}\Delta\boldsymbol{P}_1)^{-1}\boldsymbol{P}_1^{o-1} \approx (\boldsymbol{I} - \boldsymbol{P}_1^{o-1}\Delta\boldsymbol{P}_1)\boldsymbol{P}_1^{o-1} \tag{B.6}$$

运用式(B.2)、式(B.6),保留二阶项有

$$\begin{aligned}\Delta\boldsymbol{\varphi}_{1,\mathrm{s}} \approx\, & \boldsymbol{H}_1\boldsymbol{D}_1\Delta\boldsymbol{s} + \boldsymbol{H}_1\boldsymbol{N}_1 + \boldsymbol{r}^o\Delta\boldsymbol{s}_1^{\mathrm{T}}\boldsymbol{B}\Delta\boldsymbol{s}_1 \\ & + \boldsymbol{P}_1^{o-1}\Delta\boldsymbol{G}_1^{\mathrm{T}}\boldsymbol{W}_1\boldsymbol{D}_1\Delta\boldsymbol{s} + \boldsymbol{P}_1^{o-1}\Delta\boldsymbol{P}_1^{\mathrm{T}}\boldsymbol{H}_1\boldsymbol{D}_1\Delta\boldsymbol{s}\end{aligned} \tag{B.7}$$

对式(B.7)逐项求期望有

$$E[\boldsymbol{H}_1\boldsymbol{D}_1\Delta\boldsymbol{s}] = \boldsymbol{0} \tag{B.8}$$

$$E[\boldsymbol{r}^o\Delta\boldsymbol{s}_1^{\mathrm{T}}\boldsymbol{B}\Delta\boldsymbol{s}_1] = \boldsymbol{r}^o \cdot \mathrm{tr}(\boldsymbol{B} \cdot \boldsymbol{Q}_{\mathrm{s}}(1:3,1:3)) \tag{B.9}$$

$$E[\boldsymbol{H}_1\boldsymbol{N}_1]=\boldsymbol{H}_1\cdot([\boldsymbol{1}_{(M-1)\times 1}\quad \boldsymbol{I}_{M-1}]\otimes\boldsymbol{D}_1)\cdot\boldsymbol{q}_{\mathrm{s}}\tag{B.10}$$

式中：$\boldsymbol{q}_{\mathrm{s}}$ 为矩阵 $\boldsymbol{Q}_{\mathrm{s}}$ 对角线元素组成的列矢量。令 $\boldsymbol{M}_2=\boldsymbol{W}_1\boldsymbol{D}_1$，$m_j=3(j-1)+1$，$n_j=3j(2\leqslant j\leqslant M)$，有

$$E[\boldsymbol{P}_1^{o-1}\Delta\boldsymbol{G}_1^{\mathrm{T}}\boldsymbol{W}_1\boldsymbol{D}_1\Delta\boldsymbol{s}]=-2\boldsymbol{P}_1^{o-1}\begin{bmatrix}\boldsymbol{A}_2\\ \boldsymbol{0}\end{bmatrix}\tag{B.11}$$

$$\boldsymbol{A}_2=\sum_{j=2}^{M}(\boldsymbol{Q}_{\mathrm{s}}(m_j:n_j,:)-\boldsymbol{Q}_{\mathrm{s}}(1:3,:))\boldsymbol{M}_2(j-1,:)^{\mathrm{T}}\tag{B.12}$$

定义 $\boldsymbol{M}_3=(\boldsymbol{H}_1\boldsymbol{D}_1)(1:3,:)$，有

$$E[\boldsymbol{H}_1\Delta\boldsymbol{G}_1\boldsymbol{H}_1\boldsymbol{D}_1\Delta\boldsymbol{s}]=-2\boldsymbol{H}_1\boldsymbol{N}_3\tag{B.13}$$

其中

$$\boldsymbol{N}_3=\begin{bmatrix}\mathrm{tr}(\boldsymbol{M}_3(\boldsymbol{Q}_{\mathrm{s}}(:,4:6)-\boldsymbol{Q}_{\mathrm{s}}(:,1:3)))\\ \vdots\\ \mathrm{tr}(\boldsymbol{M}_3(\boldsymbol{Q}_{\mathrm{s}}(:,m_j:n_j)-\boldsymbol{Q}_{\mathrm{s}}(:,1:3)))\\ \vdots\\ \mathrm{tr}(\boldsymbol{M}_3(\boldsymbol{Q}_{\mathrm{s}}(:,3(M-1)+1:3M)-\boldsymbol{Q}_{\mathrm{s}}(:,1:3)))\end{bmatrix}\tag{B.14}$$

令 $\boldsymbol{M}_4=\boldsymbol{W}_1\boldsymbol{G}_1^o\boldsymbol{H}_1\boldsymbol{D}_1$，有

$$E[\boldsymbol{P}_1^{o-1}\Delta\boldsymbol{G}_1^{\mathrm{T}}\boldsymbol{W}_1\boldsymbol{G}_1^o\boldsymbol{H}_1 D_1\Delta\boldsymbol{s}]=-2\boldsymbol{P}_1^{o-1}\begin{bmatrix}\boldsymbol{A}_3\\ \boldsymbol{0}\end{bmatrix}\tag{B.15}$$

$$\boldsymbol{A}_3=\sum_{j=2}^{M}(\boldsymbol{Q}_{\mathrm{s}}(m_j:n_j,:)-\boldsymbol{Q}_{\mathrm{s}}(1:3,:))\boldsymbol{M}_4(j-1,:)^{\mathrm{T}}\tag{B.16}$$

综合式(B.8)～式(B.11)以及式(B.15)可得到 $E[\Delta\boldsymbol{\varphi}_{1,\mathrm{s}}]$。至此，完成了步骤1的理论偏差推导，即是式(5.87)。

从式(5.87)开始推导步骤2的理论偏差，式(5.88)中，$\boldsymbol{G}_2$是一个常量矩阵，但是$\boldsymbol{B}_2$和$\boldsymbol{W}_2$含有由$\boldsymbol{\varphi}_1$和$\boldsymbol{G}_1$引起的误差项。需要指出的是，由于在步骤1的偏差分析中，已经考虑了传感器$\boldsymbol{s}_1$的位置误差，因此，在步骤2的偏差分析中，可认为$\boldsymbol{s}_1$是不受噪声影响的。

接下来推导式(5.89)中最后一项 $E[\Delta\boldsymbol{W}_2\boldsymbol{P}_3\boldsymbol{B}_2^o\Delta\boldsymbol{\varphi}_1]$，$\Delta\boldsymbol{W}_2$定义为

$$\Delta\boldsymbol{W}_2\approx\boldsymbol{B}_2^{o-1}\Delta\boldsymbol{P}_1\boldsymbol{B}_2^{o-1}-\boldsymbol{B}_2^{o-1}\Delta\boldsymbol{B}_2\boldsymbol{W}_2^o-\boldsymbol{W}_2^o\boldsymbol{B}_2^{o-1}\Delta\boldsymbol{B}_2\tag{B.17}$$

可将$\boldsymbol{W}_2$表示为 $\boldsymbol{W}_2=\boldsymbol{W}_2^o+\Delta\boldsymbol{W}_2$，其中，$\boldsymbol{W}_2^o=\boldsymbol{B}_2^{o-1}\boldsymbol{P}_1^o\boldsymbol{B}_2^{o-1}$，$\Delta\boldsymbol{B}_2=2\mathrm{diag}\{\Delta\boldsymbol{\varphi}_1\}$以及

$$\boldsymbol{B}_2^o=2\mathrm{diag}\left\{\boldsymbol{\varphi}_1^o-\begin{bmatrix}\boldsymbol{s}_1\\ \boldsymbol{0}\end{bmatrix}\right\}\tag{B.18}$$

将 $E[\Delta\boldsymbol{W}_2\boldsymbol{P}_3\boldsymbol{B}_2^o\Delta\boldsymbol{\varphi}_1]$表示为

$$E[\boldsymbol{\Delta W}_2\boldsymbol{P}_3\boldsymbol{B}_2^o\boldsymbol{\Delta\varphi}_1]=\boldsymbol{\alpha}+\boldsymbol{\beta}+\boldsymbol{\gamma} \tag{B.19}$$

令 $\boldsymbol{P}_4=\boldsymbol{B}_2^{o-1}\boldsymbol{P}_3\boldsymbol{B}_2^o\boldsymbol{H}_1\boldsymbol{B}_1$,$\boldsymbol{\alpha}$ 经过推导可得

$$\begin{aligned}\boldsymbol{\alpha}&=E[\boldsymbol{B}_2^{o-1}\boldsymbol{\Delta P}_1\boldsymbol{B}_2^{o-1}\boldsymbol{P}_3\boldsymbol{B}_2^o\boldsymbol{\Delta\varphi}_1]\\&=-2\boldsymbol{B}_2^{o-1}\left(\boldsymbol{A}_4+\boldsymbol{G}_1^{o\mathrm{T}}\boldsymbol{W}_1\boldsymbol{Q}\boldsymbol{P}_4(4,:)^{\mathrm{T}}+\begin{bmatrix}\boldsymbol{A}_5\\\mathrm{tr}(\boldsymbol{W}_1\boldsymbol{G}_1^o\boldsymbol{P}_4Q)\end{bmatrix}\right)\end{aligned} \tag{B.20}$$

式中:$\boldsymbol{A}_4$和$\boldsymbol{A}_5$可分别表示为

$$\begin{aligned}\boldsymbol{A}_4&=E[\boldsymbol{G}_1^{o\mathrm{T}}\boldsymbol{W}_1\boldsymbol{\Delta G}_1\boldsymbol{B}_2^{o-1}\boldsymbol{P}_3\boldsymbol{B}_2^o]\\&=\boldsymbol{G}_1^{o\mathrm{T}}\boldsymbol{W}_1\begin{bmatrix}\mathrm{tr}(\boldsymbol{M}_5(\boldsymbol{Q}_\mathrm{S}(:,4:6)-\boldsymbol{Q}_\mathrm{S}(:,1:3)))\\\vdots\\\mathrm{tr}(\boldsymbol{M}_5(\boldsymbol{Q}_\mathrm{S}(:,m_j:n_j)-\boldsymbol{Q}_\mathrm{S}(:,1:3)))\\\vdots\\\mathrm{tr}(\boldsymbol{M}_5(\boldsymbol{Q}_\mathrm{S}(:,3(M-1)+1:3M)-\boldsymbol{Q}_\mathrm{S}(:,1:3)))\end{bmatrix}\end{aligned} \tag{B.21}$$

$$\boldsymbol{A}_5=\sum_{j=2}^{M}(\boldsymbol{Q}_\mathrm{s}(m_j:n_j,:)-\boldsymbol{Q}_\mathrm{s}(1:3,:))\boldsymbol{M}_6(j-1,:)^{\mathrm{T}} \tag{B.22}$$

式中:$\boldsymbol{M}_5=\boldsymbol{B}_2^{o-1}\boldsymbol{P}_3\boldsymbol{B}_2^o\boldsymbol{H}_1\boldsymbol{B}_1$;$\boldsymbol{M}_6=\boldsymbol{W}_1\boldsymbol{G}_1^o\boldsymbol{B}_2^{o-1}\boldsymbol{P}_3\boldsymbol{B}_2^o\boldsymbol{H}_1\boldsymbol{B}_1$。

$\boldsymbol{\beta}$ 和 $\boldsymbol{\gamma}$ 经过推导,可得

$$\beta=-E[\boldsymbol{B}_2^{o-1}\boldsymbol{\Delta B}_2\boldsymbol{W}_2^o\boldsymbol{P}_3\boldsymbol{B}_2^o\Delta\varphi_1]=-2\boldsymbol{B}_2^{o-1}\boldsymbol{p}_{5,W2} \tag{B.23}$$

$$\boldsymbol{\gamma}=-E[\boldsymbol{W}_2^o\boldsymbol{B}_2^{o-1}\boldsymbol{\Delta B}_2\boldsymbol{P}_3\boldsymbol{B}_2^o\Delta\varphi_1]=-2\boldsymbol{W}_2^o\boldsymbol{B}_2^{o-1}\boldsymbol{p}_5 \tag{B.24}$$

式中:$\boldsymbol{p}_{5,W2}$和$\boldsymbol{p}_5$分别为矩阵 $\boldsymbol{W}_2^o\boldsymbol{P}_5$和$\boldsymbol{P}_5$对角线元素组成的列矢量,可表示为

$$\boldsymbol{P}_5=\boldsymbol{P}_3\boldsymbol{B}_2^o\boldsymbol{P}_1^o \tag{B.25}$$

将式(B.20)、式(B.23)和式(B.24)代入式(5.92)可得到 $E[\boldsymbol{\Delta\varphi}_2]$。

这样就完成了观测站误差条件下 TSWLS 方法理论偏差的推导。

附录 C

5.5.5 节定位偏差分析

下面详细推导观测站位置误差条件下定位误差修正的多站时差定位方法的理论偏差。由于步骤 1 的理论偏差已经在附录 B 中详细给出，这里只给出算法步骤 2 的理论偏差。

式(5.120)中，$\boldsymbol{B}_2$ 是常值矩阵，$\boldsymbol{G}_2$、$\boldsymbol{W}_2$ 含有估计误差，$\boldsymbol{G}_2$ 可以表示为

$$\boldsymbol{G}_2 = \boldsymbol{G}_2^o + \Delta\boldsymbol{G}_2$$

$$\Delta\boldsymbol{G}_2 = \begin{bmatrix} \boldsymbol{0}_{N\times N} \\ \Delta\boldsymbol{u}^{\mathrm{T}}\boldsymbol{M}_g \end{bmatrix} \tag{C.1}$$

$$\boldsymbol{M}_g = -\frac{1}{\boldsymbol{r}_1^o}(I_{N\times N} - \rho_{u^o,s_1}\rho_{u^o,s_1}^{\mathrm{T}})$$

式中：N 为求解问题的维数。

同理，$\boldsymbol{W}_2$ 可表示为

$$\boldsymbol{W}_2 = \boldsymbol{W}_2^o + \Delta\boldsymbol{W}_2$$

$$\Delta\boldsymbol{W}_2 \approx \boldsymbol{B}_2^{-1}\Delta\boldsymbol{P}_1\boldsymbol{B}_2^{-1}$$

$$\Delta\boldsymbol{P}_1 \approx \boldsymbol{G}_1^{o\mathrm{T}}\boldsymbol{W}_1\Delta\boldsymbol{G}_1 + \Delta\boldsymbol{G}_1^{\mathrm{T}}\boldsymbol{W}_1\boldsymbol{G}_1^o \tag{C.2}$$

式(5.121)中，将 $\boldsymbol{P}_2$ 表示为

$$\boldsymbol{P}_2 = \boldsymbol{P}_2^o + \Delta\boldsymbol{P}_2\boldsymbol{P}_2^o = \boldsymbol{G}_2^{o\mathrm{T}}\boldsymbol{W}_2^o\boldsymbol{G}_2^o$$

$$\Delta\boldsymbol{P}_2 \approx \boldsymbol{G}_2^{o\mathrm{T}}\boldsymbol{W}_2^o\Delta\boldsymbol{G}_2 + \boldsymbol{G}_2^{o\mathrm{T}}\Delta\boldsymbol{W}_2\boldsymbol{G}_2^o + \Delta\boldsymbol{G}_2^{\mathrm{T}}\boldsymbol{W}_2^o\boldsymbol{G}_2^o \tag{C.3}$$

式中忽略了 $\Delta\boldsymbol{G}_2$ 和 $\Delta\boldsymbol{W}_2$ 的乘积项(高阶项)。根据纽曼展开，$\boldsymbol{P}_2^{-1}$ 可以近似展开为

$$\boldsymbol{P}_2^{-1} \approx (\boldsymbol{I}_{N\times N} - \boldsymbol{P}_2^{o-1}\Delta\boldsymbol{P}_2)\boldsymbol{P}_2^{o-1} \tag{C.4}$$

将式(C.1)～式(C.4)代入式(5.121)中，可得

$$\begin{aligned} \Delta\bar{\boldsymbol{u}} &\approx -\boldsymbol{P}_2^{-1}\boldsymbol{G}_2^{\mathrm{T}}\boldsymbol{W}_2\boldsymbol{F}_2 \\ &= (\boldsymbol{I} - \boldsymbol{P}_2^o\Delta P)\boldsymbol{P}_2^{o-1}\boldsymbol{G}_2^{\mathrm{T}}\boldsymbol{W}_2\boldsymbol{F}_2 \\ &\approx -\boldsymbol{H}_2^o\boldsymbol{F}_2 - \boldsymbol{P}_2^{o-1}\boldsymbol{G}_2^{o\mathrm{T}}\Delta\boldsymbol{W}_2\boldsymbol{F}_2 \end{aligned}$$

$$-\boldsymbol{P}_2^{o-1}\boldsymbol{G}_2^{\mathrm{T}}\boldsymbol{W}_2^o\boldsymbol{F}_2+\boldsymbol{P}_2^{o-1}\Delta\boldsymbol{P}_2\boldsymbol{H}_2^o\boldsymbol{F}_2 \tag{C.5}$$

式(C.5)中最后一项可展开为

$$\begin{aligned}\boldsymbol{P}_2^{o-1}\Delta\boldsymbol{P}_2\boldsymbol{H}_2^o\boldsymbol{F}_2 &\approx \boldsymbol{H}_2^o\Delta\boldsymbol{G}_2\boldsymbol{H}_2^o\boldsymbol{F}_2\\ &+\boldsymbol{P}_2^{o-1}\boldsymbol{G}_2^{o\mathrm{T}}\Delta\boldsymbol{W}_2^o\boldsymbol{G}_2^o\boldsymbol{H}_2^o\boldsymbol{F}_2+\boldsymbol{P}_2^{o-1}\Delta\boldsymbol{G}_2^{\mathrm{T}}\boldsymbol{W}_2^o\boldsymbol{G}_2^o\boldsymbol{H}_2^o\boldsymbol{F}_2\end{aligned} \tag{C.6}$$

将式(C.5)代入式(C.6)中,可得

$$\begin{aligned}\Delta\bar{\boldsymbol{u}} \approx &-\boldsymbol{H}_2^o\boldsymbol{F}_2-\boldsymbol{P}_2^{o-1}\Delta\boldsymbol{G}_2^{\mathrm{T}}\boldsymbol{W}_2^o\boldsymbol{P}_3\boldsymbol{F}_2\\ &+\boldsymbol{H}_2^o\Delta\boldsymbol{G}_2\boldsymbol{H}_2^o\boldsymbol{F}_2-\boldsymbol{P}_2^{o-1}\boldsymbol{G}_2^{o\mathrm{T}}\Delta\boldsymbol{W}_2\boldsymbol{P}_3\boldsymbol{F}_2\end{aligned} \tag{C.7}$$

对式(C.7)逐项求期望,可得

$$E[\Delta\bar{\boldsymbol{u}}]=\boldsymbol{\alpha}+\boldsymbol{\beta}+\boldsymbol{\gamma}+\boldsymbol{\delta} \tag{C.8}$$

将 $\Delta\boldsymbol{\varphi}_1$ 的协方差矩阵记作 $\boldsymbol{C}_1\approx(\boldsymbol{G}_1^{o\mathrm{T}}\boldsymbol{W}_1\boldsymbol{G}_1^o)^{-1}$,$\boldsymbol{\alpha}$、$\boldsymbol{\beta}$、$\boldsymbol{\gamma}$、$\boldsymbol{\delta}$ 分别计算如下:

$$\begin{aligned}\boldsymbol{\alpha}&=-E[\boldsymbol{H}_2^o\boldsymbol{F}_2]=-E[\boldsymbol{H}_2^o(\boldsymbol{B}_2\Delta\boldsymbol{\varphi}_1+\boldsymbol{F}_1)]\\ &-\boldsymbol{H}_2^o\boldsymbol{B}_2E[\Delta\boldsymbol{\varphi}_1]-\frac{1}{2}\boldsymbol{H}_2^o\begin{bmatrix}\boldsymbol{0}_{N\times N}\\ \mathrm{tr}(\boldsymbol{M}_g\boldsymbol{C}_1(1:N,1:N))\end{bmatrix}\end{aligned} \tag{C.9}$$

$$\begin{aligned}\boldsymbol{\beta}&=-E[\boldsymbol{P}_2^{o-1}\Delta\boldsymbol{G}_2^{\mathrm{T}}\boldsymbol{W}_2^o\boldsymbol{P}_3\boldsymbol{F}_2]\\ &=-\boldsymbol{P}_2^{o-1}E[\Delta\boldsymbol{G}_2^{\mathrm{T}}\boldsymbol{W}_2^o\boldsymbol{P}_3\boldsymbol{F}_2]\\ &=-\boldsymbol{P}_2^{o-1}\boldsymbol{M}_g^{\mathrm{T}}\boldsymbol{C}_1(1:N,:)\boldsymbol{A}_2(N+1,:)^{\mathrm{T}}\end{aligned} \tag{C.10}$$

式中:$\boldsymbol{A}_2=\boldsymbol{W}_2^o\boldsymbol{P}_3\boldsymbol{B}_2$。

记 $\boldsymbol{P}_4=\boldsymbol{M}_g\boldsymbol{H}_2^o\boldsymbol{B}_2$,有

$$\begin{aligned}\boldsymbol{\gamma}&=E[\boldsymbol{H}_2^o\Delta\boldsymbol{G}_2\boldsymbol{H}_2^o\boldsymbol{F}_2]\\ &=\boldsymbol{H}_2^oE[\Delta\boldsymbol{G}_2\boldsymbol{H}_2^o\boldsymbol{B}_2\Delta\boldsymbol{\varphi}_1]=\boldsymbol{H}_2^o\begin{bmatrix}\boldsymbol{0}_{N\times 1}\\ \boldsymbol{A}_3\end{bmatrix}\end{aligned} \tag{C.11}$$

式中:$\boldsymbol{A}_3=\mathrm{tr}(\boldsymbol{P}_4\boldsymbol{C}_1(:,1:N))$。

这里,$\boldsymbol{\alpha}$、$\boldsymbol{\beta}$、$\boldsymbol{\gamma}$ 不受观测站位置误差的影响,$\Delta\boldsymbol{\varphi}_1$ 中包含了 $\Delta\boldsymbol{s}$ 影响的部分,$\Delta\boldsymbol{G}_1$ 也受到 $\Delta\boldsymbol{s}$ 的影响。$\boldsymbol{\delta}$ 同时受到了 TDOA 测量误差及观测站位置误差的影响:

$$\begin{aligned}\boldsymbol{\delta}&=-E[\boldsymbol{P}_2^{o-1}\Delta\boldsymbol{G}_2^{o\mathrm{T}}\Delta\boldsymbol{W}_2\boldsymbol{P}_3\boldsymbol{F}_2]\\ &\approx-\boldsymbol{P}_2^{o-1}\boldsymbol{G}_2^{o\mathrm{T}}E[\Delta\boldsymbol{W}_2\boldsymbol{P}_3\boldsymbol{B}_2\Delta\boldsymbol{\varphi}_1]\end{aligned} \tag{C.12}$$

将式(C.2)代入式(C.12)中,可得

$$\boldsymbol{\delta}=\boldsymbol{\delta}_{\mathrm{t}}+\boldsymbol{\delta}_{\mathrm{s}}=\boldsymbol{\delta}_{\mathrm{t},1}+\boldsymbol{\delta}_{\mathrm{t},2}+\boldsymbol{\delta}_{\mathrm{s},1}+\boldsymbol{\delta}_{\mathrm{s},2} \tag{C.13}$$

式中:$\boldsymbol{\delta}_{\mathrm{t}}$表示由 TDOA 测量噪声引起的偏差,且 $\boldsymbol{\delta}_{\mathrm{t}}=\boldsymbol{\delta}_{\mathrm{t},1}+\boldsymbol{\delta}_{\mathrm{t},2}$;$\boldsymbol{\delta}_{\mathrm{s}}$ 表示由观测站位置误差引起的偏差,且 $\boldsymbol{\delta}_{\mathrm{s}}=\boldsymbol{\delta}_{\mathrm{s},1}+\boldsymbol{\delta}_{\mathrm{s},2}$。

$\boldsymbol{\delta}_{\mathrm{t}}$计算如下:

$$\boldsymbol{\delta}_{\mathrm{t}}=\boldsymbol{\delta}_{\mathrm{t},1}+\boldsymbol{\delta}_{\mathrm{t},2} \tag{C.14}$$

$$\begin{aligned}\boldsymbol{\delta}_{\mathrm{t},1}&=-\boldsymbol{P}_6\boldsymbol{G}_1^{o\mathrm{T}}\boldsymbol{W}_1E[\Delta\boldsymbol{G}_1\boldsymbol{P}_7\boldsymbol{B}_1n]\\&=-2\boldsymbol{P}_6\boldsymbol{G}_1^{o\mathrm{T}}\boldsymbol{W}_1\boldsymbol{Q}_t\boldsymbol{B}_1\boldsymbol{P}_7(N+1,:)^{\mathrm{T}}\\\boldsymbol{\delta}_{\mathrm{t},2}&=-\boldsymbol{P}_6E[\Delta\boldsymbol{G}_1^o\boldsymbol{W}_1\boldsymbol{G}_1^o\boldsymbol{P}_7\boldsymbol{H}_1\boldsymbol{B}_1n]\\&=-2\boldsymbol{P}_6\begin{bmatrix}\boldsymbol{0}_{N\times1}\\\mathrm{tr}(\boldsymbol{W}_1\boldsymbol{G}_1^o\boldsymbol{P}_7\boldsymbol{B}_1\boldsymbol{Q}_{\mathrm{t}})\end{bmatrix}\end{aligned}$$

式中：$\boldsymbol{P}_6=\boldsymbol{P}_2^{o-1}\boldsymbol{G}_2^{o\mathrm{T}}\boldsymbol{B}_2^{-1}$；$\boldsymbol{P}_7=\boldsymbol{B}_2^{-1}\boldsymbol{P}_3\boldsymbol{B}_2\boldsymbol{H}_1$。

$\boldsymbol{\delta}_{\mathrm{s}}$ 计算如下：

$$\begin{aligned}\boldsymbol{\delta}_{\mathrm{s}}&=\boldsymbol{\delta}_{\mathrm{s},1}+\boldsymbol{\delta}_{\mathrm{s},2}\\\boldsymbol{\delta}_{\mathrm{s},1}&=-\boldsymbol{P}_6\boldsymbol{G}_1^{o\mathrm{T}}\boldsymbol{W}_1E[\Delta\boldsymbol{G}_1\boldsymbol{P}_7\boldsymbol{D}_1\Delta\boldsymbol{s}]\\&=-2\boldsymbol{P}_6\boldsymbol{G}_1^{o\mathrm{T}}\boldsymbol{W}_1\boldsymbol{A}_7\end{aligned}$$

$$\boldsymbol{A}_7=\begin{bmatrix}\boldsymbol{q}_{\mathrm{s}}(4:6)^{\mathrm{T}}\boldsymbol{C}_{M6}^2-\boldsymbol{q}_{\mathrm{s}}(1:3)^{\mathrm{T}}\boldsymbol{C}_{M6}^1\\\vdots\\\boldsymbol{q}_{\mathrm{s}}(m:n)^{\mathrm{T}}\boldsymbol{C}_{M6}^j-\boldsymbol{q}_{\mathrm{s}}(1:3)^{\mathrm{T}}\boldsymbol{C}_{M6}^1\\\vdots\\\boldsymbol{q}_{\mathrm{s}}((M-1)N:MN)^{\mathrm{T}}\boldsymbol{C}_{M6}^M-\boldsymbol{q}_{\mathrm{s}}(1:3)^{\mathrm{T}}\boldsymbol{C}_{M6}^1\end{bmatrix} \tag{C.15}$$

$$\boldsymbol{\delta}_{\mathrm{s},2}=-\boldsymbol{P}_6E[\Delta\boldsymbol{G}_1^{\mathrm{T}}\boldsymbol{W}_1\boldsymbol{G}_1^o\boldsymbol{P}_7\boldsymbol{H}_1\boldsymbol{D}_1\Delta\boldsymbol{s}]=-2\boldsymbol{P}_6\begin{bmatrix}\boldsymbol{A}_8\\\boldsymbol{0}\end{bmatrix}$$

$$\begin{aligned}\boldsymbol{A}_8&=\sum_{j=2}^{M}\boldsymbol{M}_7(j-1,m:n)^{\mathrm{T}}\odot\boldsymbol{q}_{\mathrm{s}}(m:n,m:n)\\&\quad-\mathrm{sum}(\boldsymbol{M}_7(:,1:N),1)^{\mathrm{T}}\odot\boldsymbol{q}_{\mathrm{s}}(1:N)\end{aligned} \tag{C.16}$$

式中：$\boldsymbol{C}_{M6}^j$为由矩阵$\boldsymbol{M}_6$对角线上元素组成的列矢量；$\boldsymbol{M}_6=\boldsymbol{P}_7\boldsymbol{D}_1$；$\boldsymbol{M}_7=\boldsymbol{W}_1\boldsymbol{G}_1\boldsymbol{P}_7\boldsymbol{D}_1$。

至此，完成了观测站位置误差条件下基于定位误差修正的时差定位新算法理论偏差的推导。

附录 D TDOA/FDOA 定位的 CTLS 算法系数矩阵推导

式(7.51)中,各个矩阵具体表达式如下:

$$\bar{\boldsymbol{F}}_1=\begin{bmatrix} 2\boldsymbol{F}_{11} & \boldsymbol{0}_{(M-1)\times 3M} & \boldsymbol{0}_{(M-1)\times 2(M-1)} \\ \boldsymbol{0}_{(M-1)\times 3M} & \boldsymbol{F}_{11} & \boldsymbol{0}_{(M-1)\times 2(M-1)} \end{bmatrix}$$

$$\bar{\boldsymbol{F}}_2=\begin{bmatrix} 2\boldsymbol{F}_{22} & \boldsymbol{0}_{(M-1)\times 3M} & \boldsymbol{0}_{(M-1)\times 2(M-1)} \\ \boldsymbol{0}_{(M-1)\times 3M} & \boldsymbol{F}_{22} & \boldsymbol{0}_{(M-1)\times 2(M-1)} \end{bmatrix}$$

$$\bar{\boldsymbol{F}}_3=\begin{bmatrix} 2\boldsymbol{F}_{33} & \boldsymbol{0}_{(M-1)\times 3M} & \boldsymbol{0}_{(M-1)\times 2(M-1)} \\ \boldsymbol{0}_{(M-1)\times 3M} & \boldsymbol{F}_{33} & \boldsymbol{0}_{(M-1)\times 2(M-1)} \end{bmatrix}$$

$$\bar{\boldsymbol{F}}_4=\begin{bmatrix} \boldsymbol{0}_{(M-1)\times 6M} & 2\boldsymbol{I}_{M-1} & \boldsymbol{0}_{(M-1)\times (M-1)} \\ \boldsymbol{0}_{(M-1)\times 6M} & \boldsymbol{0}_{(M-1)\times (M-1)} & \boldsymbol{I}_{M-1} \end{bmatrix}$$

$$\bar{\boldsymbol{F}}_5=\begin{bmatrix} \boldsymbol{0}_{(M-1)\times 3M} & \boldsymbol{0}_{(M-1)\times (5M-2)} \\ \boldsymbol{F}_{11} & \boldsymbol{0}_{(M-1)\times (5M-2)} \end{bmatrix}$$

$$\bar{\boldsymbol{F}}_6=\begin{bmatrix} \boldsymbol{0}_{(M-1)\times 3M} & \boldsymbol{0}_{(M-1)\times (5M-2)} \\ \boldsymbol{F}_{22} & \boldsymbol{0}_{(M-1)\times (5M-2)} \end{bmatrix}$$

$$\bar{\boldsymbol{F}}_7=\begin{bmatrix} \boldsymbol{0}_{(M-1)\times 3M} & \boldsymbol{0}_{(M-1)\times (5M-2)} \\ \boldsymbol{F}_{33} & \boldsymbol{0}_{(M-1)\times (5M-2)} \end{bmatrix}$$

$$\bar{\boldsymbol{F}}_8=\begin{bmatrix} \boldsymbol{0}_{(M-1)\times 6M} & \boldsymbol{0}_{(M-1)\times (M-1)} & \boldsymbol{0}_{(M-1)\times (M-1)} \\ \boldsymbol{0}_{(M-1)\times 6M} & \boldsymbol{I}_{M-1} & \boldsymbol{0}_{(M-1)\times (M-1)} \end{bmatrix}$$

$$\bar{\boldsymbol{F}}_9=\begin{bmatrix} (2\boldsymbol{D}_d,2\boldsymbol{D}_2) & \boldsymbol{0}_{(M-1)\times 3M} & -2\boldsymbol{B} & \boldsymbol{0}_{(M-1)\times (M-1)} \\ (\dot{\boldsymbol{D}}_d,\dot{\boldsymbol{D}}_2) & (\boldsymbol{D}_d,\boldsymbol{D}_2) & -\dot{\boldsymbol{B}} & -\boldsymbol{B} \end{bmatrix}$$

$$\boldsymbol{F}_{11}=[\boldsymbol{1}_{(M-1)\times 1}\otimes[-1\quad 0\quad 0],\boldsymbol{I}_{M-1}\otimes[1\quad 0\quad 0]]$$

$$\boldsymbol{F}_{22}=[\boldsymbol{1}_{(M-1)\times 1}\otimes[0\quad -1\quad 0],\boldsymbol{I}_{M-1}\otimes[0\quad 1\quad 0]]$$

$$\boldsymbol{F}_{33}=[\boldsymbol{1}_{(M-1)\times 1}\otimes[0\quad 0\quad -1],\boldsymbol{I}_{M-1}\otimes[0\quad 0\quad 1]]$$

$$\boldsymbol{D}_d=[\boldsymbol{d}_2 \quad \cdots \quad \boldsymbol{d}_M]^{\mathrm{T}},\boldsymbol{B}=\mathrm{diag}\{r_{21},\cdots,r_{M1}\}$$

$$\boldsymbol{D}_2=\mathrm{diag}\{[(\boldsymbol{s}_2-\boldsymbol{s}_1)^{\mathrm{T}} \quad \cdots \quad (\boldsymbol{s}_M-\boldsymbol{s}_1)^{\mathrm{T}}]\}$$

$$\overline{\boldsymbol{D}}_d=[\dot{\boldsymbol{d}}_2 \quad \cdots \quad \dot{\boldsymbol{d}}_M]^{\mathrm{T}},\dot{\boldsymbol{B}}=\mathrm{diag}\{\dot{r}_{21},\cdots,\dot{r}_{M1}\}$$

$$\overline{\boldsymbol{D}}_2=\mathrm{diag}\{[(\dot{\boldsymbol{s}}_2-\dot{\boldsymbol{s}}_1)^{\mathrm{T}} \quad \cdots \quad (\dot{\boldsymbol{s}}_M-\dot{\boldsymbol{s}}_1)^{\mathrm{T}}]\}$$

式(7.126)中,各个矩阵表达式为

$$\boldsymbol{F}_1'=[\boldsymbol{1}_{(M-1)\times 1}\otimes[-1 \quad 0 \quad 0],\boldsymbol{I}_{M-1}\otimes[1 \quad 0 \quad 0],\boldsymbol{0}_{(M-1)\times(M-1)}]$$

$$\boldsymbol{F}_2'=[\boldsymbol{1}_{(M-1)\times 1}\otimes[0 \quad -1 \quad 0],\boldsymbol{I}_{M-1}\otimes[0 \quad 1 \quad 0],\boldsymbol{0}_{(M-1)\times(M-1)}]$$

$$\boldsymbol{F}_3'=[\boldsymbol{1}_{(M-1)\times 1}\otimes[0 \quad 0 \quad -1],\boldsymbol{I}_{M-1}\otimes[0 \quad 0 \quad 1],\boldsymbol{0}_{(M-1)\times(M-1)}]$$

$$\boldsymbol{F}_4'=[\boldsymbol{0}_{(M-1)\times 3M} \quad \boldsymbol{I}_{M-1}]$$

$$\boldsymbol{F}_5'=[2\boldsymbol{D}_d \quad 2\boldsymbol{D}_2 \quad -2\boldsymbol{B}]$$

附录 E

TDOA/FDOA 定位的 CTLS 算法约束关系说明

7.2.1 节中，根据辅助变量 $\hat{r}_1$、$\hat{\dot{r}}_1$ 的定义式，第 7 章的文献[11]将其表示为关于矢量 $\boldsymbol{\theta} = [\boldsymbol{v}^{\mathrm{T}} \quad \hat{r}_1 \quad \dot{\boldsymbol{v}}^{\mathrm{T}} \quad \hat{\dot{r}}_1]^{\mathrm{T}}$ 的表达式：

$$\boldsymbol{\theta}^{\mathrm{T}}\boldsymbol{\Sigma}\boldsymbol{\theta} = \boldsymbol{0} \tag{E.1}$$

式中：$\boldsymbol{\Sigma} = \begin{bmatrix} \boldsymbol{\Sigma}_{11} & \boldsymbol{\Sigma}_{12} \\ \boldsymbol{\Sigma}_{21} & \boldsymbol{0} \end{bmatrix}$；$\boldsymbol{\Sigma}_{11} = \boldsymbol{\Sigma}_{12} = \boldsymbol{\Sigma}_{21} = \mathrm{diag}\{1, 1, 1, -1\}$。

将 $\boldsymbol{\theta} = [\boldsymbol{v}^{\mathrm{T}} \quad \hat{r}_1 \quad \dot{\boldsymbol{v}}^{\mathrm{T}} \quad \hat{\dot{r}}_1]^{\mathrm{T}}$ 代入式(E.1)中，可得

$$\boldsymbol{v}^{\mathrm{T}}\boldsymbol{v} - \hat{r}_1 = 2(\hat{\dot{r}}_1\hat{r}_1 - \dot{\boldsymbol{v}}^{\mathrm{T}}\boldsymbol{v}) \tag{E.2}$$

显然，式(E.2)与原约束关系式(7.1)和式(7.2)不等价，有

$$\boldsymbol{v}^{\mathrm{T}}\boldsymbol{v} - \hat{r}_1 = 1, \hat{\dot{r}}_1\hat{r}_1 - \dot{\boldsymbol{v}}^{\mathrm{T}}\boldsymbol{v} = 1/2 \tag{E.3}$$

则式(E.3)满足式(E.1)和式(E.2)，但不满足原约束关系式(7.1)和式(7.2)。

原约束关系式可表示为

$$\boldsymbol{\theta}^{\mathrm{T}}\boldsymbol{\Sigma}_1\boldsymbol{\theta} = \boldsymbol{0}, \quad \boldsymbol{\theta}^{\mathrm{T}}\boldsymbol{\Sigma}_2\boldsymbol{\theta} = \boldsymbol{0} \tag{E.4}$$

式中：$\boldsymbol{\Sigma}_1 = \begin{bmatrix} \boldsymbol{\Sigma}_{11} & \boldsymbol{0} \\ \boldsymbol{0} & \boldsymbol{0} \end{bmatrix}$；$\boldsymbol{\Sigma}_2 = \begin{bmatrix} \boldsymbol{0} & \boldsymbol{\Sigma}_{12} \\ \boldsymbol{\Sigma}_{21} & \boldsymbol{0} \end{bmatrix}$。

附录 F

CTLS 解中忽略加权矩阵的证明

F.1 TLS 的迭代求解

给定线性定位方程组：

$$(\boldsymbol{A}-\Delta\boldsymbol{A})\boldsymbol{\theta}=\boldsymbol{b}-\Delta\boldsymbol{b} \tag{F.1}$$

TLS 解即为满足式(B.1)条件下使误差范数平方最小，即

$$\min_{\boldsymbol{\theta}}\|[\Delta\boldsymbol{A},\Delta\boldsymbol{b}]\|_{\mathrm{F}}^{2}=\Delta\boldsymbol{b}^{\mathrm{T}}\Delta\boldsymbol{b}+\boldsymbol{\varepsilon}_{\mathrm{A}}^{\mathrm{T}}\boldsymbol{\varepsilon}_{\mathrm{A}} \tag{F.2}$$

第 7 章文献[35]中基于式(F.2)给出了 TLS 的迭代求解算法。这里用另外的表示式来进行推导如下。

式(F.1)可写为如下形式：

$$\boldsymbol{\varepsilon}\triangleq\Delta\boldsymbol{A}\boldsymbol{\theta}-\Delta\boldsymbol{b}=\boldsymbol{A}\boldsymbol{\theta}-\boldsymbol{b} \tag{F.3}$$

由于各个误差分量满足高斯独立同分布，且具有相同方差 σ^2，因此

$$\boldsymbol{Q}_{\varepsilon}=E[\boldsymbol{\varepsilon}\boldsymbol{\varepsilon}^{\mathrm{T}}]=E[(\Delta\boldsymbol{A}\boldsymbol{\theta}-\Delta\boldsymbol{b})(\Delta\boldsymbol{A}\boldsymbol{\theta}-\Delta\boldsymbol{b})^{\mathrm{T}}]=(1+\boldsymbol{\theta}^{\mathrm{T}}\boldsymbol{\theta})\sigma^{2}\boldsymbol{I} \tag{F.4}$$

总体最小二乘的目标函数式(F.2)等价于

$$\min_{\boldsymbol{\theta}}f(\boldsymbol{\theta})=\boldsymbol{\varepsilon}^{\mathrm{T}}\boldsymbol{Q}_{\varepsilon}^{-1}\boldsymbol{\varepsilon} \tag{F.5}$$

即

$$\min_{\boldsymbol{\theta}}f(\boldsymbol{\theta})=(\boldsymbol{A}\boldsymbol{\theta}-\boldsymbol{b})^{\mathrm{T}}\boldsymbol{Q}_{\varepsilon}^{-1}(\boldsymbol{A}\boldsymbol{\theta}-\boldsymbol{b}) \tag{F.6}$$

求解极小值的必要条件满足

$$\frac{\partial f(\boldsymbol{\theta})}{\partial\boldsymbol{\theta}}=2\frac{\boldsymbol{A}^{\mathrm{T}}(\boldsymbol{A}\boldsymbol{\theta}-\boldsymbol{b})}{(1+\boldsymbol{\theta}^{\mathrm{T}}\boldsymbol{\theta})\sigma^{2}}-2\frac{\boldsymbol{\theta}(\boldsymbol{A}\boldsymbol{\theta}-\boldsymbol{b})^{\mathrm{T}}(\boldsymbol{A}\boldsymbol{\theta}-\boldsymbol{b})}{(1+\boldsymbol{\theta}^{\mathrm{T}}\boldsymbol{\theta})^{2}\sigma^{2}}=\boldsymbol{0} \tag{F.7}$$

式(F.7)可转化为

$$\boldsymbol{A}^{\mathrm{T}}\boldsymbol{A}\boldsymbol{\theta}-\boldsymbol{A}^{\mathrm{T}}\boldsymbol{b}=\boldsymbol{\theta}\hat{v}\Rightarrow\hat{\boldsymbol{\theta}}=(\boldsymbol{A}^{\mathrm{T}}\boldsymbol{A})^{-1}(\boldsymbol{A}^{\mathrm{T}}\boldsymbol{b}+\boldsymbol{\theta}\hat{v}) \tag{F.8}$$

式中：$\hat{v}=(\boldsymbol{A}\boldsymbol{\theta}-\boldsymbol{b})^{\mathrm{T}}(\boldsymbol{A}\boldsymbol{\theta}-\boldsymbol{b})/(1+\boldsymbol{\theta}^{\mathrm{T}}\boldsymbol{\theta})$。

或者

$$(\boldsymbol{A}-\boldsymbol{\Lambda})^{\mathrm{T}}(\boldsymbol{A}\boldsymbol{\theta}-\boldsymbol{b})=0 \Rightarrow \hat{\boldsymbol{\theta}}=[(\boldsymbol{A}-\boldsymbol{\Lambda})^{\mathrm{T}}\boldsymbol{A}]^{-1}(\boldsymbol{A}-\boldsymbol{\Lambda})^{\mathrm{T}}\boldsymbol{b} \tag{F.9}$$

式中：$\boldsymbol{\Lambda}=\dfrac{(\boldsymbol{A}\boldsymbol{\theta}-\boldsymbol{b})\boldsymbol{\theta}^{\mathrm{T}}}{(1+\boldsymbol{\theta}^{\mathrm{T}}\boldsymbol{\theta})}$。

这与第 7 章文献[35]中的推导是一致的。

需要指出的是对$f(\boldsymbol{\theta})$求导时，若不考虑$\boldsymbol{Q}_{\varepsilon}^{-1}$作为$\boldsymbol{\theta}$的函数，则

$$\frac{\partial f(\boldsymbol{\theta})}{\partial \boldsymbol{\theta}}=\boldsymbol{A}^{\mathrm{T}}\boldsymbol{Q}_{\varepsilon}^{-1}(\boldsymbol{A}\boldsymbol{\theta}-\boldsymbol{b})=0 \tag{F.10}$$

则得

$$\hat{\boldsymbol{\theta}}=(\boldsymbol{A}^{\mathrm{T}}\boldsymbol{Q}_{\varepsilon}^{-1}\boldsymbol{A})^{-1}\boldsymbol{A}^{\mathrm{T}}\boldsymbol{Q}_{\varepsilon}^{-1}\boldsymbol{b} \tag{F.11}$$

将式(F.4)代入式(F.11)中，并注意到$(1+\boldsymbol{\theta}^{\mathrm{T}}\boldsymbol{\theta})\sigma^2$为标量，有

$$\hat{\boldsymbol{\theta}}=[\boldsymbol{A}^{\mathrm{T}}((1+\boldsymbol{\theta}^{\mathrm{T}}\boldsymbol{\theta})\sigma^2)^{-1}\boldsymbol{A}]^{-1}\boldsymbol{A}^{\mathrm{T}}((1+\boldsymbol{\theta}^{\mathrm{T}}\boldsymbol{\theta})\sigma^2)^{-1}\boldsymbol{b}=[\boldsymbol{A}^{\mathrm{T}}\boldsymbol{A}]^{-1}\boldsymbol{A}^{\mathrm{T}}\boldsymbol{b} \tag{F.12}$$

显然，式(F.12)为$\hat{\boldsymbol{\theta}}$的 LS 解，而不是 TLS 解。因此在推导过程中，不能忽略$\boldsymbol{Q}_{\varepsilon}^{-1}$为$\boldsymbol{\theta}$的函数。

F.2　CTLS 的迭代求解

当$\Delta\boldsymbol{A}$、$\Delta\boldsymbol{b}$中各个误差矢量相关或具有不同方差时，用$\boldsymbol{\varepsilon}$表示其中所有误差元素构成的矢量，则$\Delta\boldsymbol{A}$、$\Delta\boldsymbol{b}$可分别表示为

$$\Delta\boldsymbol{A}=[\boldsymbol{F}_1\boldsymbol{\varepsilon}\quad\cdots\quad\boldsymbol{F}_L\boldsymbol{\varepsilon}],\quad \Delta\boldsymbol{b}=\boldsymbol{F}_{L+1}\boldsymbol{\varepsilon} \tag{F.13}$$

CTLS 解即为满足式(F.1)条件下使误差范数平方最小，即

$$\min_{\boldsymbol{\theta}}\boldsymbol{\varepsilon}^{\mathrm{T}}\boldsymbol{\varepsilon} \tag{F.14}$$

$$\begin{aligned}\text{s. t. }\boldsymbol{A}\boldsymbol{\theta}-\boldsymbol{b}&=\Delta\boldsymbol{A}\boldsymbol{\theta}-\Delta\boldsymbol{b}=[\boldsymbol{F}_1\boldsymbol{\varepsilon}\quad\boldsymbol{F}_2\boldsymbol{\varepsilon}\quad\cdots\quad\boldsymbol{F}_L\boldsymbol{\varepsilon}]\boldsymbol{\theta}-\boldsymbol{F}_{L+1}\boldsymbol{\varepsilon}\\&=\left(\sum_{i=1}^{L}\boldsymbol{\theta}_i\boldsymbol{F}_i-\boldsymbol{F}_{L+1}\right)\boldsymbol{\varepsilon}\\&=\boldsymbol{H}(\boldsymbol{\theta})\boldsymbol{\varepsilon}\end{aligned} \tag{F.15}$$

式中：$\boldsymbol{H}(\boldsymbol{\theta})\triangleq\sum_{i=1}^{L}\boldsymbol{\theta}_i\boldsymbol{F}_i-\boldsymbol{F}_{L+1}$；$\boldsymbol{\theta}_i$表示$\boldsymbol{\theta}$的第$i$个元素。

利用拉格朗日乘子，可将式(F.14)转化为对下式的最小化：

$$L(\boldsymbol{\theta},\boldsymbol{\lambda}_1,\boldsymbol{\varepsilon})=\boldsymbol{\varepsilon}^{\mathrm{T}}\boldsymbol{\varepsilon}+\boldsymbol{\lambda}_1^{\mathrm{T}}[\boldsymbol{A}\boldsymbol{\theta}-\boldsymbol{b}-\boldsymbol{H}(\boldsymbol{\theta})\boldsymbol{\varepsilon}] \tag{F.16}$$

基于式(F.16)，分别对$\boldsymbol{\theta}_1$、$\boldsymbol{\lambda}_1$、$\boldsymbol{\varepsilon}$求偏导，可得到求极小值的必要条件：

$$\frac{\partial L(\boldsymbol{\theta},\boldsymbol{\lambda}_1,\boldsymbol{\varepsilon})}{\partial \boldsymbol{\theta}}=(\boldsymbol{A}-[\boldsymbol{F}_1\boldsymbol{\varepsilon}\quad \boldsymbol{F}_2\boldsymbol{\varepsilon}\quad \cdots\quad \boldsymbol{F}_L\boldsymbol{\varepsilon}])^{\mathrm{T}}\boldsymbol{\lambda}_1=\boldsymbol{0} \tag{F.17}$$

$$\frac{\partial L(\boldsymbol{\theta},\boldsymbol{\lambda}_1,\boldsymbol{\varepsilon})}{\partial \boldsymbol{\varepsilon}}=2\boldsymbol{\varepsilon}-\boldsymbol{H}(\boldsymbol{\theta})^{\mathrm{T}}\boldsymbol{\lambda}_1=\boldsymbol{0} \tag{F.18}$$

由式(F.18)可得 $\boldsymbol{\varepsilon}=0.5\cdot\boldsymbol{H}(\boldsymbol{\theta}_1)^{\mathrm{T}}\boldsymbol{\lambda}_1$，并将其代入式(F.15)得到 $\boldsymbol{\lambda}_1=2(\boldsymbol{H}(\boldsymbol{\theta})\boldsymbol{H}(\boldsymbol{\theta})^{\mathrm{T}})^{-1}(\boldsymbol{A\theta}-\boldsymbol{b})$，进而 $\boldsymbol{\varepsilon}=\boldsymbol{H}(\boldsymbol{\theta})^{\mathrm{T}}(\boldsymbol{H}(\boldsymbol{\theta})\boldsymbol{H}(\boldsymbol{\theta})^{\mathrm{T}})^{-1}(\boldsymbol{A\theta}-\boldsymbol{b})$。将 $\boldsymbol{\varepsilon}$、$\boldsymbol{\lambda}_1$ 表达式代入式(F.17)，并令 $\boldsymbol{W}_{\boldsymbol{\theta}}=(\boldsymbol{H}(\boldsymbol{\theta})\boldsymbol{H}(\boldsymbol{\theta})^{\mathrm{T}})^{-1}$，$\boldsymbol{\Lambda}=[\boldsymbol{F}_1\boldsymbol{H}(\boldsymbol{\theta})^{\mathrm{T}}\boldsymbol{W}_{\boldsymbol{\theta}}(\boldsymbol{A\theta}-\boldsymbol{b})\quad\cdots\quad \boldsymbol{F}_L\boldsymbol{H}(\boldsymbol{\theta})^{\mathrm{T}}\boldsymbol{W}_{\boldsymbol{\theta}}(\boldsymbol{A\theta}-\boldsymbol{b})]$，可得

$$(\boldsymbol{A}-\boldsymbol{\Lambda})^{\mathrm{T}}\boldsymbol{W}_{\boldsymbol{\theta}}(\boldsymbol{A\theta}-\boldsymbol{b})=\boldsymbol{0} \tag{F.19}$$

$$\hat{\boldsymbol{\theta}}=[(\boldsymbol{A}-\boldsymbol{\Lambda})^{\mathrm{T}}\boldsymbol{W}_{\boldsymbol{\theta}}\boldsymbol{A}]^{-1}(\boldsymbol{A}-\boldsymbol{\Lambda})^{\mathrm{T}}\boldsymbol{W}_{\boldsymbol{\theta}}\boldsymbol{b} \tag{F.20}$$

若将 $\boldsymbol{\varepsilon}$ 表达式代入式(F.14)，可得到求解 CTLS 的另外一种表示方式，式(F.14)转化为

$$\min_{\boldsymbol{\theta}} f(\boldsymbol{\theta})=(\boldsymbol{A\theta}-\boldsymbol{b})^{\mathrm{T}}\boldsymbol{W}_{\boldsymbol{\theta}}(\boldsymbol{A\theta}-\boldsymbol{b}) \tag{F.21}$$

求解极小值的必要条件满足：

$$\frac{\partial f(\boldsymbol{\theta})}{\partial \boldsymbol{\theta}}=\boldsymbol{0} \tag{F.22}$$

即

$$\begin{aligned}
\frac{\partial f(\boldsymbol{\theta})}{\partial \boldsymbol{\theta}}&=\partial[(\boldsymbol{A\theta}-\boldsymbol{b})^{\mathrm{T}}\boldsymbol{W}_{\boldsymbol{\theta}}(\boldsymbol{A\theta}-\boldsymbol{b})]/\partial\boldsymbol{\theta}\\
&=\partial[(\boldsymbol{A\theta}-\boldsymbol{b})^{\mathrm{T}}]/\partial\boldsymbol{\theta}\cdot\boldsymbol{W}_{\boldsymbol{\theta}}(\boldsymbol{A\theta}-\boldsymbol{b})+\partial[\boldsymbol{W}_{\boldsymbol{\theta}}(\boldsymbol{A\theta}-\boldsymbol{b})]^{\mathrm{T}}/\partial\boldsymbol{\theta}\cdot(\boldsymbol{A\theta}-\boldsymbol{b})\\
&=\boldsymbol{A}^{\mathrm{T}}\boldsymbol{W}_{\boldsymbol{\theta}}(\boldsymbol{A\theta}-\boldsymbol{b})+\left(\partial(\boldsymbol{A\theta}-\boldsymbol{b})^{\mathrm{T}}/\partial\boldsymbol{\theta}\cdot\boldsymbol{W}_{\boldsymbol{\theta}}+\begin{bmatrix}(\boldsymbol{A\theta}-\boldsymbol{b})^{\mathrm{T}}\cdot\partial\boldsymbol{W}_{\boldsymbol{\theta}}/\partial\boldsymbol{\theta}_1\\(\boldsymbol{A\theta}-\boldsymbol{b})^{\mathrm{T}}\cdot\partial\boldsymbol{W}_{\boldsymbol{\theta}}/\partial\boldsymbol{\theta}_2\\\vdots\\(\boldsymbol{A\theta}-\boldsymbol{b})^{\mathrm{T}}\cdot\partial\boldsymbol{W}_{\boldsymbol{\theta}}/\partial\boldsymbol{\theta}_L\end{bmatrix}\right)\cdot(\boldsymbol{A\theta}-\boldsymbol{b})\\
&=\boldsymbol{A}^{\mathrm{T}}\boldsymbol{W}_{\boldsymbol{\theta}}(\boldsymbol{A\theta}-\boldsymbol{b})\\
&\quad+\left(\boldsymbol{A}^{\mathrm{T}}\cdot\boldsymbol{W}_{\boldsymbol{\theta}}-\begin{bmatrix}(\boldsymbol{A\theta}-\boldsymbol{b})^{\mathrm{T}}\cdot(\boldsymbol{EQE}^{\mathrm{T}})^{-1}\cdot\partial(\boldsymbol{EQE}^{\mathrm{T}})/\partial\boldsymbol{\theta}_1\cdot(\boldsymbol{EQE}^{\mathrm{T}})^{-1}\\(\boldsymbol{A\theta}-\boldsymbol{b})^{\mathrm{T}}\cdot(\boldsymbol{EQE}^{\mathrm{T}})^{-1}\cdot\partial(\boldsymbol{EQE}^{\mathrm{T}})/\partial\boldsymbol{\theta}_2\cdot(\boldsymbol{EQE}^{\mathrm{T}})^{-1}\\\vdots\\(\boldsymbol{A\theta}-\boldsymbol{b})^{\mathrm{T}}\cdot(\boldsymbol{EQE}^{\mathrm{T}})^{-1}\cdot\partial(\boldsymbol{EQE}^{\mathrm{T}})/\partial\boldsymbol{\theta}_L\cdot(\boldsymbol{EQE}^{\mathrm{T}})^{-1}\end{bmatrix}\right)\\
&\quad\cdot(\boldsymbol{A\theta}-\boldsymbol{b})
\end{aligned}$$

$$
\begin{aligned}
&=2\boldsymbol{A}^{\mathrm{T}}\boldsymbol{W}_{\boldsymbol{\theta}}(\boldsymbol{A\theta}-\boldsymbol{b})\\
&\quad-\begin{bmatrix}(\boldsymbol{A\theta}-\boldsymbol{b})^{\mathrm{T}}\cdot(\boldsymbol{EQE}^{\mathrm{T}})^{-1}\cdot(\boldsymbol{F}_1\boldsymbol{QE}^{\mathrm{T}}+\boldsymbol{EQF}_1^{\mathrm{T}})\cdot(\boldsymbol{EQE}^{\mathrm{T}})^{-1}\\(\boldsymbol{A\theta}-\boldsymbol{b})^{\mathrm{T}}\cdot(\boldsymbol{EQE}^{\mathrm{T}})^{-1}\cdot(\boldsymbol{F}_2\boldsymbol{QE}^{\mathrm{T}}+\boldsymbol{EQF}_2^{\mathrm{T}})\cdot(\boldsymbol{EQE}^{\mathrm{T}})^{-1}\\\vdots\\(\boldsymbol{A\theta}-\boldsymbol{b})^{\mathrm{T}}\cdot(\boldsymbol{EQE}^{\mathrm{T}})^{-1}\cdot(\boldsymbol{F}_L\boldsymbol{QE}^{\mathrm{T}}+\boldsymbol{EQF}_L^{\mathrm{T}})\cdot(\boldsymbol{EQE}^{\mathrm{T}})^{-1}\end{bmatrix}\cdot(\boldsymbol{A\theta}-\boldsymbol{b})\\
&=2\boldsymbol{A}^{\mathrm{T}}\boldsymbol{W}_{\boldsymbol{\theta}}(\boldsymbol{A\theta}-\boldsymbol{b})\\
&\quad-2\begin{bmatrix}(\boldsymbol{A\theta}-\boldsymbol{b})^{\mathrm{T}}\cdot(\boldsymbol{EQE}^{\mathrm{T}})^{-1}\cdot\boldsymbol{F}_1\boldsymbol{QE}^{\mathrm{T}}\cdot(\boldsymbol{EQE}^{\mathrm{T}})^{-1}\cdot(\boldsymbol{A\theta}-\boldsymbol{b})\\(\boldsymbol{A\theta}-\boldsymbol{b})^{\mathrm{T}}\cdot(\boldsymbol{EQE}^{\mathrm{T}})^{-1}\cdot\boldsymbol{F}_2\boldsymbol{QE}^{\mathrm{T}}\cdot(\boldsymbol{EQE}^{\mathrm{T}})^{-1}\cdot(\boldsymbol{A\theta}-\boldsymbol{b})\\\vdots\\(\boldsymbol{A\theta}-\boldsymbol{b})^{\mathrm{T}}\cdot(\boldsymbol{EQE}^{\mathrm{T}})^{-1}\cdot\boldsymbol{F}_L\boldsymbol{QE}^{\mathrm{T}}\cdot(\boldsymbol{EQE}^{\mathrm{T}})^{-1}\cdot(\boldsymbol{A\theta}-\boldsymbol{b})\end{bmatrix}\\
&=2\boldsymbol{A}^{\mathrm{T}}\boldsymbol{W}_{\boldsymbol{\theta}}(\boldsymbol{A\theta}-\boldsymbol{b})-2\begin{bmatrix}(\boldsymbol{A\theta}-\boldsymbol{b})^{\mathrm{T}}\cdot\boldsymbol{W}_{\boldsymbol{\theta}}\cdot\boldsymbol{F}_1\boldsymbol{QE}^{\mathrm{T}}\\(\boldsymbol{A\theta}-\boldsymbol{b})^{\mathrm{T}}\cdot\boldsymbol{W}_{\boldsymbol{\theta}}\cdot\boldsymbol{F}_2\boldsymbol{QE}^{\mathrm{T}}\\\vdots\\(\boldsymbol{A\theta}-\boldsymbol{b})^{\mathrm{T}}\cdot\boldsymbol{W}_{\boldsymbol{\theta}}\cdot\boldsymbol{F}_L\boldsymbol{QE}^{\mathrm{T}}\end{bmatrix}\cdot\boldsymbol{W}_{\boldsymbol{\theta}}(\boldsymbol{A\theta}-\boldsymbol{b})\\
&=2\boldsymbol{A}^{\mathrm{T}}\boldsymbol{W}_{\boldsymbol{\theta}}(\boldsymbol{A\theta}-\boldsymbol{b})-2\boldsymbol{\varLambda}^{\mathrm{T}}\boldsymbol{W}_{\boldsymbol{\theta}}(\boldsymbol{A\theta}-\boldsymbol{b})=\boldsymbol{0}
\end{aligned}
\tag{F.23}
$$

注意,式(F. 23)经简单合并运算后和式(F. 19)是等价的。

需要指出的是对式(F. 22)中$f(\boldsymbol{\theta})$求导时,若不考虑$\boldsymbol{W}_{\boldsymbol{\theta}}$作为$\boldsymbol{\theta}$的函数,有

$$
\frac{\partial f(\boldsymbol{\theta})}{\partial\boldsymbol{\theta}}=\boldsymbol{A}^{\mathrm{T}}\boldsymbol{W}_{\boldsymbol{\theta}}(\boldsymbol{A\theta}-\boldsymbol{b})=\boldsymbol{0}
\tag{F.24}
$$

则

$$
\hat{\boldsymbol{\theta}}=(\boldsymbol{A}^{\mathrm{T}}\boldsymbol{W}_{\boldsymbol{\theta}}\boldsymbol{A})^{-1}\boldsymbol{A}^{\mathrm{T}}\boldsymbol{W}_{\boldsymbol{\theta}}\boldsymbol{b}
\tag{F.25}
$$

显然,式(F. 25)得到的是$\hat{\boldsymbol{\theta}}$的 WLS 解,而不是 CTLS 解。因此,不可忽略$\boldsymbol{W}_{\boldsymbol{\theta}}$作为$\boldsymbol{\theta}$的函数。

在第 7 章文献[36]中,作者建立了 TDOA/FDOA 的 CTLS 模型,但在求解时,并未考虑$\boldsymbol{W}_{\boldsymbol{\theta}}$作为$\boldsymbol{\theta}$的函数,因而得到的是 CWLS 解。

附录 G

7.3.3 节算法理论性能分析

在 TDOA/TDOA 变化率量测条件下，下面给出算法统计有效性的证明。将雅克比矩阵写成分块矩阵：

$$\boldsymbol{J}=\begin{bmatrix}\boldsymbol{J}_{11} & \boldsymbol{J}_{12}\\ \boldsymbol{J}_{21} & \boldsymbol{J}_{22}\end{bmatrix}=\begin{bmatrix}\dfrac{\partial \boldsymbol{r}^o}{\partial \boldsymbol{u}^o} & \dfrac{\partial \boldsymbol{r}^o}{\partial \dot{\boldsymbol{u}}^o}\\ \dfrac{\partial \dot{\boldsymbol{r}}^o}{\partial \boldsymbol{u}^o} & \dfrac{\partial \dot{\boldsymbol{r}}^o}{\partial \dot{\boldsymbol{u}}^o}\end{bmatrix} \tag{G.1}$$

式中：$\boldsymbol{r}^o$ 和 $\dot{\boldsymbol{r}}^o$ 的定义式由式(7.100)给出。

分块矩阵中的偏导数分别为

$$\frac{\partial \boldsymbol{r}^o}{\partial \boldsymbol{u}^o}=\begin{bmatrix}\dfrac{\boldsymbol{d}_2}{r_2^o}-\dfrac{\boldsymbol{d}_1}{r_1^o}\\ \vdots\\ \dfrac{\boldsymbol{d}_M}{r_M^o}-\dfrac{\boldsymbol{d}_1}{r_1^o}\end{bmatrix},\quad \frac{\partial \boldsymbol{r}^o}{\partial \dot{\boldsymbol{u}}^o}=\boldsymbol{0}_{(M-1)\times 3} \tag{G.2}$$

$$\frac{\partial \boldsymbol{r}^o}{\partial \boldsymbol{u}^o}=\begin{bmatrix}\dfrac{\boldsymbol{d}_2}{r_2^o}-\dfrac{\boldsymbol{d}_1}{r_1^o}\\ \vdots\\ \dfrac{\boldsymbol{d}_M}{r_M^o}-\dfrac{\boldsymbol{d}_1}{r_1^o}\end{bmatrix},\quad \frac{\partial \boldsymbol{r}^o}{\partial \dot{\boldsymbol{u}}^o}=\boldsymbol{0}_{(M-1)\times 3} \tag{G.3}$$

$$\frac{\partial \dot{\boldsymbol{r}}^o}{\partial \boldsymbol{u}^o}=\begin{bmatrix}\dfrac{\dot{\boldsymbol{d}}_2 r_2^o-\dot{\boldsymbol{d}}_2\boldsymbol{d}_2^{\mathrm{T}}\boldsymbol{\rho}_{\boldsymbol{u}^o,s_2}^{\mathrm{T}}}{\boldsymbol{r}_2^{o2}}-\dfrac{\dot{\boldsymbol{d}}_1 r_1^o-\dot{\boldsymbol{d}}_1\dot{\boldsymbol{d}}_1^{\mathrm{T}}\boldsymbol{\rho}_{\boldsymbol{u}^o,s_1}^{\mathrm{T}}}{\boldsymbol{r}_1^{o2}}\\ \vdots\\ \dfrac{\dot{\boldsymbol{d}}_M r_M^o-\dot{\boldsymbol{d}}_M\dot{\boldsymbol{d}}_M^{\mathrm{T}}\boldsymbol{\rho}_{\boldsymbol{u}^o,s_M}^{\mathrm{T}}}{r_M^{o2}}-\dfrac{\dot{\boldsymbol{d}}_1 r_1^o-\dot{\boldsymbol{d}}_1\dot{\boldsymbol{d}}_1^{\mathrm{T}}\boldsymbol{\rho}_{\boldsymbol{u}^o,s_1}^{\mathrm{T}}}{r_1^{o2}}\end{bmatrix} \tag{G.4}$$

式中：$\boldsymbol{d}_i=(\boldsymbol{u}^o-\boldsymbol{s}_i)^{\mathrm{T}}$，$\dot{\boldsymbol{d}}_i=(\dot{\boldsymbol{u}}^o-\dot{\boldsymbol{s}}_i)^{\mathrm{T}}(i=2,3,\cdots,M)$。

$$\frac{\partial\dot{\boldsymbol{r}}^o}{\partial\dot{\boldsymbol{u}}^o}=\begin{bmatrix}\dfrac{(\boldsymbol{u}^o-\boldsymbol{s}_2)^{\mathrm{T}}}{r_2^o}-\dfrac{(\boldsymbol{u}^o-\boldsymbol{s}_1)^{\mathrm{T}}}{r_1^o}\\ \vdots\\ \dfrac{(\boldsymbol{u}^o-\boldsymbol{s}_M)^{\mathrm{T}}}{r_M^o}-\dfrac{(\boldsymbol{u}^o-\boldsymbol{s}_1)^{\mathrm{T}}}{r_1^o}\end{bmatrix}\tag{G.5}$$

令 $\boldsymbol{G}_3=\boldsymbol{B}_1^{-1}\boldsymbol{G}_1\boldsymbol{B}_2^{-1}\boldsymbol{G}_2$。以下 $\boldsymbol{B}_1$、$\boldsymbol{G}_1$ 的定义可参考第 7 章文献[5]。由式(7.123)可知若 $\boldsymbol{G}_3=\boldsymbol{J}$，则可证明所述方法可以达到定位的 CRLB。

由 $\boldsymbol{G}_3$ 中矩阵的定义可知，由分块矩阵求逆公式，可得

$$\boldsymbol{B}_1^{-1}=\begin{bmatrix}\boldsymbol{M} & \boldsymbol{0}_{(M-1)\times(M-1)}\\ \boldsymbol{C} & \boldsymbol{M}\end{bmatrix}^{-1}=\begin{bmatrix}\boldsymbol{M}^{-1} & \boldsymbol{0}_{(M-1)\times(M-1)}\\ -\boldsymbol{M}^{-1}\boldsymbol{C}\boldsymbol{M}^{-1} & \boldsymbol{M}^{-1}\end{bmatrix}=\begin{bmatrix}\boldsymbol{M}^{-1} & \boldsymbol{0}_{(M-1)\times(M-1)}\\ \boldsymbol{D} & \boldsymbol{M}^{-1}\end{bmatrix}\tag{G.6}$$

式中：$\boldsymbol{M}=\mathrm{diag}\{r_2^o,r_3^o,\cdots,r_M^o\}$；$\boldsymbol{C}=\mathrm{diag}\{\dot{r}_2^o,\dot{r}_3^o,\cdots,\dot{r}_M^o\}$；$\boldsymbol{D}=-\mathrm{diag}\{\dot{r}_2^o/r_2^{o2},\dot{r}_3^o/r_3^{o2},\cdots,\dot{r}_M^o/r_M^{o2}\}$。

同理，将 $\boldsymbol{G}_1$ 写成分块矩阵的形式：

$$\begin{cases}\boldsymbol{G}_1=-2\begin{bmatrix}\boldsymbol{G}_{11} & \boldsymbol{0}_{(M-1)\times 4}\\ \boldsymbol{G}_{21} & \boldsymbol{G}_{11}\end{bmatrix}\\ \boldsymbol{G}_{11}=\begin{bmatrix}(\boldsymbol{s}_2-\boldsymbol{s}_1)^{\mathrm{T}} & r_{21}\\ \vdots & \vdots\\ (\boldsymbol{s}_M-\boldsymbol{s}_1)^{\mathrm{T}} & r_{M1}\end{bmatrix}\\ \boldsymbol{G}_{21}=\begin{bmatrix}(\dot{\boldsymbol{s}}_2-\dot{\boldsymbol{s}}_1)^{\mathrm{T}} & \dot{r}_{21}\\ \vdots & \vdots\\ (\dot{\boldsymbol{s}}_M-\dot{\boldsymbol{s}}_1)^{\mathrm{T}} & \dot{r}_{M1}\end{bmatrix}\end{cases}\tag{G.7}$$

$$\begin{cases}\boldsymbol{B}_1^{-1}\boldsymbol{G}_1=-2\begin{bmatrix}\boldsymbol{M}^{-1}\boldsymbol{G}_{11} & \boldsymbol{0}_{(M-1)\times 4}\\ \boldsymbol{D}\boldsymbol{G}_{11}+\boldsymbol{M}^{-1}\boldsymbol{G}_{21} & \boldsymbol{M}^{-1}\boldsymbol{G}_{11}\end{bmatrix}\\ \boldsymbol{B}_2^{-1}\boldsymbol{G}_2=\begin{bmatrix}-\boldsymbol{I}_{3\times 3} & \boldsymbol{0}_{3\times 3}\\ -\boldsymbol{\rho}_{\hat{u},s_1}^{\mathrm{T}} & \boldsymbol{0}_{1\times 3}\\ \boldsymbol{0}_{3\times 3} & -\boldsymbol{I}_{3\times 3}\\ -\boldsymbol{A} & -B\end{bmatrix}\end{cases}\tag{G.8}$$

将式(G.3)~式(G.8)代入 $\boldsymbol{G}_3$,仍将结果写成分块形式:

$$\boldsymbol{G}_3=\begin{bmatrix}\boldsymbol{E}^{11}_{(M-1)\times 3} & \boldsymbol{E}^{12}_{(M-1)\times 3}\\ \boldsymbol{E}^{21}_{(M-1)\times 3} & \boldsymbol{E}^{22}_{(M-1)\times 3}\end{bmatrix} \tag{G.9}$$

接下来证明 $\boldsymbol{G}_3\approx\boldsymbol{J}$,注意到

$$\boldsymbol{E}^{12}_{(M-1)\times 3}=\boldsymbol{0}_{(M-1)\times 3}=\boldsymbol{J}_{12} \tag{G.10}$$

考察 $\boldsymbol{E}^{11}_{(M-1)\times 3}$,$\boldsymbol{E}^{11}_{(M-1)\times 3}$的第 $i-1$ 行($i=2,3,\cdots,M$)等于

$$\boldsymbol{E}^{11}_{(M-1)\times 3}(i-1,:)=-\frac{(\boldsymbol{s}_i-\boldsymbol{s}_1)^{\mathrm{T}}}{r_i^o}+\frac{\boldsymbol{r}_{i1}}{r_i^o}\boldsymbol{\rho}^{\mathrm{T}}_{\hat{\boldsymbol{u}},\boldsymbol{s}_1} \tag{G.11}$$

当测量噪声较小时,做如下近似:

$$\frac{r_{i1}}{r_i^o}=\frac{r_i^o-r_1^o+\boldsymbol{n}_{i1}}{r_i^o}\approx\frac{r_i^o-r_1^o}{r_i^o} \tag{G.12}$$

并且

$$\boldsymbol{\rho}^{\mathrm{T}}_{\hat{\boldsymbol{u}},\boldsymbol{s}_1}=\frac{(\hat{\boldsymbol{u}}-\boldsymbol{s}_1)^{\mathrm{T}}}{\|\hat{\boldsymbol{u}}-\boldsymbol{s}_1\|}=\frac{(\boldsymbol{u}^o-\Delta\boldsymbol{u}-\boldsymbol{s}_1)^{\mathrm{T}}}{\|\boldsymbol{u}^o-\Delta\boldsymbol{u}-\boldsymbol{s}_1\|}\approx\frac{(\boldsymbol{u}^o-\boldsymbol{s}_1)^{\mathrm{T}}}{\|\boldsymbol{u}^o-\boldsymbol{s}_1\|}-\frac{\Delta\boldsymbol{u}^{\mathrm{T}}}{\|\boldsymbol{u}^o-\boldsymbol{s}_1\|}\approx\boldsymbol{\rho}^{\mathrm{T}}_{\boldsymbol{u}^o,\boldsymbol{s}_1} \tag{G.13}$$

将式(G.12)、式(G.13)代入式(G.11)中,可得

$$\begin{aligned}\boldsymbol{E}^{11}_{(M-1)\times 3}(i-1,:)&=-\frac{(\boldsymbol{s}_i-\boldsymbol{s}_1)^{\mathrm{T}}}{r_i^o}+\left(1-\frac{r_1^o}{r_i^o}\right)\left(\frac{(\boldsymbol{u}^o-\boldsymbol{s}_1)^{\mathrm{T}}}{r_1^o}\right)\\&\approx\boldsymbol{\rho}^{\mathrm{T}}_{\boldsymbol{u}^o,\boldsymbol{s}_i}-\boldsymbol{\rho}^{\mathrm{T}}_{\boldsymbol{u}^o,\boldsymbol{s}_1}=\boldsymbol{J}_{11}(i-1,:)\end{aligned} \tag{G.14}$$

考察 $\boldsymbol{E}^{22}_{(M-1)\times 3}$可知,$\boldsymbol{E}^{22}_{(M-1)\times 3}=2\boldsymbol{M}^{-1}\boldsymbol{G}_{11}\boldsymbol{B}$。由于 $\boldsymbol{B}$ 和 $\boldsymbol{\rho}^{\mathrm{T}}_{\boldsymbol{u}^o,\boldsymbol{s}_1}$是等价的,又因为 $\boldsymbol{J}_{22}(i-1,:)=\boldsymbol{J}_{11}(i-1,:)$,有

$$\boldsymbol{E}^{22}_{(M-1)\times 3}(i-1,:)=\boldsymbol{E}^{11}_{(M-1)\times 3}(i-1,:)\approx\boldsymbol{J}_{11}(i-1,:) \tag{G.15}$$

最后考察 $\boldsymbol{E}^{21}_{(M-1)\times 3}$。在测量噪声较小时,$\frac{\Delta\dot{r}}{r_i^o}\approx 0$,将相关矩阵代入式(G.15),可得

$$\boldsymbol{E}^{21}_{(M-1)\times 3}(i-1,:)=\frac{\dot{r}_i^o(\boldsymbol{u}^o-\boldsymbol{s}_i)^{\mathrm{T}}}{r_i^{o2}}-\frac{(\dot{\boldsymbol{u}}^o-\dot{\boldsymbol{s}}_i)^{\mathrm{T}}}{r_i^o}-\frac{\dot{r}_1^o(\boldsymbol{u}^o-\boldsymbol{s}_1)^{\mathrm{T}}}{r_1^{o2}}+\frac{(\dot{\boldsymbol{u}}^o-\dot{\boldsymbol{s}}_1)^{\mathrm{T}}}{r_1^o} \tag{G.16}$$

由 $\dot{r}_i^o$的定义可知,式(G.16)和 $\boldsymbol{J}_{21}(i-1,:)$是相等的。由式(G.10)、式

(G.14)~式(G.16)可得 $\boldsymbol{G}_3 \approx \boldsymbol{J}$。代入式(7.120),并与式(7.123)比较可证明

$$\text{cov}(\boldsymbol{\varphi}_3) \approx \text{CRLB}(\boldsymbol{\theta}^o) \tag{G.17}$$

式(G.17)即证明7.3.2节提出的定位算法是统计有效的。

附录 H

单辐射源 TDOA/FDOA 标校定位中偏导数的推导

为了表示简单,定义(M-1)×3M 矩阵 $\boldsymbol{C}_1$、$\boldsymbol{C}_2$、$\boldsymbol{D}_1$ 和 $\boldsymbol{D}_2$。这些矩阵的第 i 行如下:

$$\begin{cases}\boldsymbol{C}_1(i,:)=[-\boldsymbol{a}_1^{\mathrm{T}}\quad \boldsymbol{0}_{3(i-1)\times 1}^{\mathrm{T}}\quad \boldsymbol{a}_{i+1}^{\mathrm{T}}\quad \boldsymbol{0}_{3(M-i-1)\times 1}^{\mathrm{T}}]\\ \boldsymbol{C}_2(i,:)=[-\boldsymbol{b}_1^{\mathrm{T}}\quad \boldsymbol{0}_{3(i-1)\times 1}^{\mathrm{T}}\quad \boldsymbol{b}_{i+1}^{\mathrm{T}}\quad \boldsymbol{0}_{3(M-i-1)\times 1}^{\mathrm{T}}]\\ \boldsymbol{D}_1(i,:)=[-\boldsymbol{a}_{1,c}^{\mathrm{T}}\quad \boldsymbol{0}_{3(i-1)\times 1}^{\mathrm{T}}\quad \boldsymbol{a}_{i+1,c}^{\mathrm{T}}\quad \boldsymbol{0}_{3(M-i-1)\times 1}^{\mathrm{T}}]\\ \boldsymbol{D}_2(i,:)=[-\boldsymbol{b}_{1,c}^{\mathrm{T}}\quad \boldsymbol{0}_{3(i-1)\times 1}^{\mathrm{T}}\quad \boldsymbol{b}_{i+1,c}^{\mathrm{T}}\quad \boldsymbol{0}_{3(M-i-1)\times 1}^{\mathrm{T}}]\end{cases} \tag{H.1}$$

其中

$$\begin{aligned}\boldsymbol{a}_i&=\frac{\boldsymbol{u}^o-\boldsymbol{s}_i^o}{r_i^o},\quad \boldsymbol{b}_i=\frac{\dot{\boldsymbol{u}}^o-\dot{\boldsymbol{s}}_i^o}{r_i^o}-\frac{\dot{r}_i^o}{r_i^{o2}}(\boldsymbol{u}^o-\boldsymbol{s}_i^o)\\ \boldsymbol{a}_{i,c}&=\frac{\boldsymbol{c}-\boldsymbol{s}_i^o}{r_{i,c}^o},\quad \boldsymbol{b}_{i,c}=\frac{\dot{\boldsymbol{c}}-\dot{\boldsymbol{s}}_i^o}{r_{i,c}^o}-\frac{\dot{r}_{i,c}^o}{r_{i,c}^{o2}}(\boldsymbol{c}-\boldsymbol{s}_i^o)\end{aligned} \tag{H.2}$$

定义 $\boldsymbol{E}_{3M\times 3}=[\boldsymbol{I}_{3\times 3}\quad \cdots\quad \boldsymbol{I}_{3\times 3}]^{\mathrm{T}}$,$\boldsymbol{\alpha}^\circ$、$\boldsymbol{\beta}^\circ$和 $\boldsymbol{\gamma}^\circ$对未知变量的偏导数分别为

$$\frac{\partial\boldsymbol{\alpha}^o}{\partial\boldsymbol{\theta}^o}=\begin{bmatrix}\boldsymbol{C}_1\boldsymbol{E} & \boldsymbol{0}_{(M-1)\times 3}\\ \boldsymbol{C}_2\boldsymbol{E} & \boldsymbol{C}_1\boldsymbol{E}\end{bmatrix} \tag{H.3}$$

$$\frac{\partial\boldsymbol{\alpha}^o}{\partial\boldsymbol{\beta}^o}=\begin{bmatrix}-\boldsymbol{C}_1 & \boldsymbol{0}_{(M-1)\times 3M}\\ -\boldsymbol{C}_2 & -\boldsymbol{C}_1\end{bmatrix} \tag{H.4}$$

$$\frac{\partial\boldsymbol{\gamma}^o}{\partial\boldsymbol{\beta}^o}=\begin{bmatrix}-\boldsymbol{D}_1 & \boldsymbol{0}_{(M-1)\times 3M}\\ -\boldsymbol{D}_2 & -\boldsymbol{D}_1\end{bmatrix} \tag{H.5}$$

附录 I

多辐射源 TDOA/FDOA 定位中偏导数的推导

为了便于推导，定义变量 $\boldsymbol{a}_{j,e}$、$\boldsymbol{b}_{j,e}$ 和 $\boldsymbol{E}$ 分别为

$$\boldsymbol{a}_{j,e}=\frac{\boldsymbol{e}-\boldsymbol{s}_j^o}{\|\boldsymbol{e}-\boldsymbol{s}_j^o\|} \tag{I. 1}$$

$$\boldsymbol{b}_{j,e}=\frac{(\dot{\boldsymbol{e}}-\dot{\boldsymbol{s}}_j^o)}{\|\boldsymbol{e}-\boldsymbol{s}_j^o\|}-\frac{[(\boldsymbol{e}-\boldsymbol{s}_j^o)^{\mathrm{T}}(\dot{\boldsymbol{e}}-\dot{\boldsymbol{s}}_j^o)](\boldsymbol{e}-\boldsymbol{s}_j^o)}{\|\boldsymbol{e}-\boldsymbol{s}_j^o\|^3} \tag{I. 2}$$

$$\boldsymbol{E}=[\boldsymbol{I}_{3\times 3}\quad\cdots\quad\boldsymbol{I}_{3\times 3}]_{3M\times 3}^{\mathrm{T}} \tag{I. 3}$$

式中：$\boldsymbol{e}$ 和 $\dot{\boldsymbol{e}}$ 表示 3×1 矢量，分别表示 $\boldsymbol{u}_i^o$ 和 $\dot{\boldsymbol{u}}_i^o$。

定义 $(M-1)\times 3M$ 矩阵 $\boldsymbol{D}_{1,e}$ 和 $\boldsymbol{D}_{2,e}$，第 j 行 $(j=1,2,\cdots,M-1)$ 为

$$\boldsymbol{D}_{1,e}(j,:)=[-\boldsymbol{a}_{1,e}^{\mathrm{T}}\quad \boldsymbol{0}_{3(j-1)\times 1}^{\mathrm{T}}\quad \boldsymbol{a}_{j+1,e}^{\mathrm{T}}\quad \boldsymbol{0}_{3(M-j-1)\times 1}^{\mathrm{T}}] \tag{I. 4}$$

$$\boldsymbol{D}_{2,e}(j,:)=[-\boldsymbol{b}_{1,e}^{\mathrm{T}}\quad \boldsymbol{0}_{3(j-1)\times 1}^{\mathrm{T}}\quad \boldsymbol{b}_{j+1,e}^{\mathrm{T}}\quad \boldsymbol{0}_{3(M-j-1)\times 1}^{\mathrm{T}}] \tag{I. 5}$$

结合式(I. 1) ~ 式(I. 5)的定义，$\dfrac{\partial\boldsymbol{\alpha}_{u_i}^o}{\partial\boldsymbol{\beta}^o}$ 和 $\dfrac{\partial\boldsymbol{\alpha}_{u_i}^o}{\partial\boldsymbol{\beta}_i^o}$ 可以表示如下：

$$\frac{\partial\boldsymbol{\alpha}_{u_i}^o}{\partial\boldsymbol{\beta}^o}=\begin{bmatrix}\dfrac{\partial\boldsymbol{r}_{u_i}^o}{\partial\boldsymbol{s}^o} & \dfrac{\partial\boldsymbol{r}_{u_i}^o}{\partial\dot{\boldsymbol{s}}^o}\\ \dfrac{\partial\dot{\boldsymbol{r}}_{u_i}^o}{\partial\boldsymbol{s}^o} & \dfrac{\partial\dot{\boldsymbol{r}}_{u_i}^o}{\partial\dot{\boldsymbol{s}}^o}\end{bmatrix}=\begin{bmatrix}-\boldsymbol{D}_{1,u_i^o} & \boldsymbol{0}_{(M-1)\times 3M}\\ -\boldsymbol{D}_{2,u_i^o} & -\boldsymbol{D}_{1,u_i^o}\end{bmatrix} \tag{I. 6}$$

$$\frac{\partial\boldsymbol{\alpha}_{u_i}^o}{\partial\boldsymbol{\theta}_i^o}=\begin{bmatrix}\dfrac{\partial\boldsymbol{r}_{u_i}^o}{\partial\boldsymbol{u}_i^o} & \dfrac{\partial\boldsymbol{r}_{u_i}^o}{\partial\dot{\boldsymbol{u}}_i^o}\\ \dfrac{\partial\dot{\boldsymbol{r}}_{u_i}^o}{\partial\boldsymbol{u}_i^o} & \dfrac{\partial\dot{\boldsymbol{r}}_{u_i}^o}{\partial\dot{\boldsymbol{u}}_i^o}\end{bmatrix}=\begin{bmatrix}\boldsymbol{D}_{1,u_i^o}\boldsymbol{E} & \boldsymbol{0}_{(M-1)\times 3}\\ -\boldsymbol{D}_{2,u_i^o}-\boldsymbol{E} & \boldsymbol{D}_{1,u_i^o}\boldsymbol{E}\end{bmatrix} \tag{I. 7}$$

因此，式(7. 177) ~ 式(7. 179)中的偏导数 $\dfrac{\partial\boldsymbol{\alpha}^o}{\partial\boldsymbol{\theta}^o}$ 和 $\dfrac{\partial\boldsymbol{\alpha}^o}{\partial\boldsymbol{\beta}^o}$ 可以表示如下：

$$\frac{\partial \boldsymbol{\alpha}^o}{\partial \boldsymbol{\theta}^o} = \mathrm{diag}\left\{\frac{\partial \boldsymbol{\alpha}_{u_1}^o}{\partial \boldsymbol{\theta}_1^o}, \frac{\partial \boldsymbol{\alpha}_{u_2}^o}{\partial \boldsymbol{\theta}_2^o}, \cdots, \frac{\partial \boldsymbol{\alpha}_{u_N}^o}{\partial \boldsymbol{\theta}_N^o}\right\}$$

$$\frac{\partial \boldsymbol{\alpha}^o}{\partial \boldsymbol{\beta}^o} = \left[\left(\frac{\partial \boldsymbol{\alpha}_{u_1}^o}{\partial \boldsymbol{\beta}^o}\right)^{\mathrm{T}} \quad \left(\frac{\partial \boldsymbol{\alpha}_{u_2}^o}{\partial \boldsymbol{\beta}^o}\right)^{\mathrm{T}} \quad \cdots \quad \left(\frac{\partial \boldsymbol{\alpha}_{u_N}^o}{\partial \boldsymbol{\beta}^o}\right)^{\mathrm{T}}\right]^{\mathrm{T}} \tag{I.8}$$

附录 J

7.5.2 节 CRLB 的对比

在不失一般性原则下，可以假设总共有 K 个辐射源，其中 N-K 个辐射源的位置和速度信息已知，但不精确，剩下的 K 个辐射源状态信息完全未知。将状态已知和未知的辐射源分别表示为 $\breve{\boldsymbol{\theta}}^o=[\boldsymbol{\theta}_{K+1}^{o\mathrm{T}}\quad\cdots\quad\boldsymbol{\theta}_N^{o\mathrm{T}}]^{\mathrm{T}}$ 和 $\hat{\boldsymbol{\theta}}^o=[\boldsymbol{\theta}_1^{o\mathrm{T}}\quad\cdots\quad\boldsymbol{\theta}_K^{o\mathrm{T}}]^{\mathrm{T}}$。令变量 $\breve{\boldsymbol{\theta}}$ 和 $\hat{\boldsymbol{\theta}}$ 先验信息协方差矩阵分别为

$$\begin{cases}\breve{\boldsymbol{Q}}_\theta=\mathrm{diag}\{\boldsymbol{Q}_{\theta_{K+1}},\cdots,\boldsymbol{Q}_{\theta_N}\}\\ \hat{\boldsymbol{Q}}_\theta=\mathrm{diag}\{\boldsymbol{Q}_{\theta_1},\cdots,\boldsymbol{Q}_{\theta_K}\}\end{cases}$$

由于 $\hat{\boldsymbol{\theta}}$ 没有任何先验信息，因此协方差矩阵 $\hat{\boldsymbol{Q}}_\theta$ 趋向无穷大，即 $\hat{\boldsymbol{Q}}_\theta$ 的逆矩阵为零矩阵。为了便于和第 6 章文献[8]比较，这里定义辐射源 $\hat{\boldsymbol{\theta}}_i^o\,(i=K+1,K+2,\cdots,N)$ 为标校站，而辐射源 $\hat{\boldsymbol{\theta}}_i^o\,(i=1,2,\cdots,K)$ 为待估计的辐射源。类似地，定义 TDOA/FDOA 观测量矢量，$\hat{\boldsymbol{\alpha}}^o=[\boldsymbol{\alpha}_1^{o\mathrm{T}}\quad\cdots\quad\boldsymbol{\alpha}_K^{o\mathrm{T}}]^{\mathrm{T}}$ 和 $\breve{\boldsymbol{\alpha}}^o=[\boldsymbol{\alpha}_{K+1}^{o\mathrm{T}}\quad\cdots\quad\boldsymbol{\alpha}_N^{o\mathrm{T}}]^{\mathrm{T}}$ 分别为来自未知辐射源和标校站的观测量，它们的协方差矩阵分别为

$$\begin{cases}\hat{\boldsymbol{Q}}_\alpha=\mathrm{diag}\{\boldsymbol{Q}_{\theta_1},\cdots,\boldsymbol{Q}_{\theta_K}\}\\ \breve{\boldsymbol{Q}}_\alpha=\mathrm{diag}\{\boldsymbol{Q}_{\alpha_{K+1}},\boldsymbol{Q}_{\alpha_N}\}\end{cases}$$

从以上的定义可知，$\hat{\boldsymbol{Q}}_\theta=\mathrm{diag}\{\hat{\boldsymbol{Q}}_\theta,\breve{\boldsymbol{Q}}_\theta\}$ 以及 $\boldsymbol{Q}_\alpha=\mathrm{diag}\{\hat{\boldsymbol{Q}}_\alpha,\breve{\boldsymbol{Q}}_\alpha\}$，式(7.183)～式(7.185)可以表示如下：

$$\boldsymbol{X}=\begin{bmatrix}\left(\dfrac{\partial\hat{\boldsymbol{\alpha}}^o}{\partial\hat{\boldsymbol{\theta}}^o}\right)^{\mathrm{T}}\hat{\boldsymbol{Q}}_\alpha^{-1}\left(\dfrac{\partial\hat{\boldsymbol{\alpha}}^o}{\partial\hat{\boldsymbol{\theta}}^o}\right) & \boldsymbol{0}\\ \boldsymbol{0} & \breve{\boldsymbol{Q}}_\theta^{-1}+\left(\dfrac{\partial\breve{\boldsymbol{\alpha}}^o}{\partial\breve{\boldsymbol{\theta}}^o}\right)^{\mathrm{T}}\breve{\boldsymbol{Q}}_\alpha^{-1}\left(\dfrac{\partial\breve{\boldsymbol{\alpha}}^o}{\partial\breve{\boldsymbol{\theta}}^o}\right)\end{bmatrix}\tag{J.1}$$

$$\boldsymbol{Y}=\begin{bmatrix}\dfrac{\partial\widehat{\boldsymbol{\alpha}}^o}{\partial\widehat{\boldsymbol{\theta}}^o} & \mathbf{0}\\ \mathbf{0} & \dfrac{\partial\breve{\boldsymbol{\alpha}}^o}{\partial\breve{\boldsymbol{\theta}}^o}\end{bmatrix}^{\mathrm{T}}\begin{bmatrix}\widehat{\boldsymbol{Q}}_\alpha & \mathbf{0}\\ \mathbf{0} & \breve{\boldsymbol{Q}}_\alpha\end{bmatrix}^{-1}\begin{bmatrix}\dfrac{\partial\widehat{\boldsymbol{\alpha}}^o}{\partial\boldsymbol{\beta}^o}\\ \dfrac{\partial\breve{\boldsymbol{\alpha}}^o}{\partial\boldsymbol{\beta}^o}\end{bmatrix}=\begin{bmatrix}\left(\dfrac{\partial\widehat{\boldsymbol{\alpha}}^o}{\partial\widehat{\boldsymbol{\theta}}^o}\right)^{\mathrm{T}}\widehat{\boldsymbol{Q}}_\alpha^{-1}\left(\dfrac{\partial\widehat{\boldsymbol{\alpha}}^o}{\partial\boldsymbol{\beta}^o}\right)\\ \left(\dfrac{\partial\breve{\boldsymbol{\alpha}}^o}{\partial\breve{\boldsymbol{\theta}}^o}\right)^{\mathrm{T}}\breve{\boldsymbol{Q}}_\alpha^{-1}\left(\dfrac{\partial\breve{\boldsymbol{\alpha}}^o}{\partial\boldsymbol{\beta}^o}\right)\end{bmatrix}\tag{J.2}$$

$$\boldsymbol{Z}=\boldsymbol{Q}_\beta^{-1}+\left(\frac{\partial\widehat{\boldsymbol{\alpha}}^o}{\partial\boldsymbol{\beta}^o}\right)^{\mathrm{T}}\widehat{\boldsymbol{Q}}_\alpha^{-1}\left(\frac{\partial\widehat{\boldsymbol{\alpha}}^o}{\partial\boldsymbol{\beta}^o}\right)+\left(\frac{\partial\widehat{\boldsymbol{\alpha}}^o}{\partial\boldsymbol{\beta}^o}\right)^{\mathrm{T}}\breve{\boldsymbol{Q}}_\alpha^{-1}\left(\frac{\partial\widehat{\boldsymbol{\alpha}}^o}{\partial\boldsymbol{\beta}^o}\right)\tag{J.3}$$

令

$$\widehat{\boldsymbol{X}}=\left(\frac{\partial\widehat{\boldsymbol{\alpha}}^o}{\partial\widehat{\boldsymbol{\theta}}^o}\right)^{\mathrm{T}}\widehat{\boldsymbol{Q}}_\alpha^{-1}\left(\frac{\partial\widehat{\boldsymbol{\alpha}}^o}{\partial\widehat{\boldsymbol{\theta}}^o}\right)\tag{J.4}$$

$$\widehat{\boldsymbol{P}}=\breve{\boldsymbol{Q}}_{\boldsymbol{\theta}}^{-1}+\left(\frac{\partial\breve{\boldsymbol{\alpha}}^o}{\partial\breve{\boldsymbol{\theta}}^o}\right)^{\mathrm{T}}\breve{\boldsymbol{Q}}_\alpha^{-1}\left(\frac{\partial\breve{\boldsymbol{\alpha}}^o}{\partial\breve{\boldsymbol{\theta}}^o}\right)\tag{J.5}$$

$$\widehat{\boldsymbol{Y}}=\left(\frac{\partial\widehat{\boldsymbol{\alpha}}^o}{\partial\widehat{\boldsymbol{\theta}}^o}\right)^{\mathrm{T}}\widehat{\boldsymbol{Q}}_\alpha^{-1}\left(\frac{\partial\widehat{\boldsymbol{\alpha}}^o}{\partial\boldsymbol{\beta}^o}\right)\tag{J.6}$$

$$\widehat{\boldsymbol{R}}=\left(\frac{\partial\widehat{\boldsymbol{\alpha}}^o}{\partial\widehat{\boldsymbol{\theta}}^o}\right)^{\mathrm{T}}\widehat{\boldsymbol{Q}}_\alpha^{-1}\left(\frac{\partial\widehat{\boldsymbol{\alpha}}^o}{\partial\boldsymbol{\beta}^o}\right)\tag{J.7}$$

将式(J.1)~式(J.3)代入式(7.176)中,并运用式(J.4)~式(J.7)的定义,可得

$$\mathrm{FIM}=\begin{bmatrix}\widehat{\boldsymbol{X}} & \mathbf{0} & \widehat{\boldsymbol{Y}}\\ \mathbf{0} & \widehat{\boldsymbol{P}} & \widehat{\boldsymbol{R}}\\ \widehat{\boldsymbol{Y}}^{\mathrm{T}} & \widehat{\boldsymbol{R}}^{\mathrm{T}} & \boldsymbol{Z}\end{bmatrix}\tag{J.8}$$

对式(J.8)求逆后,左上方 $6K\times6K$ 矩阵即是 $\widehat{\boldsymbol{\theta}}$ 的CRLB。对式(J.8)运用矩阵求逆引理,可得

$$\begin{aligned}\mathrm{CRLB}(\widehat{\boldsymbol{\theta}}^o)&=\widehat{\boldsymbol{X}}^{-1}+\widehat{\boldsymbol{X}}^{-1}[\mathbf{0}\quad\widehat{\boldsymbol{Y}}]\left(\begin{bmatrix}\widehat{\boldsymbol{P}} & \widehat{\boldsymbol{R}}\\ \widehat{\boldsymbol{R}}^{\mathrm{T}} & \boldsymbol{Z}\end{bmatrix}-\begin{bmatrix}\mathbf{0}\\ \widehat{\boldsymbol{Y}}^{\mathrm{T}}\end{bmatrix}\widehat{\boldsymbol{X}}^{-1}[\mathbf{0}\quad\widehat{\boldsymbol{Y}}]\right)^{-1}\begin{bmatrix}\mathbf{0}\\ \widehat{\boldsymbol{Y}}^{\mathrm{T}}\end{bmatrix}\widehat{\boldsymbol{X}}^{-1}\\&=\widehat{\boldsymbol{X}}^{-1}+\widehat{\boldsymbol{X}}^{-1}\widehat{\boldsymbol{Y}}(\boldsymbol{Z}-\widehat{\boldsymbol{Y}}^{\mathrm{T}}\widehat{\boldsymbol{X}}^{-1}\widehat{\boldsymbol{Y}}-\widehat{\boldsymbol{R}}^{\mathrm{T}}\widehat{\boldsymbol{P}}^{-1}\widehat{\boldsymbol{R}})^{-1}\widehat{\boldsymbol{Y}}^{\mathrm{T}}\widehat{\boldsymbol{X}}^{-1}\end{aligned}\tag{J.9}$$

式中:$\widehat{\boldsymbol{\theta}}^o$、$\widehat{\boldsymbol{X}}$、$\widehat{\boldsymbol{Y}}$、$\widehat{\boldsymbol{R}}$ 和 $\widehat{\boldsymbol{P}}$ 分别对应第6章文献[8]中的 $\boldsymbol{\theta}$、$\boldsymbol{X}$、$\boldsymbol{Y}$、$\boldsymbol{R}$ 和 $\boldsymbol{P}$。这就证明了式(7.180)的CRLB和第6章文献[8]的CRLB是等价的。

附录 K

一个自标校站定位 CRLB 偏导数的推导

定义 $\boldsymbol{a}_i$ 和 $\boldsymbol{b}_i$ 如下：

$$\boldsymbol{a}_i = \frac{\boldsymbol{u}^o - \boldsymbol{s}_i^o}{r_i^o} \tag{K.1}$$

$$\boldsymbol{b}_i = \frac{\dot{\boldsymbol{u}}^o - \dot{\boldsymbol{s}}_i^o}{r_i^o} - \frac{\dot{r}_i^o}{r_i^{o2}}(\boldsymbol{u}^o - \boldsymbol{s}_i^o) \tag{K.2}$$

令 $\boldsymbol{D}_1$ 和 $\boldsymbol{D}_1$ 为$(M-1)\times 3M$ 矩阵，其第 i 行分别如下：

$$\boldsymbol{D}_1(i,:) = [-\boldsymbol{a}_1^{\mathrm{T}} \quad \boldsymbol{0}_{3(i-1)\times 1}^{\mathrm{T}} \quad \boldsymbol{a}_{i+1}^{\mathrm{T}} \quad \boldsymbol{0}_{3(M-i-1)\times 1}^{\mathrm{T}}] \tag{K.3}$$

$$\boldsymbol{D}_2(i,:) = [-\boldsymbol{b}_1^{\mathrm{T}} \quad \boldsymbol{0}_{3(i-1)\times 1}^{\mathrm{T}} \quad \boldsymbol{b}_{i+1}^{\mathrm{T}} \quad \boldsymbol{0}_{3(M-i-1)\times 1}^{\mathrm{T}}] \tag{K.4}$$

定义 $\boldsymbol{E}$ 为 $3M\times 3$ 矩阵，$\boldsymbol{E} = [\boldsymbol{I}_{3\times 3} \quad \cdots \quad \boldsymbol{I}_{3\times 3}]^{\mathrm{T}}$。来自辐射源的 TDOA/FDOA 观测量 $\boldsymbol{\alpha}^o = [\boldsymbol{r}^{\mathrm{T}} \quad \dot{\boldsymbol{r}}^{\mathrm{T}}]^{\mathrm{T}}$ 对辐射源真实状态矢量 $\boldsymbol{\theta}^o = [\boldsymbol{u}^{o\mathrm{T}} \quad \dot{\boldsymbol{u}}^{o\mathrm{T}}]^{\mathrm{T}}$ 以及观测站真实状态矢量 $\boldsymbol{\beta}^o = [\boldsymbol{s}^{o\mathrm{T}} \quad \dot{\boldsymbol{s}}^{o\mathrm{T}}]^{\mathrm{T}}$ 分别求偏导数，可得

$$\frac{\partial \boldsymbol{\alpha}^o}{\partial \boldsymbol{\theta}^o} = \begin{bmatrix} \dfrac{\partial \boldsymbol{r}^o}{\partial \boldsymbol{u}^o} & \dfrac{\partial \boldsymbol{r}^o}{\partial \dot{\boldsymbol{u}}^o} \\ \dfrac{\partial \dot{\boldsymbol{r}}^o}{\partial \boldsymbol{u}^o} & \dfrac{\partial \dot{\boldsymbol{r}}^o}{\partial \dot{\boldsymbol{u}}^o} \end{bmatrix} = \begin{bmatrix} \boldsymbol{D}_1\boldsymbol{E} & \boldsymbol{0}_{(M-1)\times 3M} \\ \boldsymbol{D}_2\boldsymbol{E} & \boldsymbol{D}_1\boldsymbol{E} \end{bmatrix}_{2(M-6)\times 6} \tag{K.5}$$

$$\frac{\partial \boldsymbol{\alpha}^o}{\partial \boldsymbol{\beta}^o} = \begin{bmatrix} \dfrac{\partial \boldsymbol{r}^o}{\partial \boldsymbol{s}^o} & \dfrac{\partial \boldsymbol{r}^o}{\partial \dot{\boldsymbol{s}}^o} \\ \dfrac{\partial \dot{\boldsymbol{r}}^o}{\partial \boldsymbol{s}^o} & \dfrac{\partial \dot{\boldsymbol{r}}^o}{\partial \dot{\boldsymbol{s}}^o} \end{bmatrix} = \begin{bmatrix} -\boldsymbol{D}_1 & \boldsymbol{0}_{(M-1)\times 3M} \\ -\boldsymbol{D}_2 & -\boldsymbol{D}_1 \end{bmatrix}_{2(M-6)\times 6M} \tag{K.6}$$

类似地，来自自标校站 $\boldsymbol{s}_1$ 的 TDOA/FDOA 观测量 $\boldsymbol{\gamma}_1^o = [\boldsymbol{r}_{s_1}^{o\mathrm{T}} \quad \dot{\boldsymbol{r}}_{s_1}^{o\mathrm{T}}]^{\mathrm{T}}$ 对观测站真实状态矢量 $\boldsymbol{\beta}^o = [\boldsymbol{s}^{o\mathrm{T}} \quad \dot{\boldsymbol{s}}^{o\mathrm{T}}]^{\mathrm{T}}$ 的偏导数为

$$\frac{\partial \boldsymbol{\gamma}_1^o}{\partial \boldsymbol{\beta}^o}=\begin{bmatrix}\dfrac{\partial \boldsymbol{r}_{s_1}^o}{\partial \boldsymbol{s}^o} & \dfrac{\partial \boldsymbol{r}_{s_1}^o}{\partial \dot{\boldsymbol{s}}^o}\\ \dfrac{\partial \dot{\boldsymbol{r}}_{s_1}^o}{\partial \boldsymbol{s}^o} & \dfrac{\partial \dot{\boldsymbol{r}}_{s_1}^o}{\partial \dot{\boldsymbol{s}}^o}\end{bmatrix} \tag{K.7}$$

定义矢量 $\boldsymbol{c}_i$ 和 $\boldsymbol{d}_i$ 分别为

$$\boldsymbol{c}_i=\frac{\boldsymbol{s}_1^o-\boldsymbol{s}_i^o}{\boldsymbol{r}_{i,s_1}^o} \tag{K.8}$$

$$\boldsymbol{d}_i=\frac{\dot{\boldsymbol{s}}_1^o-\dot{\boldsymbol{s}}_i^o}{\boldsymbol{r}_{i,s_1}^o}-\frac{\dot{\boldsymbol{r}}_{i,s_1}^o}{\boldsymbol{r}_{i,s_1}^o}(\boldsymbol{s}_1^o-\boldsymbol{s}_i^o) \tag{K.9}$$

则可得来自自标校站的TDOA变量对观测站位置向量的偏导数如下:

$$\frac{\partial r_{i2,s_1}^o}{\partial \boldsymbol{s}_1^o}=\boldsymbol{c}_i^{\mathrm{T}}-\boldsymbol{c}_2^{\mathrm{T}}(i=3,4,\cdots,M) \tag{K.10}$$

$$\frac{\partial r_{i2,s_1}^o}{\partial \boldsymbol{s}_2^o}=\boldsymbol{c}_2^{\mathrm{T}}(i=3,4,\cdots,M) \tag{K.11}$$

$$\frac{\partial r_{i2,s_1}^o}{\partial \boldsymbol{s}_i^o}=-\boldsymbol{c}_i^{\mathrm{T}}(i=3,4,\cdots,M) \tag{K.12}$$

根据式(K.10)~式(K.12),可将 $\partial r_{s_1}^o/\partial s^o$ 表示为

$$\frac{\partial r_{s_1}^o}{\partial \boldsymbol{s}^o}=\begin{bmatrix}\boldsymbol{c}_3^{\mathrm{T}}-\boldsymbol{c}_2^{\mathrm{T}} & \boldsymbol{c}_2^{\mathrm{T}} & -\boldsymbol{c}_3^{\mathrm{T}} & \boldsymbol{0} & \cdots & \boldsymbol{0}\\ \boldsymbol{c}_4^{\mathrm{T}}-\boldsymbol{c}_2^{\mathrm{T}} & \boldsymbol{c}_2^{\mathrm{T}} & \boldsymbol{0} & -\boldsymbol{c}_4^{\mathrm{T}} & \cdots & \boldsymbol{0}\\ \vdots & \vdots & \vdots & \vdots & \ddots & \vdots\\ \boldsymbol{c}_M^{\mathrm{T}}-\boldsymbol{c}_2^{\mathrm{T}} & \boldsymbol{c}_2^{\mathrm{T}} & \boldsymbol{0} & \boldsymbol{0} & \cdots & -\boldsymbol{c}_M^{\mathrm{T}}\end{bmatrix} \tag{K.13}$$

而来自自标校站的TDOA观测量和观测站的速度向量无关,因此,有

$$\frac{\partial r_{s_1}^o}{\partial \dot{s}^o}=0 \tag{K.14}$$

来自自标校站的FDOA观测量对观测站位置向量的偏导数为

$$\frac{\partial \dot{\boldsymbol{r}}_{i2,s_1}^o}{\partial \boldsymbol{s}_1^o}=\boldsymbol{d}_i^{\mathrm{T}}-\boldsymbol{d}_2^{\mathrm{T}}(i=3,4,\cdots,M) \tag{K.15}$$

$$\frac{\partial \dot{\boldsymbol{r}}_{i2,s_1}^o}{\partial \boldsymbol{s}_2^o}=\boldsymbol{d}_2^{\mathrm{T}}(i=3,4,\cdots,M) \tag{K.16}$$

$$\frac{\partial \dot{\boldsymbol{r}}_{i2,s_1}^o}{\partial \boldsymbol{s}_i^o} = -\boldsymbol{d}_i^{\mathrm{T}}(i=3,4,\cdots,M) \tag{K.17}$$

因此，$\partial \dot{\boldsymbol{r}}_{s_1}^o / \partial \boldsymbol{s}^o$ 可以表示为

$$\frac{\partial \dot{\boldsymbol{r}}_{s_1}^o}{\partial \boldsymbol{s}^o} = \begin{bmatrix} \boldsymbol{d}_3^{\mathrm{T}} - \boldsymbol{d}_2^{\mathrm{T}} & \boldsymbol{d}_2^{\mathrm{T}} & -\boldsymbol{d}_3^{\mathrm{T}} & \boldsymbol{0} & \cdots & \boldsymbol{0} \\ \boldsymbol{d}_4^{\mathrm{T}} - \boldsymbol{d}_2^{\mathrm{T}} & \boldsymbol{d}_2^{\mathrm{T}} & \boldsymbol{0} & -\boldsymbol{d}_4^{\mathrm{T}} & \cdots & \boldsymbol{0} \\ \vdots & \vdots & \vdots & \vdots & \ddots & \vdots \\ \boldsymbol{d}_M^{\mathrm{T}} - \boldsymbol{d}_2^{\mathrm{T}} & \boldsymbol{d}_2^{\mathrm{T}} & \boldsymbol{0} & \boldsymbol{0} & \cdots & -\boldsymbol{d}_M^{\mathrm{T}} \end{bmatrix} \tag{K.18}$$

而 FDOA 观测量 $\dot{\boldsymbol{r}}_{s_1}^o$ 对观测站速度矢量的偏导数 $\partial \dot{\boldsymbol{r}}_{s_1}^o / \partial \boldsymbol{s}^o$ 为

$$\frac{\partial \dot{\boldsymbol{r}}_{s_1}^o}{\partial \dot{\boldsymbol{s}}^o} = \frac{\partial \boldsymbol{r}_{s_1}^o}{\partial \boldsymbol{s}^o} \tag{K.19}$$

将式(K.13)、式(K.14)、式(K.18)和式(K.19)代入式(K.7)中，可得 $\partial \boldsymbol{\gamma}_1^o / \partial \boldsymbol{\beta}^o$。

附录 L
多个自标校站定位 CRLB 的偏导数的推导

由于 $\boldsymbol{\gamma}_j^o=[\boldsymbol{r}_{s_j}^{o\mathrm{T}}\quad \dot{\boldsymbol{r}}_{s_j}^{o\mathrm{T}}]^{\mathrm{T}}$，$\boldsymbol{\beta}^o=[\boldsymbol{s}^{o\mathrm{T}}\quad \dot{\boldsymbol{s}}^{o\mathrm{T}}]^{\mathrm{T}}$，$\dfrac{\partial\gamma_j^o}{\partial\beta^o}$可以表示为

$$\frac{\partial\boldsymbol{\gamma}_j^o}{\partial\boldsymbol{\beta}^o}=\begin{bmatrix}\dfrac{\partial\boldsymbol{r}_{s_j}^o}{\partial\boldsymbol{s}^o} & \dfrac{\partial\boldsymbol{r}_{s_j}^o}{\partial\dot{\boldsymbol{s}}^o}\\ \dfrac{\partial\dot{\boldsymbol{r}}_{s_j}^o}{\partial\boldsymbol{s}^o} & \dfrac{\partial\dot{\boldsymbol{r}}_{s_j}^o}{\partial\dot{\boldsymbol{s}}^o}\end{bmatrix} \tag{L.1}$$

下面将分别推导其中的$\dfrac{\partial\boldsymbol{r}_{s_j}^o}{\partial\boldsymbol{s}^o}$、$\dfrac{\partial\boldsymbol{r}_{s_j}^o}{\partial\dot{\boldsymbol{s}}^o}$、$\dfrac{\partial\dot{\boldsymbol{r}}_{s_j}^o}{\partial\boldsymbol{s}^o}$和$\dfrac{\partial\dot{\boldsymbol{r}}_{s_j}^o}{\partial\dot{\boldsymbol{s}}^o}$。首先定义矢量 $\boldsymbol{c}_{t_{ij},s_j}$和 $\boldsymbol{d}_{t_{ij},s_j}$分别为

$$\boldsymbol{c}_{t_{ij},s_j}=\frac{\boldsymbol{s}_j^o-\boldsymbol{s}_{t_{ij}}^o}{r_{i,s_j}^o} \tag{L.2}$$

$$\boldsymbol{d}_{t_{ij},s_j}=\frac{\dot{\boldsymbol{s}}_j^o-\dot{\boldsymbol{s}}_{t_{ij}}^o}{r_{i,s_j}^o}-\frac{\dot{r}_{i,s_j}^o}{r_{i,s_j}^{o2}}(\boldsymbol{s}_j^o-\boldsymbol{s}_{t_{ij}}^o) \tag{L.3}$$

则可得偏导数分别为

$$\frac{\partial r_{i1,s_j}^o}{\partial\boldsymbol{s}_j^o}=\boldsymbol{c}_{t_{ij},s_j}^{\mathrm{T}}-\boldsymbol{c}_{t_{1j},s_j}^{\mathrm{T}}\quad(i=2,3,\cdots,M-1) \tag{L.4}$$

$$\frac{\partial r_{i1,s_j}^o}{\partial\boldsymbol{s}_{t_{1j}}^o}=\boldsymbol{c}_{t_{1j},s_j}^{\mathrm{T}}\quad(i=2,3,\cdots,M-1) \tag{L.5}$$

$$\frac{\partial r_{i1,s_j}^o}{\partial\boldsymbol{s}_{t_{ij}}^o}=-\boldsymbol{c}_{t_{ij},s_j}^{\mathrm{T}}\quad(i=2,3,\cdots,M-1) \tag{L.6}$$

因此，来自自标校站的 TDOA 观测量 $\boldsymbol{r}_{s_j}^o$对观测站位置矢量 $\boldsymbol{s}_j^o$ 和速度矢量 $\dot{\boldsymbol{s}}_j^o$的偏导数可以表示为

$$\frac{\partial\boldsymbol{r}_{s_j}^o}{\partial\boldsymbol{s}_j^o}=\begin{cases}\tilde{\boldsymbol{A}} & (j=1)\\ [\tilde{\boldsymbol{A}}(:,3(M-j+1)+1:3M),\tilde{\boldsymbol{A}}(:,3(M-j+1))] & (j>1)\end{cases} \tag{L.7}$$

$$\frac{\partial \boldsymbol{r}_{s_j}^o}{\partial \dot{\boldsymbol{s}}_j^o} = \boldsymbol{O} \tag{L.8}$$

式中：$\widetilde{\boldsymbol{A}}$ 为$(M-2)\times 3M$ 矩阵，定义为

$$\widetilde{\boldsymbol{A}} = \begin{bmatrix} \boldsymbol{c}_{t_{2j},s_j}^{\mathrm{T}} - \boldsymbol{c}_{t_{1j},s_j}^{\mathrm{T}} & \boldsymbol{c}_{t_{1j},s_j}^{\mathrm{T}} & -\boldsymbol{c}_{t_{2j},s_j}^{\mathrm{T}} & \boldsymbol{0} & \cdots & \boldsymbol{0} \\ \boldsymbol{c}_{t_{3j},s_j}^{\mathrm{T}} - \boldsymbol{c}_{t_{1j},s_j}^{\mathrm{T}} & \boldsymbol{c}_{t_{1j},s_j}^{\mathrm{T}} & \boldsymbol{0} & -\boldsymbol{c}_{t_{3j},s_j}^{\mathrm{T}} & \cdots & \boldsymbol{0} \\ \vdots & \vdots & \vdots & \vdots & \ddots & \vdots \\ \boldsymbol{c}_{t_{M-1j},s_j}^{\mathrm{T}} - \boldsymbol{c}_{t_{1j},s_j}^{\mathrm{T}} & \boldsymbol{c}_{t_{1j},s_j}^{\mathrm{T}} & \boldsymbol{0} & \boldsymbol{0} & \cdots & -\boldsymbol{c}_{t_{M-1j},s_j}^{\mathrm{T}} \end{bmatrix} \tag{L.9}$$

而来自自标校站的 FDOA 观测量的偏导数可以表示如下：

$$\frac{\partial \dot{r}_{i1,s_j}^o}{\partial \boldsymbol{s}_j^o} = \boldsymbol{d}_{t_{ij},s_j}^{\mathrm{T}} - \boldsymbol{d}_{t_{1j},s_j}^{\mathrm{T}} \quad (i=2,3,\cdots,M-1) \tag{L.10}$$

$$\frac{\partial \dot{\boldsymbol{r}}_{i1,s_j}^o}{\partial \boldsymbol{s}_{t_{1j}}^o} = \boldsymbol{d}_{t_{1j},s_j}^{\mathrm{T}} \quad (i=2,3,\cdots,M-1) \tag{L.11}$$

$$\frac{\partial \dot{\boldsymbol{r}}_{i1,s_j}^o}{\partial \boldsymbol{s}_{t_{ij}}^o} = -\boldsymbol{d}_{t_{ij},s_j}^{\mathrm{T}} \quad (i=2,3,\cdots,M-1) \tag{L.12}$$

$$\frac{\partial \dot{\boldsymbol{r}}_{i1,s_j}^o}{\partial \dot{\boldsymbol{s}}_{t_{1j}}^o} = \boldsymbol{c}_{t_{ij},s_j}^{\mathrm{T}} - \boldsymbol{c}_{t_{1j},s_j}^{\mathrm{T}} \quad (i=2,3,\cdots,M-1) \tag{L.13}$$

$$\frac{\partial \dot{\boldsymbol{r}}_{i1,s_j}^o}{\partial \dot{\boldsymbol{s}}_{t_{1j}}^o} = \boldsymbol{c}_{t_{1j},s_j}^{\mathrm{T}} \quad (i=2,3,\cdots,M-1) \tag{L.14}$$

$$\frac{\partial \dot{\boldsymbol{r}}_{i1,s_j}^o}{\partial \dot{\boldsymbol{s}}_{t_{ij}}^o} = -\boldsymbol{c}_{t_{ij},s_j}^{\mathrm{T}} \quad (i=2,3,\cdots,M-1) \tag{L.15}$$

因此，$\partial \boldsymbol{r}_{s_j}^o / \partial \boldsymbol{s}^o$ 和$\partial \dot{\boldsymbol{r}}_{s_j}^o / \partial \dot{\boldsymbol{s}}^o$ 可以表示如下：

$$\frac{\partial \boldsymbol{r}_{s_j}^o}{\partial \boldsymbol{s}^o} = \begin{cases} \widetilde{\boldsymbol{B}} & (j=1) \\ [\widetilde{\boldsymbol{B}}(:,3(M-j+1)+1:3M), \widetilde{\boldsymbol{B}}(:,3(M-j+1))] & (j>1) \end{cases} \tag{L.16}$$

$$\frac{\partial \dot{\boldsymbol{r}}_{s_j}^o}{\partial \dot{\boldsymbol{s}}^o} = \begin{cases} \widetilde{\boldsymbol{A}} & (j=1) \\ [\widetilde{\boldsymbol{A}}(:,3(M-j+1)+1:3M), \widetilde{\boldsymbol{A}}(:,3(M-j+1))] & (j>1) \end{cases} \tag{L.17}$$

其中矩阵 $\widetilde{\boldsymbol{B}}$ 定义为

$$\widetilde{\boldsymbol{B}}=\begin{bmatrix}\boldsymbol{d}_{t_{2j},s_j}^{\mathrm{T}}-\boldsymbol{d}_{t_{1j},s_j}^{\mathrm{T}} & \boldsymbol{d}_{t_{1j},s_j}^{\mathrm{T}} & -\boldsymbol{d}_{t_{2j},s_j}^{\mathrm{T}} & \boldsymbol{0} & \cdots & \boldsymbol{0}\\ \boldsymbol{d}_{t_{3j},s_j}^{\mathrm{T}}-\boldsymbol{d}_{t_{1j},s_j}^{\mathrm{T}} & \boldsymbol{d}_{t_{1j},s_j}^{\mathrm{T}} & \boldsymbol{0} & -\boldsymbol{d}_{t_{3j},s_j}^{\mathrm{T}} & \cdots & \boldsymbol{0}\\ \vdots & \vdots & \vdots & \vdots & \ddots & \vdots\\ \boldsymbol{d}_{t_{M-1j},s_j}^{\mathrm{T}}-\boldsymbol{d}_{t_{1j},s_j}^{\mathrm{T}} & \boldsymbol{d}_{t_{1j},s_j}^{\mathrm{T}} & \boldsymbol{0} & \boldsymbol{0} & \cdots & -\boldsymbol{d}_{t_{M-1j},s_j}^{\mathrm{T}}\end{bmatrix} \tag{L.18}$$

将式(L.7)、式(L.8)、式(L.16)和式(L.17)代入式(L.1)中可得偏导数 $\partial\boldsymbol{\gamma}_j^o/\partial\boldsymbol{\beta}^o$。

附录 M

合作相干累加的直接定位 CRLB 偏导数

由式(9.14)中 $\boldsymbol{Q}_k$ 的定义,可以将 $\boldsymbol{G}_k$ 可以表示为

$$\boldsymbol{G}_k=\left[\left(\frac{\partial \boldsymbol{Q}_{1,k}\boldsymbol{x}_k}{\partial \boldsymbol{\theta}}\right)^{\mathrm{H}}\quad\left(\frac{\partial \boldsymbol{Q}_{2,k}\boldsymbol{x}_k}{\partial \boldsymbol{\theta}}\right)^{\mathrm{H}}\quad\cdots\quad\left(\frac{\partial \boldsymbol{Q}_{L,k}\boldsymbol{x}_k}{\partial \boldsymbol{\theta}}\right)^{\mathrm{H}}\right]^{\mathrm{H}} \tag{M.1}$$

利用式(9.16)中 $\boldsymbol{\theta}$ 的定义,则有

$$\frac{\partial \boldsymbol{Q}_{l,k}\boldsymbol{x}_k}{\partial \boldsymbol{\theta}}=\left[\frac{\partial \boldsymbol{Q}_{l,k}\boldsymbol{x}_k}{\partial \varphi_1}\quad\cdots\quad\frac{\partial \boldsymbol{Q}_{l,k}\boldsymbol{x}_k}{\partial \varphi_L}\quad\frac{\partial \boldsymbol{Q}_{l,k}\boldsymbol{x}_k}{\partial \boldsymbol{u}}\right] \tag{M.2}$$

其中

$$\frac{\partial \boldsymbol{Q}_{l,k}\boldsymbol{x}_k}{\partial \varphi_{l_1}}=\begin{cases}\mathrm{j}\boldsymbol{Q}_{l,k}\boldsymbol{x}_k & (l_1=l)\\ \boldsymbol{O} & (l_1\neq l)\end{cases}$$

利用式(9.13)中 $\boldsymbol{Q}_{l,k}$ 的定义以及链式求导法则,偏导数 $\frac{\partial \boldsymbol{Q}_{l,k}\boldsymbol{x}_k}{\partial \boldsymbol{u}}$ 可以表示为

$$\frac{\partial \boldsymbol{Q}_{l,k}\boldsymbol{x}_k}{\partial \boldsymbol{u}}=\left[\frac{\partial \boldsymbol{Q}_{l,k}\boldsymbol{x}_k}{\partial \tau_{l,k}}\quad\frac{\partial \boldsymbol{Q}_{l,k}\boldsymbol{x}_k}{\partial v_{l,k}}\right]\begin{bmatrix}\dfrac{\partial \tau_{l,k}}{\partial \boldsymbol{u}}\\ \dfrac{\partial v_{l,k}}{\partial \boldsymbol{u}}\end{bmatrix} \tag{M.3}$$

其中

$$\frac{\partial \boldsymbol{Q}_{l,k}\boldsymbol{x}_k}{\partial \tau_{l,k}}=-\mathrm{j}v_{l,k}\boldsymbol{r}_{l,k}-\mathrm{j}\dot{\boldsymbol{r}}_{l,k}$$

$$\frac{\partial \boldsymbol{Q}_{l,k}\boldsymbol{x}_k}{\partial v_{l,k}}=\mathrm{j}\,\mathrm{diag}\{\boldsymbol{n}_k\}\boldsymbol{r}_{l,k}+\mathrm{j}(t_k-\tau_{l,k})\boldsymbol{r}_{l,k}$$

$$\dot{\boldsymbol{r}}_{l,k}\triangleq\frac{2\pi}{\boldsymbol{N}_k}E_{l,k}\boldsymbol{D}_{v_{l,k}}\boldsymbol{F}_k^{\mathrm{H}}\boldsymbol{D}_{\tau_{l,k}}\mathrm{diag}\{\boldsymbol{n}_k\}\boldsymbol{F}_k\boldsymbol{x}_k$$

时延 $\tau_{l,k}$ 和多普勒 $v_{l,k}$ 的定义见式(9.8)和式(9.9),因而偏导数 $\frac{\partial \tau_{l,k}}{\partial \boldsymbol{u}}$ 和 $\frac{\partial v_{l,k}}{\partial \boldsymbol{u}}$ 可以表示为

$$\frac{\partial \tau_{l,k}}{\partial \boldsymbol{u}} = \frac{(\boldsymbol{u} - \boldsymbol{p}_{l,k})^{\mathrm{T}}}{c \| \boldsymbol{u} - \boldsymbol{p}_{l,k} \|} \tag{M.4}$$

$$\frac{\partial v_{l,k}}{\partial \boldsymbol{u}} = \frac{2\pi f_c}{c}\left[\frac{-\dot{\boldsymbol{p}}_l^{\mathrm{T}}}{\| \boldsymbol{u} - \boldsymbol{p}_{l,k} \|} + \frac{(\boldsymbol{u} - \boldsymbol{p}_{l,k})^{\mathrm{T}} \dot{\boldsymbol{p}}_l (\boldsymbol{u} - \boldsymbol{p}_{l,k})^{\mathrm{T}}}{\| \boldsymbol{u} - \boldsymbol{p}_{l,k} \|^3} \right] \tag{M.5}$$

联合式(M.1)～式(M.5)可得 $\boldsymbol{G}_k$。

附录 N

合作非相干累加的直接定位方法 CRLB 偏导数

和附录 M 的推导类似，$\tilde{\boldsymbol{G}}_k$ 可以表示为

$$\tilde{\boldsymbol{G}}_k = \left[\left(\frac{\partial \tilde{\boldsymbol{Q}}_{1,k}\boldsymbol{x}_k}{\partial \boldsymbol{u}}\right)^{\mathrm{H}} \quad \left(\frac{\partial \tilde{\boldsymbol{Q}}_{2,k}\boldsymbol{x}_k}{\partial \boldsymbol{u}}\right)^{\mathrm{H}} \quad \cdots \quad \left(\frac{\partial \tilde{\boldsymbol{Q}}_{L,k}\boldsymbol{x}_k}{\partial \boldsymbol{u}}\right)^{\mathrm{H}} \right]^{\mathrm{H}} \tag{N.1}$$

利用式(9.28)和链式求导法则，偏导数$\dfrac{\partial \tilde{\boldsymbol{Q}}_{l,k}\boldsymbol{x}_k}{\partial \boldsymbol{u}}$可以表示为

$$\frac{\partial \tilde{\boldsymbol{Q}}_{l,k}\boldsymbol{x}_k}{\partial \boldsymbol{u}} = \left[\frac{\partial \boldsymbol{Q}_{l,k}\boldsymbol{x}_k}{\partial \tau_{l,k}} \quad \frac{\partial \boldsymbol{Q}_{l,k}\boldsymbol{x}_k}{\partial v_{l,k}} \right] \begin{bmatrix} \dfrac{\partial \tau_{l,k}}{\partial \boldsymbol{u}} \\ \dfrac{\partial v_{l,k}}{\partial \boldsymbol{u}} \end{bmatrix} \tag{N.2}$$

其中

$$\frac{\partial \tilde{\boldsymbol{Q}}_{l,k}\boldsymbol{x}_k}{\partial \tau_{l,k}} = -\mathrm{j}\,\frac{2\pi}{\boldsymbol{N}_k}\boldsymbol{D}_{v_{l,k}}\boldsymbol{F}_k^{\mathrm{H}}\boldsymbol{D}_{\tau_{l,k}}\mathrm{diag}\{\boldsymbol{n}_k\}\boldsymbol{F}_k\boldsymbol{x}_k$$

$$\frac{\partial \tilde{\boldsymbol{Q}}_{l,k}\boldsymbol{x}_k}{\partial v_{l,k}} = \mathrm{j}\,\mathrm{diag}\{\boldsymbol{n}_k\}\,\tilde{\boldsymbol{Q}}_{l,k}\boldsymbol{x}_k$$

偏导数$\dfrac{\partial \tau_{l,k}}{\partial \boldsymbol{u}}$和$\dfrac{\partial v_{l,k}}{\partial \boldsymbol{u}}$的定义见式(M.4)和式(M.5)，再结合式(N.1)和式(N.2)可得 $\tilde{\boldsymbol{G}}_k$。

附录 O

9.2.3 节中矩阵的定义

为了方便分析，令 $\boldsymbol{A}_{l,k}=\sigma^2\boldsymbol{I}_{N_k}$，将式(M.3)代入式(9.40)中，可得

$$\mathrm{FIM}_{\mathrm{ch\_kn}}(\boldsymbol{u})\approx 2\sigma^{-2}\mathrm{Re}\left[\sum_{k=1}^{K}\sum_{l=1}^{L}(A_{1,l,k}\boldsymbol{\tau}_{\boldsymbol{u},l,k}^{H}\boldsymbol{\tau}_{\boldsymbol{u},l,k}+2A_{2,l,k}\boldsymbol{\tau}_{\boldsymbol{u},l,k}^{\mathrm{H}}\boldsymbol{v}_{\boldsymbol{u},l,k}+A_{3,l,k}\boldsymbol{v}_{\boldsymbol{u},l,k}^{\mathrm{H}}\boldsymbol{v}_{\boldsymbol{u},l,k})\right] \tag{O.1}$$

其中

$$\boldsymbol{\tau}_{\boldsymbol{u},l,k}=\frac{\partial\boldsymbol{\tau}_{l,k}}{\partial\boldsymbol{u}}$$

$$\boldsymbol{v}_{\boldsymbol{u},l,k}=\frac{\partial\boldsymbol{v}_{l,k}}{\partial\boldsymbol{u}}$$

$$A_{1,l,k}=\boldsymbol{v}_{l,k}^2\boldsymbol{r}_{l,k}^{\mathrm{H}}\boldsymbol{r}_{l,k}+\boldsymbol{v}_{l,k}\dot{\boldsymbol{r}}_{l,k}^{\mathrm{H}}\boldsymbol{r}_{l,k}+\boldsymbol{v}_{l,k}\boldsymbol{r}_{l,k}^{\mathrm{H}}\dot{\boldsymbol{r}}_{l,k}+\dot{\boldsymbol{r}}_{l,k}^{\mathrm{H}}\dot{\boldsymbol{r}}_{l,k} \tag{O.2}$$

$$A_{2,l,k}\approx-\boldsymbol{v}_{l,k}\boldsymbol{r}_{l,k}^{\mathrm{H}}\mathrm{diag}\{\boldsymbol{n}_k\}\boldsymbol{r}_{l,k}-\boldsymbol{v}_{l,k}(k-1)T\boldsymbol{r}_{l,k}^{\mathrm{H}}\boldsymbol{r}_{l,k}-\boldsymbol{r}_{l,k}^{\mathrm{H}}\mathrm{diag}\{\boldsymbol{n}_k\}\dot{\boldsymbol{r}}_{l,k}-(k-1)T\boldsymbol{r}_{l,k}^{\mathrm{H}}\dot{\boldsymbol{r}}_{l,k} \tag{O.3}$$

$$A_{3,l,k}\approx 2(k-1)T\boldsymbol{r}_{l,k}^{\mathrm{H}}\mathrm{diag}\{\boldsymbol{n}_k\}\boldsymbol{r}_{l,k}+\boldsymbol{r}_{l,k}^{\mathrm{H}}\mathrm{diag}\{\boldsymbol{n}_k\}\mathrm{diag}\{\boldsymbol{n}_k\}\boldsymbol{r}_{l,k}+((k-1)T)^2\boldsymbol{r}_{l,k}^{\mathrm{H}}\boldsymbol{r}_{l,k} \tag{O.4}$$

在采样率满足要求的情况下，有以下近似公式：

$$\boldsymbol{e}_1\triangleq\int_t r_{l,k}^*(t)r_{l,k}(t)\mathrm{d}t=\boldsymbol{r}_{l,k}^{\mathrm{H}}\boldsymbol{r}_{l,k}$$

$$\boldsymbol{e}_2\triangleq\int_t tr_{l,k}^*(t)r_{l,k}(t)\mathrm{d}t=\boldsymbol{r}_{l,k}^{\mathrm{H}}\mathrm{diag}\{\boldsymbol{n}_k\}\boldsymbol{r}_{l,k}$$

$$\boldsymbol{e}_3\triangleq\int_t t^2r_{l,k}^*(t)r_{l,k}(t)\mathrm{d}t=\boldsymbol{r}_{l,k}^{\mathrm{H}}\mathrm{diag}\{\boldsymbol{n}_k\}^2\boldsymbol{r}_{l,k}$$

$$\boldsymbol{e}_4\triangleq\int_t tr_{l,k}^*(t)\dot{r}_{l,k}(t)\mathrm{d}t=\boldsymbol{r}_{l,k}^{\mathrm{H}}\mathrm{diag}\{\boldsymbol{n}_k\}\dot{\boldsymbol{r}}_{l,k}$$

$$\boldsymbol{e}_5\triangleq\int_t \dot{r}_{l,k}^*(t)\dot{r}_{l,k}(t)\mathrm{d}t=\dot{\boldsymbol{r}}_{l,k}^{\mathrm{H}}\dot{\boldsymbol{r}}_{l,k}$$

$$\boldsymbol{e}_6 \triangleq \int_t \dot{r}_{l,k}^*(t) r_{l,k}(t)\,\mathrm{d}t = \dot{\boldsymbol{r}}_{l,k}^{\mathrm{H}} \boldsymbol{r}_{l,k}$$

将以上各式代入式(I.1)中,使用式(9.41)分开表达 Fisher 信息矩阵如下:

$$\begin{aligned}\boldsymbol{J}_{xx} = \sum_{l=1}^{L}\sum_{k=1}^{K} [& -2(\boldsymbol{v}_{l,k}\boldsymbol{e}_2 + 2\boldsymbol{v}_{l,k}(k-1)T\boldsymbol{e}_1 + \boldsymbol{e}_3)\boldsymbol{\tau}_{x,l,k}\boldsymbol{v}_{x,l,k} \\ & + (\boldsymbol{v}_{l,k}^2\boldsymbol{e}_1 + 2\boldsymbol{v}_{l,k}\boldsymbol{e}_6 + \boldsymbol{e}_5)\boldsymbol{\tau}_{x,l,k}^2 + (\boldsymbol{e}_3 + 2(k-1)T\boldsymbol{e}_2 + (k-1)^2T^2\boldsymbol{e}_1)\boldsymbol{v}_{x,l,k}^2]\end{aligned} \tag{O.5}$$

$$\begin{aligned}\boldsymbol{J}_{xy} = \sum_{l=1}^{L}\sum_{k=1}^{K} [& (\boldsymbol{v}_{l,k}^2\boldsymbol{e}_1 + 2\boldsymbol{v}_{l,k}\boldsymbol{e}_6 + \boldsymbol{e}_5)\boldsymbol{\tau}_{x,l,k}\boldsymbol{\tau}_{y,l,k} - (\boldsymbol{v}_{l,k}\boldsymbol{e}_2 + 2\boldsymbol{v}_{l,k}(k-1)T\boldsymbol{e}_1 \\ & + \boldsymbol{e}_4)\boldsymbol{\tau}_{x,l,k}\boldsymbol{v}_{y,l,k} - (\boldsymbol{v}_{l,k}\boldsymbol{e}_2 + 2\boldsymbol{v}_{l,k}(k-1)T\boldsymbol{e}_1 + \boldsymbol{e}_4)\boldsymbol{v}_{x,l,k}\boldsymbol{\tau}_{y,l,k} \\ & + (\boldsymbol{e}_3 + 2(k-1)T\boldsymbol{e}_2 + (k-1)^2T^2\boldsymbol{e}_1)\boldsymbol{v}_{x,l,k}\boldsymbol{v}_{y,l,k}]\end{aligned} \tag{O.6}$$

$$\begin{aligned}\boldsymbol{J}_{yy} = \sum_{l=1}^{L}\sum_{k=1}^{K} [& -2(\boldsymbol{v}_{l,k}\boldsymbol{e}_2 + 2\boldsymbol{v}_{l,k}(k-1)T\boldsymbol{e}_1 + \boldsymbol{e}_4)\boldsymbol{\tau}_{y,l,k}\boldsymbol{v}_{y,l,k} \\ & + (\boldsymbol{v}_{l,k}^2\boldsymbol{e}_1 + 2\boldsymbol{v}_{l,k}\boldsymbol{e}_6 + \boldsymbol{e}_5)\boldsymbol{\tau}_{y,l,k}^2 + (\boldsymbol{e}_3 + 2(k-1)T\boldsymbol{e}_2 \\ & + (k-1)^2T^2\boldsymbol{e}_1)\boldsymbol{v}_{y,l,k}^2]\end{aligned} \tag{O.7}$$

其中

$$\boldsymbol{\tau}_{x,l,k} = \frac{\partial \boldsymbol{\tau}_{l,k}}{\partial x}$$

$$\boldsymbol{\tau}_{y,l,k} = \frac{\partial \boldsymbol{\tau}_{l,k}}{\partial y}$$

主要缩略语

ADC	Analog-to-digital converter	模数转换器
ARMA	Auto-regressive moving-average	自回归滑动平均
ATTT/AT3	Advanced tactical targeting technology	先进战术目标瞄准技术
AWACS	Airborne warning and control system	空中预警和控制系统
BAE	British aerospace	英国航空航天
BO	Bearings-only	仅测角
C^3I	Communication, command, controa and intelligence systems	指挥、控制、通信和情报系统
CAF	Cross ambiguity function	互模糊函数
CCD	Charge coupled device	电荷耦合器件
CEP	Circular error probable	圆概率误差
CIP	Common integrated processor	通用综合处理器
CIS	Conventional inertial system	协议惯性坐标系
CKF	Cubature Kalman filter	容积卡尔曼滤波
CLS	Constraint least squares	约束最小二乘
CRADA	Cooperative researchanddevelopment agreement	联合研究开发项目
CRLB	Cramer-Rao lower bound	卡拉美－罗下界
CTLS	Constraint total least squares	约束总体最小二乘
CWLS	Constraint weighted least squares	约束加权最小二乘
DARPA	Defense advanced research projects agency	国防高级研究计划局

DC	Down converter	变频器
DCR	Doppler changing rate	多普勒变化率
DF	Direction Finding	测向
DFLS	Direction finding and location system	测向和定位系统
DLVA	Detection logarithmic video amplifier	对数检波视频放大器
DOA	Direction of arrival	到达方向
DPD	Direct position determination	直接定位
DRFM	Digital radio frequency memory	数字射频存储器
DSP	Digital signal processing	数字信号处理
ECEF	Earth-centered Earth-fixed	地心地固
ECI	Earth-centered inertial	地心惯性(坐标系)
ECF	Earth-centered Fixed	地心地固(坐标系)
EDW	Emitter discription word	辐射源描述字
EEP	Elliptical error probable	概率误差椭圆
EKF	Extended Kalman filter	扩展卡尔曼滤波
ELT	Emitter localization technology	辐射源定位技术
ENU	East-north-up	东北天(坐标系)
EW	Electronic warfare	电子战
FCCAF	Frequency-domain cumulate cross ambiguity function	频域累计互模糊函数
FDOA	Frequency difference of arrival	到达频差
FFT	Fast Fourier transform	快速傅里叶变换
FIM	Fisher information matrix	Fisher 信息矩阵
FOA	Frequency of arrival	到达频率
GDOP	Geometrical dilution of precision	定位误差的几何稀释
GPS	Global positioning system	全球定位系统
GRAND	Geolocation of random agile N-platform de-interleaving	随机捷变 N 平台分选的几何定位
HDOP	Horizontal dilution of precision	水平位置精度系数

H-TDOAs-MCAF	Histgram time difference of arrivals modified cross ambiguity function	统计直方图时差序列改进互模糊函数
IADS	Integrated air denfence system	综合防空系统
IE	Input estimation	输入估计
IEKF	Iterated extended Kalman filter	迭代扩展卡尔曼滤波
IFDL	Inter-flight data link	机间飞行数据链
IFF	Identifying friend or foe	敌我识别
IFM	Instantaneous frequency measuring	瞬时率测
IMM	Interacting multiple model	交互多模
IMU	Inertial measurement unit	惯性测量单元
INS	Inertial navigation system	惯性导航系统
IP	Internet protocol	国际互联协议
ISE	Integral square error	积分平方误差
ISL	Individual source loczlization	单个辐射源逐个定位
JDAM	Joint direct attack munition	联合直接攻击弹药
JSOW	Joint standoff weapon	联合防区外武器
JSTAR	Joint surveillance and target attack radar	联合监视与目标攻击雷达
KLD	Kullback-Leibler divergence	Kullback-Leibler 发散
LBI	Long baseline interferometer	长基线干涉仪
LCLS	Linear calibration least squares	线性校正最小二乘
LMMSE	Linear minimum mean square error	线性最小均方误差
LNA	Low noise amplifier	低噪声放大器
LO	Local oscillator	本振
LP	Linear programming	线性规划
LRN	Long range navigation	“罗兰”导航
LS	Least squares	最小二乘
LSSDP	Least square semi-definite programming	最小二乘半定规划
MBRPGMCKF	Multiple bearing range parameterized Gaussian mixture cubature Kalman filter	多角度距离参数化高斯和容积卡尔曼滤波

MBRPGMEKF	Multiple bearing range parameterized Gaussian mixture extended Kalman filter	多角度距离参数化高斯和扩展卡尔曼滤波
MBRPGMF	Multiple bearing range parameterized Gaussian mixture filter	多角度距离参数化高斯和滤波
MBRPGMQKF	Multiple bearing range parameterized Gaussian mixture quadrature Kalman filter	多角度距离参数化高斯和求积卡尔曼滤波
MBRPGMUKF	Multiple bearing range parameterized Gaussian mixture unscented Kalman filter	多角度距离参数化高斯和无迹卡尔曼滤波
MCAF	Modified cross ambiguity function	改进互模糊函数
MDS	Multidimensional scaling	多维标度
MGEKF	Modified gain extened Kalman filter	修正增益扩展卡尔曼滤波
MPCEKF	Modified polar extended Kalman filter	修正极坐标扩展卡尔曼滤波
MSE	Mean square error	均方误差
MSL	Multiple source localization	多个辐射源同时定位
MUSIC	Multiple signal classification	多重信号分类
MVEKF	Modified covariance extended Kalman filter	修正协方差扩展卡尔曼滤波
NCCT	Network centric collaborative targeting	网络中心协同目标瞄准
NED	North-east-down	北东下(坐标系)
NLS	Nonlinear least squares	非线性最小二乘
NLSSDP	Nonlinear least square semi-definite progromming	非线性最小二乘半定规划
NOSS	Navy ocean surveillance satellite	海军海洋监视卫星
PA	Pulse amplitude	脉冲幅度
PDCR	Phase difference changing rate	相位差变化率
PDW	Pulse discription word	脉冲描述字
PF	Particle filter	粒子滤波
PLAID	Precise location and identification	精确定位与识别
PLSS	Precise location and strike system	精确定位与打击系统
PLT	Passive localization technology	无源定位技术
POA	Power of arrival	到达功率

PRF	Pulse repetition frequency	脉冲重复频率
PRI	Pulse repetition interval	脉冲重复周期
PRSS	Passive ranging sub-system	无源测距定位
PW	Pulse width	脉冲宽度
QKF	Quadrature Kalman filter	求积卡尔曼滤波
RDOA	Range difference of arrival	到达距离差
RMSE	Root mean square error	均方根误差
RSDP	Robust semi-definite programming	稳健半定规划
RSS	Received signal strenth	接收信号强度
RVEKF	Rotated covariance extended Kalman filter	旋转协方差扩展卡尔曼滤波
SBI	Short baseline interferomter	短基线干涉仪
SBWASS	Space based wide area surveillance system	天基广域监视系统
SBWASS-Air Army	Space based wide area surveillance system-air army	空军天基广域监视系统
SBWASS-Navy	Space based wide area surveillance system-navy	海军天基广域监视系统
SDP	Semi-definite programming	半定规划
SDR	Semi-definite relexation	半定松弛
SEAD	Suppression of enemy aif defense	对敌防空压制
SEP	Shperical error probable	球概率误差
SIR	Sampling Importance resampling	样本重要性重采样
SIS	Sequential importance sampling	序贯重要性采样
SNR	Signal-to-noise Ratio	信噪比
SOCP	Second order cone programming	二阶锥规划
SOEKF	Second order extended Kalman filter	二阶扩展卡尔曼滤波
SSU	Subsatellite unit	子卫星组
TDOA	Time difference of arrival	到达时间差
TLS	Total least squares	总体最小二乘
TMA	Target motion analysis	目标运动分析

TOA	Time of arrival	到达时间
TS	Taylor series	泰勒级数
TSWLS	Two-staged weighted least squares	两步加权最小二乘法
TTNT	Tactical targeting network technology	战术目标网络技术
UAV	Unmanned aerial vehicle	无人机
UHF	Ultra high frequency	特高频
UKF	Unscented Kalman filter	无迹卡尔曼滤波
UT	Unscented transformation	无迹变换
UTC	Coordinated universal time	协调世界时
VD	Variable Dimension	变维
VDOP	Vertical dilution of precision	垂直方向精度系数
VHF	Very high frequency	甚高频
WGS	World geodetic system	世界大地坐标系
WLS	Weighted least squares	加权最小二乘
YIG	Yttrium iron garnet	钇铁石榴石

内 容 简 介

本书是一本系统介绍无源定位原理、方法的学术专著，重点包括无源定位系统的概念、组成、工作流程、定位的几何原理、测角技术、多站测向交叉定位、多站时差定位、多站频差定位、多站时差/频差联合定位、时差频差测量方法、信号直接定位法、单站定位法等，对单站、多站的多种无源定位技术体制的定位原理、定位计算方法和定位误差分布等进行了分析推导、仿真，对多种定位参数测量实现途径和估计算法等进行了介绍和仿真分析。

本书可供从事网电对抗、技术侦察、雷达信号处理领域研究的工程技术人员使用，也可供高等院校信息与电子工程、电子对抗、通信工程等专业的研究生和教师，以及国防工业部门的技术管理人员和相关部队的技术干部阅读和参考。

This monograph is an academic book which introduces theories and methods of passive location. It includes the conception, configure, working process, basic knowledge of passive location system, direction finding, multiple observer triangulation, time difference of arrival (TDOA) location, frequency difference of arrival (FDOA) location, TDOA/FDOA location, signal direct position determination (DPD), single observer passive location and tracking (SOPLAT), etc. Derivations, analysis and simulations of multiple passive location theories, algorithms and location error distribution are also introduced. The realization method and estimation algorithms of location parameters are also introduced and simulated.

This monograph is suitable for engineers and technology staff in the area of cyberspace countermeasure, signal intelligence, radar signal processing. We hope college or university graduate students and teachers in the major of electrical engineering, electronic warfare, communication engineering, and technology administrative staff in defense industry, officers in relative military forces would also find this monograph useful, informative and enlightening.